자연과학사2
History of Natural Science 2

자연과학사2

History of Natural Science 2

근대·현대 편

박인용 지음

경당

머리말

20세기의 특징을 나타내는 말 가운데 '3E 시대'라는 것이 있다. 현대는 '에너지(Energy), 전자공학(Electronics), 공학 재료(Engineering Material)의 시대'라는 말이다. 18세기 말에 영국의 제임스 와트가 발명한 증기기관을 토대로 한 산업혁명이 유럽과 미국에서는 19세기 중엽까지 일단 마무리가 지어졌고, 새로운 동력인 전력이 등장하여 전력 혁명의 시대에 돌입하게 됐다. 이것은 패러데이가 발견한 유도전류가 일으킨 커다란 파문이었다. 이 전력의 활용은 인류에게 새롭게 생긴 혁신적 문명의 파문이었다.

'3E 시대'는 이 전력의 활용으로 비롯된 것이라 할 수 있다. 이와 같은 과학기술의 발전이 인류 역사상 유례가 없을 정도로 물질적으로 풍요하고 편리한 현대 문명을 창출한 것은 사실이나, 더 살기 좋은 세상이 되었다고는 말할 수 없다. 인간이 과학기술의 발달로 이룩한 원자력의 이용은 고갈해 가는 화석연료를 대체할 에너지원이 되었으나, 핵무기에 의한 인류 자멸의 위기를 내포하고 있어서 핵무기의 확산 금지와 평화적 이용이라는 안전 확보의 난제를 짊어지게 되었다. 그리고 산업 발전은 인간이 살기 좋은 세상을 마련했다기보다는 더욱 격심한 생존경쟁을 야기했으며, 환경마저 오염시켜서 인간의 생존을 위협하게 되었다. 그리고 전자공학의 발달로 생긴 정보화 사회는 세계를 하나로 묶어서 생활을 편리하게 한 반면에, 인간의 개성과 자유를 말살할 우려도 생기게 했다. 이와 같이 과학기술이 주도한 현대 문명이 당면한 여러 문제는 과학기술만으로는 해결될 수 없는 것이며, 근래에 국제원자력기구가 원자력의 안전 문화 정립을 제창하고 있는 것과 같이, 현대 문명을 영도해 온 과학기술의 본질적 문제점을 역사적으로 성찰하여 문화적 차원에서 바른 길을 찾아야만 한다는 절박한 요청을 받고 있다.

'과학(science)'이라는 말은 로마 시대의 자유인이 갖추어야 하는 '9학과' 또는 공학과 의학을 뺀 중세의 '자유 7과'를 통칭한 것이나, 갈릴레이를 위시하여 17세기 초부터 서구에서 발전해 온 과학은, 사상(事象)을 경험이나 실험의 관찰에서 수량적으로 파악한 것을 수학적 논리로 인식하는 수단이라고 말할 수 있으며, 기술은 그 과학적 지식을 인간 생활에 적용하는 수단이라고 할 수 있다. 서구 중세의 기독교 사상이나 스콜라철학은 오로지 인간과 자연의 본성은 무엇(What)이며, 왜(Why) 존재하는가 하는 궁극적 본질과 목적을 관념적으로 추구해 온 데 반하여, 과학기술은 정치·사회적으로 세력화된 기존의 기독교적

4

스콜라철학과의 마찰을 피하기 위하여 궁극적 본질과 목적에 대한 추구를 포기하고 오로지 '어떻게(How)'라는 수단만을 추구해 왔다. 그래서 경험과 실험적 관찰에 근거한 객관적 진실에 바탕을 둔 과학기술은 관념적 오류에 빠질 염려도 없이 급속히 성장하여, 뉴턴에 이르러 합리적 세계상을 제시함으로써 서구의 정신문화 전반을 영도하게 되었고, 18세기 말에 제임스 와트가 발명한 증기기관에 의하여 영국을 위시한 구미에 19세기 중엽까지 산업혁명을 일으켰으며, 패러데이가 발견한 '전자유도'는 20세기 초까지 전력 혁신의 시대를 열었다. 본질과 목적의식을 포기한 이러한 과학기술의 일면성은 급속한 산업 발전을 이룩한 반면에 위험성도 내포하게 되었다. 서구의 산업혁명은 생산력을 증대하여 물질적 풍요를 가져다준 반면에 아녀자의 노동력을 착취하는 사회적 모순을 노정시켜서 사회적 모순에 대한 인식과 개혁 의지를 불러일으켰다. 이때 나타난 다윈의 자연도태 사상에 근거한 진화론은 약육강식이라는 사조의 소용돌이를 일으켜 기계적 힘을 바탕으로 한 제국주의와 프롤레타리아 독재를 지향한 공산주의로 양극화하게 했다.

그래서 19세기 말부터 제국주의의 식민지 약탈전이 벌어져서 인류가 수천 년간 쌓아온 문화유산을 파괴했고, 20세기에 들어서자 제1차 세계대전과 소련의 공산 혁명을 겪게 되었다. 이러한 소용돌이는 유럽이나 그들의 제국주의 식민지 일부에 한정된 것이 아니라, 19세기 말까지 전통적 문화권을 유지해 온 동북아시아까지 미치게 됐다. 동북아시아에서 유럽 문명을 가장 빨리 들여와서 산업의 근대화를 이룩한 일본은 유럽 제국주의를 본받아 한국과 중국을 침략했고, 유럽에서는 독일의 나치와 이탈리아의 독재정권이 일어났다. 결국 대규모로 조직화되고 발전된 현대 과학은 더욱 비참하고 대량 학살을 수반한 인류 역사상 최악의 제2차 세계대전을 일으켰고, 과학기술이 낳은 가공할 원자탄의 사용으로 제2차 세계대전을 종식시켰다. 이 원자탄의 위력을 경험하고서야 인류는 전쟁을 해서는 안 된다는 것을 깨닫게 되었고, 원자력의 평화적 이용을 제창하게 됐으며, 과학기술을 바탕으로 한 산업 개발 경쟁에 나서게 되었다. 그러나 이러한 인류의 일반적 인식은 과학기술의 위력을 인식한 것이지 인간의 본성과 사명, 그리고 그 생활 방도(윤리와 도덕)에 대한 근본적 인식은 아니었다. 그래서 제2차 세계대전 이후에는 미국을 주축으로 한 자유민주주의 진영과 소련을 주축으로 한 공산주의 진영이 동서로 나뉘어 전쟁을 억제한다고 핵무기 개발 경쟁을 하는 모순된 동서 냉전을 벌여서, 인류는 핵무기에 의한 비참한 종말을 맞게 될 공포에 시달리게 되었다. 그리고 국제연합(UN)은 전쟁 방지를 위한 모든 노력을 경주했으나, 한국과 베트남은 이 동서 냉전의 희생양으로서 인류 사상 유례가 없는 비참한 전화를 겪었다. 그리고 국제원자력기구(IAEA)는 핵무기의 확산을 금지하고 원자력의 평화적 이용을 촉진하게 되었으나, 아직도 여러 나라에서 핵무기 개발 의혹이 끊이지 않고 있다. 1980년대에 소련이 개방된 이후에도 동서 냉전의 후유증은 남아 있으며, 산업과 관련한 과학기술의 경쟁은 더욱 격렬해졌고, 잘살기 위한 산업 발전 경쟁 때문에 생활환경이 오염되어 생존의 위협마저 받게 되었다.

중세의 과학적 암흑기 때 기독교 사상이나 스콜라철학이 궁극적 본질과 목적에 대한 관념적 추구만 일삼아 인간이 어떻게 사는가 하는 실천력을 상실했다면, 현대 문명을 영도한 과학기술은 '어떻게'만을 추구함으로써 큰 힘을 가지게 된 반면에 본질과 목적의식을 상실하고 있다. 본질과 목적의식에 근거한 윤리, 도덕을 상실한 힘은 폭력에 지나지 않으며, 그 힘이 클수록 위험성도 큰 것이다. 이제 우리는 존재의 본질과 목적을 묻는 '무엇'과 '왜'에 대한 종교적·철학적·역사적 추구에서 얻은 의식을 기초로 하여 과학기술의 '어떻게'를 추구해야 할 시대에 왔다. 그래야만 현대의 과학기술에 내재한 위험성을 배제할 수 있을 뿐만 아니라 발전시킬 수도 있을 것이기 때문이다.

과학기술은 기존의 과학기술 기반 위에서 발전하며, 발달된 과학기술은 산업을 발전시켜서 경제적 여건을 조성하고, 그것이 과학기술 발전을 촉진하는 순환적 관계에 있다. 그러므로 이 순환적 악조건에 있는 후진국은 좋은 조건을 갖추고 있는 선진국을 따라잡을 수 없다고 생각되나, 20세기 후반에 동북아시아의 급속한 산업 발전에 따르는 경제성장과 과학기술의 발전은 이것을 역리로 증명하고 있다. 제2차 세계대전 종전까지도 구미에 비하여 과학기술이 뒤떨어져서 패전한 일본이 폐허 속에서 일어나 오늘날 경제적인 면에서 구미의 전승국들을 앞지르게 되었고, 전기·전자 분야의 과학기술도 구미에 뒤떨어졌다고 볼 수 없게 되었다. 또 공산혁명으로 본토에서 대만으로 쫓겨 간 중국 사람들은 놀라운 경제성장과 과학기술의 발전을 이룩했다. 한국도 동란으로 무엇 하나 남은 것이 없었던 폐허 속에서 놀라운 경제성장을 이루었다. 우리는 유럽에서 17세기의 과학 부흥 이후 400년 남짓 동안에 발전한 과학기술을, 인류 역사가 시작된 이래 17세기까지 약 5000년간 발전시켜 온 문화보다도 더 큰 것으로 착각하고 있다. 그런데 실은 이 400년간의 발전은 5000년간의 역사에 비하면 일시적 현상에 불과한 것이다. 그래서 인류의 기본적 지능은 민족 간이나 지역 간에 하등의 차이가 없다고 보아야 한다. 유럽에서 400년간 발전시킨 과학기술과 산업은, 그간의 시행착오를 반복하지 않는다면 20년 미만에 습득할 능력을 모든 지역의 사람이 다 같이 가지고 있으며, 과학기술을 발전시킬 창의력에도 근본적 차이가 있을 수 없다. 다만 후진국이 낙후된 경제 여건하에서 선진국을 따라 잡기까지의 난관을 어떻게 인내하고 극복하는가와 과학기술 발전의 역사에서 올바른 방향을 찾아 시행착오를 반복하지 않고 전진해 나가는 것이 문제로 남는다.

한국은 제2차 세계대전이 끝난 1945년에 광복을 맞이했을 때에, 38도선을 경계로 하여 남북으로 분단됐고, 남쪽의 산업은 고래의 농업이 90% 이상이고, 유럽의 19세기 중엽의 것보다 뒤떨어진 몇 개의 방직 공장과 고무신 공장이 있었다. 근대 산업의 기초인 전력도 겨우 도시에서 가구당 한두 개의 30W 전등을 켤 정도였고, 남북을 합하여 총 설비 용량이 20만kW도 못 되었다. 그나마도 대부분의 발전소는 이북에 있었는데, 남북 간의 통상 마찰이 있을 때마다 이북에서 자주 단전을 하여 서울과 부산에 있던 전차도 운행이 중단되었다. 이런 상황에서 1950년 6월 25일 남북 간에 전쟁이 일어나서 모든 것을 파괴하며 나아간 전선은 남북의 전 국토를 두 차례나 휩쓸어서, 1953년 휴전이 됐을 때 남한의 부산 지역을 제외하고는 전 국토가 초토로 변해 있었다. 한국 국민은 이러한 폐허에서 오늘날의 산업사회를 건설했고, 선진국을 따라잡아 가고 있다. 그렇다고 한국이 어떤 좋은 정치 여건에서 발전해 온 것은 아니다. 분단된 한국은 동서 냉전의 첨예 지대로 대치해 왔고, 따라서 정치적·사회적 이념 갈등과 정치적 혼돈이 끊이지 않았으며, 군사비 지출 비율은 세계 어느 나라보다도 많았다. 만약 이러한 사회적·정치적 갈등과 남북 간의 군사적 긴장으로 인한 국력 낭비가 없었다면, 한국의 경제 발전은 훨씬 더 빨랐을 것이다. 한국의 과학기술과 산업 개발에 시행착오가 없었던 것도 아니며, 계획과 시행 과정에서 많은 착오도 범했고 낭비도 있었다. 그런데도 이 정도의 발전을 이룩한 것은 한국 국민이 그 비참한 전시에도 천막 속에서 대학 수업을 계속한 그 전통적 교육열과 전쟁이라는 극도의 곤경에서 단련된 인내력 덕택이라고 생각된다.

현대의 과학기술은 매우 신기한 것으로 보이나, 그것을 습득하는 것은 쉬운 문제다. 현대 과학은 대학 졸업 정도의 기초 지식을 가진 사람이 2~3년만 열심히 공부하면 습득할 수 있는 것이다. 현대 산업 기술도 옛날의 장인 기능과는 달라서, 보통 사람이 2~3년만 열심히 연마하면 숙달할 수 있다. 다만 문제는 그러한 습득과 숙달을 성실히 수행하고 후진국의 악조건을 인내할 인간을 교육하고 훈련시켜 내는 데 있다. 한국은 그들의 문화적 전통에서 그들의 교육 시설이나 방법의 결함을 보완하고도 남는 교육열을 가지고 있었고, 일본의 침략과 한국전쟁의 지독한 환난에서 단련된 강한 인내력을 가지고 있었다. 이것이 1960년대까지 가장 낙후됐던 한국을 오늘날과 같이 선진국과의 격차를 좁히게 된 원동력인 것이다. 따라서 후진국이라 하더라도 성실하고 인내력 있는 사람으로 교육하고 훈련시키는 데 주력한다면, 한국보다 훨씬 쉽게 과학기술과 산업의 발전을 이룩할 수가 있으며, 나아가서는 선진국을 따라잡을 수도 있을 것이다. 그리고 현재의 선진국이 그들이 가진 경제적 주도권과 지적 소유권에 안주하여 앞으로 인간이 나아갈 바른 길을 찾아 전진하지 않는다면, 머잖아서 발전하고 있는 후진국보다 뒤떨어지게 될 것이다. 이것은 결코 선진국을 질투한 후진국 사람의 넋두리가 아니다. 고대의 선진국인 이집트와 바빌론이 후진국이었던 그리스보다 뒤떨어지게 됐고, 세계를 영도하는 헬라 문화를 창건한 그리스는 후진국인 로마제국에게 멸망을 당했으며, 세계를 제패한 로마제국도 야만족의 침공으로 붕괴되고 말았던 역사의 교훈인 것이다. 사실은 후진국이 선진국을 따라잡는 것보다 선진국이 윤리·도덕적으로 부패하지 않고 꾸준히 인간이 나아갈 바른 길을 찾아서 전진하는 것이 더욱 어려운 일이다. 과학기술의 발달로 세계는 이제 모든 지역이 아주 가까운 이웃으로 변했다. 민족이나 국가 간의 경쟁의식에서 벗어나서 이웃과 더불어 잘 사는 길을 찾아야 할 때가 왔다. 인간이 인간답게 잘 사는 길을 찾는 것은 인간의 본성과 인간 생활의 궁극적 목적을 찾는 것이다. 이제 우리는 근세 이래 과학이 포기해 온 인간의 본질과 인생의 목적에 대한 물음을 추구하여, '인간은 무엇이며, 왜, 어떻게 살아가야 하는가?'라는 물음에 대한 해답을 구해야만 할 때다.

　19세기 독일 화학자인 리비히는 프랑스에서 유학하고 귀국하여 기센 대학에 화학·약학 연구소를 창설하고 종래의 도제식 학습 방법을 탈피한 혁신적 교육 방법을 채택함으로써 우수한 화학자들을 배출해 후진이었던 독일 화학이 세계를 선도하게 했다. 리비히가 주창한 교육 방법은 독자적 자주성을 가지고 자유롭게 연구하게 하는 '대학의 자유'였고, 이것이 유럽의 과학 교육을 바꾸어 과학기술 발전을 촉진시켰다. 이것은 과학기술의 지식 전수보다는 자주적 개성과 자유롭고 독창적인 사고를 함양하는 인간 교육이 우선한다는 것을 실증한 첫 사례다. 더욱이 현대 과학기술은 첨예화된 여러 전문 분야로 분화됨과 동시에 그 첨예화된 전문 분야들의 활동이 하나로 종합됨으로써만 발전을 이룰 수 있다. 따라서 현대의 과학기술 연구소는 다양한 개성과 전문 지식을 가진 연구원들의 자발적 창의 노력을 효율적으로 조직화해야 한다. 이러한 조직적 연구 활동을 가능케 하는 핵심 요소는 조직을 구성한 각 개인이 모두 함께 가지는 목적의식이다. 그리고 현대 산업도 이렇게 종합화된 과학기술 기반 위에 성립된 것이며, 원자력발전소나 우주선과 같은 거대한 계통은 각종 전문 분야의 과학기술자들이 합심하여 설계 검토하고 수천의 공장에서 생산한 수십만의 부품이 수만의 인간에 의하여 조립되고 건설되는 것이다. 이렇게 수많은 인간이 다종다양한 과정에서 범하는 인간 착오(Human Error)가 그 계통의 성능과 안전상의 주요 문제가 되고 있다. 그리고 개별적 특성이 요구되는 산업 기기나 계통의 생산과 공장(plant)의 건설은 물론이고 수많은 복제품을 생산하는 자동차나 가전제품의 생산 조립에서도 종래의 자동화에 의한 기계 중심의 생산 방식으로 일정한 모델을 장기간 복제 생산하는 단선 조립(One line) 공정으로는 소비자의 변동하는 취향에 맞는 가치 있는 상품 생산에 뒤지게 되어, 인간의 지능과 기능을 중심으로 한 다수선 조립(Multi-line) 또는 벤치-마크 조립 방식으로 전환되고 있다.

기계적으로 조직화된 소련의 사회주의 사회가 과학기술만을 장려하여 1950년대에는 우주 개발에서 구미를 앞질렀으나, 오늘날에는 뒤떨어지고 만 것도 인간의 본성과 자유의지를 망각했기 때문이다. 1970년대까지의 산업은 생산 공정을 자동화하여 인간의 노동력을 값싼 기계 노동력으로 대체하고 품질의 균등을 이루는 데 주력했으나, 현재는 인간을 중심으로 한 생산 노동자의 정신 활동을 효율적으로 조직화하는 데 주력하고 있다. 이것이 생산 경쟁의 주제가 되어서 '인간 공학(Human Engineering)'이라는 새로운 분야가 생겼을 정도이다. 현대 과학기술이나 산업에서의 문제는 각 개인이 다양한 개성과 특기를 가지고 자발적으로 조직화될 수 있는 사람, 즉 이웃을 사랑하고 각자가 맡은 직분을 성실히 수행하여 이웃과 더불어 살 수 있는 사람을 교육하고 훈련해 내는 것이다.

2000년간이나 인간의 마음속에 살아온 참된 기독교 신앙은 "창조주 하나님은 '사랑'으로 자연과 인간을 창조하셨고, 인간의 본성은 하나님을 닮아 개성과 자유의지를 가지고 자연과 인간을 사랑하게 하셨으며, 이 하나님의 뜻에 따라 이웃을 사랑하고 이웃에 봉사하는 것이 인간의 궁극적 목적이며 사명"이라고 믿고 있다. 자비에 바탕을 둔 불교나 인의를 바탕으로 하는 유교도 같은 맥락에서 인간의 본성과 윤리·도덕을 설하고 있다. 이러한 인간의 본성과 궁극적 목적에 근거한 인간 중심의 과학기술만이 현대 문명이 직면한 모순과 결함을 시정하고 보완할 수 있으며, 원자력의 안전 문화도 정립할 수 있다. 현대를 이웃과 서로 선두 다툼을 하는 경쟁 문명으로 이끈 과학기술은, 이것을 사랑을 바탕으로 이웃과 더불어 잘 사는 세계 문명으로 개혁할 책임과 사명을 지게 되었다.

2013년 봄
박 인 용

차례

제 1 장
전자기학의 발전

볼타(Alessandro Giuseppe Antonio Anastasio Volta, 1745~1827)가 갈바니전기의 연구에서 볼타의 전기파일(Electric Pile)과 전지를 발명하여 1800년에 발표했다. 볼타의 이 발명은 영국과 프랑스에서 최고의 인기와 관심을 불러일으켰다. 나폴레옹 1세의 초청에 응하여 파리에 나타난 볼타는 1801년 11월에 강연을 했는데, 이 강연이 끝나자 프랑스의 학자들은 위원회를 구성하여 보고서를 제출하라는 나폴레옹의 명령을 받았다.[1] 나폴레옹도 볼타의 발명에 자극되어서 갈바니전기에 대하여 각별한 관심을 가지게 되었다. 그래서 그는 볼타를 초청하여 강연을 하게 했고, 그를 위한 금배(金杯)를 주조하여 갈바니전기 분야에서 가장 뛰어난 연구에 대한 명예상을 만들었다.

그리고 독일에서도 리터(Johann Wilhelm Ritter, 1776~1810)가 갈바니전기를 연구하여, 금박 조각(금박 편)을 이용한 일종의 검전기(檢電器)에 의하여 전기파일 양극 사이에 인력이 작용하는 것을 밝혔으며, 축전지를 발명하기도 했다. 갈바니(Luigi Galvani, 1737~1798)와 볼타가 발견한 이 새로운 자연력의 화학적·역학적 작용을 살펴보기에 앞서, 갈바니전원이 19세기 초에 발전되어 간 모습을 살펴보기로 하자.

1. 갈바니전원의 발전

볼타의 전기파일이 발명되자 곧이어 개량과 발견이 속속 이루어졌는데, 그중에서도 다음 사항들은 특기할 가치가 있다. 첫째로, 금속판의 접촉을 완전하게 하기 위해서 두 개의 금속판을 납땜하는 방법이 행해졌다. 둘째로, 전기파일의 생리학적 작용은 금속판의 수에 비례한다는 것이 볼타에 의하여 이미 입증되었으나, 니콜슨은 이것이 화학 작용에 대해서도 성립한다는 것을 입증했고, 또한 전기파일 금속판의 넓이를 크게 하면 방전 불꽃의 세기가 커지는 것을 알았다. 즉, 다섯 개의 큰 금속판 전기파일은 80개의 작은 금속판 전기파일보다 강한 불꽃을 주나, 이것과 반대로 생리학적 작용은 매우 미약했다. 그

---

1 볼타의 갈바니전기의 실험에 관한 프랑스 학사원 수학물리학부(과학 아카데미)에의 보고서, 『길버트 연보(1802)』 제10권, 389쪽 이하.

래서 갈바니전류의 열작용과 전기파일 금속판의 수와 크기의 관계를 1805년에 정밀하게 연구했다.[2]

1) 옴의 법칙 발견

이상과 같은 실험 결과, 전류와 전압과 저항의 상호 관계에 대하여 1827년에 옴 (Georg Simon Ohm, 1787~1854)이 발표한 법칙에 의하여 처음으로 하나의 통일된 관점에서 볼 수 있게 되었다. 전압을 E, 전류를 I, 회로의 내부 저항, 즉 전기파일 내의 저항을 r, 외부 저항, 즉 도선의 저항을 R이라고 하면, 이들의 양 관계는 다음의 수식과 같다는 법칙이다.

옴의 법칙: $I = E/(r+R)$

2) 검전기와 건전지의 개발

볼타가 그의 기본 실험을 한 후에 나타난 연구는 볼타의 전기파일을 액체가 없이 조립하여 그것으로 화학 작용 설에 대립해 있었던 접촉설에 확고한 지주를 마련해 보겠다는 것이었다. 이러한 사상은 베렌스(Peter Behrens)가 전기파일의 검전기를 조립하게 했고, 잠보니(Giuseppe Zamboni, 1776~1846)가 건(乾) 전기파일을 제작하게 유도했다. 베렌스는 금박(金箔)과 석박(錫箔)을 교대로 쌓은 두 개의 같은 전기파일을 반대 방향으로 두고, 한쪽 전기파일 상단의 + 극과 다른 쪽 파일 상단의 – 극 사이의 한가운데에 절연한 단추에 매달린 금박 조각을 달아두었다. 처음에는 양쪽에서 당기는 인력이 같으므로, 이 금박 조각은 수직한 위치에 달려 있었다. 그런데 이 금박 조각의 단추에 전기를 띤 물체를 가까이 하면, 금박 조각은 가까이 한 물체가 (+) 또는 (–)의 전기를 띠는가에 따라서, 한쪽 전기파일의 (+)극 쪽으로 또는 다른 파일의 (–)극 쪽으로 당기게 되었다.

그 후에 리스(Reese)가 개발한 전기파일 검전기는 더욱 적절한 구조를 갖추게 되었다. 이것은 금박과 은박을 쌓아 올린 하나의 전기파일의 양단을 서로 마주 본 두 장의 금속판에 연결하고, 그 금속판 사이의 한가운데에 절연한 금박 조각을 매달아 두었다. 이 금

---

2 『길버트 연보(1801)』 제9권, 385쪽. 『길버트 연보(1803)』 제11권, 132쪽. 『길버트 연보(1805)』 제19권, 45쪽에 실린 리터의 보고.

박 조각에는 극히 미량의 전기만 주어도 검출될 뿐만 아니라 그 전기의 종류 (+) 또는 (−)도 나타낸다.

앞에 기술한 베렌스의 발명은 거의 주목받지 못했으나, 이것과는 독립으로 이탈리아의 잠보니는 금박과 은박을 수천 매나 교대로 쌓아 올린 건전지 파일을 조립했다. 그는 그가 조립한 이 전기파일을 이용하여 일종의 영구기관을 만들려고 시도했다. 베렌스는 두 개의 건전지 파일 사이에 하나의 금박 조각을 매달아서 검전기를 만들었으나, 잠보니는 서로 마주 본 양극 사이에 자침(磁針)을 설치했다. 이 자침 상단은 양극에 교대로 당겨지고 반발되어서, 그 결과 이 바늘은 쉬지 않고 좌우로 진동했다. 건전지 파일의 발명은 처음 동안에는 화학 작용 설에 대항한 접촉설의 승리를 의미하는 것으로 보였으나, 얼마 지나지 않아서 엘먼(Paul Elman, 1764~1851)이 1807년에, 베렌스의 건전지 파일은 금속 사이의 종이가 습기가 없을 정도로 완전히 건조한 공기 중에서는 그 작용을 상실한다는 것을 증명했다. 즉, 엘먼이 사용한 염화칼슘 건조기 안에서는 작용을 못 하다가 다시 습기가 있는 보통 공기 중에 내놓으면 다시 작용을 회복했다. 리터는 이미 훨씬 이전에 두 개의 금속과 건조한 가죽으로 된 전기파일은 언뜻 보기에는 건조한 것으로 보이는 중간 도체인 가죽에 함유된 미량의 습기에 의하여 작용한다는 것을 알고 있었다.

3) 분극 및 정상전지의 발견

본래의 갈바니 전기파일에 되돌아가서 살펴보자. 이미 1802년에 더욱 앞선 중요한 기초적 발견이 있었다. 어떤 프랑스 사람이 물 분해기에 한참 동안 전류를 흘린 다음에 전기파일에서 떼어내서 물 분해기의 두 가닥 백금선을 혀에 대어 맛보았다. 그랬더니 물 분해기는 전기파일과 같은 작용을 나타냈다. 전기파일의 극과 같은 맛의 감각을 생기게 하기 때문이다. 이렇게 분극(分極) 현상과 분극 전류가 발견되었다.[3] 이와 똑같은 관찰을 리터도 이미 몇 번이나 했다. 그는 두 개의 금속을 쓰지 않고, 은박과 젖은 천만으로 전기파일을 조립했다. 이 전기파일은 처음에는 거의 전류를 주지 못했다. 그런데 이 전기파일을 한참 동안 볼타 전기파일에 연결하여 그 작용을 받게 한 후에 그 연결을 끊고 보았더니, 그 후로는 이 한 가지 금속으로 된 충전파일이 전류를 냈다.

리터는 처음에 어떤 새로운 종류의 축전기를 발견한 것으로 믿고 있었으나, 결국에는

---

3 『포크트 잡지(1802)』 제4권, 832쪽.

볼타가 그렇지 않다는 것을 다음과 같이 해명했다.

"이 현상은 전기의 단순한 축적이 아니라 물의 분해에 관계된 것이다. 이 전기파일에 전류를 흘려주어서 물이 분해된 결과, 각 은박은 양극 쪽은 수소 층으로 덮이고, 음극 쪽은 산소 층으로 덮이게 된다. 두 가지 가스와 하나의 금속으로 된 이 전기파일은 분해된 물이 다시 물로 되돌아가기까지 작용을 계속하게 된다."

볼타는 후년에 플랑테(Raimond Louis Gaston Planté, 1834~1889)가 이차전지(축전지)를 발명하게 한 분극 원리를 이와 같이 올바르고 아주 명확한 말로 표현했다. 따라서 리터의 이 충전파일은 축전지의 최초의 원형이 된 셈이다.

리터는 또 충전파일을 삽입하면, 볼타 전기파일의 전류가 급속히 약해지는 것을 발견했다. 이 현상은 충전파일에서 발생하는 전류가 볼타 전기파일의 충전 전류에 대항하기 때문에 생기는 것이다. 이와 같은 이유에서, 다시 바꾸어 말하면 분해 물질의 발생 때문에 볼타 전기파일은 충전파일이나 물 분해기에 연결되지 않아도 약해지지 않을 수가 없다는 것이 인식되었다. 이런 문제점에 대한 대책을 강구하려는 노력에서 정상전지가 개발되었다. 그 기초가 된 사상은 분극으로 전기파일이 약화되는 것을 화학적 방법으로 방지해 보자는 것이다. 그래서 한 종류의 액체를 가진 최초의 전기파일로부터 두 종류의 전해질 용액을 가진 전지로 옮겨가게 되었다. 즉, 아연과 백금 전대의 전류는 배금을 소량의 질산과 접촉시키면, 백금을 덮는 수소에 의하여 약하게 되던 것이 다시 매우 증가하게 되는 것을 관찰했다. 복극(復極) 또는 소극(消極)이라고 불리는 이 현상의 원인은 수소가 질산으로 산화돼서, 수소가 음극으로부터 제거되는 데 있다는 것을 알았다.

런던 대학의 다니엘(John Frederic Daniell, 1790~1845) 교수는 1836년에 최초로 정상전지를 만들어 냈다. 그는 볼타의 장치를 개량하여, 소소(素燒) 원통 용기에 황산동 용액을 채우고 그 안에 동극을 담그고, 이 원통을 다시 아연 극이 담긴 묽은 황산 속에 담았다. 그래서 발전 과정에서 음극의 아연 표면에 산화아연이 형성되면, 이 산화아연은 황산에 용해된다. 그리고 동극에는 수소가 아니고 그 수소에 해당하는 양의 동이 침전되며, 따라서 동극의 표면은 변하지 않는다. 그 결과 분극은 방지되어, 이 전지는 매우 정상적인 전압을 발생했다. 옴이 갈바니전류의 법칙에 관한 그의 여러 가지 연구를 했을 때, 이것으로 그의 정밀한 측정을 위한 전제 조건을 만족할 수가 있었다.

그로브 경(Sir William Robert Grove, 1811~1896)이 처음으로 전지 제작에 분해하기 쉬운 질산을 이용했다. 그는 상하가 열린 아연 원통을 묽은 황산 안에 담그고, 그 아연 원통 안에 소소 용기에 질산과 백금을 담은 것을 넣었다. 따라서 기전 작용(起電作用)에 관계된 물질의 작용 순서는 다음과 같이 된다.

① 아연: 산화아연을 형성하고, 황산에 의하여 용해됨.
② 제1 전해질(電解質)인 황산.
③ 제2 전해질인 질산: 전류는 소소 용기 세공으로 흐름.
④ 백금: 수소가 유리됨. 분극을 일으키는 이 수소는 질산이 산화시켜 물을 만들고, 이산화질소의 갈색 연기를 냄.

그로브 경은 이와 같은 '그로브전지(Grove cell)'를 발명하여 1839년에 발표했고, 다음 해부터 7년간 런던 연구소(London Institution)의 실험이학 교수로 봉직하여, 1846년에 유명한 그의 저서 『자연력의 상관에 대하여(On the correlation of physical forces, 1846)』를 출판했다. 이 저서를 통해 빛, 열, 전기 등의 자연력은 일정한 당량 관계(當量關係)를 가지고 상호전화(相互轉化) 한다는 에너지의 기본 개념을 세웠다.

그 후에 여러 가지 전지가 개발되었을 때에, 사람들은 순수한 경험에서 '다니엘전지'의 기전력(起電力)을 전압의 단위로 채용하여 '볼트(volt)'라고 했다. 오늘날의 전기 단위에 비추어 보아도 다니엘전지의 발전력, 즉 전압은 매우 정확하게 1볼트에 해당한다. 그리고 그로브전지의 전압은 다니엘전지의 약 1.8배, 즉 1.8볼트인 것이 밝혀졌다. 그러나 이러한 장점이 있는 대신에, 매우 고가인 백금을 사용한다는 것과 질산에서 유해한 가스가 발생한다는 단점도 있었다. 그래서 분젠(Robert Wilhelm Bunsen, 1811~1899)은 백금을 다공성(多孔性)의 탄소로 대체했다. 그는 이 탄소 극을 석탄과 코크스(cokes)에서 만들었다. 그러나 후에는 이 탄소판이 석탄가스 제조의 부산물인 가스탄에서 만들어지게 되었다. 그리고 유독가스의 발생을 없애기 위하여, 질산을 다른 여러 가지 산화제로 대체해 보았으며, 크롬산이 가장 적합한 것을 알아냈다.

2. 전기화학의 확립

많은 대발견의 경우와 마찬가지로, 갈바니전기의 화학 작용에 관해서도, 최초의 여러 관찰들은 그것의 상당한 의의를 인정받지도 못하고 더욱 깊게 추구되지도 않고 있었다. 예를 들면, 이미 1795년에 아연과 은을 물에 담그면 아연의 표면은 산화물의 층으로 덮인다는 것을 지적하고 있다. 훔볼트(Alexander von Humboldt, 1769~1859)는 이런 실험을 되풀이하여 은에서 기포가 떠오르는 것을 보았다. 이것은 수소였다. 훔볼트는 볼타에 대하여 반대한 일인자였다. 그는 1797년부터 1799년까지『자극한 신경섬유와 근육섬유에 관한 실험』이라는 동물전기에 관한 저작을 출간했다. 그 안에, 갈바니 현상은 동물의 기관에 고여 있던 일종의 유체에서 생겼을 것이라는 의견을 세웠고, 갈바니가 가정한 것과 같이 이 유체가 전기인지조차도 의문시했다. 갈바니와 볼타의 연구 성과는 해협을 건너 영국에서는 많은 사람에게 받아들여졌다. 볼타의 전기파일의 발명이 영국에 알려지자, 이 나라의 물리학자들은 서둘러서 볼타의 장치를 조립하여 그것으로 실험을 했다. 이때에 그들의 주의는, 볼타가 못 보고 지나갔거나 자기가 세운 접촉설에 사로잡혀 충분히 주의하지 못한 화학 현상에 기울어졌다.

1) 물의 전기분해

런던 대학 교수 칼라일(Antoney Caliyle, 1768~1840)은 볼타의 보고에 따라 영국에서 처음으로 전기파일을 조립했다. 그는 회로를 구성하는 철사와 금속판과의 접촉을 좋게 하기 위하여, 그 접점의 금속판에 물을 한 방울 떨어트려서 젖게 해보았다. 그랬더니 철사 주위에 기포가 생기는 것을 보았다. 이 현상을 더욱 정밀하게 추구하기 위하여, 칼라일은 니콜슨(William Nicholson, 1753~1815)과 공동으로 1800년 5월에 물을 채운 유리관 안에 두 가닥의 노쇠 철사로 갈바니전류를 흘려보았다. 이 양 철사 끝의 거리는 4cm였고, 두 철사는 각각 전기파일의 상단과 하단의 은과 아연 금속판에 연결되었다. 그랬더니 곧 유리관 안에서는 은에 연결한 철사 끝에서 작은 기포의 흐름이 생기며, 다른 쪽 철사 끝은 검게 되기 시작했고, 기포로 나온 가스는 수소인 것이 확인되었다.[4]

---

4 『길버트 연보(1800)』 제6권, 340쪽.

물이 분해되어, 수소는 한쪽의 철사 끝에서 기포가 돼서 나오고, 산소는 다른 쪽 철사를 산화시켜서 검게 한 것이다. 그들의 보고는 다음과 같다.

"최초에 수소 가스가 발생한 것을 보았을 때부터, 우리는 이 실험에서 물의 분해를 기대하고 있었다. 그런데 수소만 한쪽 철사 끝에서 나오고, 산소는 약 2인치 떨어진 다른 쪽 철사와 화합하는 것을 알고 놀랐다. 그래서 나는 산화하기 어려운 금속을 사용하여 반응을 연구했다. 즉, 나는 직경 1/4인치의 짧은 유리관 안에 두 가닥의 백금선을 고정하고 이 장치를 전기파일과 연결했는데, 음극인 은과 연결한 백금선에서는 많은 기포의 흐름이 생겼고, 양극인 아연과 연결한 백금선에서도 전자보다는 적으나 역시 기포의 흐름이 생겼다. 음극(은)에서 생기는 많은 흐름의 가스는 수소이며, 양극(아연)에서 생기는 적은 흐름은 산소라는 것을 추정하는 것은 당연한 것이다. 이 연구는 이러한 기대를 실증했다."

물의 성분은 이미 알려져 있었다고는 하나, 화합물에 대하여 갈바니전류를 써서 한 최초의 완전하고도 명석한 분해이다. 칼라일과 니콜슨은 훔볼트와 같이, 전류의 화학 작용에 근거하여 여러 현상을 지적한 선구자이다. 볼타는 전기파일의 발견 전에도, 화학 변화는 전기 발생의 결과가 아니고 그 원인일지도 모른다고 했다. 그러나 계획적이며 결실이 풍성한 연구에 의하여, 갈바니전류를 써서 처음으로 물의 분해를 여실히 제시한 이 두 영국 과학자의 공적은 찬양받을 만한 것이다. 다음에 올 것은, 이 새로운 수단을 아직 화학적 성분이 알려지지 않은 여러 물질에 응용하는 것이다. 이 길을 수년 후에 영국 사람인 데이비가 성공적으로 개척해 나가게 된다.

2) 전기분해의 확대와 데이비의 견해

데이비 경(Sir Humphry Davy, 1778~1829)은 1778년 12월 17일에 가난한 집안에서 태어났다. 그의 아버지는 목판 조각으로 겨우 생계를 꾸려가고 있었다. 그래서 젊은 데이비는 어떤 외과 의사의 조수가 되었고, 약재를 조제하는 조수 일을 하게 되었다. 그래서 그는 화학 현상에 흥미를 가지게 되었고, 이것이 그의 진로를 결정하게 되었다. 데이비는 20세가 된 1798년에 기체가 생체에 미치는 영향을 조사하기 위하여 설립된 '브리스틀 기체 연구소'에 들어가서, 1772년에 프리스틀리가 발견한 아산화질소가 마취와 마비 작용을 하는 것을 발견했다. 그리고 수소와 탄산가스의 생리작용에 관한 연구에 착수하여 우수한 실험가의 명성을 획득했다. 그래서 볼타의 발견이 보도된 직후인 1801년에 '런던 왕실 연구소(London Royal Institute)'의 화학 교수로 초빙되었고, 1803년에는 왕립협회 (Royal Society)의 회원으로까지 추대되었다. 그는 19세기 초 10년간의 눈부신 연구 활동으로 '전기학'에 새로운 방향을 주었다.

물의 성분이 이미 알려져 있었다고는 하나, 화합물에 대하여 데이비가 물리학과 화학 분야를 동시에 포괄한 우수한 연구 활동이 있었으므로, 당시에 관찰된 전기화학적 여러 현상에 대한 틀린 해석과 오류들이 제거될 수 있었던 것이다. 그 당시에는 전기에 모든 가능한 것이나 불가능한 것들이 귀착되어 있었다. 예를 들면, 순수한 물과 전기 유체에서 질산, 염산, 소다 또는 특별한 전기 산(電氣酸)과 같은 것들이 만들어질 수가 있다고 믿고 있었다.

데이비는 이러한 오류에 대하여, 물은 불순물을 함유하고 있어서 분해 때에 그러한 화합물이 생기는 것이며, 또는 전기의 작용으로 용기의 성분이 물 안에 들어와서 분해된 것임을 입증해 주었다. 그는 화학적으로 순수한 물은 전기로 산소와 수소만으로 분해된다는 것을 명확히 제시했으며, 이것을 위한 다수의 실험 결과는 그의 논문 「물체의 일정 성분의 전기에 의한 이동」에 수록되었는데, 이것은 후년에 '이온(ion)의 이동'이라고 불리게 된 것인데, 양(+) 또는 음(−) 전하(電荷)의 자유이온이라는 가정으로 설명되어 있다. 데이비는 이 실험 성과의 요점을 다음과 같이 기술했다.

"수소와 금속은 음전기적 금속면에 흡인되며, 반대로 양전기적 금속면으로부터 반발된다. 이에 반하여, 산소와 산(오늘날의 산기)은 양전기적 금속면에 흡인되고, 음전기적 금속면으로부터 반발된다. 이러한 인력(引力)과 반발력의 작용은 친화력을 이길 만큼 강력하다. 수소는 양 금속면, 산소는 음 금속면으로부터 반발되므로 회로(回路)를 구성한 물의 중간에서 반발된 물질이 화합되지 않을 수가 없다. 즉, 한 금속면으로부터 다른 금속면까지의 사이에서 일련의 분해와 재화합이 행해진다."[5]

---

5 로열 소사이어티, 『이학 보고(1807)』. 오스트발트, 『클라시커』 제45권, 26쪽. 이 인용문에 나오는 '금속면'이라는 말은 오늘날의 '전극(Electrode)'을 뜻한다. 당시에는 '전극'이라는 용어가 없었고, 그것을 '금속면'이라고 불렀다. '전극'이라는 용어는 데이비의 제자인 위대한 전자기학자 패러데이가 처음으로 도입한 것이다.

3) 데이비 – 나트륨과 칼륨의 발견

데이비는 1807년에 매우 중요한 그의 한 발견에 대하여 로열 소사이어티에 보고를 했다. 그전에 라부아지에가 알칼리와 알칼리토류는 아직 밝혀지지 않은 원소와 산소가 화합한 금속재에 유사한 화합물이 틀림없을 것이라는 추측을 발표한 적이 있다. 그리고 알칼리는 유리관 안에 있는 물을 전기분해 할 때도 유리벽으로부터 물로 옮겨지는 물질이기도 했다. 그래서 이 화합물의 화학적 본성을 둘러싼 암흑을 밝히기 위해서는 전류의 분해력을 알칼리 물질 자체에 작용시켜 보는 것보다 좋은 착상은 없을 것이다. 데이비는 우선 상온에서 포화한 칼리나 소다의 수용액을[6] 그가 이용할 수 있었던 가장 강력한 전지를 써서 분해해 보려고 했다. 그런데 아무리 작용을 강하게 하여도 물만 펄펄 끓으며 분해되어 수소와 산소만 발생했다. 그래서 데이비는 그 후의 실험에서, 칼리와 소다를 배금 숟가락에 담고, 전기로 녹임(용융)과 분해를 동시에 작용시켜서 이것을 분해했다.

달아서 완전히 건조한 칼리는 전기를 통하지 않으나, 칼리의 고체 상태에 변화가 없을 정도의 아주 적은 수분만 주어도 그것은 전기를 통하게 된다. 이런 상태에서 칼리는 강력한 전기 작용에 의하여 녹게 되며 동시에 분해된다. 데이비는 순수한 칼리의 작은 조각을 대기 중에 두어서 수분을 빨아들여서 그 표면이 전도성을 가지게 했다. 그리고 250개의 금속판 짝으로 된 강력한 전지의 음극에 연결한 절연된 백금 접시 위에 두고, 칼리의 표면에 양극에 연결된 백금선을 접촉시켰다. 그랬더니 즉시 매우 왕성한 작용이 일어나서 칼리는 녹기 시작했고, 그 상면은 격렬하게 비등하는 것을 보았다. 그리고 밑면에서는 가스의 발생을 거의 인지할 수가 없었다. 그런데 데이비는 그 백금 접시 위에 매우 선명한 금속광택을 가진, 마치 수은과 같은 모양을 한 작은 알맹이가 있는 것을 발견했다. 수많은 실험 끝에 그는 이 작은 알맹이야말로 자기가 찾고 있던 물질, 즉 특이한 종류의 가연성 물질이며 칼리의 근본인 금속이라는 것을 알았다. 그리고 배금은 이 결과에 대하여 무관하며, 다만 분해를 일으키게 한 전기를 흘려주는 도체에 지나지 않다는 것을 입증했다. 즉, 도선으로서 동, 은, 금, 탄소 등을 사용해도 같은 물질이 생기는 것을 입

---

6 보통 '알칼리'라고 총칭되어 온 '칼리'와 '소다'는 원래 '칼륨'과 '나트륨'의 탄산염을 지칭한 것으로, 비누나 유리 제조에 써왔다. 여기서 데이비는 칼리와 소다를 산화물로 생각하고 있었다. 데이비는 칼리(Potasiu)와 소다(Natron)를 전해하여 얻은 금속 원소를 '칼리와 소다의 근본(base)'이라는 의미에서 'Potasium, Sodium'이라고 명명했다. 독일은 보통 'Kali, Natron'으로 부르고 있었으므로, 그것들을 'Kalium(칼륨)'과 'Natrium(나트륨)'으로 부르게 되었다.

증했다. 소다도 같은 방법으로 칼리와 유사한 결과를 얻었다.

데이비는 이 이전에 연구한 화합물의 모든 분해에서, 가연성 원소는 언제나 음극에서 유리되며 산소는 양극에서 나오거나 양극과 화합한다는 사실을 알고 있었다. 따라서 알칼리에 전기를 작용시킬 때도 똑같은 방법에 의하여, 새로운 물질이 음극에서 생기리라는 것은 당연히 착상할 수 있는 것이다. 그래서 그는 수은으로 밀폐하고 외기를 뽑아낸 장치로 여러 가지 실험을 했다. 이런 실험들은 예상한 것과 같다는 것을 증명했다. 즉, 그가 전기가 통할 정도로 수분을 흡수한 고체의 칼리 또는 소다를 유리관 안에 밀폐하고, 이것에 배금 선을 달아서 전류를 흘렸을 때, 새로운 물질이 음극에 생겼고, 양극에서 발생한 가스는 순수한 산소였다. 음극에서는 수분이 너무 많지 않는 한 가스는 나오지 않으나, 물이 너무 많으면 생긴 칼륨과 수분이 작용하여 수소가 발생하게 된다.

데이비는 알칼리가 새로이 발견된 금속과 산소만의 결합으로 생겼다는 증명을 확고히 하기 위하여, 전기분해에 근거하여 알칼리를 다시 합성할 계획을 세웠다. 특히 이 목적으로 장치한 수은으로 밀폐된 유리관 안에서, 그는 칼리에서 만든 칼리의 근본 물질(칼륨 원소)의 작은 알맹이와 산소를 접촉시켰더니 칼리, 즉 산화칼륨이 생기는 것을 확인했다. 같은 방법으로 소다의 근본, 즉 나트륨 원소도 같은 반응을 일으켜서 다시 소다가 되는 것을 확인했다.

그리고 칼리 또는 소다에서 얻은 그것들의 근본 물질, 즉 칼륨 또는 나트륨을 일정량의 산소 중에서 가열하면 흰 연기를 내며 타서 흰 덩어리로 되는데, 이 산화물은 칼리 또는 소다이다. 이 산화물의 중량은 처음보다 매우 무거워진 것을 정량적으로 확인했다. 이러한 사실에서 데이비는 그가 만든 칼리와 소다의 근본, 즉 칼륨과 나트륨은 특이한 원소이며, 칼리와 소다는 이 원소와 산소가 결합된 것임을 밝힐 수 있었다. 그리고 알칼리금속은 산소에 대한 친화력이 매우 크다는 증명되었다. 따라서 데이비가 발견한 이 원소들은 석유 안에서 저장해야만 했다. 그리고 수분은 이것들에 의하여 매우 격렬하게 분해돼서 수소를 발생했다. 그래서 알코올과 에테르는 충분히 무수 상태로 한 후에도 그 액체 속에 남아 있는 미량의 수분까지도 이것으로 없앨 수가 있었다.

산화 금속을 칼륨과 함께 가열하면, 그의 산소가 칼륨에게 빼앗겨서 환원되었다. 데이비는 소량의 산화철을 칼륨과 함께 가열했더니, 활발한 작용이 일어나서 칼리 말고도 회색의 금속 알맹이가 생기는 것을 보았고, 이 금속이 순수한 철인 것을 밝혔다. 산화연(酸化鉛) 및 산화석(酸化錫)은 더욱 급속히 환원되었다. 그러나 칼륨이 너무 많으면, 그 금속과 칼륨이 결합한 합금이 생겼다. 데이비는 나트륨의 화학 작용도 대체로 칼륨과 매우 닮은 것을 발견했으나, 특징적인 상이점도 밝혔다. 데이비는 이상의 연구가 완성되자, 곧 더 나아가서 '바리타(重土, 중토)'나 '스트론티아'와 같은 알칼리토에 대한 연구를 시작했다. 그는 다음과 같이 기술하고 있다.[7]

"바리타나 스트론티아와 같은 알칼리토도 알칼리와 같은 종류의 화합물, 즉 고도의 연소성을 가진 금속 원소의 산화물이라고 추측했다. 그리고 석회, 마그네시아, 알루미나(alumina), 실리가(규토) 등도 바리타나 스트론티아와 같이 알칼리와 많은 유사점을 가진 것을 알았다. 그래서 이와 같은 고집 센 물질들도 강력한 전기 작용에는 저항하지 못할 것이다. 따라서 이들의 성분을 새로운 방법으로 분리할 수 있을 것이란 기대를 하게 되었다."

석회, 마그네시아, 스트론티아의 전기분해는 그의 예측과 같이 성공했다. 데이비는 그의 알칼리금속 발견에 놀라고 있던 당시의 사람들에게 1년 후에 또다시 이 새로운 성공을 보고하게 되었다. 특히 데이비의 이러한 연구들은 화합물의 성분으로서 산소가 가진 새로운 의의를 인식하게 한 중요한 결과를 가져다주었다. 라부아지에가 이 산소를 산(酸)을 만드는 근원이라고 주장한 것과 같이, 이제는 이 원소가 알칼리의 성립에도 근본적인 것이라고 할 수 있었다. 그래서 데이비는 자기의 연구에 대한 결론에 다음과 같이 주장하고 있다.

"산소는 모든 진정한 알칼리 속에 존재하고 있다. 프랑스 사람이 산성의 원기로서 특징 지웠던 동일한 물질을, 이러한 이유에서 알칼리성의 원기라고도 부를 수가 있다."

현대의 견해에 의하면, 알칼리성은 K_2O, Na_2O 중에 있는 산소(O)가 아니고, KOH, NaOH 중에 있는 수산기(OH)에 기인한다는 것은 주지의 사실이다. 데이비가 산소의 이 새로운 역할을 안 후, 그는 당연히 휘발성 알칼리인 암모니아에 대해 연구하게 되었다.

---

7 오스트발트, 『클라시커(Klassiker der Naturwissen-schaften, 1889)』 제45권, 85쪽. 알칼리토는 'Calcium Strontium, Balium'의 산화물이며, 옛날에는 'Calk(CaO), Strontia(SrO), Balita(BaO)'라고 불렸다. 그리고 'Magnetia, Alumina, Silica'는 'Magnesium, Aluminium, Silicon'의 산화물 'MgO, Al_2O_3, SiO_2'이다.

그런데 그가 그 속에 있을 것으로 믿었던 산소는 순수한 '암모니아 가스(NH_3)' 속에는 없었다. 그런데도 불구하고, 실제로 발견한 것으로 오인하고 말았다. 그러나 암모니아 가스는 물의 수소와 수산기와 화합하여 본래의 알칼리기(염기)가 되므로($NH_3 + HOH = NH_4OH$), 여기서도 산소가 알칼리성의 본질을 형성하고 있다. 그리고 데이비는 암모니아의 고정 알칼리에 대한 관계를 매우 정확하게 파악했다. 즉, 암모니아의 고정 알칼리에 대한 관계는, 마치 복합기를 가진 식물산의 단일기를 가진 광물산에 대한 관계와 같다고 말하고 있다. 따라서 오늘날도 통용되는 이 견해에 의하면, 칼륨에 해당하는 암모니아기는 NH_4가 되는 셈이다.

4) 전기와 화학적 친화력

데이비의 전기화학적 연구의 성과와 같이, 매우 짧은 기간에 화학이 이와 같이 수많은 새로운 사실을 알게 된 것은 전례가 없는 일이다. 그래서 사람들은 전류가 화학 분해에서 가장 유력한 수단인 것을 배웠다. 그래서 볼타 전기파일이 가진 분해 작용과 함께, 전기파일 내에서 금속과 사용한 전해 액체와의 사이에 일어나는 화학 변화에 대해서도 연구하는 것이 성행했다. 사람들은 이 화학 변화를 처음에는 이차적인 현상으로 보고 있었으나, 이제는 전기파일 내에서 행해지는 이 화학 현상이 전류에 기인한다는 것을 인정하기 시작했다.

물론 데이비는 모든 화학 현상이 기전적으로 작용하는 것은 아니라는 것은 알고 있었다. 예를 들면, 철을 검전기에 연락하고 그것을 산소 중에서 연소했으나, 검전기는 연소가 진행하는 중에도 대전의 징후는 나타내지 않았다. 초석(硝石)과 목탄(木炭)을 폭발시켜서 화합해도 역시 검전기는 거의 아무런 작용을 하지 않았다. 그리고 고정 알칼리와 황산(硫酸)을 화합시켰을 때도 전기의 발생은 전혀 인지될 수가 없었다. 그런데도 데이비는 화학적 친화력을 전기의 인력(引力)과 척력(斥力)에 귀착시키려고 노력했다. 그래서 우리는 그를 화합물에 대한 전기설의 확립자로 보아야 할 것이다. 이 전기설은 후에 베르셀리우스(Jöns Jacob Berzelius, 1779~1848)에 의하여 더욱 완성되고, 그 후에 많은 개량을 거쳐서 현대적 견해의 기초가 된 것이다.

원래 데이비는 순수한 화학설의 신봉자였으나, 후에는 접촉설도 동시에 고려하려고 노력했다. 즉, 베르셀리우스에 의하면, 두 가지 전하는 본래 원자에 고유한 것이며 원자의 화합에 있어서 서로 상실된다는 것이나, 데이비는 모든 원자는 접촉할 때에 음양 반대의 전기를 띠며, 그 결과 서로 당긴다고 가정했다. 데이비는 자기의 이 견해를 다음과 같이 기술했다.

"화학적으로 상호 결합하는 모든 물체는 그 접촉에 의하여 음양(- +)으로 대전한 상태가 된다. 원소의 최소 미분자가 자유롭게 운동한다고 가정한다면, 이 이유에서 그들은 접촉에서 나타난 각자의 전기 힘 때문에 서로 당기지 않으면 안 될 것이다."

그래서 전기와 화학적 친화력의 관계는 매우 명확하게 되었다. 양자는 결국 같은 것이라고 가정해도 좋을 것이다. 이것에서 데이비가 제기한 문제, 즉 '친화력의 정도에 일치한 물체의 전기 힘의 정도를 발견한다'는 문제가 설명된다. 데이비의 이런 사상은 장래에 전기적인 것과 화학적인 퍼텐셜(Potential) 관계에 대한 연구가 진행됨에 따라서 매우 큰 의의를 가지게 되었다.

5) 전기의 열과 빛 작용

갈바니전기의 열과 빛 작용도 금속판의 수가 증가되었을 때는 나타나지 않을 수 없었다. 갈바니전류를 개폐할 때에 다소간에 강력한 불꽃이 나타나는 것은 이러한 새로운 장치를 다룰 때에 최초로 관찰한 사실이다. 데이비는 수백 개의 금속판 짝으로 조립된 전지의 전류를 알칼리에 흘렸을 때에, 그 열작용은 알칼리를 용해할 만큼 컸다. 그가 그후에 2000개의 전대(Electric paire)를 이용했을 때에 중단 개소, 특히 탄소 극에서 매우 눈부신 빛이 나타났다. 이 빛은 최근세에 값싼 전원이 개발된 이래 '아크(Arc)등'으로 조명에 이용되었다. 그러나 데이비를 아크등의 발명자로 보는 것은 꼭 합당하다고는 할 수가 없다. 회로를 열 때에 불꽃이 생기는 것은 이미 옛날부터 물리학자의 주의를 받았던 것이며, 그들은 불꽃이 생기는 것은 금속 미분자가 분리하여 튀어나오는 것으로 설명하고 있었다. 그리고 더욱 강력한 불꽃을 얻기 위하여, 다른 쪽의 극도 탄소봉에 연결하여 두 개의 탄소봉으로 눈부신 빛을 내게 한 것을 1820년에 발표한 사람도 있었다. 데이비가 이러한 그의 실험을 로열 소사이어티의 『이학 보고』에 발표한 것은 1821년인데, 독립적으로 발견했는지는 분명치 않다. 그러나 그가 발견한 중요 사항은, 이러한 실험 후에 탄소 극의 양쪽 끝을 조사한 것이다. 그는 양극 끝은 방전으로 뺏겨진 대신에 음극은 뾰족하게 튀어나온 것을 발견했다. 즉, 탄소 미분자가 양극으로부터 음극으로 이동한 사실을 확인했다. 그래서 그는 이 아크 빛을 진공 중에서 일어나게 하여 이동한 탄소 미분자의 연소를 방지하여 이 현상을 더욱 명확하게 나타냈다.

이러한 것들 외에도 데이비가 수행한 전기의 전도도(傳導度)에 관한 연구도 들지 않을 수 없다. 그는 금속의 전도도가 온도의 상승에 따라 감소하며, 회로 중의 불량 도체는 좋은 도체보다 더욱 잘 달아오른다는 것을 제시했다. 이것을 일목요연하게 입증하기 위하여 그는 각 부분이 교대로 은선과 백금선으로 구성된 회로를 만들었다. 이 회로에 전류를 흘렸더니, 백금선은 작렬하게 되었지만 은선은 차가운 채로 있었다. 이런 실험은 오늘날도 중학교 교과 과정 실험에서 인기 있는 것이다. 데이비는 이런 실험 결과에 의하여, 비전도도가 가장 낮은 것으로부터 높은 순으로, 즉 가장 나쁜 도체로부터 좋은 순으로 기지의 금속들을 배열했다. 즉, '철, 백금, 석, 아연, 금, 동, 은'의 순서로 배열했다. 그리고 전도도는 표면적의 크기가 아니고 단면적의 크기에 비례한다는 것을 다음과 같이 증명했다. 즉, 미리 전도도를 측정한 철사를 평평하게 늘려서 리본 모양이 되게 했다. 그래서 표면적은 6배나 되었는데도 전도도는 변함이 없었다. 그리고 전도도는 철사의 길이에 반비례한다는 것도 밝혔다.

데이비가 한 많은 발견 중에는 전기 이론뿐만 아니라 실생활에 유익한 것도 많았다. 그가 1815년에 발견한 안전등은 탄광 내의 사고 발생 수를 매우 감소시켰고, 그가 발견한 칼륨은 그 후에 어두운 밤에 해상을 표류하는 선박에 대한 구조 신호가 되었다. 그리고 그는 이 안전등 발명에 대한 특허권을 따지 않았다. 이것에 감사한 뉴캐슬의 광산주들은 1817년에 그에게 당시의 시가 약 1200파운드에 해당하는 은 식기를 증정했다. 이것은 그의 유언에 따라 사후에 로열 소사이어티에 기증되었고, 로열 소사이어티는 그 매각금에 의하여 '데이비상'을 설정하여, 중요한 화학적 발견자에게 수여하게 되었다.

분젠(Bunsen)과 키르히호프(Kirchhoff)가 1877년에 스펙트럼분석으로 최초의 '데이비상'의 수상자가 되었다. 이것은 데이비의 인품을 실증하는 한 예이기도 하다. 데이비의 이와 같은 비할 데가 없는 큰 업적에 대하여 풍성한 명예가 그에게 주어졌다. 나폴레옹은 당시에 영국과 교전 중인데도 그가 볼타의 발견을 기념하여 설정한 '갈바니전기 분야의 가장 우수한 업적에 대한 상패'의 하나를 이 천재적 인물에게 수여했다. 데이비는 영국의 한 빈한한 집에서 태어나 의사의 조수로서 젊은 생을 시작했으나, 작위를 받아 귀족이 되었고, 그가 다녀 보지 못한 대학의 교수가 되었고, 영국의 대학 교수들이 가장 영예롭게 여기는 로열 소사이어티의 회원으로 추대되었을 뿐만 아니라, 1820년 뱅크스(Joseph

Banks)의 서거로 로열 소사이어티의 회장에 선출되기까지 했다. 그는 연구 상의 격무로 건강을 해쳐서 회장직을 사퇴하지 않을 수 없게 된 1827년까지 이 지위를 지켰다. 그런데 건강이 좀 회복되었을 무렵, 여행하던 중에 제네바에서 아깝게도 객사하고 말았다.

3. 전자기의 역학적 기초 현상 연구

전기와 자기의 관계를 암시하는 최초의 관찰도 역시 데이비가 했다. 그는 탄소의 전극 간에 생기는 아크 빛은 강력한 자석의 극에 의하여 흡인되거나 반발되거나 또는 회전된다는 것을 발견했다. 전극을 공기가 희박한 공간에 두어 전기 아크의 길이가 7~10cm가 되게 했을 때에 이 실험은 특히 성공을 거둘 수가 있었다. 그리고 아크 전류에 대한 자석 작용의 반대로 움직이는 자석에 미치는 전류의 작용을 증명하는 것도 당연히 문제가 되었다. 이 일은 덴마크의 물리학자 외르스테드에 의해 성공했다.

1) 외르스테드의 발견, 전류와 자석

외르스테드(Hans Christian Örsted, 1777~1851))는 1777년 8월 14일 덴마크 란게란드 섬의 소도시에서 태어났다. 그의 아버지는 빈한한 약제사였으나 자식의 교육에는 열심이었다. 한스와 그의 동생 아스데르스는 1794년 국비생 시험에 합격하여 코펜하겐 대학에 입학했다. 당시에 물리학과 화학은 졸업논문을 받아주지 않았으므로 한스는 약물학을 수학하여 우등으로 졸업했고, 동생은 법률가를 지망하여 후에 '대신'이 되었다. 볼타의 전기파일의 발명이 발표된 1800년에, 그는 코펜하겐에서 만지 교수가 경영하는 약국의 약제사로 있었는데, 볼타의 발견에 자극되어 그 방면의 연구를 곧 시작했다. 그의 첫 성공은, 갈바니전지의 물과 산의 배합을 주의 깊게 조절하여 좋은 결과를 얻은 것이다. 1800년에 만지 교수가 외국 여행을 떠나면서 그에게 대강을 맡겼으므로 그 보수와 다음 해에 이 연구에 대한 대학의 상금을 받아서 독일과 프랑스에서 유학했다. 그는 독일에서 이론의 왕국을 발견했고, 파리에서는 실험 이학의 낙원을 발견했다고 한다. 1803년 파리에서 돌아온 외르스테드의 관심은 전기화학에 집중되어 있었다. 1806년에 그의 모교 코펜하겐 대학의 물리학 원외 교수가 되었고, 1817년에는 정교수로 임명되었다. 그리고 1820년은 그의 생애 중 가장 행복한 해였다. 그는 전류가 자침을 움직이게 한다는 아주 중요한 발견을 하여 1820년 7월 21일에 발표했다. 이 발견은 두 가지 신비한 자연력인 전기와 자기의 관계를 밝히고 증명한 것이다.

1820년에 저명한 물리학자와 학회에 보낸 그의 짧은 논문에, 외르스테드는 다음과 같은 실험과 그 성과를 보고하고 있다.

그는 전류가 흐르는 직선 철사를 보통의 자침 위에 평행이 되도록 두었다. 그랬더니 자침이 움직였다. 즉, 자침의 북극이 전류의 음극을 가리키고 있었을 때는 서쪽으로 돌았고, 자침과 전류가 흐르는 도선의 간격이 2cm 이내일 때는 약 45도나 돌았고, 2cm 이상 떨어지면 떨어질수록 도는 각도는 줄어들었다. 그리고 도는 각도는 전류의 세기에 비례했고, 전기 도선 금속의 본성은 그러한 결과에 전연 영향이 없었다. 그는 백금, 금, 은, 노쇠와 철의 도선을 사용해 보았고, 석이나 납의 테이프도 사용해 보았고, 수은도 사용해 보았으나 결과는 마찬가지였다. 그리고 이와 같은 전류의 자침에 대한 영향은 유리판, 금속판, 목판 등을 사이에 두고도 작용했다.

이상의 실험과는 반대로 도선을 자침의 밑에 두었더니, 이러한 작용은 반대 방향으로 일어났다. 그리고 도선을 수평면에서 돌려서 도선과 자기의 자오선과의 각을 크게 해보았더니, 도선의 회전 방향이 자침의 위치로 향했을 때는 자침의 도는 각도가 증가하고, 반대로 자침과 반대 방향일 때는 도는 각도가 감소했다. 이 실험에서 착안하여 파리 대학의 물리학 교수 푸이에(Claude Servais Mathias Pouillet, 1790~1868)는 1837년에 전류의 세기를 측정하는 '사인 전류계'를 발명했다. 이것은 자침과 동일 평면 내에서 서로 합치할 때까지 도선을 돌린다. 이때에 전류의 세기는 회전각의 '사인(Sin)'에 정비례한다. 외르스테드는 이와 같은 자신의 여러 실험에서 "전류는 도선 안에 갇혀 있지 않고, 동시에 주위의 공간에 넓게 퍼진다."라는 결론을 냈다.

외르스테드의 시험에서 출발하여 독일의 물리학자인 슈바이거(Johann Salomo Christoph Schweigger, 1779~1857)와 포겐도르프(Johann Christoff Poggendorff, 1796~1877)는 전기 측정기의 일종인 '배율기(倍率器)'를 제작했다. 슈바이거는 1820년 가을에 여러 번 감은 도선의 작용 하에 자침을 두어보았다. 한 번만 감은 도선은 자침을 약 30도밖에 돌리지 못했으나, 세 번 감은 코일 안에서는 90도나 돌았다. 그리고 전류의 흐름이 반대 방향이면 자침도 반대 방향으로 돌았다. 한편 포겐도르프는 도선을 명주로 피복하여 40~50번이나 감은 코일(coil) 안에 자유롭게 움직일 수 있게 자침을 설치한 배율기를 만들었다.

그 감도는 코일 권수에 따라 증가하여 일정한 극한에 도달했다.

2) 도선의 자장

이상과 같은 외르스테드의 발견은 당시의 서구 전 과학계를 움직였다. 유럽 도처에서 그의 실험은 추가로 시험되고 실증되었으며, 새로운 여러 발견으로 완성되어 갔다. 프랑스의 화학자 게이뤼삭(Joseph Louis Gay-Lussac, 1778~1850)은, 전류는 자석을 돌게 할 뿐만 아니라 강철을 자석으로 변하게 한다는 '자화 작용(磁化作用)'을 발견했다. 강철 침을 전류가 흐르고 있는 코일 안에 넣으면, 이 자화 작용은 더욱 현저히 나타났다. 그래서 게이뤼삭은 전류가 흐르고 있는 도선은 그 자체가 하나의 자석으로 볼 수 있다는 생각을 하게 되었다. 이 생각은 자석과 같이 도선이 쇳가루에 미치는 흡인 작용을 발견케 했다. 제베크(Thomas Johann Seebeck, 1770~1831)도 같은 발견을 했다. 외르스테드의 연구는 특히 이 제베크의 연구로 이어졌다. 그는 외르스테드의 발견이 발표된 바로 다음 해인 1821년에 '갈바니전지의 자기에 대하여'라는 자기의 실험을 발표했다.

제베크는 1770년 4월 9일, 당시에 러시아 영토이던 레발(지금의 에스토니아의 수도 탈린)에서 태어났다. 그는 성장하여 괴팅겐(Göttingen)에서 의학을 수학한 후, 예나(Jena)에 거주하면서 괴테(Johann Wolfgang Goethe, 1749~1832)와 과학적인 면에서 교재를 계속했다. 그는 1818년에 프로이센 과학 아카데미의 회원으로 임명된 후부터는 베를린으로 이주하여 전자기에 대한 연구를 계속했으며, 1831년 12월 10일에 사망했다.

그의 가장 큰 공적은 뒤에 기술할 열전기(熱電氣)의 발견이지만, '갈바니전지의 자기에 대한 연구'도 매우 큰 의의를 가지고 있다. 그는 이 연구에서, 도선의 주위에 나타나는 자기 작용을 상세히 규명했다. 그가 말한 '자기 분위기', 즉 자장(磁場)은 유명한 쇳가루 실험으로 입증했고, 후년에 패러데이가 한 것과 같이 지력선(指力線)으로 도시했다. 그는 그의 논문 부도가 명시한 것과 같이, 쇳가루는 수직으로 놓인 도선의 둘레에 규칙 바르게 배열됨을 밝혔다. 그는 쇳가루가 도선을 중심으로 동심원들을 만든다는 것과, 이 동심원의 무리는 전압, 즉 전류의 세기가 강할수록 직경이 커진다는 것을 발견했다. 그리고 수평으로 가로놓인 도선의 위쪽과 아래쪽에는 쇳가루가 도선에 수직한 방향으로 평행선상에 배열되었다. 이들 쇳가루 도형은 도선의 직경이 1cm 가까운 봉의 주위에는 잘 만들어지나, 가는 철사일 때는 명확하게 만들어지지 않았다.

제베크는 한 도선의 지력선이 인접한 다른 도선의 영향을 받는다는 것을 처음으로 증명했다. 그는 전류를 통한 두 가닥의 강철 테이프를 만들기 위하여 하나의 긴 테이프의 가운데를 구부려서 두 다리가 평행하게 하고, 이 두 다리 끝에 전지의 양극을 연결했다. 이 두 다리가 매우 떨어져 있으면 쇳가루는 각각의 다리 주위에 바퀴 모양으로 배열되나, 두 다리를 근접시키면 자기 지력선, 즉 자력선의 모양은 변하여 두 다리 사이에서는 평행선으로 배열되는 것을 보았다.

제베크는 이러한 도선 주위의 자력선을 발견한 것 외에도, 선취권은 프랑스의 물리학자인 아라고(Dominique Francois Jean Arago, 1786~1853)에게 빼앗겼으나, 그와 거의 동시에 독립적으로 매우 중요한 전자기 현상을 발견했다. 아라고는 1824년에 『화학 물리학 연보』 제27권에 발표한 그의 논문에 이 현상을 '회전자기'라고 이름을 붙였다. 아라고는 금속 쟁반 위에서 진동하는 자침은 유리나 대리석과 같은 부도체 위에서보다 훨씬 빨리 정지하는 것을 발견했다. 그리고 반대로 자침이 정지해 있을 때, 금속의 쟁반을 회전시키면 자침도 그 회전 방향으로 기울게 될 뿐만 아니라, 결국은 그 금속 쟁반과 함께 회전시킬 수조차 있었다. 또 자석은 그 위치에 따라서는 회전 금속 반에 의하여 당기거나 밀리는 것도 명백히 제시했다. 이러한 현상은 처음에는 그때까지의 연구 결과와 연관시켜서 설명할 수가 없었으나, 후에 전기학의 새 시대를 열게 한 패러데이가 발견한 감응 작용을 이용하여 비로소 설명할 수 있게 된, '감쇠(減衰)'라고 불린 현상이다.

1825년에 제베크도 논문 하나를 발표하여 그 안에 감쇠 법칙을 다음과 같이 기술했다.

① 자석 봉(磁石棒)의 진동은, 그것에 인접한 금속 덩어리에 의하여 마치 농후한 공기가 자석 봉을 둘러싸고 있는 것과 같이 저해된다.
② 구리 덩어리가 자석의 양극 위쪽 또는 그 사이에서 진자와 같은 진동을 할 때, 그 구리 덩어리가 자유진동을 할 때보다 빨리 진폭이 감소한다.

제베크는 이런 것 외에도, 전류의 분류에 관한 실험도 했는데, 이 분야에서 아마도 최초의 시도일 것이다.

4. 전기역학의 확립 - 앙페르

뉴턴이 창설한 원리에 따르면, 외르스테드가 발견한 전류의 자석에 대한 작용에는 자석의 전류에 대한 것과 같은 크기의 반작용이 대응하지 않으면 안 된다. 이 원리에 입각하여 프랑스의 물리학자 앙드레 앙페르(Andre Marie Ampere, 1775~1836)는 전기와 자기의 관계를 증명하려고 시도했다. 앙페르의 이와 같은 천재적 착상에 따른 연구에 대한 이해를 돕기 위하여, 먼저 그의 인물과 생애에 대하여 살펴보기로 하자.

1) 앙페르의 인물과 생애

앙페르

앙페르는 1775년 1월 20일에 리옹에서 태어났다. 그의 아버지는 그곳의 상인이었다. 앙페르는 일찍이 소년 시절부터 비상한 수학적·자연과학적 재능을 발휘했다고 한다. 앙페르에 대해서는 그의 친한 친구인 아라고가 그의 전기 『아라고 전집』 제2권에 상세히 기술해 놓았다. 앙드레는 아직 수학도 모르는 유년 시절부터 콩알 같은 것으로 긴 계산 문제를 풀었다고 한다. 그의 아버지는 자기 아들의 천성이 수학에 적합한 것을 알고, 아들이 좋아하는 길을 가게 했다. 앙드레는 11세에 이미 대수학과 기하학을 정복하고, 12세에 미분학에 통달했다. 그는 소년 시절부터 아버지의 문고에서 닥치는 대로 역사, 여행기, 시, 소설, 철학 등에 관한 책을 독파했는데, 그중에서도 달랑베르와 디드로의 백과사전을 애독했다.

은퇴한 상인의 빈약한 문고로는 앙드레의 독서욕을 채울 수가 없어서, 아버지는 때때로 아들을 리옹도서관에 데리고 갔다. 앙드레가 찾고 있던 베르누이와 오일러의 책을 대출해 달라고 했을 때, 사서관은 놀라서 "오일러와 베르누이의 책이라고? 그것은 인간의 지혜가 생각해 낸 가장 어려운 것을 숫자로 나타낸 것인데도?"라고 반문했다. 앙드레는 "그래도 나는 그것을 이해하고 싶어요."라고 답했다. "너는 그것이 라틴어로 쓰인 것을 알고 있는가?"라고 되물었을 때, 이 아이는 당황했다. 그는 아직 라틴어를 몰랐던 것이다. 그러나 2~3주 후에 이를 극복하고, 미적분학 대가들의 책을 읽었다고 한다. 아버지가 죽기 전에 앙드레는 이미 라그랑주의 『해석역학』을 독파하고 그 내용도 이해하고 있었다고 한다. 그의 기억력은 매우 뛰어났고 그의 이해력은 놀라웠다.

1793년 앙드레의 나이 18세 때, 혁명의 파도는 리옹의 변두리에까지 닥쳐왔다. 앙드레의 아버지는 가족의 안전을 위하여 시골을 떠나 리옹 시에 가서 치안 재판소의 판사가 되었다. 혁명군이 리옹을 점령하고, 매일 복수심에 불탄 사형을 집행했다. 앙드레의 아버지도 무수한 희생자의 한 사람이 되고 말았다. 단두대에 오르는 날 "나의 딸 '조세핀'에게는 아버지의 이 불행을 말하지 말라. 내 딸이 모르게 해주기를 바란다. 나의 아들에게는, 내가 그에게 모든 것을 기대하고 있다."라는 유언을 남겼다고 한다. 앙드레에게 아버지의 죽음은 너무나 큰 충격이었다. 그것은 18세의 청년 앙드레가 도저히 견딜 수 없는 것이었다. 그렇게도 싱싱했고 정열적이며 힘 있게 뻗어나가고 있던 그의 정신 활동과 지성은 한순간에 백치로 변하고 말았다. 그 후에 그는 매일같이 하늘과 땅을 멍하니 쳐다보고 있거나, 모래 무더기를 만드는 것으로 시간을 보내고 있었다. 그의 급격한 쇠약을 염려한 친구가 그를 숲으로 데려가 보아도 "그는 마치 벙어리 증인이며, 눈도 마음도 없는 검시인이었다."라고 한다.

앙페르의 이러한 정신과 지성의 가수 상태는 1년 이상이나 계속되고 있었는데, 때마침 루소의 『식물학에 관한 서한』이 손에 들어왔다. 그 저술의 맑고도 율조(律調) 좋은 문장은 마치 아침 햇빛이 새벽의 짙은 안개를 뚫고 들어가서 밤의 냉기에 시들어 있던 식물을 소생시키는 것과 같이 앙페르의 기력을 조금 되찾도록 해주었다. 같은 때에 우연히 펼친 책장에서 호라티우스의 「리키니우스 송가」의 시구가 그의 눈에 띄었다. 그전에 수학 논문을 읽기 위하여 라틴어 공부를 해두었으나, 이 시구는 이해할 수가 없었다. 그러나 그 아름다운 음조는 감촉할 수가 있었다. 이때부터 앙페르는 식물과 아우구스투스 시대의 시에 정열을 쏟기 시작했다. 그는 식물채집을 할 때에, 린네의 책과 함께 『라틴 시인 집성』이라는 시집도 들고 다녔다. 그의 머리가 다시 활동을 시작하자, 그의 마음은 갑자기 연애(戀愛)를 향하여 열리게 되었다. 좀처럼 쓰지 않는 앙페르도 '애기(愛記, Amour)'라고 이름한 일기장에 매일 자기감정의 성장을 기록했다. 그 일기장의 첫 쪽에 다음과 같은 말이 기록되어 있다. "어느 날 해가 진 후에, 나는 한적한 개울을 따라 산보하고 있을 때……" 이것은 1796년 8월 10일의 일이었다.

앙페르는 식물채집을 하고 있을 때, 넓은 들판에서 꽃을 따고 있는 사랑스러운 두 소녀를 보았다. 이 만남이 그의 운명을 결정했다. 그로부터 3년 후에 그 소녀 중의 한 사람인 주니 카론 양과 결혼하고 싶었다. 당시에 앙페르에게는 재산이 아무것도 없었다. 카론 양의 부모는 앙페르의 생활을 염려했다. 그래서 그는 한때 리옹의 비단 장사 집에 고용될까 마음먹었으나, 역시 과학의 길을 버릴 수가 없어서 리옹에서 가정교사를 하게 되었다. 앙페르는 1779년 8월 카론 양과 결혼하여 리옹에 새살림을 차렸다. 그리고 1년 후에 아들을 낳았는데, 이 아들이 후에 문학사가로 유명하며, '콜레주 드 프랑스'의 교수와 아카데미 회원이 된 '장 자크 앙페르'다. 아기를 가진 아버지가 된 앙페르는 강사 수입만으로는 가계를 꾸릴 수가 없어서, 재개된 '에콜 산트라르'의 물리학 교사가 되어 병상에 있던 아내와 아기를 남겨두고 홀로 1801년 12월에 브르에서 하숙하게 되었다. 이 교사 시대에 수학의 획기적 연구를 수행했고, 1802년에 「도박의 수학적 이론에 관한 고찰」을 발표했다.

이 논문은 위대한 천문학자이며 측지학자인 들랑브르(Jean Delambre, 1749~1822)의 주목을 받았다. 1803년 7월에 그의 애처는 병사하고 말았다. 앙페르는 또다시 비통에 빠졌으나, 다행이 들랑브르의 추천으로 나폴레옹으로부터 리옹고등학교의 교직을 임명받았고, 1804년에는 파리의 '에콜 폴리테크니크'의 강사로 발탁되었다. 그리고 1809년에 수학 교수가 되어 미적분학을 강의했다. 이때부터 그는 자연과학과 철학에 손을 대기 시작하여, 특히 전자기학에서 위대한 공적을 세웠다. 그는 '프랑스 학사원'의 회원이 되어, 과학 아카데미 기하학부에 자리를 차지하게 되었다. 그는 1836년에 마르세유에서 폐병으로 사망했으나, 그의 이름은 지금도 전류의 실용 단위인 '암페어'로 기념되고 있다.

2) 전기역학의 확립

앙페르는 전기 현상에 대해 깊이 연구했는데, 그것에 전념하게 된 까닭은, 외르스테드가 전류가 자석에 미치는 작용을 발견한 데서 큰 자극을 받았기 때문이다. 앙페르는 1820년에 발표한 외르스테드의 보고를 입수하자 곧 그해 가을에 외르스테드의 실험을 추가로 시험하여, 일주일 후에는 중요한 그의 독자적 발견을 가지고 등장하게 되었다. 그는 이 발견을 전기역학 분야의 초석이 된 그의 논문 「두 개의 전류의 상호작용에 관한 논문」에 실어서 『화학 물리학 연보』 제15권(1820년 호)에 발표했다. 이 논문 중에 앙페르는 처음으로 전류의 방향과 그 전류에 의한 자력선의 방향을 결정하는 중요한 규칙을 세웠다. 앙페르는 "양(+)전기가 흐르는 방향을 전류의 방향으로 본다."라는 지금도 통용되고 있는 규정을 세웠고, 이 전류의 방향에 대한 자침의 움직이는 방향인 자력선의 방향에 대한 그의 유명한 규칙, 소위 '앙페르의 규칙'을 다음과 같이 설명했다.

"만약에 관찰자가 전류의 방향으로 몸을 두어, 전류가 관찰자의 발에서 머리 방향으로 흐르고, 그 관찰자의 얼굴이 자침을 향해 있다면, 전류의 작용이 자침의 북극을 정상 위치로부터 돌리게 하는 방향은 항상 그의 왼팔 방향이 된다."

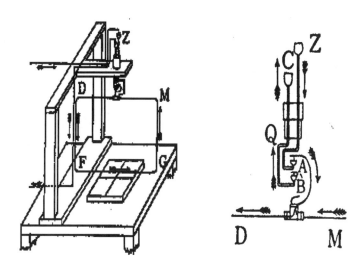

앙페르의 가동 도선과 가동 도선을 매단 구조

뉴턴의 역학 원리에 따르면, 전류가 자석에 미치는 작용과 똑같은 반작용을 자석이 전류에 미쳐야 한다. 이것을 증명하기 위해 앙페르는 전류가 흐르는 도선을 가동적으로 하는 것을 착안했다. 이 시도는 위와 같은 장치에 의하여 성공했다. 그림과 같이 도선을 구형(矩形, DFGM)으로 만들고, 도선의 두 끝 A와 B에는 수직의 강철 첨단을 납땜해서 붙이고, 그 첨단은 각각 수은을 조금 담은 작은 접시에 담기게 걸어두었다. 그래서 수직으로 걸린 이 구형 도선은 수직으로 배열된 두 첨단 점을 중심으로 하여 자유로이 회전할 수가 있으며, 두 개의 작은 수은 접시를 통해 전류를 흘릴 수도 있다.

앙페르는 그가 고안한 이 교묘한 장치에 의해 다음과 같은 사실을 밝혔다. 즉, 그는 이 가동 도선에 자석을 작용시키면 도선은 약간 회전 진동을 한 후에 자석의 양극을 잇는 선과 직각을 이루는 위치에서 정지했고, 자석의 남극(S극)은 항상 전류의 왼쪽에 있게 되었다. 그리고 뒤따른 실험 결과에서, 지자기만을 작용시킬 경우는 도선의 평면이 항상 자기자오선(磁氣子午線)을 직각으로 끊는 위치를 취한다는 것을 제시했다. 이 발견은 어떤 발견에서도 볼 수 없었던 비상한 평판을 불러일으켰다. 앙페르는 이 발견을 『화학 물리학 연보』 제15권에서 다음과 같이 기술하고 있다.

"그림에 나타낸 것과 같은 방법으로 가동 도선을 달고, 이 도선 근방에는 회로의 다른 부분이 없도록 하라. 그리고 작은 접시 C와 Z에 갈바니전지의 양극을 연결하면, 도선 철은 회전하여 결국에는 그 평면이 자기자오선 NS 평면에 수직으로 되며, 전류는 도선의 밑변 FG에 있어서 동쪽에서 서쪽으로 향하여 흐르게 되며, 따라서 자석의 북극이 왼쪽에 있는 것을 보게 될 것이다."

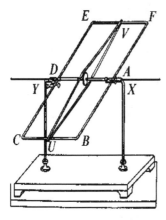

도선이 부각 자침에 수직한 위치를 취한다는 것을 증명한 앙페르의 장치

앙페르는 부각 자침에 상당하는 작용을 그가 고안한 왼쪽 그림과 같은 장치로 생기게 했다. 구형(矩形)으로 만든 도선 ABC DEF를 나무틀 VIZ로 뒤틀리지 않게 하고, 도선이 수평축 XY를 중심으로 하여 회전할 수 있도록 설치한다. 그리고 도선의 모든 부분은 어떤 위치에서도 균형이 잡히도록 평균하게 했다. 다음에 축 XY를 자기자오선에 대해 수직이 되도록 놓고, 전류를 구형의 도선에 흐르게 했다. 이 구형의 도선은 처음에 움직이고 있었으나, 결국은 한 위치에서 정지했고, 그 평면은 '넌 각 자침(복각 자침)'의 방향에 대해 수직이 되었다. 앙페르는 이 실험에서, 목적한 성과보다 더욱 주목받을 성과를 올렸다. 그것은 인접한 두 개의 전류가 같은 방향으로 흐르는지 또는 반대 방향으로 흐르는지에 따라 서로 반발하거나 흡인하는 한다는 외르스테드의 발견을 증명한 것이다. 즉, 가동 도선(可動導線)은 자석 또는 지자기에 의한 것과 같이 부근에 있는 전류에 의해서도 회전된다. 이 작용을 증명하는 데 필요한 실험 장치는 앞에서 이미 제시한 그림 1과 같다. Z로부터 들어와서 가동 도선을 통과한 전류는 C로부터, 가동 도선의 DF 변과 평행인 도선(IL이라고 하자)을 통과해 전지의 음극으로 간다. 따라서 평행한 두 도선 IL과 DF에는 같은 방향의 전류가 흐르며, 인력이 작용하고 있는 것이 명백하다. 왜냐하면 가동 도선은 DF 변이 IL에 최대한 접근하기까지 회전

하기 때문이다. 가동 도선을 180도 돌려서 전류가 반대로 밑에서 위로 흐르는 MG 변이 IL과 마주 보면 반발하게 된다. 앙페르가 발견한 이 중요한 전기역학의 기본 법칙을 요약하면, "두 개의 평행한 같은 방향의 전류는 서로 당기며, 반대 방향의 전류는 서로 반발한다."라는 것이다. 앙페르의 이 중요한 발견에 대해 처음에는, "대전체의 인력과 척력이라는 옛날부터 알려진 현상에 지나지 않는다."라는 항의가 있었다. 그러나 앙페르는 "상반된 대전체는 서로 당기나, 상반된 방향의 전류는 서로 반발한다."라고 지적하여 이 비난을 물리쳤다.

전기역학적 기초 현상의 실험적 연구 후에는 마치 크롬이 정전기학 분야에서 한 것과 같이 여기서도 여러 현상에 나타난 양적 관계를 수학식으로 정립하는 것이 문제가 되었다. 앙페르는 이 어려운 과제를 해석학을 써서 해결했다. 그는 공간의 임의 점에 있는 두 개의 미소 전류 요소에서 출발하여, 그 미소 전류 요소의 길이를 ds, ds′, 전류의 세기를 i, i′, 둘의 거리를 r이라고 하고, 작용력 w는 r의 제곱에 반비례한다고 가정하여, $w = i \times i' \times ds \times ds' / r^2$이라는 식을 얻었다. 이때에 전류 요소는 평행인 것을 전제로 하고 있다. 임의 방향의 전류 요소에 대해서, 그 중점을 잇는 직선상의 양 요소 간의 상호작용에 대한 전기역학의 기본 법칙을 도출하면 다음과 같이 된다.

$$w = (i \times i' \times ds \times ds' / r^2)(r \times d^2r/ds \times ds' - dr^2/2ds \times ds')$$

앙페르가 발견한 이 전기역학의 기본 법칙에서 출발하여, 후에 베버(Wilhelm Eduard Weber, 1804~1891)가 이 기본 법칙에 대한 일반식을 도출하게 된다.

3) 솔레노이드와 지자기 연구

앙페르가 도선을 테두리 모양으로 만들어 움직이기 쉽게 함으로써 얼마나 풍부한 고찰과 추론에 도달했는가를 보았다. 이제는 단 한 바퀴의 네모꼴이나 원형 도선 대신에 수십 번 감은 가동 도선, 나선상 도선, 또는 앙페르가 말한 '솔레노이드'를 실험물리학에 도입하는 일이 앙페르에게 주어졌다. 앙페르는 그가 발견한 전기와 자기와의 관계에서, 자석의 미분자는 그것을 둘러싸고 전류가 흐르고 있으며, 자화란 그 분자적 전류가 평행하게 된 데 지나지 않는다는 놀라운 견해에 도달했다. 이 견해에 일치한 자석의 모형을 나타낸 것이 '앙페르의 솔레노이드', 즉 자유로이 움직일 수 있게 매달아 둔 전류를 통한

'코일(coil)'이다. 솔레노이드는 관이나 통을 뜻하는 그리스말 '소렌'에서 유래했으며, 일반적으로 '나사 모양이나 원통꼴로 여러 번 감은 도선'을 뜻한다.

전류를 흘린 이 '앙페르의 솔레노이드'는 자석에 대해 마치 제2의 자석과 같은 작용을 나타낸다. 자석의 같은 극을 솔레노이드의 한쪽 끝에 가져가면 당기고, 다른 쪽 끝은 물리친다. 그리고 솔레노이드를 고정하고 가동 자석을 접근시켜도 똑같이 인력과 척력이 나타난다. 두 개의 솔레노이드로 실험해 보면, 서로 대치한 끝의 전류가 도는 방향이 같은가 반대인가에 따라서 전기역학 법칙에 의한 인력 또는 척력을 나타내는 것을 알았다. 그리고 솔레노이드 곁에서 전류를 흘려보면, 자침과 전류의 관계에 대해 자신이 세운 '앙페르의 법칙', 즉 '영자(泳者)의 법칙'에 따라 기운다. 한마디로 말하면, 앙페르가 자기의 이론을 확증하기 위해 제시하려는 것과 같이, 솔레노이드는 모든 점에서 자석과 똑같이 작용했다.

솔레노이드의 작용에 대해 더욱 정밀하게 알려면 지자기의 작용을 차단할 필요가 있다. 앙페르는 한 관의 중앙에 한 도선의 양단이 오고 그 중앙에서 본 양쪽이 완전하게 대칭이 되도록 그 관에 코일을 감은 장치를 고안하여 지자기 작용의 차단에 성공했다. 이와 같이 권선(捲線)을 안배하면, 지자기는 이런 솔레노이드를 동시에 상반된 방향으로 돌리려고 하여, 그 솔레노이드에 운동을 줄 수가 없게 된다. 앙페르는 같은 원리로 한 수직 축에 떨어져서 두 개의 똑같은 자침의 중앙을 극이 상반되게 수평으로 달아서 이 자침에 대한 지자기의 작용을 없애, 전류에 대한 감도를 매우 높이는 데 성공했다.

앙페르가 가정한 것과 같이 자력의 원인이 자석의 자축에 수직으로 돌아서 흐르는 전류에 있다면, 지자기도 같은 원인에서 설명되어야 한다. 그래서 앙페르는 지자 축에 수직으로 지구를 돌아 흐르는 전류를 가정했고, 그 지전류의 방향은 지자기에 대한 솔레노이드의 운동에서 보면, 동쪽에서 서쪽으로, 즉 지구의 자전과 정반대라는 결론을 내렸다. 그래서 앙페르는 이 지자기(지전류)는 지구의 자전과 그에 따른 지구의 반쪽이 태양에 의해 주기적으로 가열되는 것과 관련되어 있다고 믿었다. 즉, 같은 물질로 된 두 개의 물체를 서로 온도가 다르게 가열하면 그 사이에 전류가 생기므로, 지구의 전류는 태양의 가열에 의해 생긴다고 하는 것은 당연하다고 그는 말했다. 열전기의 발견자인 제베크도 같은 견해를 가졌다. 그리고 앙페르는 지구의 전류를 설명하기 위해서는 태양의 가열 외에도 지구를 구성한 각종 물질의 갈바니전기 작용도 필요하다고 했다.

5. 열전기의 발견

갈바니전류의 가장 중요한 여러 작용이 알려지자 곧 사람들은 전기 발생의 또 하나의 새로운 방법을 발견하게 되었다. 외르스테드와 앙페르가 그들의 기초적 실험을 한 것과 거의 같은 때에, '전류의 자기'에 대해 연구한 독일 물리학자 제베크는 서로 다른 금속으로 된 회로를 온도가 다르게 가열하면 전류가 발생한다는 것을 1821년에 발견했다.[8]

제베크는 볼타의 전지와 같이 금속 사이를 적시는 액체의 힘을 빌리지 않고, 두 개의 금속만으로 전류를 일으키게 할 수는 없을까 하고 생각했다. 그래서 그는 창연(蒼鉛)판을 직접 동판 위에 겹쳐서 두고 여기서 전류가 생기는가를 확인하기 위해, 이것을 동테이프를 나선 모양으로 감은 코일의 양단 사이에 두고, 그 코일 안에 자침을 두어 코일 양단과 그 사이에 있는 금속판을 눌러서 회로를 닫아보니, 분명히 자침이 돌아가서 전류가 흐르는 것을 증명할 수 있었다. 이 효과를 더욱 좋게 하기 위해 창연판만 동코일 양단 사이에 두고, 직접 손으로 눌러서 회로를 닫아보니 현저하게 그 작용이 강해졌다. 그러나 나무토막으로 아무리 눌러보아도 효과는 없었다.

이러한 관찰에서, 손으로부터 접촉점에 전달되는 열이야말로 이 전류가 흐르는 원인이라고 생각하게 되었다. 그래서 한쪽 접촉점을 체온보다 훨씬 높은 온도로 가열하면 더욱 큰 작용을 나타낼 것이라는 기대를 했고, 이 기대는 어긋나지 않았다. 그리고 두 접촉점 중의 한쪽을 식염과 눈으로 냉각해 보아도 다른 쪽을 가열하는 것과 같은 효과를 나타냈다. 결국 이 금속 회로의 작용은 다른 금속의 양 접촉점의 온도 차가 크면 클수록 그만큼 강력해지는 것이 명백해졌다. 그리고 두 금속, 예를 들면 안티몬과 동의 한 접촉점 사이에 종이를 끼우고 다른 접촉점을 알코올 등으로 아무리 고온으로 가열하여도 전류는 나타나지 않았다. 따라서 두 금속의 직접적인 접촉이 온도 차에 의한 전류를 발생하기 위한 기본적 조건이었다. 제베크가 이 접합을 완전하게 하면 할수록 그 작용이 강력해지는 것도 알았다. 어떤 새로운 작용이나 관계의 발견은 문외한으로부터는 과소평가되고 당사자는 과대평가하기 쉬운데, 이 열전기의 발견도 그랬다. 제베크는 지자기가 화산 열에서 야기된 지구의 불균등한 가열로 설명된다고 믿었다.

---

8 제베크, 「온도 차에 의한 금속과 광석의 자화」, 『베를린 과학 아카데미 보고(1822~1823)』.

열전기는 전류원과 온도 측정에 응용되었다. 두 금속의 긴밀한 접촉은 두 접촉점의 온도차와 함께 열전기를 발생하는 본질적인 조건이므로, 제베크는 두 금속을 납땜하여 최초로 '열전대(thermo-couple)'를 만들었다. 이 열전대도 풍부한 전류를 줄 수는 없었으나, 1824년에 포겐도르프에 의해 이러한 열전대를 다수 접속한 열전파일을 만들어서, 복사열을 검출하여 민감한 전류계로 측정할 수 있는 장치를 만들었다. 이 민감한 전류계는 그가 고안한 명주로 피복한 도선을 수십 회 감은 코일(열전류 배율기) 안에, 앙페르가 고안한 무정 자침 짝을 설치하여 복사열에 의한 열전대의 미소 전류를 측정할 수 있게 한 것이다. 이 장치는 후에 메로니(Machedonio Meroni, 1801~1854)가 열복사에 관한 그의 실험에 사용하게 되었고, 오늘날도 용광로 내부의 온도를 측정하는 데 같은 원리가 쓰이고 있다. 그리고 1840년부터 물체의 온도를 측정할 때, 고온에 잘 녹지 않는 금속의 열전대(철과 양은 등)의 용접 부위를 측정하려는 물체 속에 넣어서 사용해 왔다.

한편, 열전류의 전류원으로서의 응용은 제베크가 열전기를 발견한 동기였던 만큼 이미 제베크에 의해 여러 가지로 시도되었다. 그는 여러 개의 전대를 연결하여 열전파일도 조립해 보았으나, 얻어지는 전류의 세기는 전대 수에 비례하지 않았다. 도리어 일부분은 상실되는 것같이 보였다. 그래서 이후로는 여러 가지 금속을 조합한 열전대를 개발해 보았으나, 전류원으로서 실용할 만한 것은 개발되지 않았다.

이 장을 끝맺으며 개관해 볼 때, 19세기의 20년대까지, 이후 패러데이가 발견한 감응 현상만 빼고는 전기학의 가장 중요한 것들이 거의 다 개발된 것을 알 수 있다. 1800년에 이탈리아에서 볼타의 전지가 발표되자 유럽 과학자들의 관심은 볼타의 발견에 대한 추가적 실험과 검증에 집중되었다. 그 결과 전지의 분극 현상이 발견되고, 분극 전류의 영향을 극소화한 정상전지를 다니엘이 처음으로 조립했다. 그리고 옴은 전기회로의 전압과 저항과 전류의 관계를 정식화한 유명한 '옴의 법칙'을 발견했다. 그리고 칼라일은 물을 전기분해 했고, 데이비는 전기화학이라는 새로운 분야를 개척하여 확립했다. 외르스테드는 전류와 자석의 관계를 규명함으로써 전자기학의 기초를 세웠고, 위대한 천재인 앙페르는 전기역학을 확립하게 되었다. 그리고 제베크는 전류에 의한 자력선을 규명하는데 공헌했을 뿐만 아니라 열전기를 발견했다. 다만 감응 현상만 남겨두고 있었다. 이 감응 현상의 발견은, 패러데이의 비견할 데 없는 우수한 실험 기술을 기다려야만 했다. 패러데이가 장차 이 감응 현상을 발견함으로써 새로운 전기 시대를 개막하게 된다.

제 2 장

19세기로의 이행

라부아지에에 의한 화학의 혁신과 갈바니전기와 그것의 중요한 여러 작용을 발견한 것은, 확실히 새로운 시대를 개막하기에 충분한 의의를 가진 변혁과 확장이었다. 이 새로운 시대는 특히 화학 현상과 전기 현상과의 관련이 인식된 이래, 물리학과 화학이 더욱더 긴밀하게 접촉되는 것을 하나의 특징으로 하게 되며, 이러한 접촉은 이 새로운 시대에 엄청나게 많은 기초적인 여러 중요한 발견을 낳게 했다. 이러한 여러 발견은 19세기 중엽에 나타나게 되는 힘의 통일에 관한 훌륭한 개념과 물질의 본성에 관한 현대의 표상이 첫째로 밟고 선 기초이다. 이러한 발전은 수학을 매체로 하여 더욱 긴밀히 결부되어, 현대의 과학기술 시대를 열게 한 여러 이론으로까지 성장하게 된다.

이러한 과학기술의 발전은, 때로는 겉보기에 전후가 단절된 혁신적 양상으로 보일 때도 있으나, 역시 연속적인 것이다. 우리는 앞의 장에서 장차 19세기 중엽 이후에 가장 풍성한 결실을 보게 될 전기화학, 전자기학, 전기역학 등이 18세기에 이어져서 19세기 초까지 발전해 온 과정을 살펴보았다. 이 장에서는 18세기에 이미 와트의 증기기관 발견으로 실용되었으나 이론적 뒷받침이 없었던 열역학, 화학과 물리학의 긴밀한 상호 관계의 발전, 그리고 이 긴밀한 관계의 매체가 된 응용수학 등 18세기에 이어진 19세기 초까지의 제반 과학의 발전을 살펴보자.

1. 열역학의 기초 확립

18세기 말에 '열은 물질이 아니고, 극소 미분자의 운동'이라는 표상을 럼퍼드가 이미 주장했다. 그리고 그의 유명한 대포 구멍 뚫는 실험으로 어느 정도까지 실증되었으나, 사람들은 그것을 받아들이지 않았다. 또 열역학을 응용한 증기기관은 제임스 와트가 개발하여 실용함으로써 산업혁명을 초래했으나, 그 이론적 뒷받침은 충분하지 못했다. 이러한 것들이 18세기에서 19세기로 이행하는 시기에 밝혀지기 시작하여 19세기 초에는 열역학의 기초가 확립된다.

1) 열의 본질

럼퍼드의 실험은 매우 큰 평판을 불러일으켰다. 그의 결론은 많은 반대에 부딪혔으나 데이비와 영(Thomas Young)은 럼퍼드 편을 들었다. 영은 럼퍼드의 실험에 근거해, 열이 물질적 본성이라는 학설을 그의 저서 『자연 이학 강의(1807)』에서 다음과 같이 말했다.

"우리는 이 문제에 대해서 결론을 내릴 때, 마찰에 의하여 발생한 열의 원천은, 이 실험에서는 무진장인 것같이 보인 것을 잊어서는 안 된다. 절연된 물체가 무한량으로 나누어주는 '어떤 것'은 물적 실체일 수 없다는 것은 말할 나위도 없다. 이 실험에서 열과 같은 모양으로 발생하고 전도되는 '어떤 것'을 일정한 물적 표상으로 나타낸다는 것은 불가능하다고 생각된다. 그렇다면 이 '어떤 것'은 어떻게 해도 운동이 아니면 안 된다."

열의 비물질성에 대한 럼퍼드의 실험과 같을 정도로 실증력을 가진 것은 데이비가 한 실험이었다. 데이비는 1799년에 발표한 그의 논문 「열, 빛, 그리고 호흡에 관한 연구」에서, 화씨 29도(빙점 이하의 온도)에서 자루에 얼어붙은 두 개의 얼음덩어리를 마찰하여 녹인 것을 보고했다. 녹은 물의 열용량이 얼음의 열용량보다 훨씬 큰데도, 얼어진 물의 온도는 화씨 35도였다. 데이비도 이것으로부터 열은 물질이 아니고 운동의 직접적인 결과라고 추론했다. 데이비는 물질은 인력과 척력이라는 두 가지 힘에 지배된다고 생각했다. 그래서 "열의 모든 현상은 물체 미분자의 특별한 운동에 유래한다. 모든 고체는 심하게 마찰하면 그 미분자가 진동하여 서로 멀어지게 되므로 팽창하게 된다."라는 오늘날의 견해와 본질적으로 같은 견해를 말하고 있다.

그리고 응집 상태(凝集狀態)에 대해서는 오늘날의 견해와는 다르나, 그 후의 물리학이 생각한 것과 같이 인력과 척력으로 설명했다. 즉, "인력이 우세한가 척력이 우세한가, 또는 양자가 거의 같은가에 따라서 물체는 고체, 기체, 또는 액체가 된다. 척력은 화학 작용에 의해 또는 인접한 물체의 운동 상태의 전달에 의해 야기된다. 후자의 경우에서 한 물체가 얻을 수 있는 운동의 크기는 타 물체가 잃어버리는 운동의 크기와 같다."라고 설명하고 있다. 데이비와 럼퍼드는 '힘(에너지)의 보존 원리'의 보편타당성에 대해 이미 명석한 예상을 가지고 있어서, 마이어(Julius Lothar Meyer)나 줄(James Prescott Joule)이나 헬름홀츠(Hermann Ludiwg Ferdinand von Helmholtz)의 선구자였다.

2) 기체의 열효과에 관한 발견들

19세기 초 이후 열역학의 여러 원리에 대한 발전은, 온도와 체적 변화에 따르는 지체의 효과와 양자의 관계에 대한 여러 발견에 기초하고 있다. 18세기 말에 물리학자들은 압축한 공기가 팽창할 때에 냉각한다는 사실을 이미 알고 있었다. 그래서 그들은 높은 산꼭대기가 평지보다 온도가 낮다는 것이 설명된다고 믿고 있었다. 물론 이것은 틀린 추리였다. 냉각은 다만 희박하게 할 순간의 역학적 일에 수반된 현상이며, 희박한 공기는 농도가 높은 공기보다 온도가 낮다는 것은 아니다.

그러나 기상학은 수많은 기상 현상을 설명하기 위해, 상승 또는 강하하는 기체 덩어리의 온도 변화를 이용할 수가 있었다. 그래서 새로운 지식에 의해 본질적으로 다음과 같이 해명할 수 있게 된 것이다. 즉, 상승하는 건조한 공기에 있어서의 냉각은 100m의 상승에 1도나 감소하게 하며, 강하하는 공기는 그만큼 온도가 증가하게 되고, 그 온도 변화는 공기의 상대습도를 좌우하게 된다.

돌턴(John Dalton, 1766~1844)이 최초로 공기의 희박과 팽창에서 나타나는 온도 변화에 관해 계통적인 연구를 했으나, 그는 아직 그것들의 참 원인을 알지 못했다. 그는 농도가 높은 공기는 희박한 공기에 비해 열용량이 적다고 믿고 있었기 때문이다. 이 가정은, 진공은 최대의 열용량을 가진다는 우스운 결론에 도달하게 한다. 돌턴이 이와 같은 그의 실험을 공포한 때에, 공기를 급격하게 압축하면 점화 화약을 발화점까지 올릴 수가 있다는 것이 발견되어 학계를 놀라게 했다. 결국 열용량의 변화에 귀착시켜야 한다는 돌턴의 틀린 가정은 게이뤼삭의 결정적 실험에 의해 부정되었다.

게이뤼삭의 이 실험은 다음과 같이 행해졌다. 같은 용적의 용기 A는 기체로 채워졌고, 용기 B는 진공이다. 이 두 용기를 연결하면 기체의 체적은 두 배가 된다. 게이뤼삭은 냉각이 일어나는 것을 보려고 기다렸으나, 전체로서는 온도 변화가 전연 일어나지 않는 데 놀랐다. 왜냐하면 B로 흘러 들어간 기체의 부분은 A에 남아 있는 부분이 냉각된 것과 똑같은 만큼 가열되었기 때문이다. 따라서 비열 또는 열용량은 체적의 증가에 따라 변화하지 않았다.

기체의 팽창은 열을 소비하므로, 기체를 일정한 온도로 가열하려면 체적을 일정하게 유지하고 가열하는 것보다 팽창할 때가 훨씬 더 많은 열이 필요하다. 그리고 밀폐된 기체의 압력은 가열함에 따라 증대한다. 그런데 우선 처음에는 정성적으로만 알려진 이러한 기체의 특성에 대해, 즉 일정 압력에서의 열의 소비량과 일정 체적에서의 열의 소비량과의 사이에 일정한 비가 존재하는가에 대해 연구해야만 했다. 그 연구 과정에 대한 것은 생략하고 결과만을 말하면, 일정 압력 하의 비열과 일정 체적 하의 비열의 비는 약 1.4 : 1이라는 것이 확인되었다. 당시에 영구기체라고 알려진 여러 기체에 대한 이 비는, 산소 1.415, 질소 1.420, 수소 1.405, 공기 1.421이며, 기타의 기체는 이 비가 약간 작다. 이산화탄소 1.340, 산화질소 1.343이었다. 일정 압력에서 가열할 때에 열이 더 많이 든다는 것을, 기체가 일정 압력 하에서 행하는 일에 귀착시켜서 생각하게 된 것은 훨씬 후의 일이다.

마이어(Julius Robert von Mayer, 1814~1878)가 19세기 중엽에야 1.42라는 값에서 열과 일 상당량을 산출하게 된다. 열역학의 그동안의 발전은, 특히 구식의 열소(熱素)설이 럼퍼드 등에 의해 완전히 부인되었는데도 이것을 고집했기 때문에, 마이어가 나타나기까지 저지되어 왔다. 사람들은 체적의 변화 원인을, 물체가 수축할 때는 열소를 배출하고 팽창할 때는 열소를 흡수하기 때문이라고 생각했다. 카르노(Nicolas Leonard Sadi Carnot, 1796~1832)도 역시 물소(物素)설을 고수했으나, 그의 연구는 마이어와 줄과 헬름홀츠가 열과 일은 상호 전화한다는 통찰을 달성하게 했다.

3) 열 동력의 연구

18세기 후반에 열역학의 확고한 기반도 없이 와트가 발명한 증기기관이 교통과 산업의 발전에 미친 변혁적인 영향은, 19세기 전반 동안에 더욱더 세력을 떨치기 시작했다. 따라서 물리학자들이 열 동력을 정밀하게 연구하게 된 것은 당연한 일이다. 그래서 20년대 초에 카르노가 열 동력에 관한 획기적 고찰을 한 그의 논문 「불의 동력과 그 힘의 발생에 적당한 기계에 관한 고찰(Réflexion pur la puissance motrice du fue)」을 1824년에 발표했다. 그는 이것으로 열역학의 건설자인 마이어와 줄과 헬름홀츠의 선구자가 되었다. 카르노는 프랑스혁명에서 큰 역할을 한 수학자인 라자르 카르노(Lazare Nicolas Marguerite Carnot, 1753~1823)의 아들로 파리에서 태어나, '에콜 폴리테크니크'를 졸업하고 공병 사관으로 육군에서 근무했다. 그의 열역학에 관한 이 논문은 그가 남긴 오직 하나의 완결된 논문이며, 그는 1832년에 마흔도 안 된 젊은 나이에 아깝게도 사망하고 말았다.

카르노는 열기관에서의 운동의 발생은 항상 열평형의 회복, 즉 온도가 높은 물체로부터 낮은 타 물체로의 열의 이동과 결부되어 있다는 것에 주목했다. 예를 들면, 증기기관에서는 연소에 의해 보일러 내에 발생한 열이 보일러 벽에 증기를 발생시킨다. 이 증기는 열을 실린더로 실어가고, 거기서 복수기로 실어간다. 따라서 복수기의 냉수가 결국에 연소에서 생긴 열을 잡아가게 된다. 그래서 카르노는 다음과 같이 결론지었다.

"그래서 증기기관에서의 동력의 발생은, 실제의 열 소비에 기인하는 것이 아니고, 뜨거운 물체로부터 찬 물체로의 열의 이동, 즉 어떤 원인으로 파괴된 열의 평형을 회복하는 데 기인한다. 이 원리에 따르면, 동력을 생기게 하기 위해서는 열을 발생시키는 것만으로는 부족하다. 한랭한 것도 발생시켜야만 한다. 냉한 없이는 열을 이용할 수 없을 것이다. 온도 차가 있어서 열평형의 회복이 나타나는 곳에는 어디서나 동력이 생길 수 있다."

"수증기는 하나의 수단이지, 다만 하나뿐인 수단은 아니다. 모든 물질은 이 목적에 이용할 수 있다. 모든 물질은 한랭한 것과 열을 교체하여 수축하거나 팽창한다. 이 체적의 변화에서, 물체는 일정한 저항을 극복하고, 그것에 의해 동력을 발생할 수 있다. 고체인 금속 봉도 교대로 가열하고 냉각하면 그 길이는 증가하고 축소하여, 그 끝에 붙인 물체를 움직일 수 있다. 기체는 온도의 변화에 따라 매우 큰 체적의 변화를 받는다. 그것이 피스톤을 가진 실린더 내에 있으면, 매우 큰 운동을 일으킬 수가 있다. 모든 물질의 증기는 수증기와 같이 일을 할 수가 있다. 이와 같이 온도의 차가 있는 데는 어디서나 동력을 일으킬 수 있고, 또 이것과 반대로 사람이 그러한 힘을 이용할 수 있는 데는 어디서나 온도의 차를 생기게 할 수가 있다. 즉, 열의 평형을 파괴할 수가 있다. 물체의 충돌이나 마찰은 실제로 물체의 온도를 높여서 주위의 여러 물체의 온도보다 높은 온도로 올리게 된다. 따라서 열의 평형 상태에 있던 것을 그 평형을 파괴한 수단이 아니냐!"

위에 기술한 카르노의 열의 평형 표상은 열의 한 가지 운동만을 생각하고 있다. 그도 처음에는 열을 하나의 물질적 본성이라고 상정하고 있는 것으로 보인다. 그러나 그의 유고에서 알 수 있는 것과 같이, 그는 열의 상존 가정을 포기하고 열과 일을 동등한 것으로 보아, 열의 일에 해당하는 당량(當量)을 정밀하게 측정하기조차 했다.[1] 그리고 특히 열역학의 기초가 된 것은 '카르노의 순환 과정(Carnot Cycle)' 개념이다. 카르노는 기체의 온도는 압축하면 상승하고 급격하게 팽창하면 강하한다는 사실에서 출발했다. 따라서 압축한 후에 기체를 원 온도로 되돌리려면, 기체로부터 열을 빼내야 한다. 마찬가지로 기

---

1 이 유고는 최초의 논문과 함께, 사디 카르노의 동생에 의해 1878년에 파리에서 간행되었다.

체에 일정량의 열을 가하면, 기체의 팽창 때에 그 온도가 강하하는 것을 피할 수 있다. 카르노는 이러한 사실에 근거하여 다음과 같은 고찰을 했다.

이것은 현실적으로는 근사하게만 실현할 수 있는 것이므로, 사고실험(思考實驗)이라고 하자. 오른쪽 그림의 A는 높은 온도인 물체이고, B는 A와 절연되어 있는 낮은 온도인 물체이다. 그리고 A와 B는 열용량이 매우 커서 상당한 양의 열이 가감되어도 일정 온도 t_1과 t_2를 유지할 수 있다고 가정하자. 실린더 abgh 안에는 기체, 예를 들어 공기와 가동 피스톤 cd가 들어 있다. 이제 우리는 카르노가 한 것과 같이 다음과 같은 일련의 변화를 상상해 보자.

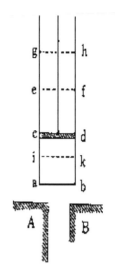

카르노의 순환 과정

① 열이 벽 ab를 잘 통과할 수 있는 실린더가 뜨거운 물체 A 위에 놓여 있다고 하자. 실린더 내에 밀폐된 기체는 그 결과 A의 온도 t_1이 되며, 피스톤은 처음의 위치인 cd로부터 ef로 밀려 올라간다. 이때에 기체는 A로부터 열을 공급받기 때문에 팽창해도 온도 t_1을 유지한다.

② 다음에 실린더를 A로부터 떨어지게 하여 열 공급을 받지 못하게 한 후에 더 팽창시키면 기체의 온도는 내려가게 된다. 피스톤이 gh의 위치에 왔을 때에 온도는 B의 온도와 같은 t_2로 내려갔다고 하자.

③ 실린더를 B 위에 놓고 다시 압축하면, 이때에 생긴 열은 B에 흡수돼서 온도는 항상 t_2로 유지된다.

④ 피스톤이 cd의 위치에 도달하면 실린더를 B로부터 떨어지게 하여 열의 교부 없이 더욱 압축한다. 압축된 공기의 온도가 올라가서 다시 A의 온도 t_1과 같게 되었을 때에 피스톤의 위치는 ik가 되었다고 하자.

이상으로써 순환(Cycle)은 완결된다. 또다시 이 실린더를 A 위에 놓으면, 이러한 과정은 똑같이 몇 번이고 되풀이할 수 있다. 그리고 이와 반대의 순서, 즉 '4, 3, 2, 1' 순에도 '1, 2, 3, 4' 순의 과정에서 얻은 것과 똑같은 동력이 소비된다. 카르노의 이 중요한 연구는 처음에는 거의 주목을 받지 못하다가, 클라페롱이 처음으로 그 의의를 인정하여, '이 연구의 토대가 된 사상, 즉 무에서는 동력도 열도 창조할 수 없다는 가정'을 결실이 풍성하고 이론의 여지가 없는 것이라 했다. 클라페롱(Benoit Paul Emile Clapeyron, 1799~1864)은 파리에서 나서 그곳에서 사망했다. 그는 러시아의 초빙을 받아 10년간 페테르부르크에서 공학과 수학 교수로 활약하다 1830년부터 파리에 돌아와서 살았고, 그의 『열의 동력에 관한 논문(Memoire sur la puissance motrice de la chaleur, 1834)』을 파리에서 발표했으며, 특히 철도의 발달에 공헌했다. 그의 이러한 공학 상의 공적을 인정받아 파리 과학 아카데미의 회원으로 추대되었다. 카르노는 가급적 수학적 해석을 사용하는 것을 피했다. 그래서 클라페롱은 그의 선배들이 복잡한 일련의 사고에서 성취한 성과를 일반적 법칙으로부터 쉽게 도출하여 카르노가 기술한 과정을 해석적으로 표시했는데, 도식 해석법도 사용했다. 아마도 와트에 유래한 '표시도(Indicator diagram)'의 응용인 것 같다. 그래서 그림 2와 같은 열역학의 모든 교과서에 채용된 단순 순환 과정에 대한 유명한 도형이 만들어진 것이다.

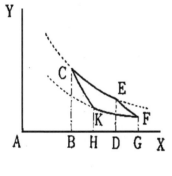

단순 순환 과정

그림의 가로 좌표는 각 시점의 체적을 나타내며, 세로 좌표는 그에 대응한 압력을 나타내고 있다. 이러한 변화가 등온 변화, 즉 열의 공급과 탈취에 의해 일정한 온도로 유지되는 조건에서 행해질 때, 그래프는 쌍곡선이 된다. CE와 KF는 등온 쌍곡선의 선분이다. CK와 EF는 단열 변화, 즉 실린더의 벽이 열을 차단하고 있기 때문에, 기체는 압축되거나 팽창됨에 따라서 가열되거나 또는 냉각되는 변화를 나타내고 있다. CEFK의 곡선 모양으로 표시되는 것과 같이, 등온과 단열 변화를 교대로 행하면 기체는 최후에 그의 최초의 상태로 복귀하게 된다. 카르노와 클라페롱의 여러 연구는 열과 일의 당량 정리(當量定理)가 발견된 후에 비로소 그 완전한 의의가 인정되었다. 그것들이 열역학, 특히 클라우지우스(Rudolf Julius Emanuel Clausius, 1822~1888)의 이론적 연구의 기초가 된 것은 다음 장에서 기술하기로 한다.

2. 광학의 진보와 파동설

17세기에 뉴턴과 호이겐스에 의해 확립된 광학은 빛의 본질에 대한 두 사람의 상반된 견해, 즉 뉴턴의 입자 방사설에 대한 호이겐스의 에테르 매체 내에서의 파동설 간의 논쟁은 계속되어 왔다. 그러나 18세기 동안에는 실용적인 광학 기기의 개발이나 광학 현상의 해석에 별다른 지장 없이 둘 다 활용되고 발전했다. 하지만 이 빛의 본질에 대한 문제는 해결의 실마리조차 잡지 못하고 한 세기를 지나고 말았다. 그리고 19세기에 들어서면서, 그 문제의 해결의 실마리가 될 여러 가지 사항들이 밝혀지기 시작했다. 열선이 발견되었고, 스펙트럼에 대한 지식이 증대했으며, 그리고 간섭 현상과 편광 현상이 알려지게 되자 빛의 본질에 대한 사고를 다시 하게 되었다.

1) 열선의 발견

럼퍼드와 데이비가 물체 열의 본성을 결정하는 실험을 한 것과 거의 같은 때에, 이미 옛날부터 물체 열과 구별되어 있던 복사열(輻射熱)에 관해서도 하나의 중요한 발견을 했다. 윌리엄 허셜은 태양을 관측할 때에 여러 가지 색유리를 사용했는데, 빛을 잘 투과시키지 않는 색유리의 뒤가 다른 밝은 색의 유리 뒤에서보다 더 강한 열기가 생기는 일이 종종 있어서, 가열하는 힘과 빛의 세기와는 무관해 보이는 데 주의하게 되었다.

그래서 '열은 각종 광선의 종류에 대해 같지 않게 배분되어 있지는 않을까?' 하는 의문을 풀기 위해 태양 광선의 스펙트럼(spectrum)을 만들어서 각각의 색을 차례로 하나의 작은 구멍을 통해 투사하여 온도계의 검게 칠한 감응구에 쪼여보았다. 그리고 근처에 둔 다른 온도계는 주위의 공기 온도를 나타내게 했다. 그리고 각 스펙트럼이 동일 시간에 온도계의 온도를 올리는 것을 비교해 보았다. 다른 조건을 같게 하면, 온도계가 자색 스펙트럼으로 2도 올리는 같은 시간에, 녹색은 3.25도, 적색은 6.9도에 달했다. 허셜은 이 연구를 계속하여 한 달 뒤에는 눈에 보이지 않는 열을 주는 광선으로 된 스펙트럼인 적외선 부분이 존재한다는 주목할 결과를 보고했다.[2] 그뿐만 아니라 열작용이 가장 강한

---

2 『이학 보고(1800)』: 허셜, 「프리즘 색의 대상을 가열 또는 비치는 힘의 연구」, 3월 27일 보고, 255쪽. 「태양의 불가시광선의 굴절성에 대한 실험」, 4월 24일 보고, 284쪽.

점은 이 불가시권에 있다는 것도 밝혔다. 이리하여 빛과 같이 반사 굴절하는 눈에 보이지 않는 열선으로서의 적외선이 존재한다는 것이 밝혀졌다.

2) 스펙트럼에 대한 지식의 증진

스펙트럼의 각 부분이 열작용을 달리한다는 것은 허셜이 이미 입증했으나, 화학 작용에 관해서도 큰 차이를 나타낸다는 것을 스웨덴의 화학자 셸레가 실증하게 되었다.

셸레(Carl Wilhelm Scheele, 1742~1786)는 빛을 받으면 검게 되는 염화은을 칠한 한 장의 종이를 스펙트럼에 대어 보았다. 그는 염화은이 다른 색보다 자색 중에서 훨씬 빠르게 변하는 것을 확인했다. 이 간단한 실험은, 오늘날 매우 고도로 발달한 스펙트럼 사진의 발단으로 볼 수 있다. 그리고 셸레도 허셜의 업적과 비슷하게 1801년에 화학적으로 작용하는 복사선이 자색의 바깥쪽에 있다는 것을 증명함으로써, 스펙트럼의 특성을 더욱 명확하게 했다. 이 경우에도 염화은의 분해는 자색 자신에서보다 가시 부분의 바깥쪽에 있는 자외선에서 더욱 강력하게 행해지기 때문에, 작용의 최대점은 그 자외선에 있다는 것이 명백해졌다. 그래서 자외선은 이때부터 '화학선'이라고 불리게 되었다.

그리고 1년 후인 1802년에 스펙트럼의 성질에 관한 지식은 최대의 의의를 가진 한 발견에 의하여 더욱 풍요하게 되었다. 자외선의 증명에도 공적을 남긴 영국인 울러스턴(William Hyde Wollaston, 1766~1828)이 가는 틈새를 통과한 태양스펙트럼에는 무수히 많은 검은 선이 들어 있는 것을 발견한 것이다. 이 발견이 후에 프라운호퍼에 의하여 다시 다루어져서 스펙트럼분석의 기초를 확립하게 되었고, 나아가서 현대의 양자역학을 탄생시킨 하나의 도화선이 되었다. 이것들에 대해서는 후에 상론하기로 한다.

3) 영의 간섭 연구와 파동설

광학에서 그렇게도 많은 중요한 발견과 발전이 이룩된 이 시기에도, 뉴턴과 호이겐스의 이름이 붙은 빛의 본질에 관한 종래의 논쟁은 계속되어 왔는데, 호이겐스의 파동설이 유리하게 되어감에 따라서, 불가량 물질(不可量物質)의 학설에 또 다른 틈새가 생기게 되었다. 빛의 방사설에 대한 최초의 공격은 뉴턴의 조국에서 토마스 영(Thomas Young, 1773~1829)에 의해 행해졌다. 그는 1800년까지 런던에서 의사 생활을 했고, 다음 해부터 2년간은 '런던 왕립 연구소'의 물리학 교수로 활동했다. 이 2년간에 그는 광학에 관한 중요한 두 개의 논문을 발표했다. 그는 역사상 찾아보기 드문 다재다능한 사람이었다. 그는 의사, 철학자, 수학자, 물리학자, 고고학자였으며, 동시에 런던의 상류층에서 승마가, 음악가, 화가로서 명성을 떨친 사교가이기도 했다. 물리학과 생리학에 앞으로 기술할 훌륭한 업적을 남긴 영은, 이집트의 상형문자를 해독하는 데 어느 정도 성공한 최초의 고고학자이기도 하다.

영은 로버트 훅(Robert Hooke, 1635~1703)이 손대서 뉴턴이 계속한 박편의 색에 대한 연구를 다시 들고 나왔다. 뉴턴이 균등한 빛에 대해 관찰하여 잘 설명할 수가 없었던, 밝고 어두운 무늬나 둘레의 연속을 영은 제1 경계면과 제2 경계면에서 반사된 광선이 겹치는 데서 일어나는 현상으로 설명할 수 있었다. 그는 이 현상을 지금도 통용되는 '간섭(Interference)'이라는 이름으로 불렀고, 빛과 빛이 겹치면 그 결과 마치 크기가 서로 같고 방향이 정반대인 운동이 겹치는 것과 같이, 예를 들면 위상이 다른 진동이 겹치게 되면 정지하게 되는 것과 같이, 밝고 어두운 무늬가 생긴다는 것을 증명했다.

영은 이 간섭 현상은 스펙트럼이 보이지 않는 자외선 영역까지에도 미친다는 것도 증명하는 데 성공했다. 그는 이 현상을 다음과 같은 실험 장치에 의하여 입증했다. 즉, 스펙트럼의 자외선 부분을 색 둘레가 생기기에 적당한 엷은 층위에 투사하여 상하 양 경계면으로부터 반사시켜, 이 눈에 보이지 않는 반사가 염화은 용액에 적신 종이 위에 쪼이도록 했다. 잠깐 후에는 그 종이 위에 주지의 검은 테가 생겼다. 영은 이 현상의 기초인 간섭의 원리를 다음과 같이 기술했다.

"다른 광원의 두 개의 파가 동일하거나 또는 거의 동일한 방향으로 전파될 때, 이 총 작용은 각각의 파 운동을 합한 것이 된다."[3]

영에 의하면, 빛을 생기게 하는 운동은 우주에 퍼져 있는 극히 희박하고 탄성적인 에테르 안에서 일어난다. 그리고 색의 상이는 그에 따른 에테르의 운동으로 눈의 망막 위에 일어나는 진동의 빈도(주파수)로 설명된다는 중요한 사실을 지적했다. 그는 또 망막은 세 가지 원색 감각을 매개하는 세 개의 다른 신경 요소로 구성되어 있다고 생각했다. 즉, 신경섬유의 첫째 종류가 적색 광선에 의해 흥분하면 적색의 감각이 생기며, 둘째 종

---

3 영, 「빛과 색의 이론에 관하여」, 『이학 보고(1801)』 12쪽. 「단순한 일반적 법칙」, 『이학 보고 (1802)』. 영의 실험 장치는 『이학 보고(1804)』 1쪽에 나와 있음.

류는 녹색 감각, 셋째 종류는 특히 자색 감각이 생긴다. 예를 들어, 적색 광선은 적색을 감수하는 신경섬유를 강하게 흥분시키나, 타의 두 가지에 대해서는 약한 작용밖에 주지 않는다. 세 가지가 모두 같은 세기로 자극되면 백색 감각이 생긴다. 이러한 영의 설은 후에 헬름홀츠가 다시 다루어서 정밀한 기초를 세우게 된다.

영에 의하면, 빛과 마찬가지로 복사열도 에테르의 운동으로 귀착된다. 그에 의하면, 열 진동은 오직 그 파장과 그 파장에 대응한 진동수에 의해서만 빛의 진동과 구별된다. 영이 전개한 이와 같이 멋진 학설은 근본적인 오류를 가지고 있다. 그것은 이미 호이겐스가 세운 파동설과 같이, 이 진동은 세로의 진동(종파), 즉 전파되는 방향으로 진동한다는 가정이었다. 이와 같이 틀린 가정이 처음부터 생긴 데는 이해할 만한 이유가 있다. 처음부터 빛의 파동설은 빛과 음향의 전파가 유사성을 가진 데 기인한 것인 만큼, 음향의 전파는 옛날부터 공기 미립자의 세로 진동에 의한 것이 알려져 있었으므로, 빛도 음향과 같이 세로로 진동하는 종파(縱波)라고 가정하여 의심치 않았다. 그런데 빛은 음파와는 달리 횡파(橫波)인 것은 오늘날 누구나 다 알고 있는 사실이다.

4) 파동설과 편광

영이 전개한 학설 중에 내포된 오류는, 특히 말뤼스(Étienne Louis Malus, 1775~1812)가 반사에 의한 빛의 기욺(偏光, 편광)을 발견함으로써 명확히 나타났다. 그때까지는 빛이 반사 또는 굴절되어도 그 물리적 성질은 일반으로 변화되지 않고, 빛은 발광체에서 왔을 때와 똑같은 효과를 나타내리라고 생각했다. 굴절에 있어서는 보통 복합 광선의 분해가 일어나나, 그 안에 내포된 성분은 각각 불변의 특성을 보지하고 있다. 이것은 이미 뉴턴이 프리즘의 굴절로 분해된 백색의 여러 성분들을 프리즘으로 다시 합하여 원래의 백색을 만들어 냄으로써 입증된 사실이다. 이러한 현상에 반하여, 뉴턴도 인정한 것과 같이 뉴턴 시대에도 빙주석으로 복굴절을 한 광선의 효과는 보통 광선의 이와 같은 특성과는 달랐다. 즉, 복굴절을 한 광선은 제2의 결정이 취하는 위치에 따라서 다시 분열하지 않고 제2의 방해석을 통과했다. 이것에 대해 뉴턴은, 이런 광선은 각각 다른 특성을 가진 여러 가지 측면을 가지고 있을 것이라는 소견을 말했다.[4]

말뤼스가 우연히 발견한 이 편광 현상은 어떤 특정한 광물에만 나타나는 고립적인 현

---

4 뉴턴, 『광학(1704)』 제3권, 설문 26.

상이 아니라는 것을 밝히기까지 약 100년이란 세월이 흘렀다. 말뤼스는 파리에서 나서 군사기술 학교 '메제르'를 거쳐 '에콜 폴리테크니크'에서 수학했으며, 이 학교에서 몽주(Gaspard Monge, 1746~1818)의 인정을 받아서 이미 광학 연구에 손을 댔고, 이집트 원정에 종군했으며, 모교에 돌아와서 활동하다가 1812년 사망했다.

1808년의 어느 날, 말뤼스는 룩셈부르크 궁전을 향하여 저녁 햇살을 받고 있는 창문을 빙주석(氷洲石)으로 들여다보았다. 이때에 말뤼스가 결정체를 돌려보니, 그 결정을 통해 보이는 유리창에 반사된 태양의 상은, 그 세기가 결정체의 회전에 따라 변하는 것을 보고 놀랐다. 그는 처음에 태양의 빛이 대기 중을 통과하며 받은 영향 때문인 것으로 생각했으나, 결국 반사한 빛의 편광이 유일한 원인인 것을 알아냈다. 말뤼스는 반사면의 물질의 본성에 의해 결정되는 일정한 각도, 즉 편광각에서 빛이 반사할 때는 빙주석에 주는 2중상의 하나가 빙주석의 위치에 따라서는 지워질 만큼 심한 편광이 일어나는 것을 발견했다.[5] 영은 전술한 그의 파동설의 오류 때문에 이 실험을 설명할 수가 없었다. 방사설의 확고한 신봉자인 말뤼스는 이 사실을 알아내고 매우 기뻐했다고 한다. 『아라고 전집』(제3권 117쪽)에 의하면, 1811년에 영국의 로열 소사이어티가 말뤼스에게 '럼퍼드상'을 주기로 결정했을 때, 당시 로열 소사이어티의 서기관이던 영은 말뤼스에게 보낸 편지에 "귀하의 실험은 내가 채용한 '파동 간섭의 설'이 불충분하다는 것을 입증해 주었으나, 틀렸다는 것을 증명하지는 않았습니다."라고 했다. 이 편지를 받은 말뤼스는 영이 자기의 파동설이 불충분하다고 고백한 데 대해 매우 기뻐했다고 한다.

5) 파동설의 승리

영은 수년 후에(1817년 1월) 빛은 종파가 아닌 횡파라는 생각도 함께 하여 복굴절을 설명했다. 빛이 횡파라는 생각을 영과는 독립하여 전면적으로 전개한 사람은 프랑스의 물리학자 프레넬(Augustin Jean Fresnel, 1788~1827)이다. 이 프레넬의 횡파 파동설로 방사설은 일소하게 되었다. 프레넬은 노르망디에서 태어나서 파리의 '에콜 폴리테크니크'에서 수학하고 거기서 교편을 잡으며 1815년부터 광학 연구를 시작하여 그 해에 「빛의 회절에 관한 논문」을 발표하여 상금을 획득했다. 이 논문에 이미 회절에서 나타나는 태둘레의 무늬를 파동설로 설명했다. "매우 작은 각도로 마주치는 두 개의 광선 진동은, 상호

---

5 말뤼스, 「투명체에 의하여 반사된 빛의 한 성질에 대하여」, 1808년의 강연.

소거할 수 있다는 것은 쉽게 이해된다. 이것은 한쪽 광선의 진동 마디가 다른 광선의 진동 복(振動腹)에 일치할 때에 생긴다."라고 명확하게 간섭의 원리를 설명하고 있다. 그리고 얇은 조각(박편)의 색도 설명했다. 그리고 계속된 편광의 간섭에 관한 그의 실험은 결정적 의의를 가진다. 이 실험은, 두 개의 편광 광선의 편광면이 서로 평행일 때만 간섭을 일으키나, 편광면을 서로 수직이 되게 하면 간섭 현상은 나타나지 않는 것을 제시했다. 이 효과는 에테르의 세로 진동을 가정하면 맞지 않으나, 에테르의 가로 진동이라고 생각하면 쉽게 설명할 수가 있다. 왜냐하면 서로 접한 광선이 서로 수직인 두 개의 평면 위에서 진동하면 서로 영향을 받지 않기 때문이다. 그래서 프레넬은 1820년에 '빛은 에테르의 가로 진동'이라는 이론에 도달할 수가 있었다. 그는 이 이론의 대강을 1823년에 발표한 그의 논문 「반사가 편광에 주는 여러 변형의 법칙에 관한 논문」에서 설명하고 있다. 이 프레넬의 새로운 설(횡파설)은 그가 준 모양 그대로 과학의 한 자산으로 꼽히게 되었다. 그 후에 발견된 여러 현상들도 이 이론으로 설명할 수 있었으며, 후일에 실증될 여러 현상들까지 예견했다. 그래서 뉴턴의 입자설은 현대 물리학에서 '광자(光子)'라는 새로운 표상으로 취급되기까지 완전히 일소되고 말았다.

영과 프레넬에 의해 전개된 이러한 이론적 견해는 프랑스의 대수학자 코시(Augustin Louis Cauchy, 1789~1857)가 해낸 '파동에 관한 해석적 연구'에 의해 확고하게 지지되었다. 코시는 이미 1815년에 '파동 이론'에 관한 연구로 아카데미의 대상을 획득했으며, 1831년 이래 빛의 파동설을 확립하기 위한 많은 논문을 발표했다. 코시의 이러한 연구 이전에는 빛의 분산을 파동설로 추론하는 데 성공하지 못하고 있었다. 프레넬은 물체 분자의 에테르에 미치는 영향을 고려하지 않은 점에 그 이유가 있다고 감지하고는 있었으나, 코시가 비로소 이 틈새를 메워서 파동설을 확고부동한 것으로 하는 데 성공했다. 그는 파장과 에테르 미분자 간의 거리의 비를 고려함으로써, 빛의 속도를 파장의 함수로 나타내는 식을 얻었다. 이 식에서 상이한 색의 빛, 즉 파장이 다른 빛에는 각기 다른 크기의 굴절을 줄 수가 있었다. 코시는 이 식의 도출에서, 빛은 광학적으로 밀도가 높은 매질에서는 그만큼 작은 속도로 전파된다고 가정했다. 이것이 사실이라는 것이 푸코(Jean Bernard Léon Foucault, 1819~1868)에 의해 1850년에 실험으로 증명되고, 프라운호퍼에 의해 빛의 파장이 실측됨으로써, 이 이론광학은 더욱 확고하게 되었다.

3. 화학과 물리학의 긴밀한 관계

18세기 말엽에 라부아지에에 의해 과학적 기초가 확립된 화학은 19세기가 되면서 물리학 분야와 긴밀한 관계를 맺게 된다. 이러한 화학과 물리학 분야에서 이루어진 많은 업적은 대부분 게이뤼삭과 결부되어 있다. 따라서 이 물리학과 화학이 밀접하게 결부된 과학 부문의 확장과 연결에 공적을 남긴 많은 학자 가운데, 특히 게이뤼삭을 들어 기술하는 것은 매우 당연하다고 할 수 있다.

게이뤼삭은 1778년 9월 6일에 중부 프랑스의 작은 마을인 '산 레오나르'에서 태어났다. 그의 아버지는 사법관이었으나, 그는 1797년 12월에 '에콜 폴리테크닉'에 입학했다. 그곳에서 가장 우수한 학생 가운데 한 사람이었으며, 화학자 베르톨레(Claude Louis Comte Berthollet, 1748~1822)에게 인정을 받아 그의 조수로 발탁되었다. 졸업을 하자 그는 처음에 푸르크루아(Antoine-François Fourcroy, 1755~1809)의 복습 교사로 임명되어, 1809년에는 화학 교수로 임명됐고, 동시에 소르본 대학에서도 물리학 강좌를 담당했다. 그는 프랑스의 공적인 생활에서도 중요한 지위를 차지하여 많은 공헌을 했다.

1) 대기의 탐구

게이뤼삭이 과학 분야에서 최초로 획득한 월계관은 한 특이한 사정 때문이다. 몽골피에(Joseph Michel, 1740~1810, Jacques Etinne, 1745~99, Montgolfier) 형제는 연기가 난로의 더운 공기로 올라가는 것을 보고 착안하여, 밑에서 불을 때서 기구를 올렸다. 용적 2200입방피트의 이 기구(氣球)는 2000미터까지 상승했다. 1783년에 있었던 이 유명한 실험에 뒤이어 많은 기구들이 올려졌다. 물리학자 샤를(Jacques Alexandre César Charles, 1746~1823)은 같은 해에 수소를 채운 기구를 고안했다. 이 두 가지 기구 비행은 인간의 비행 역사를 연 시발점이 되었으며, 이 두 가지 기구 비행의 경쟁은 매우 재미있는 이야깃거리를 많이 남기고 있으나, 여기서는 접어두고 과학 발전상의 문제만 기술하기로 한다. 이러한 기구는 처음에는 안전장치를 갖추지 못한 것으로 매우 모험적인 시도였다. 그래서 파리 아카데미는 19세기 초에 학술 관측을 위한 기구 비행을 결의할 때, 두세 사람의 젊은 용감한 학자를 골랐다. 이 천우의 기회가 게이뤼삭에게 온 것이다. 게이뤼삭과 비오 두 사람은 1804년 여름에 공동으로 기구를 타고 상승하는 것을 시도했고, 그 후에 게이뤼삭 단독으로 기구를 타고 상승하여 7000미터 고도에서 기온이 영하 9.5도였는데, 같은 시각에 파리의 온도는 27.5도였다는 것을 확인했다. 그리고 대기 공기의 조성은 상층에 있어서도 지표 부근과 동일하다는 것을 분석으로 확인했다. 즉, 게이뤼삭은 공기는 높은 고도에서도, 어떤 물리학자들이 뇌우를 설명하기 위하여 가정한 것과 같이 산소와 수소의 혼합가스인 폭발가스 같은 것은 없다는 것을 증명했다. 그리고 특히 게이뤼삭은 자침이 지표로부터 멀리 떨어진 때의 움직임에 주의했다. 이때에 행한 진동의 관측은 수천 미터의 고도차에서는 자기력의 변화가 잘 나타나지 않는다는 것을 확인했다. 후년에 아라고는 이러한 실험을 평가하여, "비오와 게이뤼삭의 기구 상승은 과학적 여러 문제를 해결하기 위하여 눈부신 성공을 한 최초의 시도로서, 인류의 기억에 영원히 남을 것이다."라고 기술하고 있다.

대기 공기의 분석과 그것에 이용된 수단의 신뢰성에 대해서는 당시에 여러 가지 이론이 있었다. 산소 성분은 일정하지 않으며, 그것이 공기의 좋고 나쁨을 결정한다고 일반적으로 믿고 있었다. 따라서 산소 함유량을 측정하기 위해 고안된 장치를 '공기 양도 측정기(空氣良度測程器)'라는 뜻에서 '오디오미터'라고 불렀다. 최초의 오디오미터는 프리스틀리에게서 유래한 것으로 질소의 산소에 대한 작용에 근거한 것이며, 이것은 1774년에 폰타나에 의해 개량되었다. 그리고 훨씬 정확한 결과는 라부아지에가 제안한 방법으로 얻어졌으며, 일정량의 공기를 수은으로 밀폐하고 인(燐)과 접촉시켜서 아는 방법이다. 인의 완만한 산화에 의해 산소는 완전히 이 물질에 화합하고, 공기는 그 산소에 해당하는 용적의 감소를 받게 된다. 그러나 라부아지에의 실험 오차도 매우 커서, 산소의 함유량에 7% 정도의 오차를 가정해야 했다. 볼타가 1790년에 제안한 오디오미터도 대체로 같은 원리다. 이 경우에는 검사하려는 공기에 수소를 충분히 혼합하고, 전기불꽃으로 연소시켜 공기 중의 산소가 모두 수소와 화합하여 물이 되게 한 것이다.

훔볼트도 역시 오디오미터적인 측정을 했다. 그는 파리에서 게이뤼삭과 알게 되었고, 뛰어난 공적으로 명성이 높았던 이 두 사람은 친교를 맺었다. 이 친교의 가장 아름다운 과실은 두 사람이 공동으로 1805년에 발표한 오디오미터와 대기 성분의 비에 관한 연구였다.[6] 이 연구는 볼타의 오디오미터가 공기 분석에 있어서 가장 우수한 이기인 것을 밝혔다. 그리고 또 하나의 중요한 부산물은 산소와 수소는 1 : 2 라는 일정하고 간단한 체

---

6 훔볼트와 게이뤼삭, 「기체 화합물의 체적 법칙(1805)」, 『물리학 잡지』 제60권, 129~158쪽.

적의 비로 화합한다는 사실을 관측한 것이다. 1781년에 수행한 캐번디시의 실험을 보면, 이 비가 결코 간단한 것으로는 보이지 않는다.

2) 게이뤼삭의 법칙 발견

다방면에 다재다능한 훔볼트가 새로운 문제에 열중하고 있는 동안에 게이뤼삭은 기체의 연구를 더욱 깊게 파고들어 갔다. 우리가 알고 있는 기체의 화학적·물리적 성격들은 대부분 게이뤼삭이 발견한 것이다. 이 문제에 관한 그의 최초의 연구는 1802년에 그의 은사 베르톨레의 격려에 의해 시작되었다. 그것은 기체 상태와 증기 상태의 물체의 팽창에 관한 것인데, 실용상에서뿐만 아니라 이론상에서도 매우 중요한 증명을 한 것이다. 즉, "모든 기체와 증기는 타의 조건이 같으면 같은 온도 상승에 대해 같은 비율로 팽창한다."라는 것을 증명했다.[7] 게이뤼삭의 연구는 공기를 비롯하여 산소, 수소, 질소, 산화질소, 암모니아, 염산가스, 이산화유황(아류산가스), 탄산가스, 그리고 에테르증기에까지 미치고 있다. 그의 측정에 의하면, 이들 기체의 체적은 0도에서 100도까지 온도가 상승한 데 대해 원 체적의 0.375배가 된다. 후에 더욱 정밀하게 측정한 값은 0.366, 즉 모든 기체의 온도에 따른 팽창계수는 0.003666＝1/273인 것이 확인되었다.

기체 팽창에 관한 게이뤼삭의 연구는 다른 사람들의 여러 연구에 비해 큰 진보를 한 것이다. 그것은 특히 그가 측정하려는 가스를 미리 염화칼슘으로 건조하여 오차의 근본 원인을 제거한 점에 있다. 그런데도 게이뤼삭의 측정에는 상당한 오차가 있었는데, 이것은 용기나 기체를 충분히 건조하지 못한 데 기인한 것으로 보인다. 게이뤼삭이 기체의 팽창계수를 측정하는 데 사용한 방법은 다음과 같다.

수은 위에 거구로 세운 유리 플라스크 안에 시험하려는 기체를 채워놓고, 이 전부를 수조 안에 담그고 수조의 물이 100도가 될 때까지(끓을 때까지) 가열한다. 이때에 기체의 일부분은 양 끝을 구부린 유리관을 통해 바깥으로 새어나가서 플라스크 안의 압력은 대기 압력과 같다. 그리고 유리관을 제거하고 수조를 얼음으로 냉각하여, 얼음이 녹을 때의 온도, 즉 0도가 되게 한다. 그러면 기체는 수축하여 수은은 눈금을 한 플라스크의 긴 주둥이를 따라 올라가게 된다. 이것으로 가열할 때에 도망간 기체의 체적, 즉 팽창한 체적을 알게 된다.

---

7 게이뤼삭, 「기체와 증기의 열팽창에 관한 연구」, 『화학 연보(1802)』 제47권.

이와 같은 게이뤼삭의 실험에서, 다음 네 가지 기체의 체적 100을 100도로 올릴 때에 팽창한 체적은 '공기 37.5, 수소 37.52, 산소 37.49, 질소 37.49'였다. 그리고 게이뤼삭은 증기의 팽창계수도 같은가를 검증하기 위해, 에테르증기를 60도에서 100도까지 가열하는 시험을 했다. 그 결과 에테르증기도 팽창계수가 공기와 거의 같다는 것을 확인했다. 이 실험에서 게이뤼삭은 "기체와 증기의 팽창은 각 물질의 특성에 따르는 것이 아니고, 단순히 그것들이 기체의 상태에 있다는 점에 의존한다."라고 결론지었다.

게이뤼삭의 이 실험에서, 유리 용기의 건조와 그것의 팽창도 고려했는지는 확실하지 않다. 여하튼 후에 이러한 것을 고려한 정밀한 측정 결과는 40년간이나 통용된 게이뤼삭의 팽창계수 0.375(100도에 대한)보다 작은 0.366이었다.

3) 체적 법칙의 발견

게이뤼삭과 훔볼트의 친교 관계는 둘이 함께 이탈리아 여행을 함으로써 더욱 깊어졌다. 그들은 당시에 로마에 유학하고 있던 독일의 조각가 라우허(Christian Daniel Rauch, 1777~1857)와 덴마크의 조각가 토르발센(Bertel Thorvaldsen, 1768~1844)과 만나서 로마의 미술품에 눈뜨게 되었고, 지질학자 부흐(Leopold von Buch, 1774~1853)와 동반하여 '나폴리로 가서 무서운 땅울림을 수반한 장대한 베수비오 산의 분화를 목격했다. 그리고 화학 방면에서도 이 여행에서 적잖은 수확을 얻었다. 게이뤼삭은 나폴리에서 물에 녹아 있는 공기의 산소 함유량이 대기 공기의 21%에 비해 훨씬 많은 약 30%라는 것을 관찰했다. 이들은 이탈리아를 떠나면서 볼타를 방문했고, 귀로에 베를린에 들러 훔볼트 집에서 겨울을 지냈다. 파리에 돌아오자 게이뤼삭은 첫째로 수소와 산소뿐만 아니라 다른 기체들도 서로 간단한 체적 비로 화합한다는 그의 착상을 확인하는 일을 시작했다.

게이뤼삭은 우선 염산가스를 택하여, 암모니아가스와 화합시켜 보았다. 염산가스 용적 100에 대해 암모니아가스 용적 100이 꼭 맞게 포화시키며, 거기에서 된 염은 완전히 중성인 것이 확인되었다($NH_3+HCl=NH_4Cl$). 또 탄산가스와 암모니아를 혼합하면 탄산가스의 용적 100은 꼭 암모니아가스 용적 200과 화합했다. 그리고 무수황산은 아황산가스 100의 용적에 대해 산소가스 50의 용적을 포함하고 있어서, 이 두 가스는 역시 간단한 비로 화합한다는 것이 명백해졌다($SO_2+O=SO_3$). 또 다른 실험에서는 산소가스 50의 용적은 일산화탄소가스 100의 용적과 화합하고, 그 결과 두 가스는 완전히 없어지고 용적이 100인 탄산가스가 생겼다. 이러한 사실은 게이뤼삭보다 앞서 베르톨레도 암모니아는 질소 100의 용적에 대해 수소 300의 용적이 결합한다는 것을 밝혔다.

이러한 실험에서 게이뤼삭은, 화학적으로 작용하는 두 가지 기체는 극히 간단한 용적비로 화합한다는 것을 증명했다. 앞에서 조사한 실례의 반응에서는 '1:1, 1:2, 1:3'의 용적 비로 화합하나, 그 중량의 비는 그렇게 간단한 것은 아니었다. 그리고 기체들은 서로 매우 간단한 용적 비로 화합할 뿐만 아니라, 그러한 화합에서 일어나는 용적 감소도 화합 전의 용적에 대해 언제나 매우 간단한 비가 된다는 것도 알게 되었다.

이미 베르톨레는 일산화탄소 100과 산소 50이 화합하여 탄산가스 100이라는 용적이 생긴다는 것을 발견했다. 따라서 이 경우는 화합 전의 150이 화합 후에 100으로 용적이 감소했으며, 그 비는 3:2가 되었다. 그리고 암모니아의 경우는 2:1이 된다. 게이뤼삭이 발견한 이와 같은 '체적 법칙(體積法則)'은 장차 아보가드로의 가설에 대한 기초가 되었으며, 따라서 이론 화학의 발전에 토대가 되었다.

4) 기체와 증기의 본성에 관한 연구

기체의 물리학은 특히 액체에 의한 기체의 흡수에 관한 여러 연구로 촉진되었다. 우선 첫째로 영국의 화학자 윌리엄 헨리(William Henry, 1775~1836)는 액체에 의해 흡수되는 기체의 양은 흡수가 행해질 때의 압력에 비례한다는 것을 발견했다. 이 경우에 기타의 여러 조건은 동일하며, 특히 기체와 액체가 화학적인 작용을 하지 않는다는 것이 전제가 된다.[8] 존 돌턴(John Dalton, 1766~1844)은 1803년에 발표한 그의 논문 「물과 타 액체에 의한 기체의 흡수」에 헨리의 연구를 확장했다. 이 논문은 또 최초의 원자량 표를 싣고 있다는 점에서도 역사적 의의를 가진 것이다. 즉, 돌턴은 기체의 여러 가지 용해도를 그가 기초를 세운 원자설에서 도출하려고 했다. 그는 기체가 액체에 의해 단순히 흡수되었을 뿐이고, 그것과 화합하지 않았다는 특징으로서, 공기펌프로 압력을 빼면 기체가 단순히 흡수된 것이며 다시 액체에서 빠져 도망한다는 것을 제시하여 화합 상태와 혼합 상태를 명확히 구분했다.

돌턴은 헨리의 연구를 보완하여 그것을 혼합 기체에도 확장하여 이렇게 기술했다. "예를 들어, 공기를 전연 함유하지 않은 물을 두 가지 이상의 기체 혼합체와 함께 진탕하면 물이 각 기체를 각각 흡수하는 양은 그들의 기체가 각각 같은 밀도로 있을 때에 각 개별

---

8 『이학 보고(1803)』.

로 흡수하는 양과 같다." 이러한 돌턴의 여러 법칙은 어떤 것은 단순한 근사에 지나지 않으며 일부는 오류도 있다. 그러나 돌턴은 각종의 기체가 그와 같이 용해도를 달리하는 원인에 대해 의문을 제기했고, 이 의문을 자기의 원자설에 근거해 답하려는 시도는 매우 흥미롭고도 유익한 것이었다. 그는 이러한 시도에서 물체의 최소 미분자의 상대적 질량이 서로 다르다는 것을 발견했다. 그리고 더욱 가벼운 미분자로 된 기체는 그만큼 흡수가 용이하지 않다는 것도 명백하게 알았다. 이 두 가지 사실에서, 용해도가 원자량과 인과적 관계가 있다는 추지할 수 있었다.

돌턴은 또 기체와 증기의 압력을 측정한 최초의 사람이기도 하다. 그는 습기를 가진 공기의 압력은 건조한 공기의 압력에 혼합한 수증기의 압력을 보탠 것과 같다는 것을 발견했다. 돌턴의 이 연구도 역시 혼합 기체에까지 확장되었다. 그는 가벼운 기체가 무거운 기체 위에 있을 때도 기체는 완전히 혼합한다는 '확산 현상'을 말하고 있다. 그리고 그는 혼합기체의 압력은, 동일 체적에 대해서 말하면 각 성분이 미치는 압력의 합계와 같다고 했다. 이 경우도 역시 물리적 혼합뿐이고, 화학적 결합은 생기지 않는다는 것을 전제로 하고 있다.

끝으로 돌턴은 포화증기의 압력과 온도의 관계를 실측했다. 그가 사용한 방법은 오늘날도 사용되고 있다. 그는 기화하는 액체를 기압계의 수은주 위의 진공 속에 넣고, 기압계를 유리관 안에 밀폐한 다음에 열탕으로 기압계를 원하는 온도까지 올렸다. 그리고 발생한 증기의 압력을 수은주의 강하로 측정했다. 증기의 압력이 대기의 압력보다 높을 때는, 마리오트가 그와 보일에 의해 발견한 법칙을 증명하는 데 사용한 것과 같이, 짧고 닫힌 발과 길고 열린 발을 가진 하나의 유리관을 이용했다. 증기압을 측정하려는 액체를 이 짧고 닫힌 발 안에 넣고 가열하면, 길고 열린 발 안에서 증기에 의해 밀려 올라간 수은주에 의해 압력이 측정된다. 이 돌턴의 실험은 이 분야에서는 처음으로 행해진 것인 만큼, 물론 높은 정밀도를 기대할 수는 없었으나, 그 후에 더욱 정밀한 측정에서 채용된 근본 사상을 나타내고 있기 때문에 언급할 가치가 있다. 이와 같이 하여, 돌턴이 가장 정밀하게 측정한 것은 포화한 수증기의 온도와 압력의 관계였다. 그는 화씨 영하 40도에서 위로는 325도까지 넓은 범위에 걸쳐 측정하여, 온도와 증기압의 관계를 등비급수로 나타낼 수 있다고 믿었다. 그러나 이와 같이 간단한 수학식으로는 양자의 관계가 성립하지 않는다는 것이 밝혀졌다.

5) 19세기 초엽의 화학의 진보

이 시대에 무기화학, 공업화학, 그리고 유기화학을 추진한 가장 훌륭한 몇 가지 연구를 살펴보기로 하자. 데이비가 전류에 의해 알칼리금속을 발견한 보도가 프랑스에 전해지자, 나폴레옹은 '에콜 폴리테크니크'에 거대한 볼타 전기파일을 설비할 비용을 지출했다. 그런데 이 전기파일이 가동도 하기 전에, 게이뤼삭은 테나르(Louis Jacques Thenard, 1777~1857)와 협력하여 칼리와 소다를 철가루와 함께 가열하여, 전기의 힘을 빌리지 않고 순화학적 방법으로 칼륨과 나트륨을 만드는 데 성공하고, 1808년에 이를 발표했다.[9]

게이뤼삭의 옥소(沃素)와 옥소 화합물에 관한 모범적인 논문 「옥소에 대한 연구」(『화학 연보(1814)』 제91권)은 지금까지 전문적으로 하나의 원소에 대해 기술한 가장 좋은 논문으로 꼽히고 있다. 게이뤼삭은 이 논문에서, 산소산에 대응하는 수소산의 개념을 제시했다. 그가 증명한 것과 같이, 옥소는 두 가지 산, 즉 산소와 화합하는 제1의 산과 수소와 화합하는 제2의 산을 제시해 주었다. 염소, 옥소, 그리고 유황과 수소가 화합하여 만드는 산(HCl, HI, H_2S)은 산소를 함유한 산과 같은 특성을 가지고 있으므로, 이 두 가지 화합물은 하나의 부류에 넣어야만 했다. 그래서 수소산을 본래의 산과 구별하기 위해 게이뤼삭은 물을 뜻하는 '히드로(hydro)'라는 접두어를 사용했다. 따라서 수소와 화합한 염소나 옥소의 산성 화합물은 '히드로염소산'과 '히드로옥소산'이라고 명칭을 붙었다. 그리고 염소산과 옥소산($HClO_3$, HIO_3, 무수물은 Cl_2O_5, I_2O_5)은 산소와 화합한 산성 화합물의 이름으로 그대로 보존했다.

게이뤼삭이 그의 옥소에 관한 논문에 기술한 많은 화합물 중에, 특히 옥화에틸에 대해서 기술해 두어야 하겠다. 이 물질은 큰 반응역 때문에 알칼리화재로서 유기화학에 큰 의의를 가지고 있다. 그리고 그의 옥소 연구가 밝힌 중요한 여러 반응 중에, 다음의 반응도 특기해 둘만 하다. 옥소와 인(燐)이 화합하여 옥화인(沃化燐)이 되고, 이 옥화인은 물과 작용하여 분해되어서 옥화수소(沃化水素)와 아인산(亞燐酸)이 된다.

$$P+3I=PI_3, \ PI_3+3H_2O=H_3PO_3+3HI$$

옥화수소를 수은과 접촉시키면 옥화수은을 형성하여 수소를 유리시킨다. 이때에 수소는 옥화수소가 점유하고 있던 용적의 반을 점유한다는 전술한 체적 법칙상의 관계가 밝혀졌다. 그리고 옥화수소를 빨갛게 달구면 부분적인 분해가 일어나서 옥소와 수소가 생

---

9 게이뤼삭과 테나르, 「물리학과 화학적 여러 연구들」, 『화학 연보(1808)』 제65권.

긴다. 게이뤼삭은 반대로 옥소와 수소의 혼합물을 빨갛게 달구면, 옥화수소가 합성되는 것을 관찰하기도 했다. 이 관찰은 가역반응에 관한 최초의 관찰이었으나, 그는 아깝게도 이것을 깊이 생각하지 않고 넘어가 버렸다. 옥화수소와 염산의 유사성은 금속에 대한 작용에서 명백해졌다. 금속은 이 두 화합물에서 수소를 쫓아내고 염을 형성한다. 그런데 옥화수소는 암모니아와 화합하여 염화암모니아와 유사한 옥화암모니아를 생기게 한다. 그리고 이 화합은 같은 용량끼리 행해진다. 요컨대, 새로 발견된 옥소와 이전부터 잘 알려진 염소 사이에는 지금까지 어떤 두 원소 사이에서도 볼 수가 없었던 매우 가까운 유사성이 모든 방면에 걸쳐서 나타났다.

그 후에 이러한 유사성은 1826년에 발라르(Antoine Jérome Balard, 1802~1876)가 해수(海水)에서 발견한 취소(臭素)에까지 확대되었다. 그리고 염소, 취소, 옥소 등의 비교에서, 독일의 화학자 되베라이너(Johann Wolfgang Döbereiner, 1780~1849)는 '3개조 원소설', 즉 원소의 체계는 매우 닮은 3개씩의 원소 군으로 분류할 수 있다는 것을 1829년에 『포겐도르프 연보』에 발표했다. 이 사상으로 되베라이너는 원소분류학의 건설자인 멘델레예프(Dmitry Ivanovich Mendeleev, 1834~1907)와 마이어(Julius Lothar Meyer, 1830~1895)의 선구자로 볼 수 있다.

게이뤼삭의 황산에 관한 연구도 소위 '게이뤼삭의 탑'을 도입함으로써 공업적 생산에 큰 공적을 남겼으며, 그가 성공한 적정법(滴定法)의 기초는 화학공업 발전에 큰 영향을 미쳤다. 그리고 유기화합물 관련 화학도 게이뤼삭에 의해 매우 촉진되었다. 이전에는 유치했던 유기 분석에 대해 그는 산화제로서 산화동을 이용했으며, 그의 CN 화합물에 관한 연구는 유기물 연구의 모범이 되었다. 그는 이 연구에서 셸레가 황혈염(黃血鹽)으로부터 얻은 청산(HCN)은 염화수소에 해당하는 수소산이며, 그가 '청산의 소'라는 뜻으로 '시안'이라고 이름 붙인 탄소와 질소로 된 CN 기가 염소에 대치된 것을 증명했다. 그는 또 CN 기가 다른 화합물에 있어서도 하나의 원소와 같은 역할을 하는 것을 제시하여, 모든 유기화합물을 어떤 원자단의 배열로 귀착시키는 일련의 연구에 대한 길을 열어주었다. 이 연구의 길은 그 후에 유기화학을 '복합기(複合基)의 화학'이라고 부른 그의 제자 리비히(Justus Freiherr von Liebig, 1803~1873)의 연구 활동으로 그 정점에 도달하게 된다.

게이뤼삭은 라부아지에가 처음으로 밝힌 발효(醱酵) 과정도 연구하여, 진실에 가까운 화학 방정식을 제창했다. 오늘의 방식으로 표기하면 다음과 같다.

$C_6H_{12}O_6$(당)$=2CO_2+2C_2H_5OH$(알코올)

그 후 1848년에 파스퇴르(Louis Pasteur, 1822~1895)는 발효의 산물로서 탄산가스와 알코올 외에도 글리세린과 호박산(琥珀酸)이 발생하는 것을 입증했다. 1850년 5월 9일에 사망하기까지 그의 생애는 실로 혁혁한 연구와 그 성과들로 넘쳐 있다. 그리고 또한 모든 방면에서 도덕적 모범이었다. 아라고가 아카데미에서 그에게 바친 추도 강연은 다음과 같이 끝맺고 있다.

"그는 프랑스를 그의 도덕적 자질로서, 아카데미를 그의 발견에 의해여 영광되게 했다. 그의 이름은 과학을 배양하는 모든 나라에서 칭찬과 존경으로 불릴 것이다."

6) 라부아지에 설의 수정

라부아지에는 산소는 산을 형성하는 원기이며, 산에서와 같이 염에도 꼭 존재하는 원소라는 의견을 제창했다. 라부아지에의 이러한 산소산 설은 19세기 초에 특히 베르셀리우스의 지지를 받았다. 그에 의해 전기분해에 입각한 화합물의 이원설이 시작되었다. 예를 들면, 황산아연($ZnSO_4$)은 '$(ZnO+) \times (SO_3-)$'라는 식으로 나타낸다. 이것은 이 화합물이 양(+) 성분의 염기 ZnO와 음(-) 성분인 황산(SO_3)으로 조성되었다는 것이다. 그리고 우리가 오늘날 '산'이라고 하여 단일 화합물로 보고 있는 것을 산의 수화물로 보았다. 예를 들면, 황산(H_2SO_4)은 음 성분 SO_3와 약한 양성인 물이 화합한 '$(SO_3-) \times (H_2O+)$'라고 보았다. 그래서 물에는 이중의 성질을 주어야 했다[$CuO+H_2O=(CuO+) \times (H_2O-)$]. 물은 강한 양성의 산화 금속에 대해서는 음의 성분으로서 염기성 수화물을 형성하기 때문이다. 이러한 라부아지에의 설을 처음으로 흔들어 놓은 사람이 동시대의 위대한 과학자 베르톨레였다.

베르톨레는 청산(HCN)과 유화수소도 명백히 산의 특성을 가지나, 전연 산소를 포함하고 있지 않다는 것을 발견했다. 만약에 베르톨레가 염소를 산화물로 보지 않았다면, 그는 아마도 청산과 유화수소에 염산(HCl)도 추가할 수 있었을 것이다. 그런데 그는 염소의 용액을 햇볕에 쪼이면 산소가 나오는 것을 보고는 틀린 해석을 하여 이 종래의 오류를 인정하고 말았던 것이다. 즉, 베르톨레는 이 관측에서 고차적 산화물로서의 염소가 산소를 적게 가졌다는 염산과 산소로 분해한다고 틀린 추론을 했으나, 실은 물이 분해한 것은 명백하다($2Cl+H_2O=2HCl+O$). 그래서 그는 오늘날 우리가 염산이라고 부르는 물질을 산소를 다량으로 가진 제3의 산화물이라고 보았다. 이와 같이 베르톨레조차도 산이라고 보지 않고 산화물이라고 보게 한 라부아지에의 설을 수정한 염소에 대한 바른 생각은 데이비에 유래한다.

데이비는 염산가스가 그가 발견한 칼륨에 의해 분해돼서 수소를 발생하는 것을 발견했다. 그리고 그는 당시에 산화염산이라고 불린 염소에서 산소를 빼앗아서 염산이 생기는 것이 아니라, 염소를 수소 또는 수소화합물과 작용시킬 때만 염소에서 염산이 생긴다는 것을 제시했다. 그리고 이러한 사실은 데이비로 하여금, 염소는 하나의 원소이며 염산은 염소와 수소의 화합물이고 염산의 염은 염소와 각 금속과의 화합물이라는 올바른 가정에 도달하게 했다. 그 후에 곧 이어서 게이뤼삭이 옥소와 옥화수소에 대하여 똑같은 관계를 증명했다. 게이뤼삭은 또 청산에 대해서도 산소와 관계가 없다는 것을 증명한 후에, 염산과 일치하는 구조를 가진 산을 '수소산'이라는 이름으로 부르게 했다. 그러나 화학자의 일부는 베르셀리우스를 필두로 하여 구 학설을 완강하게 고집해 오다가, 1820년에야 그 반항을 포기했다. 할로겐과 그의 염 안에는, 비록 실험으로 증명할 수 없으나 역시 산소 성분이 있다고 가정하는 것은 너무도 부자연한 것으로 보였기 때문이다.

전술한 것과 같이 게이뤼삭은 염소와 옥소를 유사 원소로서 동열에 두었고, 발라르는 해수에서 취소(臭素)를 발견하여 이들의 동열에 추가했다. 그리고 불소(弗素)도 이 원소군에 속하며, 불화수소는 염화수소에 상당하는 조성을 가졌다는 것을 앙페르가 처음으로 발표했다. 불소를 분리하려는 노력은 이 원소의 매우 큰 친화력 때문에 처음에는 성공할 수가 없었다. 무아상(Ferdinand Frédéric-Henri Moissan, 1852~1907)이 1886년에, 적절한 불화수소산의 전기분해에 의해 데이비나 게이뤼삭이 성공하지 못한 이 실험을 처음으로 성공시켰다. 그러나 이 4개의 할로겐(염을 만드는 원소란 뜻)을 확연한 특징을 가진 원소군으로 인식한 것은 19세기 초이다. 할로겐족 원소에 대한 연구는 이론화학의 그 후의 발전에 있어서도 공업 화학의 발전에 대해서도 다 같이 큰 의의를 가지고 있다.

4. 응용수학의 발전

데카르트가 17세기에 주창한 보편수학적 인식 이상은 19세기에 들어서면서 자연과학에서 그 결실을 보게 된다. 앞서 기술한 것같이 게이뤼삭, 돌턴, 데이비 등 많은 사람에 의해 물리학이 화학에 가져다준 것과 같은 상호 촉진과 융합이 19세기에 들어서면서 이루어졌다. 특히 라플라스와 푸리에, 그리고 가우스에 의해 물리학과 수학 사이에도 이루어졌다.

1) 열전도에 관한 수학적 법칙 발견

푸리에는 물리 현상의 해석적 처리에 대한 기초를 구축했다. 특히 그는 열전도에 대한 수학적 법칙을 전개했다. 푸리에(Jean Baptiste Joseph Baron Fourier, 1768~1830)는 프랑스가 낳은 가장 저명한 수학자 가운데 한 사람이다. 그는 빈한한 직공의 아들로 태어났으나, 어릴 때부터 수학적 천재로 밥벌이를 했다. 그는 수학 교사를 하다가 '에콜 노르마르'의 관비생으로 선발되었다. 그리고 곧 교관으로 발탁됐고, 후에 '에콜 폴리테크니크'의 교수가 되었다. 그리고 나폴레옹의 이집트 원정에 동반하기도 했다. 그는 「숫자 방정식의 해석법」과 「무한 삼각급수에 관한 제 연구」에 의해 유명하게 되었다. 이러한 그의 연구는 열역학의 주요 문제들을 미적분학의 방법으로 해결하기 위한 해석적 수단을 주었다. 그가 도달한 열전도에 관한 미분방정식에 의해 물리적인 여러 문제가 순수한 해석학적 문제로 귀착되어, 더 이상 열의 본성에 관한 가정은 필요 없게 되었다.

푸리에는 역학 이론은 열의 여러 작용에 대해서는 응용될 수 없으며, 열의 여러 작용은 평형과 운동의 원리로서는 도출될 수 없는 특수한 현상 부문이라는 생각을 가지고 있었다. 그런데도 그의 방법이 정역학과 동역학에서 사용되는 방법에 기초하고 있는 것으로 보아, 열의 이론과 역학의 유사성은 인식하고 있었다고 보인다. 푸리에는 자기의 「열의 해석학적 이론」을 1807년과 1811년에 '파리 과학 아카데미'에 보고하여 상금을 받았다.[10]

푸리에는 그의 연구에서, 물체에서의 열의 전도는 완전히 일정한 법칙에 지배된다는 전제에서 출발하여 이 법칙에 대한 수학적 표시를 발견하려고 했다. 그는 또 이 문제의 우주론적 의의도 의식하여, '어떤 법칙에 따라 지구의 깊은 곳에 남아 있는 열이 만유에게 전달되는가? 어떤 수학적 규칙이 열복사를 지배하고 있는가?' 하는 문제를 제기했다. 이러한 연구에 관한 물리학적 전제의 하나는 열이 물체에 균등하게 퍼진다는 것이도, 다른 하나는 열이 그 표면으로부터 복사한다는 것이다. 푸리에는 수학적으로 획득한 여러

---

10 푸리에, 「열의 해석학적 이론」, 『과학 아카데미 논집』 제4권, 제5권.

성과들을 정밀하고 다양한 실험으로 검토하여 확증했다.

예를 들면, 평판을 통과하는 열량에 관해 계산과 실험이 합치하는 것을 확인하여 "이 열량은 상접한 경계면에 평행한 단위 평면에 대해 양 경계면의 온도 차에 정비례하고, 평판의 두께에 반비례한다."라고 말했다. 푸리에는 그의 이름을 따서 '푸리에 급수'라고 불리는 '무한 삼각급수'의 총화 법에 의해 그의 업적의 대부분을 달성할 수가 있었다. 그가 발견한 이 방법은 지금도 과학 발전상 매우 큰 역할을 하는 것이나, 너무나 전문적인 것이므로 여기서 상세히 설명할 수 없다. 다만 이 방법으로 풀린 특수 문제에는, 구체에서의 열의 복상 전도, 원주나 모든 측면이 무한히 퍼진 물체 등에서의 열의 운동 등이 있다.

2) 가우스

가우스

자연과학과 수학의 밀접한 융합은 푸리에뿐만 아니라 가우스(Karl Friedrich Gauss, 1777~1844)에 의해서도 성취되었다. 그는 독일이 낳은 최고의 수학자이다. 가우스도 가난한 직공의 아들로 태어난 수학의 천재였다. 하지만 영주의 보조가 없었다면 학자가 될 수는 없었을 것이다. 그는 고향인 브라운 슈바이크에서 교육을 받고, 1795년 괴팅겐 대학에 입학하여 후에는 그 대학의 교수가 되었다. 베를린이나 페테르부르크에서 아주 좋은 조건으로 초빙을 했으나 거절했고, 모교에서 한평생을 연구에 바쳤다. 그의 선생은 특히 뉴턴, 오일러, 그리고 라그랑주의 저술들이었다. 그는 1795년부터 1798년까지의 대학생 시절에 이미 중요한 수학적 발견을 했다. 예를 들면, 원의 등분 문제를 규명하여 정십칠각형의 초등 기하학적 작도법을 발견했고, 1799년에 발표한 「모든 1원 유리 정 대수함수는 1차 또는 2차의 실인수로 분해된다는 정리의 증명」이라는 논문에 의해 대수학에 중요한 발전을 이루었다.

모든 m차 방정식, 즉 '$x^m + Ax^{m-1} + Bx^{m-2} + \cdots\cdots + M = 0$'과 같은 형식의 방정식은 m개의 근을 가진다. 다시 말하면, 서로 곱한 것이 위의 식의 왼쪽과 같은 m개의 인수로 분해할 수 있다는 것을 증명한 것이다. 모든 고등대수학의 기초가 된 대수방정식론의 가장 중요한 이 정리는 1746년에 달랑베르를 위시하여 오일러, 라그랑주 등이 손을 대었으나, 가우스가 처음으로 증명에 성공한 것이다. 그로부터 2년 후인 1801년에, 정수론에 대한 그의 주저 『정수론 연구(Disquisitiones arithmeticae, 1801)』가 나왔다. 그가 그의 보호자인 영주 페르디난트 공에게 바친 이 라틴어 저술은 정수론의 기초를 확립했다는 의의를 가진다. 그리고 이 저서에서 특히 뛰어난 중요 사항은, 행렬식의 계산을 취급한 것이다.

근대 수학의 이 중요한 수단이 처음으로 싹튼 것은 라이프니츠에게서 볼 수 있다. 라이프니츠가 처음으로 대수학의 방정식 해법에 조합 계산이 귀중한 역할을 할 수 있다는 것을 착안했다. 행렬식 논의 본래의 확립자는 스위스의 수학자 크라메르(Gabriel Cramer, 1704~1752)라고 볼 수 있다. 크라메르는 1750년에 n개의 미지수를 가진 n개의 연립 일차방정식을 풀기 위한 새로운 방법을 발표했다. 라플라스와 라그랑주는 이 연구를 출발점으로 하여 연구를 발전시켰다. 그러나 새로이 개척된 이 분야에서, 최고의 진보는 가우스에 의해 행해졌다. '행렬식(Determinant)'이라는 말도 가우스에 유래한 것이다. 이 행렬식 논의 더욱 새로운 발전은 야코비(Karl Gustav Jacob Jacobi, 1804~1851)에 의해 성취되었는데, 그가 행렬식 논을 다룬 주요한 논문의 제목은 「행렬식의 형성과 성질에 대하여」와 「함수 행렬식에 대하여」이다. 이 두 논문은 처음에 『크레레 잡지』에 1841년에 발표되었고, 후에 『오스트발트 클라시커』 제77권과 78권에 수록되었다.

3) 천문학과 물리학 문제

『정수론 연구』가 발표된 해에 가우스의 천재적 혜안은 천문학으로 돌려졌다. 1801년 1월 1일에 이탈리아의 수도사 출신의 천문학자 피아치(Giuseppe Piazzi, 1746~1826)가 처음으로 작은 유성을 발견하여 '케레스'라는 이름을 붙였다. 그는 이 신성을 9도의 원호 거리만큼 추구했으나 그 이상은 황혼에 사라져 버렸다. 그리고 그것의 궤도 요소를 충분히 알지 못했으므로, 또다시 볼 수 있을지 의심스러웠다. 이 문제를 들었을 때, 가우스는 마침 이론천문학 연구를 시작하고 있었는데, 그는 이 새로운 유성의 궤도를 그가 창안한 방법으로 계산하여 그 결과를 천문학 속보 『월간 통신(지문학과 천문학의 진흥을 위한, 1800~1812)』에 보냈고, 이 『월간 통신』은 여러 사람이 보낸 케레스에 관한 모든 계산을 합쳐서 발표했다.

천문학자들이 아직 전연 몰랐던 가우스가 계산한 추산표에 따라, 케레스를 다시 보게 된 그들의 놀라움이 얼마나 컸을까는 상상하기 어렵지 않다. 이제는 이 유성에 대한 새로운 관측으로 궤도 요소를 수정하는 것이 문제였는데, 새로운 관측치가 알려질 때마다 정정된 궤도 요소를 이 천문학 잡지에 보내온 사람은 역시 가우스였다. 편집부는 아마도 다소 당혹했을 것이나, 가우스는 방대한 계산을 간단히 해치우는 새로운 방법을 가지고 있을 것이라고 기술하지 않을 수 없었다. 이 말만은 맞았다. 가우스는 당시에 이미 그의 최소 제곱법을 발견하고 있어서, 일련의 관측 치에서 바른 값에 가장 가까운 값을 계산해 낼 수가 있었다. 그리고 그는 오일러의 방법으로는 이삼 일 걸리는 궤도 계산을 두세 시간에 할 수 있는 새로운 방법을 발견했다.

가우스가 이 새로운 방법을, 1807년에 괴팅겐의 수학 교수와 천문대장에 임명된 후에 그의 논문 「원추곡선을 그리고 태양 주위를 도는 천체의 운동 이론」에 발표했다. 이 라틴어 논문의 독일어 번역은 1865년에 처음으로 출판되었다. 이 논문의 발표로 계산천문학에 새로운 시대가 시작되었다. 사람들은 구식 방법을 버리고 가우스의 방법을 채택했다. 가우스는 또 이 논문에서 그가 1795년부터 사용해 온 그의 최소 제곱법도 발표했다. 그런데 프랑스의 수학자 르장드르(Adrien-Marie Legendre, 1752~1833)도 같은 방법을 발견하여 1806년에 발표했는데, 이 방법을 다음과 같이 기술하고 있다.

"미지수를 결정할 수 있을 만큼 많은 방정식이 관측에 의해 주어졌을 때는, 미지수의 가장 바른 값은 오차들의 제곱의 총화가 최소가 되는 값이다."

가우스의 그 후의 수학적 여러 논문 중에, 특히 두 개의 논문은 간단하게나마 기술할 필요가 있다. 이들은 물리학적 여러 문제와 결부되어 있는 것으로, 그 하나는 액체의 모양에 관한 것이며, 다른 하나는 근대 수리물리학에 매우 중요한 '퍼텐셜(Potential) 논'의 발전에 대한 기본적 논문이다.

액체의 이론은 이미 라플라스가 그의 저서인 『천체역학』의 부록에서 취급했다. 그는 액체의 여러 부분 사이에는 거리의 제곱에 반비례하는 보통의 인력 외에도 다른 인력이 작용한다고 생각하여, 이 '분자인력'이라고 부른 제2의 인력은 측정할 수 있는 거리에서는 전연 나타나지 않으나, 측정할 수도 없는 극히 미소한 거리에서는 보통의 인력보다 훨씬 큰 것이라고 가정했다. 라플라스는 이러한 전제하에 분자력의 여러 성질을 고려하여 모세관 현상이나 유체 표면의 모양을 설명했다.

자연과학이 프랑스의 이 위대한 수학자에 의지한 이들 연구는, 가우스가 '가장 아름다운 수학' 중에 꼽고 있던 것인데, 본질적인 여러 점에서 아직 불충분하고 불완전한 영역을 탈피하지 못하고 있었다. 그래서 가우스는 액체가 중력의 작용과 그 자신과 용기 벽에 미치는 분자력의 작용을 받을 때에 어떤 평형의 모양을 취하는가를 다시 연구했다. 이 경우에 가우스는 라플라스와는 전혀 다른 방향을 취하여, 동역학의 기초에서 출발하여 가상 변이의 원리를 응용했다. 이 방법으로 도출된 공식에서 그는 모세관 현상의 기본 현상, 즉 원통인 모세관에서의 액체의 하강 또는 상승은 관의 직경에 반비례한다는 것을 도출할 수 있었다.

4) 인력 문제와 퍼텐셜론

가우스는 앞에서 언급한 또 하나의 수학 논문을, 근대 수리물리학에 대해 다른 어떤 이론보다 훨씬 기초적인 것이 된 이론과 밀접한 관계를 맺게 제시했다. 이 이론이란 18세기의 60년대까지 거슬러 올라가서 싹트는 것을 볼 수 있는 '퍼텐셜론'이다. 가우스가 이 이론의 형성에 기여한 점을 평가하기 위해서는 그의 선행자들의 업적에까지 거슬러 올라가야 한다.

이 새로운 수학 부문의 발전에 대한 출발점은 뉴턴의 만유인력 법칙이다. 이 법칙의 발견이 그 후의 수학 발전에 추진력이 된 일련의 문제를 주었기 때문이다.

힘은 수식 $F=m×m'/r^2$에 의해 결정된다는 인력 법칙은, 우선 두 개의 질점 또는 두 개의 질점계에 적용되었다. 이러한 질점계는 그 질량이 각각 그 중심에 모여 있고, 이 두 중심점을 잇는 직선에 따라 작용한다고 생각할 수 있다. 그러나 물체의 무한히 많은 여러 부분이 다른 물체에 작용하는 것을, 문제를 간단하게 하기 위해 한 질점으로 가정하여, 작용하는 질점계로 생각하게 되자 그때까지의 수단으로는 해결할 수 없었던 무수히 많은 수학적 문제가 생기게 되었다. 작용하는 물체의 각 소부분, 즉 질점계를 구성하는 각 질점들의 작용 총화 또는 적분에 관한 것이며, 후년에 가우스가 '질량의 퍼텐셜'이라고 이름한, 인력 계산상의 함수를 도입할 필요가 생기게 되었다. 특히 천문학에서 문제가 되는 타원체의 한 질점에 미치는 인력을 결정하는 것이 긴요하게 되었다.

뉴턴은 이러한 문제에서도 두 개의 서로 닮은 동심 타원체면으로 둘러싸인 동질인 각(殼)은 그 내부에 존재하는 임의의 한 점에 대하여 하등의 인력도 미치지 않는다는 것을 발견하여 그의 종합적 기하학적 방법을 지켜나갔다. 그러나 이런 종류의 문제를 근본적으로 해결하는 일대 진보는 라그랑주가 해석적 방법을 인력 문제에서 생기는 다수의 문제에 적용함으로써 처음으로 이루어졌다. 그는 임의의 형체를 가진 물체가 임의의 장소에 있는 한 질점에 미치는 인력에 대한 일반식을 구했다. 그는 개개의 질점으로 된 계가 미치는 인력은 하나의 함수의 편미분계수로 나타나는 성분으로 분해할 수가 있다는 것을 제시했다. 동시에 그는 이런 인력 문제의 해결을 쉽게 하기 위해 베르누이의 선례에 따라 극좌표를 도입했다. 이러한 시도의 결과 라그랑주는 인력에 관해 알려져 있던 대부분의 정리들을 해석적으로 증명할 수 있었다.

라플라스(Pierre Simon Marquis de Laplace, 1749~1827)가 라그랑주의 뒤를 이었다. 그는 라그랑주가 세운 함수를 처음으로 연속체에 응용하여 그의 논문 「회전타원체의 인력과 유성의 형체에 관한 이론」에 3축 타원체가 그것의 외부에 있는 한 질점에 미치는 인력을 결정하여 긴요한 여러 타원체 문제를 해결할 수 있게 했다. 라플라스는 라그랑주에 의해 발견되어 오늘날도 사용되고 있는 V 자로 나타낸 퍼텐셜함수의 2계편미분방정식(二階偏微分方程式)을 개발했다. 이것은 오늘날도 '라플라스 방정식'이라고 불리고 사용되고 있는 다음과 같은 방정식이다.

$$\frac{\partial^2 V}{\partial x^2} + \frac{\partial^2 V}{\partial y^2} + \frac{\partial^2 V}{\partial z^2} = 0$$

5) 퍼텐셜함수와 전기학

크롬이 자기와 전기의 인력도 역시 뉴턴의 인력 법칙과 일치한다는 것을 입증했을 때에, 앞에서 기술한 라그랑주와 라플라스가 세운 방정식의 의의는 예상외로 커지게 되었다. 이 '퍼텐셜' 개념을 사용하여 해석학을 전기학과 자기학에 응용하려는 시도는 영국 사람인 조지 그린(George Green, 1793~1841)이 발표한 논문 「전기학과 자기학에 대한 수학적 해석의 응용에 관한 시도」에 유래한 것이다. 그 이전에는 푸아송(Siméon Denis Poisson, 1781~1840)의 시도가 있을 뿐인데, 그는 해석학적 연구에서 도체 표면의 전기 분포를 결정했고, 해석학의 지배 영역을 자기 분야에도 확장하려고 했다. 그린은 이런 푸아송의 업적과 특히 라플라스가 세운 2계편미분방정식이 뉴턴 법칙에 따라 작용하는 일체의 힘에 대하여 가진 중요한 의의를 인식하고 그것을 출발점으로 삼았다. 그리고 전기와 같은 일반적 작용을 가진 힘을 가능한 한 계산으로 정복하려는 의욕에 불탔다. 그는 우선 '이 놀라운 사상의 도구인 라플라스 방정식을 비할 것 없는 힘인 전자기'에 시험해 보기 위해 해석학을 사용했는데, 이것이 이 새로운 도구의 의의를 더욱더 확대하게 되었다.

그린은 라플라스가 V의 함수로 나타냈고, 가우스가 후에 '질량의 퍼텐셜'이라고 한 함수에 대하여 '퍼텐셜함수'라고 불렀다. 그린이 밝힌 바에 의하면, 모든 인력과 척력에는 다음과 같은 관계가 적용된다. 즉, 한 물체가 한 질점에 작용할 경우 일정 방향으로 그 질점에 작용하는 힘은 그 질점의 공간 위치를 나타내는 좌표의 어떤 함수의 편미분계수로 나타낼 수 있는 어떤 관계가 있다는 것이다. 그린은 라플라스 방정식에서 출발했다.

$$\frac{\partial^2 V}{\partial x^2} + \frac{\partial^2 V}{\partial y^2} + \frac{\partial^2 V}{\partial z^2} = 0$$

이것은 그 물체 외에 있는 각 점(좌표 x, y, z)에 적용되는 것이다. 그린은 이 방정식을 간략한 기호 $\partial V=0$로 표기하고, 우선 첫째로 그 물체 내에 있는 한 점에 대해서는 $\partial V+4\pi\rho=0$, 따라서 $\partial V=-4\pi\rho$ 가 된다는 것을 제시했다. 여기서 ρ 는 점 P 에 있어서의 물체의 질량 밀도로 푸아송의 방정식에서 규정한 것인데, 이것을 확대하여 정전하에 대해서 고려할 때는 전기 밀도가 된다. 따라서 라플라스의 방정식은 푸아송이 질량 인력에 대해서 세우고 그린이 전자기에까지 그 개념을 확대한 $\partial V+4\pi\rho=0$ 이라는 새로운 일반 방정식의 한 특수한 예, 즉 물체 외의 점 또는 전하가 없는 점($\rho=0$)에 해당하는 것이다. 따라서 작용점이 물체 표면을 뚫고 나오는 순간 퍼텐셜함수는 $4\pi\rho$ 만큼 비약하게 되는 셈이다. 이와 같은 그린의 연구 성과의 중심은, 전기 밀도는 퍼텐셜함수에서, 그리고 퍼텐셜함수는 전기 밀도에서 산출된다는 점에 있다. 그린은 전기 이론상 가장 일반적인 원리와 오늘날도 퍼텐셜론의 응용에 큰 역할을 하고 있는 함수론 상의 정리들, 그중에서도 특히 중요한 '그린의 정리' 등을 전개한 후에 실제적인 응용문제도 다루었다.

첫째의 응용은 '레이던병'에 관한 것이다. 즉, 폐곡선으로 병의 안쪽 금박의 일부분을 구분하고, 그 폐곡선에 따라 내린 수직선으로 구분되어 대응하는 바깥쪽 금박을 구분하여 생각하면, 서로 상대한 표면 부분의 전하의 합은 0이 되며, 양쪽 표면은 서로 중화되는 같은 양이며 반대 부호인 전하량을 가지게 된다. 그린은 그의 이론을 전기감응 현상에 응용했을 때, 실험으로 발견된 여러 사실과 완전히 일치한 결과를 얻었다. 그는 우선 어떤 모양과 두께를 가진 완전도체의 속을 비운 껍질을 외부에 있는 임의의 대전체에 작용하게 둔 경우를 연구했다. 이 경우에 껍질은 대전 상태가 되나 껍질 내부에 있는 정전하에 대한 그 작용은 계산에 의하면 0이 되었다. 다음에 그린은 반경이 다른 두 개의 구를 한 줄의 가늘고 긴 철사로 연결한 경우에 전하의 비를 고찰했다. 이에 대한 그의 계산 결과는, 전기의 평균 밀도는 구의 반경에 반비례한다는 것을 밝혔다. 이 경우의 특별한 상태로서, 한쪽 구의 반경을 무한히 작게 하면 피뢰침의 '첨단 작용'이 된다.

이와 같이 훌륭한 그린의 연구는 기구한 운명을 맞았다. 그는 시골에 파묻혀 가업을 이어받아 제분업을 하고 있었고, 독학으로 수학을 연구했기 때문에 학자 사회에는 알려져 있지 않았다. 그래서 그의 논문들은 자비로 발간하여 100부 정도 나와 있었으나, 영국이나 대륙에서 아무도 돌보지 않았다. 그런데 가우스가 처음으로 그의 논문들에 담긴 중요한 성과들을 재발견하게 되었다. 그러자 비로소 영국의 위대한 물리학자 윌리엄 톰슨(켈빈 경)이 조국의 선취권을 확보하기 위하여 그린의 논문들에 주의를 기울였고, 그중에 중요한 것들을 다시 발간하여 세상에 공포했다.

6) 퍼텐셜론의 발전

퍼텐셜론이 독립한 한 수학 부문으로 근대적 발전을 한 것은 1840년 가우스의 기초적 논문 「거리의 제곱에 반비례하는 인력과 척력에 관한 일반적 제 정리」가 『자기학 연맹 관측보고』에 발표됨으로써 시작되었다. 이 위대한 독일의 수학자는 그 이전에 발견된 여러 정리의 가장 중요한 것에 대하여 처음으로 엄밀한 증명을 했을 뿐만 아니라, 자신의 새로운 정리들을 보태서 퍼텐셜론이 그 후의 물리학과 함수론에 대하여 최대의 의의를 가지게 했다. 가우스는 이 논문에 중력에 대해서뿐만 아니라 가장 중요한 전기와 자기의 여러 현상에 대해서도 적용되는 일반적인 여러 정리를 전개했다. 즉, $m \times m'/r^2$ 이라는 식에서 m 과 m' 는 서로 인력과 척력을 미치는 가량 물질, 또는 자기유체, 또는 전기유체의 양을 의미한다. 그러나 자기유체에 미치는 갈바니전류의 작용은, 그 힘은 양자를 잇는 직선에 따라 작용하지 않고, 그 세기는 거리뿐만 아니라 각도에도 좌우되기 때문에 제외된다. 그리고 두 개의 전류 요소가 서로 미치는 작용도 역시 제외된다. 이 전류 요소는 양자를 잇는 직선의 거리의 제곱에 반비례하여 작용하기는 하나, 그 효과가 그들 전류 요소의 방향에 좌우되기 때문이다.

그래서 가우스는 처음에 던 세 가지 경우를 대상으로서 한정했다. 그리고 질량을 다만 인력이나 척력 작용이 나오는 중심이라는 의미로 해석했다. 질량 m^0, m', m''...... 가 r, r', r''...... 의 거리에서 같은 한 점에 인력 또는 척력을 미칠 때, m/r 의 총합과 같은 함수 V 가 존재한다. 가우스는 이 함수를 '질량 퍼텐셜'이라고 불렀다. 다른 말로 하면 '질량 퍼텐셜'은 그것에 작용하는 질점들의 각 질량을 그 한 점에의 각 거리로 나눈 것을 모두 합한 것이다. 이 한 점의 질량을 단위 질량 1이라고 하면, 그것에 작용하는 총 합력 P의 성분을 다음 식과 같이 도출할 수 있다.

$$P=\{(\partial V/\partial x)^2 + (\partial V/\partial y)^2 + (\partial V/\partial z)^2\}^{1/2}$$

그다음에 가우스는 퍼텐셜론에 대한 그 후의 연구에 매우 중요하게 된 또 하나의 개념을 도입했다. 그는 퍼텐셜 값이 같은 모든 점을 지나는 하나의 면을 생각했다. 이 면은 퍼텐셜이 그 면상의 값보다 작은 공간과 큰 공간을 구분하게 된다. 그리고 힘의 방향은 그 '평형면'의 각 점에서 그 면 자체에 수직이 된다. 가우스가 '평형면'이라고 부른 이 일정한 퍼텐셜면은 오늘날 '등퍼텐셜면'이라고 부르고, 이러한 면들이 겹친 데 대하여 수직인 직교 곡선을 '지력선(指力線)'이라고 한다.

가우스는 또 작용하는 질점계 외부 공간의 모든 점에 대하여 라플라스 방정식이 적용되는 것을 제시하였고, 밀도 k인 한 점이 물체 내부에 있을 때는 그린과 같이 라플라스의 방정식은 ∂V=-4πk 가 된다는 것을 밝혔다. 여기까지는 가우스가 밝힌 새로운 것이 거의 없으나, 기지의 여러 정리에 대한 그의 도출 방법은 이전의 것보다 훨씬 간결하고 엄밀했다. 그리고 가우스가 발견한 몇 개의 새로운 정리 중에 가장 중요한 하나는 '질점의 등가 이전의 정리'라고 불린 것이다. 즉, 폐곡면 S로 둘러싸인 공간 내부에 국한되어 있거나 외부에 국한되어 있는 임의의 질점 분포 D는 단순히 그 폐곡면 자체에 국한된 질점 분포 E로 바꾸어 놓을 수 있다는 것이다. 이러한 치환의 결과, 첫째 경우에 대해서는 외부 공간의 모든 점에 대하여, 그리고 또 둘째 경우에 대해서는 내부 공간의 모든 점에 대하여 E의 작용이 D의 작용과 같은 것으로 칠 수가 있다. 가우스는 우리가 곧 이어 살펴보게 될 지구자기에 관한 그의 유명한 논문에 이 정리를 응용하게 된다.

7) 지자기 이론

가우스는 훔볼트를 통해 베버(Wilhelm Eduard Weber, 1804~1891)와 알게 되었고, 가우스의 주선으로 베버는 1831년에 괴팅겐의 물리학 교수로 초빙되었다. 이 두 사람 사이는 마치 키르히호프(Gustav Robert Kirchhoff, 1824~1887)와 분젠(Robert Wilhelm Bunsen, 1811~1899) 사이와 같은 관계가 맺어졌다. 그래서 가우스와 베버는 협동하여 과학적 탐구를 아직 하지 않고 있던 지자기 분야를 연구하게 되었다. 당시에는 지자기에 대한 적당한 측정 장치도 계획적으로 행한 통일된 관측도 없었다. 그런데 가우스와 베버의 선구적 노력으로 이 상황이 달라졌다. 1833년 괴팅겐에 최초의 자기 관측소가 세워졌고, 훔볼트와 협동하여 가우스와 베버는 독일 정부뿐만 아니라 외국 정부도 이 일에 협조하게 했다. 그 결과 자기학 연맹이 설립되고, 괴팅겐과 똑같은 관측소가 전 지구에 퍼지게 되었다. 그들은 다 같이 가우스의 장치를 사용하여 가우스의 방침에 따라 관측했을 뿐만 아니라, 모든 관측소는 괴팅겐 시를 기준으로 하여 관측한 결과를 모두 괴팅겐에 보냈다. 이러한 결과는 1836년부터 1841년까지 『자기학 연맹 관측 결과 보고』에 실어 괴팅겐에서 발간되었다. 이러한 관측 결과로부터 가우스는 지자기학의 일반 이론을 세웠다.

그는 처음으로 지구의 자기 능률을 절대단위로 측정하여, 뉴턴이 그의 『프린키피아』에서 인력론에 대하여 성취한 것과 같은 일을 지자기에 대하여 창립했다. 그리고 자기학 연맹에 의해 수집된 여러 관측 자료를 기초로 하여 1840년에 『지자기도(地磁氣圖)』를 간행했다. 10년에 걸쳐 그렇게도 많은 사람의 힘을 합한 지자기학적 연구 전체에 대한 이론적 기초를, 가우스는 그의 지자기의 세기에 대한 논문에 제시했다. 이「절대단위에 의한 지자기 힘의 세기」라는 논문은 1832년 『괴팅겐 왕립학회 논집』에 공표되었다. 이것은 자기학 분야에서뿐만 아니라 절대단위계의 요강을 포함하고 있기 때문에, 물리학 전체로도 큰 의의를 가지고 있기 때문에, 그 내용을 한번 살펴보자.

주어진 한 점에서의 지자기의 힘을 완전히 측정하기 위해서는 세 가지 요소, 즉 '방위각, 부각, 그리고 세기'를 필요로 한다. 사람들은 항해에 대한 중요성 때문에 방위각에만 주의를 기울였고, 부각에 대해서는 주목하지 않았다. 그리고 지자기의 세기도 처음에는 주의하지 않았으나, 훔볼트가 이것에 주의를 기울였다. 훔볼트는 그의 여행에서 같은 자침의 진동이 곳을 달리할 때마다 빨라지거나 늦어지는 것을 확인했다. 그는 이 사실에서 진동을 일으키는 지자기의 세기가 곳에 따라 커지거나 작아지며, 일반으로 자극에 가까울수록 증가한다고 추론했다. 그러나 훔볼트의 이 제안은 상대적 측정밖에 주지 못했고, 또한 여러 가지 오차 원인을 내포하고 있었다. 그래서 이 방법에는 과학적 확실성을 요구할 수 없었다. 그것은 자침의 진동수는 지자기의 힘뿐만 아니라 그와 함께 그 자침의 자기 상태나 관성능률에도 크게 영향을 받기 때문이다. 이 관성능률의 상이를 배제하기 위해 진동의 관측에 같은 자침을 사용해도, 여행 기간이 길어지면 시간의 경과에 따라 자기력이 감퇴하지 않을 수 없다. 이것은 지자기 힘의 감소가 없어도 진동을 느리게 하여 틀린 결과를 야기한다. 끝으로 방위각과 부각뿐만 아니라, 같은 곳에서 자기의 세기의 완만한 변화도 상정할 수 있다. 이러한 문제 때문에 훔볼트의 방법은 효력이 없어지고 말았다.

그래서 가우스는 비교법의 이러한 결함을 배제한 새로운 방법을 고안해야 했다. 즉, 자침의 차이와 같은 우발적 요소에 좌우되지 않게 지자기의 세기를 확고한 단위에 귀착시킬 필요가 있었다. 가우스는 자침의 주어진 시간 내의 진동수는 지자기의 세기, 자침에 함유된 자유 자기의 능률, 그리고 자침의 관성능률 세 가지에 의존한다고 생각했다. 진동체가 일정한 형태를 가질 때, 어느 부분도 같은 성상을 가진다면 관성능률은 기지의 방법으로 산출할 수 있다. 그러나 가우스는 이 관성능률도 경험적 방법으로 측정했다. 그는 자침을 동일한 힘의 작용 하에, 처음은 무게의 추를 단 상태에서, 다음은 추를 땐 상태에서 진동시켜 측정했다. 그는 축에서 일정한 거리에 건 기지의 무게의 추가 일으키는 진동주기의 길어짐에서 자침의 관성능률을 가장 정밀하게 측정했다. 그러나 자침의 자기능률의 측정은 관성능률의 측정보다 더욱 곤란했다. 이것은 절대단위계의 도입으로 극복되었다. 가우스는 이 자기능률의 측정에서 자기유체라는 주지의 표상을 사용했는데, 이러한 가설적 성질의 가정은 그의 연구의 진행과 결과에 하등의 영향도 주지 않았다.

8) 절대단위계와 관측 기술

자기유체는 다만 그 작용에 의해서만 인식되며, 측정할 수 있다. 이 작용이란, 일정 질량에 일정한 가속도를 주는 힘이다. 가우스는 길이를 mm, 질량을 mg, 시간을 초(sec)로 한 기본단위를 채택했다. 그는 이전에 역학에서 세워진 이러한 기본단위와 단위계를 처음으로 자기학적 측정에 확대하였고, 그의 협력자 베버는 전기학의 절대단위계로 확대한 것이다. 그는 서로 같은 양의 자기유체가 단위 거리에서 서로 미치는 척력이 1에 같을 때, 즉 가속도 1이 질량 1에 미치는 작용과 같을 때, 이 양을 자기유체의 단위로 삼았다. 만약에 자기가 서로 다르고 기타의 조건은 같다면, 척력 대신에 같은 크기의 인력이 나타난다. 이러한 작용에 대하여 쿨롱의 식 $F = m \times m'/r^2$ 이 적용된다는 것은 가우스가 처음에 가정으로 받아들였으나, 그 후에 그의 관측에 의해 확증되었다.

자침의 자기 상태 평가에 대해서는 가우스가 그의 『일반 제 정리』에서 증명한 '질점의 등가 이전 정리'가 결정적 의의를 가지고 있다. 지금 문제로 하는 분야에 이 정리를 적용해 보면 다음과 같이 된다. 즉, 한 물체 내의 자기의 분포가 어떤 상태이건 그 분포를 외부에 있는 자기유체의 한 요소에 대하여 기존의 분포와 똑같은 힘을 미치는 물체의 표면 분포로 바꾸어 놓을 수가 있다. 자기 단위를 결정하며, 지자기의 세기를 지자기가 이 단위 자기에 미치는 힘으로 나타내는 것이 문제가 된다. 이때에 그 세기의 수평 부분만 측정하면 된다. 이것을 부각의 코사인으로 나누면 지자기의 힘이 얻어진다.

가우스는 가동 자침에 미치는 지자기의 작용과 제2의 자침의 운동 상태 또는 평형 상태에 있는 처음의 자침에 미치는 작용을 비교함으로써 어떤 곳의 어떤 시기의 지자기의 세기를 측정하는 목적을 달성했다. 예를 들어, 1832년 9월 18일의 괴팅겐의 수평 자력의 세기 T=1.7821이었다. 이때 괴팅겐에서의 부각은 68도 22분 52초였다. 따라서 이때 괴팅겐의 지자기의 세기 F=1.7821/cosin68.22′32″이다. 이와 같은 가우스와 베버의 제의에 따라 지구의 모든 부분에 걸쳐 지자기의 힘이 측정되었고, 그 결과 극에 가까울수록 이 힘이 증가하여, 극 근방에서는 자기적도에 비해 약 1.5배 크다는 것이 밝혀졌다. 그리고 예기한 것과 같이, 방위각과 부각과 함께 지자기의 세기도 동일 지점에서 하루의 변화와 장년의 변화를 받는다는 것이 명백하게 되었다. 가우스가 그의 논문의 결론에 앙페르의 자기 설과 연관 지으며, 장차 사람들이 자기 현상에 대하여 어떤 견해를 세우더라도 요컨대, 그가 자기유체 이론을 써서 도달한 것과 같은 결과에 도달하지 않을 수 없다는 그의 확신을 다음과 같이 말하고 있다.

"당 논문에서 이 이론의 기초로서 전개한 것은, 본질에 있어서가 아니고 형식에 있어서만 변경할 수 있을 것이다."

가우스와 베버가 그들의 지자기 측정에서 올린 또 다른 개가는 진동주기와 자침 방향의 정밀한 측정을 위하여 그들이 처음으로 시도한 거울과 눈금판과 망원경으로 조립된 각도 측정 방법의 발명이다. 이것은 관측 기술의 일대 진보였다.

9) 측지학과 수학

천문학이나 물리학과 나란히 가우스의 천재적인 수학적 능력에 의해 크게 촉진된 분야는 천문학과 매우 관계가 깊은 측지학이었다. 가우스가 측지학에 발을 들여놓은 동기는, 그와 친했던 덴마크의 천문학자 슈마타가 정부의 위탁을 받아 국토의 삼각측량에 착수했고, 하노버에서도 이러한 사업을 결의하여 가우스에게 이 사업을 위탁했기 때문이다. 가우스는 1821년부터 1827년까지는 이 사업에만 전념하게 되었다. 그 결과 2578개 측량

점의 측량표를 완성했다. 한 작은 나라에서 행한 이러한 실제적 봉사보다 더욱 중요한 것은, 이 측량과 관련하여 측지학에 새로운 방법을 제공하여 크게 촉진시킨 점이다. 가우스 자신도 이 점에 대해, "나는 어떻게 측량하는가의 방법에 관한 것뿐만 아니라, 측량 결과의 정리와 수학적 처리에 관해서도 종래와는 매우 다른 길을 채택했다."라고 기술하고 있다.

첫째로, 가우스가 측지학 상의 목적에 그의 '최소제곱법'을 적용하여, 그 이래로 측지학에 일반적으로 사용하게 한 것이다. 그리고 고등 측지학 문제에 관하여 그가 1820년대에 발표한 중요한 수학적 논문이 두 개 있다. 하나는 지도투영법과 밀접하게 결부된 것이다. 이것은 1822년에 코펜하겐 왕립과학협회에서 제출된 현상 문제가 기연이 되어 나온 것인데, 다음과 같은 문제의 일반적 해법을 포함한 것이다. 즉, 주어진 한 곡면을 다른 곡면 위에 베끼고 충분히 작은 부분을 취하면, 베낀 도형과 베껴진 도형을 닮은꼴이 되게 할 수 있다는 것이다. 지도학의 기초가 된 이 문제는 그전에 이미 람베르트(Johann Heinrich Lambert, 1728~1877)가 제시했으나, 그는 구면과 평면에 국한되어 있었으며, 일반적 해법은 주지 못했다. 이 문제는 라그랑주와 가우스에게로 넘겨졌다. 가우스는 이 문제의 일반적 해법을 제시하고, 그 사상(寫像)을 '등각(conform)사상'이라고 불렀다. 그리고 약간의 특별한 경우도 고찰하고 있다. 그는 여러 평면 부분 상호간의 등각사상을 연구하여, 세밀한 점에서는 바르나 전체로서는 약간 왜곡된 지도를, 몇 개 점들의 바른 위치를 줌으로써 더욱 바른 지도로 개정하는 방법을 제시했다. 그리고 원추면, 구면, 회전 타원면의 평면상에 투사하는 것을 다루었고, 끝으로 회전 타원면을 구면상에 투사하는 것을 다루었다. 이 등각사상의 도출에 의해, 지구 타원체면의 번잡한 계산은 그때까지의 어떤 방법도 도저히 미칠 수 없을 정도로 간단하게 되었다.

가우스가 1827년에 발표한 「일반 곡면론」은, 그렇게 밀접하지는 않아도, 역시 고등 측지학의 과제와 관련이 있다. 가우스는 이 논문에서 특히 '곡률(曲率)'을 다루었는데, 그는 특히 곡면의 여러 부분을 일정한 보조 구의 대응하는 면과 비교함으로써, 곡률 척도의 개념을 도입했다. 곡면의 각 부분이 평면에 가까워질수록 그것과 대응하는 구면 부분은 그만큼 작아지리라는 것은 쉽게 인정할 수 있다. 이러한 곡률 측도 외에도, 가우스는 이 논문에서 곡면 상의 도형의 작도, 그런 도형의 각과 면적, 가장 짧은 선으로 곡면 상의 여러 점들을 잇는 문제 등 측지학에 중요한 여러 문제를 고찰했다. 특히 구면삼각법의 촉진에 공헌한, 최단 선으로 된 세모꼴에 대한 연구는 중요하다.

그는 이러한 선을 '측지선'이라고 부르고, 이러한 선으로 된 세모꼴을 '측지(測地)세모꼴'이라고 불렀다. 그리고 측지선과 측지세모꼴에 관한 가우스의 정리 중에 특히 다음의 정리는 중요하다. 즉, "하나의 곡면 상에서 한 점에서 같은 길이의 측지선 계를 그으면, 그들의 끝의 여러 점들을 잇는 선은 그 계의 모든 선에 수직이 된다."라는 것이다. 바꾸어 말하면, 곡면 상에 임의의 선을 긋고 그 선에서 직각으로 같은 길이의 측지선 계를 그으면, 그들의 끝 점들을 잇는 곡선은 모든 측지선과 직교한다는 것이다. 그리고 "측지선으로 만들어진 세모꼴의 각의 합에서 두 직각을 뺀 나머지 각은 그 세모꼴의 전 곡률과 같다."라는 정리도 특기할 만하다. 이 논문의 끝에서 다룬 측지세모꼴과 직선의 등변 세모꼴의 비교는 그 후의 여러 측지학 연구의 기초가 되었다.

이러한 가우스의 연구로, 그때까지 보통의 측량술에서 벗어나지 못했던 측지학은 천문학과 동일한 과학적 지위로 올려졌다. 예를 들면, 전기한 삼각측량에서, 그 면적이 53 평방마일에 달하는 구면삼각형은 실측에 의한 내각의 합이 계산된 값과 불과 0.2초밖에 차가 없을 정도로 정밀하게 측정되었다. 그렇게 큰 삼각형을 측정하기 위해서, 가우스는 '헬리오트로프'('회광기'라는 뜻)라는 새로운 측량기계를 만들었다. 이것은 광선의 반사 원리를 이용한 것인데, 먼 거리에 있는 한 광점으로부터 공선이 서로 수직한 두 개의 거울에 투사되면, 서로 정반대 방향으로 반사된다. 가우스는 이러한 거울을 측정에 사용된 망원경 앞에 붙이고, 한 반사광선이 망원경의 빛의 축에 투사되도록 망원경 각도를 조절했다. 이 경우 다른 정반대 방향으로 반사된 광선은 망원경이 향한 방향으로 반사돼서, 그 지점에서 다른 망원경의 위치를 합치시키는 데 이용할 수 있게 한 것이다.

10) 가우스의 저술과 영향

사람들은 가우스에 대해, "그는 평생을 홀로 고령을 걸어갔다."라고 평한다. 그것은 그가 자기 연구 성과를 모든 사람의 공유로 하려고 애쓰지 않았기 때문이다. 그의 연구 활동에 비하면, 대학 교수로서의 공적은 꼽을 것이 없다. 그는 매우 적은 수의 제자밖에는 가르치지 못했다. 그를 따라갈 수 있는 사람이 매우 적었기 때문이다. 그의 저술도 같은 시대의 전문가에게 주목받지 못했다. 그리고 매우 중요한 발견들이 그의 서랍에서 잠자고 있었다. 이러한 점이 이 정신적 거인의 유일한 결점이라고 할 수가 있다. 그는 말하기를 "나는 다만 나 자신을 위한 연구를 하고 있을 따름이다. 그것이 남을 가르치기 위해 장래에 발간되거나 말거나, 나에게는 둘째 문제"라고 했다. 가우스는 그가 마지막까지 추궁한 결론 외의 것은 하나도 발표하지 않았다.

그래서 그의 논문은 모두 완성한 예술품으로 나타나 있다. 그것에는 그러한 완성에 이르기까지의 준비나 과정이나 수단의 자취는 하나도 볼 수가 없다. 이것이 가우스의 저술을 연구하는 데 매우 곤란한 원인이 되었다. 세인들이 그의 논문이 너무 어렵다고 비난한 데 대하여 그는, "완성된 건물에는 더 이상 발판 등이 보이는 것을 허락하지 않는다."라고 설명했다. 이에 대해 어떤 사람이 "적어도 그 건물 안에 들어갈 입구는 있어야 하지 않나!"라고 응수한 것은 매우 지당한 것이었다. 자기의 학문에 대한 가우스의 이와 같은 태도는 그의 기질이나 인생관과 관련된 것으로 보인다. 현실의 고뇌에서 벗어나서 이성의 청순함 속에 안식을 구하는 경향은 사생활에서도 사회적 감수성에서도 나타나고 있다. 그가 1848년 4월 20일에 오랜 친구 보여이(János Bolyai, 1802~1860)에게 보낸 편지에 다음과 같이 말하고 있다.

"나의 생애는 틀림없이 세상이 부러워할 많은 것으로 장식돼 있다고 말할 수가 있겠지요! 그러나 보여이 군, 실은 이것들이 어디까지나 거추장스러운 것이며, 나이가 들수록 지킬 힘도 없어져 가는 인생의, 적어도 나의 인생의 고뇌를 경감해 줄 수는 없습니다. 나에게는 더욱더 견디기 어려워져 가는 이 운명이, 타인에게는 훨씬 견디기 쉬운 것일지도 모른다는 것을 나도 인정합니다. 그러나 타고난 기질은 우리 자아에 속하고, 우리의 존재를 창조하신 이가 존재와 함께 우리에게 주신 것이므로, 우리의 힘으로 변하게 할 수는 없습니다. 그런데 여하튼, 인류의 대부분이 말세가 가까워 옴에 따라 고백하지 않을 수 없는 인생에 대한 무의 자각이야말로, 나에게는 연속될 아름다운 갱생의 생애가 도래할 가장 강한 보증이라고 생각됩니다."

가우스는 1855년에 세상을 떠났다. 국왕이 그를 위해 세운 기념비에는 "수학자들의 군주를 위하여"라고 새겨져 있다. 그의 사후에 그의 저작들은 많은 사람에 의해 주석되어, 접근하기 쉽게 되었다. 그것들은 1863년 이래 전집 판으로 발간돼 왔으나, 아직 완결되지는 않았다.

근세 수학자로 저명한 베를린 대학의 쿠머(Ernst Eduard Kummer, 1810~1893) 교수가 가우스에게 바친 추도문의 한 절은 다음과 같다.

"가우스의 모든 저작 중에는, 그 전문 분야에 있어서 새로운 방법과 새로운 성과에 의하여 근본적인 진보의 기초를 주지 않은 것은 하나도 없다. 그것들은 모범적 전형이라는 각인을 받은 걸 작들이다. 즉, 그것들이 모든 시대에 대하여 역사적 가치를 가지고 있을 뿐만 아니라, 장래의 세대에 대해서도 더욱 깊은 모든 연구의 기초로서, 또한 결실이 풍성한 사상의 보고로서 역할 할 것이 보증된 것이다."

이러한 수학적 천재 가우스가 천문학, 물리학, 그리고 측지학을 놀라울 정도로 결실 하게 한 것을 앞에서 소개했다. 수학이 자연과학에 미친 영향은 가우스 시대 이래로 조 금도 줄어들지 않았다. 그러나 자기의 연구 분야의 확립과 병행하여 수학과 자연과학의 여러 부문을 결부시킨 공적이 가우스와 같이 큰 사람은 없다. 근대의 학자 중에 가우스 에 가장 가깝다고 생각되는 헬름홀츠조차도 우선 물리학자였고, 수학은 보조 과학으로 연구했으며 수학 자체를 연구한 것은 그렇게 많지는 않다.

19세기에 세운 자연과학에 대한 고등수학의 관계를 알기 위해, 우리는 우선 프랑스에 눈을 돌려보았다. 프랑스에서는 혁명기와 제정 시기 동안에 많은 저명한 인물에 의해 수 학과 자연과학 분야의 상호 관계가 가장 명확히 인식됐고, 가장 영속적으로 추진되었다. 그런데 독일에는 이름 있는 수학자도 적었고, 그래서 가우스는 이해되지 못했으며, 대학 에서는 고등수학의 강의를 무익한 것으로 취급하여 개강하고 있던 대학도 드물던 시대였 다. 이와 같이 수학 분야에 뒤떨어졌던 독일에서 가우스가 열어놓은 길을 따라 괴팅겐 대학에서 그의 후계자들, 특히 프랑스계의 디리클레(Peter Gustav Lejeune Dirichlet, 1805~1859)와 유대계의 야코비(Karl Gustav Jakob Jacobi, 1804~1851), 그리고 리만(Georg Friedrich Bernhard Riemann, 1826~1866) 등이 수학을 개척하기 시작했고, 때마침 프랑스 에서는 수학의 발전이 쇠퇴해서 독일이 이 분야에서 주도권을 잡게 되었다.

제 3 장
19세기 전반의 기타 과학

앞의 장에서 기술한 것과 같이 19세기 초엽까지 전자기학, 열역학, 광학 등의 물리학 분야와 화학이 서로 밀접히 결부되어 발전했고, 수학이 발전하여 자연과학 전반에 더욱 고도로 응용하게 됨으로써, 자연과학의 주요 분야가 하나의 통일된 기초 위에서 밀접히 상호 관련하여 발전된 것을 보았다.

1. 자연지리학의 확립

자연과학이 근대에 들어서며 놀라운 약진을 했는데, 그중에 지리학만큼 그 목적과 내용이 혁신된 분야는 아마 없을 것이다. 지리적 대발견 시대도 확실히 지리학에 큰 충격을 주었으나, 그것은 대체로 단순한 기술(記述)지리학에 머물고 있었다. 지리 현상의 내부적 관련과 그것들의 우주 현상에의 의존성을 학문으로 하는 지리학은, 19세기 전반에 처음으로 전개되었다. 그리고 이 과학 부문을 건설하는 데, 훔볼트만큼 큰 공적을 세운 사람은 없다.

1) 과학적 기상학의 기초

기상학은 당시까지 주로 서구 지역에 한정된 관측을 해왔는데, 이것을 전 지구상으로 확대함으로써 비로소 보편적 토대 위에 선 과학이 되었다. 이것은 주로 훔볼트의 공적이다. 그는 처음으로 열대 기상을 연구 대상으로 삼았다. 그리고 열대뿐만 아니라 중위도와 고위도 지방에 나타나는 기상 현상은 법칙적으로 작용하는 여러 원인에 따르며, 그 원인들은 장기간의 탐구로 규명될 것이라는 신념을 피력했다. 훔볼트는 1817년에 등온선을 도입함으로써 과학적 기후학의 건설자가 되었다. 이 등온선에 의한 기온 분포의 표시법 외에도 해안과 대륙의 기후, 고지와 저지 기후라는 중요한 개념도 그에 의한 것이다. 그리고 하기 등온선과 동기 등온선은 대체로 다른 주행을 한다는 것을 인지한 것도 훔볼트이다.[1]

---

1 훔볼트, 「등온선과 지구상의 기온 분포에 대하여」, 『아르쿠유 학회 논집(1817)』.

이제 사람들은 기후가 해류의 분포, 산악의 방향과 높이, 그리도 주요한 기류와 해류에 의해 좌우된다는 것을 명확하게 인식하게 되었다. 훔볼트에 의해 작성돼서 그의 논문에 첨부된 등온선도는, 그 역사적 가치로 오늘날도 주목을 받고 있다. 그는 이 등온선도는 헬리가 지리 현상의 개관을 그래프로 나타내는 사상에 의한 것이라고 자술했다. 헬리에서 훔볼트에 이르기까지의 긴 세월 동안에 아무도 이 귀중한 사상을 타 분야에 도입할 것을 착안하지 못한 것은 이상한 일이다. 훔볼트 이후에 시도된 이 방법의 확장은 등온지점이 아닌 이론적 가정으로 산출된 위도 선상의 평균치로부터의 일정한 차를 나타내는 지점을 연결한 곡선, 즉 기온 등차곡선으로 지표의 일정 부분이 나타내는 기온 변동의 여러 원인에 대한 새로운 중요한 해명을 얻게 되었다. 수직 방향의 기온의 변화 분포와 이 현상의 기초에 있는 법칙성에 대해서도, 알프스 탐사가인 소쉬르와 최초의 학술적 기구 비행을 한 게이뤼삭에 이어 특히 훔볼트가 주의를 기울이게 했다.

헬리는 이미 무역풍과 계절풍의 설명에 착수하고 있었다. 그러나 기류에 대한 학문이 세워진 것은 훔볼트 이후이다. 바람이 매우 규칙적으로 서에서 일어나서 남, 동, 북을 돌아 흐르며, 남반구에서는 반대 방향으로 돌아 흐른다는 것이 밝혀졌다. 그로부터 약 25년 후에 이러한 규칙적 바람은 기압 법칙의 불완전한 표출에 지나지 않다는 것이 알려졌다. 이 법칙은 기압과 공기 운동과의 밀접한 관계를 다음과 같이 말하고 있다.[2]

"공기는 항상 고기압의 지점으로부터 저기압의 인접 지점을 향하여 흐른다. 이때에 공기는 북반구에서는 오른쪽으로, 남반구에서는 왼쪽으로 기울게 된다. 따라서 공기의 운동은 모두 약하건 강하건 간에 소용돌이 운동을 하는 선풍(旋風)이 되며, 저기압 부근의 소용돌이와 고기압 부근의 소용돌이 운동은 정반대 방향의 선풍이 된다."

이 토대 위에 오늘의 기상학, 천기도, 천기예보, 그리고 중요한 폭풍우 경보가 발달했다. 가우스가 19세기 전반기에 순수 및 응용 수학 분야에서 가졌던 지도적 지위를, 훔볼트는 이 시기의 자연과학의 광범한 전 분야에 대해서 점하고 있었다.

---

2 바위스발롯(Buys Ballot, 1817~1890)의 법칙: 『파리 과학 아카데미 보고』에 1857년 발표.

2) 훔볼트의 인물과 연구 여행

훔볼트

알렉산더 폰 훔볼트는 1769년 9월 14일 베를린의 유서 있는 프로이센 귀족의 아들로 태어나서, 그곳과 테게르에 있는 양친의 영지에서 형인 빌헬름과 함께 가정교사에게 교육을 받았다. 알렉산더 폰 훔볼트는 처음에, 그의 가문의 전통에 따라 관직에 봉사하기 위해 프랑크푸르트 대학에서 행정 방면의 학문을 수학했다. 그러나 그의 타고난 취향과 친구들의 영향으로 자연과학을 하게 되었다. 그는 19세에 이미 식물학서의 저술에 착수했다. 그가 당시에 독일 자연과학 계에서 가장 걸출한 대표자들이 교편을 잡고 있었던 괴팅겐 대학에 입학하자, 자연과학에 대한 그의 흥미는 더욱 불붙게 되었다. 물리학자 리히텐베르크(Georg Christoph Lichtenberg, 1742~1799), 화학자 그멜린(Leopold Gmelin, 1788-1853), 해부학자 블루멘바흐(Johann Friedrich Blumenbach, 1752~1840)가 이 대학에서 그에게 미친 영향에 대해 훔볼트는 항상 감사의 말을 바치고 있다.

괴팅겐에서 그는 또 쿡의 제2회 세계일주 항해에 참가하여, 자연기술의 거장으로 유명했던 포르스터(Georg Forster, 1754~1794)와도 알게 되었다. 놀랄 만큼 과학의 다방면에 뛰어났던 포르스터는 훔볼트의 모범이 되었고, 그의 그 후의 연구와 생애에 결정적인 영향을 주었다. 훔볼트는 포르스터와 함께 1790년 여름에 네덜란드, 영국, 프랑스 방면에 그의 첫 여행을 했다. 이것은 그에게 세계일주 항해자의 지도하에 자신의 대탐험 여행을 준비하는 예비 수업이 되었다. 해양과 열대 제국에의 정열을 불러일으킨 이 여행을, 그는 매우 행운이었다고 회상한다. 다음에 그는 과학적 탐험가를 지망하여, 우선 함부르크에서 상업과 외국어와 문학을 배우고, 프라이부르크 광산 대학에서 베르너 밑에서 자연과학 공부를 계속했다. 베르너는 이미 18세기 지질학에서 기술한 것과 같이 수성론의 대표자이었으며, 당시에 세계 각처로부터 베르너의 강의를 청강하기 위해 광물학자, 지질학자, 광산 관계자들이 프라이부르크로 모여들었다.

그중의 한 사람이었던 훔볼트는 이미 「라인 하반의 현무암에 대한 관찰」이라는 논문을 발표하여 이름이 알려져 있었기 때문에, 베르너는 특별한 호감을 가지고 영입했으며, 훔볼트는 그 밑에서 가장 열심히 면학하는 학생이었다. 그런데 베르너의 수성론은 후에 훔볼트와 부흐(Leopold von Buch)의 공격을 받게 되었다. 그러나 훔볼트는 후에 은사 베르너에 대하여 다음과 같이 경의를 표하고 있다.

"베르너는 놀라운 형안으로 지질학적 층 무리의 고찰에 주의하지 않으면 안 될 모든 관계를 인식하셨다. 그는 우리가 무엇을 알지 않으면 안 되고, 무엇을 관찰하지 않으면 안 되는가를 가르쳐 주셨다. 그는 자기가 연구할 수 없는 지방에 대해서도, 여러 발견의 일부를 준비해 놓았다고 말할 수가 있다. 왜냐하면 층 무리는 지리학적 위도나 기후의 변화에 관계가 없기 때문에, 자연이 많은 층 무리를 결합하여 생긴 지각은 매우 한정된 어느 곳에서도 참으로 작은 우주와 같이 진실한 관찰자의 뇌리에 지질학의 근본적 진리에 관한 매우 바른 생각을 불러일으킬 수가 있기 때문이다."

알렉산더 폰 훔볼트는 형 빌헬름이 인문주의 철학자 실러에 대한 것과 같은 밀접한 관계를 괴테와 가지고 있었다. 그 당시에 자연과학은 바이마르에서 대유행이었다. 모든 지식인은 광물학을 공부했고, 궁정의 귀부인조차도 자연과학 표본실을 차릴 정도였다. 괴테도 광물학과 지질 탐구에 대한 열정 앞에는 어떤 산도 높지 않았고, 어떤 수직 갱도 깊지 않았으며, 어떤 수평 갱도 낮지 않았다. 그리고 어떤 동굴도 미궁적일 수는 없었다. 괴테는 또 훔볼트의 '신경과 근육섬유의 갈바니전기 자극에 관한 실험'에도[3] 열심히 참가했다. 비교해부학, 특히 비교골격학에 관한 괴테의 여러 연구도 그와 훔볼트의 관계에서 생긴 것이다. 괴테는 당시에 말하기를 "나의 자연과학적 연구는 훔볼트에 의해 동면에서 깨어난 것이다."라고 했다. 그리고 이 문단과 철학의 거인은, 그가 이미 이 세상에 권태를 느끼기 시작했을 때에 훔볼트 형제가 그 젊고도 신선한 노력으로 그에게 다대한 영향을 미친 것을 항상 감사하고 있었다.

실러는 형뿐만 아니라 동생 훔볼트와도 친밀한 교재를 했는데, 그의 훔볼트 형제에 대한 비판은 괴테와는 너무나 다르다. 그는 형 빌헬름에 대하여는 지극한 찬사를 보낸 반면에, 동생 알렉산더에 대해서는 다음과 같이 비판하고 있다.

---

3 알렉산더 폰 훔볼트, 『자극한 신경과 근육섬유에 관한 실험, 그리고 동물과 식물계에 있어서의 생명의 화학적 과정에 관한 추측』 전 2권, 1797~1799.

"재료의 막대한 포장에도 불구하고, 나는 그에게서 감응의 빈약함을 보게 된다. 이것은 그가 취급한 대상에게는 최악의 화근이 된다. 항상 파악할 수 없는 것이며 경외해야 할 자연을, 철면피하게도 측정했다고 자칭하며, 나에게는 이해되지 않는 몰염치로 자주 공허한 말과 협소한 개념에 지나지 않는 자기의 공식을 자연의 척도라고 하는 것은, 불모인 조각난 전문의 오성이다. 요컨대 나는 그가 대상에 대하여 너무나 조잡하며 협소한 오성주의로 생각된다. 그에게는 상상력이라는 것이 없다. 따라서 나의 판단에 의하면, 그에게는 그의 과학에 대한 가장 필요한 능력이 없다. 왜냐하면 자연은 가장 개별적인 현상에 있어서도, 그 최고의 법칙에 있어서도 직관되고 감응되지 않으면 안 되기 때문이다."

이것은 당시 이상주의 철학자의 자연과학자에 대한 비판을 대변한 것으로 볼 수 있다. 이 말에 표명된 자연과학의 수단과 목적을 비판한 실러의 지나친 주관적 방법이 박약한 것과 비진실성은, 19세기의 철학과 자연과학의 발전 과정에서 명확하게 드러났다. 그러나 이상주의 철학뿐만 아니라 자연과학적 방법에도 지나친 점이 있을 수 있다는 것을 명심해야 한다. 후년에 훔볼트가 화성론을 주장했을 때, 괴테는 그에게 찬성하지 않고 수성론을 고집하여 그의 시에 근대 지질학의 대표자들을 조소했을 뿐만 아니라 증오하기조차 했는데도, 말년에는 과학적 바른 판단으로 바꾼 것은 본받을 일이다.

훔볼트의 생애 중에 가장 중요한 사건이며 가장 큰 과학적 사업은 아메리카 탐험 여행이었다. 이것은 그 후의 이와 같은 종류의 모든 계획의 본이 된 최초의 학술 원정이었다. 교통이 편리하게 된 오늘의 우리에게는 상상조차 할 수 없는 긴 세월의 준비와 노력과 난관의 극복 후에, 훔볼트는 1799년 6월에 스페인의 코르냐 항을 출범했다. 그의 동행자는 프랑스 식물학자 쥐시외(Antoine Laurent de Jussieu, 1748~1836)의 문하 봉플랑(Alexandre Bonpland, 1773~1858)이었다. 우리는 훔볼트가 남중앙아메리카를 종횡으로 답사한 모든 행적을 살필 수는 없으나, 그의 여행이 그 후의 대륙 탐험에 획기적 기여를 한 두세 가지 점에서, 그가 임무를 어떻게 바르게 수행했는가를 살펴보기로 하자.

항해는 코르냐로부터 테네리페 섬(카나리아 군도)으로 항진했다. 테네리페 섬에서는 과학적 목적을 위해 아열대권 산악을 최초로 등반했다. 피코 산록에서 둘레가 45피트나 되는 용혈수를 발견했다. 훔볼트는 그것을 지구상 최고의 서식물의 하나라고 했다. 겨울 동안만 눈으로 덮이는 피코 산록에서 얼음 동굴을 보았다. 그리고 산정은 유기공 성질을 가지고 있었다. 그리고 훔볼트는 포도나무로 장식된 산록부터 지의류가 화산의 용암을 분해하고 있는 산정까지, 마치 계단과 같이 층을 이룬 다섯 가지 식물대를 구별했다.

훔볼트는 베네수엘라의 쿠마나(Cumana)에 처음으로 장기간 체재했다. 쿠마나는 수세기 동안 가장 무서운 지진의 진원지로 유명했다. 그들이 도착하기 2년 전에도 대지진이 그 도시를 송두리째 파괴하고 말았다. 훔볼트는 이 무서운 자연 현상의 잔해를 자세히 조사하기 위해 상당히 긴 시간을 소비했다. 그가 쿠마나에 도착한 지 3개월도 못 되어서 지진이 일어났다. 그것은 훔볼트가 직접 체험한 최초의 지진이었다. 이 지진이 그에게 준 심각한 인상은 그의 서술에 잘 나타나 있다. 그리고 이 지진 못지않게 유명해진 것은, 그가 1799년 11월에 쿠마나에서 관찰한 장대한 유성 낙하의 묘사이다. 그는 두세 시간에 수천을 넘는 유성과 화구가 흘러내리는 것을 보았다.

1800년 3월에 일행은 남아메리카 대륙의 오지에 파고들었다. 그들은 오리노코 강 하류를 탐사하고, 그 대하의 산림대에 이어진 광막한 대초원을 배회했으며, 훔볼트는 그곳에서 포획한 '전기 새우(Gymnotus electricus)'나 '잠자기 풀'에 대해 연구하여, 마치 눈앞에 보는 것과 같이 묘사하였다.

안데스산맥 답사를 위해 훔볼트는 에콰도르 수도 키토(Quito)에 장기 체재했다. 이곳에서 그는 당시 지구 최고봉이라고 한 침보라소 산의 등반을 시도하여, 1802년 2월 6일에 아무도 올라가지 못했던 6267미터 높이에 도달했다. 그리고 1803년 3월부터 약 1년간 멕시코 답사를 한 후에 잠깐 아메리카합중국에 머문 다음에 1804년 8월에 프랑스 보르도 항에 귀착했고, 다음 해에 게이뤼삭과 함께 이탈리아 여행을 한 다음에 약 20년간 파리에 정주했다. 그의 여행에 관한 기념비적 저술의 편찬에는 여행 기간보다도 훨씬 많은 세월이 걸렸다. 그는 이 일을 하는 틈틈이 게이뤼삭과 협동하여 지자기학과 오디오미터 측정 연구에 손대고 있었다.

독일의 과학은 19세기 초에 프랑스로부터 말할 수 없이 큰 자극과 도움을 받았다. 프랑스로부터 국가 발전뿐만 아니라 정밀과학 분야도 근대적 발전 시대를 인도한 새로운 기풍이 흘러 들어왔다. 파리에서는 퀴비에, 라부아지에, 라플라스, 앙페르, 게이뤼삭 등 많은 과학의 대가가 자연과학의 근대적 발전에 대한 온상을 준비하는 기본적 활동을 전개하고 있었다. 이런 프랑스 과학과 신흥 독일 과학의 중계에 훔볼트는 중요한 역할을 했다. 좁은 생각에서, 훔볼트의 애국심이 과학을 뒷전으로 밀리게 했다고 비난하는 것은 온당하지 않다. 과학은 그것이 어디에서 발견되든, 좋은 것은 섭취해야 한다.

많은 프랑스 학자가 참여하여 편찬한 훔볼트의 방대한 여행보고 『신대륙 적도 지방의 여행』의 내용을 소개하면, 그것은 6개 부문을 포함하고 각 부문은 수권으로 되어 있다. 제1부 '여순 보고'는 훔볼트 자신이 편집한 여행기와 신대륙의 지리적 개척 역사와 39매로 된 지도를 포함하고 있다. 제2부는 동물학과 비교해부학이며, 퀴비에 등이 협동하여 편찬했다. 제3부는 당시에 북위 38도에서 남위 42도에 걸친 아메리카의 스페인 영토의 정치지리학을 다루고 있다. 제4부는 천문관측, 삼각측량과 기상관측이다. 제5부는 탐험한 나라들의 지질학과 식물지리학이며, 제6부는 식물학적 내용이다.

1827년에 훔볼트는 국왕의 간청을 받아들여, 정들었던 파리를 떠나 프로이센의 수도 베를린으로 이사했다. 60세가 가까워진 이때부터 새로운 필생의 사업이 시작되었다. 그 것은 옛날부터 마음에 품고 온 자연학적 '우주학'의 편찬 계획이었다. 그는 이 『우주학(Cosmos)』의 편찬 전에, 러시아 황제의 위촉으로 동물학자 에렌베르크(Christian Gottfried Ehrenberg, 1795~1876)와 광물학자 로제(Gustav Rose, 1798~1873)를 대동하고 아시아의 러시아 영토에 대한, 짧은 기간이었으나 수확이 많았던 탐험을 했다. 그들은 알타이산맥의 광층을 찾았고, 중국 국경을 넘어 광막한 '스텝(steppe) 지대'를 횡단하여 남쪽 우랄에 도달했다. 이 산맥의 지질학적 답사에서, 금과 백금의 보고를 가진 우랄이야말로 참으로 '황금의 나라(도라도)'라는 훔볼트의 유명한 예언이 생겼다. 그리고 카스피 해의 탐방에서도 많은 관찰이 행해졌고, 퀴비에가 편집한 어류에 관한 대저술의 자료가 수집되었다.

3) 훔볼트의 『코스모스』

훔볼트의 이름을 대중적으로 유명하게 한 그의 가장 원숙한 저술이며, 그가 '자연학적 우주학의 시론'이라고 한 『코스모스』를 살펴보자. 이 저술은 그가 베를린으로 돌아온 후에 국왕과 조정이 열석한 많은 청중에게 한 강의에서 비롯되었다. 이 강의는 1827년 11월 3일부터 1828년 4월 26일까지 한 연속 강의였다. 이 『코스모스』는 그의 『대 여행기』에 못지않게 독일 문학이나 세계 문학에서도 획기적인 것이다. 세목에 대해서 따져보면, 시대에 뒤떨어지고 틀린 부분도 있으나, 전체로 보아서는 큰 가치를 유지할 것이다. 이 책은 과학 방면에서뿐만 아니라 독일 국어와 일반 문학에서도 그 가치를 높이 평가받고 있다. 자연을 너무 냉정한 오성으로 바라보는 현대인에게는 훔볼트의 표현이 너무 정열적이고 너무 형용이 많다고 보일지도 모르나, 그야말로 형식적으로 완성된 언어를 사용하여 과학 문제를 다루는 것을 독일 사람들에게 가르쳐 주었다는 것을 잊어서는 안 된다. 이러한 평가에 있어서, 종전의 모든 자연과학적 저술이 무미건조한 것으로 19세기

초의 독일 정신을 지배했다기보다는 졸라매고 있던 자연철학의 신비한 공염불과 비교해 보면 좋다. 『코스모스』가 생긴 동기가 된 그의 강의도 획기적이었다. 그 강의는 국민 대중과 과학을 갈라놓은 깊은 골짜기에 다리를 놓은 최초의 가장 성공적인 것이었다. 국왕에서 일개의 미장이까지 모든 계층의, 천 명에 가까운 청중이 매우 긴장한 모습으로 훔볼트의 강의를 경청했다고 한다.

『코스모스』의 저술 계획은 보편성을 찾는 경향에 지배되었던 18세기 90년대에 이미 되어 있었던 것으로 보인다. 훔볼트는 1844년 11월 그 서문에, "다망했던 생애의 만년에, 나는 몽롱한 윤곽으로 반세기간 나의 마음속에 자리 잡고 있던 책을 세상에 공포한다."라고 기술했다. 그는 제1권을 『자연의 그림 – 제 현상의 일반적 개념』이라고 제명했다. 이것은 우주의 가장 먼 성운과 회전하는 이중성에서 시작하여, 단계적으로 우리의 태양계에 족한 성군, 그리고 공기와 바다로 둘러싸인 지구, 그의 형체, 온도와 자기력, 끝으로 빛에 자극돼서 지표면에 펼쳐진 생명의 다양한 영위를 설명해 갔다. 이러한 과제의 내용은 매우 광대한 것이다. 그러나 이것은 우주를 기술한 하나의 그림이며, 인과관계의 더욱 깊은 인식을 추구하는 19세기의 요구, 즉 과제를 수리물리학과 에너지 원리로 해결하려던 19세기의 중요한 요구에는 이미 맞지 않는 것이었다.

훔볼트가 『코스모스』에서 실현하려던 것은, '자연 미학'이라고 불러도 좋을 하나의 감정의 만족이었다. 이것은 또 괴테 자연관의 뿌리가 되어, 『파우스트』의 많은 개소에서 매우 심원한 감동적 표현을 준 감정이기도 하다. 훔볼트는 제1권에서 이미 이러한 과제의 본래적인 해결을 한 것이다. 그가 얼마나 깊이 이러한 기본 경향의 영향 하에 있었던가는, 그가 괴테에 관해 기술한 다음과 같은 말로 알 수 있다.

"우주의 신성한 신비를 풀고, 인류의 젊었던 날에(고대 그리스에) 철학과 자연학과 시문을 결합하고 있던 끈을 부활시키는 것을, 어느 누가 그보다 더 훌륭한 웅변으로 이 시대의 사람들 마음에 불어넣을 수가 있겠는가!"

훔볼트는 제2권 『자연학적 우주관의 역사』에 자연학적 우주학과 밀접히 관련된 다른 과제를 세우고 있다. 그는 여기서 자연학적 우주관의 역사를 기술하고, 모든 시대에 걸쳐 '지구와 천체 공간에서의 여러 힘의 관련을 파악하려는 인류의 노력'을 추구하고 있다. 훔볼트는 이것으로 자연과학의 역사 확립에 크게 공헌했다. 훔볼트는 자연학적 우주관 역사의 주요 계기로서 그리스의 문명, 아랍인의 중계 활동, 남과 서유럽 여러 민족의 발명과 발견을 극히 명석한 빛에 비추어 내고 있어, 이러한 서술은 모든 시대에 대하여 가치 있는 것이다.

『코스모스』의 계속된 여러 권에서는 저술의 내용이 더욱 변화하고 있다. 그의 저술이 과학 자체가 힘의 보존 원리의 발견에 의하여 새로운 시대에 부닥친 수십 년간에 걸치고 있기 때문이다. 훔볼트는 그가 이미 정통할 수 없는 새로운 방향을 설명하려고 했다. 그러나 그의 우주 고찰 방법은 뉴턴, 호이겐스, 그리고 18세기의 지도적 과학자들로 시작된 사업의 참다운 계속으로 볼 수가 있는 새로운 방법에 양보하지 않으면 안 된다는 감정이 그의 시대 사람들과 그 자신에게도 밀어닥친 것이다. 마지막 권은 주로 천문학과 지구물리학에 할당하고 있다. 그것은 전문적 특색을 띠고 있어서 처음의 여러 권에서 볼 수 있었던 고상한 의미의 통속성을 지향한 표현법의 모범적인 문학적 가치는 퇴색되었다. 훔볼트는 이 『코스모스』의 제5권 집필 중 1859년 5월 6일 90세로 세상을 떠났다.

4) 훔볼트의 『식물지리학 시론』

순수한 과학 방면에서 훔볼트의 주된 공적은 식물지리학 분야에 있다. 그는 자기가 여행한 나라들의 식물계를 그것의 기후와 토양에 대한 의존성을 바탕으로 이해하고, 그 관계에 대한 일반적 조건을 발견하기까지 했다. 이 새로운 길은 지구상의 생물 분포를 법칙적으로 작용하는 여러 원인, 특히 지배적인 자연 조건에서 탐구하려는 시도에 의해 열리게 되었다. 이 점에서 훔볼트가 남긴 획기적 업적은 그의 순수 과학적 공적 가운데 최대의 것이 될 것이다. 그의 저술 『식물지리학의 시론』은 그가 남아메리카 학술 답사에서 돌아와서 한 최초의 보고인데, 이것은 1805년에 『열대 제국의 자연 회화』와 함께 발간되었다. 훔볼트는 '식물지리학'이라는 이름조차 없던 새로운 과학에 대한 대부분의 재료들을 이 여행에서 수집했다. 그래서 『식물지리학 시론』의 대부분은 침보라소 산록에서 기술된 셈이 된다.

식물의 공간적 분포를 확정하려는 사상은 이미 옛날부터 있었다. 그러나 훔볼트는 이보다 더욱 깊은 것을 달성했다. 그가 노력한 것은 식물의 분포와 대표적 체제를 지표상에 현재도 작용하고 있는 여러 힘과 지구의 역사와의 관련에서 규명하는 것이었다.

훔볼트 앞에 주어진 것은 두세 가지의 단서에 지나지 않았다. 그리고 그가 창출한 것도 본질적으로는 새로운 학문의 기선을 긋고 목표를 제시하는 데 지나지 않았다. 특히 지구 역사 같은 것은 19세기 후반에 진화론이 풍미한 후에야 발랄한 내용을 갖추게 되었으므로 당연한 일이었다. 진화론 문제는 이 책의 다음과 같은 구절에서 엿볼 수가 있다.

"식물지리학은 지구의 무수히 많은 식물 중에 어떤 원시 형태가 있는가를 연구해야 한다. 아마도 사람들은 종의 상이를, 그러한 원시 형태의 퇴화 작용과 그로부터의 변이로 볼 수가 있을 것이다. 과연 현재 지구상에 서식하는 모든 식물과 동물은 수천 년 동안 그 특징적 형태를 잃고 있지 않은 것으로 보인다. 예를 들어, 이집트 분묘에서 발견된 매도 현재 나일 하반에서 고기를 잡고 있는 것과 일치한다. 그러나 다른 방면에서 지구가 그 기나긴 시간의 역사의 흐름 동안에 겪어온 변화, 그리고 그 변화와 병행하여 동식물계에 여러 변화가 일어나지 않을 수가 없다. 그래서 식물지리학은 지구의 태고사를 밝혀내기 위해서는 지질학에서 출발하지 않으면 안 된다. 서로 근접한 육지 덩어리가 과거에는 연락되어 있었는가 아닌가를 판단하기 위해, 지질학은 연안 산맥의 층위의 유사와 양자를 격리한 바다의 해저 상태를 이용한다. 그러나 식물지리학은 이 문제의 해결에 그에 못지않은 중요한 지점을 준다. 예를 들어, 그것은 남아메리카가 확실히 생물 발생 이전에 아프리카에서 떨어져 나온 것을 추정하게 한다. 우리는 식물지리학에 의해 지구의 태고 상태를 싸고 있는 암흑 속을 헤쳐 들어갈 수 있다."

그래서 지각이 많은 곳에서 동시에 다른 종으로 덮여 있었는가, 아니면 모든 싹이 한 지방에서 발생하여 거기로부터 규명하기 어려운 경로를 통해 타 대륙으로 이동했는가를 결정하는 것이 중요하게 된다. 따라서 훔볼트는 한 식물 종의 최초의 생육 영역이 어떤 사정에 의하여 확대되는가를 검토한다. 그러한 것으로 특히 기류와 조류, 그리고 동물에 의한 운반을 생각할 수 있다. 그러나 훔볼트에 의하면, 그런 영향이 아무리 크다고 할지라도 인류가 식물의 분포에 미친 영향에 비하면 미약한 것이라고 결론짓고, "원예와 경작의 대상인 식물은 태고 이래로 이동하는 인류에 따라 이동했다. 따라서 식물의 최초의 본원적 조국은 각 인종의 근본적 조국과 마찬가지로 풀 수 없는 문제다."라고 말했다.

그리고 훔볼트는 어떻게 하여 농업이 토착 식물에 대하여 외래 식물의 지배권을 확립하고, 토착 식물을 더욱더 좁은 곳으로 쫓아내 갔는가를 적절하게 기술하고 있다. 이에 반해 열대 세계에서는 인간의 힘이 너무나 약하기 때문에 무엇이든 덮고 마는 식물 군락이 대지를 덮어 버리는 것을 막을 수는 없다고 기술하고 있다. 그는 또 처음으로 토지의 경관을 규정하는 식물군락의 여러 현상에 대하여 식물학자의 주의를 향하게 했다. 영양

기관의 발달 양식에 따라 식물의 경관 상의 분류 기초를 세운 것도 훔볼트의 중요 업적의 하나다. 식물군의 경관은 미학적 가치뿐만 아니라 식물 형태와 자연 조건과의 밀접한 상호관계가 식물계의 계통 분류의 기초가 된 여러 특징보다도 더 명확하게 나타난다.

훔볼트는 이러한 관점에서 무수히 많은 식물 종 가운데, 모든 종을 배속시킬 수 있다고 생각되는 약 20개의 기본 형태를 구별했다. 이러한 식물 형태 중에 가장 중요한 것으로 '바나나형, 야자형, 마루 하치형, 침엽수형, 난(蘭)형'이 있다. 이러한 형태는 식물의 자연 분류 상의 대 강목과 일치하고 있다. 그러나 그 꽃과 과실의 구조에서는 매우 다른 식물도 기후나 토양의 성질에 제약되어 같은 외관을 하고 있는 경우도 있다.

고산의 높이에 따른 식물의 수직 분포에 관한 연구는 소쉬르가 처음으로 알프스산맥에서 했고, 피레네산맥 등의 산지 식물은 고위도의 식물과 유사성을 가진다는 암시도 있었으나, 훔볼트가 처음으로 고산과 멀리 떨어진 고위도권의 저지대 사이의 이러한 관계를 일반 법칙으로 발표했다. 그는 또 풍부한 관찰 재료를 이용하여, 열대에서도 고산으로 올라감에 따라 나타나는 식물대의 순서를 결정할 수가 있었다. 그 실례로 훔볼트가 키토 (Quito) 산의 경사면에서 구별한 식물대의 개관을 들 수 있다. 가장 낮은 지대는 야자와 바나나나무 지대이며, 해발 1000m 까지 미치고 있다. 그 바로 위에 사라(沙羅) 지대가 있고, 그다음에 떡갈나무 지대가 3000m 까지 있고, 다음에 고산식물 지대가 있으며, 이 것은 4100m에서 4600m 사이에 고산 화목과(禾木科) 식물로 바뀐다. 거기서부터 설선까지는 지의류(地衣類)가 풍화한 암석 표면을 덮고 있다. 훔볼트는 멕시코의 안데스산맥과 테네리프의 피코에서도 일정한 식물대의 계층을 증명했다.

이러한 짧은 요약으로도 훔볼트가 식물지리학의 확립에 공헌한 위대한 공적을 알기에 충분할 것이다. 그가 손댄 많은 것은 문제 제기에 지나지 않으나, 다음 세대의 연구가 풍성한 열매를 맺을 일정한 궤도 위에 올리는 문제를 제출한 사람은, 개별 과학적 문제를 해결한 학자와 같은 위대한 공적을 세웠다고 말할 수 있을 것이다. 훔볼트는 식물대의 제창에서 성취한 것과 같은 것을 동물학 분야에서도 추구할 가치가 있다고 생각했다. 그는 "산악 지방에서 동물이 어느 높이까지 미치고 있는가? 그 높이를 대체로 결정하는 것은 흥미 있는 일일 것이다."라고 말하고 있다. 이때에 그가 염두에 두었던 것은 동물 생활의 기후 조건에의 의존성이었다. 일반적으로 그는 개별적 여러 연구보다는 항상 동물 생활과 그 자연 조건과의 밀접한 관계를 지적하는 것으로 동물학에 공헌했다.

5) 지질학의 촉진

지질학 분야에서 훔볼트의 공적은 그의 전체적 관점의 강조에 있다. 그는 지질학도 식물학에 대한 것과 같이, 지리학에 결부시키는 것을 해결했기 때문이다. 훔볼트는 처음에는 완전히 그의 선생 베르너가 개설한 수성론(水成論) 지질학파의 영향 아래 있었다. 이 수성론 신봉자들과 화성론자들 간에는 특히 현무암의 생성 양식을 두고 격렬한 논쟁을 벌이고 있었다. 훔볼트의 최초 연구도 역시 이 문제에 관한 것이었다. 그는 베르너의 의견을 지지하여 린츠나 운켈 근방의 현무암 고찰에서는 전혀 화산 작용을 추정할 수가 없다고 판결할 수밖에 없다고 믿었다. 그로부터 10년 후에 훔볼트는 아메리카 여행을 했다. 그 여행의 임무와 성과는 대부분 지질학 분야에 있었다. 코르데라스를 답사하고 거기에서 찾은 풍부한 자료를 정리하는 중에, 그에게 지질학관의 철저한 변혁이 일어났다. 그 결과 현무암뿐만 아니라 화강암과 조면암(粗面岩), 그리고 반암(斑岩)에 대해서도 작렬한 용융체로부터 생성했다는 가정을 하게 되었다. 그리고 현무암의 세밀한 기계적 분석은 외견상 동질로 보이는 이 암석도 광물의 혼합물이며 그 조성이 화강암과 다를 바 없다는 것을 밝혔다.

특히 화성론(火成論)의 기초가 된 것은 아메리카 산지에서는 조면암이 화산 부근에 나타나 있어 마치 화산을 고지하는 것같이 보인다는 훔볼트의 관찰이었다. 그리고 조면암은 왕왕 파류질(坡瑠質)과 광재질(鑛滓質)이 암석으로 점차적 이행을 하고 있는 것에 사람들의 주의를 환기시켰다. 후자인 부석(浮石)은 오늘날도 활화산의 산물로 발견되므로, 확연한 경계 없이 그것들로 이행하는 암괴를 화산의 기원으로 추론하는 것은 매우 정당했다고 말할 수 있다. 화성암은 이전에 생각한 것보다는 훨씬 넓게 분포되어 있다는 인식은, 훔볼트와 그의 협력자 부흐에게 화성암 작용을 과대평가하게 했다. 예를 들면, 부흐 알프스산맥과 나머지 산맥들의 대다수는 반암이 지구 내부에서 돌출했기 때문에 융기한 것으로 가정했다. 석회암과 해수가 작용하여 생성된 백운암(白雲岩)조차도 화산의 작용 하에 산화마그네슘의 증기가 석회석 안에 들어가 화합하여 '탄산칼슘－마그네슘'을 형성하여 생성했다고 했다.

훔볼트는 이러한 전제에서 아메리카 산맥 생성을 설명했다. 즉, 안데스산맥이나 베네수엘라산맥 등은 지구의 긴 틈새 위에 융기한 것이며, 이에 반해 산의 무리들은 그물눈과 같은 틈새 위에 융기한 것이다. 이때에 내부로부터 외부로 향해 작용한 압력은 단단한 땅덩어리를 밀쳐내고 작렬 유동 물질을 밀어 올린 것이라고 설명했다. 이러한 견해에 따르면, 산악은 대규모의 변동의 증인이며 거대한 지구 혁명의 증거이다. 그러나 훔볼트는 19세기 전반기를 지배한 이러한 설명에 내포된 대변동의 양상을 완화하려고, 밀려 올라간 물질의 양이 비교적 적었다는 것을 지적하고 있다. 즉, 알프스산맥을 유럽 평지 위에 고르게 깔아도 20피트밖에는 올라가지 않을 것이라고 그는 말하고 있다.

훔볼트의 남아메리카 대륙 조사에 의해, 화산들이 줄을 지어 있다는 것이 명확하게 증명되었다. 이 화산들의 열도 그와 부흐의 의견에 의하면 융기로 생성되었다고 한다. 그리고 여러 화산의 배열에서 지각 조각에 틈새가 있다는 올바른 추론을 하게 되었다. 당시의 표상에 의하면, 이러한 틈새 위에 광재(鑛滓)나 용암층이 퇴적하여 화산이 된 것이 아니라, 화산의 활동이 '땅을 융기시킴으로써 형성되었다'고 한다. 즉, 화산 활동에 의해 토지가 혹 모양으로 부풀어 오르고, 결국 최고 부분이 파열하여 '융기 분화구'가 생긴다고 했다. 따라서 이 두 학자는, 큰 화산은 광재가 쌓아 올라간 것이나 용암의 퇴적으로 된 것이 아니라, 말하자면 하나의 재료에서 만들어진 것으로 생각했다. 훔볼트는 지진 현상을 화산과 밀접히 관계 지어, 양자를 동일 원인에 귀착시켰다. 그는 화산의 생성과 폭발의 원인인 땅 밑에 갇힌 증기가 출구를 찾지 못할 때 지진이 일어난다고 했다. 이것은 '화산은 지진의 안전판으로 볼 수 있다'는 기원전 1세기의 스트라본의 표상에 돌아간 말이다. 훔볼트는 실례로, 남아메리카의 한 화산이 갑자기 활동을 멈춘 것과 동시에 그 근방에 무서운 지진이 일어난 것을 들고 있다.

지질학적 여러 현상의 원인에 관한 견해들이 훔볼트와 부흐 시대 이래 많이 변경되어 왔으나, 우리는 이들이 화산과 지진의 일반적 과학적 연구를 처음으로 착수한 것을 잊어서는 안 된다. 훔볼트의 남아메리카 답사 이전에는 베수비오나 에토나 화산이 정밀하게 연구된 유일한 화산이었으나, 그것의 지진에 대해서는 사람들이 지질학적·물리학적 규명보다는 그 파괴적 작용의 기록만을 생각했다. 보편화를 향하는 사상의 날개를 가진 훔볼트야말로 누구보다도 다종다양한 지질 현상을 화산작용이라는 이름 밑에, 동일 원인의 발로로 이해하게끔 가르쳐 준 사람이다. 그 현상이 단순한 진동이었거나 온천이었거나 가스 발산이나 화산 분출이었거나 간에, 모두 뜨거운 지구 내부의 지각에 대한 반응이었다. 훔볼트는 이 모든 현상을 지구의 화산적인 활동의 단계로 이해하게끔 가르치고, 이 높은 견지에서 그 이전이나 이후의 누구도 성취할 수 없을 정도로 풍부한 개별적 관찰 지식을 과학 안에 들여온 것이다.

2. 화학과 물리학적 광물학

린네와 베르너의 광물학은 대체로 광물에 대한 기술이었다. 18세기 말부터 셸레와 베리만은 주로 무기적 자연물의 화학적 조성에 주의를 돌리게 되었다. 앞에서 살펴본 물리학과 화학의 관련 발전은 광물학의 그 후의 발전에도 큰 영향을 미쳤다. 그 이전이나 이후에도 광물의 형태는 큰 흥밋거리였으나, 이제는 단순한 기술 대신에 형태의 다양성을 약간의 기본 법칙으로 환원하려는 노력이 나타났다. 이 노력은 울러스턴의 반사측각기(反射測角器) 발명으로 미소한 결정도 정밀하게 측정할 수 있게 됨으로써 크게 촉진되었다.

1) 결정학적 법칙

프랑스의 광물학자 아위(René Just Haüy, 1743~1822)가 1784년에 발표한 『결정 구조에 관한 이론』에 의하면, 결정의 구조와 형태는 오직 그것을 구성한 미분자의 형상과 배치에만 의존한다. 그에 의하면, 결정 물질이 취하는 여러 형태 중에는 원시 형으로 보아야 하는 형태가 하나 있으며, 이 원시 형에서 전 형태가 2차형으로 도출된다. 아위는 결정을 파괴할 때 되는 개벽 형이 항상 일정한 모양을 가지는 것을 지적하고, 그것을 원시형이라고 생각했다.

이러한 고찰은 결정계에서 행해지는, 결정면이 결정축에서 절취된 축 절분(軸截分)은 서로 유리적 관계에 있다는 근본 법칙, 즉 '유리 절분(有理截分) 또는 유리 지수(有理指數)의 법칙'을 발견하게 했다. 이 법칙에 의하면, 기본형에서 2차형이 도출되는 비의 값은 항상 2, 3, 3/2와 같은 매우 간단한 유리수가 된다. 그래서 가장 자주 나타나는 46면체에서는 24의 결정면이 각각 하나의 축에 평행이며, 다른 두 축을 1:2의 비로 끊는다. 따라서 이 형에 대한 기호는(바이스 기호에 의하면), a:2a:∞a가 된다.

19세기 초의 30년 동안에 결정학은 더욱 확고한 기초가 세워졌다. 이미 어떤 사람은, '법칙이 반만 작용'한다면 24결정면의 46면체(∞On)에서 12면을 가진 오각 12면체(∞On/2, n=2. 3/2, 3······)가 생기는 것을 인정하고 있었는데, 바이스(Christian Samuel Weiss, 1780~1856)가 '반면상의 법칙'을 발견했다. 그리고 또 베르셀리우스가 화학기호를 창시한 거의 같은 때에 바이스와 나우만(Karl Friedrich Naumann, 1797~1873)은 축의 가정에 입각한 결정면의 간단한 기호를 창출했다. 이것은 결정학 연구의 결과에 대한 명확한 개관을 가능하게 한 것으로 오늘날도 사용하고 있다.

2) 광물의 형상과 화학적 조성

광물 분류는 베르셀리우스, 베리만, 클라프로트(Martin Heinrich Klaproth, 1743~1817)에 의해 촉진된 화학적 방면이 승리한 이래, 매우 열심히 수행된 분석은 무수히 많은 새로운 광물을 알게 했다. 그 결과 광물의 수는 베르너가 죽고 코벨이 『광물학 역사』를 발간하기까지(1817~1864) 약 3배가 되었다. 그런데 분석과 결정학의 협력에 의해 사람들은 새로운 중요한 관계를 발견하게 되었다. 그때까지 자주 혼동되고 있던 두 개의 주지의 광물, 방해석(方解石)과 산석(霰石)은 아위가 증명한 것과 같이 어느 한쪽에 환원될 수가 없는 결정형을 나타내고 있다.

그런데 광물 분석에 큰 공적을 남긴 클라프로트는 이 두 광물은 그 화학적 성질에서 보면 같은 탄산칼슘이라는 것을 밝혔다. 동일한 물질이 두 개의 다른 광물을 만드는 것은 당시의 많은 학자에게 불가능한 것으로 생각되어 왔다. 그래서 아위조차도 그런 가정을 자기가 전개한 견해에 결부시킬 수가 없었다. 따라서 방해석과 산석의 형태와 물리적 성질의 상이는, 처음에는 혼합물로 야기된 것으로 생각하여 산석의 규칙적 성분으로 스트론튬의 존재가 증명된 것으로 생각했으나, 그 후 스트론튬을 포함하지 않은 산석도 발견되어, 사람들은 이제 '동질다상'이라는 새로운 사실을 인정하지 않을 수 없었다.

방해석과 능철광(菱鐵鑛)같이, 조성이 다른 두 개의 광물이 동일한 형으로 결정(結晶)한다는 정반대의 현상도 관찰되었다. 그러나 아위는 축이 같은 결정계를 제하면, 다른 물질이 같은 형을 가질 수 없다는 것을 수학적으로 입증할 수 있다고 믿었다. 그에 의하면, 방해석은 그 형을 유지한 채 능철광으로 변한다고 하며, 목재의 화석도 같은 방법으로 발생한다고 했다. 그러나 이 경우, 결정형은 화학적 구성에 대해 밀접한 관계를 가진다는 것이 발견되고 전면적으로 확립된 것은, 화학과 광물학의 모든 분야에 걸쳐 새로운 길을 개척한 천재적인 미처리히에 의해서다.

미처리히(Eilhardt Mitscherlich, 1794~1863)는 한 역사가에 자극되어 언어학과 역사학을 지향했으며, 자연과학 연구는 부차적으로 했다. 그런데 다행히도 그가 자연과학에 착수한지 이삼 년 후에는 이 분야에서 그의 전 생애의 방향과 공적을 가져다준 가장 중요한 발견을 했다. 그것은 조성이 닮은 광물과 인공결정의 동형 현상이었다. 미처리히는 이 발견을 1818년 베를린에서 했다. 때마침 대화학자 베르셀리우스가 베를린에 머물고 있었는데, 이 젊은 학자의 연구를 인정하여 스톡홀름의 자기 연구소에 와서 그 연구를 계속하기를 권유했다. 베르셀리우스의 연구소에서 유명해진 미처리히는 1821년 베를린으로 돌아왔고, 27세의 그는 아카데미 회원과 클라프로트의 사후에 공석으로 있던 화학 교수에 임명되어 베를린에 살게 됐고, 1863년 그곳에서 사망했다.

미처리히의 동형설을 낳게 할 관찰은 종래에 없었던 것은 아니다. 게이뤼삭은 녹반을 동 용액에 소량 가하면, 녹반과 같은 형의 단반 결정이 생기는 것을 발견했다. 그리고 명반의 칼륨을 암모늄이나 나트륨으로 대치할 수 있다는 것도 알고 있었다. 사람들은 이러한 현상에서 출발하여 광물계에서도 상호 대리 역할 관계가 있다는 것을 지적했다. 이런 관찰이 있고 난 후인 1819년에 미처리히는 광물의 상호 대리하는 성분은 닮은 원자적 조성을 하고 있으며, 이러한 닮음이 결정형을 같게 또는 근사하게 하는 조건이 된다고 했다. 그가 동형(同形)이라고 부른 이 현상을, 인공적 화합물, 즉 인산과 비산이 동일 금속과 화합하여 된 염에 대해 증명했다. 황산철과 황산코발트, 그리고 7분자의 물과 함께 결정을 이루는 마그네슘, 니켈, 그리고 아연의 황산염도 역시 미처리히의 연구에 의하면 동형이다. 그리고 방해석과 동형인 능철광에 대응하는 광물로서 능아연광(菱亞鉛鑛)과 능망강광이 있었다. 이러한 실례에서도 동형으로 관찰되는 것은 닮은 화학적 조성을 가진 화합물인 것을 아는 데 충분했다.

미처리히가 인산염과 비산염을 연구하게 된 동기는 베르셀리우스가 인과 비소의 산을 연구하는 데 있어서 통례와는 어긋난 것을 발견한 데 있었다. 즉, 이 두 원소가 산화하여 산을 만들 경우 그 산소량은 타의 산화물과는 달리 3:5의 비(P_2O_3, P_2O_5, As_2O_3, As_2O_5)가 된다는 것을 베르셀리우스가 발견했기 때문이다. 미처리히는 1818년 베를린 연구소에서 이 비례에 대한 추가 실험을 했는데, 이러한 산의 염에 대해서도 검토한 결과, 이 염들이 같은 형을 나타내는 것을 보고 놀랐다. 그는 당시에 결정학에 대해서는 잘 몰랐으므로, 광물학자 로제(Gustav Rose, 1798~1873)에게 원조를 구했다.

그래서 두 사람은 공동으로 유사한 조성을 가진 인산염과 비산염은 결정형이 일치한다는 것을 확정했다. 미처리히는 이 연구에서, 같은 수의 원자가 같은 양식으로 화합할 때는 같은 결정형을 만들며, 따라서 결정형은 원자의 본성이 아니고 그의 수와 화합 양식에 의존한다는 일반적 결론에 도달했다. 그러나 후에 그는 원소 원자의 수와 함께 그 화학적 본성도 역시 결정력을 가진다는 것을 알았다. 미처리히는 동형설(Isomorphism)을 확립한 그 유명한 논문에서 "결정의 연구는 화학 분석과 같이 명확한 물체의 성분비를 알게 할 것으로 나는 기대한다."라고 결론짓고 있다. 이 동형설은 그 이래 미처리히와 베르셀리우스에 의해, 역으로도 화합물의 원자적 구성의 일치를 증명하는 데 이용되었다. 그래서 베르셀리우스는 일정량의 산소와 화합하고 있는 상대로 대응하는 각 원소의 양은 상대적 원자량을 나타내는 것으로 보고, 동형의 법칙을 정비례의 법칙이 제창된 이후에 한 가장 중요한 발견이라고 말했다. 베르셀리우스는 이 새로운 수단을 자기가 한 원자량 측정의 확실성에 대한 시금석으로 광범하게 이용했다. 그 성과는 1827년에 그의 '개정 원자량 표'로 나왔다.

동질이상(同質異像)도 인공적으로 만들 수 있다는 것과 그것은 경정을 이룰 때의 물리적 제 조건으로 생긴다는 것을 증명한 것도 미처리히에 의해서다. 예를 들어, 그는 유황이 용액 또는 용융체로부터 응고하는가에 따라 다른 형의 결정을 얻었다. 그리고 그 후에 탄산칼슘의 동질이상도 같이 해명되었다. 즉, 이 물질을 상온에서 침전시키면 방해석의 형이 되나, 뜨거운 용액에서 침전시키면 산석(霰石)의 결정 알맹이가 형성되는 것이다. 결정학은 미처리히의 "결정형은 적기는 하나 온도와 함께 변화하고, 이 온도 변화는 역으로 결정의 형, 특히 축의 위치와 밀접한 관계가 있다."라는 발견에 의해 새로운 확장을 보게 되었다. 즉 동축 결정계의 결정은 열에 의해 모든 방향으로 같게 팽창한다. 그래서 그 면각은 변화하지 않는다. 이에 반해 6방 결정계의 결정은, 미처리히가 가열했을 때의 면각의 변화 크기에서 결정한 것과 같이, 주축 방향에서는 측면 축 방향에서와는 다른 변화를 나타낸다. 그리고 사방 결정(斜方結晶)계는 세 축의 상이에 응한 세 방향 모두 열에 의한 변화의 정도가 다르다. 이러한 열학적 연구에 의해 물리학적 결정학에 대한 하나의 기초가 세워졌다. 이 연구와 상보하는 결정의 광학적 성질 실험도 다른 학자들에 의해 행해졌다.

광물의 자연적 생성의 여러 조건들을 알기 위해, 그것들을 인공적으로 만들어 내는 것을 연구하는 '광물 합성학'이라는 과학도 미처리히 등에 의해 건설되었다. 그는 용융체를 광물 합성을 위한 중요한 수단으로 인정했다. 그는 광재(鑛滓) 중에 형성되는 결정은 운모(雲母)와 휘석(輝石)과 같은 주지의 광물과 동일하다는 것을 증명했다. 이러한 모든 연구와 평행해서 방법과 장치의 개선도 끊임없이 행해졌다. 장치 중에는 특히 미처리히의 망원경 측각기를 들 수가 있다. 이것은 각 측정의 정밀도에서 울러스턴의 반사측각기를 훨씬 능가하는 것이었다.

3) 광물물리학, 광물화학의 발전

미처리히와 나란히 클라프로트도 광물화학 분야에서 공적을 남겼다. 이 두 인물의 활동은 화학과 광물학의 연구가 18세기 말에서 19세기 초의 20~30년간 독일에서 얼마나 높은 단계에 도달해 있었는가를 여실히 보여주고 있다. 마르틴 클라프로트는 당시의 많은 위대한 화학자와 마찬가지로 약제사 출신이며, 베를린에서 약제사와 더불어 화학 강의도 하고 있었다. 1810년 베를린 대학이 설립되자, 그는 이 대학의 화학 초대 교수로 임명됐고, 동시에 과학 아카데미 회원이 되었다. 클라프로트는 광물화학에 대해 라부아지에가 일반화학에 대하여 가졌던 것과 거의 같은 의의를 가지고 있다. 그는 1785년 이래 지칠 줄 모르는 노력으로 이 분야에 정량분석의 시대를 열었다. 그리고 1792년에 종래의 플로지스톤설에 반대하는 라부아지에의 설이 독일에 알려진 후로는 독일에 행해지고 있던 슈탈 설의 배격을 맡은 최초의 사람이 되었다. 그리고 그가 라부아지에 설이 옳다는 것을 설득할 수 있었던 최초의 사람으로 훔볼트가 있다.

19세기 초의 지도적 지위에 있던 학자 중에, 연구 방법의 정밀함과 양심적인 점에서 클라프로트에 비견할 수 있는 사람은 스웨덴의 베르셀리우스 한 사람뿐이었다. 베르셀리우스가 수천에 달하는 면밀한 분석으로 일반화학 분야에 확고한 기초를 세운 것과 같이, 클라프로트도 광물화학이란 특수 분야에서 분투하여 같은 성공을 거두었다. 이러한 연구에서 그가 일반화학에도 중요한 기여를 한 것은 물론이다. 그는 희유 광물의 연구에 의해 네 개의 새로운 원소를 발견한 것이다. 한 사람의 화학자가 단 하나의 원소를 발견하는 것도 매우 드문 일임을 생각할 때, 클라프로트가 네 개의 원소를 발견한 것이 당시에 얼마나 큰 감명을 주었던가는 상상하기에 어렵지 않다.

클라프로트가 후에 라듐 검출로 유명하게 된 우라늄광(피치블렌드)에서 새로운 금속을 발견한 것은 1789년이었다. 그는 이 금속을 그 시대에 발견된 천왕성(Uranus)에 연유하여 '우라늄(Uranium)'이라고 이름 붙였다. 물론 이때에 발견한 것은 이 금속의 산화물이었으며, 순수한 것으로 분리하는 데 성공한 것은 1842년이었다. 그는 또 1789년에 지르콘 광물 중에서 이산화지르코늄을 발견했다. 금속지르코늄의 분리는 베르셀리우스가 칼륨을 이용하여 성공했다. 그리고 1795년에는 금홍석이 새로운 금속의 산화물인 것을 발견하고, 그 금속을 '티타늄(Titanium)'이라고 명명했고, 티탄화합물에서 그 금속을 분리하는 것은 역시 베르셀리우스가 위와 같은 방법으로 성공했다. 이 두 학자는 1803년에 스웨덴에서 나는 규산염 중의 세륨(Cerium)토를 발견했고, 이 세륨토가 새로운 금속의 산화물인 것을 처음으로 인식한 것은 베르셀리우스이다. 이 '세륨(Cerium)'이라는 이름도 당시에 발견된 작은 위성의 이름 '시리즈(Ceres, 그리스의 곡물의 여신)'에 연유되었다.

클라프로트는 200종 이상의 광물에 대하여 매우 면밀한 분석을 했다. 그리고 방방에 발표한 이 방면의 그의 연구를 집성하여 『광물의 화학적 지식에 관한 논문집』이라는 책을 1795~1810년 동안 발간하여, 화학적 관점에서의 광물 분류 기초를 세웠다. 그리고 하나의 중요한 연구 방법상의 진보도 클라프로트가 이루었다. 종전에는 수정된 수치를 자기들의 연구 성과로서 보고하고, 실험에서 얻은 사실들은 보고하지 않은 것이 분석학자들의 관례였는데, 클라프로트는 자기의 분석을 아무런 선입견과 수정 없이 그대로 발표했다. 그래서 성분의 중량을 시험 물질의 전 중량과 비교할 수가 있게 하여, 실험상의 오차를 일목요연하게 나타냄으로써 취해진 방법을 비판할 가장 좋은 근거를 주었다. 그리고 이러한 비판에 의해 분석법의 개량, 오류의 정정, 새로운 발견 등이 생겨났으며, 요컨대 과학 지식의 심화와 증진을 가져다주는 새로운 연구가 생겨났다.

화학적 구조와 같이 물리적, 특히 광학적 성질도 광물의 형상과 관계 지워졌다. 호이겐스가 그의 『빛에 관한 논술』을 저술한 시절에, 복굴절은 다만 빙주석(氷洲石)과 석영(石英)에 대해서만 알려져 있었다. 그 후 사람들은 다른 물질에 대해서도 바늘 첨단과 같은 작은 물체를 써서 이중상(二重像)을 만들어 봄으로써 복굴절을 발견했다. 그러나 광선의 방향 차가 매우 작을 때는 관찰에 전연 나타나지 않거나 애매한 결과밖에는 얻을 수 없었다. 그런데 아라고가 색편광(色偏光)을 발견함으로써 이러한 사정은 달라졌다.

이제는 해당 광분의 성질을 알기 위해서는 얇은 조각에 편광을 비쳐서 연구하는 것으로 충분하게 되었다. 결정형과 광학적 성질과의 관계는 이제 더 이상 감추어진 채 있을 수는 없게 되었다. 사람들은 축이 같은 결정계의 모든 물체는 빛을 단굴절시키나, 압축에 의해 복굴절성의 물체로 할 수가 있다는 것을 알게 되었다. 이와 같이 힘을 가하여 일으킬 수 있는 변화는 다만 분자를 한 방향으로는 모이게 하고, 그것에 수직한 방향으로는 떨어지게 한다. 따라서 사람들은 분자의 배열이 복굴절 결정의 광학적 성질의 원인이라고 결론지었다.

3. 식물의 자연적 분류

18세기 말경에 화학과 물리학의 경우와 같이 기술적 자연과학에 대해서도 새로운 시대가 시작되었다. 린네에 이어진 수십 년간은 모든 노력이 오직 린네 분류의 완성에 집중되어, 여러 현상의 관련을 인식하는 데 두어야 할 자연 탐구 본래의 목적은 잃고 말았다. 그러나 끝내 인위적 분류는 단지 목록 이상의 것은 아무것도 아니고, 본래의 목적을 달성하기 위해서는 아직도 전도요원하다는 것을 자각하게 되었다. 화학의 혁신과 마찬가지로, 기술적 자연과학의 혁신도 역시 프랑스에서 시작되었다. 분류를 할 때 유연관계를 표시해야 한다는 것은 린네가 이미 제시했고, 자연적 유연에 해당하는 몇 개의 군을 만들었다. 그러나 이 군은 전 식물계를 포괄한 것이 아니며, 단지 명명되고 헤아려졌을 뿐이다. 그가 한 것은 개척된 방향의 연구를 계속하게 고무한 것에 지나지 않았다. 프랑스에서 식물의 자연분류 기초를 세운 것은 아당송과 쥐시외였다. 아당송(Michel Adanson, 1727~1806)은 놀랄 만큼 포괄적 범위의 귀납에 의해 자연적 유연관계를 해명하려고 시도했다. 그는 식물을 우선 하나의 기관의 성질에 따라 정리하여 인위적 분류를 했고, 다음에 다른 또 하나의 기관을 토대로 하여 한 번 더 분류했으며, 이러한 방법을 되풀이하여 그때마다 새로운 인위적 분류를 얻었다. 그리고 자연적 유연관계는 기필코 이들의 인위적인 분류를 비교함으로써 밝혀질 것이라는 것이 그의 생각이었다.

1) 쥐시외의 자연분류법

린네에 유래한 자연적 군을 찾는 시도와 밀접히 결부하여, 쥐시외(Bernard de Jussieu, 1699~1777)는 자기의 분류를 만들었다. 그는 14강목으로 나누었고, 자연적 배열과 인위적 배열을 절충하였다. 이것은 그의 조카 로랑(Antoine Laurent, de J. 1748~1836)에 의해 더욱 발전되어, 자연적 무리인 과(科) 수가 늘어났고, 각 군에 공통된 특징, 즉 과의 특징을 명확히 인식하여 뚜렷하게 나타냈다. 그리고 그는 독일의 무명 식물학자인 가트너에게 가장 가치 있는 지지를 보내주었다.

가트너(Joseph Gartner, 1732~1791)는 자연분류의 기초를 세우는 시도로써, 과실과 종자에 관한 최초의 과학적 형태학을 세웠다. 이들 기관에 관해서 그가 면밀히 연구한 식물의 수는 무려 천이 넘었다. 그의 연구에서 가장 중요한 업적의 하나는 은화식물(隱花

植物)의 포자(胞子)와 헌화식물(顯花植物)의 종자(種子)는 근본적으로 다른 실체인 것을 인식한 것이다. 그는 본래의 종자는 언제나 배(胚)를 가지고 있다고 하고, 이 배의 상태, 유근의 방향과 떡잎의 수와 형상을 근본적 연구 대상으로 들었다. 그리고 그것에서 발견한 특질을 과의 특징 기초로 삼았다.

이때에 그는 이 방법으로 발견된 특징을 일방적으로 들고 나온 것이 아니라, 중요하나 식물계의 자연분류에서 유일한 것으로 평가할 수 없는 단서가 있다고 생각하고 있었다. 가트너가 자기의 필생의 사업으로 심혈을 쏟아서 치밀하게 기술했고 다수의 동판 그림이 첨부된 저작 『식물의 과실과 종자에 대하여』는 로랑 쥐시외에 의해 받아들여졌고, 또한 자주 언급됨으로써 프랑스에서 최고의 칭찬을 받았다.

로랑 쥐시외의 저서 『1774년 파리 왕립식물원에서 한 방법에 따른, 자연적 서열에 따라 배열된 식물의 속(屬)』의 분류는 균류(菌類), 조류(藻類), 선태류(蘚苔類)와 양치류(羊齒類)를 포함한 은화식물에서 시작된다. 외떡잎식물(단자엽식물)은 웅심(雄芯)과 자방(子房)의 존재 방식에 따라 세 개의 계열로 나누었고, 모두 16과를 포함하고 있다. 그중에 가장 유명한 것으로 '화분과(禾本科), 종려과(棕櫚科), 배합과, 수선과' 등이 있다. 다음에 쌍떡잎식물(쌍자엽식물)을 우선 화관의 형상에 근거하여 '꽃잎이 없는가, 합해져 있는가, 각각 독립해 있는가'에 따라 '무변(無瓣) 화류, 단변(單瓣) 화류, 다변 화류'의 대집단으로 나누었다. 그리고 자방의 화관 또는 웅심에 대한 존재 방식에 따라 이 대집단을 여러 강목으로 나누었다. 1789년에 발표된 이 분류는 많이 수정되었으나, 그 후에 나타난 모든 분류학적 배열에 대해 항상 토대가 되었다. 그러한 것 중에 드캉돌의 분류를 첫째로 들어야 하겠다.

2) 드캉돌의 자연분류

드캉돌(Augustin Pyrame de Candolle, 1778~1841)은 제네바에서 태어났으나 그의 조상은 남프랑스 출신이다. 1800년경 제네바에는 물리학과 생리학을 연구하는 많은 우수한 자연과학자들이 활동하고 있었다. 그들 중에서 특히 드캉돌은 식물생리학에서 두각을 드러냈다. 드캉돌은 1798년에서 1808년까지 10여 년간 당시에 정밀과학의 중심지였던 파리에 머물렀다. 파리에서는 정밀과학의 정신과 방법이 이미 식물학에도 미치고 있었다. 그러나 이 전기가 생리학에만 머물지 않고, 형태학에까지 확장된 것은 드캉돌 덕택이다. 형태학에서 나아가서 분류학도 이러한 참다운 자연과학 정신에 의해 결실을 맺었다.

드캉돌은 파리에 이어 프랑스와 인접 국가들로 식물학적 조사 여행을 했다. 그리고 그는 제네바에 돌아와서 마지막 25년간의 생애를 보내고 1841년에 사망했다. 여기서는 우선 드캉돌의 형태학적 근본 개념의 개발과 분류학에 공헌한 업적을 고찰해 보고, 다음에 그의 식물생리학적 연구 성과를 살펴보자. 드캉돌은 형태학의 기초를 1813년에 그의『식물학의 기본 이론』에 발표했다. 이 기본 이론은 1827년의『식물기관학』에서 식물해부학에도 도입하여 더욱 확장된 기술을 하고 있다. 이하에 이『식물기관학』에 기술된 내용을 토대로 설명하기로 한다.

드캉돌은 쥐시외가 들었던 백 가지 과의 수를 161가지로 늘였다. 그리고 다수의 전문가와 공동으로 그때까지 알려져 있던 모든 식물의 종에 대해 상세하게 기술했다. 이것은 식물분류학상 특필할 만한 대사업이었다.『자연분류 서설』이라고 이름한 이 집성서에서 드캉돌 자신은 약 100개의 과를 집필했다. 그리고 이 저술은 수십 년간(1824~1873)에 걸쳐 출판되었다. 제8권 이하는 그의 아들 알퐁스에게 인계되었다. 이 방대한 분류학적 저술의 가치에 대해 근대 식물학과 관련한 저명한 역사가인 작스는 "이러한 저작이 가지고 있는 공적을 간단히 설명하는 것은 아마도 불가능할 것이다. 이것이야말로 바로 식물학 전체의 본래의 경험적 기초를 이루고 있다. 이 기초가 훌륭하게 용의주도하게 놓이면, 그 과학 전체의 토대도 그만큼 크고 확실해질 것이다."라고 평가하고 있다.[4]

그러나 식물계 대부분의 확연한 규정과 바른 평가를 하는 것은 쥐시외와 마찬가지로 드캉돌도 성공하지 못했다. 이것은 오랫동안 내버려두었던 현미경적 연구가 다시 부흥한 후에, 이해하기 곤란했던 은화식물의 형태 관계를 연구함으로써 비로소 가능하게 되었다. 이미 17세기에 레이(John Ray, 1627~1705)가 이 부문을 다른 식물 전체와 상대하여 세운 것은 올바른 것이었으며, 이 은화식물을 구분한 대강목인 균류, 조류, 양치류는 외떡잎식물, 쌍떡잎식물과 동격의 위치를 점한다는 것이 비로소 명백해졌다.

드캉돌이 실패한 원인은 그의 분류가 유관속(維管束)의 유무에 근거했기 때문이며, 그 결과 양치식물과 외떡잎식물을 함께 들고, 이 두 군에 대하여 쌍떡잎식물과 다르게 줄기의 굵기가 성장하지 않는다는 공통점을 들고 있다. 그래서 쌍떡잎식물은 '외생(exogen)식물'이라고 부르고, 다른 두 군은 굵기의 성장이 제한된 반면 줄기 내부에서 성장한다고 생각하여 '내생(endogen)식물'이라고 불렀다. 그리고 식물계의 모든 군 중에 가장 큰 쌍

---

4 작스,『식물학사』.

떡잎식물은 꽃잎의 모양이 하나인가 복수인가에 따라서 두 개의 아군으로 나누어서, 비록 선택된 특징이 인위적이라고 할지라도 각 아군 내부에서는 자연적 유연을 가진 것으로 보이는 과(서열)로 각각 일괄할 수 있게 했다. 그러나 드캉돌의 '자연분류'와 '자연적 유연'이라는 개념에는, 근대적 진화론이 가져온 실재적 의미는 전혀 없다. 그리고 그가 만들어 낸 여러 군들의 관계는 진화 계통의 유연 사상을 준비하고 출현시키는 데 아주 부적합한 관념으로 표상되어 있다. 즉, 그의 이전에는 분류를 하나의 직선으로 한 관념이었으나, 드캉돌의 것을 지도에 비교하면 주(洲)가 최대의 유군(類群)이고 나라와 도는 아군(亞群)에 속하는 것이다.

식물의 자웅설은 17세기 말에 나타나 여러 항쟁을 거친 후 18세기 전반기에 일반의 인정을 받게 되었다. 이 시기에 이미 자웅설이 양치식물, 선태식물과 엽상식물에도 해당된다는 것을 증명하려는 시도가 나타났다. 버섯의 균습(菌褶) 사이에서 웅심을 찾았고, 선태류의 어떤 부분을 생식기관으로 해석했고, 조류의 자웅 표시를 찾았다고 믿었다. 그러나 은화식물의 생식 문제는 19세기에 현미경의 배율이 높아지고, 현미경 기술이 완성됨으로써 비로소 완전한 해명이 되었다. 쥐시외와 드캉돌의 자연적 유연은 종이 불변한다는 독단설과 결부된 개념에 지나지 않았다. 자연적 유연의 이해는 1840년대에 시작된 발생학의 연구가 종의 전화설과 손잡고, 유연이란 말에 새로운 의미를 부여하고, 분류를 공통의 기원에서 발생한 진화 과정과 상관된 서열의 최종적 결과로 보게 됨으로써 가능하게 되었다.

3) 식물의 변태설

쥐시외와 드캉돌이 종의 전체에 걸친 형태의 비교 고찰에서 자연분류법을 제창하게 되었을 때, 한편에서는 볼프(Kaspar Friedrich Wolff, 1733~1794)와 괴테는 식물의 개별 기관 간의 관련을 탐구하여 이 관련을 '변태설'로 나타냈다. 볼프는 이 학설의 근본 사상을 다음과 같이 말했다.

"우리가 모든 식물에 대하여 그 여러 기관을 일견할 때는 놀랄 만큼 다양한 데 감복하나, 모든 것을 자세히 음미한 후는 결국 잎과 줄기 이외에는 아무것도 볼 수가 없다."

볼프는 뿌리를 줄기의 일부로 보았다. 그리고 떡잎을 잎의 실체, 즉 최초의 가장 하등인 잎으로 보았다. 같은 사상은 괴테의 「식물의 변태를 천명하는 시도(1790)」에도 상세히 논술되어 있다. 괴테는 상기 논문의 한 절에 다음과 같이 논했다.

"식물의 성장을 면밀히 관찰한 사람은 누구나, 어떤 외부 기관이 종종 변화하여 어떤 때는 그 전부가 어떤 때는 대부분 또는 소부분이 인접한 기관 형태로 변화하는 것을 인정할 것이다. 그래서 예컨대 웅심이 돼야 할 것이 꽃잎으로 발달하면, 겹꽃도 꽃으로 변화한다. 떡잎은 대개 최초 마디의 아직 매우 간단한 잎으로만 이해된다. 잎의 형성은 위쪽으로 마디에서 마디로 진전해 간다. 줄기 부분은 전에는 잎으로 나타나 있던 것과 동일 기관인 것은 명확히 인정된다. 화관과 잎의 유연도 다르게 볼 수는 없다. (이 고찰의 결론으로) 그래서 예를 들면 콩 껍질(莢)도 잎의 양 가장자리가 붙어서 된 하나의 잎일 것이다. 삭(朔)도 한 중심 둘레에 유착한 몇 장의 잎이라고 설명된다."

4. 식물생리학 – 물리학과 화학의 영향

나이트(Thomas Andrew Knight, 1758~1838)는 식물의 물리적 힘에의 의존성을 밝히려고 시도한 학자들 가운데 하나이다. 굴지성, 굴수성, 굴광성으로 알려진 현상들의 발견은 그의 이름과 결부되어 있다. 그는 옥스퍼드에서 수학한 후, 작은 토지를 상속받아 원예와 농업에 전념했다. 그는 로열 소사이어티의 회장인 뱅크스나 다른 박물학자들과 사귀는 가운데, 자기가 자연과 긴밀히 접촉하며 관찰한 것을 전문 과학자들은 모르고 있다는 것을 알았다. 뱅크스는 이러한 그의 연구를 『로열 소사이어티 논집(이학 보고)』에 발표하기를 권유하여, 나이트의 식물생리학에 관한 여러 연구가 세상에 알려지게 되었다. 그리고 식물의 화학적 영양생리학은, 최초의 몽블랑 등정으로 유명해진 베네딕트 드-소쉬르의 아들 테오도르 드-소쉬르에 의해 19세기 초반에 큰 진전을 보게 되었다.

1) 굴지성설

굴지성설의 기초가 된 나이트의 논문 「발아에 있어서의 유근(幼根)과 유경(幼莖)의 방향에 대하여」는 1806년에 발표되었다. 뿌리가 지구의 중심으로 향하여 성장하고, 줄기는 반대 방향으로 성장하는 현상의 원인으로 사람들은 이미 중력을 가정하고 있었다. 나이트는 이것을 실험적으로 증명하기 위해 중력의 영향을 받지 않는 실험을 고안했다. 그는 수직으로 세워진 바퀴 둘레에 작은 용기들을 설치하고, 그 용기 안에 이끼를 채웠다. 그리고 그 이끼 속에 콩 종자를 심고, 이 바퀴를 수력으로 1분간 150회전하여 중력의 영향을 배제했다. 그랬더니 이삼 일 후에 발아하여 그 뿌리는 모두 외향으로 성장하고, 줄기는 반대로 바퀴의 중심으로 향해 뻗어가서 최후에는 모두 바퀴의 중심에 모이는 것을 관찰했다. 그리고 줄기가 더 자라서 중심을 넘게 되면 그 첨단이 꺾여 되돌아와서 중심에 모이게 되었다. 따라서 종자가 정지해 있을 때 중력에 의해 결정되는 것과 같이, 이 경우는 원심력이 성장의 방향을 결정했다. 그리고 뿌리는 자체의 무게에 의해 하향하는 것이 아니라는 것이 증명되었다. 왜냐하면 뿌리가 굽을 때 무거운 돌도 움직이게 하기 때문이다.

둘째 실험에서, 나이트는 이 원심력과 중력을 결부해 보았다. 즉, 같은 방법으로 된 바퀴를 수평으로 놓고 회전시켜다. 1분간 80회 회전시켰을 때 뿌리는 45도 각도로 하향 외측으로 향했고, 줄기는 그와 정반대인 상향 내측으로 뻗어갔다. 그리고 회전수를 분당 250회로 올려보니, 그 각도는 80도나 되었다. 이 실험에 의해, 식물 기관은 +와 − 굴지성, 즉 '향지성'과 '배지성'이라고 불리는 작용을 나타내는 것은 유기체의 내적 특성에 의한 것이 아니고 외적 원인에 의한 것임이 증명되었다. 그리고 나이트는 뿌리의 방향과 성장에 미치는 또 하나의 원인으로서 습도의 상이를 인식했다. 그는 오늘날 '굴수성(屈水性)'이라고 불리는 습기에 대한 식물 반응도 지적했다.

2) 성장과 습기
나이트는 다음과 같은 관찰에서 다음과 같이 결론했다.

"다량의 습기를 필요로 하는 나무를 수분이 많은 토양 근방에 심어놓으면, 그 뿌리는 물 쪽으로 향한다. 이와는 반대로 건조한 토양을 원하는 다른 종류의 나무는, 그 뿌리가 수분과 떨어져 간다. 이것은 마치 식물이 그에게 적합한 습기 상태를 찾아서 계획적 노력을 하는 것같이 보인다. 그러나 나는 나의 실험에서 감히 결론을 내린다. 뿌리는 그것 주위의 직접 작용의 영향을 받는 것이며, 동물의 욕망과 비슷한 종류의 욕망에 의하여 움직이는 것은 아니다."[5]

뿌리를 위쪽이 젖어 있고 아래쪽이 마른 흙에 둔 나이트의 실험은 특히 주목할 가치가 있다. 나이트는 콩을 화분에 뿌려둔 다음에, 뿌리가 내릴 때쯤에 화분을 반대로 두고 종자의 위쪽만 젖게 위쪽으로 된 화분의 바닥 구멍으로 물을 주면, 수일 후에 식물은 무수히 많은 뿌리를 위쪽으로 향하여 마치 동물의 본능과도 같이 젖은 땅 안에 뻗어 있었다고 한다. 이 실험에서는 수평으로 회전하는 바퀴 실험에서 원심력에 의해 행해진 것과 같이, 아래쪽의 근조가 중력의 영향을 극복하여 작용한 것이다. 이 경우도 명백히 본능의 충동에 의한 것이 아니라 순기계적 원인에 의한 것이다.

3) 말기 수염의 역학

나이트는 많은 실험을 식물의 권수(卷鬚) 운동에 대해서 수행했다.[6] 이 실험에서 말기 수염(권수)의 운동도 역시 역학적 원리로 수행된다는 것을 밝혔다. 나이트는 특히 완두, 재배 포도와 야생 포도에 대해서 실험했다. 그는 우선 말기 수염이 하는 운동을 정밀하게 기술하고, 다음에 그것들을 두 가지 사정에 귀착시켰다. 이 사정의 첫째는 내부 구조의 특성, 즉 피자극성이다. 둘째는 외적 원인의 작용이며, 외적 원인으로는 빛과 압력을 들 수 있다고 했다. 나이트의 견해에 의하면, 이들 자극은 즙액 배분에 다양한 변화를 일으켜서, 그것이 성장 과정에 작용한다고 한다. 그는 말하기를, "말기 수염의 한쪽에 가해진 압력은 그의 즙액을 밀어내는 것같이 보인다. 그래서 압박당한 쪽은 수축하게 되고, 이 밀려 나온 즙액은 다른 쪽으로 가서 그곳의 성장을 활발하게 한다. 그 결과 말기 수염은 나뭇가지나 금속 막대기에 말아 붙는다."라고 한다. 이 설명이 불충분한 점이 있다 하더라도, 말기 수염에서 관찰한 여러 현상을 목적론을 배제하고 기계적 원인에 귀착시키려는 최초의 시도라는 점에서 근대 식물학 사가들은 높이 평가하고 있다.

4) 생장과 빛

나이트가 발견한 야생 포도 말기 수염의 배광성(背光性)에 관한 실험도 중요하다. 그는 이 식물에 햇볕을 쐬게 하여, 검은 종이 한 장을 말기 수염이 도달할 만한 곳에 걸어두었다. 그랬더니 말기 수염은 검은 종이쪽으로 다가왔고, 종이를 반대쪽에 두었더니 또

---

5 나이트, 「근의 성장 방향에 영향을 미치는 여러 원인에 대하여」, 1811년.
6 나이트, 「식물의 권수 운동에 대하여」, 1812년.

그쪽으로 다가왔다. 그런데 종이 대신에 태양광선을 반사하는 유리 조각을 두었더니, 말기 수염은 반대쪽으로 향했다. 나이트는 배광성은 빛에 쪼인 피부의 실질이 팽창하고, 향광성(向光性)은 반대로 수축한다고 가정하여, 이 반응도 역시 기계적 원인에 귀착시키려고 했다. 나이트가 기초를 세운 식물의 동역학이 아직 불충분했던 것은, 다른 모든 경우와 마찬가지로 여기서도, 식물의 내부 체제에 대한 충분한 고려를 하지 못했기 때문이다. 이 방면은 그때까지 거의 인식하지 못하고 있었으며, 오늘날에도 이러한 결함이 충분히 메워졌다고는 말할 수 없다. 따라서 근대과학은 나이트의 설명 방법이 불충분한 것을 인식하고 있었으나, 그것을 대체할 만한 것을 제시할 수는 없었다.

5) 화학의 진보와 영양생리학

식물체 내에서 일어나는 여러 변화를 연구하는 것은 생명 현상을 인식하는 데 가장 빠른 길이라는 생각에서, 헤일스는 식물의 영양생리학을 확립하는 첫발을 내디뎠다. 그러나 이 과제를 성공적으로 탐구하려면 산소의 역할이 인식되고, 화학이 과학적 기초 위에 선 이후에야 가능하다. 산소가 발견되기 전에 프리스틀리는 이미 호흡 또는 촛불의 연소로 '상한 공기'도 그 안에서 식물이 성장하면 다시 '건강한 공기'가 된다는 것을 관찰했고, 이와 관련하여 해조(海藻)의 기포 안에 있는 공기는 대기의 공기보다 좋다는 것을 발견했다. 그리고 공기의 좋은 정도를 가늠하기 위해, 그는 산화질소 오디오미터에 나타나는 수축을 이용했다.

식물의 동화작용과 호흡의 참다운 발견자는 잉엔하우스(Jan Ingenhousz, 1730~1799)이다. 그는 1779년에 발표한 논문에 "대개의 식물은 일광 중에서는 '상한 공기'를 급속히 좋게 하나, 야간에는 공기를 상하게 한다. 이 공기의 개량은 다만 녹색의 잎과 줄기에서, 특히 잎 아래쪽에서 일어난다. 그것은 야간에 배출된 탄산가스(유해 공기)보다 수백 배나 많은 산소를 배출한다."라는 요지를 기술하고 있다. 그리고 다른 실험에서, 식물은 가스 액 그리고 용액 상태의 물질만으로 발육할 수 있다는 것이 증명되었다. 즉, 식물을 이끼나 면에 꽂아서, 또는 광물 성분의 충분한 양을 용액으로 함유한 물에 담가서 성장시켰다. 그래서 18세기 말경에는 영양생리학의 정성적 방법이 열렸다.

화학에 대하여 정량적 연구 방법의 시대가 도래한 후, 이 새로운 방법을 정성적으로 알려진 현상에 응용하는 것이 문제가 되었다. 이 문제는 특히 소쉬르에 의해 연구되었다. 나이트가 식물동역학을 확립한 것과 같이, 소쉬르는 식물영양학의 기초를 세웠다.

베네딕트 드-소쉬르의 아들 니콜라 테오도르 드-소쉬르(Nicolas Théodore de Saussure, 1767~1845)는 아버지의 알프스 연구에 참가했고, 1797년부터 식물생리학을 연구하기 시작했다.

소쉬르는 식물의 영양으로서의 물, 공기, 토양의 역할과 식물에 의한 대기의 여러 변화를 정밀하게 탐구하는 과제에 착수했다. 그는 그 연구 입장을 "나는 실험에 의해 결정될 수 있는 문제를 논고하여, 단지 억측에 지나지 않는 것은 버릴 것이다. 왜냐하면 자연과학에서는 사실만이 진리에 인도하기 때문이다."라고 말하고 있다. 소쉬르는 이 각오를 충실히 지켜서, 그가 한 연구들은 언제나 문제를 명확하게 제기하고 명확한 해답을 주었다. 이전에는 영양 현상을 매우 일반적인 윤곽에서 오직 정성적 방면만 연구했으나, 그는 처음으로 정량적 측정에 의해 "식물이 섭취하는 것과 배출하는 것, 그리고 동화한 것 간의 셈을 명확히 했다."[7] 그는 이러한 방법으로 공중의 탄산가스와 함께 물의 원소나 토양의 어떤 성분이 식물의 실질 구성에 포함되는가를 밝히는 성과를 올렸다.

소쉬르는 우선 보통 공기에 탄산가스를 7.5% 섞은 인공 대기를 만들었다. 이 혼합 공기를 큰 용기 안에 밀폐하고, 그 안에 키가 20cm 정도의 '빙카(Vinca minor L.)' 7포기를 넣었다. 이 식물의 뿌리는 물이 15cc씩 들어 있는 단지 속에 각각 꽂아졌다. 이 장치를 6일간 오전 5시부터 11시까지 일광에 쪼인 후, 7일째에 식물을 덜어내고 측정해 보니, 대기의 용적에는 변화가 없었다. 그 후 여러 차례의 실험에서도, 대기 중에서 식물이 동화 작용을 할 때 분해된 탄산가스와 거의 같은 용적의 산소가 배출되고, 질소의 양은 시종 같았다. 그러므로 대기의 전 용적이 거의 불변한다는 것이 밝혀졌다.

이 비교 연구에서 소쉬르가 사용한 '빙카'는 동화작용 전에 건조하여 달아보니 2.707g이며, 그것을 밀폐된 용기 안에서 탄화한 탄소의 양은 528mg였고, 동화 후의 것은 649mg였다. 따라서 탄산가스의 분해에 의해 탄소 120mg이 동화된 것을 알 수 있었다. 다음에는 탄산가스를 함유하지 않은 공기 중에서 발육한 빙카를 탄화해 보니 용기 중에 있는 동안에 탄소의 함유량이 증가하지 않고, 도리어 감소한 것을 발견했다. 이것으로 식물은 원소 상태의 질소나 수소, 그리고 일산화탄소를 동화할 수 없다는 매우 중요한 성과를 얻었다.

소쉬르는 또 식물이 탄소를 동화하는 동안에 물의 성분 원소도 섭취하는데, 이 물의

---

7 테오도르 드-소쉬르, 「식물의 성장에 관한 화학적 연구(1804)」, 파리.

성분은 건조 물질을 증가하게 한다는 것도 알았다. 그는 박하(Mentha aquatica L.) 100 중량분은 건조 물질 40.29를 함유하고 탄화한 탄소량은 10.56임을 확인했다. 100 중량분의 박하를 2개월 반 바깥에서 키운 후에는 중량이 216이 됐고, 건조 중량은 62였으며, 탄화한 탄소 중량은 15.78이었다. 따라서 이 식물이 공기와 물을 섭취하여 증가한 총 중량은 116이며, 고형물질은 21.71이고 탄소는 5.22이므로, 고형물질의 증가량 21.71에서 탄소의 증가량 5.22를 뺀 16.19의 고형물질 증가량은 물에 귀착시킬 수밖에 없다.

물과 공기는 식물의 양분으로 충분한가, 이것으로 식물이 완전한 발육을 할 수 있는가 하는 문제는 소쉬르의 실험에 의해 부정되었다. 이 목적을 달성하기 위한 어떤 원소 또는 화합물을 물과 공기에 첨가하지 않으면 안 되는가 하는 문제는, 영양액의 광범한 실험으로만 해결할 수가 있었다. 소쉬르는 이 새로운 연구 방법을 매우 광범하게 활용했다. 그는 우선 몇 가지 식물에 각각 한 가지의 염류만 함유한 용액을 주어서 그 섭취량을 조사하여 식물별로 각종 염류에 대한 섭취량을 조사했다. 그리고 자연조건과 같게 동시에 몇 가지의 염류를 탄 용액을 주어 조사했다. 이것으로, 한 식물은 동시에 몇 종류의 물질을 포함한 한 용액에서 일정한 물질들을 선택적으로 많이 섭취하는 것이 증명되었다. 이러한 섭취량 측정에서, 용액에서 상실한 양과 회분 분석에서 얻은 섭취량이 같다는 것을 확인했다. 광물 분석이 아직 발달하지 않은 당시에 토양에서 섭취된 회분 조성과 의의를 해결하는 것은 매우 곤란한 일이었다.

소쉬르는 잉엔하우스가 암시했던 산소가 식물의 물질대사에서 하는 역할을 조사하기 위해 많은 실험을 했다. 그는 첫째로, 발아에 있어서 산소와 물이 필요하다는 것을 확증했다. 소쉬르는 물만으로는 세포 조직에 침입하여 종자를 크게는 하나 발아시킬 수는 없으며, 발아에 있어서는 산소가 소실하여 탄산가스가 되며, 이 경우에 전 용량의 변화는 일어나지 않는다는 것을 제시했다. 동물의 호흡과 유사한 이 현상은 생겨난 식물기관에서도 행해진다는 것을 실험으로 제시했다. 그는 잎도 밤에는 낮과는 반대로 산소를 소비하고 탄산가스를 배출하는 것과, 녹색이 아닌 부분은 산소를 소비하고 탄산가스를 배출하며, 녹색 부분과는 달리 낮에도 탄산가스를 섭취하여 산소를 배출할 수는 없다는 것을 증명했다. 이것으로 식물의 호흡설도 그 기초가 세워졌다.

제 4 장

에너지 시대의 기초

19세기 중엽에서 오늘날까지의 과학기술의 시대적 특징을 '3E 시대', 즉 '에너지(Energy), 공학 재료(Engineering materials), 전자공학(Electronics) 시대'라고 말할 수 있으며, '에너지 시대'를 개막한 것이 바로 19세기의 특징이다. 20세기 초까지의 사가들은 다윈의 진화론이 시대적 사조에 미친 심대한 영향을 들어, 19세기를 진화론이 주도한 시대로 보고 있다. 그런데 오늘의 시점에서 보면, 진화론은 과학 발전상 큰 의의도 없고, 물론 과학의 발전을 주도한 것도 아니다. 그러나 이 진화론이 당시의 사조에 미친 심대한 영향을 고려하여 별도로 상세히 살펴보기로 하고, 여기서는 에너지 시대를 열기까지의 천문학과 수학, 그리고 물리학적 기초를 살펴보기로 한다.

1. 천체역학 확립과 천문학

우리는 앞에서 허셜이 항성천문학을 확립할 때까지 세계상이 만들어져 온 과정을 대략 살펴보았다. 19세기 후반에는 스펙트럼분석법이 발명돼서, 천체의 운동뿐만 아니라 그 물질 구성까지도 연구 대상으로 하는 새로운 시대의 막이 열리게 되는데, 여기서는 이러한 시기에 천문학과 관련하여 발전한 두세 가지 과학적 기초를 살펴보겠다.

1) 해왕성의 발견

인력의 역학이 라플라스에 의해 완성되어 있었는데도, 허셜이 발견한 천왕성은 매우 복잡한 문제를 야기했다. 40년에 걸친 이 항성의 관측 결과가 종합돼서 천문표가 작성되었다. 그런데 이 천왕성의 표가 출판된 지 25년 후에 관측된 이 항성의 위치는 전과 약간의 차가 있었다. 그래서 행성 운동 이론은 불충분한 것은 아닐까? 인력의 법칙은 매우 큰 거리에는 적용되지 않는 것은 아닐까? 그렇지 않다면 천왕성은 태양, 목성, 토성 등이 미치는 영향 외에 다른 영향을 받는 것은 아닐까? 하는 의문이 생겼다. 이 후자의 가정 하에 천왕성이 나타내는 차를 면밀히 연구하면, 이제까지 몰랐던 이 차의 원인이 발견되며, 미지의 천체 위치도 천구 상에 제시할 수가 있을 것이라는 생각을 하게 되었다. 이것이 프랑스의 젊은 무명학자 르베리에(Urbain Jean Joseph Leverrier, 1811~1877)와 케임브리지의 애덤스(John Couch Adams, 1819~1892)가 착수한 문제다.

이 문제는 라플라스가 처음으로 해결한 제동 계산의 역순이다. 지금까지는 제동을 미치는 천체의 요소를 알고 있고, 행성이 타원궤도에서 벗어나는 차를 계산하는 것이었으나, 이번에는 반대로 이 차를 알고 있고, 제동을 미치는 천체의 위치와 질량을 알아내는 것이었다. 르베리에는 여기에 우선 두세 가지 추측을 가정했다. 즉, 그는 발견될 행성은 천왕성의 2배 만큼 태양에서 떨어진 황도 평면 위에 있다고 가정했다. 르베리에는 1845년 11월 10일과 1846년 6월 1일에 계산한 행성의 궤도, 질량, 위치, 그리고 보기의 등급을 파리 아카데미에 보고했고, 애덤스는 1845년 9월에 케임브리지 천문대에, 11월 1일에 그리니치 천문대에 보고했다. 파리의 보고를 입수한 베를린 천문대의 조수 갈레(Johann Gottfried Galle, 1812~1910)는 그날(1846년 9월 23일) 밤에 르베리에가 계산한 위치에서 1도 정도 떨어진 곳에 그가 구하는 행성을 발견했고, 후에 '해왕성'이라고 이름 지어졌다. 이 발견은 과학의 큰 승리의 하나이며, "과학 정신의 눈은 망원경이 아직 향하기 전에 하나의 천체를 꿰뚫어 보고 그 궤도와 질량을 결정한 것이다." 갈레가 쉽게 이 행성을 발견하게 된 것은, 작은 유성 '케레스'의 발견에도 공헌한 티티우스(Johann Daniel Titius, 1729~1796)가 발견한 것을 베를린 천문대장 보데(Johann Elert Bode, 1747~1826)가 다시 소개한 '보데의 법칙'이 있었기 때문이다. 이 법칙에 따르면, 다음 표와 같이 수성을 0, 금성을 3, 지구를 6 …… 등으로 한 것에 4를 보탠 $(3 \times 2^{n-2} + 4)$인 일련의 수를 얻는데, 이것이 각 행성과 태양 간의 거리의 비율이 된다는 것이다.

수성	금성	지구	화성	케레스	목성	토성	천왕성	해왕성
0	3	6	12	24	48	96	192	384
4	7	10	16	28	52	100	196	388
3.9	7.2	10.0	15.2	27.2	52.0	95.4	191.9	300.7

그런데 실제의 거리 비율은 표의 맨 밑줄에 기재한 것과 같이 천왕성의 약 1.56배인데, 이것을 보데의 법칙에 따라 2배로 본 데서 오차가 생겼던 것이다.

2) 항성의 시차 측정

베셀(Friedrich Wilhelm Bessel, 1784~1846)에 의해 성취된 관측술의 진보는 앞에서 기술한 이론천문학의 빛나는 성과와 나란히 매우 가치 있는 것이다. 베셀은 민덴에서 태어났으며, 브레멘에서 점원으로 일했다. 점원으로 일하는 동안, 상선 감독이 되려고 열심히 항해술, 천문학, 그리고 수학을 공부했다.

그는 1804년에 1607년의 혜성(핼리 혜성)에 관한 최초의 독립된 논문을 발표했다. 이것이 인정을 받아 1806년에 릴리엔탈 천문대에 취직하여 천문학에 전념하게 되었다. 그리고 1810년에 쾨니히스베르크로 초빙돼서 그곳에 천문대를 세우고 대장이 되었다. 당시에 쾨니히스베르크 대학에는 유력한 수학자가 없어서, 1825년에 야코비가 취임하기까지, 그는 수학도 가르쳤으며 수학 방면에서 그의 '베셀 함수'로 유명하게 되었다. 이것은 1824년에 행성의 제동을 논한 논문 중에 그가 처음으로 도입한 함수다.

19세기 초반에 천문학을 새로운 수준으로 한 단계 높인 것은 주로 베셀과 가우스의 공적이다. 가우스는 오직 이론가로서, 극도로 완결된 모양의 이론으로 이 학문의 육성에 기여했으나, 실제 관측은 거의 하지 않았다. 이에 반해 베셀은 그의 이론적 발전이 많고 우수한 데 놀라야 할지, 그의 관측의 예리함과 많음에 놀라야 할지 모를 정도이다.

프라운호퍼(Joseph Fraunhofer, 1787~1826)와 기타의 광학자들에 의해, 특히 굴절광학상의 기계가 완성된 덕택에 관측천문학은 한 단계 진보할 수 있게 되었다. 별들의 거리를 정밀하게 측정할 수 있게 한 기계는 프라운호퍼가 발명한 '태양의(太陽儀, Heliometer)'였다. 이것은 0.1초의 각도까지 측정할 수가 있었다. 프라운호퍼는 이 측정기의 대물렌즈를 반분한 두 개의 반원형 렌즈에 의해 만들어진 상을 하나로 일치시키는 데 필요한 움직임의 크기로 각 거리를 찾았다. 태양의는 발명자 프라운호퍼가 죽은 후 겨우 완성되었는데, 그 하나를 베셀의 추천에 의해 1829년 쾨니히스베르크의 천문대에서 구입했다.

베셀은 백조좌 61번 성의 연주시차를 연구 대상으로 골랐다. 이 별은 육안으로는 거의 볼 수 없으나, 모든 항성 중에 가장 가까운 별이라고 생각되었기 때문이다. 18세기 중엽 브래들리의 연구에 의해 항성은 천구 상에서 끊임없는 독특한 전진 운동을 하므로, 서로 인접한 별에 대한 위치 변화가 생겨서 결국은 이 항성이 형성하고 있는 무리의 모양이 처음과는 전혀 다르게 된다는 것이 알려지게 되었다. 그런데 백조좌 61번 별은 베셀이 아는 것 중에 가장 큰 고유운동을 가지고 있었다. 그는 그 운동이 1년에 5초인 것을 발견했다. 다른 항성의 원근을 나타내는 현상은 없었으므로, 베셀은 고유운동이 크다는 것은 거리가 작기 때문이며, 따라서 시차가 클 것으로 가정했다. 그리고 백조좌 61번 별은 두 개의 별로 된 이중성(二重星)이며, 많은 작은 별들에 둘러싸여 있기 때문에 그들 중에서 임의로 비교점을 택할 수 있다는 장점도 있었다.

베셀이 관측한 것은 이 이중성의 한가운데 점과 그 부근에 있는 10등급의 두 개의 작은 별(a, b)과의 거리였다. 관측하는 별의 지구 공전에 의한 겉보기운동을 생각해 보면, 그것은 하나의 타원을 그리며, 그 모양은 지구궤도에 대한 별의 위치에 따라 결정되고, 그 긴지름은 구하는 연주시차의 2배가 된다. 비교되는 별도 역시 같은 타원을 그리나, 이 타원은 비교되는 별의 연주시차가 백조좌 61번 별보다 작은 비율만큼 작아진다. 비교되는 두 별은 같은 방법으로 타원 위를 운행하여, 둘은 항상 닮은꼴의 위치에 보인다. 별의 겉보기운동은 빛의 행차에서도 생기며, 그것은 그 별의 천구 상 위치에 따라 달라진다. 61번 별과 비교 별 a와는 7분 22초, b와는 11분 46초밖에 떨어져 있지 않을 정도로 매우 근접해 있으나, 같은 점에 겹쳐 있지 않으므로 빛의 행차에 약간의 차가 생긴다. 그리고 61번 별의 고유운동이 비교별과의 거리에 미치는 영향도 있다.

베셀은 이러한 모든 영향을 고려하여 시간에 따라 행한 모든 측정치를 수정하고, 61번 별이 어떤 일정 시점에 있던 자리에 고정해 있다는 가정 하에 측정될 값으로 환산하여, 이러한 관점에서 연주시차의 상이에 대한 하나의 판단을 할 수가 있었다. 베셀은 1837년 8월 16일에 관측을 시작하여 1838년 10월 2일까지, 61번 별과 별 a 간에 85개의 비교치, 별 b 간에 98개의 비교치를 얻었고, 각 비교치들은 하룻밤에 보통 16회 측정한 평균치였다. 베셀이 모든 관측에 대하여 수정 계산을 하고, 빛의 행차나 61번 별의 고유운동이 별 a, b와의 거리에 미치는 영향을 제거해 보니 매우 명확한 변화가 나타났다. 즉, 이 변화는 61번 별의 연주시차가 1년간에 이 별과 별 a, b 간의 거리에 미치는 변화를 지배하는 법칙과 같은 법칙에 따르는 변화였다. 그리고 61번 별과 별 a, b와의 비교치를 종합하여 61번 별의 연주시차 평균치를 산출한 결과 0.31초가 되었다. 여기서 61번 별과 지구 간의 거리를 계산해 보니, 지구궤도 반경의 657,700배가 되었다. 이와 같이 먼 거리를 빛이 통과하는 데는 약 10년 이상이 걸리며, 시속 60km의 기차로 달리면 약 700억 일, 즉 2억 년이 걸리게 되는 셈이다.

3) 초진자의 길이 측정

베셀의, 천문학이라기보다는 지구물리학에 속한 연구 중에 쾨니히스베르크 천문대에서 한 초진자(秒振子) 길이의 측정이 있다. 이 측정에서 베셀이 사용한 방법의 요점은, 진자 하나의 진동주기나 그 길이를 측정하는 대신에 길이의 차를 정밀하게 알고 있는 두 개의 진자의 진동주기를 관측한 점이다. 이 관측치에서 초진자의 길이를 매우 정밀하게 알아냈다.[8]

이 방법이 종래의 측정보다 한 단계 진보한 점은, 베셀이 공기의 저항이 진동운동에 미치는 영향을 고려하여 이 영향으로 야기되는 난점들을 극복한 것이다. 그는 가능한 한 정밀하게 진동주기를 측정하기 위해, 한 번의 실험에 4000 진동 이상을 취했다. 주기 측정에 생기는 오차는 진동 횟수를 크게 하면 할수록 작아진다는 것을 그는 알고 있었다. 그는 또 포르타가 도입한 일치법을 이용했다. 즉, 진동주기를 될 수 있는 한 정밀하게 측정하기 위해, 관측하려는 진자의 진동과 천문학적 정밀도로 진행을 조정한 시계의 진자 진동을 망원경으로 관측하여 두 진자가 동시에 시야를 지나는 '일치'를 기준으로 하여 비교했다. 이러한 일치는 진자가 서로 다른 진동을 하고 있는 중에 반드시 반복되는 것이며, 이러한 일치가 반복되는 수를 기준으로 하면 직접 관측을 기준으로 하는 것보다 훨씬 정밀하게 진동주기를 측정할 수 있다. 베셀은 또, 진자는 지구자장 안에서 진동하는 도체인 만큼 그것에 나타나는 자기유도 작용을 무시할 수 없을 것이라 생각했다. 그러나 이 영향에 대해 계산 또는 실험으로 검토하는 것은 차후의 연구에 맡겼다.

베셀이 측정한 모든 측정치의 평균치에 의하면, 초진자의 길이는 쾨니히스베르크 천문대에서는 440.8147라인(1라인은 1/12인치)이며, 바르트 해수면으로 수정하면 440.8179라인이 되었다. 그러나 베셀은 가장 적합한 측정 수단으로 가역 진자를 사용할 것을 권하고 있다. 이것은 물리진자는 그 진동 중심을 진동 축으로 하여도, 즉 거꾸로 매달아 진동시켜도 진동주기는 변하지 않는다는 호이겐스의 발견에 근거한 것이다. 그런데 진동 중심과 진동 축과의 거리는, 이 물리 진자와 같은 진동주기를 가진 수학적 진자(단진자)의 길이와 같다. 따라서 1진동하는 데 1초를 요하는 수학적 진자의 길이를 찾아 그것에서 지구인력에 의한 가속도를 계산하는 데는, 그 물리진자를 건 점이 되는 쌍방의 칼날과 칼날 사이의 거리만 측정하면 된다.

그리고 베셀의 제안과 같이, 이 가역 진자를 적당한 모양으로 하면, 계산에서 공기의 영향을 고려하지 않아도 된다. 즉, 가역 진자를 쌍방의 지점에 관해서 완전히 대칭이 되게 한 경우이다. 이러한 이유에서 이 이후에 지구의 다른 장소의 중력을 비교하는 목적의 여러 연구에는 가역 진자가 이용되었다. 그렇다고 베셀이 이용한 방법이 의의가 없어진 것은 아니다.

---

8 베셀, 「단일 초진자의 길이에 관한 연구(1826)」, 『오스트발트 클라시커』 제7권.

4) 지구 자전의 물리학적 증명

진자운동의 관측은 지구인력을 측정하는 수단으로서뿐만 아니라, 그것에 의해 지구 자전을 물리학적으로 증명할 수가 있게 했다. 이미 17세기부터 낙하 실험으로 이것을 증명하려고 했으나, 19세기 초에야 겨우 만족할 만한 결과에 도달했다. 그런데 19세기 중엽에 프랑스의 물리학자 푸코(Jean Bernard Léon Foucault, 1819~1868)는, 진자의 관측을 통해 지구 자전을 실험으로 증명할 수 있다는 것을 명백히 밝혔다.

푸코의 실험적 증명은 다음과 같은 생각에 기초한 것이다. 한 관측자가 지구의 극에서 매단 점이 지축 상에 있는 진자를 보고 있다고 하자. 그리고 그 진동의 수직면을 자오선에 일치시켰다고 하자. 관성 때문에 이 수직면의 위치는 변하지 않는데, 진동하고 있는 진자 밑에 있는 평면은 24시간 동안 완전히 한 번 회전하게 된다. 다음에 극에서 적도 방향으로 가까워진 곳에서 같은 실험을 되풀이하면, 진동면의 겉보기 회전은 늦어진다. 이 늦어짐은 이론적으로 계산할 수 있다. 즉, 지구가 어떤 시간 동안에 행하는 각운동에 지리적 위도의 사인(sin)을 곱하면, 동일 시간에 행한 진동면의 각운동이 얻어진다.

예를 들어, 베를린에서는 진동면의 각운동 $\beta=\alpha \sin\psi$, 위도 $\psi=52°30'$이므로, $\beta=\alpha \sin 52°30'=0.793\alpha$가 되며, $\alpha=360°$에 대해서는, $\beta=0.793 \times 360°=285°36'$가 된다. 즉, 베를린에서는 24시간 동안에 진동면은 285도 36분 돌며, 완전히 한 회전하는 데는 30시간 15분이 소요된다. 적도에서는 $\sin \psi=0$이므로, 진동면에 미치는 지구 자전의 영향은 나타나지 않는다.

푸코의 첫 실험은 길이 수 미터의 강철 철사에 무게 5kg의 추를 단 진자로 했으며, 두 번째 실험은 천문대 건물에서 길이 11미터의 진자였는데, 이 진자가 2회 왕복하는 동안에 이미 진동면의 겉보기 회전이 나타났다. 그래서 푸코의 이 실험은 대중에게 지구의 자전을 직접 보여주는 데 매우 적합하여, 파리의 판테온(Pantheon), 쾰른의 대사원 등에서 행해졌고, 오늘날도 과학박물관에 전시되고 있다.

5) 혜성과 성도

1846년에 르베리에의 발견에 의해 태양계에서 가장 멀리 있는 별도 뉴턴의 인력 법칙에 따른다는 것이 증명됐는데, 이보다 앞서 1830년경에 이 법칙은 가장 멀리 있는 별에도 적용된다는 것이 엥케에 의한 이중성(二重星)의 궤도 계산과 관측에서도 나타나서, 자연 현상 전체를 하나의 통일된 법칙으로 종합하는 길이 열려 있었다.

엥케(Johann Franz Encke, 1791~1865)는 이 이중성에 대한 연구를 했을 뿐만 아니라, 그가 베를린 천문대에서 작성한 성도(星圖)는 르베리에의 발견을 가능하게 했다. 엥케는 함부르크에서 태어나서 괴팅겐 대학에서 수학했고, 가우스의 제자가 됐으며, 베셀과도 친교를 맺었다. 베셀이 1825년에 베를린 초빙을 거절했을 때, 베를린 아카데미는 베셀 대신에 엥케를 골랐고, 엥케는 그 후 40년간 이 학회의 자리를 지켰다.

베를린에는 19세기 초 수십 년간, 수학과 마찬가지로 천문학 분야에도 저명한 대표자가 없었는데, 엥케에 의해 다시 융성하게 되었다. 엥케가 베를린에서 활약하고 있던 시대에 해결한 문제들을 기술하기 전에, 우선 그의 초기에 했던 일들을 살펴보기로 하자.

1818년에 혜성 하나가 발견되었다. 엥케는 이 혜성에 대해서 처음에 그 궤도가 포물선이라고 가정하여, 당면의 관측을 근거로 하여 계산해 보았다. 그런데 계산과 관측을 일치시키기 위해서는 이 혜성이 3.6년이라는 전대미문의 짧은 주기를 가진 타원궤도를 가정하지 않을 수 없었다.

그때까지 타원궤도를 그리는 혜성이 두셋 알려져 있었으나, 그들의 주기는 70년 이상이었다. 따라서 엥케의 발견은 혜성 연구 분야에 획기적인 것이었다. 그는 또 1818년에 발견된 이 혜성이 1786년, 1795년, 그리고 1805년에 관측된 혜성과 같은 것임을 증명했다. 그래서 그가 1819년에 발표한 논문에 '아마도 3년의 주기를 가지며, 이미 네 번 관측된 주목할 혜성에 대하여'라는 표제를 붙였다. 그러나 가장 주목할 사항은 이 천체의 주기가 매 회 3시간씩 짧아진다는 것을 엥케가 발견한 것이다. 그는 이 현상을 빛 전달 매질의 저항 탓으로 보고, 우주에 차 있는 에테르의 존재를 증명하는 것이라고 생각했다. 베셀 등은 다른 원인이라고 생각했으나, 엥케는 죽기까지 약 반세기간 그의 이름이 붙은 이 혜성이 3년마다 다시 찾아오는 것에 만족하고 있었다.

엥케가 베를린으로 옮긴 1825년부터 해결해야 할 첫 과제는 베셀의 시사에 따라 항성도를 작성하는 것이었다. 그는 아카데미 논문에 이 일에 대하여 다음과 같이 기술하고 있다.

"가능한 한 완전한 새로운 성도를 간행하는 것은, 본 학회의 국외 회원인 베셀의 제안에 의한 것이다. 이러한 성도는 우리의 현재 망원경이 허용하는 범위에서 가장 충실한 별 하늘의 상을 나타낼 뿐만 아니라, 동시에 아직 발견되지 않은 별을 발견하기 위한 정밀한 관측의 토대가 될 것이다."

예상외로 많은 난관을 수반한 이 대사업이 착수되고 수행된 것은, 특히 엥케의 공적이다. 이 성도는 여러 가지 점에서 완성된 것이라고 보기 어렵다. 처음에는 30도 폭의 적도대에 한정된 것으로 별 하늘의 일부분밖에는 포함하지 못했고, 별들은 9등급까지만 수록되었다. 그러나 이 어려운 일의 진정한 가치는 이후의 천문학상의 모든 연구를 위한 확고한 토대가 된 점에 있다. 엥케의 『베를린 아카데미 항성도』를 대신할 『본 정밀 항성도(Bonner Durchmusterung, 3 vol. 1859~1862)』라는 대사업이 1860년에 시작되었다. 엥케의 감수 하에 다수의 천문대가 협동했음에도 완수하지 못한 이 거대한 사업이, 아르겔란더(Friedrich Wilhelm August Argelander, 1799~1875)의 계획 하에 '본 천문대'에서 완수되었다. 이것은 북쪽 하늘 전체에 걸쳐 1852년부터 1860년까지 계획적인 정밀 관측으로 백만 이상의 개별 관측 결과를 수록했고, 10등급까지의 31만 4000개의 별의 위치를 밝혔다.

6) 태양의 시차와 전진운동

엥케는 무엇보다도 계산 천문학자였다. 훔볼트의 진력으로 새로운 천문대가 설립됐을 때, 베셀은 엥케의 계산 재능을 아껴서 그에게 편지로 이렇게 충고했다.

"당신은 계산의 총감독을 직무로 하는 천문학자라고 나는 생각합니다. 나의 소견으로는 천문대의 일은 당신에게는 결코 주된 일이 되어서는 안 됩니다. 그런 일들은 조수들에게 맡겨야 합니다."

베셀조차 이렇게 감탄한 엥케의 계산 재능은 1761년과 1769년에 태양, 금성, 지구가 한 직선에 와서 금성이 태양 표면을 통과하는 것으로 보이는 금성 경과 현상이 동기가 돼서 행해진 다수의 관측에서, 최소제곱법과 같은 새로운 방법을 써서 태양의 평균 거리를 산출한 데 잘 나타나 있다. 엥케는 이 연구 성과를 1822년의 저술 『1761년의 금성 경과에서 도출된, 태양과 지구 간의 거리』에 담고 있다.

엥케는 금성의 태양면의 경과에 대한 모든 관측 결과에서, 평균 태양시차는 8.490525초라고 결론지었다. 이 값에 의하면, 태양의 평균 거리는 20,878,745마일(독일 1마일=7.42km; 1억 5500만km)이다. 오차 한계는 시차로 8.429813~8.551237초이며, 거리로는 20,730,570~21,029,116 독일마일이었다. 그리고 1824년에 발표된 것은 1761년과 1769

년의 모든 자료에 근거하여 평균시차를 8.57116초, 평균 거리를 20,628,329마일로 했다. 이 값은 1874년과 1882년의 금성 경과에 대한 19세기의 새로운 자료에 의거하여 수정되기까지 사용되었다.

허셜이 처음으로 검토한 태양과 태양계의 전진운동에 대한 중요한 문제를 독일의 천문학자들도 다시 검토하기 시작했다. 그들은 허셜이 이미 생각한 다음과 같은 고찰에서 출발했다. 지평선 상의 모든 방향에 산재해 있는 대상을 볼 수 있는 곳에서 보면, 관찰자가 진행하는 방향에 있는 대상은 전개하는 것같이 보이고, 옆에 있는 것은 거리는 변하지 않아도 반대 방향으로 움직여 가는 것같이 보일 것이다. 이와 반대로 관찰자가 대상으로부터 멀어져 갈 때는 그 대상이 모여드는 것으로 보인다.

그리고 대상 자체가 여러 방향으로 불규칙하게 움직인다면, 관찰자의 운동과 대상의 운동이 혼합돼서 이런 현상의 규칙성은 적어질 것이다. 그러나 대상의 운동이 불규칙적으로 제멋대로일 때는, 관찰자의 운동이 모든 대상에 미치는 겉보기의 규칙적 영향이 전체로 보아 우세할 것이다.

그래서 우리는 관측되는 별의 대부분의 위치 변화를 한 점으로 향하는 운동으로 설명되는, 그런 점을 발견해야 한다. 허셜은 고래로 정밀하게 관측된 밝은 별들만 이용하여, 이러한 점(향점)을 헤르쿨레스(Hercules)좌 안에서 발견했다. 아르겔란더는 그 운동이 충분히 밝혀진 약 400개의 별을 다시 관측하여, 80년 전의 위치와 비교해 이 점을 구했고, 가우스도 훨씬 적은 수의 별에 대한 연구로 이 점에 대한 같은 위치를 얻었다. 그리고 이 결과는 허셜이 불완전한 자료에 근거하여 발견한 결과와 거의 같았다. 즉, 태양의 운동은 역시 헤르쿨레스좌 안의 한 점을 향하여 전진하고 있었다. 이 운동은 십중팔구 하나의 중심을 도는 운동일 것이며, 그 중심이 운행주기가 매우 긴 것으로 보아 아주 먼 곳에 있을 것이나, 어디에 있는지는 쉽게 찾을 수가 없을 것이다.

태양이 어떤 고차계의 일원이란 것은 이중성의 운동과 비교해 보아도 확실한 것으로 생각된다. 엥케는 이중성의 궤도 계산에 대하여 1832년에 기본적인 논문을 발표했다. 이 논문에서 그는 인력의 법칙에 따른다고 가정하고, 주성(主星)에 대한 반성(伴星)의 위치를 두셋 결정하여 이 위치에서 반성의 궤도를 계산했다. 이 계산 결과는 아주 후까지의 관측과 일치하기 때문에, 인력의 법칙은 이중성 간의 관계도 지배한다는 가정이 옳았다는 것이 밝혀졌다.

엥케가 한 그 후의 연구 중에는 세 개의 완전한 관측치에서 타원궤도를 결정하는 방법을 제시한 1851년의 논문이 있다. 이 문제는 가우스가 1809년에 출간한 그의 『운동 이론』 제6권에서 완전히 해결한 문제이다. 그런데도 엥케는 가우스가 제기한 데 지나지 않는 두세 가지 점을 특히 계산 방면에서 상세히 논술하여, 가우스의 해답을 개량하는 데 성공했다. 엥케와 베셀은 가우스와 천문학의 가장 새로운 시대 간의 과도기를 이어준 독일의 천문학자 중에서는 가장 위대한 사람으로 꼽혀야 한다. 가우스가 노력하여 세운 천문 계산술을 완성한 것은 엥케이며, 베셀은 그에 못지않은 관측술을 촉진했다.

2. 물리학적 기초

물리학의 오래된 부문 중에, 역학은 18세기 후반에 이미 고도의 완성을 성취했다. 라그랑주는 1788년에 고전이라고 할 만한 그의 『해석역학』에서 이 학문을 하나의 통일된 체계로 종합했고, 이것이 이후 발전의 토대가 되었다. 실험의 진보는 이론역학의 고전적 시대에 이어서 19세기에도 행해졌다. 이것은 주로 기체와 액체의 영역에 관한 것이며, 이 영역에서 일련의 발견이 이루어졌는데, 이들 발견의 일부는 에너지 원리를 더 명확하게 그리고 일반적으로 파악하는 실마리가 되었고, 또 일부는 물리화학의 토대를 세우는 길을 열어주었다.

1) 확산과 삼투

학술 문헌에 '확산'과 '삼투'에 관한 가장 오래된 관찰이 나온 것은 아마도 18세기 중엽일 것이다. 마찰전기에 대한 연구 공적으로 유명한 프랑스 물리학자 놀레(Jean Antoine Abbé Nollet, 1700~1770)는 알코올을 병에 채우고, 그 주둥이를 돼지 방광막으로 막았다. 그리고 이 알코올을 공기로부터 더욱 차단하기 위해, 이 병을 물속에 넣어두었다. 그런데 놀랍게도 두세 시간 후에 방광막이 팽팽히 부풀어 오른 것을 보았다. 그것을 바늘 끝으로 찔러보니 내용물이 분출했다.

놀레는 이 현상을 규명하기 위해 병에 물을 채우고 방광막으로 막아 알코올에 넣어두는, 말하자면 반대 실험을 해보았다. 그랬더니 이번에는 방광막이 병 안쪽으로 짜부라들었다. 이것은 병 안의 액체가 줄었다는 증거이다. 그래서 놀레는 방광막은 알코올보다

물을 잘 통과시킨다는 결론을 내렸다. 즉, 놀레는 "방광막이 한쪽은 물, 다른 쪽은 알코올에 접촉하면, 이 두 액체는 서로 막을 통과하려고 다투게 되는데, 막은 물을 우선적으로 통과시킨다."라는 일반적 설명을 했다.

놀레가 발견한 이 현상을 '침입(浸入, Endosemose)'과 '삼출'(滲出, Exosmose)'이라고 부른 것은 프랑스 생리학자 뒤트로세(René Joachim Henri Dutrochet, 1776~1847)에 의해서다. 그는 1827년에 『침입과 삼출에 관한 새 연구』를 발표했다. 그는 "두 가지 액체가 하나의 얇은 투과성 막으로 구분되었을 때, 이 막을 통과하려는 세기가 다르고 방향이 상반된 두 흐름이 생긴다. 그 결과 강한 쪽 흐름이 들어가는 쪽의 액체는 증가하게 된다. 이러한 현상은 동물의 피막에서만 일어나는 것이 아니라 무기질의 다공성 막에서도 일어난다. 그리고 이 침투는 모세관 현상으로 설명되지 않는다. 즉, 모세관에서의 상승도가 다른 두 가지 액체를 막으로 구분했을 때, 침투 힘이 강한 쪽 액체가 반드시 모세관에서의 상승도가 높은 것은 아니다."라고 말했다.

2) 기체의 확산

액체의 침투와 마찬가지로, 그에 대응하는 기체 운동도 역시 우연히 발견되었다. 되베라이너(Johann Wolfgang Döbereiner, 1780~1849)는 수소를 채운 원통을 수조에 세워 폐쇄해 두었다. 그런데 한참 있다가 다시 보니 수조의 물이 원통 안에 올라가 있었다. 즉, 원통 안에 밀폐된 수소의 양이 상당히 감소한 것을 발견했다. 그러나 그는 수소가 물에 녹아 들어간 것은 생각할 수 없었으므로, 원통에 나 있는 작은 금으로 새어 나간 것으로 생각했다. 되베라이너의 이 발견으로부터 영국의 그레이엄(Thomas Graham, 1805~1869)이 나타나서 확산과 침투의 연구에 큰 성과를 올리기까지 10년이 걸렸다. 기체 확산에 관한 그레이엄의 첫 논문이 1829년에 나왔다. 그는 기체가 서로 확산하는 속도는 그들 기체의 본성에 의해 결정된다는 것, 즉 기체의 확산 속도는 분자량의 제곱근에 반비례한다는 '그레이엄의 법칙'을 발견했다.

그레이엄은 실험하려는 기체를 긴 유리 시험관 안에 채우고, 직각으로 구부린 가는 유리관의 바깥쪽 끝은 매우 작은 구멍이 난 통과관이 꽂인 마개를 한 다음에 이 시험관을 수평으로 두되, 시험할 기체가 공기보다 무거울 때는 통과관의 끝이 수직으로 위를 향하게 하고 가벼울 때는 아래로 향하게 둔다. 그리고 10시간 후에 시험관 안의 기체 용량을 분석하여 얼마의 시험 기체가 나가고 얼마의 공기가 들어왔는가를 측정했다. 그 결과 기체 150 용량 중 10시간 후에 남은 기체 용량은 시험 기체에 따라 다음과 같았다.

시험 가스	수소	암모니아	이산화탄소	염소
잔류 용량	8.3	61.0	79.5	91.0

여기서 그레이엄은 기체 확산 속도는 그 밀도의 어떤 함수에 반비례한다는 것을 착안하고, 다공질의 격벽(隔壁)을 이용한 여러 실험 끝에, "서로 화학반응을 일으키지 않는 두 가지 기체를 다공질의 격벽으로 칸막이 하면, 각 기체는 그의 밀도(분자량)의 평방근에 반비례하는 용량이 이 격벽을 통과한다."라는 '그레이엄의 기체 확산의 법칙'을 발견했다. 예를 들어, 공기와 수소의 밀도 비는 14.43:1 인데, 석고 마개를 통해 들어온 공기와 나간 수소의 용적 비는 1:3.8 이었다. 즉, 용적의 비는 밀도의 비 14.43의 평방근인 3.8에 반비례한다. 그리고 교환된 기체 용량은 확산 속도를 뜻한다. 그레이엄은 이 기체 확산 운동을 그에 대응하는 액체 확산 운동까지 확대하는 연구를 진행했다.

3) 정질과 교질

그레이엄은 가용성(可溶性) 물질을 두 부류로 나눌 수 있다는 중요한 발견을 하여, 그 것을 각각 '정질(Crystaloid)'과 '교질(Colloid)'이라고 불렀다. 그는 그 용액이 돼지 방광 또는 양피지 막을 잘 통과하는 것을 정질(晶質), 거의 통과하지 못하는 것을 교질(膠質)이라고 했다. 정질에 속하는 것은 염화나트륨(식염), 당(糖), 황산마그네슘 등, 요컨대 쉽게 결정(結晶)되는 물질 전부이다. 아교, 계란 흰자, 고무풀 등과 같이 교질 중에 속한 것은 이 성질이 없다. 그래서 그레이엄이 인정한 것과 같이, 정질과 교질 사이에는 휘발성 물질과 불휘발성 물질 사이와 같은 반대 관계가 인정된다.

그레이엄은 이 현상을 이용하여 정질과 교질 용액을 분리하기 위한 삼투 분석기를 만들었다. 이것은 나무 쳇바퀴 밑에 양피지를 바른 것이며, 이 채에 분석하려는 용액을 담아 수조 물 위에 띄워둔다. 그리고 수조의 물을 몇 번 갈아주면, 교질 용액은 거의 막을 통과하지 못하고, 순수한 교질 용액만 채 안에 남게 된다. 이러한 그레이엄의 분리 조작 중에 가장 유명한 실례는 교질 상태의 규산(硅酸) 제조이다. 그는 규산나트륨에 과량의 염산을 가해서 생긴 물, 규산, 식염, 염산의 혼합물을 이 삼투 분석기에 넣어서 순수한 규산 용액만 얻은 다음에, 약간 농축하여 이삼 일 두었더니 교질 상태에 관한 새로운 중요한 현상이 나타났다. 즉, 규산 용액은 거의 무색투명한 교질 상태(젤라틴)로 변했고, 이 교질 상태 속을, 정질 용액은 물속과 같은 속도로 통과하나, 교질 용액은 거의 통과할 수 없었다. 그래서 그레이엄은 양피지 또는 동물질 막이 교질 상태 용액과 같은 작용을 하는 일종의 교질인 것을 밝혔다.

그레이엄은 교질 상태에 대한 연구를 많은 무기와 유기 화합물에 대해서도 확대하여, 오늘날 '교질화학'이라고 불리는 새로운 과학 분야의 창설자가 되었다. 그레이엄은 처음에는 자기가 세운 두 가지 화합물인 정질과 교질 물질을 광물질과 유기물질과 같이 두 개의 다른 물질계라고까지 극언했으나, 그 후의 연구에서 교질 성질과 정질 성질은 정반대의 성질이 아니라 정도의 차이라는 것을 밝혔다. 그리고 이론상 막의 내부 구조의 간격이 어떤 물질의 분자가 통과하는 데는 충분하고, 어떤 물질의 분자가 통과하기에는 너무 작다는 가설을 세웠다.

이 견해는 드빌(Henri Etiennes, Sante-Claire Deville, 1818~1881)이 제시하여 그레이엄에 의해 더욱 상세히 연구된 것으로, 뜨거운 금속 격벽에 대한 기체의 투과 양상을 하나의 근거로 한 것이다. 가열한 백금 막에 수소를 통과시키는 실험과 가열한 철 막에 산화탄소를 통과시키는 실험을 했다. 이 경우 문제의 중심이 된 것은, 가열된 금속 막은 석고와 같은 물질의 공도보다 훨씬 미세하나 밀도는 높은 것으로 나타난 데 있었다. 이 현상은 분자 간에 세공이 있으며, 상온에서는 이 세공이 너무 작아서 기체 분자를 통과시킬 수 없으나, 가열하면 커져서 잘 통과시킨다고 두 연구자는 가정했다.

뒤트로세와 그레이엄이 기초를 세운 이 삼투 연구는, 특히 생리학 분야의 사람들에게 인계되었다. 그들은 동식물의 물질대사나 세포의 압력은 이 삼투 과정에서 일어난다는 것을 인식하게 되었다. 그리고 새로운 단계에 진입한 물리화학은, 생리학상의 목적에서 행해진 삼투 연구와 결부하여 화학 변화의 본질과 화합물의 분자 구조까지도 더욱 명확하게 밝히게 되었다. 그러나 이 생리학적 연구 성과와 물리화학적 성과에 대한 기술은 다음으로 미루어 둔다.

4) 기체 성상에 대한 새로운 연구

기체물리학 분야에서는, 고대 그리스에서 발단하여 17세기에 연구됐던 공기 또는 일반 기체의 체적, 압력, 그리고 온도 간의 관계를 찾는 문제가 19세기 중엽에야 결말을 보게 되었다. 이 문제는 보일과 게이뤼삭에 의해 어느 정도는 해결되어 있었다. 보일은 체적

이 압력으로 결정되는 법칙을 발견했고, 게이뤼삭은 체적과 온도의 관계를 발견해 놓았다. 게이뤼삭에 의하면, 어떤 기체도 온도에 대한 팽창계수는 같으며, 온도 1도 상승에 대하여 0도 체적의 1/266만큼 팽창한다고 했다. 온도 측정뿐만 아니라 타 물리학 분야에도 매우 중요한 이 계수는, 돌턴의 연구 결과도 같았으므로 수십 년간 완전히 신봉되어 왔으나, 1837년경부터 의문이 제기되어 다시 연구하기 시작했다.

이러한 연구를 재개하게 된 연유는 스웨덴의 웁살라 대학 물리학 교수 루드베리(Friedrick Rudberg, 1800~1839)가 게이뤼삭의 값을 다시 검토한 결과, 실재의 값은 그보다 훨씬 작다는 것을 알았다. 그는 그 원인이 게이뤼삭이 충분히 건조하지 않은 기체를 실험에 사용했기 때문이라고 추측하여, 우선 공기의 습기를 염화칼슘으로 완전히 제거한 다음에 0도에서 100도까지의 온도차에 대한 공기의 팽창을 측정한 결과, 0도 체적의 0.364~0.365배가 된다는 것을 발견하여 1837년에 발표했다.[9]

루드베리가 발견한 종전과 다른 이 새로운 값은 큰 파문을 일으켜서, 저명한 물리학자들이 추가 시험을 하게 되었다. 그것은 아보가드로의 법칙이 제창된 후부터는, 분자량을 확정하는데, 기체 상태의 화합물 비중을 측정하여 보일과 게이뤼삭의 법칙에 따라 수정해야 했기 때문이다. 마그누스(Heinrich Gustav Magnus, 1802~1870)가 최초의 추가 시험을 한 결과, 건조한 공기의 팽창 계수는 0.003665임을 확인했다. 그리고 모든 기체의 팽창계수가 같은지를 확인하기 위해, 여러 가지 기체의 팽창계수를 매우 정밀하게 측정한 결과 다음과 같았다.

공기	수소	탄산가스	아황산가스
0.00366508	0.00365659	0.00369087	0.00385618

즉, 게이뤼삭의 법칙은 근사적으로는 맞으나 엄밀하게는 맞지 않다는 것을 확인했으나, 그 이유가 무엇인지는 설명할 수가 없었다. 그러나 그는 액화하기 쉬운 탄산이나 아황산가스는 공기의 값에 대하여 차가 많으나, 당시에 영구기체로 알려져 있던 공기와 수소의 팽창계수는 일치하는 데 착안했다.[10]

이 점에 대하여 르뇨(Henri Victor Regnault, 1810~1878)는 막대한 비용을 들인 실험 설

---

9 루드베리, 「건조한 공기의 0도에서 100도 간의 팽창에 대하여」, 『포겐도르프 연보(1837)』 제41권.
10 마그누스, 『게이뤼삭 법칙에 대한 추가 시험(1840)』. 『포겐도르프 연보(1842)』 제55권.

비로 매우 정밀한 실험을 한 결과, 보일이나 게이뤼삭이 밝힌 기체의 기본 법칙은 엄밀하게는 다만 완전한 기체 상태에만 적용된다는 것을 밝혔다. 그런데 자연계에 실존하는 기체들은 다소간 이 상태에 가까운 데 지나지 않다. 특히 르뇨는 압축하여 기체 분자들이 접근하면, 이상 기체에서 더욱더 멀어진다는 것을 발견했다. 당시에 영구기체로 쳤던 공기도 압력을 가함에 따라 온도에 대한 팽창계수는 증가한다는 것이 명백해졌다. 따라서 공기 온도계의 표준 온도계로서의 가치나, 절대온도 측정 수단으로서의 가치는 이러한 르뇨의 연구 결과로 하락하고 말았다.

그리고 특기할 것은 기체물리학과 다른 분야의 연구에도 매우 중요한 수은 진공펌프를 가이슬러(Johann Heinrich Wilhelm Geissler, 1815~1879)가 1857년에 발명했고, 1861년에 퇴플러(August Joseph Ignaz Toepler, 1836~1912)에 의해 개량된 것이다. 수은 진공펌프의 발명은 가이슬러관의 제작과 음극선, 뢴트겐선의 발견을 초래했을 뿐만 아니라, 전기공학 방면에서도 능률적인 백열전구 제조를 가능케 하여, 19세기의 전기 시대를 개막하는 데 공헌한 바 크다.

5) 기체와 증기

르뇨가 기체 분자가 접근하면 분자 간의 인력으로 인해 이상기체에서 멀어져 간다는 설명이 있은 후에, 이러한 실험이 진전됨에 따라 기체와 증기 상태의 명확한 경계를 제시할 수 없다는 사실이 더욱 명확해졌다. 기체란 단지 응축점에서 멀리 떨어진 증기에 지나지 않는다는 것은 1823년 패러데이의 실험에서도 이미 추측할 수 있었다. 그러나 산소, 질소, 수소. 그리고 두세 기체를 액화하려는 시도는 강력한 압력과 드라이아이스와 에테르에 의한 영하 78°C 저온에서도 성공하지 못했다. 그런데 이 응집 상태에 대한 해명이 토마스 앤드루스(Thomas Andrews, 1813~1885)가 1869년에 발표한 「물질의 기체와 액체 상태의 연속성에 대하여」라는 연구에 의해 한 단계 진전되었다.[11]

앤드루스는 특히 탄산가스에 대하여 관찰했다. 탄산가스를 유리 시험관 안에 넣고, 각종 온도에서 압축해 보았는데, 어떤 온도(31°C) 이상에서는 아무리 압력을 가해도 액화하지 않는다는 중요한 발견을 했다. 앤드루스는 이 온도를 그 기체의 '임계온도(臨界溫

---

11 앤드루스, 「물질의 기체와 액체 상태의 연속성에 대하여(1869)」. 「물질의 기체 상태에 대하여 (1876)」. 『이학 보고』.

度)'라고 불렀다. 그는 이 임계온도에서의 기체 상태를 다음과 같이 기술하고 있다.

"단지 압력만으로 탄산가스의 일부를 응축시켜서, 온도를 서서히 올려가서 31℃에 도달하면, 액체와 기체의 경계가 모호해져서 없어지게 되고, 관내에는 하나의 동질 물질로 차게 된다. 이때에 압력이나 온도를 약간 급격히 내리면 일종의 독특한 외관을 띠게 된다. 즉, 얼렁거리는 띠 모양의 것이 물체 전체에 걸쳐 떠 있는 것 같은 인상을 받게 된다."

여기서 '이것은 도대체 기체인가, 액체인가? 아니면 전혀 새로운 상태인가?' 하는 의문이 생긴다. 앤드루스가 그가 관찰한 이 현상에 대해 해석한 것을 요약하면 다음과 같다.

"우리가 보통 보는 기체와 액체 상태는 동일한 응집 상태가 서로 떨어져 있는 두 형식에 지나지 않는다. 이 두 형식을 서서히 접근시켜서, 구분의 틈새가 없게 할 수가 있다. 즉, 완전한 기체로부터 완전한 액체로 연속적으로 옮겨간다. 탄산가스는 31도 이상에서는 그 기체의 체적이 액체 상태보다 작아질지라도 기체 상태로 그대로 있게 된다."

앤드루스가 이 임계온도와 그것을 넘은 상태에서 연구한 암모니아, 산화질소와 같은 다른 기체도 같은 성질과 상태를 나타냈다. 그래서 기체와 증기를 종전과 같이 구별하는 것도 과학적으로 무의미한 것이 되었다. 기체 상태의 에테르는 증기라고 하고 아황산가스는 기체라고 하는데, 실은 둘 다 그 화합물의 증기인 것이다. 하나는 35도에서 비등하고 또 하나는 영하 10도에서 비등하는 액체의 증기인 것이다. 그래서 앤드루스에 의하면, 각 물질의 임계온도로 증기와 기체를 더욱 합리적으로 구별할 수가 있다. 예를 들어, 탄산가스는 그의 임계온도 31도 이상에서는 아무리 압력을 가해도 액화하지 않으므로 기체라고 할 수 있다. 그리고 임계점 이하에서는 기체와 액체의 어느 상태로도 있을 수가 있으므로 증기라고 보아야 한다.

앤드루스의 연구에서, 아무리 강한 압력을 가해도 산소, 질소, 수소와 같은 소위 영구 가스는 액화에 성공하지 못했던 이유가 확실해졌다. 즉, 임계점 이하로 온도를 내리지 않았기 때문이다. 이 사실을 고려하자 산소와 질소의 액화에 성공했다. 산소는 영하 140도에 500기압으로 액화했고, 그 임계온도는 영하 118도, 비등점은 영하 182도인 것이 확인되었다. 그 후에 임계온도와 비등점이 훨씬 낮은 수소의 액화에도 성공했다. 가장 곤란했던 것은 헬륨의 액화였다. 이 원소는 1868년에 로키어(Sir Joseph Norman Lockyer, 1836~1920)가 스펙트럼분석으로 태양 중에서 발견하여, 그 후에 대기 중이나 크레베석 광물 중에 포함되어 있는 것이 증명된 것인데, 전기의 초전도 현상을 발견한 카메를링 오너스(Heike Karmerlingh-Onnes, 1853~1926)가 처음으로 액화에 성공했고, 임계온도와 비등점은 절대온도 0도에 가깝다. 기체 상태의 본성에 관한 이론 방면의 연구는 판 데르 발스(Johannes Diderik Van der Waals, 1837~1923)에 의해 일단 결말이 났다. 그는 기체의 용적이 감소함에 따른 분자 간 인력 증가를 고려하여, 기체와 액체 상태를 포괄한 하나의 방정식을 세우는 데 성공했다. 발스의 상태식은 게이뤼삭의 법칙, $PV=RT$의 확장으로 볼 수 있는데, 다음과 같이 나타냈다.

$(V-b)(P+a/V^2)=RT$, 단 a와 b는 기체에 따른 정수. 발스가 탄산가스에 대하여 산출한 값은 a=0.00874, b=0.0023이다. 따라서 탄산가스에 대한 상태식은 다음과 같이 된다.

$(V-0.0023)(P+0.00874/V^2)=RT$

이 식은 앤드루스가 탄산가스의 응축 때에 얻은 값과 일치할 뿐만 아니라, 액체 상태의 성질과도 일치하는 것이다.

6) 기체의 분자구조

근세 물리학에서 가장 중요한 것은 아보가드로가 기체의 분자적 구조에 대하여 전개한 견해이다. 이 아보가드로의 가설은 이미 1811년에 나왔는데, 이제야 기술하게 된 것은 19세기 중엽에 이르러서야 그 의의가 인정되었고, 분자론의 기초가 되었기 때문이다. 아보가드로(Amedeo Avogadro, 1776~1856)는 이탈리아의 토리노에서 태어나서 처음에는 법률 일을 했는데, 수학과 물리학을 열심히 공부하여 신학교의 물리학 교수가 됐고, 1820년에 토리노 대학에 그를 위해 개설한 이탈리아 최초의 수리물리학과 교수가 되었다. 아보가드로의 가설을 전개한 중요한 논문은, 「물질 기초 분자의 상대적 질량과 화합하는 비를 결정하는 방법에 대한 시론」이라는 제목으로 1811년 프랑스어로『물리학 잡지』제73권에 발표되었다. 이것은 1803년에 발표된 돌턴의 원자 가설과 1809년에 발표된 게이뤼삭의 '기체는 서로 간단한 체적 비로 화합하고 그 화합물도 기체일 때는 그 체적도 서로 간단한 비가 된다'는 체적 법칙 간의 상호 모순을 제거하고 조화시켜서, "모든 기체는 같은 체적 안에 같은 수의 분자를 포함한다."라는 가설을 세워서, 기체는 그 화학적 구성이 천차만별인데도, 압력과 온도의 변화에 대해서 또한 화합에 있어서 같은 성질과 상태를 나타내는 공통 원인을 찾아냈다. 그리고 이것은 기체 분자의 상대적 중량을 결정하는 수단이 된다는 것을 제시했다. 즉, 두 가지 기체의 분자량은 그 밀도에 비례한다. 예를 들어, 질소와 수소의 분자량의 비는 그 밀도의 비 13.24 : 1과 같다는 것이다.

돌턴도 처음에는 그의 원자설에서 아보가드로와 같은 가설을 세웠으나 포기하고 말았다. 그가 1808년에 발표한 『화학의 새 체』에 의하면, "모든 종류의 기체의 궁극적 미분자의 크기를 같다고 하면, 두 가지 기체 미분자가 화합하여 새로운 기체 화합물의 미분자가 되었을 때, 체적의 감소와 밀도의 증대가 일어나야만 하나, 사실은 산소 1용량과 질소 1용량이 화합하여 2용량의 산화질소가 되고, 체적의 감소는 일어나지 않는다. 그래서 같은 종류의 기체 미분자 크기는 다 같으나, 종류에 따라 그 크기는 각각 다르다."라는 결론을 내렸다. 이 점에서 아보가드로는 요소 물질이 독립하여 유리해 있을 때는 원자(molecules elelmentaires)가 아니며, 그 미소분자는 원자로 구성된 분자(molecules integrantes)라는 가정을 했다. 예를 들어, 질소 1용량과 수소 3용량이 화합하여 생기는 2용량의 암모니아는 화합할 1용량의 질소 중의 분자의 두 배수의 분자를 포함하고 있으므로, 질소는 각각 두 개의 원자로 구성된 분자라고 보아야 한다는 것이다.

1(2N)+3(2H)=2(N+3H)

아보가드로 법칙에 따라 증기 밀도에서 도출된 분자량은, 많은 물질에 대하여 다른 물리화학적 방법으로 측정된 분자량과 완전한 일치를 보게 됨에 따라 많은 지지를 받게 됐고, 이 분자량 측정 분야는 그 후에 '증기 밀도 측정법'의 발달로 완성하게 되었다. 기화하기 쉬운 화합물에 적합한 장치는 이미 게이뤼삭이 개발하여, 그와 마리오트의 법칙에 따라, 증발한 물질의 중량과 증기의 체적, 온도, 압력에서 증기 밀도를 산출할 수 있었다. 그리고 이것보다 더욱 완전하고 기화하기 어려운 물질에도 적합한 장치를 뒤마(Jean Baptiste André Dumas, 1800~1884)가 발명하여, 근대적 증기 밀도 측정 장치를 개발하는 기초가 되었다.

7) 이론광학의 발전

광학이나 열역학 분야에도, 에너지 원리 수립의 과도기인 이 시기에 일련의 중요한 이론적 발전 및 발견과 발명이 있었다. 이중에서 가장 중요한 사건은 첫 장에서 기술한 것과 같이 1820년에서 1830년 사이에 프레넬의 횡파설(橫波說)로 방사설에 대한 파동설의 승리가 결정된 것이었다. 그 후에 탄성체(彈性體)에 대해 전개된 '횡진동(橫振動) 이론'을 이론광학에 도입하려는 시도는 코시의 수학적 입장과 노이만(Franz Ernst Neumann, 1798~1895)의 물리학적 입장에서 독립적으로 동시에 수행되었다.

노이만은 빛은 결정체 매질 중에서는 일반적으로 세 개의 서로 수직한 방향, 즉 타원체의 세 축에 평행한 운동을 한다는 것을 발견하여, 그 이론을 1832년에 발표했다. 프레넬은 편광 현상에서의 진동은 편광면에 수직으로 행해진다고 가정했으나, 노이만은 편광면을 진동 방향과 일치하는 것으로 생각했다. 편광 현상이 이렇게 다른 두 가정으로 설명된 것은, 프레넬과 노이만이 빛에테르의 성질에 관해 서로 다른 전제에서 출발했기 때문이다. 노이만은 에테르의 밀도는 모든 매질에서 동일하나 탄성이 다르다고 했고, 프레넬은 탄성은 같으나 밀도가 다르다고 가정했다. 노이만은 또 압력과 온도의 작용에 의해 비결정체 중에 인공적으로 일으킨 복굴절을 최초로 연구하여, 결정체에 대한 것과 같은 법칙이 적용된다는 것을 증명했다.[12]

도플러(Christian Johann Doppler, 1803~1853)는 이러한 빛의 파동설에 근거하여 1842년에 발표한 그의 논문 「이중성과 기타 항성의 착색 빛에 대하여」에서 소위 '도플러의 원리'를 전개했는데, 이것은 소리나 빛의 감각 파장이 파동의 원천과 감각기관 사이의 상호 운동에 따라 변한다는 원리이다. 이 논문 중에 도플러는 광학이나 음향학 또는 일반 파동론에서도, 그때까지 사람들이 하등의 주의도 하지 않았던 하나의 사실을 지적했다. 즉, 도플러는 다음과 같이 논술했다.

"빛과 소리의 파동을 단지 객관적 과정으로만 생각하지 않고 감각의 원인으로 생각한다면, 진동이 어떤 주기로 일어나는가를 조사할 뿐만 아니라, 매체의 진동이 어떤 주기와 세기로 관찰자에게 받아들여져서 감각을 일으키는가를 조사해야 할 것이다. 실제로 두 개의 파동과 파동 사이에 흐르는 시간과 파동의 세기는, 관찰자 쪽에서 보면 관찰자가 다가오는 파동을 향하여 전진할 때는 짧아지고 강해지며, 후퇴할 때는 길어지고 약해지는 것은 명백하다. 물론 파동의 원천이 움직일 때도 같은 변화가 일어난다."

---

12 노이만, 「역학방정식에서 도출된 빛의 복굴절 이론」, 『포겐도르프 연보(1832)』 제25권. 「압축 또는 부동 가열한 비결정체 내의 빛의 복굴절 법칙」, 『베를린 아카데미 논집(1841)』.

도플러의 원리를 실험적으로 증명하는 것은, 음향에 관해서는 바위스발롯(Buys Ballot, 1817~1890)이 '진행하는 열차에서의 실험'으로 성공했다. 그러나 빛에 대한 증명은, 천체의 운동조차도 빛의 전파 속도에 비하면 매우 작아서 곤란했다.

도플러는 그의 원리에 따라 항성들의 여러 착색은 발광체가 눈으로 접근하는 속도에 따라 그 색은 흰색으로부터 녹색, 청색, 자색 순으로 변하며, 멀어지는 속도에 따라 황색, 주황색, 적색 순으로 변한다고 했다. 그런데 실제의 항성운동 속도는 그렇게까지 크지 않으므로, 이 생각은 틀린 것이다. 그러나 도플러의 원리는 후에 풍요한 천문학적 결실을 가져다주었다.

20년 정도 후에 항성의 스펙트럼분석 연구가 행해지기 시작했을 때에 스펙트럼선의 어긋남이 발견됐는데, 이것은 도플러의 원리가 아니고는 설명할 수가 없었다. 그리고 실제로 도플러의 원리에 따라 항성의 운동을 정확하게 추정할 수가 있게 되었다. 그러므로 근대 천체물리학의 발전에 도플러의 원리가 가지는 의의는 너무나 큰 것이다.

8) 근대의 광학기계

광학기계의 제작이나 시각의 이론 측면에서도 19세기 중엽에 많은 발전이 있었다. 예를 들어, 빛의 편광 연구에서 편광각의 회전을 정밀하게 측정하는 편광계의 발명이 생겼다. 이러한 장치 중에 특히 '사탕계(砂糖計)'를 들어야 하겠다. 이것은 그 이름과 같이 용액 중의 당분 농도를 측정하는 데 사용되었다. 즉, 편광이 당분을 함유한 용액을 통과할 때 그 편광면의 회전하는 각도는 용액의 농도에 비례하므로, 편광각을 측정하여 농도를 알 수 있다. 편광계는 이러한 실용적인 목적 외에도 화학적 질량작용의 연구나 화학적 반응속도의 연구와 같은 일반화학에 관한 이론상의 문제 해결에도 공헌한 바 크다.

시각의 생리학에 대한 연구 결과, 실체경(입체거울)과 기타의 상안 광학기계가 발명되었다. 최초의 실체경을 완성한 사람은, 많은 분야에서 발명가로 알려진 영국의 휘트스톤(Sir Charles Wheatstone, 1802~1875)이었다. 그는 가까이 있는 물체는 양안으로 지각된다는, 그 이전에는 거의 주목하지 않았던 사실에서 출발했다. 예를 들어, 매우 가까이 있는 입방체를 양안으로 보면, 각 눈에는 그 물체의 다른 상이 각각 비쳐서 입체감을 느끼게 된다. 그 대상이 멀어질수록 두 개의 투시투영은 서로 닮아져서, 매우 먼 대상은 입체적으로 보이지 않게 된다.

입체로 보는 것은, 서로 닮지 않은 두 개의 투시 상을 동시에 지각함으로써 생긴다는 것을 입증하기 위해 휘트스톤은 1838년에 특별한 장치를 조립했다. 이 장치는 오늘날의 입체영화와 같이 입체 대상물 대신에 그 대상의 평면 투영을 그 대상이 눈에 비치는 것과 꼭 같게 두 눈에 보여준다는 생각에 기초한 것으로, 두 개의 평면거울을 직각으로 붙인 거울 양쪽에 각각 평면 투시 상을 두고 그 거리를 조절할 수 있게 한 것이다. 그 결과 오른쪽 그림은 오른쪽 거울에 반사하여 오른쪽 눈에 들어오고, 왼쪽 그림은 왼쪽 거울에 반사하여 왼쪽 눈에 들어가게 했다. 그랬더니 예상한 것과 같이, 이 그림의 눈에 대한 위치를 적당히 조절하면 완전히 단 하나의 입체적 상으로 지각되었다.

브루스터(Sir David Brewster, 1781~1868)는 그로부터 약 10년 후에, 오늘날도 실용되고 있는 실체경을 조립했다. 이것은 두 개의 반절렌즈를 통해 하나의 평면에 있는 두 개의 투시 상을 보게 한 것이다. 이때에 두 개의 투시 상은 프리즘형 반절렌즈 때문에 그 중간의 어떤 위치로 이동한 것같이 양 눈의 망막 위의 대응점에 상을 맺고, 그 결과 눈에는 하나의 상으로 지각되나 입체적으로 보이게 된다.

상술한 실체경과 같이 유명하지는 않으나 그 중요성은 결코 뒤떨어지지 않는 퇴플러가 발명한 근대적 광학기계 '슐리렌 장치(Schlierenbeobachtung)'도 특기할 만하다. 이 장치는 투명한 매질 중에 굴절률이 다른 어떠한 작고 불규칙한 존재도 직접 볼 수 있게 한 것이다. 이러한 불규칙적 존재가 어느 정도 크면, 약간 두터운 유리판이나 사탕의 용해 과정에서는 육안으로 인지되며, '슐리렌(Schlieren)'이라고 불렸다. 광학기계 제작에 사용되는 유리에서는 이러한 슐리렌은 굴절을 불규칙하게 하여, 광학의 정밀도를 해치므로 매우 곤란한 존재이다. 따라서 육안으로는 도저히 찾을 수가 없는 미세한 슐리렌을 찾아낼 수 있는 이 장치는 실용 광학에서 매우 가치가 있는 것은 물론이고, 이론물리학의 많은 방면에도 이에 못지않은 중요한 가치가 있다.

토플러가 조립한 슐리렌 장치의 원리는 다음과 같다. 한 점 광원에서 나온 빛은 볼록렌즈를 통해 한 점에 수렴하게 하고, 그 초점에 작은 구멍이 뚫린 불투명 판을 두고, 그 구멍을 통해 발산하는 모든 광선은 렌즈 축 상의 동공을 통해 망막에 도달할 수 있게 가까이서 본다. 렌즈가 광학적으로 완전히 균등하다면 균등하게 밝은 렌즈 상을 보게 될 것이나, 렌즈 중에 굴절률이 다른 아주 작은 개소, 즉 슐리렌이 있으면 그 개소를 통한 광선은 초점 구멍을 통과하지 못해서 시야에 검은 반점으로 나타날 것이다. 이 렌즈 초점의 구멍을 반대로 광선을 차단하게 하고 나머지 부분은 투과하게 하면, 보이는 것은 반대로 검게 보이고 슐리렌만 밝은 반점으로 보이게 된다.

지금 이 구멍을 초점에서 약간만 어긋나게 하면 규칙적으로 굴절한 광선은 차단되고, 불규칙적으로 굴절한 광선은 구멍을 통과하여 정상광선이 차단된 어두운 시야에 밝게 나타날 것이다. 이 방법을 사용하면, 굴절 물질의 어떠한 작은 광학적 불규칙도 용이하게 찾을 수 있다. 굴절 매질의 광학적 불규칙은 어느 정도 큰 유리 덩어리에서 볼 수 있는 것과 같이, 화학적 조성이 약간만 달라도 일어날 뿐만 아니라, 퇴플러가 실증한 것과 같이, 완전히 균등한 물질도 온도가 균등하지 않거나 압력을 균등하지 않게 가해도 일어난다. 이 장치는 아주 예민해서, 손의 온도만 전해져도 띠 모양의 슐리렌이 시야에 나타나서 불꽃처럼 헐렁이는 것을 볼 수가 있다.

퇴플러는 무색의 기체(예를 들면 탄산가스)를 발생하는 용기를 슐리렌 장치 앞에 두었더니, 그 기체가 명확한 슐리렌을 이루어서 주위의 공기 중에 확산하는 것을 볼 수 있었다. 그리고 그는 음파가 전달될 때에 나타나는 공기의 조밀도가 굴절률의 주기적 변화를 일으키는 것을 보는 데 성공했다.

이 슐리렌 장치와 실체경은 그것만으로도 경탄할 업적인데, 때맞추어 발달한 사진술과 결부되어 그 의의가 한층 높아졌다. 휘트스톤이 1838년에 실체경을 발명했을 때는, 모든 상에 대해서 화공이 두 장의 투시도를 그려야만 했다. 그런데 이 발명이 발표된 지 6개월 만에 탤벗(William Henry Fox Talbot, 1800~1877)은 '빛의 작용으로 그림을 그리는 방법'을 발견했다. 그래서 휘트스톤은 탤벗에게 요청하여 실체경에 적합하게 자연물, 건물, 기계, 인물 등을 두 곳에서 찍은 사진을 입수하여 실체경에 사용했다.

물론 이러한 사진은 두 대의 카메라로 동시에 촬영하기도 했는데, 결국 브루스터는 이 두 대의 카메라를 하나로 한 '이중카메라'를 발명했다. 슐리렌법으로 급변하는 현상을 파악하는 것은 사진 건판이 발명되어 순간 촬영을 할 수 있게 됨으로써 가능하게 되었다. 마하는 특히 슐리렌법으로 탄환이 공중에 일으키는 현상을 촬영하여, 그 과정을 밝히는 데 성공했다. 그리고 같은 방법으로, 음파와 음향의 전파에 관련된 많은 사항이 명백히 밝혀져서, 이것들을 정밀하게 연구할 길이 열리게 되었다.

9) 광속도 지상 측정

광속도의 지상 측정은 광학의 내용을 한 단계 더 풍부하게 한 것이며, 이론상에 매우 가치가 높다. 이 측정에 성공한 사람은 프랑스의 물리학자 피조(Armand Hippolyte Louis Fizeau, 1819~1896)와 푸코였다. 그들은 천문학적 측정 결과와 일치하는 성과를 올렸다.

피조는 톱니바퀴처럼 둘레에 같은 크기의 부채 모양 톱니와 홈을 가진 원판을 이용했다. 광선이 톱니 사이의 홈을 빠져나가 먼 곳에 있는 거울에 반사되어 제자리에 돌아오도록 했다고 하자. 이 경우에 원판이 회전하고 있으면, 원판의 회전속도와 반사 거울 면의 거리에 따라서 광선은 톱니 사이의 홈을 통과하거나 톱니에 차단되거나 한다.

피조는 톱니와 홈이 같은 간격인 점이 망원경의 초점에 오도록 설치한 회전 원판과, 광선이 모여서 투명한 반사 유리판으로 초점으로 반사되게 한 광원과 반사 유리판을 설치한 망원경(F)을 한 곳에 설치하고, 그것과 마주 보는 망원경(F')의 초점에 반사경을 설치하여 8633m 떨어진 곳에 두었다. 그리고 망원경 F를 보면서 회전판의 회전속도를 올려가니, 회전속도가 12.6/sec 일 때에 빛이 보이지 않았다. 이것은 빛이 8633m 왕복 1만 7266m를 진행하는 동안에 처음의 톱니 사이의 홈 자리에 다음 톱니가 온 것을 의미한다. 원판 회전속도를 2배로 하면 빛은 다음의 홈을 통해 보이게 되고, 3배로 하면 다음 톱니에 차단돼서 보이지 않게 된다. 회전 톱니바퀴의 톱니 수는 720개였으므로, 한 톱니에서 다음 홈이 오는 시간을 T라고 하면, $T=1/(12.6 \times 720 \times 2)=1/18,144$초이다. 따라서 광속도 $c=17,266/T=17,266 \times 18,144=313,274,304$m/sec이다.

이것은 엥케가 태양시차를 기준으로 하여 목성의 위성 식(蝕)에서 산출한 값과 불과 0.5% 밖에 차이가 없는 값이다.

더욱 흥미로운 것은 푸코가 한 제2의 방법이다. 이것은 광속도의 결정뿐만 아니라 빛의 굴절이, 밀도가 높은 매질에서는 빛의 속도가 빨라지기 때문이라고 한 방사설에 대하여, 밀도가 높은 매질에서는 빛의 속도가 늦어진다는 것을 실험으로 증명함으로써 방사설을 결정적으로 부정하고 파동설을 확립한 것이다. 푸코는 1834년에 휘트스톤이 전기속도를 측정하는 데 사용한 회전 거울을 이용했다. 즉, 휘트스톤은 하나의 전기회로 상의 여러 점에서 전기불꽃이 일어나게 하고, 육안으로는 동시에 일어나는 것으로 보이는 이 불꽃들의 극히 미소한 시간차들을, 급속히 회전하는 거울에 비치는 상의 어긋남으로 나타나게 한 것이다.

푸코는 피조가 한 것과 같이, 빛을 일정 거리만큼 진행시킨 다음 반사하여 원점으로 돌아오게 하고, 그 원점에서 회전 거울에 의한 반사 상의 어긋남에 의해 빛의 왕복 시간을 나타냈다. 이 방법으로 푸코가 발견한 광속도 값은 피조가 발견한 것보다 약간 작은 값인 298,000km/sec 였다. 다음에 푸코는 빛의 통과 거리를 짧게 하고, 그 경로 간에 물을 채운 유리관을 삽입하여, 빛이 밀도가 높은 매질 중에서와 공기 중에서의 전파하는 속도를 비교하여 빛은 밀도가 높은 매질에서는 공기 중에서보다 전파속도가 낮다는 것을 발견했다. 그래서 1세기 동안 논쟁해 온 빛의 방사설과 파동설은 결말이 나게 되었다.

그리고 17세기에 이미 알려졌고 오늘날에 '형광(螢光)'이라고 불리는, 어떤 종류의 광물이나 식물의 침준 액이나 석유등에서 보이는 현상도 19세기 중엽에 영국의 수리물리학자 스토크스(Sir George Gabriel Stokes, 1819~1903)의 연구에 의해 설명할 수 있게 되었다. 형광(Flouresence)이라는 말도 그가 붙였는데, 이 현상이 형석(螢石, Flouro-Calcium)에서 가장 잘 나타났기 때문이다. 스토크스는 형광이 나타나는 것은 어떤 물질에서 굴절도가 높은 짧은 파장의 빛이 굴절도가 작은 긴 파장의 빛으로 변하기 때문이라고 했는데, 이를 '스토크스의 법칙'이라고 한다. 따라서 보이지 않는 자외선은 이 형광으로 볼 수 있게 된 것이다. 이러한 스토크스의 설명은 완전한 것은 아니나, 오늘날의 양자역학적 설명을 낳게 한 중요한 동기가 되었다.

광학과 함께 열학도 19세기 중엽에 큰 진보를 이루었다. 가장 근본적 진보의 하나로, 광선과 열선이 같은 것이라는 메로니의 증명을 꼽을 수 있다. 메로니가 이 목적에 사용한 장치는 첫 장에서 기술한 열전파일과 열전류 배율기를 결부한 것이다. 그는 이 장치에 의해 복사열의 반사와 굴절, 그리고 그것의 회절, 복굴절과 편광 현상까지, 요컨대 복사열과 광선이 일치한다는 것을 증명하는 데 성공했다. 허셜은 광선과 열선이 어쩌면 같은 것일지도 모른다는 생각을 했을 것으로 생각되나, 결국은 다른 것으로 구별했다. 그런데 메로니와 그의 협동 연구자들은 광선과 열선의 광학적 작용, 열작용, 화학적 작용을 철저히 추궁해 가면 결국은 파장과 강도의 차가 된다는 것을 입증했다.

제 5 장

근대 전기학의 성립

전기학 영역에서 18세기는 주로 마찰전기를 연구했고, 19세기는 갈바니전기의 연구로 그 막을 올렸다. 어떤 과학 영역이라 하더라도 그 문이 열릴 때에 볼 수 있는 세 단계를 이 전기학 영역에서도 볼 수가 있다. 즉, 기본적 현상이 알려지면 그것에 뒤따라서 법칙이 발견되고, 끝으로 이론(학설)이 세워진다. 이 이론이 법칙이나 기본적 관찰에 꼭 들어맞을수록, 새로운 지식은 그만큼 완전한 것이 된다. 그런데 때로는 이론이 가설로 먼저 나오고, 그 이론을 입증하는 과정에서 새로운 지식과 기술 분야가 발전되는 수도 있다.

갈바니전기의 많은 현상은 첫 장세서 이미 기술한 것과 같이 19세기 초엽의 20~30년간에 알려졌으며, 그 현상들은 4개 부류로 나눌 수 있다. 즉, 화학적 작용, 자기적 작용, 역학적 작용, 그리고 열작용으로 나누어진다. 그런데 근대 전기학의 기초가 된 전기와 자기의 유도 작용에 관한 것은, 패러데이의 연구로 19세기의 40년대에 밝혀진 새로운 현상이다. 이것으로 패러데이는 근대의 전기 시대를 개막한 전기학의 아버지로 불리게 되었고, 근세 이후의 자연과학의 발전을 살펴볼 때 우리가 만나게 되는 가장 위대한 과학자의 한 사람이 되었다. 그래서 갈릴레이, 뉴턴 등의 일생의 업적을 다룬 것과 같이 그의 생애와 업적도 특별히 고찰해 보아야 한다. 그러나 본 장의 제목이 '근대 전기학의 성립'인 만큼, 이 제목 테두리 안에서 그의 생애와 업적을 살펴보기로 하자.

1. 패러데이의 생애

패러데이(Michael Faraday, 1791~1867)는 1791년 9월 22일에 런던의 교외에 있는 작은 마을 뉴잉턴 버츠에서 태어났다. 그의 아버지는 가난한 대장장이였고, 스코틀랜드 교회의 한 종파에 속해 있었다. 패러데이도 죽을 때까지 이 종파의 충실한 신도였다. 패러데이는 13세부터 조지 리보의 제본점에 심부름꾼으로 들어갔다. 그는 훌륭한 제본 기능공이 되는 데 만족하지 않고, 제본할 책을 열심히 읽었다. 그중에도 특히 그의 흥미를 끈 것은 마르세 부인이 저술한 『화학의 이야기(Conversation on the Chemistry)』였다. 이 책은 1805년에 초판이 나와 1853년까지 16만 부 이상 팔린 유명한 책이다.

후년에 그는 "마르세 부인의 『화학의 이야기』에서 나는 화학을 배웠다. 내가 마르세 부인과 알게 되었을 때의 감격과 기쁨은 상상할 수 있을 것이다. 나는 항상 나의 첫 여교사를 잊지 않고 있다."라고 말하고 있다. 그는 그의 가난한 지갑을 털어 실험기구를 구입하여, 그 책에 나오는 실험들을 해보았다고 한다. 마르세 부인은 젊은 그를 자연과학의 길로 인도한 별이었다. 그가 후년에 자기 논문을 꼭 마르세 부인에게 보낸 것을 보아도 마르세 부인에 대한 경의와 감사의 정을 짐작할 수가 있다. 그는 주인의 양해를 얻어 저녁 여가에는 과학자들의 강연을 도청하여 필기해 와서 공부했다. 그것이 로열 소사이어티 회

패러데이

원인 댄스의 눈에 띄게 되었고, 댄스는 그의 향학열에 감탄하여 데이비의 강연 청강을 허락해 주었다. 데이비의 강연에 매료된 패러데이는 그것을 필기해 와서 공부했다.

그는 고용 기간이 만료되어 1812년에 다른 제본점에서 근무하게 됐는데, 여기서는 전과 달리 책을 읽거나 실험을 할 여유를 주지 않았다. "지금에 머무는 한, 나의 학문은 시간과 돈이 있는 행복한 사람들에게 양보할 수밖에 없다."라는 친구에게 보낸 편지 중의 한 구절이 당시의 그의 고충을 여실히 말해주고 있다. 그래서 그는 당시 로열 소사이어티 회장 뱅크스에게 청원했으나 회답은 없었다. 그는 이해심 많은 전 주인 리보에게 상담했더니, 데이비에게 그의 강의를 정서한 것을 동봉한 편지를 보내보라는 조언을 해주었다. 그는 리보의 충고에 따라 데이비 경에게 편지를 보냈다. 이에 대한 당시의 사정은 패러데이가 1829년에 파리스에게 보낸 다음과 같은 편지에 잘 나타나 있다.

"내가 처음으로 데이비 경에 알려진 경위를 말해 달라는 당신의 희망에 기꺼이 응하겠습니다. 이것은 고인의 자비로운 마음씨를 증언하는 것도 되기 때문입니다. 제본점의 심부름꾼이었던 나는, 실험을 매우 좋아했으나 장사는 성품에 맞지 않았습니다. 언젠가 왕립연구소 분이 데이비 경이 앨버말 가에서 최후에 한 강의를 청강할 기회를 나에게 주었습니다. 나는 필기하여 후에 강의 전체를 정성껏 종합하여 4절판 책으로 만들었습니다. 나는 장사에서 빠져나와 과학에 몰두하고 싶었습니다. 나는 장사가 타락한 허욕에 찬 것으로 생각되었고, 과학을 하는 것은 마음을 겸손하게 하고, 어떤 것에도 매이지 않는 자유로운 것이라는 생각을 가지고 있었습니다. 나의 이러한 소망은 용기를 주어 대담하게도 데이비 경에게 편지로 나의 소망을 기술하게 했습

니다. 그러면 언젠가는 생각해 주시리라는 희망에서입니다. 그리고 나는 경의 강의를 끝까지 필기한 것을 그 편지에 첨부했습니다.

그에 대한 데이비 경의 답장 원본을 보여드리겠습니다. 실은 이것이 나의 편지의 목적입니다. 아무쪼록 귀중히 다루시고 돌려주십시오. 이것이 나에게 얼마나 소중한 것인지 이해하실 줄 믿습니다. 보시는 바와 같이, 그것은 1812년 말의 일부입니다. 1813년에 경은 저를 처음으로 만나 주시고, 다행히도 비어 있던 왕립연구소 실험실 조수의 자리를 약속해 주셨습니다. 이와 같이 나의 과학에 대한 열성을 배려해 주시면서도, 경은 나에게 과학이란 엄한 주인이며 금전의 보수가 매우 적으므로 지금의 일을 버리지 않는 것이 좋을 것이라고 충고해 주셨습니다. 제가 과학에 종사하는 사람들의 고상한 정신에 대한 생각을 말했을 때, 경은 미소를 지으며 '그 생각을 정정하는 데 이삼 년의 여유를 주마,'라고 말씀하셨습니다. 그래서 경의 덕택에 나는 1813년 3월에 조수로 왕립연구소에 들어가서 10월에 경의 조수 겸 비서가 되어 경을 따라 외국에 나가게 되었습니다. 그리고 1815년 4월에 경과 함께 귀국하여 다시 왕립연구소에 돌아와 오늘까지 근무하고 있습니다."

이 편지에 동봉한 데이비 경의 답장은 다음과 같다.

"패러데이 군. 보내준 역작을 보고 매우 감탄했소. 이것만으로도 군의 열심과 이해력과 주의력이 뛰어난 것을 알 수 있소. 나는 지금 런던을 떠나야 하는데, 1월 말경에는 돌아올 예정이오. 그 후라면 언제든지 만나겠소. 무엇이든 도와주고 싶소. 내가 할 수 있는 것이면 좋겠다고 생각하오." - 1812년 12월 24일, 데이비.

이리하여 3개월 후인 1813년 3월 18일에 패러데이는 데이비의 진력으로 왕립연구소 조수로 채용되었다. 그래서 그의 새로운 생활이 시작된 것이다. 그는 친구에게 보낸 편지에 "이제 나는 과학자가 된 것이다. 이제 나는 자연의 역사(役事)를 연구하여, 어떤 방식으로 자연이 세계 질서와 관련을 맺고 있는가를 언제든지 추구할 수 있는 것이다."라고 쓰고 있다. 1813년 10월 초에는 데이비가 대륙 여행을 떠나게 되었는데, 패러데이는 운이 좋게도 이 여행에 동반하게 되었다. 프랑스, 이탈리아, 스위스를 돌아본 2년간의 여행에서 그는, 많은 학자와 접촉하고 많은 연구실을 출입하여 살아 있는 과학의 세계와 직접 접촉할 수 있었다. 그는 또 각지의 인정, 풍습에 접하여 처음으로 넓은 세상을 볼 수 있었다.

그는 자기의 교양이 모자라는 것을 의식하고 있었는데, 열심과 주의 깊은 관찰로 자신의 지견을 급속히 높여갔다. 그가 이 여행에서 쓴 편지 가운데 다음과 같은 것이 있다.

"나는 자신의 무지함을 뼈저리게 깨달았습니다. 하는 일마다 나의 부족함을 부끄럽게 생각하고 있습니다. 어떻게 해서라도 고쳐나갈 생각입니다. 고국을 떠나서부터 엄청나게 많은 지식의 원천이 내 앞에 펼쳐졌습니다. 풍습과 학문 양면에, 사람들, 풍습, 사물을 보는 방법을 새롭게 하는 것이 무척 많습니다. 항상 데이비 경 옆에는 무진장한 지식과 진보의 보고가 있습니다. 그의 말씀을 조금 알아듣게 되면 더욱더 알고 싶고, 사람들과 풍습을 조금 보게 되면 더욱더 보고 싶어집니다. 거기에다 화학의 지식과 여러 학문에 있어서 자신을 진보시킬 좋은 기회이므로, 끝까지 데이비 경을 모시고 다닐 각오입니다."

이 끝마디는 이 여행이 패러데이에게 결코 유쾌하지만은 않았다는 것을 암시하고 있다. 일행이 프랑스에 왔을 때, 수행하던 종이 휴가를 얻어 떠났기 때문에 패러데이는 그 종의 일도 겸하게 되었다. 데이비 경은 자기의 젊은 날과 처지가 같은 이 천재 청년을 몹시 아끼고 사랑했으나, 귀족적인 부인은 패러데이를 사정없이 혹사한 것 같다. 패러데이가 "부인의 기질 때문에, 나나 부인 자신도, 그리고 험프리 경도 신경을 곤두세우는 일이 자주 일어났다. 견디다 못해 사임하고 런던에 돌아갈까도 생각했다."라고 말했을 정도였다.

패러데이는 이 고난을 끝까지 참고 데이비와 함께 런던에 돌아와, 1815년 5월 7일부터 다시 왕립연구소에 근무하게 되었고, 1815년에 그의 최초의 과학 논문을 발표했다. 이것은 토스카나의 생석회 분석에 관한 것인데, 그는 후년에 이때를 회상하여 다음과 같이 기술했다.

"험프리 데이비 경은 나에 대한 근심이 신뢰보다 훨씬 컸을 때, 아니 나의 지식보다 나의 걱정이나 나의 자신이 훨씬 컸고, 아직은 독립하여 과학 연구를 꿈도 꿀 수가 없다고 생각했을 때에, 첫 화학적 연구로서 이 물질을 분석할 것을 의뢰하셨다."

패러데이는 30세에 그와 같은 종파의 교회 장로 버나드의 셋째 딸 사라와 결혼했다.

그는 1821년 6월 12일, 자신의 결혼 날을 "모든 것 이상으로 명예와 행복의 원천이 된 날이었다."라고 회상하고 있다. 그는 결혼 후에도 데이비의 배려로 연구소 내에서 가정을 가지게 되어, 연구에 전념할 수 있었다. 그의 최초의 연구는 주로 화학에 바쳐졌으며, 1821년에 이염화에틸렌의 염화에 의한 염소와 탄소와의 화합물을 발견했고, 1821년에 전자기의 회전을 발견했다. 또한 1822년 철의 합금에 대한 연구, 1823년 염소의 액화 등이 있었고, 1824년에는 로열 소사이어티의 회원에 추대되었다.

이때에 당시의 회장이던 데이비의 반대를 제외하고는 전원 찬성했다는 이야기가 남아 있다. 선생이 제자의 위업을 미처 인정하지 못하고 있는 동안에 세상은 그의 업적의 진가를 인정하게 된 것이다. 그러나 데이비 경은 입버릇같이 "내가 한 가장 훌륭한 발견은 패러데이다."라고 말했다.

그리고 1825년부터 패러데이는 왕립연구소 실험실 주임이 되어 연구소의 공개 강연이나 강의에 나가게 됐고, 그의 강연은 연구소의 명물로 꼽힐 만큼 평판이 높았다. 회원을 위한 금요일 저녁의 통속강연 외에도, 소년 소녀를 위한 크리스마스 강연도 했는데, 이 강연집은 『촛불의 화학』이라는 이름으로 출판되었다. 그해(1825년)에 '벤젠'을 발견했고, 이어서 '중(重)유리'를 발명하여 제작했는데, 이 유리는 후에 반자성(反磁性) 연구에 쓰이게 된다. 패러데이는 1828년에 런던 대학이 창립됐을 때 화학 교수로 추대됐으나 사절했고, 1831년에는 전기학에서 가장 위대하고도 획기적인 연구로 손꼽히는 '전자유도(電磁誘導) 현상'을 발견했다. 이 시기부터 그의 연구는 오직 전기학에 바쳐졌다. 1832년에 지자기에 의한 유도전류를 연구했고, 1833년에 전기분해의 법칙, 1835년에는 자기유도(自己誘導)를 발견했으며, 1836년에는 전매정수의 측정 등을 해냈다. 이것들은 모두 그의 천재적 창의력과 탁월한 실험 기술에 의한 것이다.

독일의 실험물리학자 콜라우슈(Friedrich Wilhelm Georg Kohlrausch, 1840~1910)는 패러데이를 평하기를 "그는 진리의 냄새를 맡는다(Er riecht die Wahrheit)."라고 말했고, 영국의 물리학자 틴들(John Tyndall, 1820~1893)은 다음과 같이 말했다.

"그에게는 액체의 운동이나 원자의 운동이 실제로 보이지 않을까 하는 생각을 종종 하게 된다. 그는 우리의 지식의 가장 첨단에서 연구하고 있고, 그의 정신은 우리의 지식을 둘러싼 바닥도 모르는 심연의 암흑 속 깊은 곳에 항상 있다."

그에 대한 이런 말들은 그의 실험 기술이 뛰어났고, 과학 연구에서의 능력이 특출했음을 말해주는 것이다. 패러데이가 왕립연구소에서 받은 보수는 연간 400파운드로, 그리 많지 않았다. 그러나 그의 명성이 높아짐에 따라 여러 회사로부터 자문이나 분석 등을 의뢰해 오는 경우가 많아졌다. 그는 이러한 일들을 '전문 사업(professional business)'이라고 불렀다. 그의 친구들은 이러한 의뢰를 받아들이기를 권했고, 전자유도의 발견으로 그의 명성이 해외에까지 알려지자 이러한 '전문 사업'은 번창해 가서 1831년에는 1000파운드 이상의 수입이 있었다. 그가 과학 연구에 전념할 것인가, 돈벌이에 전념할 것인가를 생각하게 할 정도였다. 그러나 그는 왕립연구소에서 빌린 집에 살면서도 이러한 부업을 줄여가서, 1832년에 155파운드, 1837년에는 92파운드, 1839~1945년에는 22파운드로 줄였다. 그 이후는 한 푼의 부수입도 없게 되었다.

1835년에 필 내각은 패러데이에게 연금을 지급하려고 했으나 그는 고사했다. 그리고 다음의 멜번 내각 때에 멜번 경이 연금을 주려고 패러데이와 면담했을 때, 멜번 경이 패러데이의 비위에 거슬리는 말을 했다. 그래서 패러데이는 단호히 거절하고 말았다. 멜번 수상과 패러데이 두 사람을 다 잘 아는 어떤 부인이 패러데이에게 수상과의 화친을 권유하며, "당신의 결심을 바꾸게 하려면 어떻게 하면 좋겠습니까?" 하고 문의했을 때에, 패러데이는 "수상이 그렇게 할 이유나 그것을 기대할 권리는 나에게 없습니다. 그러나 나는 수상이 나에게 한 말에 대한 사과문을 쓰기를 요구합니다."라고 답했다. 결국 수상이 사과문을 보내서, 그는 연간 300파운드의 연금을 받게 되었다고 한다.

1839년 말경부터 그는 휴식이 필요하여 하루 종일 아무것도 하지 않고 앉아서 바다와 하늘만 바라보았고, 1841년에 병세가 악화되어 의사의 권유로 여름에 스위스에서 휴양을 했다. 그리고 스위스에서 돌아온 1842년부터 다시 연구를 시작했다. 이 시기에 증기기관에 의한 발전기를 제작했다. 그리고 1844년부터 그는 생애 최후의 연구에 착수했다. 1844년에 '패러데이효과'의 발견, 1845년에 반자성의 연구, 1850년에 복빙(復氷)의 발견, 1851년에 자력선의 연구 등을 했다. 그리고 1851년에 영국 과학계 최고의 영예인 로열 소사이어티 회장에 추대되었다. 하지만 그는, "나는 최후까지 다만 패러데이로 있고 싶다."라면서 회장직을 고사했다.

패러데이는 계속 왕립연구소의 셋방에서 살다가, 그의 강의를 청강한 사람 가운데 하나인 알버트 공(빅토리아 여왕의 남편)의 배려로, 1858년에 빅토리아 여왕이 햄프턴코트의 저택을 하사하여 그곳에 이사하여 살다가 1867년 8월 25일 이 저택에서 그의 생애를 마쳤다. 그는 인류가 낳은 가장 위대한 과학자 중의 한 사람이며, 근대 전기 문명의 아버지로 일컬어진다. 그는 위대한 과학자로서뿐만 아니라, 틴들이 "그의 위대함의 일부는 그의 과학 중에 나타나 있다. 그러나 과학 중에는 나타나지 않은 것, 그것은 그의 고상한 정신과 온유한 마음씨이다."라고 말한 것과 같이, 그는 인간적으로도 위대한 인물이었다. 이 위대한 인물의 이름은 전기용량의 실용단위로 사용되고 있는 '패럿(Farad)'으로 기념되고 있다.

2. 패러데이의 업적

패러데이가 데이비와 함께 전기화학 방면에 세운 업적도 결코 적은 것이 아니나, 이미 첫 장의 '전기화학'에서 기술했으므로, 여기서는 그가 근대 전자기학을 세우는 데 공헌한 업적을 주로 살펴보기로 한다.

1) 전자유도 작용의 발견

패러데이는 외르스테드에 의해 이루어진 전자기학에서의 획기적 발견에 자극을 받아 그의 본연의 활동 분야인 전기학 연구로 인도되었다. 당시 런던에서는 외르스테드가 발견한 전류의 작용에 의한 자석의 단순한 움직임 대신에, 이것을 연속적으로 회전시키는 문제가 세워져 있었고, 패러데이는 이 문제를 최초로 해결하는 데 성공했다.[1] 그는 자석의 한쪽 극에 백금 추를 달아 수은을 채운 용기 안에 넣고, 다른 극이 수은 위에 올라오게 띄웠다. 그리고 그 수은을 통해 전류가 용기 중앙에서 주위로 흐르게 했다. 그랬더니 이 자석은 용기의 축을 중심으로 회전했다. 이리하여 외르스테드가 발견한 현상의 의의는 확대되었고, 이 현상을 반대로 한, 즉 자기의 작용에 의해 전류를 일으키는 것이 문제가 되었다.

패러데이가 어떻게 이 문제를 해결했는가는 1839년에 출간된 『전기학 실험 연구』의

---

[1] 패러데이, 「전자기 회전에 대해서」, 『화학과 물리학 연보(1821)』 제18권. 『길버트 연보』 제71권, 제72권. 『과학 계간지(1822)』 제12권.

제1편에 상세히 기술되어 있다. 이 유명한 연구는 1831년 11월 로열 소사이어티에서 발표되었고, 1832년 『이학 보고』에 게재되었다. 그 처음 부분은, 전류가 흐르는 도선 또는 자석은 다 같이 그 근처에 있는 철사에 전류를 생기게 할 수 있으나, 이때에 생기는 유도전류(감응전류)는 다만 순간적인 것으로, 레이던병의 방전에 의해 생기는 전기파와 많은 점에서 닮았다는 것을 증명하고 있다.

패러데이는 동의 도선 A와 B를 나무 원통 위에 감고, A와 B 사이에 서로 접촉하지 않게 실을 감은 것의 B 도선 양단은 전류계에 연결하고 A 도선을 볼타전지에 연결한 순간 전류계 바늘은 급격하게 움직였고, 단절한 순간도 급격하게 반대 방향으로 움직였다. 그러나 A 코일에 정상전류가 흐를 때는 B 코일에 연결된 전류계는 하등의 움직임도 나타내지 않았다. 그다음 실험은 A 도선은 한 나무판 위에 나선형으로 감아 붙여서 볼타 전지에 연결하여 전류를 흐르게 하고, B 도선도 다른 나무판 위에 나선으로 감아 붙이고 전류계에 연결한 다음에, 이 두 판을 갑자기 접근 또는 격리시킬 때에 전과 같은 유도전류가 B도선에 생기며, 그 전류의 방향이 접근할 때와 격리할 때에 반대가 되며, 두 판의 위치를 고정해 두었을 때는 B 도선에 유도전류가 생기지 않는 것을 확인했다. 패러데이의 다음 노력은 전자석이나 보통 자석으로 유도전류를 생기게 하는 것이었다.

그는 철 고리(단철환)에 두 가닥 동선을 감았는데, 두 권선 상호간과 철심 사이는 절연했다. 그리고 B 권선은 전류계에 연결하고, A 권선을 전지에 접속했다 단절했다 하니, 전과 같이 B 권선에 유도전류가 생길 뿐만 아니라 몇십 배나 강한 전류가 생기며, 접속 또는 단절된 상태로 두면 유도전류가 생기지 않는 것을 확인했다. 그리고 두터운 종이 원통 위에 두 동선을 감고, 종이 원통 안에 연철 막대기를 넣어보니 유도전류는 매우 강해지는 반면에 동 막대기를 넣어보니 그 작용은 강해지지 않았다. 이것은 권선의 전류와 그 속의 연철 막대기에 의해 강한 전자석이 되기 때문이라고 생각했다. 그래서 이 전자석과 같은 작용이 보통의 자석으로도 생기는가를 확인하기 위해, A 권선에 전류를 흘렸다 끊었다 하는 대신에, 원통 축에 연철 막대기를 넣고 그 양단을 막대기 자석의 양극에 접속되게 하고, 그 막대기 자석의 양단을 접촉했다 떼었다 해보니 같은 현상이 나타났다. 그리고 더욱 간단하게 그 원통 속에 막대기 자석을 넣었다 뺐다 해보아도 같은 현상이 나타났다. 패러데이가 이러한 전자유도 현상을 발견함으로써, 그때까지 완전한 수수께끼로 남아 있던 현상들을 이해할 수 있게 되었다.

1824년 아라고는 동 원판 위에서 자침을 진동시키면 신기하게도 빨리 멈추는 것을 관찰했고, 이 원판을 회전시키면 그 운동은 자석에도 전달되며, 반대로 회전하고 있는 강력한 자석은 수 파운드나 되는 동판을 함께 회전시키는 것을 보았다. 그러나 자석과 동판을 정지시키면, 어떤 작은 인력이나 척력도 인지할 수가 없었다. 이와 같은 현상은 독일의 물리학자 제베크도 관찰했다. 이제 이 기묘한 현상이 설명될 수 있게 되었다. 패러데이는, 이것은 그가 발견한 유도전류에 의한 것으로 추측했다. 그래서 패러데이는 직경이 30cm, 두께 0.5cm인 동 원판을 강력한 자석 극간에 넣어 회전시켜 보았다. 원판 축과 둘레 끝은 금속 솔의 접촉자를 통해 전류계에 연결하고 원판을 회전하니, 전류계의 바늘이 움직여서 원판이 회전하는 동안 유도전류가 흐르는 것을 나타냈다. 회전을 빨리 하면 전류계의 바늘이 90도나 돌았고, 회전 방향을 반대로 하면 전류의 방향도 반대가 되는 것을 나타냈다. 그래서 이 기묘한 현상은 앙페르의 전기역학 법칙에서 도출할 수가 있었다.

2) 지자기 유도 작용

전자유도를 발견한 실험이 끝나자, 패러데이는 지구도 그 자기 때문에 운동하는 도체에 자석과 같은 작용을 일으키리라는 문제를 세워서, 이 작용도 실제로 있다는 것을 역시 1832년에 증명했다. 이 증명에 의해 전기 현상의 영역이 매우 확대되었고, 과학상의 발견으로는 매우 드문 큰 경탄을 불러일으켰다. 그것은 지자기가 어디나 있는 것을 고려한다면, 어떤 금속의 한 조각도, 그것이 정지해 있거나 어떤 방향 또는 반대 방향으로 운동하고 있는 다른 금속편과 접촉하여 움직이면, 반드시 전류가 생긴다는 결론이 패러데이의 증명으로부터 도출되기 때문이다. 패러데이는 이러한 문제에 대해 다음과 같이 말했다.

"아마도 증기기관이나 기타의 금속제 기계 중에서 우연히 전자기적 결합을 이루는 부분이 있어서, 이것이 아직 관찰되지 못한 작용이나 적어도 아직 밝혀지지 않은 작용을 야기하는 일도 있을 수 있을 것이다. 그리고 물이 흐르고 있는 데는 반드시 전류가 생기게 마련이다. 그래서 멕시코 만의 흐름과 같이 광대한 물의 흐름은 지자기로 생긴 전자기 유도전류 때문에, 자기의 변화 곡선 모양에 현저한 영향을 미치리라는 것도 생각할 수 있다."

패러데이는 운동 도체에 대한 지자기의 유도 작용을 다음과 같은 실험으로 증명했다.

동선 코일을 전류계에 연결하고, 그 코일 통 내에 자기를 완전히 없앤 연철 막대기를 삽입하여 뇐 자침(복각 자침) 방향으로 놓은 다음 180도 회전시키니 전류계의 바늘이 움직였다. 이러한 회전을 몇 번이고 되풀이하니 바늘의 기울기가 매우 커졌다. 그런데 철 막대기를 제거하고 코일만 회전시켜 보니, 아무런 작용이 나타나지 않았다.

이것은, 처음 실험에 나타난 전류는 지자기에 의해 철 막대기가 자석이 된 결과 생긴 유도전류라는 것을 뜻한다. 즉, 코일 내에 자석을 두고 180도 회전시킴으로써 그 극성을 반대로 해준 것과 같은 효과가 나타난 것이다. 다음에 코일만을 뇐 자침 방향으로 두고, 그 안에 연철 막대기를 넣었다 뺐다 해보니 그때마다 전류계의 바늘이 움직이나, 코일을 뇐 자침 방향에 직각으로 두었을 때는 연철 막대기를 넣었다 뺐다 해도 전류계에는 아무런 작용이 나타나지 않았다. 이것으로 유도전류는 지자기에 의해 생긴다는 것이 명백히 증명된 셈이다.

이 실험에서 지자기 유도 작용에 대한 확신을 얻은 패러데이는, 지구자기로 자화된 연철 막대기를 거치지 않고 직접 지구자기에 의한 전자유도를 일으켜 보려고 했다. 그는 약간 굵은 동선을 긴 직각네모꼴로 구부려서 그 양단이 한쪽 긴 변의 한가운데에 오게 하여 전류계에 연결하고, 이 긴 변을 자오선 방향으로(남북으로) 두었다. 그리고 이 변을 축으로 하여 다른 긴 변이 서쪽에서 동쪽으로 오게 180도 빨리 회전시켜 보았다. 그랬더니 축 변에 북쪽에서 남쪽으로 흐르는 전류가 생겼다. 그리고 반대 방향으로 회전하니 반대 방향의 전류가 생겼다. 이 전기는 지자기의 유도 작용 이외의 원인은 생각할 수 없는 확고한 증명이었다.

전술한 것과 같이, 패러데이는 강철 자석의 양극 간에서 동 원판을 회전시켜서 자기전기(자전기) 유도전류를 얻었는데, 이 인공 자석 대신에 지구자기를 이용해 보는 것은 당연한 것이다. 그래서 이 동 원판을 지구자장 안에서 회전시켜 보니, 원판이 복각 방향과 일치하는 평면에 있을 때 유도전류는 생기지 않고, 복각 선에 대하여 약간의 각도를 이루면 유도전류가 나타나며, 직각을 이루면 가장 강하게 나타났다. 그래서 이 회전 원판은 하나의 새로운 기전기가 되었다. 이것은 다른 기전기에 비해 그 작용은 매우 약했으나, 그 대신에 정상적 전류를 얻을 수 있었다. 요사이 동양의학에서 문제로 삼고 있는, 지자기로 야기되는 전류가 신경 계통을 자극할 수 있다는 생각은 이미 패러데이가 증명한 셈이다. 그리고 이 지자기의 유도 작용은 그 후에 철심을 가진 동선 코일을 여러 개 써서 강한 전류를 얻어, 물의 전기분해나 생체 자극에 활용하게 되었다.

3) 여분전류의 발견

전기와 자기의 유도 작용에 관한 기본적 연구는 패러데이가 자기유도를 발견함으로써 일단락되었다. 갈바니전류를 단절했을 때 생기는 불꽃은 회로가 짧은 도선일 때는 약하고, 회로가 아주 긴 도선으로 되었을 때는 도리어 매우 강렬하다는 사실은 물리학자들의 주의를 끌지 않을 수 없었다. 이러한 관계는 생리작용에서도 인정되었다. 패러데이는 전지의 양극을 짧은 도선으로 연결한 회로를 손으로 열 때는 전기 충격을 받지 않으나, 전자석을 감은 긴 회로를 열 때는 매우 강한 충격을 받는다는 기이한 사실에 주목하게 되었다. 도선이 길어지면 저항도 커져서 전류가 약해지므로, 결국 강한 전류에서는 약한 방전 불꽃이나 충격이 일어나고, 약한 전류는 도리어 강한 작용을 한다는 모순에 부닥치게 된 것이다. 패러데이는 그의 『전기학 실험 연구』 제9편에 실린, 1835년에 발표한 논문에, 이 현상은 자기가 발견한 유도 현상의 한 특별한 경우임을 증명하고 있다.

그는 전지의 양극을 수은을 담은 유리컵에 꽂은 도선으로 된 개폐기를 통해 긴 도선의 코일 또는 전자석 양단에 연결하고, 그것에 병렬로 전류계 또는 가는 백금선 또는 전기분해 장치를 연결했다. 수은 개폐기를 사용한 것은 개폐 때 일어나는 방전 불꽃이 아름답고 명확하기 때문이다. 이 장치의 수은 개폐기를 닫으면, 전류는 전류계 회로로도 나누어져서 흘러서, 전류계의 바늘은 한쪽으로 기울게 된다. 그리고 개폐기를 연 순간 전류계의 바늘은 반대 방향으로 움직이게 된다. 이것은 회로를 닫았을 때 흐르는 일차 전류와 반대 방향의 전류가 회로를 연 순간에 흐른다는 것을 의미한다. 패러데이는 회로를 연 순간 생기는 이 반대 방향의 전류를 '여분전류(extra current)'라고 불렀다.

패러데이는 이 여분전류가 백금선의 열작용과 전기분해 장치의 화학 작용에도 나타나는 것을 입증했다. 그는 백금선이 가열되는 정도로 여분전류의 세기를 가늠할 수 있었고, 옥화칼륨의 분해로 여분전류의 방향을 확증했다. 패러데이는 이 여분전류의 발생을 다음과 같이 설명했다. 즉, 코일의 도선을 통해 흐르는 전류를 단절하면 전류는 각 권선 전체에서 급속히 사라지게 된다. 그래서 우선 처음에 코일 하나하나의 권선을 생각하면, 이 권선 중에서 없어지는 전류는 인접 권선에 같은 방향의 전류를 일으키며, 이러한 현상은 모든 권선 부분에서 되풀이된다. 그 결과, 야기된 유도전류는 서로 보태지며, 그의 일차전류와 방향이 같기 때문에, 일차전류를 급속히 단절하면 분기선에서는 그것이 일차전류와는 반대 방향으로 흐르게 된다.

패러데이는 이 여분전류의 발생, 즉 자기유도의 연구에서 한 발 더 나아가서, 전류가 흐르기 시작하는 순간에도 유도 작용이 나타나므로, 회로를 닫는 순간에도 여분전류가 나타날 것이며, 그 방향은 일차 전류와 반대이므로 일차전류를 약화할 것이라는 생각을 했다. 그의 말을 빌리면, "전기 충격이나 불꽃과 정반대인 결과를 생기게 할 것이다." 이러한 소극적 결과를 실험으로 입증하는 것은 매우 곤란한 것이나, 그는 전기분해와 전류계에 의한 실험으로 회로를 닫았을 때도 여분전류가 생기는 것을 확인했다. 그는 일차전류가 흐르고 있을 때에 핀으로 전류계 바늘을 되돌아갈 수 없게 막고, 개폐기를 열어 전류를 끊은 다음에 다시 개폐기를 닫아 전류를 흐르게 했다. 그랬더니 그 순간에 전류계 바늘이 조금 더 기울었다. 즉, 정상전류가 흐를 때보다 더 많은 전류가 순간적으로 흐른 셈이다. 따라서 분기선에 흐른 이 일시적 과잉 전류를 통해 최초에 코일을 흐르는 전류의 일시적 약화를 증명할 수 있었다. 이 여분전류의 발생, 즉 자기유도 현상은 패러데이보다 앞서 미국의 물리학자 헨리가 1830년경에 발견하여 1832년 『아메리카 과학 잡지』에 발표했다. 당시 미국 학계는 세계의 주목을 받지 못하고 있었으므로, 패러데이는 그것을 모르고 자기의 연구를 발표한 것이다.

조지프 헨리(Joseph Henry, 1797~1878)는 미국이 낳은 프랭클린 이래의 유명한 전기학자이다. 자기유도계수와 상호유도계수의 단위인 '헨리(Henry)'는 그의 이름을 딴 것이다. 그는 어릴 때에는 배우나 극작가가 되는 것이 소원이었으나, 15세에 시계방 도제로 들어가서 그레고리의 『실험이학 강의』를 읽고 과학에 관심을 가지게 되어 '올버니 아카데미'에서 수학했고, 1826년에 모교의 수학 교수에 임명되었다. 교수 일은 매우 바빴고, 학교에는 실험실 여유도 없어서, 그는 8월 한 달의 방학 기간만 자기 연구를 할 수 있었다. 이런 그의 최초의 연구는 '전자석의 개량'이었다.

영국의 스털전이 1826년에 처음으로 발표한 전자석은 말굽형 연철심에 니스를 칠하고, 그 위에 동 나선을 18회 정도 감은 것이었다. 그러나 헨리는 연철에 니스를 칠하는 대신에 동선을 피복하여 빈틈없이 몇 층이나 감았다. 그는 이 전자석을 사용하여 1마일 정도 떨어진 곳의 전지로부터 전류를 보내서 종을 두들기게 한 일종의 전신기를 만들었다. 그가 1829년 8월에 이 전자석의 성능을 시험하고 있을 때, 전류를 끊으면 예기치 못한 불꽃이 튀는 것을 보았다. 그는 이것에 큰 관심을 가지고, 다음 해 8월 방학이 시작되자마자 이 현상을 규명하기 시작했다.

그는 1830년 8월에 패러데이가 한 것과 같은 실험을 하여, 전자유도·자기유도를 발견했다. 그러나 헨리는 이 결과를 발표하지 않았고, 다음 해인 1831년 8월에는 더욱 큰 전자석을 만들어 자동적으로 극이 변하는 회전 장치를 가진 전자 기관도 만들어서 발표했다. 또한 발전기도 만들기 시작했으나 신학기가 시작되어 완성하지 못했고, 1832년 8월에 완성하여 발표할 작정이었다. 그런데 1832년 6월에 패러데이의 새로운 실험을 간단히 소개한 것을 우연히 읽고는 서둘러서 자기의 실험을 종합하여 「긴 나선상 도선에 있어서의 전기적 자기유도」라는 논문을 만들어 『아메리카 과학 잡지』에 발표했다. 이 해에 헨리는 프린스턴 대학의 물리학 교수가 되었다. 그리고 1837년에는 영국을 방문하여 영국의 유명한 학자들과 사귀게 되었는데, 특히 패러데이와 휘트스톤의 환영을 받았다.

그가 런던 '킹스 칼리지(King's Collage)'를 방문했을 때에 패러데이, 휘트스톤, 다니엘 등과 열전파일에서 방전 불꽃을 일으키는 실험을 했다. 모두 차례로 해보았으나 성공하지 못했는데, 헨리는 그가 발명한 연철에 감은 긴 코일로 불꽃을 튀기는 데 성공했다. 이것을 본 패러데이는 어린아이와 같이 좋아 날뛰며, "양키 실험 만세!(Hurrah for the Yankee experiment)"라고 외쳤다고 한다. 1838년에 헨리는 '고차 유도전류'라는 중요한 발견을 했다. 그리고 1842년에는 레이던병의 방전은 단지 한 번으로 평형을 회복하는 것이 아니라, 급속한 왕복 진동으로 회복된다는 것을 증명했다. 이것은 후에 헬름홀츠가 다시 입증한 것이다. 헨리의 다방면에 걸친 업적들을 다 소개할 수는 없고, 끝으로 그는 1846년부터 개설한 새로이 설립된 워싱턴의 '스미슨 연구소' 소장에 임명되어 탁월한 행정 수완도 발휘한 것을 특기해 둔다.

4) 기체를 통한 방전

패러데이의 연구는 반드시 그가 개척한 새로운 연구에만 국한된 것은 아니다. 옛날부터 알려진 현상의 본질을 더욱 깊게 탐구한 노력도 있다. 1838년에 발표한 그의 『전기학 실험 연구』 제12편과 제13편에, 전기의 전도와 방전 문제를 다룬 것이 그 한 예이다. 패러데이는 처음에 우선, 도체와 부도체 간에는 본질적으로 다른 것이 없다고 강조했다. '도체'와 '부도체'라는 말은 '하나의 공통 상태의 양극단'을 표현한 데 지나지 않는다고 했다. 유황이나 세라믹 등이 전기를 잘 통하지 않는 까닭이 도전 능력이 적기 때문이라고 한다면, 반대로 전기를 통할 때 도선이 나타내는 저항은 절연의 힘이라고 볼 수 있을 것이다. 따라서 어느 경우고 극단에는 도달할 수 없다. 절연이나 전도도 완전성을 구할 수는 없다.

패러데이는 이 사실을 고려하여, 잔류전기(殘留電氣)를 설명하는 데 성공했다. 이 잔류 현상은 레이던병을 방전시킨 장시간 후에도, 몇 차례나 방전을 되풀이할 수 있는 현상으로 18세기부터 알려져 있던 것이다. 패러데이는 이 잔류 현상을, "절연체는 다만 전도의 힘이 적다는 것이므로, 전기는 레이던병의 금박으로부터 절연체 안으로 서서히 들어가서, 방전한 후에는 절연체로부터 금박으로 서서히 옮겨간다. 그 결과 다시 새로운 방전이 가능하게 된다."라고 설명했다.

패러데이는 '파열 방전(파열성 방전)'에 대해서도 매우 상세한 연구를 했다. 그가 파열 방전이라고 부른 것은, 불꽃 모양의 방전과 빗 모양의 방전을 가리킨 것이다. 같은 압력과 온도에서도 기체의 종류가 다르면, 그 안에서 일어나는 방전의 거리가 다르다는 것을 그는 다음과 같은 실험으로 증명했다.

그는 유리 용기 안쪽 밑바닥에 금속 구 L'와 그 위에 금속 막대기 끝에 작은 금속 구 S'를 붙인 방전 극을 설치하고, 방전 극 L'와 S' 사이의 간격을 조절할 수 있게 했다. 그리고 꼭 같은 크기와 구조의 방전 극 L과 S를 바깥 대기 공기 중에 나란히 설치하여 L과 L'는 접지하고 S와 S'는 같은 수전 단자를 통해 기전기의 정(+) 또는 부(-) 단자에 연결할 수 있게 했다. 그래서 방전 구 LS 간의 간격 U와 L'S' 간의 간격 V를 적당히 조절하여, 이 두 짝의 방전 구 사이의 불꽃이 튀기는 횟수를 같게 했다.

이때 두 방전 극 간의 공기와 용기 중의 기체 저항은 같은 것으로 볼 수 있다. 이런 실험에서 용기 중에 수소를 담았을 때는 V가 1.6cm에 대하여 U는 0.99cm였고, 염화수소 때는 V가 1.6cm에 대하여 U는 3.5cm였다. 따라서 수소 중의 방전 거리는 공기의 1.6/0.99=1.616배이고, 염화수소 중에서는 공기의 1.6/3.5=0.457배가 된다. 그리고 패러데이는, 방전 거리는 개재한 기체의 밀도가 증가하면 일반적으로 짧아진다는 것을 밝혔다. 그리고 방전 불꽃의 색이 기체 종류에 따라 달라진다는 것도 지적하여, 공기 중에서는 청백색, 수소 중에서는 적색, 탄산가스 중에서는 초록색 등으로 된다는 것을 밝혔다. 그리고 방전 극의 금속 성질에 따라서도 불꽃의 색이 큰 영향을 받으며, 불꽃 방전과 빗 모양 방전 사이에 여러 이행 형이 있다는 것도 지적하고 있다.

5) 전기의 종류

패러데이는 또 여러 가지 방법으로 발생한 각종 전기는 항상 동일한 자연력으로 보아도 좋은가 하는 의문을 해명하는 데 진력했다. 그는 각종 전기의 작용을 들고, 그것을 비교하여 "전기라는 것은 그것이 어떤 근원에서 생겼건 그 본성은 완전히 동일한 것이다."라는 확신에 도달했다. 그가 1833년에 이 문제를 제기했을 때, 그가 구별한 다섯 가지 전기는 갈바니전기, 마찰전기, 자기전기, 열전기, 그리고 동물전기였다. 이러한 종류의 전기에 대하여 생리학적 작용, 자침의 운동, 자화 작용, 불꽃의 발생, 열의 발생, 전기화학적 작용 등이 고찰되었다. 그 결과, 여기서 든 다섯 가지 전기는 "그 본질에 있어서는 다르지 않으나, 다만 그 정도가 다를 따름이며, 그 정도는 양과 강도의 상황이 변하는 데 따라서 변화한다."라고 결론지었다. 여기서 그가 말한 양과 강도는 전류의 양과 전압을 뜻한다.

패러데이는 특히 마찰전기와 갈바니전기가 같은 화학 작용을 하는 것을 증명하는 데 힘을 쏟았다. 그는 마찰전기 기전기의 수전 단자와 방전 단자 사이에 각각 황산동 용액, 염산, 옥화칼륨 등을 두고 기전기를 돌렸을 때에, 각각 전기분해가 일어나는 것을 확인하고, 갈바니전기도 같은 화학 작용이 일어나는 것을 확인했다. 그리고 1832년에 자기와 전기의 유도 작용에서 생기는 전류도, 갈바니전기나 마찰전기와 같이 철사를 달구거나 물을 분해하는 것을 증명했다.

이것은 그가 고안한 강력한 자석 유도 발전기에 의해 이루어졌다. 이 자석 유도 발전기는, U자 형 철심 양다리에 유도코일을 감은 것을 위에 고정하고 그 밑에 철심과 같은 크기의 U자 형 자석을 양다리가 서로 마주 보고 접근하게 설치하여 회전할 수 있게 한 것이다. 밑에 있는 자석을 회전하면, 처음에 철심과 자석이 한 평면에 있을 때는 두 다리가 서로 가장 가까이 있다가 차차 멀어져서 90도에서 가장 멀어지고, 다시 차차 가까워져서 180도 때에 다시 가장 가까워지나, 이때의 자석 극은 전과 반대가 된다. 그리고 다시 차차 멀어져서 270도에서 가장 멀게 되고, 또 차차로 가까워져서 360도에 처음 자리로 돌아온다. 이것은 마치 유도코일 내에 자석을 넣었다 뺐다 하는 것과 같은 작용을 하게 되어, 유도코일에는 자석 유도에 의한 전류가 흐르게 되나 그 방향은 180도마다 바뀌게 된다. 따라서 이 전류를 한 방향으로 흐르게 하기 위한 전기 변환기를 회전축에 달아서 전류 방향이 바뀌는 180도마다 유도코일을 반대로 접속하게 하면, 한 방향의 강력한 유도전류를 얻을 수 있다.

열전류는 패러데이가 각종 전기의 비교 검토를 하고 있던 당시에는, 아직 갈바니전기나 마찰전기가 나타내는 작용을 생기게 할 만큼 충분한 세기를 가지지 못했다. 그래서 이것에 대해서는 자기작용이나 생리학적 작용을 조사해 보는 데 그칠 수밖에 없었다. 그러나 동물전기에 대해서는 자기작용이나 생리학적 작용 외에도 화학 작용도 알려져 있었고, 불꽃의 발생도 두세 사람에 의해 관찰되었다. 패러데이는 이러한 전기작용을 비교하는 가운데, 특히 전기의 화학 작용에 주의를 기울게 되었다. 그래서 이 분야에서 오늘날 사용되는 용어들도 만들어 냈다. 그는 그리스말의 '길(οδός)'을 (-ode)로 고쳐서, 전류의 출입구를 '전극(電極, Electrode)', 전류의 입구를 '윗길(ἄνω οδός)'에서 따서 '양극(陽極, Anode)'이라 하고, 출구를 '아랫길(κατά οδός)'에서 따서 '음극(陰極, Cathode)'이라고 했다. 또 '분해한다(λδός)'를 '-ly'로 고쳐 붙여, 전기분해 과정을 '전해(電解, Electrolysis)', 전류에 의해 분해되는 물질을 '전해질(電解質, Electrolyte)', 분해 소산물을 향해 가는 것이라는 뜻인 'ιοντος'에서 '이온(Ion)'이라 하고, 양극으로 향해 가는 것을 '음이온(ἄνιον =Anion)', 음극으로 향해 가는 것을 '양이온(κατιών=Cation)' 등으로 이름 붙였고, '금속 전도'와 '전해질 전도'라는 두 가지 전기전도를 명확히 구별했다.

6) 전기분해의 기본 법칙

패러데이는 그의 『전기학 실험 연구』 제7편의 논문에 현재 학설의 기초를 세웠는데, 우선 첫째로 전기화학 분해의 일반적 조건을 규명하여 전류의 분해 작용은 전기량에 비례하고, 전해질의 농도나 전극의 크기에는 좌우되지 않는다는 일반 법칙을 세웠다. 그는 "전류의 분해 작용은 전기의 일정량에 대하여는 일정하며, 그 근원이나 강도나 전극의 크기나 전류가 통과한 도체의 성질 등이 아무리 달라도 그것들과는 관계가 없다."라고 말했다. 패러데이는 이 법칙에 근거하여, 통과한 전기량을 측정하는 장치를 개발했다.

그는 눈금을 한 유리 시험관 내부 양 벽에 백금 전극을 붙이고, 유리벽을 녹여 백금선을 외부로 뚫어내고 밀봉한 전해 시험관을 만들었다. 그리고 병목이 둘인 유리병에 황산을 탄 물을 반쯤 채우고, 한쪽 병목에 이 시험관 입구를 꽂고 밀봉한 다음 병을 기울여서 시험관에 물이 차게 한 다음에 바로 두면 시험관에는 물이 꽉 차 있게 된다. 그리고 이 시험관 전극에 전류를 흘리면, 백금 전극에서 발생한 기체는 모두 시험관 상부에 모이게 되고, 그 양을 눈금으로 읽을 수 있다. 그 전해된 기체의 양은 전극을 통과한 전기량에 비례하므로, 결국 전극을 통과한 전기량을 측정하게 된다. 그는 이것을 '볼타 전량계' 또는 '볼타미터(전량계)'라고 불렀다.

전기분해의 창시자인 데이비는 화합물의 일차적 분해 외에도 유리한 이온이 전극, 전해질 또는 용매와 화합하는 이차적 현상을 지적하고 있다. 패러데이도 이 현상에 대해 깊이 연구하여, 백금 전극으로 염산을 분해할 때 염소의 일부가 백금과 화합하고 나머지는 용해하는 것과, 염화나트륨 수용액을 전기 분해하면 양극에는 염소, 음극에는 수소와 가성소다가 유리되는데, 이 수소와 소다는 일차적 과정에서 유리한 나트륨이 물과 작용하여 생긴 것임을 밝혔다. 그리고 불로 녹인 염들에도 역시 이차적 작용이 일어나는 것을 관찰했다. 예를 들면, 염화제일석($SnCl_2$)을 분해할 때, 양극에 생긴 염소는 염화제일석과 작용하여 그것을 염화제이석($SnCl_4$)으로 변하게 하고, 음극에는 금속석(Sn)이 석출된다는 것을 밝혔다.

패러데이는 전류의 분해 작용을 비교하기 위해, 그의 전량계를 염화제일석을 전해하려는 전류 회로에 삽입했다. 시험관 안에 염화제일석을 넣어 알코올 불로 녹인 것에 두 백금선 전극을 꽂아 P극은 볼타전지의 양극에 연결하고, N극은 전량계 M을 거쳐 음극에 연결하여 전류를 흐르게 했다. 그리고 M에 충분한 양의 기체가 모인 다음에 그 기체의 양극과 음극에 석출하여 부착한 석의 양을 측정했다. 그 결과 전량계에 모인 폭발가스(수소와 산소)는 3.85입방인치(약 0.0323g)이고, 석출된 석(Sn)은 약 2g이었고, 2차작용으로 양극에 발생한 염화제이석은 증기가 되어 없어졌다. 그래서 전량계에 모인 수소의 무게에 대한 석출된 석의 중량은 약 57.9배였고, 이것은 석의 화학당량과 거의 일치했다. 이와 비슷한 많은 실험 결과, 전기분해의 기본 법칙인 "동일 양의 전류에 의해 석출되는 각 이온의 양은 항상 그의 화학당량에 비례한다."라는 패러데이의 법칙을 얻었다.

7) 접촉설 배격

패러데이는 볼타 전기파일의 분해 작용에 관한 연구에서, 마이어(Julius Robert von Mayer, 1814~1878)가 '에너지 보존 원리'를 말하기 훨씬 전에 이미 이 포괄적 원리와 완전히 일치하는 견해에 도달하여 전지의 전류 발생에 대한 접촉설을 다음과 같이 배격하는 말을 했다.

"접촉설은 작용하는 물질이 아무런 변화도 하지 않고, 어떤 원동력도 소비하지 않고도 강한 저항을 극복하고 물체를 분해하는 힘을 가진 전류를 발생할 수 있다고 가정하고 있다. 이것은 실제로 무에서 힘을 만들게 되는 셈이다. 하나의 힘을 다른 힘으로 변화시키는 방식으로 현상 형태를 변화하는 사례는 많이 있다. 이와 같은 방식으로 우리는 화학 역을 전류로 변화시키고, 또 전류를 화학 역으로 변화시킬 수 있다. 제베크의 멋진 실험은 열이 전기로 변하는 것을 입증했고, 외르스테드와 나의 실험은 전기와 자기가 서로 변환된다는 것을 증명했다. 그러나 어떤 경우에도, 전기를 발생하는 물고기의 경우도, 힘의 창조(발생)에는 그에 상당한 다른 힘이 소비되지 않고는 생길 수 없다."

패러데이의 이와 같은 정곡을 찌른 말에서, 우리는 과학의 근본적 진리는 그것이 완전히 해명되기 훨씬 이전에 시대의 일반 의식 중에 싹터 있다는 것을 알 수 있다. 동시에 패러데이가 그때까지의 물리학자, 특히 이탈리아와 독일의 물리학자들이 주창하고 있던 접촉설에 대해 어떤 입장을 취하고 있었는가를 짐작할 수 있다. 볼타의 견해는 흔들리고 있어서, 때로는 금속 간의 접촉을 때로는 제2의 도체와의 접촉을 전류의 근원으로 가정하고 있었다. 건 전기파일의 발명자인 잠보니는 금속 간의 접촉을 전류의 원인으로 보고, 금속과 액체의 접촉은 그 원인이 아니라고 주장하여 '건 전기파일'을 발명했다. 패러데이는 이러한 접촉설을 물리치고, 화학적 작용에 주목하여 "화학 작용이 없는 곳에는 전류도 없다."라고 주장했다. 이러한 패러데이의 접촉설에 대한 투쟁에 동지가 나타났다. 라리브는 화학적 친화력이 갈바니전류의 원인이며, 그 외에 기계적 작용과 열작용만이 전기를 일으키게 할 수 있다고 했다. 그는 "종류가 다른 두 가지 물질을 컵에 담긴 액체에 넣어두면, 어느 쪽에든지 화학 작용이 일어나면 전기가 발생한다. 이때에 화학적으로 침식당하는 물질은 음(-)으로 대전하고, 침식하는 물질은 양(+)으로 대전한다."라고 말했다.

패러데이도 그의 『전기 실험 연구』의 제16편과 17편에서 이 문제를 다루었는데, 화학 작용을 일으키지 않는, 단지 접촉만으로는 전류가 발생하지 않는다는 견해에서 출발하고 있다. 그리고 에너지 보존법칙이 명확히 표명되기 이전에 이미 이 법칙에 따라 다음과 같이 기술하고 있다.

"전기가 발생하는 곳에는 서로 접촉하는 미분자들이 서로 화학적으로 작용하며, 발생한 전기량은 그것에 이용된 화학적 힘에 상당하는 양(당량)이다. 어떤 경우도 같은 양의 화학적 힘이 소비되지 않고는 전류를 발생할 수 없으며, 발생한 전류는 반드시 일정량의 화학 변화를 남긴다."

이러한 패러데이의 입장에서 보면, 볼타의 기본 실험은 습기를 가진 대기의 작용으로 금속 표면에 산화층이 생긴 결과 전류가 생겼다고 생각할 수밖에 없다. 그래서 가능한 한 금속 표면이 산화하지 않도록 보호해 보니, 접촉 개소의 전압은 그만큼 낮아지는 것이 증명되었으나, 볼타 전류가 화학 작용 만에 의한 것이라고 설명하기에는 불충분했다.

그래서 1844년에 쇤바인(Christian Friedrich Schönbein, 1799~1868)은 일종의 조정안을 내놓았다. 패러데이는 눈으로 보이는 실제의 화학 작용을 전기의 원인으로 생각했으나, 쇤바인은 "실제로 하등의 화합이 일어나지 않은 경우도, 두 가지 물질이 단지 화학적으로 결합하려는 경향만으로도 이미 전기적 평형이 틀어진다. 그러나 두 가지 물질이 실제로 화합하기 때문에 생기는 전류는 화합하려는 경향만으로 생긴 전류보다 훨씬 강력할 것이다."라고 주장했다. 그리고 한 예로서, 아연과 동의 묽은 황산에 대한 거동을 고찰했다. 아연은 산소 열망적이므로, 산소는 아연과 화합하기 전에 이미 아연에 대한 인력을 나타내며, 물은 아직 분해되지 않았으나 우선 그 미분자의 이동할 방향이 결정되어, 물의 각 미분자 중의 산소는 아연 쪽으로 향하게 되고, 이러한 화학적 평형이 깨지는 것과 함께 전기적 평형도 깨져서, 산소 분자는 음(-)으로, 수소 분자는 양(+)으로 대전하게 된다고 했다. 그리고 이 액체 중에, 수소 열망적이거나 아연보다는 덜 산소 열망적인 제2의 금속판을 담그면, 그 액체 미분자들은 그대로의 배열을 유지하고 있으며, 아연과 제2 금속 간에 도전적 연결을 하면, 양전기는 아연 쪽으로 흘러서 물의 분해가 시작된다.

쇤바인의 이 견해는 오늘날의 견해를 유도했는데, 오늘날의 견해가 쇤바인과 다른 점은, 다만 물 분자의 전기적 극성이 아연에 의하여 만들어지는 것이 아니라 처음부터 그 자체에 존재한다는 것이다. 오늘날의 전자 이론에 따르면, 접촉전기의 발생은 두 가지 물질 간에 액체가 있을 때 화학 작용으로 전기가 발생하는 것과는 다른 것으로, 두 가지 물질 각각의 전자에너지준위는 달라서, 이것을 접촉하면 양쪽 전자의 에너지 평형이 이루어질 만큼 한 물체에서 다른 물체로 전자가 이동하여, 앞의 물체는 양(+)으로 후자는 음(-)으로 대전하게 된다.

8) 빛과 자기

패러데이는 갈바니전기와 화학 작용의 영역에서 한 것과 같이, 각종 힘들 상호간의 새로운 관계를 찾으려고 애썼다. 전기와 빛 간에도 이러한 관계가 있음이 틀림없을 것으로 확신하고, 빛에 대한 자기작용 실험을 했다.[2] 패러데이는 처음에 자석이 보통 광선에 어떤 영향을 직접 미치는가를 확인하려고 했으나 실패했고, 다음에 그가 만든 특수한 조성

---

2 패러데이, 『전기학 실험 연구(1844)』 제18편.

의 유리, 즉 납과 붕산과 규산으로 만든 중유리를 강력한 전자석 극간에 극평면보다 약간 높게 두고, 이 유리를 통해 축 방향에 편광을 보내고, 검광니콜을 그 광선이 없어지는 각도에 두었다. 그리고 전자석에 전류를 통하니 시야가 밝게 되었다. 다시 검광니콜을 적당한 각도 돌리니, 시야는 다시 어두워졌다. 따라서 빛의 편광면이 전자석의 작용으로 회전한 것을 확인했다. 전자석 대신에 좋은 강철 자석을 응용해 보아도, 조금 약하기는 하나 같은 작용이 일어나는 것을 확인했다.

그리고 단지 전류가 흐르는 도선으로도 빛의 편광면을 회전시킬 수가 있었다. 그는 검사하려는 투명한 물질의 막대기를 도선코일 안에 넣고, 그 코일에 전류를 통하니 전자석이나 강철 자석으로 실험한 것과 같이 편광면을 돌릴 수 있었다. 즉, 전류가 편광 방향에 대하여 기울기를 가진 평면에서 이 편광 주위를 돌며 흐르면, 전류의 방향과 같은 방향으로 광선의 축에 따라 회전하는 편광면의 회전이 일어났다. 이 현상은 전류가 작용을 미치는 한 계속되었다. 이러한 현상을 '패러데이 효과'라고 부르게 되었다.

패러데이는 각종 액체를 유리관에 채워서 그 코일 안에 넣어 시험했다. 그는 '전기 매질(전매질, Dielectrics)'이라는 이름에서 비롯해, 이와 같이 자기에 의해 빛에 영향을 미치는 물질을 '자기 매질(Diamagnetisms)'이라고 불렀다. 그는 코일과 같은 길이의 유리관에 물을 채우고 그 코일에서 관을 약간 빼내서 조사해 본 결과, 이 작용은 자기 매질의 길이에 영향을 받는 것을 알았다. 즉, 코일의 작용을 받는 수주의 길이가 길면 길수록, 편광의 회전도 그만큼 강해졌다. 회전도는 전류로 둘러싸인 액체 부분의 길이에 정비례하는 것으로 생각되었다. 그는 사탕, 주석산, 주석산 염 등과 같이 본래 회전력을 가진 선광체(旋光體)를 코일 안에서 시험해 보니, 전류에 의해 생긴 회전이 본래의 회전에 첨가되는 것을 확인했다. 패러데이는 그 논문의 결론에 다음과 같이 기술하고 있다.

"그래서 여기에 처음으로, 빛과 전기와 자기 간의 직접적 관계가 확인되었다고 나는 믿는다. …… 이것은, 자연력은 모두 서로 연락을 가지며, 공통의 기원을 가지고 있다는 것을 증명하는 도상에서의 일대 진보인 것이다."

9) 반자성의 발견

패러데이는 빛에 대한 자기작용을 발견함으로써, 자기가 모든 물질에 어떤 영향을 미치는가를 연구하려는 생각을 가지게 되었다. 그는 우선, 앞에서 한 빛에 대한 자기의 실험에 사용한 특수 유리 한 조각을 매우 강력한 전자석 극간에 달아두었는데, 철이면 양극으로부터 인력을 받아 양극을 잇는 선과 평행한 면이 될 것인데, 이 특수 유리는 수직한 면으로 위치하게 되었다. 이것은 양극으로부터 반발된 증거이다. 그래서 여러 가지 물질에 대해 세밀히 조사해 보니, 액체나 기체를 포함해서 모든 물질은 철과 같은 성질을 가지거나 또는 이 특수 유리와 같은 성질을 가진다는 것을 알았다.

패러데이는 철과 같은 성질의 물질을 '상자성(常磁性)을 가진 상자성체', 유리와 같은 성질의 물질을 '반자성(反磁性)을 가진 반자성체'라고 불렀다. 패러데이는 빛에 대한 자기작용의 실험에 사용한 이 특수 유리뿐만 아니라, 다른 종류의 유리도 반자성체인 것을 알았고, '석영, 방해석, 초석, 망초염, 인, 유황' 등의 비금속도 역시 반자성체인 것을 알았다. 금속에는 '니켈, 코발트, 망간, 크롬' 등은 철과 같이 상자성이며, 화학적 성질도 많은 점에서 닮았다. 그리고 반자성인 것으로는 '창연, 안티몬, 석(錫), 아연, 납, 은, 금' 등이 있었다. 패러데이는 액체도 얇은 유리관에 채워서, 유리관의 자성 효과는 무시할 정도로 하여, 자석 양극 간에서 그 자성 반응을 조사했다. 또 유기물질에 대해서도 그 자성 반응을 조사하여 '나무, 고기, 사과' 등에서도 그 자성 반응을 확인했다. 그 결과로 그는 다음과 같이 말했다.

"만약에 사람도 자유로이 움직이게 매달아 자장 중에 둔다면, 양극을 잇는 선에 가로로 위치하게 될 것이다. 이것은 인체를 구성하고 있는 물질은 혈액을 포함하여 모두 이 성질을 가지고 있기 때문이다."

자연계에서, 지표의 모든 곳에서 자력선에 노출되어 있는 수천만의 모든 것에는 이와 같은 작용이 나타날 것이라는 문제를 패러데이가 제기했다. 당초에 패러데이는 이 반발을 극성의 가정으로 설명하려고 했다. 그래서 반자성체는 철과 같이 자석의 북극 유도작용으로 남극은 생기지 않고 북극이 생긴다고 생각했다. 그러나 후에는 반자성적 극성이 존재한다는 견해를 버리고 말았는데, 이 반자성 극성이 존재한다는 견해는 후에 다른 사람들, 특히 베버에 의해 증명되었다.

패러데이는 상술한 여러 발견들을 통해 전기의 본성에 대하여 당시의 연구자들보다 매우 앞선 견해에 도달했다. 그는 이 견해를 1838년에 종합하여 처음으로 발표했는데, 이것은 후에 맥스웰(James Clerk Maxwell, 1831~1879)이 전개한 새로운 개념의 기초가 된 것이다. 패러데이는 유도 현상이나 전자기 현상을 중간에 개재한 미분자의 중개 없이 행해지는 원격 작용으로 해석하는 당시의 생각에 반대했다. 패러데이의 견해에 의하면, 절연 매질, 예를 들면 대전 구를 둘러싼 공기의 미분자는 전기와 무관한 중립 상태에 있는 것이 아니라 분극되어 있고, 이러한 절연 매질(전매질)의 미분자를 작은 자침 또는 무수한 작은 도체들로 본다.

즉, 이들 미분자는 대전 구의 작용으로 분극해 있다가 방전 후에는 보통 상태로 돌아간다. 그리고 분극한 미분자 간의 장력 관계는 유전 역의 곡선에 대응할 것이다. 실례로 레이던병을 생각해 보자. 당시의 사고방식에 의하면, 유리는 절연체로서 단지 내외 은박의 상반된 전기가 합치지 못하도록 방해하고 있는 데 지나지 않는다. 그런데 패러데이는 이런 생각과는 반대로, 절연하고 있는 중간물질(전매질)의 유도 과정에 주역을 주고 있다. 즉, 한쪽 은박에 전기를 주면 전매질은 다른 물리적 상태로 놓이게 되어, 그 미분자들은 분극하게 돼서, 그 결과 인력과 압력(일종의 장력)이 나타난다. 방전은 이 장력 상태가 복귀하여 없어지는 것이다. 따라서 이때에 나타나는 열 또는 다른 형태의 에너지는 은박 중에 있었던 것이 아니고, 유리 중에 있었던 것이다.

패러데이는 자기력도 전기력과 마찬가지로 원격 작용으로 보지 않고, 이것도 역시 매질(그의 말로는 자기 매질)의 장력 상태에 의한 것으로 생각했다. 전류의 유도 작용도 같은 결과에 도달했다. 그는 이 작용도 역시 정전기의 유도 작용 때와 같이, 중간에 존재하는 미분자의 매개로 전달되는 것이 틀림없다고 생각했다. 즉, 전류의 유도 작용도 정전기의 경우와 같이 서로 인접한 미분자들이 특수한 상태를 취하는 것이다. 패러데이는 이런 상태를 '전기적 긴장 상태'라고 불렀다. 패러데이는 이 개념을 실험으로 입증하려고 노력하여, 정전유도가 전매질의 종류에 영향을 받는 것과, 전기가 전매질에 스며드는 데 시간이 필요하다는 것을 증명했다. 전매질, 즉 절연 매질의 분극과 전기적 긴장 상태에 대한 패러데이의 설이, 특히 맥스웰에 의해 어떻게 전개되어 갔는가는 다음에 살펴보기로 하자. 그리고 패러데이는 전기와 중력의 관계를 해명하려고 무척 애썼으나 실패에 끝나고 말았다. 이 문제는 오늘날의 물리학의 중심 과제인 통일장의 문제이며, 아직 해명되지 못한 것이다.

3. 전기학 이론의 발전

패러데이의 연구는 주로 자연 현상의 질적인 면에 경주되었다. 독학자인 그는 양적 관계를 규명하는 데 필요한 수학적 소양이 부족했다. 그는 옴의 법칙이 발표된 지 5년이 지나도록 그것을 모르고 있었다고 한다.[3] 그리고 자기의 양적 면도 이미 가우스가 그 자연력의 세기를 측정하여 절대단위계의 기초를 세워 놓았고,[4] 베버는 이 단위계를 전류 분야에 확장해 놓았다. 그러나 "패러데이가 수학자가 아니었다는 것은, 아마도 과학 발전에 오히려 다행했다고 말해야 할 것이다."라고 맥스웰이 말한 것과 같이, 그는 실험을 통하여 수리 해석파들이 세워놓은 이론과는 전혀 다른, '매질을 통한 근접작용'이라는 그의 독창적 견해에 도달했고, 이 견해야말로 맥스웰에 의한 수학적 옷을 입고 전기학의 획기적 발전을 가져오게 한 것이다. 19세기 중엽까지의 전기학 이론의 발전 과정을 다시 정리해 보면 다음과 같다.

라플라스에 의해 기초가 세워진 '퍼텐셜론'을 전기와 자기 현상에 응용하여, 가우스를 비롯한 근대 전기학자들이 달성한 전기학의 수학 부문의 토대를 만든 첫 사람은 이미 기술한 것과 같이 그린이며, 그 출발점은 정전기에 관한 '쿨롱의 법칙'이었다. 새롭게 열린 볼타전기의 전자유도 영역도, 같은 수학적 해석으로 처리하기 위해서는 쿨롱이 정전기에 대해서 한 것같이 우선 법칙적 여러 관계를 발견하는 것이 필요했다.

전자 작용에 대해서는 외르스테드가 이 현상을 발견한 1820년에 그러한 법칙적 관계를 찾아내는 데 성공했다.[5] 비오(Jean Baptiste Biot, 1774~1862)와 사바르(Félix Savart, 1791~1841)는 명주실 끝에 매단 자침에 갈바니전류가 어떤 작용을 미치는가를 실험한 결과, 자석의 극에 미치는 전류의 힘은 전류와 자석 극을 포함한 평면에 수직으로 작용하고, 거리에 반비례한다는 것을 알았다. 이것은 겉으로 보기에 인력의 법칙이나 쿨롱의 법칙에 닮은 것을 알 수는 없으나, 이론상으로 자침 옆을 통과하여 직선으로 무한히 뻗은 전류의 한 요소를 생각하면, 비오와 사바르가 발견한 법칙과 같이 그 작용의 세기는 거리의 제곱에 반비례한다는 것을 알 수 있다. 이 '비오-사바르의 법칙'을 수식으로 나타

---

3 옴, 『수학적으로 취급한 갈바니 회로(1827)』.
4 가우스, 「절대단위계에 의한 자기력의 세기」, 『오스트발트 클라시커』 제53권.
5 비오·사바르, 『화학과 물리학 연보(1820)』 제15권.

내면 다음과 같다. $K = (i \times m \times ds / r^2) \times \sin w$

전기역학의 주요한 법칙도 상술한 것과 같이 앙페르에 의해 발견되었다. 1820년에 발표된, 같은 방향과 반대 방향으로 흐르는 전류 간의 인력과 척력에 대한 기초적 연구는 전기학의 새로운 중요한 분야를 개척했다. 앙페르는 두 개의 전류 요소가 서로 미치는 힘은 세기와 길이와 양자가 이루는 각의 어떤 함수에 정비례하며, 거리의 몇 제곱에 반비례할 것이라는 가정에서 출발하여 각의 함수와 거리의 차수를 결정했다.

즉, $K = (i \times i' \times ds \times ds' / r^n) \times \rho$ 에서 출발하여 n=2로 정하고, ρ 는 두 개의 전류가 그 연결선과 이루는 두 개의 각 θ, θ' 그리고 ds와 r 을 포함한 면과 ds'와 r 을 포함하는 면이 이루는 제3의 각 ε의 함수로 결정되며, $K = (i \times i' \times ds \times ds' / r) \times (3\cos\theta \times \cos\theta' - 2\cos\varepsilon)$ 가 되었다.

이러한 법칙들은 전기의 원격 작용 입장에서 된 것이므로, 다음에 더 나아가서 새롭게 발견된 전자유도 분야에 대해 수학적 해석을 확대할 필요가 생겼다.

1) 옴과 그의 법칙

옴(Georg Simon Ohm, 1787~1854)은 전류의 세기는 전압과 저항으로 결정된다는 것을 발견했다. 1827년에 출판된 그의 저서 『수학적으로 취급한 갈바니 회로』 서문 중의 구절을 빌리면, "경험에서 알려진 2, 3의 원리에서, 갈바니전기라는 이름으로 알려져 있는 전기 현상의 법칙을 인출"하는 과제를 해결한 것이다. 옴의 필생의 연구 가치를 알기 위해서는 옴이 한평생 싸워야 했던 고난을 떠올리지 않으면 안 된다. 그렇게 보면, 이 천재의 연구와 업적에 대해 그 시대의 사람들이 지불한 찬양과 보수가 얼마나 적었던가를 알 수가 있다.

옴

옴의 생일은 그의 묘비에 1787년 3월 16일로 새겨져 있어서, 모든 책에도 그렇게 기록되어 있다. 그런데 1927년에 발견된 에를랑겐 복음 교회의 기록에는, 옴이 그 도시의 시민이었으며, 자물쇠 장인이었던 요한 볼프강 옴과 그의 처 마리아 엘리자벳 사이에 1789년 3월 16일 오후 3시에 출생한 요한 시몬은 18일에 세례를 받은 것으로 기록되어 있다. 게오르크 시몬은 7형제의 장남이었고, 그의 동생 마르틴은 후에 베를린 사관학교 교수가 되었다. 그들의 아버지인 요한은 가난한 자물쇠 장인이었으나, 각국을 편력하며 철학, 기계학, 수학 등을 공부했고, 그 실력은 하이델베르크 대학 교수 랑스돌프와도 친교가 있을 정도였다. 랑스돌프는 이 두 형제의 재능을 인정하고 장차 베르누이 형제처럼 될 재목이니 꼭 대학 교육을 받게 하라고 권했다. 그래서 게오르크 시몬은 그의 아버지가 수학 등을 가르쳐서 1805년 에를랑겐 대학에 입학시켰는데, 학자금이 없어서 1806년 9월부터 서점을 하는 바리타의 소개로 스위스 학교의 교사를 3년 하다가, 뉴샤텔에 가서 수학과 프랑스어 가정교사를 했다. 그가 랑스돌프 교수의 권고에 따라, 오일러와 라크로아의 저작을 읽은 것도 이 시기다.

게오르크 시몬은 1811년에 에를랑겐에 돌아와서 10월 25일에 박사 학위를 받고, 그곳에 머물면서 수학과 물리학을 연구하면서 생계를 위해 교사를 하고자 했는데 허용되지 않았고, 1812년 12월에 밤베르크에서 학교 교사 자격을 얻어서 근무하게 되었다. 그곳의 상황은 너무나 비참해서 바바리아 왕에게 임지를 바꾸어 달라고 청원했으나 거절당했다. 그래서 그는 『준비 학교의 고등교육 수단으로서의 기하학 편람』이라는 저술을 하여 바바리아 왕에게 바치며 청원했는데, 그 노력에 대한 보답은 프로이센의 빌헬름 3세로부터 왔다. 빌헬름 3세는 그의 편람을 좋게 평가하여 쾰른의 김나지움(6년 문과 고등학교)에 교사 자리를 주었다. 그래서 1817년부터 1826년까지 근무했다.

이 시기에 그는 갈바니 회로의 전류 세기에 대한 연구를 했고, 그 연구를 완성하기 위해 1826년에 1년간 휴가를 얻어 동생 집에서 그 성과를 정리한 그의 최초의 논문을 『슈바이거 잡지(Schweiger's Journal)』에 1826년에 발표했는데, 이것이 바로 옴의 법칙의 실험적 증명이었다. 그리고 1827년에 그의 주저 『수학적으로 취급한 갈바니 회로』가 출판되었다. 그는 이 연구 성과로 대학에 자리를 얻을 수 있을 거라고 기대했는데, 그 기대는 어긋나고 말았다. 옴이 당대의 일류 과학자와 어깨를 나란히 할 수 있게 한 이 연구 성과도, 헤겔의 자연철학적 경향에 빠져 있던 독일의 대학 교수들에게는 호의로 받아들여지지 않았고, 옴이 그들의 동료가 아닌 김나지움 교사였다는 편견이 작용했던 것으로 생각된다.

그의 공적을 평가하고 이러한 불공정을 확실히 이해하기 위해서는 그가 이 위대한 실험을 대학에서가 아닌 고등학교에서 교사의 직무를 하면서 수행했다는 것을 고려하지 않으면 안 된다. 그는 학생 교육용 외에는 아무런 실험 기구도 없는 고등학교에서, 그의 타고난 재능과 아버지에게서 배운 기계 제작 기술로, 실험 장치를 처음부터 끝까지 손수 만들어서 연구 목적에 맞게 제작 조립했고, 그것도 여가가 없는 교사 직무를 하면서 수행해 냈다는 것을 고려해야 한다.

　　대학 교수 지위를 얻고자 한 그의 욕망도, 만약에 그가 헤겔류의 철학에 몸을 팔았다면 아마도 이루어졌을 것이다. 당시의 프로이센 문교 대신은 헤겔과 친교가 있었고, 인사 결정은 시학관의 의견에 따라 행해졌는데, 이 시학관도 헤겔 철학자였다. 그런데 옴은 뉴턴의 『프린키피아』조차도 인정하지 않는 이 헤겔의 철학을 받아들일 수가 없었고, 그들과 대립했다. 옴은 1827년에 쾰른의 교사로 복직하지 않으면 해직하겠다는 경고를 받고 사직했으며, 수년간 세상과 관계를 끊고 궁핍한 생활을 하다가 1833년에 겨우 바이에른 왕 루트비히 1세의 명령으로 뉘른베르크 이공과 학교 물리학 교관에 임명되었다. 그러나 외국에서는 옴의 이 획기적 업적에 주목했다. 프랑스의 과학 아카데미 회원인 푸이에가 처음으로 옴의 업적을 인정하고, 10년 후에 발표한 열전기와 전지 전기회로의 세기에 관한 그의 두 개 논문에 옴의 이론을 인용했다. 푸이에의 연구는 경탄을 일으켰으며, 더불어 옴의 논문과 저술도 영국에 알려져서 인정을 받게 되었다. 그래서 로열 소사이어티는 과학계 최고의 표창인 '코프리' 금배를 독일인으로서는 가우스 다음으로 옴에게 1841년 수여했다. 로열 소사이어티는 옴에게 '코프리상'을 수여한 공적서에 옴의 업적을 다음과 같이 기술하고 있다.

　"옴은 처음으로 전류회로의 법칙을 세웠다. 그는 하나의 회로 작용은 기전력의 합을 저항의 합으로 나눈 것과 같고, 그 값이 두 종류의 전류에 대하여 같으면, 이 전류의 작용도 역시 같다는 것을 이론적으로도 실험적으로도 증명했다. 또 그는 회로에 있어서의 개개 부분의 저항과 기전력을 정밀히 측정하는 방법을 발견했다. 이 연구들은 전류의 이론에 밝은 빛을 비춰 주었다. 10년간 옴의 연구는 사람들의 주목을 끌지 못하다가, 최근 5년간 겨우 인정된 것이다. 영국의 가장 경험이 풍부한 전기학자들은, 이 원천적 연구 결과가 매우 유용한 것이며, 관찰의 결과는 항상 엄밀히 옴의 이론에 일치하는 것을 가장 강력하게 증언하고 있다."

　　너무나 뒤늦게 옴의 소원은 받아들여져서, 1849년에 뮌헨 대학의 원외 교수로 임명되었다가, 1852년 그의 나이 65세에 정교수로 임명되었다. 금세기 초엽에 과학사를 올바른 궤도에 올려놓은 독일의 과학사가 다네만은 그가 제1차 세계대전 중에 집필한 『발전과의 관련에서 본 자연과학사』 중에 독일 과학의 아버지인 라이프니츠와 이 옴에 대한 독일의 수치스러운 처사를 통렬히 비판했고, 이에 각성한 독일은 제1차 세계대전 패전의 고난 속에서 분발하여 오늘의 독일 과학기술을 세우게 되었다.

옴은 그의 법칙을 발견하기 위한 첫 실험에서는 동아연 전지를 사용했다. 이 전지의 양극 간에 길이와 굵기가 각각 다른 여러 도선을 삽입하여 전류계를 관찰하니, 액체 전지에서 나오는 전류는 매우 불균등하여 처음에는 강하다가 한참 후에는 정상으로 되고, 전류를 끊었다가 다시 흐르게 하면 전지는 다시 강하게 되는 것을 알았다. 그는 이러한 현상을 '전력의 파동(Wogen der elektri-schen Kraft)'이라고 불렀고, 그 동요의 원인을 금속판에 작용하는 액체의 분해 때문이라고 아주 정확하게 지적했다. 이것은 '전지의 분극 현상'이라고 불리는 것이며, 이 현상을 인정한 것이 원인이 돼서 후에 상당히 일정한 전류를 내는 정상전지가 발명되었다. 그러나 옴은 이러한 정상전지를 사용할 수 없었으므로, 일정한 전압을 얻기 위해 다음 실험에는 창연과 동의 열전대(熱電對)를 사용했다. 이 열전대의 한쪽 접촉점은 끓는 물로 100도에 두고, 다른 접촉점은 얼음이 녹는 0도에 두어 일정한 전압을 얻게 되었다. 이 열전파일과 전류계로, 굵기가 같은 각종 길이의 도선에 대한 수많은 실험을 통해 옴은 그의 법칙인 다음 식을 얻었다.

$I=V/(r+r')=V/R$

단, I; 전류의 세기, V; 전압(기전력), r; 회로 도선의 저항, r'; 회로 내부 저항,

$R=r+r'$; 회로 전체의 저항

옴은 전류의 세기에 관한 이 옴 법칙 외에도 '제2의 옴 법칙'을 세웠다. 즉, 갈바니전기의 연결구에 흐르는 전류의 세기는 회로를 구성하는 여러 부분의 기전력과 저항에 관계된다는 것이다. 이 옴의 제2 법칙은 많은 물리학자가 실험으로 입증하려고 시도했으나, 회로를 닫았을 때에 회로 각 점의 전압을 측정할 수 없어서 성공하지 못했다. 그러다가 콜라우슈가 전류계의 감도를 매우 높여서 그것을 입증했다.

옴이 갈바니전류 작용에 대해 수행한 이론적 고찰도 후세의 과학에 매우 유용하게 되었다. 이러한 고찰을 하나하나 상술할 수는 없으나, 그러한 고찰이 특히 유체동역학이나 열전도 이론 분야에서 형성된 개념과 관련되었다는 것은 강조해 둔다. 옴은 물, 열, 전기 등이 서로 닮은 사상이라고 생각했다. 그의 생각에 의하면, 열의 흐름에서 온도의 차,

물의 흐름에서 낙차에 해당하는 것이 전류에서는 장력차, 즉 전위차(電位差)라고 했다. 그는 단위길이 떨어진 두 점 간의 장력차를 나타내는 데, 오늘날도 사용되는 '낙차(落差)'라는 말을 사용하고 있다. 그리고 음향학 영역에서도, 그가 1843년에 발견한 '음향 법칙'은 헬름홀츠의 연구로 '옴-헬름홀츠 법칙'이 세워졌다. 옴의 연구 성과를 처음으로 인정하고 세상에 알린 파리 대학 물리학 교수 푸이에는 옴의 업적에 대해 다음과 같이 말했다.

"우리는 아주 적은 문자로 된 공식에 의해 갈바니전기의 이론상의 새로운 시대의 토대를 만든 옴의 공적을 인정해야 한다. 옴의 공식은 새로운 현상을 가르쳐 주지는 않으나, 지금까지 풀 수 없는 수수께끼로 남아 평행하여 마주치지 않던 현상의 일대 영역을 결합해 주었다. 특히 우리는 이제 갈바니전류를 측정할 수 있는 확고한 발판을 얻게 되었고, 여기에 비로소 이 대상을 과학적으로 취급할 수 있게 되었다."

2) 전류의 열작용

우리는 패러데이가 전기분해의 기본 법칙을 세운 것을 이미 알아보았다. 그는 전류에 의해 석출된 전해질 양은 화학당량에 비례하고, 또 전류의 세기에 비례한다는 것을 발견했다. 이 외에 열작용도 패러데이에 의해 개척된 유도 현상에 대하여 수학적 이론을 전개하는 일이 남아 있었는데, 이것은 많은 연구자들, 그중에도 특히 줄, 렌츠, 빌헬름 베버, 그리고 프란츠 노이만 등에 의해 해결을 보았다.

철사에 전류를 통하면 철사가 가열되는 것은, 갈바니전기 작용 중에 가장 먼저 발견된 것이다. 데이비는 길이와 굵기가 같은 각종 금속선에 대하여, 같은 전원을 사용하면 철은 아연보다 그리고 아연은 동이나 은보다 빨리 가열되는 것을 증명했다. 이 사실은 철은 아연보다 불량한 도체이며, 은과 동은 가장 좋은 도체임을 알려준다. 전류의 열작용을 더욱 정밀하게 측정한 사람은 영국의 물리학자 줄(James Prescott Joule, 1818~1889)이었다.

줄은 유리 세관에 채운 수은에 각종 세기의 전류를 통하게 하여, 그 온도의 증가를 측정했다. 그 결과, 전류에 의해 발생한 열량은 전류 세기의 제곱에 비례한다는 것을 알았다. 줄은 이 실험을 다른 금속에 대해서도 확장하여, 발생한 열은 사용한 철사의 저항에 정비례한다는 것도 알았다. 따라서 전류의 세기를 I, 저항을 R, c를 철사에 관계된 정수라고 했을 때, t 시간에 발생한 열량 W는 다음과 같은 방정식으로 주어진다는 소위 '줄의 법칙'을 얻었다. $W=c \times I \times R \times t$

줄은 이러한 전류의 열작용에 관한 연구를 계속하는 중에, '에너지 보존법칙'도 발견하게 됐는데(이에 대해서는 뒤에 다루기로 한다.), 줄의 법칙은 렌츠(Heinrich Friedrich, Emil Lenz, 1804~1865)의 광범한 정밀 연구에 의해 확인되었다. 렌츠는 유리병에 알코올을 채우고, 코르크 마개에 두 배금선 전극을 꽂고, 그 전극 간에 가열할 금속선을 연결한 것을 병 안에 넣고 밀폐하여 다니엘이 발명한 정상전지(다니엘전지)로 가열하여, 온도계로 병 안의 알코올 온도를 읽어, 발생한 열량과 볼타미터(전량계)에 의한 전류의 세기를 측정했다. 그 결과 발생한 열량은 볼타미터에 발생한 가스 양, 즉 전류의 세기의 제곱에 비례하는 것을 확인했다. 이 측정에서 렌츠는 특히 병의 온도를 주위 공기의 온도보다 6도 낮게 한 다음에 전류로 6도 높게 가열함으로써, 주위에서 들어간 열량과 가열 때 방출하는 열량을 같게 하여 가열 때의 열 방출로 생기는 오차를 없앴다. 그리고 가열에 의해 발생하는 전기는 전기가 열로 전환하는 과정의 정반대인 것도 확인했다. 렌츠는 1821년에 제베크에 의해 개척된 열전류 분야도 세심하게 연구했다.

다른 종류의 금속, 예를 들면 창연과 안티몬 접촉점 한쪽을 가열하거나, 다른 쪽을 냉각하여 온도차를 만들면 전류가 발생하는데, 이것을 반대로 하여 열전대에 전류를 통하게 하여 두 접촉점 사이에 온도차를 생기게 하는 문제가 생겼다. 프랑스의 펠티에(Jean Charles Athanase Peltier, 1785~1845)는 안티몬과 창연의 접합점에 전류를 안티몬에서 창연 쪽으로 흘리면 발열하고, 반대로 흘리면 온도가 강하하는 것을 1834년에 발견했다. 렌츠는 이 '펠티에 효과'로 접합점에 물을 응고시킨 얼음을 영하 4.5도까지 냉각하여 주의를 끌게 했다.

물리학의 연구가 확대됨에 따라, 어떤 과정도 그 과정을 반대로 할 수 있다는 사실이 관찰돼서, 모든 힘은 일반적으로 서로 전환된다는 관념이 명백해졌다. 그리고 이러한 전환에 있어서, 없어지는 양과 발생한 양이 같은가를 확인하려는 움직임이 생겨서, 19세기의 30년대에 모든 것이 '에너지 보존법칙'이라는 큰 보편적 인식으로 지향된 것을 볼 수 있다. 펠티에 효과의 연구에 뒤이어 열전류 이론이 발전됐고, 온도차가 작을 때는 전류의 세기는 금속의 접촉 개소의 온도차에 비례한다는 것을 알았다.

3) 렌츠의 법칙

렌츠는 또한 전자유도 현상에 대한 일반적 법칙을 발견하는 데 성공한 최초의 물리학자이다. 렌츠는 처음으로 유도전류의 방향을 곧바로 알 수 있는 한 규칙에 의해, 모든 유도 현상을 파악할 수 있다는 것을 알았다. 즉, 하나의 자석 또는 도체가 제2의 도체에 대하여 취하는 상대적 위치가 변하면 그때마다 제2 도체 중에 유도전류가 발생하는데, 이 전류는 유도 작용을 일으키는 자석 또는 제1 도체에 가해진 상대적 운동과 반대 방향의 운동을 그 자석 또는 제1 도체에 주려고 한다. 즉, 자석 또는 전류가 그의 운동에 의해 제2 도체에 미치는 작용은, 그 도체가 자신 안에 유도전류를 야기하는 운동을 저지하려는 점에 있다. 이 규칙은 '렌츠의 법칙' 또는 '전자유도의 원칙'이라고 불린다. 이 렌츠의 법칙에는 이미 전류 발생과 역학적 일의 관계가 제시되어 있다. 예를 들면, 자석을 도체에 접근시키려면 유도전류에 기인한 반대 작용을 극복해야 하는 역학적 일이 필요하다는 것이다. 한 힘에서 다른 힘으로 전환할 경우, 그들은 서로 해당 양의 일을 나타낸다는 것을 정량적으로 증명할 필요가 남아 있었다. 이 증명을 1847년에 헬름홀츠가 해내었다. 헬름홀츠는 마이어가 주창한 '힘의 보존법칙'을 전기와 자기 현상 영역으로 확대했다. '마이어의 법칙'은 우선 역학적 과정과 열 현상 간에 증명되어 있었던 것이다. 우리는 여기서도 모든 것이 근대 자연과학의 근본 원리의 발견으로 달리고 있는 것을 볼 수 있다.

렌츠는 또 처음으로 유도전류의 세기를 측정하는 것을 시도했다. 그는 연철봉에 몇 겹이나 도선을 감아 이것을 전류계에 연결했다. 그리고 강철 자석을 이 철봉에 붙였다가 뗐다가 하여 유도전류를 발생하게 했다. 그러면 전자 유도전류에 의해 전류계의 바늘이 순간적으로 움직이게 되는데, 그 움직인 각과 유도전류의 세기에 대한 관계를 조사한 결과 유도전류의 세기는 그 움직인 각의 반의 정절(sin)에 비례하는 것을 알았다.

다음에 그는 코일을 감은 횟수를 2, 4, 8, 16배로 바꾸어 가며 유도전류의 세기를 서로 비교해 보았더니, 감은 횟수가 많으면 많을수록 코일에 생기는 유도전류의 세기가 커진다는 것을 알아냈다. 렌츠가 유도전류의 세기와 자침의 진동각 간의 관계를 발견한 과정은 역학 분야에서 얻은 법칙을 새로운 전기학 분야에 응용한 좋은 실례이기도 하다. 그는 유도전류가 자침에 미치는 작용은 순간적이므로, 정지한 진자에 가해진 충격과 같은 것으로 생각하여, 진자운동과 같은 법칙으로, 처음에 가해진 충격으로 출발한 것과 같은 속도로 원위치로 돌아오며, 그 속도는 충격의 세기, 즉 유도전류에 비례한다고 생각했다. 따라서 진자의 속도와 진동각의 관계를 나타내는 식은 유도전류의 경우도 동일하며, 진동각 반의 정현(sin)에 비례한다고 했다.

4) 유도전류의 이론

유도전류는 유도 작용을 주는 전류, 또는 자석의 운동을 저지하려는 방향으로 일어난다는 '렌츠의 법칙'에서 출발하여, 1845년에 노이만(Franz Ernst Neumann, 1798~1895)은 유도전류에 대한 수학적 법칙을 더욱 상세하게 전개했다. 노이만은 독일 물리학 발전에 중요한 역할을 했으므로, 그의 업적을 올바로 파악하기 위해 그의 생애를 간략하게 소개해 둔다.

노이만은 1798년에 브란덴부르크에서 토지 관리인의 아들로 태어났다. 16세에 김나지움 생도였던 그는 1815년의 전쟁에 종군하여, 나폴레옹에 패전한 리뉴 전투에서 중상을 입은 애국 청년이었다. 그는 대학에서 신학을 공부했으나, 타고난 성품과 광물학자 바이스의 영향으로 자연과학으로 전향했다. 노이만은 극도로 빈곤했어도 겸양했고, 직무에 충실하여 쾨니히스베르크 대학의 강사가 됐으나 보수는 매우 적었다. 1829년에 광물학과 물리학 교수가 됐으나 여전히 박봉이었다. 그런데도 그는 자비로 학생들을 위한 물리학 실험실을 세웠고, 50년간 충실히 봉직했다.

노이만이 과학적 활동을 시작했을 때, 독일의 대학에서는 물리학의 기초 정도만 가르쳤고, 옴과 같이 정밀과학에서의 그의 업적은 어디서도 인정받지 못했다. 실험 같은 것들은 당시에 지배적이었던 자연철학파의 사변에 밀려 빛을 보지 못했다. 이와 같이 자연과학의 발전에 매우 나쁜 조건 하에 있었던 독일의 젊은 자연과학자들이 불건전한 철학의 굴레에 얽매여 있기를 원하지 않는 이상, 18세기에서 19세기로 이행하는 이 시대에 라플라스, 라부아지에, 쿨롱, 프레넬 등에 의해 위대한 성과를 올린 프랑스에 눈을 돌리게 되는 것은 당연했다. 이 프랑스 과학자들을 본받아 수리물리학적 연구 방법을 독일에 이식한 것이 노이만이었다. 그가 광학 분야에서 프레넬의 연구와 관련하여 수리 해석 방법을 시도하여 어떤 성과를 올렸는지는 이미 전 장에서 기술했다. 패러데이가 유도전류를 발견하고부터 이 분야에서도 그 이전의 전기학 분야에서와 같이 수리 해석을 하는 것이 필요하게 되었다. 패러데이가 그의 발견을 발표한 지 약 15년 후에, 노이만은 1845년과 1847년에 발표한 두 논문에서 이 문제를 최초로 그리고 완전하게 수리 해석으로 해결했다.

두 논문 가운데 특히 중요한 것은, 유도전류의 수학적 이론의 일반적 원리에 관하여 1847년에 발표한 연구 논문이다. 이 논문에서 노이만은, 전기의 본성에 대한 어떤 가정도 세우지 않고 유도전류의 세기를 산출하는 방법을 제시했다. 노이만은 유도전류는 그것을 생기게 하는 자석 또는 도체의 운동을 저지하는 방향으로 흐른다는 '렌츠의 법칙'에서 출발했다. 이 법칙에는 전류의 발생과 일의 소비 관계가 표현되어 있었다. 예를 들어, 자석을 도체에 접근시켜 그것에 전류를 발생시키는 데는, 자석이 움직인 거리에 대한 저지 작용을 극복하는 일정한 일의 소비가 필요했다. 이 경우에, 자석을 무한히 먼 거리로부터 그 도체에 접근시킨다고 하면, 최대의 일이 행해져야 한다는 것은 명백하다.

이 일의 극대치를, 그 자석에 관한 이 도체의 '퍼텐셜'이라고 부른다. 우리는 앞에서 이 퍼텐셜 개념이 어떻게 뉴턴의 인력 이론에서 생겼는가, 그리고 이 개념이 그린과 가우스 등에 의해 어떻게 자기와 정전기 현상에 확대되었는가를 살펴보았다. 노이만도 이 퍼텐셜 이론을 빌려서 유도 현상의 일반적 원리에 도달한 것이다. 그것은 폐회로가 된 도선에 적용되며, 이런 폐곡선을 이룬 도체에 유기되는 기전력은 유기시키는 전류가 흐르는 도체에 관한, 전술한 도체의 퍼텐셜 값과 같다고 노이만은 말했다. 노이만의 이 원리는 실험적 검증으로 확인됐고, 각종 유도 현상의 계산에 이용됐으며, 그 중요성은 오늘날도 유지되고 있다. 패러데이도 1852년에 자신의 근접 작용 입장에서 유도기전력, 즉 유도전류의 세기에 관한 더욱 발전적인 법칙을 세웠다. 노이만의 식은 맥스웰이 패러데이의 생각에 근거하여 세운 식에서 쉽게 도출된다.

5) 전기역학의 기본 법칙

노이만이 연구를 하고 있던 시기에, 빌헬름 베버(Wilhelm Eduard Weber, 1804~1891)는 쿨롱의 법칙, 앙페르의 법칙, 그리고 유도전류의 법칙을 하나로 종합한 법칙(역학에서 뉴턴의 인력 법칙과 같은 포괄적 의의를 지니는 법칙), 즉 전기학 분야에서 전기역학의 기본 법칙을 발견하려고 애쓰고 있었다. 빌헬름 베버는 비텐베르크 대학의 신학 교수인 미카엘 베버의 아들로 태어났으며, 그는 초기 연구를 '베버-페히너 법칙'의 발견자인 그의 형 에른스트와 공동으로 했고, 형과 공동으로 『실험에 근거한 파동론』을 저술했다. 그리고 동생 에두아르트와도 공동으로 『보행기관과 근육운동의 역학』을 저술했다. 그의 형제들은 계속해서 생리학 방향으로 연구해 나갔으나, 빌헬름은 가우스의 주선으로 괴팅겐으로 초빙되어 물리학을 전공하게 되었다. 가우스와 베버는 협동하여 지자기의 해명에 진력했고, 1833년에는 최초의 전신기를 만들어 천문대와 물리학 연구소를 연락했다. 1837년에 하노버 헌법의 폐지를 반대하여, 유명한 '괴팅겐 7인'의 한 사람으로 교수직에서 쫓겨났다. 그래서 무직으로 있다가 라이프치히에서 수년간 교편을 잡았고, 1849년에 복직했다. 그리고 1891년에 사망하기까지 괴팅겐에서 과학 연구에 종사했는데, 그의 교수 활동도 노이만과 같이 매우 뛰어났다.

베버의 법칙에 의하면, 두 전기량 e, e' 간에 상호작용하는 힘 F는, 그의 거리 r뿐만 아니라, 그의 속도 dr/dt와 가속도 dr^2/dt^2에 관계돼서 다음과 같은 식으로 주어진다.

$$F=(e \times e'/r^2) \times [1-(1/c^2) \times (dr/dt)^2 + (2r/c^2) \times (d^2r/d^2t)]$$

베버의 법칙을 나타내는 위의 식에 나오는 정수 c의 값을 결정함으로써 놀라운 결과가 생겼다. 즉, 정전기적 작용과 전기역학적 작용의 비를 취하면, 전기의 미소 부분의 속도는 빛의 속도와 일치하게 된다. 이 베버의 법칙 결과는 전기역학적 현상과 빛의 현상 간에 관련이 있다는 것을 명시하고 있으므로, 이러한 인식 중에는 이미 후에 맥스웰이 전개한 빛의 전자설이 싹터 있었다고 볼 수 있다. 노이만의 법칙에는 찬성하게 되었는데도, 이 베버의 법칙은 세상에서 인정을 받지 못했다. 과학자들 중에서도, 특히 헬름홀츠는 베버의 법칙이 '힘의 보존법칙'에 일치하지 않는다고 생각하여 이의를 제창했다.

베버는 이 이의를 반박하려고 시도했으나, 베버의 법칙을 어떤 특정 경우에 적용하려면 매우 복잡한 계산이 필요했고, 거기에다 맥스웰이 전기 현상에 대한 전혀 새로운 사고방식을 제창하여 일반의 관심을 집중시켰다. 그래서 베버의 법칙에 대한 정부 판정도 나기 전에 이 법칙은 일반이 돌보지도 않게 되고 말았다. 이 법칙은 아직 원격 작용을 전제로 한 옛 사고방식 위에 세워졌기 때문에, 패러데이가 주장했고 맥스웰이 전개한 새로운 생각인 '전기력의 전달은 중간 매체에 의한다'는 입장이 설득력을 얻었다.

6) 전류의 절대량

갈바니전류와 전기저항에 대한 베버의 실험적 연구와 그것에 근거한 그의 전자단위계는 그 후의 모든 연구에서 근본적 중요성을 가진 것이었다. 이 연구의 일부는 콜라우슈와 공동으로 한 것인데, 이에 대해 기술하기 전에 노이만의 법칙이 발견된 지 10년 후에 피사의 물리학 교수 페리치(Riccard Ferrici, 1819~1902)가 유도 이론을 한 단계 진보시킨 것을 특기해 두고 싶다. 페리치는 갈바니전류에 의해 야기된 유도의 법칙을 도출하는 데 최초로 성공했다.[6] 노이만과 베버는 주로 수리 해석의 길을 취했으나, 페리치는 앙페르와 같이 실험 결과에서 출발하여 하나의 기본적 공식을 도출하고, 그것을 다시 실험으로 확인하려고 했다. 페리치는 볼타 전류를 단속할 때, 유도 작용으로 생기는 이차전류의 세기는, 다른 조건이 변하지 않으면 일차전류의 세기에 비례하는 것을 증명했다. 그리고 도체를 한 위치에서 다른 위치로 옮길 때, 갈바니전류에 의해 이 도체 중에 유도 작용으로 생기는 전류의 세기는, 그 도체를 제2의 위치에 두고 일차전류를 단속할 때에 생기는 전류의 세기와 같다는 것을 입증했다. 이러한 사실과 다른 실험에서 찾은 두세 가지 사실에 근거하여 페리치의 수학적 이론이 전개되었다.

한편 베버의 가장 중요한 공적으로는 전류의 양을 측정한 그의 방법을 들어야 한다. 패러데이는 전류의 세기를 측정하는 데, 그가 고안한 볼타미터에 유리된 폭발가스를 이용했는데, 베버는 그가 조립한 정절(sin)전류계를 사용했다. 이것은 직경 20cm의 동 바퀴를 수직으로 세우고, 아래 끝을 절단하여 양 끝을 도선으로 전류회로에 연결하게 하고, 그 바퀴 중심에 자침을 수평으로 나무판 위에 두어 그 바퀴를 흐르는 전류만이 자침에 작용하게 하고, 작용하는 도선의 길이나 자침까지의 거리를 항상 일정하게 하면 그 바퀴를 흐르는 전류의 세기를 절대적 양으로 결정할 수 있었다. 베버는 그가 고안한 이 전류계의 두 가지 중요한 응용을 시도했다. 첫째 그는, 당시 사용된 다니엘전지, 그로브전지, 그리고 분젠전지의 전류 세기를 비교했다. 베버가 시험한 그로브전지의 절대적 세기는 270.5, 다니엘전지는 173.5, 분젠전지는 184.5였다. 둘째 응용은, 전류의 열작용을 측정하여 자연력의 해당량 값을 얻는 데 공헌했다. 이러한 수치가 힘의 보존법칙을 세우는 데 얼마나 중요한가를 그 당시 베버는 물론 몰랐을 것이다. 그는 일정한 굵기와 길이를 가진 한 백금선을 물에 담그고 전지에 연결하여, 그 백금선을 통해 흐르는 전류의 세기를 정절전류계로 측정하고, 물의 온도 상승도 측정했다. 그 결과, 세기 1의 전류가 1분간에 1그램의 물을 1.4도 올리는 데 상당한 열을 발생한다는 것을 알았다.

베버는 1840년의 제2 연구에서, 세기 1의 전류가 1분간에 분해하는 물의 무게를 측정했다. 그리고 각종 물질의 화학당량을 분해하는 데, 같은 양의 전류를 필요로 하는 것을 발견했다. 예를 들어, 9그램의 물을 분해하는 것과 같은 양의 전류로, 36.5그램의 염산

---

6 페리치, 「전기역학적 감응의 수학적 이론에 대하여」, 『화학과 물리학 연보(1852)』 제34권.

을 분해한다. 그리고 분해된 물질의 양은 분해에 소요된 전기량과 일정한 비가 된다는 것은 의심의 여지가 없었다. 베버는 물에 대한 이 비를 구한바, 전자단위로 세기 1의 전류가 1초간에 0.009376밀리그램의 물을 분해한다는 것을 발견했다. 그래서 베버는 절대 단위에 의한 전류의 세기를 다음과 같이 정의했다.

"어떤 양의 전기가 일 초 동안 평면상에 면적 1을 둘러싼 도체를 통과하여 자유 자기의 절대 기본 단위와 동일한 원격 작용력이 생길 때, 이 전기량을 절대단위로 한다."

여기서 처음으로 전기량의 단위가 전자기적으로 정의되었다.

베버가 전기화학당량을 측정하는 데 사용한 방법은 매우 독창적이고 새로운 것이었다. 그는 미세한 측정에 특히 적합한 두 가닥 실로 매단 원주형 가동코일로 된 전류계를 발명했다. 명주실을 감은 동선을 일정한 직경의 원주형 바퀴에 감아서 모든 권선이 동심원 군이 되게 한다. 이 원의 면적에 권수를 곱하여 전류가 둘러싼 면적의 크기(S)를 구했다. 그리고 이 원주 코일을 두 가닥 실로 관측 장소의 자기자오선에 평행하게 매달았다. 그리고 측정하려는 세기 G인 전류를 그 원주 코일에 흘리면, 지자기의 수평 성분의 세기(T)의 힘은 이 코일을 자기자오선 평면에 수직인 위치로 돌리려는 작용을 한다. 그런데 이 코일은 두 가닥 실에 매달려 있으므로, 원위치로 돌리려는 어떤 세기의 방향력 D가 작용하여 어떤 각 ϕ에서 평형을 이루게 된다. 즉, $S \times T \times G = D \times \tan\phi$ 라는 관계가 성립한다.

위 식에서 G 이외는 모두 기지의 값이다. 예를 들어, 지자기의 절대적 수평 성분 T는 베버가 실험했던 장소와 시일에는 1.702였다. 베버는 가우스와 마찬가지로 초(sec), 밀리그램(mg), 밀리미터(mm) 단위계를 사용했는데, 후에는 더 큰 단위인 cm, gram, sec 를 기본 단위로 하는 CGS 단위계가 채용되게 되었다. 전류 세기의 절대단위로 전기화학당량을 측정하는 일은, 분젠과 줄에 의해 되풀이되었다. 그 결과 분젠은 0.00927, 줄은 0.00923mg을 얻어서, 베버의 값 0.00937과 거의 일치하는 것을 확인했다.

그리고 베버가 전기화학당량을 측정하기 위해 만든 두 가닥 실로 매단 전류계로부터, 후의 수많은 기계들의 기초가 된 가장 중요한 측정 장치의 하나인 베버의 '동력 전류계(動力電流計)'가 생겨났다. 이것은 두 가닥 실로 매단 가동코일(가동선륜)을 고정한 배율 코일(배율선륜) 안에 동심(同心)으로 두고, 코일 면이 서로 수직이 되게 배치한 것이다.

174

지금 배율코일의 면이 자기자오선 평면과 일치하게 하고, 측정하려는 전류를 두 코일을 통해 흘리면, 고정된 배율코일 면과 수직이었던 가동코일 면은 일치되려고 한다. 그리고 이 전기역학적 힘과 반대 방향으로 두 가닥 실로 매단 것에 기인한 회전능률(回轉能率)이 작용하여 일정 각에서 평형을 이룬다. 이 각을 거울을 이용하여 정밀하게 측정함으로써, 그 전류에 의한 전기역학적 회전능률을 계산할 수 있다.

베버는 더 나아가서 전기전도의 저항도 절대단위로 측정하려고 했다. 베버는 전압, 전류, 저항의 절대적 단위를, "1단위전압(기전력)에 의해 절대적 세기 1인 전류를 생기게 하는 회로의 저항은 1단위저항이다."라고 정의했다.

베버가 취한 이 방법은, 자신이 발명한 지자기 유도기를 써서 지자기력의 성분 1로 전류를 일으켜서 그 전류의 절대적 세기를 측정하고, 그로부터 회로의 저항을 산출했다.[7]

7) 전기의 단위

베버는 또 하나의 연구를 콜라우슈와 공동으로 했다. 이것은 「갈바니전류에 있어서, 회로의 단면을 통과하는 전기량에 대하여」라는 연구다.[8] 이 논문에는 전기의 단위를 역학적 절대단위로 나타내는 중요한 문제가 기술되어 있다. 그들은 가우스가 자기의 절대적 측정에 채용한 mg, mm, sec 단위계를 이용하여 전기량의 단위를 다음과 같이 정했다. 즉, "어떤 전기량이 한 점에 집중되어 있다고 하고, 이것이 다른 한 점에 집중되어 있는 동종 동량의 전기량에 1mm 거리에서 작용하여, 단위질량(1mg)에 1mm/sec의 속도를 주는 힘에 해당하는 척력을 미칠 때, 이것을 전기량의 단위로 한다."라고 했다. 그래서 베버와 콜라우슈가 세운 과제는, 하나의 정상전류에 대해서 이 전류가 1초간에 단면을 통과하는 전기량과 이렇게 정의한 단위 전기량과의 비를 발견하는 것이었다.

우리는 베버의 전기역학적 연구를 좀 더 상세히 알아두어야 한다. 그것은 오늘날에도 과학과 공학에서 사용하고 있는 전기단위계의 기초가 됐기 때문이다. 1881년 파리에서 열린 국제전기회의에서, 베버의 단위계는 모든 문화국에서 채용하기로 결의됐다. 다만 베버가 사용한 mm, mg, sec 단위계를 cm, g, sec를 사용하는 소위 CGS 단위계를 사용하기로 고친 것뿐이다. 그래서 1881년부터 오늘날까지 전류의 단위는 '암페어(A)', 전

---

7 빌헬름 베버, 「전류의 전도 저항의 절대단위에 의한 측정」, 『포겐도르프 연보(1851)』 제82권.
8 『포겐도르프 연보(1856)』 제99권.

압의 단위는 '볼트(V)', 저항의 단위는 '옴(Ω)'이라고 불리게 되었다. 이 CGS 단위와 실용단위는 후에 켈빈 경이 된 윌리엄 톰슨의 발의에 의해 1861년에 성립한 '대영 학술협회(British Science Association)'가 임명한 위원회의 조사 연구로 준비됐던 것이며, 이 위원회에 CGS 단위를 제안한 것도 역시 톰슨이었다. 이 위원회는 전자단위와 정전단위로 구분했고, 실용단위는 전자단위에 10의 몇 제곱을 곱하거나 제해서 편리한 크기로 한 것이다. 예를 들면, 1암페어는 '질산은 용액에서 매초 1.118밀리그램의 은을 분해하는 전류의 세기'라고 규정했다. 1881년의 파리회의에서는 이러한 실용단위, 전류의 '암페어', 전압의 '볼트', 그리고 전기저항의 '옴' 외에도, 전기량 단위로 '쿨롱'과 전기용량 단위로 '패럿(farad)'도 채용되었다. 그러나 당시에 '옴'을 수은주의 크기로 규정하는 데는, 실험 결과에 각종 난점이 있어서 의견의 일치를 보지 못하다가, 1893년 시카고 국제회의에서 온도 0도에서 14.45그램의 수은이 길이 106.3cm인 수은주가 나타내는 전기저항이라고 규정하여, 실용단위계가 전면적으로 오늘날과 같이 확립되었다.

베버의 생각에는 전기는 양적 관계를 측정할 수 있는 일종의 유체(流體)였다. 그리고 전류의 세기는 일정 시간에 회로의 단면을 흐르는 전기량으로 결정되었다. 이러한 생각은, 맥스웰이 전기와 자기 현상은 빛과 같이 에테르의 가로파동에 의해 생긴다는 이론을 전개하고부터 버려지고 말았다. 그러나 전자의 개념이 전개된 오늘날의 견해는, 전기 현상을 다시 전자의 운동으로 설명하게 돼서 베버의 생각이 되살아난 셈이다.

제 6 장
화학과 생리학의 발전

우리는 1장에서 5장까지에서, 에너지 원리가 발견되기 직전까지의 시대에 주로 전자기학을 중심으로 한 물리학이 어떤 방향으로 발전해 왔는가를 살펴보았다. 이제 화학과 생리학의 발전에 눈을 돌려보자. 이들 학문은 대체로 그 자체의 목표를 좇아갔으나, 전기 현상과 관련된 분야에서는 더욱더 물리학과 접촉하게 된 것을 이미 살펴보았다. 화학이 이 시기에 가장 중요한 임무로 여긴 것은, 무기화합물 분야에서 성립한 방법과 개념을 동물체나 식물체의 산물로 확장하는 것이었다. 그 결과, 일반화학과 무기화학과 나란히 유기화학이 성립했다. 그리고 생리학 분야에서는, 물리학과 유기화학에 힘입어 새로운 근대적 발전을 하게 되었다.

1. 유기화학의 확립

18세기에 이미 두세 가지의 유기화합물이 알려져 그 특징도 충분히 알았고, 이들 유기화합물이 무기화합물을 형성하고 있는 같은 원소로 성립된 것도 발견되어 있었다. 유기화합물의 정량분석도 역시 18세기에 볼 수 있다. 동식물계의 물질 조성을 규명하기 위한 가장 오래된 방법은 증류하여 얻어진 생성물을 시험하는 것이었다.

이에 반하여 라부아지에는 분석하려는 물질을 산소 중에서 연소시켜서 그 조성이 알려진 화합물인 물과 탄산가스로 변환하여, 그들의 양을 측정하는 방법으로 정밀한 결과를 얻을 수 있었다. 라부아지에는 수은으로 폐쇄한 유리종을 사용했으나, 후에는 이것 대신에 시험 물질을 염산칼리나 산화동과 같은 산화제와 함께 연소관 안에 넣어서 가열하는 방법이 나타났다. 이 방법은 리비히(Justus Freiherr von Liebig, 1803~1873)에 의해 완성됐고, 그가 탄산가스의 정량을 위해 만든 구 장치는 유기화학의 표상이 되었다.

1) 유기화합물의 최초 이론

라부아지에는 원소분석뿐만 아니라, 유기화학의 이론을 최초로 세우기 시작했다. 라부아지에의 화학 체계에서는 산소가 가장 중요한 역할을 하는데, 화합물에서 산소를 제거한 나머지 성분을 '화합물의 기(基) 또는 근(根)'이라고 불렀다. 그리고 간단한 무기화합물은 그 기가 하나의 원소인 것이 통례이나, 동식물계에 유래한 물질에서는 두 개 이상의 원소로 된 것도 있었다. 라부아지에의 견해는 게이뤼삭이 '시안'은 두 개의 원소가 한 뭉치가 돼서 많은 화합물에서 하나의 원소와 같이 행동하며, 유리상태로 분리할 수도 있다는 것을 인정하여 지지를 받게 됐으나, 후에 기는 원래 단독으로 분리되지 않는 가정적 물질에 지나지 않다는 것이 밝혀졌다.

기(基)설의 본래 확립자인 리비히와 뵐러(Friedrich Wöhler, 1800~1882)는 안식산에 관한 1832년의 공동 연구에서, '벤조인'은 산소도 포함한 세 원소로 된 기를 가졌다는 것을 증명함으로써, 라부아지에 이래로 고수해 온 '산소는 기에 대하여 특수한 위치에 있다.'라는 견해는 폐기되었고, 유기화학에 큰 자극을 주었다. 그들은 이 연구 논문의 첫머리에, "유기물이란 암흑의 영역 중에서, 우리가 이 영역의 인식과 해명에 도달할 바른길로 나아갈 입구의 하나를 지시한 빛을 만나게만 돼도 축배를 들 일이다."라고 기술했다.[1]

리비히와 뵐러가 연구의 출발점으로 택한 것은, 고편도(高扁桃) 중에 청산과 지방유와 함께 포함되어 있는 고편도유(苦扁桃油)라고 부른 '방향유(芳香油)'였다. 그들은 우선 순수한 고편도유를 만들었는데, 이것은 산소의 작용을 받아 벤조인의 결정으로 변했고, 이 변화는 햇빛을 받으면 더욱 빨라지는 것에 주목했다. 그래서 이것들을 산화동을 넣은 시험관 안에서 가열하여 탄사가스와 물로 변화시켰다.

그 결과, 고편도유는 분자식 $C_7H_6O(=C_6H_5COH)$에 상당하며, 벤조인은 산소를 하나 더 가진 분자식 $C_7H_6O_2(=C_6H_5COOH)$인 것을 밝혔다. 그들은 이 두 화합물에 포함된 성분 $C_7H_5O(=C_6H_5CO)$를 벤조인(안식향산)의 기 '벤조일'이라고 불렀다. 이와 같이 벤조일은 세 개의 원소로 된 기이며, 화학 변화에 있어서 마치 하나의 원소같이 작용하는 것이 밝혀졌다. 그래서 베르셀리우스는 벤조일기를 Bz로 표시하고, 발견됐거나 발견될 기들도 특별 기호로 표시할 것을 제안했다.

2) 리비히의 개척 활동

리비히는 프랑크푸르트 남쪽의 다름슈타트에 태어났고, 그의 아버지는 염료, 니스, 래커 등의 제조 판매를 했는데, 리비히는 어릴 때부터 아버지의 일을 열심히 돕는 조수였다. 그는 학교 공부를 소홀히 했기 때문에 교사로부터 저능아 취급을 받았고, 화학자가 되겠다는 그의 꿈은 조소를 당했다. 그런데도 그의 나라의 군주 루트비히 1세는 궁정도

---

1 리비히, 「안식향산의 기에 관한 제 연구」, 『리비히의 화학과 약학 연보(1832)』 제3권.

서관에서 화학서를 찾아 열심히 탐독하는 젊은 리비히에게 주목하여, 그에게 학자금을 주어 본과 에를랑겐 대학에서 자연과학을 배우게 했고, 파리에 보내서 연구를 계속할 수 있게 했다.

리비히는 에를랑겐 대학에서 셸링(Friedrich Wilhelm Joseph von Schelling, 1775~1854)의 강의를 받고 독일 자연철학의 영향 하에 있었으나, 후년에는 이 자연철학을 맹렬히 비난하고 조소하여 "자연철학은 더없이 부당한 이름이다. 이 경향은 기초적 연구를 하지 않고 자연 현상을 설명하는 것을 그 본질로 하고 있으나, 노력과 노고에 의하지 않는 창조가 고무되고 시인되는 한, 이러한 경향은 청년들 사이에서 없어지지는 않을 것이다."라고 말했다. 리비히는 많은 천재들이 이러한 경향에 말려 들어가 있는 것을 보았다. 그 자신은 1822년에, 당시에 참다운 과학의 생기가 넘쳐흐르던 파리에 가서 화학을 수학하게 됐을 때 비로소 이 미로에서 벗어날 수가 있었다고 한다.

그는 파리에서 약국 도제로 있을 때 시작한 뇌산은(雷酸銀)의 연구를 완성하여, 과학 아카데미에 1824년에 발표했다. 게이뤼삭과 알렉산더 폰 훔볼트는 리비히가 아카데미에 제출한 뇌산은 연구의 성과에 대한 보고를 보고, 이 젊고 천재적인 과학자에게 주목하게 됐고, 그 후부터 그를 원조해 주었다. 그래서 리비히는 게이뤼삭의 연구실에서 수은이나 은을 알코올과 질산으로 처리하여 생기는 '뇌산'이라고 불리게 될 폭발성 물질이 '염(鹽)'인 것을 증명하고, 그 뇌산의 정밀한 조성에 대해 게이뤼삭과 공동으로 연구했다.

게이뤼삭의 실험실에서의 연구를 마치자 리비히는 21세에 알렉산더 폰 훔볼트의 세력 덕택에, 구습을 깨고 기센 대학의 교수가 되었다. 그는 이 대학에 독일 최초의 화학 실험실을 설립하여 독일의 화학, 특히 유기화학적 연구 분야에서 오늘날까지 지도적 역할을 해온 학파를 생기게 했다. 리비히는 후에 이 대학에서의 지도 방침을 다음과 같이 기술하고 있다.

"본래의 수업은 초보 학자들에게만 했다. 나의 학생들은 자기 자신이 연구하며 학습했다. 나는 문제를 주고, 연구의 경과를 감독하기로 했고, 이렇다 할 지시는 하지 않았다. 나는 매일 아침, 한 사람 한 사람의 학생이 각자가 전일에 한 것의 보고나, 앞으로 할 일에 대한 의견을 들어 찬성하거나 반대하거나 했다. 각자는 각각 자기 스스로 연구를 진행할 의무가 있었다."

자주독립의 정신을 고무하는 것을 최대의 특징으로 한 이와 같은 리비히의 창도와 실천이야말로 참다운 대학의 자유인 것이다. '학문적으로 자립한다'는 것이 그 표어이다. 그래서 많은 학생이 각지 각국으로부터 밀려와서 리비히의 정신에 훈도된 결과, 화학은 불과 20~30년도 지나지 않아서 자연과학의 타 분야나 응용의 모든 범위에 걸친 중요성을 획득하게 되었다.

리비히는 또 전문가가 아닌 일반 교양인에게도 화학이란 어떤 것인가를 이해시키려고 『화학 서한(Chemische Briefs, 1844)』을 저술해 냈다. 이것은 지금까지 통속 과학 문헌 영역에서 저술된 책 가운데 가장 좋은 책으로 꼽히고 있으며, 오늘날도 읽어볼 가치가 있는 책이다. 그는 또 정부가 화학을 국가적 시설과 비용으로 장려할 의무가 있다는 것을 명기하기 위한 두 논문에 의해 화학 발전에 진력한 공적도 있다. 리비히가 지적한 것과 같이, 당시 프로이센에는 여섯 개 대학을 통틀어서 단 하나의 화학 실험실도 실험물리학 연구실도 없었다. 그리고 미처리히나 로제와 같은 대학자도 200~300달러의 연봉으로, 자신의 연구비를 마련하는 데도 급급했다. 이에 비하면 리비히가 태어난 소국 헤센 정부의 행위는 훌륭한 것이었다. 그래서 리비히는 타 대학의 화려한 지위를 물리치고 약 30년간 기센 대학에서 일하고, 1852년에 뮌헨 대학에 초빙되어 갔다. 그는 이 대학에서는 모든 잡무에서 면제되어 오직 자기 자신의 과학 활동에만 전념할 수 있었다. 그래서 많은 업적에 찬 그의 후반 생애를 보내고, 1873년 4월 18일에 독일이 낳은 이 위대한 화학자는 그의 활동을 마쳤다. "리비히가 공업, 농업, 그리고 위생학 분야에서 성취한 것을 합쳐 보면, 인류가 낳은 다른 어떤 학자도 이와 같이 큰 유산을 인류에게 남기지 않았다고 주장할 수가 있을 것이다."라고 호프만은 그에게 바친 추도사에서 말했다.

3) 이성 발견과 유기화합물 합성

프리드리히 뵐러는 지질학자 부흐(Christian Leopold von Freiherr Buch, 1774~1853)에게서 자극을 받아 화학과 물리학 실험에 열중하게 됐고, 그와 함께 베르셀리우스가 발견한 원소 셀렌(셀레늄)의 황철광 내의 함유량에 관한 연구를 했다. 의학 과정을 마치자 스톡홀름의 베르셀리우스 밑에 가서 화학을 공부하고 1824년에 돌아와서, 베를린과 카셀의 공업학교 화학 교사로 근무하다가, 1836년에 괴팅겐 대학의 교수가 되어 죽기까지 교수와 연구자로서 눈부신 활동을 했다.

뵐러는 시안산은(酸銀)을 연구하여, 그것이 전혀 다른 성질을 가진 리비히가 발표한 뇌산은과 완전히 같은 조성을 가졌다는 것을 1824년에 밝혔다. 그런데 리비히가 이 두

염과 그것에 상당하는 두 산 뇌산과 시안산을 분석 비교해 본 결과, 시안산은에는 은이 6% 더 많이 함유되어 있다고 해서 논쟁이 벌어졌다. 그래서 뵐러가 리비히를 직접 찾아가서 따져본 결과, 리비히가 사용한 시안산은의 시료가 순수하지 않았기 때문이었음을 알게 되었고, 두 산은은 완전히 동일한 조성인 것을 확인했다.

따라서 질적으로 양적으로 같은 조성을 가진 것은 같은 물질이라는 원칙은 파기되어야 했다. 이러한 새로운 현상을 베르셀리우스의 제안에 따라 '이성(異性, isomer)'이라고 하고, 원자 배열이 다른 결과로서 설명되어 유기화합물의 구조 문제가 전면에 대두되었다. 이 뵐러의 시안산에 관한 연구는, 과학적 유기화학의 시작으로 보아야 할 큰 의의를 가진 하나의 중요한 발견의 단서가 되었다.

베르셀리우스는 1827년까지도 유기화학을 생명력의 작용에서 생성된 물질의 과학이라고 정의했는데, 다음 해에 뵐러로부터 "나는 신장(腎臟), 일반적으로 말하면 동물을 필요로 하지 않는 방법으로 요소(尿素)를 만들 수 있었다."라는 것을 보고 받았다. 이 합성은 무기물질에서 구성된 시안산암모니아가 분자 내의 변화에 의해 요소로 변한 것이다.[2]

$$KFe(NC) \rightarrow KCNO \rightarrow CNO \times NH_4 \rightarrow CO \times 2(NH_2)$$

이것은 많은 유기물질 합성의 시초가 됐고, 그 결과 특별한 생명력의 작용이라는 신앙은, 유기계의 변화도, 역시 쉽게 이해되는 무기계의 과정과 같은 법칙에 지배된다는 확신으로 바뀌었다. 그래서 신흥 화학에 의해서도 모든 사상을 하나로 종합하여 파악할 준비가 되었다.

그리고 또 시안산암모니아($CNO \times NH_4$)와 요소($CO \times 2NH_2$)는 이성체(異性體, isomer)의 새로운 한 예가 되었다. 그 후 1830년에 베르셀리우스는 주석산과 포도산이 완전히 원소 조성이 같은 것을 발견했고, 이 이성체들의 증기 밀도를 측정한 결과, 한 경우는 조성이 완전히 같은데도 분자량이 다른 데 대하여 다른 경우는 분자량도 같았다. 그래서 그는 전자의 경우를 '중합체(重合體)'라고 하고, 후자의 경우는 좁은 의미의 이성체라는 뜻에서 '메타메리'라고 불렀다. 뵐러의 그 후의 연구는 특히 무기화학과 공업화학에 관한 것이며, 1827에 알루미늄의 분리에 처음으로 성공했다.

---

2 뵐러, 「요소의 합성」, 『포겐도르프의 물리학 연보(1828)』 제12권.

4) 산과 염기

유기화학 영역의 지도권은 리비히에게로 넘어갔다. 그는 뵐러와 공동으로 고편도유(苦扁桃油)에 관한 연구를 발표한 후 수년간 유기산, 특히 '유산, 사과산, 요산'에 대한 연구에 몰두하여 유기산의 구조에 관한 논문을 1838년에 발표했다.

라부아지에가 제창하여 베르셀리우스가 확인한 학설에 의하면, 산의 특성은 산소가 성분으로 포함되어 있기 때문에 나타난다고 했다. 그리고 베르셀리우스는 산의 염에 대하여, 금속산화물의 산소 성분과 금속산화물과 화합하여 중성염을 만드는 무수산의 산소 성분은 동일 산의 각종 염에 대하여 항상 일정한 간단한 비를 이룬다는 것을 발견했다. 그레이엄은 1836년에 발표한 그의 「염(鹽)의 구조에 관한 연구」에서 이 발견을 확대 연구하여, '산의 무수물은 항상 일정량의 금속산화물과 화합하는데, 하나만이 아닌 여러 가지 비례 관계로 화합한다.'라는 것을 밝혔다. 그래서 인산의 예에서 '다염기산(多鹽基酸)'이란 개념이 생겼다. 이러한 산의 포화도는 변화하고, 그 산을 구성한 염기(鹽基) 수에 좌우된다고 생각했다.

$P_2O_5 \times H_2O (=2HPO_3,$ 메타인산$)$

$P_2O_5 \times 2H_2O (=H_4P_2O_7,$ 피로인산$)$

$P_2O_5 \times 3H_2O (=2H_3PO_4,$ 정인산$)$

그레이엄의 이 연구는 리비히에 의해 확대가 되어서, '무수인산(無水燐酸, P_2O_5) 한 분자는 몇 개 분자의 염기와 화합할 힘이 있다'는 것이, 자기가 연구한 9종의 유기산과 비소산(비산)에서도 인정된다는 것을 밝혔다. 그래서 모든 산을 1염기산, 2염기산, 다염기산으로 분류하게 되었다. 리비히는 또 산의 산도(酸度)는 산소 성분이 아니고 금속과 치환할 수 있는 수소원자의 수로 결정된다는 것을 발견했다. 이로써 '산은 무수산과 물이 결합한 것'이라는 이원설은 지지를 받지 못하게 됐고, 물을 산 성분인 염기수, 염기 성분인 가성수, 그리고 결정수 등으로 구분하는 것도 필요 없게 되었다. 산에 대한 이와 같은 생각의 토대는 데이비가 이미 염산과 유산, 그리고 각각의 염을 비교하여 만들어져 있었는데, 리비히가 다수의 산에 대해 비교하여 이 생각을 일반으로 승인할 수 있게 한 것이다.

5) 벤젠과 그 유도체

유기화합물은 대부분 메탄속과 방향속(芳香屬)으로 나누어진다. 이 방향속의 기초가 되는 탄화수소(C_6H_6)는 1825년에 패러데이가 등용가스를 압축했을 때 생기는 액체를 연구하여 발견했다. 오늘날 '벤젠'이라고 불리는 이 탄화수소에 대하여 처음으로 화학적 연구를 한 사람은 무기화학의 개척자로 이미 기술한 미처리히이다. 미처리히는 벤젠과 그 화합물에 관한 연구를 1834년에 발표했는데, 그는 17세기부터 알려진 벤조인산(안식향산)을 석회와 함께 증류하여 일종의 액체를 얻었는데, 패러데이가 1825년에 발견한 것과 동일 물질인 것을 확인하고 '벤젠(Benzine)'이라고 불렀다.

C_6H_5COOH(벤조인산)$+CaO$(석회)$=CaCO_3+C_6H_6$(벤젠)

미처리히는 가열한 발연질산에 이 벤젠을 점차로 첨가하여 '니트로벤젠'을 얻었고, 이것으로 '니트로화합물'이라는 큰 분야를 개척했다. 방향속화합물을 질산으로 처리하여 니트로기를 도입하는 반응은 빈번히 이용되었다. 니트로화합물의 니트로기를 적당한 환원제를 통해 아미노기로 바꾸면 아미노화합물이 되는데, 이것은 수많은 색소유도체의 출발점이 되었다. 그 첫째로 니트로벤젠을 아미노벤젠, 즉 '아닐린'으로 환원시켰다. 그리고 색소 공업에 매우 중요한 아조화합물의 최초의 물질도 만들었다. 그는 니트로벤젠을 알코올칼리와 함께 가열하여 산소를 탈취함으로써 '아조벤젠'을 얻었다.

C_6H_6(벤젠)$+HNO_3$(질산)$=C_6H_5NO_2$(니트로벤젠)$+H_2O$

$C_6H_5NO_2$(니트로벤젠)$+6H=C_6H_5NH_2$(아닐린)$+2H_2O$

$2C_6H_5NO_2+8H=C_6H_5N*NC_6H_5$(아조벤젠)$+4H_2O$

방향속(R)화합물의 화학은 본래 니트로화를 기초로 하는데, 미처리히는 이와 같은 반응을 벤젠에 시도한 '설폰화'를 했다. 이는 탄소와 결합한 수소를 1가의 설폰기(HSO_3)로 치환하는 것이며, 발연황산과 벤젠으로 최초의 설폰산인 '벤젠설폰산'을 만들었다.

$HR+OH×SO_2×OH$(황산)$=H_2O+R×SO_2×OH$(설폰산)

$C_6H_6+OH×SO_2×OH=H_2O+C_6H_5×SO_2×OH$(벤젠설폰산)

미처리히는 벤조인산이 탄산가스와 탄화수소로 분해되므로, 모든 유기산은 이와 일치하는 구조라고 생각했다. 그런데 리비히와 뵐러는 벤조인산을 벤조일기와 수산기의 화합물이라 했다. 후에 콜베에 의해 미처리히 견해가 인정되었다.

6) 분젠의 기설 확립에의 협력

기설(基設)의 가장 중요한 지주가 됐던 것은 게이뤼삭의 시안 연구, 리비히와 뵐러가 수행한 벤조일화합물 연구 외에도, 분젠의 '카코딜화합물'에 관한 고전적 연구가 있다.

분젠은 괴팅겐에서 태어나서 괴팅겐, 파리, 빈, 그리고 베를린에서 주로 화학과 물리학을 공부했다. 그는 방방곡곡을 여행하며 광물학과 지질학을 연구하거나 공장 시찰을 했다. 그의 중요한 연구 중에는 용광로가스에 관한 연구, 화약의 연소 경과에 관한 연구, 광물과 광수의 분석 등과 같이 이 여행에서 얻은 자극에 기인한 것이 많다. 그는 1836년 카셀 공업학교에 뵐러의 후임으로 임명돼서 교직에 있다가, 1841년 마르부르크 대학, 1842년 브레슬라우 대학, 그리고 1852년에서 1889년까지 하이델베르크 대학에서 교수와 연구자로서의 많은 활동을 했다.

분젠의 초기 연구는 비소나 철의 시안화합물에 관한 무기화학 문제에 전념했다. 이러한 연구 중에는 분젠이 유기화학 분야에서 6년간 수행한 카코딜 계열 연구의 싹이 터 있었다. 카코딜화합물의 출발점은 18세기 중엽에 프랑스의 화학자인 카데 드 가시쿠르(Cadet de Gassicourt, 1731~1799)가 초산염과 비소를 함께 가열하여 만들어진 액체이며, 발명자의 이름을 따서 '카데의 발연 비소액'이라고 불렸다. 이 액체는 구토를 일으키는 악취를 가졌고, 공기와 접촉하면 발연하고 발화하기 쉬우며, 독성이 강하다. 따라서 분젠이 이것을 연구하기로 한 데는 적잖은 용기가 필요했다. 더욱이 그가 이 연구를 착수한 초기에 어떤 카코딜화합물의 폭발로 오른쪽 눈이 실명됐고, 비소의 독으로 생명을 잃을 뻔도 한 것을 생각하면, 보통 용기로 그 연구를 한 것이 아님을 알 수 있다.

이와 같은 예는 데이비가 염화질소를 연구할 때나, 리비히가 뇌산을 연구했을 때도 볼 수 있다. 과학적 위업을 성취하기 위해서는 용기와 인내가 요구될 뿐만 아니라, 건강과 생명조차도 희생하지 않으면 안 될 경우도 많은데, 세인은 이것을 너무나 가볍게 평가하고 만다.

분젠은 우선 이 '카데의 발연 비소액'에서 한 물질을 만들어서 알코올(Alk-ohl)과 비소(Ars-enik)의 첫 음절을 따서, '알카르신(Alk-ars-in)'이라고 명명했다. 알카르신은 공기와 접촉하면 발화하는데, 그것의 분석과 증기 밀도 측정에서 비소, 산소, 탄소와 수소의 화합물이며, 분자식은 '$C_4H_{12}As_2 \times O$'인 것을 밝혔다. 그리고 분젠은 이 물질에 많은 화학 변화를 일으켜 보았는데, 증감하거나 쫓겨나거나 치환되는 것은 항상 산소이며, 앞의 탄소, 수소, 비소 세 원소는 불변이며, $C_4H_{12}As_2$의 집단으로, 화합물의 긴 계열을 통하여 불변으로 유지되는 것을 밝혔다. 즉, 이것은 시안기(CN), 벤조일기(C_6H_7O)와 같이 그대로 반응하는 하나의 기인 것으로 나타났다. 그래서 분젠은 알카르신($C_4H_{12}As_2 \times O$) 중의 산소 대신에 유황, 염소, 시안 등을 도입하여 ($C_4H_{12}As_2$)라는 집단을 기로 하는 산을 만드는 데 성공했다. 그는 이 기를 '카코딜'이라고 부르고, Kd로 표기했으며, 최저위의 산화 단계인 알카르신은 '산화카코딜($Kd \times O$)'이라 했다.

유기화합물에는 어떤 종류의 원자 집단이 있어서, 화합물의 긴 계열 중에 항상 그대로 나타나며, 한 단계 강력한 작용을 주지 않는 한 분해하지 않는다는 사실에서, 분젠은 카코딜기를 유리시켜 볼 생각을 했다. 기설(基說)에 의하면, 그러한 안정한 원자단은 유기화합물에서는 금속의 역할을 한다고 했다. 그래서 분젠은 기를 그 화합물에서 분리하여도 존재하며, 그 상태는 금속과 같은 친화력의 법칙에 따른다는 것을 입증하여 기의 설을 지지하는 특별한 지주를 삼으려고 했다.

분젠은 염화카코딜을 아연으로 분리하여, 염화아연이나 공기와 만나면 즉각 발화하며 투명하고 희박한 액체를 얻었다. 이것은 산소의 작용을 받으면 산화카코딜이나 카코딜산이 되며, 유황, 염소, 옥소를 취하여 유화물, 염화물, 옥화물이 됐으며, 전기가 양(+)인 단일 원소와 같았고, 참 원소인 칼륨이나 나트륨과 닮은 것을 확인했다. 그래서 그는 이것을 '카코딜기($Kd = C_4H_{12}As_2$)'라고 확신했다. 그러나 오늘날의 이론에 의하면, 그 자체가 기는 아니고, 유리한 비소에 접합된 두 개의 카코딜기[$(CH_3)_2 \times As-$]가 유리한 것이다. 그렇다고 분젠의 카코딜 계열의 연구가 손상된 것은 아니다. 그것은 금속 유기화합물이라는 중요한 부문을 열었고, 또 프랭클랜드나 케쿨레에게 원자가의 개념을 일단 명확하게 파악할 수 있게 했기 때문이다.

유리카코딜: $Kd = (CH_3)_2As \times As(CH_3)_2$ / 카코딜1가 기: $(CH_3)_2As$

염화카코딜: $(CH_3)_2As \times Cl$

따라서 $Kd \times Cl + Zn = Zn \times Cl + Kd$ 라는 분젠의 식은,

오늘날 $2(CH_3)_2AsCl + Zn = ZnCl + (CH_3)_2As \times As(CH_3)_2$

7) 유기와 무기화학, 기와 형, 관계

프랑스 화학자들도 유기화합물의 합성에서도 무기화학의 경우와 같은 법칙이 적용되며, 다만 하나의 화학이라는 확신에 도달해 있었다. 슈브릴(Michel Eugène Chevreul, 1786~1889)은 지방(脂肪)에 관한 유명한 연구에서, 이 물질이 글리세린과 지방산으로 분해되는 합성에틸렌인 것을 1832년에 밝혔고, 다른 과학자들은 보통 알코올은 1염기산 1상당량과 화합하나 지방은 1상당량의 글리세린이 3상당량의 1염기산과 물을 분리하여 화합한 것임을 증명했다. 따라서 글리세린은 3가의 알코올인 것을 알았다. 울츠도 글리콜 및 산화에틸렌의 연구를 통해, 1가의 알코올과 3가 글리세린 중간에 있는 2가 알코올을 만드는 문제를 세웠다. 그는 '에틸-알코올', '프로필-알코올', '부틸-알코올', '아밀-알코올'에 대하여 이와 같은 중간 항이 있는 것을 입증하고, 그것을 '글리콜'이라고 불렀다.

여기서 이러한 연구들을 든 것은 그 연구 자체에 대해서 기술하려는 것이 아니고, 이러한 연구가 원자가의 개념을 명백히 했고, 기(基)나 형(型) 설에서 원자가 설로 이행하는 중개 역할을 했기 때문이다. 울츠는 1원자기와 다원자기로 나누었다. 예를 들면, 에틸렌기(C_2H_4)는 2상당량의 염소와 화합하고, 또 2상당량의 수소와 치환할 수 있으므로, 그는 이것을 '2가의 기'라고 생각했다. 그는 에틸렌염화물을 $[(C_2H_4)''Cl_2]$라는 화학식으로 표기하고, 산화에틸렌이 이 2염화에틸렌에 대응하는 화합물인 것을 제시했다. 그는 보통 글리콜 $C_2H_4=(OH)_2$의 유도체로서 산화에틸렌 C_2H_4O를 얻어, 이것을 그의 무수물이라고 보았고, 이산화에틸렌은 유기화합물의 구조와 무기화합물을 관계 짓는 데 특히 적합한 것으로 생각했다.

울츠는 산화에틸렌'이 직접 산과 화합하여 염에 닮은 화합물 '에틸-에테르'가 되는 것을 제시했다. 예를 들면, 산화에틸렌과 동량의 염산가스를 수은에서 혼합하면, 두 기체는 암모니아가스에 염산을 통한 것과 똑같이 즉각 화합했다. 산화에틸렌은 산에 대한 반응에서뿐만 아니라 물에 대한 반응에서도 칼슘, 바륨, 연 등의 산화물과 똑같은 화합물인 것이 밝혀졌다. 즉, 산화칼슘과 같이 물과 화합하여 수화물을 만들었다. 무기화학과 유기화학 수화물 간의 유사성은 다음 대조표에서도 명백하다.

즉, 칼리 $K'×O×H$에는 알코올 $C_2H_5×O×H$가 대응하고,

중토 $B''×O×H$에는 글리콜 $(C_2H_4')'×O×H_2$가 대응하고,

아안티몬산 $Sb'''×O_3×H_3$에는 글리세린 $(C_3H_5)'''×O_3×H_3$이 대응한다.

이 울츠의 식에는 당시에 논쟁이 됐던 기(基)와 형(型) 설이 나타나 있는데, 그 양 설을 넘어선 길도 제시되어 있다. 즉, 칼륨, 바륨, 안티몬과 그것들에 대응하는 기들인 에틸(C_2H_5), 에틸렌(C_2H_4), 프로필(C_3H_5)이 1가, 2가, 3가의 원소 또는 원자단으로 표시되어 있다.

형(型, Type)설의 제창자는 프랑스의 유기화학자 제라르(Charles Frederic Gerhardt, 1816~1856)인데, 이 개념은 이미 뒤마에서도 찾아볼 수가 있다. 뒤마는 수소를 가진 화합물이 염소, 취소(臭素), 또는 옥소(沃素)의 작용을 받으면, 수소원자가 염화수소, 취화수소, 또는 옥화수소가 돼서 없어지고, 그 대신에 '할로겐(염소, 취소, 옥소)' 원자 하나를 취하는 것을 발견했다. 그래서 1839년에 그는 염소를 햇빛에서 초산과 작용시켜서 '트리클로로초산'을 얻었다. 이 경우, 초산의 화학적 성질은 대체로 변화하지 않았다. 이 사실은 당시 베르셀리우스가, 화합물은 양성 성분과 음성 성분이 결합한다는 전기화학설과 잘 맞지 않았다.

즉. 트리클로로초산이 생기는 반응에서 일어나는 치환에서는 양성의 수소 위치에 강한 음성의 염소가 들어와서, $C_2O_2H_4$가 $C_2O_2HCl_3$로 되므로 이 설과 모순된 것이다. 그래서 이 초산은 형의 실례가 되었다. 이 형설에 의하면, 하나의 원자가 타의 원자나 원자단과 치환된다고 하여, 베르셀리우스의 이원설을 극복했다. 뒤마는 각개의 화합물을 하나의 단체로 보아, 원자의 성질은 원자의 화학적 특성보다는 그 배열에 의한다고 생각했다. 이 뒤마의 견해와 결부하여 제라르는 형의 설을 제창했고, 특히 호프만과 윌리엄슨 같은 화학자의 지지를 받아, 많은 유기 화합물을 두셋의 무기물질의 형에 귀착시키려고 했다. 제라르는 이러한 형과 그 형의 에틸 유도체와 벤조일 유도체를 다음과 같이 들었다.

형	물 $H \times O \times H$	염화수소 $H \times Cl$	암모니아 $H \times N \times H_2$	수소 $H \times H$
에틸 C_2H_5	에틸알코올 $C_2H_5 \times O \times H$	염화에틸 C_2H_5Cl	에틸아민 $C_2H_5 \times N \times H_2$	에탄 $C_2H_5 \times H$
	에테르 $(C_2H_5)_2 \times O$		트리에틸아민 $(C_2H_5)_3 \times N$	부탄 $(C_2H_5)_2$
벤조일 C_7H_5O	벤조인 $C_7H_5O \times OH$	염화벤조일 $C_7H_5O \times Cl$	벤조아미드 $C_7H_5O \times N \times H_2$	고편도유 $C_7H_5O \times H$

기(基)설에서는 기를 분자의 현실적 성분인 것을 증명하기 위해 기를 분리하려고 노력했으나, 제라르의 형(型)설에서는 이것을 한 관계로 보고, 독립으로 분리할 수 있는 물

질로 생각하지 않고, 어떤 반응 때에 불변으로 교환되는 나머지(남은 기)로 생각했다. 예를 들어, 윌리엄슨(Alexander William Williamson, 1824~1904)은 알코올과 에테르를 물형에 귀착시켜, 물($H×O×H$)에 대하여 알코올은 $C_2H_5×O×H$, 에테르는 $C_2H_5×O×C_2H_5$ 라고 했다. 호프만(August Wilhelm von Hofmann, 1818~1892)은 탄화수소의 남은 기로 암모니아의 수소를 치환하면 암모니아에서 '알킬아민'이 유도된다는 사실을 제시하고, 암모니아형을 알킬아민의 기초로 삼았다. 다시 말해, '암모니아; NH_3'를 형으로 하여 '에틸아민; $C_2H_5×N×H_2$', '디에틸아민; $(C_2H_5)_2×N×H$', '트리에틸아민; $(C_2H_5)_3×N$'이라 했다.

이 암모니아형은 확대하여, 암모니아의 질소(N) 대신에 인(P), 비소(As), 안티몬(Sb)을 대치하여 알킬인, 비소, 안티몬 화합물들을 이 형에 귀착시킬 수 있었다. 이러한 것은 또 아연(Zn)알킬과 같은 협의의 금속 유기화합물에의 교량 역할을 했다. 그리고 이들 화합물에 근거하여 프랭클랜드(Sir Edward Frankland, 1825~1899)는 원소의 원자가설을 세웠다.

다종다양한 유기화합물을 두세 가지 형으로 환원하는 것은 불가능했으므로, 사람들은 단일형에서 복합형으로, 그리고 혼합형으로 옮겨가게 되었다. 그러나 이러한 설의 결함은 때때로 표면에 나타난 원리를 일방적으로 취하여 그것으로 현상 전체를 규율하려는 점이었다. 형설의 이론가들은 이렇게 하여 인위적인 학설을 만들었는데, 그들의 노력이 종종 화학식의 공허한 유희로 타락한 것을 깨달은 사람은, 뵐러와 분젠에게서 수학한 헤르만 콜베(Hermann Kolbe, 1814~1884)였다. 그는 무기화합물과 유기화합물 간에, 외면적이 아닌 자연적 관계를 찾으려고 시도했다. 이 경우에 그를 인도한 근본 사상은 식물 생리학상의 사실에 근거했다. 즉, 식물은 단순한 무기화합물에서 유기화합물을 만들므로, 유기화합물은 무기화합물의 일종의 유도체라 생각했다. 그래서 콜베는 유기화합물을 무기화합물에 귀착시키는 것이 자연에 따른 분류의 과학적 토대라고 생각했다. 그는 무기화합물을 본래의 형설 이론가들과 같이 단지 도식으로만 생각하지 않고 실재적 형으로 생각하여, 화학의 임무는 무기화합물에서 유기화합물을 합성하고 그의 실재적 구조를 밝히는 것이라고 했다.

8) 상당량, 원자, 분자

19세기 초반에는 유기화합물의 파악 방식에 관해서 혼란스러웠다. 왜냐하면 많은 원소의 원자량 값과 원자량과 상당량과의 명확한 구분에 대하여 아직 사람들의 의견 합치가 없었기 때문이다. 이 문제를 해결하기 위해 1860년 독일의 카를스루에서 국제회의가 열렸으나, 과학 문제는 다수결로 결정할 수 없는 것인 만큼 결론을 짓지는 못했다. 이 회의에서 이탈리아의 대화학자 칸니차로는 뒤마에 반대하여, "무기화학과 유기화학은 두 개의 다른 과학이 아니며, 같은 법칙과 방법을 적용해야 하는 하나의 화학일 따름이다. 특히 무기화학에서 발견된 아보가드로의 법칙을 화학 전 분야에 확대하여, 분자량을 결정할 때 항상 고려해야 한다."라는 것을 요구했다. 그는 수소를 1로 하여 다음과 같은 무기화합물과 유기화합물의 분자량을 발표했다.

물(H_2O); 18, 암모니아(NH_3); 17, 탄산가스(CO_2); 44
알코올(C_2H_6O); 46, 에테르(C_4H_6O); 74

그리고 원자량 값을 선택하는데, 뒬롱(Pierre Louis Dulong, 1785~1838)과 프티(Alexis Therese Petit, 1791~1820)가 발견한, '원소의 비열에 원자량을 곱한 원자열(原子熱)은 일정(=6)하다.'라는 법칙을 사용할 것이 제기되었다. 예를 들어, 수은의 원자량을 100으로 할지 200으로 할지가 문제일 때, 수은의 비열은 0.0324며, 200×0.0324=6.48이므로 200으로 결정한다는 것이다.

원자량과 분자량을 정확하게 결정하는 것과 복합기(複合基)뿐만 아니라 원소 원자, 즉 단순기(單純基)에도 일정한 치환치(원자가, 原子價)가 있다는 인식에서, 1850년대 중엽부터 원자연쇄설(原子連鎖說) 또는 분자구조설(分子構造說)이 생겼다. 이에 의하면, 할로겐원소들과 일부 금속은 수소 한 원자와 화합하거나 또는 화합물 중의 수소 한 개와 치환되므로 '1가'라고 했다. 산소와 유황, 그리고 금속의 칼슘, 바륨, 아연 등은 배의 치환가를 가지므로 '2가'라고 했다. 질소족원소(질소, 인, 비소, 안티몬, 창연)의 원자가는 특히 프랭클랜드에 의해 밝혀졌는데, 3 또는 5로 변화하는 원자가를 가졌다. 예를 들어, 인(P)은 수소화합물에서는 PH_3와 같이 3가이나, 옥소수소화합물에서는 PH_4I와 같이 5가로 나타났다. 이러한 원자가설의 기초는 케쿨레가 1858년에 유기화합물의 기본 원소인 탄소(C)을 4가로 정함으로써 완성되었다. 케쿨레와 다른 과학자에 의해 원자가설에서 '화학적 구조설'이 어떻게 발전됐는가에 대해서는 19세기 말 과학에서 기술하기로 한다.

2. 생리학의 확립

생명에 대한 특별한 과학은 19세기 초의 20~30년간에 비로소 성립했다. 그전 시대에도 싹은 터 있었겠지만, 생명이라는 것을 정밀 연구로 분석하려는 시도는, 18세기 말에 처음으로 세워진 물리학적 토대와 화학적 토대가 그 전제가 되어야 했다. 19세기 초에, 그 당시에 유행하고 있던 '특수한 생명력'이라는 관념인 '생기론(生氣論)'의 영향을 받지 않고 일련의 생명 현상을 설명하려고 시도한 최초의 사람으로 나이트와 소쉬르가 있었다.

이미 제3장에서 살펴본 것과 같이, 나이트는 근대 생리학자들이 하는 방법으로, 식물이 외부의 힘에 대하여 반응하는 운동을 연구했다. 그리고 소쉬르는 영양생리학에 관한 연구를 했다. 소쉬르는 식물이 광물성 양분을 토양의 염분 용액에서 섭취할 뿐만 아니라, 일부는 식물이 말라 땅속에서 부패한 물질에서 섭취하는 것을 발견했다. 그런데 이 식물 부패물의 의의는 19세기 초에 과대평가를 받아, 식물 부패물 중에 식물의 가장 중요한 양분이 있다는 하나의 학설이 만들어져서, 토양의 식물 부패물 성분은 식물의 성장 때문에 점차로 없어질 것이라는 바보스러운 가설이 나오기까지 했다.

1) 생리학과 농업

리비히는 이러한 시점에서 출발하여 '그때까지 한 번도 괭이나 쟁기를 잡은 적이 없었던 그의 손은, 인류의 모든 산업 중에서 가장 오래된 농업에 수천 년의 관습을 이해할 열쇠를 주었다.' 리비히는 그의 『농업과 생리학에 응용한 유기화학』이라는 책에, 식물의 화학적 생리학에 대한 자기의 기초적 실험과 사고를 전개했다. 리비히는 우선 소쉬르의 연구에서 출발하여, 식물의 탄소는 대기로부터 왔다는 것을 확실히 증명했다. 그에 의하면, 식물 부패물은 식물섬유가 부패한 것에 지나지 않으며, 영양이란 점에서도 특별한 역할은 없다고 했다. 식물이 발육하기 위해서는 빛, 수분, 열 등과 같은 생장의 일반 조건이 필요할 뿐만 아니라, 토양은 식물의 영양에 불가결한 일정 성분을 가지고 있어야 한다. 그렇지 않으면 이들 성분을 비료라는 형태로 식물에게 주어야 한다.

리비히가 강조한 것과 같이, 순수한 모래나 석회석은 비료가 되지 않는다. 토양은 그 필요 불가결한 성분을 우선 풍화에 의해 얻는다. 즉, 풍화에 의해 토양에 석회, 알칼리, 인 등이 주어진다. 탄산가스, 수분, 그리고 생명에 필요한 질소의 원천인 암모니아는 어떤 식물에도 없어서는 안 되는 것이나, 토양에 함유되어 있는 기타 무기물질은 식물의 종류마다 필요한 성분이 서로 다르다. 어떤 식물이 발육하기 위해서는 특히 석회가 필요하고, 다른 식물은 칼리를 필요로 하고, 또 다른 식물은 인산을 필요로 한다. 이러한 사실에서 리비히는 '윤작'이라는 방법의 의의를 설명했다.

리비히는 농업의 가장 중요한 원리로서, 우기 물을 거두어들이기 위해 토양에서 취한 모든 성분을 남김없이 전부 토양에게 되돌려 주어야 한다는 원칙을 세웠다. 그 보충이 어떤 형태로 행해지건(분뇨로, 회분으로 또는 뼛가루로 행해지건) 상관이 없다. "사람들은 화학 공장에서 제조된 인산석회나 규산알칼리 등의 비료를 전답에 뿌릴 시대가 올 것이다."라고 말했다. 이것이 성공했기 때문에, 리비히의 설이 옳다는 것이 입증돼서, 농사 시험장이 곳곳에 설립됐고, 인조 비료의 수요로 인해 하나의 중요한 공업이 생겼다. 그리고 과학상의 원칙을 농업 분야에도 확대함으로써, 사상을 하나로 종합하여 파악하기 위한 토대를 구축하는 데 공헌했다.

리비히는 1842년에 발표한 「생리학과 해부학에 응용한 유기화학」이라는 논문에, 동물체와 인체에서 영위되는 화학 과정에 대한 기본적인 생각을 전개했다. 그는 첫째로 호흡과 영양의 과정에 주목했다. 식물은 신체 내용의 증가나 소비된 물질의 보급이나 또는 체력의 발휘에 쓰인다. 생사에 관한 능력은 모두 공기 중의 산소와 식물 중의 성분과의 상호 작용으로 생긴다고 했다. 리비히는 식물을 두 종류, 즉 질소를 포함한 것과 질소를 포함하지 않는 것으로 나누었다. 그리고 전자는 조직을 구성하는 역할을 하며, 후자는 호흡 과정을 중단하지 않게 하는 역할을 한다고 했다. 그리고 호흡 작용은 동물 체온의 원천이며, 모든 능력을 발생케 하는 궁극적 원인이라고 했다. 그래서 우리가 19세기의 가장 위대한 과학적 업적이라고 할 수 있는 '에너지 원리'를 완전히 보편적인 것으로 확실히 파악하게 한 것이, 이 분야에서도 준비되었던 것이다.

2) 자연과학과 의학

화학을 병리학 분야에도 확장하려는 리비히의 노력이 그만큼 성공을 거두지는 못했다. 그것은 매우 복잡한 대상이어서 화학 일변도의 설명으로는 근접할 수가 없었다. 병이 일어나는 것과 그것이 낫는 것은 리비히가 시도한 것과 같이 생명력, 물질대사, 산소의 작용, 그리고 그런 것과 관련된 두세 가지 작용에 대한 고찰로서는 설명할 수가 없었다. 그래서 리비히는 이 분야와 관련된 그의 주저에 다음과 같이 기술하고 있다.

"장애의 원인을 제거하려고 하고 있는 생명력의 총화가, 생긴 장애보다 작을 때는 병이 생긴다. …… 물질대사에 의해 능력이 남을 만큼 만들어 내지면, 이 능력은 수의운동 기관으로 옮겨 들어간다. 이것이 열 발작이다. 의사가 병적 신체 부분에 대한 산소의 작용을 감소시켜, 이 병적 부분의 생명 활동을 그 화학 작용보다 어느 정도 우세하게 하는 데 성공한다면, 그리고 이 일이 타 기관의 기능에 손상을 주지 않고 수행된다면, 회복되는 것은 확실할 것이다."

리비히는 이러한 설명으로 세상에 감명을 주었을지는 모르나, 그와 그의 제자들이 주창한 것과 같이 의학에 새로운 방향을 제시해 줄 수는 없었다. 그래서 병에 대한 지식 없이 화학설과 화학식으로 병리학에 과학적 옷을 입히려는 시도는 실패하고 말았다. 그러나 리비히가 추진한 생리학적 과학에서 비롯하여 19세기 중엽부터 정밀 연구를 토대로 하는 근대적 위생학이 생기게 되었다. 이 방면에서 가장 유명한 사람은 리비히의 제자 페텐코퍼였다.

페텐코퍼(Max Josef von Pettenkofer, 1818~1901)는 그의 제자인 포이트(Karl von Voit, 1831~1908)와 공동으로 생체의 물질대사를 정성적·정량적으로 연구하기 위한 가장 중요한 방법을 확립했다. 바르게 행해진 물질대사는, 정상이며 건강한 생활 조건 중의 하나에 지나지 않으나, 그에 못지않게 중요한 것은 외계로부터 생체에 작용하는 빛, 의복, 주택, 기후 상태, 토지 성상과 같은 수많은 영향이다. 근대 위생학은 사람의 건강에 결정적인 이러한 인자들의 의의를 자연과학적 방법으로 조사하는 것을 의무로 하고 있다.

19세기 후반에 이러한 목적을 추구하는 기술들이 서로 손잡고 국민의 영양을 합리적으로 감독하고, 주택 상태를 개선하고, 하수도나 급수를 합리적으로 개선하고, 기타의 많은 것을 개선함으로써 생활 상태를 현저히 좋게 하는 데 성공했다. 그 덕택에 평균수명은 반세기 전에 비해 훨씬 길어졌다. 이 평균수명의 연장은 특히 티푸스나 콜레라와 같은 풍토병이나 유행병에 대한 국민적인 퇴치 활동에 의한 것이다. 그것은 하나의 전쟁이었다. 이 전쟁에서 사람들은 두 가지 견해로 지도되었다. 하나는 페텐코퍼가 대표한, 유행병은 지역적 또는 개인적 소인이 있을 경우에 발생한다는 전염소설이다. 또 다른 하나는 코흐(Robert Koch, 1843~1910)의 병균설이다.

페텐코퍼가 등장한 시대는 산업혁명의 소용돌이가 한창인 때였다. 그 결과 공장을 중심으로 한 대도시가 유럽의 각지에 생겼고, 이들 도시에 수많은 인구가 유입되어 주택 사정은 악화하고 급수나 분뇨와 하수 처리는 엉망이었다. 거기다 콜레라와 티푸스가 주기적으로 유행하여, 유럽의 각 도시는 말할 수 없이 위생 상태가 나빴다. 특히 바이에른과 뮌헨은 가장 위생이 나쁜 곳이었으며, 페텐코퍼가 위생 문제를 손댄 것도 이곳이다. 그 결과는 다음 견해에 도달했다.

"티푸스는 이미 걸린 사람으로부터는 오지 않으며, 또 티푸스에 걸린 사람의 분뇨가 들어간 하천의 물에서도 오지 않는다. 그것은 뮌헨의 토지 때문이다. 티푸스와 콜레라는 말라리아와 같이 토지 때문에 생기는 것이다. 따라서 말라리아를 방지하는 데 토지를 개량하는 것과 같이, 티푸스나 콜레라를 방지하는 데도 토지를 개량해야 한다. 1854년의 콜레라 유행 때, 우리 일파는 뮌헨의 토지에 주의했다. 이 땅은 흡수성이 강하여 병독을 배양하기 좋은 물질을 땅이 흡수한다. 이러한 곳에서 가장 토지를 오염시키는 것은 사람의 분뇨이다. 변소를 흡수식 또는 유지식으로 두면, 그것에 들어온 분뇨는 땅에 흡수돼서 땅을 오염시킨다. 티푸스의 소장은 지하수의 소장과 평행하여, 지하수가 높으면 이환자는 줄고, 낮으면 이환자가 많아진다. 그러나 지하수 자체에는 죄과가 없고, 지하수는 다만 티푸스의 소장과 관련된 다른 한 상태를 나타낼 따름이다. 즉, 지면과 지하수면 간에 있는 토지의 습윤도를 나타낼 따름이다."

이러한 견지에서 페텐코퍼는 뮌헨의 토지를 청소하기 위해 암거(暗渠) 공사를 하고, 변소를 통으로 개량하고, 도살장을 개선하여 가장 불결했던 뮌헨을 유럽 제일의 위생 도시로 개선했다. 그 결과 티푸스는 1879년부터 현저하게 감소했다.

한편 코흐는 1883년에 인도에서 발생한 콜레라가 이집트를 황폐하게 하고 지중해를 넘어 유럽에 침입하기 시작했을 때, 독일 정부의 명을 받아 8월에 알렉산드리아에 가서 콜레라의 병원균 콤마균을 발견했다. 그리고 다음 해 2월에 인도의 캘커타에 가서 콜레라 환자의 장내에서 콜레라균을 발견했고, 동물 감염 실험에 성공했다. 또 콜레라가 끊이질 않던 부락의 '탄구'라는 불결한 연못에서 콜레라균을 발견했다. 그래서 콜레라균은 건조와 열에는 견디지 못하고 습기 중에서 잘 생존하는 것과, 나프탈렌이나 석회와 같은 살균제에는 저항성이 있고, 음료수나 식물이나 옷에서 전염되나 그 균을 마시지 않으면 절대로 감염되지 않는다는 것을 밝혀, 콜레라에 전전긍긍하고 있던 유럽 사람들을 안심시켰다. 페텐코퍼는 끝까지 코흐의 견해에 동의하지 않았으나, 그의 위생학은 코흐의 '세균학'이라는 무기를 손에 넣어 더욱 강화되어 결국은 세계를 지도하게 되었다. 이러한 의미에서 페텐코퍼의 위생학상의 공적은 실로 지대한 것으로 평가되어야 한다.

3) 물리학과 해부학과 생리학

리비히는 화학적 연구의 최신 업적에서 출발하여 생리학의 새로운 토대를 세웠는데, 에른스트와 에두아르트 베버 형제(Ernst, Eduard Weber, 1795~1878, 1806~1871)도 같은 일을 했다. 에두아르트는 보행기관과 근육운동 역학을 연구했고, 그의 형과 공동으로 물리학의 파동이론을 혈액순환이라는 생리학적 현상에까지 확대했다. 생리학은 이 시기에 특히 요하네스 뮐러에 의해 많은 결실을 얻었고 또 종합적으로 기술되었다. '독일의 퀴비에'라고 불린 요하네스 뮐러는 동물학의 모든 분야를 정복하고 개척한 최후의 학자이다. 이후부터는 동물학의 전 분야를 한 사람이 다루어 큰 업적을 남긴 예는 없다. 마치 알렉산더 대왕의 사후에 점령지가 각 장군들에 의해 분할된 것과 같이, 뮐러가 점유했던 분야는 각 전문 학자에 의해 형태학, 해부학, 생리학 등으로 분할된다.

요하네스 뮐러(Johannes Peter Müller, 1801~1858)는 라인 강변의 코프렌스에서 태어나, 소년 시절에 신학을 공부하려고 했으나 괴테의 "자연에 눈을 돌려 사변을 배제하고, 관찰을 존중하라."라는 사상의 영향을 받아 1819년 본 대학에 입학하여 의학을 수학한 후 1823년에 학위를 얻어 1824년 이래 본 대학에서 비교해부학과 생리학의 강사로 활약했다. 그리고 1833년에 베를린으로 옮겨가서 생리학의 가장 중요한 학과의 지도자가 되었다. 그의 제자로는 슈반, 뒤부아레몽, 헬름홀츠, 브뤼케, 피르호 등을 들 수 있다.

뮐러가 인생의 첫걸음을 내디딜 때, 독일의 과학에는 철학이나 미학이 침입하여 뮐러도 동년배인 리비히와 같이, 초기에 자칫하면 자연 연구의 바른길에서 벗어날 뻔했다. 철학적 사변은, 갈바니전기에 대한 애매한 사고방식에서, 당시의 생리학에 가장 나쁜 영향을 미치고 있었다. 그런데 자연과학의 이 부문이야말로 뮐러가 처음으로 독립하여 연구하게 된 부문이었다. 생리학자의 일부는 산 동물로 계획 없이 실험을 했고, 다른 일부는 생체 해부를 싫어해 왔는데, 뮐러가 등장하자 심중한 목적의식을 가진 연구 방법이 이 분야에서도 시작되었다.

뮐러는 1842년경에 오늘날에는 전혀 이해할 수 없는 왜곡된 오류에 차 있던 자연과학 경향과 결연히 갈라섰으나, 그렇다고 그가 단지 경험주의에만 빠졌던 것은 아니다. 모든 진실한 자연과학자들과 마찬가지로 그도 역시 사실의 내부적 관련을 이해하려고 했고, 정밀 연구라는 확실한 지반 위에 선 철학은 충분히 인정하고 있었다. 뮐러의 첫 실험적 연구는 척수신경(脊髓神經)의 기능에 대한 것이었는데, 이 문제는 산 동물로 실험하지 않고는 해결될 수 없는 것이었다. 이 문제에 대하여 영국의 해부학자 찰스 벨은, 지각

신경섬유와 운동 신경섬유는 각각 따로 척수에서 나와 있다는 법칙을 세워놓았다.

찰스 벨(Sir Charles Bell, 1774~1842)은 스코틀랜드의 목사 윌리엄 벨의 셋째 아들로, 에든버러에서 태어났다. 그의 큰형은 당시 제일의 외과의사 존 벨(John Bell, 1763~1820) 이었다. 그는 에든버러 대학에서 의학을 수학한 후, 큰형의 지도하에 해부학 연구에 몰두했다. 그리고 1804년에 런던으로 옮겨 사숙을 열어 해부학을 강의했다. 그는 1807년 11월에 둘째 형 조지에게 보낸 편지에 "나는 상상할 수 있는 것 이상으로 흥미가 있는 인간의 뇌에 대한 새로운 해부학을 하고 있습니다. 나는 그것을 어제 강의하고, 밤 10시까지 시체를 해부했습니다. 나는 이것이 인정되리라고 확신합니다."라고 했다.

벨이 그의 연구를 1821년부터 1829년까지 『이학 보고』에 발표하기 이전에는, 고대의 갈레노스에서 유래했고 베살리우스도 따랐던 가설을 일반적으로 인정하고 있었다. 즉, 뇌는 척수와 신경의 중개로 육체를 지배하는데, 뇌 안에 일종의 신경액(생기)이 분필돼서, 관인 신경을 통해서 지각과 운동을 관장하는 육체의 여러 부분에 전달되어 모든 생명 현상을 중개한다는 것이다. 이와 같이 18세기의 신경생리학에 있어서의 혼란은 매우 컸으므로, 벨은 '자연이라는 책 자체를 한번 열어 보려고' 결심했다.

즉, 생체 해부 실험의 길을 택한 것이다. 그는 집토끼를 생체 해부하여 신경 기능을 조사했다. 그 결과, 모든 척수 신경은 30짝이고, 앞과 뒤 뿌리를 가지고 척수에서 나와 있는 것을 알게 되었다. 이들 뿌리를 노출시켜 조사해 보니, 뒤 뿌리를 절단해도 근육은 수축하지 않고, 다만 앞 뿌리를 건드리면 수축한다는 것을 알았다. 이 실험과 다른 많은 실험에서 벨은, 앞 뿌리에서 나온 신경은 운동을 중개하고, 뒤 뿌리에서 나온 신경의 다발은 지각을 관장한다는, 후에 '벨-마장디의 법칙'이라고 불린 중요한 법칙을 발견했다. 이 발견은 생리학 사상 하비(William Harvey, 1578~1657)의 혈액순환 발견 이래의 대발견이었다.

뮐러는 벨이 얻은 결과를 입증했고 그것을 완성했다. 그리고 더 나아간 척수신경의 연구에서, 의식의 관여 없이 일어나는 반사운동에 대한 학설의 기초를 세웠다. 그는 이 반사운동이 자동적으로 행해지므로, 목을 자른 직후의 동물에서도 볼 수 있다는 것을 입증했다. 뮐러는 제2의 할러답게, 놀라울 만큼 풍부한 경험을 토대로 하여 동물체와 인체의 생리학 전 영역을 종합적으로 다룬 대저작 『인체 생리학 교과서』를 펴냈다. 그리고 동물학, 해부학, 발생학에서의 뮐러의 업적도 아주 중요한 것으로 꼽힌다. 예를 들어, 그의 제자 슈반과 결부된 '세포설(細胞說)'의 보편화도 뮐러에 근거한 것이다. 뮐러는 1835년에 하등동물의 척주 대신인 색조(索條)와 식물세포가 닮은 점을 지적했고, 눈의 유리체와 지방 조직에도 세포 구조를 인정했으며, 연골세포의 핵도 발견했다. 그리고 동물의 모든 조직은 세포로 돼 있다는 것을 증명한 슈반의 연구도 뮐러의 밑에서 생긴 것이다. 정상 조직의 현미경 연구에 이어서, 특히 현미경 사용에 뮐러의 획기적 방법은 병리조직학을 낳게 했다. 뮐러는 1838년 베를린에서 발표한 「병적 종양의 미세구조에 대해서」라는 논문에 의해 이 부문의 의학적 기초를 세웠고, 이 병리조직학을 더욱 발전시켜 그것을 일반병리학과 결부시킨 것은 그의 제자 피르호의 공적이다.

뮐러는 해부학적 연구를 척추동물 전체로 확대했다. 동물학의 어떤 큰 부문에도, 말하자면 하나의 설계도가 실현되어 있다는 퀴비에의 학설에 감명을 받아, 뮐러는 이 설계도를 척추동물의 문(門)에 대해서, 특히 이 문의 하위 부분을 염두에 두고 상세히 그리려고 시도했다. 그래서 척추동물문의 최하위 동물들의 비교해부학이 생겼다. 뮐러는 더 나아가서 장어까지 연구하여 어류의 새로운 자연분류법에 도달했다. 그리고 무척추동물이나 원생동물문에 대한 연구를 하여 그들의 분류에 공헌했다.

4) 감각기관의 생리학

뮐러의 생리학적 연구의 일반적 업적 가운데, '감각기관의 특수 에너지 법칙'이 수위를 차지한다. 즉, 감각기관 인상의 지각 종류는 "외계의 사물에 구비되어 있는 것이 아니고, 신경물질에 구비되어 있다. 예를 들어, 시신경은 그것에 본래 구비되어 있는 빛의 에너지 또는 색의 에너지가 활동하지 않으면 흥분하지 않는다." 그래서 빛이나 색은 완성된 외계의 것으로 존재하여, 그것이 감각기관에 접촉하여 감각기관이 그에 대응한 감각을 가지는 것이 아니라, 시각 물질이 어떤 자극에 의해 흥분하면 이 자극은 항상 빛과 색이라는 에너지 형태 그대로 지각된다. 시신경이 흥분하면 항상 빛을 감각하고, 청신경이 흥분하면 항상 음 감각을 가지며, 미각신경이 흥분하면 항상 맛을 감각한다. 그리고 감각기관에 작용하는 자극은 어떤 종류라도 좋은데, 그 자극의 작용은 항상 그 기관의 에너지에 달려 있다. 압력, 진동, 한랭과 온, 갈바니전류, 화학약품, 자기의 맥박, 망막의 염증 등 생각할 수 있는 모든 자극이 시신경에 작용할 경우에, 이 자극들이 시신경이 자극을 받지 않았을 때 가지고 있던 어둠의 감각을 빛과 색의 감각으로 변하게 하는 것이 아니며, 시신경은 작용하지 않는다. 이와 마찬가지로 어떤 자극이 운동신경에 작용하면, 항상 근육의 수축만이 일어난다.

그러나 빛의 에너지가 우리의 눈에 일으키는 것의 본체를 우리는 아직 모르는 것이다. 그래서 빛, 어둠, 색, 음, 온, 한, 각종 냄새와 맛 등 오관이 '일반 인상'이라는 형식으로 우리에게 주는 것은 모두 외계 사물의 본질이 아니고, 우리의 감각기관의 질이다. 각종 음이나 빛 등에 대한 감각 조건은 외계의 사물 쪽에 있다는 주장을 이것만으로는 부정할 수 없을지 모르나, 외계 사물의 본질과 우리가 외계의 빛이라고 하는 것의 본체도 역시 우리는 모르고 있다. 우리는 감각기관의 본질밖에 알 수 없으며, 외계의 사물에 대해서는 그것이 우리의 감각에너지라는 형태로 우리에게 작용하지 않는 한 알 수 없다.[3]

　이상이 요한네스 뮐러가 감각기관의 특수에너지에 대한 자기 견해를 전개한 개요이다. 뮐러 이전에 이러한 주장을 한 사람이 없었던 것은 아니나, 이전에는 감각하는 주체와 그 주체에게 들어오는 자극 간의 관계를 그만큼 명확하게 납득할 수 있도록 기술한 사람이 없었다. 뮐러의 설은 감각생리학의 토대가 됐을 뿐만 아니라 근대 철학의 토대가 되기도 했다.

　곤충에서 볼 수 있는 복합눈(複合眼) 시각에 대한 뮐러의 연구도 주목할 가치가 있다. 뮐러는 엄밀한 해부학적 연구에서 그가 '모자이크시각'이라고 이름한 시각이 일어나는 물리학적 조건을 밝혔다.[4] 뮐러가 입증한 것과 같이, 복합눈의 해부학적 구조 때문에 망막의 일정한 부위에는 대상의 일정 부위의 빛만 들어오고, 이 빛은 망막의 다른 모든 부위에서는 배제된다. 이것은 시신경과 각막의 각 안면 사이에 있는 색소로 덮인 유리체 때문이다. 이 유리체는 어느 것이나 그 축에 직접 들어온 빛만 그 끝에 이어진 시신경에 도달시키고, 비스듬히 들어온 빛은 벽의 색소에 흡수돼서 끝까지 전달되지 않으며, 다른 시신경 섬유에도 지각되지 않는다. 그래서 일정한 크기의 결구 중에 투명한 유리체가 많으면 많을수록, 눈 내부에 맺어진 상의 윤곽이 더욱 명확하게 비친다.

　19세기 전반에는, 생리학이 생화학적·생물물리학적 토대 위에 세워졌기 때문에, 생체는 생명 영기나 특수한 생명력에 의해 지배된다는 생기론의 영향을 받아왔다. 리비히나 뮐러조차도 이러한 생각에 사로잡혀 있었다. 리비히는 생명력을 특수한 힘이라고 불렀다. 그것은 다른 어떤 힘도 할 수 없는 작용이 이 힘에는 있었기 때문이다. 예를 들어, 한 알의 사탕조차도 원소에서 인공적으로 만들 수가 없다. 그 이유는 생명력의 협력이

---

3 뮐러, '특수 신경에너지의 법칙'은 1824년에 처음으로 제창됐고, 뮐러의 주저 『인체생리학 교과서』 제2권 제5장 「감각에 대하여(1838)」에 기술되어 있다.
4 뮐러, 「시각기관의 비교해부학에 대하여(1826)」 제7부 4~5장.

필요하기 때문이다.

그러나 화학적·물리학적 연구 방법을 생리학상의 문제에 응용한 결과 맺어진 새로운 성과가 발표됨에 따라 이 생명력의 가설은 격퇴되어 갔다. 이 가설은 특히 뒤부아레몽과 슐라이덴의 강력한 공격을 받았다. 이들 학자는 생명을 물리학적·화학적 힘으로 설명하는 것이 생리학의 가장 긴급한 임무라고 생각했다. 그래서 다음과 같은 요지를 말했다.

"사람들은 오늘날까지, 화학과 물리 힘의 어느 것에 대해서도 그것이 생체 중에 어느 범위까지 작용을 미치는지를 모른다. 설사 사람들이 이들 힘 이외에 생체 특유의 생명력이 있다는 것을 인정한다고 해도, 생체 중에 작용하고 있는 모든 무기적 힘의 작용 범위를 규명하지 않으면, 생명력이라는 것은 문제가 되지 않는다는 것은 명백한 것이다. 그리고 규명된 날에, 우리가 생명력이라고 부르고 있는 전체 중에서, 무기적 힘으로 환원시킬 수 없는 다소간의 부분이 아직 남아 있는가 어떤가를 결정할 수가 있을 것이다."

'생명력'이라는 문제는 유물론자들이 한 것같이, 생명력을 포기해 버려서는 해결되지 않았다. 그러나 우리가 에너지 원리를 사상의 전 과정에 확대하려고 하면, 자연계의 다른 것과 관련이 없는 생명력에서 눈을 돌려야 된다는 것은 명백하다.

3. 세포의 기본 기관 인식

식물계 분야에서 주목해야 할 것은, 그루(Nehemiah Grew, 1641~1712)와 말피기(Marcello Malpighi, 1628~1694)가 17세기 말에 이미 기초를 세워놓았는데도 돌보지 않던 해부학적 연구가 19세기 초의 20~30년간에 다시 융성해진 것이다. 순전히 분류학에 몰두한 18세기 식물학자들은 식물해부학의 가치를 인정하지 않았다. 그래서 기묘한 오류에 빠져들게 됐는데, 그것은 그들이 참다운 식물학의 가장 중요한 토대 가운데 하나를 경시한 결과였다. 19세기에 접어들자 식물의 내부 구조와 작용에 대한 서로 모순된 의견이 많이 나와서, 괴팅겐 과학 아카데미는 1805년에 이러한 문제에 대해 현상금을 걸었다. 이것은 문제 해결에 매우 좋은 성과를 올려서, 1805년은 식물해부학 발전에 전환기가 되었다.

1) 해부학과 현미경

식물해부학은 19세기 초에 약진하게 됐는데, 이것은 이 학문이 다시 평가된 것과 현미경 기술의 진보가 맞아떨어졌기 때문이다. 사람들은 현미경 표본을 아무렇게나 작게만 잘라 보던 것을 각종 방향으로 아주 얇게 잘라서 보아, 현실과 일치한 세포 구조의 상을 조립해 보려고 했다. 그리고 그 얇은 절편이 마르지 않게 습기를 준다든지 유리판으로 덮는다든지 물에 담가서 조직 요소를 분리한다든지 하는 매우 간단한 기교들이 그 당시에 처음으로 현미경 기술의 보조 수단으로 사용되어 매우 중대한 성과를 올렸다.

근대에 현미경으로 밝혀진 가장 중요한 성과는 식물과 동물의 요소 간에는 근본적으로 다른 점이 없다는 인식이다. 식물학과 동물학을 이와 같이 긴밀하게 결부시키는 일은, 슈반에 의해 1839년에 완성되었다. 이 슈반이야말로, 생물은 모두 동일한 요소체에서 만들어졌다는 것을 증명한 사람이다. 그는 처음에는 생체의 형태를 주는 세포벽에 중점을 두었으나, 이 세포벽은 이차적인 것이며 세포 내용이 생명 현상의 참 자리라고 생각하게 되었다. 이미 18세기에 식물의 세포 중에 인정되는 운동은 그 세포 내용의 순환 운동으로 해석하게 됐고, 1831년에 브라운(Robert Brown, 1773~1858)은 그 내용의 일부가 항상 한 덩어리로 있는 것을 인정하여 그것을 '핵'이라고 불렀다.

또 어떤 동물 조직의 구조가 식물의 세포 구조와 닮았다는 것이 뮐러 등에 의해 몇 번이나 지적되기도 했다. 그래서 슈반은 '현미경적 연구'에 의해 모든 생물의 구조와 성장에는 일치점이 있다는 것, 즉 세포 형성은 생체 각종 부분에 대한 발생 원리라는 것을 증명하려고 시도했다. 이 대담한 보편화의 세목에 걸친 입증은, 그것에 뒤따른 수십 년간에 행해졌으나 아무튼 이 시대에 행해진 다른 진보에 못지않게 과학 사상을 새로운 궤도 위에 올려놓는 역할을 했다.

2) 슈반의 세포설

슈반(Theodor Ambrose Hubert Schwann, 1810~1882)은 라인 주 노이스에 태어났고, 신학을 공부하려고 본 대학에 입학했는데, 거기서 동향의 유명한 생리학자 요하네스 뮐러를 만나 진로를 바꾸게 되었다. 그는 의학을 수학하기 위해 베를린에 가서 거기서 뮐러를 다시 만나, 1834년에 졸업하고 나서 그의 조수가 되었다. 그는 뮐러의 지도와 협력으로, 모든 생물은 세포 또는 세포로 귀착할 수 있는 변형체로 성립되어 있다는 슈반의 학설을 낳았다. 슈반의 연구는 대부분 뮐러의 조수 시절에 이루어졌고, '펩신'의 발견과 발효와 부패의 실험에 의해 생리학자로서 유명해졌다.

슈반은 두 가지 사정에서 그의 세포설을 도출하게 되었다. 첫째로, 뮐러가 제시한 것과 같이 동물체와 식물체의 구조가 닮았다는 것을 추정할 개별 관찰이 많이 있었다. 그리고 또 초기 발생 과정의 연구에서도 이와 같은 유사가 밝혀졌다. 베어(Karl Ernst von Baer, 1792~1876)가 사람의 난자(卵子)를 발견한 이래, 발생은 생물의 전 계열에 걸쳐 하나의 작은 세포에서 출발하여 몇 번이고 분열하여 하나의 세포 형성물, 즉 포배(胞胚)가 만들어지는 것을 알고 있었다. '난할(卵割)'이라고 불린 이 현상은 최초에 개구리 알에서 발견되어 어류의 알에서 증명됐고, 원생동물을 예외로 한 모든 동물의 초기 발생 단계인 것을 알았다.

원생동물은 한평생 단세포 상태로 있다는 것이 예외일 따름이고, 형태학적으로는 난세포와 동격이다. 그래서 생물의 발생은, 세포가 일정한 법칙에 따라 분열 증식함으로써 된다고 볼 수밖에 없었다. 조직학에서 밝혀진 것과 발생학에서도, 생물은 모두 단세포체나 세포의 집단이며, 각 세포가 전체의 생체에 봉사하는 세포 국가라는 결론에 도달하게 되었다.

슈반은 1839년에 발간한『동물과 식물의 구조와 성장 상의 일치에 관한 현미경적 연구』라는 저서에 자기 학설을 체계적으로 기술했다. 식물의 세포 구조를 증명하는 것은 쉬우나 동물 조직은 세포의 기본적 형태가 매우 다양하기 때문에 증명이 곤란했다. 슈반은 현미경 기술을 완성하고, 자기의 연구 기본 사상을 끈기 있게 추구해서 이 난관을 극복했다. 여러 가지 의문을 푸는 데 발생 단계가 결정적 역할을 했다. 근육, 신경, 손톱 등이 완성된 상태는 매우 다르므로, 발생학의 도움이 없이는 식물의 세포와 같은 세포에서 발생했다는 것을 증명할 수는 없었다. 그러나 동물은 어느 것이나 모두 식물의 세포와 같은 형성물이란 것을 알아낸 것은 아니다. 그래서 슈반이 동물 조직 세포를 식물 요소의 구조와 비교하려고 했을 때, 다음의 두 가지 방법 중의 하나 외에는 확실한 방법이 없다고 했다.

"동물의 조직 대부분이 각자 자기의 벽을 당연히 가지고 있는 세포로 되어 있거나, 또는 이러한 세포에서 발생했다는 것을 제시하든지, 그렇지 않으면 세포로 된 각 동물의 조직 각각에 대하여 이들의 세포에는 식물의 세포에 작용하는 힘과 닮은 힘이 작용하고 있다는 것, 즉 영양과 성장이 같거나 닮은 방법으로 행해지고 있다는 것을 증명해야 한다."

슈반은 올챙이 꼬리의 신경 연구에서, 척색(脊索)의 아름다운 세포 구조를 보았을 뿐만 아니라, 그 척색 세포 중에 핵이 있는 것을 발견하고 상기한 관점에서 이 사실을 검토했다. 어류의 척색 내부도 역시 식물의 세포 조직과 꼭 닮은 것을 확인했다. 슈반은 척색 세포 3개가 모인 것을 보았는데, 각 세포는 각각 다른 세포막으로 둘러싸여 있고, 그 크기는 각각 다르며, 그 모양은 불규칙한 다면체였다. 이들 막은 매우 얇고 무색투명하며, 평활하고 딱딱하여 탄력성이 적었다.

그리고 이 세포들은 대개 명확한 핵을 가지고 있고, 그 핵은 약간 노란색을 띤 작은 원반 모양인데, 개구리 혈구보다 작으나 같을 정도로 납작하다. 슈반은 이 작은 원반 안에 하나 또는 둘의 검은 반점을 발견했다. 이 작은 원반은 핵소체를 가진 식물의 세포와 매우 닮아서 현미경으로는 구별할 수가 없었다. 슈반은 이상과 같은 관찰을 연골, 뼈, 근육, 표피 등의 조직에 대해서도 수행한 결과, 이들 동물 조직의 세포가 식물의 세포와 매우 닮았다는 중요한 결론을 얻었다. 따라서 동물계와 식물계 간의 주요한 차이인 '구조의 차이'는 없어지게 되었다. 이제 동물 조직의 연구나 '세포, 세포막, 세포 내용, 핵, 핵소체'라는 명명은, 식물 세포의 동일 부분에 같이 적용되게 되었다.

슈반은 자기가 발견한 것의 중요성을 너무 확신한 나머지, 자기의 세포설에서 지나친 오류도 범했다. 그는 세포의 형성을 일종의 결정(結晶) 과정으로 보고, 생체를 흡수성 물질(imbibitionfahige Stoff)을 결정으로 만드는 형식이라고 생각했다. 그래서 그는 "생체는 무기계의 여러 힘과 같이, 물질의 존재에 일관한 맹목적인 필연성의 법칙에 따라서 발생한다. …… 요소 부분은 어느 것이나 독립된 생명을 가지며, 전체로서의 생체는 각 개의 요소 부분의 상호작용에 의해서만 생존한다."라고 말했다.[5] 이와 같은 설을 1936년에 주장한 소련의 페신스카야는 "모든 세포는 세포에서 생긴다."라는 피르호의 설을 제국주의적 반동이라고 몰아세우는 일까지 일어났다.

슐라이덴(Mathias Jakob Schleiden, 1804~1881)은 함부르크에서 명성 높은 의사의 아들로 태어나서 하이델베르크에서 법학을 수학하여 변호사 개업을 했으나 성품에 맞지 않아 집어치웠다. 그리고 괴팅겐, 베를린, 이에나 대학에서 의학과 식물학을 수학한 후, 1839년 35세에 이에나 대학을 졸업하고 동 대학의 교수가 되었다. 슈반이 자기의 세포설을

---

5 슈반, 『동물과 식물의 구조와 성장 상의 일치에 관한 현미경적 연구(1839)』, 113쪽(세포 생활의 개관), 119쪽(세포설).

세울 때 가장 믿은 동맹자는 이 슐라이덴이었다. 슈반이 그의 세포설을 담은『동물과 식물의 구조와 성장 상의 일치에 관한 현미경적 연구』를 간행하기 전에, 슐라이덴은 이미 세포는 식물의 본질적 요소 기관이라는 명제를 발표했다. 그는 세포의 내용과 발생에 주목했으나, 그것에 대한 바른 관념을 얻지는 못했다.

그러나 그는 특히 식물학의 개혁자로서 활약했다. 즉, 그는 여전히 식물학의 주요 활동이었던 식물의 수집과 기술을 화학과 물리학의 보조 수단으로 무장한 연구 방법으로 바꾸어, 식물의 생활 연구를 식물학의 가장 가치 있는 목표로 삼도록 노력했다. 이런 의미에서 특히 슐라이덴의『귀납 과학으로서의 식물학(1842~1843)』은 획기적 영향을 미쳤다. 그리고 1850년에 간행한『식물과 그 생활』이라는 통속적 저작으로, 이 새로운 식물학과 그 참다운 내용을 사람들에게 널리 알렸다.

3) 생체는 '세포 국가'라는 개념

어떤 생체도 차원이 낮은 개체에서 성립된 국가를 이루고 있다는 것이 인식됨에 따라, 생명에 대한 견해도 달라져서 신경계와 같은 일정한 중추(中樞)와 결부시켜 설명하지 않게 되었다. 그래서 슈반의 설을 완결지어 그것을 의학에 도입한 피르호는 그의 저서『세포병리학』에 다음과 같이 말했다.[6]

"모든 동물은 생명을 가진 단위의 총화로서 나타나며, 모두가 완전한 생명의 특징을 가지고 있다. 그래서 생명의 단위는 뇌와 같은 일정한 점에서 구할 수 없고, 모든 요소가 가지고 있는 일정한 구조에서 구할 수가 있다. 즉, 어떤 생체도 각개의 존재가 서로 상대를 의지하고 있는 사회적 결합체이다. 모든 세포는 국가의 한 사람 한 사람이 공민인 것 같이, 자기의 특별한 활동을 하고 있다. 그러나 각개의 세포는 다른 세포 또는 세포 복합체인 조직이나 기관으로부터 받는 자극을 서로 의지하고 있다."

루돌프 피르호(Rudolf Virchow, 1821~1902)는 프로이센의 폰메른 주 슈펠바인(현재의 폴란드)에서 하급 관리의 아들로 태어났다. 때마침 독일 통일을 앞둔 대변동기였다. 그는 1839년에 베를린의 군의학교에 입학하여 1843에 졸업하고, 동년 베를린 대학의 뮐러 밑

---

6 피르호,『생리학적·병리학적 조직학에 근거한 세포병리학(1858)』, 베를린.

에서 학위를 얻어 베를린의 샤리테병원에 배속되었다. 이 시기에 그는 집도자(Prosektor)에게서 현미경 해부학을 배웠고, 1854년에 백혈병과 혈전(血栓)과 전색(栓塞)를 발견하여 일약 일류 병리학자로 인정받았다.

1846년 25세에, 당시 제일의 병리학자였던 빈 대학 교수 로탄스키가 슈반의 세포 생성설을 근거로 주창한 '체액 병리설'에 과감히 반대하여, "질병은 개개의 세포 또는 조직에 유래한다."라고 주창했다. 그는 자기의 이 설을 주창하기 위해 1847년에 친구와 함께 '병리해부학, 생리학, 임상의학 잡지'를 창간했다. 이것은 '피르호 논집'이라고 개명하여 현재도 간행되고 있는 유명한 잡지다. 그는 단지 연구실의 학자가 아니라 민주적 사회 개혁가 또는 정치가로서도 맹렬히 활동했고, 후년에 진화론에 반대하여 '법왕'이라는 별명도 얻었다. 그리고 "세포는 세포에서 생긴다."라는 주장으로, 소련 하자로부터 제국주의 반동자라는 욕도 먹었다.

피르호가 기초를 세운 세포병리학 설에 의하면, 우리가 병이라고 하는 이상 과정도 역시 개개 세포 토는 일정 세포 영역에서 일어난다. 그래서 병은 신비한 힘과 같이 전체로서의 생체에 작용한다는 '고체병리학'과, 그 본질은 체액 특히 혈액의 변화에 있다는 '체액병리학'의 낡은 논쟁은 의미가 없게 되었다. 세포병리학이 확립된 직후에, 세균이 많은 병의 병원체라는 것이 더욱더 확실하게 밝혀졌으나, 기생하는 세균에 의해 야기되는 병에서 문제가 되는 것은 기생하는 세균이 분필(汾泌)하는 물질의 독작용이라는 것이 밝혀짐으로써 피르호가 세운 견해는 변화를 받지 않았다.

세포의 발생에 대한 피르호의 견해는 하나의 중요한 진보였다. 슈반을 비롯한 다른 사람들은, 세포는 유기물로 되어 있으며 아직 유기화되지 않은 일정의 형성 핵에서 발생한다고 가정했으나, 피르호는 'Generatio aequivoca', 즉 생체의 자연 발생이 없는 것과 같이 그러한 발생은 없다고 했다. 동물은 동물에서 식물은 식물에서만 발생하는 것과 같이, 세포는 그의 선행 세포에서만 생긴다고 했다(omnis cellula e cellula). 물론 엄밀한 증명은 하지 못한 점도 있으나, 살아 있는 것은 모두 연속적 발생이라는 영구적 원리에 의해 지배된다는 원칙을 확립했다.

4) 원형질의 본질

세포 내에, 생명 현상으로밖에는 볼 수 없는 기묘한 운동이 인정되자, 식물학자들의 주의는 세포 내용으로 쏠렸다. 18세기 말엽에 세포 내용의 순환 운동이 해초에서 관찰되었고, 육상식물에서도 같은 운동이 발견되었다. 하지만 이 현상은 잊혔다가 1807년에 트레비라누스(Gottfried Reinhold Treviranus, 1776~1837)가 해초 세포 내부의 순환 운동을 다시 발견하여, 내부 과정에서 일어난 열의 불균등 분포에 기인한 것이라고 했다. 그 후에 이것이 일반적 의의를 가진 생리학적 과정이라는 것을 알게 되었다. 처음에는 이 자동적 운동을 하는 모체에 대해서는 밝혀지지 않고, 세포액의 운동으로만 논해졌는데, 순수한 물과 별로 다를 바 없는 이 용액뿐만 아니라 점액 물질이 있다는 것을 발견하고, 그것이 생명의 본래의 자리라고 생각하게 되었다. 1831년에 브라운은, 이 물질 안에 농도가 훨씬 커서 뚜렷하게 나타나 있는 것을 보고 '세포핵'이라고 불렀고, 이 세포핵은 세포분열에서 매우 중요한 역할을 한다는 것을 발견했다.[7]

로버트 브라운(Robert Brown, 1773~1858)은 스코틀랜드 몬트로즈에서 태어나서 1789년 16세에 에든버러 대학에 입학하여 의학과 박물학을 수학했고, 1795년 군의관으로 입대하여 아일랜드에서 복무했다. 1801년 로열 소사이어티 회장 뱅크스의 소개로 오스트레일리아 탐험대에 박물학자로 참가하여 각지에서 진기한 식물, 동물, 광물을 채집하여 1805년에 돌아와서 '린네 학회' 사서 직에 있으면서, 식물학 분야에서 광범한 연구를 하여 1810년에 『오스트레일리아와 타스마니아 섬의 식물지』를 간행했다. 훔볼트는 이 책을 보고 브라운을 "식물학자 중의 제일인자"라고 칭찬하여, 일약 세계적으로 유명하게 되었다. 그는 1827년에 '브라운운동'을 발견했고, 1831년에 식물의 세포 안에 있는 세포핵을 발견했다.

이 세포핵은 1835년에 몰(Hugo von Mohl, 1805~1872)이 확인한 것과 같이, 분열하여 둘로 되고 막으로 싸여 있다. 세포핵을 포함한 점액 물질은 처음에는 '고무'라고 생각했다. 그러나 그 전체 모양을 보았을 때, 동물의 알 흰자위와 닮은 질소를 함유한 물질, 즉 단백질인 것을 확인하고 '원형질(Protoplasm)'이라고 이름 지었다.[8] 그리고 같은 해에 뒤자르댕(Félix Dujardin, 1801~1860)은 원생동물(세포) 체내에 식물세포의 원형질에 해당하는 근육과 같은 수축성 물질을 발견하고 '육질(육양질, Sarkode)'이라고 이름 지었다. 식물의 원형질과 동물의 육질(肉質) 중에 생명의 본질이 있다는 생각은 19세기 40~50년대의 여러 발견에 의해 더욱 확실해졌다. 사람들은 세포 내의 원형질이 연출하는 운동 현

---

7 로버트 브라운, 「난과(蘭科) 식물의 수정 기관과 양식에 대한 관찰」, 『린네학회 회보(1833)』, 런던.
8 휴고 폰 몰, 「분열에 의한 식물세포의 증식에 대하여(1835)」, 튀빙겐 대학.

상을 보았을 뿐만 아니라, 원형질은 세포막이 없어도 생존할 수 있으며, 세포막은 원형
질에서 만들어지는 것을 확인했다. 그리고 식물의 원형질이 마치 수의로 다니는 것같이
재빠르게 이동하는 것도 보았다.

동물과 식물 간에는 명확한 경계가 있다고 믿었기 때문에, 식물세포의 원형질과 동물
세포의 육질은 다른 것이라고 생각했다. 그런데 콘(Ferdinand Juliuss Cohn, 1828~1898)은
이 두 물질이 같다고 발표했다. 그가 1850년에 발표한 논문에, "모든 생명 활동의 주요
한 자리로 보아야 할 식물세포의 원형질도 육질의 모든 특징을 가지고 있다. 원형질의
화학적·물리적 성상은 수축성 물질(육질)과 매우 일치하므로, 둘은 동일하다고 할 수는
없으나 서로 닮은 형성물로 보지 않을 수 없다."라고 말했다. 그래서 하등동물 하나하나
의 종속에 대한 무수히 많은 연구가 수행됐고, 이런 견해의 토대가 준비되어 있었으므
로, 1863년 슐체(Max Johann Sigismund Schultze, 1825~1874)가 확정적 성과를 거두게 되
었다.

5) 세포와 세포조직의 발생

세포의 본성을 이해하는 데 매우 중요한 사실이 하나 추가되었다. 그것은 무기화합물
에서 새로운 유기물을 만드는 동화작용을 하는 엽록소는 세포핵과 같은 원형질의 유형
부분이라고 하는 발견이다. 눈에 보이는 최초의 동화작용 산물로서, 엽록소 중에 전분이
나타나는 것을 관찰했다. 이 물질의 본성은 1858년에 네겔리(Karl Wilhelm von Nägeli,
1817~1891)에 의해 밝혀졌다. 그는 『전분 알』이라는 저술에서 생명 물질의 성장 이론을
세웠다. 그는 결정 형성처럼, 존재해 있던 물질에 새로운 물질이 부가돼서(Anlagerung)
증가하는 것이 아니라, 존재해 있던 분자 사이에 새로운 분자가 끼어져서(Einlagerung)
생명 물질이 증가한다는 것을 제시했다. 네겔리의 이 획기적 연구에 의해, '은화식물학
(隱花植物學)'과 발생 과정에 대한 지식도 촉진되었다. 세포의 발생과 조직 형태에 대한
문제는 슐라이덴이 처음으로 들고 나왔으나, 온당한 해명을 할 수 없었다. 그래서 네겔
리의 설로 바뀌게 되었다. 원형질의 생명 자리로서의 의의가 알려지지 않았던 네겔리 이
전에는, 기존의 세포 사이에 새로운 세포가 발생하는 것도 가능하다고 믿었다. 그런데
네겔리는 우선 첫째로, 새로운 세포의 형성은 기존 세포의 원형질에서 비롯된다는 것을
확인했다. 그리고 성장하고 있는 식물기관의 세포가 증가하는 것은 세포분열에 의한 것
임을 제시했다. 이 세포분열 과정은 세포 내용의 분열로 시작하여, 별개로 된 덩어리 사

이에 하나의 세포막이 칸막이로 만들어짐으로써 끝난다. 그리고 이 세포막 형성의 본체는 질소를 가진 원형질 물질에서 질소가 없는 섬유질(cellulose)이 분필되는 데 있다는 것을 밝혔다.[9]

네겔리에 의하면, 슈반의 세포 형성설에서 말하는 자유 세포 형성과 같은 다른 종류의 세포 형성은 오직 생식과 같은 특수한 경우에만 생긴다. 대개의 균류의 배세포(胚細胞)는 끊어져서 생기나, 어떤 균류는 세포 내용이 다수의 작은 알맹이로 분열하고, 다음에 세포막이 형성돼서 포자가 생기며, 반대로 여러 세포의 원형질 내용이 결합하여 하나의 배세포를 생기게도 한다. 해부학과 발생학을 차차로 착실하게 세워 올릴 토대가 된 이러한 소견은 18세기의 견해와는 매우 동떨어진 것이다.

식물세포의 본성과 발생이 대체로 바르게 인식되자, 세포로 구성된 조직의 발생을 추구할 수 있게 되었다. 19세기 중엽 이후부터는 기관이나 조직의 지식도, 많은 단계에 걸쳐 추구된 그의 발생에 대한 지견과 결부되지 않으면, 식물해부학의 과제는 해결되지 않은 것으로 보게 되었다. 그리고 생리학적 과정을 명백히 하는 방법이 아니면, 이 과정에 의해 규정된 식물 조직의 형태학적 본성을 인식할 수 없다는 것을 알게 되었다. 특히 네겔리의 연구는 결국 형태학적 관점에서 조직을 분류하는 시도를 도출했으므로, 이 방향에서도 획기적이었다고 할 수 있다. 네겔리는 항상 분열하고 있는 분생(分生) 조직과 연구 조직을 구별했다. 양자는 세포의 모양에서, 섬유조직과 유조직(柔組織)으로 분류되었다. 예를 들어, 젊은 기관의 분생 조직(원시 분생 조직)은 유조직 세포를 가지고, 형성층의 분생 조직은 섬유조직 세포(형성층류)를 가지고 있다. 네겔리가 발견한 이 발생조직학 개요는 식물해부학의 그 후의 발전 방향을 결정한 것이다.

전분 입자(전분입)에 대한 네겔리의 위대한 연구와 함께, 조직 요소의 연구는 새로운 단계에 진입했다. 그때까지는 오직 세포의 성분을 그 형태와의 상호 관계에서 파악하는 데 지나지 않았으나, 그 후부터는 그 내부 구조, 전분이나 세포막의 분자구조, 더 나아가서 핵이나 원형질의 분자구조에까지 손을 대게 되었다. 이러한 목적을 위해 현미경 기술은 끊임없이 개량되고, 화학과 물리학에서 도출된 새로운 보조 수단으로 보강되지 않으면 안 되었다. 단지 현미경을 바라보던 것은, 개량되어 가는 현미경으로 실험하게 되었고, 현미경 표본에 작용시키는 각종 시약을 응용한 결과, '현미경 화학(조직화학)'이라

---

9 네겔리, 『식물의 세포핵, 세포 형성과 세포 성장(1845)』.

는 특수 과학 부문이 생기게 되었다. 그리고 현미경과 편광기를 조합하고 물리학적 결정학의 방법을 이용하여 세포 요소의 광학적 성상에서 생명 물질(organisierte Substanz)의 내부 구조를 추측할 수 있게 되었다. 그 결과, 세포 요소의 여러 부분과 결정체와는 매우 닮은 것을 알게 되었다.

네겔리는 생명 물질의 '분자 연합체(Mizellen)'는 광학적으로 '이축성 결정'과 같은 태도를 취한다는 것을 증명했다. 그는 "생명 물질의 극소 부분으로서의 분자연합체는 관찰의 범위를 넘어선 미세한 결정체이며, 수천 개의 화학적 분자로 결정학적으로 조립되어 있다."라고 했다. 이 설에 의하면, 단순한 부가로 설명되지 않던 생장의 본질은, 새 분자가 기존의 분자에 끼워지든지 새로운 분자연합체가 기존 분자연합체의 수분을 가진 틈새 사이에서 만들어지는 데 있다는 것이 된다.

원형질의 구조에 대한 지식은 이 물질의 본성을 규명하는 첫 전제이므로, 다방면에서 더욱 해명할 필요가 있었다. 특히 현미경적 연구가 발달하면서 각 세포의 원형질은 가는 실과 같은 것으로 이어져 있다는 것이 밝혀짐에 따라, 요소 생체의 개체성(Individuality)에 대한 종래의 다양한 견해는 매우 좁은 범위로 수렴되었다. 그러나 한편 이러한 사정의 지식 때문에 자극 전도나 즙액 유도와 같은, 이제까지 접근할 수 없었던 많은 문제를 해결할 실마리가 열렸다.

제 7 장
에너지 원리의 인식

에너지 원리, 즉 에너지의 일원성과 보존의 법칙이 싹터 온 것을 살펴보면, 고대에 이미 그 싹이 나타난 것을 볼 수가 있고, 그 싹이 18세기에 상당히 명확하게 자라난 것을 볼 수 있다. 그런데 자연과학의 발전에 있어서, 해결 불가능한 문제가 큰 역할을 하고 있는 것을 볼 수가 있다. 황금을 만들려는 노력에서 많은 중요한 화학상의 발견이 이루어졌다. 수학에 있어서도, 이 황금 문제 같은 추진력이 된 것은 원의 구적법이었다. 이 문제를 풀려고 노력하는 중에 수학은 고도로 발전하게 되었고, 결국 이 문제는 해결 불가능하다는 것을 깨닫게 됐을 뿐만 아니라, 그것을 수학적으로 증명함으로써 비로소 이 문제는 낙착되었다. 이와 같이 물리학에도 해결 불가능한 문제가 있었다. 이것은 '영구기관'이라고 불린, 외부로부터 에너지의 공급 없이 영구히 움직이는 기관인데, 이 이상 가치가 있는 것이 이 세상에 있겠는가! 장구한 세월 동안 이 영구기관에 대하여 고심한 결과, 사람들은 이것도 불가능하다는 것을 깨닫고, 비과학적인 영구기관을 구하는 대신에 이제야 과학적인 '영구기관 불가능의 원리', 즉 '에너지 보존법칙'이 등장하게 되었다. 이 원리는 역학에서 생겨서 처음에는 역학 문제에 한정되어 있었으나, 점차로 확대돼 가서 자연과학 전반에 걸쳐서 인식하게 됐고, 이 인식에 기초하여 과학다운 발전을 이루게 된다.

1. 자연과학에서의 인식

이 '에너지 원리', 즉 '보존법칙'은 진자 운동 연구에서 쉽게 이해할 수 있다. 진자 운동은 결국, 물체가 낙하하는 것과 상승하는 것이며, 이 과정에 에너지의 보존법칙을 적용해 보면, 물체가 강하할 때에 얻은 에너지는 항상 그 물체를 상승시키는 데 필요한 에너지와 같은 양이므로, 그 물체는 처음 위치 이상으로 올라갈 수 없다는 것이다.

이 기본 법칙은 역학에서 출발하여, 다른 자연 현상에 응용하는 데 긴 세월이 걸렸다. 그것은 특히 열, 빛, 전기, 자기 등은 정밀하게 측정할 수 없는 물질, 즉 '불가량 물질(不可量物質)'이라고 쳤기 때문이다. 그 결과 파악할 수가 없는 불가량 물질의 물리학과 일반물리학에 확연한 경계가 생긴 것도 당연했다. 역학에서는 정지와 운동의 양만 알면 그 정지와 운동의 원인도 알 수 있다. 이러한 중량 운동의 역학에서 최초의 다리가 열역학의 영역으로 걸쳐졌다. 중량 운동이 없어질 때 열이 생기며, 반대로 열은 중량 운동으로 전환된다. 그 결과 '불가량 열원소(열소)'라는 가설은, 물체의 열은 그 내부 운동과 관계가 있다는 생각으로 바뀌게 되었다. 그리고 이러한 내부 운동은 내부 미소체의 진동으로밖에는 생각할 수 없으므로, 자연히 고대에 성립한 원자론적 가설이 되살아났다. 화학의 발전도 역시, 원자론 가설이 되살아날 필요가 있었다. 그래서 화학 현상은 원자가 결합하여 분자가 되고, 분자가 더욱 간단한 분자로, 그리고 끝으로는 원자로 분해하는 것으로 해석하게 되었다. 불가량 물질이 열역학에서 사라지듯, 물리학의 다른 영역에서도 사라져 갔다. 빛, 전기, 자기 등은 모두 역학적 자연 설명으로 바뀠다. 모든 힘은 운동으로, 힘의 전환으로, 운동 형태의 변화로만 나타났다. 적당한 물질을 단지 마찰함으로써 또는 화학 변화를 일으킴으로써 전기를 발생했다. 그리고 그것을 화학 작용으로 빛, 열, 자기로 전환하는 것을 배웠다. 우리 생활의 모든 면에 가장 중요하게 관여하고 있는 전기공학은 이러한 전환에 근거한 것이다. 그리고 그 탄생 시기는 바로 에너지 보존법칙이 발견된 시기다. 그것은 결코 우연한 것은 아니다. 역학적인 연동기로 발생한 전류의 변형이야말로, 에너지 원리로 알려진 이 위대한 원리의 발견을 가져왔기 때문이다.

1) 열의 일 상당량

에너지 원리는 어떤 한 사람의 발견으로 생각해서는 안 된다. 우리는 지난 여러 장에서, 내재해 있던 이 원리의 일대 보편화가 모든 분야에서 어떻게 준비되어 왔는가를 이미 살펴보았다. 이 원리는 19세기의 50년대에 세 사람에 의해 명확히 표현되었다. 독일인인 마이어와 헬름홀츠, 영국의 줄이며, 이들은 서로 무관하게 이 원리에 도달했다.

마이어(Julius Robert von Mayer, 1814~1878)는 하일브론에서 약방 셋째 아들로 태어났다. 그는 튀빙겐 대학과 뮌헨, 빈, 파리 등지의 병원에서 의학을 배우고, 1840년 의사로서 항해를 떠나 자바에 체재했을 때 지방인의 피를 뽑아 보았는데, 동맥을 찌르지나 않았나 의심될 정도로 피가 빨간 것을 발견한 것이 동기가 되어, 자연 전체의 관련에 대한 깊은 인식을 하게 되었다. 그는 에너지 원리를 세우는 데, 생리학적 연구에서 출발했다. 그는 혈액이 모세혈관에서 받는 색의 변화는 체내에서 일어난 산화를 눈에 볼 수 있게 반영한 것으로 생각하고, 열의 발생과 산화된 물질 간의 양적 관계를 규명하게 되었다. 그래서 마이어는 생리학적 연소 이론에서, 열과 일과의 불변한 양적 관계를 추측하게 되었다.

물리학적 연구에서는 당시에 이미 열과 일의 상당량 관계를 산출할 수 있게 되어 있었다. 기체가 팽창하며 일을 할 때 분동을 365미터 높이까지 올리는 일이, 같은 무게의 물을 0도에서 1도 올리는 열량에 해당하는 것, 즉 열 일 상당량은 423kg×m인 것을 알고 있었다. 그런데 마이어의 계산과 생각을 간단히 살펴보자. 그는 기체가 어떤 상황에서는 전체로서의 온도 변화를 받지 않고도 팽창하는 것을 제시한 게이뤼삭의 분출 실험에서 출발했다. 마이어는 이 실험을 바르게 해석하여 자기의 연역 토대로 삼았다. 그는 게이뤼삭의 실험은, 기체는 압력을 무릅쓰고 팽창할 때, 즉 일을 할 때 온도의 강하, 즉 열이 소비된다는 것을 증명하는 것으로 해석했다. 마이어는 이 인식을, 기체를 0도에서 1도 올리는 데, 일정 압력 하에 팽창할 경우에는 기체 용적을 일정하게 유지할 경우보다 많은 열이 필요하다는 기지의 현상과 결부시켰다. 그는 앞의 경우에 잠재한 여분의 열량이야말로 압력을 극복하는 일을 한 것이라고 인식했다.

그래서 그는 공기가 앞 경우와 뒤 경우에 사용하는 열량 간에는 1.42라는 일정한 비가 있으므로, 이 기체가 일을 할 때 필요한 여분의 열과 수행한 일 간에도 같은 비의 일정 관계가 있을 것으로 추측했다. 기체가 일정 용적 하에서 가열될 때, 일정 온도를 올리는 데 취하는 열량을 a라고 하고, 한편 일정 압력 하에 같은 온도를 올리는 데는 팽창과 일을 하므로, a+b라는 열이 필요하다. 이 여분의 b는 행한 일, 즉 외압 P와 이 외압에 대항하여 행한 행정 H를 곱한 것에 상당한다. 즉, b=PH이다. 이 PH의 값, 즉 '열과 일의 상당량'을 마이어가 계산했는데, 오늘날의 단위로 그의 계산을 나타내 보자.

1미터입방의 공기 무게는 온도가 0도, 압력이 760mm에서 1293kg인데, 처음에는 1입방미터의 입방체 안에 있다. 이 공기를 0도에서 1도 올리는 데는 0.2172 단위 열이 필요하다. 지금 이 입방체의 위쪽 벽이 움직여 올라갈 수 있게 하고, 이 공기를 0도에서 1도로 가열하면, 위쪽 벽은 기압 10334kg을 무릅쓰고 1/273미터 올라가며, 열은 0.3065 단위 소비된다. 즉, 0.3065-0.2172=0.0893 의 여분 열량이 한 역학적인 일(PH)는 다음과 같다.

$PH = 10334 \times 1/273 = 37.85 kg \times m$

따라서 1단위 열량$= (1/0.0893) \times 37.85 = 423.8 kg \times m$

마이어는 이런 관계가 다른 기체들에도 적용된다는 것을 확인하여, 열의 소비와 역학적인 일 간에는 일정한 관계가 있다는 원리를 발견했다. 그리고 이 원리는 탄성 유체의 성질과는 무관하며, 그 유체는 하나의 힘을 다른 힘으로 전환하기 위한 도구에 지나지 않는다는 것도 밝혔다. 이러한 마이어의 인식은 그보다 수십 년 전에 이미 카르노가 "열의 동력은 이 힘을 얻기 위해 이용하는 동인(Agens)과는 무관하다."라고 말한 인식과 본질적으로 같은 것이다. 물론 카르노는 동력의 원인을 단지 고온의 물체에서 저온의 물체로의 '열 원소의 이동'을 뜻한 데 대하여, 마이어는 열의 상당량의 소비는 일의 모든 수행에 대응한다고 명확히 인식했고, 열과 일의 상당량 관계를 자연력 일반의 상당량 관계와 에너지 보존법칙에까지 확대했다.

2) 전 자연력의 상당량

마이어는 자바에서 귀국한 직후 1841년 7월에 그의 견해를 전개한 논문 「힘의 양적·질적 규정에 대하여」를 『포겐도르프 연보(물리학 연보)』에 개재하려고 보냈으나 거절당했다. 그래서 이 논문을 근본적으로 고쳐서 「무생물계의 힘에 관한 고찰」이라는 제명으로 1842년에 『리비히의 화학과 약학 연보』에 개재했으나, 처음에는 전문가의 주의를 끌지 못했다. 그리고 1845년에 더 놀라운 「유기체의 운동과 물질대사와의 관계」라는 논문을 발표했다. 그는 이 논문에서 상당량의 원칙을 자연 현상 전체에 확대하여 '열, 자기, 기타의 불가량 물질'에서 물질성을 박탈했다. 미이어는 "자연 중에는 일정량의 비물질적 상태가 있다. 이 상태는 관찰되는 대상 간에 존재하는 변화에도 불구하고, 그 값을 보지하는데, 그 현상의 모양은 매우 다양하게 변화한다."라고 말했다. 이 양은 처음에 '능력'이라고 불렸고, 마이어가 표현한 원리는 '능력의 보존법칙'이라고 이름 지어졌으나, 오늘날의 말로는 "우주의 에너지는 일정불변하다."라는 것이다.

『물리학 연보』의 편집자 포겐도르프가 1841년 7월에 접수한 마이어의 논문을 개재하지 않은 데는 타당한 이유가 있었다. 포겐도르프의 유품 중에서 발견된 이 논문은 조잡한 오류와 무의미한 주장에 차 있다. 분명히 당시의 자연철학 마력에 사로잡혀 있던 마이어는 그 논문 중에, "우리는 모든 현상을, 현존하는 차이를 없애고, 모든 존재를 수학적으로 등질인 덩어리로 결부되게 작용하고 있는 원시적 능력에서 도출할 수 있다."라고 말하고 있다. 이 처녀 논문에는 열과 일의 상당량도 논술되어 있지 않으며, 그가 수립한 최초의 우주론적 고찰도 과장되고 이해할 수 없는 것이었다. 이 첫 논문과 1842년 리비히가 『화학과 약학 연보』에 개재한 둘째 논문 간의 짧은 기간에, 마이어의 물리학상의 견해가 근본적으로 세련되어진 것을 볼 수 있다. 이러한 것은 그가 1848년에 『천체역학에의 기여』라는 표제로 발표한 우주론적 고찰에도 해당되는 것이다.

마이어는 1842년의 논문에서, 그때까지 연구할 수가 없고 가설적인 것으로 보았던 '능력'이라는 개념을 물질의 개념과 같이 명확하게 파악하여 실험 연구의 대상으로 할 수 있는 것만을 능력이라고 부르기로 했다. 그에게 능력은 원인이며, 모든 원인의 결과는 무한한 연쇄에서 새로운 동량의 결과에 대한 원인이므로 능력, 즉 원인은 양적으로 불멸이고 질적으로 변환되는 불가량적 대상이었다. 이러한 견지에서 마이어는 우선 최초에, 중량 운동을 고찰하고 있다. 즉, 어떤 무게의 짐을 들어 올리게 일하는 원인이 능력이며, 그 결과 짐의 위치가 변화한 것도 능력이다. 그리고 이 능력은 언제든지 운동으로 변할 수 있다. 이것은 오늘날의 말로는 '위치에너지' 또는 '퍼텐셜에너지'라고 하는 것인데, 마이어는 "무게가 있는 대상의 공간적 차이(raeumliche Differenz)는 하나의 능력이다."라고 말했다. 그런데 우리는 이 운동이 눈에 보이는 다른 운동을 일으키지 않거나 또는 중량을 들어 올리지 않고 소멸하는 경우를 많이 볼 수 있다. 마이어는 이러한 것과, 능력이 이러한 경우에 어떤 새로운 모양으로 되는가 하는 의문을 결부시켰다. 그는 물을 강력하게 장시간 진동시키면 운동이 열로 변하여 현저하게 온도가 상승하는 것을 보았다. 이 실험은 그에게는 '결정적 실험(experimentum crucis)'이었다. 즉, 이 실험은 그의 견해를 발전시키는 데 결정적인 것이었다. 운동이 열로 열이 운동으로 변한다는 것은, 증기기관을 사용하고 있던 당시에는 명확히 알려진 실례이다. 그러나 마이어가 문제로 한 것은, 이 중량 운동과 열 사이에 일정한 양적 관계를 입증하는 것이었다. 그는 1842년에 발표한 논문에서, "우리는 일정 중량의 것을 얼마나 높이 올리면 그 낙하하는 능력으로 같은 중량의 물을 0도에서 1도 올릴 수 있는가를 발견해야 한다."라고 말하고 있다.

마이어의 1845년 논문에서 볼 수 있는 가장 독특한 두세 가지 표현은, 능력의 보존에 대한 그의 설의 핵심이므로 특기해 둔다.

"실제로는 다만 하나의 능력밖에 없다. 능력은 무기계와 유기계를 영원히 변화하며 순환한다. 운동은 하나의 능력이다. 지표에서 어떤 거리에 방치된 정지하고 있는 물체는, 곧 운동을 시작하여 계량할 수 있는 최종 속도로 지표에 도달한다. 중량을 들어 올리는 것도 하나의 운동 원인이 되므로 능력으로 볼 수 있다. 열은 능력이며, 역학적 일로 전환시킬 수 있다. 경험에 의하면, 일정 물질의 화학 변화에서도 열을 발생시킬 수가 있다. 물질의 화학적 친화력은 하나의 능력이다."

"태양은 영구히 마르지 않는 능력의 원천이다. 지구에 쏟아지는 이 능력의 흐름은 항상 당겨진 용수철과 같은 것이며, 이 용수철이 지상의 활동이라는 연동기를 움직이고 있다. 자연은 지구에 쏟아진 빛을 받아들여 이 능력을 소비한 화학적 능력의 총계로 항상 생성하고 있는 생체로 지구를 덮고 있는데, 그것이 식물이다. 동물은 식물계로부터 연소 물질을 자기 안에 받아들여, 그것을 대기의 산소와 다시 화합시키고 있다. 이러한 소비와 병행하여 동물계를 특징짓는 일, 운동의 발생, 중하를 들어 올리는 일 등이 행해진다."

마이어의 이러한 기초적 연구는 그가 1848년에 발표한 「천체역학에의 기여」라는 논문으로 끝맺고 있다. 그는 이 논문에서 태양을 에너지의 가장 중요한 원천으로 보았다. 허셜은 태양이 외견상 무한하며 약해지지 않는 빛과 열을 방출하고 있는 것을 '위대한 비밀'이라고 보았다. 마이어는 열이 생기는 데는 화학 변화나 또는 역학적 일에 유래한 일정한 소비가 필요하다는 것을 확인했다. 태양열의 복사와 태양열의 기원에 대한 결산을 얻기 위해서 자기의 이러한 관찰을 당시의 천문학자나 물리학자의 측정과 결부시켜 보았다. 허셜 2세(John Frederick William Herschel, 1792~1871)는 자신이 발명한 화학광 열량계를 써서, 태양의 가열 양은 지표에 있는 29미터 표층을 녹일 수 있다고 과대평가했고, 푸이에의 측정도 30.89미터라는 비슷한 결과였다. 마이어는 태양이 발산하는 총 열량의 23억분의 1에 지나지 않는 지표상의 열량이 이렇게 많다며, 태양 전체가 비록 석탄으로 되어 있다고 하더라도 2000~3000년이면 소진되어 버리므로, 헬름홀츠와 같이 태양열의 발생은 태양계 전체의 구조에 기인한 것으로 보았다. 그는 다수의 소혹성, 혜성, 운석 등에서 중량이 있는 물질이 연속적으로 태양 표면에 도달하며, 이들 물질은 모두 격렬한 충격으로 그들의 공동묘지인 태양에 낙하하여 그 운동량에 상당한 열을 발생하며, 그 열은 화학 변화로 발생한 열의 수천 배라고 했다. 즉, 운석이 태양에 낙하할 때 발생하는 열은, 그와 같은 중량의 석탄을 연소시킬 때에 발생하는 열의 6000배의 열을 발생한다고 했다.

2. 열과 일 상당량 정밀 측정

영국인 줄(James Prescott Joule, 1818~1889)은 다른 분야에서 출발하여 의미 있는 수많은 실험에 근거한 결론에서, 마이어와 같은 시대에 '열과 일은 상당량'이라는 같은 인식에 도달했다. 줄은 맨체스터 근교 샐퍼드에서 양조업을 하는 아버지 밑에 태어났다. 태어날 때부터 신체가 허약하여 학교에 가지 못하고 집에서 교육받았고, 15세에 맨체스터에서 돌턴으로부터 물리학과 화학적 연구를 배워서, 주로 혼자서 자기 연구를 계속했다. 그리고 1889년에 죽기까지 자기 이름으로 97편, 윌리엄 톰슨(William Thomson, 1824~1907)이나 플레이페어(Lyon Playfair, 1819~1898)와 연명으로 20편의 논문을 발표했다. 처음에는 그의 연구가 별로 인정받지 못하다가, 톰슨이 그 연구의 의의를 인정하여 1860년에 과학계 최대의 영애인 '코프리상'을 받았다.

줄은 럼퍼드나 데이비도 자기 실험을 근거로 하여, 열의 본체는 물체의 미분자 운동이라는 견해에 도달해 있었다고 지적했다. 이와 같은 생각은 이미 철학자 존 로크에게서도 볼 수 있는데, 그는 "열이란 것은 물체의 눈에 보이지 않는 미분자의 매우 빠른 운동이다. 이 운동은 우리에게 그 물체가 덥다는 감각을 생기게 한다. 그래서 우리 감각에 열이란 것은, 물질계에서는 운동에 지나지 않는다."라고 말했다. 로크 이후에도 로크의 이 말처럼 열역학의 원리가 명확하게 표현된 적은 없었다.

줄은 이 열역학 원리를 마이어와는 반대로 증명한 셈인데, 그는 1840년부터 갈바니전류의 열작용을 연구하여, 그것이 저항과 전류의 제곱에 비례한다는 것을 발견했다. 줄은 이 연구를 감응전류에까지 확대하여, 일정량의 물이 이 전류로 어느 정도까지 가열되는가를 측정했다. 전류는 '전자 엔진(electro-magnetic engine)'의 회전, 즉 역학적 일의 소비로 발생하므로, 이 기계를 운동시키는 능력을 측정하여 전류가 발생하는 열량과 비교한 실험 결과, 1파운드의 물을 화씨 1도 올리는 열량은 838파운드의 중량을 1피트 들어 올리는 역학적 능력에 해당한다고 밝혔다.[1]

그러는 중에 줄은, 마이어가 1842년에 『화학과 약학 연보』에 발표한 논문을 보고, "마이어가 물을 진동시켜 열을 얻었다는 실험은, 그 실험 결과를 얻기 위한 준비나 소비된

---

1 줄, 「전자기의 열 효과와 열과 일의 상당량」, 『이학 잡지(1843)』 제23권.

일의 양에 대한 보고가 없다."라고 지적하고, 그는 '열과 역학적 능력을 수량으로 결부시키는 것'을 사명으로 삼았다. 그래서 줄은 액체를 진동시키거나 마찰할 때, 일정한 일의 양을 소비한 데 대해 발생한 열량을 '피스톤 운동'에서 정확하게 측정하여, 1파운드의 물을 1도 올리는 데 770피트-파운드의 역학적 일이 필요하다는 것을 1843년에 보고했다. 그리고 그 후에 액체를 마찰하기 위한 수차를 이용하여 그 열의 상당량인 781.5, 782.1, 787.6 등을 얻었고, 이것은 기체의 압축이나 전자기 실험에서 얻은 값과 거의 일치했으므로, 역학적 일과 열은 상당량 관계에 있다는 것을 명확하게 제시한 것이다. 그래서 이제 남은 문제는 이 상당량을 가능한 한 정확히 측정하는 것이었다. 줄은 1843년의 논문에 다음과 같이 결론짓고 있다.

"내가 이 실험을 아무리 되풀이한다고 해도, 결코 시간의 낭비가 되지는 않을 것이다. 강력한 자연력은 조물주가 생성한 것이다! 따라서 파괴되지 않으며, 또 역학적 능력이 소비될 경우에는 반드시 엄밀한 상당량이 열로 얻어진다고 나는 확신하고 있기 때문이다."

줄은 이 확신을 지켜서, 열과 일의 상당량 문제에 대한 실험을 그가 고안한 방법에 의해 1878년까지 계속했다. 그리고 그의 최후의 측정에서 이 상당량은 772.33피트-파운드라고 했다.

3. 영구기관 불가능 원리

헬름홀츠(Hermann Ludwig Ferdinand von Helmholtz, 1821~1894)도 같은 생각에서, '영구기관 불가능 원리(das Prinzip vom ausgeschlossenen Perpetum mobile)'를 도출했다. 그는 교사 아들로 포츠담에서 태어나서, 1838년 베를린 대학에 입학하여 의학을 수학한 후, 1842년 공중병원 의사로 일했다. 그리고 1843~1848년 군의관으로 복무했고, 1848년부터 쾨니히스베르크, 본, 하이델베르크 대학 등의 생리학 교수를 하다가, 1871년 베를린 대학의 물리학 교수가 되었다. 만년에는 그와 지멘스가 협력하여 만든 베를린의 '국립 물리학 공학연구소의' 소장을 지냈다.

헬름홀츠도, 마이어가 제창했고 줄이 실험을 통해 밝힌 에너지 원리의 보편화에 기여한 논문을 1847년에 발표했다.[2] 이 논문은 문제를 수학적으로 엄밀하게 취급한 훌륭한 과학적 논문이었으나, 『물리학 연보』에 실리지 못해 자비로 출간했다. 헬름홀츠는 물질을 어떻게 조합하더라도 무에서 항상 동력을 만들 수는 없다는 가정에서 출발하고 있다. 그는 이미 호이겐스에 의해 역학에 도입됐고, 카르노에 의해 열역학에 확장된 이 원리를 자연과학 전 영역에 적용하려는 과제를 세웠다.

이 '영구기관 불가능 원리'는 더욱 엄밀하게는 다음과 같다. 서로 일정 거리에 있는 어떤 물체의 한 계가 그 물체에 미치는 능력의 작용을 받아 운동을 하여 다른 일정한 위치에 오면, 그 때문에 일정한 일을 하게 된다. 만약에 똑같은 일을 다시 한 번 얻기 위해서 두 번째로 똑같은 능력을 작용시키려면, 그 물체를 원위치로 되돌려야 한다. 그런데 이 물체를 처음 위치로 되돌리기 위해 소비해야 하는 일은, 그 물체가 처음의 제1 위치에서 제2 위치로 올 때 한 일과 똑같은 크기이다. 이 경우에, 제1 위치로부터 제2 위치로의 이동 경로가 어떠하든, 또 어떤 속도로 했든 간에 관계가 없다. 만약에 어떤 방법으로 한 일이 다른 방법으로 한 일보다 크다면, 그 여분의 일을 얻어서, 위치의 변화를 몇 번이고 반복하여 일으켜서, 역학적 능력의 무진장한 원천을 얻게 되기 때문이다.

이러한 계의 가장 간단한 예는, 지구와 지구 중력 g에 존재하는 질량 m의 중량 mg이다. 만약에 이 계를 높이 h만큼 올리려면 mgh의 일이 필요하다. 그리고 이 중량이 높이 h에서 지구에 떨어질 때, 같은 일의 양을 나타내는 gh는 갈릴레이의 낙하 식으로 나타내면 $gh=v^2/2$이므로, $mgh=mv^2/2$이다. 여기서 mgh는 들어 올리는 데 필요한 일이며, $mv^2/2$은 낙하할 때 생기는 활력(活力)이다. 정지하고 있는 물체가 그의 위치 h 때문에 할 수 있는 일을 헬름홀츠는 '장력(張力)'이라고 이름 지었다. 물체가 인력을 미치고 있는 물질(지구)을 향하여 움직이면, 장력은 감소하고 그만큼 활력은 증가한다. 위치 때문에 장력이 존재하며, 운동 때문에 활력이 생기는 계에서는 "존재하는 장력과 활력의 총화는 일정불변이다."라는 정리가 성립한다. 이것이 헬름홀츠가 밝힌 '능력의 보존 법칙'이다. 오늘날에는 장력 대신에 '위치에너지', 활력 대신에 '운동에너지'라는 말을 사용하여 '에너지 보존법칙'이라고 부르는 법칙이다.

이 '능력의 보존법칙'은 역학에 대해서는 증명할 필요도 없었다. 호이겐스 이래 진자

---

2 헬름홀츠, 「힘(에너지)의 보존에 대하여(1847)」, 베를린.

운동은 이 법칙이 적용되는 좋은 실례로 제시되어 있었다. 이 법칙이 천체 운동도 지배하고 있는 것을 옛날부터 인식하고 있었다. 행성이 태양에서 먼 곳에서 가까운 곳으로 올수록 행성의 속도, 즉 활력이 증가하고, 반대로 먼 곳으로 돌아갈 때, 얻었던 운동에너지는 잃어간다는 것을 알고 있었다. 그런데 이 '능력의 보존법칙'은 이미 비탄성체와 탄성체에 의한 운동의 전파에 대해서도, 특히 파동 운동에 대해서도 적용되었다. 탄성파의 활력은 흡수 과정에서도 소실되지 않는 것은 물론이고, 헬름홀츠는 음파의 흡수라는, 그 음파가 부닥친 물체에 운동을 옮긴다는 것을 제시하려고 했다. 광선이나 열선의 흡수는 같은 비의 열을 발생한다고 헬름홀츠는 제시했다.

당시까지는 비탄성체의 충돌과 마찰에 대해서는 '능력의 손실'이 일어난다고 가정하고 있었으나, 이에 대하여 헬름홀츠는 비탄성체의 충돌 때는 모양의 변화에 의해 장력의 증가가 종종 일어나며, 심하게 충돌하거나 몇 번이나 충돌할 때는 열이 발생한다고 했다. 그리고 충돌 또는 마찰과 결부되는 결과의 총계는 그 과정에서 없어지는 역학적 능력에 엄밀히 대응하는가를 조사하여, 자기 법칙에서 긍정적 답을 구했다. 그는 화학 변화에 의한 열의 발생도 일정량의 화학적 인력으로 생기는 활력 양으로 보았다. 각종 전기 현상과 자기 현상에 대한 능력의 상당량을 입증하는 것은 더욱 곤란했으나, 헬름홀츠는 이미 1847년에 이들 분야에서 관찰되는 현상은, 그 당시까지의 측정 실험에 의하면 '능력의 보존법칙'에 모순되지 않는다는 것을 확증할 수가 있었다.

에너지 보존법칙은 당초에 지상 현상에서 인출된 것이나, 헬름홀츠는 이 법칙을 토대로 하여 '우주의 섭리'를 살펴보려고 했다. 그는 우선 칸트와 같이 태양을 중심으로 한 우리 행성계는 원래 해왕성 궤도 범위를 넘어 퍼져 있던 밀도가 미소한 성운이었다는 가정에서 출발했다. 이 원시 성운이 됐을 때, 그것은 태양이나 행성계를 만들기 이전의 물질을 포함하고 있었을 뿐만 아니라, 장차 이 계 안에서 나타날 모든 능력을 가지고 있었고, 이 행성계의 모든 부분의 만유인력이라는 모양으로 된 것으로 생각했다. 화학적 능력도 이미 존재해 있었으나, 이 능력은 물질의 가장 밀접한 접촉으로 작용이 나타나므로, 그 능력이 작용하기 이전에 응축이 일어나야 한다. 헬름홀츠는 지금까지의 응축에서 얼마만큼의 일이 행해졌는가, 그리고 역학적 능력 형태로, 인력이나 운동의 활력 형태로 얼마의 에너지가 현재도 존재하는가를 계산했다. 이 계산 결과, 원래 역학적 능력의 $1/454$이 여전히 역학적 능력으로 있고, 나머지 $453/454$은 열로 전환되어, 대부분 우주 공간에 방사되었다. 그리고 아직도 우리 행성계에 남아 있는 역학적 능력도 대단하여,

지구가 태양 주위를 도는 운동을 갑자기 멈추면 그 충격이, 순수 석탄으로 된 14개의 지구를 연소시킨 열량에 해당하며, 이 지구가 태양에 떨어진다고 가장했을 때는 그것의 400배나 된다고 했다.

4. 열역학

마이어와 줄, 그리고 헬름홀츠가 창설한 이론을 그 후에 완성한 사람으로 클라우지우스 (Rudolf Clausius, 1822~1888)를 꼽을 수 있다. 그는 다른 사람들과 함께, 에너지는 비탄성체의 충격이나 마찰 때 분자의 눈에 보이지 않는 운동으로 변한다는 생각에 관심을 가지고, 이 생각을 물리학의 전 분야에 확대하여 해석역학의 말로 고침으로써, 열역학과 기체운동론을 세웠다. 클라우지우스는 쾨슬린에서 태어나서, 베를린과 할레 대학에서 수학과 자연과학을 수학했다. 그 후 포병학교와 공병학교의 교사로 복무하다가, 베를린, 취리히, 뷔르츠부르크, 본 대학의 물리학 교수로 활약했다. 그는 이론가로서 자기 자신의 실험 결과를 공표하지 않았으나, 현대 물리학 발전에 매우 큰 영향을 미쳤다.

클라우지우스는 1824년에 발표된 열의 동력에 대한 카르노의 연구에서 출발했다. 그는 카르노의 생각을, 줄이나 마이어가 세운 열과 일의 상당량 원리와 결부시켰다. 카르노는 열에 의해 일이 행해지면, 일정한 열량이 높은 온도의 물체로부터 낮은 온도의 물체로, 증기기관에서는 로(爐)로부터 복수기로 이행하는 것과 같이 이행한다는 것을 입증했다. 이 경우 카르노는 열의 본체를 결정하지 않은 채, 열량은 동일하다고 가정했다. 클라우지우스는 이 카르노의 원리를 줄이나 마이어가 얻은 인식에 근거하여, 일이 행해지기 위해서는 열의 분포 변화뿐만 아니라 한 일에 상당하는 열량의 소비가 필요하며, 반대로 동량의 일의 소비에 의하여 동일한 열량이 만들어진다고 정정했다. 그리고 이것을 '열역학의 제1법칙'이라고 이름 지었다. 이 열역학의 제1법칙은, 헬름홀츠가 말한 '능력의 보존법칙'인데, 클라우지우스는 이것을 '에너지 보존법칙'이라고 불렀고, "열과 일은 상당량이다."라고 간단히 정의했다.[3]

---

3 클라우지우스, 「열의 동력과 열학 자체를 위해 도출한 원리에 대해」, 『물리학 연보(1850)』 제79권.

클라우지우스와 헬름홀츠는 열과 일의 개념을 확대하여 화학적 능력, 전기적·자기적 능력의 결과도 일이라고 보면, 이 원리는 자연 현상 전체로 확대할 수 있다고 했다. 따라서 이 상당량의 원리는 다음과 같이 된다. 즉, 에너지의 한 형은 조금도 상실하지 않고 다른 형으로 변한다고 표언된다. 이 원리를 가장 포괄적으로 표언하면, "우주의 전 에너지는 물질의 양과 함께 일정불변이다."라는 말이 된다. 베르누이는 일이라는 개념 대신에 에너지라는 이름으로 불렀고,[4] 토마스 영은 활력을 에너지라고 불렀다.[5] 그리고 끝으로 윌리엄 란킨이 '에너지, 잠재에너지, 현재에너지'라는 용어를 과학에 도입했다.[6]

각종 에너지 형태의 상당량 원리를 클라우지우스는 '열역학 제이법칙'이라고 부르고 다음과 같이 표언했다. 즉, "하나의 물체 또는 다수의 물체가 임의의 가역변화를 받는 모든 복잡한 과정에서 생기는 모든 변화의 대수 합계는 같이 영이 되어야 한다." 단, 여기서 생산과 소비는, 소비를 (-) 생산으로 본 것이다. 그리고 이 '열역학 제이법칙'에 의하면, "열은 스스로 찬 물체로부터 더운 물체로 이동할 수는 없다."라고 했다.

클라우지우스는 후에, 세계는 불변하게 영구히 순환한다는 추론은 성립하지 않는다고 지적했다. 그것은 자연력이 하는 전체의 일과 존재하는 운동 중에 잠재한 일의 전체, 즉 모든 잠재에너지와 현재에너지는 점점 열로 변해 가는데, 열은 찬 물체로부터 더운 물체로 이행할 수 없기 때문이다. 그래서 열은 순간적으로 존재하는 온도차를 균형시킴으로써 항상 균등한 분포를 취할 것이다. 클라우지우스는 이 온도차의 균형, 즉 에너지를 그때의 온도로 나눈 것을 '엔트로피(entropy)'라고 칭하여, 가역변화에서는 엔트로피가 불변이고 비가역 변화에서는 증대한다는 것을 제시했다. 그리고 "세계의 엔트로피는 극대를 향하여 증대한다. 이 엔트로피가 극대에 도달하면 더 이상 에너지의 전환은 일어날 수 없고, 에너지의 저장량은 항상 동일하나 균등하게 분포된 까닭에 영구히 고착 상태가 되고 만다."라고 했다.

영국의 위대한 과학자 윌리엄 톰슨(William Thomson, 1st Baron Kelvin, 1824~1907)도, 클라우지우스와는 규명 경로가 일부 다르기는 하나, 거의 같은 시기에 똑같은 법칙을 발견했다. 그래서 일반적으로, 특히 영미권에서는 이 열역학의 제일, 제이법칙은 톰슨이 발견한 것으로 인정하고 있다. 톰슨은 벨파스트에서 스코틀랜드 사람 부모 밑에 태어나

---

4 봐라뇽, 「베르누이의 편지, 1717년 1월 26일」, 『새로운 역학(1725)』 제2권, 174쪽.
5 토머스 영, 『자연철학에 대한 강의 과정(1807)』, 런던.
6 란킨, 「에너지 전환의 일반 법칙에 대하여」, 『이학 잡지(1853)』 제5권 4호, 106쪽.

서, 케임브리지와 파리에서 수학하여 22세에 글래스고 대학 물리학 교수가 되었다. 그의 공적은 물리학, 지구물리학, 공학 등 광범한 분야에 걸쳐 있으며, 특히 절대온도와 이 열역학 법칙의 발견은 지금도 빛나고 있다. 그는 1892년에 켈빈 경 작위를 받았고, 1907년 12월 17일에 사망하여, 웨스트민스터사원에 뉴턴 옆에 묻혔다.

톰슨은 자신이 발견한 이 열역학 법칙에서, "현재 존재하는 모든 온도차는 서서히 균형을 얻어 최후에는 에너지가 균등하게 분포돼서 모든 물질의 운동이 정지한 '세계의 죽음, 즉 종말'에 도달한다."라고 결론하여, 우주 종말론을 입증했다. 이에 반대하여 란킨은 "세계 공간에서의 발산은, 우리에게 미지인 어떤 중심에 집중돼서 아마도 균형을 얻을 것이다. …… 그리고 세계 사상의 과정에서 최종 상태를 논하는 것은 무한이란 개념에 모순된다. 태초, 발전, 종말은 유한한 것에 대해서만 말할 수 있다. 공간이 무한하며, 시간도 영구한 전체로서의 세계에서는 발전도 없고 목적도 없다. 태양이 성운에서 생긴다면, 다른 곳에서는 태양이 다시 성운이 됨이 틀림없을 것이다. 그래서 전체로서의 세계는 과거에 있어서도 현재와 같았고, 미래에도 같을 것이다."라고 했다.

어느 것이든 당시의 일반적 견해인 "세계는 영원한 옛날부터 존재해 있었다."라는 생각과는 양립할 수 없다. 그래서 엄밀히 말하면, 열역학의 제이법칙은 하나의 유한한 세계, 즉 세계의 에너지와 물질 포장 양은 유한하다는 가정에서만 성립한다. 그런데 우리 연구는 이와 같이 유한한 계, 거기에다 처음에는 태양계 에너지의 저장에만 관계가 있었으므로, 에너지의 보존과 엔트로피 법칙은 가장 중요한 원리가 되며, 특히 우리가 세계를 유한한 것으로 볼 때, 그 위에 현재의 자연관이 세워진 것이다. 에너지의 보존과 전환이 전체로서의 세계에 대하여 어떤 상태가 될지는 형이상학적으로 중요한 문제이다. 성경 말씀에는 이 우주는 태초에 창조된 것이며, 영원한 것이 아니라 종말이 있다고 했으며, 이 열역학의 제일, 제이법칙은 이 말씀을 입증하고 있는 것이다.

5. 기체운동론

열역학은 기체 이론에 혁명적 영향을 미쳤다. 한 기체가 그를 담은 용기 벽에 미치는 압력을 설명하기 위해, 19세기 중엽까지는 기체의 분자는 분자 간의 거리에 따라 감소하는 힘으로 서로 반발한다고 가정했다. 이와는 다른 기체의 본성에 대한 생각도, 18세기 중엽에 다니엘 베르누이(Daniel Bernoulli, 1700~1782)에 의해 이미 전개되어 있었다. 그는 기체 분자들은 서로 무관하게 운동하며, 그 결과 다른 분자 또는 용기 벽에 충돌한다고 가정하고, 이 경우 분자와 완전 탄성체는 반발하여 불변의 속도로 직선운동을 계속한다고 했다. 기체 본성에 대한 이 베르누이의 이론은, 현대 물리학이 물체의 열을 분자운동으로 파악하게 되기까지 죽 돌보지 않았다.[7]

이 베르누이의 이론을 다시 살아나게 하여 기체운동론의 기초를 세운 사람은 클라우지우스와 클레니히였다. 그들의 이론에 의하면, 분자는 이미 베르누이가 기술한 것과 같이 일정 속도로 직선운동을 하며, 결국 다른 분자나 용기의 벽에 충돌하여 완전 탄성 구의 충돌에 적용되는 법칙에 따라 반발된다. 이것을 구체적으로 설명하면, 완전 탄성의 용기 안에 일정 수의 완전 탄성 구가 들어 있다고 가정하자. 이 구가 정지해 있을 때는 용기의 아주 적은 부분만 차지하고 있는데, 이 용기를 심하게 흔들면 구는 운동하게 되고, 그다음에 용기를 정지해도 구는 완전 탄성이기 때문에, 물론 충돌 때에 개개의 구의 방향은 다른 구나 벽에 대하여 변하나, 그것에 전파된 운동에 관계없이 운동을 계속한다. 기체 분자는 폐쇄된 용기 안에서 마치 이 구와 같은 운동을 한다는 것이다. 이 가설에서, 클레니히는 보일-마리오트의 법칙과 게이뤼삭의 법칙, 그리고 아보가드로의 법칙도 쉽게 도출할 수 있었다. 그는 분자의 수를 n, 각 분자의 질량을 m, 분자의 운동 속도를 C, 기체의 용적을 V라고 했을 때, 압력 P는 $P = nmC^2/2V$, 즉 압력은 보일-마리오트의 법칙과 일치하여 용적에 반비례하고, 충돌하는 분자의 수에 비례한다. 그리고 분자의 운동에너지 $mC^2/2$은 절대 0도에서 산출된 온도 T에 지나지 않으므로, $P = nT/V$ 또는 $PV = nT$이다.

이것이 게이뤼삭의 법칙과 보일-마리오트의 법칙을 수식화한 것이다. 그리고 이 수식을 두 가지 기체에 대해서 적용해 보면, 아보가드로의 가설도 명백해진다.

$P_1V_1 = n_1T_1$, $P_2V_2 = n_2T_2$ 에서 $P_1 = P_2$, $T_1 = T_2$, $V_1 = V_2$이면, $n_1 = n_2$이다. 즉, 같은 압력과 온도에서 같은 용량의 기체의 분자 수는 그 종류에 관계없이 일정하다.

클라우지우스는 이 클레니히의 이론을 보완했다. 그는 기체 분자는 직선전진운동만 하는 것이 아니라고 했다. 그것은 두 물체가 충돌할 때, 만약에 물체가 정면이나 중심 간

---

7 다니엘 베르누이, 『수역학(1783)』.

의 충돌을 하지 않을 때에는 전진운동 외에도 회전운동이 일어나기 때문이다. 클라우지우스가 기체 내에 존재하는 열에너지를 설명하기 위해서는, 전진운동에너지만으로는 부족했다. 그래서 클라우지우스는 분자의 회전운동이나 원자의 진동운동도 가정하여, 이것을 '성분운동'이라고 불렀다. 그리고 그는 어떤 온도의 일정한 기체의 성분운동에너지와 전진운동에너지의 비는 일정한 것을 입증하여, 기체운동론의 기본 방정식을 다음과 같이 세웠다.[8]

$P=nmC^2/3V$. 그리고 여기서 기체 분자의 전진운동 속도를 구했다.

. 기체의 총 질량 $M=nm$이므로, 그 속도 $C^2=3VP/M$, 따라서 $C=(3VP/M)^{1/2}$이며, 빙점 온도에서의 속도는, 산소; 461m/sec, 질소; 492m/sec, 수소; 1844m/sec가 된다.

클레니히와 클라우지우스는 상술한 것과 같이 열역학적 기체 이론의 개요를 전개하여, 기초를 세웠는데, 키르히호프(Gustav Robert Kirchhoff, 1824~1887)는 거의 같은 시기에 용액의 열역학 토대를 구축했다.[9]

일반적으로 반응에 있어서, 열을 방출하는 것을 '발열반응'이라고 하고, 이와 반대로 열을 흡수하는 것을 '흡열반응'이라고 부른다. 유체 상태의 물질이 기체 또는 유체와 결합하면 대개의 경우는 용해열을 발생한다. 이 경우에 문제가 되는 것은 화합이 아니고 물리적 과정인데, 고체가 유체에 용해할 때는 대개의 경우, 특히 염의 경우에는 흡열반응을 한다. 키르히호프는 기체 또는 염이 물에 용해할 때 방출되거나 흡수되는 열량을 열역학 원리에서 계산해 내는 데 성공했다.

---

8 클라우지우스, 『포겐도르프 연보(1857)』 제100권. 클라우지우스, 『열역학 논문집(1867)』 제2부.
9 키르히호프, 「열역학과 그것의 두세 가지 응용 명제에 대하여」, 『오스트발트 클라시커(1858)』 제101권.

제 8 장

근대적 생물 연구

우리는 이제까지 역사적 발전을 살펴보았는데, 그 도상에 위대한 학자들이 물리학이나 화학이라는 보조 수단을 사용하여, 동식물의 본성에 대한 더욱 깊은 규명을 시도한 사례들을 자주 보았다. 이러한 사례로는 1권에서 기술한 보렐리와 헤일스, 그리고 앞에서 기술한 소쉬르와 리비히의 연구에서도 충분히 나타나 있다. 그러나 19세기의 40년대까지는 역시 기술과 분류를 동물학과 식물학의 주요 과제로 삼았다. 그런데 그 후부터 이 부문은 화학적·물리학적 연구의 발달로 그 성격이 근본적으로 변화하게 되었다.

그것은 이제, 박물관의 수집 활동이 아니라 정밀 연구의 모든 수단을 구비한 실험실에서의 연구로 됐고, 그 가장 중요한 성과를 내게 한 귀납적 과학으로 되었다. 우리는 여기서 생물학의 분류나 부문 개념과 시대 개념도 떠나서 화학적·물리학적 수단을 도입한 근대적 생물 연구의 중요 발전 사항들을 살펴보기로 하자.

1. 발효와 부패의 본체

발효와 부패 현상은 라부아지에와 게이뤼삭은 물론 리비히조차도 순수한 화학적 문제로 생각했다. 라부아지에가 알코올의 발효 과정에서 당(糖)이 알코올과 탄산가스로 분해한다는 것을 발견했다. 그러나 그 후 게이뤼삭은 발효와 부패 현상의 원인에 대해서, 끓여서 밀폐해 둔 식물이나 동물의 즙액은 변화하지 않으나, 공기에 노출시켜 두면 분해를 시작한다는 사실에서, 산소가 이 과정을 일으킨다고 설명했다. 게이뤼삭의 견해는 슈반이 미리 수백 도로 가열한 공기를 접촉시켜 본 실험에 의해 부정됐고, 레이우엔훅이 이미 발견한 효모(酵母)에 다시 주의하게 되었다.[1] 이 발효가 공중에 있는 생명을 가진 균인 효모에 기인한다는 슈반의 추측은 이후 파스퇴르의 연구에 의해 완전한 확증을 얻게 되었다.[2]

루이 파스퇴르(Louis Pasteur, 1822~1895)는 프랑스 쥐라에서 태어나 1848년 스트라스

---

1 슈반, 「포도주의 발효와 부패에 대한 실험에 관한 예보」, 『포겐도르프 연보(1837)』, 184쪽.
2 파스퇴르, 「대기에 포함된 유기적 소체」, 『화학과 물리학 연보(1862)』 제3집 제64권.

부르 대학 화학 교수가 되었다. 그리고 파리의 소르본 대학에서도 근무했는데, 하등 생물에 관한 여러 연구 외에도, '병 독소(病毒素)설'과 '예방접종'으로 뛰어난 공적을 남겼고, 물리화학 분야에서도 빛나는 업적을 남겼다. 파스퇴르는 일정 용적의 공기를 솜 마개로 여과하여, 그 솜 마개를 에테르와 알코올의 혼합액에 녹인 다음에 액체를 증발하고 그 잔류물을 현미경으로 검사한 결과, 각양각색의 여러 가지 작은 유기체들을 발견했다. 얼른 보기에 하찮은 이 문제의 의의를 파스퇴르는 올바로 예상하고, 당시에 다음과 같이 말했다.

"이 문제에 관한 연구를 확장하여, 다른 계절의 같은 장소 또는 다른 장소의 같은 시기에 공기 중에 산재한 생명을 가진 소체를 비교하는 것은 매우 흥미 있는 일로 생각된다. 전염병, 특히 유행병이란 현상은 이런 지속적 연구에 의해 해명될 것으로 생각된다."

파스퇴르는 이러한 현미경적 소견에서, 다공성 물질은 공기 중에 부유하는 생물을 막아서 명백히 발효를 방해한다는 것을 실험으로 증명했다. 그리고 통상 보통 공기로 일어나는 이 발효와 부패 현상을, 그 균을 뿌려주어서 일으키는 데 성공했다. 파스퇴르는 공기가 지상에서 높으면 높을수록 함유한 균은 적어진다는 것도, 배양액에 의한 실험으로 증명했다. 그리고 이러한 연구를 유산발효와 초 형성, 그리고 동물 물질의 부패에까지 확장하고, 정밀 연구의 모든 수단을 응용하여 그때까지 암흑에 싸여 있던 발효와 부패 과정을, 일정한 하등 생물에 의하여 생기며 그 생물들은 생존에 필요한 에너지를 호흡에 의해서가 아니고 합성된 탄소화합물의 분해에 의해서 받는다는 것을 밝혔다.

이러한 파스퇴르의 연구는 그때까지 유행해 있던 최하등 생물에 대한 자연 발생이라는 유물론적 미신을 부정함으로써, 발생론의 근본적 의문을 해결했다. 이 생명체의 자연 발생 여부는 고대로부터 논의되어 온 것인데, 19세기에 매우 격렬한 논쟁이 벌어져서 1858년 말에 프랑스 과학 아카데미가 '정밀 실험에 의한 자연 발생을 해명하는 시도'를 현상 문제로 냈다. 파스퇴르는 복잡한 논쟁에 휘말려 들어가지 말라는 친구들의 충고도 무릅쓰고 이 문제에 도전하여, 결국 자연 발생은 없다는 것을 실험적으로 증명했다.

2. 은화식물의 자웅

분열균과 효모균의 생활 현상은 오로지 실험적 방법으로 밝혀졌으나, 1840년 이후는 광학기계가 완전해지고 현미경 기술이 발달한 덕택에 기타의 은화식물(隱花植物) 연구는 더한층 뚜렷한 성공을 거두었다. 그중에 특히 웅거(Frantz Unger, 1800~1870)가 1842년에 발표한 연구 「동물로의 생성 순간의 식물」은 흥미롭다. 그는 담수조(淡水藻, Vaucheria clavata)에서 혹이 불거져 나오고, 그 혹 안에 포자가 형성되며, 그것이 세포막을 째고 나와서 활발한 회전운동이나 전진운동을 하며, 모든 방해를 무릅쓰고 헤어 다니는 것을 관찰했다. 그는 이 포자의 운동을 조사하기 위해 색소 분말을 물에 타보았다. 그는 이 색소 미립자가 둘레에 뿌려지는 와선운동이 마치 적충류(滴蟲類)가 나타내는 현상과 닮은 것에 착안했고, 배율이 높은 현미경으로 보니 색소 미립자가 마치 헤어 다니는 포자를 둘러싼 어떤 막으로 튕겨나가는 것과 같이 표면에 접촉되지 않는 것을 보고 놀랐다. 다음에 이 포자를 죽이기 위해 약간의 옥도 용액을 타보았더니, 즉각 운동이 멈춰지며 포자가 많은 가는 섬모로 둘러싸이는 것을 보았다. 그리고 그 섬모들은 독물에 접촉된 처음 순간에는 두세 번 약한 진동운동과 굴곡을 나타낸 다음에 영구히 움직이지 않게 됐고, 부자연한 간섭을 가하지 않고 두세 시간 지나면 섬모가 없어지고 포자는 고착하여 발아했다. 그래서 이 수초의 순환은, 한 시기는 동물 생활권 내에서 또 한 시기는 식물 생활권 내에서 행해지는 일종의 교대 현상을 나타냈다. 어떤 속의 두 개의 원형질이 결합하여 영구 포자가 되는 것은 옛날부터 알려져 있었고, 자웅성의 생식 과정으로 해석하고 있었다. 그러나 결합하는 물질의 분화는 볼 수가 없었다. 그런데 수초류의 '히바마다' 속에 대한 연구에서 이러한 분화를 볼 수 있었고, 이것과 닮은 많은 실례를 모아 1860년경부터는 은화식물의 많은 부류에 대해서 자웅이 증명되었다.

지의류(地衣類)의 정밀 연구에서도 생각 밖의 사실이 발견되었다. 처음에는 분류학에만 기울어 있던 식물학자들로부터 맹렬한 공격을 받은 것인데, 이것은 한 가지 생물이 아니고 수초류에 서식하는 균류이며, 이 균류는 수초류를 그의 균사(菌絲)로 완전히 싸고 있다는 것이 명백해졌다. 지의류는 대개의 경우, 균류나 수초류 단독으로는 생활할 수 없는 조건하에서 보게 되므로 이 상태는 기생으로 볼 수는 없었다. 그래서 이것에 '공생(共生)'이라는 이름이 붙여졌다. 그 후의 여러 연구에서, 이와 같은 연합은 동식물계에서 널리 볼 수 있는 현상인 것을 알게 되었다. 1840년까지 현미경에 의한 연구는 주로 생체의 성립된 상태에 주의를 했으나, 이 시기 이후는 하등식물과 고등식물의 발생을 세포에서 세포까지 추구하게 되었다. 이러한 발생학적 연구의 가장 중요한 성과는, 은화식물은 현화식물과 밀접한 유연관계가 있다는 것과 쥐시외가 식물계의 정상에 둔 송백과(松柏科)는 이 두 주요 부문을 중개하는 지위에 있다는 것을 발견한 것이다.

3. 물리화학적 생명 문제 연구

1) 물질대사와 침투

영양과 운동에 대한 연구는 더욱더 화학적·물리학적 기초에 의지하게 되었다. 이미 기술한 것과 같이, 소쉬르와 리비히가 식물에는 수분과 탄산가스 외에도 일정한 양분을 주어야 한다는 것을 인식한 후로는 우선 이러한 양분의 섭취 방법과 생리학적 의의를 증명하는 것이 필요했다. 뒤트로세는 침투가 물질대사에 중요한 역할을 한다는 것을 발견했다. 뒤트로세는 18세기 중엽에 알려진 침투 현상을 처음으로 순생리학적 입장에서 연구한 사람이며, 비샤의 생기론에 반대하여 자기의 침투 연구 결과를 식물 생명 과정의 기계론적 설명에 이용하려 했다. 그는 자기 연구 논문의 결론에 다음과 같이 기술했다.

"사람들이 생명 현상에 깊이 들어가면 갈수록, 이 현상이 본질적으로 물리 현상과 다르다는 비샤의 권위에 의거한 틀린 이 생각을 버리게 될 것이다."[3]

뒤트로세는 생명이란 운동에 지나지 않으며, 죽음은 그 종말이라고 했다. 이것을 물리화학적으로 동물에 대해서 해명하는 것은 매우 힘드나, 식물에 대해서는 간단하기 때문에, 식물에 대해서 생명의 기본적 문제를 해결해야 한다고 생각했다. 이 생각은 그 후의 생리학 발전에서 지도적 사고가 되었다.

---

3 뒤트로세, 『화학과 물리학 연보(1827)』 제5권, 400쪽.

2) 식물 운동

뒤트로세가 한 최초의 연구는 '잠자기 풀(Mimosa pudica L.)의 운동'이었다. 물론 그의 세부적인 연구들은 후에 부정되거나 다르게 해석된 점들이 많으나, 중요한 성과가 있다. 첫째로 식물과 동물 운동에는 근본적 차이가 없다는 생각이다. 라마르크조차도 식물 운동의 본체는 관절의 굴곡이며, 이 과정은 식물이 증발로 액체를 상실하기 때문에 생긴다고 했다. 이 과정이 '잠자기 풀'에서는 일어나지 않는다는 것을 증명하기 위해 뒤트로세는 이 식물 전체를 물에 담가서 증발이 전혀 일어나지 않게 했는데도, 그 잎을 자극하면 공중에서와 같은 운동을 하는 것을 제시했다. 이것으로 자극을 할 때마다 운동을 되풀이하는 것은 동물 생활의 고유한 특징이라는 견해를 물리치고, 식물에서도 운동이 일어나는 것을 증명했다.

뒤트로세는 방법론적으로도, 목적의식을 가지고 해부학적 연구와 생리학적 실험을 결부했다는 점에서 모범적이다. 그래서 그는 가장 일반적 의의를 가진 두세 가지 결과를 얻었다. 사람들은 식물해부학의 임무는 세포조직 형태의 특징을 결정하는 것이라고 생각하여, 세포 내용에 대해서는 눈도 돌리지 않았다. 하지만 뒤트로세는 세포조직을 그의 요소로 분해하여, 세포는 팔방으로 막힌 소포이며 그것을 나눈 막은 한 겹이 아니라 두 겹인 것을 증명했다. 그는 화학 보조 수단을 현미경에 응용했는데, 시험할 세포조직을 질산을 담은 작은 컵에 넣어, 이 컵을 끓는 물에 담가서 세포들을 연결한 중간물질을 녹임으로써 개개의 세포로 분리하는 데 성공했다. 그래서 식물 조직의 구조와 동물의 기관 구조가 닮았다는 것을 지적했고, 이것은 후에 슈반의 현미경적 구조 연구에서 증명되었다. 그는 다음과 같이 말했다.

"관찰에서 배운 것은, 각 세포는 고유한 막을 가진 하나의 특별한 기관이며, 각종 세포는 서로 붙어 있는 데 지나지 않다고 가정할 수 있을 만큼 명확하게, 하나의 기관을 주위의 여러 기관으로부터 따낼 수가 있다는 것이다. 이 설은 동물의 구조에 관한 나의 관찰에 의해 설명될 수 있다. 그것은, 이러한 관찰에서 조직도 역시 막대한 수의 세포 집합으로 생각할 수가 있기 때문이다."

뒤트로세는 '잠자기 풀'의 연구에서 각 잎줄기와 잎 사이에 있는 작은 혹, 즉 엽침(葉枕)에 주의했고, 이 엽침이 운동의 자리라고 인식했다. 그가 이 엽침을 칼끝으로 짼 순간, 한 방울의 투명한 액체가 흘러나왔고, 그것을 반원 모양으로 잘라내 보니 즉각 구부러져서 원형이 되는 것을 보았다. 이러한 현상을 종합하여, 이 풀의 운동 문제의 중심은 이 엽침 중간 부분 피질 조직의 장력이며, 풍부한 액체로 부풀어 있는 세포의 팽창 압력으로 된 힘이라는 추정을 하게 되었다. 그리고 이 작은 잎 하나에 닿기만 해도, 그 자극이 잘 전달되는 현상을 해명하려고 했다. 뒤트로세가 동물의 신경 작용에 필적하는 과정이라고 하여 '식물의 신경 운동'이라고 한 이 현상은 약 50년 후에 페퍼(Wilhelm Friedrich Johannes Pfeffer, 1845~1920)의 침투압 실험으로 밝혀진 중요한 현상이었다. 식물 생활의 힘의 전환이나 물질대사에 대한 더 깊은 연구는 19세기 40~50년대에, 세포의 원형질 내용과 세포벽과의 관계나 세포벽에 작용하는 화학적·물리적 자극과의 관계가 밝혀짐으로써 가능하게 된 것이다.

3) 자극운동과 전달

뒤트로세가 했던 자극운동에 대한 획기적인 연구가 독일의 생리학자 에른스트 브뤼케(Ernst Wilhelm Ritter von Brücke, 1819~1892)에 의해 이루어졌다. 브뤼케는 동물의 피자극성은 근육에만 있는 성질인데, 식물의 어느 부분에도 근육이라고 할 만한 것은 없다는 것을 재확인하고는 다음과 같이 주장했다.

"혹의 밑부분을 근육에 비교할 수는 없다. 형태학적으로나 생리학적으로도 그렇게 비교할 근거는 없기 때문이다. 그러나 혹의 밑부분은 자극에 민감하며, 이 부분이 없을 때는 어떠한 자극제의 작용에 의해서 하등의 변화도 일으킬 수가 없다. 자극을 받으면 제1 잎줄기의 장축 방향으로 운동하는 제2 잎줄기에서도 역시 운동이 일어나는 쪽은 이 민감한 쪽이다."

그는 이 운동역학의 단서를, 자극을 받으면 혹의 밑부분이 검게 변색하는 데서 발견했다. 그는 이렇게 검게 되는 것은, 혹의 밑부분을 형성하고 있는 세포에서 자극에 응하여 갑자기 식물의 즙액이 나와 공기로 차 있던 세포 간격에 주입돼서, 그 결과 팽창 압력이 갑자기 감소하여 예민한 반쪽을 형성하고 있는 세포조직을 이완시키며, 이 이완이 굴곡의 유일한 원인인 것을 증명했다.

그의 설명에 의하면, 혹의 밑부분은 유연한 벽을 가지고 있고 액으로 충만하여 팽팽하게 밀폐된 많은 주머니에 비유할 수 있으며, 이 주머니들은 하나의 공통된 외피 안에 나란히 있다. 이들은 전체로써 일정한 형태를 취하여 그 형태에 변화를 일으키려는 외부 힘에 저항하고 있다. 팽만 상태의 주머니, 즉 세포가 외부 힘에 대응하기 위해 갑자기 액체를 팽창력이 미치지 않는 틈새로 내보내면, 장력의 변화에 따른 형태의 변화가 일어 나서 그에 작용한 힘 간에 다시 평형상태를 이루기까지 변형한다.

브뤼케는 '잠자기 풀'에서 관찰된 자극의 전달도 같은 기계적 원인에 귀착시켰다. 그는 확산 실험에서, 주어진 압력에서 벽의 양면에 물이 있을 때는 벽 한쪽에 공기가 있을 때 보다 물이 훨씬 벽을 통과하기 쉽다는 것에 주목했다. 각 세포가 즙액으로 팽팽히 차 있 고 그것에 약간의 압력이 가해지면, 한 세포에서 소량의 즙액이 나와 세포 간격에 흘러 들어가고, 그 즙액은 옆에 있는 세포벽을 적셔서 그 세포에서도 즙액이 흘러나오게 한 다. 세포 간격은 이어져 있으므로 이러한 과정은 신속히 전달돼서, 식물 전체의 새로운 평형상태를 일으키게 한다. 브뤼케는 물론 이 연구에 의해 자극 운동을 완성한 것은 아 니지만, 식물역학의 발전에 있어서의 정점이라고 할 만한 연구를 하여 후속 연구의 본보 기와 토대가 되었다.

4) 흡수운동

브뤼케는 제2의 식물생리학적 연구에서, 헤일스가 처음으로 손댔던 옛 문제인 '물은 어떤 힘으로 지중에서 나뭇가지 끝까지 빨아 올려지며, 그 통로는 무엇인가' 하는 문제를 다루었다. 그의 연구의 중요한 성과는 그때까지 일반적으로 가정했던 도관(導管)이 아니 고, 산 세포가 근압(根壓)을 만든다는 것을 증명한 것이다. 그는 봄에 물이 오르기 직전 에 모든 세포는 액체로 포화되나, 나선 도관은 뿌리까지 비어 공기가 차 있다는 것을 발 견했다. 그는 이 사실을 다음과 같이 설명했다.

"이 사실은 처음부터 즙액은 1차로 나선 도관을 올라간다는 가설을 부정하는 것이며, 즙액은 도 리어 그 포기의 세포 전부가 찬 다음에 비로소 세포로부터 나선 도관 안으로 이행한다는 것을 나타내고 있다. 나선 도관 고유의 유일한 힘은 모세관 인력인데, 이것으로 즙액이 나선 도관으 로 이행한다는 것을 설명할 수는 없다. 나선 도관은 세포보다 훨씬 큰 구경을 가지고 있기 때 문이다. 그래서 나선 도관이 세포로부터 모세관 인력에 의해 물을 빨아낸다고 생각하는 사람은, 구경이 다른 다리를 가진 V자 형 모세관에서 구경이 넓은 다리 쪽의 물을 좁은 다리 쪽의 물 보다 높게 올리려는 것과 같은, 물리학적으로 불가능한 것을 구하는 사람이다."[4]

그렇다고 브뤼케가 즙액 상승 역학에 대한 결정적 결과에 도달했다고는 볼 수 없다. 하지만 그는 관습적 오류 몇 가지 정정했고, 특히 이 문제를 새로운 각도에서 제기한 점은 큰 공적이라 할 수 있다. 그가 제출한 이 문제는 동물생리학에서 혈액과 임파선 운동 역학만큼이나 식물생리학에서 중요한 것이다.

5) 원형질의 체제

브뤼케와 그 일파의 연구에 의해, 세포 원형질 내용 중에 모든 동식물 생활의 기초가 있다는 것이 더욱더 명백히 밝혀졌다. 이 중요한 성과는 브뤼케의 「요소 생체(要素生體, Elementarorganismen, 1861)」라는 유명한 논문에 잘 표현되어 있다. 이 '요소 생체'라는 말은 브뤼케가 '한 생물의 생명 단위'로 특징을 짓기 위해 만든 말이다. 슈반은 세포의 가장 본질적 요소는 '세포막, 원형질, 핵, 핵소체(仁)'라고 주장했다. 그러나 이 도식에 모든 세포를 끼워 맞추자니 여러 가지 난점이 있었다. 예를 들어, 세포막은 세포를 이루는 불가결한 요소가 아닌 것이 밝혀졌다. 브뤼케는 이 문제에 대하여 다음과 같은 요지를 말했다.

"발생 단계의 처음에, 막은 아마도 세포에 나타나지 않았을 것이다. 막이 보일 때는 그것이 서서히 농축 또는 경화 과정에 의해 훨씬 후에 발생했을 때이다. 핵도 또한 본질적 요소로 가정할 수는 없다. 이에 반하여 세포 내용, 즉 원형질이야말로 생명 현상이 연출되는 세포의 참다운 육체인 것이다. 원형질에 처음으로 주의하게 됐을 때, 사람들은 그것을 외관상으로 구조가 없는 질소를 포함한 덩어리로만 보았으나, 원형질에서 연출되는 생명 현상의 연구에서 더 이상 그렇게만 생각할 수 없다는 것이 인정되었다. 원형질이 나타내는 여러 현상은 단백질 자체만으로는 인정할 수 없으므로, 살아 있는 세포에 대해서 세포를 구성하고 있는 유기화합물의 분자 구조 이외에 또 다른 구조, 즉 '원형질의 체제(die Organisation des Protoplasmas)'를 주지 않으면 안 된다."

"분자구조가 매우 복잡한 유기화합물의 분자들은 살아 있는 세포 중에서는 일정한 배열 없이 있는 것이 아니라, 세포체의 살아 있는 구조와 교묘하게 연결된 공예품과 같은 모양을 하고 있

---

4 브뤼케, 「포도나무의 일수(溢水)에 대하여(1844)」.

을 것이다. 그래서 비록 현미경으로 직접 추정할 수는 없으나, 식물의 세포는 세포로 구성된 식물 전체보다 못하지 않게 매우 교묘하게 조립되어 있다. 우리는 가장 작은 동물을 연구할 때 뿐만 아니라 동물이나 식물을 연구할 때 이러한 의식을 가져야 한다. 우리는 세포 중에 작은 육체를 항상 보아야 하며, 또 세포와 동물의 가장 작은 형태 간에 있는 유사성을 결코 놓쳐서는 안 된다."

브뤼케의 이 논문은 세포의 본성에 대한 근대적 연구 목표와 방향을 제시해 준 것으로, '근대의 세포 연구 프로그램'이라고 불릴 만하다. 여기서 그러한 연구의 가장 중요한 성과도 두세 가지 간단하게 살펴보자. 원형질에서는 피막층과 과입질(顆粒質)이 구별되었다. 전자는 세포액으로 차 있는 공동과 벽을 세포 내용에서 구획하고 있다. 이보다 견고한 조직은 세포핵뿐이며, 매우 활발한 유동을 나타내고 있으므로 원형질의 다른 부분에서는 가정할 수 없는 것이다. 이와 대조적으로 세포핵 중에 가는 실로 짜인 망상의 구조가 인지되었다. 그리고 살아 있는 세포 내용이 분화한 엽록소 입자도 인지되었다.[5] 이것은 슈프렝겔[6] 트레비라누스에[7] 의해 처음으로 주목하게 된 것이다. 광학기계의 정밀화와 현미경 기술의 개량으로 처음에는 생 재료만을 연구했는데, 시료를 고정하는 방법과 염색하는 방법 등이 발명되었다. 그래서 생 재료에서는 볼 수 없던 구조적인 일정한 특징을 발견할 수 있었다.

이러한 정밀 연구 성과의 하나로, 세포 형성은 동물이나 식물에서도 같은 방법으로 행해진다는 것을 알게 되었다. 즉, 세포핵은 분열 때 동물에나 식물에서도 같은 행동을 하며, 특히 식물세포에서 가정하고 있던 것과 같이 새로운 핵이 발생하기 전에 녹아 없어지는 일은 없다는 것이 증명되었다. 세포핵은 매우 복잡한 현상으로, 딸핵으로 분열하는 것이며, 딸핵이 어미핵이 용해한 원형질에서 만들어지지 않는다는 것을 알게 되었다. 그리고 핵질이 생체 유전인자의 참다운 담당자인 것도 명백해졌다. 생식은 본질적으로 두 개의 세포핵, 즉 정핵과 난핵이 결합하는 것이며, 정핵은 아버지의 성질을, 난핵은 어머니의 성질을 유전한다는 것도 증명되었다.

벽으로 격리된 세포들이 하나의 생체 전체를 위해 협력하고 있다는 것도, 근대 세포

5 몰, 「엽록소의 구조에 대하여」, 『식물학 신문(1855)』 제89호.
6 슈프렝겔, 『식물 지식 사전(1802)』 제1권, 99쪽.
7 트레비라누스, 『식물학(1814)』, 95쪽.

연구에서 개개 세포의 원형질체가 가는 실로 서로 연결되어 있다는 것이 발견되어 어느 정도 해명되었다. 이것으로 요소 생체의 개체성(Individuality)에 대한 생각들은 매우 제한을 받게 됐으나, 한편으로는 이제까지 접근할 수가 없었던 자극 전도나 즙액 유도와 같은 문제를 해결할 가능성이 열리게 되었다. 그러나 생명 현상의 참다운 기능은 획득된 지식만으로는 설명할 수가 없었다.

현미경에 의한 연구는 표면에만 제한되어 있어, 생체의 깊은 본성에 파고들 수는 없다. 우리는 현미경이 생명의 신비를 밝힐 것이라고 믿어서는 안 된다. 복잡한 기계장치와 같은 생체의 내부 구조를 분자의 세계까지 정밀하게 관찰할 수가 있다 해도 생명 문제의 수수께끼 가운데 일부만 풀 수 있는 것이며, 생명이 없는 기계와의 상이는 여전히 남아 있을 것이다. 이 상이야말로 생리학자 뒤부아레몽(Emil Heinrich Du Bois-Reymond, 1818~1896)이 '자연 인식의 한계에 대하여'라는 강연에서 지적한 것이다.

6) 하등 생물

색 차를 없앤 렌즈가 제작된 이래 현미경이 매우 발달했기 때문에, 동물학도 많은 혜택을 받아 최하등 동물의 미세구조를 파고드는 데 성공하게 되었다. 그래서 생명 현상을 생리학적으로 해석하는 데 불가결한 해부학적 토대를 마련하게 됐는데, 특히 단세포생물 분야와 세포의 본질적 육체인 원형질에 관한 것이었다. 에렌베르크는 적충류의 계통적 연구에서 큰 공적을 올렸으나 그것을 고도로 체제화된 생물로 보았고, 다른 연구자는 유공충(有孔蟲)류를 그의 특징적 껍질 형성 때문에 훨씬 고급 동물로 알고 있었다. 그런데 1840년 이래, 이런 동물에 대한 견해에 큰 전환이 나타났다. 이들 적충류와 유공충류는 유사한 다른 두세 가지 종류와 함께 각기 다른 구조를 가진 벽 내부에서는 그 몸이 자동 운동을 하는 등질의 뭉치, 즉 원형질만으로 되어 있는 단세포인 것이 알려지자 '원생동물'이라는 문이 확립하게 되었다. 따라서 퀴비에가 적충류도 포함하여 '방사동물'이라고 한 문도 더욱더 분류되어야만 했다. 식물과 동물 간에도 발생학이 진보함에 따라 식물 또는 동물로 쳤던 해면이 폴립이나 해파리와 함께, 공장동물문(空腸動物門)에 속하게 되었다.

하등 동물의 연구에서 '세대교번'이라는 현상도 알려지게 되었다. 이것은 덴마크의 동물학자 스텐스트러프(Johann Japetus Smith Steenstrup, 1813~1897)의 저술에 상세히 논술되어 있다.[8] 동물이 어미와 닮지도 않은 자식을 낳고, 그다음 세대에 어미와 닮은 모양으로 되돌아가는 자식을 낳는 기묘한 현상, 즉 어미 동물은 자기 자식에게서는 나타나지 않고, 제2대 자손 또는 제3대 자손에게서 자신과 같은 모습이 되는 현상을 '세대 교번'이라고 부르게 되었다. 스텐스트러프는 세대 교번에 대한 연구를 내장 기생충에까지 확대하여, 자기 저서의 결론에, 척추동물만이 아직 세대 교번이 증명되지 않은 유일한 문이라고 했다.

그는 세대 교번이 예상한 것보다 훨씬 광범위하게 나타나는 것을 입증했고, 그것을 환경에 의해 좌우되는 특수한 '부화 양육(孵化養育, Brutpflege)'으로 봄으로써, 자연의 필연성이란 것을 입증했다. 이것은 다음과 같은 괴테의 말이 입증한 셈이다. "자연은 그 자신의 길을 나아간다. 그리고 우리의 눈에 예외로 보이는 것이야말로 규칙인 것이다."

4. 물리화학적 동물 생리 연구

1) 파동설과 혈액순환설

동물학에서도 식물학에서와 마찬가지로 실험적 연구 방법이 파급되었다. 19세기 중엽에 물리적 연구 방법을 동물체의 연구에 응용한 사람 중에 첫째로 꼽아야 할 이름은 베버이다. 에른스트 베버(Ernst Heinrich Weber, 1795~1878)는 비텐베르크에서 태어나 그곳 대학에서 의학을 수학한 후, 1821년부터 1871년까지 라이프치히 대학의 해부학과 생리학 교수로 봉직했다. 그는 가우스의 협력자로 유명한 첫째 동생 빌헬름 베버(Wilhelm Eduard Weber, 1804~1891)와 공동으로 『실험에 기초한 파동론』이란 저서를 1825년에 출간했는데, 여기서 처음으로 기초적인 물리학적 연구를 제시했다. 그리고 1845년에 막내 동생인 에두아르트 베버(Eduard Friedrich Weber, 1806~1871)와 협동하여 '미주신경(迷走神經)의 억제 작용'을 발견했다.

혈액순환과 연관된 이 파동에 대한 연구는 우연한 관찰에서 비롯되었다. 수은을 종이 깔때기를 통해 주입할 때, 그 깔때기 안에 매우 규칙적인 도형이 나타났다. 이 도형은

---

8 스텐스트러프, 「세대 교번, 즉 교대하는 세대의 생식과 발육, 하등 동물에 있어서의 새끼의 부화 양육의 특징적 한 형식(1842)」, 코펜하겐.

수은의 주입 속도가 동일 표면 개소에서 일정하면 불변이고, 이 조건이 달라지면 다른 도형이 되었다. 그래서 이 도형은 동일 개소에서 규칙적으로 교차하는 파동의 작용인 것이 명백했다. 베버 형제는 이 파동에 대하여 실험으로 면밀히 규명하여 '파동론'을 세웠는데, 당시에 물의 파동에 대하여 푸아송과 코시 등이 수리 해석을 했으나 실험으로 뒷받침하지 못하고 있었던 만큼, 그 과학상의 의의는 매우 큰 것이었다.

베버 형제는 방울 액체의 파동 운동을 직접 관찰할 수 있는 파동관(波動管)을 만들었다. 이것은 수평으로 놓인 바닥판 위에 두 장의 유리판을 수직으로 세우고 양단을 막아 길이 180cm, 높이 75cm, 폭 2.8cm로 만든 수조인데, 그 안에 물이나 다른 액체를 채우고 진동을 주어 그 파동의 수직단면도 육안이나 확대경으로 직접 관찰할 수 있게 한 것이다. 베버 형제는 떠다니는 미립자를 섞은 물이나 여러 액체, 그리고 비중이 다른 물과 기름, 물과 수은 등 두 가지 액체의 파동 운동을 면밀히 관찰하고 액체의 심층을 진행하는 파동과 표면의 파동을 비교하여 많은 성과를 올렸다. 즉, 액체 미립자는 표면에 접하거나 표면 가까이에서는 타원에 가까운 폐 궤도를 그리며, 궤도의 수직 높이는 깊이에 따라 감소하고 수평 길이는 거의 변하지 않으나, 바닥 부근에서는 약간 길어진다는 것과 파동의 골짜기는 산보다 약간 길다는 것 등을 알아냈다. 그리고 액체 파동의 전파속도, 교차점과 반사, 액체 운동의 원인 등이 연구됐고, 파동과 음향을 결부시킨 고찰도 했다.

이 후에 동생 빌헬름 베버는 물리학 문제만 연구했는데, 그의 형 에른스트 베버는 이 과학적 성과와 방법을 생리학 분야에 응용하려는 시도를 했다. 그러한 연구 중에 가장 빛나는 것은 1850년에 발표한 「혈액순환설, 특히 맥박학에의 파동론 응용에 대하여」라는 논문이다. 에른스트 베버는 우선 혈액 운동에 있어서 완만한 혈액의 흐름과 맥박 파동의 진행이라는 두 과정은 명확히 구별해야 된다는 이론적 근거를 제시했다. 이 맥박 파동의 진행에 대해서 할러나 비샤와 같은 이전의 관찰자들은, 맥박은 동맥계 전 부분에서 동시에 나타난다고 믿었다.

그런데 베버는 1827년에 동맥에서 일어나는 파동이 동맥계에 파급하는 데, 매우 짧기는 하나 인지할 수 있는 시간이 걸리는 것을 확증했다. 그는 하악골에서 잡히는 안면 동맥의 박동은 발등을 흐르는 발등 동맥(족배 동맥)의 박동보다 1/7초 빠르다는 것을 실험으로 증명했다. 이 두 점의 거리는 약 132cm이므로, 인체에 있어서의 맥박 파동의 속도는 9.24m/sec이다. 이것을 물리적으로 확인하기 위해 액체를 채운 탄력성이 있는 관에서 파동의 전파속도를 측정해 보았는데, 베버 형제가 전개한 이론을 바탕으로 산출된 값은 10.15m/sec였는데, 실측 결과는 12.26m/sec였다. 여기서 문제가 된 것은, 액체는 비압축성이며 또한 유동 상태이고, 매우 큰 압력하에 있다는 것이다.

베버는 탄성 고무관 대신에 약간의 압력으로도 팽팽하게 되는 곧은 동물 소장을 사용하여 파동을 직접 추적한 결과, 부수 현상으로서 장관(腸管)으로 밀폐된 말단에서의 파동의 반사를 관찰할 수 있었다. 그리고 고무관에 변막 두 개를 장치하여 심장을 닮게 한 장치와, 모세관 역할을 하는 해면을 동맥계와 정맥계 사이에 설치한, 인체 조건과 일치하는 모의장치(Simulator)를 만들어서 실험했다. 이 모의장치의 좌심실에 해당하는 곳에 박동 압력을 주어보니, 액체는 변막을 통하여 우심실로 들어가서 우심실 출구 변막을 통하여 동맥계로 들어가나, 동맥계와 정맥계 사이의 해면 때문에 동맥 압력은 정맥 압력의 약 10~12배나 되었다. 액체는 이 압력에 의해 해면체를 통과하는데, 그 양은 한 번 박동으로 보내지는 양보다 훨씬 많고, 맥박 파동은 해면으로 반사돼서 정맥계에서는 맥박이 나타나지 않았다. 이것은 실제 인체에서의 현상과 일치했다. 그래서 베버는 다음과 같이 결론을 지었다.

"동맥계는 그 긴장한 혈관 벽의 탄성 때문에, 마치 소화펌프의 기실(氣室)과 같은 역할을 한다. 즉, 동맥을 지배하고 있는 과대한 압력 때문에, 혈액은 모세혈관을 통하여 끊임없이 정맥으로 흘러 들어간다."

베버의 이러한 실험은 근대적 생리학의 연구 방법을 대표한 것이며, 그의 논문은 근대 생리학 입문으로 적합한 것이다.

2) 분비 과정의 역학

혈액순환의 역학은 베버의 연구에 의해 충분히 설명되었다. 그러나 혈액순환과 밀접한 관계가 있는 선(腺)의 분비 활동 문제는 훨씬 곤란한 상태였다. 실험적 연구 방법으로 이 문제를 해결하려는 가장 중요한 연구를 한 사람은 루트비히였다.

카를 루트비히(Carl Friedrich Wilhelm Ludwig, 1816~1895)는 헤센 주의 비첸하우젠에서 태어나서 마르부르크, 에를랑겐, 베를린 대학에서 의학을 수학한 후, 마르부르크, 취리히, 빈, 끝으로 라이프치히 대학에서 죽기까지 해부학과 생리학 교수로 일했다. 그의 문하에는 각국에서 모인 약 200명의 제자가 있었고, 당대의 생리학자는 대부분 그의 연구실에서 배출되었다. 그의 수많은 연구는 그와 그의 충실한 조수 사르벤모자가 노력한 결정이었으나, 대부분 문하생의 이름으로 발표되었다. 그는 특히 신장에서의 뇨(尿) 형성에 대하여 '여과설'을 세워 분비설에 반대한 것으로 유명하다.

많은 선(腺)이 오직 신경 작용에 의해 분비물을 분비하는 것은 이미 알려져 있었고, 그 작용의 본체는 그 선과 관계된 신경이 선 중에 있는 혈관의 근육을 수축하여 혈압을 상승시키는 데 있다고 했다. 그런데 루트비히는 신경이 이러한 기계적 조건을 변화시켜 분비작용을 일으키는 것이 아니라, 그의 화학적 성질을 변화시켜서 직접 분비 요소에 작용하는 것도 가능하다고 생각하여, 실험으로 이 문제를 해결하려고 했다. 그는 개의 악하선(顎下腺)을 택하여 신경 흥분, 혈압, 그리고 분비도의 세 가지 과정을 측정하여 그 세 가지 과정의 상호 관계를 규명해 보았다. 신경은 뒤부아레몽이 생리학 목적을 위하여 조립한 자기감응 장치로[9] 자극했는데, 물론 신경 흥분을 측정하는 절대단위를 사용할 수는 없었으나, 전류의 세기나 신경 부위의 크기 등으로 자극 정도를 변화시킬 수 있었다. 선 분비물이 나타날 때의 분비 압력과 혈압은 헤일스가 도입한 방법에 따라 수은압력계로 측정했다. 루트비히는 특히 이 실험에서 그가 고안한 기록계를 사용하여 시간에 따라 변화하는 혈압과 분비 압력을 시간을 가로축으로 한 좌표 위에 묘사했다.

개의 악하선에 대한 실험 결과, 신경에 자극을 준 지 52초 동안에 분비 압력은 수은주 0에서 190mm 최고치까지 상승했고, 경동맥 혈압은 약간의 변화는 있으나 그 평균치는 112mm이며 거의 일정했다. 다음에 같은 조건하에 혈압을 타액선(唾液腺)에서 오는 정맥에서 측정해 보았는데, 분비 압력은 신경의 약한 흥분에 대해서는 85mm이고, 강한 흥분에 대해서는 125mm까지 상승했으나, 정맥 혈압은 전 과정 동안 변함없이 12mm였다. 그리고 이 실험은, 타액 분비는 심장이 완전히 정지하여 혈액순환이 멎은 다음에도 신경의 자극에 의하여 생긴다는 것을 증명함으로써 완결되었다.

그래서 분비물은 일종의 여과 작용에 의해, 혈압의 상승 때문에 선 조직으로부터 선관으로 넘쳐 나온다고 가정한 종래의 여과설은 부정되었다. 그리고 타액 분비는 씹을 때 분비물이 밀려나온다는 설도, 자극되고 있는 동안 종종 타액의 어떤 양이 단속적으로 흘러나오나 그 용적은 타액선 자체 용적의 수배나 된다는 관찰로 부정되었다. 분비에 대한 신경 활동의 직접적 작용을 입증한 루트비히의 연구는 특히 클라우드 베르나르(Claude

---

9 뒤부아레몽, 『동물 전기에 관한 연구』 제2권 제1부, 393쪽.

Bernard, 1813~1878)에 의하여 계승되었다. 베르나르는 위와 장에서 분비되는 선에 대한 신경의 영향을 연구했다. 그래서 간장이 당을 만드는 것과 이 기관이 병적으로 항진하여 과다한 당을 형성하는 당뇨병은 신경계의 일정 부분인 제4 뇌실(腦室)의 손상으로 생긴다는 것을 발견했다.

3) 색의 변화와 그 설명

상술한 혈액순환과 분비물 형성에 대한 가장 일반적 의의를 가진 연구 외에도, 생리학은 산재해 있는 여러 현상들을 규명하여 진보해 갔다. 그중에서도 식물생리학에 큰 공적을 남긴 브뤼케가 카멜레온의 색 변화를 다룬 연구는 특기할 만하다.[10] 이 동물이 나타내는 이상한 현상은 아리스토텔레스 이래 많은 학자가 연구했는데, 제출된 견해는 각각 달라서 근대 생리학의 도움으로 살아 있는 재료로 규명하는 것이 요망되어 왔다. 그래서 브뤼케가 이 연구에 착수하게 되었다. 아리스토텔레스는 색 변화의 원인으로서 팽창과 죽음을 들었고, 플리니우스는 이에 반하여 카멜레온은 주위의 색에 맞추어서 자기의 색을 바꾼다는 의견을 내놓았다. 그리고 과학 부흥 이후에는 플리니우스의 의견에 따라 동물이 자기 피부색을 환경에 맞추어 변화하는 것은 적의 추적에 대한 방어 수단이라고 했으나, 그러한 색이 어떻게 변화하는지는 밝히지 못했다.

브뤼케는 자기가 관찰한 동물이 동색에서 청록색까지의 모든 색을 취하는 것을 발견했다. 이들 색은 어느 것이나, 갈색을 거쳐 흑색으로 변할 수가 있으며, 또 백색이나 회색도 나타났다. 브뤼케는 첫째로, 철저한 조직학적 연구와 물리학적 연구에 의하여 이들 색이 어떻게 생기는가를 제시했고, 동시에 이 형상 전체는 이전에 믿어온 것과 같이 카멜레온에만 존재하는 것이 아니란 것도 지적했다. 브뤼케는 이와 관련하여 다음과 같이 역설했다.

"모든 동물군, 특히 해산 동물은 이제까지 연구되지 않았던 무수히 많은 색채 현상을 나타낸다. 그뿐만 아니라 동물계에는 편광기가 광물을 밝혀준 것과 같은 많은 광학적 현상으로 차 있다. 즉, 이들 색이 생기는 것은 간섭에 의하거나 또는 색소층이 중첩되거나 병렬로 되기 때문에 상

---

10 에른스트 브뤼케, 「아프리카산 카멜레온의 색 변화에 관한 연구」, 『빈 과학 아카데미 수학과 자연과학 논문집(1854)』 제4권.

호간에 취하는 각종 위치 때문이거나 혹은 카멜레온과 같이 이 두 원인이 조합되기 때문이다."

이것은 그가 카멜레온 표피에서 활발한 간섭색을 띠는 다각형의 세포층을 발견했기 때문이다. 나비의 비늘이나 뱀 등에서의 간섭색은 무지개색의 단추와 같이 미세한 평행 선조(線條)에 의하여 생긴다.

카멜레온 표피에 있는 무지개색 층 밑에 있는 이 동물의 참 피부에 두 색소층이 있다. 그 하나는 엷은 황색에서 귤색까지의 밝은 색소를 가지며, 다른 층은 그보다 깊게 있고 검은 색소를 가지고 있다. 검은 색소는 밑으로 분기한 세포 중에도 있으며, 일부는 밝은 색소를 가진 덩어리 안에도 있다. 브뤼케가 제시한 바로는, 이 검은 색소는 어떤 때는 표면에 나오고 어떤 때는 깊숙이 들어가는 능력을 가지고 있기 때문에, 피부색의 기묘한 변화가 일어난다. 그는 다음과 같이 설명했다.

"가장 아름다운 파란 눈의 무지개 색채에는 파란 색소의 흔적조차도 없다. 이 파란색은 무지개 채색의 투명한 조직이 맥락막 중에 있는 검은 색소층 앞면에 퍼져 있기 때문에 생긴다. 그래서 이 투명 층을 제거하면 즉각 파란색도 없어진다. 이와 같은 원리에 의하여 도마뱀이나 뱀에 청 색과 녹색이 만들어지는 경우가 많다."

브뤼케는 색이 어떻게 생기는가를 이상과 같이 설명했고, 그 색이 변하는 조건에 대해서는 특히 빛의 영향이 크다는 것을 알아냈다. 즉, 어두운 곳에 두면 그 동물은 즉각 밝은 색을 나타내고, 햇볕에 쪼이면 새까맣게 된다. 그런데 은박 띠를 말아 이삼 분 두면, 그 밑에 밝은 띠가 생기는 것을 보았다. 그리고 이것은 빛에 의한 열작용이 아닌 것도 밝혔다. 즉, 이 색의 변화는 촛불 빛만으로도 일어났는데, 빛을 차단하고 33도나 되는 부란기 안에서는 일어나지 않았다. 그뿐만 아니라 동물이 잠자고 있을 때도 촛불 빛으로 피부색이 검게 변했다. 따라서 이것은 순수한 반사운동이라고 말할 수 있다. 색의 변화는 동물의 뜻대로도 일어나나, 독을 먹은 동물이 죽음에 직면한 순간에도 색에 대한 빛의 작용을 명확히 나타냈다. 이와 같은 반사작용은 눈에서도 관찰되는데, 시신경을 자극하면 동공을 좁히는 동공괄약근(瞳孔括約筋)의 근섬유가 수축하게 된다.

브뤼케는 자극 수단으로 빛 대신에 전기를 카멜레온 피부에 대보니 이상하게도 검은 곳은 밝게 변했는데, 밝은 곳은 변하지 않았다. 이것으로 검은 색소가 표피 하부에 도달하여 검은색이 되는 것은 수동적이나, 검은 색소가 깊숙이 숨어서 밝은 색이 되는 것은 능동적 상태라는 것을 추정할 수 있었다. 그래서 결국, 반사운동을 일으키는 것은 빛이 아니고 빛이 없는 어둠이었다. 브뤼케는 이것을 확인하기 위하여 반사운동을 관장하는 카멜레온의 척추를 파괴해 보니 즉각 흑색으로 변했는데, 심장을 적출하여 죽여 보니 피부는 서서히 검게 변했다. 이것은 척추 활동이 점차로 소실하기 때문이다. 브뤼케는 동물의 색과 그 생성에 대한 광범한 연구가 동물학에서뿐만 아니라 색채학에 대해서도 귀중한 공헌을 할 것이라는 희망을 표명했는데, 그 이후에 가동적인 조직 요소에 의해 생기는 색의 변화는 동물계에 널리 보이는 생활 조건과 가장 밀접히 결부된 현상이라는 것을 알게 되었다. 그래서 카멜레온의 태도는 특별하고 진기한 것이 아니라, 동물체의 '색기능 항진'이라고 생각하게 되었다. 이 문제에 대한 근대의 연구 중에 특히 개구리와 금붕어에 대한 연구를 들 수 있는데, 금붕어는 가동적인 노란 색소를 가지나 개구리는 신경의 자극에 의해 검은 색소는 둥글게 뭉쳐지고, 노란 색소는 퍼진다는 것을 알았다.

4) 시각의 생리학

요한 리스팅(Johann Benedict Listing, 1808~1882)은 시각생리학 분야에서 기초적이며 근대적 연구를 하여 가장 훌륭한 공적을 남겼다. 그중에서도 광선이 눈 안에서 취하는 진로에 대한 중요한 수학적 연구와, 후년에 돈데르스(Franz Cornelis Donders, 1818~1889)가 실제 의학에 도입하여 모의안에 대한 척도를 결정케 한 공적은 특기할 만하다. 리스팅은 프랑크푸르트에서 태어나 괴팅겐 대학에서 가우스 밑에서 수학을 수학하고, 1842년부터 그 대학의 수리물리학 교수로 있었다.

눈은 빛을 굴절시키는 구면으로 된 세 개의 매질로 구성된 계로 볼 수 있다. 이들 구면의 곡률중심은 일직선인 안축(眼軸) 위에 있다. 제1 매질은 전방(前房)을 채운 물과 같은 액인 방수(房水)로 되어 있고, 제2 매질은 수정체이며, 제3 매질은 유리체로 되어 있다. 그리고 여기에 각막이 부가되어 있다. 가우스는 빛이 이러한 계에서 취하는 진로를 수학적으로 간단하게 도출할 수 있게 일정한 점을 도입하여 그것을 '주점(主点)'이라고 부르고, 이 점에서는 상과 물체가 크기와 방향이 서로 같아서 축의 같은 쪽에 있다고 정의했다. 그리고 이들 주점을 통하여 축에 수직으로 놓인 평면을 '주요면(主要面)'이라고 불렀다. 리스팅이 밝힌 바로는 주점(E′, E)은 전방 안에 있고, 그 간격은 0.1mm에 불과하다. 리스팅은 두 개의 초점(전 초점 F′와 후 초점 F)과 두 개의 주점(E′, E) 외에도 축 상에 두 개의 점(K′, K)을 설정하여 '절점(節点)'이라고 부르고, 이들 절점을 통과한 공액(共軛) 광선은 서로 평행이라고 했다. 즉, 제1 절점 K′와 광점, 제2 절점 K와 상점을 연결한 선은 평행하다는 것이다. 이 두 절점은 바로 수정체 뒷면에 있으며, 불과 0.3mm 떨어져 있다. 이 세 짝의 점은 이 광학계를 완전히 규정한 중요한 점들이다.

그리고 리스팅은 두 개의 주점과 두 개의 절점은 서로 매우 접근해 있으므로, 실제의 응용에서는 각각 하나로 보아 다음과 같은 그의 '간략안(簡略眼)' 척도를 설정했다. 즉, 평균 주점과 전 초점과의 거리(F′E)와 평균 절점과 후 초점과의 거리(FK)는 같아 약 15mm이며, 평균 주점과 평균 절점 간의 거리(EK)는 5mm이다. 그리고 단일 주점은 각막 전면의 후방 2.34mm에 있고, 단일 절점은 수정체 뒷면 전방 0.48mm의 위치에 있다.[11]

리스팅은 그의 논문 「생리학적 광학에의 기여」에, 그가 '내시 현상(內視現象)'이라고 이름한 현상에 대해서 기술했다. 이것은 눈 자체의 어느 부분이 대상으로 지각되는 현상인데, 그때까지는 이것이 주관적 현상이라고 생각해 왔으나, 리스팅은 주관적 지각과 본래의 객관적 지각과의 이행 현상으로 보아 '내시 현상'이라고 불렀다. 리스팅은 이 내시 현상의 원인으로서 다음의 사정을 들었다. 즉, 대개의 눈에는 그 형태와 상호 위치는 달라도 굴절 매질에 불투명한 곳이 있는데, 그것이 내시적으로 지각되는 수가 있다고 했다. 그리고 외계로부터의 간섭에 의해서조차도 내시 현상을 일으킬 수가 있다는 것을 제시했다.

5) 생리학과 심리학

실험생리학이 우리 인간의 감각기관의 기능과 그 기관으로 매개되는 감각의 본질을 더욱 상세히 연구해 가면, 이 실험생리학은 저 멀리 있는 심리학에까지 미치게 될 것이며, 철학과 자연과학 간의 가장 중요한 다리를 하나 만들게 될 것이다. 이런 방향으로 향한

---

11 이 6개 주요 점은 헬름홀츠(『생리학적 광학(1867)』 제10장)와 스웨덴의 안과 의사 굴스트란드(Allvar Gullstrand, 1862~1930; 이 연구로 1911년도 노벨 의학상 및 생리학상 수상)의 각막 정점을 기준으로 한 실측치는 다음과 같다.

제1초점 전방	제2초점 후방	제1주점 후방	제2주점 후방	제1절점 후방	제2절점 후방
13.745	22.819	1.753	2.106	6.968	7.321mm
15.707	24.387	1.348	1.602	7.078	7.332mm

가장 중요한 연구의 하나는, 1846년에 발표된 에른스트 베버의 촉각에 관한 연구이다.[12]

물리학자나 화학자가 자기들이 사용하는 기계를 검토하여 그것의 신뢰도를 조사하는 것은 그들에게는 매우 중요한 것이다. 이와 마찬가지로, 생리학자에게는 감각기관, 즉 인간이 타고난 지각의 기계를 연구하는 것이 중요하다. 에른스트 베버는 촉각에 대하여 이러한 연구를 처음으로 했다. 촉각기관에 의해 우리는 압력 감각, 위치 감각, 온도 감각을 받는다. 베버가 위치 감각, 압력 감각, 그리고 온도 감각을 측정적으로 어떻게 연구했는가를 간단하게 살펴보자.

피부에 있어서의 위치 감각은 다른 점은 완전히 같은 두 개의 감각을 그 위치에 따라 변별할 뿐만 아니라, 두 점 간의 거리나 두 점을 연결한 선의 방향도 지각할 수가 있다. 베버는 피검사자에게 눈을 감게 하고, 컴퍼스의 두 끝을 동시에 피부에 접촉시켜 두 개소로 변별하는 능력과 두 침의 방향에 대한 식별 능력을 피부의 여러 곳에서 두 점의 거리와 방향을 변화해 가며 촉각의 위치 감각을 조사해 보았다. 그 결과 혀끝이 가장 예민한 촉각을 가지며, 두 개소의 분별 능력은 1mm이고, 다음에 손끝은 2.3mm, 손가락 제2관절 바닥과 입술은 4.5mm, 발바닥은 16mm, 손등은 31mm, 가슴은 45mm, 등은 54mm, 상박과 대퇴는 68mm였다.

그리고 압력에 대한 촉각의 예민도를 측정하기 위해, 접촉하는 표면적은 같고 무게가 다른 분동을 손의 같은 부위에 여러 번 올려놓고 어느 쪽이 무거운가를 판별하게 했더니, 대개의 사람은 근육의 일반 감각으로 무게의 비가 39:40인 두 개를 변별할 수가 있었다. 그리고 손을 책상 위에 두어 근육의 긴장과 결부된 일반 감정을 제거했을 때는 29:30을 변별할 수가 있었다. 그리고 온도 감각을 비교하기 위해 온도가 다른 비교 액에 손을 담그게 했더니, 정신을 집중하면 섭씨 0.11도까지 온도차를 지각할 수가 있었다.

베버는 감각의 예민도를 측정하는 이러한 실험을 수많이 수행한 결과 다음과 같은 가설을 세웠다. 즉, "자극의 차가 같은 크기로 나타나기 위해서는, 그 차는 그 자극의 절대량에 비례한다."라는 것이다. 지금 r, r', r'', r'''을 어떤 감각 영역에 있어서의 세기가 다른 자극이라고 하고, 만약에 그들의 차들 $(r-r'), (r'-r''), (r''-r''')$ 등이 같은 크기로 감각된다면 $(r-r')/r = (r'-r'')/r = (r''-r''')/r$이다.

---

12 에른스트 베버, 「촉각과 일반 감정(1846)」, 『오스트발트 클라시커』 제149권. 1834년에 「맥박, 호흡, 청각, 촉각에 대한 해부학적·생리학적 주석」이란 논문에 촉각에 대하여 상세히 논했으나 주목을 받지 못했다.

이 '베버의 법칙'은 페히너(Gustav Theodor Fechner, 1801~1887)에 의해 다음과 같이 수정되었다. 즉, 페히너는 감각을 자극에 정비례한다고 하지 않고, 그 자극의 대수함수(對數函數)로 나타냈다. 이러한 그의 정신물리학 기본 법칙의 전제의 하나는 '페히너의 감각 한계 법칙'이다. 즉, 한계치를 넘는 일정한 정도의 크기를 가진 자극이 아니면 어떤 것도 의식 현상을 일으킬 수는 없다는 것이다. 이러한 전제를 두면, 정신물리학의 기본 법칙은 다음과 같은 공식이 된다.

$E = c \times \log(r/r_o)$ (E; 감각, r; 자극의 세기, r_o; 가지 자극의 크기, c; 조건 정수)

실험심리학은 그 후에, 헬름홀츠와 특히 분트(Wilhelm Wundt, 1832~1920)에 의해 완성되었다. 분트는 1875년에 최초의 정신물리학 연구소를 라이프치히 대학에 창설했다. 그는 이 정신물리학 연구소의 임무를 "의식 내용을 그의 요소로 분해하여, 이들 요소의 질적 특징과 양적 특징에서 알아내고, 존재와 존재의 연쇄의 모든 관계를 정밀한 방법으로 측정하는 것이다."라고 말했다.

정신물리학에 중요한 공헌을 한 것은 헤링(Karl Ewald Konstantin Hering, 1834~1918)의 「생명 물질의 일반 기능상의 기억(1870)」이라는 논문이었다. 그가 논술한 것과 같이, 정신과 물질이 법칙적 관계에 있다면 생리학과 심리학을 결부하여 하나로 하는 띠는 바로 이 법칙적 관계이다. 그때에 의식 현상과 생명 물질의 물질 변화는, 수학적 함수관계로 변화하는 여러 양과 같이 법칙적 관련에 의해 서로 타에 의존하고 있는 두 개의 변수가 된다. 정신과 물질이 함수관계에 있다는 이 가설을 빌려야 비로소 현대 생리학은 자연과학이라는 지반을 잃지 않고 의식 현상을 연구 영역으로 끌어넣을 수가 있었다.

'기억'이란 개념을 의도하지 않은 재생에 확대한 헤링에게는, 기억은 모든 생명 물질의 근원적 능력이었다. 개체적 기억과 함께 종족적(계통 발생적) 기억이 있다. 이러한 견지에서 보면, 생물의 각 개체의 진화는 해당 개체가 최후의 고리가 된 큰 사설이 진화할 때에 얻은 연속적인 일련의 기억으로 생각된다. 동물은 더 이상 맹목적 기계로 볼 수 없으며, 동물의 행동이 매우 교묘하여, 보기에 스스로 목적에 합치하게 조정되고 있는 것은 동물의 신경 물질에 유전된 기억 덕택이다. 그래서 거미는 그 기술을 자기가 배운 것이 아니라, 그 종족의 무수히 많은 세대가 한 단 한 단 서서히 획득한 기술인 것이다.

헤링은 뇌의 해부학적 연구와 실험적 연구를 통해 육체와 정신과의 관계를 명백히 밝했다. 고대의 의사들도 뇌가 정신의 자리라고 주장했고, 데카르트는 정신의 자리를 뇌의 부분으로 짝을 이룬 '송과선(松果腺)'이라고 하고, 콩알만 한 뇌 바닥에 있는 이 형체는 마치 파이프오르간을 연주하는 사람이 거대한 파이프오르간에 대해서 하는 것과 같이, 정신의 뇌 작용에 영향을 미친다고 했다. 근세 사람 중에는, 볼로냐 대학의 해부학 교수 바롤리(Constanzo Varoli, 1543~1575)가 1568년에 처음으로 중추신경계의 기능에 대한 과학적 견해를 전개하여, 중추신경계의 해부학적 연구에 공적을 남겼다.

그는 대뇌의 실질에는 사물의 상을 지각하는 능력이 있다고 했고, 근대 독일의 의학자인 갈(Franz Joseph Gall, 1758~1828)도 같은 견해를 가졌다. 갈은 바롤리에서 유래한 생각을, 정신의 개개의 능력은 뇌 피질의 각 부위에 국한해 있다고 하여 한 단계 발전시켰다. 그러나 19세기 중엽까지는 뇌생리학에는 무수히 많은 문제가 남아 있었는데, 산 동물과 인간에 대한 실험을 하고 병적 상태를 심중이 관찰한 결과, 시각의 중추는 대뇌 후두부에 있고, 청각은 측두부에 있으며, 후각은 하면에 관계가 있다는 것이 밝혀졌다.

그래서 헤링에 이르러 사람들은 겨우 정신적 과정은 육체적 과정에 대응해 있고, 우리의 뇌가 활동하고 있을 때에 우리는 감각하고 생각한다는 인식에 도달하게 되었다.

6) 신경 활동과 동물전기

신경 활동과 밀접한 관계가 있는 동물전기의 연구는 전기 장어에 대한 연구로 다시 자극을 받았다. 동물의 이 특유한 행동은 특히 패러데이에 의해 더한층 엄밀히 연구되었다. 패러데이는 동판으로 장어를 둘러싼 집전장치의 한쪽 끝을 전기 장어의 앞부분에, 다른 끝을 뒷부분에 전류계를 거쳐서 전선으로 연결하고, 장어에 충격을 줄 때마다 전류계 바늘이 30~40도 기우는 것을 보았고, 이 전류는 항상 장어 몸 앞부분에서 나와 전류계를 거쳐서 뒷부분으로 흐르는 것을 확인했다. 그리고 이 동물전기는 전류계의 바늘을 움직이게 할 뿐만 아니라, 자화나 화학 분해 작용도 하는 것을 확인했다.

전기 장어나 세우의 전기 기관은 신경계와 해부학적 관계가 있다는 것이 옛날부터 알려져 있었는데, 이러한 패러데이의 실험 결과는 전기, 자기, 열 등의 모든 자연력이 서로 전환하는 것과 같이, 신경 활동이 전기로 전환하는 것으로 보였다. 그래서 신경 활동의 본체는 무엇이며, 신경계에 있는 인자는 무생물계에 작용하는 힘과 같은 것으로 볼 수 있는가 하는 절실한 의문이 생겼다. 이 의문을 해결하려고 시도하여 처음으로 성공한 사람은 생리학자 뒤부아레몽이었다.

뒤부아레몽은 베를린에서 태어나서 요하네스 뮐러 밑에서 해부학과 생리학을 수학했고, 자기의 과학상의 필생의 과제를 동물전기의 연구로 삼았다. 갈바니의 연구들이 발표되자 많은 사람은 생명의 신비가 밝혀진 것처럼 생각했다. 사람들은 갈바니전류의 전원이 근육과 신경이라고 보았다. 그래서 훔볼트를 위시하여 많은 사람이 신경과 근육의 특유한 전기를 실증하려고 모든 노력을 기울였으나 성공하지 못했다. 그런데 매우 미세한 전류를 검출하는 방법이 개발되자, 이 연구는 다시 시작되었다. 그러나 푸이에, 요하네스 뮐러, 에두아르트 베버와 같은 일류 실험가들도 부정적 결과밖에는 얻지 못했다. 이 문제에 대한 연구는 뮐러가 뒤부아레몽에게, 옛날의 개구리에 대한 전지 현상 연구를 계속하라는 과제를 주어 1841년부터 뒤부아레몽이 시작하게 됐고, 그 중요한 결과는 방대한 수권의 저술에 종합되었다.[13]

신경과 근육 생리학 분야에서 뒤부아레몽의 성공은, 그가 근대 물리학과 근대적 측정기기들을 완전히 응용할 수 있었던 점에 있다. 그는 오차의 근원을 피하고, 그것을 계산에 충분히 고려하여 자기의 측정 정밀도를 가능한 한 높일 수 있었고, 신경과 근육 내부에서 일어나는 전기 현상을 약 5000회나 감은 배율기와 최대의 감도를 가진 한 짝의 자침으로 검출함으로써, 신경과 근육 전류뿐만 아니라 그들의 변동도 발견했다. 그리고 그는 다음과 같이 말했다.

"일체가 자기를 속이지 않았다면, 나는 '신경이란 것과 전기가 일치한다'는 옛 꿈을 실현하는 데 성공한 것이다. …… 나는 모든 동물 신경계 모든 부분에서, 예민한 배율기의 자침을 움직일 수 있는 전류를 증명했다. 이것은 모든 동물의 모든 근육에 대해서도 말할 수 있다. 나는 이 전류가, 신경에서는 운동 또는 감각을 매개하는 과정이며, 근육에서는 수축이 일어나는 순간에 일정한 변화를 받는 것을 게시했다."

뒤부아레몽의 가설에 의하면, 외부에 인지되는 전기적 변화는 비본질적인 수반 현상이 아니라, 신경과 근육의 과정을 구성하는 내부 운동의 본질적 원인인 것이다. 그런데 신경과 근육에 전기 힘이 있는 것은, 이것들이 흥분 상태에 있을 때만인 것이 알려져서,

---

13 뒤부아레몽, 『동물전기에 관한 연구(1848~1854)』 전 2권, 베를린. 『근육과 신경물리학 개론에 관한 논문집(1875~1877)』 전 2권, 라이프치히. 이 책들에 실린 논문들은 『뮐러의 생리학과 해부학 잡지』에 발표된 것이다.

그 후에 뒤부아레몽의 견해는 정정되었다. 이 '활동 전류'는 흥분에 있어서 신경과 근육 내용이 전기를 일으키는 작용을 하기 때문에 생기며, 이 작용은 흥분과 같은 속도로 전달된다는 것이 밝혀졌다. 그리고 뒤부아레몽의 방법은 신경과 근육을 노출시켰기 때문에 불완전한 결과를 얻었는데, 근래는 생체에 대한 모든 폭력적 처치를 피하고 가능한 한 자연적 생태에서 실험하는 방법이 채택되었다. 뒤부아레몽은 그의 스승 요하네스 뮐러가 죽을 때까지 고집했던 '생명력의 학설'을 비판하고 배격한 다음과 같은 기술을 했다.

"철의 미립자는 운석이 돼서 우주를 날아가거나, 기차의 바퀴가 돼서 선로를 달리거나, 또 혈구가 돼서 시인의 머릿속을 흐르거나 철의 미립자는 역시 철의 미립자다."

뒤부아레몽과 그와 같은 생리학의 근대 학파인 브뤼케와 헬름홀츠, 그리고 루트비히 등이 추구한 궁극적 목표는 '생명 현상의 해석역학'이었다. 물론 생명 현상은 매우 복잡하므로, 이러한 목표를 달성할 수는 없었으나, 뒤부아레몽은 초기에 "해석역학은 인격의 자유라는 문제에까지도 도달할 수 있다."라고 말했다. 그리고 후년에는 "최하등 단계의 심리 현상조차도 역학적으로 설명할 수 없다."라고 했다. 그래서 생리학은 의식의 '객관적으로 인식될 수 있는 여러 조건'을 탐구하는 데 그쳐야 한다고 정했다.

제 9 장
진화론

다윈의 『종(種)의 기원』에 유래한 진화론은 과학 발전상 특기할 만한 의의를 가지지 못한 것이나, 인류 역사상 이것만큼 심대하고도 광범한 영향을 미친 개념은 아마도 없었을 것이다. 그렇기 때문에 이에 대한 상세한 고찰을 할 필요가 있다.

1. 변형에 의한 종의 발생

린네가 그의 생물 분류를 완성하는 데 도입한 '종의 고정관념'에 대한 이론이 이미 18세기에 나왔다. 뷔퐁은 린네가 주창한 "이 세상에는 하나님이 처음에 만드신 종밖에는 없다."라는 사상에 반대하여, "자연계에는 개체밖에 없으며, 우리가 '종(種), 속(屬), 목(目), 강(綱)'이라고 이름 붙인 것은 인간이 만든 개념 이외의 아무것도 아니다. 즉, 분류는 인간이 만든 추상이다."라는 의견을 제창했다. 이 뷔퐁의 의견은 18세기를 풍미한 분류학에 대한 가장 노골적인 반발이었다. 그래서 당시에 그의 말은 지나치게 재기에 넘친 착상으로만 취급됐고, 후에 상-티레루나 라마르크가 다시 제창했으나 퀴비에의 권위에 대항할 수는 없었다. 상-티레루는 종이 한꺼번에 창조돼서 불변으로 유지된다는 의견에 반대하여, 종은 점진적으로 끊임없이 변화하며 생활 조건의 변동에 의해 그러한 변화가 생긴다고 했다. 예를 들어, 조류(鳥類)는 도마뱀에서 발생했는데, 공기의 탄산가스 함유량이 점차로 줄어들고 산소가 증가한 결과 생겼다고 했다. 즉, 석탄의 침전 때문에 일어난 대기의 변화가 조류에게서 볼 수 있는 높은 체온과 강한 근육 활동의 원인이 되었다는 것이다. 상-티레루는 자기의 의견을 뒷받침하기 위해 실험으로 생활 조건의 영향을 실증하려고 시도했으나, 그러한 큰 변화를 실증하는 데 실패한 것은 물론이다.

1) 라마르크의 학설

상-티레루는 환경의 여러 변화가 새로운 종의 발생 원인이라고 주장했는데, 라마르크도 역시 뷔퐁의 생각에 영향을 받아, 새로운 종의 발생을 기관의 사용 여부와 같은 생물의 행동에서 설명하려고 했다. 라마르크는 어떤 기관의 발달은 그것을 사용함으로써 발달되고, 사용하지 않음으로써 위축된다고 했다. 충분한 긴 연대, 형태의 일정한 변경, 습성의 변화, 외적 영향에서 획득된 근소한 여러 변화의 유전 등이 옛 형태로부터 새로운 형태를 발생하는 원인이라고 했다. 따라서 형태는 처음부터 생활양식에 맞게 되어 있는 것이 아니라, 환경의 생물에 대한 요구에 따른 결과로 생겨난 것이므로, 이 발생은 생물이 외계의 여러 영향에 대하여 기계적 원리에 따라 적응하려는 반응으로 귀착시켜야 한다고 했다. 그는 이 견해를 다음과 같이 말했다.

"신체 또는 신체 일부의 형태가 동물의 습성과 생활양식을 정하는 것이 아니라, 반대로 습성과 생활양식, 그리고 작용하는 기타의 모든 조건이 시간의 경과에 따라, 그 신체와 그 기관의 형태를 만든 다음에 새로운 형태와 함께 새로운 능력도 획득한 것이다. 자연은 이러한 방법으로 오늘날 우리가 보는 모습의 생물을 만든 것이다."

라마르크에 의하면, 모든 종은 친척 관계이다. 이러한 친척 관계는 최하등의 형태에서 가장 고등 형태로 진화하는 서열로 제시된 것이 아니라, 단지 계통수의 견본에 따라 분류했다. 자연 서열로 제시한 것은 팔라스(Peter Simon Pallas, 1741~1811)였다. 라마르크는 또 생물은 자연 발생에서 생겼으며, 고등동물 형태로의 진화는 적충류와 유충류(濡蟲類)에서 시작되었다고 했다. 라마르크는 자기 학설을, 한 문의 화석 종에서 시대에 따라 현존 종까지를 연결하는 이행 형에 의해 증명하려고 했다. 그가 제시한 것과 같이, 이 이행은 연체동물에서는 매우 뚜렷하게 인정되었다. 라마르크의 저술을 보면, 기관의 사용에 따라 어떤 형태가 어떻게 발달하는가의 실례도 여러 가지 들고 있다.

예로서, 오리의 발은 수중 생활에 적응하기 위하여 발달하지 않을 수 없었다고 했고, 딱따구리의 긴 뿌리는 식물 섭취 방식에 따라 생겼다고 했다. 라마르크는 조류의 큰 폐와 그에 따른 높은 호흡 능력은 새가 날기 위한 조건에 적응한 것이라고 했고, 상-티레루는 이미 기술한 것과 같이, 대기의 성질과 상태의 변화가 동물의 지상 생활을 위한 형태를 공중 생활을 위한 형태로 바뀌게 한 원인이라고 했다. 여하튼 이들은 종은 불변한 것이 아니라 점진적 변화에 의하여 매우 오래된 형태에서 발생했다는 그들의 진화 사상을 전개하여 입증하려고 노력했다. 그래서 라마르크는 자연계의 많은 실례를 들어 그의 사상을 입증하려고 노력했으나, 그가 역설한 것들은 과학적 요인으로는 불충분하여 당시 사람들을 납득시킬 수 없었다. 당시의 사람들은 대부분 진화론의 참 건설자로 보아야 할 라마르크를 공상가로 보았고, 기린의 목이 긴 것은 나뭇잎을 향하여 늘 목을 뺀 결과라고 한 그의 의견조차도 웃음거리로 취급했다.

그랬던 진화론이 다윈 시대에 와서는 인류가 발견한 가장 위대한 학설로 찬양을 받고, 역사상 유례가 없을 정도로 큰 영향을 미치게 되었다. 그것은 과학적 요인이 아닌 다른 요인에 연유한 것이다. 라마르크가 그의 학설을 제창한 때와 거의 같은 때에, 인류를 다섯 인종으로 분류한 독일의 블루멘바흐(Johann Friedrich Blumenbach, 1752~1840)도 역시, 종의 불변 학설에 의혹을 품게 되었다. 블루멘바흐는 '종의 완전한 절멸'이라는 역사적으로 믿을 수 있는 두세 실례에서 출발했다.

그는 인류가 나타나기 전에 생존해 있던 모든 생물은 절멸했다는 가정을 세워서, 그것을 입증하는 증거로서 수백 종의 화석 국석류(菊石類)를 들고, 이러한 화석 국석류가 오늘날의 생물계에는 하나도 남아 있지 않다는 것을 제시했다. 블루멘바흐는 생물계의 진화 중에 이러한 대변동을 가정하고, 대변동이 그친 후에 자연은 새로운 생물을 발생시켰다고 했다. 그리고 또 종의 절멸과 신종의 발생을 '자연의 변전 또는 행위적 변전'에서도 설명했다. 블루멘바흐는 그러한 행위적 변전에 대한 가장 뚜렷한 증명으로서, '변종의 발생'을 들었다. 예컨대, 16세기 중엽에 유럽에는 노란 튤립 꽃밖에 없었다. 그런데 불과 200년 사이에 튤립 애호가들은 3000종도 넘는 변종을 만들어 낼 수가 있었다는 것이다. 블루멘바흐는 '기후, 영양, 생활양식' 이 세 가지가 생물을 변화시키는 가장 큰 원인이고, 이 원인은 생물의 이동에 의해서도 변하므로, 다음과 같이 주장한 것이다.

"동식물 군에서, 종족이 절멸하고 새로운 종족이 생긴다는 것에 반대할 것은 하나도 없다."

2) 발생학적 진화론

생물계의 점차적 진화 학설은, 다윈이 그의 학설을 가지고 등장하기 전에도 생물의 형태에 대한 비교 연구에 의하여 중요한 기초가 이미 세워져 있었다. 이것은 특히 네겔리가 시작하여 호프마이스터가 응용하여 성공을 거둔 발생학적 방법에 의한 것이었다. 이 방법은 현미경으로 난자 또는 포자로부터의 개체 발생을, 그 세포로부터 세포들에 이르는 구조를 추구하여, 발생의 모든 단계를 세포분열과 발생한 여러 요소들의 배열에 귀착시키는 것이다. 이 방법에 의해서만 하등 형태와 고등 형태와의 유연관계에 파고들 수가 있었다. 호프마이스터는 이러한 유연에 의하여 종전에는 전혀 별종으로 보았던 '선태류(蘚苔類), 양치류(羊齒類), 목적류(木賊類), 송백류(松柏類), 현화식물(顯花植物)'의 여러 부문이 결부되어 있는 것을 증명했다. 이러한 증명이야말로 그의 「고등 은화식물의 발아와 송백류의 종자 형성에 관한 비교 연구」의 큰 성과이다.

호프마이스터(Wilhelm Friedrich Benedikt Hofmeister, 1824~1877)는 출판업자의 아들로 라이프치히에서 태어나서, 가업에 종사하는 한편 열심히 식물학을 연구하여, 정규 대학의 교육을 받지 않고도 상기한 이 획기적 저술을 1851년에 발표했다. 「현화식물의 배 발생」을 1849년에, 이것을 보완한 「현화식물의 배 형성에 대한 새 논문」을 1859년에 발표했다. 그는 1863년에 하이델베르크 대학의 식물학 교수로 임명됐고, 그 후 튀빙겐 대학에서도 활동했다. 그의 발견에 의하면, 식물계의 대 부문을 지배하는 공통된 특징은, 유성생식과 무성생식의 주기적 교대이다. 이와 같은 현상은 하등동물의 많은 강의 생식에 관한 연구에서도 밝혀졌다. 세대교번의 본래의 의의는 아직 밝혀지지 않았으나, 연구 진척에 따라 세대교번 중에 가장 중요한 발생 법칙의 하나가 나타나 있는 것은 더욱 명확해졌다.

호프마이스터는 세대교번 현상을, 우선 첫째로 가장 하등인 선태류, 즉 편평한 원반 모양으로 지면에 덮인 이끼에 대해서 조사했다. 이 이끼는 자성(雌性)과 웅성(雄性) 생식기관을 만든다. 자성 기관, 즉 장란기(藏卵器) 중에 정지해 있는 난자를 발생하며, 웅성 기관, 즉 장정기(藏精器)는 정자를 만들고, 정자는 헤엄쳐 가서 난자와 결합한다. 난세포는 이 수정 과정에 의해 분열하여 차례로 세포분열로 증식하여, 새로운 세대의 본보기 조직이 된다. 이번에는 이 조직 중에 무성적인 방법으로 '선 포자(蘚胞子)'가 발생한다. 그래서 이것을 '포자낭(胞子囊)'이라고 하며, 이 포자에서 다시 이끼의 편평한 잎이 발생한다. 선류(蘚類)도 마찬가지로, 포자에서 '선 식물'이 발생하여, 그것에 알 주머니와 정자 주머니가 발육하고, 수정한 난세포에서 제2세대의, 때로는 5~10cm나 되는 긴 자루를 가진 포자낭이 생긴다. 양치류에서는 구근과 특히 눈에 잘 띄는 포자를 가진 잎이 그것에 해당한다. 양치류는 포자에서 발생하여, 무성 증식 세대는 '전배(前胚)'라고 불리는 연한 편평한 작은 식물로 위축하여, 여기서도 역시 알 주머니와 정자 주머니가 만들어진다.

현화식물과 은화식물에서 현화식물로 이르는 두세 가지 형태의 발아 과정을 연구하여, 전배가 더욱더 퇴화한 것을 인지했다. 양치류 중의 어떤 것(Selaginella)에서는 전배가 포자 피 내에서 발육하며, 송백류에서는 수정 전에 난세포 중에서 발생하는 조직, 즉 배유(胚乳)는 전배와 동등한 것으로 볼 수가 있었다. 그리고 현화식물에서도 하등 형태를 지배하고 있는 이러한 발생 법칙의 유물이나 흔적이 남아 있었다.

호프마이스터가 식물계의 대 부문에 대해서 증명한 것과 같은 명확한 유연관계를 동물계에서도 발견하려고 동물학자들이 형태학적 연구를 했으나, 그러한 것은 하나도 발견되지 않았다. 명확히 구분되는 유형 또는 퀴비에의 분류에 대해서 도리어 형태학적으로 매우 다른 여러 특징을 가진 새로운 별개의 부문을 설정해야 할 형편이었다. 예를 들면, 퀴비에가 분류한 방사동물은, 장을 가진 성게와 같은 '랄피동물(辣皮動物)', 장이 없는 해파리와 같은 '공장동물(空腸動物)'로 구별해야 되었다.[14]

유충류와 연체류 문에 대한 더욱 상세한 연구에 의하여, 이들 문에 숨어 있는 여러 형태 중의 여러 변이는 결국 유연 특징이라는 것을 알게 되었다. 발생학적 연구에서도 그러한 변이가 있어서, 큰 유형의 틈새를 이어주는 다리가 될 수 있다고 추측하게 했다. 19세기의 처음 수십 년간에 근대 발생학을 창설한 베어(Karl Ernst von Baer, 1792~1876)는 체절동물(體節動物)과 척추동물(脊椎動物)의 원체 중에는, 매우 희미하기는 하나 이들 부문에 공통된 일정한 유연의 암시를 인정해야 한다고 믿었다. 그는 다음과 같이 논술했다.

"척추동물과 무척추동물의 일치는 발생의 짧은 순간에 나타난다. 우리가 발생의 단계를 거슬러 올라가면 올라갈수록, 전혀 다른 동물에 대해서도 더욱더 많은 일치를 찾아볼 수가 있다. 우리는 그렇게 함으로써, 발생의 초기에는 모든 동물이 본질적으로 같은 것이 아닌가? 그리고 모든 동물에 대해서 공통된 원시 형이 있는 것이 아닐까? 하는 의문을 가지게 된다. 배(胚)는 불완전한 동물이라고 말할 수가 있으므로, 일종의 주머니가 기본 형태이며, 그것에서 모든 동물이, 관념에 의해서뿐만 아니라 역사적으로 발생했다고 정당한 주장을 할 수 있을 것이다."

하등동물에서도 고등동물에서도 난세포에서 일련의 세포분열로, 우선 첫째로 배엽(胚葉)이 생긴다는 사실도 19세기의 40년대부터 일반 법칙으로 인정받게 되었다. 토마스 헨리 헉슬리(Thomas Henry Huxley, 1825~1895)는 1849년에 발표한 그의 첫 논문에서, 해파리 종류의 발생 단계에는 후년에 헤켈(Ernst Haeckel, 1834~1919)이 '낭배(囊胚)'라고 이름한 단계와 같다는 것을 인정하여 다음과 같이 논술했다.

---

14 루돌프 로이컬트, 「하등동물의 형태학과 유연관계에 대해서(1848)」, 브라운슈바이크.

8) 나는 해파리의 위(胃)와 기타 기관이 두 장의 다른 막으로 돼 있는 것을 특히 강조해 두고 싶다. 나는 이것이 해파리 종류 구조의 본질적 특징의 하나이며, 이 사실은 해파리 종류의 상동을 연구하는 데 매우 중요하다고 믿기 때문이다. 나는 이 두 막을 그런 의미에서, 또 특별한 기관에의 어떤 변형에는 관계없이, '기초 막'이라고 부르기로 했다.

57) 그러나 동물의 각종 강(綱) 중에 참다운 연유가 있는 것을 증명하기 위해서는, 이들 중에 유연과 상동이 있는 것을 지적하는 것만으로는 충분하다고 할 수가 없다. 이것들이 동일한 해부학적 유형 위에 구성돼 있는 것과, 이들 기관이 실재로 상동하다는 것을 제시하지 않으면 안 된다. 그런데 동물의 두 종 또는 두 과의 기관이 상동하다는 것은, 이들의 구조가 동일하거나 또는 상이한 생장의 간단한 법칙으로 설명할 수 있을 때다. 기관이 매우 상이하면 이들의 상동은 두 방법으로 결정된다. 첫째는 유사한 단계에 의하여 동일한 점에 도달하기까지의 두 발생 과정을 거슬러 올라가는 것이고, 둘째는 이종의 동물에 유사한 다른 동물에서 연역한 형태의 한 계열을 둘 사이에 삽입하는 방법이다. 즉, 계열의 각 항 간의 상이는 생장 법칙에 의하여 설명될 수 있는 종류의 것에 지나지 않기 때문이다. 이 후자의 방법은 일반적으로 '비교해부학' 이란 이름으로 불리고 있는 것이며, 전자의 방법은 동물의 하등 종류에만 적용할 수 있다. 그러나 이 두 방법이 해파리 종류의 상동을 연구하는 데 크게 유용했다.

58) 구조의 완전한 동일성은 해파리 종류의 '기초 막'과 그 계열의 다른 것에 대응한 기관을 연결해 준다. 그리고 어디서나 외막과 내막은 배(胚)의 장막(醬膜)과 점막(粘膜)이 행하는 동일한 생리학적 상호 관계를 취하고 있는 것을 관찰하는 것은 흥미롭다. 외막은 근육 계통으로 발육하여 공격과 방어 기관을 만들며, 내막은 영양과 생식 목적에 매우 명확히 결부되어 있는 것으로 생각된다.[15]

코바레프스키(Aleksandr Onufrievich Kovalevskii, 1840~1901)는 두 층으로 된 낭배를 가장 단순한 척추동물인 '암피오쿠스(Amphioxus lanceolatus)'의 원시적 단계인 것을 증명했다. 그는 또 전 동물계에 걸친 발생학적 연구에서, 헉슬리가 추정한 내배엽(內胚葉)과 외배엽(外胚葉)을(단세포 원생동물은 물론 제외한), 모든 동물계에 나타나는 낭배와 상동한

---

15 토마스 헉슬리, 「해파리 종류의 해부학과 유연에 대하여」, 『이학 보고(1849)』.

조직인 것을 확인하려고 했다. 따라서 코바레프스키가 기초를 세워 헤켈이 계통 발생 방면에서 완성한 '배엽설(胚葉說)'에서 말하면, 척추동물의 배반에서 발생하는 세포층은 암피오쿠스 속의 배엽, 식충류의 배엽, 극피류(棘皮類), 유충류, 곤충류, 연체류 등의 최초의 발생 단계가 나타내는 배엽과 일치한다.[16]

2. 다윈의 진화론

이상과 같은 동물의 발생학적 고찰에서, 이행(移行) 형도 여러 가지 발견하여 동물계의 통일성을 긍정하고 퀴비에가 설한 일정 설계에 의한 확연한 체제를 부인하려고 했으나, 충분한 과학적 근거가 없어서 설득력을 가지지 못했다. 그런데 19세기 중엽에 접어들자, 사람들은 '종의 불변'이란 사상을 부인하고, 정도의 차는 있었으나 모든 생물이 어떤 원시적 형태에서 여러 종이 점진적으로 발생하여 온 친척 관계에 있다는 가설인 '진화론'에 물들기 시작했다. 그래서 앞에서 기술한 공상가의 웃음거리로만 여겨졌던 여러 연구들은 다시 각광을 받게 되었고, 그들이 주장하고자 하는 진화론을 뒷받침하는 귀중한 자료로서의 의의를 인정받게 되었다.

이러한 대변혁은 지질학도 창조설을 부인하고 진화론을 뒷받침하게 했고, 고생물학의 연구도 절멸한 형태 군이 현재의 생물계로 점차로 진화했다는 지적을 하게 했고, 형태학과 발생학의 소견도 역시 종의 불변을 반증하고 진화론을 입증하는 방향으로 흐르게 했다. 그래서 창조론과 진화론 간의 격렬한 논쟁이 벌어졌다. 이러한 논쟁은 근대 과학적 논쟁이기보다는, 같은 사실을 두고 보는 견해와 관념을 달리하는 사상적 논쟁이었다.

그리고 어떤 과학적 진리를 밝히기보다는 사회적·정치적 분쟁에 있어서, 자기가 주장하는 사상을 뒷받침하는 근거를 쟁취하기 위한 투쟁적 성격을 띠고 있었다. 이러한 시기인 1859년에 찰스 다윈의 「자연도태에 의한 종의 기원」이 발표되자, 진화론의 승전고로 받아들여졌다. 그래서 이 논문은 인류 역사상 전무후무한 심대한 사회적 영향을 미치게

---

16 알렉산드르 코바레프스키, 「유충류와 절족류에 있어서의 발생학적 제 연구」, 『성 페테르부르크 아카데미 논집』.

되었다. 우리는 이 다윈의 진화론에 대하여, 그 과학적 가치에서가 아니라 그것이 미친 심대한 영향을 고려하여 상세히 고찰해 보기로 한다.

1) 다윈의 생애

찰스 다윈

찰스 다윈(Charles Robert Darwin, 1809~1882)은 의사 로버트 다윈의 아들로 슈루즈버리(Shrewsbury)에서 태어났고, 그의 할아버지는 진화론을 주창한 박물학자 에라스무스 다윈이다. 그가 8세에 어머니는 돌아가시고, 슈루즈버리의 한 학교에 보내졌다. 그의 자서전에서 다윈은 이렇게 적고 있다.

"나는 어머니가 돌아가신 해인 1817년 2월에 학교에 갔는데, 학과 성적은 누이동생 가자린보다 뒤떨어졌다고 하며, 장난꾸러기였다. 나는 이때부터 박물학, 특히 여러 것을 수집하는 데 취미가 있었다. 그 학교는 1년 다니다 그만두고, 1818년부터 바트라 박사가 가르치는 학교 기숙사에 들어가서 7년간 재학했는데, 이 학교에서는 고대의 지리학과 역사학을 조금 가르칠 뿐이며, 나의 마음이 발달하는 데 이 학교보다 더 나쁜 곳은 없을 만큼 재미없었다. 교사와 아버지는 나를 지극히 평범하고 지능은 약간 모자라는 아이로 보았다. 나는 아버지로부터 '너는 총과 개와 토끼잡이에만 열중한다. 이러다가는 가족의 명예를 더럽히는 놈이 될 것이다.'라는 꾸지람을 자주 들었다. 아버지는 나를 의사가 되게 할 작정으로 형과 함께 1825년에 에든버러 대학에 입학시켰는데, 나는 아버지가 나에게 상당한 재산을 주리라는 것을 알게 되자, 고달픈 의사 수학을 하기 싫었다. 아버지는 의학 수학을 싫어하는 나를 2학년에 중퇴시켜 목사가 되게 케임브리지의 크사스트 칼리지에 입학시켰다. 내가 '종의 기원' 때문에 정통파 신학자들로부터 얼마나 맹렬한 공격을 받았는가를 생각하면, 나도 젊은 날 한때에 교회의 목사가 되려고 한 것이 우습기만 하다. 목사를 시키려는 아버지의 의도는 정식으로 철회되지는 않았으나, 내가 케임브리지를 떠나 박물학자로 비글호에 승선했을 때 자연 소멸한 셈이 되었다."

그는 케임브리지 대학 시절에 헨슬로(John Stevens Henslow, 1796~1861) 식물학 교수와 친숙해져서, 그의 야외 수업에 늘 따라다녔다. 그래서 그는 '헨슬로와 같이 산보하는 사나이'란 별명을 받을 정도였다. 그는 케임브리지 재학 말년에 훔볼트의 『역순 보고』와 존 허셜의 『물리학 입문』을 애독했다. 그리고 세즈윅(Adam Sedgwick, 1785~1873) 교수에게서 지질학을 배워 그 방면에도 흥미를 가지게 되었다. 1831년 여름방학에는 세즈윅 교수를 따라 북부 웨일즈의 지질 조사에 나섰다.

"북부 웨일즈의 짧은 지질 조사 여행에서 집에 돌아와 보니, 헨슬로 교수로부터 편지가 와 있었는데, 피츠로이 선장이 박물학자로서 무급으로 비글호 항해에 동행할 청년에게 자기 선실 일부를 제공하겠다는 것을 알려주었다. 나는 즉각 이 제의를 수락하고 싶었으나, 아버지의 강경한 반대로 포기할 수밖에 없어서 사냥에 나갔는데, 다행이 숙부로부터 '그 제의를 수락하는 것이 좋을 것 같으니, 아버지와 다시 상담하라'는 전갈이 왔다. 아버지는 입버릇처럼 이 숙부가 세계에서 가장 분별이 있는 사람 중의 한 사람이라고 말씀하고 있었으므로, 아버지도 동의해 주셨다. 케임브리지에서 나는 상당한 낭비가였는데, 아버지를 위로하는 의미에서 항해 중에는 수당 이상의 돈을 결코 낭비하지 않겠다고 했더니, 아버지는 웃으시며 '너는 매우 꾀가 많은 자'라고 답하셨다."

이리하여 그는 헨슬로 교수가 주선해 준 비글호 항해에 박물학 조사를 위하여 동승하게 되었다. 헨슬로 교수는 다윈이 떠나기 직전에 나온 라이엘의 『지질학 원리』를 한 권 주며, 여행 중에 한번 읽어보되 믿어서는 안 된다고 충고해 주었다. 그러나 이 라이엘의 책이 다윈이 진화론을 정립하는 데 가장 큰 영향을 미친 것으로 보인다. 다윈은 이 라이엘의 설에 대하여, "내가 최초의 지질 조사를 한 벨트 곶 군도의 세인트-제고에서 『지질학 원리』에 담긴 라이엘의 설은, 내가 알고 있던 다른 저술에서 주창하고 있는 어떤 설보다도 훨씬 우수하다는 확신을 얻었다. 나는 그때의 나의 확신을 자랑으로 여긴다."라고 말했다. 여하튼 다윈은 22세에 비글호를 타고 1831년 11월 27일 영국을 떠나 세계 일주 항해에 올랐다. 그는 이 여행을 다음과 같이 회상했다.

"열대식물의 위대한 경관은 현재에도 다른 어떤 것보다도 뚜렷하게 나의 마음에 떠오른다. 물론 파타고니아의 넓은 사막과 티에라델푸에고의 울창한 산맥이 준 숭고한 감은 지워지지 않는 인상으로 남아 있다. 이 나라 미개인의 나체 모습도 결코 잊을 수가 없다. 때로는 수 주간이나 미개의 나라들을 말이나 배를 타고 여행한 것은 매우 흥미 있었다. 여행 중의 부자유나 어느 정도의 위험도 장애가 되지 않았고, 지나고 보니 더욱 재미있기만 하다. 그리고 산호초 문제의 해결이나, 세인트헬레나의 지질 구조 탐구와 같은 과학적 연구를 나는 큰 만족으로 회상한다. 특히 갈라파고스 군도에 있는 동식물과 남미의 생물 간의 특이한 관계를 놓칠 수는 없었다."

비글호는 남미 연안을 항해하여 타히티, 뉴질랜드, 호주, 타스마니아(Tasmania I.), 킬링 제도, 몰디브, 모리셔스, 희망봉, 세인트헬레나, 어센션 섬, 그리고 다시 브라질의 베르디 곳에 기항하여, 6년 만인 1836년 10월 2일에 영국에 귀국했다. 다윈은 귀국하자 곧 항해 일지를 정리하여, 1839년에 『어떤 박물학자의 일지』를 발표했고, 그것을 토대로 하여 1839년에 『비글호 항해 중의 조사일지』를 간행하여 라이엘에게 바쳤다. 이것은 오늘날 읽어도 재미있는 책이다. 1842년에 『산호초의 구조와 분포』를 발표했다.

그리고 1859년에 와서 「자연도태에 의한 종의 기원(Origin of Species by means of Natural Selection, 1859)」이라는 그의 진화론을 담은 논문을 발표했는데, 이것이 다윈 자신도 예상 못 했던 큰 반향을 일으켜서, 다윈 자신을 인류 역사상 가장 영향력이 큰 사람으로 만들었다. 그래서 유명해진 후에 1862년『난속(蘭屬)식물이 곤충에 의하여 수정되는 방식』, 1864년 『반록(攀綠)식물의 운동과 습성』, 1868년 『육성 동식물의 추이』, 1871년『인간의 유래와 자웅도태』, 1875년『식충 동물』, 1881년『지렁이의 작용에 의한 재배 토양의 형성』 등의 저술을 남겼다.[17]

2) 다윈의 '종의 기원' 연구 경위

다윈은 먼저, 할아버지인 에라스무스 다윈의 『생물 생활의 법칙(Zoonomia, 1794)』과 관계가 있을 것으로 보이는 모든 종류의 사실을 끈기 있게 수집하여 고찰하는 일에서 출발했다. 그의 조부는 라마르크보다 앞서서 종의 진화설을 명확히 기술했을 뿐만 아니라, 그것을 일정한 원인에 귀착시키려고 노력했고, 진화의 원인 중에 기관의 사용·불용이 중요한 역할을 하며, '기아(飢餓), 쾌감, 자기 보존 본능'과 같은 정신적 원인도 기계적으로 작용하는 원인 중에 부가했다. 이러한 조부의 진화설이 다윈에게 어떤 영향을 미쳤는가에 대해서 여러 말이 있으나, 다윈 자신은 다음과 같이 자술했다.

---

17 프란시스 다윈(다윈의 아들) 편찬, 『찰스 다윈의 생애와 서한(1887)』, 런던.

"어느 날 나는 에든버러 시절의 학우 그랜트 박사와 같이 산보하고 있었는데, 그는 라마르크와 진화에 대한 그의 의견을 열심히 말했다. 나는 놀라서 침묵하고 경청만 했다. 그리고 내가 판단할 수 있는 한에서, 그것은 나에게 아무런 영향도 미치지 않았다. 나는 그전에 나의 조부의 저서 『주노미아(Zoonomia)』를 읽었다. 그 안에는 같은 설이 주장돼 있었는데, 그것도 역시 별다른 영향을 주지 않았다. 그러나 그러한 설이 주장되고 장려된 것을 내가 청년 시대에 들은 것은, 후년에 '종의 기원'에서 다른 모양으로 그런 설을 지지하는 데 도움이 됐으리라고 생각한다. 그 시절에 나는 『주노미아』에 매우 감복했으나, 십수 년 후에 그것을 다시 읽었을 때는 사실에 비하여 이론이 과다한 데 매우 실망했다."

라이엘의 『지질학 원리(Principle of Geology, 1830)』는 다윈이 세계 일주 항해에 떠나기 직전에 나왔는데, 다윈은 라이엘의 이 획기적인 책에 논술된 지구의 점진적 변화 학설의 영향 아래 남미의 지질학적·고생물학적 조사 연구를 했다고 하며, 귀국 후에는 맬서스(Thomas Robert Malthus, 1766~1834)의 『인구 원리(An Essay on the Principle of Populational it affects the Future Society, 1798)』에 감복했다고 한다. 맬서스는 이 저술에서, 인구와 식량의 증가 성질이 인간 사회의 추진력이라는 사상을 기술했다. 인구의 증가는 기하급수에 따르며, 식량의 증가는 산술급수에 따르므로, 필요한 식량이 공급될 수 없는 사정에서 인구와 식량 간에는 모순이 생기며, 이 모순의 결과가 그때그때의 인구의 크기가 된다는 것이다. 이러한 모순을 해결하는 조절기로서, 맬서스는 과대한 인구를 억제하는 조건을 생각했고, 이러한 억제적 영향은 '불충분한 영양, 질병, 전쟁' 등이라고 했다. 이러한 불편한 조건과의 투쟁에서, 강한 인간은 승리자가 되나 약하고 무능력한 인간은 패배하여 제거되고 만다고 한다. 주지하는 것과 같이 맬서스는, 인류는 이 두 추진적인 요소를 지배하여, 인구의 증가와 부의 새로운 자원의 개척이 같은 보조를 취하게끔 하지 않으면 안 된다는 결론을 내렸다.

맬서스의 이 학설은 어떻게 보나 다윈이 전개한 학설의 가장 중요한 토대가 되었다. 다윈은 그의 『종의 기원』 제3장 '증가의 기하급수율'에 다음과 같이 기술했다.

"생존경쟁은 모든 생물이 높은 비율로 증가하려는 데서 필연적으로 생긴다. 이 자연의 생애 동안에 수 개의 알 또는 종자를 낳는 생물은, 그 생애의 어떤 시기 또는 계절, 혹은 어떤 해에 어느 것인가 파멸하지 않으면 안 된다. 그렇지 않다면 기하급수적 증가 원칙에 따라, 그 수는 급속히 증가하여 어떤 나라에서도 그 소산을 지탱할 수 없을 만큼 커질 것이다. 그래서 생존할 수보다 훨씬 많은 개체가 태어나기 때문에, 어떤 경우에도 어떤 개체와 같은 종의 다른 개체, 또는 다른 종의 개체, 또는 생활의 물리적 조건들 간에 생존 경쟁이 일어나지 않으면 안 된다. 그것은 맬서스가 발견한 원리를 몇 배나 더 큰 힘으로 동물계와 식물계에 적용한 것이다. 왜냐하면 이 경우에는 식물의 인공적 증가나 인구 증가의 의식적 제한 같은 것은 있을 수 없기 때문이다. 설혹 어떤 종이 다소라도 급속히 그 수를 증가해 가는 일이 있어도, 모든 종이 그렇게 증가할 수는 없다. 세계는 그것을 감당할 수 없는 것이다."

다윈은 또 인류가 의식적 도태에 의하여 역사 시대 중에 그들이 사육한 동식물의 종에서 변종을 만들었는데, 이것들은 원래 종과 매우 달라서 참 사정을 모르는 사람에게는 신종으로 착각할 주지의 사실에서 출발했다. 그의 연구는 인류에 의하여 행해진 도태와 같이 작용하는 여러 조건이 자연계에서도 행해지고 있는가 하는 의문으로 향했다. 이 의문에 대한 답을 그의 저술 『종의 기원』에서 밝힌 것이다.

3) 자연도태

맬서스의 학설에서 착상하여 생긴 다윈의 근본 사상, 즉 그가 맬서스의 학설을 인용하여 주장한 관념은 다음과 같은 것이다.

"한 종의 개체도 완전히 닮아 있지 않고, 모두 약간의 변이를 나타내고 있다. 이러한 변이는 사육가가 유전법칙에 근거하여 자기가 바라는 방향으로 개량할 수 있는 것이다. 따라서 사육가가 자유로 변하게 할 수 있는 것과 같이, 만약에 환경이 우세하다면 자연의 경과에 있어서도 이러한 개량은 가능할 것이다. 그러한 환경은 모든 생물의 급속한 증식과 그것에서 생기는 생존경쟁에 있다. 이런 생존경쟁에서, 그런 조건에 적응하는 점에서 경쟁 상대보다 우수한 개체는 승리자가 될 것이며, 이 승리자만이 생식하기 위해서는 그들의 그 장점을 자손에게 전하여 대를 거듭하는 중에 인간이 인위도태에 의하여 행한 것과 같은 개량이 나타난다. 그리고 지질학 연대의 경과 중에는 종의 특징을 넘어선 변화도 생기는 것이 매우 확실한 것 같다."

이러한 다윈의 관점에서 보면, 꽃과 곤충의 관계와 같이 서로 알맞게 목적의식적 조화를 이루고 있다고 아리스토텔레스가 생각한 것도, 많은 경우에 대해서 생존경쟁 상의 자연도태에 의한 진화 현상으로도 설명할 수 있게 되었다. 이 진화론 입장에서 보면, 생물의 분류는 이제 공통의 근원에서 진화한 모든 생물의 자연적 유연의 표현인 것이다. 지질학 분야에서도 이러한 진화론 입장에서 많은 의문이 풀릴 수 있으리라 생각되었다. 다윈의 시대에, 다윈의 진화론을 지지한 것으로 유명한 독일의 지질학자 브론(Heinrich Georg Bronn, 1800~1862)은 그의 진화론적 지질학 가정을 다음과 같이 논술하고 있다.

"화석 종은 절멸되고 새로운 종으로 대치된 것이 아니라, 오늘날 지구에 서식하고 있는 종의 계통 형태로 보아야 한다. 그래서 절멸한 생물계에 대하여, 가장 옛 구조에서 가장 새로운 구조까지를 비교한다면, 지질학적 증거에 무수히 많은 결함이 있으나, 동식물 군은 점진적으로 진화하여 오늘의 특징에 끊임없이 접근해 온 것을 간과할 수는 없다. 더욱이 한정된 지역의 생물계만을 본다면, 종종 그 지역의 토양을 구성하고 있는 가장 새로운 지층 중에 그 육지의 현존 동물과 거의 같은 동물 형태의 유골을 발견할 것이다."

이러한 사정은 또 다윈이 1831년에서 1836년까지 했던 세계 일주 항해에서 남미의 생물학적·지질학적 연구에 몰두하고 있을 때에, 그에게 새로운 사고를 하게 한 절박한 자극이기도 했다. 그는 그 지역의 홍수 퇴적층(洪水堆積層)과 제3기 지층 중에, 큰 쥐 등과 같은 오늘날도 그 지역 동물 군의 특징으로 되어 있는 동물들의 무수히 많은 유해를 발견했기 때문이다. 다윈은 이미 그 조사 당시에 "동일 지역의 현존 동물과 화석 동물의 놀라운 유연은, 의심할 여지없이 생물의 출현과 절멸 상에 어떤 다른 사실보다도 더욱 많은 빛을 줄 것이다."라고 기술해 두었다.

'종의 기원'이라는 문제를 해결하기 위해서는 대륙의 생물과 인접한 여러 섬의 생물과의 비교가 화석 형태와 현존 형태와의 유연적 비교만큼이나 중요했다. 다윈은 이 비교를 남미 대륙에서 약 1000km 떨어진 갈라파고스 군도에서 했다. 그에게 특히 깊은 인상을 준 것은, 이 군도에는 인접한 대륙의 것과 비교하면 속(屬)에 있어서는 유사하나 종(種)에 있어서는 상이한 동식물 군이었다. 대륙에 인접한 다른 군도에서도 관찰되는 이 사실은, 종이 하나하나 창조되었다는 가설과는 명백히 모순되는 것이다. 도리어 대륙으로부터 자연적 방법으로 이주했다고 가정하는 것이 옳았다. 종의 변이는, 이주한 것이 시간의 경과에 따라 변화했다는 것은, 그들의 출생지가 명확히 인지되므로 저절로 설명된다. 다윈은 그의 『종의 기원』 제13장 '지리적 분포'에 다음과 같이 논술했다.

"우리에게 가장 뚜렷하고 중요한 사실은, 섬에 있는 종도 가장 가까운 본토에 있는 종과 실제로 같은 것이 아니라 '유연'이라는 것이다. 이것에 대해서는 다수의 예를 들 수 있다. 적도 아래에 있는 갈라파고스 군도는 남미 해안에서 약 500~600마일 거리에 있는데, 여기서는 거의 대부분의 수륙 생물은 명확히 대륙의 각인을 띠고 있다. 이 섬에는 육수 조류가 26종류나 있고, 그중의 21~22 종류는 다른 종으로 분류돼서, 보통 여기서 창조된 것으로 가정하고 있다. 그런데 이런 조류는 많은 것이, 대륙의 종과 매우 가까운 것은 그들의 모든 특질, 즉 습성, 몸짓, 음성 등으로 보아 명백하다. 이것은 다른 동물이나 식물에 대해서도 마찬가지다. 아메리카 대륙에서 수백 마일 떨어진 태평양 중에 있는 화산섬에 살고 있는 생물을 보면, 마치 대륙에 있는 것과 같은 감을 받는다. 왜 이렇게 되었을까? 왜 갈라파고스 군도에서 창조됐고, 다른 어느 곳에서도 창조되지 않았다고 가정한 종이, 아메리카 대륙에서 창조된 종과 이렇게도 명확하게 유연 각인을 띠고 있을까? 이 섬의 높이나 기후, 그리고 함께 사는 여러 강(綱)의 비율 등이 남미 대륙 해안과 닮은 점은 하나도 없다. 이에 반하여, 갈라파고스 군도와 아프리카의 벨드 곶 군도와는 토양의 화산 성질, 기후나 높이, 크기 등도 매우 유사하나, 거기에 사는 생물은 절대라고 해도 좋을 정도로 판이하다. 갈라파고스 군도의 생물이 아메리카의 생물과 가까운 것과 같이, 벨드 곶 제도의 생물은 아프리카 생물과 가깝다. 이러한 사실은 '개별적 창조'라는 종래의 견해로는 설명할 수 없는 것이다. 그런데 내가 주장하는 입장에서는, 때에 따른 수송 수단이나 또는 더 옛날에 땅이 이어져 있었거나 해서, 갈라파고스 군도는 아메리카로부터, 벨드 곶 제도는 아프리카로부터 이주자를 받았다는 것은 명확하다. 이러한 이주자는 변화를 받았으나, 유전의 원칙은 아직 그 본래의 출생지를 나타내고 있다."

이러한 요지의 『종의 기원』이 간행된 경위에 대하여, 다윈 자신은 그의 『자술 전』에서 다음과 같이 말하고 있다.

"나는 여행에서 귀국한 후 케임브리지에 살면서 라이엘과 친숙했는데, 라이엘이 나의 설을 과감하게 저술해 보라고 권해서, 후에 출간한 『종의 기원』의 서너 배나 되는 규모로 저술하려고, 1856년 초에 집필했다. 내가 수집한 재료를 발췌한 것에 지나지 않았으나, 목표량의 반이나 저술한 1858년 초여름에, 당시 말레이 반도에 있던 월리스 씨가 그의 「변종이 원시 형에서 무한히 떨어져 가는 경향에 대해서」란 논문을 나에게 보내면서, '나의 논문이 타당하다고 인정하면, 라이엘 씨에게 추천해 달라'고 요청해 왔다. 이 논문은 나의 이론과 똑같은 것이라서 나의 계획을 포기하려고 했으나, 라이엘의 권유에 따라 나의 원고 발췌에 1857년 9월 5일부 에사-그레에게 보낸 서한을 합하여 월리스의 논문과 공동 발표하게 되었다. 나는 처음에 이 안에 동의하지 않았다. 그 이유는, 당시에 나는 월리스 씨의 넓은 마음과 고결한 인격을 몰랐기 때문에 월리스 씨가 오해하지나 않을까 하는 염려 때문이었다. 나의 서한과 원고는 공포할 생각이 없던 것이고 문장도 서툴렀으나, 월리스 씨의 논문은 매우 명료하게 정리된 훌륭한 서술이었다. 그런데도 우리의 공동 논문은 학자들의 주목을 받지 못했고, 공포된 비판은 더블린의 호튼 교수의 것뿐이었다. 1858년 9월, 라이엘과 후커의 간절한 권유로 '종의 변천에 관한' 한 권의 책을 저술하기 시작했다. 1856년에 대규모로 시작한 원고를 발췌하여 축소하는 데, 13개월의 노고를 하여 1859년 11월에 '종의 기원'이란 표제로 출판되었다. 그 후의 개정판에는 추가나 정정을 많이 했으나, 근본적으로 달라진 것은 없다. 이것은 틀림없이 나의 가장 중요한 필생의 저술이며, 초판부터 출판 당일에 1250부 전부 매진됐고, 제2판 300부도 매진됐다. 그리고 현재(1876년) 1만 6000부가 팔려 나갔다. 이 책이 얼마나 딱딱한 것인가를 생각하면 놀라운 매출이다. 유럽 모든 나라의 언어와 주요 언어로 번역됐고, 심지어 일본어로도 번역되었다고 한다."

4) 인류의 유래

다윈의 학설은 그가 의도한 '종의 기원' 문제를 해명하기에는 너무나 부족했으나, 이 문제 해결을 위한 연구에 큰 자극과 영향을 미친 것은 사실이다. 이 학설은 생물학뿐만이 아니라 천문학에서 사회학까지 모든 학문에 큰 자극을 주었고, 특히 인류를 새로운 빛 속에 조명해 보게 했다. 다윈은 처음에는 생물계에의 인류의 위치 같은 것은 고려하지 않았고, 다만 그의 『종의 기원』 제15장에 그의 학설이 "인류의 기원과 인류의 역사상에도 많은 빛을 비춰줄 것이다."라고 기술했을 뿐이다. 진화론에 근거하여 자연계에서의 인류의 위치를, 특히 해부학자의 입장에서 연구한 최초의 사람은 다윈 학설의 열렬한 지지자로 '진화론의 투사'라고 불린 헉슬리였다. 그는 외부와 내부 구조, 특히 뇌수의 구조에 있어서 하등과 고등 원류(猿類) 간에는 원류와 인류 간보다 큰 차이가 있다는 것을 증명했다. 그래서 린네의 인류를 박물학적으로는 하나의 속(屬)으로서 영장류에 넣어야 한다는 의견이 겨우 뒷받침되었다.[18] 다윈 자신도 1871년에 『인류의 유래(Descent of

---

18 토마스 헉슬리, 『자연 중의 인류의 위치(1863)』. 초판에는 「유인원의 박물학에 대하여」, 「인류와 하등동물의 제 관계에 대하여」, 「인류의 약간의 화석적 유물에 대하여」라는 논문 세 편이 수록돼 있다.

Man)』와 『자웅도태(Selection of the Sex)』라는 두 권의 책을 발표했다. 그는 이 책에서, 인류는 하등 형태에서 발생했고, 그 진화 과정은 어떠하며, 인류의 각 민족 간의 차이는 어떤 가치를 가졌는가를 상세히 논술하려고 했다. 그는 이 책의 출판과 관련해서 『자술전』에서 다음과 같이 말했다.

"나의 『인류의 유래』는 1871년 2월에 출판되었다. 1837~1838년에 종은 변화하여 생긴다고 확신하자, 인류도 또한 동일 법칙 하에 있어야 한다는 신념을 가지지 않을 수 없었다. 그래서 나는 자기만족을 위하여 이 문제에 대한 필기를 하여 오랫동안 두었으나 공포할 생각은 없었다. 『종의 기원』 중에는 어떤 특별한 종의 유래는 전연 논하지 않았으나, 성실한 독자들로부터 자기의 의견을 숨기고 있다는 비난을 받을까 염려돼서, 그 저서에 '인류의 기원과 인류의 역사상에 빛을 비추게 될 것이다.'라는 말만 첨가해 두는 것이 좋겠다고 생각했다. 증거는 하나도 들지 않고 인류의 기원에 관한 나의 확신을 자랑했다면, 그것은 『종의 기원』의 성공에 무익했을 뿐만 아니라 도리어 유해했을 것이다. 그러나 많은 박물학자가 종의 진화설을 충분히 승인한 것을 명확히 알게 됐으므로, 나는 숨겨두었던 나의 필기첩을 종합하여 인류의 기원에 관한 특별한 나의 의견을 공포하는 것이 좋겠다고 생각했다. 이것은 내가 평소에 매우 흥미를 가졌던 자웅도태(雌雄淘汰) 문제를 충분히 논할 기회를 주기 때문에, 이것을 공포하는 것은 매우 기뻤다. 이 문제와 사육 생물의 변이, 변이 유전의 원인과 제 법칙, 그리고 식물의 잡교(雜交)는 내가 모아둔 자료를 사용하는 것만으로도 충분히 논술할 수 있는 문제였다. 그런데도 이 『인류의 유래』를 집필하는 데 만 3년이나 걸렸다. 물론 그동안에 건강을 해쳐서 낭비한 시간도 있고, 개정판이나 기타의 저술 준비로 소비한 시간도 있다. 그리고 일대 개정을 한 제2판은 1874년에 출판되었다."

인류를 생물 세계 중에 배열하려는 기운과 함께 고등동물의 조선과 이들 조선에 현재에도 일치해 있는 중간형을 찾으려는 연구도 시작되었다. 다윈주의자들 중에 러시아의 진화론적 고생물학자 코바레프스키(Vladimir Onufrievich Kovalevskii, 1843~1883)는 발생 중간의 원시 척추동물과 많은 유사점이 인정되는 피낭동물(被囊動物)을 그 중간형이라고 했고, 이에 반하여 독일의 동물학자 젬퍼(Karl Semper, 1832~1893)는 척추동물과 환형동물(環形動物) 간의 유연관계가 증명되었다고 믿었다.[19]

한편, 예나 대학의 동물학 교수 헤켈은 인류도 포함한 척추동물의 발생사에 관한 사색에 철저하게 몰두했다. 그는 포츠담에서 태어나서 의학을 지망하여 1852년에 뷔르츠부르크 대학에 입학하여 케리카, 피르호에게서 배우고 난 후, 베를린에서 뮐러에게서 배워 1858년에 개업 의사가 되었다가, 1862년부터 예나 대학의 동물학 교수로 활동했다. 그의 연구는 특히 하등해서동물(下等海棲動物)의 과학적 연구였다. 그리고 발생학에 기초한 이론생물학의 기초를 세웠다.

그는 개체의 발생은 대체로 계통사를 되풀이한다는 사상에 지배되었다. 헤켈과 그의 신봉자들은 이 명제를 생물발생학상의 원칙으로 보아, 개체 발생은 계통 발생의 단축된 되풀이라는 간단한 공식으로 종합했다. 그들은 형태의 발생은 대체로 어떤 한 형태가 타의 형태에서 점진적으로 발생하는 것이 아니라, 자연계를 지배하는 창조적 사유와 관련되었다고 본 것이다. 이러한 관점에서, 공통된 원시형으로 '낭배(囊胚)'를 들게 되었다. 즉, 이 낭배에서 세포로 조립된 모든 후생동물이 발생했다는 것이다. 헤켈은 이 원시형을 '낭조(囊祖)'라고 이름했다. 그의 「낭조설(囊祖說)」에서 논술한 이론에 의하면, 고등 동물문(門)의 기초가 되는 방사형과 좌우 대칭형은 원시시대 동안에 발생한 생물에서 발생한 것이 된다.[20]

헤켈과 그의 학파의 이러한 사고방식은, 발생은 계통사로만 좌우되는 것이 아니라 순 기계적으로 작용하는 인위적 실험으로도 천차만별로 변화시킬 수 있는 여러 원인에 의해서도 좌우된다는 의견과 대립하게 되었다. 이러한 의견에 헤켈은 가장 반대했으므로, 기관의 배열에 작용하는 원인을 찾으려는 방향으로 역진행시켜야 한다는 요구가 일어났다. 이러한 요구가 당시로서는 해결될 수 없었던 것이나, 그러한 방향의 노력이 후에 전자 현미경의 출현으로 유전인자의 구조를 밝히게 되고, 그 속에 내포된 프로그램을 인지한 오늘날의 유전공학을 생기게 한 것이다.

5) 발생 기구

이러한 방향으로 향한 최초의 시도는 스위스의 해부학자이며 발생학자인 빌헬름 히스 (Wilhelm His, 1831~1904)에서 유래되었다. 그는 스위스의 바젤에서 태어나서, 뷔르츠부르크와 빈 대학에서 피르호와 뮐러에게서 의학을 배워, 1857년에 바젤, 1872년에 라이

---

19 카를 젬퍼, 『환절(環節)동물의 유연관계(1875)』, 뷔르츠부르크.
20 에른스트 헤켈, 「낭조설」, 『예나 자연과학 잡지(1874)』.

프치히 대학의 해부학 교수가 되었다. 그리고 '마이크로톰'을 발명하여 연속 조직 절편에 의한 검색법을 고안하여, 발생학과 조직학에 큰 공적을 남겼다. 그는 각 발생 단계는 직전 상태의 계속으로 보아야 한다고 가정했다. 배(胚)에 나타나는 불균등한 성장, 층의 형성, 층이 말려들어 주름벽이 된다는 것들은 기계적 작용 원인으로 형태의 성립을 설명하는 데 충분하다고 했다. 그러나 협력하는 여러 조건들을 너무나 일방적으로 무시한 결점이 있었다.

빌헬름 루(Wilhelm Roux, 1850~1924)는 예나에서 태어나서 헤켈에게서 동물학을 배워, 스트라스부르와 베를린 대학에서 수학한 후, 1886년에 브레슬라우 대학의 교수가 됐고, 1888년에 발생학과 발생 기구 연구소를 창설하여 초대 소장이 되었다. 그와 그의 새 학파는 다른 방법으로 발생의 기계적 원인을 찾으려고 했다. 그들은 단지 관찰에만 머물지 않고, 실험을 이용하여 기계적 간섭으로 발생 과정에 영향을 주어서 나타나는 이상 현상에서 일반적 추론을 도출하려고 시도했다. 루의 최초 실험의 하나는, 개구리의 알에 대해서 제1회 알 분할이 끝난 직후에 뜨겁게 달군 바늘 끝으로 알 분할구의 하나를 죽였더니, 상처를 받지 않은 한쪽 알은 정상으로 발육하여 정상 배(胚)의 반쪽이 되었다. 그 후에 루는 이 실험을 더 하등동물에 확대해서 역시 같은 결과를 얻었다. 이 실험에 의하면, 개구리의 알을 분할한 최초의 세포벽은 생겨난 동물의 대면과 일치했다. 그래서 이 실험 이래로 발생 기구 연구 목적의 하나로서, 각각의 기관은 배의 어느 부위에서 발생하는가를 확인해야만 했다. 물론 인공적으로 만든 반분의 배에도 결손된 반분이 묘사돼 있다는 사실에서 더욱더 곤란한 문제가 야기되었다.[21]

6) 발생 과정에 관한 견해

발생의 과정을 어떻게 설명할 것인가 하는 문제에 대한 의견은 20세기 초까지도 볼프와 할러 시대와 같은 대립을 보이고 있었다. 17세기와 18세기에는, 배(胚) 속에는 생긴 생물의 축소한 모양이 확연히 있다는 전개설(展開說) 또는 전성설(前成說)이 있었다. 한편, 생물은 배의 무형 물질에서 차차로 만들어진다는 현미경적 관찰을 근거로 한 볼프의 후성설(後成說)도 예전의 전성설을 철저하게 밀어낼 수는 없어서, 19세기 말엽까지는 옛

---

21 빌헬름 루, 『생물의 발생 기구에 관한 강의와 논설』 제1권. 『발생 기구, 생물학적 과학의 새로운 부문(1905)』, 라이프치히.

날과 같은 논쟁이 여전히 계속되었다.

예를 들어, 옛날의 전개설을 부활시킨 바이스만(August Friedrich Leopold Weismann, 1834~1914)은 배 구조의 가장 작은 부분까지도 가정하여 다음과 같이 주장했다.

"그 가장 작은 부분은 그로부터 생긴 생물의 각 부분과 똑같이 배열돼 있다는 것이 아니라, 발생은 눈으로 볼 수 없는 다종다양한 것이 눈으로 볼 수 있는 다종다양한 것으로 변하는 것이다. 따라서 사람의 눈에 후생이라고 보이는 것도 실은 전성일 것이다. 개체 발생은 후생에 의한 것이 아니고 전개에 의해서만 설명될 수 있다."

신 전개설의 대표자인 바이스만에 의하면, 후생이란 것은 있을 수 없다. 그는 그의 배질(胚質)과 결정자설에 의하여 이것이 설명된다고 믿었다. 이 설에 의하면, 생물의 발생에 있어서 난세포(卵細胞)는 새로운 생물의 난세포를 위하여 저장된 배질과 새로운 개체의 조직을 만들 체질로 분할된다고 했다. 그 후에 바이스만에 찬동한 다른 학자에 의하여 1885년에 이 배질설은 "세포핵은 유전형질을 담당하는 유전물질이다."라고 수정되었다. 이 학설은 그 후에 한 번 더 파고들어, 핵질은 바이스만이 다세포생물의 부분을 결정하는 결정자라고 이름한 무수히 많은 생물학적 단위로 되었다는 가설에 도달했다. 바이스만과 같이 네겔리도 역시 생물의 유전형질을 담당하는 것으로 어떤 특별한 물질을 가정하여, 그것을 '유전질'이라고 불렀고, 그것이 난세포와 정세포의 핵 중에 있다고 했다. 네겔리와 함께 헤르트비히(Oskar Hertwig, 1849~1922)와 기타의 새 학자들도 다윈의 진화론을 지지하는 발생학자들이, 아직도 18세기의 볼프의 생각과 같이, 구별이 없는 원질에서 동식물계의 무수히 많은 형체가 생긴다고 하는 것은 있을 수 없는 것이라고 반박했다. 네겔리는 다음과 같이 명확하게 말했다.

"난세포는 생겨난 생물과 똑같은 그 생물의 고유한 특징을 모두 포함하고 있다. 즉, 난세포로서의 생물도, 발육한 상태와 같이 대개는 구별된다. 예를 들면, 달걀 중에는 닭과 같이 닭의 종이 확연히 있으며, 닭과 개구리를 구별할 수 있는 것같이 달걀과 개구리 알은 명확히 구분된다."

7) 자웅의 잡종형성

근친적 형태의 교배와 그 교배에서 생기는 잡종형성은 종의 이해나 종의 기원 문제에 중요한 역할을 가지고 있다. 잡종형성의 과학적 연구는 여러 가지 담배에 대해서 행한 쾰로이터(Joseph Gottlieb Koelreuter, 1733~1806)의 실험으로 시작되었다. 1760년에 쾰로이터는 잡종을 만드는 데 이미 성공했으나, 19세기에도 잡종의 형성뿐만 아니라 식물의 자웅에 대해서 많은 의문이 남아 있었다. 그래서 칼 게르트너(Karl Friedrich Gärtner, 1772~1850)는 자웅과 잡종형성 문제에 대해 25년간 철저한 연구를 하게 되었다. 그는 1844년에 『더욱 완전한 식물의 생식기관과 자기 화분에 의한 자연과 인공수분에 관한 실험과 관찰』을 간행했고, 그의 주저는 1849년에 나온 『잡종 교배에 관한 실험과 관찰』이다. 게르트너의 이 저술은 "자웅 관계의 실험적 연구에 대해서 그때까지 기술된 연구 중에 가장 기초적이며 폭이 넓은 것이다."라고 칭찬받았다. 그의 주된 연구는 화분이 협력하지 않으면 새로운 식물은 만들어지지 않으며, 따라서 헌화식물도 동물과 똑같이 자웅으로 나누어져 있다는 것을 증명한 것이다. 그리고 잡종형성에 대한 연구는 수천의 실례를 토대로 한 것이라, 그 후 다른 학자의 상세한 연구들도 역시 이것에 결부되어 있다. 그중에도 특히 다윈은 이러한 옛 연구에 자기의 견해를 결부시켜서 누구나 알기 쉬운 전체적 체계도를 만들어 냈다.

그는 특히 거의 잊혔던 슈프렝겔을 들고 나와 그의 명예를 되찾아 주었고, 그 덕택에 1860년대 중엽에는 잡종형성에 대한 어느 정도의 일반 원칙이 알려졌다. 그것은 '잡종형성은 근친 종에 한하며, 잡종을 만드는 능력은 근친 종에서도 각각 다르다.'라는 것이다. 예를 들어, 사과나무나 배나무와 같이 매우 닮은 종에서 잡종을 만들 수가 없었으나, 매우 다르게 보이는 종에서 때로는 잡종이 만들어졌다. 두 개의 종 A와 B 간에 수분(受粉)이 일어나면 언제나 A의 화분은 B의 배주(胚珠)를, B의 화분은 A의 배주를 수분시킬 수 있는 '가역 교배(可逆交配)'이다. 그런데도 A의 화분이 B의 주두(柱頭)에 도달했을 때만 간혹 수분이 일어났다.

게르트너, 네겔리, 그리고 다윈까지도 가졌던 구식 견해에 의하면, 잡종이 나타내는 특성은 두 어버이 형태의 거의 중간 형태라는 것이다. 즉, 쌍방의 형질이 융합한다는 생각이다. 그런데 이때에, 유전된 형질 외에도, 잡종은 변이하기 쉬운 경향을 가진다는 것도 관찰되었다. 그리고 형질은 융합하지 않는다는 실례도 많이 나타났다. 예를 들어, 흰 쥐와 검은 쥐를 교배시키면, 태어난 자식은 얼룩이나 중간색 쥐가 아니라 순수하게 희거나 보통의 쥐색 가운데 어느 쪽이었다. 이와 같은 실례는 식물에서도 관찰되었다. 게르트너는 모예화속(毛蘂花屬)의 흰 꽃 종과 노란 꽃 종을 교배해 보았는데, 두 색의 융합은 자손에게 나타나지 않았고, 그 자손은 희거나 노랬다. 따라서 잡종형성은 어떻게 보아도 규칙이 없는 것 같았다. 그리고 이러한 규칙을 찾아내기 위해서는 장기간에 걸친 매우 힘든 실험이 필요하다는 것이 예상됐고, 그 현상의 과학적 분석을 단행하는 데는 적잖은 용기가 필요했다. 당시 학계로부터는 주목을 받지 못했으나 이 일을 도맡아서 성공한 사람이 바로 오스트리아의 멘델(Gregor Johann Mendel, 1822~1884)이었다.

8) 멘델의 생물학적 기초 분석

멘델

멘델은 메렌 영의 작은 마을인 하이젠도르프에서 태어나서 목사로 있다가, 브룬의 아우구스티누스회 수도원에 들어가서 1847년에 사재가 됐고, 동회 수도사로서 빈에서 박물학을 수학하여 1854~1868년까지 브룬수도원의 고등실과학교 박물학 교사로 근무했다. 그의 광범한 잡종 교배 실험은 이 시대의 산물이다. 그는 1868년 그 수도원의 원장이 됐고, 죽기까지 이 교단의 교사로 봉직했다. 멘델은 쾰로이터, 게르트너 등의 다른 사람들이 행한 잡종 교배 연구를 검토해 보고, 그들이 잡종의 여러 형태의 수대에 걸친 수적 관계의 확정을 놓치고 있는 것에 착안했다. 멘델은 바로 이 점에 자기가 할 일과 길을 찾았다. 이 목적을 해결하기 위하여 그는 명확히 다른 일정 형질을 가지며, 그 잡종은 제1대와 그 후의 수대에 걸쳐서도 번식력에 큰 영향을 받지 않는 두 종의 식물을 교배시켰는데, 우선 시작으로 그는 이 목적에 가장 이상적인 것으로 제비콩(연두)을 택했다.

후년에 '생물학적 기초 실험'이라고 불린 멘델의 방법은, 교배시킬 종이 나타내는 명확한 두세 가지 형질을 비교하여 그러한 형질이 잡종 식물에 나타나는 것을 수대에 걸쳐 수적으로 관찰하는 것이었다. 멘델은 이러한 형질로서, '완숙한 종자의 형상(둥근가, 모나 있는가, 주름이 있는가), 콩 껍질의 모양, 꽃의 일정 부분의 색, 줄기의 길이' 등의 차이를 택했다.

멘델은 우선 첫째로, 잡종은 일반적으로 두 어버이 포기의 중간형을 나타내지 않는다는 것을 증명했다. 교배에 있어서 이런 형질들은, 말하자면 나열되어 있을 뿐이며, 일반으로 독립한 태도를 나타낸다. 멘델은 잡종에서 다시 나타나는 형질을 '우성형질(優性形

質)'이라고 불렀다. 즉, 잡종에서 때로는 어버이 포기의 명확한 형질이 결여되는 것도 밝혔다. 그러나 멘델이 '열성(劣性)'이라고 한 이런 형질은 단지 억압돼서 잠복해 있는 것을 의미할 따름이며, 그 잡종의 다음 세대에 그대로 다시 나타난다. 잡종에서는, 눈에 띄는 형질의 하나가 정반대의 형질에 의하여 억압되어 있다는 사실을 발견했는데, 이를 '멘델의 제1법칙'이라고 부른다.

멘델이 교배시킨 두 종의 제비콩은 특히 줄기의 길이가 다른 것이었다. 제1종의 줄기 길이는 1피트에 지나지 않았으나, 제2종은 약 6피트나 됐고, 쌍방 다 같은 토양에서 재배된 건전한 식물이었다. 따라서 이 형질의 차이는 비료의 좋고 나쁨과 같은 우연한 조건에서 생긴 것이 아니라, 두 종의 어버이 포기가 가진 특유한 일정한 특징이었다. 그런데 교배하여 생긴 잡종에는 어버이 줄기의 평균 길이가 전연 나타나지 않고, 전부 긴 줄기였다. 즉, 하나의 형질은 다른 형질을 완전히 덮었고, 긴 줄기는 우성(優性)이며, 짧은 줄기는 열성(劣性)이었다. 그런데 이 열성형질이 잡종 식물의 자손 제1대에 다시 나타났다. 그들의 자손의 일부는 긴 줄기를 가지며, 나머지는 짧은 줄기를 가지고 있었다. 그리고 우성을 나타내는 것과 열성을 나타내는 것의 수에는 3:1이라는 일정한 평균 비가 나타났다. 그리고 똑같은 수적 관계는 그 후의 세대에도 나타났다. 이러한 관계는 '우르티카'의 교배에서도 나타났다. 잎 둘레가 톱니같이 생긴 A(Urtica pilulibera L.)와 입의 둘레가 매끈한 B(Urtica dodartii L.)를 교배하여 잡종 C가 생겼는데, 잡종 C에서는 A 형질이 우성이고, B 형질은 열성으로 나타났다. 그런데 잡종 C의 자손 제1대 D에서는 우성형질을 나타내는 개체 3개에 대하여 열성형질을 나타내는 개체 1개가 다시 나타났다. 이 비율은 근사적인 것이나, 실험 횟수를 많이 하고 다른 형질을 여러 가지로 조합함에 따라 더욱 명확해졌다. 멘델은 두 종의 연두 잡종 실험에서 각각 1000에 가까운 잡종 자존을 계산하여 각 형질에 대하여 다음과 같은 비율을 발견했다.

꽃의 색(3.15:1), 꽃의 위치(3.14:1), 껍질 색(2.82:1), 껍질 모양(2.95:1),
평균 2.98:1, 근사치 3:1

그런데 이 잡종의 자식들을 D_1, D_2, D_3, D_4라고 하고, 각각 번식력이 같다고 가정하여 4개씩의 자식을 낳았다고 하면, D_1은 순수 우성의 자식을, D_2와 D_3는 3:1의 우성과 열성의 자식을, D_4는 순수한 열성의 자식을 4개씩 낳는다. 즉, 불변하는 형태는 형질의 분리가 3:1 비율로 행해지는 형태에 대하여 1:2:1의 비율을 나타내는 것이 분명하다. 그래서 이 분리 법칙에 지배되는 수적 관계를 다음다음 세대로 추구해 가면, 두 개의 불변의 형질인 우성과 열성을 가진 개체의 수는 더욱 증가해 가는 것을 알 수가 있다. 이것은 이미 게르트너나 쾰로이터가 인식한, 잡종은 다음다음 세대로 감에 따라 선조로 되돌아가는 경향이 있다는 것과 일치한다. 멘델이 하나의 형질에 국한하지 않고 다수의 형질을 동시에 취급할 때, 그 연구는 매우 복잡한 것이 되었다. 멘델은 이 경우에 수학의 조합 규칙이 그대로 이 잡종형성에 적용된다고 하여 다음과 같이 논술했다.

"그래서 실험에서 다룬 모든 형질에 대하여 다음 명제가 적용되는 것은 명백하다. 즉, 많은 본질적으로 다른 형질이 조합된 잡종의 자손은 둘씩의 대립형질에 대한 전개급수로 결합된 조합급수(組合級數) 항을 나타내고 있다. 이것으로 동시에 증명되는 것은, 잡종 결합에서 두 개씩의 대립형질의 태도는 두 어버이 식물에 있어서의 기타의 차이와는 무관하다는 것이다. n을 두 어버이 식물의 고유한 상이 형질의 수라고 한다면, 3^n은 그 조합급수 항의 수이고, 4^n은 그 급수에 속한 개체의 수이며, 2^n은 불변한 조합의 수이다. 예를 들어, 어버이가 4개의 형질이 다르다고 하면, 조합급수는 $3^4=81$항이고, $4^4=256$개체, $2^4=16$불변 형을 가진다. 바꿔 말하면, 잡종의 자손 256개체마다 81가지 여러 조합이 있고, 그중에 16가지는 불변이다. 연두에 있어서 7가지 특징적 형질의 조합으로 가능한 모든 불변의 결합은 되풀이한 교배에서 나타났고, 그 수는 $2^7=128$이었다. 이것으로 동시에 다음과 같은 사실이 증명된다. 즉, 하나의 식물군의 여러 형에 나타나는 불변의 형질은 되풀이한 인위적 수분 방법에서는 조합 규칙에 의하여 가능한 모든 결합으로 나타난다."

이와 같이 훌륭한 멘델의 과학적 연구와 그 성과는 당시의 진화론 사조에 밀려 주목을 받지 못했고, 완전히 잊혔다가 20세기가 되고서야 여러 학자가 같은 결론에 도달하고부터 그의 논문이 재발견되었다. 이때부터 멘델의 법칙에 따른 연구 성과가 속출하여, '멘델주의'라는 특수 방향의 연구를 독려하게 됐고, 농업에서의 식물뿐만 아니라 축산업의 동물 잡종 실험에까지 확대되어서 더욱 귀중한 것이 되었다. 그리고 이 멘델 법칙을, 잡종형성에 있어서 결합되는 생식세포인 난자와 정자의 태도에서 해명하려는 시도가 결국은 유전인자의 형태까지도 밝혀, 오늘날과 같은 유전공학으로 발전하게 되었다.

9) 다윈의 진화론에 대한 비판

다윈이 진화론은 생물 현상의 연관성을 파고드는 데 큰 영향을 주었으나, 이 학설은 생물계를 기원적으로 설명하는 데는 너무나 불충분했을 뿐만 아니라, 그의 관찰은 너무나 피상적인 것이어서 종의 기원을 밝히려는 과학자의 관찰이 아니라 마치 일반 여행자의 감상과 같았다. 이러한 피상적 관찰에서 얻은 결론은, 보는 사람의 견해나 관점이나 관념에 따라서 얼마든지 다를 수가 있다. 예를 들면, 다윈이 '종의 기원은 자연도태에 있다.'라는 가장 명확한 증거로 제시한 남미의 화산도와 아프리카의 화산도에 서식하는 동식물은 환경이 같은데도 판이하며, 생활환경이 다른 그들의 대륙과 각각 놀라울 정도로 닮았다는 사실은, 그의 진화론 주장을 반증하는 가장 유력한 자료로 볼 수도 있다. 즉, 종의 기원은 생활환경에 적응하는 생존경쟁에 의한 자연도태에 있는 것이 아니라, 그들의 본향의 원래 종에 기원한다는 강력한 증거도 된다.

다윈의 본래 의도는, 그의 할아버지의 진화 사상과 그가 여행 중에 읽은 라이엘의 『지질학 원리』에 나타난 진화론에 감명을 받아, 관찰한 사실을 근거로 하여 쓴 그의 『종의 기원』에서, 종의 창조를 부인하기보다는 당시의 분류학자들이 창조된 것으로 분류한 종들 중의 많은 것들이 실은 같은 종에서 점진적 진화에 의하여 생겨났다는 것과 그러한 진화 원인을 맬서스의 『인구 원리』에서 착상하여 '자연도태'라고 주장한 것으로 보인다. 이러한 다윈의 과학적 연구 성과는 진화론 입장에서 보아도 그의 조부의 진화 사상에서 더 발전된 것이 없으며, 그보다 앞서 라마르크에 이르기까지 진화설을 지지한 많은 과학자들에 의한 고생물학, 형태학, 생리학, 발생학 분야에서의 과학적 연구 성과에 비해서도 훨씬 뒤떨어진 보잘것없는 것이었다. 그런데도 다윈의 진화론이 인류 역사상 유례가 없을 정도로 널리 파급돼서 지대한 영향을 미치게 된 것은, 그 원인을 자연과학의 발전에서 찾기보다는 당시의 사회적 여건과 사조, 그리고 사회과학적 측면에서 찾아보아야 할 것으로 생각된다. 당시에 사회 개혁을 주장하는 진보 세력과 이에 맞선 보수 세력 간에는 격렬한 논쟁과 정치적 투쟁이 벌어지고 있었는데, 무신론에 근거한 진보 세력들은 그들의 주장을 뒷받침할 이론적 근거가 절실히 요구되었다. 이 요구에 때맞게 가장 적절한 학설로 나타난 것이 바로 다윈의 '종의 기원'이었다.

다윈의 진화 학설은 처음부터, 덮어놓고 신봉하는 사람들뿐만 아니라 많은 반대자도 있었다. 다윈의 『종의 기원』이 출판되자 즉시 해부학자 리처드 오언이 『에든버러 잡지』에 반박 논문을 발표하여, 우선 진화론 시비 논쟁의 막이 열렸다. 오언의 동료들은 모두 반대파에 찬동했다. 그러나 헉슬리는 처음부터 진화론의 열렬한 지지자로 제일선에 나섰고, 로버트 훅도 다윈 사상에 찬의를 표했고, 그에 뒤따라 그레이, 라보크, 카펜터 등이 찬성하고 나섰다. 그래서 1860년의 대영협회 옥스퍼드 집회에서 다윈의 진화론에 대한 공개 토론회가 벌어졌다.

이 토론회에 당사자인 다윈은 어떤 핑계로 참석하지 않았고, 그 대신에 헉슬리가 진화론 지지자를 대표하여 참석했다고 한다. 이 토론회에서 옥스퍼드 사교(司教) 윌바포스와 그에 맞선 헉슬리의 단독 대결은 매우 격렬하여 많은 일화를 남기고 있다. 지난날의 퀴비에와 상-티레루의 아카데미 논쟁 이래의 대논쟁으로 평가되고 있다. 이 토론회의 처음 분위기는 대체로 다윈 학설을 반박하는 학술적 비판이었는데, 의기충천한 윌바포스 사교는 다윈의 학설에 대해 "그렇다면 진화론자들은 그들의 조상이 원숭이란 말인가?" 하고 조롱했고, 이에 맞선 헉슬리는 "지난날에 갈릴레이가 진실을 밝힌 데 대하여 '이단아'라고 단죄했고, 다윈의 진지한 연구에 대하여 조롱을 하는 인간을 조상으로 가지기보다는 차라리 원숭이를 조상으로 가진 것을 명예롭게 생각한다."라고 응수했다고 한다. 이에 모든 참석자는 박수를 보냈고, 토론회 분위기는 다윈의 진화론을 동정하는 것으로 일변하고 말았다는 것이다.

전해진 이 이야기의 진위가 어떠하든 간에, 당시에 발표된 『종의 기원』은 과학적으로 지적될 많은 결함이 있는 관념적인 것이었다. 그것을 반박한 사람들의 태도도 종교적·사회적·정치적 감정을 앞세운 관념적인 것이었다. 윌바포스의 조롱으로 말미암아 다윈 학설의 허구성은 덮였고, 다윈에 대한 동정과 그의 학설에 대한 지지를 부추기게 되었다. 그 후에 헉슬리는 진화론을 위한 투쟁의 대표자로 꼽히게 됐고, 스스로도 다윈의 투견이라고 하여 다윈 학설에 대한 각 방면의 반박을 격파하는 데 앞장섰다. 그리고 라이엘은 1864년 가을에 열린 로열 소사이어티 오찬회에서 다윈 학설로 전향한다는 성명을 했다.

그래서 진화론 시비 논쟁은 매우 격렬하게, 학술적이기보다는 분격에 찬 감정으로 행해졌고, 종교계와 정치계까지도 이 논쟁에 말려들었다. 독일의 대다수의 학자들은 이 자연도태설을 지지했고, 교양 있는 자라고 하면 이것이 옳다는 것을 믿지 않으면 안 된다는 독단설이 나올 정도로 신봉했다. 그래서 다윈은 생물계의 코페르니쿠스라고 불리게 되었다. 불손하게도 그 학설을 의심하는 자는, 그 의문이 순수한 과학적인 것이라도 '비과학적이다, 반동적이다.'라고 규탄 받을 위험이 있었다. 우리나라에서는 이러한 풍조가 오늘날까지도 미쳐서, 초등학교 교과목에까지 실리고 있는 실정이다.

3. 지질학과 광물학

일반 문화사에서는 19세기를 진화의 시대라고 특징지을 만큼, 다윈의 진화론이 당시에 미친 영향은 심대한 것이었다. 그런데 실은 다윈의 생물학 분야가 아니라 지질학 분야가 최초로 과학적인 진화설을 확립했다. 1830년에 라이엘은 '진화주의'라고 불러도 좋을 지질학 학설을 누구나 알기 쉽게 명확하게 논술했다. 이것은 앞 장에서 이미 기술한 것같이, 지구의 현재 상태는 오늘날도 관찰되는 여러 힘의 작용으로 볼 때, 옛 상태에서 점차로 형성된 것이며, 현재라는 것은 이 진화 과정의 한 순간을 나타낸 것에 지나지 않다는 것을 강조한 것이다. 다윈이나 월리스(Alfred Russel Wallace, 1823~1913)도 이 라이엘에 결부되어 있다. 그들은 일반 지질학의 진화주의 사상을 지구에 생긴 생물에 옮긴 것뿐이다. 그들은 생물의 기원이 지질학 연구와 결부돼야만 해결의 실마리가 나타날 문제라고 생각했다. 그래서 월리스에게도 다윈에게도 현재의 동물과 식물의 종속과 지질학적 층에 존재하는 무수히 많은 고생물학적 증거 간에 나타나는 관계가 연구의 출발점이 되었다. 거기에다 요행히 전혀 다른 방면에서 생긴 사상인 맬서스의 인구 원리가 다윈과 월리스에게 자연도태라는 하나의 학설을 착상하게 했다. 이것은 다윈의 조부 에라스무스 다윈이나 라마르크가 처음으로 착상한 진화설 사상에 중요한 지주를 주게 되었다. 찰스 다윈은 자연계의 현재 상태는 자연적 조건에 좌우된 연연한 진화에 있어서의 하나의 과도적 상태에 지나지 않다는 진화주의 사상을 다음과 같이 기술했다.

"여러 가지 종류의 많은 식물이 울창하고, 새는 풀숲에서 지저귀며, 여러 곤충이 날아다니고, 버러지들이 습한 땅을 기어 다니는 대지를 응시해 보면, 각각 매우 상이하고 복잡한 방법으로 서로 얽혀 있는 이들의 정교하게 조립된 생물 모두가, 우리의 주위에서 행해지는 법칙(자연도태)으로 생겨났다고 생각하는 것은 흥미 있는 것이다."

다윈과 월리스에 의한 진화설의 새로운 확립에 의하여, 지질학과 생물학은 확고하게 손잡게 되었다. 이 두 과학은 생물의 역사를 밝히는 것이 가장 중요한 문제의 하나라는 인식을 같이하게 되었다. 이 절에서는 특히 이 점에 초점을 맞추어서 살펴보기로 하자.

19세기에 들어서자 지질학에도 물리적·화학적 연구 방법이 도입되어, 단순한 수집과 관찰, 그리고 그것들에 근거한 개념적 이론 수립에서 벗어나서, 과학적 실험에 의한 규명이 시작되었다. 그리고 중엽부터는 특히 현미경과 현미경 기술의 현저한 발달에 힘입어, 종래에 해결되지 못했던 많은 중심 과제들이 해결되는 큰 성과를 올렸으며, 이것을 근거로 한 화학적·물리적 실험 연구는 더한층 발전을 하게 되었다.

1) 현미경과 암석학

19세기 중엽부터 현미경을 이용하여 암석의 내부 구조를 밝히려는 기운이 높아져서, 조암(造岩) 과정의 작용에 관한 많은 문제가 해결되었다. 우선 첫째로, 영국의 소비 (Henry Clifton Sorby, 1826~1908)는 이 방면에서, 연구하려는 암석을 투명 또는 반투명의 얇은 판(박판)으로 만들어서 현미경으로 관찰하는 새로운 방법을 개발하여 이러한 연구의 가장 중요한 보조 수단을 완성했다. 그리고 이 방법으로 연구하여 1858년에 발표한 그의 논문인 「결정의 현미경적 구조와 광물 암석의 기원과의 관련에 대하여」는 근대 광물학의 기초가 되었다. 얇은 판 조각 상태에서, 특히 결정 내에 포함된 유리, 가스, 액체 등 광재(鑛滓)의 함유량을 밝히고, 용액이나 불로 녹인 유동체에서 인공적으로 만든 결정의 것과 비교함으로써 암석의 수성 또는 화성 기원을 발견하여, 베르너 시대 이래 줄곧 과학의 중심 과제였던 문제를 해결했다.

소비의 이 방법은 지르켈(Ferdinand Zirkel, 1838~1912)에 의하여 더욱 발전되었다. 지르켈은 영국 여행 중에 소비를 만나 그의 얇은 조각에 의한 암석의 현미경 연구 방법을 배워서 독일 현미경 암석학의 건설자가 되었다. 이후 독일은 베르너 시대와 마찬가지로 '과학적 암석학의 배양지'가 되었다. 1866년에 발간된 지르켈의 주저 『암석학 교과서』의 초판에는 암석 현미경법의 중요성이 처음으로 암시됐을 뿐이고, 아직 구식 육안 검사에 의한 것이었다. 그러나 제2판(1893~1894)이 나올 때 암석학 과학은 완전히 바뀌었다. 그래서 제2판에는 암석의 조성, 분류와 기원에 관한 모든 관찰이 세밀한 현미경적, 미량 화학적, 그리고 결정광학적 소견에서 다시 쓰였다. 하나하나의 암석 또는 암석 군에 관한 지르켈의 여러 논문은 이 방면의 본보기가 됐고, 그러한 논문 중에서도 1870년 본에서 출간된 「현무암의 현미경적 조성과 구조에 관한 연구」는 특히 규범이 되었다.

암석학 분야의 다음 대표자는 독일의 로젠부슈(Karl Harry Ferdinand Rosenbusch, 1836~1914)이다. 하이델베르크 대학의 지질학 교수이며(1877~1908), 1889년에 '바덴 주립 지질학 연구소' 소장을 겸한 로젠부슈는, 암석학 연구 방법의 폭넓은 개량에 몰두하여, 특히 결정광학 방법을 완성했을 뿐만 아니라, 너무나 특수 부문으로 빠지게 된 암석학을 다시 일반 지질학과 가장 밀접한 관계로 되돌려 놓았다. 그는 이것을 위하여 발생적 특징을 고려하려고 노력하여, 화성암의 연구에서도 그 암석이 심성암(深成岩)인가 맥암(脈岩)인가 또는 지표에서 굳어진 분출암(噴出岩)인가를 결정하는 것을 가장 중요한 목표로 하여, 특히 이 방면에서 성공했다.[22]

소비, 지르켈, 그리고 로젠부슈가 세운 암석 현미경 검사법의 가장 중요한 일반적 성과는 현무암, 조면암, 반암, 흑분암, 그리고 향암이 용암과 명확히 일치하고, 따라서 이들은 용암과 같이 화성 방법으로 생겼다는 것을 증명한 것이다. 이것보다 더 오래된 결정성 판암(結晶性板岩)은 더욱 큰 난관에 부닥쳐서 그 일부는 해명되지 못했다. 그들은 판암의 성상을 설명하는 데, 그것들이 침적물에서 생겼다고 상상하기에도 곤란하여 물리적·화학적 작용이 그 암석의 성질을 근본적으로 변하게 했다고 가정하지 않으면 안 되었다. 이미 소비는 암석의 이러한 변화를, 가열한 물과 기계적 힘의 작용을 받아 규토질암(珪質土岩)에서 만들어졌다는 운모편석(雲母片石)에 끼워 맞추어 보았다. 이에 반하여 로젠부슈는 일반 결정성 판암은 화성암으로서 지구의 최초의 응고 각이며, 압력에 의하여 수성 기원을 나타내는 구조로 되었다고 했다. 이 로젠부슈의 견해에도 상당한 모순이 있어서 이러한 의문은 풀리지 않았다. 그리고 후에 이 결정성 판암은 많은 학자에 의해서, 우선 침전한 침적물이 후에 특별한 종류의 여러 가지 상태의 작용을 받아 결정 성상이 되었다는 설을 주장하게 되었다.

2) 실험지질학

지질학자들은 우선, 지구 역사의 태고 시기에는 오늘날 있는 물리적 힘 이외의 어떤 힘도 작용하지 않았다는 전제에서, 태고기의 암석이 어떤 과정으로 됐는가를 추정하기 위하여 암석의 조성 과정을 실험해 보려고 시도했다. 그래서 18세기에 이미 스코틀랜드의 제임스 홀(Sir James Hall, 1761~1832)이 처음으로 착수한 지질학적 실험을 다시 하게 되었다. 홀은 불로 녹인 암석 덩어리를 급격히 냉각하거나 서서히 냉각하거나에 따라서 그것이 유리 상태 또는 결정 상태로 응고하는 것을 증명했고, 백토(白堊)를 탄산가스가 달아나지 않게 밀폐된 용기 안에서 가열하여 녹여서 서서히 냉각할 때에 결정 상태의 대

---

22 로젠부슈, 『괴상(塊狀) 암석의 현미경적 자연학(1877)』.

리석과 닮은 응고체를 얻었다.

화학과 물리의 여러 방법을 이용한 근대 지질학적 실험의 확립자로는 프랑스의 도브레 (Gabriel Auguste Daubrée, 1814~1896)를 꼽아야 한다. 도브레는 '에콜 폴리테크니크'를 졸업한 후, 광산국에 근무하다가 스트라스부르 대학의 지질학 교수가 됐고, 1861년부터 파리에서 지질학 교수로 활동하면서 그와 그의 후계자들은 '자연'이라는 작업장을 통찰할 문을 여는 데 성공했다. 도브레는 실로 재기 넘치는 여러 실험으로 지질학의 새로운 방면을 개척했다. 그는 지하수의 순환에 관한 자기의 생각을 실증하기 위하여 여러 암석의 투수도(透水度)를 조사했다. 그리고 암석 변성 문제를 해결하기 위하여 과열 수증기를 이용한 여러 가지 실험을 했다. 그는 이러한 실험을 통해, 침적암이 화성암에 접촉하거나 또는 접근하기 위하여 일어나는 변화는, 열만으로 또는 가스와 증기의 작용만으로는 충분하게 설명될 수 없다고 했다. 도브레의 실험에 의하면, 그 변화는 고압 하의 과열한 물에 의하여 일어났다. 도브레는 시험 재료를 물과 함께 견고한 철관 안에 밀폐하고 그 것을 장시간 가열했더니 유리 같은 결정 성질이 아닌 덩어리가 결정 혼합체로 되었다. 과열 수증기의 작용에 의하여 정장석(正長石)이나 운모(雲母)와 같은 광물도 만들게 되었다. 도브레는 자기 실험을 토대로 접촉 변화에 대해서뿐만 아니라, 가장 오래된 침적암, 편마암, 그리고 운모편암에 대해서도 이와 같은 용액 화학적 생성 과정이 필요하다고 했다. 소비도 역시 이런 침적물이 어떻게 결정 성질로 됐는가 하는 의문을, 고온 고압의 증기가 부서지기 쉬운 비결정 성질의 침적물에 작용하여 결정 성질의 성층암이 생겼다는 가정에서 설명하려고 했다. 이와 같이 귀납적 방법에 의하여 가장 오래된 암석의 생성 과정을 설명하려고 많은 과학자가 노력했는데도 불구하고, 아직 모순이 없는 완전한 설명 방법은 찾지 못했다. 그러나 이러한 여러 가지 실험 결과에서, 광물이나 암석의 생성이 지구 내부에서 행해질 경우 어떤 조건이 필요한가에 대해서는 많은 것이 명확해졌다.

그래서 우선 지구 내부의 온도 상태를 밝히는 것이 중요하게 되었다. 이것에 대해서는 이미 17세기에 광산의 깊은 곳으로 갈수록 온도가 높아진다는 것을 알고 있었다. 그리고 훨씬 후에 깊은 샘물이 매우 따뜻하다는 것에도 주의를 했다. 1831년에 베를린의 물리학자 에르만(Georg Adolf Erman, 1806~1877)이 이것을 처음으로 정밀하게 측정했다. 그 이전에는 갱내에서 관찰되는 열의 지구적 기원에 대하여, 그것은 갱내용 등불, 발파, 광부나 말, 그리고 기타의 원인에서 생긴다고 하여 반대해 왔다. 그런데 1831년에 베를린의 류다스돌프에서 샘구멍을 지하 600피트까지 파 내려갔다. 에르만은 이 기회에 통례적인 반대가 틀린 것을 실증하기 위하여, 즉각 그곳으로 뛰어가서 온도계로 위치에 따른 온도를 세밀히 측정한 결과 지하로 90피트마다 1도씩 증가하는 것을 확인했다.

3) 산악의 형성과 지구의 수축

지구의 내부는 화산 부근뿐만 아니라 어디서나 높은 온도를 나타내는 것이 증명됨에 따라, 산악의 형성에 대하여 '수축설'이라고 불린 새 학설이 생겼다. 그리고 다른 여러 실험에서 지구 표면 형성이 어떻게 됐는가에 대해 생각할 수 있는 과정들도 알려졌다. 특히 도브레에서 비롯된 이 방면의 실험은, 유수에 의하여 이동하는 암석 단편의 파세(破碎)나 원탁(圓琢), 지구의 틈새나 계곡의 형성, 그리고 특히 산악의 생성에 있어서 지층이 받는 꾸부러짐(만곡)과 주름짐(추곡)까지에 확대되었다. 이 주름진 산악을 측면 압력에 귀착시키는 것은, 이러한 대표적 산악인 쥐라산맥 부근의 학자들에 의하여 시작되었다. 그리고 곧 땅 미끄럼이나 주름짐의 원인으로서 지구 핵의 수축을 생각하게 됐고, 미국의 지질학자 데이나(James Dwight Dana, 1813~1895)는 1846년에 발표한 논문인 『주피테스(Zoophytes)』에서 "지구 핵의 수축에 따른 기계적 결과가 최초에는 측면 압력, 최후에는 지구 핵에서 가장 멀리 떨어진 지각의 주름 잡힘으로 될 수밖에 없다."라고 설명했다.

실험적 지질학은 곧 이 과정을 축소한 모의실험을 하게 되었다. 예를 들어, 도브레는 점토, 밀랍 등으로 된 층이 여러 조건 하에 압축을 받게 한 철제 장치를 만들어서 모의실험을 해 본 결과, 자연계에서 행해지는 것과 거의 같은 주름짐을 인공적으로 만들어내는 데 성공했다. 장력이 가해진 고무판 위에 점토층을 펴고, 고무판의 장력을 서서히 줄여서 측면 압력이 가해지게 해보니, 놀라울 정도로 유사했다. 주름지는 것 외에도, 자연계에서 일어난 산악의 형성과 완전히 일치하는 째벌어짐(열개), 틈, 그리고 단층까지도 나타났다.

수축설에 입각하여 산악 형성을 설명하는 새로운 설은 런던에서 태어난 오스트리아 지질학자 쥐스(Eduard Suess, 1831~1914)에 의하여 널리 보급되어 인정되었다. 그는 다른 학자와는 취지를 달리하여, 『지구의 얼굴(지상론, Das Antlitz der Erde)』이라는 획기적 저술 전 3권을 1885년, 1888년, 1901년에 출간하여, 그중에 산악의 형성은 지구 내부의 수축에 의하여 생긴 압력과 주름 잡힘 작용(추곡 작용)의 결과라고 설명하는 데 성공했다. 그런 과정은 연속적으로 행해져서, 지각 대부분의 장년 변화뿐만 아니라 산악의 생성과 구조지진이라 불리는 지진도 야기한다고 했다. 이것으로 지진에 대한 연구를 부추기게 되었다.

지진 연구에 의해 지진 때 관찰되는 형상을 더욱 합리적으로 설명하게 됐을 뿐만 아니라, 더 나아가서 실용적인 여러 계기를 개발함으로써 큰 진보를 이루었다. 이러한 계기는 물리학적 원리에 기초하여 지진의 방향과 세기, 그리고 기타의 상태를 설명할 수 있게 했다. 가장 구식의 지진계는 실로 신뢰할 수 없는 것이었다. 그것은 수은을 담은 하나의 접시로 된 것인데, 그 접시 둘레에는 몇 줄의 홈이 파져 있고, 각각의 홈 밑에는 하나의 옆 관을 붙인 것이었다. 이 장치가 지진 파동으로 흔들리면 수은이 옆 관으로 넘쳐 나오므로, 근사적으로 그 파동의 세기나 방향을 측정할 수 있게 한 것이다. 그런데 진자지진계(振子地震計)의 발명에 의해서 연구 방법도 더한층 개량되었다. 19세기 말부터 설립된 각지의 지진 연구소에서 이러한 지진계가 이용된 이래 지진의 빈도, 지속 시간과 범위에 관한 풍부한 자료가 모아졌다. 진동의 방향과 세기, 진동과 토지 성상의 관계, 진동 전달 속도, 그리고 지진 현상에 수반되는 여러 사정도 연구되었다. 그런데도 진원의 거리를 지구 표면에서 찾으려는 모든 노력이 아직 확실한 결과에 도달하지 못하고 있었다. 그러나 사람들은 특히 쥐스의 연구에 의하여, 구조지진 또는 단층지진일 경우에 진동은 항상 일정 선에 따라 생긴다는 지식을 얻었다. 이러한 '진동선(震動線)'은 분명히 지각이 쪼개진 틈새를 나타내고 있으며, 그 틈새에 따라서 불연속적인 어긋남이 생긴다는 것도 알았다.

4) 지질학적 새 요소

지질학적 요소로서의 생물

19세기 연구는 화학, 현미경 검사법, 그리고 실험을 토대로 하여 동물과 식물이 지구 역사의 전 기간에 미친 여러 지질학적 작용을 명확하게 설명하기에 이르렀다. 일찍이 18세기에 석탄이 식물에서 생겼다는 것을 증명하려는 사람도 있었다. 그러나 19세기 중엽에 와서야 현미경적 연구에 의하여, 석탄층에 속한 암석 중에서 식물의 화석이 가득 찬 것을 발견하여 석탄이 식물에서 생겼다는 증거를 얻었다. 그 후에 석탄의 엷은 조각 내부 구조를 명확하게 나타내는 화학제가 발견돼서 석탄뿐만 아니라 무연탄의 세포 구조까지도 확실히 증명되었다. 옛사람들은 대부분, 석탄이 해초에서 되었다고 말하고 있었는데, 개개의 석탄층에서도 그러한 해초가 증명되었다. 그리고 실험지질학은 동계의 광물 외에도 석탄이나 석유까지도 인공적으로 만들어 내서, 그러한 생성 과정과 원인을 추구하는 문제가 제기되었다. 그 원인으로서는 특히 압력과 산소 부족이 인정됐고, 거기에다 열도 꼽혔다. 예를 들어, 어유(魚油)를 20기압에서 증류하여 석유 모양의 것이 되었다는 실험에서, 석유는 동물성 물질에서 되지 않았는가 하는 생각을 하게 되었다.[23]

현미경 연구에 의하여 미생물의 작용이 중요한 지질학적 요소인 것을 인정한 에렌베르크(Christian Gottfried Ehrenberg, 1795~1876)는, 지질학적 층의 성립에는 동물계도 협력하고 있다는 훌륭한 성과를 발표했다. 그는 오스트리아 베멘 주의 유명한 온천장 프란첸스바트의 규조토(珪藻土)가 절멸한 규조(珪藻)의 유해에서 되었다는 관찰에서 출발하여, 식물성과 동물성 미생물의 규질과 석회 분비는 상상도 할 수 없는 넓은 범위에서 침적층의 구성에 기여하고 있다는 사실을 발견한 것이다. 그는 우선 처음으로 현미경적인 미생물에 의하여 생기는 담수 층군에 착안했다. 그 후부터 그는 담수와 해수 중에 있는 미생물을 구하여 전 지표를 찾아다녔고, 또 한편으로는 그런 것으로 되어 있는 화석 퇴적물을 증명하려는 문제를 세웠다. 그래서 다행히 1860년에 최초의 해저 전신케이블을 설치하기 위한 심해 측량이 시작됐을 때, 에렌베르크는 맨 처음에 참가했다. 파견된 탐험대는 심해 측량뿐만 아니라, 이 기회에 해저에서 여러 표본을 채취했다. 그런데 해저에서 채취한 표본 안에 미생물이 가득 차 있는 것을 발견했다. 이러한 것에 대한 연구는 그의 대규모 저작인 『모든 지대의 심해저에서 채집한 미생물과 그 지질학적 작용에 관한 현미경적 연구』에 편집하여 1873년 베를린에서 출판되었다.

에렌베르크는 유사 이전의 현미경적 미생물은 오늘날의 현미경적 미생물과 일치한다는 것을 밝혔고, 유사 이전의 미생물은 간혹 매우 큰 퇴적물이 돼서 때로는 해면 높이 솟아 올라 매우 높은 산악의 꼭대기에도 이러한 미생물이 오늘날도 명확하게 인정될 수가 있게 되었다고 했다. 이에 대한 증명은 1870년부터 순수한 과학적 목적으로 수행된 심해 조사에 의해서 더욱 보완되었다. 최초의 심해 학술 조사는 스코틀랜드의 해양학자 톰슨(Sir Charles Wyville Thomson, 1830~1882)이 1869~1870년에 했으며, 이때 채집한 해저 뻘에서 심해 생물의 존재를 확인했고, 1872~1876년에 다시 철저한 해저 관측을 했다.

---

23 칼 엥그라, 『독일 화학협회 보고서』 제21, 22, 26권.

독일의 동물학자인 칼 쿤(Karl Chun, 1852~1914)은 1898~1899년 동안에 발디비아 호로 심해 조사를 했고, 근대 심해 조사 결과를 일반 독자를 위하여 저술한 『세계 바다의 깊이에서』를 1900년에 호화판으로 출간하여 심해 생물에 대한 일반인의 관심을 끄는 데 성공했다. 이러한 조사에서 밝혀진 바로는, 대양의 동물에는 깊이의 한계 같은 것은 없다는 것이다. 또한 이제까지 절멸했다고 생각한 태고의 지질학 시대를 대표하는 많은 미생물이 오늘날도 아직 대양의 심해에는 생존해 있다는 사실이다.

지질학적 요소로서의 얼음

근대에 들어서자 얼음 덩어리(빙괴)의 운동 중에도 중요한 지질학적 요소가 있다는 것을 발견하게 되었다. 일찍이 1827년에 독일의 지질학자 요한 하우스만(Johann Friedrich Hausmann, 1782~1859)은 북독일 평원의 외톨이 돌이 스칸디나비아에서 흘러왔다는 것을 증명했다. 그로부터 10년 후에 스위스의 지질학자 샤르팡티에(Johann von Charpentier, 1786~1855)는 알프스산맥에 있는 외톨이 돌도 빙하 운동 탓이라고 했다. 그 결과 지질학자들은 혹한 시대를 가정하여, 그때의 중부와 북부 유럽 지방의 빙하로 된 범위는 오늘날의 범위를 훨씬 넘어 있었다고 단정하게 되었다.

빙하 현상에 대한 과학적 연구는 알프스 연구가로 유명한 '호라스 베네딕트 드-소쉬르'(Horace Bénédict de Saussure, 1740~1799)에 의지한 것이다. 그는 빙하 자체뿐만 아니라 빙퇴석(氷堆石)으로 퇴적된 것과 같은, 빙하에 의하여 운반된 암석에 대해서도 철저한 연구를 했다. 소쉬르는 특히 빙퇴석의 출현에서, 태고 시대 빙하의 확장 범위나 빙하 말단의 후사(後斜)와 전사(前斜)를 추정했다. 그리고 훨씬 후인 1830년에 어떤 지질학자는, 명백히 빙퇴석으로 보이는 바위 부스러기의 덩어리가 고산에서 매우 멀리 떨어진, 오늘날의 빙하와는 무관한 곳에서 발견되는 것을 인정했다.[24]

빙하와 빙하 지세에 대한 연구는 1830년대에 스위스의 장 루이 아가시(Jean Louis Rodolphe Agassiz, 1807~1873)에 의하여 매우 발달했다. 그는 바트에서 태어나 취리히, 하이델베르크, 뮌헨에서 의학과 자연과학을 수학하고, 1831~1832년 파리에 가서 퀴비에와 훔볼트를 알게 됐고, 1832~1845년 고향에 돌아가 누샤텔 아카데미 교수로 있으면서 빙하와 빙하 층의 연구로 큰 공적을 남겼다. 그리고 홍수 퇴적기의 빙하가 세계적으로

---

24 지르켈, 『지질학과 고생물학의 역사』, 331쪽.

퍼져 있는 것을 발견했다. 1846년에 미국 하버드에 초빙돼 가서 하버드와 뉴케임브리지 대학의 동물학과 지질학 교수로 활약하며, 동물학과 화석학 분야에도 많은 공적을 남겼다. 그는 특히 다윈의 진화론에 대한 강력한 반대자로 유명했는데, 그의 문하에는 모르스(E. Morse), 패커드(A. S. Packard), 하이엇(A. Hyatt) 같은 유명한 진화론자도 있었다. 스위스는 연구자나 관찰 자료에 있어서도, 빙하에 대한 지질학에서는 한 발 앞서 있었다. 아가시도 역시 소쉬르가 모은 자료에 근거하여 베른과 바리스의 알프스를 철저하게 답사하여, 1840년에 빙하와 빙하를 원인으로 하는 지질학 현상의 최초의 총론을 발표했다. 특히 빙퇴석의 여러 종류, 양군암(羊群岩), 빙하의 연마, 빙하의 구멍, 외톨이 돌 등은 빙하 때문에 만들어졌다는 것을 확인했는데, 소쉬르나 부흐까지도 이것들은 유수 작용에 의한 것이라고 했다.

　아가시는 이러한 현상을 설명하기 위하여 한 학설을 발표했는데, 그것은 그리 운이 좋은 것은 아니었다. 그는 지구 전체가 빙하 작용을 받은 결과이며, 그러한 빙하 작용은 알프스의 융기 이전에도 있었다고 가정했다. 아가시와 공동으로 알프스 연구를 한 샤르팡티에는 아가시의 학설에 반대하여, 중부 유럽의 빙하 작용은 알프스 융기 이후에 처음으로 나타난 것이며, 그것은 결코 지구 전체에 퍼지지 않았고, 더욱 국부적 성질을 띠고 있다고 결론지었다. 의견이 이렇게도 정반대로 대립했으나, 어느 쪽 학자도 귀납적 방법에 충실히 따랐고, 그들의 업적이 본질적으로 그 후의 연구에 최대의 의의를 가지게 된 점에서 찬양받아야 할 것이다.

　그로부터 훨씬 후에야 비로소 알프스의 홍적세(洪積世) 층으로서의 북독일의 홍적세는 빙하의 결과라는 것이 명확해졌다. 북독일과 서러시아를 덮고 있는 외톨이 돌이 북쪽에서 흘러왔다는 것은 하우스만이 1827년에 처음 명확히 지적한 것이었다. 그러나 이 것은 빙하 작용이 아니고, 물이나 표류하는 얼음 덩어리에 의한 운반이라고 생각했다. 그리고 1832년에 독일인 베른하르디는 샤르팡티에나 아가시의 알프스에 한정된 처음의 연구와는 상관없이, 독일이나 사르마티아 저지대에 굴러다니는 돌이나 바위가 빙하로 운반되었다는 올바른 생각을 발표했으나, 이 이견은 전연 주목을 받지 못했다.[25] 그리고 독일 지질학자들은 스웨덴의 지질학자들, 특히 오토 투렐(Otto Martin Torell, 1828~1900)이 1872년에 발표한 연구에 의하여 비로소 40년 전에 독일에서 발표된 베른하르디의 생각

---

25 『광물학 신연감(1832)』, 257쪽.

이 옳다는 것을 뒤늦게 알게 되었다.[26]

이 문제 해결에 구원의 역할을 한 것은 빙하의 운동에 관한 물리학적 접근이었다. 아가시는 낮 동안에 얼음이 녹은 물은 야간에 빙하 덩어리의 갈라진 틈 사이에서 다시 동결하여 그 연결이 유지되는 것으로 가정하고 있었다. 그런데 빙하는 압력 하에서는 이와 같이 가역성의 얼음 덩어리와 같은 상태를 나타내고 있으나, 반대로 장력의 작용을 받으면 언 폭포와 같이 그 연결이 끊어지고 만다. 이 빙하 현상은 1850년에 처음으로, '복빙결(복빙)'이라고 불리는 얼음 조각이 다시 빙결하는 작용과 압력 하에서는 그 융점이 내려간다는 사실에서 설명할 수 있게 되었다. 패러데이는 주위 온도가 응고점보다 훨씬 높아도, 표면이 융해해 있는 얼음 조각은 접촉을 통해 다시 빙결하는 현상을 발견하여 '복빙결'이라고 불렀다. 이와는 반대로 주위의 온도가 0도 이하면 표면이 녹은 물로 젖어 있지 않아서 갈라진 얼음 조각이 접촉하여 다시 빙결하는 복빙결은 일어나지 않을 것이다. 그러나 서로 중첩되어 있는 얼음 덩어리는 압력에 의하여 융해점이 내려가서, 0도 이하에서도 녹은 물이 생겨서 복빙결이 일어나게 된다.

5) 지구의 모양과 질량

행성으로서의 지구의 더욱 정밀한 형(形)의 측정도 일반 지질학에서 다루어야 할 매우 기본적인 일에 속해 있었다. 에라토스테네스 시대에서 19세기에 이르기까지 이 문제를 다룬 사람들은 모두, 지구의 모양은 수학적으로 규명되는 규칙 바른 것이라고 생각해 왔다. 처음에는 '구형(球形)'이라 했고, 다음에 뉴턴과 호이겐스는 '회전타원체'라고 했으며, 최후에는 '3축 타원체'라고 생각했다. 그러나 경위도 측량 범위가 더욱 확대돼서, 유럽 이외의 다른 나라들에서도 수행하게 됨에 따라 지구의 모양이 완전한 회전타원체란 가정에 대하여 의문이 생겨, 그때까지 한 위도 측량을 경도 측량으로 수정하지 않을 수가 없게 되었다. 그것은 서로 수직으로 교차하는 두 방향에서의 삼각측량이 이 의문을 해결하는 데 가장 좋은 수단이라는 것을 알았기 때문이다. 이 방법 이외에도 천문학적 위치 관측, 삼각법과 기하학적 수준 측정과 중력 세기의 측정을 이용했다. 이러한 보조 수단은 경위도 측량에서 달라진 지역에 대해서는, 지구의 수학적 상을 이러한 면의 성립 법칙에 관한 그때까지의 모든 가설적 전제에서 떠나서 새롭게 확인하는 데 큰 역할을 했다.

---

26 오토 투렐, 「빙하 시대에 관한 연구」, 『스톡홀름 아카데미 보고』, 1872년, 1873년.

1863년에는 동서 방향을 향하여 경위도 측량이 시작돼서, 아일랜드에서 멀리 시베리아 오지까지 확장되었다. 그 결과 지구는 종래의 생각과 같이 규칙 바른 것이 아니라 불규칙한 모양, 즉 회전타원체에서 매우 벗어난 '지구형'이라고 불리는 모양이라는 것을 알게 되었다. 그래서 면상의 각 점에 대한 중력과 원심력에서 합성된 퍼텐셜 값이 동일한 면인 '지구형'이라고 불리는 수평면을, 그 면의 각 점을 기준으로 한 타원체면에 맞추어 보아서, 두 면 사이의 차도를 어디서나 찾을 수 있게 하는 것이 측지학의 중요한 업무가 되었다. 그리고 18세기에 시작된 지구 밀도의 측정을 다시 하는 것도 그 이후 지구물리학의 중요 업무가 되었다. 이것은 더욱더 정밀하게 측정된 지구 체적과 지구 밀도의 측정에서 천문학의 기초가 되는 지구 질량을 계산하기 위해서였다. 캐번디시가 발명한 비틀저울을 이용한 방법이 지구 밀도 측정에 매우 적합하다는 것이 증명돼서, 이 방법이 더욱 개량되었다. 그리고 라이히는 그 개량된 방법으로 측정하여 지구 밀도를 5.66이라고 했다. 그런데 1878년에 천칭의 한쪽 접시 아래에 아주 무거운 납덩어리를 두어 그로 인한 천칭의 기울기에서 그 납덩어리의 인력을 산출하여 지구 전 질량의 인력과 비교하는 새로운 방법이 제안되었다.[27] 이 방법은 더욱 개량돼서 1898년에, 지구 밀도는 5.505이며, 지구의 질량은 56억 9천만 톤이라고 측정되었다. 그리고 초진자 길이는 지구 인력과 정비례하기 때문에, 그 길이의 측정에 의한 중력 측정 방법이 가장 적합한 것도 알게 되었다. 베셀은 일찍이 이 방법을 개량하는 데 공헌했고, 그 후에 이 방법은 매우 완전한 것이 돼서, 산악의 구조에 미치는 중력의 원인이나 지구 내부의 밀도 변화를 가정해야 하는 경우에는, 중력의 매우 미세한 변화까지도 계산해 낼 수 있게 되었다.

6) 광물학

근대에 들어서자 지질학과 마찬가지로 광물학도 큰 변화를 했다. 광물학은 19세기 상반기에 이미 정밀과학으로 발전하여, 결정학의 진보나 계통광물학의 완성 외에도, 특히 물리적 성상과 형태적 성상 간의 두세 가지 중요한 관계를 발견하여, 형태적 성상을 연구하는 것이 이 시대의 중요한 과제가 되었다. 결정계를 지배하고 있는 형상 관계를 원인적으로 확립하려는 최초의 시도는 독일의 허셜이 시작하여, 프랑스의 브라베(Auguste

---

27 필립 폰 요리, 「인력 문제에의 천칭 응용」, 『바이에른 제국 과학 아카데미 논집(1878)』 제13권 제1장.

Bravais, 1811~1863)에 의하여 이어졌다. 허셜은 순수한 기하학적 입장에서 출발하여, 공간 모양이 대칭이 가능한 모든 종류의 수를 계산하려고 시도했다. 허셜이 '게렌 법칙'이라고 부른 '축절분(軸截分)의 유리지수(有理指數) 법칙'에 의하여 생기는 상(像), 즉 결정(結晶)에 대하여, 그의 연구는 32종의 가능한 대칭 종류를 밝혔다. 이 문제에 관한 그 후의 브라베 등의 연구는, 증명 방법은 발전시켰으나 본질적으로는 허셜의 연구를 간편하게 종합한 것에 지나지 않았다.

결정형의 원인적 기초를 세우는 첫발은 프랑스의 브라베가 출발시켰다. 브라베는 허셜의 연구는 몰랐고, 그의 기초적 연구는 1848~1849년에 발표되었다. 그 내용은 역사적 가치가 있을 뿐만 아니라, 결정구조의 학설로서 오늘날까지도 매우 중요한 것으로, 독일어로도 번역되어 '오스트발트 클라시커'의 한 권으로 간행되었다.[28]

브라베는 기하학적 사색으로 32종의 결정학적 군을 발견했으나, 기하학적 사색으로 그치지 않고, 이것을 결정의 분자구조에 관한 학설과 결부시키려고 했다. 브라베는 말하자면, 각 결정의 모형으로서 기하학적 일정 법칙에 따라 공간에 만들어진 각 점의 계인 '공간격자(空間格子)'를 생각해 냈다. 그는 평행한 면의 세 무리(군)를 가정하고, 각 무리는 서로 같은 거리를 가지며, 각 무리가 일정한 각으로 서로 마주친다(교절)고 가정할 때, 그러한 계가 성립된 것이다. 이와 같이 하여 된, 공간에 규칙 바르게 배열된 세 군의 교점, 즉 '격자점(格子点)'은, 브라베에 의하면 결정을 만드는 분자의 중심점에 합치한다고 생각해야만 했다. 이러한 기하학적 전제에서 당연히 알게 되는 대칭 관계에서 7종의 공간격자, 즉 공간에 규칙 바르게 배열된 일곱 가지의 점 계통이 생겼다. 이 7종류의 공간격자는 그때까지 알려져 있던 결정계에 각각 해당할 수 있었다. 그래서 후년에 이것이 단순한 가설로만 여길 수 없는 관계를 발견하게 되었다. 즉, 이 브라베의 공간격자 계 가설은 1912년에 프랑크푸르트 대학의 라우에(Max von Laue, 1879~1960)가 결정의 공간격자를 이용한 엑스선의 회절(廻折) 실험과 회절 현상의 이론을 세우는 데 성공한 이래 갑자기 매우 중요시하게 되었다.

브라베가 세운 결정설의 그 후의 발전에 대하여는 근대 학자 중에 특히 가돌린(Acser Gadolin, 1824~1894)과 존케가 많은 일을 했다. 가돌린은 이 방면에 관한 이전의 연구에

---

28 오거스트 브라베, 「평면 또는 공간에 규칙 있게 배열된 각 점의 계에 관한 논문(1848)」, 「대칭 다면체에 관한 논문(1849)」.

대해서는 몰랐고, 자기 마음대로 '축 관계의 유리지수 법칙'으로부터 대칭 법칙에 의하여 분자구조에 관한 전제를 세워 32종의 결정군이 도출된다는 것을 증명했다. 그리고 그는 이러한 군을 경험적으로 찾은 6개의 결정계에 끼워 맞추었다. 그 결과, 가돌린은 이미 다른 학자가 발견해 놓은, 즉 허셜에 의하여 처음으로 발견된 결정계를 지배하고 있는 원리를 실증한 셈이 되었다. 그러나 그의 방식은 가장 간단하며 알기 쉬울 뿐 아니라 가장 뛰어난 것으로 인정되어, 그의 논문도 독일어로 번역돼서 간행되었다.[29]

브라베에서 출발하여 독일의 물리학자 존케가 결국 점계의 대칭 관계로부터 결정계를 도출하는 데 성공했다. 존케도 역시, 이 점(点)은 질점 또는 분자를 의미하고 있었다. 그리고 그런 점이 결정의 점 계에 어떻게 배열돼 있는가에 대해서는, 그 배열이 각 질점에 대해서 기타의 각 질점에 대한 것과 동일하게 되도록 고안해야 했다. 브라베는 규칙 바른 점 계에 관한 추상적인 수학적 연구를 결정과는 전연 관계가 없는 여러 가지 관계에까지 확장했으나, 존케는 물질의 원자설적인 성상이란 전제에는 기지의 결정계만이 존재하고 기타 결정계는 존재하지 않는다는 것을 가능한 한 간단하게 연역적으로 증명하는 데 그쳤다. 이 존케의 연구를 간단하게 말하면 다음과 같다.

"대칭 관계에 의하여 다른 7종의 결정성 점군, 즉 7종의 결정계밖에 존재하지 않는다.
① 대칭면이 없는(주어진 기하학적 상이, 그 반쪽이 다른 반쪽의 정밀한 거울상과 같이 되는 분할 면이 없는) 점군(点群), 삼사정계(三斜晶系). ② 하나의 대칭면을 가진 점군, 단사정계(單斜晶系). ③) 3개의 서로 수직인 대칭면을 가진 사방정계(斜方晶系). ④ 동일 직선을 지나며, 60도로 기운 3개 대칭면을 가진 점군, 능면체정계(菱面體晶系, 오늘날은 육방정계의 반면상으로 보아 제외됐으며, 따라서 모두 6종이 됨). ⑤ 동일 직선을 지나며, 4개 대칭면과 그들 대칭면에 수직인 한 대칭면을 가진 점군, 정방정계(正方晶系). ⑥ 동일 직선을 지나며, 30도로 기운 6개 대칭면과 그 대칭면에 수직인 한 대칭면을 가진 점군, 육방정계(六方晶系). ⑦ 9개 대칭면을 가진 점군, 등축정계(等軸晶系).

이상에서, 결정계란 것은 외관뿐만 아니고 분자 구성에서도 동일한 대칭도를 가진 모

---

29 가돌린, 「다만 한 원칙에서, 그 하위 구분을 수반하는 모든 결정학적 분류의 도출에 관한 논문(1896)」, 『오스트발트 클라시커』 제75권.

든 형이 된다. 그래서 결정학의 그 후의 목표로서, 외관뿐만 아니라 전체의 물리적 성상도 내부 구조, 즉 분자구조에 의하여 결정되어 있다는 것을 증명하는 새로운 과제가 등장했다. 수학이 결정학 방면에 얼마나 널리 이용됐는가는 특히 토리노의 광물학 교수 세라(Quintino Serra, 1827~1884)의 연구에 잘 나타나 있다.[30] 그는 물질의 결정형에 관련된 법칙에 관한 논문에, 나우만이나 밀러가 한 것과 같이, 다른 형은 결정축(정축)이나 정대(晶帶)에서 설명될 수 있을 뿐만 아니라, 결정학 원칙에 대해서는 제3의 식이 가능하다는 것을 제시했다. 즉, 세라는 물질의 형을 타원형에 결부시켰다. 이 경우에, 세로로 결정의 제4면에 접하는 3개의 결정 능이 공액경(共軛徑)에 해당한다. 세라는 결정의 물리적 성상을 타원체에서 설명하여, 그에 뒤따라 브루스터(Sir David Brewster, 1782~1868)와 같은 여러 학자가 "결정의 분자는 타원체"라고 주창하게 됨으로써, 그의 생각은 매우 평판이 높아졌다. 세라는 또 다른 논문에서, 행렬식의 계산에 사용하는 기호를 이용하면 결정학의 형을 더욱 간명하게 표현할 수 있다는 것도 제시했다.[31]

이미 19세기 초 10년간에, 프레넬이나 브루스터의 연구에 의하여 결정형과 광학적 성상의 관계는 밝혀졌다. 그리고 더 나아가서 열과 전기의 성상에 대해서도 이것과 같은 관계가 발견되었다. 이 경우에도 등축정계의 물질은 공간의 모든 방향에 대해서 같은 관계를 나타내나, 정방정계와 육방정계의 결정은 두 방향에 대해서, 기타 계의 결정은 세 방향에 대해서 서로 다르게 나타났다. 이것은 팽창계수나 열전도에 있어서도 적합했다. 예를 들어, 등축정계의 암염 구를 가열하면, 그 구는 모양을 변하지 않고 용적이 증가하나, 육방정계의 방해석으로 만든 구는 회전타원체가 되며, 단사정계의 장석(長石)으로 만든 구는 3축 타원체가 되었다. 이미 기술한 에피누스나 베리만이 연구한 피로전기에 대한 주목할 관계도 제시되었다. 즉, 이 관계에서 피로전기 성의 결정은 이극성(異極性)인 것이 명백해졌다. 다시 말하면, 이러한 결정은 전극에 해당하는 주축의 정반대 말단에 대해서는 다른 형의 면에 접해 있는 것이 명백해졌다.

동상의 발견자인 미처리히는 이미 광물의 화학적 조성과 형상 간에는 일정한 관계가 있다는 것을 발견했다. 동상 물질의 더 상세한 연구에서, 등축정계는 별도로 하고, 형의 완전한 일치는 아니고, 형의 매우 유사한 것만이 문제가 된다는 것이 밝혀졌다. 사람들

---

30 『오스트발트 클라시커(1906)』 제155권.
31 『토리노 아카데미 논집(1858)』.

은 동상을 결정하는 특징으로 그 물질의 소위 동상 혼합체로 결정된다는, 다시 말하면 등질 결정체는 결정을 이룰 힘의 유무에 따라 결정된다는 것을 알았다. 앞에서 결정학적 분류 원리의 발견자로 꼽았던 허셜은, 광물을 동상(同像) 혼합체로 해석한 최초의 한 사람이다. 그는 일찍이 1826년에, 석회 알칼리장석은 알칼리장석과 회장석의 동상 혼합체라고 설명했다. 그 후에 체르마크(Gustav Tschermak, 1836~1927)도 같은 견해에서, 알칼리장석과 회장석 간에는 점차적 이행이 일어난다는 지식을 토대로 하여, 이 광물군의 각각 항의 연결을 설명하려는 '방해석 설'을 발전시켰다.[32]

광물 생성에 대한 의문은 암석 형성에 대한 의문과 마찬가지로, 실험적 방법에 의하여 해결되어야만 했다. 그 결과 여러 가지 인공결정이 만들어지게 되었다. 이 방면은 도브레를 대표로 하는 프랑스 학자들의 연구에 의하여 발전되었다.[33]

---

32 나우만, 『광물학 기초(1877)』, 라이프치히, 632쪽 이하.
33 훅스, 『인공적으로 제조된 여러 광물(1872)』, 하르렘.

제 10 장
구조화학과 원소 분류

화학 발달에 대해서 우리는 이미 유기화학의 확립에서부터 기(基) 학설의 탄생까지 살펴보았다. 그런데 이 방면에 있어서 게이뤼삭과 아보가드로 이래로, 기체 화합물의 본성에 대한 사고방식에 기초하여 오늘날과 같은 원자가의 학설이 나타나게 되었다.

1. 탄소의 원자가

원자가 학설이 탄생하는 데 탄소의 4가성이라는, 즉 '네 개의 친화력'이라는 일정 수에 의하여 결합되는 탄소 원자의 능력에 관한 케쿨레의 설은 특히 중요했다. 그 후에 케쿨레는 자기가 세운 학설을 방향족(芳香族) 화합물까지 확대하여, 그 기초 물질인 '벤젠'에 대하여 6개의 탄소 원자에서 된 '환상 연쇄(環狀連鎖)'를 가정했다. 이 케쿨레의 '벤젠설' 덕택에, 타르에서 얻어지는 여러 물질이 그 후에 더욱더 전개될 이 분야의 장래를 전망할 수 있게 했을 뿐만 아니라, 이성체의 무수히 많은 경우에 대한 증명이나 예상도 세울 수 있게 되었다. 그래서 우리는 이 학설의 기초적 의의에 대해서, 케쿨레와 그의 탄소에 대한 화학적 본성에 관한 연구를 상당히 깊이 살펴보아야 한다. 특히 독일에서 20세기 초 10년 동안의 공업 화학의 비약적 발전은 대부분 이 케쿨레의 연구 덕택이었으며, 케쿨레의 논문에 대해 『오스트발트 클라시커』 편집자인 라덴부르크는 "과학상의 추상적 논의가 이럴 정도로까지 직접으로 생활에 기여한 예는 없었다."라고 기술하고 있다.[1]

케쿨레(Friedrich August Kekule, 1829~1896)는 다름슈타트에서 태어나서 기젠 대학에서 수학할 때 리비히에게 매우 큰 영향을 받아서, 초지의 건축학 연구를 그만두고 화학 연구로 전향하게 되었다. 그리고 리비히를 본받아 그도 1년간 파리에 유학하여 뒤마, 파스퇴르, 루노, 그리고 많은 과학 지도자들의 영향을 받아, 귀국 후 처음에는 하이델베르크 대학의 교직에 있으면서, 키르히호프나 분젠이 스펙트럼분석에 착수한 때인 1858년에 탄

---

1 『오스트발트 클라시커』 제145권, 86쪽. (그라자, 「화학공업 발달에 미친 케쿨레의 영향」(1930년 본에서 케쿨레 기념비 제막식에 행한 연설), 『화학 공업』 제12호. 여기에 이에 대한 자세한 내용이 게재되어 있다.)

소의 4가성에 관한 논문을 발표했다. 그 후 1867년부터 1896년에 죽기까지 본 대학에서 근무했다. 케쿨레는 1858년에 발표한 자기의 기초적 논문에서 이렇게 기술했다.

"나는 어떤 특징 때문에 기로 취급해도 지장 없는 원자 군을 실증하는 것은 더 이상 이 시대의 중요한 임무라고는 생각하지 않는다. 그보다 나는, 기의 구조 그 자체에 관찰을 파고들어서, 원소의 성상에서 그 화합물의 성상이나 기의 성상을 도출하지 않으면 안 된다고 믿는다."

유기화합물에서는 탄소가 가장 중요한 성분이므로, 케쿨레가 원소의 성질을 연구하게 된 것은 당연하다. 메탄가스, 클로로포름(Chloroform), 이산화탄소, 청산 등과 같은 가장 간단한 탄소화합물을 관찰할 때, 화학자들이 가장 미소한 것이라고 하는 원자로 인정되는 탄소의 양은, 항상 1가원소의 4원자 또는 2가원소의 2원자와 결합하는 것에 착안하게 된다. 탄소 1원자와 결합하는 원소의 화학적 결합 단위의 합은 항상 4이므로, 탄소 그 자체는 4가, 케쿨레의 말로는 '4원자적'이라고 말해야 한다. 많은 탄소 원자를 포함한 물질에 대해서 말하자면, 그러한 탄소 원자는 그들의 친화력의 일부분의 상호 결합 하에 배열되어 있다고 가정하지 않으면 안 된다. 그중에서 가장 간단한 예는, 2개의 탄소 원자가 2개 친화력의 결합 하에 C_2인 6가 족을 만드는 경우다. C_2는 1가원소의 6개 원자와 결합하여 하나의 화합물 C_2H_6 에탄이 된다. 2개 이상의 탄소 원자가 이와 같이 결합하면, 다음 각 원자에 대하여 그 족의 원자가는 2단위씩 증가하여 C_nH_{2n+2}가 되며, 그 결과 주지의 메탄족 탄화수소, 즉 C_3H_8 프로판, C_4H_{10} 부탄, C_5H_{12} 펜탄, C_6H_{14} 핵산 등이 생긴다.

이미 1858년의 논문에서 케쿨레는[2] 이러한 탄소 원자의 간단한 배열은 확실히 유기화합물의 대부분, 즉 소위 지방족 또는 메탄족의 대부분을 설명하게 되며, 다른 많은 유기화합물에 대해서도, 탄소의 '더욱 긴밀한 배열'을 가정하여야 한다는 것을 지적하고 있다. 그 후속 부류에는 특히 벤젠과 그것의 유도체가 속해 있다. 더욱이 '방향족화합물'이라고 불리는 이 부류의 구조도 1865년에 발표한 그의 논문에 의하여 처음으로 밝혀졌다.

---

2 케쿨레, 「화합물의 구조와 변성에 대한 것과 탄소의 화학적 성상에 대해」, 『화학과 약학 연보』 제106권 제102호, 129쪽 이하. 『오스트발트 클라시커』 제145권, 1904년에 전재.

케쿨레는 1858년의 자기 연구를 다음과 같은 겸손한 말로 맺고 있는데, 그 후의 구조
화학자들은 이러한 생각의 가설적 성질을 그와 같이 명확히 인식한 것 같지는 않다.

"나는 이러한 사고방식을 그렇게 중요하다고는 생각하지 않는다. 그래도 화학에서는 당분간 이
러한 견해가 가장 합리적이라고 생각하므로, 나는 이러한 사고방식을 보고하는 것이다. 왜냐하
면 이것들은 최근의 발견에 대하여 간단한 식을 주므로, 이것을 이용하면 아마도 새로운 사실
도 발견되리라고 나는 생각하기 때문이다."

2. 구조화학

쿠퍼는 케쿨레와 같은 시기에 활동했지만, 케쿨레와는 달리 탄소 원자는 서로 연쇄된다
는 가정에서 출발해 구조화학의 토대를 세웠다. 스코트 쿠퍼(A. Scott Cooper, 1831~?)
는 글래스고에서 태어나서 베를린과 파리에서 화학을 수학했고, 「신 화학설에 대하여」라
는 구조화학의 기초가 된 획기적 논문 초고를, 케쿨레의 논문인 「탄소의 화학적 성상에
대하여」가 1858년에 발표되기 전에 프랑스 과학 아카데미에 제출했다. 쿠퍼는 화학적 친
화력을 두 가지로 구별하여, '선택 친화력'과 '정도 친화력'이라고 불렀다. 선택 친화력에
의하여, 하나의 원소는 여러 가지 세기로 하나로 이어지는 다른 원소와 화합한다.

예를 들어, 탄소는 수소, 염소, 유황과 화합하여 메탄(CH_4), 염화탄소(CCl_4), 유화탄소
(CS_2) 등이 된다. 이에 반하여 정도 친화력은, 하나의 원소를 때로는 강하게 때로는 약하
게 제2 원소에게 결합시킬 수 있으며, 그것은 '배수비례의 법칙'에 의하여 나타난다. 예를
들어, 탄소는 산소와 화합하여 쌍방 친화력의 정도에 따라 CO 또는 CO_2가 된다. 그리
고 쿠퍼에 의하면, 탄소의 최고 화합력은 4이며, 산소는 2이다. 탄소에게 특유한 모양을
주는 것은 탄소 자체가 결합하는 힘이다. 이 힘과 타 원소에 대한 여러 가지 세기나 정
도로 나타나는 친화력은 '유기화학이 주는 모든 특징을 설명하는 데' 충분하다고 했다.
쿠퍼에 따르면, 탄소 원자의 연쇄는 특히, 많은 유기화합물에 있어서 그 이전에는 풀 수
없는 것으로 여겼던 중요한 탄소 원자의 모임을 밝혀준다. 유기화합물의 구조를 설명하
기 위하여 쿠퍼는 일찍이 탄소 원자끼리의 1중 또는 2중 연쇄를 가정하여, 예를 들어 사

르질산에 대하여 오른쪽과 같은 구조식을 내놓았다.

```
    H      OH
     \    /
      C = C
     /    \
H - C    C - COOH
     \\   //
      C - C
     /    \
    H      H
```

```
H  H  H  H  OH  O
 \ /  / /  /   //
  C    C - C    C - C-OH
  \\  //      \\  //
   C           C
```

이것은 확실히 방향족화합물에 대한 구조식을 전개한 최초의 시도로 볼 수가 있다. 사실은 케쿨레가 처음으로 방향족화합물에 있어서 탄소 원자에 환상 연쇄를 가정하는 착상을 했는데, 그 환상 연쇄를 가정한 현대의 구조식은 왼쪽에 제시한 것과 같다.

쿠퍼의 구조식과 근년의 구조식을 비교해 보면, 두 식에는 다 같이 탄소 원자의 1중 연쇄 외에도 2중 연쇄도 있다는 것이 매우 닮았다. 사실은 케쿨레나 쿠퍼 이전에, 오스트리아 물리학자 로슈미트(Joseph Loschmidt, 1821~1895)가 1861년에 화합물의 구조에 관한 논문을 발표했는데, 이것은 '화학 연구'라는 제명으로 자비로 출판돼서 구조화학 발전에 하등의 영향도 미치지 못했고, 공적도 인정받지 못하다가 1910년대에야 알려지게 되었다.[3] 이 논문이 만약에 유력한 화학 잡지에 개재됐더라면, 구조화학 발전에 큰 공헌을 했을 것이다. 로슈미트는 이 논문에서 벤젠에 대하여 C_6의 환상 핵을 명확하게 가정했고, 이것을 마치 6가원소와 같이 취급했으나, 그는 이 6개 탄소 원자의 결합 방식에 대해서는 상세히 밝히지 못했다.

1) 방향족화합물의 구조

벤젠 그리고 벤젠과 안식향산과의 밀접한 관계가 발견된 이래, 이들 사이에 또 두 화합물에 대해서 일정한 유사성을 나타내는 일련의 물질이 있는 것을 알게 됐다. 그리고 그러한 물질들은 두세 가지 항에 나타나는 성상에서 '방향족화합물'이란 부류로 묶어졌다. 케쿨레는 지방체(脂肪體)에 있어서 탄소 원자의 성상에 대하여 전개한 자기 방식이 이 부류에는 맞지 않는다는 것을 알았다. 그것은 이러한 화합물 중에 있는 탄소의 수가 지방족화합물에 비하여 훨씬 많았기 때문이다. 더욱이 가장 간단한 방향족화합물인 벤젠은 적어도 6개의 탄소를 포함하고 있는 것이 명백해졌다. 이에 대해서 케쿨레는 "이러한

---

3 로슈미트, 「도식에 의한 유기화학의 구조식」, 『화학 연구(1861)』. 『오스트발트 클라시커(1913)』 제190권.

사실은 모든 방향족 물질 중에는 같은 원자단 또는 6개의 탄소 원자로 된 공통의 핵이라고 불러도 좋은 것이 포함돼 있다는 가정을 뒷받침하는 것이다."라고 결론 내렸다.

이 핵 내부에서 탄소 원자는 상당히 밀접하게 결속돼 있다. 그리고 그 이상의 탄소 원자는 지방체의 경우와 같은 법칙에 따라 그 핵에 밀접하게 배열돼 있을지도 모른다. 그렇다면 이 핵의 원자설에서 본 구조는 어떻게 도해될 것인가? 탄소의 4가성에서 탄소의 친화력 일부는 서로 포화된다는 가정만이 이 방향족 학설의 토대가 아니면 안 된다. 이에 대한 케쿨레의 생각은 다음과 같았다. 즉, 6개의 탄소 원자가 간단하게 결부될 경우는 그것들이 열린 연쇄로 결부돼서 14의 자유 친화력을 가지고, 탄화수소(C_6H_{14})를 만들게 될 것이다. 탄소 원자가 이중으로 결합하기 위해서는 원자가의 총화 6×4=24 중에 5×4=20이 필요하기 때문에 원자가는 4만 남는다. 그래서 이 결속이 교대로 1가씩과 2가씩으로 된다고 가정해 보아도 8가가 남아서 벤젠과 같이 6가가 남지 않는다. 여기서 케쿨레는 열린 양단을 이어서 2가를 사용한 환상 연쇄로 하면, 벤젠과 같이 6가를 남길 수 있다는 것을 착상했다. 그는 다음과 같이 말했다.

"열린 연쇄의 맨 처음과 마지막의 두 개 탄소 원자가 각각 하나의 친화력으로 결부한다고 가정하면, 아직도 6개의 자유 친화력을 가진 닫힌 연쇄 또는 균등한 환(균제환)이 생기는 것에 틀림없을 것이다."

이제야 이 환(環)에서 모든 방향족화합물을 유도하여, 그와 같이 하여 분자의 방향족 구성, 즉 그 이래로 유행어가 된 '분자구조'를 연구하는 기운이 높아졌다. 그런데 모든 방향족화합물의 출발점이라고 말할 수 있는 벤젠의 6개 수소 원자는 서로 등가인가? 그들의 위치에 따라서 여러 가지 다른 역할을 나타내지는 않을까? 하는 문제를 우선 해결해야 했다. 수소가 1가원자 또는 기(基)로 치환될 경우에는 벤젠의 6개 수소 원자 중의 어느 것이 치환되든 상관없으므로, 케쿨레는 처음에 벤젠의 수소 원자는 어디까지나 등가라는 가정을 세워보았다. 그래서 케쿨레의 벤젠 식은 6개의 탄소 원자가 하나의 고리에 완전히 균등하게 결부된 모양으로 제시됐고, 탄소에 관해서는 6개의 수소 원자도 완전히 균등하게 배치되었다. 그리고 이들 수소 원자는 분자 중에서 완전히 같은 위치를 취했다. 즉, "벤젠은 수소 원자로 된 6개 각을 가지고 있는 육각형이다."라고 생각할 수가 있었다.

이러한 생각은 벤젠 유도체가 나타내는 주목할 '이성체'의 현상으로 실증되었다. 처음에 이성체가 알려지자, 이 이성체를 기(基)에다 원자를 여러 가지로 배치하여 설명하려고 했다. 그 이유는, 이성체의 발견과 그것을 설명하려는 희망은 기 학설을 완성하는 데 가장 큰 추진력이었기 때문이다. 그런데 여러 방향족화합물에 대해서는, 예를 들어 기 학설에서, 디-브롬-벤젠($C_6H_4Br_2$)에 세 이성체가 있는 것을 어떻게 설명하는가에 대해서 그러한 설명 방법은 아무런 소용도 없었다. 그런데 케쿨레는 벤젠 식에서, 두 개의 브롬 원자에 대해서는 세 가지 위치가 있을 수 있다는 것을 도출하여, 그것에 의한 위치 이성체 사고방식을 만들어서 아무 어려움 없이 문제를 해결했다. 그에 따르면 6개 수소 원자는 완전히 등가이므로 그중의 하나가 브롬과 치환하는 모노-브롬-벤젠에는 변형이 하나밖에 없으나, 그중의 2개와 치환하는 디-브롬-벤젠에는 위치에 따른 세 가지 변형, 즉 두 브롬 원자가 육각형의 대칭인 위치의 수소와 치환됐을 경우와 연속해 있는 것과 치환됐을 경우, 그리고 하나 띠어져 있는 것과 치환될 경우의 세 가지를 생각할 수 있는데, 그러한 이성체들이 발견돼 있었다. 이와 같은 사고방식을 화학에 들여와서, 화학에 기하학적 사고방식의 길을 열려고 한 케쿨레의 자극은 각 방면에서 환영을 받았다. 그리고 그러한 자극에서 계속된 연구는 케쿨레 학설이 예상한 화합물을 발견했고, 동시에 이 학설을 명백하게 실증했다.

2) 화학적 위치의 결정

이러한 것은 특히 케쿨레의 문하생 케르너가 벤젠 유도체에서의 화학적 위치 결정을 위하여 행한 연구에 적합했다.[4] 이 문제를 이해하기 쉽게, 케쿨레 학설에서 생각된 디-브롬-벤젠의 세 이성체의 경우를 살펴보기로 하자. 그 구조는 오른쪽과 같은 식으로 나타낼 수 있다.

케르너는 디-브롬-벤젠의 세 이성체에 의한 실험으로, 세 경우 브롬의 위치에 대한 문제, 즉 브롬의 위치가 서로 옆에 있는 올터의 위치, 서로 마주 보는 파라의 위치, 그리

---

4 케르너, 「방향족화합물에 있어서의 화학적 위치 결정에 대하여」, 1866~1874년의 4개 논문, 『오스트발트 클라시커(1910)』 제174권.

고 하나 건너 있는 메타의 위치에 있는가를 결정하는 문제를 제기했다. 다시 말하면, 물리적 성상에 의하여 명확히 구분되는 세 개의 유명한 디-브롬-벤젠에서 두 개의 브롬이 어떤 위치에 있는가를 찾아야 했다. 케르너는 자기가 만들었거나 다른 사람이 만든 세 가지 디-브롬-벤젠에 제3의 브롬 원자나 또는 NO_2의 도입에 의하여 치환체를 만들어서 그것으로부터 몇 개의 이성 '트리-브롬-벤젠' 또는 '니트로-디-브롬-벤젠'이 나오는가를 각 디-브롬-벤젠에 대해서 연구하여 이 문제를 해결했다.

설명을 위하여 다음과 같은 구조식을 택해 보자. 이 경우 간략하게 하기 위하여 수소 원자는 생략하고 표기한다.

브롬 위치	화학식	융점	비등점
[1, 2]-(o)	$C_6H_4Br_2$	(+) 7.8	224.0
[1, 3]-(m)	$C_6H_4Br_2$	(−) 26.5	219.4
[1, 8]-(p)	$C_6H_4Br_2$	(+) 89.0	219.0

우선 4개의 수소 원자 중의 하나의 위치에 제3의 브롬 원자가 대치될 때는 항상 같은 하나의 결합밖에 없으므로 [1, 4] 위치의 파라-디-브롬-벤젠에서 트리-벤젠 유도체가 하나밖에 생기지 않는다. 이에 반하여 [1, 3] 위치의 메타-디-브롬-벤젠에서는 구조식에서 알 수 있는 것과 같이, 이성의 세 치환체가 셋 도출된다. 그리고 [1, 2] 위치의 올터 화합물에 대해서는 둘밖에 생각할 수 없다. 따라서 이 문제를 실험으로 증명하기 위해서는 각 2치환체에 대하여 몇 개의 3치환체가 유도되는가를 규명하면 된다. 예를 들어, 디-브롬-벤젠의 하나가 제3 취소 원자 또는 니트로 군의 도입에 의하여 서로 이성인 유도체를 3개 생기게 했다면, 2개 취소 원자는 메타 위치[1, 3]인 것이 증명된다. 그리고 3치환 유도체가 둘이면 [1, 2] 위치이고, 하나밖에 없으면 [1, 4]인 것이 분명하다. 이러한 방법으로 우리는 분자구조를 규명하는 목표에 훨씬 가까워졌다. 케쿨레나 케르너의 조금 전까지도, 분자 중의 원자 위치를 결정하는 것은 엄두도 못 냈던 일이다.

3) 벤젠 설의 확대

케르너는 또 벤젠과 그것의 유도체에서 실제로 나타나는 것과 같이, '탄소의 연쇄는 다만 환상 결합밖에는 없는가?' 하는 기본적 문제를 처음으로 고민했다. 케르너는 처음으로 많은 식물 알칼로이드의 기본체인 '피리딘'은, 그 구조가 벤젠과 매우 닮은 화합물이라는 것을 알았다. 케르너는 피리딘이 아래의 구조식에 나타나는 것과 같이, CH가 3가인 질소(N)로 치환된 벤젠이라고 했다. 그렇다면 이 피리딘에서는 환 형성에 탄소 원자뿐만 아니라 다른 원소의 원자도 참여하고 있다. 이러한 피리딘과 같은 화합물은 '참 벤젠 유도체(탄소환식화합물)'와 구별하여 '이종환식화합물(異種環式化合物)'이라고 불렸다. 그 후 질소만으로 된 환을 가진 질소환식화합물(窒素環式化合物), 또는 탄소와 유황으로 된 환도 알려졌다. 그리고 환의 병렬이 알려지자 환식화합물 분야는 매우 확대되었다.

　　최초의 실례는 나프탈렌인데, 그레베(Karl Graebe, 1841~1927)가 1866년에 밝힌 것과 같이, 그 구조식은 벤젠핵이 두 개 붙은 것과 같은 2중환이라고 생각되었다. 이와 같은 구조는 석탄타르나 골유(骨油) 중이나, 그리고 알칼로이드의 분해물로서도 나타나는 퀴놀린에 대해서도 증명되었다. 구조식의 비교에서 알 수 있

```
        H   H   벤젠          H   H           H   H
        C-----C (C6H6)        C-----C         C-----C
       //     \\             //     \\       //     \\
      HC       CH           HC       CH     HC        N
       \\     //             \       /       \        /
        C-----C               C===C           C===C
        H   H                /       \       /       \
                            HC        CH    HC        CH
        H   H  피리딘        \\      //      \\      //
        C-----C (C5H5N)       C-----C         C-----C
       //     \\              H   H           H   H
      HC        N            나프탈렌          퀴놀린
       \\      //            (C10H8)          (C9H7N)
        C-----C
        H   H
```

는 것과 같이, 퀴놀린은 나프탈렌에 대하여 피리딘이 벤젠에 대한 것과 똑같은 관계를 나타내고 있다. 알칼로이드 또는 식물염기가 분해할 때, 피리딘과 퀴놀린이 생긴다는 것이 알려진 후부터, 곧 피리딘과 퀴놀린에서 식물염기를 합성하는 것을 생각하게 되었다.

　　라덴부르크(Albert Ladenburg, 1842~1911)가 1886년에 최초의 합성에 성공한 이래, 그에 뒤따라 다른 여러 것도 합성되었다. 그는 피리딘에서 출발하여, 1827년에 발견된 독당근(Conium maculatum)의 유효 성분인 '코닌'을 합성하는 데 성공했다. 이것에 대하여 우선 첫째로, 그것이 '천연의 코닌과 똑같은 것인가?' 하는 의문이 제기되었다. 그 이유는, 천연 코닌은 광학적으로 활성인 데 반하여, 합성된 것은 빛의 편광면을 선회시키지 않았기 때문이다. 그런데 주석산에 관한 파스퇴르의 연구에서, 광학적으로 불활성인 물질은 때로는 정반대의 선회 능력을 가진 두 이성체가 합해 있다는 것이 알려져 있었으므로, 라덴부르크는 자기가 합성한 코닌 중에서 문제의 이성체를 분리하려고 시도했다. 그 분리는 성공하여, 우선회성(右旋回性) 화합물은 화학적·물리적·생리적 모든 성상이 독당근의 독소와 완전히 일치한다는 것을 밝혔다.

4) 물리학적 이성체

　　좁은 의미의 이성체와 케쿨레가 증명한 위치 이성체로는 화합물의 이성체 학설이 아직 완성되었다고는 볼 수가 없다. 그러나 새로운 여러 가지 발견에 의하여 드디어 원자의

공간적 배열, 즉 입체화학이 연구되게 되었다. 다른 점에서 보면 완전히 똑같아 보이는 화합물이 광학적·결정학적으로는 다른 성상을 나타낸다는 사실에서, 우선 첫째로 '물리학적 이성체'라는 사고방식이 생겼다. 케쿨레가 아직 '벤젠 설'을 세우지 않은 시기에, 세균학자로도 유명한 파스퇴르가 젊은 날에 이 방면에 대하여 처음으로 기초적 연구를 시작했다.

루이 파스퇴르(Louis Pasteur, 1822~1895)는 고향 아르보아 초등학교와 브장송의 왕립 중학교를 졸업하고, 중학교 수학 교사로 잠깐 근무하다가 바라던 '에콜 노르말'에 입학하여 수학하면서(1843~1846), 소르본 대학에 가서 뒤마의 강의도 수강하여 화학에 매우 흥미를 가지게 되었다. 그리고 이 학생 시절에 미처리히의 연구를 읽고 처음으로 결정학에 흥미를 가졌다고 한다. 1846년 9월에 물리 교수 자격시험에 합격한 파스퇴르는 취소(臭素, Br) 발견자인 발라르의 연구실에 조수로 들어가 학위 논문 연구에 열중했다. 그는 당시 노트에 다음과 같이 기록해 두었다.

"어느 날 다른 화학자가 발견한 결과를 확인하기 위하여, 그 지시대로 만든 완전한 결정이 된 텅스텐산 소다를 연구하면서 로란 선생은, 이 염은 외관은 똑같으나 사실은 3종의 다른 결정으로 돼 있고, 조금만 숙련하면 결정형이 구별된다고 하시며 현미경으로 보여주었다. 그래서 나는 이 사례뿐만 아니라 이와 같은 다른 많은 예에서, 화학의 연구에 결정형의 지식을 이용할 수 없을까 생각하게 되었다. 나는 이전부터 겸손하며 뛰어난 광물학 교수 드라포스 선생의 강의를 받아 결정학에 흥미를 가지고 있었다. 그래서 결정면각에 숙련하기 위하여 나는 결정이 잘되는 주석산과 주석산 염의 형을 주의 깊게 연구하기 시작했다. …… 내가 결정형 연구를 좋아하게 된 데는 또 다른 동기가 있다. 프로보스테 선생은 이것에 대해서 거의 완전한 연구를 발표한 직후라서, 이 숙련된 물리학자의 변함없는 정확한 관찰과 나의 관찰을 항상 비교할 수가 있었기 때문이다."

1847년 9월에 파스퇴르는 화학과 물리학 논문을 제출하여 에콜 노르말의 학위를 받았으나, 계속해서 결정형 연구에 열중하여 1848년에 미처리히나 프로보스테도 못 보고 놓친 새로운 사실을 발견했다. 즉, 파스퇴르는 모든 주석산 염의 결정은 반면상(半面像)을 가지며 그것은 항상 오른쪽에 있고, 포도산 염도 반면상을 가지나 어떤 것은 오른쪽에 있고 어떤 것은 왼쪽에 있다는 것을 발견하여 오랫동안의 의문을 해결해 냈다. 파스퇴르는 자기의 발견을 다음과 같이 기술했다.

"나는 우 반면상 결정과 좌 반면상 결정을 주의 깊게 선별하여, 각각의 용액을 편광계로 관찰해 보았다. 그랬더니 우 반면상 용액은 편광면을 오른쪽으로, 좌 반면상 용액은 편광면을 왼쪽으로 선회시키는 것을 보고, 기쁨과 함께 매우 큰 놀라움을 느꼈다. 그리고 나는 두 가지 결정의 같은 양을 달아 섞어보니, 그 용액은 명백히 불활성이었다. 즉, 선회도는 같으나 방향이 정반대이므로 둘은 평균적으로 그렇게 된 것이다. 염에 그러한 상이가 인정됐으므로, 산에도 이중 성상이 있다는 것은 곧 예상할 수 있었다. 그래서 실제로 우 반면상의 염에서 만든 포도산은 오른쪽으로, 좌 반면상의 염에서 만든 포도산은 왼쪽으로 선회했다."

파스퇴르의 이 천재적 발견은 파리 과학 아카데미에서도 평판이 높았다. 발라르는 파스퇴르의 연구를 회원들에게 칭찬하고 다녔다. 74세나 된 프랑스 과학의 대원로 비오는 이 소문을 듣고, 에콜 노르말을 갓 졸업한 이 햇병아리의 연구 결과를 직접 조사했다. 비오는 파스퇴르를 프랑스 대학으로 불러, 포도산을 내놓고 "이것은 편광에 대해서 완전히 불활성이다."라고 말했다. 파스퇴르는 비오에게 소다와 암모니아를 달라고 해서, 비오 면전에서 포도산의 염을 만들기 위하여 증발 접시에 부었다. 비오는 그것을 그대로 두고, 내일 다시 오라고 했다. 다음 날 파스퇴르는 비오의 연구실에 가서 비오 면전에서 증발 접시에 생성된 결정을 하나하나 집어내서 그 반면상의 상이를 비오에게 보이며, 포도산 염의 결정을 우선성 결정과 좌선성 결정 두 무리로 분류해 냈다. 비오는 이 두 가지 용액을 직접 만들어서, 먼저 좌선성이란 용액을 편광계에 넣어 좌선하는 것을 확인하고, 너무나 감격하여 파스퇴르의 팔을 움켜잡고 "자네! 나는 생애를 통하여 얼마나 과학을 사랑했는지 아는가? 그만큼 이 새로운 발견은 나의 가슴을 벅차게 하네!"라는 말을 했다고 한다. 파스퇴르는 이 발견으로 비오의 추천을 받아 1849년 1월에 스트라스부르의 화학 조교수에 임명되었다.

파스퇴르가 자기의 이론에 도달한 사고는 다음과 같은 것이었다. 모든 공간 상은 인체나 곧바른 계단과 같이 대칭적이거나, 대칭면을 가지지 않는 나선 계단이나 손, 그리고 그가 문제로 삼은 주석산의 왼쪽과 오른쪽 반면상 결정과 같은 비대칭적인 것이다. 그래서 파스퇴르는 육안적인 것에서 눈을 돌려, 직접 눈으로 볼 수는 없으나 상상할 수는 있는 것, 즉 우리가 그 성상을 설명하려면 그렇게 상상할 수밖에 없고 눈으로는 볼 수가 없는 미소의 세계로 향했다. 만약에 분자가 일정한 배치를 가지고 배열된 원자의 한 무리라고 상상하면, 그 분자를 조립하고 있는 원자단의 성상도 역시 공간적 배치의 대칭이나 비대칭 종류에 따른다고 가정했다. 파스퇴르는 이 생각에서 그가 문제로 삼고 있는 현상을 설명하기 위하여 화합물은 2대 부류, 즉 대칭과 비대칭 원자단 또는 분자를 가진 화합물로 구별된다는 학설을 세웠다. 예를 들어, 주석산 분자는 어떤 방법으로 만들어도 항상 비대칭이나, 우선성(右旋性)의 주석산 분자는 좌선성(左旋性) 주석산 분자와는 원자가 정반대로 배치된 것을 나타낸다. 그리고 이 두 모양은 겹칠 수가 없는, 마치 물체와 거울의 상과 같은 관계에 있다. 분자구조에 비대칭적인 것이 있다는 것에 대해서, 당시의 지식 정도에서는 두 표식이 있었다. 이 표식이 결국 이 학설을 낳았고, 또한 반대로 그 표식을 설명해 주었다. 이 외관적 표식이란, 결정의 광학적 선회 능력과 그것의 독특한 반면상이었다.

파스퇴르가 처음으로 생각해 낸 분자의 대칭과 비대칭에 관한 이론은 네덜란드의 화학자인 판트호프(Jacobus Henricus Van't Hoff, 1852~1911)와 독일의 유기화학자인 비슬리체누스(Johannes Adolph Wislicenus, 1835~1902), 그리고 기타 학자들에 의하여 더욱 완성돼서 하나의 정설로 되었다. 만약에 우리가 판트호프나 르벨(Joseph Achille Le Bel, 1847~1930)과 같이 탄소 원자의 네 친화력이 정사면체의 각 정점에 배치돼 있다고 생각한다면, 이 모든 친화력은 4개의 다른 원자 또는 원자단에 의하여 겹칠 수는 없으나, 마치 좌선성과 우선성의 주석산 결정 같이 물체와 거울상과 같은 관계를 나타내는 두 개의 다른 조합으로 포화된다는 것이 명백하다. 이러한 화합물을 '입체이성체'라고 불렀다.

3. 화학원소의 분류

파스퇴르와 판트호프에 의하여 개척됐고, 그 후에 특히 비슬리체누스에 의하여 완성된 구조화학 분야 연구는, 기하학적 사고를 원자의 연쇄에까지 확장해 나가는 것이었으나, 또 한편으로 원자량을 더욱더 높은 정밀도로 측정하는 일은, 그 수치 간의 산술적 관계를 발견하려는 시도로까지 발전했다. 모든 원자는 수소로 되었다는 프라우트의 가설을 제쳐놓으면, 이 방면의 최초의 시도는 독일의 화학자인 되베라이너가 1829년에 발표한 논문이었다. 그는 취소(Br)의 원자량은 염소(Cl)와 옥도(I) 원자량의 산술평균인 것을 지적하여, 기타 원소도 '3조 원소'라고 부른 무리로 일괄하려고 했다.

되베라이너는 베르셀리우스의 실험에 자극을 받아, 염을 형성하는 염소, 취소, 옥도 원자량을 측정해 보았는데, 취소의 원자량 78.38에 대하여, 염소의 원자량 35.4와 옥도 원자량 126.4의 평균 80.9는 상당한 차이가 있었으나, 그는 이 차이는 원자량을 더욱 정밀하게 측정하게 되면 없어질 것이라고 가정했고, 그 후에 실증되었다. 그는 이러한 자기 생각을 알칼리토(Ca, Sr, Ba), 알칼리금속(Li, Na, K), 그리고 서로 유사한 원소(S, Se, Te)에까지 확장하여, $[32.23(S)+129.24(Te)]/2=80.7(Se)$ 평균치는 경험적 실측치 (Se=79.26)와 매우 근사한 결과를 얻었다. 그리고 철, 망간, 크롬이 3가로서 역할을 하여 32 산화물을 만드는 한, 이 세 금속도 한 조로 묶어도 좋았다. 이와 같이 하여, 되베라이너는 "3개를 조(組)로 하는 것은, 화학물질의 모든 군(群)에 대한 법칙이다."라는 가정을 세웠다.

되베라이너의 이러한 생각 덕택에, 귀납적 방법이 화학에 들어와서 어느 정도의 성공을 거두었다. 되베라이너는 Te에 대하여, 산화 단계에 TeO_2 외에도 TeO_3가 있을 것이며, 그것은 미처리히가 발견한 SeO_3나 자신이 처음으로 만든 SO_3와 매우 유사한 물질일 것이라고 가정했다. 만약에 그가 Te는 두 유사한 원소 Se, S와 한 조에 짝 지을 수 없는 것을 알았더라면, 그는 그의 학설에서 장차 그러한 제3의 원소가 발견될 것이며, 그 원소가 어떤 위치에 들어갈 것임을 추론할 수 있었을 것이다. 그리고 되베라이너는 백금토에 함유되어 있는 금속에 특별한 흥미를 가지고 있었다. 그는 백금, 팔라듐(Pd), 로듐, 이리듐, 오스뮴(Os), 그리고 자기도 의심한 '프르란'(후년에 '헬테늄'이 들어감)을 원자량에 따라 두 조로 나누고, 백금(Pt=194.3)과 오스뮴(Os=190.3)의 원자량 평균치는 이리듐 (Ir=192.5)의 원자량과 거의 같으므로, 이 세 원소를 제1조에 넣었다.

화학적 분류를 세우려는 되베라이너의 이와 같은 귀중한 노력에 대해서, 당시의 학자들은 상대도 하지 않았다. 그 이유는, 이 화학적 분류의 토대가 된 사실들이 너무나 애매했고 빈약했으며, 그 당시에 벨라가 요소의 합성에 관한 논문을 내놓아 유기화학 연구에 매우 이상한 자극을 주어서 화학자의 흥미를 선동했기 때문에, 그 이외의 문제들은 포기하게 되었기 때문이다. 그런데 되베라이너가 개발한 이 길은, 그 후에 근대 위생학의 개척자인 페텐코퍼에 의하여 계승되었다.

페텐코퍼(Max Josef von Pettenkofer, 1818~1901)는 처음으로 화학원소의 여러 족 중에

있는 상이에도 어떤 규칙성이 있다는 것을 알았다. 페텐코퍼는 "만약에 금속과 비금속 원소의 하나하나의 자연적 족의 원자 수 상이를 비교한다면, 거기에는 명확한 관계가 나타난다. 즉, 이 상이는 동일한 수의 배수에 가깝다는 것을 나타내고 있기 때문이다."라고 말했다. 페텐코퍼는 우선 첫째로, 알칼리금속, 알칼리토금속, 크롬과 유황 족에 대하여 이 규칙성을 증명하려고 시도했다. 그는 상이 수로서, 이들 족에는 8이 가정된다고 믿었다. 그 후의 학자들에 의한 원자량의 수정치에 따르면, 페텐코퍼가 그러한 상이에 대하여 가정한 수치는 문제가 되지 않으나, 그래도 그의 시도에는 원자량이 나타내는 상이의 규칙성을 토대로 한 원소의 자연 분류의 첫 싹이 터 있었다.

이와 거의 같은 시기에 영국의 화학자 글래드스턴이 이 문제에 착수했다. 글래드스턴(John Hall Gladstone, 1827~1902)은 런던에서 태어나서, 유니버시티 칼리지에서는 토마스 그레이엄 밑에서, 그리고 후에 기센 대학의 리비히 밑에서 화학을 수학하여, 거기서 1847년에 철학 박사 학위를 받았다. 귀국 후 1850년에 성 토마스 병원에서 화학 강의를 담당했고, 3년 후 26세에 로열 소사이어티 회원에 추천되었다. 그리고 1874~1877년까지 왕립연구소 화학 교수로 근무했고, 1897년에는 50가지가 넘는 화학 연구 업적으로 '데이비상'을 수상했는데, 그의 연구는 오로지 화학과 광학의 관계였다. 아마도 그는 모든 원소를 그것의 원자량 크기로 분류하려고 한 최초의 사람일 것이다. 그는 원자량 순으로 모든 원소를 정렬해 놓고 보니, 여기저기에 빈자리가 남아 있는가 하면, 다른 곳은 꽉 차 있었다. 그는 이것을 우연한 것으로 생각할 수 없었다. 그 결과 원소의 원자량에는 하나의 공통된 연관이 있다는 그의 의견은 더욱 확실해졌다. 한편 이러한 노력에 대하여 베르셀리우스는, '원자량은 수소 원자량의 정수 배'라는 프라우트의 가설 찬성자들에게 승리한 이후로 이러한 사변을 철저히 몰아내려고 했기 때문에, 이 글래드스턴의 생각에도 매우 반대했다.

1) 주기계

원소 분류의 참다운 발전은 19세기의 60년대부터 마이어와 멘델레예프에 의하여 이루어졌다고 볼 수가 있다. 마이어는 올덴부르크의 바렐에서 태어나서 의사가 되기 위해 1851년에 취리히 대학에 입학하여, 2년 후에 뷔르츠부르크로 전학하여 피르호에게서 병리학을 배웠다. 그러나 취리히에서 배운 루트리히 교수의 영향에서 의화학에 매우 흥미를 가져, 1854년에 의사 자격을 딴 후에 화학을 본격적으로 공부할 결심으로 하이델베르크 대학에 입학하여 분젠에게서 화학을 배웠고, 키르히호프의 영향도 받았다. 그리고 쾨니히스베르크에 가서 노이만에게서 수리물리학도 배웠다.

그는 1859년에 「산화탄소가 혈액에 미치는 영향」으로 브레슬라우에서 박사 학위를 받아 다음 해에 그 대학의 물리학과 화학 강사가 됐고, 1864년에 이론화학과 물리화학의 유명한 기초적 논문인 「화학의 현대설(Die modernen Theorien der Chemie, 1864)」을 발표했다. 이 논문에 기술한 '원소의 주기율 이론'은 학계의 큰 인정을 받았고, 계속된 연구에서 1869년 같은 해에 멘델레예프와는 독립으로 원소의 주기율을 발견했다. 이 공적으로 1882년에 멘델레예프와 함께 로열 소사이어티의 '데이비상'을 받게 되었다.

앞에서 기술한 페텐코퍼나 글래드스턴이 여러 원소의 원자량 간에는 규칙성이 있다는 것을 발견한 후부터, 마이어는 '원소 자체는 더욱 차원 높은 원자의 결합이 아닐까?' 하는 의문을 가지게 되었다. 유기화합물의 어떤 족의 분자량도 그와 같은 관계를 나타냈다. 예를 들어, 같은 족에 속한 탄화수소, 메탄(CH_4), 에탄(C_2H_6), 프로판(C_3H_8)은 그 분자량이 항상 14(CH_2)만큼 다른데, 한편 매우 유사한 세 금속인 리튬, 나트륨, 칼륨은 그 원자량이 16이란 차이를 되풀이하고 있다. 마이어는 이러한 견지에서, 화학적으로 유사한 원소의 다수 족들, 예를 들면, 질소족(N, P, As, Sb, Bi), 산소족(O, S, Se, Te), 나트륨족(Li, Na, K, Rb, Cs), 기타의 많은 족을 비교해 보았다.

마이어의 이러한 1864년 연구에서, 원자량 수치상의 일정한 규칙성을 매우 명확하게 알 수 있게 되었다. 그는 상존하는 약간의 규칙상의 오차는 원자량을 더욱 정밀하게 측정하면 제거되리라고 믿고, 원자량에 관한 보고들을 면밀히 재검토했다. 그 결과 1868년에 당시에 알려진 모든 원소를 종합한 하나의 분류를 만들 수 있었고, 이것을 정리하여 원소의 자연 분류 기초가 되게 한 법칙인 원소의 주기율을, 다음과 같은 제명의 그의 논문에 발표했다. '원소의 성질은 원자량의 주기적 함수이다(Die Natur der chemischen Elemente als Funktion ihrer Atomgewichte, 1869)'

마이어와는 독립적으로 러시아의 화학자 멘델레예프도 같은 결과에 도달하여, 1869년에 발표한 「원소의 성질과 그 원자량과의 관계에 대하여」라는 논문에 63개의 원소를, 가로로는 원자량의 증가 순으로, 세로로는 족에 속하도록 배열했다. 멘델레예프는 시베리아의 토볼스크에서 태어나서 고향의 김나지움을 마치고, 성 페테르부르크 대학에서 화학을 수학하여 1856년에 졸업한 후 잠시 모교 강사로 있다가, 1860년에 하이델베르크 대학에 유학하고 돌아와서 1863년에 성 페테르부르크 대학 공업연구소 화학 교수가 됐고,

3년 후에 동 대학 교수가 되었다. 그리고 그는 위 논문을 러시아 화학협회에 발표했고, 이 논문은 곧 각국어로 번역되어 유명 학회지에 실리게 되었다. 그는 주기율에 관한 중요한 연구로, 1882년에 마이어와 함께 로열 소사이어티의 '데이비상'을 수상했고, 1905년에 '코프리상'도 수상했다.

멘델레예프는 그가 배열한 주기율표에서 일반적 추론을 도출하여, "나의 자연 분류에 의하여 약간의 새 원소가 발견될 것이다."라는 예언도 했다. 그는 이 자연 분류를 1871년에 「화학원소의 주기적 법칙성」이라는 논문에 매우 상세하게 기술하고 있다. 지금까지 측정 수단이 전혀 없었던 원소의 고유한 정성적 성질 외에도 정량적 성질에 대한 가장 풍부한 자료인 원자량과 원자가에 관한 자료를 자유로이 구사했다. 원자량에 대한 생각은 아보가드로의 법칙과 원자열에 관한 '뒬롱–프티의 법칙'을 응용하게 된 이래 매우 발달했다. 그래서 멘델레예프는 "모든 화합물의 한 분자에 함유된 원소의 최소 미분자로서의 원자는, 모두 순환을 가지고 이론적 표상 중에 함유돼 있다."라고 강조할 수 있었을 것이다. 그는 원소의 정량적 성상과 특히 정성적 성상을 원자량과 대조하여 연구하는 임무를 화학이 지향할 목표로 삼았다. 그래서 1858년 이래 이 임무에 열중했고, 그 노력의 성과가 바로 주기율이었으며, 그는 이것을 "원소의 성상과 원소에서 만들어진 물체의 성상은 원자량에 의하여 주기적으로 규율된다."라고 표현했다. 멘델레예프는 우선, 원자량이 7에서 36 사이에 있는 모든 원소를 원자량 순으로 한 줄로 늘어놓아 보았다.

Li(7)   Be(9.4)   B(11)   C(12)   N(14)   O(16)   F(19)

Na(23)   Mg(24)   Al(27.3)   Si(28)   P(31)   S(32)   Cl(35.5)

이 열에서 1번과 8번, 2번과 9번, 3번과 10번은 같은 원자가를 가진 유사한 원소였다. 화학적 성상과 같이 물리적 성상도 역시 되풀이되고 있었다. 처음의 두 족(Li Na : Be Mg)은 확실한 금속성 특징을 가졌고, 끝의 두 족(F Cl : O S)은 명확한 비금속성 특징을 가지고 있고, 그 중간의 다른 족들은 금속과 비금속 사이의 이행형을 나타내고 있다. 이러한 주기율에 따라 멘델레예프가 보고한 전 원소의 배열은 아래의 표와 같다.

이 표의 첫째 줄에 있는 7개의 원소 Li, Be, B, C, N, O, F는 자연적 7개 족의 전형적 대표로서 제시돼 있다. 산화물이나 수소화합물의 조성에서 알 수 있는 것과 같이, 원자가는 제1족에서 제4족까지는 증가하고, 제4족부터 제7족까지는 감소하는 것이 규칙이다. 처음의 제7족까지의 어디에도 족하게 할 수 없는 여러 중간 원소는 독립으로 제8족을 만들고 있다. 수소 원소는 기초 형으로 삼아 분류의 선두에 두었다.

멘델레예프의 원소 주기율표

줄	제1족 — R_2O	제2족 — RO	제3족 — R_2O_3	제4족 RH_4 RO_2	제5족 RH_3 R_2O_5	제6족 RH_2 RO_3	제7족 RH R_2O_7	제8족 — RO_4
1	H^1							
2	Li^7	$Be^{9.4}$	B^{11}	C^{12}	N^{14}	O^{16}	F^{19}	
3	Na^{23}	Mg^{24}	$Al^{27.3}$	Si^{28}	P^{31}	S^{32}	$Cl^{35.5}$	
4	K^{39}	Ca^{40}	$-=44$	Ti^{48}	V^{51}	Cr^{52}	Mn^{55}	Fe^{56} Co^{59}
5	(Cu^{63})	Zn^{65}	$-=68$	$-=72$	As^{75}	Se^{78}	Br^{80}	Ni^{56} Cu^{63}
6	Rb^{85}	Sr^{87}	$?Yt^{88}$	Zr^{90}	Nb^{94}	Mo^{96}	$-=100$	Ru^{104} Rh^{104}
7	(Ag^{108})	Cd^{112}	In^{113}	Sn^{118}	Sb^{122}	Te^{125}	J^{127}	Pd^{106} Ag^{108}
8	Cs^{133}	Ba^{137}	$?Di^{138}$	$?Ce^{140}$	$-$			
9	$(-)$	$-$	$-$	$-$	$-$	$-$	$-$	
10	$(-)$	$-$	$?Er^{178}$	$?La^{180}$	Ta^{182}	W^{184}	$-$	Os^{195} Ir^{197}
11	(Au^{199})	Hg^{200}	Tl^{204}	Pb^{207}	Bi^{208}	$-$	$-$	Pt^{198} Au^{199}
12	$-$	$-$	$-$	Th^{231}	$-$	U^{240}	$-$	$----$

멘델레예프의 위대한 공적은 그가 화학적 분류에 높은 의의를 부여한 것에 있다. 그는 화학적 분류를 단순한 편람적 분류를 위하여 여러 사실을 알기 쉽게 정리하는 수단으로만 생각하지 않고, 분류에 의하여 새로운 유사를 발견하여 원소의 연구에 새로운 길을 개척하는 것을 분류의 가장 중요한 목적으로 생각했다. 멘델레예프는 자기의 분류 중에, 그때까지 미처 발견되지 않았던 원소들을 위하여 공석을 남겨놓았을 뿐만 아니라, 그 공석의 위치에서 아직 발견되지 않은 원소의 상세한 성질까지도 예언했다. 멘델레예프는 이러한 자기의 대담한 기도를 "그것은 비록 장래의 일이라 할지라도, 주기율의 옳음을 더욱더 명확하게 증명해 줄 것이다."라고 말했다. 그가 자기의 주기율표를 발표했을 때는, 원자량이 65인 아연(Zn)과 원자량이 75인 비소(As) 사이에 원자량이 68과 72인 두 자리를 비워두었다. 이 빈자리는 1875년에 '칼륨'이 발견되고, 1885년에 '게르마늄(Ge)'이 발견되어 멘델레예프가 예상한 성상대로 메워졌다. 다음의 게르마

	원소명	원자량	비중	산화물	그 비중
예상	(M)	72	5.5	MO_2	4.7
결과	Ge	72.3	5.47	GeO_2	4.703
	염화물	비등점	불화물	에틸화	비등점
예상	MCl_4	$100>$	MF_4	$M(C_2H_5)_4$	160
결과	$GeCl_4$	86	GeF_4	$Ge(C_2H_5)_4$	160

늄에 대한 비교는 멘델레예프의 예상이 얼마나 정확하게 적중했는가를 잘 나타낸다.

멘델레예프는 또 두세 원소의 당시에 바르다고 공인된 원자량이 틀렸다고 하여 그 위치를 바꿔놓았는데, 그 후의 재검토에서 그가 변경한 값이 옳다는 것이 명백해졌다. 이 것은 실로 눈부신 주기율의 제2의 실증이었다. 그렇다면 이 놀라운 주기율의 원인은 무 엇일까? 원소는 그 본래의 이름 뜻을 가지기에는 의심스러워졌다. 원소는 예로부터 믿어 온 것과 같이 우주 그 자체의 근원은 아니고, 도리어 법칙적으로 결합된 전체를 만들고 있는 것이다. 이제야 원소가 제멋대로 결합하여 세계를 형성하고 있다는 무신론적 기계 론이나 관념적 목적론에서 벗어나서 하나의 통일된 섭리와 법칙을 찾는 문제를 연구하지 않으면 안 되게 되었다. 특히 '라듐'이 발견되고, 그에 대한 금세기 초의 연구에 의하여 하나의 원소가 다른 원소로 전화하는 것이 증명된 이래로, 원소의 혼합 집단에서 거슬러 올라가서 다만 하나의 시원물질을 규명하는 것은 결국에 에너지의 기본 단위를 규명하는 것이 되리라고 예상하게 되었다. 그리고 라듐의 발견과 함께 19세기 말의 '2대 발견'이라 고 하는 X선의 발견으로, 20세기 초에 발달한 X선 광학도 화학원소를 통찰하는 데 큰 의의를 가지고 있다. 그리고 특히 근대과학과 금세기의 현대 과학 사이에 다리를 놓은 스펙트럼분석도 큰 역할을 하게 된다.

제 11 장
물리화학의 발전

데이비가 전기화학을 확립한 이래, 화학과 물리학의 관계는 더욱더 밀접하게 되었다. 그리고 프라운호퍼가 발견한 빛의 '스펙트럼'은 현대 물리학으로 발전하는 데 큰 의의를 가질 뿐만 아니라, 그와 브루스터, 분젠, 그리고 키르히호프의 연구에서 발달한 '스펙트럼분석'은 화학과 물리학을 잇는 중간 분야가 되었다. 이런 관계에서 19세기 중엽에 '물리화학'이라는 특별한 학과가 탄생했다. 이 새로운 학과의 확립은 시대적으로나 원인적으로도 '에너지 원리'의 발견과 합치해 있다. 코프가 1840년부터 화합물의 원자론적 구조와 물리적 성상과의 관계를 체계적으로 연구하기 시작했으므로, 그를 물리화학의 확립자로 친다.

1. 스펙트럼분석

불꽃의 색을 금속염의 감별에 이용한 최초의 사람은 18세기의 독일 화학자 마르그라프(Andreas Sigismund Marggraf, 1709~1782)였다. 그리고 18세기에 이미 착색 불꽃의 빛을 태양광선과 같이 프리즘으로 분해한다는 생각도 했다. 그리고 백색 광선이 여러 물질의 흡수 작용을 받을 때 어떤 변화를 일으키나 하는 것도 백색 광선의 프리즘 분석으로 알려져 있었다. 그리고 19세기 초에 브루스터 경은 아황산층에 빛을 통과시키니, 스펙트럼 중에 수백 개의 검은 선이 나타나는 것도 알았는데, 이 검은 선은 그 개소에서의 빛의 완전한 흡수를 암시하는 것으로 생각했다. 울러스턴은 아주 가는 틈새를 통과한 태양광선의 스펙트럼을 만들었을 때, 이와 같은 것을 발견했으나 더 추구하지 않았다. 그로부터 수십 년 후에야 독일의 안경 직공이었던 프라운호퍼가 위대한 발견을 했다.

프라운호퍼(Joseph Fraunhofer, 1787~1826)의 극적인 생애는, 그의 타고난 재능, 성실하고 꾸준함, 그리고 천부의 행운이 합쳐져, 어떠한 역경에서도 비할 것이 없을 정도로 귀중한 인생이 열린다는 실증이 되는 특별히 흥미 있는 것이므로 간단히 소개해 둔다.

프라운호퍼는 아주 가난한 유리 직공의 열 번째 아들로 태어나서 일찍이 아버지를 여의고, 생계를 위하여 아버지가 고용됐던 유리 공장에 팔려가 유리 연마공이 되려고 열심히 일했다. 그런데 그의 나이가 14세이던 1801년 7월 20일에 사고가 일어나서 공장이 폭파되었다. 이때 무너진 공장에 깔렸던 소년은 겨우 기어 나왔는데, 멀쩡했다. 때마침 그곳을 지나가던 선제후(選帝候) 막시밀리안 요셉은 이 기적적인 장면을 목격하고, 그 소년을 불러 자세히 살펴보았으나 다친 데가 없었다. 제후는 그를 하늘이 내린 행운을 가진 자로 생각하여 "너의 소원이 무엇이냐?"라고 물었는데, 그는 "훌륭한 유리 연마공으로 자립하는 것이 소원입니다."라고 답했다. 그래서 제후는 그에게 금을 하사했다. 프라운호퍼는 그 금으로 자기의 몸값을 치르고, 나머지로 유리 연마기를 사서 공장을 차리고 광학 유리의 제작과 금속의 조각 등을 했다. 그는 천부적인 재능을 발휘해 평판이 높아졌고, 당대의 유명한 광학 실험 연구가들을 알게 되어 틈틈이 수학과 광학을 배우고 열심히 공부하게 되었다. 1804년에 뮌헨에 수학 연구소가 생기고, 여기에 광학 기계 제작실을 부설했는데, 프라운호퍼는 1806년에 그 제작실을 맞게 되었다. 다음 해부터 우츠슈나이더의 주선으로 유리 직인으로부터 프린트유리와 크라운유리의 제조를 배우게 되었다. 그러자 그는 곧 그 방면의 대가가 되어 1809년에는 라이헨바흐, 우츠슈나이더와 공동으로 뮌헨 교외의 베네딕트 보이에른에 광학연구소를 차려 광학유리 제작을 착수하여, 1818년에는 그 연구소의 경영을 인수받아 소장이 됐고, 망원경과 현미경용의 가장 우수한 렌즈를 제작해 냈다. 이 연구소는 1819년에 뮌헨으로 옮겼고, 프라운호퍼가 죽은 후에 공장장 게오르크 메르츠가 그 뒤를 이었다.

1) 스펙트럼분석의 시작

프라운호퍼는 스펙트럼에 대한 연구를 그가 당면한 실용 광학 문제로 연구하기 시작했다.[1] 색 차를 없앤 망원경 제작을 위한 계산에는, 사용되는 유리의 굴절률과 색의 분산력에 대한 정확한 지식이 필요했다. 그래서 프라운호퍼는 유리 각 부분의 굴절률과 분산력을 계산하기 위해 더욱 확실한 방법을 찾게 되었다. 처음에는 기지의 굴절각을 가진 프리즘이 캄캄한 방 안에서 일정 거리에 나타내는 스펙트럼의 길이로 색의 분산 크기를 결정하려고 했다. 그러나 색 띠의 경계를 명확하게 식별할 수 없었으므로, 이 방법에서 얻은 결과는 정확하지 못했다. 그래서 고생하고 있던 그는, 우연히 석유 등불이나 촛불의 스펙트럼 안의 적색과 황색 경계에 나타난 매우 선명한 밝은 선을 발견했다. 이 밝은 선

---

1 프라운호퍼, 「색 소거 망원경의 완성에 관한 각종 유리질의 굴절력과 색 분산력의 측정」, 『뮌헨 왕립 아카데미 회보(1814~1815)』. 『오스트발트 클라시커』 제150권, 1905년 재간.

(휘선)은 우리가 오늘날 알고 있는 것과 같이 그 연료에 포함된 나트륨 성분에 의한 것이었다. 이 밝은 선은 스펙트럼의 같은 한곳에 항상 나타났기 때문에, 그는 이 밝은 선을 여러 유리를 비교하는 기준으로 이용할 수 있을 것이라고 생각하게 되었다. 그래서 그는 우선 태양스펙트럼 중에 이와 같은 경계가 명확한 밝은 선을 발견하려고 했다.

그런데 프라운호퍼는 가는 틈을 통과한 태양광선 스펙트럼 중에 그러한 밝은 선 대신에 헤아릴 수 없이 많은 검은 수직선을 발견하고 놀랐다. 그리고 프리즘에 투사할 태양광선이 통과할 틈새를 약간씩 넓혀보니, 그 선들은 불선명해지고, 나중에는 없어지고 말았다. 그는 이 사실에 대하여, 큰 구멍을 통과한 광선은 이미 투사선으로는 볼 수가 없다고 설명했다. 그는 후년에 그의 이름을 따서 '프라운호퍼선'이라고 불린 이 검은 선(흑선)은, 실제로 태양광선의 본성에 근거한 것이며, 굴절로 생긴 것이 아니고 더욱이 착각 등으로 생긴 것이 아니라는 확신을 가졌다. 왜냐하면 그가 등불 빛을 가는 구멍을 통하여 투사했을 때는 그런 검은 선은 나타나지 않았으나, 금성에서 온 빛에는 그러한 선이 모두 포함되어 있었기 때문이다. 이것은 동시에, 행성은 태양광선을 반사하여 빛난다는 것을 증명한 것이었다. 프라운호퍼는 다른 항성의 스펙트럼 중에도 이와 같은 선들을 발견했으나, 그 위치나 성상이 태양스펙트럼과 일치하지 않는 것을 알았고, 그는 여러 항성 스펙트럼은 각각 다른 특성을 가지고 있다는 것도 밝혔다. 예를 들어, 그는 시리우스의 스펙트럼과 태양스펙트럼을 확연히 구별할 세 개의 굵은 검은 선을 발견했다.

프라운호퍼는 태양스펙트럼 중의 가장 뚜렷한 검은 선에 대하여 A는 적색, H는 자색, D는 오렌지색과 황색의 경계라는 식으로 대문자로 표식을 했는데, 이것들은 후년에 더욱 세밀한 몇 개의 선으로 분해되어 오늘날도 사용하고 있다. 프라운호퍼는 그가 표시한 B와 C 간에 경계가 선명한 가는 선을 9개 찾았고, C와 D 간에는 그런 선을 30개나 발견했으며, D선은 하나의 가는 밝은 선으로 나누어진 두 선으로 된 것도 밝혔다. 그리고 D와 E 간에는 세기가 여러 가지인 84개의 선을 인정했고, B와 H의 전 구간에는 무려 774개의 선을 찾았다. 그는 이들 중에서 상당히 선명한 것만 자기의 스펙트럼 그림에 그려서 발표한 것이다. 석유 등불의 빛이 하나의 밝은 선을 나타내고, 그것이 태양스펙트럼의 두 D선에 일치한다는 1814년 프라운호퍼의 발견은 큰 의의를 가진 것이었다. 이 밝은 선이 나트륨에서 생긴다는 증명과 이 밝은 선이 외 D선과 일치하는가 하는 의문에 대한 답은 키르히호프나 분젠에게 남겨졌다. 그들은 1859년부터 프라운호퍼가 1814년에 세운 토대 위에 스펙트럼분석을 화학의 제일 중요한 연구 방법으로 발전시켰다.

2) 분광기의 발명과 스펙트럼

프라운호퍼가 운 좋게 성공한 스펙트럼 연구를 화학 분석에 응용한 것은 키르히호프 (Gustav Robert Kirchhoff, 1824~1887)에서 비롯되었다. 젊은 물리학자 키르히호프는 동료 분젠(Robert Wilhelm Bunsen, 1811~1899)이 염류의 불꽃색을 금속 검출에 이용할 때에, 불꽃을 착색유리나 용액을 통해서 보는 대신에 프리즘을 이용할 것을 제의했다. 두 사람은 이 착상을 실행하기 위하여 우선 분광기를 만들었다. 검은 사다리꼴 상자를 삼각대 위에 올려놓고, 그 상자의 경사 측면에는 각각 작은 망원경을 대물렌즈가 상자 안에 들어오도록 설치했고, 두 망원경 축이 마주치는 점에 프리즘의 중심이 오며, 그 중심 수직축을 중심으로 회전할 수 있게 프리즘을 설치했다. 그리고 한쪽 망원경의 대안렌즈 대신에 칼날로 가는 틈을 만든 판을 그 틈새가 대물렌즈의 초점에 오도록 설치하고, 그 틈새 앞에 불꽃을 두고, 그 불꽃 안에 가는 백금선으로 만든 작은 동그라미에 검출하려는 염화물을 붙여서 그것의 스펙트럼을 측정하게 한, 원리적으로는 오늘날의 분광기와 같은 것이다.

이것으로 가장 중요한 금속의 스펙트럼은 우선 염화물에 의하여 만들어졌다. 그 결과 1860년에 발표한 논문에 첨부된 표에는 취소화합물, 옥소화합물, 수산화물, 그리고 각 금속의 황산염을 유황, 이유화탄소, 함수알코올, 등용가스, 수소, 수산기 등의 불꽃 안에서 얻어지는 스펙트럼을 비교해서 보여주고 있다. 이런 광범한 연구에서, 각 금속에 대한 스펙트럼선의 위치는 그런 금속을 함유한 화합물의 상이나, 불꽃이 만드는 화학 현상의 다양성이나, 불꽃의 온도에 대해서 전혀 영향을 받지 않는 것이 밝혀졌다. 키르히호프와 분젠은 이러한 사실을, "금속에서 발산하는 염류는 불꽃 온도에 안정하지 못하고, 역시 분해하여 유리한 금속의 증기가 항상 그러한 스펙트럼을 만든다."라고 설명했다. 이와 같이 분광기 덕택에 여러 가지 사실이 밝혀져서, 원소에는 고유의 스펙트럼이 있다는 것을 알게 되었다. 따라서 금속이 같고 염류는 달라도 스펙트럼이 같을 경우에는, 이것은 같은 물질이 불꽃 안에서 빛을 낸다고 설명할 수가 있었다. 그러나 이 경우에, 그것이 유리한 금속의 증기인지 또는 금속 산화물인지 또는 빛의 현상 원인은 화학 현상과 결부된 에너지 전환에 기인한 것인지는 당시에 가릴 수 없었다.

스펙트럼 반응의 감도

스펙트럼 반응 중에 프라운호퍼선의 D와 일치하는 나트륨 반응이 가장 예민했다. 다음 실험은 나트륨의 스펙트럼분석이 당시의 어떠한 방법보다 훨씬 뛰어났던 것을 나타내고 있다. 키르히호프와 분젠은 약 60m³의 공기가 차 있는 실험실에서 실험을 했다. 먼저 분광기에서 가장 먼 한 구석에서 3mg의 염소산나트륨을 유당과 함께 연소시킨 후, 방 안의 불꽃을 분광기로 관찰했다. 수분 후에 나트륨선을 관찰했고, 10분 후에 그것이 없어지는 것을 보았다. 그 방에 있던 공기의 중량에 대한 산화나트륨 양의 비는 약 2천만분의 1에 불과한데, 불과 1초 내에 검출된 것이다. 이 시간 내에 불꽃가스의 유입과 그 조성에서 판단하면, 나트륨염을 2천만분의 1 함유한 공기 50m³, 즉 0.0647g이 불꽃 안에 유입하여 연소한 셈이므로, 육안으로 나트륨염 백만분의 3mg 이하를 인식할 수 있게 한 셈이다.

리튬화합물의 발광 증기도 경계가 선명한 황색과 빛나는 적색 두 선을 나타냈고, 그 확실성과 예민도는 기지의 어떤 화학분석 방법과는 비교할 수 없을 만큼 뛰어나서, 이것이 의외로 흔하게 있는 것을 알게 되었다. 리튬은 해수 중에나 해초재에서, 그리고 화강암이나 장석 중에서 발견됐고, 종래의 방법으로는 전혀 검출할 수가 없던 광천과 여러 식물이나 우유에서도 검출되었다. 휘발성의 나트륨과 리튬 염의 혼합물의 불꽃은 육안으로 보면 나트륨의 황색만 나타나고 적색은 나타나지 않는데, 분광기로 보면 나트륨의 반응 외에도 선명한 리튬 반응을 나타냈다. 이러한 시료의 스펙트럼 반응에서, 이 새 분석 방법은 일정한 침전물의 색채나 외관에 의한 원소의 검출보다 훨씬 뛰어나다는 것이 명확히 증명되었다. 침전물의 고유한 색채는 간혹 이물의 혼합으로 식별할 수가 없게 되는 경우가 있는데, 이 스펙트럼분석에서는 그 고유의 선이 불변하기 때문이다. 이에 대하여 두 사람은 다음과 같이 말했다.

"그러한 물질이 스펙트럼 중에 차지하는 위치는, 원소의 원자량과 같이 불변하며 또한 기초적인 특징을 나타내고 있다. 그리고 이 밝은 선은 거의 천문학적 정밀도로 일치하고 있다. 따라서 이 스펙트럼분석 방법이 실로 중요하다고 말할 수 있는 것은, 이 방법이 이제까지의 화학분석이 도달한 한계를 넘어서 거의 무한한 저 멀리까지 나아가기 때문이다."

이 스펙트럼분석은 한쪽에는 어떤 원소의 가장 작은 흔적을 지상 물질 중에서 발견하여, 이제까지 알려지지 않은 원소를 발견하는 데 놀라울 만큼 간단하고 편리한 방법을 주었다. 그리고 다른 쪽에서는 지구의 한계뿐만 아니라 태양계의 한계를 훨씬 넘어서 있는, 이제까지는 닫혀 있던 분야를 열어주었다. 이 분석 방법은 분석하려는 뜨거운 가스를 분광기로 관측만 하면 충분하므로, 태양뿐만 아니라 빛나는 항성에까지 응용하려는 생각은 당연한 것이다. 이러한 생각을 실현한 것이 바로 키르히호프의 위대한 공적이다.

스펙트럼의 반전

프라운호퍼는 처음으로 촛불 스펙트럼 중에, 태양스펙트럼의 두 검은 D선과 일치하는 한 밝은 선이 나타나는 것을 발견했다. 분젠과 키르히호프는 이 촛불에 나타나는 이중의 밝은 선이 어쩌면 나트륨의 보편성과 그 원소의 스펙트럼 반응에 대한 이상한 민감성 때문일지도 모른다고 생각했다. 그런데 이 일치의 원인이 우연한 관찰로 밝혀졌다. 이 두 사람은 여러 금속염의 스펙트럼을 연구하고 있을 때에, 나트륨으로 착색한 불꽃을 태양 광선과 함께 분광기에 투사해 보았다. 이 실험에서 나트륨선은 매우 어둡게 나타났는데, 방법을 달리해 보니 그 선은 더욱 선명하게 나타났다. 키르히호프는 이 현상을 규명하기 위하여 연속스펙트럼을 나타내는 석회 빛을 나트륨 불꽃에 쪼인 것을 프리즘에 투사해 보았다. 그랬더니 황색선 자리에 명확한 검은 선이 나타났다. 키르히호프는 '스펙트럼의 반전'이라고 불린 이 현상을 설명하기 위하여, 나트륨은 자신이 내는 선에 대해서는 강하게 흡수하나 다른 모든 선에 대해서는 '투과성'을 나타낸다는 가정을 했고, 그 가정이 옳다는 것을 실증했다. 이 밝은 나트륨선을 검은 선으로 변화시킬 수 있는 것과 같이, 적색 리튬선에서도 반전시키는 데 쉽게 성공했다. 두 사람은 금속칼륨, 스트론튬, 칼슘, 그리고 바륨에 대해서도 키르히호프가 주장한 '흡수 법칙'이 옳다는 것을 증명했다. 이 '키르히호프의 법칙'이라고 불리는 중요한 법칙은 그의 논문 「빛과 열의 방사와 흡수의 관련에 대해서」에 수학적으로 전개되어, "동일 온도에서의 동일 파장의 광선에 대한 흡수능과 방사능의 비는 모든 물체에 대하여 동일하다."라고 기술했다.

3) 스펙트럼분석

태양스펙트럼 분석의 연구

태양스펙트럼의 프라운호퍼선은 결국 스펙트럼의 반전인 것이 밝혀졌다. 그래서 태양은 어떤 증기들이 작렬하는 중심체를 둘러싸고 있고, 거기서 발산하는 빛을 흡수하고 있다고 상상할 수가 있었다. 키르히호프는 금속 스펙트럼의 반전에서 얻은 결과에 근거하여 이 흡수성 증기의 본질, 즉 태양과 같이 빛나고 있는 일반의 원거리 천체의 물질적 성상을 도출하려 했다. 이 방법으로 천문학에서는 생각도 못했던 세계가 열리게 되었다. "천체란 우리가 인식하기에는, 물질의 원소적 상이가 없는 중력적 물질에 지나지 않다." 라는 훔볼트의 말은 이제는 근거 없는 것이 되고 말았다. 키르히호프는 200개 이상의 프라운호퍼선의 위치를 자기가 선택한 눈금으로 측정하여, 태양스펙트럼에 관한 매우 상세한 연구를 발표했다. 그리고 유명한 프라운호퍼선의 대다수는 기지의 금속 스펙트럼선과 일치한다는 것을 밝혀냈다.[2]

새 원소의 발견

분젠과 키르히호프가 1860년 논문에, 스펙트럼분석은 이제까지 알려지지 않은 여러 원소를 발견하기 위한 하나의 유력한 수단이 될 것이라고 했는데, 1861년에 알칼리금속계에 새 원소 '세슘(Cs)'과 '루비듐(Rb)'을 발견하여 그 추론이 옳았다는 것을 증명했다. 이 원소들은 흔하게 있는 것이 아니라서, 연구에 필요한 몇 그램을 얻기 위해서 44톤의 소금물을 처리해야만 했다. 감수에서 칼슘, 스트론튬, 마그네슘을 침전시키고 분광기로 보니, '나트륨, 칼륨, 리튬' 외에 두 개의 선명하고 접근한 청색선이 나란히 있는 것을 보았다. 이것은 처음으로 나타난 것이므로 새 원소로 볼 수가 있었다. 키르히호프와 분젠은 이 원소가 고유한 청색선을 내므로 '세슘'이라고 이름 지었다. 그리고 '인운모(鱗雲母)'라는 광물을 적당히 처리하여 얻은 침전물에서도 새 원소를 암시하는 접근한 새로운 두 적선을 발견하고, 이 원소를 '루비듐'이라고 불렀다.

분광기의 개량

키르히호프와 분젠이 세슘과 루비듐의 스펙트럼 연구에 사용한 분광기는 개량된 것으로, 오늘날 사용하는 것과 대체로 같은 것이다. 이 분광기는 두 광원의 스펙트럼을 서로 비교할 수 있게 한 것이다. 그리고 1년 후에 키르히호프는 이 분광기를 더한층 개량했다. 종전의 분광기는 스펙트럼선이 너무 접근해 있어서, 그 이상 상세한 것을 읽을 수가 없었기 때문에 스펙트럼선의 간격을 넓힐 필요가 있었다. 그래서 키르히호프는 하나의 프리즘 대신에 반원으로 배열한 4개의 프리즘을 사용하여 그 목적을 달성하는 데 성공했

---

2 키르히호프, 「태양스펙트럼과 화학스펙트럼에 관한 연구(1862)」, 베를린.

다. 스펙트럼의 폭, 즉 프라운호퍼선의 간격은 부가한 프리즘을 하나씩 통과할 때마다 그만큼 넓어지며, 3개를 더 통과하므로 간격은 상당히 넓어졌다. 키르히호프는 이 새로운 장치로 태양스펙트럼에 관한 연구를 했다. 그리고 그는 유리 프리즘 대신에 프리즘 가운데를 비워 분산력이 강한 이유화탄소를 채운 프리즘을 사용하여 종전보다 빛을 훨씬 확대하는 데도 성공했다. 그리고 직시분광기는 많은 목적에 이상적이라는 것도 증명했다. 이 직시분광기의 구조는 색을 분산하는 것이 아니라, 도리어 회절을 제거하게 프리즘을 배열하는 원리에 입각한 것이다.

스펙트럼분석의 응용

키르히호프와 분젠의 기초적 연구에 더해 많은 물리학자의 연구가 첨가되었다. 플뤼커(Julius Plücker, 1801~1868)와 히토르프(Johann Wilhelm Hittorf, 1824~1914)가 매우 희박한 가스의 스펙트럼 연구에 착수했다. 그들은 매우 희박하게 한 원소 가스나 증기가 특히 내는 밝은 스펙트럼과 약간 희박하게 한 화합물에 특히 나타나는 띠스펙트럼을 구별했다. 그리고 연속스펙트럼을 액상과 고형 물체에 통과시킬 때도 흡수선이 나타났다. 태양스펙트럼의 연구에 붉은 화염과 항성, 그리고 성운의 분광학적 연구가 첨가되었다. 그리고 분광기에 의한 연구를 하는 물리학자들의 흥미는, 지구상 광원 중에도 특히 전기 불꽃, 전광, 북극광, 그리고 기타의 많은 현상으로 향하여, 이 새로운 방법은 그것들의 본성을 설명하는 귀중한 자료를 주었다. 이 새로운 방법의 진보는 물리학에 못지않게 화학에서도 나타났다. 그것은 화학의 가장 중요한 분석 방법이 됐을 뿐만 아니라, 새 원소의 발견을 유도했고, 응용과학의 여러 부문에서도 실적을 올렸다. 즉, 의사가 일산화탄소 또는 청산 중독을 검사할 때에 분광기를 사용하게 됐고, 용광로 불빛에서 탄소선이 없어질 때를 제동의 종료 적기로 삼게 되었다.

분광기는 천문학 분야에서도, 특히 사진과 결부된 이래 매우 중요한 연구 방법이 되었다. 이 덕택에 별의 화학적·물리적 성상과 여러 운동 현상을 설명할 수 있게 되었다. 프라운호퍼선의 파장 단위(옹스트롬, $10^{-8}cm$)에 그의 이름을 딴 스웨덴의 물리학자 옹스트룀(Anders Jonas Ångström, 1814~1874), 영국의 천문학자 로키어, 미국의 물리학자 롤런드(Henry Augustus Rowland, 1848~1901) 등이 태양에 대한 더욱 정밀한 분광학적 연구를 하여 많은 성과를 올렸다. 로키어는 특히 헬륨선을 발견했고, 후에 이 헬륨은 지상에도 실존하는 원소인 것이 밝혀졌다. 분광 분석에 의하여 항성 주위에도 공기나 수증기로 된 농후한 분위기가 있을 것으로 추정하게 됐고, 혜성에서는 탄소화합물이 확인되었다. 그 결과, 전 우주의 물질 성상은 동일하며, 항성이 화학적·물리학적으로 태양과 대체로 같은 구조인 것이 증명되었다.

4) 사진술

스펙트럼분석의 멋진 동지로서 사진이 나타났다. 염화은(鹽化銀)의 색이 변하는 것은 옛날부터 알려져 있었고, 그것이 빛의 작용에 의한다는 것도 18세기에 이미 알고 있었다. 그러나 이 염화은의 작용을 상을 나타내는 데 응용하려는 최초의 시도는 빛에 의해 변하지 않은 '은염'을 제거할 수 없어서 실패했다. 그러나 프랑스의 화학자 니엡스(Joseph Nicéphore Niepce, 1765~1833)와 다게르(Louis Jacques Mandé Daguerre, 1787~1851)가 수십 동안 공동 노력한 끝에 만족할 만한 결과에 도달했다. '다게로오타입(daguerreotype)'이라고 불린 그들의 방법은, 판의 은도금을 옥도(沃度) 증기로 옥화은(沃化銀) 막을 만들고, 이것에 암상자(暗箱子)의 상(像)을 쪼이는 방법이다. 이 현상법(現像法)은 다게르에 의하여 우연히 발견된 것이다. 빛에 잠깐 쪼인 후, 아무런 흔적도 없는 금속판에 무심코 약간의 수은을 부어 서랍 안에 넣어두었다가 다음 날 꺼내 보니, 물체의 상이 선명하게 나타나 있었다. 결국 그는 빛이 쪼인 자리에 침전한 수은 증기가 사진을 만든 것을 알아냈고, 이것에서 세상을 놀라게 한 사진을 만들게 되었다.

다게르에 유래한 이 방법은 19세기 중엽부터 영국의 탤벗(William Henry Fox Talbot, 1800~1877)이 발명한 종이 사진에 밀려났다. 탤벗은 질산은을 충분히 칠한 종이 위에 햇빛 음영을 투사해 보니 상이 생겼는데, 잠깐 후에는 없어지는 것을 보았다. 그는 질산은이 빛의 작용으로 화학변화를 일으킨 것을 착안하고, 화학적 처리로 그 사진을 고정하는데 성공했다. 그러나 탤벗이 1835년에 얻은 사진은 음화(陰畫)였고, 이 음화에서 임의 매수의 양화를 얻는 데는 여러 가지 복잡한 기술이 필요했다. 1851년에 음화를 만드는데 투명한 '콜로디온(collodion)'이 이용돼서, 감광지에는 선명한 양화를 만들어, 이 사진 기술은 전도유망한 것이 되었다. 탤벗이 그의 보고에 '작은 발명'이라고 한 이 기술이 미술과 과학, 그리고 실생활에 이렇게 중대한 것이 될 줄은 발명자 자신도 예상조차 못했을 것이다.

1871년에 편리한 젤라틴 원판이 발명되고, 감광도가 예민한 브롬은에 의하여 촬영이 불과 1초 이내에 됨으로써, 사진술은 가장 확실하고 주관적 단점을 배제한 관찰 방법으로 과학과 기술의 모든 분야에 이용되었다. 특히 빛의 현상을 관찰하는 천문학에서는 곧 사진술을 이용하게 됐고, 근대 천문학 부문에서는 없어서는 안 되는 중요한 이기가 되었다. 키르히호프가 수개월의 노고로 그렸던 태양스펙트럼 선도는 한순간의 사진 촬영으로 더욱 정확하고 객관적인 것을 만들 수 있게 되었다. 그리고 20세기에 들어서자 가시광선 범위를 넘어선 적외선이나 자외선, 그리고 X선의 스펙트럼도 사진으로 촬영해 볼 수 있게 되었다.

2. 물리화학의 발전

화학적 상수와 물리적 상수 간의 법칙적 관계를 인정한 최초의 발견은, 딜롱(Pierre Louis Dulong, 1785~1838)과 프티(Alexis There'se Petit, 1791~1820)가 공동으로 1819년에 발견한 "원소의 원자는 모두 같은 열용량을 가진다."라는 '딜롱-프티의 법칙'일 것이다. 이 법칙을 다른 말로 하면 "원자량과 비열을 곱한 원자열은 고체 상태의 모든 원소에 대하여 상수 6.4를 가진다."라는 것이다. 언뜻 보기에 아무런 상관도 없어 보이는 상수 간에 이와 같은 의외의 관계가 발견되자, 다른 화학적 상수와 물리적 상수 간의 관계도 규명하게 되었다.

물리화학의 확립자로 꼽히는 헤르만 코프(Hermann Franz Moritz Kopp, 1817~1892)는 딜롱-프티의 법칙을 분자에 확장하여 "한 물질의 비열과 분자량을 곱한 분자열은 그 분자에 포함된 원소의 원자열 총합과 같다."라고 했다. 그리고 유기화합물의 동족계열 원소는 비등점 간에 근사적으로 같은 상이를 나타낸다는 것도 밝혔다. 사람들은 응고 온도에서도 화학조성을 추정하려고 시도했다. 이런 노력이 용액에까지 확장돼서 훌륭한 결실을 보았다. 라울(François Marie Raoult, 1830~1901)이 1887년에 발견한 "용매의 응고점이 용질의 분자량에 의하여 같은 값만큼 내려간다."라는 응고 법칙은, '가스-미터법'에 대신하여 화합물의 분자량 측정에 널리 이용되게 되었다. 그리고 빛의 굴절이나 편광과 같은 광학적 성상도 화학구조를 설명하는 데 사용하게 되었다.

물리화학은 여러 방법의 도움을 받아 모든 화학 문제 중에 가장 중요한 친화력의 문제를 해결할 전망이 보이자 실로 놀라운 의의를 가지게 되었다. 그러기 위해서는 화학 현상을 그 개별 위상에 대하여 추구할 수 있는 방법이 필요했는데, 그것은 광화학 분야에 있었다. 물리적 힘에 의한 화학 작용 가운데, 광작용은 수세기 이래 알려져 있었으나, 1850년까지는 광작용의 법칙을 추구하는 것을 단념하고 있었다. 그것은 광화학적 측정이 곤란했기 때문이다. 분젠과 로스코(Sir Henry Enfield Roscoe, 1833~1915)의 1855년부터 1859년까지의 공동 노력에 의하여 비로소 과학적 광화학의 기초를 세우는 데 성공했다.

1) 광화학적 측정

광화학적 측정의 최초 시도는 염소의 수가 광작용으로 염산과 산소로 되는($2Cl+H_2O$ $=2HCl+O$) 주지의 반응에 기초한 것이다. 그러나 분젠과 로스코가 다시 검토해 본 결과, 이 측정법은 물과 분해된 염소에서 생기는 염산의 방해로 사용할 수 없다는 것이 밝혀졌다. 그 후 드레이퍼(John William Draper, 1811~1882)가 처음으로 광화학 작용을 비교할 수 있는 방법을 찾아냈고, 이에 근거하여 분젠과 로스코의 연구가 시작되었다.

드레이퍼는 돌턴이 관찰한 염소 폭발가스가 광작용으로 화합하는 반응에서 출발했다. 그는 전기분해로 만든 같은 양의 염소와 수소의 혼합체로 실험했다. 이 혼합체를 햇볕에 쪼이면, 발생한 염소가스 또는 염산가스는 그 밑에 있는 액체에 흡수돼서 용적 감소가 일어났다. 눈금으로 읽은 일정 시간의 용적 감소는 빛의 세기에 정비례했다. 그래서 드레이퍼는 이 용적 감소를 광화학 척도로서 제안했다.

분젠과 로스코는 이 방법을 개량하여 광화학을 절대단위로 측정할 수 있는 장치를 개발했다. 즉, 염산을 전기분해하여 일정한 조성의 수소와 염소의 혼합가스를 만들고, 그 것을 특수한 빛 조사 장치에서 빛을 조사하여 압력 변화도 제거한 것이다. 그리고 후에 는 빛의 화학 작용을 측정하기 위한, 염화은을 적신 종이의 색이 검게 변하는 정도로서 측정하는 더욱 간단한 장치도 개발했다. 분젠과 로스코는 이러한 장치를 이용하여, 첫째 로 '광화학 감응'이라는 기묘한 현상을 발견했다. 이것은 광화학 작용이 일정한 광도에서 즉각 그에 대응하는 극대치에 도달하는 것이 아니라, 처음에는 매우 느리다가 차차로 빨라져서 수십 분 후에야 그 포화치를 유지하게 되는 것이다. 이 광화학 감응 법칙은 사진 과정에서 설명할 수 없었던 이상한 현상을 설명하는 열쇠가 되었다. 그리고 광화학의 잔 존 작용과 같은 틀린 가정도 제거할 수가 있었다. 그리고 그들은 일정한 표준 불꽃을 만 들어서, 그 표준 불꽃에서 1m 떨어진 곳에서 1분 동안 정상의 염소 수소 혼합가스에 미 치는 작용을 측정하여 광화학 작용의 단위로 삼았다. 그리고 광화학 작용은 작용하는 빛의 세기에 정비례한다는 것을 증명했다.

분젠과 로스코는 태양광선의 각 성분의 화학 작용을 연구했다. 이 연구에서 그들은 자외선도 가시화하기 위하여, 황산키니네(quinine) 용액을 칠한 흰 차폐 판 위에 태양스펙트럼을 투사했다. 이 연구에서, 적색과 황색에서는 광화학 작용이 매우 미약하나, 청색과 자외선에서 급격한 극대치를 나타내는 것을 알았다. 그리고 자기들의 논문 결론에 다음과 같은 암시를 했다.

"우리는 태양의 광화학 작용에 관한 금후의 연구를, 흑점이 많은 주기와 흑점이 적은 주기에 하려고 한다. 왜냐하면 이런 방법에 의하여 태양상의 이상한 현상에 대해서 예견적인 귀중한 추론을 내릴 수 있을 것이기 때문이다."

2) 편광에 의한 물질의 연구

빛이 각종 화학 성분의 물질을 투과할 때 받는 여러 변화도 연구되었다. 이런 연구 방향 가운데 하나는 앞에서 기술한 스펙트럼 검출이다. 그리고 다른 한 방향은, 편광면은 어떤 화학물질의 영향으로 선회된다는 사실에 근거한 것인데, 11장의 '물리학적 이성체'에서 이미 그 활용 성과를 알아보았다.

니콜프리즘과 편광기 개발

윌리엄 니콜(William Nicol, 1768~1851)이 1828년에 발명한 '니콜프리즘'은 방해석 결정을 대각선으로 절단하여 다시 접합한 것이다. 입사한 광선이 프리즘 내에서 복굴절하여 정상광선과 이상광선으로 나누어져서, 정상광선은 접합면에서 전반사되어 프리즘 측면 벽에 흡수되나, 이상광선은 접합면을 투과하여 결정에서 나오게 하여 이상광선의 광속만 모이게 한 것이다. 이런 니콜프리즘은 '편광 발생 소자(편광자)'와 '편광 분석 소자(검광자)'로 활용되는 편광기의 가장 중요한 요소가 되었다. 편광기에서 편광자(A)와 검출자(B)의 편광면이 서로 수직이 되게 한 위치, 즉 '십자(十字) 니콜'로 하면 A에서 온 편광은 B에 들어오지 못하여 시야는 암흑으로 보인다. 그런데 A에서 오는 빛이 중간의 H 위치에 놓인 일정 물질에 의하여 선회되면 그 빛은 B에 들어와서 밝게 보이므로 그 물질의 선회 능력을 알게 된다.

비오는 이것으로 원편광 현상을 발견했고, 아일랜드 더블린 대학의 교수 존 젤레트는 이 편광기를 더욱 개량하여 편광면 선회능을 정확하게 측정할 수 있게 하여, 근대의 화학적·광학적 여러 연구를 발전시켰다. 젤레트는 또 편광면의 선회 각도를 직접 측정하는 대신에, 시험하려는 물질의 작용을 정반대의 선회능을 가진 물질의 작용으로 상쇄하는 대상법(對償法)을 개발했고, 1입방인치의 알코올에 살리신 1그램을 녹인 용액 층의 작용을 선회능의 단위로 하여 대상법의 표준물질로 사용했다. 이 선회능 측정 방법을 이용한 가장 중요한 연구는, 19세기 초에 베르톨레가 제기한 화학평형에 관한 문제였다.

선회능과 화학평형

화학평형 상태에 대한 양적 관계를 찾기 위해 젤레트는 식물염기와 염산으로 실험을 했다. 알칼로이드(식물염기)로는 키니네($C_{21}H_{22}N_2O_2$), 그 유도체인 브루신($C_{23}H_{26}H_2O_4$), 그리고 아편에 포함된 모르핀의 유도체 코데인($C_{18}H_{21}NO_3$) 중의 둘을 택했다. 이들은 모두 염산과 화합하여 충분한 특징을 나타내며, 그와 염도 알코올에 용해되어 선회능 검사가 쉽기 때문이다. 예를 들어, 키니네 b 분자와 브루신 c 분자에 염산 a 분자를 가했다면, 키니네와 브루신(brucine) 염기 각 한 분자는 염산 한 분자와 화합하여 각 염 한 분자가 생긴다. 따라서 염산키니네가 X 분자 생겼다면, a-X 분자의 염산브루신이 생기며, b-X 분자의 키니네와 c-(a-X) 분자의 브루신이 남아 있다. 이 네 가지 물질을 포함한 혼합액에 대해 실측한 전 선회능은 다음과 같다.

R=X×DChi.HCl+(a-X)DBru.HCl+(b-X)DChi.+〔c-(a-X)〕DBru.
단, 위 식에서 'DChi.HCl; 염산키니네, DBru.HCl; 염산브루신, DChi.; 키니네, DBru.; 브루신' 각각의 선회능을 나타낸다.

이 식에서 X 이외의 값은 정확히 측정되므로 X 값이 산출되고, 따라서 염산키니네 분자 ①=X, 염산브루신 분자 ②=a-X, 키니네 분자 ③=b-X, 브루신 분자 ④=c-(a-X)=c-a+X 가 함유되어 있다. 그리고 화학평형 상태에서는 아래의 식과 같은 일정 값, 즉 평형상수를 가진다는 것을 알았다.

평형 상수; E=①×④/②×③=X(c-a+X)/(a-X)(b-X)

예를 들어, 키니네와 코데인은 2.03, 코데인과 브루신은 1.58, 브루신과 키니네는 0.32 라는 평형상수를 가진다.

젤레트는 또 화학평형은 정역학적인가 또는 동역학적으로 해석할 문제인가에 대해서도 연구했다. 정역학적 평형이란, 용액 중에 있는 분자는 조건이 동일한 한 그 조성이 변하지 않는다는 의미며, 동역학적 평형에서는 분해와 역행이 연속적으로 일어나는데, 이러한 현상이 완전히 상쇄되는 것을 의미한다.

3) 열화학적 현상 연구

라플라스와 라부아지에가 화학 현상에서 발생하는 열을 자기들이 고안한 얼음 열량계로 측정한 이후로, 발생한 열량은 친화력의 단위로 보아도 좋고, 그것은 실제로 화학에너지에 대한 단위를 주는 것이라는 생각에서, 열화학적 현상에 대한 연구가 발전했다.

화학친화력과 실열량

스위스의 화학자 헤스(Germain Henri Hess, 1802~1855)도 이런 생각에서, 최초로 열화학적 현상이 일어나는 법칙을 발견하는 데 열중했다. 그는 정밀한 열량 측정은 화학친화력의 상대적 단위를 줄 수가 있고, 그 법칙의 발견으로 인도해 줄 것이라고 믿었다. 그래서 그는 우선 화학반응 중에 발생하는 열량을 정밀히 측정할 수 있는 열량계를 고안하여 실험한 결과, 화학적 전환에서 생기는 실열량, 즉 열량 단위로 나타낸 에너지는 화합하는 물질의 친화력에만 좌우되는 것이 아니라, 전환하기 전에 화합물이 용해하는 필요한 에너지의 소비와 에너지의 발생이 병행한다는 것을 알았다. 이 에너지 소비는 때로는 발생하는 에너지보다 커서, 실열량은 부(−)가 되는, 바꿔 말하면 열 흡수로 화학적 전환이 일어나는 경우도 있다.

실례로, 옥소(I)와 수소(H)가 화합하여 옥화수소(HI)가 될 경우, 이 과정은 열의 발생에 의해서가 아니라 열의 소비에 의해서 행해진다. 이 경우의 부(−)의 실열량은, 옥소와 수소 간의 친화력은 옥소 원자와 수소 원자 간의 친화력보다 훨씬 적다는 것으로 증명했다. 그리고 헤스는 같은 양의 황산을 여러 가지 농도로 물을 가한 황산(H_2SO_4)과 암모니아를 화합시킬 때 발생하는 열량을 정밀하게 측정해 본 결과, 각종 농도로 물을 가할 때 발생하는 각 열량과 그것이 암모니아와 화합할 때에 발생하는 열량을 각각 합한 열량은, 같은 양의 무수 황산과 암모니아를 화합시킬 때 발생하는 열량과 같다는 것을 알았다. 즉, "화합이 직접이거나 간접이거나 또는 수회로 나누어 행해져도, 발생한 총열량은 불변이다."라는 열화학의 일반 법칙을 발견했다.

라부아지에와 라플라스가 제창한 "화합물이 분해할 때는 그것이 만들어질 때에 발생한 것과 같은 열량이 소비돼야 한다."라는 원칙과, 헤스가 발견한 '총열량 불변의 법칙(헤스의 법칙)'은 그때까지는 아직 발견되지 않았던 에너지 원리와 완전히 일치하는 것이다. 에너지 원리가 발견된 후부터는, 열화학적 현상과 에너지 원리의 일치를 상세히 실증하는 방향으로 연구가 진행되었다. 이런 방면에서 1853년 이래, 열화학과 열역학 설을 결부시킨 덴마크의 화학자 율리우스 톰센(Hans Peter Jörgen Julius Thomsen, 1826~1909)의 공적은 특히 뛰어난 것이다.

해리와 이상증기밀도

화합물의 생성에 수반되는 실열량과 같이, 가열에 의하여 생기는 일종의 분해인 해리도 역시 친화력 문제를 해결하는 열쇠로 생각되었다. 열역학에 의하면, 화합물의 열용량은 분자운동과 분자 내의 원자운동으로 된다. 이 두 운동은 에너지 공급으로 높여지는데, 원자운동이 담당하는 배분은 최후에 매우 커져서 원자에너지가 원자 간에 작용하는 화학 인력보다 커져서 그 결과 분해하게 된다. 이러한 현상을 '해리(解離)'라고 한다. 그리고 냉각하여 그 원자운동을 정지함과 동시에 반응은 역으로 돼서 분해물은 재결합한다. 이 해리 현상은 이상증기밀도의 발견에 의하여 주목하게 되었다. 기체 상태의 물질은 동일한 물리적 조건과 용적에서는 같은 수의 분자를 가진다는 아보가드로 법칙에 따라, 증기 밀도와 분자 중량을 상대적으로 산출할 수가 있다. 그런데 NH_4Cl의 증기 밀도는 화학식에서 계산한 값의 반밖에 안 되었다. 그래서 NH_4Cl 분자는 가열에서, '$NH_4Cl=NH_3+HCl$'과 같이 두 종의 분자로 분해한다고 가정해야만 했다.

호르슈트만(August Friedrich Horstmann, 1842~1929)은 특히 이 해리 현상과 그 이론을 연구했다. 그는 해리 현상의 특징으로, 물질의 모든 부분이 동일한 영향을 받아도 해리 과정은 그 물질의 일부에만 미치고, 그 해리도는 그때의 온도, 압력, 화학적 상호작용 등과 같은 조건에 따라 평형상태에 있다는 것을 밝혔다. 그리고 그는 이 해리 현상, 즉 분자의 닫힌계가 해리에서 나타내는 '정상 경계 상태(定常境界狀態)'를 클라우지우스가 우주의 엔트로피는 극대치를 향하여 간다는 열역학의 제2법칙의 유추로 생각하여, 열역학적으로 설명하는 데 성공했다.[3]

---

3 호르슈트만, 「화학 현상의 열역학에 관한 논문」, 『오스트발트 클라시커(1902)』 제137권.

이러한 방면에 대한 연구로 노르웨이의 수학자며 화학자인 굴드베르그(Cato Maximilian Guldberg, 1836~1902)가 공헌한 업적도 크다.[4] 굴드베르그는 화학친화력에 관한 연구에서 '질량작용의 법칙'을 발견하여 1864년에 발표했다. 그리고 화합물의 형성에 병행하는 실열량에서 출발하여, 해리 중의 압력, 용적, 온도 간의 관련 공식을 이론적으로 도출했다. 굴드베르그가 1872년에 발견한 이 중요한 공식은 1885년에 판트호프에 의하여 실증이 되었다.

질량작용의 법칙과 반응속도

화학적인 광학적·열역학적 연구에 있어서, 화학 현상의 종결까지 소요되는 시간에도 주의하게 되었다. 벤첼(Carl Friedrich Wenzel, 1740~1793)은 1777년에 발표한 「물체의 친화에 관한 설」 중에 황산동과 초산아연을 섞어 황산아연과 초산동을 만드는 실험에서, "온도와 표면적이 같다고 전제하고, 산(酸)이 한 시간에 일정 중량의 아연 또는 동을 용해한다고 하면, 그 반의 세기의 산이면 두 시간이 소요된다."라고 했다. 베르톨레도 이 원리에 대해 "작용은 작용하는 양에 정비례한다."라고 말했다. 그러나 1850년에야 비로소 빌헬미(Ludwig Wilhelmi, 1812~1864)가 이 문제를 상세히 연구했다. 그는 편광면을 우선 회시키는 자당(蔗糖)을 물에 녹이고 산을 가하면, 산의 작용으로 자당과 물이 화합하여 전화당이 되는, 즉 '$C_{12}H_{22}O_{11}+H_2O=2C_6H_{12}O_6$'과 같은 반응을 관찰하여 최초의 자당 양을 1이라 하고 반응 단위시간에 전화된 양을 a라고 할 때, t 단위시간 후에도 전화되지 않고 남아 있는 양은 $(1-x)=(1-a)t$ 가 된다는 것을 알았다. 즉, 다음과 같은 반응속도의 법칙을 발견했다.

$$1-x=(1-a)t=e-at, \quad \ln(1-x)=-at, \quad -\ln(1-x)=at$$
$$\ln(1/1-x)=at, \quad 따라서 \quad a=(1/t)\times\ln(1/1-x)$$

이 빌헬미의 연구는 최초에는 거의 주목을 받지 못했으나, 결국 베르틀로와 굴드베르그가 화학적 전환의 경과를 다시 연구하게 돼서, 이 연구는 일반화학과 물리화학의 근대적 발전 단계에서 흥미의 중심이 되었다.

---

4 굴드베르그, 「분자설과 화학평형에 관한 열역학 논문」, 『오스트발트 클라시커』 제139권.

평형상태의 제 조건

젤레트와 빌헬미는 화학평형에 대한 연구에 물리적 방법을 사용했는데, 베르틀로는 화학적 방법으로 추구했다. 젤레트는 편광계를 사용한 데 대하여, 베르틀로는 질량분석법을 사용하여, 같은 문제인 염기와 산 간에 행해지는 반응 경과를 그 속도와 평형 방면에서 연구했다. 베르틀로는 그 연구에 가장 적합한, 초산과 알코올에서 초산에테르의 형성 과정을 택했다.

$$C_2H_5OH + CH_3COOH = CH_3COO \times C_2H_5 + H_2O$$

$$46 \qquad 60 \qquad 88 \qquad 18$$

이 과정에서 발생한 에테르 양은 소비된 산의 양과 정비례하므로, 전환 전후의 산을 질량분석으로 측정하면 알 수 있다. 즉 알코올 46 중량과 산 60 중량을 가열하여, 과정 후에 산이 30 중량 혼합체 중에 남았다면, 에테르는 44 중량이 만들어진 셈이 된다. 이 연구 결과, 전환은 불완전하게 서서히 진행되며, 끝으로 갈수록 더욱 느려져서 마치 일정 한계를 향하여 진행하는 것 같아서, 알코올, 산, 에테르, 그리고 물이 혼합한 계에서 이루어진 평형상태인 것을 알았다. 그리고 이 평형상태가 좌우되는 조건은, 온도나 압력 같은 물리적 조건과, 반응하는 물질의 고유 성질과 양적 관계인 화학적 조건이 있다. 이러한 각 조건의 영향을 조사한 결과, 온도의 상승은 에테르의 생성과 물에 의한 분해를 촉진시키며, 액체계에 미치는 압력의 영향은 의외로 적어서 무시해도 될 정도였다.

질량작용에 관한 물의 작용은 반응속도를 느리게 하며, 에테르 생성 한계를 저하시켰다. 즉, 알코올과 초산을 희석하면 그만큼 전환이 불완전해진다. 본래의 염 형성 반응에서는 염기와 산의 희석은 본질적 영향을 주지 않으며, 도리어 전환 속도가 빨라지며 더욱 완전해진다. 베르틀로는 이러한 원인이 되는 두 조건을 지적했다. 첫째는, 산의 알코올에 대한 작용에는 약간의 발열밖에는 수반하지 않는다는 것이다. 둘째는, 알코올과 에테르가 전해질이 아니라는 것이다.

4) 화학 현상의 역학

베르톨레는 최초로 화학적 현상을 역학적 원리로 설명하려고 시도했다. 그리고 다음 세대의 젤레트, 베르틀로, 판트호프, 굴드베르그와 그의 의제 보게 등이 이 연구를 계속하여, 굴드베르그와 보게, 그리고 판트호프 등이 화학적 정역학과 동역학 원칙을 발전시키는 데 어느 정도 결말을 보았다.

평형상태의 동역학

노르웨이의 수학자 굴드베르그와 그의 의제인 화학자 보게(Peter Waage, 1833~1900)는 베르틀로와 젤레트의 연구를 기초로 하여, 화학 과정에 있어서 서로 반응하는 성분 간에 나타나는 평형상태는 정역학적이 아니라 동역학적이란 생각을 했다. 예를 들어, 2종의 물질 A와 B가 반응속도 v로 새로운 물질 A′와 B′로 전환할 때에, 동시에 A′와 B′에서 A와 B로 역으로 반응속도 v′로 형성된다고 생각했다. 이 경우, 총 전환 속도 V가 0이면 동적 평형상태가 성립하는 것은 명백하다. 따라서 화학적 동역학에 적용되는 다음 식을 도출했다. V=v-v′, V=0=v-v′

실례의 하나로, 황산바륨과 탄산칼륨 간의 상호 분해, 즉 반응 ‘A(BaSO₄)+B(K₂CO₃) =A′(BaCO₃)+B′(K₂SO₄)’을 관찰해 보면, A와 A′는 불용성 화합물이므로, 이들의 양 증가는 매우 적은 작용밖에 하지 않는다. 가용성 물질 B, B′가 일정한 비(4 : 1)를 유지하면, 관찰은 이론과 일치했다. 그리고 베르톨레가 19세기 초에 출발점으로 한 화학반응에 나타나는 ‘질량’이라는 개념은, 굴드베르그와 보게에 의하여 질량과 용적의 비를 고려하여 더욱 정밀하게 측정되었다. 그래서 질량작용은 용적작용과 결부돼 있는 것을 관찰하게 되었다. 그 결과, 굴드베르그와 보게는 다음과 같이 밝혔다.

“질량작용은 각기 일정한 힘으로 높여진 후는 질량의 서로 곱한 것에 정비례하나, 작용하는 물질의 같은 질량이 여러 용적으로 배분된다면, 이들의 질량작용은 용적에 반비례하게 된다.”

그리고 반응계의 단위 용적 안에 있는 질량을 ‘활동력’이라고 불렀다. 이 개념은 ‘농도(濃度)’의 개념과 일치한 것이다.

삼투압의 연구

판트호프는 1885년에 화학평형이 농도에 좌우된다는, 근대 물리화학의 발전에 매우 귀중한 사실을 발견했다. 판트호프는 한편으로는 굴드베르그와 보게의 연구에서, 다른 한편으로는 식물생리학 분야에서 생긴 페퍼, 트라우베, 더프리스의 삼투 연구에서 출발했다. 세포 중에 작용하는 삼투력을 정밀하게 알기 위하여 트라우베(Moritz Traube, 1826~1894)는 인조 세포막을 만들었고, 페퍼(Wilhelm Peffer, 1827~1894)가 이것을 이용하여 삼투압을 발견했고, 더프리스(Hugo De Vries, 1848~1935)가 처음으로 그 의의를 인정했으며, 판트호프는 이것을 용질의 화학적·물리적 작용 연구에 이용했다.

판트호프는 페퍼의 삼투 연구 결과에서, 기체에 대한 '보일-마리오트의 법칙'이 기체의 밀도를 용액의 농도로 했을 때, 용질에도 적용된다는 것을 발견했다. 즉, 자당 용액의 농도를 C%, 용액의 일정 온도에서의 삼투 압력을 PmmHg라고 했을 때, P/C=520이라는 근사한 상수를 얻었다. 여기서 삼투 압력은 농도에 비례한다는 것이 밝혀졌다. 그리고 또 게이뤼삭의 법칙이 용액 상태에도 적용된다는 것을 열역학 원리에서 이론적으로 도출하여 실험으로 실증하는 데도 성공했다. 즉, 용액 농도를 불변으로 하면 삼투 압력은 절대온도에 정비례한다는 것을 밝혔다. 용액에 대해서도 기체 상태와 같이 '보일과 게이뤼삭의 법칙'이 적용된다는 것을 밝혔다. $P \times V = R \times T$, $R = P0V0/273$, T; 절대온도.

삼투압 절대온도

보일과 게이뤼삭의 법칙을 더욱 정밀하게 검토한 결과, 이 법칙은 모든 것에 절대적으로 맞는 것이 아니라, 그것은 엄밀하게 가정하면, 분자가 어떤 상호작용도 하지 않는다는 이상 상태에만 맞는 한계 또는 근사 법칙인 것이 밝혀졌다. 용액에 대해서도 농도가 커져서 분자 상호작용이 있기 시작하면, 희박한 상태에서 맞던 이 법칙은 틀리게 된다. 그래서 '이상용액'이라는 어떤 한계 상태이며, 희석에 의하여 그 한계 상태에 도달하는 것이 아니라 더욱더 접근한다고 말할 수 있다. 왜냐하면 기체 상태와 용해 상태의 두 한계 상태는 수학적으로 표현하면 무한대이기 때문이다. 용질(溶質)에 대해서도 아보가드로의 법칙이 맞는다는 것을 증명한 것은 기체 법칙을 용질에까지 확장하는 데 매우 유용했다. 아보가드로 법칙이 용액 상태에도 맞는다는 것을 증명하기 위하여, 판트호프는 보일과 게이뤼삭의 법칙을 하나로 묶은 다음 식에서 출발했다. $PV = RT$, $R = PV/T$

분자량을 여러 기체에 대하여, 수소 $H_2 = 2$, 탄산가스 $CO_2 = 44$, 암모니아 $NH_3 = 17$ 등과 같이 택하면, 아보가드로 법칙에 따라 기체 상태 물질의 일정 수 분자는 같은 압력과 온도에서는 일정한 용적을 가지므로, R은 항상 같은 값을 가질 것이다. 기체 분자 수가 1kg 1m³에 있다고 가정하면, R=845.05이라야 한다. 기체 대신에 희석 용액을 위의 식에 적용해 보면, 용질의 분자 수를 문제로 하는 한 R은 역시 같은 값을 가진다. 판트호프는 아보가드로의 법칙이 액체에도 맞는다는 것을 페퍼의 실험 결과에서 증명했다. 아보가드로 법칙이 어떤 물질에 잘 맞지 않는다는 것은, 한 분자가 조건에 따라 둘 또는 몇 개의 합성 분자로 분해하는 해리 작용으로 설명되었다. 판트호프는 이것을 용액 상태에도 확장하여, 계수 i를 첨가하여, PV=iRT라고 했다. 그리고 이 계수를 삼투압, 증기 장력 또는 응고점의 측정에서 찾으려는 그의 노력은 충분히 성과가 있었고, 이 계수의 본래 의의는 아레니우스(Sante August Arrhenius, 1859~1927)가 전리설에서 설명했다.

5) 전리설

전리설의 단서는 그로투스(Theodore von Grotthuss, 1785~1822)가 정지를 하고, 그 후 히토르프(Johann Wilhelm Hittorf, 1824~1914), 클라우지우스, 헬름홀츠 등이 전개한 '이온 이동설'에까지 거슬러 올라간다. 그리고 이 전리(電離), 즉 '이온화'에서 '이온(Ion)'이라는 것은 패러데이가 제정한 용어에 따라, 전기분해에서 양극(兩極)에 유리되는 물질, 즉 음극(Cathode)에 유리되는 '카시온(Cathion; -Ion)'과 양극(Anode)에 유리되는 '아니온(Anion; +Ion)'을 뜻하는 것이다.

패러데이가 이런 용어를 제정하기 훨씬 전에, 그로투스가 1805년에 발표한 「물과 물에 용해한 물질의 갈바니전기에 의한 분해에 관한 논문」[5] 안에 전해(電解)에 대한 최초의 설명을 했다. 거기서 전해 물질은 전해되는 액체의 어디서나 발생하는 것이 아니라, 훨씬 떨어진 두 전극(兩極)에 각각 생긴다고 했다. 그로투스의 설은 모든 물 분자는 음전기 성분의 산소와 양전기 성분의 수소로 된 두 극성을 가진다는 생각에 근거한 것이다. 전해 과정에서는 전극의 전기 영향하에 물 분자들은 우선 두 전극 사이에 있는 모든 액체 중에서, 모든 산소 원자는 양극을 향하고 모든 수소 원자는 음극을 향하게 배열된다. 그리고 전극에 직접 접촉한 각 분자 중에 원자의 석출이 행해져서, 그 원자들은 전기의 두 극성에 의하여 두 전극에 흡인되며, 두 전극 사이에 있는 모든 분자는 그 성상이 변하지 않고 그 성분을 교환한다는 것이다. 알기 쉽게 말하면, 두 전극 간의 물 분자들은 수소와 산소로 된 고리의 줄과 같이 돼 있고, +극에 접한 첫 고리에서 산소 원자가 석출되면 다음 고리의 산소가 차례로 그 고리 자리에 와서 석출된다. 그리고 반대로 음극에 접한 끝 고리에서는 수소가 석출되며, 그 앞 고리의 수소가 차례로 와서 음극에서 수소가 석출된다는 것이다. 그래서 동시에 유리된 (+) (-) 두 이온은 같은 한 분자에서 생긴 것이 아니라, 두 전극에 접한 다른 두 분자에서 생겼다는 것이다.

---

5 이 논문은 프랑스어로 발표되어, 1805년에 로마에서 출판되었다. 그리고 1806년에 『화학 연보』 제58권에 게재되었다.

두 전극의 금속만이 기전력의 자리라는 옛 생각에서 벗어나지 못한 그로투스의 이 생각은 패러데이가 물리쳤다. 패러데이의 생각에 의하면, 전극은 분해할 물질에 전기가 흘러 들어가고 나오는 문에 지나지 않다. 따라서 화학 분해는 두 전극의 인력에 의한 것이 아니라, 전해질에 대한 전류의 작용으로 일어난다. 즉, 전극에서의 거리의 제곱에 따라 감소하는 인력에 지배되는 것이 아니라, 두 전극 사이의 어디서나 각 분자에 같은 크기로 작용하는 것이다.

히토르프는 그로투스 설이 내포한 이 모순을 우선 해소했다. 그는 두 전극 간의 물 분자의 산소와 수소가 직렬로 배열된 것이 아니라 병렬로 줄지어 있다고 상정했다. 그리고 전해질의 각 이온은 긴밀하게 분자에 결부돼 있는 것이 아니라고 가정했다. 그래서 전해 중에 전해질 농도가 균등하지 않는 현상을, 이온 속도가 균등하지 않다는 것으로 설명했다.[6] 19세기 초의 그로투스의 설이 전해 과정에 대해, 전해질의 각 분자가 전기의 작용을 받아 분해된다고 가정한 데 반대하여, 클라우지우스는 1857년에 "매우 미약한 동 전력(전압)의 전류도 전해질의 분해를 일으킬 수가 있으나, 그 전기의 힘은 그 분자의 화학적 친화력에 이길 일정 크기가 되어야 한다."라고 지적했다.

아레니우스(Sante Arrhenius, 1859~1927)가 전개한 이론도 역시 이 클라우지우스의 생각을 중심으로 한 것이다. 아레니우스는 전해질의 갈바니전기 전도도(傳導度) 연구에 의하여, 전해적으로 전도하는 물질에서 전기를 전도하는 물질은 전해질 총량의 일정한 소부분이며, 나머지는 전기를 전도하지 않는다는 것을 확인하고, 이것을 '비활동적 부분'이라고 불렀다. 그리고 전해질의 전도적 활동 부분은 기체의 해리와 같이 어떤 화합물(특히 산과 염기의 화합물인 염)이 용해할 때 분자의 부분적 분해, 즉 전리가 일어난다는 것으로 설명했다. 이제 이 가정에 의하여, 판트호프가 보일과 아보가드로 법칙을 용액 상태에 적용시켜 유도한 식에는, 계수 i를 도입하여 $PV=i \times RT$ 라고 했다.

이 i의 도입에 의하여 삼투작용(滲透作用)도 설명할 수가 있게 되었다. 아레니우스는 전지 전도도에 대해서 발견한 수치에서 계수 i를 계산하여 그것을 이온의 이동속도와 결부시킴으로써, 물리화학에 대한 기초적 연구에 최후의 결말을 냈다.

---

6 히토르프, 「전해 중의 이온 이동에 대하여(1858)」, 『오스트발트 클라시커』 제21권, 제23권, 1891년에 게재.

제 12 장

현대 과학의 시작

현대 과학은 혁신적 인식 기반에서 발전하게 되나, 그 새로운 인식 기반은 이미 19세기 후반부터 싹트기 시작한 것이다. 금세기를 특징짓는 '에너지 시대'는 19세기 후반의 '에너지 원리'의 발견에서 비롯되었고, 금세기에 전개된 원자물리학은 이미 19세기에 발견된 원소의 주기율이나 스펙트럼의 개념 속에 싹트기 시작한 것을 알 수 있다. 금세기 최대의 물리학적 발전으로 볼 수 있는 양자 이론 또한 프라운호퍼가 발견한 스펙트럼에 그 실마리가 싹터 있었다고 볼 수 있다.

이와 같이 과학의 발전은 어떤 연관을 가지며 발전하는 것인 만큼, 어떤 시대적 발전을 역사의 흐름 안에서 개별적으로 독립시켜 파악할 수는 없다. 따라서 금세기의 과학적 발전은 19세기의 근대적 과학이 금세기로 이행하는 과정을 먼저 살펴본 후에야 역사적으로 파악할 수 있다. 그래서 12장에서는 19세기 후반부터 금세기 초까지에 근대과학이 현대 과학으로 이행하는 과정에서의 중요 발전 사항을 다시 정리해 살펴보기로 한다. 이 이행기에 과학의 이론과 응용, 즉 과학과 기술은 더욱 밀접하게 상호 관련하여 보완하게 되었고, 또한 과학기술의 각 전문 분야들이 더욱 밀접하게 상호 관련하여 발전하게 되었다. 이러한 사항 중에서 에너지 원리의 인식과 스펙트럼에 연관한 물리와 화학의 상호 관련적인 발전은 앞에서 이미 상세히 거론했으므로 재론하지 않기로 하고, 여기에서는 앞에서 상세히 기술하지 못한 것을 살펴보기로 한다.

1. 이론물리학과 응용물리학의 발전

19세기 중에 정밀과학은 실험적 연구와 그 위에 세워진 이론적 연구와의 강력한 협력으로 멋지게 정돈됐고, 적어도 그 기초만은 굳게 결속된 학설로 되었다. 그래서 과학의 각 부문들은 19세기 말엽부터 20세기 초엽까지에 현저한 발전을 하여, 금세기의 현대 과학을 싹트게 했다. 이러한 사항 중에는 앞에서 이미 기술한 것 외에도 이론과 응용물리학 분야와 천체물리학 분야에서 상호 관련으로 발전한 것을 정리하여 특기할 것이 있다. 여기서는 우선 자연과학의 가장 오래된 부문인 역학과 음향학, 그리고 광학의 이론적 정립과 응용의 발전에 대해서 살펴보기로 한다.

1) 힘의 개념 확립

힘에 대한 개념이 확립되지 못하고 애매한 상태로 있는 한, 이론역학의 기초는 늘 흔들려 왔다. 이러한 힘에 대하여 1850년 이후 처음으로 일반적 인식에 도달한 운동에너지와 퍼텐셜에너지의 구별은 하나의 큰 진보를 의미한다. 고전역학은 힘 그 자체를, 운동을 일으키는 원인 또는 운동을 일으키려는 노력이라고 규정했다. 키르히호프는 '원인'이라던가 '노력'이라는 개념에 내포된 애매함을 없애기 위하여, 자연계에 행해지는 운동을 완전히 그리고 가장 간단하게 기술하는 것만을 역학에 부과된 임무라고 했다. 키르히호프는 여기서 문제가 되는 것은 현상이 어떠한 것인가 하는 것이지, 그 현상의 원인이 무엇인가를 찾는 것이 아니라는 것을 주장하려고 했다. 그는 시간, 공간, 질량의 개념에서 출발하여, 이러한 제한에서 역학의 일반 방정식에 도달했으나, 이 방법에 의해서도 '힘'이라는 말을 잘 소화할 수 없었다. 힘에 대하여 기술된 모든 명제들을 방정식 형태로 표현할 수는 있었으나, 용어의 단순화 이상의 의미는 없었다. 힘의 개념에 수반되는 형이상학적 애매함은 원격력의 가정으로 더욱 애매해졌고, 역학에 대하여, 따라서 물리학 전체의 기초에 대하여 더욱 곤란을 가중시켰다. 에너지 원리의 확립자들도 이러한 원격력의 설에 묶여 있었다.

그런데 이 원격력설은 패러데이의 실험적 연구와 그것에 기초한 맥스웰의 이론적 연구로 비로소 흔들리게 되었다. 이 두 사람은 전기적·자기적 현상을 전매질(電媒質), 즉 서로 대응한 여러 현상이 통과하는 공간 중에 있는 매질의 물리적 변화로 설명했다. 에너지 원리의 제창에 의하여 구식의 열소(熱素)가 제거되었다면, 이번에는 패러데이와 맥스웰에 의하여 자기적·전기적 액체가 이론물리학에서 쫓겨나게 되었다. 이 결과, 옛날에는 세 분야로 나누어져 있던 것이 전자광학의 제창으로 하나로 종합되었다. 이러한 진보는 운동에너지뿐만 아니라 퍼텐셜에너지까지도 등질의 입자 운동과 관성으로 설명하려는 실험에까지 발전했다.

특히 헤르츠(Heinrich Rudolf Hertz, 1857~1894)는 이런 실험의 수행에 큰 공적을 남겼고, 기체의 운동학적 이론에 한 실례를 주었다. 이 덕택에 이전에는 퍼텐셜에너지로 보았던 기체의 장력은, 기체 구성 입자의 운동에너지로 설명되게 되었다. 그에 의하면, 운동하는 질점의 에너지만이 존재하며, 퍼텐셜(위치), 화학, 열, 전기 등의 에너지로 불렸던 모든 에너지는 이 질점의 운동에너지로 환원시킬 수가 있다. 헤르츠는 그의 '힘에 구애되지 않는' 역학의 지도적 사상을 다음과 같이 말했다.

"우리가 하나의 통합된 법칙에 맞는 세계상을 유지하려면, 사물 뒤에 있는 볼 수 없는 사물을 추정하지 않으면 안 된다. 그래서 우리는 감각의 한계 뒤에서 작용하는 힘과 에너지의 개념을 만들었다. 우리가 이 감추어진 것이 작용한다는 것은 승인할 수 있으나, 이것이 어떤 특수한 범주에 속해 있다고 가정할 필요는 조금도 없다. 내가 이 점에서 주장하는 의견은, 감추어진 것도 역시 운동과 질량에 지나지 않는다는 것이다. 왜냐하면 우리가 힘 또는 에너지라고 부르고 있는 것은, 질량과 운동의 작용에 지나지 않기 때문이다. 열의 힘은 명확히 질량의 감추어진 운동에 귀착된다. 맥스웰에 의하여, 전기역학적 현상에 감추어진 질량의 운동이 작용하고 있다는 것은 거의 확증되었다. 그래서 켈빈 경은 원자의 소용돌이(와동) 성질에 관한 자기 학설에서, 이런 생각에 일치하는 우주상을 만들려고 한 것이다."[1]

헬름홀츠는 헤르츠의 이 유고에 붙인 서문 중에서 다음과 같이 강조했다.

"헤르츠가 전개한 여러 원리에서, 각종 물리 현상에 대한 설명을 하려면 아직도 큰 곤란이 가로 놓여 있다. 그러나 헤르츠 덕택에 우리는 어떤 일정 장소에 대한 볼 수 없는 운동을 어떻게 상상할까를 설명할 수 있는 여러 실례를 가지게 되었다. 그리고 이론물리학의 발전은, 힘을 감추어진 운동에 환원시키려는 시도 이래, 우리를 기계적 견해의 훨씬 저 너머에 인도해 갈 길을 열어주었다. 확실히 가장 정밀하게 연구된 물리적 현상 중에는, 보기에 기계적 자연관에 대하여 완강하게 저항하는 여러 현상들이 남아 있다."[2]

2) 수리물리학의 중요한 진보

헬름홀츠가 그린의 정리를 소용돌이 운동 문제나 액체 중의 사선 성립에 응용함으로써, 역학의 범위는 매우 확대되었다. 이 기초적 논문은 1858년에 「소용돌이 운동에 상당하는 유체역학적 방정식의 적분에 대하여」라는 표제로 발표되었다. 이미 오일러, 베르누이, 라그랑주는 유체 운동의 수학적 분석을 연구했다. 특히 라그랑주는 후년에 그린과 가우스에 의하여 완성된 '퍼텐셜설'의 관점에서 연구를 하여 하나의 함수를 도출했다. 이것은 후에 헬름홀츠가 '속도퍼텐셜'이라고 부른 함수이며, 특히 이 속도퍼텐셜이 존재하

---

1 헤르츠, 『역학의 제 원리(1894)』.
2 플랑크, 「기계적 자연관에 대한 근대물리학의 지위」, 1916년 자연과학자 총회 보고.

지 않는다는 예로서, 모든 미분자가 같은 각속도로 유체의 한 축을 중심으로 회전하는 경우를 연구했고, 이 연구는 유체의 소용돌이 운동과 전류의 전자 작용이 매우 닮았다는 사실을 발견케 했다. 특히 흥미 있는 것은 헬름홀츠가 유체 중의 소용돌이고리(와동환)의 존재를, 이론뿐만 아니라 실험적으로도 증명한 것이다.

윌리엄 톰슨(켈빈 경)은 에테르와 같은 마찰이 없는 유체 중에 존재하는 이런 소용돌이는 항상 존재한다는 증명에, 원자는 연속성 물질로 생각되는 에테르 내의 그러한 소용돌이의 고리라는 가설을 결부시켰다. 톰슨의 이러한 소용돌이설은 매우 가설적인 것이나, 물질의 연속성 표상은 원격 작용을 제외하면 원자론적 견해에 결부된다는 것을 나타내었다. 헬름홀츠는 유체역학 분야에 대한 그의 두 번째 논문인 「비연속성의 유체 운동에 대하여」를 1868년에 발표했다. 이 논문 중에, 특히 예각(銳角)이 흐르는 액체에 미치는 영향과 유체 선이 넓은 곳으로부터 좁은 관으로 이행하는 경우를 규명했다.

헬름홀츠가 수행한 음향학적 연구는 그의 유체역학 연구와 밀접히 결부된 것으로, 1860년에 「열린 말단을 붙인 관에 있어서의 공기 진동설」이라는 논문에 발표했다. 옛 학설은 피리 안의 공기는 평면 층에서 축에 평행하게 좌우로 진동한다는 가정을 했다. 이 가정은 출구에서 떨어진 피리 부분에서는 적용되나, 열린 끝에 가까워지면 공기가 외부 공간에 진입할 때에 평면파는 구면파로 이행하게 되므로 맞지 않는다. 이런 이행은 완만히 일어나나, 이 문제의 수학적 해석은 퍼텐셜설과 특히 그린이 전개한 여러 정리의 가장 흥미 있는 응용에 속한다. 만약에 피리를 그 외부에 있는 음차(音叉)와 같은 진동체에 공명하게 하면, 공명의 세기나 진동의 위상을 측정하는 데 이용할 수가 있다.

헬름홀츠는 대기역학의 연구에서 항공 문제도 다루었다. 그는 1873년에 발표한 논문인 「유체의 기하학적 운동에 관한 것과 기구를 조타하는 문제에의 응용에 관한 이론에 대하여」에 조류의 크기는 한계가 있으며, 독수리는 아마도 그 한계에 도달한 것 같다고 기술했다. 같은 양의 근육이 더욱 많은 일을 할 수가 있을 때만 이 한계를 넘을 수가 있으며, 인간에게 자기 근육의 힘으로 움직이는 날개를 주어도 자기의 무게를 공중에 들어 올려서 유지할 수는 없을 것이라고 했다. 기상학도 헬름홀츠가 가스 상태 역학의 이론적 연구에서 내놓은 「대기의 운동에 대하여」와 「파도와 바람의 에너지에 대하여」라는 두 논문에 의하여 풍요롭게 되었다. 그는 이들 논문에서, 공중에서는 힘의 교환이 생기는 이유, 대기의 운동이 그 세기에 있어서 비교적 낮은 한계밖에 가질 수가 없는 이유를 논술했다. 그리고 그는 무게가 다른 서로 평행으로 활주하는 대기층 접촉면에 직선 파도가 만들어져서, 오늘날 누구나 볼 수 있는 비행운(飛行雲)과 같은 운동 방향에 평행한 구름 대가 생기는 것을 증명했다.

3) 물리학과 생리학적 음향학

헬름홀츠는 1862년에 출판한 그의 유명한 저술『음악 이론을 위한 생리학적 기초로서의 음 감각설』에 상술한 그의 독특한 연구를 토대로 하여, 이 방면을 총괄적으로 논술했다. 이제까지 따로 흩어져 있던 물리학적 음향학, 생리학적 음향학, 음악 과학과 미학을 하나의 심리학적 요소에 근거한 음향 관계로 결속시킨 최초의 시도로서 특히 획기적이었다. 헬름홀츠가 토대로 한 예비적 연구는 특히 옴에게서 유래한 것이다.

옴은 1843년에 발음체는 가장 저음 또는 기본음 외에도 동시에 여러 고음 또는 진동 수가 기본음의 2배, 3배 또는 수배인 높은 음을 낸다는 것을 발견했다. 옴은 이 법칙을 마치 수학적 해석이나 물리학적 실험에 의한 그의 전기 법칙과 같은 모양으로 증명했다. 옴에 의하면, 우리 귀는 공기의 '진자 상태 진동(진자상 진동)'만을 단음(單音)으로 감각하나, 기타의 주기적 공기 운동은 일련의 진자 상태 운동으로 분해한다. 즉, 우리 귀는 이런 단진동 운동을 그에 대응하는 음악 음에서 일련의 개별음, 즉 고음을 수반한 기본음으로써 청취한다. 옴은 수학적 방법으로 이 결과를 얻었는데, 그는 완전한 음치였으므로 실험적 증명은 음악을 좋아하는 친구의 도움을 받아야 했다. 옴의 이 연구는 주목을 받지 못했고, 헬름홀츠가 이 선배에 대한 감사를 표했는데도, 음향학에 대한 옴의 공적은 오늘날까지도 거의 알려져 있지 않다.

헬름홀츠는 같은 음을 피아노, 바이올린, 나팔 등으로 연주했을 때에, 같은 세기와 높이인데도 그것들은 역시 특유한 각 악기의 고유 음색을 낸다는 주지의 사실에서 출발했다. 음색은 진동의 폭이나 시간에는 좌우되지 않았다. 그래서 음색은 진동의 모양이나 성분에 의하여 결정되는지, 또 어떻게 결정되는가를 연구했다. 헬름홀츠는 음악 음이라고 불리는 총 감각의 분석에 의하여, 음악 음 중에는 기본음 외에도 다수의 조화적 고음이 포함돼 있다는 것을 알았다. 주의를 집중하면 귀로도 그런 고음을 음악 음이란 총 감각에서 청취할 수가 있다. 그리고 이 목적을 위하여 헬름홀츠가 발명한 공명기(共鳴器)를 사용하면 더욱더 잘 청취된다. 이 공명기는 양쪽에 두 주둥이를 붙인 속이 빈 유리구나 관이며, 한쪽 주둥이는 굵고 끝이 벌어져 음파를 받아들이기에 좋도록 했고, 다른 주둥이는 끝이 가늘어져서 귀에 꽂고 듣기에 좋도록 한 것이다. 이 공명기를 귀에 꽂으면,

주위의 대개의 음은 매우 약하게 들리나, 그 공명기의 고유 진동수에 가까운 음은 매우 크게 울린다. 헬름홀츠는 여러 가지 공명 주파수를 가진 공명기들을 사용하여 여러 악기와 사람의 음성에 대한 분석을 했다.

이탈리아 사람 코르티(Alfonso Corti, 1821~1876)는 빈 대학의 유명한 해부학자 히르틀(Joseph Hyrtl, 1810~1894)의 해부 집도자로 근무하면서 내이(內耳)의 현미경적·해부학적 연구를 하여, 와우각(蝸牛殼) 중에 있는 청신경과 연결된 약 3000 줄의 섬유로 된 '코르티기관'을 발견하고, 1851년에 『과학적 동물학 잡지』 제3권에 독일어로 발표했다. 이 논문에 의하면, 각 섬유는 일정한 진동수에 대응해 있다고 가정하여, 이러한 탄력 섬유는 고막, 소청 골(小聽骨)과 내이에 차 있는 액체의 중개에 의하여 공명돼서, 그 자극을 청신경의 말단에 전한다고 했다. 헬름홀츠의 추가적인 설명에 의하면, 여러 가지 고음 감각은 이 '코르티 섬유'에 의하여 중개되는데, 음색의 감각은 음악 음이 하나의 기본음에 대응하는 코르티 섬유 하나 외에도 많은 다른 섬유들도 함께 진동시켜서, 신경섬유의 다수 부류에 동시에 감각을 일으키는 점에 있을 것이라고 추론했다. 그리고 귀는 합성된 음악 음에 대하여 동조하는 여러 가지 공명기와 같은 역할을 한다고 생각했다. 이러한 가정과 생각에 따르면, 청각이란 것은 물리학적으로 말할 때 '공명의 특수한 경우'라고 생각할 수가 있다.

4) 생리학과 광학

헬름홀츠 덕택에 시각(視覺)에 대한 근대의 설도 훌륭한 기초를 가지게 되었다. 그러한 기초는 그의 획기적 저서인 『생리학적 광학 교과서』에 광학과 생리학을 하나로 종합해 기술하고 있다. 1850년에 헬름홀츠는 안과 의사에게 새로운 세계를 열어준 '검안경(檢眼鏡)'을 발명하여 눈의 생리학에 깊이 파고들었다. 헬름홀츠는 이 귀중한 검안경의 발명에 대하여 그의 아버지에게 보낸 편지에 다음과 같이 기술했다.

"이것에는 제가 중학교에서 배운 광학의 지식 이상의 것은 하나도 필요 없었으므로, 지금에 와서 저나 다른 사람이 왜 이것을 진작 생각해 내지 못했는가를 생각하면 우스워질 정도입니다. 문제는 단순히 유리를 조합하는 것이니까요! 이러한 조합에 의하여, 눈의 어두운 속이 비쳐져 나와서 망막의 세부가 눈의 바깥 부분을 확대하지 않고 보는 것보다 더욱 정밀하게 볼 수가 있습니다. 왜냐하면 이 경우에 눈의 투명한 부분이 20배의 확대경 역할을 대신하기 때문입니다.

혈관이 실로 아름다운 가지를 뻗어내고 있는 것과, 시신경이 눈에 들어온 것 등도 명확하게 보입니다." (1850년 12월 17일)

헬름홀츠는 또 생리학 강의를 준비하고 있을 때, 우연히 신경 자극의 전달 속도를 측정해 보려는 착상을 하여 큰 성과를 거두었다. 그는 이 일로 "대학 교수가 해마다 자기 분야 전반에 걸친 강의를 하지 않으면 안 되는 것은 매우 고마운 강제이다."라고 고백했을 정도였다. 그가 검안경을 발명한 것에 앞서서, 이미 300년 전부터 케플러가 시작한 눈의 조절(調節) 문제에 대한 정밀한 연구를 계속해 왔다. 헬름홀츠는 이 문제의 연구를 위하여 조립한 안구계(眼球計)에 의하여, 일정한 대상 거리에 대한 눈의 조절은 수정체의 전면과 후면의 곡률을 변화시키기 때문인 것을 알아내서, 「눈의 조절에 대하여」라는 논문을 1855년에 발표했다. 그리고 만 1년의 집필 끝에 『생리학적 광학』의 제1부를 발표했다. 눈에 대한 생리학의 이 유명한 저술에 대해 뒤부아레몽은 "체계적으로 또한 문학적으로 완전무결하게, 이론광학의 수학적 초보에서부터 최후의 인식론적 관점과 미학적 관점에 이르기까지 광범하게 논술한 것이다."라고 했다.

이 『생리학적 광학』에 견줄 수 있을 정도로 훌륭한 저술은 역시 헬름홀츠가 1862년에 발표한 『음향 감각설』뿐이다. 이 『생리학적 광학』은 시각기관의 정밀한 해부학적 기술에서 시작하여, 다음에 눈의 광선 굴절학이 나오는데, 이 장의 처음에 구면계에서의 빛의 굴절에 대한 일반론을 논술했는데, 눈에서의 빛의 진로 연구가 결부돼 있다. 그리고 시각설을 논술한 제2부에, 영에서 유래한 생리학적 색채론을 전개했다.

영-헬름홀츠 설에 의하면, 눈에는 세 종류의 신경섬유가 있고, 첫째 종류는 적색 감각을, 둘째 종류는 녹색 감각을, 셋째 종류는 자색 감각을 일으키며, 빛은 이 세 종류의 섬유를 각각의 파장에 의하여 여러 세기로 흥분시킨다. 적색 감각 섬유는 가장 긴 파장의 빛에 의하여, 녹색 감각 섬유는 중간 파장의 빛에 의하여, 자색 감각 섬유는 가장 짧은 파장의 빛에 의하여 가장 세게 흥분되며, 각 스펙트럼 색은 모든 종류의 섬유를 흥분시키나 그 세기의 분포는 감각 섬유의 종류에 대해서 다르다. 스펙트럼 색을 가로축으로 하고, 각 스펙트럼에 대한 각 감각 섬유의 감각의 세기, 즉 생리작용을 세로축에 나타내 보면, 녹색 감각 섬유는 녹색을 최대점으로 하여 적외선 경계에서 자외선 경계까지 종 모양으로 분포되고, 적색 감각 섬유는 적외선 경계부터 지수함수적으로 증가하여 황색에서 최대가 돼서 자외선 경계까지 지수함수적으로 감소하며, 자색 감각 섬유는 자외선 경

338

계부터 지수함수적으로 증가하여 청색보다 약간 짧은 파장에서 최대가 돼서 적외선 경계까지 지수함수적으로 감소해 가는 곡선을 나타낸다. 이러한 사실에 근거하여 헬름홀츠의 『생리학적 광학』 제3장에 논술된 시각설은 생리학과 심리학의 중계 분야의 확립에 큰 공적을 남겼다. 그는 새로운 사실을 많이 발견했을 뿐만 아니라, 시각 분야에 인식론 사고 방식을 결부시키는 매우 중요한 일을 했다. 경험적이라고 불리고 있는 헬름홀츠가 주장한 이론은, 어느 범위까지 표상과 대상이 일치하는가 하는 종래의 의문에 대하여 명확한 해답을 주었다고 볼 수 있다. 그는 표상이란 것은 작용하는 객체의 본성에도 인식하는 주체의 본성에도 관련된다고 하여 해결했다. 그래서 우리의 표상에 대해서, 어느 정도까지 실천적인 진리 이외의 진리를 논하는 것은 의미가 없다. 사물에 대한 우리의 표상은, 사물에 대한 기호에 지나지 않는다. 우리는 이 기호를 자신의 운동이나 행동의 조절에 이용하게끔 배우는 것이다. 헬름홀츠에 의하면, 이것과 다른 표상과 사물의 비교는 생각할 수가 없다는 것이다.

5) 빛의 전자설

맥스웰은 패러데이가 그의 실험과 이론에서 세운 전자설을 이론적 설명으로 완성했다. 패러데이 이전에는 자석과 전류의 여러 작용은 매개가 없는 원격작용이라고 가정하고 있었다. 중력을 발견한 뉴턴 자신은 이런 '원격작용(Action in distance)'에 결코 찬성하지 않았다. 그런데 사람들은 중력설에 근거하여, 기계적 과정에 의하여 매개되지 않는 원격작용의 가설을 세운 것이다. 18세기경에는, 매개가 없는 원격작용은 중력에만 적용된 것이 아니라 중력의 작용과 전자력의 작용이 닮았다는 것을 인식한 쿨롬이, 원격작용을 전자력에까지 확대했다. 자기법칙 중에 정전기적 현상을 전자적 유도현상에 결부시킨 베버도 역시 같은 가정을 했다. 그런데 패러데이에 의하여 이러한 사고에 비로소 하나의 전환을 가져오게 됐고, 근대물리학은 반대를 계속하면서도 점차로 이 전환에 적응해 갔다. 패러데이에 의하면, 그 이전에 이미 알려져 있던 전기적·자기적·전자적 현상과 그가 발견한 유도현상은 항상 공기 또는 다른 절연물질, 즉 전기매질(전매질, 전장)에 의하여 미분자에서 미분자로 전달되는 하나의 작용인 것이다. 도체와 부도체 간에 명확한 구분을 지을 수 없는 것은 자기 생각을 뒷받침한다고 주장했다. 그래서 그는 전기매질에, 그가 '전기장력(電氣張力)'이라고 이름한 장력 상태를 가정했다. 이 상태를 더욱 명확하게 설명하기 위하여 그는 '지력선(指力線)'이라고 하는 것을 도입했다. 즉, 전기매질은 지력선 방향에,

각 점에 대해서 말하면, 각 점의 지력선 절선 방향에 인장력(引張力)이 작용하고, 그에 수직한 방향에 압력이 작용한다는 것이다. 이 설명은 예컨대, 쇳가루가 자석 작용을 받아 정렬하는 자력선과 일치한 것이다. 자력선이라는 것은 자유로운 자극(磁極)이 자장(磁場)에서 운동하는 궤도이다. 자력선이 확산하는 것은 힘의 감소를 의미하며, 자력선이 집중하는 것은 힘의 증가를 의미한다.

맥스웰(James Clark Maxwell, 1831~1879)이 전개한 전자설을 바르게 이해하기 위하여, 우선 그의 연구 생애를 간략하게 살펴보자.

맥스웰은 에든버러에서 태어나서 유년 시절은 학교에 가지 않고 가정교사에게서 교육을 받아, 10세에 에든버러 아카데미에 입학했다. 그리고 14세에 수학 상금을 탔고, 다음 해에 「타원곡선과 그것이 복수 초점을 가진 작도에 대하여」라는 논문을 발표했는데, 포브스(Forbes, 1809~1868) 교수는 이것을 읽고 감탄하여 에든버러 로열 소사이어티에 보고했다. 이 작도법은 '실과 두 핀에 의한 방법'으로 오늘날도 사용되는 것이며, 맥스웰은 이것으로 유명하게 되었다. 15세부터 포브스 교수의 자극을 받아 화학, 자기, 편광에 흥미를 가지고 16세에 에든버러 대학에 입학했다. 이 시기에 그는 에든버러 로열 소사이어티에 「탄성 고체의 평형에 대해서」를 발표하여, 처음으로 광압력 분석의 원리를 논했다. 1850년에 포브스 교수의 권유에 따라 케임브리지의 피트하우스에 입학하여 트리니티 대학으로 전교했다. 이 대학에서는 유명한 수학자이며 물리학자인 스토크스 교수가 1845년부터 50년대까지 뉴턴의 고리(環), 회절(回折), 편광을 역학적으로 연구하고 있었다. 맥스웰은 스토크스 교수의 강의에 열중했고, 두 사람은 후에 둘도 없이 친한 친구가 되었다. 그는 스토크스 교수에 의하여 패러데이의 사상을 근대적으로 확장하는 길로 나아가게 되었다. 1854년에 트리니티 대학을 졸업하고 다음 해에 모교 직원이 되어, 후에 '럼퍼드상'을 받게 된 「색채 감각 논문」을 저술했고, 이어서 「패러데이의 지력선에 대하여」를 발표했다. 이것은 패러데이의 전자유도의 역학 개념을 수학적으로 표현한 것이다. 이 시기에 아버지에게 보낸 편지에 "나는 전기학 책을 읽고, 유체 운동을 연구하고 있습니다."라고 썼다. 그리고 곧 유체역학과 광학의 강의를 맡게 되었다. 그리고 1856년에 스코틀랜드 애버딘 주의 마셜 대학 자연철학 교수가 됐고, 1860년에 런던의 킹스 대학 물리학과 천문학 교수가 되었다. 맥스웰은 런던으로 온 덕택에 만년의 패러데이와 친교를 가지게 됐고, 이때 「토성 고리의 안정에 대하여」를 썼다. 1865년에 병에 걸려 그렌레어 (Grenlair)에서 정양하게 됐는데, 이때에 늘 연구해 오던 빛의 전자설을 종합한 『전기와 자기에 대하여』의 원고를 준비했는데, 헤르츠가 20년 후에 실험으로 증명한 전자파의 실제를 도출했다. 건강이 회복돼서 1871년에 케임브리지 대학에 신설된 실험물리학 교수가 됐고, 캐번디시 연구소의 설립에도 참여했다. 1873에는 필생의 역작『전기와 자기에 대하여』를 완성하여 출판했다. 이때부터 병이 재발하여 1879년 11월 5일, 48세의 젊은 나이에 사망했다.

패러데이는 힘에 대한 순기하학적 모형(model)을 사용했으나, 맥스웰은 이것과는 다른 모형을 사용했다. 그러나 모형은 설명 자체로서가 아니라 단지 유추로서, 또는 설명의 한 예로 생각해야 한다. 우리가 말하는 물리학적 유사는, 두 현상 분야에서 여러 법칙이 부분적으로 닮았다는 의미로 해석하고 있다. 이러한 유사 덕택에, 한 분야의 현상을 타 분야의 현상에 의하여 설명할 수 있다. 이러한 유사는 예컨대, 전류가 나타내는 많은 현상과 유동하는 유체 상태 간에도 있는 것이다. 그래서 맥스웰은 전자장(電磁場)의 작용을 설명하기 위하여 유체역학 모형을 사용했다. 그는 지력선 대신에 구경(口徑)이 변화하는 관을 사용하고, 그 안에 압축되지 않는 유체가 흐른다고 생각했다. 이러한 유체의 속도는 관 구경에 정비례하므로, 각 장소의 흐름의 속도로서 힘의 크기가 제시되고, 그 방향으로 힘의 방향을 나타낼 수가 있다. 맥스웰이 상정한 이 관은 틈새가 없이 자장 또는 전장(電場)을 채우고 있고, 관 벽은 공간 전체를 채우고 있는 유체의 운동을 규정하는 수학적 면으로 환원되는 것이다. 맥스웰은 이런 방법으로 자석과 전류의 작용을, 자기나 전기의 본체에 대한 가설을 하나도 세우지 않고도 수식으로 표현하려고 했다. 맥스웰은 그 근본 사상을 그의『전기와 자기에 대하여』에 다음과 같이 말했다.

"나는 전자 현상을 물체 상호간의 역학적 작용에서, 그들의 작용은 중간을 채우고 있는 매질을 통하여 전달된다는 가정하에 설명하려고 했다. 나는 전자적 매질의 성질과 빛의 매질 성질이 동일하다는 것을 제시하고 싶은 것이다. 이것은 즉, 전자 현상에 대한 전파속도가 빛의 전파속도와 만약에 같다면, 우리는 빛이 전자 현상이라고 한 가정에 대하여 중요한 근거를 가지게 되기 때문이다."

맥스웰 이론에서 도출한 가장 중요한 추론의 하나인, '전자 작용은 빛의 속도와 일치하는 속도로 전파된다.'라는 사실이 피조(Armand Hippolyte Louis Fizeau, 1819~1896)에 의하여 밝혀졌다. 피조가 실측한 광속도와 맥스웰이 산출한 전자파 속도는 다 같이 초당 약 30만km였다. 그리고 헤르츠가 구한 전파 속도도 같은 값이었다. 따라서 빛과 전자 현상은 동일 매질의 진동에서 된 것이라는 사상을 부인할 수 없었다.

패러데이는 빛의 편광면이 전자석의 영향을 받아 회전하는 것을 발견했을 때에 이미, 광학적 현상과 전자적 형상에는 밀접한 관계가 있다는 것에 주목했다. 그다음에 이 관계는 1896년에 레디던 대학 물리학 교수 피터 제만(Pieter Zeeman, 1865~1943)에 의하여 증명되었다. 그는 나트륨으로 착색한 불꽃을 전자석 양극 사이에 두고, 그 빛의 스펙트럼을 관측할 때 나트륨선의 폭이 넓어지는 것을 인지했다. 그래서 더욱 강한 전자석을 사용하니 스펙트럼선이 분열했다. '제만 효과'라고 불리는 이 현상은, 자장에 의하여 광선의 위치가 좌우된다는 것을 밝혀준 것이다. 제만의 발견은 로런츠의 이론에 대하여, 헤르츠의 실험이 맥스웰의 이론에 대한 것과 같은 의의를 가진 것이다. 로런츠(Hendrik Anton Lorentz, 1853~1926)에 의하면, 전기 현상은 전기를 가진 입자, 즉 전자의 운동에 근거한 것이다. 그리고 빛도 역시 전자의 진동에 의한 것으로 보아도 좋다. 자장에서 촉진과 제지의 힘이 이러한 전자에 작용한다고 하며, 제만이 발견한 현상은 이러한 힘으로 설명할 수가 있으며 또 이러한 힘에서 실험적 결과와 일치하는 계산을 할 수가 있을 것이라고 했다. 로런츠와 제만은 이 이론과 실험으로 1902년도 노벨 물리학상을 공동으로 수상했다.

맥스웰 이론은 레베데프(Pyotr Nikolaevich Lebedev, 1866~1912)가 빛의 압력을 증명하여 더욱 확실하게 증명되었다. 즉, 빛의 파동이 전파되는 매질에서는 전파 방향에 압력이 있다는 것이 그 이론상 당연한 결과인데, 이것이 실험으로 증명된 것이다. 오일러는 이미 1746년에 태양광선으로 생기는 압력을 가정했고, 그전에도 케플러가 1619년에, 혜성의 꼬리가 태양과 반대 방향에 있다는 것에서, 태양광선은 압력을 낸다고 말했다. 그리고 맥스웰은 자기 이론에서, 태양광선이 내는 압력은 매우 적어서 수직으로 입사한 광선은 새까만 표면에 대해서 1평방미터당 0.4mg이라고 했다. 레베데프는 맥스웰이 "집중한 전기 광선을 진공 중에 매달린 얇은 금속판에 투사시키면, 그것은 금속판에 대하여 관측 가능한 역학적 효과를 주는 것이 가능할 것이다."[3]라고 말한 것을 근거로 하여 실험을 시작했다. 그런데 이 실험에는 두 가지 난점이 있었다. 첫째는 라디오미터적인 힘으로 생기는 교란이고, 둘째는 방사된 물체 주위의 기체층도 더워져서 그것이 유동적 운

---

3 맥스웰, 『전자기 교과서』, 793쪽.

동을 함으로써 생기는 교란이었다. 그러나 보조적 계산에 의하여, 이러한 영향을 가능한 한 줄이는 데 성공했다. 레베데프의 실험은, '광선은 상술한 라디오미터적인 것과 유동에 의하여 생기는 2차 압력에 의하지 않는 압력을 미칠 수 있는가?', '이 압력은 맥스웰이 산출한 압력과 일치하는가?' 하는 두 의문을 실험적으로 답한 것이다.

이 실험에 의하여 빛은 상술한 2차적 압력 외에도 하나의 압력을 주는 것과, 그 압력은 실험 오차 범위 내에서는 맥스웰이 산출한 빛의 압력과 일치한다는 것을 나타냈다. 레베데프는 이것을 1901년에 발견했고, 1910년에 발표한 한 논문에서 '빛이 기체에 미치는 압력'을 설명했다. 이 경우에는 실측 수치와 이론에서 산출한 수치가 충분히 일치하는 것을 밝혔다. 기체의 어떤 양을 통과하는 광속의 작용은, 기체가 투사된 빛의 운도 방향으로 이동하기 시작하게 하는 것이었다. 레베데프는 이 이동하는 기체를 광속에 의하여 직접 영향 받지 않는 매우 예민한 피스톤에 작용시켰다. 패러데이의 전기 전파에 관한 여러 연구와 마찬가지로, 그가 발견한 전기분해의 원칙도 근대적 연구와 설명에 결부되었다.

6) 전기진동과 전파의 발견

고래로 물리학의 각 분야들은 그들 분야의 확립만을 문제로 삼고 있었는데, 그동안에 전기학 분야는 근본적 변화를 하게 되었다. 이 변화는 특히, 전기진동 또는 전기파가 알려짐으로써 일어났다. 이 분야의 기초적 연구는 휘트스톤과 페다젠에서 유래한 것이다. 휘트스톤은 불꽃방전이 순간적으로 일어나는 것이 아니라 어느 정도의 시간을 가진다는 것을 발견했다. 그는 급속히 회전하는 거울을 사용하여 불꽃방전을 관찰하고, 상의 길이와 거울의 회전속도에서 이 빛 현상의 시간을 구했다. 거울을 느리게 돌리면 불꽃은 밝은 선으로 보이나, 거울을 빠르게 돌리면 그 속도에 따라 선은 퍼져서 빛의 띠로 보이게된다. 예를 들어, 1초 동안 800회전을 한 경우, 빛띠의 폭은 12도가 되었다면, 불꽃방전 시간은 백만분의 42초라고 산출된다.[4] 휘트스톤은 또 방전불꽃의 분광 연구에서, 스펙트럼에 나타나는 밝은 선은 양극 물질뿐만 아니라 음극 물질의 화학적 성상에도 좌우된다는 것을 밝혔다. 이것은 방전할 때에 미분자가 두 전극의 물체에서 동시에 떨어져 나온

---

4 휘트스톤, 「전기 속도와 전기불꽃의 지속 시간을 측정하기 위한 실험보고」, 『이학보고(1834)』, 583쪽.

다는 것을 명확하게 증명하는 것이다.[5]

휘트스톤이 그렇게도 간단한 장치로 백만분의 1초까지 측정한 실로 놀랍게도 훌륭한 이 방법을 독일의 무명 민간 물리학자 페다젠(Wilhelm Feddasen, 1832~?)도 이용했는데, 그는 회전하는 평면거울이 주는 허상(虛像) 대신에 실상(實像)을 촬영하기 위하여 오목 거울을 회전시켰다. 그는 이것으로 빛띠의 폭뿐만 아니라 방전불꽃의 성상까지도 관찰할 수 있는 사진을 촬영했다.[6] 이 사진에서 전기불꽃은 서서히 약해져 가는 일련의 부분 방전으로 된 것을 알았고, 전류의 극대치와 다음 극대치 간의 시간은 조건이 변하지 않는 한 일정하나, 도선의 길이를 길게 하면 두 부분 방전의 간격도 그만큼 길어진다는 것도 알았다. 그리고 그 후의 연구에서, 방전은 같은 방향으로 흐르는 일련의 부분 전류로 분해되는 전류로 된 것이 아니라, 그 과정은 전류의 진동적 흐름으로 해석돼야 한다는 것도 알게 되었다. 이론적 방법에 의하여 키르히호프와 분젠은 이미 같은 결과에 도달해 있었고, 헬름홀츠는 이 생각을 1847년에 힘의 보존에 관한 논문 중에 전개해 놓았다. 그 논문에 의하면, 방전은 한 방향으로의 전기 운동이 아니고, 점점 적어져서 최후에는 전 활력이 저항에 의하여 없어지는 좌우로 동요하는 진동이라고 상정했다. 그래서 페다젠은 한 진동 시간을 측정하기 위하여 빛띠의 퍼짐을 계산하고, 그것을 빛띠의 수로 나누어 보았다. 예를 들어, 10개의 레이던병으로 된 하나의 전지를 방전시킬 때, 한 진동 시간은 3.04마이크로초(μs)였는데, 더욱 긴 회로를 써서 방전시키면 진동 시간은 그 길이에 따라 훨씬 길어졌다.

전기진동 분야는 1887년부터 헤르츠의 연구에 의하여 약진하게 되었다. 헤르츠는 맥스웰이 패러데이의 실험과 생각을 기초로 하여 세운 이론이 이 전기진동에도 맞는가를 여러 실험으로 조사해 보려고 했다. 패러데이-맥스웰 이론에 의하면, 전자현상은 공간을 뛰어넘는 직접 원격력에 기인하지 않고, 매질 중에서 한 점에서 한 점으로 전달되는 어떤 작용의 결과로 보아야 한다. 헤르츠는 이 이론을 검토하는 데는, 전기진동이 어떻게 공간을 통하여 전달되는가를 연구하는 것이 가장 적절하다고 생각했다. 그래서 그는 이 연구를 위하여 두 가지 방법을 고안했다. 첫째는 적당한 유도장치를 이용하여 페다젠의 전기진동보다 약 100배 빠른 진동을 만든 것이다. 만약에 이러한 진동이 맥스웰의 이론

---

5 『포겐도르프 연보(1835)』 제36권, 148쪽.
6 페다젠, 「라이덴병의 방전, 간헐적·연속적·진동적 방전과 그 법칙(1857~1866)」, 『오스트발트 클라시커(1908)』 제166권.

과 같이 빛의 속도를 가진 파동으로 전파한다고 가정하면, 그 파장은 진동수를 크게 하면 할수록 짧아질 것이기 때문이다. 그리고 둘째는 진동을 일으키는 유도장치 주위 공간의 전기파동을 찾아내는 장치이다. 그가 '전기공명자(電氣共鳴子)'라고 부른 이 장치는 도선을 네모꼴로 구부려서 양 끝이 한 변의 중간(M)에서 마주 보게 한 것이다. 유도전류를 직선 상 A 점에서 방전시키고, 그 밑에 그 전기진동에 공명하게(동조하게) 공명자를 두면, 공명자의 M 점에서도 약한 방전불꽃이 일어나서, 전기파동이 공간을 통하여 전파하는 것을 알 수가 있게 한 것이다.

헤르츠가 이룩한 업적의 내용을 알아보기 전에 우선 그의 연구 경위와 배경을 간략하게 살펴보자.

헤르츠는 함부르크의 중학교를 졸업하고 19세에 드레스덴의 고등공업학교에 입학했으나, 6개월 만에 병역 소집을 받아 베를린 철도부대에서 복무했다. 제대 후에 헬름홀츠와 키르히호프의 명성을 좇아 베를린 대학에 입학하여, 두 선생에게서 물리학을 수학하여 1880년에 헬름홀츠의 실험 조수가 되었다. 학생들이 헬름홀츠에게 전기 이론의 새로운 문제를 질문하면, "그런 문제는 헤르츠 군에게 물어보라"고 했을 정도였다고 한다. 헤르츠는 1883년에 키를 대학의 이론물리학 교수가 됐는데, 이 시기에 그의 유명한 '전자선(전자파) 연구'를 시작한 것 같다. 그의 1884년 1월 일기에 "전자선에 대해서 생각했다. 빛의 전자설 반성."이라고 기록돼 있고, 5월 일기에는 "어젯밤에는 맥스웰의 전자설에 몰두했는데, 오늘 아침에 전자설의 해결을 착상함."이라고 적혀 있다.

영국의 물리학자이며 전기공학자인 헤비사이드(Oliver Heaviside, 1850~1925)가 1877년 『철학 잡지』에 기술한 것에 의하면, 전기진동은 미국의 물리학자 조지프 헨리(Joseph Henry, 1797~1878)가 1832년에 레이던병의 방전은 자기유도 때문에 진동한다는 것을 처음으로 발견했는데, 패러데이의 여러 발견 때문에 파묻히고 말았다고 한다. 그리고 1847년에 헬름홀츠가 레이던병의 진동 문제를 논했고, 윌리엄 톰슨(켈빈 경)이 1853년 6월의 『철학 잡지』에 레이던병과 유도코일의 반응 이론을 발표했다. 1857년에는 키르히호프가 빌헬름 베버의 전기역학 이론에 근거하여 전기진동에 있어서 자기유도 효과와 전기용량을 결부하여 생각했다. 그다음에 페다젠이 1858년에 이 문제를 다시 검토하여, 1861~1862년에 이미 기술한 것과 같이 회전거울로 전기진동을 촬영했다. 그리고 1864년에 맥스웰이 공간의 전자파는 빛과 같은 속도일 것이라고 예언했다. 헤르츠 이전의 이 방면에 대한 이론과 실험은 이상과 같다.

헤르츠는 1885년 카를스루에 고등공업학교 실험물리학 교수가 됐는데, 1886년에 표본실에서 '크노헨하우엘의 장치'를 찾아냈다. 이것은 밀랍으로 절연한 납작한 나선코일을 유도코일로 충전한 레이던병에 연결하고, 그 한쪽 끝과 레이던병 단자 사이의 작은 틈에서 방전하게 된 장치였다. 그는 이 장치에서, 전기진동수를 높이기 위해서는 전기용량을 줄여야 한다고 생각하여 레이던병을 제거했다. 이것이 헤르츠가 성공한 제일보였다. 그는 이 '크노헨하우엘의 장치'를 더욱 개량하여 매우 진동수가 높은 전파를 얻었고, 그 전파에 동조하는 공명자를 만들어서 그의 연구를 수행했다.

헤르츠가 이룩한 연구의 첫째 성과는 전기파동을 증명하려고, 음향학과 광학적 현상과 똑같이 반사에 의하여 전기적 정상파(定常波), 즉 전파를 일으키게 한 것이며, 그 파장과 진동수에서 전파의 전파속도는 빛과 같이 초당 3억 미터인 것을 밝힌 것이다. 이것으로 맥스웰이 가정한 광선(광파)과 전자선(전자파)의 동일성이 실험으로 증명되었다. 헤르츠는 자기가 만든 전파로 빛이나 복사열과 같은 초보적 실험을 했다. 전파를 집중시키기 위하여 포물선 거울(포물면경)을 사용하여, 전파는 빛과 같이 광학적 축 방향으로 진행하는 것을 확인했고, 그 축 상에 마주 보게 놓은 제2 거울의 초점에 모여지는 것도 공명자로 확인했다. 그리고 두 거울을 연결하는 축 중간에 석(錫) 또는 아연 금박의 평면거울이나 판을 가로놓으면, 전파는 광선과 같이 반사돼서 제2 거울에 도달하지 않는 것도 확인했다. 그리고 두 포물선 거울의 축이 평면거울에 의한 반사각에 맞도록 배치하면 전파는 제2 거울 초점에 모여져서, 광학의 반사법칙이 전파에도 들어맞는다는 것을 밝혔다. 그리고 전파의 굴절 현상도 거대한 프리즘을 사용하여 증명했다. 이런 사실들에서, 전파는 파장이 긴 광선으로 생각한 헤르츠는 자기의 연구 결론을 다음과 같이 기술했다.

"이론에 의하여 감지되고 추측하여 예상했던 빛과 전기의 결부는 명백해졌다. 내가 얻은 여러 점에서, 이제는 두 분야에 광대한 세계가 열리게 되었다. 광학의 지배는 이제 밀리미터의 수십만 분의 파장인 에테르파에 국한하지 않는다. 그것은 cm, m, km에 이르는 전파도 정복하게 되었다. 그런데 이러한 확대에도 불구하고, 그 지배는 나의 입장에서 보면, 전기 분야의 작은 부속물로밖에는 생각되지 않는다."[7]

---

7 하인리히 헤르츠, 「빛과 전기의 관계에 대하여(1889)」. '제62회 독일 자연과학자와 의사 총회'에서 한 강연.

헤르츠의 이러한 전파에 대한 발견은, 장차 무선전신 문제에 빛나는 성공을 기약한 새로운 차원으로 도달하게 했다. 그런데 헤르츠 자신은 자기의 발견이 실용되리라고는 생각지도 못했다.

7) 전기의 본체

패러데이가 이온을 "동일 시간에 동일 전류로 석출되는 양"이라고 한 것과 같이, 전류와 화학적 양은 서로 상당량인 것이다. 전기분해에서, 분자의 분해에서 생긴 이온은 멀리 떨어진 양극에서 석출된다는 난점은 아레니우스의 '전리설(電離說)'과 히토르프의 '이온 이동 증명'에 의하여 제거되었다. 그 결과 전기분해 원칙은, "전해질에서 전리되는 이온의 각 자유원자가는 일정한 전기량을 운반한다."라는 말로 표현되었다. 헬름홀츠는 이관계에 의하여 오늘날의 양자론과 같은 생각을 하게 되었다. 그는 말하기를 "만약에 우리가 화학원소의 원자를 가정한다면, 양전기와 음전기도 역시 전기의 원자와 같이 작용하는 일정한 소량(素量)으로 분해된다고 추론하지 않을 수 없다."라고 했다. 헬름홀츠는 1867년에 로열 소사이어티에서 행한 '패러데이 추도 강연'에 패러데이 법칙의 참 의의를 대체로 다음과 같이 말했다.

"한 물질의 그램원자는 타 물질의 그램원자와 같은 수의 원자를 가진다는 아보가드로의 법칙을 인정한다면, 1가의 1그램원자로 운반되는 전기량 96,500쿨롬은 일정 수의 원자 간에 분포돼, 1가의 물질 각 원자는 1 전하 단위를 운반하는 것이 된다. 2가 물질의 경우는 전하의 2단위를 운반하여 96,500쿨롬은 1가 원자 수의 반으로 분반된다. 그리고 3가 원자는 3단위를 운반하므로 1/3 수의 원자로 같은 전기량을 운반한다. 그래서 전기는 그 본성에 있어서 원자적 또는 단일적이라야 하며, 용액 중의 이온적 원자가 또는 상당량의 의미는 실증된다."

영국의 물리학자 스토니(George Johnstone Stoney, 1826~1911)도 1874년에 전기분해에 있어서의 이온 전하량을 계산하여, 전기에 소량이 있다고 주창하여 1881년에 전기소량을 '전자(Electron)'라고 이름 지었고, 일반으로 ' e '라는 기호로 나타냈다. 예를 들어, 식염수를 전기분해하여, 염소 1그램원자(35.5그램)을 석출하기까지 전류를 흘렸다고 하자. 1그램원자 내의 원자 수는 아보가드로 정수 N이며, 페랭(Jean Baptiste Perrin, 1870~1942)에 의하면 $N=6.06\times10^{23}$이다. 그리고 패러데이의 법칙에 의하면, 전해에 의해 임의의 원소

1그램 상당량을 석출하는 데는 96,494쿨롬의 전기량(패러데이의 정수 F)이 필요하므로 원자 1개당 전기량 e는,

$$e=F/N=(96,494/6.06\times10^{-23})C=1.59\times10^{-19}C=1.59\times10^{-10}CGS\ esu$$

수소의 질량 $mH=1.008/(6.06\times10^{23})g=1.66\times10^{-24}g$

따라서 $e/mH=(4.77\times10^{-10})/(1.66\times10^{-24})=2.872\times10^{14}\ esu/g$

전기소량 문제는 기체 이온이 발견됨으로써 매우 중요하게 되었다. 1874년에 크룩스(Sir William Crookes, 1832~1919)는 음극선(陰極線)은 음극에서 방출되는 대전입자, 즉 전자인 것을 확증했고, 1890년에 독일 태생의 영국 물리학자 슈스터(Sir Arthur Schuster, 1851~1934)는 음극선이 자장으로 굴곡하는 데서, 이 가설적 입자인 전자의 질량 m과 그의 전하 e의 비를 측정하여, e/m는 전해 중의 수소이온에 대한 값의 약 500배가 된다고 발표했다. 헤르츠는 1892년에 음극선은 엷은 금박 또는 알루미늄박을 투과하므로, 이 입자가 보통의 원자 또는 분자의 흐름이라는 생각과 모순된다고 지적했다. 그러나 1895년에 페랭은 이 입자를 절연체로 향하여 굴절시키면, 그 절연체는 부(-)로 대전하는 것을 증명했고, 1897년에 음극선 입자의 본질은 그의 속도, 전하 e와 질량 m의 비 e/m가 실측돼서 마침내 해결을 보게 되었다. 즉, 1897년 1월에 독일의 물리학자 비헤르트(Emil Wiechert, 1861~1928)는 실측에서, 방사선의 속도는 광속도의 1/10 정도며, e/m는 물 분해 때의 수소 원자에 대한 값 e/mH의 약 2000~4000배라고 발표했다. 같은 해 10월에 톰슨(Sir Joseph John Thomson, 1856~1940)은 '음극선의 자장과 전장에 의한 굴절'이라는 유명한 실험에서, 음극선 입자의 속도는 광속도의 약 1/10인 것과, 전기분해에서의 e/m 최대치는 수소이온에 대한 것이며, 그 값은 $e/mH=2872\times10^{14}CGS\ esu$이고, 음극선 입자의 질량에 대한 전하 비는 이것의 약 1800배인 $e/m=5.307\times10^{17}CGS\ esu$라고 했다. 여기서 전하량 e는 같다고 볼 수 있으므로, 이 음극선 입자의 질량은 수소이온의 약 1/1800인 것이 증명된다. 이 결론으로 톰슨은 1899년에 『철학 잡지』에 다음과 같이 기술했다.

"나는 원자를 다수의 미소 물질을 포함한 것으로 생각하여, 그것을 '입자'라고 이름한다. 이들 입자는 서로 동등한 것이다. 한 입자의 질량은 저압 기체 중의 음이온의 질량에 해당하며, 약

348

9×10^{-28}그램이다. 보통 원자에서는 이 입자들의 집단은 전기적으로 중성인 계열을 만든다. 각개 입자는 음이온과 같이 행동하며, 그것들의 집단이 하나의 중성적 원자를 구성한다면, 그 입자들의 음전하의 총계와 같은 양의 양전기 전하를 가진 것과 같은 어떤 것의 작용으로 중화돼야 한다. 나는 기체의 전리를, 그 약간의 원자들의 원자에서 한 입자가 이탈한 것에 기인한다고 본다. 이탈한 여러 입자는 음이온과 같이 행동하며, 각 입자는 우리가 간단하게 '단위 전하량'이라고 부르는 일정한 음전하를 운반하나, 나머지 원자 부분은 단위 양전하와 음이온의 질량에 비교되는 질량을 가진 양이온과 같이 행동한다. 이런 생각에서, 전해란 본질적으로는 원자의 분열을 의미하며, 원자의 질량 일부가 자유로이 되어 원 원자로부터 이탈하는 것이 된다."

여기서 톰슨이 '입자'라고 부른 것을 로런츠는 스토니가 말한 '전자'로 바꾸어 놓았고, 그 이래 '전자'라는 이름을 일반적으로 사용하게 되었다. 이러한 생각에 따르면, 전기분해는 속박된 이온의 전기가 전기가 없는 중립적인 분자로 이동하는 것이 된다. 갈바니전류를 전해질에 통하면, 전류는 (+)로 대전한 이온을 음극으로 (−)로 대전한 이온을 양극(+)으로 운반한다. 순수한 상태의 물이 전기를 잘 통하지 않는 것은, 물 분자의 매우 적은 부분만 이온으로 분해되기 때문이다. 갈바니전류의 현대적 설명도 역시 이러한 이온설에 근거하고 있으며, 갈바니전류는 화학에너지가 전기에너지로 전환되는 것이다. 예를 들면, 아연을 황산에 용해하면 아연이온은 산에 도달하는데, 화학적으로나 전기적으로 등가인 수소이온 양이 아연에 접근하여, 그곳에서 그의 전하를 버리고 전기가 없는 수소 분자 형태로 도망한다.

그래서 이온이란 것은, 헬름홀츠가 패러데이 추도 강연에서 말한 생각에 따르면, 한쪽에서는 원소 또는 수산기(OH)와 같은 기이며, 다른 쪽에서는 전기와의 화학적 결합인 것이다. 원소 또는 기는 언제나 일정량 또는 그 배수량의 전기와 결합하므로, 이러한 결합에 대해서는 양적 관계의 불변이나 배수 비례의 화학적 원칙이 적용된다.

갈바니전지의 근대설 기초는 특히 헬름홀츠가 19세기의 70년대에서 80년대에 걸쳐서 행한 일련의 연구에 의하여 발전되었다. 이러한 연구의 최초라고 할 수 있는 것은 1877년 발표됐는데, 그것은 농도 변화가 일으키는 갈바니전류를 다루고 있다. 헬름홀츠는 이미 힘의 보존에 관한 그의 획기적 논문 중에, 화학에너지는 완전하게 전기에너지로 전환된다는 전제에서 갈바니전지의 전압(기전력)을 계산해 냈다. 그리고 1877년의 논문에, 열역학설의 두 가지 주요 법칙을 갈바니전지에서의 에너지 전환 문제에 응용했다. 그는 그 실례로서 농담전지(濃淡電池)를 택하여, 이러한 전지에서 전류는 오직 용액의 농도 변화 때문에 생긴다고 했다.

헬름홀츠가 연구한 농담전지에는 동 막대기가 연결된 두 용기에 꽂혀 있다. 이런 용기 안에 여러 농도의 단반(但礬) 용액을 넣으면, 동 막대기에 전위차가 생기며, 이 두 동 막대기를 도체로 연결하면, 진한 용액에 잠겨 있는 동 막대기로부터 연한 용액에 잠긴 동 막대기로 전류가 흐른다. 이때에 동은 농도가 약한 용액 중에서는 용해하나, 농도가 강한 용액에서는 침전한다. 따라서 전류의 근원은 농도의 평균화에 있다. 헬름홀츠는 농도의 평균화에 의하여 얻어지는 에너지를 계산하여, 그 일의 에너지는 전력에 같다는 것을 증명했다. 헬름홀츠는 이 연구 이후에, '자유에너지와 속박에너지' 개념을 별도로 나누어 생각하게 되었다.

그에 의하면, 하나도 남기지 않고 전부 전환되는 자연력의 일 상당량이 '자유에너지'이며, 그중의 일부만이 언제나 다른 에너지 형태로 전환되는 열원이 '구속에너지'라고 했다. 갈바니전지에서는 자유에너지가 전부 전기에너지로 전환돼서, 열에너지는 조금도 나타나지 않는다. 전지가 주는 전기에너지는, 전지에 포함된 자유이온의 저장에 비하여 매우 클 때도 있다. 그렇다고 에너지 보존법칙이 깨지는 것이 아니라, 이 에너지의 여분이 이 경우에는 주위에서 섭취되기 때문이다. 이때는 전기의 발생이 가열 또는 온도의 불변 상태에 결부되거나 냉각에 결부되어 있다.

우리는 이제까지 물리학 각개 분야의 진보를 살펴보았는데, 이것들과 관련된 이론물리학의 방법을 종합하여 간략하게 살펴보자. 첫째 방법은 원자론적 방법이고, 둘째 방법은 미분방정식으로 표현하는 것이다. 이 방법은 현상학적이라고 말하는 편이 좋을 것이다. 한 실례는 푸리에의 열전도 표현이다. 과연, 현상학적 설명은 연속성 사고방식을 도출하여, 그런 한에서는 뿔뿔이 흩어진 미분자가 아니라 연속된 물체를 인지하는 우리의 인식과 일치하나, 이 경우 원소적 미분자의 유한수에서 출발하여 최후에 이 수가 증가할 경우의 극한치를 구하는 것에 의해서만 현상학적 표현의 중요한 수식이 얻어진다는 것을 망각해서는 안 된다.

볼츠만의 「자연과학에 있어서의 원자론의 필요성」에서와 같이 원소 미분자의 크기나 유한한 수를 가정하는 쪽이, 바꾸어 말하면 원자론적 고찰 방법에 머무는 쪽이 훨씬 간편하다고 한 사람도 있었다. 원자론적 방법은 역학적 현상에 꼭 맞는 상을 주는 데 성공한 장점도 가지고 있는데, 현상학 쪽은 여러 분야에 대하여 각각 다른 다양한 상을 사용한다는 점이다. 그리고 둘째 장점으로는, 원자론적 설명은 화학적·결정학적 분야에 대해서도 오늘날까지는 없어서는 안 되는 것이었다는 점이다. 따라서 원자론적 설명은 미분방정식을 토대로 한 현상학적 방법에 대하여 그 지위를 지킬 것이며, 에너지론적 현상학이 원자론적 설명과 같이 넓은 상을 주는 데 성공하지 못하는 한, 그것에 밀려나는 일은 없을 것으로 생각된다.

8) 전파와 무선전신

헤르츠의 실험이 소개되자 이전부터 생각했던 무선전신 문제가 다시 활발히 논의되게 되었다. 무선 문제는 이미 1838년에 슈타인하일(Carl August von Steinheil, 1801~1870)이 전자식 전신(電磁式電信)에 지구를 귀환전류의 도체로 하는 것을 제안하여, 도선의 반을 절약하는 부분적 해결을 보았다. 그리고 진동전류에 의하여 전신의 유도현상을 강하게 하려는 생각도 있었다. 그런데 1890년부터 많은 물리학자나 전기공학자들이 적당한 유도장치를 개발했고, 공간에 전기에너지를 방전하는 특수한 발신기에 이런 유도장치를 연락하든가 매우 예민한 수신기를 발명하든가 하여, 무선전신의 실용화를 위한 연구에 열중하게 되었다. 그리고 그런 노력의 성과는 실로 놀라운 것이었다.

마르코니는 리기(Augusto Righi, 1850~1921)가 개량한 발진기(發振器)를 발신기(發信器)로 하고, 헤르츠의 공명소자 대신에 브랑리가 발명한 '코히러관'을 수신기에 이용하여, 1896년에 최초로 실용적 무선전신기를 조립하는 데 성공했다. 프랑스의 물리학자 브랑리(Edouard Branly, 1844~1940)는 1890년에 유리관 안에 쇳가루와 같은 금속 가루를 넣고 양쪽에 도선을 꽂아서 밀폐한 '브랑리관'을 발명했다. 이 관은 절연성인데, 전파의 작용을 받아 매우 큰 전도성이 되고, 약간의 충격만 주면 다시 절연성이 된다. 발신기가 이 관에 미치는 작용, 즉 발신기에서 내는 전파 신호마다 전류를 흘려 종을 치게 하고 동시에 이 관에 충격을 주어 전류를 끊게 하는 것이다. 로지(Sir Oliver Joseph Lodge, 1851~1940)는 이 브랑리관을 개량하여 1894년에 약 150야드 거리에서 전파 신호를 수신했다. 로지는 이 관의 금속 가루가 전파를 받아 '서로 달라붙는다'고 '코히러'라고 불렀다. 이탈리아의 전기 기사 마르코니는 이 코히러를 더욱 개량하여 무선전신을 완성하는 위대한 공적을 세웠다.

마르코니(Guglielmo Marconi, 1874~1937)의 아버지는 볼로냐 귀족이고 어머니는 아일랜드 사람이다. 그는 소년 시절부터 물리학에 흥미를 가지고 전기 기사가 되려고 결심하여, 리기가 재직한 볼로냐 대학 실험실에 다녔다. 그 시절에 무선전신의 실험을 착상하여 1895년에 볼로냐 근교의 별장에서 무선전신의 최초의 실험을 했다. 이 실험에서 니켈과 은의 가루를 넣은 코히러를 사용하여, 한쪽 도선은 지중에 파묻고 다른 쪽 도선은 공중 높이 세운 안테나에 연결하여 장거리 무선전신에 성공했다. 그리고 이 안테나를 높게 하면 할수록 통신 거리가 커졌다. 그는 1896년 2월에 영국에 가서 6월에 최초로 무선전신 특허를 얻었고, 런던의 중앙우편국 옥상에서 많은 기사의 면전에서 실험을 하여, 주임기사 윌리엄 프리스로 하여금 "국민 간의 통신에 새롭고도 가장 유효한 방법이 처음으로 실현되었다."라고 경탄하게 했다. 이로부터 마르코니는 프리스의 열성적인 후원을 받게 됐고, 다음 해에는 12km 거리의 무선전신 실험에 성공했다.

마르코니는 1897년 6월에 이탈리아 정부의 초빙을 받아 귀국하여, 라스페치아에 최초의 무선전신국을 설립하고, 12마일 거리에 있는 군함과의 통신에 성공했다. 그리고 로마에 초청받아 가서 국왕 면전에서 실험을 하여 큰 찬탄을 받았다. 동년 7월에는 런던에 무선전신회사가 설립돼서, 1900년에는 '마르코니 무선전신회사'로 개칭되었다.

1900년에 마르코니는 영국 콘월의 폴듀에 무선전신국을 설치하여, 대서양을 넘은 무전 실험을 시도했고, 1901년 12월 12일에 폴듀와 캐나다 뉴펀들랜드의 세인트존스 간의 최초의 대서양 횡단 무전에 성공했다. 처음에 이 일을 계획한 당시에는 대부분의 물리학자들이 이론적으로 이 실험은 불가능한 것이라고 했다. 영국과 캐나다 간의 높이 125마일의 대서양 원구를 전파가 넘을 수가 없으며, 전파가 빛과 같이 직선으로 가면 캐나다 상공 수천 마일 높이에 도달하므로 지상에서 그 전파를 잡아낼 수가 없다는 것이었다. 그런데 마르코니의 실험은 성공하여 이러한 이론적 난점을 타파한 것이다. 그리고 마르코니는 1902년에, 주간에는 700마일 떨어진 해상의 함선에서 폴듀의 무전을 받을 수 없으나 야간에는 2000마일 해상에서도 수신된다는 사실에서, 파장이 1000미터인 전파의 전파 거리는 야간에 최대가 된다는 것을 밝혔다.

그런데 1902년에 미국의 케널리(Arthur Edwin Kennelly, 1861~1939)와 영국의 헤비사이드(Oliver Heaviside, 1850~1925)는 동시에, 지상 100km 이상의 상공에는 전리층이 있어서 여기서 전파는 굴절되기 때문에 지구를 한 바퀴 돌 수도 있다고 설명했다. 이 전리층은 '케널리-헤비사이드층'이라고 불리게 되었다. 마르코니는 종래의 코히러를 개량하여, 1902년에 '자석검파기(磁石檢波器)'를 발명하여 특허를 땄으며, 아일랜드 서안 클리프턴과 부에노스아이레스 간의 6700마일의 무전에 성공했다. 이 경우 전파는 발신지에서 97

도나 굴절되는 것이 증명되었다. 이 성공에 의하여, 세계 각지에는 무선전신국이 설립되어 무선전신 시대로 들어가게 되었다.

마르코니는 이러한 공적에 의하여 1909년도 노벨 물리학상을 수상했고, 1914년에는 이탈리아 원로원 의원에 추대됐으며, 1929년에는 후작 작위를 받았다. 그리고 1930년에는 '이탈리아 아카데미' 회장에 추대되어, 그 자격으로 정부의 고문관에 선임되었고, 동년 10월 2일에는 미국에서 '마르코니 데이'가 개최되었다.

2. 천체물리학과 천문학 발전

천문학이 19세기 전반까지 얼마나 많은 발견을 했는가는 이미 기술했다. 특히 피아치(Giuseppe Piazzi, 1746~1826)에 의한 소혹성 '케레스'의 발견과 그와 관련된 가우스의 소혹성이나 혜성의 궤도 관측 학설의 개발이 있었다. 그리고 해왕성의 이론적·실제적 발견, 항성천문학 확립자로서의 허셜의 대사업이나 베셀에 의한 최초의 항성 거리 측정 등 빛나는 고전적 발전과 발견이 있었다.

19세기 후반기 천문학 연구에서는, 이러한 고전적 발견이 별로 없었던 것이 특징이다. 그러나 베셀을 본받은 정밀한 위치 측정에 있어서는 매우 정교한 방법에 도달했고, 천문대의 수도 많이 증가하여 이에 따른 새로운 관측 자료가 산같이 쌓였다. 그러나 이 방대한 자료를 정리하는 일은 다음 세대로 미루어졌다. 그리고 이 시기는 아직 천체물리학의 초창기였으므로, 대부분의 고전천문학은 별의 위치나 그것들의 변화만을 관측하여, 그 관측에서 별의 운동, 거리와 질량 등을 추정했다. 한편 천체물리학은 사진을 여러 가지로 응용하여, 별에서 오는 빛에 대한 세기나 색과 스펙트럼에 대한 연구를 하여, 그것들에 의한 별의 화학과 시선속도, 그리고 기타의 많은 것을 설명하여 위치천문학도 새로운 발전을 하게 되었다.

1) 위치천문학의 발전

위치천문학은 베셀의 정신에 따라 아르겔란더(Friedrich Wilhelm August Argelander, 1799~1875)의 지도하에 전진하게 되었다. 이미 18세기 말부터 여러 천문학자가 천구 관측에 의하여 가능한 한 많은 별의 위치를 더욱 정밀하게 측정하는 데 노력해 왔다. 그 결과 '아르겔란더 항성표(본 항성표)'는 북천의 모든 별을 9등급을 넘어서까지 기록하기 시작했다. 그리고 그것들의 위치가 매우 정밀하여, 각개 대상을 언제나 일치시킬 수가 있었다. 1870년경부터 국제천문협회를 결성한 각지의 천문대는 아르겔란더가 조직한 대 사업에 참가하여 20만 개 이상의 별 하나하나에 대하여 적어도 2회 이상 매우 정밀하게 측정하는 데 30년 이상의 세월을 소요했다. 아마도 인류 역사상 이룩한 가장 훌륭한 과학적 공동 연구 사업일 것이다.

이 공동 연구로 얻어진 정밀한 항성 위치의 제1 성과는, 더욱더 빈번히 발견되는 소혹성이나 소혜성의 위치를 결정하는 데 필요하게 되었다. 이러한 위치 결정은 가장 가까이 있는 위치가 결정된 항성과의 적경(赤經)과 적위(赤緯)의 차를 적당한 마이크로미터로 측정하면 해결된다. '천문학협회의 전구 목록'에 의하여 이러한 정점, 즉 별의 소문 그물눈이 쳐진 것이다. 그러나 이 대규모 위치 측정의 제2 성과는 그들의 후손이 받게 된 것이다. 태양이 항성 중에서 운동하는 것과 같이, 항성들도 전체로서 서로 다른 운동을 하고 있기 때문이다.

그래서 우주의 방대한 넓이에 있어서의 그러한 운동은 10년마다 행한 관측을 비교함으로써만 인지된다. 우리는 오늘날 많은 별의 고유운동을 알고 있으나, 9등급 이하의 많은 별에 대해서는 아직도 모르는 것이 많다. 대체로 1940년경에 천문학협회의 사업이 다시 행해져서 우주의 구조에 대해서 어느 정도의 추측을 하게 되었다.

위치 측정에 대한 이런 관측들은 '자오선환의(子午線環儀)'로 했다. 이것은 고정한 수평축을 중심으로 남북 평면에서만 회전하는 망원경이며, 그 망원경 시야에는 몇 개의 수평과 수직 줄이 쳐 있고, 중앙 수직 줄이 기계의 자오선과 일치하게 설치하도록 돼 있다. 그래서 망원경을 어떤 별이 자오선을 통과하기 직전에 그것에 맞추면, 관측자는 그 별이 지구의 일주운동 때문에, 천극에서의 거리에 따라 어떤 속도로 시야의 수직 줄을 통과하는 것을 볼 수가 있다. 따라서 측정하려는 별과 기지의 별의 자오선 통과 시차를 통해 그 별의 적경을 알아낼 수 있다. 이 자오선환의 원리는 매우 간단한 것이므로, 그것은 크게 개량되어 정밀과학 중에서도 가장 정밀한 기계의 하나가 되었다.

그리고 정밀도의 향상과 함께 여러 가지 오차의 원인도 밝혀져서 점차로 제거되어 갔다. 수학적·천문학적·기계적 오차 외에도 실험심리학의 최초의 경험 사실에 근거한 두 가지 재미있는 오차도 고려되었다. 첫째는 측정 줄을 통과하는 별의 참 통과 시각과 관측자가 인정하는 시각차이다. 이것은 대체로 늦어지는데, 신경과 뇌수에 의하여 외계에서 온 자극에 대한 인식을 만드는 데 수초 이하의 시간이 걸리기 때문이다. 이 반응시간은 관측자에 따라 다르며, 또한 동일 관측자라 해도 그때의 기분과 피로 정도에 따라서 다르다. 둘째로 이것과 비슷한 또 다른 현상은 소위 '휘도 차(輝度差)'이다. 대개의 관측자는 별이 줄에 접하는 시각을 기입하는 데 있어서, 밝은 별을 어두운 별보다 빨리 기입한다. 오늘날에는 자동 기록 장치로 인해 이런 오차의 영향을 무시할 정도이나, 옛날 관측에서 이미 이러한 오차를 고려한 주의 깊은 계산으로 0.1초까지의 정밀도를 얻었다는 것은 높이 평가할 만하다.

'천문학협회의 항성표' 작성에는 일련의 '기준별' 위치에 대한 지식이 필요했다. 베셀까지는 대체로 1등급과 2등급의 36개 기준별이 오로지 사용됐으나, 그 수는 아우베르스(Georg Friedrich Julius Arthur Auwers, 1838~1915)가 주도한 1875년의 '기준 항성표'에는 1000개 가까이 됐다. 이러한 기준별에 대한 감시는 특히 베를린, 푸르코바, 그리니치, 그리고 희망봉 천문대에서 했다.

기준별은 전 천문학, 즉 이론적·실용적·고전적 천문학, 그리고 근대적·통계학적·물리학적 천문학에 대하여, 또 지리학, 측지학, 육지 측량과 항해술에 있어서의 응용천문학에 대해서, 마치 표준 도량형기가 물리학 전체와 실생활에 사용되는 미터, 킬로그램에 대한 기준이 되는 것과 같은 의의를 가진 것이다. 항성표에서 어떤 눈부신 발견은 기대할 수는 없으나, 이 분야의 묵묵한 인내의 연구는 그에 해당하는 큰 보답을 받게 됐는데, 그 진가는 후년에야 인정받았다. 항성과 혜성의 궤도, 주야 등분의 진행도, 지구와 태양의 거리, 대항성의 궤도와 그것들의 교란은 천문학적 기준량이 이전보다 훨씬 정밀하게 확정된 후에 밝혀지기 시작했다.

태양계와 인접한 별들 간의 운동의 크기와 방향은 정정되고 더욱 정밀하게 측정됐으며, 1880년 미국에서 1830년 베셀이 쾨니히스베르크의 태양의를 사용하여 시작한 황소자리의 유명한 성단인 '플레이아데스' 관측을 다시 했다. 그 결과 플레이아데스의 대부분의 별들은 다만 우연히 그렇게 밀집한 것이 아니라, 그것들은 은하에 평행한 공동운동을 하고 있다는 것이 밝혀졌다. 게자리(해좌)의 성단에 대해서도 1860년의 본 태양의 관측과 1890년의 괴팅겐 태양의 관측의 비교에서 같은 사실이 판명되었다. 그리고 자오선환의 관측 결과에서 곰자리(대웅좌)를 대표하는 다섯 별도 공통의 궤도를 진행한다는 것을 추정할 수 있었다. 그 후 계속된 연구에서 이러한 성단 운동을 알게 되었다.

18세기에 오일러는 지구 회전축의 이동에 의하여 지구상에 위도 변화가 일어난다는 것을 이론적으로 지적하여, 그 주기를 305일이라고 했다. 그런데 1888년에 독일의 천문학자 퀴스트너(Karl Friedrich Küstner, 1856~1936)가 이 위도 변화를 관측으로 처음 발견한 것이다. 이 발견도 역시 위치천문학 분야에 속한 것이다. 극의 고도, 즉 어떤 지점의 지리학적 위도는 천문학적 관측으로만 확정되는데, 빛 행차(광행차)의 정밀 측정에서 베를린의 지리학적 위도가 짧은 기간에 0.3초나 변화한 것을 발견했다. 그래서 1889년과 1890년에 베를린, 프라하, 포츠담, 슈트라스부르크에서 동시에 지축의 경미한 변화에 관한 조직적 관측을 했고, 이어서 호놀룰루 탐험과 광범한 '국제 위도 관측 사업'이 이탈리아, 러시아, 일본, 북미 각 관측소에서 공동으로 수행돼서, 이것을 완전하게 확증했다.

2) 천체물리학의 시작

천체사진술은 천체물리학 연구에 없어서는 안 되는 귀중한 보조 수단이다. 다게르는 달을 촬영하려고 시도했으나 실패했고, 드레이퍼는 구경 35cm의 반사망원경을 이용하여 노출 시간 20분 동안 달의 상을 촬영하는 데 성공했다. 본드는 1850년에 케임브리지 천문대의 38cm 적도의 망원경으로 밝은 별인 직녀성(織女星)과 카스트로를 촬영했으나, 2등급 이하의 별은 촬영할 수가 없었다.

그런데 사진의 감광도가 향상됨에 따라 1857년에는 6등급 별도 같은 반사망원경으로 촬영할 수 있게 됐고, 20세기 초에는 1857년에 촬영된 6등급 별 광도의 만분의 1밖에 안 되는 미약한 광도의 별인 16등급 별도 촬영할 수 있게 되었다. 이러한 진보는 무엇보다도 젤라틴 건판이 1875년에 발명되어 사진의 감광도를 향상시킨 데 있으며, 또한 망원경 제작 기술의 발달로 색차 소거(色差消去) 스펙트럼 범위를 확대한 데 있다.

1883년에는 이러한 근본적 개량에 의하여 빛나는 성공을 거두게 됐고, 1887년에는 사진 방법에 의하여 광대한 천체도를 작성하는 데 성공했다. 이 천체도는 이러한 천문학적 사진을 1/500mm까지 정밀하게 측량하여, 그것을 토대로 한 계산에 의해 만들어져서 점점 일반으로 활용될 수 있는 것이 되어 갔는데, 1920년대에는 대체로 반 이상이 완성되었다.

19세기 80년대의 사진술은 이미 망원경을 통해 육안으로는 볼 수가 없는 천체의 미세한 구조를 알 수 있게 하여, 혜성과 성운에 관한 여러 새로운 사실들을 알 수 있게 했다. 그리고 사진에 의한 측량은, 접안 미측계(接眼微測計)나 태양의(太陽儀)를 사용한 구식의 직시 방법보다 훨씬 정밀하게 항성의 위치를 결정할 수 있게 했다. 사진의 진가는 그것으로 새로운 별들을 발견한 것보다는, 오히려 이러한 면에서 발휘된 것으로 생각된다. 예를 들어, 샤이나의 1890~1900년의 최초의 연구가 있은 후, 항성의 거리, 성단과 그들의 운동, 그리고 이와 유사한 사항들은 20세기 초엽까지 사진 측정으로 행해졌다. 태양계 내에 1000개에 달하는 작은 유성들도 이 사진법으로 발견되었다. 하이델베르크의 볼프는 1890년에 이 방면에 새로운 사진법을 도입한 공로가 크다.

3) 별의 광도 측정법

고대 천문학자들은 항성의 겉보기 밝기에 따라 1등급에서 6등급까지 분류했다. 18세기에 망원경이 발견된 이후에도 역시 육안으로 대중한 그런 등급을 그대로 사용하여 7등급 또는 8등급으로 분류했다. 이런 경우에 관측자에 따라 밝기의 표준이 다소 달라지는 것은 말할 것도 없다. 예를 들어, 같은 어두운 별을 허셜은 20등, 스트루베는 12등이라고 했다. 그런데도 19세기 중엽까지, 대부분의 천문학자들은 별의 광도 측정을 생각조차 하지 않았다. 그러나 반세기 후의 일류 천문대는 모두 광도 측정과 스펙트럼분석에 의하여 그들의 연구를 하게 되었다.

19세기 말 천체 광도계의 발전에 대해서는 뮐러(Gustav Müller, 1851~1930)의 『별의 광도 측정법(라이프치히, 1897)』에 상세히 기술돼 있다. 조리개를 이동하거나 부채꼴의 검은 유리 조각을 이동하여 망원경 내의 빛을 조절해, 두 별의 겉보기 광도 차를 추정했다. 하버드 천문대 피커링(Edward Charles Pickering, 1846~1919)이 1877년에 천문대장 취임 이후에 사용한 '자오선 광도계'는 구경과 초점거리가 같은 두 망원경이 부착돼 있고, 망원경 앞에는 이동반사경이 각각 있고, 한쪽 망원경 통 안에는 색 소거 방해석프리즘이 있다. 이 프리즘과 반사경에 의하여, 자오선 근처에 있는 거리가 매우 떨어진 두 별의 빛을 동시에 하나의 접안렌즈로 보게 돼 있다. 한쪽 반사경은 극 근처에 있는 한 별을 향하게 고정하고, 다른 쪽 반사경은 차례로 비교하려는 별을 향하게 한다. 고정된 표준별의 빛은 방해석프리즘을 통과하여 편광된다. 그리고 접안렌즈 앞에는 니콜프리즘이 있어서, 이 프리즘의 위치에 따라 극 근처의 고정 표준 별빛 광도를 약하게 조절하여, 그 광도가 측정하려는 별의 광도와 같게 하여, 니콜의 위치에서 표준 별 광도에 대한 측정하려는 광도를 구할 수 있다. 이 '자오선 광도계'는 물론, 별이 남북 선을 통과하는 수 분 동안은 관측할 수가 없다.

다른 여러 장치 중에도 칠너(Johann Zöllner, 1834~1882)의 광도계는 특기할 만하다. 이것은 표준 별빛 대신에 인공 표준 불빛을 사용한 것이다. 가능한 한 일정 세기로 타는 특수 석유등(후에는 축전지의 전등) 불빛을 조리개의 매우 작은 구멍(0.2mm)을 통하여 나오게 하고, 조리개에서 일정 거리에 있는 현미경을 통하여 그 불빛의 상을 만들게 하여, 그 상의 일부를 빛의 진로에 대하여 45도 각도로 놓인 유리판으로 반사하여 망원경의 눈쪽 렌즈로 보게 한 것이다. 이것은 망원경으로 별을 보는 것과 똑같은 상을 보게 한다. 그리고 조리개와 현미경 대물렌즈 사이에 빛을 가리는 반투명 유리판들이나 두 개의 니콜프리즘을 두어, 인공 별빛을 가장 밝은 것에서 완전히 소거되기까지 조절하게 했다.

첫째로 1860년에 슈타인하일의 광도계에 의하여 약 280개의 별에 대한 대규모 광도 측정이 행해졌고, 같은 시대에 칠너의『천체의 일반 광도 측정법 요강(라이프치히)』이 획기적 공헌을 했다. 그리고 1885년에는 하버드 천문대에서 최초의 광도표가 발표되었다. 피커링은 이 표에 북쪽 하늘 6등급까지의 모든 별을 그의 '자오선 광도계'로 측정했다. 그리고 그는 특히 '광도계 등급'이라는 중요한 개념을 도입했다. 광도계 등급과 고전적 등급을 상기한 두 보고에서 비교해 보면, 고전적 등급은 우연히도 단위에 가까운 등급 눈금을 가진 것을 알 수 있다. 예를 들어, 1등급별과 2등급별의 광도비는 2.5 : 1인데, 2등급과 3등급, 그리고 3등급과 4등급별의 광도비도 이것에 가까운 값이다. 따라서 5등급별의 2.5×2.5=6.25배의 광도는 3등급별의 광도와 거의 같았다. 결국 6등급과 1등급별의 광도비는 1 : 2.5×2.5×2.5×2.5×2.5=1 : 100이라는 광도비와 일치한다.

그래서 피커링은 다섯 등급마다 광도의 비가 정확히 1 : 100이 되게 그의 광도계 눈금을 만들었다. 그는 이 규정과 눈금의 0도를 적당히 택함으로써, 오늘날 널리 사용되는 새로운 눈금을 고래로 사용해 온 등급에 잘 결부시키는 데 성공했다. 피커링의 광도 측정과 함께, 항성천문학에서 '포츠담 항성표'를 특기하지 않을 수 없다. 수십 년에 걸친 연구로 '본 항성표'의 7등급까지의 모든 별 약 1만 4000개를 정확히 관측했다. '포츠담 항성표'는 별의 수에서 하버드 연구에 미치지 못하나, 그 내용의 조직적 정확성은 가장 뛰어난 것이었다.

이상과 같은 모든 연구는 후술할 우주의 구조나 그것의 응용문제에 대한 통계적 연구의 토대가 되었다. 그리고 빛이 다소간 규칙적으로 변화하는 많은 별의 연구에도 필요하게 되었다. 1596년에 파브리치우스가 처음으로 이런 종류의 별인 고래자리의 O성(미라)을 발견했고, 1786년에는 확실한 12개, 1896년에는 400개, 그리고 금세기 초엽까지는 수천 개의 변광성(變光星)을 인지하게 되었다. 이러한 연대에서의 변광성에 대한 연구는 빛의 변화 방식의 확정과 그 지속 시간, 그리고 등급에 한정돼 있었다. 그런데 아르겔란더는 이미 변광성의 두세 요소를 매우 정밀하게 측정하는 데 성공했다.

본래의 광도 측정은 변광성에 대해서는 잘 하지 않았고, 그들의 빛은 '아르겔란더의 등급 방법'에 따라, 그 근처의 밝기가 거의 같은 별과 비교했다. 그리고 등급을 매기는 것은 광도계 없이 하여, 오늘날의 아마추어 천문가들에게 적합한 과학적 가치가 있는 연구 분야의 하나가 되었다. 그래서 일찍이 '아르골(페르세우스자리의 베타성)'의 광도 변화 곡선(변광 곡선) 연구에서, 그것은 3일마다 순환하는 두 개의 별 때문이라는 확정에 가까운 추론이 나타났다. 그것은 궤도면이 시선과 일치해 있고 빛이 가장 약한 것을 볼 때는 한 별의 빛이 다른 별로 완전히 차단되기 때문이라는 가정을 했고, 이 가정은 얼마 지나지 않아서 분광기에 의하여 실증되었다.

행성과 그의 위성의 구조에 관한 뮐러의 광도 연구는 오늘날에도 매우 중요하며, 그 일부는 아직 누구도 그 발밑도 쫓아가지 못한 훌륭한 것이었다. 그것은 직접 관찰이나 측정으로는 도저히 할 수가 없어서, 그런 천체의 표면 상태를 추측할 수밖에 없었다. 예를 들면, 수성의 광도 변화 측정에서 그 표면은 달의 표면과 매우 닮아서, 그 표면에는 대기나 검은 용암 상태의 암석이 없다는 것을 밝혔다. 그리고 금성은 이것과는 판이한 상태를 나타내고 있어서, 그것은 확실히 태양광선을 강하게 반사하는 구름층에 싸여 있어서, 우리는 그 본래의 딱딱한 표면을 볼 수가 없다고 했다. 또 토성의 광도는 그 환 조직의 상대적 위치에 따라 변화한다. 그의 둘레의 환이 보이지 않을 때, 토성의 광도는 가장 약하고, 그 환(環)이 우리에게 크게 열려 보일수록 토성은 더욱 밝게 보인다.

이 광도 변화의 경위와 범위는 다음과 같은 이론으로 설명했다. 즉, 환 조직은 동심원 운동을 하는 무수히 많은 작은 물체(유성)의 무리로 되어 있고, 매우 원거리에 있기 때문에 개별로 볼 수가 없다고 했는데, 그 후에 분광기 연구에서 이 사실이 확증되었다. 이상과 같은 광도계 방법에 의한 여러 발견은 1900년까지의 것이며, 그 이후에 발견의 수는 더욱더 증가해 갔다.

4) 별의 스펙트럼분석

천문학적 분광기는 예외적인 것을 빼면 물리학자의 분광기와 닮은 것이었다. 그리고 다음에 망원경에 의한 직시 관측 대신에 사진이 사용되었다. 그다음에 분광기를 연구실의 고정식 장치가 아닌 이동식으로 하여, 큰 망원경과 연결하는 데는 무엇보다도 우선 여러 가지 기술상의 난점을 해결해야만 했다. 분광기를 태양 관측에 최초로 이용한 것에 대해서는 이미 기술했다. 그것에 뒤따라 태양의 개기식(皆旣蝕) 때의 붉은 불꽃이 연구되어, 이 붉은 불꽃은 수소의 대규모 폭발인 것이 증명됐고, 이 현상을 언제나 관측할 수 있는 방법을 발명했다. 그리고 끝내는 '분광 태양 사진의(寫眞儀)'를 발명하여 태양면의 원소 층과 이전부터 거대한 가스의 와류라고 생각해 온 태양흑점과 그 원소 층과의 관계를 연구하는 데 성공하게 되었다. 그리고 제만이 발견한 강한 자장에 의한 편광의 분열, 즉 '제만 효과'에서 출발하여 흑점에는 큰 자장이 생긴다는 것을 증명했다. 그것뿐만 아니라 분광사진을 이용하여 태양의 일반 자기 상태도 알아내서, 태양 자장은 지구와 같이 회전극(回轉極)에 일치하지 않는다는 것을 증명했다.

분광기에 의한 연구로, 두세 행성에는 대기층이 있을 것이라는 추론을 하게 됐고, 혜성에서는 탄소화합물이 있다는 것을 증명했다. 따라서 천문학적 분광학의 중요한 수확은, 전 우주의 물질 성상(性狀)은 항성스펙트럼의 연구에서 나타난 것처럼 다 같은 것이며, 하나의 기원, 즉 하나의 창조에서 생겼다는 것을 인식하게 된 것이다. 프라운호퍼의 연구를 이어받아, 로마 대학 천문대 대장 세키(Pietro Angelo Secchi, 1818~1878)는 1870년에 수천의 별을 분광학적으로 연구했다. 그는 1833년에 예수회에 입교하여 신부가 됐고, 미국의 조지타운 대학 교수로 있다가 귀국하여, 1850년에 로마 대학 천문대 대장이 되어 천체의 분광학적 관측과 기상학 연구로 유명하게 되었다. 그는 1863년에서 1867년까지 4000개의 별 스펙트럼을 관측하여 네 가지 형으로 분류했다.

제1형인 시리우스 형은 시리우스, 베가, 리겔 등의 백색별이다. 굵은 수소선이 특징이며, 그것은 종종 흡수선으로만 보인다. 제2형인 태양 형은 카펠라, 아르크투루스 등의 태양성을 포함하여 그 스펙트럼이 태양스펙트럼에 닮아, 금속 증기로 인한 많은 흑선이 나타나는 것이다. 육안으로 보이는 대부분의 항성은 제1형 또는 제2형에 속한다. 제3형 안타레스 형은 안타레스, 베텔게우스, 미라, 그리고 다수의 장주기변광성과 같은 적색성이다. 그 스펙트럼은 태양흑점스펙트럼에 매우 닮아서, 자색 쪽은 경계가 선명하나 적색쪽은 불선명한 흡수선 대가 특징이다. 제4형은 띠스펙트럼을 나타내는 적색성들인데, 그 흡수대는 배열과 외관이 제3형과 달라서 적색 쪽의 경계가 선명하다. 따라서 이 별들의 표면은 비교적 저온인 것을 나타내며, 흡수대는 탄소화합물의 존재에 기인한 것이다.

별의 스펙트럼형은 별의 상태를 알아보는 데 오늘날도 종종 이용된다. 그다음에 독일

포츠담 천체물리 관측소 초대 소장 포겔(Hermann Carl Vogel, 1841~1907)은 오로지 항성의 분광학에 전념하여 세키의 분류를 더욱 세분했다. 그리고 1910년에야 미국 하버드 대학 천문대의 여성 천문학자 캐넌(Annie Jump Cannon, 1863~1941)이 피커링 교수의 지도 하에 28만 6000여 개의 항성스펙트럼 사진을 촬영하여, '드레이퍼 기념 항성표'를 편집했다. 이 항성표에 채용된 스펙트럼 분류가 '하버드식 스펙트럼 분류'로 널리 알려져서 사용하게 되었다.

하버드식 분류 예

분류	온도	색	실례	스펙트럼 특징
B	10,400	백	오리온 δ, ε	주로 He와 H
A	9,700	백, 황	시리우스, 베가	H가 가장 강하고, Ca와 기타 금속은 약함.
F	7,000	황, 백	매자리 δ	Ca가 가장 강하고, H는 감소, 금속 암선은 명확함.
G	5,200	황	태양, 카펠라	본문 참조
K	4,200	황, 적	아르크투루스	Ca선과 약간의 띠가 현저함.
M	3,000	적	베텔게우스	띠 형성과 Ca선이 특징임.

허셜의 성운에 대한 발견은 이미 앞에서 기술했다. 그의 대형 반사망원경은 성운이라는 것을 다수의 별이 밀집한 성단으로 분해했다. 그리고 허셜은 더욱 큰 망원경을 사용하면 모든 성운이 그러한 것을 알게 될 것이라고 생각했다. 분광기는 이런 점에서도 중요한 발전을 이루게 해주었다. 분광기에 의하여 성운의 여러 가지 종류, 즉 (가) 확실한 성단이며 그 일부는 당시에도 분해할 수 있었던 것, (나) 백색의 방추 모양 또는 와류 모양 성운으로 그 본성이 아직 밝혀지지 않았던 것, (다) 오리온성운과 같은 발광가스의 불규칙한 구름, (라) 이러한 발광가스가 수소, 헬륨, 미지의 원소로 된 행성과 같은 형태의 성운이며, 규칙적인 계란 모양 또는 환(環)인 것 등이 밝혀졌다.

태양과 항성들의 표면 온도 측정을 상세히 설명할 수는 없고, 다만 그 원리를 간략하게 기술해 둔다. 분광기에 촛불과 전기 방전등의 빛을 동시에 입사하면, 두 스펙트럼은 연속성이 된다. 방전등의 빛을 줄여서 두 스펙트럼의 적색이 같은 밝기가 되게 하면, 온도가 높은 방전등 자색은 촛불의 자색보다 훨씬 강하게 된다. 1900년에 플랑크(Max Karl Ernst Ludwig Planck, 1858~1947)가 발견한 복사법칙은 스펙트럼 색의 세기와 온도의 관계를 준다. 그래서 스펙트럼 광도 측정으로 기지의 촛불 온도에서 방전등의 온도를 알 수 있다. 이와 같은 원리는 백열전구와 별의 스펙트럼 측정에도 적용된다. 1910년에 특히 포츠담 천문대의 대형 굴절망원경으로 일련의 항성 표면 온도가 측정되었다.

분광기는 우주적 질량 운동의 연구에도 큰 의의를 가지고 있다. 오스트리아의 수학자 도플러는 취직자리가 없어서 전전하다 프라하의 중학교 교사로 있던 1842년에 파동의 진동수 또는 파장은 파동원의 관측점에 대한 운동에 따라 변한다는 소위 '도플러 효과'를 발표했는데, 본래 별은 모두 백색인데 이러한 효과로 색을 띤다고 했다. 네덜란드의 기상학자 보이스-발로트는 1845년에 기차에서 음향에 대한 실험을 통해 이 '도플러 효과'를 실증했으나, 별이 모두 백색이란 것은 반대했고, 다만 별이 멀어지거나 또는 가까워지는가에 따라서 스펙트럼이 약간 적색 쪽 또는 자색 쪽으로 이동할 것이라고 했다. 영국의 천문학자 허긴스(Sir William Huggins, 1824~1910)는 키르히호프의 스펙트럼분석에 자극을 받아 오직 천체 스펙트럼만을 연구했는데, 1875년에 처음으로 천체사진에 젤라틴 원판을 사용하여 육안으로 볼 수 없는 별을 촬영하는 데 성공했고, 1864년에는 성운이 '가스 스펙트럼'을 나타내는 것을 발견했으며, 1868년 4월 23일에 시선에서의 별의 속도 측정에 '도플러 법칙'이 적용된다는 것을 발견했다. 그는 이런 공적으로 1900년에 왕립연구소 회장에 추대됐고, '코프리상'과 '럼퍼드상'을 수상했다. 이러한 연구에 의하여 우주에 대하여 어떤 추론을 얻었는가는 후에 논하기로 하고, 여기서는 관측된 여러 시선속도도 큰 의의를 가졌다는 것만 지적해 둔다.

제 13 장

자연과학과 근대 문명

19세기 초부터 자연과학 분야의 힘찬 발전은, 여러 자연 현상들을 상호 관련짓게 하여 에너지 원리를 확립하고, 광대한 우주와 미소한 원자의 세계를 하나의 통일된 세계로 인식하게 했을 뿐만 아니라, 현대 문화 전반에 대한 심대한 영향을 확대해 나갔다. 이런 자연과학 발달의 의의와 목적에 대한 유명한 문답이 있다. "이러한 자연과학의 발견과 발전이 무엇에 소용됩니까?"라는 질문에 대한 패러데이의 답변은 "열심히 공부하라! 그것은 소용된다!"라는 것이었다. 과연 인간 생활에 필요한 발명은, 순수 자연과학적 활동에서 생긴 여러 발견에 뒤따라 필연적으로 생긴 것이다. 자연과학의 토대 위에 근대 기술이 발전했고, 그 근대 기술은 인간 생활의 향상과 행복에 부정적인 면도 있었으나, 전체로 볼 때 긍정적인 복지의 증대를 가져다주었다. 그리고 또 한편으로는 이러한 기술의 발전이 과학의 연구를 촉진시켜 왔고, 인류의 광범한 일반 층에 자연과학의 교양을 보급하는 수단이 되었다. 그래서 현대 문명과 문화는 자연과학의 심대한 영향 하에 '공학 재료, 에너지, 전자공학'(Engineering Material, Energy, Electronics)의 3E가 주도하는 시대라고 특징짓게 되었다. 그러나 자연과학의 발전이 미친 모든 범위에 대하여 살펴볼 수는 없다. 다만 상기한 현대의 시대적 특징을 창출하는 데 가장 뚜렷하고 중요한 사항 중에서 19세기부터 금세기로 이행해 온 시기의 화학공업과 전기공학에 대해서 우선 살펴보기로 하자.

1. 화학공업의 영향

화학공업 첫발은 19세기의 시작과 함께 내디뎌졌다. 화학공업 부문의 기술적 시발점이 되는 황산은 이미 18세기 중엽부터 생산되기 시작했다. 그러나 게이뤼삭이 이황산 제조를 위한 '연실법(鉛室法)'을 개량하여, 촉매인 질소산화물을 버리지 않고 회수하는 탑인 '게이뤼삭 탑'을 발명함으로써 비로소 공장에서 생산하는 데 적당한 제조법이 확립되었다. 이것으로 황산이 공장에서 생산되자, 그 덕택에 오래도록 대망했던 식염으로부터의 소다 제조가 가능하게 되었다. 그래서 1791년에 프랑스의 르블랑이 최초의 소다 공장을 만들어서 새로운 공업이 일어났다. 이 공업은 특히 영국에서 번영하여, 중요한 부산물로서 염산을 공급했다. 그리고 염산이 값싸게 됨으로써, 그 후에 매우 중요하게 된 염소

제품이 개발되었다.

1) 발화와 화약 생산

염소산칼륨에서 착상하여 최초의 화학적 발화 방법이 발명되었다. 이 발명은 염소산칼륨과 유황의 혼합물을 칠한 나무조각을 황산에 담그면 발화한다는 것이다. 그다음에 백금과 그 화합물에 대한 연구에서 되베라이너는 제2의 발화장치를 발명했다. 그는 이 발명에 대해서 다음과 같이 말했다.

"수소를 가는 관으로부터 백금 분말에 흘리고, 수소의 흐름이 백금 분말에 접촉하기 전에 공기와 혼합하게 하면, 그 백금 분말은 가열돼서, 수소가 흐르는 한 달궈진 상태에 있는데, 수소의 흐름이 강하면 수소는 발화하게 된다. 이 실험은 기이하여 누구나 놀라게 된다. 나는 이것을 새로운 발화기의 제조에 이용하여 더욱 중요한 목적에 응용하려고 한다."

이런 종류의 발화기는 오늘날도 매우 흥미 있는 것이나, 1830년에 나타난 '성냥'에 밀려나고 말았다. 성냥의 생산은 보잘것없는 것으로 생각해 넘겨버리는 수가 많으나, 실은 이것이 인간에게 가장 보편적이고도 중요한 것이며, 화학공업의 본격적인 시발로 볼 수가 있다. 이것은 스웨덴의 화학자 셸레가 뼈에서 추출한 인(燐)과 그 원소에서 만든 무해한 붉은 인(적인)이 그 기술의 출발점이 된 것이다.[1]

황산과 염산에 이어서 남미 칠레의 초석층이 개발됨으로써, 질산도 더욱더 대량으로 거래되게 되었다. 이 질산의 유기화합물에 대한 작용의 연구에서 19세기 중엽에 오늘날의 화약이 발명되었다. 쇤바인은 1846년에 면화약(綿火藥)을 만들었다. 그는 괴팅겐에서 태어나서 튀빙겐과 에를랑겐에서 수학한 후에, 여기저기의 물리학과 화학 교사를 하다가 1828년에 바젤 대학의 교수가 됐고, 1839년에 '오존'을 발견하여 유명하게 됐다. 또 면화약을 만들어서 일찍이 1846년에 총포의 발사 화약으로 사용했다. 그리고 1847년에는 토리노 공과대학 교수 소브레로(Ascanio Sobrero, 1812~1888)가 셸레에 의하여 지방에서 분리된 '글리세린'을 질산에 작용시켜서 무서운 폭발력을 가진 폭약 '니트로글리세린'을 발견했고, 이것을 알프레드 노벨(Alfred Bernhard Nobel, 1833~1896)이 공업에 도입했다.

---

1 빈츠, 『화학공업의 기원과 발전(1910)』, 베를린.

노벨은 스웨덴에서 태어나서 소년 시절에는 성 페테르부르크에서 살았고, 그의 아버지는 여기서 수뢰나 지뢰의 연구를 시작하여 1859년에 가족을 남겨두고 먼저 귀국했다. 그 후에 알프레드도 귀국하여 아버지와 함께 폭약 연구를 했고, 특히 니트로글리세린의 제조와 응용에 전념했다. 알프레드는 니트로글리세린을 규조토와 같은 흡수물에 혼합하면, 위험성이 적고 취급하기에 편리한 것이 된다는 것을 발견하여, 1867년에 '다이너마이트'의 특허를 얻었다. 그리고 이어서 니트로글리세린과 면화약을 혼합하여 다이너마이트보다도 더 강력한 '폭발 젤라틴'을 만들어서 1876년에 특허를 땄다. 그로부터 13년 후에 노벨은 최초의 무연화약인 '발리스타이트'를 발명하여 영국에 특허를 신청했으나, 유상화약(紐狀火藥), 즉 '코르다이트'에 기득권이 있다는 이유로 각하되었다. 그래서 노벨과 영국 정부 간에 1894년에서 1895년까지 분쟁이 있었으나 노벨이 패소했다. 노벨은 러시아, 스웨덴, 이탈리아 등지에 화약 공장을 설립하고, 바쿠의 유전 개발도 하여 거대한 부를 쌓아 올렸다. 그는 1896년 12월 10일에 이탈리아의 산레모에서 사망했는데, 그의 유언에 의하여 그의 유산 168만 파운드는 스웨덴 과학 아카데미에 기탁되어 '물리, 화학, 의학과 생리학, 이상주의에 가장 뛰어난 문학 사업, 세계 평화 사업에 가장 공적이 큰 사람 또는 단체'에 상금을 주게 되었다. 이것이 노벨상의 기원이며, 1901년에 제1회의 수상이 있었다.

2) 석탄가스 공업의 발달

19세기 초에 증기가 일반의 동력이 된 것과 함께, 역시 영국을 중심으로 하여 등용가스 공업이 보급되기 시작했다. 영국의 생리학자 헤일스(Stephan Hales, 1677~1761)는 일찍이 석탄에서 가연성가스가 발생한다는 사실을 알고 있었다. 그가 1727년에 발간한 저서 『식물의 정역학』에는 다음과 같은 구절이 기술되어 있다.

"경험 67; 같은 방법으로 나는, 광물에서 다량의 공기를 채취하는 것을 알았다. 뉴캐슬 석탄의 반 입방인치, 즉 158그램은 180입방인치의 공기를 발생했고, 이 공기는 석탄에서 매우 강한 세력으로 발생하는데, 그때에 황색 연기를 내는 것이 특징이었다. 이 공기의 중량은 51그램이며, 그것은 석탄 중량의 약 1/3에 해당한다."

그리고 윌리엄 머독(William Murdock, 1754~1839)이 처음으로 이 발견을 실용에 이용하려고 생각했다. 머독은 증기기관을 발명한 와트와 볼턴도 친구였고, 그들의 증기기관 조립에 협력한 사람이다. 그는 1792년에 레드루스에서 이 가스를 실용 목적으로 하는 최초의 실험을 하여, 1808년에 처음으로 그가 가스 조명에서 얻은 경험을 「석탄가스의 경제적 응용에 관한 보고」라는 논문에 담아 『이학 보고』에 발표했다. 이것이 석탄가스 공업의 시초가 되었다. 이 공업은 주택이나 가로에, 그때까지의 어떤 종류의 조명도 능가하는 등불을 제공하여 그 본래의 사명을 완수했을 뿐만 아니라, 그것은 또한 많은 부산물에 의하여 새로운 산업을 일으켰다. 그리고 그보다 더욱 중요한 것은 새로운 화학적 과학 부문까지 창출하게 했다는 것이다. 이것은 석탄건류(石炭乾溜)의 산물에서 암모니아와 암모니아염에 대한 보고가 발견됐고, 또 한쪽에서는 타르 중에 함유된 무수히 많은 물질의 연구에서, 방향족화합물의 화학이 발달하게 됐기 때문이다.

이들 화합물 중에 가장 중요한 것이, 어떤 기묘하고도 우연한 기회에 패러데이의 손에 들어가게 되었다. 그는 이 시기에 처음으로 과학의 길에 발을 들여놓게 됐고, 데이비 밑에서 오직 화학을 열심히 공부하고 있었다. 그리고 19세기의 20년대에는 아직 가스 공급 배관이 없었으므로, 가스는 압축하여 소비자의 주택에 배급되고 있었다. 그런데 이런 가스등의 불빛은 갑자기 약해지는 수가 많았다. 데이비로부터 이 현상에 대한 규명을 지시받은 패러데이는 가스에서 어떤 액체가 분리돼서, 그 증기가 불빛의 세기를 약화시킨다는 것을 발견했다. 탄소와 수소로 된 이 물질은 수년 후에 미처리히가 안식향산을 가성석회와 함께 가열하여 만들어 냈고, 그것을 '벤젠'이라고 불렀다.

$$C_6H_6 \times COOH + CaO = CaCO_3 + C_6H_6$$

화학공업이 앞에서 기술한 기초 위에서, 과학의 타 분야와 연관하여 어떤 과정을 거쳐 오늘날과 같이 발전했는가는 상세히 기술할 수는 없고, 다만 그 개요의 일부를 훑어보기로 하자.

화학공업의 모든 부문에서 여러 가지 가공에 사용되는 기초적 물질의 하나는 황산이었다. 이 황산의 제조는 오직 로벅(John Roebuck, 1718~1794)이 1746년에 발명한 연실법(鉛室法)에 의했다. 로벅은 처음에 에든버러 대학에서 의학을 수학하고, 윌리엄 컬런과 블랙의 강의에서 화학에 흥미를 가지게 되었다. 버밍엄에서 의사 개업을 했으나 의사 일은 제쳐놓고 화학 연구에만 열중하여, 1746년에 황산 제조를 위한 연실법을 발명했다. 그는 가벳과 공동으로 1749년에 에든버러 근교에 황산 제조 공장을 설립하여 수년간 독점해 왔으나, 그의 제법이 점차로 세상에 누설되었다. 그는 이에 대한 특허권을 따지 않았기 때문에 모방자가 속출했다. 그래서 그는 제철업으로 바꿔서 1760년에 카론에 제철소를 설립하여 제철법의 여러 가지 개량에도 성공했다.

그리고 카론제철소에 석탄을 공급하기 위하여 보네스 탄광을 빌렸는데, 새로운 광맥 개발에 대량의 물이 나와서 그가 사용하던 뉴커먼기관으로는 배수가 곤란했다. 이 난국에 와트의 증기기관 발명을 알게 되어 와트와 만났다. 초기의 와트 증기기관은 불충분한 것이었으나, 로벅은 그 장래성을 인지하고 특허권의 2/3를 인수하여 와트의 증기기관 완성을 후원했다. 그런데 그의 탄광이 곤경에 빠지고, 알칼리 제조업의 실패도 겹쳐서 파산하게 되었다. 그래서 그는 볼턴에게 빚진 1200파운드 대신에 그가 가진 와트의 증기기관 특허권 2/3를 양도하고 공업계 일선에서 물러났다.

그리고 머독이 발견한 황산 제조 방법인 연실법에, 1875년에 클레멘스 빙클러(Clemens Alexander Winkler, 1838~1904)가 발명한 접촉법이 첨가되었다. 이것은 발화장치에서 되베라이너가 발명한 백금 분말의 작용에 근거한 것인데, 빙클러는 이산화유황(SO_2)과 공기의 혼합체를 가열된 백금 분말에 도입했다. 백금의 촉매 또는 접촉 작용에 의하여 이산화유황은 공기의 산소와 화합하여 삼산화유황(무수황산, SO_3)이 되고, 물과 화합하여 황산(H_2SO_4)이 된다. 이러한 황산 제조법의 개발로 1913년에 이미 세계의 황산 생산고는 500만 톤에 달했고, 독일만도 약 125만 톤에 달했으며, 영국과 북미도 거의 같은 생산량에 달했다.

촉매법(접촉법) 덕택에 염산에서 염소를 제조하는 것도 간단하게 되었다. 촉매로서는 백금 분말과 같이, 화학 변화에 거의 관계하지 않는 염이 사용되었다. 따라서 이론적으로는 이러한 촉매 물질에 의하여, 그것에 접촉하는 물질의 무한량을 차례로 전환시킬 수가 있다. 1870년부터 데이콘이 도입한 방법에 의하여, 염산에서 염소를 생산하기 위하여 염산가스와 공기의 혼합물을 구리염에 담가서 빨갛게 달군 다공성 물질을 통과하게 했다. 이때에 $4HCl + O_2 = 2H_2O + 2Cl_2$, 전화(轉化)가 일어난다. 그리고 후에 염소의 전해 제조가 이 방법에 대체하게 되었다. 염소는 표백뿐만 아니라 여러 가지 염소화합물의 제조에도 더욱 대규모로 사용하게 됐으며, 전해 방법으로는 염화나트륨이나 염화칼륨 용액에서 생산했다. 이 경우에 염소는 양극에서 발생하고, 음극에는 가성소다나 가성칼리, 그리고 염소 상당량의 수소가 얻어진다. 그래서 부산물로 염가로 얻어지는 가볍고도 열량가가 높은 이 수소를 널리 활용하게 되었다.

소다의 공장 생산도, 옛날의 르블랑법이 솔베이법으로 대체되었다. 프랑스의 외과 의

사이자 화학자인 르블랑(Nicolas Leblanc, 1742~1806)은 의학을 공부하여 1780년에 오를레앙 공의 군의가 됐으나, 여가에는 화학 연구에 열중하여 1787년경에 보통의 식염에서 소다를 제조하는 문제에 착안하여 1790년경에 르블랑법을 발명했다. 오를레앙 공은 1791년에 20만 프랑을 투자하여 그를 후원했고, 다음 해에 파리 교외에 소다 공장을 차렸다. 그런데 조업도 하기 전에 프랑스혁명이 일어나서 이 공장을 포함한 오를레앙 공의 전 재산은 몰수되고 말았다. 그리고 공안위원회는 소다 공장을 가진 시민은 그 제조법을 긴급 신고하게 명령했다. 르블랑은 하는 수 없이 자기의 방법을 공개했고, 그의 공장도 폐쇄되어 제품과 원료도 매각되고 말았다. 그런데 1800년에 그의 권리의 상실에 대한 배상으로 공장만은 돌려받아, 이 공장을 부흥시켜 대규모 소다 공업을 시작하기 위한 자금 마련에 노력했으나 도로에 그치고 절망하여 1806년에 자살했다. 그리고 그의 제조법은 프랑스에서 소규모로 행해졌다. 그런데 영국의 화학공업가인 머스프랫(James Muspratt, 1793~1886)이 1823년에 이 르블랑법에 의한 소다 제조 공장을 리버풀에 건설하여 대규모 생산을 하게 되었다. 르블랑법은 식염에 황산을 가하면 염산과 황산나트륨이 생기고, 이 황산염과 석회석과 석탄을 함께 불로 녹이면 소다가 생산되는 것이다.

$Na_2SO_4 + CaCO_3 + 2C = Na_2CO_3 + CaS + 2CO_2$

이 방법에서는 황산이 모두 상실되고 만다. 그래서 처음에는 이 방법에서 황산을 어떤 형태로든 회수하는 방법이 연구됐으나, 1840년에 황산을 사용하지 않는 소다 제조가 처음으로 성공했다. 즉, 탄산가스와 암모니아를 식염수 중에 도입하여 그 결과 생긴 1차의 염인 탄산나트륨을 가열하여 2차의 염인 소다로 변하게 하는 것이다.

$NaCl + CO_2 + NH_3 + H_2O = NH_4Cl + NaHCO_3$

$2NaHCO_3 = Na_2CO_3 + CO_2 + H_2O$

벨기에의 화학공업가 솔베이(Ernest Solvay, 1838~1922)는 이러한 과정에서 암모니아와 탄산가스를 다시 제조 과정에 돌려보내는 데 성공하여, '암모니아-소다법', 즉 '솔베이법'을 공업적으로 르블랑법에 대체하여 사용하게 했다. 그래서 1913년에는 세계 생산고 200만 톤 가운데 르블랑법으로 생산한 것은 약 150톤에 지나지 않았다.

대규모 공업에서 생산된 무기화합물의 일부는 금세기 초부터 갑자기 각광을 받게 된 유기화학 공업에도 사용되어 더욱더 생산이 활발해졌다. 그러한 원료는 특히 무기산(無機酸) 외에도, 처음에는 돌보지도 않았던, 가스 공장이나 코크스 제조에서 생기는 '타르'에 포함되어 있었다. 영국에서 활약한 독일 화학자 호프만의 제자인 퍼킨이 타르에서 최초의 염색소를 만드는 데 성공한 것은 1856년이었다. 독일의 화학자인 호프만(August Wilhelm von Hofmann, 1818~1892)은 괴팅겐에서 법률학과 언어학을 수학했는데, 화학에 흥미를 가지고 기센 대학의 리비히 교수에게서 본격적으로 화학을 배웠다. 당시에 룽게(Friedlieb Ferdinand Runge, 1795~1867)가 콜타르에서 석탄산을 얻고, 그것에 염화석회를 가하여 청색 염료를 발견하여 1834년에 '치아노르'라는 이름으로 발표했다. 호프만은 리비히의 실험실에서 처음으로 이 '치아노르'의 연구에 착수하여, 그것이 '인디고'를 가성칼리로 증류하여 얻은 '아닐린'이란 염기와 '니트로벤젠'을 유화암모니아로 환원하여 얻어지는 '벤지딘'이라는 염기와도 같은 조성인 것을 발견했다. 이 발견이 그 후에 아닐린 색소 공업을 일으킨 출발점이 되었다. 1845년에 영국은 '로열 화학대학'을 창립하려고 리비히에게 적당한 교수 추천을 의뢰했고, 리비히는 호프만을 추천하여, 호프만은 런던에 가서 '로열 화학대학'의 창립에 참여한 후, 그 대학에서 20년 가까이 교수를 하면서, 실험실에서는 연구생과 함께 콜타르 방면에 전념했다.

퍼킨(William Henry Perkin, 1838~1907)은 15세에 '런던 로열 화학대학'의 실험실 급사로 들어가서, 2년 후에는 호프만의 조수가 되었다. 처음에 호프만의 말에서 암시를 받아서 '키니네'의 인공 제조를 시도하여 실패했으나, 1856년경에 즉 황산아닐린에 중쿨롬산 칼륨을 가하여 여러 시험을 하는 중에, 그 검은 침전물에서 후년에 '아닐린블루'라고 불린 색소를 얻었다. 그는 집에 돌아가서 이 염료로 옷감을 염색하여 물, 초산, 비누, 묽은 염산 등으로 씻어보았으나 염색이 씻기지 않는 것을 알고, '모베인'이라는 이름으로 자홍색 아닐린 염료의 특허를 땄다. 그는 '런던 로열 화학대학'을 사직하고, 18세에 아버지와 형들과 공동으로 하로 근교의 그린포드-그린에 '퍼킨 아닐린 염료 제조회사'를 창립하여 1857년 겨울부터 사업을 시작했다. 이것이 콜타르 염료 공업의 시초인데, 후에 영국에서보다는 호프만이 귀국한 후에 독일에서 번성했다.

퍼킨은 또 고대 이래로 서초(西草)에서 만들어 온 홍색 염색소의 인조 색소인 '알리자린'을 공업적으로 생산하는 데 큰 공헌을 했다. 그는, 그레베와 리베르만이 1868년에 안트라센에서 알리자린을 만들었으나 대량생산에는 적합하지 못했던 제조법을 개량하여, 1869년에 그의 그린포드-그린 공장에서 대량생산에 성공하여, 수년간 독점하여 알리자린을 제조했다. 그리고 또 그는 '안트라푸르푸린'과 같은 유사 물질도 연구했다. 1874년에 퍼킨은 콜타르 색소 제조를 그만두고 순수화학 연구에 몰두하여, 방향족알데히드에 지방산나트륨을 작용시켜, 축합제(縮合劑)의 존재하에 방향족 불포화산을 합성하는 '퍼킨 반응'을 발견했다. 그 후에 그는 자장(磁場)에서의 화학구조와 편광면의 회전 관계를 연구하여, 1889년도 로열 소사이어티 '데이비상'을 수상했고, 1906년에는 그의 '모베인' 발명 50주년을 축하하는 국제적인 잔치가 런던에서 개최됐고, '나이트' 작위도 받았다.

공업적으로 중요한 생산물은 '벤젠(C_6H_6)'을 모체로 하여 발전을 했다. 질산의 작용으로 니트로벤젠($C_6H_5NO_2$)이 도출되고, 니트로벤젠의 환원에 의하여 아닐린($C_6H_5NH_2$)이 생긴다. 퍼킨은 이 아닐린에서 최초의 타르 색소를 만들었고, 수년 후 1859년에는 특히 유명한 홍색 색소인 '후크신'이 얻어졌고, 그것으로부터 아닐린 자색, 메틸 청색, 아닐린 청색, 아름다운 황색 색소인 아우라민 등이 차례로 만들어졌다. 유기화학공업처럼 공업의 발전이 과학 연구와 밀접히 결부된 것은 다른 어떤 분야에서도 볼 수 없을 정도였다. 화합물의 원자론적 구조에 관한 근대 학설은, 순수과학적 실험에 학자들의 지표가 됐을 뿐만 아니라, 그것은 곧 새로운 제조법을 연구하는 화학자들에게도, 그것에 못지않은 중요한 것이었다. 그중에도 케쿨레가 제창한 벤젠 구조에 관한 생각은 위대한 지도 정신이었다.

우리는 이 생각이 나프탈렌과 그 유사 화합물에 확장돼 간 것을 앞에서 이미 살펴보았다. 최초의 타르 색소는 아직 여러 결점이 있었고, 그중에서도 최대의 결점은 이 색소가 햇빛에 바랜다는 것이었다. 그래서 햇빛에 견디는 색소를 구했는데, 그 출발점이 나프탈렌이었다. 타르에 최대량이 함유되어 있는 이 원료에서 그리스(Peter Griess, 1829~1888)는 1869년에 최초의 아조 색소를 만들어, 1875년에 아조 염료의 공업적 생산을 했다. 이것으로 '타르 색소 공업'이라는 새롭고도 중요한 분야가 열렸다.

상술한 여러 성공을 거둔 유기화학공업은, 동물계나 식물계로부터 만들었던 천연색소를 인공색소로 대치하는 일에 집중되었다. 1869년에 독일의 리베르만과 그레베는 천연색소의 합성에 처음으로 성공했다. 이들은 안트라센에서 출발하여, 서초의 유효 성분 알리자린을 식물에서 만든 것보다 더욱 순수한 것을 저렴하게 합성했다. 그 결과 각지에 변성했던 서초 재배는 몰락하고, 그 재배지는 다른 문화적 목적에 전용되었다. 이런 알리자린의 합성에 이어서 인디고의 합성이 행해졌다. 색소의 왕인 인디고의 역사는 매우 흥미롭다. 일찍이 고대로부터 이 인디고는 양모나 식물섬유를 아름답게 청색으로 염색하는 것이며, 햇빛에 견디기 때문에 매우 진중히 여겨져 왔고, 오래도록 인도의 중요한 산물 중의 하나로 꼽혀왔다. 인도에서는 두세 목람류(木藍類)로부터 인디고를 채취하고 있었고, 한때는 유럽에서는 그곳에서 나는 대청(大靑, Isatis tinctoria)에서 만들기도 했다. 그런데 19세기의 70년대 말에 베이어가 인디고 합성에 성공했다.

그리고 20년 가까운 세월 동안의 많은 노력과 백만금 마르크에 달하는 투자 끝에, 1897년에는 천연 인디고와 경쟁할 수 있는 가격으로 생산할 수 있게 되었다. 이 인디고 합성의 경제적 효과가 얼마나 컸던가는 다음 통계에서 상상해 볼 수가 있다. 독일은 1890년에 약 1200톤의 인디고를 외국으로부터 수입하는 데 1억 마르크를 소비했는데, 1910년에는 도리어 4000만 마르크 이상의 수출을 하게 됐고, 1920년대까지는 아시아의 여러 나라까지도 독일에서 생산되는 인조 인디고로 염색하게 되었다.

베이어(Johann Friedrich Wilhelm Adolf von Baeyer, 1835~1917)는 측지학자로 유명한 아버지에게서 태어났으며, 분젠과 케쿨레 밑에서 화학을 수학하고, 1858년에 베를린 대학에서 철학 박사 학위를 받아, 1866년에 동 대학 조교수가 됐으며, 5년 후에 슈트라스부르크 대학의 교수, 1875년에는 뮌헨 대학의 화학 교수를 역임했다. 이후 그는 오직 유기화학의 연구, 특히 축합반응(縮合反應)에 의한 합성 연구에 몰두했다. 그래서 1881년에 그는 인디고 연구로 영국 로열 소사이어티의 '데이비상'을 수상했고, 1885년에 작위를 받았으며, 1905년도 노벨 화학상을 수상했다.

유기화학은 약물과 향료 방면에서도 눈부신 성공을 거뒀다. 석탄산에서 합성한 최초의 약품은 살리실산이었고, 그 유도체 중에서 특히 아세틸살리실산, 즉 아스피린은 의약으로도 매우 중요한 것이다. 과학이 '알칼로이드'라는 이름으로 알려진 식물 독의 구조를 파고들어 그것을 합성하여 제조하는 데 성공한 이래, 약물의 생산은 매우 촉진되었다. 자당류(蔗糖類)와 마찬가지로 단백질의 화학적 모양도 더욱 명확해졌다. 그렇다고 유기 물질에서 생명 현상의 신비가 밝혀지리라는 당시의 인식은 잘못이었다. 가장 단순한 세포의 인조도 화학 연구의 한계를 훨씬 넘어 있다. 우리는 식물이 물과 탄산가스를 전분으로 전화하는 겉보기에 가장 간단한 과정을 흉내 내거나, 전분과 동일한 원소로 된 목질섬유를 전분으로 바꾸는 것조차 한 번도 성공하지 못했다. 이것은 결코 연구를 소홀하게 한 탓은 아니다. 이 문제는 국민 경제상 매우 큰 의의를 가져왔던 것이고, 제1차 세계대전 때 이 문제가 해결됐더라면, 독일은 기아로 패전하지는 않았을 것이다.

우리 과학은 생명을 오직 물질의 결합만으로 보는 19세기부터 20세기 초엽까지의 유물론적 고정관념에서 벗어나서, 생명의 신비와 그 의의를 그대로 인식하는 토대 위에 서야만 했다. 그래서 금세기 후반부터는 화학적 합성이 아닌 유전공학적 방법으로 식량 생산에 큰 발전을 이루게 되었다. 그러나 오늘날도 세계 각처에서 굶주려 죽는 사람이 그렇게 많은 것은, 세계 전체의 식량이 부족해서가 아니라 생명의 의의에 대한 인간의 인식이 부족한 데 연유된 것이 아닐까 싶다.

2. 전기공학

근대 기술의 중요한 부분은 화학적 기초 위에서뿐만 아니라 물리학적 기초 위에서도 발전했다. 19세기 말에 증기기관의 발명으로 산업혁명이 일어난 것은 앞에서 이미 기술했으므로 재론하지 않기로 하고, 여기서는 전기 분야의 기술 발전을 살펴보기로 하자.

19세기 초엽에 전기학 분야에서 이론적 흥미로 인해 여러 연구가 진행됐을 때, 이들 연구는 장차 유익한 여러 응용 방면으로 발전할 것이라고 예상했으니, 전기가 인간 생활의 가장 기본적 요소로 19세기 말부터 등장하여 현대 문명의 기반이 되리라고는 상상도 못 했다.

1) 전신 전화의 발달

갈바니전지가 발명되기 이전에도 사람들은 전기를 신호 전달에 이용하려는 생각을 하여, 비록 장난감에 지나지 않았지만 어느 정도 성과를 나타냈다. 그런데 갈바니전지 발명은 이 문제 해결에 한 가닥 실마리를 주었다. 쇠머링(Samuel Thomas von Sömmering, 1755~1830)은 일종의 전기화학식 통신기를 조립하여, 1809년에 뮌헨 아카데미에서 공개했다. 쇠머링은 괴팅겐에서 의학을 수학하고, 카셀 대학의 해부학 교수로 있었는데, 재상 몬쥬라의 권유로 통신기에 갈바니전지를 처음으로 사용하게 되었다. 오스트리아 군대가 1809년에 바바리아에 진주했을 때, 막시밀리안 제후는 재상 몬쥬라와 함께 튀링겐에 망명했는데, 제후 나폴레옹이 예상외로 도착한 데에 놀랐다.

당시에 프랑스에서는 광통신기가 사용되고 있었으므로, 나폴레옹은 빨리 오스트리아 군의 진군을 알게 됐고, 그 덕택에 4월 16일에 점령됐던 뮌헨은 나폴레옹에 의하여 4월 22일에 탈환돼서, 막시밀리안 제후는 수도 뮌헨에 귀환할 수가 있었다. 이 중대 사건에 통신기의 역할을 통감한 재상 몬쥬라는 아카데미에 통신기 발명을 명령했다. 당시 나폴레옹이 사용한 통신기는 샤프(Claude Chappe, 1763~1805)가 발명한 것인데, 높은 기둥

꼭대기에 가로 막대기를 달고, 그 막대기 양 끝에 막대기를 직각으로 회전할 수 있게 달아, 이 두 막대기의 위치에 따라 문자나 단어를 차례로 신호하게 한 것이다. 샤프는 1792년에 '텔레그래프'라고 불린 이 신호기를 국민협의회에 제출하여, 다음 해에 '통신기사'에 임명되었다. 그리고 전기를 통신에 이용하는 최초의 제안은 1753년에 『스코트 매거진』에 실린 어떤 익명의 투고 기사에 유래했다.

이것은 전기의 인력을 이용한 것인데, 알파벳 문자 수에 해당하는 전선을 평행으로 가설하여, 그 전선 끝에 각각 놓인 알파벳문자를 기입한 종잇조각을 전기로 당기게 함으로써 통신하는 것을 제안했고, 이 종잇조각 대신에 종을 치게도 제안했다. 그리고 1772년에는 제네바의 르사주(Le Sage)라는 사람이 절연한 24가닥 전선을 지중관에 넣어 보내서 그 끝의 알파벳문자를 흡인하게 하는 것도 제안했다. 죄머링은 이와 같은 제안을 실행에 옮겨, 1809년 7월 8일에 실험을 시작하여 8월 6일에는 724피트 거리, 8월 18일에는 2000피트 거리에 전신을 보냈다. 이것은 36가닥 전선을 절연체로 싸서 하나의 케이블로 했으며, 각 전선 끝에는 금 편을 달아서 물을 담은 네모 유리그릇 바닥에 배열하여 부착하고, 전류를 통한 전선 끝에서 물이 전기분해 되어 산소와 수소 가스가 발생하게 했고, 발신 쪽은 36개의 연결 축에 붙은 접점에 연결하고 전원은 볼타전지를 사용한 것이다.

최초의 전자식 통신기는 가우스와 베버에 유래한 것이다. 가우스는 1833년 11월 8일에 천문학자 올베르스에게 보낸 편지에 다음과 같이 기술했다.

"나는 당신에게 우리가 기획한 대규모 사업의 준비에 대하여 이미 알려드린 것으로 생각합니다. 우리는 갈바니전기를 먼 곳에 떨어져 있는 천문대와 물리 연구실 간에 통하게 했습니다. 도선의 총 길이는 약 8000피트나 됩니다. 도선 양단은 배율기(倍率器)에 연결돼 있는데, 나는 이 회로를 순간에 반대로 하는 간단한 장치를 발명하여 '전환기'라고 이름 지었습니다. 우리는 이 전환기를 전신의 실험에 이용하여, 단어나 간단한 문장을 매우 잘 통신하는 데 성공했습니다. 나는 이 방법으로 장래에는 괴팅겐에서 하노버까지나, 하노버에서 브레멘까지도 전신을 할 수 있으리라고 믿고 있습니다."

가우스와 베버의 전자식 통신기는 1881년의 파리박람회에 출품됐는데, 그 구조는 대략 다음과 같은 것이다.

수신기는 일종의 전류계로서 코일 안에 작은 거울을 붙인 자침이 명주실로 매달린 것이며, 발신기는 처음에는 간단한 갈바니전지를 사용했으나 후에는 유도장치로 대체되었다. 이 유도장치는 큰 자석 둘레에 유도코일이 있고, 이 유도코일은 타전키와 연결돼서 움직일 수 있는데, 타전에 따른 코일의 움직임으로 유도전류가 발생하고, 그것을 전선을 통하여 수신기 전류계코일에 흐르게 하여 자침이 움직이고, 그 움직임의 방향은 발신기 코일의 움직임 방향에 따른다. 따라서 이 움직임의 조합에 의하여 알파벳을 만들어서 신호를 받을 수 있게 되어 있다.

가우스와 베버가 행한 이 실험 장치는 슈타인하일에 의하여 일종의 인자 전신기로 되었다. 슈타인하일은 괴팅겐에서 가우스 밑에서, 그리고 쾨니히스베르크에서 물리학을 수학하여, 1835년에 뮌헨 대학의 물리학과 수학 교수가 되었다. 슈타인하일은 두 반대 방향의 전류인 발신 신호를 수신하는 배율기 안의 두 자침을 두 색의 기록 장치와 연결하여, 일정 속도로 이동하는 종이테이프에 기록하게 했다.[2] 따라서 이것은, 종래의 모든 장치를 물리치고 나타난 모스식 전신기의 원형으로 볼 수 있다. 그리고 그는 처음으로 땅을 회귀선으로 이용하여 전선을 한 가닥으로 했으나, 이 귀중한 발명은 인정받지 못했다. 그는 1849년에 오스트리아 정부의 초빙을 받아 빈에 가서 전신국을 감독하는 기회에 오스트리아 각 도와의 전신 연락을 설치했다. 그리고 뮌헨에 돌아와서는 제후 막시밀리안 2세의 청을 받아 1854년에 유명한 광학과 천문학 연구소를 설립했다.

본격적인 전신기는 미국의 발명가인 새뮤얼 모스(Samuel Finley Breesse Morse, 1791~1872)가 발명했다. 그의 아버지는 미국의 목사이며 미국 지리학의 아버지로 불리는 유명한 지리학자인 제디다 모스(Jedidiah Morse, 1761~1826)이다. 모스는 14세에 예일 대학에 입학하여 1810년에 졸업했는데, 재학 중에 전기학에도 흥미를 가졌으나 과학보다는 미술을 더욱 좋아해서, 1811년에 올스턴(Washington Allston, 1779~1843)의 제자가 돼서 그와 함께 영국에 가서 4년간 체제하면서 초상화가로 유명하게 되었다. 1827년에 그는 다시 전기학에 흥미를 가지고, 콜롬비아 대학의 데나에게서 전기학의 기초를 배웠으나, 역시 미술에 집착하여 1829년에 다시 유럽에 갔고, 1832년 귀국하는 길에 우편선 사리호 안에서 선객인 보스턴 대학 교수 잭슨과 알게 되어, 그로부터 전기 실험도 보았고 전기에 의하여 통신이 된다는 시사를 받아 수일 후에는 전신에 필요한 장치의 개략적 설계도를 작성하여 잭슨에게 제시했다. 그로부터 20년간 모스는 자기의 발명을 완성하기 위하여

---

2 슈타인하일, 『전신에 대하여(1838)』, 뮌헨.

화필을 버리고 궁핍과 싸우며, 자기의 모형이나 주형의 주조에 몰두하여 1836년에 자기의 전신기를 완성했고, 다음 해 9월 2일에 뉴욕 대학 구내에서 몇 명의 친구에게 동선 1700피트의 회로로 전신하는 데 성공했다. 모스는 1837년에 미국 의회에 보조금을 신청했으나 무기한 연기되어, 1838년에 영국에 가서 특허를 신청했으나 전년에 휘트스톤이 이미 전신기 특허를 받았기 때문에 각하되었다. 그러나 프랑스는 특허를 주었다. 그리고 1843년에 미국 의회는 워싱턴과 볼티모어 간의 전신선 가설을 위해 3만 불을 모스에게 주어, 다음 해에 두 도시 간의 전신이 완성되었다. 그래서 모스식 전신기는 종래의 모든 전신기를 구축하고 전 세계를 석권하게 되었다.

전기 현상과 음향 현상의 관련을 나타내는 최초의 관찰은 1837년에 있었다. 미국의 페지 박사가 1837년 7월에 전자석 회로를 개폐하는 순간에 전자석에서 소리가 나는 것에 주의하여, 10월에 「갈바니 음악」이라는 논문을 『시리만 잡지』에 발표했다. 이 발견에 자극이 되어, 음을 전류에 의하여 원거리에 전달하려는 여러 실험이 행해지게 되었다. 이러한 실험에 독일의 물리학자 라이스가 최초로 성공했다. 라이스(Johann Philipp Reis, 1834~1874)는 겔른하우젠에서 태어나서 초등 교육을 마친 후, 16세에 상점 급사(給仕)가 되었다. 여가에 수년간 상업조합의 강의에 출석하여 수학, 화학, 물리학을 공부했다. 그리고 교원 자격을 얻기 위하여 상점을 그만두고, 프랑크푸르트의 포페 박사 사숙에 들어가서 공부하여 교사 자격을 얻었다. 혼부르크에서 교사를 하면서 전화기를 발명했고, 40세에 그곳에서 사망했다. 그의 발명은 『프랑크푸르트 물리학협회 연보』에 1860년부터 1861까지 개재됐고, 그가 만든 최초의 전화기는 뮌헨박물관에 소장되어 있으며, 그의 고향에는 1885년에 그의 기념비가 세워졌다. 라이스가 만든 최초의 장치는, 맥주 통 주둥이에 원추형 도입관을 꽂고, 그 끝에 동물막(動物膜)을 바르고, 그 막에 백금 침을 고정하여, 그 막이 음파로 진동하면 백금 침이 접촉자에 접촉하여 음파 진동과 같은 전류를 흘리게 한 것이다. 그리고 수화기는 코일을 감은 철사 줄을 바이올린 통에 친 것이다. 송화기의 백금 침 단자와 접촉 단자, 전지의 양극, 그리고 수화기 코일 양 단자를 전선으로 연결하여 전기회로를 구성하면, 음파에 따라 송화기 막이 진동하고 그 진동에 따라 백금 침과 접촉자가 접촉하여 전류가 수화기 코일에 흐르게 되고, 코일 안에 있는 철사는 그 전류에 따라 진동하여 바이올린 통을 울리게 된다.

그 후에 맥주 통 송화기와 바이올린 통 수화기는 사람의 귀를 닮게 만들어졌고, 최후에 개량된 송화기는 정사각형 나무상자 한쪽 면을 원형으로 도려내고 거기에 고막(鼓膜)

을 바르고, 그 고막에 탄력성을 가진 백금 막대기를 달아서, 막이 음에 따라 진동하면 이 탄력성 백금 막대기가 금속 첨단을 상하로 두들기게 되는데, 이때에 각 진동마다 그 세기에 따라 접촉 정도를 달리하게 한 것이다. 그리고 접촉자는 노쇠로 만든 직각 막대기인데, 한쪽 끝은 상자에 고정하고 다른 끝은 수은을 담은 접시에 담가서, 그 수은 접시를 전지에 연결하여 수은 차단 장치를 갖추게 했다. 그리고 수화기는 길이 20cm, 두께 1mm의 철선 주위에 코일을 감은 것을 공명 나무상자에 설치한 것이다. 이 철선은 코일의 전류에 따라 급속히 자기를 띠었다가 잃었다가 하여, 송화기에 가해진 소리와 같은 소리를 내게 했다. 라이스는 자기가 만든 이 전화기를 1861년 10월 26일에 마인 강변에서 프랑크푸르트 물리학협회에 공개했다. 그로부터 15년 후에 미국의 벨이 자기가 발견한 전화기의 특허를 얻었다.

벨(Alexander Graham Bell, 1847~1922)의 아버지는 유명한 벙어리(농아자) 교육가였다. 그는 에든버러에서 태어나서 에든버러와 런던 대학에서 수학했고, 그 후에 독일 뷔르츠부르크 대학에서 철학 박사 학위를 받았다. 그리고 그는 1870년에 아버지를 따라 캐나다로 갔다가, 1872년에 보스턴 대학의 음성생리학 교수가 됐고, 아버지의 '시화법'을 소개한 벙어리 교육가로서 유명하게 되었다. 라이스의 전화기는 그 당시의 유명한 물리학자 발스가 미국에 가져와서 1868년에 뉴욕의 '쿠퍼 유니언' 기사들에게 공개했고, 공업 신문에도 개재되었다. 이것은 사람들의 주의를 끌었고, 철학 교수 조지프 헨리는 스미슨연구소에 한 조를 구입하여 벨에게 보이고 설명도 해주었다. 벨은 음성생리학 입장에서 매우 흥미를 가지고 이 라이스의 전화기를 개량하는 것을 착상하여, 마침내 1876년 3월에 최초의 전화기 특허를 받아, 5월에 보스턴의 '미국 공예·과학 아카데미' 회합 석상에서 그 내용을 보고했다. 그리고 벨의 전화기는 같은 해에 개최된 '필라델피아 백년제 박람회'에 출품되어 매우 큰 평판을 받았고, 이것이 오늘날 유선전화의 시초가 되었다.

2) 전기 조명

18세기의 전기학자들도 전기 방전을 등불에 이용하려는 생각을 했다. 그런데 갈바니전지에 의한 지속적 작용이 이용되자 이 공상적 생각은 더욱 실현에 가까워졌다. 데이비경은 1809년에 볼타전지에 의하여 두 탄소봉 첨단 간에 전기불꽃을 발생한 실험을 보고했고, 1808년에는 왕립연구소에서 2000개의 전지를 사용한 아크등을 공개했다. 그러나 그 엄청난 비용과 기술적 결함으로, 이 아크등은 오랫동안 실용되지 않았다. 그 후에 다니엘과 분젠이 강력한 전지를 제작하고, 숯 막대기(목탄봉) 대신에 특별히 만든 탄소봉을 사용하게 되자, 아크등은 순수과학적 흥미 이상의 실용적 관심을 불러일으켰다. 이 새로운 아크등을 조명용으로 이용하기 위해서는 아직도 소실되는 탄소봉 첨단을 일정 간격으로 유지하는 문제가 남아 있었다. 그런 동안에 실용적인 아크등은 러시아 전기기술자 야블로치코프에 의하여 처음으로 발명되었다.

야블로치코프(Pavel Nikolaevich Yablochkov, 1847~1894)는 성 페테르부르크에서 수학하여 1871년에 모스크바와 쿠르스크 간의 유선전신 가설 공사에 주임으로 임명되었다. 그런데 그는 러시아 정부의 이 파격적 우대에도 불구하고, 1875년에 그 지위를 버리고 아크전등 연구에 몰두했다. 그는 1876년에 미국 필라델피아 박람회를 구경하려 가는 도중에 파리에 들러, 유명한 시계 제작가인 브레게(Abraham Louis Breguet, 1747~1823)와 친하게 됐는데, 브레게는 그에게 자기 실험실도 개방해 주고 그의 연구를 적극적으로 후원해 주었다. 브레게의 이러한 호의와 환대와 격려에 의하여, 야블로치코프는 8개월의 파리 체재 끝에 그의 유명한 전등을 발명하여 매우 큰 관심을 불러일으켰다. 야블로치코프의 아크전등은 1881년에 4000여 개나 사용됐다. 그는 후에도 여러 전기 방면의 발명에 손을 댔으나, 결국은 극빈에 시달리다가 1894년에 러시아에 돌아가서 죽고 말았다. 그가 발명한 아크전등의 원리는 매우 간단한 것으로, 종래에 마주 보게 한 두 탄소봉을 평행으로 세워두고 그 사이에 석고 절연판을 꽂아두어서, 아크방전은 그 끝에서만 일어나게 한 것이다. 그리고 아크방전에 의하여 탄소봉 끝이 소실하면 석고판도 같이 소실하여 항상 같은 간격을 유지하게 했다. 그래서 길이가 22cm, 단면이 1.9mm평방인 것은 2시간 30분 동안 100촉광의 빛을 내게 했다. 그러나 이 방법에는 아직도 난점이 남아 있었다. 그것은 양극이 음극보다 배나 빨리 소비되는 것이며, 이것을 탄소봉의 굵기로 조절하는 것도 매우 어려워서, 교류 전원을 사용하지 않는 한 해결하기 힘들었다.

그런데 1879년에 지멘스-할스케 공장에서 조립한 자동식 아크등은 이 문제를 해결했다. 이 아크전등은 하나의 철심에 미치는 두 코일의 반대 작용의 차와 가동 탄소봉 전극의 중력이 평형 되고, 탄소봉 첨단 간격이 일정한 아크전류를 흘릴 수 있도록 자동 조절하게 한 것이다. 두 코일 안에 있는 하나의 철심은 아크 첨단 간격을 조절하게 움직인다. 한 코일 A는 큰 고정 저항을 가지고 있고, 아크 탄소봉 첨단과 병렬로 연결돼 있으며, 거기에 흐르는 전류는 아크 첨단 간격이 접근하도록 철심에 작용한다. 그리고 다른 코일 B는 저항이 적고, 아크 첨단과 직렬로 연결돼 있어서 그 전류는 아크전류와 같으며, 아크 첨단 간격을 떨어지게 철심에 작용한다. 지금 아크 첨단이 매우 떨어진 상태에서 전지를 연결하면, 코일 A에 흐르는 전류와 철심에 지렛대로 연결된 탄소봉 계통의 중력 작용으로 첨단 간격은 좁아져서 아크가 발생하여 아크전류가 흐르게 되고, 이 전류는 직렬로 연결된 코일 B에 흘러서 철심에 첨단 간격을 떨어지게 작용한다. 그래서 첨단 간격은 일정한 아크전류가 흐르는 위치에서 자동 평형이 되도록 했다.

갈바니전류를 이용한 백열전등에 대한 최초의 시도는 19세기 40년대에 이미 시작되었다. 당시 사람들은 백열전등에 백금 또는 백금이리듐 합금과 같은 내화성 금속을 이용하려고 생각했다. 예를 들어, 1841년에 드-마린즈, 1845년에 킹과 스타 등이 이 방면에 손을 댔다. 특히 미국의 스타는 1845년에 두 가지 백열전등에 대한 영국의 특허를 얻었다. 하나는 백금 박으로 만든 연소기를 유리병 안에 넣은 것이고, 다른 것은 탄소 박판 또는 가는 선을 진공관 안에 넣은 것인데, 이것이 시사한 것은 백열전등에 많은 개량을 가져오게 했다. 그래서 1872년에서 1877년 사이에 많은 개량이 이루어졌으나, 학계는 일반적으로 백열전등을 개량하여 상업적으로 널리 사용하는 것은 절망적이라고 했다.

그런데 토마스 에디슨(Thomas Alva Edison, 1847~1931)은 대담하게도 1877년부터 모두가 절망적으로 생각한 이 백열전등의 실용화를 기획하여 1878년에 완성했고, 미국 특허를 받아 전 세계에서 널리 활용하게 했다. 그는 학교 교육은 3개월밖에 받아보지 못했고, 12세부터 철도 신문팔이를 하면서 기차 안에서 화학 실험 등을 시작했다고 한다.

후에 중고 인쇄기를 사들여서, 열차 안에서 세계 최초의 차내 신문을 발행했다. 그리고 미시간 주의 한 역장에게서 전신 기술을 배우면서 전기에 매우 흥미를 가지게 됐고, 1861~1868년간 철도 전신 기수로서 미국과 캐나다 각지에서 근무하면서 '전신 자동 중계기'를 발명했다. 그리고 보스턴의 웨스턴 유니언 전신국에 근무하면서 1871년까지 투표 기록기, 인쇄 전신기를 발명했고, 1872년에는 2중 전신기, 이어서 4중 전신기, 6중 전신기를 1875년까지 완성했다.

1876년에 뉴저지 주의 메론-파크에 연구소를 설립하여 1887년에 웨스트-오렌지로 옮겼다. 이 동안에 벨의 전화기에서 암시를 받아 탄소 송화기와 확성기를 완성했고, 이어서 1876년에 축음기를 발명했다. 그리고 1877년에 백열전구 발명을 하기 시작하여 다음해에 일본 교토산 대나무 섬유로 만든 탄소필라멘트 백열전구를 완성했다. 상기한 발명 외에도 전동기, 무선전신, 활동사진, 광산, 시멘트 공업 등 다양한 분야에서 많은 발명을 했으며, 그가 생애 동안 받은 특허 건수는 1300종 이상이나 된다. 그는 1916년에 민간 사업에서 은퇴하고 해군성 고문이 되어, 제1차 세계대전 중에 봉사했고, 만년에는 인조 고무 연구에 몰두했다고 한다.

에디슨의 탄소선 백열전등은 1911년에 쿨리지(William David Coolidge, 1873~1975)가 발명한 텅스텐전구로 대체하게 됐고, 미국 회사인 GE가 이 특허품을 독점 생산하여, '마쯔다전등'이라는 이름으로 시판하여 전 세계에서 일반적으로 사용하게 되었다. 이러한 전력의 본격적인 활용은 그 전력을 공급하는 전원이 있어야만 하는데, 새로운 전원으로 등장한 발전기의 개발 과정을 먼저 살펴보기로 하자.

3) 발전기와 전력의 활용

현대가 경험하고 있는 이 전기 시대의 탄생은 패러데이가 1831년에 발견한 전자유도 현상(전자감응 또는 유도현상)과 결부돼 있다. 현대의 인류 생활은 전력 없는 세상을 상상조차 할 수가 없게 되었다. 조명, 교통, 모든 산업에서의 전력의 활용, 그리고 가정생활에 활용되는 수많은 가전제품의 발달이 인간에게 얼마나 큰 공헌을 하고 있는가를 일일이 살펴볼 수는 없고, 다만 그러한 발달의 중요 과정에서 인간의 사고와 노력이 어떻게 전개됐는가를 간략하게 살펴보기로 한다.

야코비(Moritz Hermann von Jacobi, 1811~1874)가 1837년 2월에 '전기 주형(전주, Galvano-plastic)'이라는 방법을 발견함으로써, 전기화학 작용에 응용의 세계가 열리게 되었다. 그는 황산동의 전기분해에 있어서, 음극에서 쉽게 벗겨지며 음극 모양과 똑같은 금속 자형(雌型)을 얻었다. 그 자형에 석고나 밀랍을 채워서 원형을 만들고 그 표면에 흑연 가루 등을 칠하여 좋은 도체로 하여, 전류로 금속을 침전시켜 도금을 했다. 이 전주법(電鑄法)의 요령은 오늘날도 같으며, 각 방면의 공업이나 공예에 널리 응용될 뿐만 아니라 인쇄의 도판(圖版) 제작에 미친 의의는 실로 큰 것이다.

전기를 동력으로 이용하려는 최초의 노력도 역시 야코비에 유래한 것이다. 그는 1834년에 전기모터의 구조를 발표했고, 뒤따른 개량에 의하여 결국은 3/4마력 전기모터로 구동되는 보트로 네바 강을 거슬러 올라가는 데 성공했다. 이 모터는 수평축 두 지지대에 고정한 두 동심차륜형 나무판에 각각 12개의 말굽형 전자석을 서로 마주 보게 고정하고, 그 사이에 6개의 나무 팔을 가진 차륜을 수평축에 붙이고, 각 팔에는 한 짝의 두 직선 전자석을 축에 평행하게 설치하여, 양쪽에 고정된 말굽형 전자석의 두 다리와 서로 매우 접근하여 마주 보게 했으며, 같은 축에 4개의 원판으로 된 전류전환기(정류자)를 고정하여, 직선 전자석과 말굽 전자석의 극이 반대가 되는 순간 전자석코일의 전류 방향을 바꾸어 주도록 만들었다. 직선 전자석이 두 말굽 전자석의 중간 위치에 왔을 때는 전자로부터는 척력을 후자로부터는 인력을 받아 연속 회전을 할 수 있다. 야코비는 이 모터를 보트에 설치하여 네바 강을 올라갔는데, 첫 번째 실험에서는 각 전지의 동판과 연판 면적이 35평방인치인 320개의 다니엘전지로 매시간 1.4마일의 속도로 갔으며, 1839년의 두 번째 실험에서는 같은 면적의 동판과 아연판으로 된 그로브전지를 사용하여 매시간 2.6마일 속도로 달릴 수 있었다. 오늘날 이러한 전동기의 중요성은 두말할 것도 없다.

갈바니전지가 발명된 이래, 사람들의 관심은 우선 이 전기의 활용에 집중됐고, 전원은 화학적 발전기인 전지의 개량에 의존했다. 그러나 상기한 전등과 전열기 등 일반 가전제품의 대중화나, 대량의 전력을 필요로 하는 전기화학공업, 생산 공정과 교통 상의 전동력의 활용 등이 실현된 것은 무엇보다도 패러데이의 유도전기의 발견에 의하여 종래보다 훨씬 값싼 새로운 전원이 얻어졌기 때문이다. 패러데이는 1832년에 이미 자기유도에 의한 전류가 갈바니전기와 같이 철사를 달굴 수 있다는 것을 증명했다. 이 전자유도에 관한 실험이 발표되자, 곧 많은 사람이 전자유도 원리에 따른 발전기 개발에 나섰다.

초기의 것은 두 다리를 가진 철심에 유도코일을 감은 것을 고정해 두고, 그 밑에서 두 극이 서로 마주 보는 말굽형 영구자석을 급속히 회전시켜서, 유도코일 내의 자속(磁束)을 급격히 변하게 함으로써 유도코일에 전류가 생기게 했다. 이와 같이 회전시키는 기계 에너지를 전기에너지로 전환시키는 데 일단 성공했으나, 더욱 강력한 전류를 얻기 위해서는 더욱 강력한 자석이 필요했다. 그래서 다음 단계의 발전은 강력한 전자석을 고정해 두고, 그 자장 안에서 유도코일을 회전시키며, 유도코일이 180도 회전할 때마다 전류의 방향이 반대가 되는 것은, 회전축에 절연하여 고착한 두 금속 바퀴와 그것에 접촉하여 전류를 통하게 하는 정류기를 거쳐 일정 방향의 전류를 얻었다. 그러나 고정 전자석을 위한 전지가 필요했다. 결국 지멘스(Werner von Siemens, 1816~1892)가 기계적 에너지를 강력한 전기적 에너지로 전환하는 발전기 문제를 해결했다. 그는 종전의 영구자석 대신에 발전된 일부 전류를 이용한 강력한 전자석을 이용하여 강력한 전력을 발생하는 발전기를 만든 것이다. 그는 고정한 전자석의 양극 면이 매우 접근하게 하고, 그 사이를 원통형으로 파내서, 그 안에서 축을 중심으로 회전할 수 있는 철심을 가진 원주형 발전자(發電子)를 만들어 넣었다. 이 발전자는 원주형 철심 양 측면 축에 평행하게 홈을 파서 그 속에 네모꼴로 코일을 감은 것이다. 그런데 고정 전자석은 전류를 끊어도 약간의 잔류자기가 남아 있어서, 그 자장 안에서 발전자를 회전시키면 코일에 유도전류가 흐르게 되며, 이것을 우선 고정 전자석에 흘리면 자장이 강해져서 더욱 강한 전류가 흐르게 된다. 이런 상호작용으로 발전 능률이 최고가 될 때까지 발전된 전류를 전자석에만 흘린 다음에, 그 발전 전류를 외부 회로에 흐르게 한 것이다. 그는 이 결과를 「영구자석 없이 일하는 힘을 전류로 전환하는 것에 대하여」라는 논문에 담아 1867년 1월에 『베를린 아카데미 보고서』에 발표했고, 그의 동생 카를 지멘스가 같은 달에 영국 로열 소사이어티에서 이 논문을 낭독했으며, 동석했던 휘트스톤도 동일 원리의 발명을 발표했다.

베르너 지멘스는 유명한 지멘스 형제의 큰형이며, 베를린에서 활약한 독일의 공업가로서 '베를린의 지멘스'라고 불렸다. 그의 첫째 동생 빌헬름은 영국에 귀화하여 철강 제조법을 발명했으므로 '런던의 지멘스'라고 불렸고, 둘째 동생 프리드리히는 드레스덴에서 유리공업을 했기 때문에 '드레스덴의 지멘스'라고 불렸다. 그리고 카를은 페테르부르크와 코카서스에서 실업가로 활약했기 때문에 '러시아의 지멘스'라고 불렸다. 이 4형제가 협력하여 근대 공업 발전에 기여한 공헌은 매우 크며, 이미 근대산업의 국제화를 이루었던 것이다.

베르너 지멘스는 당시에 영국 영토였던 독일의 하노버 주의 렌테에서 태어나서 군인이 되려고 프로이센에 가서 마그데부르크 포병대에 입대하여 1835년에 베를린 포병학교에 입학했다. 그는 여기서 물리학자 옴과 마그누스, 화학자 에르트만의 지도를 받았다. 1838년에 포병 소위에 임관하여 마그데부르크 원대에 복귀했다가, 1840년에 비텐베르크로 전임되었다. 이 시절에 사관의 결투에 입회한 것이 탄로 나서, 5년간의 요새 금고형을 받아 감방에서 지내게 되었다. 그는 이 감방 생활 동안에, 돌파트나 야코비의 전기 도금법 발견을 알게 됐고, 자기도 여가가 나는 대로 여러 실험을 해보고, 처음으로 아황산염을 이용하는 것을 발명했다. 이것이 감옥 밖의 마그데부르크 시가에 평판이 나서, 어떤 보석 상인이 감방에 찾아와서 그 권리를 40루블로 매수해 주었다. 이것을 자금으로 하여 여러 실험을 계속한 끝에 1842년에 금 도금법을 발명하여 특허를 받았다. 그리고 곧 황제의 특사 명령으로 풀려나서, 슈판다우의 화약 제조 부대에 부임했다.

그는 자기의 예비지식이 부족한 것을 알고, 자주 베를린 대학에 가서 새로운 물리학 강의를 들었고, 신진 과학자 뒤부아레몽, 브뤼케, 헬름홀츠의 서클에 들어가서, 자기의 학문을 연마했다. 그는 이때부터 전신기의 개량에 착수했고, 영국의 동생 빌헬름의 도움도 받아 1846년에 자기가 발명한 전신기를 기계 제작가 할스케(Georg Halske, 1814~

1890)에게 부탁하여 제작했고, 1847년 10월에 할스케와 공동으로 베를린에 작은 공장을 세웠는데, 이것이 유명한 지멘스-할스케 회사의 기원이 됐으며, 실업가인 동생 카를이 6000달러의 자본금을 융통해 줌으로써 사업은 번창해 갔다.

베르너는 이 기회에 군에서 떠나 민간인이 됐고, 1857년에는 앞에서 기술한 원주 발전자를 발명하여, 자기 공장에서 제작하게 했다. 1866년에는 이것을 '다이나모(발전동기)'라고 이름을 짓고, 그 원리를 마그누스, 뒤부아레몽 등 베를린의 일류 물리학자들의 면전에서 발표했고, 그 결론을 다음과 같이 끝맺었다.

"현대는 저렴한 일하는 힘(노동력, 기계적 에너지)만 있으면 어디서나 무한정 세기의 전류를 염가로 쉽게 생산할 수단을 공업에 주고 있다. 이 사실은 공업의 많은 분야에 중대한 의의를 가져오게 할 것이다."

그가 발표한 다이나모의 원리는 이미 발전기와 전동기는 동일한 원리로 작동하여, 기계적 회전력을 주어 발전도 되고, 반대로 전력을 주어 기계적 회전력을 얻을 수 있다는 것을 나타내고 있다. 그리고 이러한 발전 전동기에서, 전기와 기계 에너지 간의 전환 손실을 줄이기 위하여, 지멘스는 이미 고정 말발굽형 전자석을 하나가 아닌 여러 개의 전자석을 평행으로 하여 사용함으로써, 철심에 유기되는 와류전류에 의한 철 손실을 줄이고 있다.

벨기에의 전기공학자 그람(Zénobe Théophile Gramme, 1826~1901)은 파치노티의 발명과 지멘스가 발견한 원리를 결부시켜서 1869년에 대규모 발전에 적합한 최초의 발전기를 조립했다. 파치노티(Antonio Pachinotty, 1814~1912)는 1860년에 바퀴 모양 발전자(윤형 발전자)를 발명하여, 1865년의 『누보-치멘트(새로운 시도)』에 발표했고, 그 실물은 1881년에 파리박람회에 출품되었다. 이것은 종래의 말굽형이나 원주형 철심 대신에 바퀴형 철심에 코일을 감은 혁신적인 발전자이다.

그는 이 발명 외에도 비행기의 낙하산을 발명했고, 1873년에 이탈리아의 칼리아리 대학 교수가 됐으며, 1905년에는 이탈리아 원로원 의원이 되었다. 그람은 이 바퀴형 발전자 철심을 하나의 철봉이 아닌 철사(鐵絲)의 다발로 만들어서, 그 바퀴에 수직 방향으로 생기는 와류전류를 없애고 잔류자기를 적게 하여 철 손실을 줄였다. 그래서 이 발전자는 '파치노티-그람의 환상발전자'라고 불렸다. 이와 같이 자속 통로를 최소로 하여, 잔류자기를 최소화하고, 자속 방향에 수직으로 철심을 분할하여 와류전류를 차단함으로써, 철심의 히스테리시스 손실과 와류전류 손실을 최소화하며, 코일 회로의 전기저항도 최소로 해 가서 오늘날과 같은, 기계력과 전력의 상호 전환 능률이 100%에 가까운 발전기와 전동기를 개발해 나갔다.

그리고 1887년에는 다상교류 발전기(多相交流發電機)가 발명되고, 다음 해에 삼상교류(三相交流) 발전기가 발명되고, 변압기도 발명돼서 전력의 원거리 송전이 촉진되었다. 그래서 1891년에는 독일 네칼 강변의 라우펜에서 수력으로 3상 발전기를 돌리고, 발생된 전력은 20KV로 승압해서 175km 떨어진 프랑크푸르트에 송전되고, 거기서 다시 100V로 강압해서 배전(配電)하여, 조명과 전동기 운전에 이용하게 했다. 이때의 송전과 배전 상의 에너지 손실은 25% 정도였다.

이와 같은 발전과 송배전 공학의 발전에 의하여, 값싼 전력이 널리 얻어지게 됨으로써, 전동기와 전기 조명이 보급됐고, 그것이 인류 생활에 어떠한 의의를 가지게 됐는가는 다시 말할 필요조차도 없을 것이다. 전기화학도 역시 발전기의 발명으로 전기에너지가 값싸게 되자, 우선 광업에 이용되었다. 즉, 매우 간단한 전해 과정에 의하여 금속을 그들의 염에서 분리할 수 있게 됐고, 대개의 경우 거의 순수한 금속이 얻어졌다. 순수한 전기동은 매우 전도도가 높아서, 전기기계와 기타의 전기회로에 활용됐고, 전기분해에 의한 전기동의 생산은 전기화학을 촉진하게 되었다. 그래서 무기화학적 과정에서, 전기분해를 화학공업 전체에 확대하는 것은 다만 시간문제로 보였다. 유기화학공업도 20세기 초부터 이 새로운 방법을 활용하게 돼서, 그 결과 20세기에 이 방면에 새로운 문제가 많이 제기되었다.

20세기 초의 약 10년간에 특히 촉진된 이 전기화학 분야에 대해서 좀 더 구체적으로 살펴보자. 발전기의 발명 후에 전해적 분리와 전환은 비로소 경제적 의의를 가지게 되어, 해마다 빛나는 성공이 보도되었다. 19세기 중엽부터 알루미늄의 전해에 의한 제조가 시작되었다. 이 경우에 원료는 알루미나(Al_2O_3)이며, 이것을 녹인 빙정석(氷晶石)에 전류를 작용시키는 것이다. 최초의 기초는 스위스 노이하우젠의 GE 전기 회사가 세웠는데, 이 금속의 가격은 1854년에 2409마르크이던 것이, 1912년에는 1.5마르크까지 내려갔다. 그리고 가성소다와 가성칼리를 전류작용에 의하여 공업적으로 제조하는 것도 열심히 했다. 이때에 음극에서 수소와 함께 석출되는 가성물이 양극에 나타나는 염소와 재결합하는 것을 막기 위하여 격벽법(隔壁法)이 발명되었다. 이 방법은 시멘트와 식염, 그리고 염산에서 격벽을 만들면 그것은 다공성(多孔性)이라서 전류는 통하나 전극에서 생긴 생성물은 각각 나누어져 있게 하는 것이다.

　제철도 20세기 초부터 새로운 단계에 들어갔다. 스웨덴과 같이 순수한 철광과 저렴한 전기에너지를 사용할 수 있는 나라에서는 제철을 전기고온로(전기고로)로 하게 되어, 석탄이 매우 절약되었다. 이와 마찬가지로, 탄화물의 제조나 인 제조의 새로운 방식에도 전류에 의하여 높은 일정 온도를 유지할 수 있는 전기로를 이용하게 됐고, 화학적 전환 쪽은 고온으로 가열한 물질의 상호작용에 의하여 행해졌다. 탄화칼슘, 즉 아세틸렌 제조의 원료를 얻을 경우에는 석회석과 석탄을 굽고, 인을 얻을 때는 석영과 석탄에 인산칼슘을 섞어서 그 혼합물에서 우선 규산칼슘을 만들고 인을 증류하는 것이다.

　공기 중의 질소에서 질산과 질산염을 공업적으로 제조하게 된 것도, 발전기의 발명에 의하여 전력이 값싸게 얻어진 후에 전기화학이 이룩한 최대의 성공에 속한다. 이 방법은 1787년에 공기의 혼합 성분이 전기 반전의 작용을 받아 화합하여 질산이 된다는 캐번디시의 발견에 유래한 것이다. 당시에는 공업적으로 실현될 수가 없었던 이 방법은 19세기 초에 값싼 전력이 얻어지자, 직경 2m의 전호 원반(電弧圓盤, 비르케란드-아니데 로) 또는 길이 8m의 직선 전호(直線電弧, 슈엔헬 로)를 사용하여 공업적 생산 방법으로 완성돼서, 천연 초석(硝石)과 같은 시가로 초석을 공업적으로 생산할 수 있게 된 것이다. 이 초석의 인공적 제조를 계기로 하여 인류는 금세기의 물질문명 시대에 들어가게 되었다.

3. 근대 문명

우리는 앞에서 현대 문명을 창출하는 데 가장 깊이 관련된 19세기 이래 20세기 초엽까지의 화학공업과 전기에너지의 활용에 대한 과학기술의 발전에 대하여 살펴보았다. 그리고 우리는 이 확연히 구별된 두 분야가 상호 관련하에 발전돼 온 것을 인식하게 되었다. 이러한 관련으로 발전된 과학기술은 새로운 경제문제를 비롯한 사회적 연관으로 근대 물질문명을 이룩했을 뿐만 아니라, 이러한 물질문명은 또한 근대의 정신문화에도 깊고도 큰 영향을 미치게 되었다. 그러한 영향을 받은 정신문화는 현대 과학기술을 창출하는 데 깊이 관련된다. 이와 같이 근대 문화는 여러 전문 분야로 분화되어 감과 동시에 그것들이 하나로 종합돼서 발전하기 시작한 것을 알 수 있다. 우리는 20세기의 과학기술을 살펴보기 전에, 우선 20세기 초까지의 이러한 과학기술과 사회경제, 그리고 정신문화와의 발전상을 살펴보기로 하자.

1) 새로운 경제문제

초석의 인공적 제조로 하나의 큰 문제를 해결했으며, 그것은 경제적으로 이중의 큰 의의를 가진 것이었다. 그 첫째는 금세기 초까지의 가장 중요한 비료인 초석의 세계 수요가 급격히 증가하여, 그 결과 칠레의 초석층은 고갈돼 가고 있었다. 이러한 실정에서 공업적으로 제조된 인공 초석이 천연 초석을 대체하게 된 것이다. 제2의 경제적 요소는, 인류가 낙하하는 수력에 의하여 얻은 막대한 에너지를 어떻게 이용할 수 있는가에 대한 하나의 실례를 제시해 준 점이다.

앞에서 기술한 슈엔헬 전호로 공기에서 초석을 제조하게 한 노르웨이의 류칸 폭포는 250m의 낙차를 가지며, 20만 kW의 전력을 주었고, 이 전력의 반은 그 폭포 밑에 건설된 질소 공장에서 사용했다. 이와 같은 막대한 에너지는 북스칸디나비아나 남미와 중앙 아프리카에 있는 강력한 폭포나 급류에서도 얻어지는 것이다. 그리고 이러한 수력의 이용은 장차 놀라운 경제적 변혁을 일으키게 했다. 경제문제와 과학기술의 발전이 더욱더 밀접하게 결부되는 것은, 자연의 힘을 지배하려는 우리 현대문화의 가장 첨단적 특징의 하나이기도 하다.

이러한 결부는 19세기 중엽부터 매우 밀접하게 됐으며, 당시의 영국 지질학자들이 철광층이나 석탄층이 가까운 장래에 고갈될 것이라는 예언을 하자, 세계에 큰 파문을 일으켰다. 철과 석탄은 현대 공업의 가장 중요한 원료이며, 이것이 고갈되면 인류 생존에 심대한 문제가 야기될 것은 명확한 일이기 때문이다. 다행히 현대의 지질학적 추정으로는 그러한 고갈이 19세기의 추정보다는 먼 장래가 될 것으로 생각되나, 여하튼 특정 지하자원은 유한한 것이며, 따라서 공업 원료의 자원 확보와 그것의 효과적 활용은 인간이 짊어진 가장 중요한 문제이다. 특히 공업의 발전과 더불어 급증하고 있는 에너지 수요에 대한 자원을 확보하는 문제는 무엇보다도 중요한 문제로 대두했다.

이러한 원료 문제에 있어서, 생물학과 화학 분야도 눈에 잘 띄지는 않았으나, 무수한 실용적 응용으로 근대 문화에 촉진적 혁명적 영향을 미쳐왔다. 예를 들면, 18세기 말까지 무작정한 남벌로 산림이 훼손되기 시작하자, 산림경영학은 응용식물학의 특수 부문으로 탄생하게 되었다. 이 부문은 19세기에 처음으로 과학적 기초를 가지게 돼서, 유럽에서는 큰 성과를 거두었다. 그러나 공업의 발전과 더불어 지구상의 인류 생존에 매우 중요한 열대림의 재배는 아직 싹튼 상태에 머물고 있어서 그 결실을 보지 못하고 있으나, 인류가 해결해야 할 시급한 문제로 대두되었다. 그리고 산업의 발전과 손을 잡고, 원료학이 특수한 분과로 발전했다. 과학적으로 성립한 원료학이 최초로 싹튼 것은 역시 19세기 초이다. 여러 가지 방법으로 생산된 여러 물질 간의 경쟁이 경제 방면에 어떤 의의를 가지게 됐는가는 알리자린에 의한 서초의 구축이나, 천연 인디고와 인조 인디고의 경쟁이 잘 나타내고 있다.

그리고 사탕무(첨채) 제당 공업도 주목할 만하다. 자국 산의 식물에서 사탕을 제조하려는 최초의 노력은 18세기 중엽에 비롯한다. 이 공업은 마르크그라프가 1747년에 사탕무의 당분이 사탕수수의 당분과 같다는 것을 증명하여 그 기초를 세운 후에, 그의 문하인 아샤르(Franz Karl Achard, 1753~1821)가 처음으로 성공하여 1799년에 국가의 보호를 받아 슈레젠에 최초의 제당 공장을 세웠다. 이 새로운 공업은 대륙 봉쇄 기간에 급속히 발전했으나, 정치 관계가 일변하자 곧 몰락하고 말았다. 그리고 이 사탕무 제당 공업의 건실한 발전은 1825년경에 다시 시작되었다.

그것은 화학과 물리학의 협력에 기초한 무수히 많은 개량이 수행됐기 때문이다. 그중에도 특히 당분 측정 방법, 삼투의 이용, 골탄에 의한 여과, 진공 솥에 의한 증발, 스트론티아법 등을 들 수가 있다. 그리고 토양 분석의 도입, 인조 비료의 응용, 증기기관에 의한 심층 경작 등이 사탕무 재배의 발달과 결부돼서, 합리적 산업의 특징을 처음으로 농업 발전에 준 덕택이었다.

2) 물질문명과 정신문화

현대의 물질문명은 자연 탐구의 업적만으로 발달한 것은 아니나, 이 자연 탐구의 업적은 현대의 정신생활 전체에 적잖은 영향을 미치고 있다. 자연과학 중의 어느 하나도 이러한 영향을 미치지 않는 것은 없다. 전 세계는 이러한 영향을 받아 일변했다. 자연과학은 명백히 철학에 가장 깊고도 영속적인 영향을 미쳤다. 근세철학이 싹튼 것도 근대과학의 확립과 매우 밀접하게 결부돼 있다. 근세철학의 실재론(實在論)을 도입한 베이컨이 철학과 자연과학을 어떻게 관련지었는가는 이미 기술한 바 있다. 근세철학의 다른 주요 부문의 창립자인 데카르트도 역시 그의 세기의 자연과학적 사고방식에 지배됐고, 자연과학의 가장 뛰어난 대표자로도 손꼽힌다. 데카르트에 의하면, 물체의 세계에는 역학의 법칙만이 지배하고 있다. 모든 물상은 운동에서 설명된다. 정신적인 것은 인류에게만 존재하는데, 그 인류의 육체는 단지 기계로서 나타나 있다는 것이다. 정신과 물질, 영과 육의 개념에 반영된 이원론을 극복하려는 그의 노력에 대해서 여기에서 상론할 수는 없다.

근세철학은 초기에는 일반적으로 말하여 형이상학적이었다. 그런데 그것이 자연과학의 영향을 받아서 비로소, 인식 능력의 연구가 가장 중요하다는 것을 인정하게 되었다. 이 새로운 세계에 첫 발을 내디딘 것은 로크와 흄이었다. 그들은 우리의 관념이 외계의 작용을 받아 어떻게 형성되는가를 제시했다. 근세철학의 그 후의 발달은 특히 칸트의 인식론에 근거한 것이다. 칸트의 '선험적 관념론'에는, 우리의 인식은 실재에 대하여 어떤 관련을 나타내고 있는가 하는 문제에 대한 모든 연구와 노력이 결부되어 있다. 인식론은 철학에 대해서도 자연과학에 대해서도 매우 중요한 것이었다. 물론 이 두 분야에서 이 문제를 철저하게 해결할 수는 없었으나, 적어도 이 문제에 대한 탐구 태도만은 결정할 수가 있었다. 이 태도의 방향은 소박한 실재론이나 완전한 회의론으로 흐르지 않고, 더욱더 명확하게, 모든 인식에 있어서 주관적 요소와 객관적 요소를 구별하는 쪽으로 나아갔다. 이미 헬름홀츠가 칸트에 관해서 논한 것과 같이, 객관은 결코 탐구하려는 주관에서 분리하여 생각할 수는 없다는 것이다.

이 인식론의 최대 난점의 하나는, 정신은 비공간적 감각에서 어떻게 대상의 공간적인 인상을 파악할 수 있는가 하는 것이었다. 로체(Rudolf Hermann Lotze, 1817~1881)는 우리가 개개의 인상을 공간의 일정 부위에 옮기는 것, 즉 개개 인상의 부위를 결정하는 사실을 그의 '국부 기호설(局所記號說)'에 의하여 설명하려고 했다. 로체는 국부 기호를 자극에 의하여 생기는 '부인상(副印象)'이라고 해석하여, "이 부인상 때문에 망막에 대한 모든 공간적 균형과 관계는, 정신 중에 비공간적으로 공존하는 여러 인상 간의 대응하는 비공간적인(내포적인) 균형에 의하여 치환된다. 이러한 방법으로는 이들 인상의 새롭고 참다운 전개가 우리에게 생기지 않으며, 그런 인상의 상(像)만이 생길 것이다. 따라서 우리는 자기 주위의 공간 세계에 자신을 조절하는 능력을 우선 습득해야 한다."라고 했다.[3] 헬름홀츠에 의하면, 우리는 촉각만으로 공간 개념에 도달할 수 있다. 이 생각에 대하여, 그렇다면 그런 촉각만의 공간 개념이 시각으로 생기는 공간 개념에 일치하는 이유

---

3 로체, 『심리학 요강(1889)』 제4판, 34쪽.

는 무엇인가 하는 의문이 따른다. 이에 대하여 어떤 사람이, 우리가 공간 개념을 설명하기 위한 도구로서 가지고 나온 국부 기호 자체에 그것을 명확하게 설명하지 않고 공간적 성질을 준 점이 이상하다고 지적한 것은 올바르다.[4]

이상에서 기술한 인식론에서는, 자연에 관한 과학을 포함한 모든 인식이 어떤 의미에서는 인간 중심이라는 것이 명백하다. 만약 그렇지 않으면 우리는 헤르츠, 푸앵카레(Henri Poincaré, 1854~1912), 그리고 다른 사람들이 기술한 것과 같이, 실재의 묘사를 넘어설 수는 없을 것이라는 말이 된다.[5] 그리고 현대의 물리학자 막스 플랑크와 같이, 묘사하는 정신의 개성과 세계상을 완전히 분리하는 것을 자연과학의 목표로 하는 것도 아무런 근거가 없게 된다. 프랑크(Philipp Frank, 1884~1966)의 실재론에 대하여, 마흐(Ernst Mach, 1838~1916)의 현상학적 입장은 정반대였다. 마흐에 의하면, 사실적이라는 것은 감각에 지나지 않는다. 그래서 과학적 세계상이라는 것은 확실히 경제적이나, 다른 말로 하면, 우리가 개개의 인상 부위를 결정하는 데 유효한 배열이나 기타의 점에서는 제멋대로의 배열을 하는 데 지나지 않는 것은 당연할 것이라고 했다. 플랑크에 의하여 변호된 정반대의 생각에 의하면, 우리의 여러 경험 가운데 하나의 바른 일반화만이 존재하고 있다. 수학적 공식에 의하여 달성될 수 있는 것과 같이, 주관적인 것에서 해탈하면 할수록 우리는 더욱더 명확하게 실재를 인식하게 된다는 것이다.

자연과학적 탐구와 철학적 고찰 방법의 긴밀한 융합에서, 철학의 가장 근대적 분과로서의 정신물리학이 탄생했다. 이것은 페히너(Gustav Theodor Fechner, 1801~1887), 분트(Wilhelm Wundt, 1832~1920), 그리고 헬름홀츠 등에 의하여 확립된 것인데, 그들의 자연과학적·철학적 의의에 따라 특히 심리학과 물리학을 융합한 것이다. 페히너가 출발점으로 삼은 기초는 이미 1825년에 베버에 의하여 세워졌으므로, 그를 정신물리학의 창시자로 꼽는다. 유명한 베버 형제의 맏형 에른스트 베버(Ernst Heinrich Weber, 1795~1878)는 라이프치히의 해부학과 생리학 교수였는데, 유명한 물리학자인 그의 동생 빌헬름(Wilhelm Eduard Weber, 1804~1891)과의 공동 연구로 미주신경을 자극하면 심장의 박동이 늦어지고 끝내 정지하는 것을 발견했다. 그는 청각과 피부감각의 연구로 유명해졌는데, 이 자극에 대한 감각 실험에서 "사물을 비교하여 그 구별을 관찰할 때에, 우리는 사

---

4 폰 하이펠다, 『헬름홀츠의 경험 관념에 대하여(1897)』, 베를린.
5 볼크만, 『자연과학의 인식론적 요강(1910)』, 라이프치히.

물 간의 차를 지각하는 것이 아니고, 비교된 사물의 양에 대한 차의 비를 지각하는 것이다."라는 '베버의 법칙'을 도출했다. 페히너는 1860년에 발간한 그의 저서 『심리학 기초』에 명시한 것과 같이, 베버의 이 자극설에서 출발하여 정신물리학의 원칙으로서, 감각은 자극의 대수(對數)에 정비례한다는 수학 공식을 도출해 냈다. 페히너는 또 정신물리학을 '육체와 정신의 여러 관계에 대한 정밀 학설'이라고 정의하고, 자연과학적인 모든 탐구 방법을 이용하려고, 심리학의 과학적 정밀 연구를 전문으로 하는 최초의 특수한 연구소인 라이프치히 대학의 실험심리학 연구소를 1875년에 설립했다.

영국의 밀(John Stuart Mill, 1806~1873)은 1843년에 발표한, 연역적이며 귀납적인 논리학에 관한 그의 저서 『논리학 체계』에 매우 추상적이며 종래의 낡은 형식으로 굳어져 있던 부문인 논리학에조차도 자연과학의 정신을 불어넣음으로써 새로운 생명을 싹트게 할수 있다는 것을 증명했다. 밀이 발견한 여러 관계는 매우 명석한 통찰력을 주었고, 리비히가 자기의 연구에서 인정한 것과 같이, 그 지식은 과학적 연구에 착수할 때에 매우 유용한 것이었다.

자연과학적 사상의 발전은 철학에서와 마찬가지로 다른 정신과학 분야에서도 적잖은 수확을 거두게 했다. 물론 그 교호작용(交互作用)은 반드시 철학과 자연과학 간에 조성된 것과 같은 밀접한 관계라고는 말할 수 없다. 자연과학 방법을 역사과학에 응용한 최초의 시도는 1857년에 간행한 영국의 역사가 버클의 『영국 문명사』에 잘 나타나 있다. 버클(Henry Thomas Buckle, 1821~1862)은 부자 상인의 아들로 태어나서, 초등학교를 다니다 말고 장기 두는 데 열중하여 20세에 유럽 최고 장기 명인이 되었다. 그러다 1840년에 아버지가 돌아가시고 나서 분발하여, 17년간 매일 10시간씩 역사책을 탐독하여 1857년에 『영국 문명사』 제1권을 발표했다. 그는 기후, 토양, 식물, 지세가 인간의 지능 진보에 가장 큰 영향을 미친다는 견해에서 역사를 기술했다. 이 새로운 자연과학적 역사관은 매우 평판이 높아져서, 그는 일약 영국 최대의 역사가로 꼽히게 되었다. 제2권은 1861년에 나왔으나, 별로 평판이 높지 못했다. 버클을 비롯한 유물사관(唯物史觀)의 대표자들은 인류의 역사적 발전에 대한 법칙적 관계를 증명하려고 열심히 노력했다. 이 경우에, 자연법칙과 평행하는 역사법칙을 찾으려는 노력에서, 많은 과장과 일면성이 나타난 것도 사실이다. 그럼에도 불구하고 자연과학적 정신의 영향을 받은 역사의 기술은 그때까지 일반적으로 행해지고 있던 일면적인 영웅사관(英雄史觀)을 바른 방향으로 돌리기 위한 올바른 방법이라는 것을 인정할 수 있었다. 영웅사관은 개인에게 지나치게 큰 의의를 주었기 때문이었다.

경제학, 민족학과 같은 젊은 학문은 자연과학적 탐구와 결부되어 국가 역사보다 더 화려한 발전을 나타냈다. 이 경우에는, 아무런 연고도 없는 분야를 자연과학 분야에 끌어들이는 것을 지양하고, 쌍방의 활기찬 교호작용만이 중시되었다. 예를 들어, 다윈이 경제학자 맬서스의 『인구론』에서 출발하여 자기 학설의 근본 사상을 만든 데서, 사람들은 자연과학은 주기만 하는 것이 아니라 받아들이기도 한다고 떠들었다. 여기서 더 이상 자연과학과 정신문화 전체와의 밀접한 관련을 상세히 논하는 것은 너무 깊이 들어가게 된다. 우리가 어떤 과학적·예술적 활동에 눈을 돌려도 둘의 관련에 대하여 예외인 것은 하나도 없다. 음악에 대해서는 물리학적·생리학적 음향학, 회화에 대해서는 색채학, 조각에 대해서는 해부학이 과학적 기초를 주고 있다. 이것은 적어도 실제로 활동하는 예술가들에게는 현대의 언어학을 음성생리학의 지식 없이는 생각할 수 없는 것과 같이 없어서는 안 될 것이다. 도덕이나 종교조차도 사물의 관련에 더욱더 깊이 파고 들어간 자연과학 지식의 강력한 영향을 외면해서도 안 되고 그것에서 벗어날 수도 없다. 이 자연과학적 지식을 바르게만 이용하면 생활의 풍속을 더욱 자유롭고 건전하게 육성할 수도 있고, 종교적 관념을 더욱 순화할 수도 있을 것이다.

이상과 같은 기술에서 우리는 과학이 모든 정신적·물질적 이익과 결부됨으로써 실로 강력한 문화 요소가 되는 것을 알았다. 과학은 그러한 것에 의하여 비속화되는 것이 아니라 도리어 고귀하게 되는 것이다. 과학자들이 순수과학을 논하기만 좋아하고, 어떤 문화적 응용 방면을 경멸하고 있다고 하여, 시대가 그 과학자들보다 뒤떨어져 있다고는 말할 수 없다. 물론 과학을 실용이라는 입장에서만 생각해서도 안 되며, 과학도 또한 자기의 문화적 사명을 항상 의식하지 않으면 안 된다. 우리는 인류의 정신적 발전에는 실로 긴 세월이 걸렸다는 것을 알고 있다. 먼 고대와 현대의 생각 사이에는 얼마나 큰 격리가 있는가! 먼 옛날의 대양(Oceanus)에 둘러싸여서 둥근 천장과 같은 별들의 하늘로 덮여 있는 원반(圓盤)의 세계 대신에, 오늘날의 정신적 육안 앞에는 무한한 우주가 펼쳐져 있다. 망원경에 나타난 수천만의 태양에 비하면, 우리 지구는 한 알의 먼지같이 보인다. 이런 우주 현상의 원인에 대한 생각을 비교해 보면, 고대와 현대의 생각에는 더욱더 큰 차이가 나타난다. 고대인들이 한껏 상상한 좁은 세계 안에서, 여러 신들이 마치 인형극의 인형을 잘 보이지 않는 줄로 놀리듯 인간과 자연을 제멋대로 놀리고 있다고 생각했다. 그런데 오늘날에는 그러한 신들의 의지와는 전혀 다르고 관련도 없는 하나의 통일된 영원불변한 진리가 모든 것을 지배하고 있다고 생각하게 되었다. 이 진리의 자연법칙이 우주의 모든 자연 현상을 지배한다는 뚜렷한 증거를 명확하게 인식하게 되었다. 그것은 최소의 것을 창조하며, 우주에서의 모든 사상(事象)을 지배하고 있어서, 월식과 일식 같은 것도 1초도 틀리지 않게 예측할 수 있게 한다. 이와 같이 고대와 현대의 생각 사이에는 너무나 큰 차이가 있어서 우리는 그 사이에 공통된 것은 아무것도 없다고 생각하기 쉽다. 그러나 고대의 세계상과 현대의 세계상은 연속된 하나의 고리에 지나지 않는다. 그 고리는 아주 긴 시간 동안 연속적으로 점진적 발전을 해온 고리로 볼 수 있으며, 우리 인생이 유년기, 성년기, 장년기, 노년기를 거치는 것과 같은 고리로 볼 수도 있다.

　　과학을 대체로 성취된 어떤 것으로 보는 버릇이 든 사람은, 세계가 원자나 양자의 역학만으로 설명된다는 오류에 빠지기가 쉽다. 자연의 설명이란, 우리의 사고를 우리의 경험 총화에 적응시키는 것이다. 그러한 적응의 시도로써, 원자나 양자 역학에서 자연 현상을 바라보는 것은 일단 근거가 있는 것이다. 그러나 이것이 종교적·도덕적 관념과의 교섭을 단절하여, 모든 선입관을 억제하려던 근세 초의 노력에서 생긴 연구 사고방식을 오늘날의 결과에 끼워 맞추려고 하는 것은, 바른길도 아니며 화근을 자초할 수도 있다. 이러한 화근을 저지할 유일한 수단은 올바른 자연과학적 사상의 교육이다. 이것은 다음과 같은 뉴턴의 말에 표현된 '겸손'으로 인도하는 것이다.

　　"내가 세간에 어떻게 비치는지 나는 모른다. 그러나 나 자신의 눈에는, 나는 진리의 대해가 아무것도 결정되지 않은 채 끝도 없이 눈앞에 펼쳐져 있는 바닷가에서 뛰놀며, 때로는 반질반질한 작은 조약돌이나 보통보다는 기이하거나 아름다운 조개껍질을 발견하고는 좋아 날뛰는 어린아이와 같이 생각된다."

뉴턴이 이 말을 한 지 300년 가까운 세월이 흘렀다. 그동안에 자연에 대한 인식은 300년 전의 뉴턴 시대와 비교도 할 수 없을 만큼 많은 성과를 거두었다. 그런데도 '진리의 대해'는 오늘날에도 여전히 결정되지 않은 채 우리 눈앞에 펼쳐져 있다. 따라서 우리가 생각하는 세계상도 역시, 탐구에 의하여 알게 된 새로운 사실과 관련하여 변해온 것과 같이 장래에도 변해갈 것은 당연하다. 우라늄광에서 우연히 방사선을 발견한 것이 계기가 되어 원자의 세계가 열리게 됐고, 그 원자핵이 가진 막대한 에너지를 이용하는 새로운 차원의 핵에너지 시대를 열었다. 그렇다면 이러한 세계의 설명에 정신 분야는 제외해도 좋은가? 감각, 의욕, 사유는 오직 원자의 운동이나 에너지 전환만으로 설명되는가? 이것은 마치 고대의 원자론자들이 '그렇다면 인간 원자는 웃거나 울 수가 있는가?'라는 당시의 소박한 반문에 대해서 경험한 것과 같은 당혹감을 현대의 물리학자들에게 안겨주는 것이다.

오늘날 우리가, 인류는 연연한 진화의 연쇄에서 최종의 고리인 유기계의 최고 단계라고 강변해 보아도, 인간이 영적 존재인 것은 틀림없으며 그러한 영적 존재로 진화하는 과정을 물질적 진화로 설명할 수는 없다. 그리고 그 영적 존재가 인식한 또는 인식하려고 애쓰는 불변한 자연법칙은 어떻게 생겼으며, 어떻게 진화했다는 말인가! 결국은 우리의 상대적 시공 차원을 초월한 어떤 절대적 존재에 의한 창조를 전제로 하지 않을 수 없다. 우리 인간이 인식한 자연법칙은 시간의 흐름과 더불어 많은 변천을 해온 것이 사실이다. 때로는 그 불변의 진리에 더욱 가까워지는 진보를 하기도 하고, 더욱 광범위한 보편성을 가진 발전도 했으며, 때로는 진리에서 더 멀어지는 퇴보와 보편성을 상실해 가는 쇠퇴도 해왔다. 그렇다고 그 진리 자체가 달라진 것은 아니고, 다만 그 불변의 진리에 대한 우리의 인식이 달라져 온 것이다. 이 불변의 진리에 우리의 인식을 접근시키려는 탐구 노력이나 그런 노력의 성과로 얻어진 우리 인식이 변해온 것이다. 그러한 변화의 역사들을 변증법적 발전이라든지, 진보라든지, 진화라든지 하는 것으로 인식하는 것은 무방하나, 그 진리 자체가 진화하거나 발전해 가거나 변화해 간다고 생각한다면 인간의 과학과 기술적 노력은 방향을 잃고 무의미하고 무가치한 것이 되고 말 것이며, 우리 인간 생활의 화근이 될 것이다. 불변의 절대적 진리의 존재를 믿지 않는다면, 인간은 도대체 무엇 때문에 무엇을 탐구한다는 말인가! 그리고 인간은 무엇을 기준으로 무엇을 향하여 살아가야 한다는 말인가!

제 14 장

현대 과학기술의 기초

우리는 20세기 초까지의 과학 기술상의 큰 성과를 중심으로 하여 그 발전 과정을 살펴보았다. 이러한 큰 성과들은 근세 유럽에서 확립된, 실험을 기본으로 하여 수학적 논리로 인식하는 과학 정신과 탐구 방법에 따라 발전해 온 것이며, 과학기술의 발전 내용과 그 발전 방향을 제시해 주기 때문이다. 우리는 주로 이러한 과학적 노력으로 이루어진 중요한 학설과 성과에 치중하여 살펴보았고, 그러한 큰 성과를 이루는 데 밑바탕이 된 실험 기술의 개발이나 정밀 측정을 가능케 한 보조 수단의 발전에 대해서는 따로 살펴보지 않았다. 그것은 그 성과의 내용 자체였기 때문이다. 그런데 현대 과학기술에서는 이러한 정밀 측정 수단과 실험 기술이 공학과 결부되어, 빈약한 수단밖에는 가지지 못했던 옛날의 과학자들에게는 생각조차도 못할 만큼 대규모화한 특징을 나타내고 있으며, 이것이 또한 큰 영향을 주게 되었다.

이러한 현대의 다양하고도 대규모적인 연구 수단의 토대 위에서는, 과학기술 발전의 길과 방법도 다양해져서, 예기치 않았던 새로운 사실과 놀라운 설명이 다양하게 나타나고 있다. 그래서 이렇게 풍부하고 다양한 가운데서, 과학기술 전체로서의 큰 발전의 줄기와 그것이 지향한 목표를 찾기는 더욱더 어려워졌다. 이러한 전체적 줄기와 목표는 세분화된 전문적 연구에 대한 고찰로서는 달성할 수가 없게 되었으며, 아마도 개괄적인 철학적 입장이나 발전사적 입장에서 자연과학을 고찰함으로써 달성될 것이라고 생각한다.

1. 연구 수단의 발달

현대 자연과학 연구 수단의 특징은, 계측의 정밀화와 연구 사업의 대규모화와 전문 분야의 세분화에 따르는 각 개별 분야 간의 관련성을 종합하는 조직화에 있다. 18세기 말에 증기기관이 발명되어 유럽 전역에 산업혁명을 불러일으켰고, 19세기의 화학공업과 전력의 이용은 인류 생활에 말할 수 없는 큰 영향을 미쳤다. 이제 자연과학은 하나의 학문으로서보다는 한 민족과 국가의 운명을 좌우하는 것이며, 인간 생활 전반과 직결되는 가장 중요한 사항으로 인식되고 있다.

이러한 전반적 인식은 막대한 인력과 재력을 투입해서 과학기술을 발전시키려는 노력으로 이어졌고, 그 결과 계측 수단의 정밀화와 연구 사업의 대규모화가 촉진되고, 연구

기관의 조직화가 촉진되었다. 물론 이러한 연구 수단의 발달은 자연과학의 상호 관련적 발전이라는 토대 위에 성립된 것이나, 이러한 연구 수단의 발달이 자연과학 발전에 미친 영향도 말할 수 없이 큰 것이었다.

1) 정밀 측정

정밀 측정의 실례로서 금세기 초의 과학사 가운데서 '아르곤'의 발견을 들 수가 있다. 영국의 물리학자인 레일리와 화학자 램지는 공동으로 1894년에 공기 중의 아르곤 원소를 발견했다. 레일리(John William Strutt Rayleigh, 1842~1919)는 케임브리지 트리니티 대학에서 수학하여, 1879~1884년에 동 대학의 실험물리학 교수로 재직했고, 1887~1905년 왕립연구소 자연철학 교수로 재직했는데, 음에 관한 고전 이론, 탄성파의 연구, 전기 단위의 정밀 측정, 색채의 연구, 수력학 등의 다방면에 업적을 남겼다. 그리고 특히 공동복사(空洞輻射)에서의 복사에너지를 산출하는 공식을 진스와 공동으로 도출하여, '레일리-진스 법칙'을 세운 유명한 물리학자이다. 그는 기체 밀도의 정밀 측정에서, 공기에서 얻은 질소(1.257g/l)와 질산암모니아와 같은 화합물에서 얻은 질소 밀도(1.250g/l)에는 약간의 차가 있는 것을 발견했다.

한편 램지(Sir William Ramsay, 1852~1916)는 글래스고 대학에서 수학하여, 1874년 동 대학 화학 조교수에서 시작하여, 브리스틀(1880), 런던(1887~1913) 대학의 교수를 역임했으며, 당시의 신흥 분야인 물리화학을 연구하여 1886년에 영(Sydney Young, 1857~1937)과 공동으로 압력과 융점에 관한 '램지-영 법칙'을 발견했다. 또 실즈(John Shields, 1882~1960)와 공동으로 액체의 표면장력과 온도의 관계를 나타내는 '에드베슈의 법칙'을 수정하여, 1893년에 '램지-실즈 공식'을 제시한 유명한 물리화학자이다. 대부분의 희유가스는 그가 발견한 것이며, 1892년에 레일리의 지시에 따라 공기 중의 질소가 화합물 중의 질소보다 비중이 약간 큰 이유를 해명하는 연구에서, 공기 중에는 1% 정도의 새 원소가 있다는 것을 1894년에 레일리와 공동으로 발견하여, 이 기체가 화학적 작용이 없다는 뜻에서 '아르곤'이라고 불렀었다. 이 공적으로 레일리와 램지는 1904년도 노벨 물리학상과 화학상을 각각 받았다. 이 물질의 발견은 '소수점 이하 세 자리(10^{-3})의 승리'라고 하여 정밀 측정을 강조했다.

켈빈(톰슨) 경은 "근대의 모든 대발견은 꾸준한 인내로 수행한 정밀 측정과 수학적 결과의 정밀 검토에 대한 보수였다."라고 말했는데, 현대의 과학적 성과야말로 이것을 증명하고 있다. 이러한 측정에 필요한 보조 수단의 정밀화가 어느 정도로 발전해 왔는가를 방사선 계측을 예로 들어서 한번 살펴보자.

방사성원소의 원자핵붕괴(原子核崩壞)에 대한 연구가 시작되자, 금세기 초에는 감도가 10^{-8}g에 달하는 획기적인 미량천칭(微量天秤, micro balance)이 조립돼서 방사 입자 방출에 따른 질량의 변화를 측정하게 했고, 광학적 방법으로는 방사 입자가 유화아연과 같은 섬광(閃光) 물체에 충돌하면 섬광을 내는 것을 이용하여, 현미경으로 이 섬광 물체를 관찰하여 매초 일정 면적에 충돌하는 방사 입자의 수를 계수하게 되었다. 그리고 전자공학적 방법은, 방사선 입자가 기체 중을 통과할 때 그것이 가진 운동에너지로 기체를 이온화하는 것을 이용한 가스 검출기를 개발하여, 이온전류의 '펄스(pulse)'를 전자적으로 계수함으로써 그 검출기에 입사된 입자의 수를 정확하게 계수할 수 있게 했다. 그리고 입사된 각개 입자의 운동에너지와 이온화하는 양이 비례하는 것을 이용하여, 입사된 각개 입자의 에너지도 전자 하나의 전기량(1.60219×10^{-19}Coulomb)이 1볼트(Volt)의 전위차에서 가지는 에너지인 eV($1eV=1.60219 \times 10^{-19}$Joule)를 단위로 하여 측정할 수 있게 했다. 그리고 방사선의 섬광 효과에 대해서도 여러 가지 섬광 물질이 개발되고, 광전효과(光電效果)를 이용한 '광증배관(光增倍管, Photo Multiplier Tube)'이라는 진공관이 개발되어 각종 섬광 검출기가 개발되었다. 그리고 반도체 접합부의 이온화를 이용한 반도체 검출기도 개발되어 그러한 검출기에 입사된 방사선 입자 각개의 에너지에 해당하는 높이를 가진 전기펄스를 얻게 되었다. 그리고 이러한 펄스 높이를 분석하여 계수해서 그 스펙트럼을 나타나게 하는 전자장치인 '다중 파고 분석기(多重波高分析器, Multi-channel Pulse Height Analyzer)'가 개발되어 방사화학 분석 등에 활용됨으로써, 화학 분석의 정밀도는 10^{-12}까지 도달하게 되었다. 전자공학의 발달로 금세기 중엽부터 활용하게 된 '전자현미경'과 '질량분석기'도 종래의 광학적 현미경이나 질량 분석과는 차원이 다르게, 분자의 구조까지도 볼 수가 있는 분해능을 가지게 되었다. 이러한 연구 수단의 정밀화는 모든 자연과학 분야의 연구에 말할 수 없이 큰 영향을 미치게 되었다.

2) 연구 수단의 대규모화

자연과학에 부과된 임무를 수행하기 위해서 민간에서도 만들 수가 있는 빈약한 연구 수단으로도 충분했던 셸레나 베르셀리우스의 시대는 이미 지나가고 말았다. 한 문제를 실험적 방법으로 그 최후의 귀결까지 추구하기 위해서는, 민간인으로는 도저히 감당할 수 없는 막대한 비용과 인력이 필요하게 되었다. 예를 들어, 기체의 응결 문제는 19세기의 20년대에 패러데이에 의하여 시작되었다. 그의 방법은 기체를 발생하는 병으로부터 밀폐된 관에 도입하여 약간의 압력을 가하여 액화시키는 매우 간단한 것이었다. 그런데 액화하기 어려운 기체를 액화시키고자 간단한 실험 장치 대신에 높은 압력으로 압축하기 위한 복잡한 압축기가 나타났다. 그리고 압력만으로는 충분하지 않다는 것을 알게 되자, 낮은 온도로 냉각하는 것이 필요했다. 이러한 실험은 듀어에 의하여 처음으로 어느 정도의 결과에 도달할 수 있었다.

영국의 위대한 화학자이며 물리학자인 듀어(Sir James Dewar, 1842~1923)는 에든버러 대학에서 화학을 수학하고, 1874년에 케임브리지의 실험 자연철학 교수와 1877년에 왕립연구소 화학 교수를 역임했다. 그는 1874년경부터 기체의 액화에 흥미를 가졌고, 1878년에 프랑스의 물리학자이며 공업가인 카유테(Louis Paul Cailletet, 1832~1913)의 기체 액화를 영국에 소개했다. 그리고 1884에 카유테의 장치로 공기 중의 수소를 액화했으며, 이어서 고압 수소를 분사하면 톰슨-줄 효과에 의하여 저온이 생기는 것을 실험하여 1888년에 이 장치로 처음으로 산소의 액화에 성공했고, 1889년에는 산소의 응고에도 성공했다. 그는 이 공적으로 로열 소사이어티의 '럼퍼드상'을 수상했는데, 그가 술회한 바로는 수소 액화를 위한 고압 압축 장치를 완성하는 데만도 세 사람의 기사가 만 1년이 걸렸다고 하며, 이러한 실험에는 무엇보다도 돈이 필요하다고 말했다. 이 말은 많은 비용을 필요로 하는 현대 과학 연구의 대규모화 추세를 잘 나타내고 있다.

20세기에 들어서자 과학의 연구 수단에는 측정 수단의 정밀화와 다양화 외에도 매우 큰 압력과 매우 높거나 낮은 온도의 이용도 필요하게 되었다. 매우 강력한 압력의 작용에 의하여, 종래의 '물질은 용액 상태에서만 화학적 작용을 한다는 정리'는 매우 한정되게 되었다. 강력한 압력으로 일어나는 여러 전환 중의 하나를 예로 들면, 황산바륨과 탄산나트륨의 완전히 건조한 혼합체를 6000기압으로 압축하여 상온에서도 황산나트륨과 탄산바륨을 만드는 데 성공했다. 매우 낮은 온도의 응용도 장래의 연구에 대하여 실로 넓은 문을 열어주었다. 최근의 중요한 연구 과제인 저온에서의 초전도(超傳導) 문제는 제쳐놓고라도, 물질의 반응력은 압력의 상승에 따라 증가하며, 저온의 영향으로 감소한다. 따라서 알칼리금속은 산소가 비등하는 영하 183도에서는 그렇게도 큰 산소와의 친화력이 나타나지 않아서 산화되지 않았다. 소다에 대한 황산의 작용도 영하 80도에 이미 정지하고, 영하 11도에서는 황산과 염산은 파란 리트머스시험지를 붉게 물들이지 않는다. 그리고 절대 0도보다는 훨씬 높은 온도인 영하 135도 이내에서 모든 화학작용은 정지하고 만다. 이것은 물질의 열용량, 즉 내부 운동과 반응력이 절대 0도의 훨씬 이전에 이미 극도로 작아진다는 것을 나타내고 있다. 그리고 독일의 화학자며 물리학자인 네른스트(Walther Hermann Nernst, 1864~1941)는 1887년에 라이프치히에서 오스트발트의 조수가 됐고, 1891에 괴팅겐 대학, 1905년 이래 베를린 대학의 실험물리학 교수로 재직하면서 오직 물리화학의 새 분야를 개척했다. 그리고 1906년에 '열역학의 제3법칙', 즉 '네른스트의 열 정리'를 발표했고, 거기서 한 발 더 나아가서 저온에 관한 연구를 하여 다이아몬드는 절대 0도보다 42도나 높은 영하 231도에서 이미 열을 방출할 수가 없다는 것을 제시했다. 그는 그의 열 정리로 1920년에 노벨 화학상을 수상했다. 그리고 인공적으로 만들어진 최저 온도는 절대온도 0도인 영하 273도보다 1도 정도밖에 높지 않은 영하 272.1도까지 내려갔다. 이것은 비등점이 영하 268.8도인 헬륨의 응고점인 영하 270도에 거의 일치하는 것이다.

그리고 매우 높은 온도를 얻으려는 노력에 의하여, 기술이나 이론적으로도 중요한 뜻하지 않았던 발전 전망이 열리게 되었다. 고온을 얻기 위한 가장 중요한 수단으로 종래의 뇌성가스(폭명가스)의 연소에 대신하여 무아상(Ferdinand Frédéric-Henri Moissan, 1852~1907)이 시작한 '전기로(電氣爐)'가 나타나게 되었다. 무아상은 '가능한 한 작은 구멍 안에서 강력한 전기호광(電氣弧光)을 발생하여, 그것으로 최고 온도를 얻는 것'이 목적이었다. 이러한 전기로가 대규모로 공업에 이용됨으로써 탄화칼슘과 탄화규소 등의 공업에 중요한 화합물을 얻게 됐고, 알루미늄의 대량 생산도 성공하게 되었다. 그리고 전기로 안에서 탄소를 액체 상태의 철 안에서 용해하여, 그것을 고압에서 결정시켜서 다이아몬드의 제조에도 성공했다. 액상 원소나 화합물의 작용을 고온에서 연구하여 물질의 구조에 대한 중요한 결론을 도출하기 위해서는 풍부한 열원이 문제가 될 뿐만 아니라, 이 경우에 우선 무엇보다도 고온에 견디는 물질을 만드는 것이 문제였다. 초기에 이용된 유리 대신에 불용해성(不溶解性)의 석회, 도기, 백금 등을 사용하여 증기 밀도의 측정을 1700도에서 할 수가 있게 되었다. 특히 빅토르 마이어가 수행한 피로화학 연구에서, '염소, 취소, 옥소' 같은 원소는 1400도에서 이미 분자 상태를 유지할 수가 없고 원자로 분해되고 마는데, 산소나 질소는 그 온도에서는 아직 분자 구조가 변하지 않는다는 것을 밝혀냈다.

마이어(Viktor Meyer, 1848~1897)는 하이델베르크 대학에서 분젠, 코프, 키르히호프,

헬름홀츠 밑에서 수학하여, 20세에 베를린의 베어연구소에 입소하여 나프탈렌의 조성을 연구했다. 그리고 1871년에 베어의 추천으로 슈투트가르트 대학의 조교수가 된 이래 취리히, 괴팅겐 대학의 교수를 거쳐서 1889년에 분젠의 후임으로 하이델베르크 대학 교수가 되어 죽기까지 봉직했다. 그는 1882년에 '티오펜'과 '옥심'을 발견했고, 분자량 측정법(빅토르마이어법)을 발명하여 1891년에 로열 소사이어티의 '데이비상'을 수상했다. 그는 고온에 대한 연구에 몰두하여 건강을 해친 끝에 비관 자살을 했다. 그래서 백금보다 훨씬 내열성이 강한 관을 만들어서 물질 구조의 지식을 넓히려던 그의 노력은 빛을 보지 못하고 끝나고 말았다. 그러나 주기율에 보조를 맞추어서 원소의 구조적 본성을 피로화학 방법으로 실증하려는 그의 사상은 그 후의 학자들에게 지도적 지침이 되었다. 사람들은 원소를 하나의 시원물질에 환원시키려는 방향으로 연구를 진행시켰는데, 다른 한쪽에서는 분석화학 덕택에 20세기 초의 10년간에 새로운 원소들이 발견되어, 원소의 수는 자꾸만 늘어나게 되었다. 주기율에 대해서 큰 의의를 가지게 된 '스칸듐(Scandium, Sc)'이나 '게르마늄(Germanium, Ge)' 외에도, 특히 아르곤이나 헬륨의 발견도 특기할 만하다. 게르마늄의 발견자는 이 원소의 연구가 주기율에 대한 개혁은 아닐지라도 적어도 주기율의 금후의 완성에 대해서 하나의 자극을 줄 것이라는 의견을 기술했다.

3) 개별 과학 분야의 밀접한 관련

측정이 더욱더 정밀화되고 실험 기술이 눈부신 발전을 한 것과 병행하여, 다른 과학 분야들 간의 밀접한 관련도 과학 발전에 있어서 마르지 않는 원천인 것이 명백하게 인식되어 왔다. 예를 들어, 19세기 말에 물리와 화학의 밀접한 관련으로 태어난 물리화학이 20세기 초의 10여 년간에 눈부신 성장을 하여 화학공업을 혁신한 것 외에도, 화학 현상과 전기 현상의 본성에 대하여 더욱 깊은 사고방식을 도출하게 했다. 이러한 물리화학의 새로운 방법에 의하여 금세기 초엽에 성공한 매우 중요한 기술 문제는 원소로부터 암모니아를 제조하는 것이었다. 친화력이 매우 약한 질소를 수소와 결합시키려던 옛날의 노력은 허사로 그치고 말았으나, 사람들은 이 문제를 다시 들고 나와 우선 암모니아, 질소, 그리고 수소에 대한 화학평형의 여러 조건에 대해서 연구했다. 그 결과 암모니아는 약 1000도에서 원소로 분해되나, 그것과 동시에 그 원소들로부터 미량이기는 하나 암모니아가 새로이 생기는 것을($2NH_3 \Leftrightarrow N_2+3H_2$) 알게 되었다. 그래서 암모니아의 합성이 온도뿐만 아니라 어떻게 일정 촉매나 압력이나 유동 상태에 좌우되는가를 여러 실험에 의하여 찾아내게 됐고, 결국은 가장 좋다고 확인된 여러 조건들을 결부하여 이 문제를 과학적 실험에서뿐만 아니라 공업적으로도 해결하게 되었다. 즉, 가스회사에서 황산암모니아에 의해 만들어 낸 합성암모니아는 세계 시장에서 칠레초석이나 전기 합성으로 제조된 질산과 경쟁할 수 있게까지 되었다. 1911년의 칠레초석과 황산암모니아의 세계 수요는 약 8억 마르크에 달했으며, 칠레초석의 생산고만도 연간 10만 톤에 달했다. 그런데 1912년에 당시의 '카이저 빌헬름 재단'의 물리화학 연구소 소장으로 있던 하버 교수는 보슈와 공동으로 이 암모니아 합성을 새로운 대공업으로 발전시키는 데 성공했다. 하버(Fritz Haber, 1868~1934)는 베를린과 하이델베르크 대학에서 수학하여, 1906년에 카를스루에 공업대학의 교수가 되었다. 그리고 1911년 이래 '카이저 빌헬름 재단'의 물리화학 연구소 소장, 전기화학 연구소 소장, 베를린 대학 교수를 겸직했는데, 물리화학과 전기화학 분야에 많은 업적을 남겼다. 그는 1908~1909년에 암모니아 합성 기술 개발에 성공했고, 1911년에 보슈와 공동으로 이것을 공업화하는 '공중질소고정법(하버-보슈법)'에 성공하여 제1차 세계대전 중에 독일군의 화약 제조에 활용되었다. 이 공중질소고정법의 발견으로 1918년에 노벨 화학상을 수상했다. 후에 나치 정권에 의하여 자기 문하생이 추방됐기 때문에, 나치 정권에 반대하여 1932년 스위스에 망명하여 객사했다.

자연과학 분야에서 물리학과 화학의 밀접한 결부로 생긴 결과는 이상과 같이 공업 기술의 발전에 매우 중요한 기여를 했을 뿐만 아니라, 그 방면의 과학 발전에도 매우 중요한 역할을 했다. 용액 중의 물질은 기체 상태에서와 같은 법칙에 따른다는 판트호프의 발견과 아레니우스와 오스트발트에 의하여 세워진 전리설은 원자물리학 분야와 화학 과정의 본성을 더욱 깊게 파고드는 데 필요한 발판과 가장 적합한 토대를 마련해 주었다. 아레니우스는 삼투 작용에 있어서의 일정한 편차를 설명하기 위하여 전리설을 도입했다. 그리고 이 편차는 판트호프로 하여금 용액 상태에 적용되는 관계식에 i 라는 인자를 도입하게 했다. 아레니우스에 의하면, 관찰된 불규칙성은 전리가 시작되기 전에 이미 분자가 이온으로 분해돼서 그것이 삼투 압력을 높이는 데 기인한다. 따라서 이 압력의 크기는 용해한 분자가 이온으로 분해하는 정도에 대한 척도가 된다. '용액에서의 전리'라는 사고 방식은 두세 가지 곤란을 주었다. 왜냐하면 이 사고 방식은 물에 용해한 식염인 나트륨 이온과 염소이온은 전하에 의하여 중성원자와는 다른 작용을 나타내지 않으면 안 된다는 것을 설명해 줄 수가 없었기 때문이다. 이러한 곤란을 일찍이 제거해 준 것은 빌헬름 오스트발트(Friedrich Wilhelm Ostwald, 1853~1932)의 공적이었다.

그는 리가에서 태어나서 1877년에 그곳 공업대학 강사가 되었다. 1887년부터 1906년 까지 라이프치히 교수로 재직하며 물리화학 연구소 소장을 겸직했다. 퇴임 후에는 자연 철학적 저술에 몰두했고, 1911년부터 '독일 일원론자 연맹'의 의장으로 활약했고, 색채론 에 대한 연구도 했다. 대학 교수 시절에는 다채로운 전문 연구 외에도, 1887년에 판트호 프와 공동으로『물리화학 잡지(Zeitschrift fur physikalische Chemie)』를 창간했고,『정밀과 학 고전장서(Klassiker der exakten Naturwissenschaften, 오스트발트 클라시커)』을 창간하여 생전에 200권이나 출간했다. 그는 교수 시절에 많은 유기산에 대한 전리 정수를 구하여 아레니우스의 전리설을 확인했다. 그리고 1888년에는 '오스트발트 희석률'을 세웠으며, 평형론, 반응속도론, 촉매에 관한 연구 등으로 1909년도 노벨 화학상을 수상했다. 실용 문제에서도 1902년에 암모니아 산화법에 의한 질산 제조법(오스트발트법)을 발명했고, 그 가 고안한 '오스트발트 점도계'는 오늘날도 사용되고 있다. 그래서 그는 '현대 물리화학의 아버지'로 불린다. 그는 철학적으로는 '에너지론적인 일원론'을 주장했으며, 실증론적 입 장에서 인식을 비판했다. 가설을 배제하여 분자나 원자의 존재도 부정하고, 오로지 에너 지만으로 일체의 현상을 해석하려고 했으나, 맥락을 같이한 플랑크의 양자설(量子說) 등 에 의하여 그의 주장은 덮이고 말았다.

이상과 같은 물리학과 화학의 밀접한 관련에 의한 과학 발전상의 큰 성과는 한 예이 며, 이와 같은 각 학과 간의 밀접한 관련은 수학, 천문학, 물리학, 생물학, 광물학, 지질 학, 지리학, 기상학 등의 모든 학과 상호간에도 이루어져서 과학의 전반적 발전을 촉진 하게 되었다. 이와 같은 관련적 발전은 각 학과 간에서뿐만 아니라, 같은 학과의 여러 전문 분야 간에도 이루어졌다. 예를 들어, 물리학에서 광학 문제와 전자기 문제는 밀접 하게 관련하여, 두 전문 분야 사이의 깊은 골은 헤르츠의 연구에 의하여 메워져서 하나 의 전자파 현상으로 종합되었다. 그리고 이 전자파의 파동적 개념은 광입자(光粒子)의 입자적 운동과 통합된 개념으로 발전하게 되었다. 우리는 흔히 현대 자연과학이 여러 전 문 분야로 세분화돼서 첨예화하는 과정은 보아도 첨예화된 그들 전문 분야가 종합되고 통합되어 가는 과정은 보지 않고 넘어가는 수가 많다. 그리고 현대의 자연과학이 사상 (事象)을 세밀하게 분석해 가는 것에 주의하면서도, 그것들이 하나의 통합된 진리로 종 합되어 가는 것을 망각하는 수가 많다. 현대 과학은 분석과 종합의 교호작용으로 발전해 온 것이다. 종합을 전제로 하지 않은 분석은 무의미하며, 분석에 기초하지 않은 종합은 허구적 관념에 지나지 않는다.

4) 연구 기관의 조직화

　이상에서 살펴본 것과 같이 현대 자연과학은 계측의 정밀화와 연구 사업의 대규모화, 그리고 각 전문 분야의 밀접한 관련에 의해 발전해 왔고, 이러한 추세로 발전해 가고 있다. 이러한 연구를 수행하기 위해서는 정부나 대학이 연구원들에게 어떤 개별 문제를 해결하기 위하여 자금을 자유로이 사용할 수 있게 지원해 주는 것만으로는 충분하지 않게 되었으며, 그러한 연구를 효율적으로 수행할 수 있는 연구 기관의 설립이 무엇보다 중요하다. 그래서 19세기 중엽부터 영국과 프랑스에서는 이미 국가적 차원에서 이러한 추세에 걸맞은 연구소 설립이 추진되어 왔다. 독일에서 이와 같은 사업으로 특기할 것은 베르너 지멘스가 창립한 '국립 물리공업 연구소'이다. 1888년부터 헬름홀츠는 그의 만년에 이 연구소의 지도를 담당했다. 그리고 1911년에 창립된 '카이저 빌헬름 협회(Kaiser Wilhelm Gesellschaft)'는 순수과학적 목적의 기관으로 1100만 마르크의 자금으로 설립됐는데, 이것은 과학자들이 연구 활동에만 전념할 수 있도록 하기 위해 설립한 연구소이다. 독일에도 여러 화학 연구소, 물리화학 연구소 등이 설립되어 영국과 프랑스와 과학적인 경쟁을 할 수 있게 되었다.

　19세기 20년대까지의 연구는 대학 학과의 어떤 저명한 교수 밑에 제자들이 모여서 그 교수의 지도하에 이루어졌다. 따라서 그 연구 내용과 방향은 그 교수의 지도에 따라 좌우되었으며, 그 연구 지도는 교수와 제자 간의 도제 제도에서 이루어졌다. 리비히가 파리 유학을 마치고 돌아와서 기센 대학 교수에 취임하여 화학·약학 연구소를 창설하여 종래의 도제식 학습 방법을 폐지하고, 제자들의 자유로운 사고와 연구자로서의 자립을 목표로 한 혁신적 교육 방법을 창시하여 많은 우수한 화학자를 양성했다. 이로 인해 독일을 유기화학 분야에서는 선도적 지위에 올려놓았을 뿐 아니라, 유럽 과학 교육의 혁신을 선도했다. 이때까지의 대학 연구는 한 분야의 한 교수의 뚜렷한 연구 목적과 목표에 따라 독립적으로 수행할 수 있었으나, 연구가 대규모화하고 각 분야의 관련이 밀접하게 됨에 따라 대학 학과의 각 전문 분야 연구실이 통합되어 한 학과의 연구소가 됐고, 나아가서는 이러한 학과별 연구소도 통합되어 하나의 종합적 자연과학 연구소가 국가적 지원하에 생기게 되었다. 그리고 과학기술의 발달에 따라 산업도 발달하여 대규모화됐고, 각 산업체는 그들의 산업 기술 개발을 위한 특정 목적에 따른 과학기술 연구소를 가지게 되었다. 그리고 현대는 산업체나 국가 간에 이러한 과학기술의 발전을 경쟁하는 시대에 돌입했다. 이러한 경쟁에 앞서기 위해서는 과학기술의 연구 분야가 더욱 세분화돼야 하고,

한정된 연구 인력과 비용이 더욱 뚜렷하고 좁은 한 목표에 수렴돼야 하는 반면에, 과학 기술은 여러 전문 분야의 밀접한 관련을 바탕으로 발전할 수 있으므로, 더욱 다양하고 광범한 연구가 병행해서 수행돼야 하는 이율배반적 조건을 최대한으로 만족하는 조직화된 연구 기관에 의하여 연구하게 되었다. 그리고 과학기술은 리비히가 주장한 것과 같이 연구자의 자립적이고도 자유로운 창의적 사고 활동에 의하여 발견되고 발명돼서 발전하는 것인데, 이러한 조직적 연구 기관에서의 연구 활동은 조직의 한 구성원으로서 그러한 자립과 자유를 제한받지 않을 수가 없다. 이와 같이 상호 모순된 두 요구 조건을 적절히 조절하는 것이 현대 연구 기관의 조직과 운영에서 중요한 문제로 대두했다. 근래에 와서 원자력 개발과 우주과학과 같은 소위 거대과학에서 이러한 문제는 더욱 어렵게 되었다. 이러한 문제는 어떤 일방적인 방안으로 해결되는 것이 아니라, 우리의 경험에서 축적된 지식을 바탕으로 한 합리적 조절로 해결해 나가야 할 문제다. 즉, 상호 관련을 바탕으로 발전돼 온 과학기술에 대한 끊임없는 역사적 성찰을 바탕으로 하여 조절해 나가야 할 문제인 것이다.

2. 현대 과학의 기초

20세기의 현대 과학이 이룩한 가장 큰 성과는, 무엇보다도 물리학을 중심으로 하여 화학과 생물학 등 여러 학과의 여러 전문 분야가 서로 밀접하게 관련하여 이룩한 하나의 기초 위에 세워진 것이다. 현대 과학기술의 획기적 특색은 우리의 관념을 상대성 이론과 양자론의 관념으로 바뀌게 했고, 종래의 화학적 원소에 입각한 분자의 세계에서 벗어나서 원자의 구조에까지 파고들어 소립자의 세계에까지 도달하게 한 것이다. 따라서 우리의 우주관은 20세기 이전에는 상상도 못했던 극미한 소립자의 세계에서 극대한 우주 공간 전체를 통합한 전혀 새로운 우주관을 가지게 되었다. 한편, 이러한 물리학과 화학을 중심으로 한 여러 전문 분야의 관련적 발전으로 이룩된 기초 위에 새로운 공학 물질과 전자공학과 원자핵에너지를 활용하는 종전과는 전혀 다른 문명을 창출하고 있다. 여기서는 이러한 현대 과학기술의 바탕을 이룬 몇 가지 특기할 발견들을 중심으로 하여 현대 과학이 개척된 양상을 살펴보기로 하자. 살펴볼 사항들은 여러 가지로 많으며, 그것들은 서로 밀접한 관련을 맺고 있어서 어느 것을 중심으로 택하여 살펴보기도 어렵다. 그래서 그중에서도 전자공학의 기초가 된 전자론을 유도한 음극선의 발견과 그에 따르는 X선의 발견, 그리고 원자핵의 탐구를 유도한 방사선과 방사성물질의 발견을 중심으로 살펴보기로 하자. 그리고 다른 사항들은 다음에 현대 과학을 다룰 때 함께 살펴보기로 한다.

1) 음극선의 발견

18세기 중엽에 이미 전기불꽃이 진공으로 된 관을 통과할 때에 발생하는 기묘한 현상에 대한 관찰을 했다는 기록이 있다. 그로부터 100년 후에 유리 기술 직공이었던 가이슬러가 자기가 제작한 수은 진공펌프를 사용하여 유리관에 약간의 수은 증기와 아주 적은 기체가 남을 정도로 진공으로 한 관의 양단에 전극을 붙인 관(가이슬러관)을 만드는 데 성공했다. 가이슬러는 작센 태생의 유리 기구 제작 직공이었는데, 1854년에 본에 나가서 이화학용(理化學用) 유리 기구 제작 공장을 차리고, 거기서 만든 제품을 본 대학 등에 납품했다. 그는 이과 실험 장치 제작에 대한 천재성과 뛰어난 기술로 평판이 높았다. 그는 본 대학의 플뤼커 교수의 요청에 따라 처음으로 수은 진공펌프를 제작하여 '가이슬러관' 제작에 성공했고, 기상학 기계를 개량하여 유리 기기 제작자로 명성을 떨쳤으며, 1868년에 본 대학에서 철학 박사 학위를 받았다.

플뤼커(Julius Plücker, 1801~1868)는 본, 하이델베르크, 베를린 대학에서 수학하고, 1825년 파리에 유학하여 프랑스 수학의 영향을 받아 수학자로 출발했다. 독일에 돌아와서 본 대학의 수학 교수가 됐고, 베를린과 할레 대학을 역임하고 다시 본 대학으로 돌아왔다. 이 시절에 해석기하학자로서 생략기호(省略記號)를 사용한 고차곡선의 연구, 쌍대율(雙對率)의 해석적 취급 등 사영기하학 분야에 우수한 업적을 남겼다. 그런데 그는 어떤 이유에서인지는 알 수 없으나 1847년에 수학 교수를 그만두고 실험물리학 교수가 되어 물리학 분야 연구를 했고, 이 분야에서도 여러 업적을 남겼다. 또한 패러데이와는 둘도 없는 친한 친구가 되었으며, 영국 물리학자들과 상조하여 물체의 자기를 연구했다. 그는 가이슬러에게 만들게 한 양단에 전극을 가진 여러 모양의 희박가스 유리관을 '가이슬러관'이라고 이름 짓고, 이 가이슬러관 내의 방전 현상을 연구했다. 그래서 그는 희박가스의 약한 방전이 그 관의 일부를 모세관으로 한 곳에서 강한 전광을 내는 것을 알았고, 그 빛의 스펙트럼을 얻을 수 있었다. 플뤼커는 이러한 실험으로 키르히호프나 분젠에 앞서서 스펙트럼의 밝은 선은 각 물질에 대하여 고유한 것이며, 그 물질을 검출하는

데 이용할 수 있다는 것을 알았다. 플뤼커는 이와 같이 하여 수소 스펙트럼의 세 주선을 발견했다. 이것은 그가 죽고 나서 수개월 후에 태양 붉은 불꽃의 빛에서 증명되어, 그때까지 천문학자들이 가졌던 많은 의문을 푸는 데 기여했다. 플뤼커는 화학에 대한 지식과 경험이 부족하여, 그 후의 연구를 히토르프(Johann Wilhelm Hittorf, 1824~1914)와 공동으로 수행했는데, 동일 물질에서도 전류의 세기가 변화하면 그에 따라 기체의 온도가 달라져서 다른 스펙트럼을 나타내는 것을 발견하고, 이것을 수소와 질소에 대하여 실증했다. 이 발견은 그 후에 태양 분위기 연구에서, 특히 영국의 천문학자 로키어(Joseph Norman Lockyer, 1836~1920)의 연구에 매우 중요한 것이 되었다. 그리고 1859년에 압력을 0.001mm까지 진공으로 '가이슬러관'을 사용한 진공 방전 현상을 연구하여, 음극에 가까운 유리벽에 담녹색의 형광이 발생하는 현상을 발견하고, 그 원인을 음극에서 방출되는 일종의 방사선에 귀착시켰다. 이것은 후에 음극에서 방출된 전자의 무리, 즉 음극선(陰極線)인 것이 확인됐고, 히토르프는 이 음극선이 자강의 영향을 받는 것도 확인했다. 플뤼커는 1865년에 실험물리학을 그만두고 다시 수학으로 돌아가서, 선속(線束)의 기하학에서 4차원의 공간 개념을 착상하기도 했다.

영국의 물리화학자인 크룩스(Sir William Crookes, 1832~1919)는 1854년 옥스퍼드 대학의 라드크리프 연구소원과 1855년에 화학 강사를 거쳤고, 1861년에는 프라운호퍼선의 연구에서 탈륨 원소를 발견했으며, 또 높은 진공 내의 방전 현상을 면밀히 연구하여, '크룩스관'을 발명했으며, 음극선이 전기적 미립자(전자)의 방사인 것을 확증했다. 그리고 저압 방전 때에 음극 부근에 생기는 암흑 부분에 대한 설명을 하여, '크룩스 암흑부'라는 이름을 남겼다. 이 외에도 1875년에는 '라디오미터'와 '스핀서-스코프'를 발명했고, 1883년에는 희토류를 연구하여 토륨의 분리에 성공했으며, 만년에는 인공다이아몬드 제조에 열중했다. 그리고 1897년에 '나이트' 작위를 받았고, 1900년에는 '우라늄 X'의 분리에 성공했으며, 1913~1915년에는 로열 소사이어티 회장으로 활약했다. 그가 1874년 이래 진공관 내의 방전에 대하여 면밀한 연구를 수행하여 음극선을 발견한 것은 매우 큰 의의를 가진 것이므로, 그 연구 경위와 내용을 다음과 같은 그의 기술에서 직접 살펴보자.

"19세기 초에 우리가 '가스란 무엇인가?'라는 질문을 했다면, 그에 대한 답은 '그것은 격렬한 운동을 하고 있을 때 외에는 촉각할 수 없고, 넓게 퍼져 있고, 희박한 물질이다. 눈으로 볼 수도 없고, 고체와 같이 일정한 모양을 취하거나 일정한 모양으로 수축할 수도 없으며, 액체와 같이 물방울 모양으로 될 수도 없다. 저항을 주지 않으면 어디까지나 확산하려고 하며, 압력을 가하면 항상 수축하려고 하는 물질이다.'라고 설명했을 것이다. 60년 전에는 이것이 '가스'에 주어진 주된 특징이었다. 그러나 근대의 연구는 이들 탄성유체의 구조에 대한 우리의 생각을 매우 넓히고 변하게 했다. 오늘날 '가스'는 모든 생각할 수 있는 크기의 속도를 가지고, 모든 방향으로 끊임없이 운동하고 있는 미립자 또는 분자의 무한히 많은 수로 된 것이라고 생각하고 있다. 이 분자들은 매우 많은 수이므로 어떤 분자도 다른 분자와 충돌하지 않고는 어느 방향으로도 움직일 수가 없다. 그런데 만약에 우리가 밀폐된 관 내의 공기 또는 가스를 배출하면, 분자의 수는 감소하여 어떤 분자가 다른 분자와 충돌하지 않고 자유로이 움직일 수 있는 거리가 증가할 것이다. 이 경우에, 평균 자유 통로의 길이는 그 안의 분자 수에 반비례한다. 즉, 배기를 더한층 강하게 하면 할수록, 한 분자가 다른 분자와 충돌하지 않고 진행할 수 있는 평균 거리는 그만큼 길어진다. 다른 말로 하면, 그 평균 통로가 길어지면 그만큼 가스 또는 공기의 물리적 성상이 더욱더 변하게 된다. 그래서 이것이 어느 점에 도달하면, 라디오미터의 현상이 가능하게 되며, 더욱 희박하게 해가면, 즉 주어진 공간 내의 분자 수를 감소하여 그들의 자유 통로를 길게 하면, 내가 지금 제군의 주의를 끌려는 실험 결과를 얻을 수가 있다. 이들의 현상은 보통 장력에 있어서의 공기나 가스 중에서 생기는 것과는 매우 다르므로, 우리는 이 경우 제4상태, 즉 가스가 액체와 매우 다른 것과 같이 가스의 상태가 보통과 매우 다른 상태에 있는 물질에 직면한다고 가정하게 된다. 이상과 같은 상태에 있는 진공관 내에 유도코일에 의한 방전을 통과시킬 때 음극을 관찰하면 그 주위에 암흑부를 볼 수가 있다. 이 암흑부는 진공의 정도에 따라서 그 크기를 달리한다. 진공도가 낮아서 분자가 서로 충돌하지 않고 통과하는 자유 통로의 길이가 짧아지면, 그만큼 암흑부는 축소돼서 보인다. 이 진공관의 중앙에 금속판을 임의의 모양으로 오린 것을 음극으로 두고 양단의 극을 양극으로 하면, 암흑부는 중앙 음극 양면에 나타나는데, 진공도가 낮을 때는 좁은 범위인 것이, 진공도를 충분히 높이면 암흑부는 음극 양쪽에 약 1인치 범위까지 확대된다. 이 경우에 우리는 음극의 자극에 의하여 야기된 분자 압력의 선을 참으로 비치는 유도 불꽃을 보게 되며, 이 암흑부의 두께는 잔류가스 제 분자의 연속적 충돌 간의 평균 자유 통로의 척도이다. 부(−)로 대전한 여러 분자가 극에 자극돼서 특별한 속도를 가지고 반발한 것이, 그 극을 향하여 진행하는 느린 여러 분자와 충돌하여 저지하는 것은 암흑부의 경계에서 행해진다. 이 경계의 밝은 횡선은 방전에너지의 증거인 것이다. 따라서 암흑부 내의 잔류가스는 배기 정도가 낮은 관 내의 잔류가스 상태와는 전혀 다른 상태인 것이다. 배기한 관에서 전기에 대한 운반체는 보통의 전도체와 같이 일정하지 않고, 방전의 통과에 의하여 변화되어, 대기 압력에 따르는 법칙과는 물질적으로 상이한 법칙에 따르는 것일 것이다."

크룩스는 1875년에 그의 유명한 팔랑개비(우차) 실험을 했다. 진공관 내에 운모(雲母) 또는 알루미늄으로 만든 날개를 유리실 축에 단 아주 가벼운 팔랑개비를 관에 세로로 설치하여, 음극선이 팔랑개비 축의 한쪽에만 충돌하게 했다. 그리고 나서 방전을 하면, 팔랑개비는 돌면서 음극에서 양극 쪽으로 이동했다. 크룩스는 처음에 이 팔랑개비의 회전은 에테르파의 직접 충돌에 의한 것으로 해석했으나, 관 내의 진공도를 더욱 높이면 팔랑개비는 회전하지 않게 되므로 이것은 음극선의 충돌 작용에 의한 것임을 확증했다. 그리고 1878년에는 히토르프의 실험과는 완전히 독립적으로 음극선에 의하여 고체의 그림자가 생기는 것을 확증했다. 서양 배(梨) 모양의 전구(管球) 꼭지 쪽 끝에 음극을 달고, 전구의 굵은 쪽 가운데에 알루미늄판을 오려서 만든 십자가를 세우고 음극선을 방사하면, 관 내를 진행하는 음극선은 십자가에 의하여 부분적으로 차단돼서 전구의 반원형 끝 벽에 십자가의 검은 그림자가 생기는 것을 관찰했다. 즉, 음극에서의 방사 물질은 알루미늄 십자가 주위를 통과하여 십자가의 검은 그림자를 만들고, 유리벽에 충돌하여 인광(燐光)을 내며, 그 인광 작용은 계속된 충돌로 피로하고 만다. 그러나 검은 십자가 그림자 부분은 피로하지 않아서, 십자가를 눕혀 놓고 다시 음극선을 쪼이면 그 십자가 그림자 부분만 밝게 빛나게 된다는 것을 밝혔다. 이상과 같은 실험에서 크룩스는, 음극선은 음극에서 방사되는 물질 미립자이며, 이것은 고체를 투과할 수 없다는 결론을 내렸다. 이 음극선의 발견은 20세기 문명 가운데 하나의 핵심으로 볼 수 있는 전자공학의 출발점으로 볼 수가 있다. 한편, 헤르츠는 1892년에 금박 또는 알루미늄박 작은 조각 뒤의 유리 위에도 약간의 인광이 생기는 것과 이 인광에 자석을 가까이 하면 이동한다는 것을 증명했다.

이 실험에 자극된 헤르츠의 제자 레나르트(Philipp Lenard, 1862~1947)는 1894년에 음극선을 방전관 외부로 나오게 하는 데 성공했다. 그는 이 목적을 위하여 하나의 장치를 만들었다. 이것은 직경 12mm의 알루미늄 원판 음극을 유리관 안의 도선에 고착하고, 그 음극을 내경이 30mm, 음극 앞 길이가 50mm 정도의 금속관 모자를 씌워서 밀봉하고, 그 금속 모자의 전방 끝에 밀봉된 노쇠 원판 중심에 직경 1.7mm의 구멍을 뚫고, 그 구멍을 두께 0.0026mm의 매우 얇은 알루미늄박 창으로 덮었다. 그리고 이 알루미늄 창과 금속관을 연결하여 양극에 접속했다. 그리고 이 관을 음극선이 창을 향하여 방사될 수 있을 정도로 진공으로 했더니, 음극선이 창을 통하여 방전관 외부까지 방출되는 것을 확인했다. 즉, 창에서 음극선과 같이 형광을 발생하는 복사선이 방사되어 백금시안화바륨 판에 의하여 발광하는 것을 볼 수가 있었으며, 이 복사선의 성질은 모든 점에서 음극선에 닮아 있었다. 그 후에 이 방전관 외부의 복사선을 음극선과 구별하여 '레나르트선'이라고 불렀다. 이 알루미늄 창 외부를 공기 중이 아니고 배기할 수 있는 다른 관 내에 두어서 그 관의 가스 압력을 낮추면, 그만큼 이 레나르트선은 산란을 적게 하고 멀리까지 도달했다. 그리고 이 외부 관구에 각종 가스를 여러 밀도로 채우고 실험해 본 결과, 가스 밀도에 비례하여 그 복사선의 흡수가 커지는 것을 증명했다. 레나르트는 이 복사선을 크룩스가 말한 미립자의 산란이 아니라 에테르 중의 현상이라고 생각했고, 뢴트겐의 발견은 이것에 직접 연유된 것이다.

2) 뢴트겐의 X선 발견

1895년에 뢴트겐(Wilhelm Konrad Röntgen, 1845~1923)은 크룩스의 음극선이 충돌하는 곳에서 눈에 보이지 않는 복사선, 즉 '뢴트겐선' 또는 'X선'으로 불린 복사선이 발생한다는 획기적 발견을 했다. 그는 독일 프로이센의 렌네프에서 태어났으며, 그의 아버지는 직물 제조를 겸한 상인이었는데, 그가 3세 때 네덜란드로 이주했다. 빌헬름은 소학교를 마치고 상인이 되어 가업을 이어가기 위하여 한 사숙에 들어갔으나, 상인보다는 기사가 되고 싶어 1862년에 위트레흐트의 공업학교에 입학했는데, 장난치다 퇴교 처분을 받았다. 그는 1865년에 위트레흐트 대학의 청강생으로 들어갔는데, 학우의 말에 따라 김나지움 졸업 자격 없이도 입학할 수 있는 스위스의 취리히 고등 공업학교의 입학시험에 합격하여 11월에 입학했다. 그는 이 학교에서 수학과 화학을 열심히 공부했고, 특히 클라우지우스의 열역학 강의에 열중했다고 한다.

그는 1868년에 기계 기사 자격을 얻었고, 1년 후에 「가스의 연구」라는 논문으로 철학박사 학위를 받았다. 클라우지우스의 후임인 젊은 교수 쿤트는 뢴트겐을 인정하여 자기 조수로 채용했고, 2년 후에 뷔르츠부르크 대학 물리학 교수로 옮겨갈 때에 데리고 갔다. 그러나 뢴트겐은 독일의 정규 학력이 없는 데다 고전어를 수학하지 않았다는 이유로, 전통을 존중하는 뷔르츠부르크 대학은 쿤트의 진력에도 불구하고 이 젊고 유능한 조수에게 대학 학위를 주는 것을 거절했다. 그런데 1872년에 스트라스부르 대학이 신설되어, 교수로 초빙된 쿤트를 따라갔는데, 이 신설 대학은 옛 전통에 구애되지 않아서 1874년에 뢴트겐은 그 대학의 강사가 되어 처음으로 정식 아카데미 경력을 가지게 되었다.

그래서 1875년에 뢴트겐은 베버 후임으로 호엔하임 농업대학의 물리학과 수학 교수가 됐고, 1879년에는 헬름홀츠, 키르히호프, 마이어의 추천으로 헤센의 기센 대학 교수가 되었다. 그는 이 동안에 여러 논문을 발표하여 학계의 인정을 받았고, 뷔르츠부르크의 콜라우슈 교수는 뢴트겐의 정확한 실험 방법에 감탄하여 1888에 자기의 후임으로 삼아 뢴트겐을 동 대학의 교수와 신설 부속 물리학연구소 소장으로 추천했다. 뢴트겐은 생각지도 않았던 좋은 대우에 감격하여 즉시 뷔르츠부르크 대학으로 옮겨서 이 대학에서 X선의 획기적 발견에 성공한 것이다.

뢴트겐은 1895년에 헤르츠와 레나르트의 음극선 연구에 매우 큰 흥미를 가지고, 룸코르프(Heinrich Daniel Ruhmkorff, 1803~1877)의 유도발전기(誘導發電機)를 '히토르프-크룩스관'의 전극에 연결하여 이들의 실험을 검토했다. 처음에 그는 이들이 사용한 레나르트관과 형광판과 사진 원판도 사용했고, 레나르트의 시사에 따라 레나르트관을 검은 종이에 싸서 방전관 창에서 나와 형광판에 도달하는 음극선을 관찰했다. 이때에 그는 직감적으로 다른 복사선 현상을 찾게 되었다.

그는 자기의 실험을 확대하여 히토르프-크룩스관을 사용했다. 방 전체를 암흑으로 하고 관을 통하여 고압 전류를 방전해 보았다. 이때에 관에서 조금 떨어진 책상 위에 있던 결정체에서 밝은 형광이 발생하는 것을 보았다. 이 발견은 1895년 11월 8일 금요일 밤중이었고, 조수들은 모두 퇴근한 후라서 실험실에는 혼자만 있었다. 그는 이 최초의 관찰 후 수일간은 말없이 생각만 하다가 친구 보베리에게 "나는 기묘한 발견을 했는데, 나의 관찰이 바른지 또는 틀렸는지 알 수가 없다."라고만 말했다. 그의 두 조수조차도 무슨 일이 일어나고 있는지 몰랐다가 그가 12월 말일에 발표한 첫 보고 후에야 자기들의 실험실에서 일어난 이 획기적 발견을 알게 되었다. 이 8주간 뢴트겐은 실험실에 처박혀서 이 현상의 연구에 몰두한 결과, 「복사선의 새로운 종류에 대하여」라는 논문 원고를 1895년 12월 28일에 뷔르츠부르크 물리요법협회 회장에게 주어 『뷔르츠부르크 물리요법협회 회보』에 발표되었다. 이 논문의 별쇄는 1896년 1월 1일에 반포됐고, 1월 23일에 영어로 번역되어 『네이처(Nature)』에, 2월 14일에는 미국 잡지 『사이언스(Science)』에 개재됐으며, 2월 8일에는 프랑스의 『전기 조명』에 발표되었다. 그래서 뢴트겐의 이름은 일약 세계적으로 유명하게 되었다. 그의 논문의 요점은 다음과 같다.

(1) 상당히 큰 유도발전기의 방전을 히토르프관, 레나르트관, 또는 충분히 배기한 같은 장치 속을 통과시키고 그 방전관을 검은 마분지로 싸거나 그 장치를 완전히 암흑한 방 안에 두면, 각 방전 때마다 그 방전관 부근에 놓인 마분지 판에 칠한 백금시안화바륨이 밝게 빛나는 형광 (螢光)을 볼 수가 있다. 이렇게 생기는 형광은 마분지에 형광물질을 칠한 쪽을 방전관에 향하게 하거나 반대로 두거나에 관계없이 생기며, 이 마분지 형광판을 방전관에서 2m 정도 거리에 두었을 때도 인지된다. 충분히 진공으로 한 관에 유도발전기에 의한 강력한 방전을 통하면, 이 형광은 1000쪽이나 되는 책 뒤에서도 나타난다. 이 형광을 생기게 하는 특수한 복사선은 방전 관에서 생긴다는 것은 쉽게 증명할 수 있다. 이 X선은 굵은 나무 막대기를 투과하며, 15mm 두께의 알루미늄 판으로 상당히 약화되며, 1.5mm 납판으로 차단된다. 그리고 X선이 나오는 방전관과 형광판 사이에 손을 두면, 손의 옅은 그림자 안에 짙은 뼈의 그림자를 볼 수가 있다.

(2) 이 현상의 가장 뚜렷한 특징은, 이 활동성 요소인 X선이 이 경우에 태양 또는 전기 방전 등의 가시광선이나 자외선을 투과시키지 않는 검은 마분지 피복이나 여러 물질을 잘 투과한다는 것인데, 그러고도 복사선과 같이 형광을 내는 힘을 가졌다는 사실이다. 그래서 나는 다른 물체에도 이러한 성질이 있는가를 우선 연구해 보고 싶다.

(3) 백금시안화바륨의 형광이 X선을 인지하는 유일한 방법은 아니다. 다른 물체, 예를 들어 칼 슘화합물, 우라늄 유리, 보통 유리, 방해석, 암염 등과 같은 것도 역시 형광을 낸다는 것을 기술해 두어야 하겠다. 사진 원판이 X선에 민감한 사실은 여러 점에서 특히 중요하다. 이 덕택에 나는 많은 현상을 더욱 확실하게 결정할 수 있었고, 오인을 쉽게 피할 수가 있었다. 따라서 가능한 한 나는 사진 방법에 의하여 형광판을 사용하여 육안으로 행한 모든 중요한 관찰을 비교해 보았다. …… 이들 실험에서 목재, 종이, 주석의 엷은 판을 거의 아무런 방해도 받지 않고 통과하는 이 복사선의 성질은 매우 중요한 것이다. 사진 감상(感像)은 어둡게 하지 않은 방에서 틀 안에 종이로 싼 사진 원판에 의하여 얻을 수가 있다. 한편 이런 성질 때문에 현상하지 않은 원판을 마분지나 종이로 싸서 방전관 부근에서 보관할 수 없게 되었다. …… 그러나 사진 원판에 미치는 화학작용은 직접 X선에 의하여 생기는 것인지 어떤지는 의문의 여지가 있다고 생각된다. 이런 작용은 전술한 것과 같이, 유리판 자체나 젤라틴 층에 생기는 형광에서도 생기는 것은 확실하다. 필름도 유리판과 똑같이 사용할 수가 있다. …… X선이 열작용도 한다는 것을 실험적으로 증명하지는 않았으나 X선이 열로 전환할 가능성은, 관찰된 형광작용에 의하여 증명되므로, 열작용을 한다는 것을 가정하기에 충분하다. 그래서 물질에 투사된 모든 X선은 그런 상태로 남아 있지 않는 것은 확실하다. …… 눈의 망막은 이 복사선에 대하여 민감하지 않

다. 비록 눈을 방전관 가까이 가져가도 그것을 볼 수는 없다. 여러 실험이 증명한 것과 같이 눈 안의 매질은 매우 투명하므로 이런 복사선을 통과시킴에 틀림없다.

(4) 상당히 두터운 여러 물질에 대한 투과성을 확인한 다음에, 나는 X선이 프리즘을 통과할 때 어떻게 거동하는가를 보고, 또 X선이 그것으로 편광하는지를 알기 위하여 서둘렀다. …… 이상에 기술한 것에서 X선은 렌즈에 의하여 수렴시킬 수 없다는 것이 명백해졌다. 투명 고무나 유리 렌즈도 X선에는 하등의 영향도 주지 않는다. 둥근 막대기의 그림자는 끝보다 중앙이 더 어둡다. 한편, 관 재료보다 더 투명한 물질을 채운 관의 상은 끝보다 중앙이 훨씬 더 밝다.

(5) 레나르트는 얇은 알루미늄 판을 통한 히토르프 음극선의 전달에 관한 실험 결과에서, 이 복사선은 에테르의 현상이며, 그것은 모든 물체를 통하여 산란한다고 결론했다. 나는 나의 복사선에 대해서도 같은 말을 할 수 있다고 생각한다. 다른 물질은 X선에 대하여 일반으로 공기와 같이 거동하는데, 그것들은 음극선보다는 X선에 대하여 훨씬 투과성이다.

(6) 음극선과 X선 태도의 이보다 더 중요한 다른 점은, 여러 실험에도 불구하고 매우 강력한 자석에 의하여도 X선을 기울게 하는 데 성공하지 못했다는 사실이다. …… 자석에 의한 기욺은 오늘날도 음극선의 고유한 성질로 돼 있다. 헤르츠나 레나르트에 의하여 음극선에는 여러 가지 다른 점이 있으며, 그것들은 형광의 발생과 흡수, 자석에 의한 기울기의 범위에 의하여 서로 구별된다고 하나, 자석에 의한 뚜렷한 기욺은 그들이 연구한 모든 경우에 인정되었다. 그런데 X선에는 이 특징이 없는 이유를 무시할 수 없다고 생각한다.

(7) 이 문제를 검증하기 위하여 특별히 고안된 실험에 의하면, 가장 강하게 형광을 발하는 방전관 벽의 일정한 점은 X선이 팔방으로 방사하는 중심점으로 생각할 수 있다. X선은 이 정점에서 발생한다. 그리고 그곳은 여러 연구자가 얻은 재료에 따르면 음극선이 충돌하는 곳이다. 만약에 방전관 내의 음극선을 자석을 이용하여 기울게 하면 X선은 한 정점에서 다른 새 정점으로 이동하여 발하는 것이 관찰된다. 따라서 자석으로 기울게 할 수 없는 X선은 그 유리벽에서 변함없이 단지 전달되므로 반사된 음극선일 리가 없다. 확실히 방전관 외부의 가스의 더욱 큰 밀도는, 레나르트에 의하면 기울기의 크기를 달리하는 요인이 아니다. 그래서 나는 X선은 음극선과는 같은 것이 아니나, 그것은 방전관 유리벽의 음극선에서 생긴다는 결론에 도달했다.

(8) 방전관 벽에서 나오는 요소를 '복사선'이라는 이름으로 부르는 것이 옳다는 이유의 일부를 나는 음영이 예외 없이 만들어지는 것에서 추정했다. 이 음영은 다소 투명한 물체를 관과 형광판 또는 사진 원판 간에 가져왔을 때 볼 수가 있다. …… X선이 직선으로 전파한다는 결정적인 다른 증명은 검은 종이로 싼 방전관으로 렌즈 없이 촬영한 사진이다. 상은 미약하나 누구의 눈

에도 명확한 것이다.

(9) 나는 여러 방법으로 X선의 간섭현상(干涉現象)을 찾으려고 시도했다. 그러나 성공하지를 못했다. 아마도 X선의 도가 약한 때문이었을 것이다.

(10) 정전기력이 X선에 작용하는지 여부를 어떻게든 확인하려는 실험에 착수했으나, 아직 완성하지 못했다.

(11) X선이란 어떤 것인가? …… 그것은 전술한 것과 같이 음극선은 아니다. …… 이 의문에 대한 사고에 있어서, 나는 그것의 형광작용이나 화학작용 때문에 지금으로서는 그것을 자외선으로 보게 된다. 그러나 나에게는 그렇게 보는 데 반대할 매우 중요한 의견도 있다. 만약에 X선이 자외선이라면, 그 빛은 다음의 성질을 가져야 하는데 그렇지 않다.

> (가) 공기에서 물, 탄산가스, 알루미늄, 암염, 유리, 아연 등을 통과할 때 뚜렷한 굴절을 받지 않는다. (나) 앞에서 든 물체의 어느 것에 의해서도, 그것은 인정할 수 있는 범위에서는 굴절되지 않는다. (다) 그것은 지금까지의 보통 방법으로는 편광되지 않는다. (라) 그것의 흡수는 물질의 밀도 외에는 물질의 다른 성질에 의한 영향을 받지 않는다.

"…… 다시 말하면, 이 자외선은 가시적 적외선이나 오늘날까지 알려진 자외선과는 전혀 다른 거동을 한다고 가정하지 않을 수 없다. …… 나는 이 결론에 도달할 수가 없었으므로 다른 설명을 구한 것이다."

"…… 이 새로운 복사선과 보통의 광선 간에는 어떤 관계가 있을 것으로 생각된다. 적어도 이 관계는 양자에 의하여 생기는 음영의 형성, 형광작용과 화학작용에 의하여 나타난다. 그런데 나는 오랫동안 에테르 중에는 빛의 가로진동(횡진동) 외에도 세로진동(종진동)도 있을 수 있다는 여러 물리학자들의 의견에 따라서, 이러한 진동이 없어서는 안 된다는 것을 알고 있었다. 확실히 세로진동의 존재는 오늘날까지는 증명되지 않았고, 따라서 그들의 성질은 실험에 의하여 연구되어 있지 않다."

"…… 그렇다면 이 새로운 복사선은 에테르 중의 세로진동에 귀착시킬 것인가! 나는 연구 중에 이 생각이 바르다는 것을 더욱더 확신하게 됐으므로, 비록 이런 설명은 금후의 증명을 기다려야 한다는 것을 알면서도, 나는 감히 이 추측을 발표한다는 것을 고백하지 않을 수 없다."

뢴트겐이 발견한 이 X선은 현대 과학을 열어준 큰 의의를 가졌을 뿐만 아니라, 형광판이나 사진 원판과 결부되어, 의학적 진단 분야에 가장 중요한 것으로 널리 실용하게 되었다. 뢴트겐은 이러한 공적으로 1896년에 '럼퍼드상'을 수상했고, 1901년도에 최초의 노벨 물리학상을 수상했다.

3) 베크렐의 방사선 발견

프랑스의 물리학자 베크렐(Antoine Henri Becquerel, 1852~1908)이 음극선이나 뢴트겐 선과는 달리, 전기 방전 없이 발생하는 어떤 암선, 즉 방사선을 발견했을 때에 사람들은 새로운 의문에 직면하게 되었다. 베크렐은 '에콜 폴리테크니크'를 졸업하고, 1875년에 토 목 성에 취임하여 1894년에 기사장이 됐으며, 1895년부터 모교 교수가 됐다. 뢴트겐선 발견 이후에 이와 관련하여 인광과 형광물질의 사진 작용에 관해서 열심히 연구하고 있던 중에, 우라늄 염에서 나오는 방사선이 불투명한 물질을 통하여 사진 원판에 작용하는 것을 발견했다.

초기의 뢴트겐선 발생 관은 금속 대음극(對陰極, Target)이 없고, 음극선이 충돌하여 형광을 내는 방전관 유리벽이 X선의 발생원이었다. 그래서 사람들은 형광의 원인이 무 엇이든 간에, 형광 발생에 따라 X선이 필연적으로 방사되는 것으로 생각했다. 이 생각은 푸앵카레가 한 것이다. 즉, X선은 여러 물질의 형광을 자극하는 성질이 있으므로, 물리 학에서 종종 증명되는 것과 같은 역의 법칙에 의하여, 어떤 물질의 형광이 역으로 X선 을 발생하는 것인지도 모른다고 생각했다. 예를 들어, 화학작용은 전지에서 전류를 발생 하는데 역으로 전류는 화학반응을 일으키며, 전류는 철편을 자석화하는데 역으로 자석에 의하여 전류를 일으키는 유도전류를 패러데이가 발견했다. 이와 마찬가지로 푸앵카레는 X선을 형광물질에 쪼이면 형광을 내므로, 역으로 X선을 방사하는 형광물질을 얻을 수 있으리라고 주창했다.

베크렐은 이 가설을 실증하기 위하여 여러 가지 형광물질을 빛에 쪼인 다음에 그것을 검은 종이로 싸서 사진 원판에 두어 X선의 발생을 보려고 했으나 실패했다. 끝으로 사 진을 발명한 니엡스의 조카 니엡스-드-상-빅토르의 옛 실험을 다시 들고 나와서 우라늄 염을 사용하여 사진 감상에 성공했다. 베크렐은 처음에, 이것은 니엡스가 말한 '저장된 빛', 즉 눈에 보이지 않는 형광이라고 생각했는데, 그 후에 실험을 거듭한 결과, 이 우라 늄 염은 미리 빛에 쪼이지 않아도 불투명한 물질을 통하여 사진 원판에 작용하며, 장기 간 암흑 속에 두어도 거기서 나오는 복사선의 세기는 감소하지 않았다. 그리고 모든 우 라늄 염은 고체이건 액체이건 같은 작용을 나타냈다. 따라서 관측된 현상은 형광과는 하등의 관계가 없다는 것을 알았고, 그 후에 우라늄에서 나오는 복사선은 기체를 이온화하는 특성을 가졌다는 것을 발견했다. 이 특성이 후년에 방사능의 증명에 이용된 것이다. 베크렐은 이 연구를 1896년에 과학 아카데미에 수회에 걸쳐서 발표했다.

4) 퀴리의 방사성 원소 발견

퀴리 부부(Marie, 1867~1934, Pierre, 1859~1906, Curie)는 1898년에 베크렐의 연구를 우라늄과 토륨을 함유한 광물(피치블렌드광, 우라니나이트)에 확대해서 수행했다. 이들은 이 광물에 베크렐의 우라늄 염보다 더 강한 작용을 하는 물질이 함유되어 있을 것으로 추정하고, 이 추정을 검정하기 위하여 이 광물을 산에 용해했다. 그리고 유화수소를 통하면 용액 중에 우라늄과 토륨은 남아 있고, 납, 동, 창연 등이 섞여 있는 유화수소의 침전물은 매우 활성이었다. 적당한 용매에 의하여 이 침전물에서 여러 금속을 제거하고, 최후에 창연(蒼鉛, Bismuth)만 남았는데, 이것의 방사능은 우라늄의 400배나 되었다. 용해한 광물을 황산으로 침전시키니, 황산바륨만의 침전물이 생겼는데, 일반적인 바륨화합물은 베크렐이 발견한 이상한 방사능을 나타내지 않는 데 반하여, 이것은 유화수소로 얻은 침전물보다 더 활성이었다. 그래서 퀴리 부부는 피치블렌드광의 용액에서 침전시킨 황산바륨에는 바륨에 매우 가까운, 이제까지 알려지지 않았던 새로운 원소의 유산염이 섞여 있다는 것과, 이 새로운 원소야말로 그 후에 '방사능'이라고 부른 성질의 담당자라는 추측을 하게 되었다. 이들은 이 새로운 원소를 '방사성 원소'라는 의미에서 '라듐(Ra)'이라고 불렀다. 이 라듐 표본은 프랑스에서는 물론이고 1899년에 독일 자연과학자와 의사 총회에서 관람되어 그 평판은 대단했다. 이 표본은 두께 12mm의 납 피복 중에 넣어 있었는데도, 그 방사선은 피복 외부에서도 백금시안화바륨의 형광작용으로 검출할 수가 있었다. 퀴리 부부에 의한 이 방사선과 방사성 원소의 발견이야말로 금세기 과학을 열게 한 열쇠이므로, 음악가이며 극작가인 이들의 둘째 딸 이브(Eve Curie, 1904~2007)가 저술한 그의 어머니 전기인 『퀴리 부인(Madame Curie, 1937)』에서 연구 경위를 살펴보자.

마리아(마리) 스쿼도프스카(Maria Skłodowska, Marie Curie, 1867~1934)는 폴란드의 바르샤바에서 태어났다. 그의 아버지는 중학교의 수학과 물리학 교사였으며, 어머니는 그녀가 10세 때 자식 넷을 두고 폐결핵으로 사망했다. 마리아는 1883년에 바르샤바 고등여학교를 졸업하고, 퇴직당한 아버지의 생활비와 파리에서 의학을 수학하고 있던 바로 위 언니 브로냐의 학비를 보태기 위하여 연간 500루블의 보수를 받고 바르샤바에서

100km 떨어진 곳의 어떤 집에 입주하여 가정교사를 하면서 물리학, 화학, 수학을 착실히 독습했다.

"나의 독학은 고난에 찬 어려운 것이었다. 여학교에서 배운 나의 과학 교육은 매우 불완전한 것이어서, 프랑스의 '바칼로레아' 과목에 훨씬 뒤떨어진 수준이었다. 나는 기회 있을 때마다 모은 참고서의 도움을 받아 이 결함을 보충하는 노력을 했다. 이런 공부 방법으로 여하튼 독학 습관을 가지게 됐고, 어느 정도의 지식도 얻을 수 있었으며, 이것이 후에 큰 도움이 되었다."

그녀의 희망은 언니가 의과대학을 졸업하면, 이번에는 자기가 파리에 가서 이과대학에서 공부하는 것이었다. 이 희망은 그로부터 5년 후에 이뤄져서, 1891년 가을에 가정교사를 그만두고 언니가 있는 파리를 향하여 바르샤바를 떠나게 되었다.

"기적과 차바퀴 소리가 울리는 밤중에 마리아가 탄 4등 열차는 지금 독일을 가로지르고 있다. 접는 의자에 웅크리고 앉아서, 발에 모포를 감고 짐을 몸에 붙여 모아두고 때를 헤아리며 마리아는 어떤 신성한 기쁨을 맛보고 있었다. 과거의 여러 가지 일들이나 오랫동안 기다리고 기다렸던 꿈과 같은 출발의 정경이 차례로 눈앞에 떠올라 온다. 그녀는 미래를 공상해 보려고 애쓴다. 그러자 태어난 고향에 돌아와서 경건한 교사가 된 자기의 모습이 떠오른다. 그러나 이 열차에 탄 것이 암흑과 광명, 무미건조한 생활과 위대한 생활의 갈림길이 될 줄은 그녀의 생각도 미치지 못했다."

마리는 1891년 11월에 소르본 이과대학에 입학했다. 가난한 그녀에게는 학비를 기대할 만한 길도 없었으며, 오랫동안 자신이 저축한 저금과 아버지가 보내주는 약간의 용돈을 합하여 한 달에 40루블이 그녀에게 정해진 생활비의 전부였다. 그녀는 하루 3프랑의 예산으로 학생 가의 처마방에 세 들어 굶주리는 생활을 계속했다. 그래도 그녀의 이상은 불타고 있었다.

"공부! 공부! 연구에 혼신의 힘을 쏟아 연구의 진보에 도취한 그녀는, 인간이 발견한 모든 것을 습득할 자신과 열의에 불타고 있었다. 그녀는 수학, 물리학, 화학 강의를 수강했다. 과학 실험 기술도 차차로 손에 익게 되었다. …… 그러나 한없는 애정에 둘러싸이게 된 날에도, 승리와 영광의 시대에도 이 영원한 여학생은 빈곤과 싸우며 피나는 노력에 불타 있던 이 시절과 같은 자랑과 만족을 결코 맛보지는 못했다. 그녀는 자기의 빈곤을 자랑으로 여겼다. 이국의 도회에 오직 홀로 누구의 도움도 받지 않고 생활하는 자신을 자랑으로 여겼다. 밤중에 초라한 방 안의 등잔불 밑에서 공부하고 있을 때 그녀는, 자기의 미소한 운명이 세상에 빛나는 위대한 사람들의 생활과 은밀히 맺어져 가는 것과 같고, 그녀와 같이 어둠침침한 좁은 방에 틀어박혀 그녀와 같이 세간에서 고립하여 스스로 자기 정신에 채찍질하며 아무도 밟아보지 못한 지식의 세계에 웅비하려는 위대한 학자들의 경건한 미지의 반려자가 되는 것과 같은 감을 가졌다."

그래서 마리는 1893년에 물리학 학사 시험에 수석으로, 1894년에는 수학 학사 시험에 차석으로 통과했다. 그리고 다음 해에, 물리화학 학교의 실험 주임인 신진 물리학자 피에르 퀴리(Pierre Curie, 1859~1906)와 결혼하여 젊은 두 사람의 천재가 결합하여 획기적인 새로운 연구를 시작하게 된 것이다.

"베크렐선은 퀴리 부부의 호기심을 최고도로 자극한 것이다. 우라늄화합물이 복사 양태로 부단하게 발산하는 에너지는 비록 미소한 것일지라도 도대체 무엇에 유래한 것일까? 이것이야말로 멋진 연구 제목이며 좋은 박사 논문 제목이 아닌가! 이 주제는 아직 누구도 손댄 적이 없는 탐구 분야에 속해 있는 만큼, 더욱 마리의 야심을 부추기지 않을 수 없었다. 베크렐의 연구는 최근 것이며, 그녀가 아는 한 유럽의 어느 연구소에서도 누구도 우라늄선의 연구를 깊이 하지 않았다. 이 연구의 출발점으로서, 베크렐이 1896년에 과학 아카데미에 제출한 보고가 문헌의 전부였다. 이 미지의 세계에 파고드는 것은 얼마나 마음 설레는 일인가!"

그래서 두 사람의 연구는 시작됐고, 그것이 결실을 맺어 아카데미에 보고돼서, 1898년 4월의 『콩트 랑뒤(Comptes rendus)』에 발표되었다. 이 보고에, 마리 퀴리는 피치블렌드 광 중에 강력한 방사능을 가진 새로운 원소가 있을 것이라고 다음과 같이 예고했다.

"…… 두 가지 우라늄 광석, 즉 피치블렌드광(산화우라늄)과 인산동과 인산우라늄을 가진 '샤르코릿트'는 베크렐선 방사에 있어서 우라늄보다 훨씬 활성이다. 이 사실은 매우 주목하여야 할 것이며, 이들 광석이 우라늄보다 훨씬 활성인 원소를 함유하고 있다는 것을 믿게 하는 이유이다."

이상이 방사성 원소 발견의 제1보였고, 이어서 1898년 7월의 『콩트 랑뒤』에 퀴리 부부는 다음과 같은 제2보를 발표했다.

"우라늄과 토륨을 함유한 약간의 광석은 베크렐선의 방사에 있어서 매우 활성이다. 이 앞의 연구에서 우리의 한 사람은, 이들은 우라늄이나 토륨보다도 더 강력하게 활성인 것을 제시했고, 그 효과는 이들 광석 중에 미량 함유돼 있는 매우 활성인 다른 물질에 기인한다는 의견을 기술했다. …… 우리가 피치블렌드광에서 분리한 물질은 그 특성을 분석해 보면 창연에 가까운 것인데, 아직 아무도 지적하지 않은 금속을 함유하고 있다고 믿는다. 만약에 이 새로운 금속의 존재가 확인될 경우에, 우리는 두 사람 중의 한 사람의 출생국 폴란드를 따서, 그것을 '폴로늄(Polonium, Po)'이라고 이름 짓고 싶다."

그리고 이어서 퀴리 부부는 조수 베몽과 연명으로, 1898년 12월의 『콩트 랑뒤』에 '피치블렌드광 중에 제2의 방사성 원소가 있다'는 것을 다음과 같이 보고했다.

"…… 이상 열거한 몇 가지 이유에서 우리는 방사능을 가진 이 새로운 물질에는 또 다른 새로운 방사성 원소가 함유돼 있다는 것을 믿지 않을 수 없게 되었다. 우리는 이 새로운 원소에 '라듐'이라는 이름을 주는 것을 제안한다. 이 새로운 방사성물질은 매우 다량의 방사능이 없는 바륨 중에 함유돼 있는 것이 확실한데도 방사능은 상당히 강하다. 따라서 이 라듐 자체가 가진 방사능은 매우 막대함이 틀림없다."

이제 퀴리 부부는 순수한 '폴로늄'과 '라듐'을 분리하기 위하여 분투했다. 작업장이라야 남편이 교편을 잡고 있는 시립 물리화학학교의 창고로 쓰던 다 낡은 목조 판잣집이었다. 그리고 피치블렌드광은 즈에스 교수와 빈 과학 아카데미의 주선으로, 오스트리아의 바바리아(체코슬로바키아) 요하임슈타르 광산에서 1톤을 무료로 보내주었다.

"우리는 돈도 없고, 실험소도 없고 이 중요하고도 어려운 일을 잘 수행하기 위한 도움은 아무것도 없었다. 말하자면, 무에서 무엇인가를 만들어 내는 것과 같았다. 나의 학생 시절의 몇 년간이 형부 카지미르 도르스키나 우리 자매의 생애에 있어서 비장했던 수년이라고 한다면, 이번의 이 시대는 과장 없이 나나 나의 남편에게, 우리의 공동생활의 비장한 시대였다고 말할 수가 있다. …… 그러나 우리의 생애 중에 가장 보람 있고 행복한 세월이었으며, 오로지 일에만 바친 이 몇 해는 낡은 창고 안에서 흘러간 것이다. 특별히 중요한 어떤 실험이 있을 때는 그 실험을 중단하지 않기 위하여 나는 종종 이 창고 안에 식탁을 차리기도 했다. 때로는 하루 종일 나의 키만큼이나 긴 철봉을 가지고, 부글부글 끓으며 진득진득하게 녹은 광석을 저어야 했다. 그러고 난 저녁에는 피로로 입도 열 수가 없을 정도였다.”

이러한 조건에서 퀴리 부부는 1898년부터 1902년까지 일한 것이다. 이렇게 하여 퀴리 부부가 '라듐'이 존재할 것이라는 발표를 한 지 45개월 후인 1902년에, 마리는 결국 이 끈질긴 소모전에서 멋진 승리를 거두었다. 그들은 순수한 라듐 10g을 만들어 내는 데 성공하여, 이 새 물질의 원자량을 최초로 결정했는데, 226이었다. 그래서 라듐 원소의 존재는 공인됐고, 1903년도 노벨 물리학상은 퀴리 부부와 베크렐이 공동으로 수상했으며, 물리학, 화학, 생물학, 의학에 놀라운 신천지가 열리게 되었다. 그 후에 이 라듐은 공업적으로 생산하게 되었다.

베크렐은 1901년에 퀴리 부부가 준 라듐을 밀봉한 관을 아무 생각 없이 주머니에 넣고 다녔는데, 14일째 날에 피부에 심한 화상을 입어 염증이 일어났다. 그는 이 뜻하지 않은 실험 결과를 1901년 6월에 『콩트 랑뒤』에 보고했다. 이것은 '베크렐의 화상'으로 유명하게 됐고, 피에르 퀴리는 이 기회에 동물에 대한 라듐의 작용을 연구하여, 의학자들과 공동으로 라듐이 병적 세포도 파괴하는 것을 알게 되었다. 이것이 그 후의 '퀴리 요법'의 기원이 되었다.

라듐 발견에 성공하자 피에르 퀴리는 파리 대학 이학부의 교수가 됐고, 1904년 11월에 퀴리 부인도 정식으로 파리 대학 이학부 실험 주임에 임명돼서, 부부는 파리 대학에서 방사능 연구에 몰두했다. 1906년 4월 19일에 남편 피에르 퀴리는 마차에 깔려 사망하고 말았다. 퀴리 부인은 남편의 뒤를 이어받아 파리 대학 이학부 교수가 됐으며, 1911년도 노벨 화학상을 받았고, 1914년에 그녀를 위하여 '라듐연구소'가 설립되었다. 그리고 제1차 세계대전 중에 퀴리 부인은 방사선 치료반을 조직하여 부상병 치료에 분투했고, 전후는 라듐연구소에서 방사능 연구를 완성하는 한편 강의를 계속하다가, 수많은 명예를 안고 1934년 7월 4일 사망했다. 병인은 방사성물질에 의한 만성 백혈병이었다. 방사선 연구에 생명까지 바친 것이다.

그리고 맏딸 이렌(Iréne Joliot-Curie, 1897~1956)도 어머니의 조수로 라듐 연구에 종사하면서 퀴리연구소 소원인 프레데리크 졸리오(Frederic Joliot-Curie, 1900~1958)와 결혼했다. 이렌은 남편과 공동으로 인공 방사능을 발견하여 1935년에 노벨 화학상을 수상했다. 그리고 1936년에 '인민전선 내각'의 최초의 부인 각료가 된 것으로 유명하다.

제 15 장

새로운 세계상

20세기가 시작되면서 방사능(放射能)에 대한 상세한 연구가 많은 화학자와 물리학자에 의하여 행해졌다. 그래서 이런 현상에 있어서 각기 다른 방사선 종류인 α, β, γ선이 구별됐고, 이러한 방사에는 질량의 감소가 수반되는 것도 발견했다. 따라서 방사는 일부 물질의 분리에 기인한다는 것을 알게 되었다. 그리고 이런 순수한 기체 상태의 물질이 이탈하여 방출되는 것을 '방사(Emission)'라고 부르게 되었다.

1. 새로운 이론 전개

피에르 퀴리가 밝힌 것과 같이, 라듐이 항상 열을 발산하고 있다는 사실은 에너지 원리와 모순되는 것으로 보여서 많은 관심을 불러일으켰다. 이 사실은, 이 과정의 긴 지속기간으로 보아 라듐 중에 잠재하는 막대한 에너지원을 가정해야만 설명할 수가 있었기 때문이다. 그리고 또 지금까지의 경험이나 이론에 반하여, 라듐 원소에서 발산하는 방사입자(α)는 헬륨(He) 원소인 것이 밝혀졌다. 헬륨은 최초에 분광분석에 의하여 태양 주위에서 관찰됐는데, 그 후에 처음으로 피치블렌드와 광천수의 성분으로서 지상에서도 발견되었다. 그리고 1908년에는 공기 중의 헬륨 액화에 성공했고, 그 비등점이 절대 0도에 가까운 −269.5도인 것도 알았다. 그런데 α선의 미립자는 양전하를 가진 헬륨 원자인 것이 판명돼서, α선을 방출하는 모든 방사성물질은 쉬지 않고 헬륨을 생기게 하는 셈이 되었다. 그리고 β선은 크룩스 방전관에 나타나는 음극선과 일치하는 음전하를 가진 전자인 것이 판명되었다. 이와 같이 라듐 연구 분야는 부단한 실험적 연구로 많은 새로운 사실들이 확정됐는데도, 그 대부분은 아직 설명되지 못하고 남아 있었다.

1) 로런츠의 전자설

이러한 새로운 사실들을 옛 이론에 맞출 수 없는 한, 이들을 조화시킬 임무가 이론 방면에 주어져 있었다. 방사능을 발견하기 전인 1880년에 로런츠(Hendrik Anton Lorentz, 1853~1928)가 세운 '전자설(電子說)'은 이러한 조화를 멋지게 이루었다. 로런츠는 레이던 대학에서 수학하여 1878년에 동 대학의 수리물리학 교수가 됐으며, 후에 미국의 콜롬비아 대학(1906년)과 파리의 프랑스 대학(1912~1913)에서도 교편을 잡은 네덜란드의 이론 물리학자이다. 그는 물질의 전자적 구성을 가정하여 빛의 굴절률과 밀도와의 관계, 자장과 편광 현상과의 관계를 밝혔다. 그는 물질 내에 자유전자를 가정하여, 금속의 전기전도와 열전도를 논했고, 나아가서 원자 내부에 탄성적으로 속박되어 있는 속박전자와 원형 궤도를 도는 전자의 자기작용을 생각하여 전자론 입장에서 전자기학의 기초 방정식을 정립했고, 운동 물체의 전자기적·광학적 현상을 논하여 아인슈타인의 상대성 이론의 선구로서 '로런츠단축; 로런츠변환식'을 제시했다.

로런츠가 세운 저자설에 의하면, 전기는 질량과 결부되어 있다. 이 생각을 실증하기 위한 실험에서, 음전기의 담당자로 볼 수 있는 미립자인 전자의 질량은 화학에서 최소 원자량으로 결정되어 있던 수소 원자의 약 1/2000인 것이 밝혀졌다. 그리고 일정한 전하를 가진 질량인 이 전자는, 예컨대 마찰 등으로 원자로부터 탈출할 수가 있다. 그리고 남은 원자는 양전기를 가지게 되며, '양이온'이라고 불린다. 그리고 떨어져 나간 전자가 중성원자와 결합하면 '음이온'이 된다. 이 이론에 의하면, 음극선은 방출된 전자인 것이 명백하다. 이 전자가 음전기를 가졌다는 것은, 그것이 음전기를 가진 물체에 의하여 반발되는 것에서 밝혀진다. 이러한 사고방식에 의하면, 갈바니전류와 금속에서의 전기의 전도는 역시 원자의 이동에 근거한 것이다.

로런츠는 그의 이러한 전자설로 패러데이의 연구에 근거하여 전자기학의 기초 방정식을 세웠는데, 이것은 마치 맥스웰이 전개한 '빛의 전자설(電磁說)'을 배척한 것으로 보이나, 실은 배척한 것이 아니라 그것을 완성하는 데 목표를 둔 것이다. 그는 전하를 가진 미립자의 가정에 의하여, 투명체에 있어서 어떤 광학 현상을 어떻게 설명하는가를 제시한 것이다. 로런츠는 맥스웰의 자유에테르를 가정한 수식을 이용했는데, 그의 전자는 전하를 가진 것 외에도 진동운동을 함으로써 전기 현상과 광학 현상에 영향을 주는 것이었다. 이러한 전자설이 지지를 받게 된 것은, 제만이 1896년에 발견한 발광증기의 스펙트럼선이 강력한 자장의 작용으로 분열하는 '제만 효과'의 현상을 이론적으로 예언할 수 있었기 때문이다. 그는 이 공적으로 제만과 함께 1902년에 노벨 물리학상을 수상했다. 이와 같이 로런츠가 주창한 전기의 원자론적 설명은 어떤 의미에서는 옛 설명으로의 복귀를 의미하고 있었다. 예를 들어, 빌헬름 베버는 일찍이 19세기 중엽에 전기현상을 전기원자의 가설에서 설명하려고 시도했고, 헬름홀츠도 역시 패러데이의 전해법칙에서 전기의 일정 소량의 실재를 추론하여 그것은 전하를 가진 화학원자, 즉 패러데이의 이온이 전극에서 분리한다고 생각했던 것이다.

2) 러더퍼드와 소디의 방사능 연구

방사성물질이 외부로부터의 작용 없이 전자를 방출한다는 것이 발견된 후부터 사람들은 이중의 흥미를 가지고 '전자설'로 향하게 되었다. 이 학설과 방사능 연구는 오늘날까지 완전히 손을 잡고 나아가고 있는데, 이것은 이 이론으로는 부족한 새로운 사실이 발견되기까지는 지속될 것이다. 그리고 그러한 새로운 사실이 발견되어 전자설이 수정될 경우에도, 현대 물리학을 지배해 온 이 사고방식은 이 시대의 매우 중요한 작업가설로서 과학사에서 인정받을 것이다. 과학은 이러한 작업가설을 빌려서 태양코로나나 혜성의 본성이나 지구의 연령, 그리고 원자의 구조 등에 대한 의문을 나름대로 풀 수가 있었고, 여하간 그러한 문제나 현상들을 구체적으로 토론할 수 있게 되었다. 그리고 이러한 여러 문제는 '방사능'이라고 불리는 작용이 고립된 성격의 것이 아니라 더욱 보편성을 가졌다는 사실을 가르쳐 주었다. 예를 들어, 우라늄뿐만 아니라 토륨도 역시 방사능 계열의 출발점인 것이 밝혀졌다. 우라늄과 토륨은 둘 다 원자량이(U=238, Th=232) 매우 큰데, 그들이 방출하는 α선의 전화 산물인 헬륨의 원자량은 4에 불과하다. 이러한 사실을 근거로 하여 러더퍼드와 소디가 세운 이론에 의하면, 방사성원소는 큰 원자량을 가진 만큼 그 구조가 복잡하며, 방사능은 구조가 복잡한 원자가 붕괴하는 것이 그 원인이라고 밝혔다.

영국의 물리학자 러더퍼드(Ernest, 1st Baron of Nelson, Rutherford, 1871~1937)는 뉴질랜드의 넬슨에서 태어나서 뉴질랜드와 케임브리지 대학에서 수학했고, 케임브리지의 캐번디시연구소에서 톰슨 밑에서 전자파를 연구했다. 1898년에 캐나다 맥길 대학 물리학 교수를 거쳐서 1906년에 영국 맨체스터 대학으로 전임했고, 1919년부터 톰슨의 뒤를 이어 케임브리지 대학 교수 겸 캐번디시 연구소장이 됐으며, 1920년부터는 런던 왕립연구소 물리학 교수를 겸직했다. 그는 방사성물질의 연구를 하여 α, β, γ 선을 발견했고, 이들 각종 방사선의 성질을 밝혔으며, 1902년에 처음으로 방사성물질의 붕괴설을 제창하여 1903년에 '원자 붕괴의 법칙'을 확립했다. 그는 이 공적으로 1908년에 노벨 화학상을 수상했다. 그리고 α입자 산란 실험에 의하여 원자핵의 존재를 확인하여, 물질의 전자구조와 원자핵의 연구에서 1913년에 소위 '러더퍼드 원자모형'을 제시하여 보어의 원자구조 이론의 선구가 됐다. 또한 입자 충격에 의하여 처음으로 원자핵을 인공적으로 파괴하는 데도 성공했다. 그는 1925년 이래 로열 소사이어티 회장을 지냈고, 1932년에 남작 작위

(1st Baron of Nelson)를 받았다.

한편, 영국의 화학자 소디(Frederic Soddy, 1877~1956)는 서식스 주의 이스트본에서 태어나서 이스트본 대학과 옥스퍼드 대학에서 수학하여, 1900년부터 2년간 캐나다 몬트리올의 맥길 대학 화학 강사로 있으면서, 상기한 러더퍼드와 협력하여 방사성원소에 대한 연구를 했다. 1902년부터 2년간 런던의 '유니버시티 칼리지'에서 램지 밑에서 연구했고, 1904년에 글래스고 대학의 물리학과 방사능학 강사로 10년간 근무했다. 그리고 1914년에 애버딘 대학 화학 교수로 전임했다가, 1919년에서 1936년까지 옥스퍼드 대학 무기화학과 물리화학 교수로 재직했다. 그는 1904년에 램지와 공동으로 라듐에서 헬륨이 방출되는 것을 실험으로 밝혔고, 1913년에 방사성광물 중에 원자량이 다른 납 원소가 있는 것을 발견하여, 그것들에 처음으로 '동위원소(同位元素, Isotope)'라는 이름을 붙였다. 그리고 같은 해에 파얀스와 공동으로 방사성원소가 붕괴할 때의 변위법칙, 즉 '소디-파얀스의 변위법칙'을 발표했다. 그는 이러한 동위원소 연구로 1921년도 노벨 화학상을 수상했다. 그리고 1956년에는 미국의 수소폭탄 실험과 핵무기 개발을 반대한 것으로도 유명하다. 이러한 로런츠의 전자설과 러더퍼드와 소디의 방사능에 대한 연구는 원자가 단일 개체가 아니라 복합체인 것을 확증했고, 그에 따라 원자 본래의 의미를 가진 궁극적 구성요소를 찾아서 자연 현상을 설명하려는 연구가 시작되었다.

2. 플랑크의 양자론

그 후에는 실험에 의하여 한쪽에서는 빛과 열복사, 다른 쪽에서는 빛과 전파 간의 골을 메워서 이들 분야에 공통된 법칙성을 탐구하는 것으로 향했다. 플랑크는 1900년에 열복사에 관한 실험에서 경험적으로 얻어진 자료들을 토대로 하여 하나의 가설에 도달했다. 이것은 헬름홀츠가 전개한 사고방식에서 출발하여, 말하자면 '에너지의 원자화'에 도달한 것이다. 현대 과학의 기초를 이룬 이 플랑크의 가설은, 일정한 고유진동수를 가진 진동계의 에너지는 임의의 총계가 아니라, 일정한 양의 에너지 요소의 정수 배로 되는 값만 가진다는 것이다. 플랑크는 이러한 에너지론적 단위를 '양자(量子)'라고 불렀다. 플랑크의 이 '양자론'은 아인슈타인의 '상대성 이론'과 더불어 현대 과학의 초석을 이룬 매우 중요한 이론이며, 상기한 것과 같이 매우 단순한 개념같이 생각되나 실은 전문적인 설명이 아니고는 파악하기 힘들며 잘못 해석되기 쉬운 이론이다. 그렇다고 전문적 설명을 여기에 늘어놓는 것은 일반 독자에게 무의미한 것이므로, 그의 연구 생애와 경위, 그리고 그의 연구에 대한 일반적 평가와 그의 말을 직접 인용해서 그의 생각을 살펴보기로 한다.

독일의 이론물리학자 막스 플랑크(Max Karl Ernst Ludwig Planck, 1858~1947)는 킬에서 태어나서 뮌헨 대학에서 수학한 후, 베를린 대학에서 헬름홀츠와 키르히호프 등의 지도를 받아 엄밀한 독일 정밀과학 정진을 이어받았다. 뮌헨 대학 강사를 거쳐 1885년부터 킬 대학 조교수로 있다가, 1889년 베를린 대학에 키르히호프의 후임으로 초빙돼서 1892년에 정교수가 되었다. 그는 처음에 열역학의 제2법칙과 열역학의 물리화학적 응용, 그리고 전해물 중의 전기전도에 대한 연구를 하여 획기적 업적을 올렸다. 그리고 일찍이 아인슈타인의 특수 상대성 이론을 높이 평가하여 그를 베를린 대학에 초빙하는 데 진력했다. 그리고 열복사 연구에 몰두하여, 1900년에 발표한 「빈의 스펙트럼 식의 개량에 대하여」라는 유명한 논문에 파장이 긴 영역에 적합한 '레일리-진즈의 법칙'과 파장이 짧은 영역에 적합한 '빈의 법칙'을 포괄하여, 모든 파장 영역에 걸쳐서 실험과 일치하는 '플랑크 복사 공식'을 세웠다. 그런데 그 이론적 근거로서 독창적인 양자가설(작용양자)을 도입하여, 처음으로 복사에너지의 불연속성을 가정했다. 그는 이 발표로 세계적으로 유명하게 됐으며, 이것이 '양자설'의 기원이었다.

플랑크는 1912년에 이 양자설을 모든 에너지에 확대했고, 1918년에 과학 역사상 가장 빛나는 이 연구로 노벨 물리학상을 수상했다. 그리고 1926년에 '카이저 빌헬름 연구소'로 초빙되어, 1930년에 그 연구소 소장이 되었다. 1933년에 히틀러가 정권을 잡자 유대인과 자유주의자를 추방하기 시작했다. 이에 발맞추어 노벨상 수상자인 레나르트나 슈타르크가 국수주의적 독일 과학을 주창하고 나서서, 우선 아인슈타인을 추방하고 이어서 보른, 슈뢰딩거, 파셴, 프랑크, 그리고 공중 질소의 고정법을 발명한 하버와 같은 일류 학자들도 추방하거나 사직을 강요했다. 플랑크는 동료인 하버의 사건에 분개하여 히틀러를 직접 면담하여 항의했으나 받아들여지지 않았다. 양자역학을 개척한 하이젠베르크도 아인슈타인을 옹호했다는 이유로 강제로 사직당했다.

플랑크는 국수주의적 '독일 물리학'에 찬성하지 않아서 나치 정부가 상대로 하지 않았고, 그의 장남 칼은 제1차 세계대전에서 전사했다. 그리고 차남인 엘빈마저도 1944년 7월의 히틀러 정부 전복 사건에 참가했다고 1945년 1월에 사형되었다. 그래서 플랑크는 국적의 아비로 취급되어 베를린의 그의 저택은 가택 수사를 당했으며, 그의 장서와 자료들은 모두 압수되고, 이어서 연합군의 공습으로 불타고 말았다. 플랑크는 자식과 책, 집과 가재, 그리고 수입을 모두 잃고, 처와 둘이 마그데부르크 근교의 친구 집에 소개되었는데, 이 지방이 퇴각하는 독일군과 진주한 연합군의 전선이 되었다. 괴팅겐의 물리학자 폴은 보다 못해 미국 군에 노선생의 구출을 의뢰했다. 그래서 미국 군은 플랑크 부부를 찾아내서 지프차에 태워 괴팅겐의 친척 집에 데려다주었다. 플랑크는 전쟁이 끝나고 1946년에 영국 로열 소사이어티로부터 '뉴턴 300년 축제'에 초대되어 88세의 노구로 영국에 갔다 와서 89세에 괴팅겐에서 사망했다. 1947년 10월 7일에 괴팅겐의 알바니 교회에서의 막스 플랑크 고별식에서, 라우에가 읽은 추도사는 플랑크의 생애와 연구 업적을 가장 정확하게 알기 쉽게 말해준다.

"참석자 여러분! 우리는 90년을 살아온 사람의 영구 앞에 서 있습니다. 90년은 긴 일생입니다. 그리고 이 긴 90년 동안에 여러 가지 사건이 많았습니다. 막스 플랑크 선생은 노년이 됐어도, 프로이센과 오스트리아 군대가 자기의 고향 킬을 공격해 오던 날의 광경을 잘 기억하고 계셨습니다. 독일 제국의 탄생, 그에 뒤따른 유성과도 같은 발전이 선생의 생애 중에 나타났습니다. 이러한 사건이 선생의 인품에도 큰 영향을 주었습니다. 장남 칼은 1916년에 베르단에서 전사했습니다. 이번의 제2차 세계대전 때는 선생의 가옥이 공습으로 불타 버렸습니다. 그뿐이 아니라, 선생이 한평생 모은 장서는 전부 없어지고 말았습니다. 그것을 어디에 가져갔는지는 누구도 모릅니다. 선생의 차남인 엘빈이 1945년 1월에 공포정치에 의하여 사형됐을 때, 선생에 대하여 세상의 무서운 박해가 시작된 것입니다. 강연 여행 때에 막스 플랑크 선생은 카셀이 공습으로 타가는 것을 눈으로 보셨고, 그때에 몇 시간 방공호 안에 생매장돼 있었습니다. 1945년 5월 중순에 미국 군이 당시에 전쟁 중심지였던 엘베 강변의 로게츠 소개지에 지프차를 보내서, 선생을 괴팅겐으로 모셔왔고, 오늘 우리는 선생님의 최후의 휴식처에 선생님을 송별하게 된 것입니다."

"과학의 세계에 있어서도, 플랑크 선생의 일생은 대혁명의 시대에 해당돼 있습니다. 오늘의 물리학은 선생께서 물리학을 시작하신 1875년과는 전혀 다른 시대가 됐습니다. 그리고 막스 플랑크 선생은 이러한 물리학의 대혁명에 혁혁한 공헌을 하셨습니다. 선생의 일생은 한 편의 놀라운 역사 이야기입니다. 돌이켜 보면, 17세의 소년은 한 과학을 자기의 전문으로 하려고 결심했습니다. 이 과학이란 것은, 이 소년이 상담한 그 방면의 최고 전문가들조차도 도저히 가망 없다고 말한 것입니다. 선생께서는 대학생 시절에 과학의 이런 분과를 선택했습니다. 이 분과는 그것과 연관된 과학조차도 거의 상대를 하지 않던 것이며, 특수 분과 중에서도 실로 특수한 분야였습니다. 선생의 최초 논문은 헬름홀츠, 키르히호프, 클라우지우스와 같은, 그것을 읽으면 이해할 사람들조차도 읽지 않았습니다. 그래도 선생은 하는 수 없다는 기분으로 자기의 길을 꾸준히 걸어가서 최후의 한 문제에 부닥쳤습니다. 이것은 이때까지 많은 학자가 손댔으나 해결하지 못했던 문제였습니다. 이 문제에 대하여 선생께서 택한 길이 가장 올바른 준비인 것을 후에 알게 됐습니다. 이와 같이 하여, 선생은 복사의 측정에서 하나의 법칙을 발견하고, 그것을 수식화할 수가 있었습니다. 이 법칙이야말로 선생의 이름으로 불리게 됐고, 선생의 이름을 불후(不朽)하게 한 것입니다. 선생은 1900년 10월 19일에 이것을 베를린 물리학계에 발표했습니다. 확실히 이 법칙의 이론적 증명은 자기의 의견을 재검토하기 위해서도 또한 자기가 늘 의문으로 했던 원자론 방법에 의지하기 위해서도 선생에게 필요한 것이었습니다. 그뿐만 아니라, 선생은 장대한 하나의 가설을 세웠습니다. 이 가설의 장대한 의의를 초기에는 누구도 명확히 인식할 수가 없었고, 선생 자신도 몰랐습니다. 그런데 선생은 1900년 12월 14일에 독일 물리학계에 다시 한 번, 복사법칙의 이론적 추론을 발표했습니다. 이날이야말로 양자론의 탄생일이며, 이 업적은 선생의 이름을 불후하게 할 것입니다. 오늘 선생께서 돌아가신 데 대하여, 각지의 학계가 조문이나 대표를 보내서 애도를 바치게 된 것은 선생의 양자론 때문입니다. 이 자리에는 막스 플랑크 선생과 특히 관계가 깊었던 두 학계인 베를린 아카데미 회장과 베를린 대학 총장께서 와 계십니다. 선생은 베를린 대학에서 40년 이상이나 강의를 하셨고, 반세기 이상에 걸쳐서 베를린 아카데미 회원으로 계시며, 4개 부문의 상임 간사를 맡고 있었습니다. 그 외에도 뮌헨과 괴팅겐의 아카데미 회장도 오셨고, 괴팅겐 대학 총장과 하노버 고등 공업학교 대표도 와 계십니다. 그리고 작센 정부에서 보낸 화환이 이 영구에 장식돼 있습니다. 나는 특히 여기에 장식된 화환에 대해서 말씀드리고 싶습니다. 그 첫째로, 뮌헨 독일박물관에서 보낸 화환입니다. 독일박물관은 그 기념관에 곧 막스 플랑크 선생의 흉상을 세우게 돼 있습니다. 뮌헨 아카데미에서 보낸 화환 다음에 있는 화환은 바이에른에서 보낸 것인데, 선생은 매년 휴가에 바이에른에서 휴양하셨습니다. 또 다른 화환에는 '독일 각지의 물리학회에서 명예회원에게 바침'이라고 쓰여 있습니다. 이들 학회는 플랑크 선생이 회원으로 계셨던 58년의 세월이나 선생께서 여러 지도적 지위에서 헌신적으로 일하신 것을 생각해서입니다. 선생께서는 그러한 학회의 대부분에서 위원 또는 수회의 의장을 하셨습니다. 각지의 학회는 특히 선생께서 월례회에서 행하신 여러 학술 강연, 그중에서도 전술한 복사법칙과 그 추론의 최초 발견을 발표하신 1900년의

430

그 획기적 강연을 상기해서입니다. 그래서 선생의 빛나는 명성의 빛은 독일 물리학회에도 비치게 된 것입니다. 맨 끝에, 리본 장식도 없는 조촐한 화환이 하나 있습니다. 이것은 선생의 문하생 일동을 대표해서 문하생의 한 사람인 제가 영구히 변하지 않는 선생에 대한 애정과 감사의 징표로서 선생에게 바친 것입니다."

플랑크가 어떻게 양자론을 발견하게 됐으며, 그 양자론의 내용이 무엇인가는 플랑크 자신이 1948년에 발간한 『과학적 자술전』에 가장 명확하게 기술되어 있기 때문에 이를 소개해 본다.

"독일 물리공학 연구소에서 열스펙트럼의 연구와 결부하여 룬머와 프링스하임이 행한 측정에서, 나는 키르히호프의 법칙에 주의를 돌리게 되었다. 이 법칙은 완전히 반사하는 벽으로 둘러싸여 방출과 흡수를 하는 물체의 임의 수를 넣은 진공 공동에서는 어떤 시간이 경과하면 모든 물체가 같은 온도가 되는 평형상태가 나타난다. 이 경우의 복사는 스펙트럼의 에너지 분포를 포함한 그의 모든 특성에 있어서, 물체의 성상이 아닌 온도에만 좌우된다는 것이다(키르히호프의 복사에 관한 법칙과 공동복사의 법칙). 따라서 표준 스펙트럼 에너지 분포라고 불리는 것은 절대적인 어떤 것을 가리킨다. 나는 항상 절대성을 구하는 것을 과학 연구의 가장 높은 목표로 하고 있었기 때문에 열심히 이 방면의 검토를 했다. 나는 맥스웰의 빛의 전자설을 응용하는 것이 이 문제를 푸는 직접적 방법이 될 것이라고 생각했다. 즉, 작은 힘의 감쇠에도 민감하고 또 각종 주기를 가지고 있는 단순한 선형 진동자 또는 공명자를 채운 공동을 가정했다. 나는 진동체의 상호 복사에 의하여 일어나는 에너지교환에 의하여, 어느 정도 시간이 지나면 키르히호프의 법칙에 일치하는 표준 에너지 분포의 정상상태가 나타날 것으로 기대했다. 이러한 연구의 어떤 것은 비에르크네스에 의한 감쇠 진동의 측정과 같은 기지의 관찰 자료와 비교하여 실증된 것인데, 그런 넓은 연구에서 일정한 주기를 가진 진동자의 에너지와 그것에 대응하는 스펙트럼 부위의 에너지복사와의 일반 관계를, 에너지교환이 평형상태가 됐을 때의 주위의 복사장으로 결정하게 되었다. 이런 일에서, 이 관계는 진동자의 감쇠 상수에는 전혀 좌우되지 않는다는 주목할 결과가 나타났다. 이것은 나에게는 실로 유쾌하고 고마운 것이었다. 그 이유는 진동자 에너지를 복사에너지로 바꾸고, 다음에 출입의 많은 자유도를 가진 복잡한 구조를 출입이 단지 하나의 자유도만 가진 단순한 계로 바꿈으로써 문제 전체를 단순하게 할 가망이 생겼기 때문이다. 과연 이 결과는 내 앞에 희미하게 열려온 참 문제를 찾기 위한 하나의 실마리가 되었다.

그러나 그것을 해결하려는 나의 최초의 시도는 실패했다. 왜냐하면 진동자에서 방출되는 복사는 어떤 특징적 방법에 있어서 흡수된 복사와 다를 것이라는 나의 희망이 그야말로 생각에 지나지 않는다는 것을 알았기 때문이다. 즉 진동자는 자기가 방출할 수 있는 복사에만 반응하고, 자기 곁의 '스펙트럼' 부위에는 전혀 반응하지 않는다는 사실이다."

여기서 플랑크의 자술에 대한 이해를 돕기 위하여 오스트리아의 이론물리학자 볼츠만 (Ludwig Boltzmann, 1844~1906)에 대한 간략한 소개를 하고 넘어가기로 한다.

그는 그라츠, 빈, 뮌헨, 라이프치히 대학의 교수를 역임했는데, 1877년에 맥스웰 이론을 수정하여 기체 운동의 속도 분포 법칙을 확률론으로 표현하여, 엔트로피와 물리적 확률의 함수 관계인 '볼츠만 분포'를 발견했고, 물리학에 확률적 고찰 방법을 도입함으로써 열역학 제2법칙을 분자론으로 그 기초를 다졌다. 그는 또 열복사에 대하여 전자기학과 열역학을 응용하여 슈테판이 실험으로 얻은 법칙을 이론적으로 정립한 '슈테판-볼츠만 법칙'을 도출했다.

"그래도 진동체는 주위의 복사장 에너지에 일방적이라는, 다시 말하면 비가역적 효과를 미친다는 나의 생각은 볼츠만으로부터 심한 반대를 받았다. 볼츠만은 이 방면에 넓은 경험을 가지고 있었으므로, 고전역학의 법칙에 의하면, 내가 생각하는 것과 같은 과정은 어느 것이나 반대 방향으로도 일어날 수 있다는 것이며, 더욱이 진동체에서 방출되는 구면파는 그 운동 방향을 역으로 하여 차차 수축하여 끝내 그 구면파는 진동자에 도달하여 진동자에 의하여 흡수되며, 그 결과 진동자는 이전에 흡수한 에너지를, 에너지를 받아들인 같은 방향에 다시 방출하는 방법으로 반대 방향으로도 일어난다는 것을 증명했다. 나는 확실히 그러한 기묘한 현상을 하나의 특수한 조건을 달아, 안으로 향하는 구면파로서 제거할 수가 있었다. 이 경우에 하나의 특수한 조건이란 것은, 과정의 비가역성을 보증하는 것이 되는 기체의 운동학적 이론에서 분자의 무질서가 가정된 것과 같이, 복사 이론에서도 같은 것을 가정해도 좋다는 자연 복사의 가설이었다. 그런데 실지로 계산해 보니, 논리적 연쇄에 있어서 본질적인 한 고리가 빠져 있으며, 그 고리를 찾지 못하면 문제 전체의 핵심을 파악할 수는 없다는 것이 더욱더 명백해졌다. 그래서 나는 이 문제를 이번에는 반대쪽으로부터, 즉 열역학 쪽으로부터 다시 할 수밖에 없었다. 이 열역학은 내가 안전지대로 느끼고 있었으며, 나와 가장 인연이 깊은 분야였기 때문이다. 실제로 열역학의 제2법칙에 대한 나의 이전의 연구 덕택에 이번에는 나의 발판이 흔들리지 않았다. 나는 처음부터 진동자의 온도와 그 에너지가 아니라, 진동자의 엔트로피와 그 에너지에 관계가 있다는 것을 착상했기 때문이다. 내가 나의 연구에서 취한 방향을 나의 동료가 전혀 흥미를 가지지 않는 것을 이전에 불유쾌하게 느꼈던 것이, 지금에 와서 보니 매우 고마운 일이었다는 것은 운명의 기묘한 장난이었다. 우수한 많은 학자가 실험과 이론의 두 입장에서, 스펙트럼의 에너지 분포 문제를 연구하고 있었는데, 이들은 모두 복사의 세기가 온도에 좌우된다는 것을 증명하는 방향으로만 연구를 진행시켰다. 이에 반하여 나는 엔트로피가 에너지에 좌우된다는 것이 근본적 관계라고 생각했다. 그러나 엔트로피라는 개념이 가지는 의미가 아직 명확하게 알려져 있지 않았으므로, 누구도 내가 취한 방향에 주의를 하지 않았다. 그 덕택에 나는 다른 사람의 간섭이나 경쟁을 두려워하지 않고, 착실히 매우 엄밀하게 나의 계산을 진행시킬 수가 있었다."

"진동자와 그 진동자를 진동시키는 복사 간에 행해지는 에너지 교환의 비가역성에 대해서는, 그 에너지에 관한 엔트로피의 2차 미분계수(d^2S/dU^2)가 특징적 의의를 가지므로, 나는 당시에 일반 관심의 중심이었던 빈(Wilhelm Wien, 1864~1928)의 스펙트럼 에너지 분포 법칙이 옳다는 가정에서 이 함수의 값을 계산했다. 나는 여기서 R이란 값의 역수가 이 가정에서는 에너지에 비례한다는 멋진 결과에 도달했다."

S를 엔트로피, U를 에너지라고 했을 때,
열역학의 식은 $d^2S/dU^2=1/T^2(dU/dT)$가 되며,
따라서 $U=Ae^{-R/T}$라고 하면, $1/R=d^2S/dU^2=1/AU$가 된다.

"R과 에너지 U의 관계는 놀라울 만큼 간단했으므로, 나는 당분간 이 관계에 보편적 확실성이 있다고 생각했다. 그래서 나는 그것을 이론적으로 증명하는 데 몰두했다. 그런데 이러한 생각이 그 후의 측정에 맞지 않는다는 것을 곧 알게 되었다. 그 이유는 작은 에너지, 즉 단파의 경우에는 빈의 법칙이 아주 멋지게 들어맞으나, 에너지가 큰 값, 즉 장파의 경우에는 상당한 오차가 있다는 것을 룸머(Otto Richard Lummer, 1860~1925)나 프링스하임(Ernst Pringsheim, 1859~1917)이 발견했기 때문이다. 그리고 결국에 루벤스(Heinrich Rubens, 1865~1922)와 쿨바움(Ferdinand Kurlbaum, 1857~1927)이 형석과 암염의 적외선에서 행한 측정에 의하여 하나의 방도가 발견되었다. 이 방도란 전혀 다른 것인데, 함수 R은 에너지와 파장이 큰 값에 대해서는 에너지에 비례하지 않고, 에너지의 제곱에 비례한다는 것으로, 이 범위에서는 아주 간

단한 것이었다. 이와 같이 직접 실험에서 함수 R에 대하여 두 가지 간단한 한계가 만들어졌다. 즉, 작은 에너지에 대해서는 함수 R이 에너지에 비례하고, 큰 에너지에 대해서는 함수 R이 에너지의 제곱에 비례한다는 것이 되었다. 스펙트럼 에너지 분포의 모든 원리는 함수 R에 대하여 어떤 값을 주는 것과 동시에, 함수 R에 대한 모든 식은 또한 에너지 분포의 일정 법칙에 인도된다는 것이 명백해졌다. 문제는 측정에 의하여 만들어진 에너지 분포 식에서 생긴 함수 R에 대하여 하나의 식을 발견하는 것으로 좁혀졌다. 그래서 보편으로 착실히 전진하기 위해서는 함수 R의 값을 에너지의 제1 힘에 비례하는 한계의 합에 같게 하고, 또한 에너지의 제2 힘에 비례하는 다른 하나의 한계의 합에 같게 하여, 제1 한계가 에너지의 작은 값에 맞고, 제2 한계가 에너지의 큰 값에 맞도록 하지 않으면 안 되었다. 이러한 길에서 결국 새로운 복사법칙이 발견된 것이다. 나는 이것을 1900년 10월 19일에 베를린 물리학회 월례회에 발표하여, 일동의 검토를 받기로 했다. 그다음 날 나의 동료 루벤스가 찾아왔다. 그는 나에게 월례회가 끝나고 하루 밤을 새우며 자기의 측정 결과와 나의 식을 비교해 보았는데, 어느 점에서나 꼭 맞게 일치했다고 말해주었다. 룸머와 프링스하임도 처음에는 오차를 발견했다고 생각했는데, 곧 자기들의 반대를 철회했다. 프링스하임이 나에게 말한 것과 같이, 관찰된 오차는 계산이 틀렸기 때문인 것이 밝혀졌기 때문이다. 그리고 그 후의 측정에 의하여 나의 복사 식이 더욱더 실증되었다. 측정 방법이 정밀하게 되면서, 나의 복사 식이 더욱더 정확한 것을 알게 되었다."

"그런데 나의 복사 식이 완전히 정확하다고 확증되었다고 해도, 그것이 직감에 의하여 발견된 법칙의 확립에 지나지 않는 한 형식적 의의 이상이 될 수가 없다. 그런 이유에서, 이 법칙을 다듬어 낸 그날부터 나는 이 법칙에 참다운 물리적 의미를 주려는 일에 열중하기 시작했다. 이 탐구는 자연히 엔트로피와 확률의 관련을 연구하게, 다른 말로 하면, 볼츠만에 의하여 처음으로 열린 사상의 길을 추구하게 인도해 주었다. 엔트로피 S는 더한 크기이나 확률은 곱한 크기이므로 나는 간단하게 'S=k×logW'라는 식을 도출했다. 이 경우 k는 보편상수이다. 그리고 나는 S를 앞서 말한 복사법칙에 일치하는 값으로 대치했을 때에 얻어지는 W에 대한 식이 확률의 척도로서 설명할 수 있는지를 검토해 보았다. 그 결과로서(이 발견은 진동자에 대한 최소 에너지 량의 도입을 포함한 것이며, 플랑크에 의하여 1900년 12월 14일에 베를린 물리학회에 보고됐고, 이날이 양자론의 탄생일이다.), 나는 이것이 참으로 가능한 것과, 이 관계에 있어서 k는 그램분자에 대한 것이 아니라 참다운 분자에 대해서, 소위 절대기체상수를 나타낸다는 것을 발견했다. 이것은 알기 쉽게 '볼츠만상수'라고 불리나, 실은 이 상수는 볼츠만이 도입한 것이 아니며, 내가 알기로 볼츠만은 한 번도 이러한 수치를 연구하려고 생각하지도 않았다. 만약에 볼츠만이 이 상수를 도입했다면, 그는 참다운 원자의 수라는 문제를 조사해야만 했을 것이다. 그런데 그는 이 일을 동료인 로슈미트에게 맡기고, 자기는 계산에 의하여 기체의 동역학설은 기계적인 그림밖에 나타내지 않는다는 가능성을 항상 머리에 두고 있었던 것이다. 따라서 볼츠만은 그램분자에 걸려서 그것으로 만족했다. k란 의미는 곧바로 인정받지는 못했다. 그것을 소개하고 수년이 지나도록 일반은 여전히 로슈미트 수 L로 계산하는 것이 습관이었다. 그것은 그렇고, 이제 W의 크기에 대하여 그것을 확률로서 설명하기 위해서는 h라고 하는 보편상수를 도입해야 된다는 것을 발견했다. 이것은 에너지에 시간을 곱한 작용 차원을 가지고 있으므로, 나는 이것을 '작용양자'라고 이름 지었다. 이렇게 해서 볼츠만이 제시한 의미에서의 확률의 단위 척도로서의 엔트로피의 본성은 복사 분야에도 확립되었다."

플랑크는 빈의 흑체에 대한 변이법칙에서, 에너지양자 ε는 진동수에 비례해야 하므로, $\varepsilon=h\nu=h/T$ 라는 식을 도출했다. 이 경우에 h는 보편상수이며, T는 주기인데, 이 보편상수는 에너지와 주기의 곱, 즉 $h=\varepsilon T$ 이다. 이 'h 상수'는 이후에 '플랑크상수'라고 불렸고, $h=6.45\times10^{-27}$erg.sec 라는 매우 적은 수이다. 이것은 거시물리학에서는 문제가 되지 않으나 미시물리학에서는 실제로 중요한 문제이며, 자연계의 존재와 현상의 본질을 파악하는 데 매우 큰 의의를 가진다. 다시 말하면, 진동자는 $\varepsilon=h\nu$ 보다 적은 에너지를 방출하거나 흡수할 수가 없다는 것이며, 모든 에너지현상, 즉 존재는 빛(전자파)의 한 주기 간의 일정불변한 에너지 작용량인 $h=\varepsilon T$를 기본 단위로 한다는 말이다. 이것은 전자에 포함된 물질 또는 전기의 자연적 단위와 같은 자연 단위이며 더욱 보편적 의의를 가진 단위이다. 그리고 플랑크의 이 양자론에 의하여, 방출과 흡수의 순간에 빛은 프르네르가 말한 정상적인 에테르파도 아니고, 맥스웰이나 헤르츠가 말하는 연속적 전자파도 아니며, 이러한 기본 양자의 불연속적인 분출의 흐름으로 생각하게 되었다. 플랑크는 자기의 『과학적 자전』의 끝맺음에, 존마펠트가 자기의 연구를 "당신은 처녀지를 경작했습니다. 나의 유일한 노동은 거기서 꽃을 따는 것입니다."라는 노래에 비유한 데 대하여, "당신은 꽃을 땄습니다만, 나도 꽃을 땄습니다. 자, 양쪽을 결부하지 않겠습니까? 각각이 딴 아름다운 꽃을 서로 바꾸지 않겠습니까? 그래서 그것들을 엮어서 가장 멋진 화환으로 만들지 않겠습니까?"라는 노래로 답했다. 이 양자 이론은 곧바로 빛과 X선 분야에서 법칙성을 도출하는 데도 중요한 보조 수단이 됐고, 원자의 구조에 대한 개념을 만드는 데에도 공헌했다. 슈타르크(Johannes Stark, 1874~1957)는 양극선에 대한 연구에서, 양극선에서의 '도플러효과'를 찾아냈고, 양극선을 사용하여 '슈타르크효과'를 발견하여 양자 이론의 발전에 기여함으로써, 1919년도 노벨 물리학상을 수상했다. 그리고 보어는 러더퍼드의 원자모형에 이 양자 이론을 적용하여 원자적 세계의 특질을 밝혔다.

3. 상대성 이론

우리가 전체의 역사적 발전을 절대적 의미에서 논할 수 없는 것과 마찬가지로, '장소, 운동, 공간과 시간'에 대해서도 절대적 의미에서 논할 수 없다. 물론 이러한 개념은 완전히 새로운 것은 아니지만, 20세기에 들어서자 광학과 전기역학 방면의 발전으로 더욱더 명확해진 이 방면의 지식이 상대성 이론의 제창으로 나타나게 되었다. 이 상대성 이론에 의하면, 공간의 크기나 시간의 길이도 절대성에 의하여, 바꾸어 말하면 그의 참값으로 측정할 수는 없다는 것이다. 이 상대성 이론은 당초에 수식에 의하여 새로운 형태를 가정하는 수리물리학에서 중요하게 취급되었다. 이 새로운 수식에서는 공간과 시간 좌표는 대등한 것이며, 이러한 공간과 시간적인 여러 관계는 4차원 공간에서의 기하학적 공리로서 나타난다. 이때까지의 수리물리학과 새로운 수리물리학 사이에는 마치 '유클리드기하학'과 범기하학 사이에 볼 수 있는 것과 같은 유사한 관계가 있다. 한쪽은 다른 쪽의 더욱 일반적인 것의 특별한 예로서 나타난다. 왜냐하면 상대성 이론의 기초 위에 세워진 역학은 고전역학의 완성으로 볼 수 있기 때문이다. 다시 말하면, 고전역학은 한 특수한 예로서 상대성 역학 중에 내포되어 있다. 따라서 실제로 고전적 현상을 다루는 데 있어서 이 둘 사이에는 하등의 모순도 없다. 그래서 유클리드기하학과 마찬가지로, 갈릴레이나 뉴턴의 역학도 우리의 통찰이 이론적으로 더욱더 확대돼 가도 그 가치를 상실하는 것은 아니다. 그러나 현대와 같이 빛의 속도에 가까운 입자의 운동을 다루는 데에 고전역학을 더 이상 적용할 수가 없고, 상대성 이론이 아니면 설명할 수가 없게 되었다.

이와 같이 인간의 개념이 확대되어 온 과정에 대해서 살펴보자. 이미 앞에서 기술한 것과 같이, 기계적 자연관에서 통일적 세계상을 만들려는 근대 말의 시도는 결코 만족할 만한 결과에 도달하지 못했다. 켈빈 경의 와류운동 고리도, 헤르츠가 전개한 여러 원리도 비록 좁은 빛이나 전자파의 물리적 현상에 있어서조차 관성이 있는 미분자의 운동에서 설명할 수 있다는 확신을 성공적으로 발전시킬 수 없었다. 이 경우에 특히, 만유를 채우고 있다는 에테르가 문제였다.

이 에테르는 모든 자연 현상의 모든 기계적 설명을 위한 매우 중요한 근본적 전제였으나, 그것은 그들이 주장하는 기계론으로도 이해할 수가 없는 것이었다. 파동설의 건설자들은 빛이 전달되는 매체인 이 에테르를 매우 희박한 기체라고 상상하여, 빛은 이 에테르의 세로진동이라고 생각했다가 후에는 가로진동이라고 해보았다. 그러나 에테르의 기체성은 그러한 진동과 모순되는 것이었다. 그리고 또 다른 쪽에서는 천체의 운동에 명확히 저항을 나타내지 않는 물질을 기체의 입자라고 생각할 수는 없었다. 그래서 사람들은 빛에테르에 대하여 어떻게 할 수도 없는 모순에 빠지게 되었다. 이러한 곤란은 전자 현상과 광학 현상이 결부되었어도 마찬가지였다. 그리고 더 큰 곤란이 운동하는 투명체를 통과하는 빛의 작용에서 나타났다. 물체 중에 있는 빛에테르는 물체의 운동과 함께 운반되어 가는지 또는 빛에테르는 이때에 정지 상태에 있는지를 정밀한 실측에 의하여 결정해야만 했다.

1) 마이컬슨의 광학 실험

이 문제에 대하여 미국의 물리학자 마이컬슨의 광학 실험은 결정적인 결과를 가져다주었다. 마이컬슨(Albert Abraham Michelson, 1852~1931)은 독일 프로이센의 작은 마을에서 태어나서 어릴 때 양친과 함께 미국의 샌프란시스코로 이주했다. 그는 1873년에 미국 해군 아카데미를 졸업하여 1875년부터 1879년까지 모교의 물리학과 화학 강사를 하다가 1880년부터 3년간 베를린, 하이델베르크, 파리에서 유학했다. 귀국 후 해군에서 퇴임하여 1883년에 클리블랜드의 가스 응용과학 학교 물리학 교수가 돼서 6년 근무하고, 클라크 대학으로 전임했다가 1892년에 시카고 대학의 물리학과 교수와 주임이 되었다. 그는 일찍부터 빛의 속도에 대한 연구에 몰두하여 1881년에 '광파간섭계(光波干涉計)'를 발명했다. 마이컬슨은 1886년에 단독으로, 1887년에는 몰리와 공동으로 자기가 발명한 빛간섭계를 사용하여 지구의 빛에테르에 대한 운동을 실측했다. 이 실험의 목적은 맥스웰이 빛의 전파에 대하여 가정한 매질, 즉 전자에테르의 성상을 결정하는 데 있었다.

지구는 자기의 축을 중심으로 하여 자전함과 동시에, 태양을 중심으로 한 자기의 궤도에 따라 초속 30km의 매우 빠른 속도로 운동하고 있다. 만약에 에테르가 맥스웰이 상상한 것과 같이 절대 정지 상태에 있다면, 지구의 운동에서 생기는 지구에 대한 에테르의 운동이 있다고 믿어야 하며, 그 에테르가 빛의 파동을 전파하므로 지구에 대한 빛의 속도는 이 지구의 운동에 따라 약간 변화함이 틀림없다. 그리고 마이컬슨의 간섭계는 이 가설을 검증 하는 데 둘도 없는 좋은 장치인 것이다.

만약 지구운동에 의하여 지구에 대한 빛의 속도에 약간이라도 변화가 생긴다면, 지구운동의 영향을 받는 지구운동 방향과 지구운동의 영향을 받지 않는 지구운동 방향에 수직인 방향의 같은 일정 거리를 통과한 두 광선에는 차가 생기게 되며, 이 차는 간섭무늬의 이동을 일으키므로, 간섭계는 이 차를 충분히 검출할 수 있다.

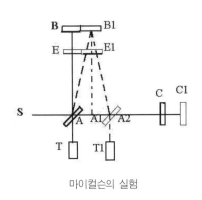

마이컬슨의 실험

왼쪽 그림에서 S는 광원이며, A는 지구의 운동 방향인 SC 선상에 45도로 놓인 은으로 엷게 도금한 반투명의 유리판 반사면이다. S에서 나온 광선의 하나는 A를 통과하여 C로 가고, 다른 하나는 A에서 반사하여 E로 간다. E는 A와 같은 두께의 유리판이며, C와 B는 평면 반사경이고, T는 망원경이다. 지금 지상에 있는 이 간섭계 장치는 지구의 SC 방향의 운동 때문에 에테르 공간에 대하여 S에서 C 방향으로 이동한다고 생각하자. 광선이 A에서 B를 향하여 출발할 때는 실선 위치에 있다가 광선이 B에서 반사하여 A로 돌아오려고 할 때는 이 창치가 점선으로 표시된 A1, B1, C1, T1 위치에 있게 된다.

AB=AC=L 이라고 하고, 지구의 속도를 v, 빛의 속도를 c 라고 하면, 빛이 L만큼 진행하는 동안에 지구가 이동하는 거리 AA1=CC1=Lv/c 이다.

그래서 광선이 AB1까지 가는 행정은 AB1=$(L^2+L^2v^2/c^2)^{1/2}$=$Lc/(c^2-v^2)^{1/2}$가 된다. 그래서 L보다는 약 Lv^2/c^2만큼 길어지게 되며, 돌아올 때도 같아서 AB=AC 간의 왕복 거리 2L보다 약 $2Lv^2/c^2$ 길어지는 데 반하여, AC 간의 왕복은 갈 때에 길어진 만큼 올 때에 짧아지므로 2L이다. 따라서 이 두 광선의 행정은 약 $2Lv^2/c^2$, 즉 2L의 약 1억분의 1 정도 차가 생긴다. 이론적 계산에 의하면, 지구운동 방향과 수직 방향의 같은 일정 위치 간에 생기는 간섭무늬의 이동은 황색의 나트륨 광선 무늬의 약 0.4에 해당하고, 간섭계의 감도는 이 무늬 이동의 1/20을 검출하는 데 충분하다.

그런데도 실제로 관측된 이동은 매우 작아서 무늬의 1/40 정도로, 예상된 값의 1/10

보다도 적게 견적되었다. 따라서 이 실험 결과는 예기했던 것에 대하여 완전히 부정적이었다. 그러나 이 부정적 결과는 긍정적 결과를 얻은 것보다 더욱 값진 것이었다. 왜냐하면 지구에 대한 에테르의 어떤 운동도 찾을 수가 없었다는 이 실험 결과야말로, 아인슈타인으로 하여금 상대성 이론을 제창하게 했기 때문이다. 그가 발표한 상대성 이론에 의하면, 우리의 세계는 절대공간이나 시간이 존재하지 않고 인식될 수도 없으며, 다만 불변한 빛의 속도를 기준으로 하는 상대적 세계이며, 그 상대적 공간과 시간과 질량을 인식할 수 있다고 한다.

아인슈타인이 그의 특수 상대성 이론을 발표한 1905년에 마이컬슨은 몰리와 공동으로 이 실험을 더욱 정밀하게 되풀이했는데, 그 결과는 관측된 무늬의 이동은 계산된 값의 1/1000에도 미치지 못한다는 것이 실증됨으로써, 결국 지구운동에 대한 에테르의 어떤 운동도 없다는 것이 확정됐을 뿐만 아니라 종래의 절대공간과 시간 개념에 선 고전역학으로는 설명될 수가 없는 문제가 생겼다. 에테르가 절대공간에 정지해 있다고 가정하거나 또는 절대공간을 운동하는 지구와 함께 운동한다고 가정하거나, 또는 에테르의 존재를 무시하거나 간에, 절대공간과 시간을 가정한 고전역학에 따라 이 실험을 살펴보면, 지구가 운동하는 방향과 같은 방향의 AC 간(거리 L′)과 지구운동 방향에 수직이므로, 지구운동에 영향을 받지 않는 AB 간(거리 L)을 왕복하는 데 두 광선 사이에 하등의 위상차가 나타나지 않았다. 이것은 두 왕복 거리가 같고, 왕복에 소요되는 시간이 같다는 것이다. 식으로 나타내면 다음과 같다.

$$L'=L(1-v^2/c^2)^{1/2}, \ L'/L=(1-v^2/c^2)^{1/2}$$

$$t'=L'/(c+v)+L'/(c-v)=2cL'/(c^2-v^2)$$

$$t=2L/c=2L'/(c^2-v^2)^{1/2}$$

$$t'/t=c/(c^2-v^2)^{1/2}=1/(1-v^2/c^2)^{1/2}$$

따라서 $L'=L(1-v^2/c^2)^{1/2}, \ t'=t(1-v^2/c^2)^{-1/2}$

즉, 이 실험 결과는 고전역학이 전제로 한 절대공간과 시간, 직선운동 등의 개념을 정정하지 않을 수 없게 했다. 이 실험에서 지구의 운동 속도 v=30km/sec이며, 빛의 속도 c는 30만km/sec이므로, 운동 방향의 거리는 정지거리보다 1억분의 1만큼 짧아졌으며, 운동 방향의 시간은 정지계의 시간보다 1억분의 1 정도 길어진 셈이 된다. 이 실험 결과에서 보면, 고전역학의 관성 정리(慣性定理)는 과학적 학설의 토대로서 존재할 수 없게 됐고, 직선운동이 무엇을 의미하는지조차도 알 수 없게 되었다.

2) 상대성 개념

하나의 천체에서 직선이라고 말할 수 있는 운동은 모두, 다른 천체에게는 곡선으로 나타날 것이다. 사람들이 적어도 우주의 어떤 일정한 점에 관해서는 절대적 정지나 운동을 논할 수 있다고 가정한 것도 역시 버려야 했다. 모든 현상의 존재, 즉 운동은 상대성에 지나지 않는 것이다. 이 경우에 우리는 주위의 세계를 문제 밖에다 둘 수는 없다. 모든 시간의 길이, 따라서 모든 속도도 역시 상대성의 의미를 가진다는 생각은 더욱더 이해하기 힘든 것이다. 예를 들어, 태양에서의 어떤 변화를 지구상에서 관측할 때에 태양에서의 변화 시점과 지구상에서의 관측 시점 간에 경과한 시간은, 두 천체 간의 거리와 속도를 알고 있어도 절대적으로는 찾아낼 수가 없다는 것이다. 만약에 태양계 전체가 정지해 있다고 가정하면, 빛이 태양에서 지구까지 오는 데 걸리는 시간은 8분 20초라고 간단하게 산출된다. 그런데 지구와 태양이 같은 속도로 지구에서 태양을 향한 방향으로 운동하고 있다면 그 시간은 훨씬 짧아질 것이고, 반대로 지구와 태양이 태양에서 지구 방향으로 운동한다면 그 시간은 훨씬 길어질 것이다. 그런데 우리는 태양과 지구, 즉 태양계의 실제 속도를 알 수가 없으므로, 태양에서의 변화와 지구상에서의 관측 간에 경과하는 시간을 찾을 수 없는 것이다. 우리의 관측은 상대적인 것에 지나지 않는다.

특히 전자설을 확립한 네덜란드의 물리학자 로런츠는 이러한 상대성을 일찍이 지적했다. 그가 레이던 대학 수리물리학 교수로 있었던 1895년에 물체가 에테르 중에서 운동할 때, 그 물체의 모양이 어떻게 변하는가를 수식으로 제시했다. 그리고 영국의 물리학자 피츠제럴드(Gorge Francis Fitzgerald, 1851~1901)도 로런츠보다 약간 앞서서 1892년에 물체의 길이는 속도에 따라 변하며, 에테르를 통과하는 운동에 평행일 때는 그 운동 방향에 직각일 때보다 짧아진다고 가정했다. 그는 비유해서 설명하기를, 바닷물이 잔잔하게 정지해 있는 해상을 달리는 배는 그 뱃머리에 가해지는 압력 때문에 배의 길이가 약간이라도 짧아지나 그 배의 폭은 변하지 않는 것과 같다고 했다. 그래서 그는 이렇게 짧아지는 데 대하여, v를 에테르 중을 운동하는 지구의 절대속도, c를 빛의 속도, L을 지구의 절대속도에 직각으로 둔 물체의 길이, L′를 지구의 절대속도와 평행으로 두었을 때의 그 물체의 길이라고 하면, 다음과 같은 관계가 성립한다고 했다. $L' = L(1 - v^2/c^2)^{1/2}$

그러나 전문가들은 이 가설을 공상에 지나지 않는다고 웃어 넘겼다. 그런데 로런츠도 1895년에 이러한 문제에 흥미를 가지고 전자기학적 관점에서 탐구했다. 그는 에테르는 전기력을 전파하는 매질이므로 전기력, 즉 분자로 구성된 물체의 모양은 에테르를 통과하는 물체의 속도에 의하여 변화할 것이라고 생각했다. 그는 이 생각에서, 에테르 중에 정지 상태로 있는 구면체가 운동을 할 때는 운동 방향의 반경이 짧아지고, 직각 방향의 반경은 변화하지 않는다고 했다. 원래의 반경을 D, 운동으로 단축된 반경을 D′, 물체의 절대속도를 v, 빛의 속도를 c라고 하면, $D'=D(1-v^2/c^2)^{1/2}$ 가 된다고 했다.

이것은 결국 피츠제럴드가 제시한 것과 같은 결론에 도달한 것이다. 그래서 이 가설은 '로런츠-피츠제럴드 단축(短縮)'이라고 불리게 되었다. 로런츠는 또 톰슨이 전자를 발견하자 곧 물질의 전자설을 들고 나왔고, 그 전자의 질량은 속도와 함께 증가한다는 수식도 내놓았다.

3) 아인슈타인의 상대성 이론

아인슈타인(Albert Einstein, 1879~1955)의 상대성 이론에 의하면, 시간, 공간, 질량들의 이상과 같은 상대성을 논하는 데 있어서, 로런츠나 피츠제럴드와 같이 에테르를 가정할 필요도 없이, 우리의 세계는 원래 오직 불변인 빛의 속도를 기준으로 한 '상대성 세계'라고 했다. 따라서 에테르 가설은 불필요하고 방해가 되는 것이며, 배척해야 할 것이라고 한다. 그는 독일 뷔르템베르크에서 태어난 유대인이며, 소년 시절에는 뮌헨에서 살았다. 그가 15세이던 1894년에 그의 집안은 스위스 아우라로 이주했고, 그는 취리히 공과대학에서 수학하여 1902년에 베른의 특허국 기사가 되어 스위스 시민으로 귀화했다. 그리고 취리히 대학에서 철학 박사 학위를 받았다. 1905년 26세 때 「상대성의 특수 이론」을 발표하여 처음으로 이론물리학계에 등장하게 되었다. 그는 이 「상대성의 특수 이론」에서 우리가 관찰할 수 있는 이 세계는 근본적으로 절대성이 아니고, 빛의 속도를 기준으로 한 상대성의 세계라고 했다. 따라서 에테르 같은 거추장스러운 것을 가정할 필요도 없다는 것을 밝혔다. 그러한 상대성의 특수한 경우로서, 일정 속도로 운동하는 계를 들었다. 이 계의 속도를 v라고 하고, 빛의 속도를 c라고 하여, 그것의 비 v/c를 β라고 두고, 정지계의 공간과 시간의 길이를 각각 L_0와 t_0라고 했을 때, 등속운동계의 공간과 시간의 길이 L과 t는 각각 다음과 같은 식으로 주어진다는 것을 밝혔다.

$L=L_0(1-\beta^2)^{1/2}$, $t=t_0(1-\beta^2)^{-1/2}$

이것은 결과에 있어서는 '로런츠-피츠제럴드 단축' 식과 같으나, 그 개념에 있어서는 전혀 다르다. 로런츠와 피츠제럴드는 에테르를 가정하여 에테르에 대하여 v라는 속도로 등속운동을 하는 계의 절대적 길이가 정지계에 비하여 그만큼 단축된다는 것이다. 그러나 아인슈타인은 우리가 관측하는 세계는 절대성의 세계가 아니라 상대성의 세계이며, 오직 빛의 속도만을 불변의 기준치로 보았다. 빛의 속도에 대하여 속도 v로 등속운동을 하는 계의 공간과 시간은 정지해 있는 계의 공간과 시간에 비하여, 이상과 같은 상대성을 가진다는 것을 그의 '특수 상대성 이론'에서 제시했다. 그는 「특수 상대성 이론」을 발표한 같은 해에, 브라운운동에 대하여 기체의 운동학적 이론을 응용하여 이것에 대한 명쾌한 설명을 주어서 열의 분자론에 새로운 방향을 열어주었다. 그리고 플랑크의 양자가설을 확장하여 광양자의 개념을 처음으로 도입하여, 빛을 받아 전자를 방출하는 '광전효과(光電效果)'를 해명했다.

아인슈타인은 1909년에 취리히 대학 교수가 됐는데, 학생들은 그의 강의를 이해하지 못했다. 그는 1911년에 프라하 대학에 초빙되어 수년간 바이에른에서 살다가 다시 취리히 대학에 돌아왔는데, 이번에는 전과 달리 그의 강의가 젊은 학생들에게 대단한 인기를 불러일으켰다. 프로이센 과학 아카데미는 그를 독일로 초빙하려고 그를 위한 특별한 물리학 연구소를 설립하겠다는 제의를 했는데, 아인슈타인은 자기의 연구는 이론적인 것이므로 실제로 별달리 쓸모가 없을 것이라며 이 제의를 거절했다. 그러나 그들의 호의만은 받아들여서, 그는 1914년에 베를린 대학 교수가 되어 1913~1916년에 그의 등속계(等速界)에 대한 특수 상대성 이론을 질량과 등가속계(等加速界)에 확장하여 '일반 상대성 이론'을 완성했다. 그 결과 질량의 상대성도 밝히게 됐고, 질량과 에너지가 본질적으로 같은 것이라고 하는 유명한 아래와 같은 공식도 내놓았다.

$$m'=m_0(1-v^2/c^2)^{-1/2}=m_0+(1/2)m_0v^2/c^2=m+E/c^2$$

$$m=m'-m_0=E/c^2, \quad E=mc^2, \quad E; \text{ 에너지}, \quad m; \text{ 질량}$$

그리고 이 일반 상대성 이론을 우주론에 확대하는 연구를 했으며, 그의 이론이 1919년에 영국의 천문학자 에딩턴(Sir Arthur Stanley Eddington, 1882~1944)의 일식 관측에서 실증되자 학계의 주목을 받게 됐고, 관심의 초점이 되었다. 그래서 그는 1921년도 노벨 물리학상과 1925년도 영국 '코프리상'을 수상했고, 1924년에는 포츠담 천체물리 관측소에 '아인슈타인 탑'이 세워졌다. 그는 1924년에 인도의 물리학자 보스(Satyendra Nath Bose, 1894~1974)가 플랑크의 식을 양자 통계의 적용으로 도출한 광양자 통계를 물질 입자에 확장하여 '보스-아인슈타인 통계'를 확립했고, 한편으로는 그의 일반 상대성 이론의 확장으로서 중력과 전자력을 포함한 통일장의 이론을 연구했는데, 이것은 그 이래로 이론물리학의 연구 초점이 되어왔다.

아인슈타인은 제1차 세계대전 중에도 열렬한 평화주의자였으며, 프로이센의 군국주의에 반대하여 친구인 베를린 대학의 생물학자 니콜라이와 공동으로 1914년에 전쟁을 지지하는 독일 학예계 93대가가 서명한 「문명사회에 호소하는 글」에 항의했다. 이 일로 그는 친구 니콜라이와 함께 검거되어 폴란드 국경의 그라우덴츠 요새에 감금돼 있다가 겨우 풀려난 적도 있다. 그는 1922년 가을에 일본에 가서 각지를 다니며 상대성원리를 강연한 적이 있는데, 호텔의 사석에서 일본 과학자들에게 약 한 시간 동안이나 전쟁 반대를 설하고, 일본에는 사회민주주의 정당조차도 없다고 일본의 군국주의를 비난하여 일동을 당황하게 한 적도 있다. 1933년에 히틀러가 독일 정권을 잡자, 나치 정부의 유대인 추방이 시작되었다. 그래서 아인슈타인은 1933년 3월 28일에 프로이센 과학 아카데미 탈퇴와 동시에 프로이센 시민권을 포기하고 프랑스에 망명했다. 나치 정부는 그의 전 재산을 몰수하고, 그의 목에 2만 마르크의 현상금을 걸었다. 아인슈타인은 프랑스로부터 벨기에를 거쳐 영국으로 도망했다가 미국으로 건너갔다. 미국에 도착했을 때 그는 "나에게 선택의 자유가 있는 한, 나는 법률에 의하여 정치적 자유와 관용, 그리고 평등한 시민권이 보장된 나라에서만 살 것입니다."라고 성명했다. 프린스턴 대학은 그를 환영했고, 그는 1940년부터 정식으로 그 대학의 이론물리학 교수가 되었다. 그리고 그해에 루즈벨트 대통령에게 편지를 보내서, "우라늄은 머잖아 새로운 중대한 에너지원이 될 것입니다. 이 에너지원은 놀랄 만큼 강력한 폭탄의 제조에도 쓰일 것입니다."라고 예언했다.

이 예언대로, 제2차 세계대전 때 원자폭탄이 만들어져서, 나가사키와 히로시마에 투하됨으로써 이 전쟁이 종식되었다. 전후에 이에 대한 기자들의 질문에 아인슈타인은 답하기를 "나는 특별히 원자에너지를 이용하는 일이나 원자폭탄을 낳게 한 아버지는 아닙니다. 나는 그 일에 아주 간접적으로 참가한 데 지나지 않습니다. 나는 설마 그것이 내가 살아 있는 동안에 투하되리라고는 예상도 못 했습니다만, 그것이 이론상으로 가능하다고 확신하고 있었습니다."라고 말했다. 그리고 "그 상대성 이론이 어떤 종교적 계시로 착상된 것인가?"라는 질문에 그는 간접적으로 답하기를 "인간에게 가장 숭고하고 값진 것은 하나님의 신비를 찾아서 느끼는 것입니다."라고 말했다고 한다. 이와 같은 기자들의 질문과 아인슈타인의 답은 유대교와 기독교가 다 같이 믿는 구약성경 첫 구절에 연유된 것으로 생각된다. 모세가 기록한 '창세기(Genesis)'란 말은 성경의 첫 단어인 '베레쉬트'라는 히브리어를 헬라 말로 번역한 '게네세오스'라는 말에 유래한 것이며, '기원, 계보, 발생, 시작' 등을 뜻하는데, 그 첫머리에 다음과 같이 기록돼 있다.

"태초에 하나님이 천지를 창조하시니라. 땅이 혼돈하고 공허하며 흑암이 깊음 위에 있고 하나님의 신은 수면에 운행하시니라. 하나님이 가라사대 빛이 있으라 하시매 빛이 있었고, 그 빛이 하나님이 보시기에 좋았더라. 하나님이 빛과 어두움을 나누시어, 빛을 낮이라 칭하시고 어두움을 밤이라 칭하시니라. 저녁이 되며 아침이 되니 이는 첫째 날이니라."

그리고 둘째 날에 궁창(공간)을, 셋째 날에 바다와 땅(질량적 존재)을, 넷째 날에 해와 달과 별(천체들)을, 다섯째 날에 새와 물고기 등을, 여섯째 날에 짐승과 사람을 만드셨다고 기록되어 있다. 전지전능 하시며, 영원불변하시고, 스스로 계시는 절대적 존재인 창조주 하나님이 무에서 천지를 창조하시고, 혼돈하고 공허하며 흑암이 깊음 위에 있던 이 피조 세계를 말씀으로 상대적 존재로 형상 지우는 첫 과정에서, 시공에 앞서 빛을 있게 하시고, 이 빛을 기준으로 하여 시간과 공간, 그리고 질량적 존재를 형상 지웠다는 것이다. 아인슈타인이 그의 상대성 이론에서, 이 세계는 오직 불변인 빛의 속도를 기준으로 한 상대성 세계라고 주장한 개념은 이 성경 말씀과 흡사한 것이다.

4) 아우구스티누스의 성서적 세계관

'은총 박사(Doctor Gratiae)'라고 불리는 고대의 기독교 교부인 아우구스티누스가 그의 대표적 저술의 하나인 『고백(Confessio)』의 제11권에서 제13권까지에 이 창세기 1장 1~5절에 대한 묵상에서 인지하여 고백한 것을 요약해 보면 대략 다음과 같다.

『고백』 11권에 창세기 1장 1절에 대한 그의 해석을 고백했는데, "어떻게 해서 태초에 천지를 창조하셨는가를 나로 하여금 듣게 하고 이해하게 해주십시오!"라는 간절한 기도에 이어, "천지는 존재합니다. 그리고 '창조되었다'고 외치고 있습니다. 사실로 천지는 변동하고 변화하고 있습니다. 그런데 존재하는 것은 모두 전에 없었던 것을 간직하고 있는 일은 없습니다. 그리고 자연은 '우리는 우리가 우리를 만든 것이 아니다. 우리는 만들어진 고로 존재한다. 고로 우리는 아직 존재하기 전에 스스로가 스스로를 낳게 할 수 있는 것으로 존재했던 것은 아니다.'라고 외치고 있습니다."라는 '현대의 보존법칙'에 따른 창조의 필연성과, 이 세계는 무로부터 '있으라!'는 말씀으로 창조되었다는 것, 즉 "하나님은 그대의 말씀을 통하여 천지를 창조하셨다"는 사실을 인지한 것을 고백하고 있다. 그리고 6장에서 9장까지에는 천지를 창조하신 '하나님의 말씀'의 본성에 대한 그의 인지를 고백했다.

   10장에서 12장까지에는 "하나님은 천지를 창조하기 전에 무엇을 하고 있었는가? 만약에 하나님이 아무것도 하지 않았다면, 영원불변의 그에게 어떻게 창조라는 변화가 있을 수 있는가! 만약에 만들지 않았던 피조물을 만들려는 뜻이 새로이 하나님의 마음속에 생겼다면, 이미 참뜻에서의 영원은 있을 수 없을 것이다! 만약에 하나님의 본질 속에 이전에 없었던 무엇인가가 생겼다면, 그 본질은 진정한 의미에서 영원이라고 할 수 없다. 만약에 피조물을 존재시키려는 하나님의 뜻이 영원하다면 왜 피조물도 영원으로부터 존재하지 않았는가?"라는 당시의 과학적 사조에서 나온 소박하고도 근원적인 이와 같은 여러 물음에 대하여, 아우구스티누스는 농담이나 익살로 얼버무리려는 것이 아니고 정면으로 부닥쳐서 고찰하고 있다. 그래서 11장 이하에 '하나님의 흐르지 않는 영원한 절대적 시간'과 우리 피조계의 운동과 결부된 흐르는 상대적 시간을 지적하고 고찰하여, 그의 유명한 시간론을 전개했다. 13장에 "하나님은 만유가 창조되기에 앞서 계셨으며, 만유가 창조되기 이전에는, 즉 시간을 창조하기 이전에는 시간이 없었다는 것과 그러한 하나님의 시간은 항상 현재로 존재하는 시간인 것을" 지적하고, 14장에 피조계의 시간 개념에 대해서 "만약 그 무엇을 가로막지 않는다면 과거의 시간은 없을 것이며, 그 무엇도 닥쳐오지 않는다면 미래의 시간은 없을 것이다. 그리고 아무것도 없다면 현재의 시간은 없을 것이다. 과거란 이미 없는 것이며, 미래란 아직 없는 것인데, 이 두 개의 과거와 미래란 시간은 어떻게 있는 것일까? 그리고 또 현재는 항상 있어서 과거로 옮겨가지 않는다면 그것은 이미 시간이 아니고 영원이 될 것이다. 그러므로 만약에 현재가 시간인 것은 과거로 옮겨가기 때문이라고 한다면, 현재가 있다는 말도 어떻게 할 수가 있겠는가? 현재에 '그것이 있다고' 일컬어지는 이유는 바로 '그것이 없을 것'이기 때문이다. 즉, 우리가 진정한 의미에서 '있다'라고 일컬을 수 있는 것은 오직 영원뿐이지 시간은 아니다. 그렇기 때문에 시간에 있어서의 현재란 '있다'로부터 '없다'로 옮겨가고 있는 것이다. 현재에 '있다'가 미래에 '없을 것'인 것이다."라고 논술했다. 그래서 15장에서 20장까지에, 시간의 척도는 무엇 속에 있는가? 우리가 측정하는 시간이란 어떤 것인가? 과거와 미래의 시간은 어디에 있는가? 과거와 미래의 시간은 어떻게 해서 현재의 시간으로 인지되는가? 항상 현재이신 하나님이 미래를 가르치는 예언은 무엇을 뜻하나? 시간의 다름을 무어라고 이름 해야 옳은가? 등의 문제를 제기하여 고찰하고, 엄밀한 의미에서는 '과거, 현재, 미래'라는 세 가지 시간이 있다고 할 수 없으며, '과거에 관해서의 현재', '현재에 관해서의 현재', '미래에 관해서의 현재'가 있다고 말할 수가 있을 것이고, 과거에 관한 현재는 '기억'이며, 현재에 관한 현재는 '직관(contitus)'이고, 미래에 관한 현재는 '기대'라고 했다. 그리고 21장에서 24장까지에, '아직 없는 것'으로부터 와서 '폭이 없는 것'을 거쳐서 '이미 없는 것'으로 사라져 가는 시간의 폭(spatium)을 측정하는데, 그것은 측정될 수 있는 것일까? 이 수수께끼의 해명을 하나님께 구하고, 시간의 본질에 대한 과학적 고찰을 했다.

아우구스티누스는 학자들이 "태양, 달, 별의 운행이 시간 자체이다."라고 한 데 반하여, "왜 차라리 모든 물체의 운행이 시간이라고 하지 않는가!' 만약에 하늘의 광체가 운행을 중지하고 도공(陶工)의 풀무는 움직이고 있다면, 시간은 없어져 버리는 것인가? 그래도 우리가 풀무의 회전을 측정하여, '같은 시간 간격으로 움직이고 있다'든가 '어떤 회전은 길고 어떤 회전은 짧다'고 말할 수 있는 것은 시간에 의한 것이 아니고 무엇인가?"라고 반문하고 있다. 그는 어떤 천체의 운동주기가 시간이 아니라, 시간은 모든 물체의 운동에 내재하며 또한 그 운동을 규정짓는 것이라고 했다. 그래서 데카르트가 모든 존재는 운동의 연장이라고 한 것과 같이, 시간은 일종의 연장(distentio)이라고 말했다. 이 '연장(distentio)'이란 말은 '향하다(tendere)'라는 동사 앞에 '분산'을 뜻하는 'dis'란 접두사를 붙인 '분산한 방향으로 향하다(distendere)'라는 동사에서 유래한 명사이다. 그래서 아우구스티누스가 말한 이 '연장'이란 말에는 '마음이 영원을 잊고, 시간적인 것 속에 자기를 분산해서 뻗고 있다.'라는 의미와 '근대 자연철학에서 데카르트가 말한 연장'이라는 이중의 뜻이 내포되어 있다. 그래서 "어떤 물체도 오직 시간에서 움직인다. 따라서 물체의 운동은 시간으로 측정된다. 그리고 시간은 물체의 운동으로 측정된다. 그러나 물체의 운동이 시간은 아니며, 시간이 물체의 운동도 아니다."라고 고백하고 있다.

그는 다시 "나는 아직 시간이 무엇인가를 모릅니다. 그러나 그 시간이 얼마나 길다든가 짧다는 것을 알고 있습니다."라고 고백하고, "물체는 시간에서 움직이는 것이기 때문에, 나는 물체의 운동을 시간에 의해 재고, 마찬가지로 시간도 물체의 운동에서 잽니다. 그런데도 무엇을 재는지는 모르며, 확정된 시간의 척도를 포착할 수는 없습니다."라고 고백하고 있다. 즉, 그는 절대적 시간은 알 수가 없으며 그 척도도 포착할 수가 없으나, 상대적 시간의 길이나 물체의 운동은 측정하고 인식한다는 것을 고백한 것이다. 그리고 이와 같은 이유에서 "시간이란 연장이며, 그 이외의 아무것도 아니다."라고 고백하고, 그 것은 정신의 연장이라고 가정하여, 정신적 연장인 시간을 어떻게 측정하는가에 대하여, "정신은 기대하고, 직시하고(attendere), 기억한다. 그리고 정신이 기대하는 것은 직시하 는 것을 통해서 기억하는 것으로 옮겨간다. 미래가 '아직 없는' 것을 부인할 수 없으나, 미래에 대한 기대는 정신 속에 '이미 있다'. 과거가 '이미 없는' 것을 부정할 수 없으나, 과거의 기억은 정신 속에 '아직 있다'. 현재는 한 점에 있어서 지나가기 때문에, 현재의 시간에는 폭이 없으나 정신 속의 직시는 지속한다. 그 직시를 거쳐서 '이제 곧 여기에 있 을 것'은 '여기에 없는 것'으로 옮겨가는 것이다."라고 논하고 있다. 그리고 29장에 시간 적인 것을 향하여 분산해 있는 자기가 하나님의 은총으로 하나님을 향해서 모아져서 (intendere) 하나가 되기를 소망하고 강구하고 있으며, 30장에서 "그렇게 된 때에 나는 진 리를 통하여 굳게 설 것이며, 진리는 나를 완성시키는 틀이 될 것이다."라고 고백하고, "하나님은 모든 피조물 앞에 모든 시간의 영원한 창조주이시며, 어떠한 시간도 하나님과 더불어 영원은 아니며, 어떠한 피조물도 하나님과 더불어 영원은 아니다."라는 그의 인식 을 고백하고 있다.

아우구스티누스는 12권에서 창세기 1장 1~2절에 대한 해석을 지향하여, "구하라 그러 면 너희에게 주실 것이요, 찾으라 그러면 찾을 것이요, 문을 두드리라 그러면 너희에게 열릴 것이다.(마 7:7)"라는 말씀에 근거하여 진리를 탐구하고 여러 가지 해석을 했으며, 이러한 성서 해석의 근본 원칙에 관해서도 고찰하고 있다. 그는 성서의 말씀이 어떤 의 미를 포함하는가 하는 것과 그것을 기록했을 때 모세가 무엇을 의도하고 있었는가 하는 것은 구별돼야 한다고 했다. 우리는 모세의 의도는 알지 못해도, 성서는 하나님의 말씀 이며 진리이므로 같은 말씀에 관해서 여러 가지 해석이 있을 수 있으며, 하나님의 뜻에 진실하면 모두 하나님 말씀의 옳은 해석으로 허용될 수 있다고 했다. 전능하신 하나님은 하나의 단순한 말 속에 다양한 진리를 내포하는 식으로 모세로 하여금 말하게 하는 것이 가능했고, 하나님이 성서를 통해 인류에게 말씀하시는 궁극적인 것은 '사랑'이므로 모든 해석은 사랑에 입각해서 행해지고, 사랑의 견지에서 그 당부가 판단돼야 한다고 했다.

창세기 1장 1절에 창조하신 '하늘'과 '땅'은 우리가 눈으로 보는 '하늘'과 우리가 밟고 있는 '땅'이라는 의미도 있으며, 우리가 눈으로 볼 수 없는 영적 세계인 '하늘의 하늘'과 우리가 눈으로 볼 수 있는 저 하늘도 포함한 모든 세계를 가리킨 '땅'을 뜻하는 이중의 뜻을 가진다고 했다. 그리고 '혼돈하고 공허하며 암흑이 깊음(심연) 위에 있고'라는 뜻은, 처음에 이 땅은 인식될 수 없는 보이지도 않고 정돈되지도 않은 어떤 심연과 같은 것이어서, 그 위에는 빛도 없었고 아무런 형태도 없는 '무형질료(materia informis)'였다는 뜻이라고 해석했다. 그리고 이 무형질료는 '하늘의 하늘'과 더불어 무에서 창조된 것을 설명하고 있다. 이 질료를 그는, 전에는 마니 교도와 같이 무한히 다양한 형태를 갖는 어떤 물질의 집적으로 생각하고 있었는데, 지금 성경 말씀에 비추어 생각하니 그 질료는 어떠한 형상도 없어 그것 자체로는 인식될 수 없는 것이며, 형상을 받아들일 수 있는 무형적 존재인 것을 고백하고 있다. 그래서 '하늘의 하늘'은 어떤 지성적 피조물이며, 삼위일체인 하나님과 같은 영원성은 아니나, 지복 직관(至福直觀)에 있기 위해 그 가변성이 극도로 억제되어 하나님에 붙어 있어 시간적 변전(變轉)을 초월한 존재이며, '보이지 않고 정돈되지 않은 땅'이라고 불린 무형질료도 역시 형태도 없고 질서도 없고 변화도 없으므로 시간의 변천도 없는 존재라고 했다. 즉, 태초에 하나님이 말씀에 의하여 무에서 창조하신 '하늘'과 '땅'은 하나님의 영원성에 붙어 있는 지성적이며 초시간적 존재인 '하늘'과 형상이 없어 시간과 공간도 없는 무형질료인 '땅'이었고, 이 무형질료인 '땅'은 하나님의 말씀에 의하여 시공적 존재로 형상 지워져 가는데, 그 첫 단계에서 '빛이 있으라 하시매 빛이 있었고' 그 다음에 비로소 시간과 공간이 역시 말씀에 따라 생기게 되었다고 했다.

아우구스티누스는 그 당시의 과학자들이나 마니 교도들, 그리고 아인슈타인 이전의 모든 과학자들이 생각한 것과 같이, 이 세계는 절대적 공간과 시간과 질량의 차원에 존재한다는 생각에서 이미 탈피하여, 절대적 존재는 오직 창조주이신 삼위(절대적 존재이신 성부와 전지적 말씀이신 성자와 전능적 의지이신 성령)일체의 하나님뿐이며, 하나님이 말씀을 통하여 무에서 창조한 무형질료에서 하나님의 말씀으로 형상 지워진 이 세계는, 공간적·질료적 형상의 변화(운동) 속에 내재하며 그것으로 인식되는 시간, 그리고 그 시간 속에 내재하며 그 시간으로 인식되는 공간적·질료적 변화(운동)의 상호 상대적인 존재임을 인식하고 있으며, 이 상대적 존재는 빛에 근원하여 존재하며, 빛을 기준으로 하여 인식된다고 했다. 이러한 아우구스티누스의 개념은, 표현에 차이가 있을 뿐이고 근본적으로는 아인슈타인의 상대성 이론과 일치하는 개념이다.

제 16 장

현대 과학의 발전

현대 과학은 19세기 말부터 20세기 초까지에 많은 발전을 거두었다. 맥스웰의 전자 이론, 헤르츠의 전파 발견, 크룩스의 음극선 발견과 뢴트겐의 X선 발견에 따르는 로렌츠의 전자설과 존 톰슨의 전자에 대한 규명. 이를 기초로 한 전자장과 전자에 대한 역학적 규명. 베크렐의 방사선 발견과 퀴리 부부의 방사성원소 발견. 러더퍼드와 소디의 방사능에 대한 규명과 그로 인해 생긴 원자핵에 대한 개념을 기초로 한 원자와 원자핵에 관한 문제들. 그리고 전자를 비롯한 소립자들에 관한 문제 등. 이러한 다양한 분야의 다양한 문제들이 플랑크의 양자가설과 아인슈타인의 상대성 이론으로 정립된 혁신적 세계관에 바탕을 두고 정밀화, 거대화, 조직화된 현대적 연구 수단에 의하여 규명되고 발전하게 된 것이다.

이러한 문제들의 규명은 물리학, 화학, 생리학과 의학 등 여러 분야에 파급되어 여러 분야의 발전을 촉진함과 아울러, 여러 분야의 연구 성과는 이러한 문제들의 연구를 촉진했으며, 때로는 직접적으로 이런 기본적 문제의 실마리를 찾거나 해결해 주었다. 예를 들면, 물리학자인 러더퍼드와 화학자인 소디가 수행한 방사선과 방사능에 대한 연구를 화학 분야나 물리학 분야 어느 한 분야만의 연구로 분류할 수 없으며, 그들이 규명한 방사능 붕괴 법칙도 어느 한 분야의 성과로 볼 수 없고, 그 성과가 가진 의의는 과학 전반에 미치고 있다. 그리고 또 헬름홀츠가 연구한 '생리학적 광학'도 생리학이나 광학의 어느 한 분야에 속한 것은 아니다. 즉, 현대의 과학기술은 첨예화되고 세분화된 반면에 세분화된 여러 전문 분야는 더욱 밀접한 상호 관련과 교호작용으로 발전했다. 따라서 어떤 전문 분야나 문제에 대한 연구 성과는 그 전문 분야에 국한된 것이 아니라 과학 전반의 성과로 보아야 하고, 그러한 연구 성과의 의의를 어떤 전문 분야별로 분류하기조차도 어렵게 되었다. 한 개인이 연구한 내용조차도 세분화된 어떤 특정 전문 분야에 한정된 것이 아니라 일반적으로 여러 전문 분야에 걸쳐 있고, 그 연구 성과가 미친 영향과 의의도 여러 전문 분야에 상호 교착되어 있다.

그렇다고 아무런 계통적 분류도 없이 현대 과학의 성과를 연대순으로 나열만 해놓으면, 우리가 찾고자 하는 과학기술 발전에 있어서의 상호 관련성과 일관된 역사성을 상실하게 된다. 이와 같이 현대 과학의 역사를 기술하는 것은 매우 어려운 난관에 부닥쳐 있다. 그래서 여기서는 우선 20세기에 발전한 대표적인 과학의 업적에 대하여 살펴보려고 한다. 이러한 대표적 업적들은 20세기부터 수여하기 시작한 노벨상 수상자들의 업적들이라고 볼 수 있다. 따라서 여기서는 물리, 화학, 생리 및 의학, 세 분야에 대한 노벨상 수상자들이 현대 기초과학 발전에 기여한 주요 업적과 그 연구 경위 및 관련된 인적 사항에 대해 살펴보기로 한다. 그리고 이 업적들은 상호 관련과 교호작용으로 발전한 것이나, 그러한 상호 관련과 교호작용에 대한 의의를 정확하게 기술하는 것은 너무 전문적인 문제일 뿐 아니라, 현대 과학의 다양한 전문화와 그들 전문 분야의 복잡한 상호 관련으로 볼 때 거의 불가능한 것이다. 이런 현대 과학기술의 상호 관련적인 발전 과정을 일관성 있게 계통적으로 그려보는 것은, 다음에 현대 과학기술의 종합적 발전 성과로 볼 수 있는 전자공학과 원자핵에너지 개발에 국한하여 다시 살펴보기로 한다.

1. 물리학

20세기의 물리학 분야에서, 노벨 물리학상 수상자들의 개인의 업적들을 기술하는 데만도 상당한 어려움이 있다. 그것들은 너무나 세분된 전문 분야일 뿐 아니라 그들 상호간에도 밀접하게 관련되어 있어서 한 사람의 연구 성과와 의의도 계통적으로 살펴보기 힘들기 때문이다. 그렇다고 각 개인의 연구 업적을 각 전문 분야별로 분할해서 기술하거나 계통을 세우지 않고 나열만 하면, 그것이 과학 발전에서 가지는 상호 관련성과 일관된 역사성을 상실하게 된다.

그래서 현대 물리학의 발전 과정을 개관해 보면, 프랑크의 양자설과 아인슈타인의 상대성 이론이 정립된 전과 후로 구분해 볼 수가 있다. 그리고 이 두 학설에 의하여 새로운 세계관이 정립된 후의 현대 물리학은 이 두 학설에 근거하여 발전하게 된다. 그것들은 전자파(빛과 X선, 그리고 γ선까지 포함)와 방사선(전자나 입자들을 포함)에 대한 실험적 연구를 주로 한 '실험물리학 분야'와 양자론과 상대성 이론을 발전시켜서 양자역학이나 통일장이론으로 전개시켜 나간 '이론물리학 분야', 그리고 원자나 원자핵의 구조와 역학적 관계를 규명한 '원자와 원자핵 물리학'의 세 분야로 대분하여 볼 수가 있다. 현대 물리학을 이와 같이 분류하는 것은 엄격한 의미에서는 이론의 여지가 많고 또한 명확하게 분류할 수 없는 난점들도 있으나, 여기서는 우선 노벨 물리학상 수상자들의 연구 업적을 이와 같이 대분하여 살펴보기로 한다.

1) 상대성 이론 이전의 업적

현대 물리학은 플랑크의 양자설과 아인슈타인의 상대성 이론을 기초로 하여 발전했다. 두 학설이 나오기까지는 뢴트겐의 X선 발견, 로런츠와 제이만에 의한 전자설의 정립, 베크렐과 퀴리 부부에 의한 방사선과 방사성물질의 발견, 레일리와 램지의 정밀 측정에 의한 아르곤 원소 발견, 레나르트의 음극선 규명, 톰슨의 전자 규명, 마이컬슨의 절대공간에 대한 지상 광속도 측정, 그리고 원자모형을 제시하여 1908년도 노벨 화학상을 수상한 러더퍼드의 업적 등은 이미 앞에서 상세히 기술했으므로 재론하지 않고, 아직 기술하지 않았던 업적들을 살펴보기로 한다.

프랑스의 물리학자 가브리엘조나스 리프만(Gabriel-Jonas Lippmann, 1845~1921)은 1886년 이래 파리 대학 실험물리학 교수로 있으면서, 전기의 모세관 현상을 연구하여 모세관 전위계를 만들었고, 1891년에 빛의 간섭을 이용한 천연색 사진의 실험에 성공하여 1908년도 노벨 물리학상을 수상했다. 그리고 리프만이 처음으로 시도한 천연색 사진은 오늘날과 같은 천연색 사진의 문명을 여는 단서가 되었다.

네덜란드 물리학자 발스(Johannes Van der Waals, 1837~1923)는 1877~1908년간 암스테르담 대학 물리학 교수로 재직했는데, 1873년에 기체에 대한 실험으로 그 상태방정식을 발견했고, 1893년에 모세관 현상의 열역학 이론을 세웠다. 그는 이 상태방정식 연구에서 분자 간의 인력을 해명하여 1910년도 노벨 물리학상을 수상했다. 이와 같은 전기나 유체의 모세관 현상을 역학적으로 해명하고, 분자 간에 작용하는 인력의 역학적 이론을 세운 것은 물리적 현상의 해명뿐만 아니라 화학과 생리학적 현상도 해명하게 되어, 여러 분야에서 다양한 활용을 하게 되었다.

독일의 물리학자 빌헬름 빈(Wilhelm Wien, 1864~1928)은 전기학자 막스 카를 빈(Max Carl Wien)의 종형인데, 헬름홀츠의 조수로 연구를 시작했다. 열복사에 대한 연구를 하여 1893년에 흑체복사(黑體輻射)에서 그 세기가 최대로 되는 파장은 절대온도에 반비례한다는 중요한 '빈 변이법칙'을 발견하여, 천체나 용광로 온도를 멀리 떨어진 곳에서 그 복사선의 스펙트럼을 분석하는 것만으로 정확하게 측정할 수 있게 했고, 양자설을 가정하게 된 막스 플랑크의 복사 공식 발견에 앞서, 파장이 짧은 영역의 열복사 강도 공식을 유도해 냄으로써 플랑크의 열복사 이론의 선구가 되었다. 그는 이 열복사 연구로 1911년도 노벨 물리학상을 수상했고, 후에 기센 대학과 뷔르츠부르크 대학 교수를 거쳐 1920년에 뮌헨 대학 교수가 되었다.

네덜란드의 물리학자인 카메를링 오너스(Heike Kamerlingh Onnes, 1853~1926)는 1882년에 레이던 대학 교수가 되어, 1894년 동 대학에 부속 저온 연구소를 창설하여 동 연구소에서 다량의 액체공기와 액체수소 등을 만들어서, 1908년에 액체헬륨을 만들어 내는 데 성공하여 절대 0도에 가까운 섭씨 영하 269도의 저온을 얻는 데 성공했다. 그리고 이런 저온에서 전기저항이 없어지는 초전도 현상을 발견하여 1913년도 노벨 물리학상을 수상했다. 그가 실현시킨 저온은 저온물리학과 저온화학을 낳게 했을 뿐만 아니라, 저온 상태와 관련된 여러 분야에 활용됐고, 그가 발견한 초전도 현상은 오늘날의 전기공학 분야에서 활용되어, 강력한 자력으로 전기열차를 떠올려 주행하는 자력부상열차(磁力浮上列車)나 핵융합 반응 연구에서와 같이 초고온 플라즈마를 담을 자력관(磁力管) 개발을 목표로 한 초전도 분야를 열게 했다.

독일의 이론물리학자 라우에(Max von Laue, 1879~1960)는 1912년에 X선의 결정체에 의한 회절 현상의 이론 정립과 실험에 성공하여, '라우에반점'이라는 이름을 남겼다. 그리고 상대성 이론과 초전도 현상에 대한 연구를 진행했으며, 1914년도 노벨 물리학상을 수상했다.

영국의 물리학자인 브래그(Bragg) 부자(父子)는 공동으로 X선의 파장 측정 등 X선에 관한 연구를 하여, 1912년에 X선 간섭에 관한 '브래그 공식'을 세웠다. 또 X선 회절에 의한 결정구조 연구를 했으며, 1913년에 'X선 분광기'를 고안해 냈다. 이 연구로 부자가 공동으로 1915년도 노벨 물리학상을 수상했다. 아버지 헨리 브래그(Sir William Henry Bragg, 1862~1942)는 1886~1908년간 오스트레일리아 아들레이드 대학 교수로 재직했고, 귀국한 후 1908~1915년에는 리즈, 1915~1923년에는 런던 각 대학 교수를 역임했으며, 1923년 이래 왕립연구소 화학 교수, 동 연구소 소장, 데이비-패러데이 연구소 소장을 역임했다. 그는 상기한 부자 공동 연구에 앞서, 방사성물질에서 방출되는 α 입자의 비정(飛程)에 대한 연구를 했다. 아들 로렌스 브래그는(Sir William Lawrence Bragg, 1890~1971)는 1919~1937년간 맨체스터 대학 물리학 교수, 1937~1938년에는 국립 물리실험소 소장, 1938년 이래 러더퍼드의 뒤를 이어 케임브리지 대학 물리학 교수 겸 왕립연구소 교수를 역임했고, 아버지와의 공동 연구에 이어 X선에 관한 연구로 1934년에 '합금 내의 원자 배치에 관한 질서 및 무질서와 이전 이론'을 정립하여 발표했다.

영국의 실험물리학자 바클라(Charles Glover Barkla, 1877~1944)도 역시 X선에 대한 연구를 하여, 이차 X선이 '산란 X선'과 '형광 X선'으로 구성된 것을 제기했고, 1906년에 X

선의 원자에 의한 산란을 실험하여 처음으로 원자 내의 전자의 수가 대체로 원자량의 반 수인 것을 추정해 냄으로써 1917년도 노벨 물리학상을 수상했다. 그는 1909~1913년간 런던 대학, 1913년 이래 에든버러 대학 교수를 역임했다. 시기로는 플랑크의 양자설이 발표된 이후의 연구에 속하나, 그 연구 내용에 있어서는 양자 이론 전개에 공헌하게 된 두 사람의 연구도 특기해 둘 만하다.

독일의 물리학자 슈타르크(Johannes Stark, 1874~1957)는 1909년에 아헨 공업대학 교수 가 되어, 양극선에도 파동원과 관측점 간의 상호 운동속도에 비례하여 그 파장이 변한다 는 도플러효과를 관찰하고, 1913년에 양극선을 써서 '슈타르크효과'를 발견했다. 그리고 양자 이론 발전에 기여하여 1919년도 노벨 물리학상을 수상했다. 그는 1917년 그라이프 스발트 대학, 1920~1922년간 뷔르츠부르크 대학 교수를 역임하고, 1933~1939년간 '국 립 물리기술 연구소' 소장으로 재직했는데, 그는 과학적 공적보다는 나치 정권하에서 유 대인 추방 운동에 앞장서서, 많은 유능한 유대인 과학자와 나치 정책에 반대하는 플랑크 와 같은 과학자를 망명하게 하여, 독일 과학 발전에 손해를 끼친 것이 더 많다.

스위스 태생의 프랑스 실험물리학자 기욤(Charles Édouard Guillaume, 1861~1938)은, 니켈강과 특히 1897년에 그가 발견한 인발 불변 강에 대한 연구와 이에 의한 시간과 온 도 측정을 개량한 공적에 의하여 1920년도 노벨 물리학상을 수상했다. 그는 1915~1936 년간 '도량형 만국중앙국' 국장, 1936년 이래 동 명예 국장으로 재직했다. 그가 발견한 '인발'은 도량형의 정밀 측정에 공헌했을 뿐만 아니라, 그 후의 정밀기계의 정도 향상에 크게 기여했다.

플랑크가 양자가설을 내놓기까지의 연구 과정과 아인슈타인이 상대성 이론을 발전시킨 과정, 그리고 이 두 이론이 제시한 혁신적 세계상이 가진 의의는 15장에서 이미 상세히 기술했기 때문에 여기서는 재론하지 않고, 이 두 이론에 근거한 20세기의 물리학 발전을 노벨상 물리학 분야 수상 업적들을 중심으로 살펴보기로 한다.

2) 전자파와 방사선

미국의 실험물리학자 밀리컨(Robert Andrews Millikan, 1868~1953)은 1896~1921년간 시카고 대학 교수로 재직하면서 기체 중에서의 브라운운동을 실험했고, 이어서 기름방울 실험(유적 실험)법을 고안하여, 1909년에 전자의 전기량을 정밀 측정하는 데 성공했다. 그리고 이온화도가 큰 이온에서 방출되는 자외선의 스펙트럼을 연구하여, 1918년에 파장이 매우 짧은 '밀리컨선'을 발견했다. 빛(광양자)이 원자 궤도전자에 작용하여 궤도에서 이탈한 전자가 빛과 똑같은 운동에너지를 가지고 방출되는 광전효과(Photo-electric effect)를 이용하여 플랑크 정수를 계산해 냈으며(h=6.45×10⁻²⁷erg.sec.), 우주에서 오는 방사선인 우주선(宇宙線)에 대한 연구 등을 했다. 그는 이와 같은 연구 공적으로 1923년도 노벨 물리학상을 수상했고, 1921~1945년간은 캘리포니아 이공과 대학 이사장 겸 동 대학 '노먼 브리지 물리학 연구소' 소장을 지냈다. 그의 저술한 주저들은 『The electron(1917)』, 『Science and life(1923)』, 『Evolution in science and religion(1927)』, 『Time, matter and value(1932)』, 『Electron(+ and −), protons, photons, neutrons, mesotrons and cosmic rays(1935)』, 『New elements of physics(1936)』, 『Three lectures on cosmic rays(1939)』 등 다방면에 걸쳐 있으며, 현대 물리학과 그의 철학적 개념을 간명하게 설명해 주고 있다.

미국의 실험물리학자 콤프턴(Arthur Holly Compton, 1892~1962)은 우스터와 프린스턴 대학에서 수학하여 X선에 대한 연구를 시작했으며, 1923년에 X선이 전자와 부닥치는 산란에서 그 파장이 변하는 소위 '콤프턴효과'를 발견했고, 이 현상의 해석에 아인슈타인의 광양자 개념을 도입하여 이론적 해명에 성공했다. 즉, 광양자 개념에서는 전자파인 빛을 전자파 진동수에 따른 에너지의 입자로 보는데, 그 광양자의 에너지 ε는 플랑크정수 h에 전자파의 진동수 ν를 곱한 ε=hν이다. 그런데 이것이 전자와 충돌하여 에너지 일부를 잃게 되면 그만큼 진동수가 줄게 되고 진동수의 역수인 파장은 길어지게 된다는 것이다. 오늘날 이 '콤프턴효과'는 앞에서 기술한 '광전효과'와 함께 광양자 개념을 실증하는 대표적인 사실로 꼽히고 있다. 그는 이 연구 업적으로 1927년도 노벨 물리학상을 수상했다. 그리고 1923~1945년간 시카고 대학 교수로 재직했을 때 우주선(宇宙線)의 연구를 했고, 1945년에 세인트루이스의 워싱턴 대학 총장이 되었다. 그의 주저 『X-ray and electrons(1926)』는 오늘날도 방사선 연구에 좋은 참고서가 되고 있다.

영국 스코틀랜드의 실험물리학자인 윌슨(Charles Thomson Rees Wilson, 1869~1959)은 주로 기체의 전리 작용에 대한 연구를 하여, 1897년에 방사선 연구에서 획기적 수단이 된 '윌슨무함(霧函, Cloud Chamber)'을 발견했다. 이 무함은 처음에 전기소량(전자의 전하)을 측정할 목적으로 고안된 것인데, 후에는 오직 우주선이나 원자핵에서 방출되는 방사선과 같이 높은 에너지를 가진 고속 입자선 또는 γ선과 같은 높은 에너지를 가진 전자파(경전자파)가 통과한 궤적을 관측하는 장치로 사용되었다. 이것이 원자핵과 우주선의 연구에 기여한 공적은 매우 크다. 그리고 1904년에는 오늘날 개인의 방사선 피폭성 양을 측정하는 '포켓체임버(Pocket Chamber)'와 같은 원리의 아주 예민한 금박 검전기도 발명했으며, 뇌우(雷雨)의 전기적 구조에 관하여 높은 곳은 양(+) 낮은 곳은 음(-)으로 대전한다는 '윌슨설'을 세워 심슨과 대립했다. 그는 이런 연구 업적으로 콤프턴과 공동으로 1927년도 노벨 물리학상을 수상했다. 그리고 1925~1934년간은 케임브리지 대학 물리학 교수로 재직했다. 그가 저술한 주저로는 『One method of making visible the path of ionising particles through a gas(1911)』, 『On the cloud method of making visible ions and the tracks of ionising particles(1927)』 등이 있다.

영국의 물리학자 리처드슨(Sir Owen Willans Richardson, 1879~1959)은 1906~1914년간 프린스턴 대학 교수, 1914~1944년간 런던 대학 교수로 재직했고, 1924~1944년간 왕립 협회 교수를 겸직했다. 그는 금속 또는 금속산화물을 가열했을 때에 전자가 방출되는 열전자 방사를 연구하여, 전자의 흐름과 방사체의 온도와의 관계에 대하여 '리처드슨효과'를 발견하여 열전자관의 기초를 확립했다. 그리고 열복사와 파장이 아주 짧은 자외선의 스펙트럼 연구에서도 중요한 성과를 올렸고, 1928년도 노벨 물리학상을 수상했다. 그의 주저로는 『Electron theory of matter(1914)』, 『The emission of electricity from hot bodies(1916)』, 『Molecular hydrogen and its spectrum(1933)』 등이 있다.

프랑스의 물리학자 루이 빅토르 드브로이(Louis Victor, Prince de Broglie, 1892~1987)는 이탈리아 피에몬테 출신의 프랑스 귀족 집안의 정치가이며 역사가로도 유명한 드브로이 경(Jacques Victor Albert, Duc de Broglie, 1821~1901)의 손자이며, β선, X선, γ선의 스펙트럼 연구로 유명한 모리스 드브로이(Maurice, Duc de Broglie, 1875~1960)의 동생이다. 1932년 이래 파리 대학 교수로 재직했다. 그는 빛과 전자의 특성을 통합하려고 했고, 특수 상대성 이론 상의 질점의 에너지와 양자론의 에너지를 대비시켜 전자파 개념을 도입했다. 전자파의 성질을 연구하여 연속과 불연속 이론을 통일하여 물질 이론에 독창적 해명을 주었고, 슈뢰딩거가 세운 파동역학의 선구가 되었다. 그는 이러한 연구 공적으로 1929년도 노벨 물리학상을 수상했다.

인도의 물리학자 라만(Sir Chandrasekhara Venkata Raman, 1888~1970)은 마드라스 주립 대학에서 수학하여 재무부 회계국 관리로 일했다. 1909년부터 캘커타에서 자연과학 연구를 시작하여 1917~1933년간 캘커타 대학 물리학 교수로 재직했다. 1919년에는 '인도 과학진흥협회' 명예 서기로 활약했고, 1928년에 '인도 과학대회' 회장을 맡았다. 그는 처음에 현과 현악기의 진동을 연구했고, 후에는 빛의 산란 연구로 전향했다. 1928년에 용액 중의 빛의 산란에 있어서 '라만효과'를 발견하여 양자 이론에 대한 실험적 증명을 해냈다. 그는 이 업적으로 1930년도 노벨 물리학상을 수상했다. 그 후에 1934~1948년간 '인도 과학연구소' 소장을 지냈고, 1948년에 '라만연구소'를 설립하여 소장을 지냈다. 그의 주저로는 『Vibrations of bowed stringed instruments(1918)』, 『Molecular diffraction of light(1922)』가 있다.

미국의 원자물리학자 앤더슨(Carl David Anderson, 1905~1991)은 장기간 우주선의 실험적 연구에서 많은 업적을 남겼고, 특히 윌슨 무상(霧箱)에 의한 우주선(宇宙線) 입자 관측에서 1932년 양전자(positron)를 발견하여 디랙의 예언을 실증했다. 이 공적으로 캘리포니아 이공과 대학 조교수로 있던 헤스와 공동으로 1936년도 노벨 물리학상을 수상했고, 1937~1939년간 동 대학 부교수, 1939년 이래 동 대학 교수로 재직했다. 그리고 영국의 물리학자 네더마이어(S. H. Neddermeyer, 1907~1988)와 공동으로 유카와(湯川)가 예언한 중간자(meson)를 우주선 입자 관측에서 발견했다. 또 우주선 중간자, 즉 μmeson 의 자연 붕괴에서 방사되는 전자와 양전자의 에너지 측정에 성공했다. 그리고 오스트리아 태생의 미국 물리학자 헤스(Victor Franz Hess, 1883~1964)는 1925~1931년간 그라츠, 1931~1937년간 인스브루크 대학 교수를 역임하면서 주로 방사성 현상을 연구했고, 기구로 고공 관측을 하여 우주선의 성질을 처음으로 정확하게 검사했다. 우주선의 발견과 그에 대한 연구로 1936년도 노벨 물리학상을 앤더슨과 공동으로 수상했다. 그리고 라듐에서 방사되는 α 입자 수를 1918년에 결정했다. 그는 1938년에 미국으로 망명하여 1940년에 '카네기연구소' 소원이 됐으며, 1944년에 미국에 귀화했다.

미국의 실험물리학자인 데이비슨(Clinton Joseph Davisson, 1881~1958)은 벨연구소 연구원으로 근무하고 있을 때, 동료 저머(Lester Halbert Germer, 1896~1971)와 공동으로 1927년에 전자선을 니켈 단결정 표면에 쪼여 전자파의 회절에 관한 실험으로 전자의 파동성을 실증했다. 그리고 1897년에 음극선이 음전기를 가진 소립자인 것을 확증하여 전자의 존재를 확립한 사람이 있다. 바로 유명한 영국의 실험물리학자 톰슨(Sir Joseph John Thomson, 1856~1940)의 아들인 조지 톰슨(George Paget Thomson, 1892~1975)이다. 그는 1915~1919년간 제1차 세계대전 중에 영국 공군에 배속되어 항공역학 문제를 연구했고, 1922~1930년간 아바딘 대학, 1930년 이래 런던 대학 교수로 재직했다. 그는 전자가 결정에서 일으키는 간섭 현상을 실험으로 발견하고, 전자의 파동성을 확인하여 미국의 데이비슨과 공동으로 1937년도 노벨 물리학상을 수상했다. 그리고 1940~1941년간 '영국 원자력위원회' 위원장, 1941~1947년간 '국제연합 원자력위원회' 영국 대표와 고문을 지냈다. 그가 저술한 주저로는 『Applied aerodynamics(1919)』, 『The wave mechanics of free electron(1930)』이 있다.

미국의 물리학자인 브리지먼(Percy Williams Bridgman, 1882~1961)은 1919~1926년간 하버드 대학 물리학 교수, 1926년 이래 동 대학 수학과 자연철학 교수로 재직했고, 1942년 물리학회 회장을 역임했다. 그는 특히 초고압 압축기를 발명하여 고압에서의 물상을 연구했으며, 압력의 상승에 의해 액체 점도가 현저하게 증가하는 것과 세슘(Cs)이나 마그네슘이 고압에서 조밀 구조(稠密構造)로 바뀌는 것, 그리고 1만 2000기압과 섭씨 2000도에서는 인(燐)이 불연성이고 도전성인 흑색의 새로운 형태를 취하는 것 등을 발견했다. 그리고 여러 가지 금속의 압축률과 전기저항의 압력에 의한 변화 등을 연구하여 1946년도 노벨 물리학상을 수상했다. 그는 특이한 연구 방법으로 예상을 뒤엎은 새로운 사실들을 발견했고, 방법론으로서 관측 이론과 결부하여 조작주의(operationalism)를 제창했다. 그가 저술한 주저로는 『The logic of physics(1927)』, 『The intelligent individual and society(1938)』, 『The nature of thermodynamics(1941)』가 있다.

영국의 물리학자인 애플턴(Sir Edward Victor Appleton, 1892~1965)은 1924~1936년간 런던 대학 교수와 물리학 부장, 1936~1939년간 케임브리지 대학 교수, 1948년 이래 에든버러 대학 교수를 역임했고, 1927년 이래 왕립과학협회 회원으로 활약했다. 그는 특히 전파와 전리층에 대한 연구로 1947년도 노벨 물리학상을 수상했다. 그가 발견한 전리층은 '애플턴층'이라고 불리게 됐고, 이 연구와 관련하여 '레이더'의 발달에 지대한 기여를 했다. 그리고 초단파 반사를 이용하여 유성(流星)의 연구도 했는데, 이것이 전파망원경을 이용한 천문학 연구의 시발이 되었다.

영국의 이론물리학자인 블래킷(Patrick Maynard Stuart Blackett, 1897~1974)은 1933~1937년간 런던의 버크벡 대학, 1937~1953년간 맨체스터 대학의 교수를 역임했다. 그는 제2차 세계대전 이전에 윌슨 무상(霧箱)에 의하여 '우주선샤워'를 연구하여 양전자를 발견했다. 그리고 제2차 세계대전 중에는 군사기술을 연구하여 작전 기술에 통계학적 방법을 채용하여 공헌한 바 크다. 그는 원자핵과 우주선에 관한 연구로 1948년도 노벨 물리학상을 수상했다. 그리고 1953년 이래 런던 대학 교수로 재직했다.

영국의 실험물리학자인 파월(Cecil Frank Powell, 1903~1969)은 1948년 이래 브리스틀

대학 교수로 재직했으며, '영국 평화위원회' 부의장을 했다. 그는 1936년경부터 방사선의 원자핵에 대한 반응을 사진 현상에서 관찰하는 원자핵 사진 원판에 의하여, 중성자의 양자에 의한 산란을 연구했다. 그리고 이어서 우주선 입자를 관측했다. 그는 특수한 원자핵 원판을 고안하여 볼리비아의 안데스산맥, 스페인의 피레네산맥, 알프스의 융프라우요흐봉 등의 고지 관측소에서 많은 협력자와 공동으로 조직적 연구를 했다. 이 우주선 연구에서, 종래에 하나로 생각했던 중간자에 π와 μ의 두 가지가 존재한다는 것을 1947년에 발견했다. 이어서 그의 연구소는 무거운 중간자 τ, χ, ζ, κ, 그리고 V 입자를 발견하고, 그것들의 성질을 규명하는 데 성공했다. 이 공적으로 1950년도 노벨 물리학상을 수상했다. 그가 주세페 오키알리니와 공저한 『Nuclear physics in photographs(1947)』는 지금도 원자핵 사진 원판에 의한 핵물리학 연구의 참고서로 활용되고 있다.

미국의 물리학자인 퍼셀(Edwards Mills Purcell, 1912~1997)은 제2차 세계대전 중에 방사열 연구소에서 전파를 도입시키는 도파관 회로와 마이크로파 전자 기술 등을 연구했다. 그리고 액체나 고체 시험 재료의 원자핵 자기모멘트(자기능률)를 고주파의 핵자기공명 흡수법(核磁氣共鳴吸收法)으로 측정하는 방법을 고안하여, 이것으로 고체나 액체의 물성론적 연구에 새로운 수단을 주어서 고체물리학 분야의 발전에 크게 이바지했다. 이러한 연구 업적으로 블로흐와 공동으로 1952년도 노벨 물리학상을 수상했다. 그리고 1949년 이래 하버드 대학 교수로 재직했다.

네덜란드의 물리학자인 제르니커(Fritz Zernike, 1888~1966)는 1915~1920년간 흐로닝언 대학 이론 물리학 강사를 거쳐서, 1920년 이래 동 대학 교수로 재직했다. 그는 처음에 천문학용 대형 반사경의 연마를 검사하는 방법을 연구하던 중에 빛 파동면의 변형, 즉 위상차의 검출에 착안하여, 이것을 물체의 현미경적으로 미세하게 균질하지 않는 것을 검출하는 데 응용하여 그 수학적 이론을 확립했다. 이어서 독일 차이스 회사 연구진과 공동으로 최초의 '위상차현미경'을 1935년에 완성했다. 이 업적으로 1953년도 노벨 물리학상을 수상했다. 그는 이 외에도 광학기계의 수학적 이론에 뛰어난 업적을 남겼다.

독일의 물리학자인 보테(Walther Wilhelm Georg Franz Bothe, 1891~1957)는 베를린 대학에서 플랑크의 사사를 받았고, 1929~1930년간 베를린 대학, 1930~1932년간 기센 대학 교수를 역임했다. 그리고 1932년 이래 하이델베르크 대학 교수로 재직했으며, 1934년 '카이저 빌헬름 연구소' 물리학 부장에 취임했다. 그리고 1939~1945년간은 나치에 협력하여 원자력 연구에 종사했다. 그는 원자물리학과 원자핵물리학의 실험적 연구를 했는데, 특히 X선이 전자에 의하여 산란될 때 X선과 전자가 동시에 산란되는 것을 확인하는 실험에서, 에너지 보존법칙이 개별적으로 성립하는 것을 확인했다. 1931년에 α선의 충격으로 리튬 원자가 질량 13의 탄소 원자로 변환되는 실험을 했으며, 리튬을 고속 양자로 충격했을 때 발생하는 고에너지인 γ선을 써서 원자핵의 인공 전환을 한 실험으로 유명하다. 그는 이 연구로 보른과 공동으로 1954년도 노벨 물리학상 수상했다.

3) 양자역학과 이론물리학

하이젠베르크(Werner Karl Heisenberg, 1901~1976)는 뮌헨 대학의 언어학 교수였던 August Heisenberg의 아들로 태어나서 뮌헨 대학과 조머펠트 대학에서 수학했고, 이어서 괴팅겐과 코펜하겐 대학에서 보른(Max Born, 1882~1970)과 보어의 지도를 받았고, 1927년 라이프치히 대학의 이론물리학 교수가 되어 1942년까지 재직하며 중요한 연구 업적을 올렸다. 그는 처음에 보어의 원자구조 이론 전개에 협력하여 1925년에 오늘날의 양자역학에 대한 최초의 착상을 발표했고, 이 이론과 슈뢰딩거의 파동역학에 의하여 양자역학의 기초를 확립했다. 그리고 운동량과 그 위치를 동시에 결정할 수 없다는 유명한 '불확정성 원리(不確定性原理)'를 논술하여 이 분야에 새로운 해석을 도입함으로써, 1929년에 파울리와 공동으로 양자전자기학을 전개했다. 그리고 1932년에 원자핵이 중성자와 양자로 구성되었다는 이론을 처음으로 발표하여, 원자핵에너지 개발의 이론적 기초를 세우는 데 공헌했다. 또한 우주선의 이론적 분석과 장이론의 한계를 논하는 등 양자역학의 기초적 제 문제의 연구에 지도적 역할을 했으며, 나아가서 소립자론의 가장 기초적인 문제에 대한 연구를 했다. 그는 이러한 공적으로 1932년도 노벨 물리학상을 수상했고, 그후 1942년 이래 베를린 대학 교수와 '막스 플랑크 연구소' 소장을 겸직했으며, 제2차 세계대전 종전 후에 1946년 이래 괴팅겐 대학 교수로 재직했다. 그는 후학의 연구 지도에도 뛰어나서, 문하에 블로흐와 파이얼스와 같은 위대한 과학자를 배출했다.

영국의 이론물리학자인 디랙(Paul Adrien Maurice Dirac, 1902~1984)은 케임브리지 대학의 유명한 통계역학자인 파울러(Sir Ralph Howard Fowler, 1889~1944) 밑에서 이론물리학을 전공했고, 당시에 발표된 하이젠베르크 등의 양자역학에 관한 기초적 논문에 자극되어, 그들과는 독립적으로 1925년에 여러 편의 논문을 발표하여 학계의 주목을 받았다. 다음 해에 코펜하겐의 보어 연구소에 들어가서 보어의 지도를 받아 1926년에 '복사장의 양자론'을 발표했고, 1928년에 상대론적 양자역학인 '디랙의 전자론'을 제창했다. 그리고 또 페르미와는 다른 통계역학을 세웠고, 그 후는 전자장의 양자역학 완성에 노력했다. 그는 1932년 이래 케임브리지 대학 수학과 교수에 취임했고, 1933년도에 슈뢰딩거와 공동으로 노벨 물리학상을 수상했다. 주저로는 『Principles of quantum mechanics (1930)』가 있다.

오스트리아의 이론물리학자인 슈뢰딩거(Erwin Schrödinger, 1887~1961)는 1920년에 예나와 슈투트가르트, 1921년에 브레슬라우, 1921~1927년간 취리히, 1927~1933년간 베를린 대학의 교수를 역임하는 동안에 드브로이가 주창한 '물질의 파동성 사상'에 근거하여 파동역학을 전개하여 그 기초로서 '슈뢰딩거 방정식'을 세웠다. 이 업적으로 디랙과 공동으로 1933년도 노벨 물리학상을 수상했다. 그 후 1933~1935년간 옥스퍼드 대학, 1936~1938년간 그라츠와 벨기에 각 대학 교수를 지내면서 새로운 장이론 수립에 노력했으며, 1940년에 아일랜드 더블린의 고등연구소(Institute of Advanced Study) 소장이 되었다. 주저로는 『Abhandlungen zur Wellen-mechanik(1927)』, 『Vier Vorlesungen uber Wellenmechanik(1928)』, 『Zur Kritik der naturwissenschaftlichen Erkenntnis(1932)』, 『What is life?(1946)』 등이 있다.

독일 태생의 미국 물리학자인 슈테른(Otto Stern, 1888~1969)은 1913~1915년 취리히, 1915~1921년 프랑크푸르트, 1921~1922년 로스토크, 1922~1933년 함부르크 대학 교수를 역임했고, 미국에 건너가서 1933년 카네기 연구소의 물리학 교수가 됐고, 1939년에 귀화해서 1945년까지 재직했다. 그는 원자선(原子線)을 불균일한 자장 중에 통과시켜 구부리는 '슈테른-게를라흐의 실험'을 하여 원자의 '방향 양자화(方向量子化)'를 확인했고, 양자의 자기능률을 측정했다. 이러한 공적으로 1943년도 노벨 물리학상을 수상했다.

미국의 물리학자인 라비(Isidor Isaac Rabi, 1898~1988)는 1929년 콜롬비아 대학 강사가 되어 1937년 이래 동 대학 교수로 재직했다. 1940년부터 MIT 방사선 실험 소장을 겸직했다. 그는 원자선의 자장 편향에 관한 슈테른-게를라흐의 실험 방법을 개량하고, 자기 공명 흡수법을 창시하여 원자핵의 자기능률 측정 정도를 매우 높여서 여러 원자핵에 대해 그 값을 측정하여 1944년도 노벨 물리학상을 수상했다. 제2차 세계대전 후에 그 방법에 의한 원자스펙트럼의 초미세 구조의 정밀 측정에 의하여, 전자의 이상 자기능률(異常磁氣能率)을 결정하여 양자전기역학(量子電氣力學)의 발전에 결정적인 방향을 제시해 주었다.

스위스의 이론물리학자인 파울리(Wolfgang Pauli, 1900~1958)는 1928년 이래 취리히 국립 공업대학 교수로 재직했으며, 1940년 이래 제2차 세계대전 중에는 미국에 가서 프린스턴 대학 고등연구소 객원 교수로 활약했다. 그리고 종전 후 귀국하여 1948년 이래 취리히 국립 공업대학 교수로 재직했다. 그는 젊어서부터 상대성 이론의 전개에 기여했고, 또 양자론의 체계화에 노력하여, 1924년에 '파울리의 배타원리(排他原理)'를 발견했다. 이 원리는 페르미의 통계법과 저온에서의 물질 상태 해명에 대한 출발점이 되었다. 그는 '배타원리'의 연구로 1945년도 노벨 물리학상을 수상했다. 주저로는 『Rela tivitats-theorie(1921)』, 『Quantentheorie(1926)』, 『Wellenmechanik(1933)』, 『Exclusion principle and quantum mechanics(1947)』 등 상대성 이론과 양자론, 그리고 특히 그가 발견한 배타원리에 대한 것이 있다.

블로흐는 스위스 태생의 유대계 이론물리학자이다. 라이프치히 대학에서 수학하여 하이젠베르크의 조수가 됐으며, 그의 지도하에 고체 양자 이론의 연구에 착수하여 금속의 전기전도 기구를 양자 이론의 입장에서 처음으로 밝혔고, 하이젠베르크가 창시한 강자성체 이론의 전개에도 공헌했다. 그리고 나치 정권의 탄압이 시작되자 1934년에 미국에 가서 스탠퍼드 대학 교수가 됐고, 1939년에 미국 시민이 되었다. 1945년 이래 그가 착상한 방법에 의하여 중성자의 자기능률을 처음으로 직접 측정했고, 또 1946년에 파장이 짧은 전파가 핵자기에 흡수되는 성질을 이용하여 원자핵의 자기능률을 측정하는 핵자기공명 흡수법(핵자기공명법: NMR)을 고안했다. 이것에 의한 고체 등의 물성 연구에 새로운 수단을 발전시켰다. 이 연구에 의하여 퍼셀과 공동으로 1952년도 노벨 물리학상을 수상했다. 그리고 1954년에 제네바에 설립된 '유럽 원자핵 연구소' 소장에 임명되었다.

파이얼스(Rudolf Ernst Peierls, 1907~1995)는 독일 태생의 영국 이론물리학자이다. 1925~1929년간 베를린, 뮌헨, 라이프치히 각 대학에서 수학하여 하이젠베르크와 파울리에게 사사했다. 영국에 가서 1933~1935년간 맨체스터 대학과 1935~1937년간 케임브리지 대학의 특별 연구원을 거쳐서 1937~1946년간 버밍엄 대학의 응용수학 교수를 했고, 1946년 이래 동 대학 수리물리학 교수로 재직했다. 그는 장(場)의 양자 이론, 원자핵 이론, 고체 양자 이론 등의 넓은 범위에 걸쳐서 뛰어난 업적을 남겼다.

독일 태생의 영국 이론물리학자인 보른(Max Born, 1882~1970)은 1915년 베를린, 1919년 프랑크푸르트, 1921~1933년간 괴팅겐 대학의 교수를 역임한 후 영국에 망명하여 1933~1936년간 케임브리지 대학 강사를 했다. 1936년 이래 에든버러 대학 교수로 재직했으며, 1939년 영국에 귀화했다. 독일 각 대학 교수로 재직했을 때부터 그의 중요 연구는 상대성 이론과 양자역학, 그리고 결정 이론에 관한 것이었으며, 하이젠베르크나 요르단과 함께 '매트릭스역학'을 발전시켜서 양자역학에 도입했고, 슈뢰딩거의 파동함수를 확률 진폭으로 풀었다. 특히 양자전자기학 분야에서는 '보른-인펠트' 장이론을 세워서 새로운 장을 열게 했다. 그리고 제2차 세계대전 후에는 유체 이론에 새로운 기초를 세웠다. 그는 보테와 공동으로 1954년도 노벨 물리학상을 수상했다.

독일 태생의 미국 이론물리학자인 쿠시(Polykarp Kusch, 1911~1993)는 블랑켄부르크에서 태어나서 1912년 미국에 가서 1922년에 미국 시민이 되었다. 콜롬비아 대학에서 수학하여 1937~1941년 동 대학 강사, 1941~1942년 웨스팅하우스(Westinghouse)사 기사, 1942~1947년 콜롬비아 대학 군사 연구원, 1944~1946년 벨연구소 연구원, 1946~1949년 콜롬비아 대학 부교수를 거쳐 1949년 이래 동 대학 교수로 재직했다. 그는 원자물리학과 원자핵물리학을 연구했고, 특히 전자의 자기능률을 정밀하게 결정한 업적으로 램과 공동으로 1955년도 노벨 물리학상을 수상했다. 윌리스 램(Willis Eugene Lamb, 1913~2008)은 1945~1948년간 콜롬비아 대학 조교수와 부교수를 거쳐 1948년에 동 대학 교수가 됐으며, 후에 스탠퍼드 대학 교수로 재직했다. 그는 원자와 원자핵의 구조, 마이크로파에 의한 전파분광학, 수소의 미세구조, 마그네트론 발진 등을 연구했고, 특히 수소 스펙트럼의 미세구조에 관한 여러 발견으로 상기한 쿠시와 공동으로 1955년도 노벨 물리학상을 수상했다.

4) 원자물리학 및 원자핵물리학

덴마크의 물리학자인 보어(Niels Henrik David Bohr, 1885~1962)는 코펜하겐 대학을 졸업하고 영국에 가서 1914년에 맨체스터 대학 강사가 되어 1916년까지 근무하며 러더퍼드의 지도를 받았다. 1916년 이래 코펜하겐 대학 이론물리학 교수로 재직했고, 1920년에 동 대학의 이론물리학 연구소 소장을 맡아 일했다. 그는 1913년에 러더퍼드의 원자모형에 플랑크의 양자가설을 적용하여 처음으로 합리적인 원자의 구조를 제시했으며, '정상상태'라는 개념을 도입하여 원자적 세계의 특질을 밝혔다. 그리고 이어서 하나의 양자 핵을 하나의 전자가 궤도를 돌고 있는 가장 간단한 구조를 가진 수소 원자의 스펙트럼, 즉 가장 기본적 궤도전자의 에너지를 도출하여 원자구조를 양자역학적으로 해명함으로써, 각 원소의 특성을 설명하여 화학에서의 주기표의 의식을 원자구조로부터 밝혔다. 현재의 양자역학은 그의 연구소에서 발전한 것이며, 특히 보어의 '상보성원리(相補性原理)'는 현대 양자 이론의 기초가 된 것이다. 이러한 연구 공적으로 1922년도 노벨 물리학상을 수상했다. 그의 주저인 『Theory of spectre and atomic constitution(1922)』과 『Atomic theory and description of nature(1935)』는 오늘날도 참고가 되고 있다. 그가 원자핵이 분열하는 모양을 설명하기 위하여 제시한 '물방울 모형(Liquid drop model)'은 핵분열 양상을 물방울이 갈라지는 표상으로 가장 간명하게 설명해 주어서, 핵분열에 기초한 핵에너지 개발에도 큰 공헌을 했다.

스웨덴의 물리학자인 시그반(Karl Manne Georg Siegbahn, 1886~1978)은 X선의 분광학에 관한 연구를 하여 X선 분광학과 그것의 응용에 대한 큰 업적을 남겼으며, 원자의 전자궤도 K와 L을 채우고 M 궤도에 전자를 가진 M 계열을 발견했다. 이러한 공적으로 1924년도 노벨 물리학상을 수상했다. 그는 1920~1923년 룬드 대학, 1923~1937년 웁살라 대학 교수를 역임했고, 1937년 이래 '노벨 물리학 연구소' 소장과 '왕립 과학 아카데미'의 총재를 지냈다. 그의 주저 『Spektroskopie der Rontgenstrahren(1931)』은 오늘날도 X선 분광 분야에 좋은 참고가 되고 있다.

독일 태생의 미국 실험물리학자인 프랑크(James Franck, 1882~1964)는 1912년에 헤르츠와 함께 처음으로 전자 충돌 실험을 했다. 1916~1918년 베를린 대학 교수, 1918~1920년 '카이저 빌헬름 물리화학 연구소' 물리학 부장, 1920~1933년 괴팅겐 대학 교수를 역임하는 동안에, 1920년에 수은 증기의 공명 전위와 이것으로 자극된 스펙트럼선의 진동수 간에 양자론적 관계가 성립하는 것을 실측했다. 그 후로 이 실험은 각종 원자와 분자의 에너지준위 결정의 한 방법으로 쓰이게 됐고, 그도 1922년에 헬륨에 대하여 실험했다. 이러한 공적으로 1925년도 노벨 물리학상을 헤르츠와 공동 수상했다. 그리고 나치 정권이 날뛰게 되자 덴마크를 거쳐 미국에 건너가서 1935~1938년에 존스홉킨스 대학 교수로 재직했고, 1938년 이래 시카고 대학 교수로 재직했다. 그의 유명한 저술에는 요르단(P. Jordan)과 공저한 『Anregung von Quantensprungen durch Stosse(1926)』가 있다. 그리고 또 프랑크와 공동 연구를 한 독일 원자물리학자인 구스타프 헤르츠(Gustav Hertz, 1887~1975)는 전자파를 실증한 하인리히 헤르츠(Heinrich Rudolf Hertz)의 조카이다. 1913년 프랑크와 공동으로 원자에 대한 전자 충돌 실험을 수행하여, 보어가 원자구조론에서 도입한 '정상상태 가설'을 실험으로 증명했다. 이 업적으로 프랑크와 공동으로 1925년도 노벨 물리학상을 수상했고, 1925년에 할레 대학 교수가 됐으며, 1927년 베를린 공업대학 교수와 '지멘스 연구소' 소장을 역임했다.

프랑스의 화학자이며 물리학자인 페랭(Jean Baptiste Perrin, 1870~1942)은 1910년에 파리 대학 물리화학 교수, 동 대학 '생물물리학 연구소' 소장을 역임하는 동안에, 콜로이드에 대한 연구를 수행하여 입자의 침적 평형과 브라운운동에 대한 실험과 이론에서 분자의 실재를 밝혔고, 몰분자의 측정에 성공했다. 또 화학반응의 복사 이론을 세웠고, 광학 방면에도 업적이 있다. 이러한 연구 공적으로 1926년도 노벨 물리학상을 수상했다. 그는 프랑스 제1차 '인민 전선 내각'에 과학 연구소장으로 입각했고, 후에 미국으로 망명하여 뉴욕에서 사망했다. 그의 아들 프란시스 페랭(Francis Perrin, 1901~1992)은 1946년 이래 '콜레주 드 프랑스'의 교수로 있다가, 1951년 이래 프랑스 원자력청 장관으로 활약한 과학자인데, 이 두 부자가 서로 오인되는 수가 많다.

미국의 화학자인 유리(Harold Clayton Urey, 1893~1981)는 1932년에 수소의 동위원소인 중수소를 발견하여 이 업적으로 1934년도 노벨 화학상을 수상했다. 그리고 1934~1945년에 콜롬비아 대학 교수와 동 대학 실험소 지도원(1939~1942년 동 대학 화학부장 겸직)으로 근무할 때에 질소, 탄소, 유황 등의 동위원소를 분리했다. 기체확산법에 의한 동위원소의 분리, 특히 우라늄235 분리의 기초적 이론이 된 '기체의 엔트로피'에 대한 연구를 비롯하여 분자구조와 흡수스펙트럼에 대한 뛰어난 연구가 있다. 그리고 1933~1940년에 『Journal of Chemical Physics』를 편집하여 미국의 물리화학계에 공헌한 업적도 특기할 만하다. 제2차 세계대전 중에는 콜롬비아 대학에서 중수의 제조, 우라늄235의 분리 등을 지도하여 원자폭탄 제작에 직접 기여했다. 그리고 종전된 1945년부터 시카고 대학 화학 교수로 재직했고, 1950년에 지구 등의 천체는 저온의 우주진(宇宙塵)이 모여서 되었다는 설을 증명하는 논문을 발표했다. 제2차 세계대전 중에 원자탄 개발에 직접 참여하여 원자핵에너지의 무서운 위력을 누구보다도 잘 아는 그는, 핵에너지의 국제 관리를 제창하여 오늘날의 '국제원자력기구'를 탄생하게 했다. 그의 주저에는 루악(A. E. Ruark)과 공저한 『Atoms, molecules and quanta(1930)』가 있다. 유리는 화학자이며, 그의 연구 분야도 화학 분야에 속한다. 노벨 화학상을 수상했으나, 그가 발견한 중수소나 그가 제조한 중수는 중성자를 감속하는 가장 좋은 물질이며, 그가 분리한 우라늄235는 핵분열 연쇄반응을 일으키는 기본 물질로서 원자핵에너지 개발에 있어서 매우 의의가 큰 것이므로, 다음에 기술할 졸리오퀴리 부부의 연구와 함께 원자핵에너지 개발의 기초를 다룬 이 원자물리학과 원자핵물리학 분야에서 기술한 것이다.

프랑스의 물리학자인 장 졸리오퀴리(Jean Frédéric Joliot-Curie, 1900~1958)는 파리의

'Ecole de Physique et de Chimie Industrielle'에서 수학한 후 1925년에 라듐연구소에 입소하여 퀴리 부인(Pierre Curie)의 조수가 돼서 방사능 연구에 종사했고, 퀴리의 맏딸 이렌(Iréne Joliot-Curie, 1897~1956)과 결혼했다. 그는 1932년에 바륨 핵을 α 입자로 충돌할 때에 발생하는 방사선의 성질을 조사하여, 채드윅이 중성자를 발견할 단서를 마련해 주었다. 그리고 1934년에 α선에 의한 원자핵의 인공 변환에 의하여 인공방사능을 처음으로 만들어, 그의 처와 공동으로 1935년도 노벨 화학상을 수상했고, 1937년에 프랑스 대학 교수가 되었다. 1938년에 오토 한(Otto Hahn, 1879~1968)과 슈트라스만(Fritz Strassmann, 1902~1980)이 원자핵분열을 발견하자, 그도 이 문제를 연구하여 1939년에 핵이 분열할 때 중성자가 방출되는 것을 실측해 냄으로써, 핵분열에서 방출되는 중성자가 다음 핵분열을 일으키는 중성자에 의한 '핵분열 연쇄반응'의 가능성을 제시했다. 제2차 세계대전 중에는 나치 독일에 대한 저항 운동에 참가했고, 종전 직후부터 원자력의 평화 이용에 관한 연구에 착수했다. 그는 '프랑스 국립 중앙 과학연구소' 소장에 이어 1946년에 '프랑스 원자력 위원회' 위원장이 되었다가 1950년에 파면됐고, 1951년에 '세계 평화 평의회' 의장에 취임했으며, '스탈린 평화상'을 수상하기도 했다. 그의 주저에는 『Projection de noyaux par les neutrons(1931~1932)』, 『Annihilation des electrons positifs(1933)』, 『Preuve experimen-tale de la rupture explosive des noyaux d'uranium et de thorium, l'action des neutrons(1939)』 등이 있다. 그의 처이며 퀴리 부인의 맏딸인 이렌 역시 물리학자이며, 상술한 연구를 남편과 공동으로 수행하여 1935년도 노벨 화학상을 수상했고, '프랑스 국립 중앙 과학연구소' 소장이 되었다. 그녀는 특히 1936년에 블룸(Leon Blum, 1872~1950) 인민 전선 내각의 과학 연구성 차관에 여성으로 처음으로 입각하여 화제가 됐고, 1937년 이래 파리 대학 교수로 재직했다. 제2차 세계대전 종전 후 1946년에 남편이 위원장인 '프랑스 원자력 위원회' 위원으로 취임했고, 1947년 소르본 대학 명예 교수로 재직했다.

영국의 원자물리학자 채드윅(James Chadwick, 1891~1974)은 맨체스터 대학과 케임브리지 대학의 캐번디시 연구소에서 러더퍼드의 조수로 일하다가 독립하여, 원자핵물리학의 매우 광범한 영역에 걸쳐서 실험적 연구를 수행했다. 그의 가장 뛰어난 연구 업적은 중성자를 발견한 것이며, 이것은 전기-원자핵물리학에 남겨져 있던 여러 가지 모순을 제거했을 뿐만 아니라, 그 후에 전개된 후기 원자핵물리학과 소립자론을 발전시키는 단서가 되었다. 이 연구 공적으로 1935년도 노벨 물리학상을 수상했으며, 1935년에 캐번디시

466

연구소 부소장이 됐고, 1936년 이래 리버풀 대학 교수로 봉직했다. 제2차 세계대전 중에는 원자핵 무기 개발에 참가했다. 그가 발견한 중성자는 원자핵물리학에 획기적 발전을 가져다주었을 뿐만 아니라, 오늘날의 원자핵에너지의 근원인 핵분열 연쇄반응을 일으키는 주역인 것이다.

'원자력의 아버지'라고 불리는 이탈리아의 물리학자 페르미(Enrico Fermi, 1901~1954)는 레이던과 기타 대학에서 이론물리학을 연구하여, 1924~1926년 피렌체 대학 강사, 1927~1938년 로마 대학 이론물리학 교수로 재직했다. 그는 이론과 실험 양면에 뛰어난 물리학자이며, 다방면에 큰 연구 업적을 남겼다. 그중에도 특히 1926년에 디랙과는 독립으로 양자 통계법을 발전시켜서 '페르미-디랙 통계'를 발견했고, 1934년에 파울리의 '중간자(neutrino) 가설'과 '장(場)의 양자 이론'을 써서 'β 붕괴 이론'을 전개함으로써 유카와(湯川)의 중간자론(中間子論)의 선구가 되었다. 그리고 각종 원자핵에 대한 중성자의 충격에 의한 원자핵 반응을 실험했고, 또 많은 방사성원소를 만들어서 그 이론적 연구로 원자핵 구조 해명에 기여했다. 그는 이러한 공적으로 1938년도 노벨 물리학상을 수상했다. 그리고 미국으로 망명하여 1939년에 콜롬비아 대학 물리학 교수가 된 이래로 1945년까지 시카고 대학에서 원자핵에너지 연구에 전념했다. 그가 수행한 중성자에 대한 각종 원자핵의 핵반응 실험에서 얻은 지식을 근거로 하여, 흑연으로 감속한 중성자에 의하여 핵분열을 연쇄적으로 일으키는 원자로를 구성할 수가 있다는 결론에 도달하여, 핵분열 연쇄반응을 제어하면서 지속시킬 수 있는 당시에는 '중성자 파일(neutron pile)'이라고 불린 소위 '원자로(nuclear reactor)'를 개발하는 데 심혈을 기울였다.

이러한 원자로는 원자탄을 개발하는 데 있어서, 핵분열 연쇄반응에 대한 귀중한 자료를 얻을 수 있을 뿐만 아니라 핵분열 물질인 '플루토늄(Pu-239)'을 생산할 수가 있어서 매우 의의가 큰 것이었다. 그래서 원자탄 개발의 일환으로 미국 정부의 적극적 지원도 받아, 그의 지도로 1942년 시카고 대학에 세계 최초의 원자로를 설립하는 데 성공했다. 이것이 오늘날의 원자력 시대를 개막한 시초로 볼 수가 있다. 이 원자로 설립의 성공으로 원자로물리학(Reactor physics)과 원자로공학(Reactor engineering)이 본격적으로 탄생하게 됐고, 원자력발전과 같은 본격적인 원자핵에너지의 평화적 이용을 할 수 있게 된 것이다. 제2차 세계대전 종전 후에도 그는 1945년 이래 시카고 대학 교수로 재직하며, 우주선(宇宙線)의 기원과 고에너지 핵반응에서의 중간자군(中間子群) 발생에 대한 이론적 연구를 발표했다. 그의 주저로는 『Sul peso dei elastici(1923)』, 『Introduzione alla fisca atomica(1928)』, 『Elementary particles(1951)』등이 있다.

미국의 물리학자 로렌스(Ernest Orlando Lawrence, 1901~1958)는 1928~1930년간 캘리포니아 대학 부교수, 1930년 이래 동 대학 교수로 재직했고, 1936년에 동 대학 부속 '방사선 연구소(Radiation Laboratory)'를 창립하여 그 소장을 겸했다. 그는 1930년에 원자핵물리학 연구에 가장 유력한 장치인 '사이클로트론(cyclotron)'의 기초 이론을 제출하여, 1932년에 처음으로 이 장치를 완성했고, 이후 이 장치의 개량 확장에 진력했다. 그는 이와 같은 공적으로 1939년도 노벨 물리학상을 수상했다.

제2차 세계대전 중에는 원자폭탄 연구 그룹의 핵심 요원으로 활약하여, 1942년에 우라늄235의 공업적 분리에 성공했다. 그가 주재하는 방사선 연구소는 고에너지 α 입자를 탄소에 충격하여 처음으로 중간자를 인공적으로 생성했고, 이것이 물질과 상호작용할 때에 나타나는 현상의 실험적 연구를 수행했다. 1954년에 사이클로트론과 같은 원리에 기초한 당시 세계 최대의 입자가속기인 '베바트론(Bevatron)'을 완성하여, 1955년에 반양자(反陽子)의 존재를 실험으로 확인하는 등 현대의 원자핵과 소립자의 실험적 연구에 있어서 선도적 지위에 도달했다. 아주 큰 에너지(1.02MeV 이상)를 가진 빛(광양자)이 음전기를 가진 보통의 전자와 양전기를 가진 반전자(反電子)로 전환되며, 이 반전자는 잠깐밖에는 있을 수 없고 전자와 결합하여 다시 빛으로 되는 현상에서, 이 세계에 존재하는 통상적인 소립자와 정반대의 성격을 가진 반입자(反粒子)가 존재하리라고 가상했던 것이나, 이것이 실제로 존재하는 것이 밝혀짐으로써 우리가 가졌던 우주의 기원과 존재에 대한 개념에 새로운 혁신이 생기게 되었다.

독일 물리화학자인 오토 한(Otto Hahn, 1879~1968)은 마르크부르크와 뮌헨 대학에서 수학했고, 1904~1905년 런던 대학에서 램지(Sir William Ramsay, 1852~1916) 밑에서 방사성물질을 연구하여, 방사성 '토륨(Th)'을 발견했고, 1905~1906년 몬트리올 대학에서 러더퍼드(Ernest Rutherford, 1871~1937)와의 공동 연구에서 방사성 '악티늄'을 발견했다. 그리고 귀국하여 1906년 베를린 대학 강사가 돼서 '메소토륨'을 발견했고, 1912년에 '카이저 빌헬름 협회' 화학 연구소 교수가 됐으며, 1917년에 마이트너와 공동으로 '프로트악티늄'을 발견했고, 1921년에 '우라늄'을 발견했으며, 1928년에 동 연구소 소장이 되었다. 그의 업적 중에는 특히 1938년에 슈트라스만(Fritz Strassmann, 1902~1980)과 공동으로 우라늄에 중성자를 조사하면 원자핵이 분열하는 것을 발견했다. 즉, 중성자에 의한 핵분열을 발견한 것이다. 이 연구는 원자폭탄의 발명뿐만 아니라 핵분열에 의한 원자핵에너지 개발의 단서가 되었다. 그는 이 핵분열과 방사성원소의 연구로 1944년도 노벨 화학상을 수상했고, 전후 1946년에 '막스-플랑크 협회 연구소' 소장이 되었다.

영국 물리학자 월턴(Ernest Thomas Sinton Walton, 1903~1995)은 콕크로프트와 함께 콕크로프트형 고전압 가속장치를 만들어, 이것으로 가속한 양자를 리튬 원자에 조사하여 리튬이 두 개의 α 입자로 분열하는 것을 1932년에 관측했다. 이것은 인공적으로 가속한 입자에 의한 원자핵의 인공적 변환에 대한 최초의 연구이며, 이 공적으로 콕크로프트와 공동으로 1951년도 노벨 물리학상을 수상했다. 그는 1946년 이래 더블린의 트리니티 대학 교수로 재직했는데, 상기한 연구 외에도 유체역학과 현대의 무선통신에 주역을 담당하고 있는 '마이크로 전자파'에 관한 연구가 있다.

월턴과 공동 연구를 한 영국의 물리학자 콕크로프트(Sir John Douglas Cockcroft, 1897~1967)는 맨체스터와 케임브리지 대학에서 수학하여 원자핵물리학 연구를 시작했다. 러더퍼드가 1919년에 천연 방사성물질에서 방사하는 α 입자를 써서 원자핵의 인공적 변환에 성공한 이래, 높은 에너지로 가속된 입자를 인공적으로 만드는 것이 절실히 요망됐을 때, 월턴과 공동으로 60만 볼트의 콕크로프트형 고전압 가속기를 만들어서 1932년에 이 것에 의하여 가속된 양자를 리튬 원자에 충격시켜서 리튬 원자를 두 개의 α 입자로 분열하는 데 성공했다. 이 원자핵의 인공 변환에 성공한 공적으로 월턴과 공동으로 1951년도 노벨 물리학상을 수상했다. 그리고 1936~1946년 케임브리지 대학 교수로 재직했고, 제2차 세계대전 중에 공급 상(供給相)과 기타 요직에 임명돼서 활약했으며, 1944~1946년에는 '캐나다 학술원' 원자력부장을 했고, 1946년 이래 영국 정부 원자력 연구소 소장을 했다. 그리고 원자핵 변환에 관한 많은 업적 외에도, 헬륨 액화 장치와 전자석의 설계에 새로운 고안을 했다.

미국 물리학자 맥밀런(Edwin Mattison McMillan, 1907~1991)은 1934년 캘리포니아 대학 방사능 연구소 연구원으로 근무한 이래, 1940년에 초우라늄 원소 '넵투늄'을 발견했고, 1940~1945년 제2차 세계대전 중에는 동 대학에서 군사적 연구에 종사했다. 1945년에 '싱클로트론'의 원리를 발견하여 그 제작에 성공했다. 그리고 1946년 이래 동 대학 물리학 교수로 재직했는데, 처음으로 중간자를 인공적으로 생성했다.

그리고 미국의 화학자 시보그(Glenn Theodore Seaborg, 1912~1999)는 캘리포니아 대학의 로렌스 밑에서 인공 방사성원소를 연구하여, 맥밀런 등과 공동으로 1940년에 원자핵 반응에 의하여 94번 원소 '플루토늄(Pu-239)'을 만들었다. 제2차 세계대전 중의 원자폭탄 계획에서는 시카고 대학에서 그들이 만든 플루토늄을 분리하는 중요한 일을 담당했다. 그리고 1944년에는 공동 연구자들과 '퀴륨'과 '아메리슘'을 만들었고, 1945년 이래 캘리포니아 대학 교수로 재직했는데 1950년에는 '버클륨'과 '칼리포르늄'을 모두 사이클로트론을 사용하여 창출했다. 이런 업적으로 1951년도 노벨 화학상을 맥밀런과 공동으로 수상했다. 시보그는 후년에 '미국 원자력 위원회' 위원장으로 활약했다. 이들의 연구는 화학 분야와 관련된 것이며, 노벨 화학상을 수상했으나 그들의 연구 성과는 원자핵물리학과 원자력 개발에 더 깊이 관련된 것이므로 여기에서 기술한 것이다.

2. 화학

현대 화학의 발전 양상은 세분화된 여러 전문 분야끼리뿐만 아니라 물리학과 생리학 분야와도 상호 밀접한 교호 작용으로 발전해 왔다. 각 사람의 연구 내용과 그 성과의 의의도 다방면의 전문 분야나 심지어 물리학과 생리학 분야에까지 복잡하게 서로 연관돼 있다. 그래서 이들의 연구 내용과 성과를 계통별로 분할하여 살펴보면 도리어 그 연관적 의의를 상실하게 되므로, 여기서는 20세기에 화학 분야에서 중요한 업적을 남겨서 노벨 화학상을 수상한 각 사람의 연구 내용과 성과를 살펴보기로 한다. 그런데 판트호프, 아레니우스, 램지, 베이어, 무아상, 러더퍼드, 오스트발트, 퀴리, 네른스트, 소디 등에 대해서는 이미 상세히 기술했으므로 재론하지 않는다.

독일의 화학자인 피셔(Emil Fischer, 1852~1919)는 1882년 에를랑겐, 1885년 뷔르츠부르크, 1892년 베를린 대학의 교수를 역임했다. 그는 생물체에 관계된 유기물의 연구와 각종 색소나 염료의 합성과 구조 결정에 관한 연구를 거쳐서, 1883년 이래 당류(糖類) 연구에 착수하여 당류를 분해하는 효소의 성질을 연구해 이 양자의 관계를 밝혔다. 이어서 단백질을 연구하여 그 성분 물질인 '아미노산'을 많이 얻어내서 그 구조를 확정하여, 각종 아미노산에서 다수의 폴리펩티드를 합성했다. 만년에는 이끼류의 화학성분과 타닌의 연구를 했다. 1902년도 노벨 화학상을 수상했다.

독일의 생화학자인 에두아르트 부흐너(Eduard Buchner, 1860~1917)는 유명한 세균학자이며 면역학자인 한스 부흐너(Hans Buchner, 1850~1902)의 동생이다. 1898년 베를린,

1909년 브레슬라우, 1911년 뷔르츠부르크 대학의 화학 교수를 역임했다. 그는 1896년에 알코올의 발효 연구를 발표하여, 발효는 효모의 생리작용이 아니라 그중에 있는 효소의 작용인 것을 밝힘으로써 발효화학에서 신기원을 이루었다. 이 무세포 발효의 발견으로 1907년도 노벨 화학상을 수상했으며, 제1차 세계대전에 종군하여 전사했다.

독일 화학자 발라흐(Otto Wallach, 1847~1931)는 '원자가 설'을 세운 케쿨레의 제자이다. 1876년 본, 1889~1915년 괴팅겐 대학 교수를 역임했다. 그는 '테르펜'과 '나프탈렌' 등에 대한 연구 업적으로 1910년도 노벨 화학상을 수상했다. 그의 주저에는 『Terpene und Kampfer(1909)』가 있다.

프랑스 화학자 그리냐르(Francois Auguste Victor Grignard, 1871~1935)는 1919년 이래 리옹 대학 교수로 재직했다. 그는 마그네슘과 취화알킬이나 옥화알킬 등이 에테르 중에서 화합하는 것을 발견하여, '그리냐르 시약'을 처음으로 만들어 냈다. 그리고 이것을 응용하여 복잡한 구조의 분자를 합성할 수 있는 '그리냐르 반응'을 발견했고, 유기화합물의 합성, 구조 결정 등에 매우 유용한 효과를 올렸다. 그리고 또 한 명의 프랑스 화학자인 사바티에(Paul Sabatier, 1854~1941)는 베르틀로의 문하에서 수학하여, 1882년 툴루즈 대학 교수가 되었다. 그는 백금과 팔라듐 촉매 등의 연구를 했고, 1897년에 니켈 촉매에 의한 에틸렌의 수소 화합을 발견했으며, 환원 니켈이 우수한 수소 화합 촉매인 것을 밝혔다. 이것으로 고체 촉매를 사용한 화학반응은 획기적 발전을 했고, 1900년에 동을 촉매로 사용하여 아세틸렌을 중합하여 '큐프론'을 만든 것과 1901년에 니켈 촉매에 의하여 벤젠을 수소와 화합하여 시클로헥산(사이클로헥세인)을 얻은 것을 보고했다. 이 연구는 수소 화합뿐만 아니라 탈수소, 산화, 중합, 분해 반응 등 매우 광범위에 걸쳐서 고온 고압 화학의 진보와 함께 오늘과 같은 촉매반응의 눈부신 발전을 하게 한 기초를 세웠다. 이러한 그의 공적으로 그리냐르와 공동으로 1912년도 노벨 화학상을 수상했다. 그의 주저에는 『La catalyse en chimie organique(1913)』이 있다.

스위스 화학자 베르너(Alfred Werner, 1866~1919)는 1893년에 취리히 대학 교수가 됐고, 이때에 발표한 무기화합물의 구조에 관한 논문은 '배위설(配位說)'의 기초가 되었다. 즉, 주원자가와 측원자가의 생각을 적용하여 '초염(醋鹽)'이라고 불린 조성의 복잡한 화합물 구조를 설명하여 그 이성체의 존재를 설정했다. 이는 그 후 X선에 의한 연구로 확인되었다. 베르너는 이러한 공적으로 1913년도 노벨 화학상을 수상했다. 그의 주저에는 『Lehrbuch der Stereochemie(1904)』, 『Neuere Anschaungen auf dem Gebiete der anorga-nischen Chemie(1905)』등이 있다.

미국 화학자 리처즈(Theodore William Richards, 1868~1928)는 1883년 이래 25종 원소의 원자량을 정밀하게 측정했고, 중량 분석법에 많은 개량을 했다. 그리고 1901년 이래 하버드 대학 교수로 재직했는데, 1913년에 납의 동위원소를 발견했다. 그리고 열화학, 고압화학, 열역학의 연구 등에서 많은 공적을 세워서 1914년도 노벨 화학상을 수상했다.

독일의 화학자 빌슈테터(Richard Willstätter, 1872~1942)는 뮌헨 대학에서 베이어에게서 유기화학을 수학했다. 1902년 뮌헨, 1905년 취리히, 1912년 베를린, 1916~25년 다시 뮌헨 대학의 교수를 역임했다. 그는 시종일관 생물 현상의 화학적 연구에 몰두했고, 연구 대상에는 알칼로이드류, 예를 들어 코카인, 트로핀, 아트로핀, 꽃의 색소인 안토시안, 엽록소, 카로틴 등이 있다. 특히 1910년에 엽록소를 결정으로 얻어냈다. 그리고 1918년에 엽록소에 의한 식물의 동화작용과 '카르히드라아제, 프로테아제, 리파아제' 등의 효소 작용에 관한 연구를 했다. 그는 이러한 엽록소 연구에 의하여 1915년도 노벨 화학상을 수상했다.

독일 화학자 하버(Fritz Haber, 1868~1934)는 1906년 카를스루에 공업대학 교수가 됐고, 1911년 이래 베를린 '카이저 빌헬름 연구소' 물리화학 연구소장, 전기화학 연구소장과 베를린 대학 교수를 겸직했다. 그는 물리화학과 전기화학 방면에 우수한 연구 업적이 많으며, 카를스루에 시대에 기체 반응에 관해 많은 연구를 했다. 1908~1909년에 암모니아 합성 기술에 성공하여, 보슈와 공동으로 이것을 공업화한 공중질소 고정법인 '하버-보슈법'을 개발했다. 이것은 제1차 세계대전 중에 독일군의 화약 제조에 유효하게 쓰였다. 그는 이러한 공적으로 1918년도 노벨 화학상을 수상했는데, 1933년에 나치 정책으로 공직에서 쫓겨났다.

애스턴(Francis William Aston, 1877~1945)은 영국의 실험물리학자이다. 1909년 버밍엄 대학 강사, 1920년 케임브리지 트리니티 특별 연구원, 1935년 '국제 원자위원회' 의장을 역임했다. 그는 질량분석기(Mass-spectrometer)를 발명하여, 이것으로 원소의 대다수에 대한 동위원소의 존재를 측정해 냈다. 이 공적으로 1922년도 노벨 화학상을 수상했다. 그의 주저에는 『Isotopes(1922)』와 『Mass-spectra and isotopes(1933)』가 있다.

오스트리아의 화학자 프레글(Fritz Pregl, 1869~1930)은 1913년 이래 그라츠 대학 의 화학 교수로 재직했다. 그는 미량천칭(micro-balance)을 고안하여 유기화합물의 미량 탄화수소 분석법을 창시하여, 1913년에 원소 미량 분석법의 새로운 계통을 완성했다. 이러한 공적으로 그는 1923년도 노벨 화학상을 수상했다. 그의 주저에는 『Die quantitative organische Mikroanalyse(1916)』이 있다. 그리고 독일의 화학자인 지그몬디(Richard Adolf Zsigmondy, 1865~1929)는 콜로이드용액의 제조법과 그 성질을 연구하여 1903년에 콜로이드입자를 검출하기 위한 한외현미경을 발견하여, 1925년도 노벨 화학상을 수상했다. 스웨덴 화학자 스베드베리(Theodor Svedberg, 1884~1971)는 1912년에 웁살라 대학 화학교수가 되었으며, 동 대학 물리화학 연구소 소장으로 재직했다. 그는 콜로이드에 관한 많은 기초적 연구를 했으며, 초원심분리기를 제작하여 콜로이드입자의 질량과 고분자물질의 분자량을 측정했다. 이 공적으로 1926년도 노벨 화학상을 수상했다. 이상에 소개한 사람들은 각자의 연구 분야에서의 업적 외에, 애스턴이 발명한 '질량분석기', 프레글이 고안한 '마이크로밸런스', 지그몬디가 발견한 '한외현미경', 그리고 스베드베리가 제작한 '초원심분리기' 등은 현대의 화학 연구에 없어서는 안 되는 중요한 기기들이다. 이들 연구용 기기가 과학 발전에 공헌한 것은 실로 지대하다.

1915년 이래 뮌헨 대학 교수로 재직한 독일의 화학자 빌란트(Heinrich Otto Wieland, 1877~1957)는 담즙산(膽汁酸)과 유리기(遊離基), 그리고 질소를 가진 유기물(함질소 유기물)에 관한 많은 연구 업적이 있으며, 세포 내에서의 유기화합물의 산화 기구에 관한 논문이 있다. 특히 그는 담즙산에 대한 연구에 의하여 1927년도 노벨 화학상을 수상했다. 독일의 화학자 빈다우스(Adolf Windaus, 1876~1959)는 1906년 프라이부르크, 1913년 인스부르크, 1915년 괴팅겐 대학 교수를 역임했다. '스테린'이라는 동물의 신경조직과 기타 생물체에 반드시 함유된 복잡한 화합물에 대한 연구에서 큰 성공을 거두었다. 그리고 '에르고스테린'을 자외선으로 '비타민 D'로 변환한 것과 강심제인 '디기탈리스'의 연구로 특히 유명하며, 1928년도 노벨 화학상을 수상했다.

1898~1930년 런던 대학 '리스터 연구소' 생화학 교수로 재직한 영국의 화학자 하든(Sir Arthur Harden, 1865~1940)은 효소와 알코올 발효 연구로 유명하며, 효소에 관한 연구로 스웨덴의 화학자 오일러켈핀과 공동으로 1929년도 노벨 화학상을 수상했다. 오일러켈핀 (Hans Karl August Simon von Euler-Chelpin, 1873~1964)은 독일 태생이며, 독일 각지의 대학에서 수학했다. 1899년 스톡홀름 대학 물리화학 강사가 됐으며, 베를린과 파리의 '파스퇴르 연구소'에서 연구하여 스톡홀름 대학에 돌아가서, 1906~1941년 화학 교수와 생화학 연구 소장을 역임했다. 그는 물리화학, 유기화학, 무기화학, 생리화학 등 광범한 분야에 걸쳐 많은 업적을 남겼고, 특히 발효와 효소에 대한 연구 업적으로 하든과 공동

으로 1929년도 노벨 화학상을 수상했다. 그는 이 외에도 특히 '비타민'에 관한 연구로 유명하다.

독일의 화학자 피셔(Hans Fischer, 1881~1945)는 1921년 이래 뮌헨 공업대학 유기화학 교수로 재직했는데, 클로로필 같은 일련의 피롤 유도체를 연구하여 이들의 폴리필렌 구조를 결정하고 합성했다. 이 공적으로 1930년도 노벨 화학상을 수상했다. 그의 주저에는 『Die Chemie des Pyrrol(1934~1940)』이 있다. 그리고 독일의 전기기술자이며 공업가인 로버트 보슈(Robert August Bosch, 1861~1942)의 조카이며 화학공업가인 칼 보슈(Carl Bosch, 1874~1940)는 1897년 이래 공업화학 분야에 들어가서, 1919년에 I. G. 염료공업 회사 사장이 됐다. 하버가 발명한 공중질소 고정법에 착목하여, 그와 공동으로 1908년에 수소, 질소, 암모니아 합성에 성공했다. 이것은 제1차 세계대전 중에 화약 원료로 이용되었다. 그리고 고압화학의 이용에 관한 업적으로 베르기우스와 공동으로 1931년도 노벨 화학상을 수상했고, 1935년에 IG 염료공업 회사의 이사장이 되었다. 독일 화학자 베르기우스(Friedrich Bergius, 1884~1949)는 수소 가스에 의한 석탄 액화(베르기우스법)를 1913년에 완성했고, 목재에서 당(糖)을 채취하는 방법을 연구했다. 이 공적으로 보슈와 공동으로 1931년도 노벨 화학상을 수상했다. 그는 1947년에 아르젠 친정부 고문이 됐고, 후에 부에노스아이레스에서 사망했다.

미국 물리화학자 랭뮤어(Irving Langmuir, 1881~1957)는 1906~1909년 스티븐스 이공과 대학 화학 강사와 1905~1950년 GE 회사 연구소에서 근무하면서 많은 연구를 발표했고, 1950년 이래 동 연구소 고문이 되었다. 그는 가스 주입 전구, 응결식 랭뮤어펌프', 수정계의 진동을 이용한 '랭뮤어 진공계', 수정계의 비틀림을 이용한 '랭뮤어-더시먼 진공계' 등과 기타 진공관에 관한 연구와 고안을 했다. 그는 루이스가 제안한 '8모설(八隅說)'을 발전시켜 1919년에 '루이스-랭뮤어 원자가 이론'에 의한 화학 결합론의 기초를 세웠다. 그리고 저압에서 물질의 증발과 응결에 대한 연구에 이어 흡착 연구를 하여 '단분자층 설'을 제창했으며, '랭뮤어 흡착 등온식'을 발표함으로써 이 방면의 화학 발전을 촉진시켰다. 이러한 업적으로 1932년도 노벨 화학상을 수상했다. 그는 1946년에 옥화은 입자를 강우의 씨로 사용한 '인공강우 실험'으로 유명하다.

네덜란드계 미국 물리학자 디바이(Peter Joseph William Debye, 1884~1966)는 1912년 위트레흐트, 1914년 괴팅겐, 1920년 취리히, 1927년 라이프치히 대학 교수를 역임했으다. 1935~1940년에는 '카이저 빌헬름 연구소' 물리학 부장을 했는데, 1940년에 도미하여 코넬 대학 화학 교수가 되어 미국 시민이 되었다. 그는 고체의 비열 이론인 '디바이 비열식', 분말 결정에 의한 X선 회절에 관한 '디바이-셰러법', 전자에 의한 X선 산란 이론, 강전해질 용액에 대한 이론, 유극분자에 대한 연구 등 분자물리학 영역의 많은 연구 업적으로 유명하다. 이러한 공적으로 1936년도 노벨 화학상을 수상했다. 주저에는 『Polare Molekeln(1929)』이 있다.

영국의 화학자 하스(Sir Walter Norman Haworth, 1883~1950)는 1925~1948년 버밍엄 대학 화학 교수로 재직했고, 1947~1948년에 동 대학 부총장을 역임했다. 그는 카러와 공동으로 '비타민 C'의 화학적 연구를 하여 그 구조식을 결정하고 합성에 성공하여 '아스코르브산'이라고 명명했다. 그리고 탄소화합물에 관한 연구를 했고, 특히 1929년의 자당(蔗糖) 구조에 관한 연구는 유명하다. 그는 카러와 공동으로 1937년도 노벨 화학상을 수상했고, 제2차 세계대전 중에는 우라늄 동위원소의 기체 확산 분리법의 연구를 지도했다. 모스크바 태생의 스위스 화학자인 카러(Paul Karrer, 1889~1971)는 에를리히(Paul Ehrlich, 1854~1915) 밑에서 연구하여, 1918년 이래 취리히 대학 교수로 재직했다. 1921년에 다당류의 구조를 밝히고, 비타민 A와 K를 분리해 냈으며, 비타민 B_2와 E를 합성했다. 또 비타민 A, E, B_2와 카로티노이드 색소 등의 구조를 해명하여 하스와 공동으로 1937년도 노벨 화학상을 수상했다. 그리고 독일의 화학자이며 생물학자인 쿤(Richard Kuhn, 1900~1967)은 빈에서 태어나서, 1926년 뮌헨과 취리히 국립 공업대학 교수가 됐고, 1929년 이래 하이델베르크 대학 교수로 재직했다. 그도 역시 비타민류와 카로티노이드의 분자구조를 연구하여 합성에 성공했다. 이 연구로 하스, 카러와 공동으로 1937년도 노벨 화학상 수상자로 결정됐으나, 나치 정책에 의하여 사퇴했다.

독일의 유명한 생화학자 부테난트(Adolf Friedrich Johann Butenandt, 1903~1995)는 1933년 단치히 공업대학 교수가 됐고, 1936년 이래 '카이저 빌헬름 연구소' 생화학 부장으로 재직했다. 그는 '스테로이드호르몬' 연구에 우수한 업적을 남겼다. 1929년에 여성호르몬의 일종인 '에스트론'을 추출했고, 1931년에 남자의 오줌에서 남성호르몬의 일종인 '안드로스테론'을 분리했으며, 여성호르몬의 일종인 '프로게스틴'의 화학구조 결정에도 성공하여 루지치카와 공동으로 1939년도 노벨 화학상 수상자로 결정됐다. 그러나 나치 정책에 따라 사퇴했다. 그 후에 암(癌)과 스테로이드의 관계, 바이러스와 유전자 등 생화학의 기본 문제를 연구했다. 종전 후에는 1945년 튀빙겐, 1953년 뮌헨 대학의 교수를 역임했다. 스위스의 화학자 루지치카(Leopold Ružička, 1887~1976)는 1926년 위트레흐트 대학, 1929년 취리히 공업대학 교수를 역임했다. 그는 '테르펜, 사포닌, 스테린' 종류를 연구했고, 많은 유기합성을 했다. 특히 1934~1935년에 콜레스테린에서 안드로스테론, 테스토스테론 등의 남성호르몬을 처음으로 합성해 냈고, 이 공적으로 1939년도 노벨 화학상을 수상했다.

1926년 이래 프라이부르크 대학 교수로 재직한 헝가리의 물리화학자 헤베시(Georg Karl von Hevesy, 1885~1966)는 코펜하겐 '보어 이론물리 연구소'에서 1923년에 네덜란드 실험물리학자 코스테르(Dirk Coster, 1889~1950)와 공동으로 72번 원소 '하프늄'을 발견했다. 방사성 동위원소를 화학반응과 기타에 표식 원소 또는 추적 원소(Tracer)로 이용하여 여러 화학반응과 생물 현상을 밝혔으며, 이 방법은 오늘날도 널리 이용되고 있다. 그는 X선과 방사성 동위원소의 응용 업적으로 1943년도 노벨 화학상을 수상했으며, 제2차 세계대전 중에는 스톡홀름에 망명하여 그곳 대학 교수로 근무했다.

1939년 이래 헬싱키 대학 교수와 동 대학 생화학 연구소장으로 재직한 핀란드의 생화학자 비르타넨(Artturi Ilmari Virtanen, 1895~1973)은 근류(根瘤)박테리아의 질소고정 기구를 밝히고, 사료 보존법을 개량한 영양과 식료 자원 개발에 관한 공적으로 1945년도 노벨 화학상을 수상했다. 그리고 1929년 이래 코넬 대학 교수로 재직한 미국의 생화학자 섬너(James Batcheller Sumner, 1887~1955)는, 효소(엔자임)와 단백(蛋白)에 관한 연구를 했다. 특히 1926년에 두과식물(豆科植物)의 씨에서 요소를 가수분해하는 효소 '우레아제'를 얻었는데, 이것은 효소를 결정으로 추출한 최초의 것으로 주목을 받았다. 이 공적으로 1946년도 노벨 화학상을 수상했다.

미국의 생화학자인 스탠리(Wendell Meredith Stanley, 1904~1971)는 독일에 유학하여 빌란트(Heinrich Otto Wieland, 1877~1957) 밑에서 연구하고 귀국하여, 1932년에 '록펠러 연구소'에 입소하여 1940~1948년 동 연구원, 1948년 이래 캘리포니아 대학 교수 겸 '바이러스 연구소' 소장으로 재직했다. 그는 '담배-모자이크병'의 바이러스를 순수한 결정형으로 추출하여, 그것이 핵단백(核蛋白)인 것을 발견했다. 이것으로 증식하는 병원 미생물인 바이러스가 단지 화학적 분자인 것을 발견하여, 바이러스 연구와 생물학 연구에 하나의 전기를 가져다주었다. 이러한 공적으로 노스럽과 공동으로 1946년도 노벨 화학상을 수상했다.

미국의 생화학자인 노스럽(John Howard Northrop, 1891~1987)은 콜롬비아와 하버드 대학에서 수학하여, 1924년 '록펠러 의학 연구소' 소원, 1939년 캘리포니아 대학 세균학 교수, 1942년 '국방 연구 위원회' 고문을 역임했다. 그는 아세톤 제조를 위한 발효법을 발명하고, 이 효소와 효소반응을 연구하여 1930년에 위액 효소를, 1932년에 트립신의 결정을 얻었다. 그리고 펩신, 키모트립신, 트립신 등의 결정화에 성공했으며, 이들 효소의 단백질로서의 성질을 밝혔다. 이 공적으로 스탠리와 공동으로 1946년도 노벨 화학상을 수상했으며, 주저에는 『Crystalline enzymes(1939)』이 있다.

영국의 유기화학자인 로빈슨(Sir Robert Robinson, 1886~1975)은 1915년 시드니, 1915년 리버풀, 1921년 세인트안드로스, 1922~1928년 맨체스터, 1928~1930년 런던 대학의 교수를 역임한 후, 1930년 이래 옥스퍼드 대학 교수와 동 대학 '다이슨 페린스 연구소' 소장으로 재직했다. 그는 1920년 한때 염료회사(British Dyestuffs) 연구주임으로 근무했는데, 식물의 색소인 알칼로이드와 페난트렌의 유도체를 연구하여 알칼로이드의 구조를 결정했다. 이 업적으로 1947년도 노벨 화학상을 수상했다. 그는 또 유기화학에 전자 이론을 도입하여 이 방면의 진보를 촉진했다. 그리고 제2차 세계대전 종전 후 1945~1950년에 왕립협회 회장으로 일했다.

스웨덴의 화학자인 티셀리우스(Arne Wilhelm Tiselius, 1902~1971)는 웁살라 대학의 물리화학 연구소에서 스베드베리 밑에서 콜로이드화학을 연구했다. 단백질의 전기영동(電氣泳動)을 이동 계면법(移動界面法)으로 관측하는 장치를 고안하여, 1937년에 혈청 단백질 분리에 대한 큰 성과를 거두었다. 이 '티셀리우스 장치'는 그 후에 단백질 연구에 널리 사용됐으며, 이 공적으로 10년 후에 1948년도 노벨 화학상을 수상했다. 그는 1938년에 웁살라 대학 생화학 교수가 됐고, 1948년에 동 대학 부속 생화학 연구소 초대 소장에 취임했다.

미국 화학자 지오크(William Francis Giauque, 1895~1982)는 1922~1927년에 캘리포니아 대학 조교수, 1927~1934년 동 대학 부교수, 1934년 이래 동 대학 교수로 재직했다. 1927년에 존스턴(Herrick Lee Johnston, 1898~1965)과 공동으로 산소의 동위원소를 발견했고, 1937년에 상자염(常磁鹽)의 단열소자(斷熱消磁) 방법으로 절대 0도에 매우 가까운 온도를 얻었고, 이것으로 열역학 제3법칙의 실험적 연구를 왕성케 했다. 그는 이 공적으로 1949년도 노벨 화학상을 수상했다.

독일의 유기화학자인 딜스(Otto Paul Hermann Diels, 1876~1954)는 1914년 베를린 대학, 1916년 키를 대학의 교수를 역임했다. 일산화탄소를 발견했고, 스테로이드와 셀렌의 탈수소 반응을 개발했으며, '디엔(diene)'의 합성법을 발견하는 등 많은 연구 업적이 있다. 그중에서 특히 알더와 공동으로 발견한 '디엔 합성법'은 테르펜, 비타민 등의 합성에 이용할 수 있는 유효한 합성법으로, '딜스-알더 반응'이라고 불리게 됐다. 이 공적으로 두 사람은 공동으로 1950년도 노벨 화학상을 수상했다. 알더(Kurt Alder, 1902~1958)는 1930년 키를 대학 강사, 1934년 쾰른 대학 조교수, 1940년 동 대학 교수 겸 화학 연구소장을 역임했다. 키를 대학에서 딜스 밑에 강사로 있을 때, 유기화학 합성법, 특히 디엔 합성법인 '딜스-알더법'을 창시했다. 이 업적으로 딜스와 공동으로 1950년도 노벨 화학상을 수상했다.

영국의 생화학자인 싱(Richard Laurence Millington Synge, 1914~1994)은 1941~1943년 '리즈 목재공업 조사협회'에서 근무했고, 1943~1948년에는 '런던 예방의학 연구소'에 근무했다. 그리고 그는 『Biochemical Journal』의 편집자로 활약했다. 그는 색층 분석 연구로 마틴과 공동으로 1952년도 노벨 화학상을 수상했다. 그리고 마틴(Archer John Porter Martin, 1910~2002)은 1932~1938년에 물리화학 연구소와 영양 연구소에서 근무했다. 그리고 1938~1946년은 '리즈 목재공업 조사협회'에서 근무했고, 1948년 이래 '국립 의학 연구소'에서 근무했다. 그는 색층 분석 개발에 기여한 바가 크다.

독일의 화학자인 슈타우딩거(Hermann Staudinger, 1881~1965)는 1908년 카를스루에 대학 조교수, 1926년 프라이부르크 대학 교수를 역임했고, 1940년 이래 '거대분자 화학 연구소' 소장으로 재직했다. 그는 고무의 연구에서 고분자화합물 연구에 들어가서, 이들 물질이 긴 사슬 모양의 분자로 된 것을 밝혔다. 그리고 고분자물질의 용액 농도 및 점도(粘度)와 그 물질의 분자량 간의 관계식인 '슈타우딩거 방정식'을 발견하여, 1953년도 노벨 화학상을 수상했다.

미국의 화학자며 생화학자인 폴링(Linus Carl Pauling, 1901~1994)은 1922년에 오리건 주립 대학을 졸업한 이래 캘리포니아 이공대학에서 구조화학에 관한 연구를 했다. 1926~1927년 유럽에 유학했고, 1931년 이래 캘리포니아 이공대학 교수로 재직했으며, 1936년 이래 동 대학 화학 과장 겸 '게트클레린 화학 실험 연구소' 소장을 역임했다. 그는 양자론을 화학에 응용하는 데 관심을 돌려, 원자의 스펙트럼, 결정 중에서의 분자와 이온의 회전과 상호작용, 이온의 반경과 자기모멘트의 결정 같은 여러 문제의 이론적 연구를 통해 화학 결합의 일반 이론을 도출했다. 특히 그가 제시한 양자역학적 공명이론은 유명하다. 그리고 1940년에는 단백질과 효소 등의 연구를 하여, 면역 항체의 구조와 형성에 관한 이론을 제출하여 생화학과 면역학의 진전에 자극을 주는 등 구조화학 분야에 큰 공헌을 했다. 그는 이러한 연구 공적으로 1954년도 노벨 화학상을 수상했다.

프랑스계의 미국 생화학자인 뒤비뇨(Vincent Du Vigneaud, 1901~1978)는 1932~1938
년 조지워싱턴 의학 전문학교 교수로 재직했으며, 1938년 이래 코넬 대학 의학부 교수
겸 생화학 부장을 역임했다. 그는 호르몬(옥시토신과 바소프레신의 합성), 비오틴(비타민
H), 코린, 프로틴, 아미노산펩티드, 페니실린 등을 연구했다. 그리고 유황화합물, 특히
폴리펩티드의 호르몬 합성에 관한 업적으로 1955년도 노벨 화학상을 수상했다.

3. 생리학과 의학

현대 생리학과 의학의 기초는 물리학과 화학의 발전된 기법을 응용함으로써 새로운 국면
을 맞이했다. 화학의 발전으로 세균과 효소에 대한 것이 밝혀져서 질병의 방역과 면역에
새로운 국면이 열리게 됐고, '항생물질'이라는 획기적 치료약도 개발되었다. 그리고 당분
과 단백질 같은 생리물질의 화학적 구조나 그 생리작용도 밝혀졌고, 비타민이나 호르몬
과 같은 물질의 생리작용과 그 화학적 구조도 밝혀져서 추출하거나 합성하게 되었다. 그
리고 발전된 물리학적 지식과 기법을 응용함으로써 외과나 물리치료뿐만 아니라 생리학
연구 분야에 획기적 발전을 가져왔고, 내분비에 대한 과학적 규명을 하게 됐으며, 특히
신경의 생리와 조절 기능이 밝혀지게 되었다.

그리고 19세기 이래 생물학에 있어서 논쟁이 끊이지 않았던 진화론에 대해서도, 유전
자가 발견되고 그 기능과 구조가 밝혀짐에 따라 종래의 관념론적 논쟁을 매듭짓게 됐다.
'유전공학'이라는 새로운 분야가 생겨서 현대 생물학에서 관심의 초점이 되었다. 이러한
20세기의 생리학 및 의학적 연구는 그 연구 분야가 다방면으로 세분화되고 상호 밀접하
게 관련되어 있어서 한 사람의 연구도 전문 분야로 분류하기조차 어려운 실정이다. 그래
서 노벨상을 수상한 주요 공적들을, 세균과 면역 및 효소와 항생제 개발에 관련된 것,
비타민과 호르몬 등의 생리물질의 화학적 개발에 관한 것, 신경과 조절에 관한 것과 외
과와 물리요법에 관한 것, 그리고 유전에 관한 것으로 크게 구분하여 그 연구 업적들이
공인돼서 노벨상을 수상한 연대순으로 소개해 보기로 하겠다.

1) 세균과 면역, 효소와 항생제

20세기에 들어서 세균과 효소에 대한 연구가 급진전하여, 면역학에 큰 공헌을 했을 뿐만 아니라 '항생제(抗生劑)'라는 획기적인 치료약도 개발하여 의료에 큰 진전을 보였다.

독일의 세균학자 코흐(Robert Koch, 1843~1910)는 결핵균과 콜레라균을 발견하여 현대 세균학의 원조가 되었다. 그는 하르츠의 시골 마을인 클라우스탈(Klausthal)에서 태어나서 처음에는 개업의와 지방 위생기사로 근무한 후, 1880년 '베를린 제국 위생원' 연구원이 된 이래 연구에 전념했고, 1885년 베를린 대학 교수가 되었다. 그는 1876년에 탄창병(炭疽病) 병원균을 확정했고, 1877년에 '창상 전염병(創傷傳染病)'의 병원에 관한 보고를 발표했다. 현적 표본 검사법(懸滴標本檢查法), 조직 절편 염색법(組織切片染色法), 현미경 사진 등의 여러 기술을 채용했으며, 특히 고형 배양기(固形培養基)의 고안은 세균학 연구에 일대 진보를 가져다주었다. 1882년에 결핵증의 병원으로 결핵균을 확정하여 베를린의 생리학회에서 발표했고, 1890년에 베를린에서 개최된 '만국 의학회'에서 투베르쿨린에 관한 보고를 했다.

1883년에 콜레라 연구를 위하여 인도와 이집트에 출장하여 콜레라균을 발견했고, 그 예방 방책을 확립했다. 그리고 독일 정부의 명령과 영국 정부의 위촉을 받아 '페스트, 말라리아, 트리파노소마증'에 대한 연구를 위하여 아프리카 각지와 이탈리아, 인도, 뉴기니 등지에 1909년까지 9회나 출장을 다녔다. 그 결과 '우역(牛疫), 아메바이질, 이집트 안질, 페스트, 말라리아, 트리파노소마증' 등의 연구를 선도했고, 그 방역에 진력했다. 그리고 페스트를 방역하는 데는 쥐를 구제(驅除)하는 것이 중요하다는 것을 가르쳐 준 것도 바로 그였다. 대학에서는 간명하고 엄격한 논리적 강의로 학생에게 큰 감화를 주었으며, 『Zeitschrift fur Hygiene und Infektionskrankheiten』라는 잡지를 발간하여 연구 발표를 왕성하게 했다. 그리고 전염병 연구소에서는 중요 전염병의 병원체를 발견하여 혈청 치료와 화학요법 등을 발명했다. 그럼으로써 세균학의 주요 분야는 그에 의해 완성되었다. 이러한 공적으로 그는 1905년도 노벨 생리의학상을 수상했다. 그의 주요한 저서들에는 『Aetiologie der Wundinfektionskrankheiten(1878)』, 『Milzbrandimpfung(1882)』, 『Heilmittel gegen Tuberkulose(1891)』, 『Bubonenpest(1898)』, 『Ergebnisse der vom Deutschen Reich ausgesandten Malarix-Expedition(1900)』, 『Bekampfung des Typhus (1902)』 등이 있다.

베링(Emil von Behring, 1854~1917)은 코흐의 문하에서 연구했고, 1895년 이래 마르부르크 대학 위생학 교수로 재직한 독일의 세균학자이다. 현재의 전염병학과 면역학의 주요한 견해는 대개 그의 기본적 연구에 근거한 것이며, 그의 수혈 면역 발견은 근세 혈청요법의 출발점이 되었다. 그는 1901년에 최초로 노벨 생리의학상을 수상했다. 그의 주저에는 『Gesammelte Abhandlungen zur atiologische Therapie von ansteckenden Krankheiten(1893)』, 『Die Geschichte der Diphtherie(1893)』, 『Atiologie und atiologische Therapie des Tetanus(1904)』, 『Einfuhrung in die Lehre von der Bekampfung der Infektionskrankheiten(1912)』 등이 있다.

영국의 병리학자이며 기생충학자인 로스(Sir Ronald Ross, 1857~1932)는 인도에서 태어나서 런던의 성 바돌로매 병원에서 수학하여, 1881~1899년 인도에서 군의로 근무하던 중 1892년에 말라리아 연구에 착수했다. 1897~1898년에 처음으로 말라리아 전파에 모기가 관여하는 것을 확인하고, 말라리아 원충의 생활환경을 연구하여 모기 체내에서의 발육 경과를 밝혔다. 그리고 1899년에 서아프리카에서도 '학질모기'를 발견했다. 그는 1902년도 노벨 생리의학상을 수상했고, 리버풀 대학 열대위생학 교수를 거쳐, 1913년에 런던 대학 부속병원 열대병 의사로 취임하여, 1923년에 런던의 '로스 연구소'와 열대병 병원 주임이 되었다. 그의 주저에는 『The prevention of Malaria(1910)』가 있다.

프랑스의 세균학자 라브랑(Charles Louis Alphonse Laveran, 1845~1922)은 1878~1883년 군의관으로서 알제리에 주재하는 동안에 말라리아열을 연구하여, 1880년에 말라리아 병원체를 발견했다. 그 후 프랑스의 '파스퇴르 연구소' 부장으로 재직했고, 1907년도 노벨 생리의학상을 수상했다. 그의 주저에는 『Trypanosomes et trypanosomiase(1912)』가 있다.

독일의 세균학자이며 화학자인 에를리히(Paul Ehrlich, 1854~1915)는 베를린 대학에서 유명한 병리학자 프레리히스 밑에서 1878~1883년간 내과학을 전공했다. 1885년부터 내과 교수 게르하르트의 조수를 거쳐 1889년 동 대학 강사를 했고, 1890년 코흐의 연구실에서 연구했으며, 1891년에 동 대학 전염병학 조교수가 되었다. 그는 베를린 교외에 '사립 혈청 연구소'를 설립하여, 1896년에 공립으로 된 동 연구소 소장에 취임했다. 그는 1899~1915년간 '프랭크포트 실험치료 연구소' 소장으로 재직하면서, 1904년 괴팅겐 대학 명예교수, 1906년 '게오르크 슈파이어 화학요법 연구소' 소장을 겸직했다. 1908년에 메치니코프와 공동으로 노벨 생리의학상을 수상했다. 그는 혈액학, 면역학, 화학요법의 기초를 세운 독창적 연구자이며, 세균학이나 의학화학 방면에 수많은 새로운 기법을 고안했다. 그리고 150여 편의 그의 논문은 다방면에 걸쳐 후학에 기여한 바 크다. 처음에 혈액 염색애서 시작하여, 아닐린 색소에 의한 생체 염색을 발전시켰고, 조직과 색소의 친화력에 주목하여 후에 여러 연구의 기초를 세웠다. 이어서 면역학 연구에 들어가서, 식물성 단백 독소인 '리신, 아브린, 로비닌'의 실험을 시작하여, 항원항체(抗原抗體)의 특이성과 그 양적 관계를 밝혔고, 유명한 '측쇄설(側鎖說)'을 세웠다. 이런 연구를 하는 동안에, 디프테리아 독소의 연구나 혈청 검사법의 확립 같은 업적을 남겼다. 그 후 1904년에 트리파노소마에 대한 '트리판로트'의 발견을 위시하여 여러 가지 화학요법제의 연구를 했다. 그리고 마침내 1910년에 매독 치료제인 '살바르산(606호)'을 발견했다. 그의 주저에는 『Ehrlich & A. Lazarus; Die Wertbemessung des Diphtherieheilserum und deren theoretischen Grundlagen(1897)』, 『Gesammelte Arbeiten zur Immunitatsforschung (1904)』, 『Uber die Beziehungen zwischen Toxin und Antitoxin und die Wege zu ihrer Erforschung(1905)』, 『Die experimentelle Chemotherapie der Spirillosen(1910)』, 『Abhandlung uber Salvarsan, 4 vols.(1911~1914)』 등이 있다.

러시아 태생의 프랑스 동물학자이며 세균학자인 메치니코프(Élie Metchnikoff, 1845~1916)는 하리코프 대학에서 수학하고, 1864~1865년에는 독일 기센 대학에서 로이카르트 (Rudolph Leuckart, 1822~1898) 밑에서 수학했다. 그리고 나폴리에서 코발레프스키와 공동으로 해산동물발생학을 연구했으며, 1870~1882년 오데사 대학 교수로 재직했다. 그는 1883년에 '세포를 먹는(식세포)' 현상을 발견했고, 1887년에 파리에 가서 1888~1916년간 '파스퇴르 연구소' 교수로 재직했다. 그는 '식 세포설(食細胞說)'을 제창했고, 노쇠의 원인을 장내 세균의 독소 생산에 귀착시켰다. 그는 면역에 관한 연구로 에를리히와 공동으로 1908년도 노벨 생리의학상을 수상했다.

벨기에의 세균학자인 보르데(Jules Jean Baptiste Vincent Bordet, 1870~1961)는 1895년에 면역 동물의 혈청 성상에 대한 연구로 유명하게 됐고, 1898년에 세균의 용혈 작용을 연구했다. 1901년 이래 브뤼셀의 '파스퇴르 연구소' 소장으로 재직했는데, 1905년에 '보체 결합반응'과 1906년에 '백일핵(百日咳)균'을 발견하여 이것을 배양하는 감자 정분을 가진 배양지(배지)에 그의 이름을 남겼다. 1919년도 노벨 생리의학상을 수상했다.

덴마크의 병리학자인 피비게르(Johannes Fibiger, 1867~1928)는 1900년 이래 코펜하겐 대학 교수로 재직했는데, 일종의 선충이 기생하고 있는 유충을 쥐에 먹여서 위암을 발생시키는 데 성공했고, 고양이 조충(條蟲)의 유충으로 쥐에 간장 육종을 생기게 했다. 이리한 암(癌)에 대한 연구로 1926년도 노벨 생리의학상을 수상했다. 독일의 생리화학자인 바르부르크(Otto Heinrich Warburg, 1883~1970)는 '카이저 빌헬름 연구소' 연구원으로 근무했고, 1918년 이래 베를린 대학 교수로 재직했다. 암세포와 호흡 효소에 대한 연구를 했고, 후자의 작용 방법 설명에 의하여 1931년도 노벨 생리의학상을 수상했다.

오스트리아의 유명한 정신병학자인 바그너 폰야우레크(Julius Wagner von Jauregg, 1857~1949)는 1889년 그라츠 대학 교수, 1893~1928년 빈 대학 정신과 주임 교수로 재직했다. 신경 매독의 진행성 마비 치료에 말라리아 병원체를 접종하는 발열요법을 창시하여, 소위 생물학적 치료법의 원조가 됐다. 이 공적으로 1927년도 노벨 생리의학상을 수상했다.

프랑스의 세균학자인 니콜(Charles Jules Henri Nicolle, 1866~1936)은 파리 대학에서 수학하여, 1892년에 파리의 '파스퇴르 연구소'에 입소했고, 1893~1902년 루앙 의학교 교수를 거쳐서, 1903년 이래 튀니지아의 '파스퇴르 연구소' 소장으로 재직했다. 이때 흑열병과 발진티푸스를 연구하여, 1909년에 발진티푸스가 '이'에 의하여 매개되는 것을 밝혀서 제1차 세계대전 중에 이 전염병의 예방에 크게 공헌했다. 그리고 마진(홍역) 면역에 대한 연구 업적도 있다. 그는 1928년도 노벨 생리의학상을 수상했고, 1932년 이래 프랑스 대학 교수로 재직했다.

영국 스코틀랜드 태생의 세균학자인 플레밍(Sir Alexander Fleming, 1881~1955)은 런던 대학에서 수학하여, 세인트-메리 병원 세균부에서 런던 대학 실험병리학 교수인 라이트(Sir Almorth Edward Wright, 1861~1947)에 사사하여, 1922년에 세균에 저항하는 일종의 '효소(Lysozyme)'를 발견했다. 그리고 포도상 구균의 연구 중, 1928년에 파란 곰팡이가 생기면 그 주위의 포도상 구균이 녹아버리는 것을 발견하고, 1929년에 그 유효 성분을 추출하여 '페니실린(Penicillin)'이라고 명명했다. 이것은 매우 중요시돼서, 당시에 옥스퍼드 대학에 병리학 교수로 재직했던 플로리(Sir Howard Walter Florey, 1898~1968)와 강사로 재직했던 독일 태생의 생물학자 체인(Ernst Boris Chain, 1906~1979) 등의 공동 연구자와 협력하여 1939년에 정제 제조가 연구됐다. 그리고 제2차 세계대전 중에 미국의 협력에 의하여 대량 생산돼서 수많은 전상자의 생명을 구했다. 그래서 이 세 사람은 공동으로 1945년도 노벨 생리의학상을 수상했다. 플레밍이 발견한 이 페니실린이 현대 의학에 얼마나 큰 공헌을 했는가는 그것을 실제로 겪은 우리에게는 재론할 필요가 없을 것이다. 나는 1957년에 영국에 유학했을 시절에 웨스트민스터사원을 구경 간 적이 있다. 전기공학을 수학한 나로서는, 발전기와 전동기의 우수와 좌수 법칙을 세웠으며, 이극진공관을 발명한 플레밍(Sir John Ambrose Fleming, 1849~1945)의 무덤을 찾아보려고 안내원에게 '플레밍의 무덤을 찾고 있는데요?' 하고 물었더니, "오, 그것은 쉽소! 꽃다발이 많이 놓인 곳을 찾아가시오!"라고 답했다. 그래서 찾아가 보니 페니실린을 발명한 플레밍의 묘비가 있었다. 제2차 세계대전 중에 페니실린으로 생명을 구한 누군가가 감사의 뜻으로 가져다 놓은 꽃다발이 항상 놓여 있었던 것이다.

영국의 수의학자 타일러(Sir Arnold Theiler, 1867~1936)는 스위스에서 태어나서 1891~1927년간 남아프리카에 살았고, 1902년 이래 열대병 연구를 하여 '우역, 피로플라스마병, 아프리카 마역(馬疫)' 등에 관한 현저한 업적을 발표했다. 수의열대병학의 발달에 진력했다. 아프리카 소의 등에 기생하는 '피로플라즈마'의 일족에는 그의 업적을 기념하여 '테일레리아(Theileria)'라는 이름이 붙었다. 그의 아들인 의학자 막스 타일러(Max Theiler, 1899~1972)는 케이프타운 대학을 졸업하고 미국에 가서 1922~1930년 하버드 대학 의학부 조수와 강사, 1930년 이래 록펠러 재단 연구주임으로 재직했다. 1930년에 항황열(抗黃熱)바이러스가 생쥐의 뇌 속에서 규칙적인 증식을 하는 것을 발견한 이래, 그 연구를 계속하여 이상적인 황열(黃熱) 백신을 제작한 업적으로 1951년도 노벨 생리의학상을 수상했다. 그리고 1951년 이래 뉴욕 록펠러 재단 실험소 소장과 동 재단 의학 및 공중위생 부장을 겸임했다.

미국의 세균학자인 왁스먼(Selman Abraham Waksman, 1888~1973)은 우크라이나에서 태어나서 1910년에 미국으로 이민했다. 1915년 '뉴저지 농사 시험장'에 근무했고, 1925년 러트거스 대학 조교수, 1931년 이래 동 대학 교수로 재직했다. 1931~1945년간 '우즈홀(Woods Hole) 대양 연구소' 해양세균 부원으로 토양 세균의 연구를 하고 있던 중에, 1943년에 공동 연구자와 함께 페니실린이나 기타의 항생물질이 듣지 않는 세균류(특히 결핵균)에 듣는 '스트렙토마이신'의 일종을 방선균에서 발견했다. 이 공적으로 1952년도 노벨 생리의학상을 수상했다. 그의 주저에는 『Microbial antagonisms and antibiotic substances(1945)』, 『The literature on streptomycin(1948)』, 『Streptomycin, its nature and practical application(1949)』, 『Neomycin, a new antibiotic active against streptomycinresistant bacteria, including tuberculosis organisms(1949)』, 『The actinomycetes (1950)』 등이 있다.

미국의 생화학자 폴링(Linus Carl Pauling, 1901~1994)은 단백질, 효소 등의 연구를 하여, 1940년에 항원항체 반응을 추구하여 면역 항체의 구조와 형성에 관한 이론을 제출했다. 그리고 생화학과 면역학의 진전에 자극을 주는 등 구조화학 분야에 큰 공헌을 하여 1954년도 노벨 생리의학상을 수상했다.

2) 생리물질의 화학적 개발

화학의 발전과 더불어 여러 가지 생리물질들의 생리학적 작용과 그 물질의 화학적 성질과 구조가 밝혀져서, 여러 가지 화학 치료제가 합성되고 비타민과 호르몬을 추출하거나 합성하게 되었다.

독일의 생리화학자인 코셀(Albrecht Kossel, 1853~1927)은 1883년 베를린 대학 생리학 교실 화학부 주임, 1895년 마르부르크 대학 교수, 1901~1923년 하이델베르크 대학 교수를 역임했다. 세포와 핵의 화학에 관심을 두어, 단백체 염기핵의 발견과 핵산의 분해 산물에 관한 연구 등을 했으며, 1889년에 '히스티딘'과 1900년에 '티민'을 발견한 공적으로 1910년도 노벨 생리의학상을 수상했다. 그는 1895년 이래 『Hopp-Seylers Zeitschrift fur physiologische Chemie』라는 잡지를 편집했으며, 1923년 이후 그를 위하여 설립된 단백질 연구소 소장으로 재직했다.

프랑스의 생리학자이며 외과의사인 카렐(Alexis Carrel, 1873~1944)은 1900~1902년 리옹 대학 교수로 재직했고, 1905년 도미하여 1906년 뉴욕 '록펠러 의학 연구소'에 입소했다. 거기서 1909년에 조직 배양법을 발견했고, 백혈구가 내는 발육 촉진 물질인 '트레폰(Trephone)'의 존재를 제시했으며, 혈관 봉합술과 장기 이식법을 창안하여 1912년도 노벨 생리의학상을 수상했다. 그리고 1914~1919년 제1차 세계대전 중에는 부인과 함께 종군하여 영국의 화학자 데이킨과 공동으로 창상을 식염수 또는 중조수(데이킨-카렐 소독액)로 관류하여 치료하는 것을 고안하여 많은 부상자의 생명을 구했다. 그리고 비행가 린드버그와 공동으로 인공 심장 장치를 발명했다. 1940년 제2차 세계대전 중 교전 국민 건강 상태 조사를 위하여 프랑스로 귀국했다가, 프랑스가 점령되자 스페인에 가 있었다. 종전 후 한때 비시(Vichy) 정부에 협력한 혐의를 받았으나 공식으로 부인되었다.

영국 스코틀랜드의 생리학자인 매클라우드(John James Rickard Macleod, 1876~1935)는 1903~1918년 미국 오하이오 주의 클리블랜드 대학 교수로 재직했고, 1918~1928년 캐나다 토론토 대학 교수로 재직할 때 당뇨병에 대한 연구를 했다. 동 대학의 강사였던 밴팅(Sir Fredrick Grant Banting, 1891~1941)과 연구 조수였던 베스트(Charles Herbert Best,

1899~1978)와의 공동 연구로 1922년에 '인슐린'을 발견하여 당뇨병 치료에 사용했다. 이 공적으로 밴팅과 공동으로 1923년도 노벨 생리의학상을 수상했고, 1928년에 귀국하여 스코틀랜드 애버딘 대학 교수로 재직했다.

밴팅은 토론토 대학에서 의학을 수학하여, 1915~1919년간 제1차 세계대전에 종군하고 귀국하여 온타리오 주의 런던에서 개업했다가, 1921년에 모교 강사로 취임했다. 그리고 1923년 이래 토론토 대학 교수로 재직했고, 제2차 세계대전 중에는 항공의학을 연구했는데, 비행기 사고로 사망했다. 그리고 베스트는 1929년 이래 런던 대학 교수로 재직했는데, '히스타민'과 근육생리학에 대한 연구 업적이 있다. 그리고 1941년 이래 '밴팅-베스트 의학 연구소' 소장과 동 연구소 교수를 겸직했다.

영국의 생화학자인 홉킨스(Sir Frederick Gowland Hopkins, 1861~1947)는 1914년 이래 케임브리지 대학 생화학 교수로 재직했다. 요산(尿酸)의 정량법을 창시했고, '트립토판'과 '글루타티온' 등의 동물 생존에 중요한 아미노산의 분리에 성공했다. 그리고 동물에 단백질, 지방질, 당질, 염수 등의 순수한 것을 함께 준 것만으로는 성장할 수 없다는 것, 즉 불명한 부영양소가 필요하다는 것을 1906년에 발견했다. 오늘날의 비타민 연구를 시작한 공적으로 1929년도 노벨 생리의학상을 에이크만과 공동으로 수상했다. 그리고 근육 수축과 유산의 생성 및 산소의 역할에 대한 연구를 하여, 오늘날의 근육생리학에 새로운 국면을 열게 한 원동력이 되었다.

네덜란드의 병리학자인 에이크만(Christian Eijkman, 1858~1930)은 1886년에 군의관으로 인도 제도에 각기(脚氣) 연구 여행에 참가했고, 1888~1896년간 '바다비아 병리학 연구소' 소장으로 재직했다. 정백한 쌀로 사육한 가축에 각기를 일으켜서, 식물성 비타민결핍증을 나타내는 최초의 실험을 하여, 유효 성분이 쌀겨에 있는 사실을 인정하여 비타민 B_1을 발견하게 된 단서가 되었다.

오스트리아의 병리학자 란트슈타이너(Karl Landsteiner, 1868~1943)는 1911년 이래 빈 대학 교수로 재직했다. 1901년에 인간의 적혈구가 타인의 혈청에 의하여 응집되는 것을 확인하여 오늘날의 혈액형학을 창시했다. 최초에 ABO식 혈액형을 발견했고, 후에 MN식과 기타를 발견했다. 그리고 미국의 혈청학자 위너(Alexander Solomon Wiener, 1907~1976)와 공동으로 Rh 인자를 발견한 것 외에도, '회백 척추염, 발작성 한냉, 혈색소 뇨의 연구, 비매독성 장기 침출액에 의한 와세르만 반응, 암시야법에 의한 매독 스피로헤타의 증명' 같은 업적이 있으며, 1930년도 노벨 생리의학상을 수상했다.

미국의 병리학자인 휘플(George Hoyt Whipple, 1878~1976)은 1910~1914년 존스홉킨스 대학 조교수, 1914~1921년 캘리포니아 대학 교수, 1921년 이래 로체스터 대학 교수를 역임했다. 결핵, 색소 및 철의 대사, 흑수열, 혈장프로테인, 취장 장애, 담즙 성분 등에 대한 연구를 했다. 그리고 간장의 역할에 착목하여 빈혈증 원인을 실험적으로 해명했다. 1928년 이래 하버드 대학 교수로 재직한 의사 마이닛(George Richards Minot, 1885~1950)과 보스턴의 개업 의사 머피(William Parry Murphy, 1892~1987)는 공동으로 악성 빈혈의 치료법으로서 주로 간장으로 만든 '마이닛-머피 식사'를 고안했고, 이것이 오늘날의 '간장엑스' 치료법의 선구가 되었다. 이 세 사람은 공동으로 1934년도 노벨 생리의학상을 수상했다.

헝가리의 생화학자인 센트죄르지(Albert Szent-Gyorgyi, 1893~1986)는 1931~1945년 세게드, 1945~1947년 부다페스트 대학 교수를 역임했다. 1928년에 '비타민 C'를 발견했고, 이것을 검출하는 색채 반응을 발명하여, 1933년에 이것의 화학구조를 결정하여 '아스코르빈'이라고 명명했다. 그리고 같은 해에 '비타민 P'를 발견하여 1937년도 노벨 생리의학상을 수상했다. 그리고 독일의 생화학자인 도마크(Gerhard Domagk, 1895~1964)는 1927년 이래 '바이엘 염료 회사 실험병리세균학 연구소' 소장으로 재직했다. 살균 작용이 있는 염료를 연구하여 1932년에 '설폰아마이드제' 화합물의 적색 프론토질이 연쇄상 구균 감염에 대한 화학요법제로 유효하다는 것을 발견하고 그 합성에 성공하여, 오늘날의 화학요법 발전의 단서가 되었다. 이 업적으로 1939년도 노벨 생리의학상 수상자로 결정됐으나, 나치 정부의 지시에 따라 사퇴했다. 그리고 1946년에 결핵에 대한 화학요법제 '티비온'을 발견했다.

미국의 생화학자이며 생리학자인 도이지(Edward Adelbert Doisy, 1893~1986)는 '성호르몬과 비타민 K'의 연구로 유명하다. 그는 1923년 이래 세인트루이스 의과대학 교수와 세인트메리 병원 생화학 부장을 겸임했다. 1923년에 해부학자이며 내분비학자인 알렌(Edger Allen, 1892~1943)과 협력하여 난소호르몬의 유효 인자를 추출하는 데 성공했고, 1929년에는 '에스트론' 추출에 성공했으며, 1936년에는 '에스트라디올'을 발견했다. 그리고 1939년에 '비타민 K_2'의 유리와 '비타민 K_1'의 합성에 성공했다. 한편, 덴마크의 생화학자인 담(Carl Peter Henrik Dam, 1895~1976)도 비타민 K를 발견하여 도이지와 공동으로 1943년도 노벨 생리의학상을 수상했다.

미국의 생리생화학과 약리학자인 코리(Carl Ferdinand Cori, 1896~1984)는 프라하에서 태어나서 1922년에 미국에 가서 1928년에 미국 시민이 됐다. 1931년 이래 워싱턴 대학 교수로 재직했다. 부인(Gerty Theresa Cori, 1896~1957)과 함께 생체 내의 당분 대사를 연구하여 '코리의 에스텔'이라고 알려진 '글루코스-1-인산염'을 분리했고, 이것을 중간 산물로 하여 '글리코겐'이 무산소 중의 효소적 합성과 분해에 의하여 종말 산물인 유산이 되는 '코리의 사이클'을 제시했으며, 악성 종양에 대한 연구도 했다. 그리고 부에노스아이레스 대학 교수로 재직한 아르헨티나의 생리학자인 우사이(Bernardo Alberto Houssay, 1887~1971)는 내분비, 동물 독, 당뇨병, 인슐린 작용을 연구하여, 당 대사에 대한 뇌하수체 전엽의 의의를 밝힘으로써, 코리 부부와 공동으로 1947년도 노벨 생리의학상을 수상했다.

스위스의 화학자인 밀러(Paul Hermann Müller, 1899~1965)는 1930년에 합성 유혁제(柔革劑, Irgatan)을 발명했다. 1935년 이래 식물의 해충 대책을 연구하여, 이미 1874년에 합성된 DDT를 새로 합성하여 1939년에 그 강력한 살충 효과를 발견했다. DDT는 제2차 세계대전 중에 미국군이 대량으로 사용하여 그 살충 효과가 인정됐으며, 방역에 공헌했을 뿐만 아니라 살충제 연구에 새로운 분야를 열게 했다. 이 공적으로 1948년도 노벨 생리의학상을 수상했다.

미국의 화학자인 켄들(Edward Calvin Kendall, 1886~1972)은 1914년 이래 미네소타 대학 교수로 재직했다. 1915년에 갑상선의 '티록신'을 추출하는 데 성공했고, 또 부신호르몬인 코르티손에 대한 연구를 했다. 의학자 헨치(Philip Showalter Hench, 1896~1965)는 1932년 미네소타 대학 조교, 1947년 이래 동 대학 교수로 재직했다. 1932~1948년에는 『Annual Rheumatism Reviews』라는 잡지의 편집장을 지냈고, 부신피질호르몬을 발견하고 그 구조와 생물학적 효과에 관한 연구를 했다. 그리고 폴란드 태생의 스위스 화학자인 라이히슈타인(Tadeus Reichstein, 1897~1996)은 1934년 취리히 국립 공업대학 교수, 1938년 바젤 대학 약리학 부장으로 재직했다. 호르몬에 관한 연구를 하여 켄들, 헨치와 공동으로 1950년도 노벨 생리의학상을 수상했다.

영국의 생화학자인 크레브스(Sir Hans Adolf Krebs, 1900~1981)는 1935~1945년 셰필드 대학 약학 강사, 1945년 이래 동 대학 교수로 재직했다. 세포 물질대사에 대한 연구를 했다. 독일 태생의 미국 화학자인 리프먼(Fritz Albert Lipmann, 1899~1986)은 1917~1922년 쾨니히스베르크, 베를린, 뮌헨 대학에서 수학하고, 1939년 미국으로 가서 1944년에 미국 시민이 됐다. 1949년 이래 하버드 의학교 교수로 재직했는데, 비타민 B의 연구, 에너지 대사에 있어서의 인산 결합에 대한 연구, '코엔자임 A'의 발견 등의 업적을 남겼다. 크레브스와 공동으로 1953년도 노벨 생리의학상을 수상했다.

프랑스계 미국 생화학자 뒤비뇨(Vincent Du Vigneaud, 1901~1978)는 폴리펩티드의 호르몬 합성에 관한 업적으로 1955년도 노벨 생리의학상을 수상했다.

3) 물리 응용 및 신경과 조절

20세기에는 발달된 물리학적 기법이 생리학과 의학에도 도입되어, 전자파에 의한 물리 요법과 신경의 작용 원리와 조절 기능이 밝혀졌다. 이는 신경에 대한 생리학적 발전을 가져왔으며, 이러한 생리학적 지식은 현대의 '의료 전자공학(Medical Electronics)과 생체 전자공학(Bio-electronics)'이라는 새로운 분야를 열게 했다. 최근에는 전산(Computer)공학 방면에도 '신경 회로나 인공 지능(Artificial Intelligence)'과 같은 새로운 바람을 일으키게 되었다.

20세기에 들어서자 덴마크의 의사이며 생물학자인 핀센(Niels Ryberg Finsen, 1860~1904)의 연구가 인정받게 되었다. 그는 코펜하겐 대학에서 수학하여, 1890~1893년 해부 조수를 거쳐서 1896년에 신설된 '광선 요법 연구소' 소장이 되었다. 그는 1893년에 적색 유리나 '카덴'에 의한 광선 차단 요법을 제창하여 1894년에 이것을 천연두 치료에 응용했고, 일광의 살균 작용에 의한 일광 요법을 창시했다. 그리고 탄소 호광등(炭素弧光燈)을 사용한 인공 광선을 랑창(狼瘡, 피부 점막 결핵) 치료에 응용하여 좋은 결과를 얻었다. 그는 이러한 공적에 의하여 1903년도 노벨 생리의학상을 수상했다. 그리고 그가 시도한 이러한 물리학적 수단의 의학적 응용은 확대되어 가서 중요한 발전을 이루었다.

소련의 생리학자인 파블로프(Ivan Petrovich Pavlov, 1849~1936)는 1875년 페테르부르크 대학 의학부를 졸업하고, 후에 육군 군의학교가 된 외과의학교에서 조수로 근무하며 동 학교를 1879년에 졸업했다. 1884~1886년간 독일에 유학하고 귀국하여 1890~1924년간 군의학교의 약물학과 생리학 교수로 재직했고, 1891년부터는 실험의학 연구소 교수도 겸임했다. 그는 위(胃)와 췌장에 인공 누관(瘻管)을 만들어서 분비액의 관찰을 용이하게 하여, 소화작용의 지식에 중요한 공헌을 했다. 이러한 공적으로 1904년도 노벨 생리의학상을 수상했다. 이 연구 중에 조건반사 현상을 발견한 그는 후반의 생을 이 연구에 바쳐서 대뇌생리학의 기초를 세웠다. 1917년의 '10월 혁명' 후, 레닌은 1921년에 그의 연구와 생활을 위하여 특별 조치를 명했다. 1924년 이래 학사원 부속 생리 연구소를 주재했고, 1935년에 그를 위하여 설립한 새 연구소 등에서 많은 제자들과 함께 연구하여 그 학파는 그의 사후에도 발전했다. 그의 주저에는『심장의 원심성신경(1883)』,『주요 소화선(消化腺)의 기능에 대한 강의(1897)』,『동물 고차 신경 활동의 객관적 연구 20년과 조건반사(1923)』,『대뇌 양 반구(兩半球) 기능에 대한 강의(1927)』 등이 있다.

이탈리아의 조직학자 골지(Camillo Golgi, 1844~1926)는 1865~1875년 시에나 대학, 1875년 이래 파비아 대학 교수로 재직했다. 1878년에 질산은을 사용하여 신경세포를 염색하는 방법을 발명했고, 이 방법을 응용하여 신경계의 정세한 연구를 했다. 그리고 조직학에 '골지 기관(器官)', '골지 소체(小體)' 등 이름을 남긴 것 외에도, 1889년에 '4일열 말라리아원충'의 발육을 밝혀서 '3일열 말라리아'와 구별했다. 이러한 공적으로 1906년도 노벨 생리의학상을 수상했다.

스위스의 외과의사인 코허(Theodor Emil Kocher, 1841~1917)는 1872~1917년간 베른 대학 외과학 교수로 재직했는데, 갑상선의 병리와 외과에 관한 중요한 연구를 했다. 그는 혀의 절제, 허리와 발꿈치 관절의 수술, 직장과 탈장 등의 수술 외에도, '견갑관절 정복술(肩甲關節整復術)'을 고안해 냈다. 그리고 톱니 모양의 수술용 집게(겸자)를 발명하여 그의 이름으로 불리게 했고, 1909년도 노벨 생리의학상을 수상했다.

스웨덴의 안과학자인 굴스트란드(Allvar Gullstrand, 1862~1930)는 1894년 이래 웁살라 대학 안과학 교수로 재직했는데, 1911년에 눈의 조절 기능에 대한 연구로 눈의 광학에 대한 권위자가 되었다. 그는 눈의 수정체와 같은 불균질 매체 중의 영상에 관한 광학 영역을 개척했고, 굴스트란드의 '슬리트램프'를 발명한 공적으로 1911년도 노벨 생리의학상을 수상했다. 1913년 이래 웁살라 대학의 생리학 및 물리광학 교수로 재직했다. 그의 주저에는『Die optische Abbildung in heterogenen Medien und Dioptik der Kristallinse des Menschen(1908)』,『Einfuhrung in die Methoden der Dioptik des Auges des Menschen(1911)』,『Das allgemeine optische Abbildungssystem(1915)』 등이 있다.

프랑스의 생리학자인 리셰(Charles Robert Richet, 1850~1935)는 1887년 이래 파리 대학 교수로 재직했는데, 체온 조절 기능에 대한 연구를 시작하여 많은 업적을 올렸다. 그리고 1902년에 항원 주사에 의한 동물의 감수성 증강 상태에 대하여 'Anaphylaxie(과민증)'이라는 용어를 만들어 냈다. 이후에도 이 과민증에 대한 연구를 계속하여 1913년도 노벨 생리의학상을 수상했다.

오스트리아의 의학자인 바라니(Robert Bárány, 1876~1936)는 평형감각을 관장하는 '내이 삼반규관(內耳三半規管)'의 생리와 병리에 대한 연구 업적으로 저명해졌고, 이 연구 업적으로 1914년도 노벨 생리의학상을 수상했다. 그리고 항공기 조종사 시험용 특수 의자에도 그의 이름을 남겼다. 그는 1917년 이래 스웨덴 웁살라 대학 이과학(耳科學) 교수로 재직했다.

덴마크의 생리학자인 크로그(August Krogh, 1874~1946)는 1903년에 물질대사에서 질소의 역할에 대한 연구를 하여 '빈 학사원 상'을 수상했고, 1916년 이래 코펜하겐 대학 교수로 재직했다. 그는 특히 모세혈관 운동 조절에 대한 연구 업적으로 1920년도 노벨 생리의학상을 수상했다.

영국의 생리학자인 힐(Archibald Vivian Hill, 1886~1977)은 1920~1923년 맨체스터 대학 교수로 재직했고, 독일의 생리화학자인 마이어호프(Otto Meyerhof, 1884~1951)는 1918~1924년 키를 대학 조교수, 1924~1929년 베를린 '카이저 빌헬름 연구소' 생물학 연구원으로 재직했다. 이 두 사람은 세포의 산화 과정과 근육의 에너지대사에 대한 각자의 연구 성과에 의하여 공동으로 1922년도 노벨 생리의학상을 수상했다.

네덜란드의 생리학자인 에인트호벤(Willem Einthoven, 1860~1927)은 1885년 이래 레이던 대학 생리학 교수로 재직했는데, 그가 고안한 '현사 전류계(絃絲電流計)'는 빠르고 미량인 전기적 변동을 관찰하는 데 매우 적합하여, 이것으로 생물의 전기 발생, 특히 심장의 전기적 현상을 상세히 연구했다. 말하자면, 현대의 심전계와 그것의 활용에 대한 기초를 세웠던 것이다. 그는 이 공적으로 1924년도 노벨 생리의학상을 수상했다.

영국의 생리학자인 셰링턴(Sir Charles Scott Sherrington, 1861~1952)은 케임브리지 대학에서 자연과학을 수학하고, 1895~1913년 리버풀, 1914~1936년 옥스퍼드 대학의 교수를 역임했다. 근운동의 반사성 제어에 관한 세밀한 연구로 에이드리언과 공동으로 1932년도 노벨 생리의학상을 수상했다. 그의 주저에는 『The integrative action of the nervous system(1906)』, 『Mammalian physiology(1916)』, 『Man on his nature(1941)』가 있다. 에이드리언(Edgar Douglas Adrian, 1889~1977)은 노벨상 수상 후 1937~1951년 케임브리지 대학 생리학 교수로 재직했고, 1951년 이래 동 대학 트리니티 칼리지 학교장을 했다. 그의 주저에는 『The basis of sensation(1918)』, 『The mechanism of nervous action(1932)』, 『The physical basis of preception(1947)』 등이 있다.

영국의 의학자인 데일(Sir Henry Hallet Dale, 1875~1968)은 1904~1914년간 '웰컴 생리학 연구소' 소장, 1928~1942년 '국립 의학 연구소' 소장으로 재직했다. 독일 태생의 미국

약학자인 뢰비(Otto Loewi, 1873~1961)는 1909~1938년간 오스트리아의 그라츠 대학 교수로 재직했다. 이 두 사람은 협력하여 신경 자극의 화학적 전달을 연구했으며, 공동으로 1936년도 노벨 생리의학상을 수상했다. 그 후 데일은 1940~1945년간 왕립협회 회장을 했고, 뢰비는 1940년 이래 미국에 가서 뉴욕 대학 교수로 재직했다.

벨기에의 생리학자인 하이만스(Corneille Heymans, 1892~1968)는 겐트 대학 교수로 재직했고, 호흡의 조절에 대하여 대동맥과 대동맥동(大動脈洞)이 중요한 역할을 한다는 것을 발견하여 1938년도의 노벨 생리의학상을 수상했다.

미국의 생리학자인 얼랭어(Joseph Erlanger, 1874~1965)는 1906~1910년 위스콘신 대학, 1910~1946년 워싱턴 대학 교수로 재직했고, 1926~1928년에는 '미국 생물학회' 회장에 재임했다. 그는 혈압과 심장, 그리고 신경 계통에 관한 연구를 했다. 개서(Herbert Spencer Gasser, 1888~1963)는 1931~1935년 코넬 대학 교수, 1935년 이래 '록펠러 연구소' 소장으로 재임했다. 그는 특히 신경섬유의 연구에 의하여 얼랭어와 공동으로 1944년도 노벨 생리의학상을 수상했다.

스위스의 의사이며 생리학자인 헤스(Walter Rudolf Hess, 1881~1973)는 라퍼스빌에서 의사 생활을 하다가, 1917년 이래 취리히 대학 교수 겸 동 대학 생리학 연구소 소장으로 재직했다. 혈액순환과 호흡, 중뇌와 식물성 신경계의 조절에 관한 생리학적 연구를 했다. 그리고 포르투갈의 신경외과 학자인 모니스(Egas Antonio Moniz, 1874~1955)는 코임브라와 리스본 대학의 교수를 역임했고, 국회의원에 선출되어 1918~1919년간 외상으로 재직했다. 그는 처음으로 전두엽 외과 수술을 했고, 뇌혈관의 동맥 촬영법에 관한 기초적 연구를 하여 헤스와 공동으로 1949년도의 노벨 생리의학상을 수상했다.

4) 유전학 발전

19세기 말부터 세상을 뒤흔들어 온 다윈의 진화론은 영국의 철학자인 스펜서(Herbert Spencer, 1820~1903)에 의하여 철학적 개념으로 확대돼 갔다. 스펜서는 교사의 아들로 태어나서 병약하여 학교에 가지 못했고, 가정교육으로 1837~1845년간 철도 기사로 근무했다. 후에 연구와 저술 활동에 전념하여 1848~1853년간 『이코노미스트』지의 편집에 종사했다. 그의 철학 체계는 '전 자연의 진화'라는 관점에 선 진화철학이며, 그의 기본 사상은 다윈 진화설의 보급과 상조하여 전 세계에 큰 영향을 미쳤다. 과학의 모든 영역에 걸친 이 진화 원리의 종합적 전개, 즉 종합 철학은 1860년에 일단 발표됐다. 그 후에 『제1

원리(First principles, 1862)』, 『생물학 원리(Principles of biology, 1864~1867)』, 『심리학 원리(Principles of psychology, 1870~1872)』, 『사회학 원리(Principles of sociology, 1876~1896)』, 『윤리학 원리(Principles of ethics, 1879~1892)』 등을 내놓아 1896년에 완성했다. 그는 사유의 최후의 것은 '알 수 없는 것'이나 '힘'이며, 이것이 물질적·정신적 여러 형태로 나타나고, 그 발현·생성 과정은 가시적이며, 세계 과정은 연관이 없는 상태로부터 연관적 상태로의 결집인 동시에 동질적 상태로부터 이질적 상태로의 분화라고 했다. 생물학에서는 자연도태와 획득형질의 유전을 지지했고, 심리학에서는 의식의 진화 과정을 설했고, 사회학에서는 사회 유기체설을 주장했으며, 윤리학에서는 진화 입장에서의 공리주의를 인정했다.

독일의 동물학자 바이스만은 기센 대학에서 근대 기생동물학과 동물생태학을 개척한 로이카르트에게서 동물학을 배워서, 1866~1912년간 프라이부르크 대학 교수로 재직했는데, '생식질의 독립과 연속설(Weismannism)'을 근거로 하여 생물학의 한 체계를 세웠다. 그는 진화론의 기본적 가정인 '획득형질의 유전'을 과학적으로 부인하여 1893년에 스펜서와 논쟁을 벌였고, 자연도태의 만능을 제창하여 이것으로 진화를 설명하려고 했으며, 자신의 설을 '신 다윈주의'라고 칭했다.

미국의 동물학자인 모건(Thomas Hunt Morgan, 1866~1945)은 1891~1904년 브린모어 여자대학 교수, 1904~1928년 콜롬비아 대학 교수, 1928년 이래 캘리포니아 이공과 대학 생물학 실험소 소장을 역임했다. 그는 처음에 실험발생학을 연구했는데, 후에 파리를 재료로 하여 유전학 연구로 나아가서 유전자 설을 세웠다. 그리고 유전학과 발생학을 통일하려고 시도했다. 그의 유전자 설로 진화를 설명하려고 시도했으나 되지 않아서 진화론은 믿을 수 없게 되었다. 그는 이 유전학 연구에 의하여 1933년도 노벨 생리의학상을 수상했다.

독일의 동물학자인 슈페만(Hans Spemann, 1869~1941)은 보베리(Theodor Boveri, 1862~1915)에게서 배워서, 1908년 로스토크 대학 교수, 1914년 '카이저 빌헬름 연구소' 생물학 부장을 역임하고, 1919년 이래 프라이부르크 대학 교수로 재직했다. 그는 실험발생학에서 획기적 업적을 올렸다. 수정체의 발생도 진화적 발생이 아니라 신경판의 결정에 의한 유도 작용으로 생긴다는 것을 밝혀서 1935년도 노벨 생리의학상을 수상했다.

소련의 과수원예가이며 생물학자인 미추린(Ivan Vladimirovich Michurin, 1855~1935)은 중부 러시아의 코즐로프(현재의 미추린스크)에서 내한성 과수의 육성을 하려고, 철도 회사에 근무하며 1875년에 독력으로 연구를 시작하여 결국 성공했다. 그는 처음 10년간 실패를 거듭한 후에 점차로 양질의 과수가 육성되기 시작했으나, 러시아 학계는 이것을 비과학적 사생아로 취급하여 받아들이지 않았다. 그러나 캐나다와 미국 학자들이 1898년 이후 이것을 인정하여 그를 미국으로 초청했으나 거절하고 러시아에 머물렀다. 그리고 1917년 공산혁명 이후 1922년에 레닌이 그의 연구를 인정하여, 그 과수원은 확대되었으며 소련의 과수원예 중심지가 되었다.

미추린 육성법의 근본은 멘델 법에 따른 원격 잡종법이었는데, 리센코는 이 방법의 근본 원칙은 멘델이나 모건 유전학의 고정관념을 타파한 새로운 생물학의 길을 연 것이라고 주장하여, 그 후에 소련에서는 '미추린주의'니 '미추린 생물학'이란 새로운 말이 생겼다. 리센코(Trofim Denisovich Lysenko, 1898~1976)는 우크라이나 농가에서 태어나서 키예프 농업 전문학교를 졸업하고 1920년대에 키로와바드 농사시험장에 근무하다가 1930년에 '오데사 유전도태학 연구소'로 전근하여 소장이 됐고, 1939년에 '소련 아카데미' 회원과 '농업 아카데미' 총제가 됐으며, 여러 정치적 요직을 지냈다. 그는 콩과식물의 춘화를 연구하여 1929년에 식물의 '단계 발생설'을 세웠고, 1935~1936년간의 유전 연구에서 환경 조작에 의하여 식물의 유전성을 후천적으로 변화시킬 수 있다는 것을 증명했으며, 1941년에 접목 잡종을 만드는 데 성공했다고 주장했다. 그리고 육종학자로서 소련의 농업 발전에 큰 공헌을 했다.

리센코는 현대 생물학이 바이스만이나 모건의 관념론에 지배돼 있다고 지적하여, 미추린 생물학 방향을 확립할 것을 제창하여 1948년에 소련 학계의 광범한 토의 결과로서 승인됐다. 바빌로프 등과 논쟁을 하여 소련에서는 결국 반대론자를 극복했으나, 미국과 유럽 학계에서는 리센코의 1941년도 실험의 확실성조차도 의심하게 됐으며, '정치적 유전학'이라고 비난받게 되었다.

미국의 유전학자인 멀러(Hermann Joseph Muller, 1890~1967)는 1915~1918년 텍사스주의 벼 시험장 연구원, 1918~1920년 콜롬비아 대학 강사, 1920~1925년 텍사스 대학 조교수, 1925~1936년간 동 대학 교수로 재직했다. 소련에 가서 1933~1937년간 모스코바의 유전학 연구소에서 근무했는데, 리센코와의 논쟁으로 쫓겨나서 1937~1940년간 에든버러 대학 객원 교수로 있다가 1945년 이래 인디애나 대학 동물학 교수로 재직했다. 그는 유전자 설을 세운 모건학파의 유전학자이며, 유전자의 이론과 돌연변이 연구로 유명하다. 1927년의 X선에 의한 인공 돌연변이 연구로 1946년도 노벨 생리의학상을 수상했다. 그래서 진화론은 결국 유전자에 대한 것이 밝혀지게 됨으로써 부인됐으며, 이 유전자에 대한 지식은 최근의 '유전공학'이라는 새로운 응용 분야를 열게 되어 동식물의 육종에 응용되고 있다. 그의 주저에는 『The mechanism of Menderian heredity(1915)』, 『Out of the night(1935)』, 『Genetics, medicine and man(1947)』 등이 있다.

4. 한국 현대 과학의 시작

제2차 세계대전이 끝나자 세상은 경제개발을 위한 과학기술의 경쟁 시대에 돌입했다. 아직 산업 개발이 못된 후진국이나 산업 개발을 서둘게 된 개발도상국의 산업 개발에서의 관건은 과학기술의 발전에 있었다. 그런 의미에서 개발도상국의 대표적 예로 들 수 있는 한국이 20세기 중반 이후에 경험한 과학기술의 발전에 대해서 성찰해 보고 넘어가기로 하자.

한국이 1945년 제2차 세계대전의 종료와 함께 8·15 광복을 맞이했을 때, 한국에 있었던 대학은 일본 정부가 설립한 경성제국대학 하나뿐이었다. 한국 민족 재단과 기독교 재단이 설립한 몇 개의 전문학교가 있긴 했는데, 그나마도 대부분 인문계였다. 그런데 해방이 되자 그 정치적 혼란 속에서도 지식인들은 대학을 설립하기 시작하여, 필자가 대학에 입학한 1948년에는 '국립 서울대학'을 비롯한 이공계 학과를 가진 국립대학이 각 도에 설립됐고, 기존의 민족 재단과 기독교 재단에서 설립한 전문학교들이 대학으로 개편됐으며, 그 외의 신설 사립대학도 많이 생겨서 이공계 학과를 병설하게 되었다. 그리고 1950년에 인류 역사상 유례가 없을 만큼 비참한 민족상잔의 6·25 전쟁이 일어났으나, 그 전화 속에서도 대학 교육의 불길은 꺼지지 않았다. 전란 후의 굶주린 비참한 경제 여건 하에서도 교육 예산이 수위를 차지해 온 정책에 힘입어 국내 교육은 비약적으로 성장하여, 오늘날에는 대학생의 인구 비율이 어느 나라에도 뒤지지 않게 되었다. 1970년대의 '한강의 기적'이라고 평하는 한국의 비약적 경제성장을 박정희 대통령의 강력한 영도력 덕택이라고 말하는 사람도 있는데, 실은 이러한 교육의 힘에 의한 것이며 이런 교육의 힘은 한국 민족이 일본의 침략하에서 독립을 쟁취하는 기본 방침을 민족 교육에 둔 것에 연유했으며, 이것은 한국 민족의 높은 문화 전통에 바탕을 둔 것이었다. 한국 민족이 경제적으로 가장 곤란했던 6·25 전쟁 직후에 문교부 장관을 담당했던 범산(梵山) 김법린 선생은 대학 인가를 남발하여 대학 교육의 질과 효과를 떨어뜨리고 경제적 부담을 가중시킨다고 한때 비난도 받았는데, 이에 대한 그의 답변은 다음과 같다.

"우리 민족이 살아갈 힘은, 이러한 곤경에서도 대학을 설립하겠다는 교육열이다. 정부가 이러한 교육 열의에 대하여 재정상 지원은 못 해줄망정, 대학 교육의 질과 성과를 올려서 경제적 효과를 제고한다는 이유로 그것을 억제하는 규제를 한다는 것은 말도 안 된다. 대학 교육은 기존 지식을 전수해 주는 것이 아니라, 지식을 탐구하는 자질과 열의를 북돋워 지식을 탐구하는 열의와 자질을 가진 사람을 육성하는 것이다. 따라서 대학 교육의 질과 성과는 시설의 내용이나 교수의 지식 정도와 수에 있는 것이 아니라, 지식 탐구에 대해 좋은 자질과 강한 의지를 가진 사람을 얼마나 많이 육성하는가에 있다."

소르본 대학에서 철학을 수학한 이 철인의 정곡을 찌른 말은, 당시에는 물론 잘 이해되지 못했으나, 지금의 교육 당국자들도 잘 이해하여 실천하고 있는지 자성해 보아야 할 것이다.

제2차 세계대전 중에 미국에 모인 과학자들은 원자핵에너지를 개발하여 핵폭탄을 만들어서 일본의 나가사키와 히로시마에 투하함으로써 전쟁을 종식시켰고, 세계는 핵에너지의 무서운 위력에 놀라게 되었다. 미국에서 핵폭탄을 개발하던 영국과 프랑스 과학자들은 자국에 돌아가서 핵폭탄의 개발과 아울러 이 막대한 핵에너지를 평화적으로 이용하는 원자력발전에 전력을 기울이게 됐다. 그 결과 영국, 프랑스와 소련도 핵폭탄을 가지게 됐으며, 그 위력은 급속히 발전하여 핵융합에너지까지도 이용하게 되었다. 그리고 중국과 인도를 비롯한 여러 나라들도 핵무기 개발에 열중하게 되었다. 이러한 핵무기의 확산에서 초래될 핵전쟁이 승자도 패자도 없는 인류의 비참한 종말을 가져올 것을 예측한 과학 기술자들은, 이 막대한 에너지를 핵무기가 아닌 평화적 이용으로 돌리는 범세계적 운동을 벌이게 되었다. 1955년에 미국은 핵무기 확산을 금지하고, 평화적 이용을 촉진하는 '원자력 평화 이용 정책'에 대한 성명을 하게 됐다. 그 안에는 평화적 목적의 원자력 기술 연구 개발을 지원하겠다는 약속이 담겨 있다. 영국은 1956년에 세계 최초로 상용 원자력발전소를 건설하는 데 성공하여, 그 원자력발전 기술을 공개하게 되었다. 그래서 우리나라에서도 문교부 과학기술 교육국에 원자력과를 신설하고, 원자력 연구생을 선발하여 해외에 파견하여 선진 기술을 습득하게 했다.

1956년에 실시한 제1차 선발에서는 전국의 약 1500명의 응시자 중에서 7명을 선발하여, 영국 정부의 권유에 따라 영국 정부가 추천한 대학에 각 1명씩 입학하여 원자력 분야 대학원을 졸업한 후에 '영국 원자력 기구(Atomic Energy Authority)'의 '하웰 원자로 학교(Harwell Reactor School)'에서 수학하게 했다. 이때 나도 선발되어 1957년에 '글래스고 로열 이공대학(The Royal Collage of Science and Technology, Glasgow)' 대학원에 입학하여 원자력공학을 수학한 후, 1958년 겨울방학 동안에 '하웰 원자로 학교' 과정을 마치고, 1959년 봄에 '콜다홀 원자력발전소 운영학교(Coldahall Nuclear Power Plant Operation School)'를 수학한 후 1959년 8월에 귀국하여 한국 최초의 종합 과학기술 연구소인 원자력원 산하의 원자력연구소 창설에 참여하게 되었다.

이 원자력 연구소를 연구소다운 현대 연구소로 창립하는 데 가장 큰 힘이 됐고 큰 공헌을 한 사람은, 초대 원자력원 원장으로 부임한 김법린 선생이다. 그는 막강한 정치력과 철인다운 식견과 헌신적 지도력을 갖추고 있었다. 그는 여당 원내총무로 있다가 소위 '3·15 부정선거'에 동래에서 출마하여, 자진 공명선거를 독려하여 낙선한 후 정계를 떠나 서울신문사 사장을 잠깐 하다가, 1959년 초에 초대 원자력원 원장에 취임하여 원자력원과 연구소를 창립했다. 그는 우선 문교부 기술교육국장으로 있던 박철재 박사를 장관급으로 승격시켜 원자력연구소 소장에 임명하고, 서울대학교 공과대학 학장을 지낸 김동일, 이종일, 박동길 교수 등 당시 가장 저명한 원로 과학기술자들을 장관급인 원자력위원으로 임명하고, 원자력위원회를 구성하여 중요 원자력 정책과 과학기술 진흥 정책을 세우게 했다. 그리고 1급(당시는 차관급) 사무 총국장과 기감(技監)을 두고, 그 밑에 관리과, 기획조사과, 총무과를 두었다. 원자력원 산하의 원자력연구소는 장관급의 소장 밑에 차관급을 부장으로 하는 원자로부, 기초연구부, 동위원소부를 두고 그 안에 각 전문 연구실을 두었다. 연구직은 연구 경력과 연구 업적에 따라 1급에서 3급까지의 연구관과 4급과 5급의 연구사로 보직하게 했다. 이러한 연구직의 급여는, 연구에 전념할 수 있게 하기 위하여 당시의 직급에 따른 공무원 봉급에 200%의 수당을 가산하여 지급하게 했다. 그리고 우수한 과학도를 1959년과 1960년 사이에 60명 가까이 선발하여 원자력원 예산으로 장학금을 주어 미국과 유럽 선진국에 가서 대학원 과정이나 연구소 연수를 받게 했다. 그리고 미국이 기증한 훈련, 연구, 그리고 동위원소 생산을 목적으로 한 원자로인 TRIGA Mark Ⅱ의 가격에 해당하는 38만 달러 상당의 연구 기자재를 미국으로부터 도입하여 연구소를 설립했다.

당시의 정부 조직으로나 재정 형편으로는 파격적인 이와 같은 조직과 운영 체계는, 1958년 후반에 원자력원장에 내정된 김법린 선생이 미국, 영국, 프랑스, 독일, 일본의 원자력 담당 관서와 연구소를 직접 다니며 조사하고, 해외 유학자들을 만나서 의견을 수렴하는 숨은 노고와 그의 정치적 역량으로 실현하게 된 것이다. 그래서 원자력연구소는 당시에 과학기술자들의 선망의 대상이 돼서, 우수한 인재가 총집결하게 되었다. 그리고 김법린 원장은 원자력위원회에 안건이 제기되면 의결을 유보하고 반드시 연구자들의 의견을 직접 청취한 다음에 그것을 반영하여 의결함으로써, 연구자들의 의견을 존중해 주고 연구 의욕을 북돋아 주었다. 한번은 퇴근길에 연구소 버스가 전복한 교통사고가 일어나서 연구원 수 명이 경상을 입어 청량리 시립병원에서 치료를 받게 됐는데, 밤중에 이 소식을 원효로 자택에서 전해 들은 원장은 병원까지 찾아와서 부상자들을 위문하고, 병원에 최선의 진료를 당부하고 가신 적도 있다. 그리고 관리 직원에게 항상, 원자력과 과학기술의 연구 개발 주체는 연구원들이며, 관리직은 그들의 활동을 관리하는 것이 아니라 그들을 지원하여 예산을 따다 주고, 필요한 자재를 구입해 주고, 행정적 심부름을 해서 그들이 자유롭게 연구에만 전념할 수 있게 해주는 것이라고 강조하셨다. 그래서 20명도 안 되는 적은 연구 인력이 수 개월간 주야로 노력한 끝에, 1959년 말에는 연구 기자재 도입과 원자로 건설과 연구소 건물 설계를 마치고, 당시의 이승만 대통령을 모시고 기공식을 올리게 되었다. 그리고 원자로 건설을 추진하는 한편, TRIGA Mark Ⅱ 원자로를 개발 제작한 'General Atomic 연구소'에서 온 위트모어(Wittmore) 박사로부터 당 원자로의 운용법을 배우는 한편, 그와 협력하여 당 원자로를 이용한 연구의 준비 작업으로 시중 고물상에 나돌고 있던 미국 군용 전자기기의 폐품에서 쓸 수 있는 진공관과 전자 부품들을 골라내서 방사선 계수기, 선형 증폭기, 안정 전원 등을 태릉에 있던 서울공대 4호관에서 밤을 새가며 조립하던 일이 지금도 생생히 기억난다. 이러한 노력은 어떤 조직상의 규제나 임무에서 수행된 것이 아니라 자발적 탐구 의욕으로 수행된 것이며, 극소한 연구비로 1인당 1년간 수행된 업무 양이나 연구소 창설에 기여한 성과는 아마도 현재 평균치의 10배 이상이 될 것이다.

4·19 혁명이 일어나고, 과도 정부를 거쳐서 민주당 정권이 세워지고, 이어서 5·16 군사쿠데타가 일어나서 사회 전반은 격동과 혼란을 겪었다. 그러나 원자력연구소만은 변함없이 성장을 지속하여 연구소 건물과 원자로도 완공됐으며, 원자로 대금으로 구입한 연

498

구 기자재도 도착했고, 연구원도 확충되었다. 그래서 군사정권 시대에는 연구소다운 면모를 갖추고 원자로를 이용한 각종 연구를 활발히 진행할 수 있게 되었다. 그러나 역시 정치적·사회적 격동과 혼란은 연구소의 연구 분위기에도 영향을 미치게 되어, 일부 연구원이 자의 반 타의 반으로 해외나 대학으로 빠져나가게 되었다. 연구는 인간의 창의적 활동인 만큼, 그 성과는 자유로운 분위기에서의 자발적 탐구 열의에 의한 것이므로, 연구 기관의 조직 확대나 강력한 관리나 재정적 지원만으로는 이루어질 수 없다는 것을 뼈저리게 느끼게 해주었다. 군사혁명의 혼란이 어느 정도 진정되자, 김명선 박사, 윤일선 박사와 같은 원로 과학자가 원장으로 취임하여 연구 분위기를 진작하는 데 힘썼다. 그래서 원자력연구소의 국제적 위상도 높아지기 시작했으나, 연구소가 정부 규제에서 벗어나려는 욕망은 사라지지 않았다. 그래서 당시의 소장이었던 최형섭 박사는 자기가 맡은 원자력연구소의 발전보다는 정부 출연금으로 운영되는 민간 연구소인 과학기술 연구소 창설에 온갖 정성을 다 쏟았다. 그리고 윤일선 원장은 혁명 공약과는 달리 대통령에 출마하여 당선한 박정희 대통령이 처음으로 연두 순시를 오자, 현관에는 사무국장만 나가서 맞이하게 하고, 자기와 연구관들은 회의장에 앉아서 대통령을 맞이했다. 대통령이 최두선 국무총리와 이후락 비서실장을 대동하고 회의장에 들어오자, 고개도 돌리지 않았다. 당시에 죽음을 무릅쓰고 민주화 투쟁을 한다는 인사들도 감히 못 했을 권력에 초연한 학자다운 냉엄함을 보였다. 그리고 박 대통령도 그에 못지않은 넓은 도량을 보였다. 그는 앉아서 돌아보지도 않는 윤일선 원장 앞에 가서 공손하게, "선생님, 안녕하십니까?" 하고 인사를 하고 그의 옆자리에 앉아서 사무국장의 보고를 들었다. 이 회의에서 제기한 원자력발전 계획을, 당시 원자력원 직원들의 예상과는 달리 후에 정책에 적극 반영해 주어서 오늘날의 한국 원자력발전을 있게 했다.

박 대통령 시대에 그의 적극적 지원으로 최형섭 박사가 구상한 정부 출연에 의한 민간 운영의 대규모 과학기술 연구소가 생기게 됐고, 국방부 산하에 대규모의 국방연구소도 생겨서 자주국방의 바탕이 되게 했다. 그리고 과학기술원도 생겼으며, 각 부처 산하에 표준연구소, 지질연구소, 선박연구소 등 각 전문 목적에 따른 연구소가 설립되었다. 그래서 국내 연구 기관은 확장되고 대규모화했다. 그 반면에 원자력원은 과학기술처로 개편되면서 원자력청으로 격하됐고, 원자력연구소는 과학기술처 산하의 원자력청 밑에 속해 있다가 최형섭 박사가 과학기술처 장관이 되어, 정부 출연금에 의한 민간 운영 체제로 바뀌게 됐고, 원자력청은 과학기술처의 원자력국으로 축소되었다. 그리고 대전에 연구 단지를 조성하여 모든 연구 기관을 집결시키는 사업이 벌어졌다. 1980년대의 눈부신 경제성장과 더불어 연구소들의 수도 많아지고 규모도 커져서, 어느 선진국에도 뒤지지 않는 건물과 인원수 등의 외형을 갖추게 됐다. 그러나 연구 활동과 그 성과 면에서는 선진국의 한 대표적인 연구소보다 연구비가 적고 성과도 저조한 실정이다.

우리는 우리가 걸어온 과학기술 발전의 발자취를 다시 살펴보고, 그것을 자랑하거나 비판하는 데 그치지 않고, 우리의 경험을 토대로 하여 우리가 걸어갈 더욱 좋은 길을 찾아내야만 한다. 이것이 우리가 과학사를 공부하는 목적이며 의의이기도 하다.

현대는 제2차 세계대전 이전과 같은 국가 간의 무력 경쟁의 시대가 아니라, 과학기술 경쟁의 시대가 됐다. 앞으로 국경을 초월한 과학기술의 경쟁은 더욱 심화돼 갈 것으로 예상된다. 이러한 경쟁에 앞서기 위해서는 과학기술 전문 분야는 더욱 세분화하여 첨예화돼야 하고, 어떠한 과학기술 목표도 이렇게 첨예화된 전문 분야들의 밀접한 상호 관련과 협력으로만 달성될 수가 있다. 그래서 첨예화된 전문 분야를 유기적으로 조직화하지 않을 수 없다. 그들의 연구 시설도 대규모화하고 첨예화하지 않을 수 없어서, 연구비용은 증대하게 되고, 그 연구 투자 효과를 거두기 위해서는 경쟁에서 앞서야 하고, 경쟁에서 앞서기 위해서는 연구 장비를 더욱 빨리 첨단 장비로 교체해야 하므로, 수만 달러에서 수백만 달러짜리 연구 장비를 1년 내지 5년만 쓰고는 더욱 발달된 장비로 교체해야만 하게 되었다.

그래서 국가나 기업주는 이러한 연구 투자의 효율을 높이기 위한 연구 기관의 조직화나 연구 투자에 대한 관리를 하게 됐고, 연구자는 리비히가 주창한 자주적 자유 사고를 어느 정도는 제한을 받는, 조직의 일원이 되지 않을 수가 없었다. 그리고 그 연구 활동도 연구 자금 관리상의 제한을 받지 않을 수 없게 되었다. 그런데 주의할 문제가 있다. 예를 들어, '트랜지스터'를 발명하여 20세기 후반의 놀라운 전자공학 문명의 기초를 이룩한 쇼클리(Shockley, 1956년도 노벨 물리학상 수상)의 공적에 회사가 보답하기 위하여 그의 소원을 물어보니, 그의 답변은 엉뚱하게도 다음과 같았다고 한다.

"나의 연구를 가장 방해한 것은 당신들이었소. 이해될 수 없는 나의 연구 계획을 당신들에게 설명하여 연구 자금을 승인받는 데 나의 귀중한 시간을 가장 많이 낭비했소. 앞으로는 그러한 방해를 하지 말아 주기를 바라오. 그래서 나의 연구비는 내가 알아서 사용할 수 있게만 해 주시오."

그래서 그에게는 연구비를 무제한으로 사용하게 하고, 1년 후에 결산해 보니, 그 연구소의 1인당 평균 연구비 사용액보다도 적었다고 한다. 연구비 투자 효과를 올리려던 연구 관리가 도리어 연구비 투자 효과를 저하시켜 온 것이다. 연구 성과는 마치 화가의 작품이 화구나 화실에 달린 것이 아니라 그 화가의 예술적 창의에 있는 것과 같이, 그러한 조직이나 관리로 이루어지는 것이 아니라 연구자의 자주적 자유 사고에 입각한 창의에 있는 것이다. 과학기술을 연구 개발하는 주체는 어디까지나 연구자의 창의적 활동이며, 정부의 과학기술 개발 정책이나 연구 기관의 조직화와 연구 관리는 이러한 연구자의 활동을 지원하기 위한 부수적 활동인 것이다. 우리는 이 본말(本末)을 뒤집어 생각하는 수가 많다.

　　한국은 1970년대 이래 해외에서 연구 활동을 하던 우수한 과학기술자들을 많이 유치했다. 그런데 그들 중의 많은 과학기술자들이 본연의 연구 활동을 포기하고, 연구 관리 업무나 행정 업무로 전환하고 말았다. 그것은 한국 사회가 과학기술 개발을 주도하는 주체가 그러한 연구 관리자나 행정자인 것으로 착각하고, 그들에게 더 큰 권한을 주고 좋은 대우를 했기 때문이다. 그래서 19세기 이전의 한국 조선 시대에 학문을 하는 것이 과거에 급제하여 높은 관직에 오르는 것을 목적으로 한 것과 같이, 연구를 하는 것이 연구 관리자나 정부 고관이 되는 방도로 생각하는 전근대적 통념에 빠지게 한 일면도 있다. 이러한 전근대적 사고방식으로 어떻게 현대 과학기술을 발전시키는 성과를 기대할 수 있겠는가! 한국의 장래는 이러한 점을 성찰하고 올바른 방향으로 국민의 의식을 개혁하는 데 달려 있다.

제 17 장

전자공학

혁신적 전력 문명에 관련된 과학기술이 19세기 중엽부터 서구 사회에서 어떻게 발전돼 왔는 가는 이미 살펴보았으므로 재론하지 않기로 하고, 이 새로운 전기 문명의 파문이 현대 과학 기술의 역사에서 빼놓을 수 없는 일본을 비롯한 동북아시아에 파급된 양상을 간략하게 살펴 보고, 현대의 전자공학 발전사를 살펴보기로 하자. 서구 사회에서 19세기 중엽에 일단의 매 듭을 지은 증기기관에 의한 산업혁명과 19세기 중엽부터 꽃피기 시작한 혁신적 전기 문명은, 동북아시아에 1870년대부터 밀어닥쳐서, '근대화'라는 일대 변혁의 소용돌이를 일으켰다.

동북아시아 권에서 가장 먼저 서양 문명을 받아들이기 시작한 일본은, 1867년에 메이지유신 (明治維新)으로 근대적 국가를 처음으로 세운 이래, 구미로부터 증기력과 전력의 두 동력을 함께 도입하여 일본의 근대화를 서둘렀다. 그들은 우선 증기력에 의한 철도를 부설하고 방직 공업을 일으켜서 1900년까지는 구미에서 19세기 중엽에 완료한 산업혁명을 모방한 근대화의 초석을 일단 마련할 수가 있었다. 그러나 전력 혁명은 증기력에 비하면 기술적 난관이 많았 다. 그래서 그들은 우선 쉬운 것부터 손을 대기 시작했다.

모스가 워싱턴과 볼티모어 간에 처음으로 전신을 개시한 것이 1843년이었는데, 일본의 도쿄 와 요코하마 간의 최초 전신은 25년 후인 1869년에 개시했다. 벨이 실용적 전화에 성공한 것이 1876년이었는데, 도쿄에 최초의 전화가 통화된 것은 14년 후의 1890년이었다. 에디슨 이 교토의 대나무를 사들여 실용적 탄소섬유 백열등을 발명한 것이 1878년인데, 일본에 처 음으로 전등이 켜진 것은 8년 후인 1886년이었다. 전등을 켜기 위해서 그들은 우선 발전소 를 만들어야 했다. 그래서 유럽에서 발전기를 사들여 1886년에 도쿄, 1889년에는 오사카와 교토에 화력발전소를 세운 다음에야 일본에도 전등불이 켜져 그들도 전기 문명의 맛을 보게 되었다.

미국의 에디슨 전기회사에서 설치한 전등이 한국의 궁중에 켜진 것은 1886년경이고 서대문 과 청량리 간에 전차가 달리게 된 것은 1898년이다. 시기적으로는 일본과 비슷하나, 과학기 술의 발전에서 보면 상당한 차이가 있다. 일본은 이때부터 이미 유럽의 과학기술을 도입하여 산업 개발을 하려는 정부의 확고한 계획이 서 있었던 반면에, 한국은 소수의 선각자들이 구 미의 과학기술을 도입한 개화를 시도했으나, 식민지 쟁탈을 벌이고 있던 국제 정세와 그것에 대응하기에도 급급했던 국내의 정치 여건이 그것을 허용하지 않았다. 다만 그 신기한 상품에 놀라고 있었을 뿐이었다. 일본은 이때에 이미 수력발전소 건설을 계획하고 있었는데, 그것은 그렇게 간단하지가 않았다. 이 수력발전소 건설에는 발전 기기의 도입뿐만 아니라 토착된 토 목 기술이 필요했기 때문이다. 일본은 이 난관을 극복하고, 비와(琵琶) 호수에서 교토까지 터널을 뚫어서 교토에 최초의 수력발전소를 1895년에 건설했다. 이 전력으로 교토에 전차가 달리게 되었다. 독일의 지멘스-할스케 회사가 최초의 전차를 베를린 공업박람회에 출품한 것이 1879년인 것을 생각하면, 일본 교토에 전차가 달리게 된 것은, 물론 발전기와 전차는 도입한 것이기는 하나, 결코 그렇게 뒤진 것이라고는 말할 수 없다. 일본의 수도 도쿄와 가장 가까운 태평양 항구인 요코하마 간에 전차가 생긴 것은 1899년이며, 도쿄 시내에 전차가 달리게 된 것은 한국의 서울보다도 오히려 5년이나 늦어서 20세기에 들어선 1903년에야 실현되었다. 도쿄에는 철도를 본뜬 철도마차(鐵道馬車)가 이미 1881년에 있었기 때문이었다.

그리고 일본의 가장 큰 산업도시인 오사카도 순항선(巡航船)이 이미 발달돼 있었고, 전력의 공급이 부족했기 때문에 전차의 발달은 늦어졌다. 그래서 일본은 대규모 수력발전소 건설을 서둘게 됐고, 1906년에 관동 지방의 기누가와(鬼怒川)와 관서 지방의 우지가와(宇治川)에 수력발전 건설 계획을 수립하여 1913년경에 완공이 됐다. 그래서 여러 도시에 전등불이 켜지고, 교토와 오사카 간에 전차가 달리게 되었다. 그리고 특히 수력발전에 유리한 관서 지방의 전력화는 급진전되어 본격적인 전력 시대에 들어갔다.

모든 동네에 전기불이 켜지고, 모든 증기기관은 전동기로 대체됐으며, 농촌의 수차까지도 전동기로 바뀌어 탈곡과 관개도 전력으로 하게 되었다. 그리고 1914년에 당시에 세계 3위의 큰 수력발전소라고 자랑했던 이나와시로(猪苗代) 수력발전소가 완공되어, 관동 지방도 관서 지방에 뒤질세라 전력 혁명의 시대에 돌입했다. 그래서 일본 전국이 실로 놀라운 전기 혁명의 시대를 맞이하게 됐고, 이 전기 문명의 실효를 목격한 일본 국민은 과학기술 발전의 중요성을 실감하게 됐으며, 과학기술 발전에서 구미 선진국과 경쟁할 자신을 갖게 되었다.

이것이 오늘날 일본이 과학기술에 있어서 구미 선진국을 따라잡게 된 기초가 됐고, 또 한편으로는 교만에 빠져서 아시아에서 제국주의 침략 전쟁을 일으키고 나아가서는 제2차 세계대전도 일으켜서 원자탄 폭격을 받아 패전하게 된 동기도 되었다. 그리고 어떤 면에서는 기존 문명이 새로운 문명의 도입을 지연시킨다는 실례이기도 하며, 근대화는 전력의 기초 위에서만 성립된다는 것을 입증한 증거이기도 하다. 일본은 1869년의 메이지유신 직전인 도쿠가와 막부 시대까지만 해도 문화적으로 아주 뒤떨어져 있었다. 그들에게 유교 문화를 전수해 주었던 한국이나 중국은 오히려 근대 서구의 과학기술 도입에 뒤져서 일본의 침략을 받게 됐고, 한국의 서울 종로에 전차가 달리게 된 것은 일본보다는 10년 정도나 후였고, 그것조차도 일본 제국주의 침략이 시작된 후였다. 한국과 중국은 일본 제국주의의 침략에 30여 년간 시달리다가 제2차 세계대전 종료로 겨우 광복을 맞이했다. 그런데 한국은 다시 동란이 일어나서 완전히 폐허가 된 데서 입에 풀칠을 하는 것에 급급하다가 1960년대부터 근대 산업사회를 건설하기 시작했고, 중국은 동서 냉전이 종료된 1980년대부터 겨우 근대 산업사회를 건설하기 시작했다.

1. 전반기 전자공학

전기공학(Electrical Engineering)에서 파생한 전자공학(Electronic Engineering, Electronics)은 20세기 후반에 생긴 말이다. 사람에 따라, 전문 분야에 따라, 또는 국가에 따라 그 의미를 약간씩 달리하고 있는데, 가장 보편적으로 사용되는 이 용어의 뜻을 정의해 두기로 한다.

전자공학이란 분야가 생기기 전의 전기공학은 전기 및 자기에 관한 과학기술을 지칭하여, 전자공학도 포괄하는 넓은 뜻을 가지고 있었다. 그러나 주로 금속 도체 내에서의 전자의 운동에 바탕을 둔, 발전(發電)과 송배전(送配電), 그리고 전동기·전열기·백열전등 등에 의한 전력의 활용에 관한, 즉 전력공학을 다루어 왔다. 그런데 금속 도체 내의 전자운동에 기초한 이러한 전력공학 외에도 기체나 진공, 그리고 반도체 안에서의 전기입자의 운동에 관한 과학기술도 매우 중요한 특색과 의의를 가지게 되었다. 그래서 이 분야를 전기공학에서 분리하여 '전자공학(Electronics)'이라고 부르게 되었다. 즉, 전자공학은 '기체나 진공이나 반도체 안에서의 전기입자의 운동에 관한 과학기술'이라고 정의할 수 있다.

전기공학과 전자공학은 다 같이 전기 및 자기에 관한 쿨롬, 앙페르, 옴, 가우스, 패러데이, 헨리, 그리고 맥스웰 같은 위대한 과학자들의 연구 업적에 바탕을 두고 있다. 맥스웰은 1865년경에 다른 학자들의 연구 결과를 통합하여 '맥스웰의 방정식(Maxwell's equations)'이라고 불리는 전자기학(電磁氣學)의 일반 이론을 확립했다. 이 맥스웰의 이론은 전자파가 공간을 빛과 같이 전파할 수 있고, 빛도 이와 같은 전자파의 일종이라고 예측한 것이다. 이 예측은 23년 후인 1888년에 헤르츠가 '불꽃 간격 발진기'를 사용하여 전자파를 방사하는 데 성공함으로써 실증되었다. 이것은 과학적 이론이 실험에서 얻은 자료들을 귀납적 방법으로 인식하여 세워질 뿐만 아니라 때로는 이론이 실험을 앞선다는 것을 나타낸 과학 역사상의 한 실례이기도 하다. 그리고 1896년에 이탈리아의 전기학자 마르코니는 헤르츠가 발명한 전자파를 전송하여 약 2마일 떨어진 곳에서 검출하는 데 성공함으로써 무선전신의 시대를 개막하게 했다. 이상과 같은 사항들은 이미 앞에서 상세히 살펴본 것이므로 더 이상 상론하지 않기로 하고, 여기서는 그 이후에 발전된 전자공학 분야에 대해서 20세기에 발전한 과학들과 관련시켜서 계통적으로 살펴보기로 한다.

1) 진공관의 발명

크룩스(Sir William Crookes, 1832~1919)가 고진공 내에서의 방전을 연구하기 위하여 '크룩스관'을 발명하여 실험한 결과, 음극선을 발견하고 이것이 전기를 가진 '미립자'라고 했다. 뢴트겐은 이 음극선의 작용에서 X선을 발견했고, 이러한 전기 현상에 대한 이론적 설명으로 로런츠(Hendrik Anton Lorentz, 1853~1928)가 1895년에 '전자(Electron)'라고 부른 따로 떨어진 전하를 가진 질량적 존재를 가정한 전자설을 내놓음으로써 전자공학이 시작되었다고 말할 수 있다. 로런츠가 가정한 이 전자는 2년 후인 1897년에 톰슨(Sir Joseph John Thomson, 1856~1940)에 의하여 실험으로 음극선이 이러한 전자의 흐름인 것을 확인함으로써, 전자는 가설적 존재가 아니라 실재하는 전하를 가진 질량적 존재인 것이 확인되었다. 그리고 독일의 물리학자인 브라운(Karl Ferdinand Braun, 1850~1918)이 음극선과 이것을 이용한 최초의 전자관인 '브라운관'을 발명하여, 마르코니와 공동으로 1909년도 노벨 물리학상을 수상했다. 이 '브라운관'은 전기신호를 그림으로 나타내서 볼 수 있게 함으로써 장차 '오실로스코프'와 같은 여러 가지 측정기기에 활용됐을 뿐만 아니라, 현대 문명에 가장 큰 영향을 미치고 있는 텔레비전 수신을 가능하게 한 것이다. 그리고 전자공학이 공학적 체제를 갖춘 것은 20세기 초이다.

영국의 전기기술자인 플레밍(Sir John Ambrose, Fleming, 1849~1945)이 1904년에 이극관을 발명하여 '밸브(valve)'라고 불렀는데, 이것은 진공관 속에 금속을 가열하여 전자를 방출하게 한 음극과 좁은 간격을 두고 마주 보게 배치한 양극으로 된 것이다. 양극이 (+) 전압이 되면 음극에서 방출된 전자가 양극으로 당겨져 가서 전류가 흐르게 되나, (−) 전압이 되면 반발되어 전류가 흐르지 않게 된다. 그래서 이것을 전류를 열고 닫는 기능을 한다고 하여 '밸브'라고 칭했다. 이것은 빛과 같이 양쪽 방향으로 진동하는 전파를 한 방향으로 흐르는 전류로 검출하는 검파기로 사용할 수 있게 했고, 차후에 발달된 진공관의 단서가 되었다. 그는 이 이극관의 발명 외에도, 1885~1926년간 런던 대학 전기공학 교수로 있으면서 전자기학, 전기로, 표준전지, 전화, 전등, 무선전신 등 넓은 분야에 수많은 업적을 남겼다. 특히 전자기학에서 1885년에 발표한 전류와 자장, 그리고 도체 운동의 세 방향에 관한 법칙인 '플레밍의 법칙'은 유명하다. 이 세 방향은 서로 직각으로 지향한 세 손가락의 방향으로 대표되며, 오른손은 발전기, 왼손은 전동기에 적용된다.

플레밍에 의하여 이극진공관인 '밸브'가 발명되고 나서 2년 후인 1906년에 피카드 (Pickard)는 실리콘 결정에 금속 도선을 점접촉시켜서 검파기로 사용하려고 했는데, 이것이 최초의 '반도체 다이오드(diode)'인 셈이다. 그러나 이 소자는 신뢰도가 매우 낮아서 실용되지 못하고 곧 폐기되고 말았다. 이 반도체 전자공학의 조산아는 출산되자마자 아깝게도 곧 사망하고 말았다.

그리고 1906년에 전자공학의 초창기 역사에서 가장 중요한 획기적 발전이 미국의 발명가이며 전기기술자인 디포리스트(Lee De Forest, 1873~1961)에 의하여 이루어졌다. 그는 마르코니의 무선전신 발명에 자극되어 무선전신 연구를 했으며, 연소하는 가스와 방전의 관계를 연구한 끝에 마르코니가 사용한 '코히러 관'보다 감도가 좋은 '가스 봉입 전파 검출기'를 고안했다. 그리고 결국에는 플레밍의 밸브 양극 사이에 제3의 격자전극을 설치함으로써 '삼극관(triode)'을 발명한 것이다.

그는 이 삼극관을 '오디언(audion)'이라고 불렀는데, 이 오디언의 격자전압을 약간만 변화하면 그에 비례하여 양극 전압이 크게 변화하므로, 최초의 증폭기가 되었다. 수신되는 전파는 매우 약하여 그 진동 폭이 매우 작은데, 이것을 삼극관의 격자전극(grid)과 음극 간에 인가하고 양극에 높은 (+) 전압을 걸면, 양극에 격자전극에 인가된 전기진동과 모양이 똑같고 그 진폭이 커진 강한 전기진동이 생기게 하는 증폭작용을 하는 것이다. 그리고 격자전극에 일정한 (−) 전압 바이어스(bias)를 인가해 두면, 이것은 전파를 검파함과 아울러 증폭을 하게 된다. 그는 오디언의 진공도를 높이고, 열전자의 방출 효율이 좋은 산화물을 입힌 음극을 사용하여 잡음이 생기는 원인을 제거함으로써 성능이 좋으며 신뢰성이 있고 증폭을 하는 능동적 전자소자를 만들어 내는 데 약 5년이란 세월이 걸렸다. 이리하여 실질적인 전자공학은 1911년경에 시작되었다. 디포리스트는 이 삼극관을 사용한 검파기, 증폭기, 발진기를 비롯하여, 무선 전신·전화, 발성영화인 '토키(talkie)', 고속도 전송사진, 텔레비전, 고주파 치료기, 발성용 글로램프 등 300종 이상의 전자공학 분야 특허를 얻었다. 그리고 1910년에 미국 해군을 위한 최초의 대 전력 방송국을 설계하고 건설했으며, 1916년에는 '라디오 뉴스' 방송을 하여, '라디오의 아버지'라고 불리게 되었다. 그리고 1923년에 토키를 갖춘 영화를 뉴욕에 있는 리볼리(Rivoli) 극장에서 공개하여 오늘의 발성영화 시대를 출현시켰다. 그는 일찍이 텔레비전 개발에 심혈을 기울였고, 미국 '텔레비전 연구소' 부총재와 자신이 설립한 '리-디포리스트 연구소' 총재로 재직했으며, 저술 중에는 『텔레비전의 오늘과 내일(Television today and tomorrow, 1942)』이라는 주저가 있다.

2) 무선통신 분야

전자공학은 진공관과 같은 전자 부품(Components)의 발명과 발달에 따라 발전해 왔으며, 일반적으로 통신(Communication), 제어(Control), 전산(Computer)의 3C 응용 분야, 또는 부품을 넣어서 4C 분야로 분류된다. 상술한 진공관이 제일 먼저 응용된 곳은 통신 분야이며, 특히 현대 문명에 큰 영향을 미친 것은 대중 통신인 '라디오(Radio)'였다. 스웨덴의 발명가인 달렌(Nils Gustaf Dalen, 1869~1937)은 1906년에 아세틸렌등을 사용한 '달렌 섬광명암식 신호기(閃光明暗式信號機)'를 발명하여, 등대 또는 부표에 사용하게 하여 인류에게 큰 편익을 준 공적으로 1912년도 노벨 물리학상을 수상했다. 이것은 별것 아닌 발명으로 생각하기 쉬우나, 빛에 의한 통신을 어떤 특정인이 아닌 대중을 상대로 했다는 점에서 오늘날의 '라디오'나 '텔레비전'의 원조라고 볼 수 있는 큰 의의를 가진다.

디포리스트가 삼극관을 발명하여 1910년에 미국 해군용의 대 전력 방송국을 개설하자 전자공학의 시대가 열렸고, 미국에서는 1912년에 '무선공학회(IRE, Institute of Radio Engineers)'가 창립되었다. 무선통신이 시작된 바로 그 시점에 즉각 무선통신과 그 수신기의 중요성을 인식하고 이 학회를 만든 공학자들의 놀라운 통찰력에 감탄하지 않을 수 없다. 미국에는 이미 전기공학자들의 학회로서 '미국 전기공학회(AIEE, American Institute of Electrical Engineers)'가 1884년에 설립되어 있었는데, 1963년에 무선공학회와 통합하여 '전기·전자공학회(IEEE, Institute of Electrical and Electronics Engineers)'가 되어서 오늘날 세계에서 가장 권위 있고 유력한 학회로 꼽히고 있다.

최초의 민간 상용 방송국인 KDKA는 피츠버그에 있는 웨스팅하우스(Westinghouse) 전기회사에 의해서 1920년에 개국되었다. 불과 4년 뒤인 1924년까지 미국 내에만도 500개의 방송국이 방송을 하게 되었고, 1930년에는 세계의 어느 도시에서나 라디오 방송을 하게 되었다. 그리고 흑백텔레비전 방송은 1930년경부터 시작되어 1950년경에 천연색 TV가 방송되기까지, 미국 내에서는 TV 수상기가 없는 가정이 없을 정도로 보급됐고, 전 세계의 주요 도시에서도 널리 보급되었다. 이와 같이 무선통신 분야가 급속히 발전한 연유는 그에 관련된 전자 기술의 발달에 있었다. 이러한 무선통신 분야 전자 기술의 20세기 전반기 발전 양상은 다음 3기로 나누어 고찰해 볼 수가 있다.

첫 시기는 1907~1927년간이다. 이 시기에 이용할 수 있었던 소자(素子)는 필라멘트형 음극을 가진 플레밍이 발명한 이극관과 디포리스트가 발명한 삼극관뿐이었다. 그리고 이 시기에 개발된 전자회로는 디포리스트가 발명한 증폭기, 발진기 및 다단증폭기, 그리고 암스트롱이 1912년에 발명한 재생증폭기와 1917년에 발명한 헤테로다인 회로, 그리고 증폭기의 불필요한 발진을 방지하기 위한 중화회로 등이 있다. 이 시기에 특기할 공적을 세운 사람으로, 앞에서 이미 소개한 디포리스트와 미국의 전기기술자인 암스트롱(Edwin Howard Armstrong, 1890~1954)을 들어야 할 것이다. 암스트롱은 육군 통신대에 입대하여 1917년에 소령이 됐고, 1936년 이래 콜롬비아 대학 교수로 재직했는데, 라디오 관계의 연구에서 큰 업적을 세웠다. 그는 1912년에 진공관을 사용하여 재생회로를 발명했고, 1917년에 '슈퍼헤테로다인(Super-heterodyne) 수신법'을 발명했으며, 1920년에 '초재생 수신법'을 발명했다. 그리고 1933년에는 잡음이 적은 수신기를 만들 목적에서 주파수 변조 통신 방식을 연구 발전시켰다.

둘째 시기는 1927~1936년간이다. 1927년부터 이극, 삼극진공관에 열전자를 방출하는 음극을 내부의 절연된 필라멘트로 가열하는 '방열형(傍熱型) 음극'이 도입됨으로써, 필라멘트의 가열 전류에 의한 잡음을 제거할 수 있게 되었다. 그리고 삼극진공관에 새로운 제4의 차폐 격자전극을 추가한 '사극관'과 여기에 제5의 격자전극을 추가한 '오극관'을 개발하여 사용하게 됐고, 고출력의 '빔 출력관'과 '금속진공관'도 출현하여 사용하게 되었다. 이 새로운 전자소자를 사용함으로써, 슈퍼헤테로다인 수신기와 '자동이득제어(A. G. C.: Automatic Gain Control)', 그리고 단일 조작으로 동조되는 '단일 노브 동조' 및 '다중 대역 동작'이 가능하게 되었다. 이와 같은 전자 기술의 발달로 라디오 방송은 출력이 높아져서 넓은 지역에 미치게 됐고, 수신기도 매우 성능이 좋고 조작이 간편하게 돼서 널리 보급됐으며, 이에 따라 라디오 산업은 크게 번창하게 되었다.

셋째 시기는 1936~1960년간이다. 이 기간에 진공관 제조 기술이 매우 발달하여, 다양한 새 능동소자가 개발되었다. 증폭기로서의 능동소자의 성능은, 그것으로 증폭되는 데 있어서의 신호와 잡음의 비율 및 증폭되는 주파수 대역의 폭과 이득(利得, gain, 증폭률)을 곱한 '이득×대역폭' 값으로 평가되는데, 이 시기에 발달된 진공 기술과 정밀가공 기술로 진공관 전극들의 간격을 매우 좁혀서, 이득과 대역폭을 곱한 값이 매우 높은 고이득 대역폭(高利得帶域幅) 진공관을 만들었을 뿐만 아니라, 이러한 것을 하나의 진공관 안에 두 개를 함께 봉합한 소형 진공관이 생겼다. 그래서 종래에 주먹만 한 크기의 두 개의 진공관이 엄지손가락 크기의 한 진공관 안에 들어가게 됐다. 성능도 훨씬 좋아졌고, 음극 가열을 공통으로 함으로써 소비전력도 훨씬 줄어진 견고하고 신뢰성이 높은 소형 진공관이 생겨서 특히 군용의 휴대용 무선통신기에 활용됐고, 제2차 세계대전 중에 큰 공헌을 하게 되었다. 그리고 '주파수 변조 방식(FM)'은 암스트롱이 1933년에 발명한 것인데, 5년 후인 1938년에는 이미 이 방식이 보급되어서 FM 수신기를 시판하게 되었다.

그리고 흑백텔레비전은 1930년대에 방영이 시작됐는데, 가장 중요한 공헌을 한 사람은 러시아 태생의 미국 전기기술자인 즈보리킨(Vladmir Kosma Zworykin, 1889~1982)이었다. 그는 1919년 도미하여 1924년에 미국 시민이 됐고, 1920~1929년에는 '웨스팅하우스 전기회사'의 연구원으로 근무하다가, 1929~1942년에 '미국 라디오 회사(RCA)' 전자연구소 소장으로 재직했다. 그는 텔레비전의 송상(送像)용 '아이코노스코프(Iconoscope)' 및 수상(受像)용 브라운관인 '키네스코프(kinescope)'를 발명하여 텔레비전 방송과 수상을 가능하게 했다.

그리고 텔레비전의 방송과 수상에 필요한 FM 리미터, FM 변별기, 자동 주파수 조정 회로(AFC), TV 수상관의 선형 편향(線形偏向)용 톱니파 발생기, 동기회로(同期回路), 멀티플렉서 회로 및 연산증폭기를 포함한 음귀환(陰歸還, negative feedback) 회로 등이 여러 사람에 의하여 개발되고 발명되었다. 그래서 10년 후에는 적어도 미국 내에서는 상당한 흑백텔레비전 수상기가 보급되었다. 그리고 1950년경까지 흑백텔레비전 수상기의 보급은 거의 세계적으로 포화 상태에 도달해 있었다. 그런데 이 무렵에 상업용 컬러TV가 미국에서 방송되기 시작하여, TV 수상기 산업은 새로운 컬러TV 수상기의 수요를 맞이하게 되었다.

3) 계측 제어와 전산 분야

전자공학에 의하여 이룩된 20세기 문명의 또 하나의 특징은, 전력을 활용한 제2의 산업혁명에 덧붙여서 그러한 산업 공정이 계측 및 제어 공학의 발전에 의하여 자동화된 것이다. 진공관이 발명되고 그 성능이 좋아져서 미약한 전기신호를 증폭할 수 있게 되자, 계측·제어 분야에도 일대 혁신이 일어났다. 모든 길이와 위치 및 면적, 온도, 압력, 중력과 질량, 전자기 양들의 물리적 양의 미세한 변화가 전기신호로 전환돼서 증폭됨으로써 계측할 수가 있게 됐고, 이러한 계측에서 얻은 전기신호는 연산증폭기에 의하여 임의의 수학적 연산을 할 수 있게 되어서, 기관이나 계통 또는 생산 공정 등에 있어서 어떤 목표를 지향한 조절이나 제어를 자동으로 수행할 수 있게 되었다.

미국의 천재적 수학자인 위너(Norbert Wiener, 1894~1964)는 여러 가지 연구소에서 다방면의 연구를 했으며, 1934년 이래 MIT 교수로 재직했다. 그는 실함수론, 조화해석, 급수론 등의 연구 업적을 올렸고, 확률론의 해석학적 연구에 공헌했다. 그리고 후에 제2차 세계대전이 시작될 무렵부터 전산기, 통신, 자동제어 등의 이론 개척에 주력하여, 자동제어를 뜻하는 '사이버네틱스(Cybernetics) 이론'을 제창하여 그 후로 이 사이버네틱스 연구의 중심적 지도자가 되었다. 사이버네틱스에서 위너가 주창한 요점은 동물의 운동 조절을 할 때에 그가 하려는 목표치와 실행 결과치를 비교한 오차 신호로 작동 기능을 작동시켜서 결과치가 목표치에 접근하도록 조절 또는 제어한다는 사실에서, 기계 계통도 목표와 결과를 비교하는 비교기(Comparator)와 거기에서 검출된 오차(Error)를 일정 비율로 증대시키고 적분, 미분 또는 적분과 미분 등의 연산을 하는 제어기(Controller)를 거쳐서 작동기(Actuator)를 작동시키고, 그 결과를 검출하여 적당히 처리하여 비교기에 귀환시키는 제어 계통(Feedback Control System)을 구성하면, 동물의 활동 기능과 같이 뜻한 대로 작동하는 자동제어를 할 수 있다는 것이다.

그리고 이러한 사이버네틱스 계통 구성에서의 중요한 수학적 이론을 제시했다. 이 이론은 더욱 구체적으로 발전하여 제어 계통 구성에서, 그 계통 특성의 수학적 해석을 위한 전달함수(傳達函數, Transfer function)를 중첩 원리가 적용되는 선형(線形)뿐만 아니라 비선형(非線形)에의 확장, 계통의 안정성 판별과 해석을 위한 수학적 이론과 기법의 발전이 이루어졌다. 그리고 귀환제어(歸還制御, Feedback Control), 적응제어(適應制御, Adaptive Control) 등의 제어 이론이 개발됐으며, 이러한 이론에 근거한 제어 계통의 제어기를 구성하는 수학적 연산(더하기, 빼기, 곱하기, 나누기, 미분·적분)은 연산증폭기에 의한 '아날로그 전산(Analog Computer)' 방식으로 수행할 수 있게 되었다.

그리고 기체 봉입 이극관 및 사극관인 '사이러트론(Thyratron), 수은 정류관, 고압관, 고출력관' 등의 풀 음극소자가 개발되어 큰 전력의 정류나 증폭이 가능하게 됨으로써 모든 공정을 제어·구동할 수 있게 되었다. 그래서 이 제어공학은 제2차 세계대전 중에 군용의 선박, 항공기, 전차, 화기 등의 자동제어에 크게 활용됐을 뿐만 아니라, 거기서 발전된 기술은 일반의 선박, 항공기, 생산 공정 등의 자동제어에 크게 이바지했으며, 우주선 개발도 가능하게 했다. 그리고 이러한 계측·제어공학의 발달은 전자공업에 있어서 '산업전자공업(産業電子工業)'이라는 새로운 분야를 열게 했다.

2. 후반기 전자공학

20세기의 후반기 전자공학은 1950년에 최초의 성장형 트랜지스터(Transistor)가 발명되어 생산하게 됨으로써 시작되었다. 20세기 후반기에 반도체 전자공업을 열게 한 이 '트랜지스터'의 발명은 매우 의의가 큰 것이므로 그 발명 경위를 잠깐 살펴보자.

당시에 '벨 전화 연구소'의 연구 책임자로 있었으며, 후에 그 연구소 소장이 된 켈리(M. J. Kelly)는 일찍이 전화 계통에 전자 교환이 도입되어야만 하고, 그것을 실현하기 위해서는 무엇보다도 신뢰성이 혁신적으로 개선된 증폭기가 필요하다는 것을 깨달았다. 그런데 진공관은 작동 중이 아닐 때도 진공관 음극을 가열하기 위하여 막대한 열이 발생할 뿐만 아니라 그 필라멘트와 음극은 본질적으로 소모성이라서 아무리 신뢰성이 높은 진공관일지라도 그것을 수시로 교체해야만 하므로 막대한 수의 진공관으로 작동하는 계통 전체의 신뢰성을 확보할 수가 없었다. 그래서 켈리는 신뢰성이 높은 혁신적 증폭 소자를 고체 반도체에서 탐구해 내기 위하여 1945년에 고체물리학 연구 그룹을 구성했다. 그의 의도는 이 연구 그룹의 임무를 규정한 다음과 같은 연구 목적 첫머리에 잘 명시돼 있다.

"이 연구의 목적은 전혀 새롭고 개량된 통신 계통의 부품과 소자를 개발하는 데 사용할 수 있는 새로운 지식을 획득하는 데 있다."

그가 이러한 연구 목표를 반도체소자에서 구하게 된 것은, 그때까지 발전된 양자역학에 입각한 물질의 원자, 원소, 분자들의 구조와 역학적 기구에 대한 명확한 이론이 전개돼 있었고, 실제로 어느 정도까지는 밝혀져 있었기 때문이다.

1) 반도체소자 개발의 시작

켈리의 연구 그룹은 이론물리학자, 실험물리학자, 물리화학자, 금속학자, 그리고 전자공학자들로 구성됐으며, 이들은 다 같이 한 실험실에서 공동으로 연구했다. 그리고 이들은 모두 그들이 이 연구를 시작하기 이전에 이미 밝혀져 있었던, 블로흐(Felix Bloch, 1905~1983)가 고체 양자 이론으로 밝힌 금속의 전기전도 기구를 비롯하여, 모트(Nevill Francis Mott, 1905~1996)가 개척한 금속, 합금, 반도체 등에 대한 고체 양자 이론과 쇼트키(Walter Schottky, 1886~1976)가 진공과 고체 내의 전자나 이온 운동을 규명하고 발견한 '쇼트키 효과', 그리고 슬레이터(John Clarke Slater, 1900~1976)가 세운 강자성체와 반도체에 관한 고체 양자 이론과 강유전체의 원자 이론 등 전자공학에 관한 연구들을 숙지하고 있었고, 조머펠트(Arnold Sommerfeld, 1868~1951)가 '페르미-디랙 통계법'을 기초로 하여 발전시킨 '조머펠트의 금속 전자 이론'과 밴블렉(John Hasbrouck, Van Vleck, 1899~1980)이 개척한 원자와 분자의 구조 및 자성에 관한 양자 이론 및 위그너(Eugene Paul Wigner, 1902~1995)가 개척한 양자역학에 대한 군론(群論)의 응용, 또 제2차 세계대전 중에 원자핵물리학 연구로 원자탄 개발에 참여한 윌슨(Harold Albert Wilson, 1874~1964)의 열전자류(熱電子流), 진공방전, 기체의 전기전도, 음파의 탐지 등에 관한 전자공학적 연구 등을 활용할 수 있었다. 그리고 기타 각국 과학자들의 금속과 반도체에 관한 이론적 연구 결과들도 숙지하고 있었다. 그들은 이것들을 기초로 하여 공동으로 연구를 시작했고, 앞에서 연구 책임자인 켈리가 제시한 공동 목표를 향한 연구를 협동하여 수행할 수 있었다.

2) 트랜지스터의 발명과 개발

1947년 12월의 한 실험에서 게르마늄 결정 표면에 콜렉터(Collector)와 이미터(Emitter)에 해당하는 두 개의 금속 접촉자(probe)를 매우 좁은 간격으로 압력을 가해서 접촉했을 때 게르마늄 베이스(Base)에 대한 콜렉터의 출력전압이 이미터의 입력전압보다 더 크게 증폭되는 것을 발견했다. 이 실험을 처음으로 한 브래튼(Brattain)과 바딘(Bardeen)은 이것이 바로 그들이 추구하는 현상임을 깨달았고, 본격적으로 증폭을 하는 고체 소자를 개발하기 시작했다. 그래서 증폭을 하는 고체 소자인 점접촉 트랜지스터가 1948년에 최초로 탄생한 것이다.

그런데 이 초기의 점접촉 트랜지스터는 증폭하는 데 이득이 낮았고, 주파수 대역폭이

좁았으며, 잡음이 많았을 뿐만 아니라 그것은 각 소자에 따라 파라미터의 변동이 심하여 실용적인 것은 못 되었다. 쇼클리(Shockley)는 이러한 결함들의 원인을 탐색한 끝에 그 원인이 금속의 점접촉에 있다는 것을 알아냈다. 그래서 곧바로 점접촉이 아닌 접합 트랜지스터를 제안했고, 그 동작 이론도 확립했다. 그래서 쇼클리의 제안에 따라 접촉을 없애고 접합을 한 트랜지스터를 개발하기 시작했는데, 문제는 순수한 게르마늄이나 실리콘 단결정을 우선 만들어야만 한다는 것이었다. 1950년에 아주 순수한 게르마늄의 단결정을 만드는 데 성공하자, 최초의 성장형 접합 트랜지스터가 출현하게 되었다.

진공관은 음극 금속 표면에서 진공 공간에 떨어져 나온 전자의 흐름에 의하여 동작하는 반면에, 이 고체 소자는 그 안에서 전기가 흐르는 기구를 양자역학으로 해석해 보면, 고체 내에서 반대의 극성을 가진 두 가지 전기를 나르는 입자, 즉 캐리어(Carrier)의 확산에 의한 전류로 동작하게 되는 것이다. 그 캐리어의 한 가지는 전자를 하나 더 여분으로 가진 입자이며 그 여분의 전자에 의하여 (−)전기를 나르고, 다른 한 가지는 전자가 하나 비어 있어서 '양공(陽孔, Hole)'이라고 불리며 (+)전기를 나르는 것이다. 이러한 캐리어의 성립과 그것이 전기를 나르는 기구는 양자역학으로만 설명될 수 있는 것인데, 이러한 이론적 기초가 이미 확립되어 있었다.

진공관에서의 전류는 열전자 방출체인 캐소드 근방에 형성되는 공간전하, 즉 전자구름 (電子雲)이 전자의 방출을 반발하여 어느 정도로 제한된다. 그러나 트랜지스터에서는 이 현상이 존재할 수가 없다. 양자역학에 따른 이론적 해석에 의하면, 접합 경계면 부위에 얇은 공간전하 층이 생기는 것 외에는 중성이므로, 낮은 인가전압으로도 큰 전류밀도를 얻을 수가 있다. 그래서 진공관 캐소드에서 전자를 방출하기 위한 가열 필라멘트가 필요 없고, 낮은 전압으로도 큰 전류를 얻을 수 있는 매우 중요한 반도체의 실용적 능동소자가 개발된 것이다.

그리고 이론적 고찰에 의하면, 신뢰성 있는 접합 트랜지스터를 만들기 위해서는 우선 아주 순도가 높은 게르마늄이나 실리콘 단결정을 만들어 내야만 했다. 벨 연구소의 티엘 (Teal)은 약 2년 후인 1950년에 불순물 농도가 10억분의 1 이하인 게르마늄과 그 후에 같은 순도의 실리콘도 단결정으로 성장시키는 데 성공했다. 이러한 지극히 순도가 높은 단결정 웨이퍼(Wafer)에다 여분의 전자를 가지게 하는 도너(Donner)나 전자가 모자라는 홀(Hole)을 형성하는 '억셉터(Acceptor)'라고 불리는 불순물 원자를 1억분의 1 정도 주입하여 쌍극성 트랜지스터의 접합을 형성했다. 그래서 1950년에는 최초의 성장형 접합 트랜지스터가 나타났고, 다음 해에는 합금 트랜지스터도 나왔다.

그리고 고체 증폭 현상이 발견된 지 불과 3년도 안 된 1951년에는 트랜지스터의 상품 생산이 시작되었다. 이것은 벨 연구소가 인류의 전자공학 발전을 위하여 대국적 견지에서 내린 훌륭한 판단 덕택이었다. 벨 연구소는 그들이 발견한 기술들을 장래의 전자공학 발전을 위하여 공개하기로 한 중대한 결정을 내리고, 전자공학 학계뿐만 아니라 다른 회사들도 대상으로 한 심포지엄을 개최하여 보고했다. 그리고 또 트랜지스터를 제조하려는 회사에는 특허권을 면허해 주겠다고 제안했다. 그 결과 Bell system의 제조를 담당하는 Western Electric 회사를 위시하여 RCA, Westing-house, General Electric 등 기존의 전자관 제조 회사가 먼저 트랜지스터 제조에 착수했고, 뒤이어 이 소자의 엄청난 장래성을 깨달은 다른 부품 회사도 반도체소자 생산에 참여하게 되었다.

그리고 1952년에 미국 육군은 트랜지스터의 연구 개발 자금을 내놓았다. 군에서는 이 반도체소자를 주로 소형이고 경량이며 소비 전력이 적고 우수한 성능과 높은 신뢰도가 요구되는 미사일에 사용할 목적에서였는데, 이 투자는 매우 좋은 성과를 얻어서 반도체소자는 아주 전압이 높거나 전력이 클 경우를 제외하고는 군대의 거의 모든 전자 장비에 사용되어서 지대한 효과를 거두었을 뿐만 아니라 반도체 산업 기술을 촉진하여 일반 산업과 민수용 상품에 있어서도 전자관을 대신하게 되었다. 그래서 반도체 산업은 20세기 말에는 전 세계의 주요 산업국에 확산되어 단일 품종으로는 가장 생산고가 높은 산업으로 발전했다.

그리고 대전력과 고압용 반도체소자도 개발되어서, 오늘날에 와서는 대부분의 대학에서 진공 전자관에 대한 강의는 없어지고, 오직 반도체소자에 대한 강의만 하게 되었다. 그런데 이와 같은 반도체소자는 온도에 따라 그 특성이 크게 변하는 결점이 있다. 이 때문에 게르마늄은 약 75°C 이상에서는 사용할 수가 없으나, 실리콘은 약 200°C까지는 사용할 수가 있다. 그래서 1954년에 Texas Instrument 회사는 실리콘 트랜지스터의 생산을 발표했으며, 이 이래로 거의 대부분의 반도체소자는 실리콘으로 만들어지게 되었다. 그리고 1956년도에 트랜지스터를 발명한 바딘과 브래튼, 그리고 쇼클리는 공동으로 노벨 물리학상을 수상했는데, 공학적인 소자를 발명한 공적에 대해서 노벨상을 수여한 것은 이것이 처음이다.

3) 집합 회로

킬비(Kilby)는 1958년에 Texas Instruments 회사의 연구원으로 취직한 후 곧 게르마늄과 실리콘 단결정 안에 완전한 하나의 전자회로를 구성하는 '모놀리식(monolithic)' 개념을 착상하게 되었다. 그는 반도체를 사용하여 저항소자인 '확산층 저항기(擴散層抵抗器)'를 만들어 냈고, 실리콘 산화막을 유전체로 이용하여 '커패시터(capacitor)'를 만들어 냈으며, 인가전압에 따라 용량을 조절할 수 있는 'p-n 접합 가변 커패시터'도 구상해 냈다. 그리고 그가 제안한 모놀리식 개념을 실현할 수가 있다는 것을 실증하기 위하여, 그는 하나의 게르마늄 칩에 만든 수 개의 트랜지스터와 커패시터 및 저항소자 들을 금 도선으로 용접 연결(bonding)하여 이상 발진기(移相發振器)와 멀티바이브레이터를 제작했다. 그리고 특허 신청에 도전 물질을 부설함으로써 각 부품들을 서로 접속할 수 있다고 지적했다. 킬비는 1959년에 그가 고안한 이 회로를 '고체회로(solid circuit)'라는 이름으로 IRE 총회에서 발표했는데, 이후에 이것이 'IC(집합회로, integrated circuit)'라고 불리게 되었다.

이 무렵 Fairchild Semiconductor 회사의 연구 개발 책임자로 있던 노이스(Noyce, 후에 Intel 회장)도 역시 모놀리식 회로에 착상했다. 그의 발상은 실리콘의 한 칩에다 다수의 소자를 동시에 만들고, 소자 간의 접촉을 제조 과정의 일부로서 해결하여, 크기와 무게를 감소하고 능동소자 각각의 비용을 절감하려고 했다. 그는 이러한 집합회로의 구성을 위하여, 역으로 바이어스 된 p-n다이오드에 의한 소자 간의 분리법, 저항소자의 제조법 등을 개발했다. 그리고 가장 중요한 착상은 회로 부품들을 하나하나 접속하는 것이 아니라, 실리콘 산화물의 절연 피막에 뚫어놓은 구멍을 통하여 금속을 증착(蒸着)하여 회로 부품들을 한꺼번에 연결하는 방법이며, 이 방법을 개발하여 제조 공정을 매우 단순화했다. 이중에서 역바이어스 다이오드에 의한 부품들의 분리법은 Sprague Electric 회사의 책임 연구원인 레호벡(Lehovec)도 독립적으로 연구하여 1959년에 특허권을 얻었다.

그리고 1958년에 확산 트랜지스터의 제조법이 Fairchild 회사의 호에르니(Hoerni)에 의해서 처음으로 개발되었다. 그는 표면의 산화막에 의하여 접합 표면을 안정화한 공정을 개발하여, 전에 노이스와 무어(Moor)가 개발한 사진평판 기법과 확산 공법을 결합하여 사용한 것이다. 집합회로의 제조 문제를 해결하는 진정한 관건은 평면 트랜지스터의 '배치 처리(batch processing)'에 있었는데, 이것이 호에르니가 개발한 확산 제조법으로 해결됨으로써, 1961년에 Fairchild와 Texas Instruments 두 회사는 상용 IC를 생산하게 됐으며, 다른 회사들도 뒤를 이어 IC 제조에 참여하게 되었다. 그래서 수십만 개의 트랜지스터와 수동소자들과 그들의 상호 연결을 하나의 생산 '배치'에서 동시에 만들 수 있게 되었다.

4) 전계 효과 트랜지스터와 기타

쌍극성 접합 트랜지스터(BJT, bi-polar junction transistor)가 발명되기 이전에도 수많은 사람들은 고체에서 진공관과 같은 '전계 효과', 즉 전류 방향에 대한 가로방향 전계를 인가할 때 고체 도전율이 변화하는 현상에 관한 연구를 하고 있었다. 사실은 이러한 전계 효과를 연구하는 과정에서 쌍극성 트랜지스터를 발견하게 된 것이며, 쇼클리는 1951년에 이미 '접합 전계 효과 트랜지스터'를 제안해 놓고 있었다. 그러나 이 소자를 제조하려던 초기의 시도는 안정된 표면을 만들 수가 없었기 때문에 실패한 것이다. 그런데 이 난점이 평면 처리 기법과 이산화실리콘(SiO$_2$) 막에 의한 표면 안정 기법의 발견으로 해결될 수 있게 되었다.

매우 우수한 유리질 절연체인 SiO$_2$의 얇은(1000A=10^{-8}m) 층에 금속 전극 게이트(gate)을 부착하고 이 게이트와 실리콘 기체 간에 전압을 인가하면 그 표면 근방에 전도성 전하가 유도된다. 이 게이트를 '소스(Source, S)'와 '드레인(Drain, D)' 두 전극 간에 가로로 수 μm 걸쳐 있게 하면, S와 D 간의 전류는 게이트 전압에 의하여 제어된다. 이와 같은 최초의 '금속산화물 반도체 전계 효과 트랜지스터(MOSFET, metal oxide semiconductor field effect transistor)'는 1960년에 벨 연구소의 강(Kahng)과 아탈라(Atalla)가 발표했는데, 재현성이 매우 빈약했기 때문에 실용화되지는 못하고 있었다. 그런데 이 결점이 SiO$_2$ 안에 있는 주로 나트륨 이온의 오염 물질에 기인한다는 것을 발견하고, 그 제거 방법을 알아내는 데 약 5년이라는 긴 세월이 걸린 끝에, 제조 기술면에서도 많이 개선이 되어, 1965년에 MOSFET도 쌍극성 접합 트랜지스터에 필적하는 중요한 소자로 개발되었다.

그리고 S와 D 사이에 좁은 간격으로 연쇄적인 게이트 전극을 만들 수 있게 되어, S에서 유입한 전하가 첫 번째 전극에 포획되고, 적절한 전압 파형을 인가하면 둘째 전극으로 이동하는 식으로 차례로 인가 신호에 따라 이동할 수 있는 소위 '전하결합소자(CCD, charge coupled device)'가 1969년에 벨 연구소의의 보일(Boyle)과 스미스(Smith)에 의해서 발명되었다. 이 CCD는 '순환 기억(circulating memory) 장치'로 활용됐으며, 1977년에는 하나의 칩에 65,000비트의 기억용량을 가진 CCD가 생산되었다.

그래서 기억소자들은 CCD로 생산하게 되었으나, 1970년까지 MOSFET는 BJT에 비하여 차지하는 넓이는 훨씬 작았지만, 반면에 작동 속도에 있어서는 BJT보다 훨씬 뒤떨어지고 있었다. 그런데 1972년에 독일 IBM 소속의 베르거(Berger)와 위드먼(Wiedman) 팀과 네덜란드의 Philips 회사 소속인 하르트(Hart)와 슬로브(Slob) 팀이, '집합 주입 논리(IIL, integrated injection logic)'라고 불리는 새로운 쌍극성 트랜지스터 논리게이트를 발명함으로써 이 상황은 뒤바뀌게 되었다. 이것은 전혀 새로운 소자라기보다는 표준적인 BJT 제조 기술을 사용하여 새로운 회로를 구성한 것이다. 이 IIL 논리게이트의 집합 밀도는 종전보다 매우 높아져서 MOSFET에 필적할 만큼 증가했으며, 전력 소비는 적으면서도 속도는 훨씬 빨랐다.

1977년부터 미국의 Texas Instruments와 Fairchild Semiconductor는 이 IIL 칩을 생산하여 시판하게 되었고, 이것은 디지털 손목시계의 계수와 기억장치, 그리고 컴퓨터의 마이크로프로세서(microprocessor) 등에 사용되고 있다. 그런데 MOSFET에서도 칩의 집적 밀도를 높이고 속도도 향상시키는 기술 개선이 진행되어서, 두 장치의 우열은 아직 막상막하이나 조만간에 IIL과 MOSFET 간의 승부가 결판날 것으로 보인다.

5) 마이크로 전자공학

BJT, MOSFET, IIL 집적회로들은 모두 신뢰성, 동작 속도 등의 성능을 높이고, 제조 기술도 착실히 개선하여 수율을 높였을 뿐만 아니라, 원가와 소비 전력, 그리고 크기도 현저하게 감소시켰다. 이러한 발전은 실로 괄목할 만한 것이며, 1975년에 초대규모 집합회로(VLSIC)가 생산되기까지 해마다 IC 실리콘 칩당 트랜지스터, 다이오드, 커패시터, 저항 등 부품의 집적 수가 증가해 온 다음 표와 같은 추세가 잘 나타내고 있다.

1951년: 개별 트랜지스터
1960년: 소규모 집적(SSI): 칩당 부품 수 - 100 이하
1966년: 중규모 집적(MSI): 칩당 부품 수 - 100~1000
1969년: 대규모 집적(LSI): 칩당 부품 수 - 1000~10,000
1975년: 초대규모 집적(VLSI): 칩당 부품 수 - 10,000 이상

1964년에 당시 Fairchild 회사의 책임연구원으로 재직했고, 후에 Intel의 사장이 된 무

어(Moore) 씨는 1959년에 평면 트랜지스터가 출현한 이래 집적회로의 칩당 부품 수는 매년 두 배씩 증가했다고 지적하고, 이 추세가 앞으로도 지속될 것이라도 말했다. 그 예측은 1980년까지 적중했다. 1970년대의 실리콘 IC 칩은 큰 것이 겨우 3mm×5mm 넓이에 두께 0.1mm 정도였다. 그런데 1979년에는 그 칩 안에 무려 약 15만 개의 부품을 집적할 수가 있으며, 이것은 1mm²당 10,000개의 부품 밀도에 해당한다. 이러한 IC가 실험실에서 특수하게 만들진 것이 아니라, 일반의 생산 공장에서 만들어졌다는 것은 실로 놀랍고도 믿기 어려운 일이다.

이런 고밀도 IC를 개발해 내기 위하여 '마이크로 전자공학'이라는 새로운 전자공학 분야가 생겨났다. 그래서 1977년에는 6mm×6mm 단일 칩에 범용 디지털 처리와 제어 기능을 갖춘 완전한 전산기(Computer)라고 할 수 있는 '마이크로프로세서(micro processor)'가 시판되었으며, 현재에는 1970년대까지만 해도 대형 컴퓨터에만 적용해 왔던 32비트 기종의 CPU인 32bit microprocessor가 생산되어 시판하게 되었다. 그리고 주기억장치도 수십 Mbit(메가비트)의 기억용량을 가진 '임의 호출 기억장치(RAM, random access memory)'가 한 칩에 만들어져서 개인용 또는 노트북(notebook) 휴대용 컴퓨터에 활용되고 있다. 그래서 현재의 개인용 또는 휴대용 컴퓨터는 1970년대의 대형 컴퓨터보다 성능에서는 뒤떨어지지 않고, 생산원가는 비교도 안 될 만큼 저렴해져서 널리 보급하게 되었으며, 다음에 기술할 전자통신과 제어공학의 발달과 아울러 전자공학이 이룩한 현대의 정보화 사회를 발전시키는 데 주축이 되고 있다.

3. 통신공학 및 제어공학

이상과 같은 반도체소자의 개발과 발전에 따라 통신공학과 제어공학에도 커다란 변혁의 물결이 일어나게 되었다. 1951년에 트랜지스터가 생산되자, 우선 군용 무선통신에 커다란 변혁이 일어났다. 특히 야전용 무선통신기들의 진공관이 전부 트랜지스터로 대체할 수 있게 되어, 훨씬 성능이 좋고 신뢰성이 높으며, 가볍고 견고하여 조작과 휴대가 간편한 소형 기기를 생산할 수 있게 되었다. 같은 기능을 하는 소형 진공관이 차지하는 체적에 비하여 트랜지스터가 차지하는 체적은 1/100 정도밖에 되지 않을 뿐만 아니라, 특히 진공관의 음극 가열이 생략됨으로써 전원 문제가 단순화되고 소비 전력이 격감하여 방열 상의 설계 제한도 배제할 수가 있어서, 성능과 신뢰성이 높고 체적과 중량이 적으며 견고한 소형 통신기를 만들 수 있게 되었다. 방열상의 설계 제한이 배제되자, 군용 전자 기기의 일부 전자회로는, 견고성을 높이고 기밀 보안을 위하여 합성수지로 한 덩어리로 만들어서 분해될 수 없게 만들었다. 이것이 바로 장차 집적회로(IC)를 만들게 된 동기가 된 것이다. 트랜지스터 출현에 따른 이와 같은 추세는 군용 통신기기에 한정될 성격의 것은 물론 아니다.

라디오나 TV의 민수용 수신기와 수상기들도 완전히 트랜지스터로 대체하게 되어서, 성능과 신뢰성이 높고 사용이 간편하며 소비 전력도 적은 소형의 것이 값싸게 생산되어서 가정용뿐만 아니라 개인 휴대용으로도 많이 보급되었다. 이러한 수요 증가에 따른 대량생산은 생산원가를 더욱 낮추어서 전자공업은 비약적으로 발전하게 되었다. 그리고 휴대용 무선전화도 개발되어서 널리 보급됐고, 전화 교환도 종래의 전자력에 의한 기계적 방식에서 전자 교환 방식으로 전환되어 갔다.

1960년에 IC 개발에 성공하자 군용 전자 부문에서는 일대 혁신이 일어났다. 군용 전자 기기는 그 본질상 작고 견고하여 가동성이 우수하고 조작이 간편하여야 하며, 거기에다 기밀이 보장되어야 하는데, 이러한 요구에 IC가 꼭 들어맞는 것이었다. 그래서 군부는 이 IC 개발에 지대한 관심을 가지고 적극적인 지원을 하게 되었다. 그 결과 IC가 생산되자 군용 전자 부문에서는 일대 혁신이 일어나게 되었다. 종전에 트랜지스터를 사용한 30cm×20cm×4cm 정도의 기판에 구성된 전자회로가 5mm×5mm 정도의 하나의 IC 칩으로 대체할 수 있게 된 것이다. 이러한 IC가 1961년부터 민수용으로도 개발되어 시판되자 전자공학과 산업의 발전은 더욱 가속되었고, 전산기(Computer)의 발전 보급과 더불어 디지털 통신도 개발됐으며, 통신위성도 생겨서 지구상의 모든 곳의 정보가 지구상의 어느 곳과도 시간적 지연 없이 음성과 화면, 그리고 문자를 통하여 교신할 수 있는 정보사회를 이루게 되었다. 이제 세계 공간은 적어도 정보통신 면에서는 동시적인 한 지점으로 변했다.

제어공학 분야도 트랜지스터의 출현과 IC의 발달에 따라 혁신적 발전을 이루게 되었다. 트랜지스터와 IC에 의해서 전력의 개폐를 위시하여 전원 변환 및 전원 장치와 전동기의 제어를 간편하게 수행할 수 있게 됨으로써, 생산 공정에서 온도, 압력, 유량, 수위, 위치에 따른 성형 가공 등의 생산 공정을 자동으로 조절하며 제어할 수 있게 되었다. 그리고 이와 같은 자동제어의 범위는 확대되어 생산 공정의 다방면에 다양하게 활용하게 되었다. 그래서 생산 공정에서 단순한 반복적 육체노동은 자동제어에 의한 전력의 기계적 노동으로 대체되어서 균등한 품질, 생산성 제고, 생산 원가 절감 등 새로운 산업 혁신을 이루게 되었다. 그리고 디지털 IC가 발달하여 그 정보처리 속도가 충분히 빨라지자, 종래의 아날로그 방식 제어는 컴퓨터를 이용한 '수치제어(Numerical Control)' 방식으로 바뀌어서, 더욱 다양한 기능을 가진 범용적 제어 계통을 구성할 수 있게 되었다. 그 결과 근래에는 한 가지 모델을 장기간 복제 생산하는 방식에서 벗어나서, 소비자의 취향에 맞는 상품 가치가 높은 다양한 모델을 Bench-Mark에 따라 수시로 생산할 수 있는 생산 체제가 수치제어 방식에 의하여 가능하게 되었다. 이와 같은 변혁은 생산에서뿐만 아니라 가정생활에도 파급되었고, 인간 생활에서 단순한 반복적 육체노동뿐만 아니라 상당한 부분의 지적 활동도 포함한 인간의 노동은 컴퓨터로 제어되는 전력의 노동력으로 대체하게 되었다.

이상과 같이 혁신적 발전을 한 통신공학과 제어공학의 기초가 된 과학은 20세기에 발전된 것은 별로 없으며, 그 기초적 기술도 대부분 20세기 전반까지 이미 개발되어 있던 것이다. 후반기의 발전은 트랜지스터나 각종 IC의 출현으로 된 기술적 개발이며, 그 응용 분야를 개척하고 응용에서의 기술을 개발한 것들이었는데, 이런 기술들이 모여서 놀라운 혁신적 발전을 했다. 그중에서도 특기할 것으로는 통신공학 분야에서, 전파의 사용 범위가 크게 확대된 것을 들 수가 있다. 20세기 초의 라디오 방송과 음성 무선통신에 사용한 주파수 대역폭은 수 KHz에 지나지 않았고, 그 전파의 주파수는 300KHz까지의 고주파(HF), 즉 파장이 km 단위인 단파(短波)까지를 사용했는데, TV의 화상통신에는 약 3MHz의 대역폭이 필요하고, 이런 통신도 포함시키기 위하여 20세기 후반부터 300MHz까지의 VHF(초고주파), 즉 파장이 m 단위로 나타나는 초단파(超短波)를 사용하게 되었다. 이러한 통신에 많은 채널이 필요하게 돼서, 파장이 mm 단위로 표현되는 UHF(극고주파)를 개발하여 사용하게 됐고, 이 VHF와 UHF의 유선 전송을 위해서는 동축케이블(同軸케이블, coaxial-cable)이 사용되었다. 이러한 전파 통신의 범위는 컴퓨터의 보급에 따른 그것의 데이터(data)통신 등 다방면의 수요 증가로 더욱 확대되어 갔다. 그래서 전파의 파장이 μm 단위인 마이크로파가 개발되어서 통신 분야를 획기적으로 확대했다. 뿐만 아니라 이 마이크로파는 가정의 취사(炊事)에도 활용이 되었다. 즉 '마이크로오븐(Microwave oven)'이 개발되어 널리 활용하고 있다. 그리고 이 전파의 활용 범위는 더욱 확대돼서 드디어 A(10^{-8}m) 단위의 파장을 가진 빛의 범위에 이르렀다. 소위 '레이저(LASER, light amplifire by stimulated energy release)'라고 불리는 일정 주파수의 빛을 증폭하는 방법이 발견되고, 그 빛을 전송할 수 있는 유리의 실로 된 광케이블이 개발되자, 유선통신 분야에 일대 혁신을 일으켰다. 그래서 종전에 수만의 전화 회선을 하나의 동축 케이블로 담당하던 것을, 오늘날에는 수천만 전화 회선을 담당할 수가 있는 광케이블로 대체할 수가 있게 되었다. 그래서 오늘날에는 회선 수에 거의 구애되지 않는 유선통신이 가능하다. 그리고 이 레이저 광선의 활용은 정밀기계 가공과 의료 등 다방면에 활용되고 있다.

4. 컴퓨터공학

앞에서 기술한 IC 생산 기술에서 생긴 '마이크로 전자공학' 혁명의 가장 극적인 산물은, 전혀 새로운 종류의 산업으로 20세기 후반에 등장한 '컴퓨터 산업'이었다. 계산 기계에 대해서는 과거 300년 이상에 걸쳐서 커다란 관심을 쏟아왔다. 예를 들면, 1633년에 독일의 시크하르트(Schickhard)는 친구인 천문학자 케플러와의 서신에서 가감승제(加減乘除) 등을 행하는 기계식 계산기에 관해서 서술하고 있다.

그는 10개의 톱니를 가진 바퀴를 만들었는데, 그 톱니들 중의 하나는 다른 것보다 더 삐져나오게 했다. 이런 바퀴들을 정렬해 놓고, 첫 바퀴를 10 톱니 돌리면 삐져나온 톱니가 다음 바퀴와 맞물려서 한 톱니 돌게 했다. 즉, 10개의 톱니는 10 수에 대응한 것이며, 10이 되면 다음 바퀴에 대응하는 다음 자리의 수가 1이 되는 것이다. 다시 말하면, 그는 수의 자리올림(carry)을 실현한 것이다. 그리고 1642년에 프랑스의 천재 파스칼과 미적분을 창시한 라이프니츠도 1671년에 비슷한 착상을 발표했다. 그러나 기계적 계산기를 만들려는 진지한 노력을 한 것은 약 200년 후인 1833년에 영국의 수학자 배비지(Charles Babbage, 1792~1871)가 한 연구였는데, 당시는 그의 구상을 실현시킬 만큼 기계 제작 기술이 발달하지 못했기 때문에 실용적 기계 계산기를 완성하지는 못했다.

최초의 실용적 계산기는 그로부터 약 100년 후인 1930년에 하버드 대학 교수 에이킨(Robert Grant Aitken, 1864~1951)과 IBM 기술진이 공동으로 개발한 'IBM Automatic

Sequence Controlled Calculator Mark-I'이라고 불린 릴레이와 스위치식 전기식 계산기였다. 이것은 길이가 17m이고 높이가 3m나 되는 매우 볼품없는 것이었지만, 15년간이나 실제 계산에 사용되었다.

최초의 전자계산기, 즉 컴퓨터는 1946년에 펜실베이니아 대학교 전기공학 대학원의 에커트(Eckert)와 모클리(Mauchly)가 개발하여 완성한 '에니악(ENIAC, Electronic Numerical Intrgrator and Calculator)'이다. 이것은 범용이 아니고 육군에서 탄도 계산에 사용하기 위한 전용 컴퓨터였다. 18,000개의 진공관을 사용했으며, 40개의 장치용 선반을 차지하고, 10m×13m 넓이의 방을 채우는 거대한 것이었다. 그리고 같은 해에 IBM에서는 최초의 소형컴퓨터인 'IBM 603'을 만들어 냈다. 그러나 이 당시의 컴퓨터는 ENIAC을 비롯하여 어떤 군사적인 특수한 사용 목적을 가진 전용의 것이며, 이른바 범용컴퓨터는 아니었다. 그리고 프로그램의 기억 방식이 아니고 프로그램을 바꾸기 위해서는 일일이 배선을 다시 하여야 하는 외부 지령 방식이었다.

프로그램 기억 방식은 1946년에 프린스턴 고등연구소의 수리물리학 교수와 계산기 연구소 소장으로 있던 헝가리 태생의 미국 수학자인 노이만(Johann Ludwig von Neumann, 1903~1957)이 제안했고, 이 방식의 제1호는 영국 케임브리지 대학의 윌크스를 중심으로 한 팀에서 개발하여 1949년에 내놓은 EDSAC이며, 이어서 미국의 펜실베이니아 대학 그룹이 EDVAC이라는 프로그램 기억 방식의 컴퓨터를 완성했다. 그리고 1950년에 최초의 이른바 범용컴퓨터인 UNIVAC-I, IBM 604가 완성돼서 선보이게 되었고, 그 후 12년 동안에 4000대를 제작 판매했다. 그래서 1948년이야말로 컴퓨터 산업이 시작된 해이며, 바로 이 해에 트랜지스터가 발명되었던 것이다.

이런 컴퓨터의 발전 과정을 이해하기 위하여 우선 관련된 용어와 구성 및 기능에 대하여 간략하게 소개하겠다. 컴퓨터 계통은 크게 둘로 나누어 보면 '하드웨어(hardware)'와 '소프트웨어(software)'로 구성된다고 말할 수 있다. 하드웨어는 컴퓨터의 기계 자체를 가리킨 말이고, 소프트웨어는 그 컴퓨터라는 도구를 마음대로 다루는 기술이라고 말할 수 있다. 즉, 컴퓨터의 활동들을 활용하려고 뜻한 순서로 지정한 작업을 하게 하는 프로그램(program)으로 나타내는 기술을 말한다. 휴대용의 아주 작은 전자계산기를 '컴퓨터'라고 하지 않고 '계산기(calculator)'라고 부르는 것은 그것이 '프로그램'에 의해서 작동하지 않기 때문이다. 그리고 컴퓨터의 하드웨어는 사람으로 치면 감각기관에 해당하는 입력장치들과 근육 계통과 같은 반응기관에 해당하는 출력장치들, 그리고 디스크 등과 같은 보조 기억장치들을 통칭한 주변장치와 두뇌에 해당하는 중앙처리장치(CPU)로 구성돼 있다. CPU는 입력과 출력을 직접 받아들이고 내보낼 수 있는 한 이것만으로도 컴퓨터라고 할 수 있는 컴퓨터의 핵심부이며, 제어장치, 연산 논리장치 및 주기억장치로 구성돼 있다. 주기억장치에는 제어장치에게 명령할 프로그램의 기억 영역, 입력장치로부터 입력자료를 받아들여 보관하는 입력데이터 영역, 출력장치에 내보낼 자료를 보관하는 출력데이터 영역, 그리고 연산 논리장치와 주고받을 작업 중의 자료를 보관하는 중간데이터 영역으로 구성돼 있다. 이러한 CPU의 주기억장치가 기억할 수 있는 정보량이 많으면 많을수록 보다 복잡한 고도의 정보처리가 가능하며, 거기에 데이터를 써넣거나 읽어내는 속도를 나타내는 한 동작 주기에 소요되는 시간인 주기 시간(cycle time) 또는 1초간의 동작 수인 주기 수는 단위시간당 정보처리 능력을 나타낸다. 즉, CPU 주기억장치의 기억용량은 그 컴퓨터의 정보처리 성능의 다양도를 나타내고, 주기 시간이나 주기 수는 처리능력의 속도를 나타낸다. 그래서 우리는 컴퓨터의 성능을 일반적으로 이 CPU 주기억장치의 정보 기억용량과 주기 시간 또는 주기 수로 표시한다.

정보량의 기본 단위는 논리상의 O, X, 즉 2진수(0, 1)의 한 자리 '비트(bit)'이며, 몇 개의 비트로 된, 말(word)의 기본 단위인 한 글자에 해당하는 것을 '바이트(byte)'라고 한다. 주기억장치에는 번지(address)가 있어서, 지정한 데이터는 지정된 번지에 기억되거나 지정한 번지에서 호출된다. 따라서 기억할 것이 많으면 이 번지도 많아져야 하는데, 그 번지를 하나의 글자에 해당하는 한 '바이트'로 나타내는 것을 '바이트 장치(Byte machine)'라고 하고, 이런 계통에는 한 바이트를 구성하는 비트 수에 따라 8비트, 16비트, 32비트 등의 장치가 있다. 그리고 번지를 몇 개의 글자로 구성한 말(word)로 나타내는 장치를 '말 장치(Word machine)'라고 하며, 이 계통에는 말의 바이트 수에 따라 2바이트, 4바이트, 8바이트 등의 장치라고 구분한다.

컴퓨터공학의 발전 과정에서 최초의 컴퓨터가 출현할 무렵에 하버드, 펜실베이니아, 프린스턴, MIT 등 여러 대학에서 컴퓨터공학에 관한 연구를 하고 있었다. 그리고 통신, 병기, 해양 연구 등의 군부 기관과 표준국, 원자력 위원회 등의 정부기관이 제공하는 연구 기금으로 각 기관들이 요구하는 특수 목적의 전용컴퓨터(special purpose computer)들을 개발하고 있었는데, 이들 대학에서 연구 개발된 회로나 시스템, 그리고 발상들이 그 뒤의 상용 범용컴퓨터에 채용되었다. 그래서 1954년에 IBM 회사는 IBM 650을 생산했다. 이것은 당시 산업계의 총아로 지목됐고, 약 1000대가 판매되어 본격적인 컴퓨터 산업 시대를 개막하게 되었다.

컴퓨터의 하드웨어 측면에서의 발전 과정을 살펴보면, 논리소자와 기억소자의 발전에 따라 구분할 수가 있다. 1946년에 나온 최초의 컴퓨터인 ENIAC의 논리소자는 '릴레이'이며, 작동 속도가 10msec 정도였다. 기억소자는 수은 지연회로로 된 것이며 입력이나 출력을 하는 데 걸리는 '액세스(access)' 시간은 20msec 정도고, 기억용량은 2K바이트였다. 그리고 IBM 650은 진공관 논리소자이며, 작동 시간은 500nsec 정도이고, 기억소자는 자기(磁氣)드럼으로 액세스 시간은 5msec였다. 이와 같이 진공관을 사용한 논리회로로 만들어진 것을 '1세대 컴퓨터'라고 부른다.

1959년에는 진공관 대신에 트랜지스터를 사용한 '2세대 컴퓨터'가 처음으로 나왔다. IBM 7090/7094 계열이 이에 속하며, IBM 회사는 이로써 수년 동안 컴퓨터 시장을 독점하다시피 지배했다. 2세대 컴퓨터는 논리소자에 트랜지스터를 사용함으로써 작동 시간이 100~10nsec 정도로 빨라졌고, 기억소자도 직경이 80~50mil인 자기코어를 사용하여 액세스 시간이 30~2μsec 정도로 빨라졌고, 기억용량도 21Kbyte 정도가 되었다.

그리고 1964~1971년간은 IC 논리소자를 사용한 '3세대 컴퓨터'를 사용하게 됐는데, 1965년에 유명한 IBM 360이 그 대표적인 것으로 등장했다. 3세대 컴퓨터는 IC 논리소자를 사용함으로써 작동 시간이 30~5nsec 정도로 빨라졌고, 기억소자로 사용된 자기코어의 직경도 30~16mil 정도로 작아져서 그 액세스 시간이 2~0.5μsec 정도로 빨라졌으며, 기억용량도 1Mbyte에 도달했다. 이어서 1970년에는 IC 기억소자를 처음으로 사용한 IBM 370 시스템이 나왔다. 주기억장치에 이 IC 기억소자를 사용하게 됨으로써 전산 속도는 혁신적으로 빨라지게 되었다.

그리고 1972년부터는 마이크로 전자공학의 발전에 따라, 중규모 집적회로(MSI)의 논리소자와 MSI 및 대규모 집적회로(LSI) 기억소자가 나와서, IBM 370 System과 같이 한 대에 100만 달러 정도까지 하는 값이 비싸고 다양한 성능을 가진 대형 범용컴퓨터도 등장했다. 이것은 종래의 것과는 비교도 할 수 없을 만큼 우수한 성능을 가진 것이었다. 이뿐만 아니라 한 대에 수만 달러 정도의 중형 및 소형 미니컴퓨터가 생산되어서, 사무실용과 산업용의 온라인 리얼타임 기능이나 도형 처리 기능 등을 가진 다양한 목적으로 널리 보급되었다. 그리고 뒤이어 하나의 IC 칩에 CPU 전체를 담은, 한 대에 300달러 정도의 마이크로컴퓨터가 나와서 개인용과 휴대용으로 시판하게 되자 컴퓨터는 급속히 보급되었고, 컴퓨터 산업은 성황을 이루게 되었다. Fairchild 회사에서 연구개발 책임자로 있을 때 IC를 처음으로 개발해 냈고, 후에 Intel 회사의 회장이 된 노이스는 1977년에 마이크로 전자공학의 영향을 다음과 같이 극적으로 표현했다.

"300달러면 살 수 있는 오늘날의 마이크로컴퓨터는 최초의 초대형 컴퓨터 ENIAC보다도 훨씬 더 우수한 능력을 가지고 있다. 이것은 속도가 20만 배나 빠르고, 기억용량도 더 크며, 신뢰도는 수천 배나 더 높다. ENIAC은 기관차만큼의 전력을 소비하는 데 비하여 이것은 작은 표시전등 하나만큼의 전력밖에는 소비하지 않는다. 부피는 1/30,000이고, 가격은 1/10,000이다. 이것은 우편으로 주문하거나 보통의 잡화점에서 살 수가 있다. 이 마이크로컴퓨터의 CPU는 넓이가 '1/4인치×1/4인치'인 하나의 '실리콘 칩'에 만들어진 것이다."

1972년부터 LSI 논리소자가 사용되기 시작한 1981년까지는 IC를 사용한 3세대와 LSI를 사용할 4세대를 잇는 과도적·중간적 특징을 가졌으므로 일반적으로 3.5세대라고 말한다. 이 세대는 MSI 논리소자를 사용함으로써 그 작동 시간은 10~0.5nsec에 도달했고, 기억소자는 MSI 또는 LSI를 사용함으로써 액세스 시간이 0.5~0.1μsec 정도가 됐으며, 기억용량도 8MByte에 도달했다. 이 시기는 컴퓨터의 성능을 향상시킨 것보다는 컴퓨터의 다양한 기능과 다방면의 용도를 개발했고, 개인에까지 보급하게 함으로써 정보화 사회를 열기 시작했다.

1981년부터는 LSI 논리소자와 초대규모 집적회로(VLSI) 기억소자를 사용한 '4세대 컴퓨터'가 나타났다. 그 작동 속도는 2~0.3nsec에 도달했고, VLSI 기억소자에 의하여 액세스 시간은 10~1nsec, 기억용량은 128MByte에 도달했다. 마이크로 전자 기술의 발달로 주기억장치의 수의로 읽고 써넣을 수 있는 기억소자 RAM(random access memory) IC 하나의 기억용량이 MByte 단위를 넘어서 10MByte 단위의 것이 나타나서, 범용 대형컴퓨터의 주기억장치 기억용량은 해마다 배가 됐고, 주기(cycle time)도 빨라져 갔다. 그리고 1970년대 후반에는 종래의 범용 대형컴퓨터와는 그 활용 면에서 차원을 달리한 '슈퍼컴퓨터(Super Computer)'가 나타났다.

현대의 정보화 사회에서 산업이나 과학기술 분야에서 처리하여야 할 정보는 날로 복잡해지고 대규모화되어, 이러한 문제들을 해결하는 데 유효한 도구로서의 컴퓨터가 필요하게 되었다. 특히 원자력, 기상예보, 우주 항공 분야 등의 과학적 계산과 정보처리는 종래의 4세대 범용 대형컴퓨터의 처리 능력을 훨씬 넘은 계산량을 초고속으로 처리할 수 있는 과학적 정보처리 전용의 슈퍼컴퓨터가 필요하게 되었다. 이러한 슈퍼컴퓨터는 조선, 항공, 계량경제학 모델, 구조해석, 유체역학, 화상처리, 자원 탐색, 원자력 개발, 우주 개발, 기상 예측, 의학, 예측 시뮬레이션, 환경 공해 등의 과학적 정보처리에 활용하게 됐다. 그 시작은 FORTRAN 언어로 스칼라(scalar) 양을 고속으로 처리하는 4세대 컴퓨터인 CDC-6600, 7600, IBM360/195 등을 꼽을 수 있고, 이것을 슈퍼컴퓨터의 0세대로 본다. 본격적인 슈퍼컴퓨터의 예를 들면 다음과 같은 것들이 있다.

1세대는 FORTRAN 확장 언어로 벡터(vector)량을 처리하는 ILLIAC Ⅳ, TI-ASC, DCD-STAR-100 등의 기종이 대표적이다. 2세대는 미국의 Cray Research 회사가 1977년에 내놓아 슈퍼컴퓨터 시장의 60%를 차지했고, 처리 속도가 약 140M Flops(Flops는 1초당의 부동소수점 연산 횟수)인 CRAY-1과 CDC 회사가 1981에 내놓아 나머지 시장을 점유하게 됐고, 연산 속도가 400M Flops에 도달한 CYBER-205를 대표적 기종으로 들 수가 있다.

그리고 이러한 슈퍼컴퓨터의 개발은 미국에만 국한되지 않고 유럽에서도 활발히 진행됐으며, 일본도 국가적 차원에서 6개 컴퓨터 제조 회사가 공동으로 소위 3세대 기종을 개발했다. 그 결과 1985년 5월에 CRAY-2의 시판과 함께 CRAY-3 개발을 공표하여 이어서 CRAY-X-MP 계열을 내놓았다. 일본의 회사들도 HITAC S-810, FACOM VP, NEC SX 등을 선보였다. 그리고 이러한 슈퍼컴퓨터는 널리 보급돼서, 한국도 1988년에 과학기술원 부설의 '시스템공학센터'에서 CRAY-2S를 도입하여 사용하게 됐는데, 이 기종의 연산 속도는 20억 회(2G Flops)이다.

이렇게 대용량의 정보를 고속으로 처리할 수 있게 된 컴퓨터는 통신공학의 데이터통신 발전에 따라 여러 곳의 여러 개의 간단한 단말장치를 통하여 어느 곳의 누구와도 거의 동시에 정보교환을 할 수가 있게 되어서 그야말로 세계가 공간과 시간을 초월한 하나의 정보사회를 이루게 되었다. 그리고 이러한 컴퓨터의 기본적 구성 원칙을 다루는 '컴퓨터 건축공학(AE, Architecture Engineering)'과 활용 방식에도 큰 변혁을 가져오고 있다.

컴퓨터의 기능은 이제 지정된 프로그램에 따라 정보처리를 하는 기능을 넘어서, 인간의 두뇌와 같이 수많은 간단한 입력 자료를 근거로 하여 그 안에 내포된 법칙성을 인식하는 그림이나 문자나 음성 등의 패턴을 인식할 수 있는 패턴 인식 기능이나, 학습 기능을 갖춘 소위 인공지능(AI, Artificial Intelligence)이 개발돼서 의료상의 진단, 공장의 기능 진단, 경제적 문제의 진단과 방안을 고안하는 등의 전문인의 역할을 수행하는 소위 '전문 계통(Expert System)'이 나와서 활용하게 되었다. 그리고 이러한 고도의 기능을 갖춘 다량의 다양한 정보를 고속으로 처리하기 위해서는 4세대까지의 노이만 방식에서는 아무리 주기억장치의 기억용량이 커지고 처리 속도가 빨라져도, 기억장치의 프로그램이나 데이터가 제어 신호나 연산에 따라 한 통로로 출입하는 이상, 마치 차량 교통에서 교통 밀도가 가장 높은 곳에서 병목현상을 일으키는 것과 같이 데이터 통로에 병목현상이 일어나 어떤 한계에 도달하게 된다.

그래서 노이만 방식에서 탈피한 새로운 컴퓨터 구성(AE) 방식을 모색하게 되었다. 그래서 비노이만형 컴퓨터에 속하는, 즉 ① 특정한 고수준언어에 맞춘 구성을 채용하여 명령 수준을 높인 '고수준언어 기계', ② 여러 기능을 쌓아올린 '스택' 기능을 중심으로 구성하여, 번지를 가지지 않는 명령조를 만들 수 있는 '스택' 기계, ③ 절차나 데이터, 나아가서는 데이터의 속성이 표지 꼬리표(태그, Tag)에 의해서 명확하게 구별되고, 그 태그의 처리는 구성상의 위치로 결정되는 '태그 기계', ④ 프로그램 속에 병렬 실행을 지시하지 않아도 구성상에 병렬실행이 가능하여, 데이터의 흐름만으로 모든 처리가 이루어지는 '데이터플로 기계', ⑤ 문제 해결에 대한 성능 평가를 컴퓨터 자신이 수행하여, 문제 해결에 적합하게 자신의 성능을 개선하는 '문제 적응형 기계' 등을 지향한 구성이 개발되고 있다.

이러한 비노이만형 컴퓨터를 실현하는 새로운 처리장치로서는, ① 고수준의 '병렬처리장치', ②) 데이터 주도형의 프로그램 구조와 컴퓨터 기본 구조를 가진 '데이터 흐름 처리장치', ③ 인간의 연산 능력과 닮은 '연산 처리장치', ④ 비수치 정보처리에 적합한 데이터 구조의 요청에 부응한 '리스트 처리장치', ⑤ 인간의 지성과 같은 학습 추론 기능을 갖는 처리장치 등이 1960년대부터 연구되어 오늘날 어느 정도의 실현을 보게 되었다.

이와 같은 전자공학의 발달로 이룩된 현대사회는 인류 생활을 매우 편리하게 해준 대신에 많은 문제점도 야기하고 있다. 그래서 앞으로 인간 생활을 어떠한 양상으로 변혁해 갈지 상상조차 하기 어려울 정도로 급속하게 발전해 가고 있다. 컴퓨터와 자동제어 기술의 발달로 이룩된 현대의 자동화 사회는 인간 생활의 육체노동과 상당한 부분의 정신노동까지도 컴퓨터로 제어되는 전력의 기계적 노동으로 대체하게 되었고, 장차 그 범위와 정도가 확대되어 갈 것으로 전망된다. 인간이 노동에서 해방된다는 것은 동시에 노동 권리를 상실한다는 것을 뜻하게 되므로, 앞으로 인류가 상실하게 될 노동에 대신할 새로운 정신 활동과 사명을 찾아내는 것이 중대한 과제로 등장하게 될 것이다. 그리고 컴퓨터와 전자 통신의 발달로 이룩된 정보화 사회는 세계를 적어도 정보 유통에 있어서는 공간의 거리와 시간의 지연이 무시될 수 있는 하나의 점으로 볼 수가 있는 매우 편리한 사회를 이루어 놓았으나, 이러한 막대한 정보 유통 능력이 현재와 같이 경제 경쟁상의 상업 선전에 편중한다면 이것도 역시 존중되어야 할 인간 각자가 가진 개성과 지역적 문화 특성을 말살할 뿐만 아니라 인간이 가져야 할 도덕과 윤리를 타락시킬 위험성도 내포하고 있다. 21세기를 맞이하게 된 우리 인류는 과학기술적 방법을 더욱 발전시키기에 앞서, 이런 막대한 능력을 가진 과학기술을 인류 공존과 공영에 활용할 수 있게 인간의 본질과 궁극적 사명에 입각한 윤리·도덕을 세우는 데 힘써야 할 것이다. 윤리·도덕을 상실한 힘이 커지면 커질수록 그에 따른 인간 생활의 위험성도 커지게 마련이다. 윤리·도덕을 상실한 힘은 폭력에 지나지 않기 때문이다.

제 18 장
원자력 개발의 기초

20세기 문명의 가장 뚜렷한 특징 가운데 하나는 인류가 드디어 원자핵에너지를 활용하게 되었다는 것이다. 원자핵에너지 개발의 기본 개념은 '원자'라는 개념에서 비롯된 것으로 볼 수 있다. 이러한 개념은 고대의 인도나 그리스에 이미 있었던 것이나, 18세기에 돌턴이 처음으로 과학적 원자론을 제창하여 원자량의 측정을 시작함으로써 그 기초가 세워지기 시작했다고 볼 수 있다. 이것이 시발점이 되어서 그 후에 원자와 분자의 관계도 규명됐으며, 원소의 분류에서 주기율이 밝혀졌다. 그리고 음극선과 전자의 발견에 이어서 원자의 구조에 대한 고찰이 수행됐으며, 방사선과 방사성물질의 발견으로 원자핵에 대한 구조와 그 역학적 구성을 규명하기 시작한 것은 이미 앞에서 살펴보았다. 이러한 원자물리학과 원자핵물리학에 속한 문제의 해명에서 플랑크의 양자 이론과 아인슈타인의 상대성 이론이 기여한 바는 실로 지대한 것이며, 특히 아인슈타인이 그의 상대성 이론에서 도출한 에너지와 질량의 등식($E=mc^2$)은 막대한 원자핵에너지를 해명하게 돼서 그 에너지의 활용을 개발하게 했다. 이러한 원자핵에너지 개발을 위한 기초적 과학은 여러 분야에 산재해 있고, 그것들의 발전은 이미 앞에서 살펴보았으나 계통적으로 볼 수는 없었다. 원자핵에너지의 개발에 대한 인류 사고의 발전은 매우 중요한 것이므로 그러한 측면에서 다시 계통적으로 간략하게 살펴보고, 원자핵에너지의 개발 양상을 살펴보기로 하자.

1. 원자물리학과 원자핵물리학의 기초

물질이 원자로 구성되어 있다는 광범한 개념은 약 2500년 전에 고대 그리스의 철학자들과 그 이전에 인도의 철학자들도 이미 생각하고 있었던 것이다. 기원전 5세기경에 그리스의 원자론 학파의 창시자인 레우키포스와 그의 제자인 데모크리토스는, 모든 물질은 궁극적으로 더 이상 쪼갤 수 없는 작은 단위로 되어 있다고 생각했다. 이것을 그리스말로 '더 쪼갤 수 없다(a-tomnein, not to cut)'는 뜻에서 '원자(atoma, atoms)'라고 불렀다. 이 생각을 에피쿠로스가 지지하여 더욱 발전시켰고, 1세기경의 유명한 라틴어 시 「물질의 성질에 관한(De Rerum Natura)」에도 상세히 언급돼 있다. 그러나 위대한 그리스의 철학자 아리스토텔레스가 반대했기 때문에 더 이상 진전되지 못하고 말았다.

이 원자설은 유럽에 문예부흥이 일어나기까지 1500년간 잠자고 있다가 16세기에서 17세기 동안에 이탈리아의 갈릴레이, 프랑스의 데카르트, 영국의 베이컨, 보일, 그리고 뉴턴 등과 같은 철학자와 과학자들에 의해서 다시 깨어나서, 사람들이 '물질은 본래 연속적인 것이 아니라 궁극적인 입자 또는 원자로 구성되어 있다.'라는 생각에 찬성하게 되었다. 그러나 갈릴레이 이후 뉴턴까지 발전한 원자 개념은 고대 그리스의 원자 개념과 동질의 것은 아니다. 고대 그리스의 원자 개념은 존재의 근원에 대한 막연한 철학적 관념이었던 데 반하여, 근세의 원자 개념은 막연하나마 물질의 구성 요소로서 생각하게 된 어느 정도는 과학적인 개념이었다.

1) 원자론의 기초

19세기가 되어서 비로소 화학자들은 앞에서 말한 원자라는 애매한 철학적인 개념에서 물질의 본질적 개념으로 전환할 수가 있었다. 영국의 화학자 돌턴은 물이나 기타 액체에 대한 기체의 용해도를 연구하여 원자에 관한 문제에 대하여 큰 흥미를 느꼈고, 현대의 원자 이론을 전개하는 데 매우 중요한 공헌을 했다. 흔히들 돌턴의 공적이 그리스의 원자 개념을 되살린 데 있다고 잘못 이해되고 있다. 독일의 물리화학자인 네른스트는 돌턴의 공적을 찬양하는 말에 "근대 과학은 한 사람의 노력으로, 고대 그리스의 철학이 타고 남은 재 속에서 원자론을 불사조같이 소생시켰다."라고 했다. 그런데 이것이 그릇된 견해라는 것은 돌턴이 그의 원자론을 펴낸 『화학철학의 새로운 체계(New System of Chemical Philosophy, 1808)』라는 책에 나타나 있다.

"기체(수증기), 액체 및 고체(얼음)의 상태를 가지는 물과 같은 존재를 생각하고, 육안으로 볼 수 있는 크기를 가진 모든 물체는 대단히 작은 입자 혹은 원자가 수없이 많이 모여 서로 끌어당기는 힘으로 결합해 있다는 것을 관찰해 보면, '일반적으로 인정된다고 생각되는' 결론을 얻을 수 있다."

여기서 '일반적으로 인정된다고 생각되는'이라는 말은 당시에 이미 물질이 원자로 구성되어 있다는 개념이 일반적으로 인정되고 있었다는 것을 뜻한다. 돌턴의 이러한 원자 개념은 고대 그리스의 원자론 학파가 아리스토텔레스와 논쟁하던 무신론적 원자론의 철학적 개념이 아니라, 뉴턴에서 비롯된 물질의 구성 요소로서의 원자를 의미하고 있다는 것이 확실하다. 돌턴이 1810년 1월에 런던의 왕립연구소에서 행한 강의 기록에 "뉴턴은 탄성 유체(기체와 같은)는 작은 입자, 즉 원자로 되어 있다는 것을 명백하게 증명했다."라고 말하고 있다. 아일랜드의 화학자인 브라이언 히긴스(Bryan Higgins, 1737~1820)와 그의 조카인 윌리엄 히긴스(William Higgins, 1769~1825)는 돌턴보다 수년 앞서서 원자 간의 결합에 대하여 명백하게 말했는데도 돌턴을 원자론의 창시자로 인정하는 이유는, 그가 처음으로 정량적 이론을 세웠다는 점 때문이다. 그의 원자론이 가진 참다운 의의는, 원자의 상대적 무게를 어떻게 결정하는가를 제시함으로써 순수한 추상적인 생각을 실재에 대한 구상적 생각으로 만들었다는 점에 있다. 돌턴은 '맨체스터 철학협회'에 제출한 논문에 "물체의 최종적인 입자, 즉 원자의 상대적 무게를 연구하는 것은 내가 알고 있는 한 아주 새로운 문제이며, 나는 이것을 연구하여 커다란 성공을 거두었다."라고 기술했다.

원자의 상대적 무게, 즉 원자량을 구하는 실제 방법은 원자의 성질과 그 결합 양식에 관한 어떤 가정에 근거한 것이다. 이에 관한 돌턴의 생각을 그의 저서 『화학철학의 새로운 체계』에 기술한 구절에서 인용하면 다음과 같다.

"물과 같은 궁극적 입자가 모두 같은 것인가 아닌가, 즉 같은 모양과 무게를 가지는가 아닌가 하는 문제는 매우 중요한 문제이다. 이미 알고 있는 사실에서는 다르다고 생각할 만한 이유가 없다. 만약에 다른 점이 물에 있다면, 물을 생성한 원소인 수소와 산소에도 마찬가지로 있어야 한다. 균일하지 않은 입자가 모인 것이 항상 같다고 생각하는 것은 거의 불가능한 일이다. 따라서 우리는 모든 균일한 물체의 궁극적 입자는 완전히 무게와 모양이 같다고 결론지을 수 있다. 다시 말하면, 물의 궁극적 입자는 모두 같고, 수소 입자는 모두 같다는 것이다. …… 화학 분해나 합성은 서로의 입자가 분리하거나 결합하는 것 이외의 아무것도 아니다. 물질의 새로운 생성 혹은 파괴는 화학반응 범위 내에서는 일어날 수가 없다. 우리가 일으킬 수 있는 모든 변화는 응결 또는 결합 상태에 있는 입자를 분리하거나, 떨어져 있는 것을 결합시키는 것이다. …… 만약에 결합하려는 두 가지 물체 A와 B가 있다면, 그 결합은 다음과 같은 간단한 조합으로 일어난다. 즉, A의 한 원자와 B의 한 원자가 합해서(=AB), A의 한 원자와 B의 두 원자가 합해서(=AB2), 그리고 A의 두 원자와 B의 한 원자가 합해서(=A2B) 등이 된다."

이상의 돌턴의 말을 요약해 보면, 첫째는 어떤 주어진 순수한 물질인 원소나 화합물을 구성한 궁극적 입자는 모두 크기, 모양, 무게가 같다는 것이고, 둘째는 화학반응은 원자의 성질에 아무런 변화를 주지 않고 단지 원자의 새로운 배치를 가져올 뿐이란 것이며, 셋째는 원자와 원자 간의 결합은 가장 간단한 정수의 비로 일어난다는 매우 정곡을 찌른 원자량 측정에서의 가정이다.

그런데 돌턴이 측정한 몇 가지 원자량을 보면 상당히 큰 오차가 있다. 그는 원자량의 단위로, 가장 가벼운 원자로 생각한 수소의 무게를 1로 한 상대적 원자의 무게를 측정했다. 산소의 원자량을 결정한 방법을 보면, 그 당시에 수소와 산소의 화합물은 물 하나만 알려져 있어서, 돌턴은 그의 원리에 따라 물(H_2O)은 수소와 산소가 가장 간단한 결합인 각 한 원자씩 결합한 'HO'라고 가정했다. 그리고 물을 분석하여, 수소 1의 무게에 대하여 산소가 차지하는 무게가 7(바른 값은 8)이라고 얻어서, 수소 원자 하나의 무게를 1로 할 때 산소의 상대적 무게는 7이라고 정했다. 그리고 암모니아(NH_3)의 분자식을 'NH'라고 가정하여 질소의 원자량을 5라고 했다. 돌턴이 결정한 원자량이 이와 같이 큰 오차를 가지게 된 것은, 그의 실험 오차는 제쳐놓고라도 그가 가정한 수소와 결합하는 원자 수의 비율, 즉 분자식이 틀려 있었기 때문이다. 그는 대부분의 원소가 수소와 결합하는 원자 수의 비가 1 : 1이라고 생각했다. 그래서 수소 한 원자량과 화합 또는 치환하는 원소의 무게인 화합량 또는 당량(當量)을 측정한 결과가 되었다. 이것은 당시에 알려진 수소 화합물의 종류가 매우 적었기 때문에 대부분의 화합 원자 수의 비를 가장 간단한 1 : 1로 가정했기 때문이다.

그리고 수소를 가장 가벼운 원자로 보고 이것을 원자량의 단위로 삼은 것은 매우 적절한 생각이었으나, 그것을 기준으로 하는 정량분석에서는 수소 중량 측정상의 약간의 오차가 원자량 결정에서는 큰 오차로 나타나므로 측정상의 큰 오차를 면하기 어렵다. 그래서 베르셀리우스는 가장 많은 화합물을 가진 산소를 기준으로 하여 산소의 당량을 임의로 100으로 정했다. 그리고 후에는 돌턴의 방식으로 되돌아가서 수소 원자 무게를 1이라고 할 때 산소 원자 무게가 16에 매우 가깝다는 것을 알게 되어, 공기 중의 산소의 원자량을 정확히 16.000으로 취하고 그 당량을 8.000으로 취하기로 합의했다. 이 단위로 측정된 수소의 원자량은 1.0080이 된다.

이와 같이 원자의 개념이 발달하고 있을 때, 다른 한편에서는 역시 고대 그리스 철학에 근거한 중요한 개념이 정립돼 가고 있었다. 기원전 5세기에 엠페도클레스는 우주의 구성에 대하여 고찰한 끝에, 물질은 네 가지 원소인 불, 흙, 공기, 그리고 물로 구성돼 있다는 생각을 내놓았다. 이것도 역시 인도의 사상이 그리스로 전래된 것으로 생각되나,

그 근원이 어떻든 유럽의 모든 사상은 그리스에서 출발하고 있다. 한편, 아리스토텔레스는 원소의 본질적인 성질과 물리적 특성에 더 중점을 두고, 모든 물질은 어떤 근원적인 물질로 되어 있다고 생각하여 그 근원적 물질을 '휠레(hyle, material)'라고 불렀고, 휠레는 '열(熱), 냉(冷), 건(乾), 습(濕)'의 네 가지 성질, 즉 '궁극 원리(Principles)'의 양을 여러 가지 가질 수 있다고 생각했다. 즉, 공기는 열과 습을, 불은 열과 건을, 흙은 냉과 건을, 그리고 물은 냉과 습을 가졌다고 했다. 이러한 4원소 학설이 널리 인정되기는 했지만, 여러 가지 형태의 물질의 성질을 설명하는 데 의문점이 생기게 되었다.

아일랜드 태생의 로버트 보일(Robert Boyle, 1627~1669)은 런던에서 발행한 『회의적 화학자(Sceptical Chemist)』라는 책에서 이 4원소설에 대해서 강력하게 반대했다. 그는 이 책에서 이렇게 논술했다.

"원소라는 것은 어떤 기본적이고 단일한, 즉 완전히 순수한 물질이라고 생각된다. 이 물질은 다른 어떤 것이 혼합된 것이 아니라 이것에서 바로 혼합물들이 생기는 것이며, 이들 혼합물이 최후로 분해한 것과 같은 성질을 가진 것이다. 나는 어떤 물체라도 이런 참다운 요소인 원소라고는 생각하지 않는다. 사실 물체라는 것은 그것이 아무리 작아도 완전한 균일성을 가진 것이 아니며, 더구나 그것은 다른 물질로 분해될 수 있는 것이다."

이러한 원소의 성질에 대한 명백한 생각은 100년 이상이나 후에 과학적인 사고로 정립되었다. 근대 화학의 창시자인 프랑스의 화학자 라부아지에는 1774년에 공기는 산소와 질소라고 불리게 된 적어도 다른 두 가지 기체의 혼합물인 것을 증명했다. 그리고 영국의 화학자인 프리스틀리와 캐번디시는 물이 수소와 산소의 화합물이라는 것을 1781년에 입증함으로써 고대 그리스 이래의 4원소설은 마침내 폐기됐다. 라부아지에는 1789년에 4원소설 대신에 현대적 원소 개념을 확립하여 30가지의 원소표를 내놓았는데, 그중 20가지는 지금도 원소로 취급되고 있다. 그리고 1819년에 스웨덴의 화학자인 베르셀리우스는 원소의 수를 50종으로 늘렸고, 현재는 90종에 달한다. 이러한 원소에 대한 정의는 20세기 초기까지는 "원소는 다른 형태의 물질로 분해될 수 없는 하나의 물질 형태"라고 간단하게 정의할 수 있었으나, 어떤 원소가 다른 원소로 자연적으로 또는 인공적으로 변하는 방사능 붕괴 현상과 변환 방법이 발견된 오늘날에는 원소를 정확하게 정의하는 것이 쉽지 않다.

그런데 핵반응에는 상당히 많은 에너지의 유입 또는 방출이 수반되는 반면에 화학반응에는 아주 적은 에너지 양이 수반되므로, 화학반응과 원자핵반응은 명확히 구별될 수 있으므로, "화학원소는 화학반응에 의하여 보다 더 간단한 형태의 물질로 분해 또는 생성될 수 없는 물질의 형태"라고 말할 수 있다. 그리고 원자는 원소의 가장 작은 궁극의 입자라고 정의할 수 있고, 원소는 특징이 있는 고유의 원자를 가지고 있다. 그리고 화합물의 분자는 원소들로 구성되며, 각 원소의 원자들이 일정한 정수(整數) 비로 결합한 것이고, 그 구성을 나타내는 분자식은 1819년에 베르셀리우스가 발표한 「화학적 비례의 이론에 관해서」라는 논문에 제의한 바에 따라 라틴어 원소 이름의 첫머리를 알파벳 대문자 한 자 또는 대문자와 소문자의 두 자로 표기하고, 그 원소의 원자 수를 아래 첨자 숫자로 표기하게 되었다. 예를 들면, 물의 분자식은 H_2O, 황산은 H_2SO_4이다. 이와 같이 19세기 전반에는 화학식도 밝혀지고 측정 기기의 발달로 원소의 보다 정확한 화합량(당량)을 얻게 됐으나, 이것을 원자량으로 바꾸어 쓰기 전에 곱할 정수(整數)를 찾아내는 문제에 걸렸다.

그런데 1819년에 베르셀리우스의 제자 미처리히가 제창한 '이종 동형의 법칙(異種同形法則)'[1]과, 같은 해에 프랑스의 뒬롱과 프티가 발견한, '원자 비열 일정의 법칙(原子比熱一定法則)'[2]으로 이 문제를 해결할 실마리를 찾게 되었다. 그리고 원자량을 결정하는 초기의 시도에 매우 중요한 기초적 가정을 아보가드로와 3년 후에 앙페르가 각각 제창했는데, 불행하게도 그 개념이 쉽게 표현되어 있지 않아서 일반적으로 이해되지 못하다가, 1858년에 제노아 대학의 칸니차로(Stanislao Cannizzaro)가 '화학 교과 요강'이라는 제목의 강연에서, 40년 전에 아보가드로가 제창한 가정의 의의를 명백하게 설명했다.

이러한 사정을 바로 평가하기 위해서는 19세기 초기에는 원자와 분자의 구별이 확실하지 못했다는 것을 고려하지 않으면 안 된다. 예를 들면, 돌턴은 원소의 입자와 화합물의 입자를 구별하지 않고, 둘 다 '원자(Atom)'라고 불렀다. 그런데 아보가드로는 반대로 '원자'라는 말 대신에 여러 가지 입자를 '분자(molecule)'[3]라는 일반적 명칭으로 불렀다. 그러나 아보가드로의 저술에는 그 당시의 사람들이 명확하게 이해할 정도로 분명하지는

---

1 미처리히가 발견한 이 법칙은 같은 화학적 성질과 결정형을 가진 다른 물질들도 유사한 화학식을 가진다는 것이다. 예를 들면, Cu_2S와 Ag_2S, Fe_2O_3와 Al_2O_3 등을 말한다.
2 원자량과 비열을 곱한 값은 일정한 값을 가진다는 법칙.
3 분자(molecule)란 말은 작은 질량을 뜻하는 'moles(mass)'라는 라틴어에서 유래한 것이다.

않았으나, 세 가지 입자에 대한 구별과 상호 관계를 암시적으로 기술하고 있다.[4] 그리고 약 10년 후에야 프랑스의 과학자 고댕(A. M. Gaudin)의 1833년, 앙페르의 1853년, 로랑 (A. Laurent)의 1846년, 제라르(C. L. Gerhardt)의 1856년 등의 연구 노력으로 원자와 분자를 각각 따로 정의하게 됐고, 칸니차로는 이들을 양적으로 구별함으로써, 이 아보가드로의 법칙을 이론적으로 전개하여 마침내 원자량의 결정에 신기원을 수립했다.

이제 이러한 분자의 개념을 확실히 가지고 '아보가드로의 법칙'을 살펴보자. 그것은 "동온 동압에서 동일 용적 속에 포함된 모든 기체의 분자 수는 다 같다(일정하다)."는 것이다. 따라서 단위 용적에서의 무게로 정의된 기체의 밀도는 그 용적에 포함된 분자의 무게와 같은 것이다. 그리고 서로 다른 기체에 있어서도 정해진 용적에는 항상 같은 수의 분자를 함유하고 있으므로 기체의 밀도는 개개 분자의 무게에 비례한다.

그래서 기체 상태로 얻을 수 있는 물질의 상대적 분자 질량은 다른 분자와 그 밀도를 비교하여 결정할 수가 있다. 그래서 실용적 목적에서는 분자량을 표시하는 데 편리한 일정하며 변하지 않는 기준이 필요하다. 이 기준은 칸니차로가 제창하여 지금도 사용되는 원자량의 기준과 같이 산소의 원자량을 16으로 한 동일 기준이며, 산소 분자는 두 개의 원자로 구성된 것이 확실하므로, 그 분자량은 32.000가 된다. 따라서 아보가드로의 법칙에 따라 같은 온도와 압력에서 기체 상태로 있는 물질의 분자량은 다음과 같다.

(물질 분자량)/(산소 분자량) = (물질 밀도)/(산소 밀도)

분자량 = 〔(물질의 밀도)/(산소의 밀도)〕×32.0000

그리고 여러 가지 화합물의 분자량을 결정한 데에서 그것들을 구성한 원소들의 화합량도 결정하고 그 원소의 분자량도 결정할 수가 있으며, 그 원소의 원자량은 여러 화합물 중에서 구해지는 원소의 분자량 중에서 가장 적은 부분, 다시 정확하게 말하면, 최대공약수가 그 원소의 원자량이 된다. 19세기 후반에는 이러한 기체의 밀도에 의존하지 않고도 분자량을 측정하는 방법이 개발돼서 고체 화합물의 원자량도 알 수 있게 되었다. 오늘날은 질량분석기에 의하여 매우 정확하게 원자량을 결정할 수 있다.

---

4 아보가드로는 원소의 원자를 molecules elementaires, 원소의 분자를 molecules constituantes, 그리고 화합물의 분자를 molecules integrantes 등으로 불렀다.

1829년에 되베라이너가 비슷한 성질을 가진 원소의 원자량 사이에는 간단한 관계가 있다는 것을 착안했고, 1858년 칸니차로에 의하여 신뢰할 수 있는 원자량을 알 수 있게 되었다. 그러자 1862년에 프랑스의 드샹쿠르투아(B. de Chancourtois)는 원소를 원자량 증가 순서에 따라 나선형으로 배열하고, 유사한 성질을 가진 원소는 나선상에서 서로 관련이 있는 위치에 있다는 것을 발견했으며, 1865년에 영국의 뉴랜즈(J. A. R. Newlands)는 유사한 발견을 하여 '옥타브의 법칙(law of octaves)'이라고 했다. 드디어 소련의 과학자 멘델레예프가 1869년에 「원소의 성질과 그 원자량의 관계」라는 논문과 1871년에 「화학원소의 주기적 법칙」이라는 논문을 발표하여 원소의 주기율을 밝힌 경위와 의의는 앞에서 상세히 기술했으므로 재론하지 않겠다. 다만 이 원자량이 지금까지는 작업상의 가설로만 그치고 있던 원자 개념을 실제의 크기와 무게를 가진 원자론을 확신시키는 계기가 된 것만 지적해 둔다. 어떤 물질의 분자량을 '그램(g)'으로 표시한 것을 그 물질의 '1몰(mole=그램분자량)'이라고 하며, 일정 수의 분자를 가지는데 그 정수를 '아보가드로 정수(定數)'라고 한다. 즉, 산소(O_2=32)의 1몰은 32g, 수소 1몰은 2.016g 등이며, 모든 기체는 표준온도와 기압(0도, 1기압)에서 1몰이 차지하는 용적은 22.414리터이며, 이 용적을 '1몰 용적'이라고 한다.

1926년도 노벨 물리학상을 수상한 프랑스의 화학자 페랭은 브라운운동에 근거한 입자 운동에 대한 실험과 상대성 이론에서 유도한 기체 운동론에서 유도한 방정식으로 아보가드로 정수를 결정했다(6.025×10^{23}). 따라서 원자와 분자의 무게와 그 점유 크기는 '아보가드로 정수'에서 간단하게 계산된다.

물 1몰은 18g이므로, 물 한 분자의 무게는 18g/6.025×10^{23}=3×10^{-23}g, 물 18g이 차지하는 용적은 18cc이며 물 한 분자가 차지하는 용적은 18cc/6.025×10^{23}=3×10^{-23}cc가 된다. 이것을 구형의 분자가 꽉 차 있다고 가정하면 그 체적은 2×10^{-23}cc이며, 반경은 1.7×10^{-8}cm=1.7A(Angstrom)이 된다.

2) 원자의 성분 입자

원자의 성분과 구조에 대한 과학적 연구의 시발점이 된 방사선과 방사능물질에 관한 것과 원자의 중요 성분인 전자에 대해서는 이미 앞에서 상세히 기술했으므로 여기서는 재론하지 않기로 하고, 다만 20세기에 이르러 네덜란드의 물리학자 제만이 전자의 전하와 질량과의 비, 즉 비전하(比電荷)를 측정함으로써 전자의 질량과 크기도 알게 되었다는 것을 특기해 둔다.

제만은 1896년에 스펙트럼을 내는 물질을 매우 강한 자장에 놓았을 때, 그 스펙트럼 선이 몇 줄기의 성분 선으로 갈라지는 '제만 효과'를 발견하고, 이 성분 선들 간의 진동수 차는 자장의 세기와 전자의 질량에 대한 전하의 비(비전하)와 관계있다는 것을 착안하여, 전자의 질량에 대한 전하의 비, 즉 전자의 비전하(e/m)가 약 $3×10^{17}$esu/g 라고 산출했다. 이것은 톰슨 등이 음극선에서 얻은 값과 일치했다. 스펙트럼 진동수를 정확하게 측정하여 얻은 현재의 전자의 비전하 값 e/m=$5.237×10^{17}$esu/g이고, 전자의 전하 값은 e=$4.803×10^{-10}$esu 이므로, 전자의 질량 m=$(4.803×10^{-10}/5.23×10^{17})$g=$9.108×10^{-28}$g=수소 원자의 질량 $1.678×10^{-24}$g의 약 1/1838=산소의 원자량을 16.000으로 한 화학 원자량 척도로는 1/1825=0.000548이 된다.

음전하를 가진 전자가 발견되었으므로, 다음에 양전하를 가진 입자도 찾게 된 것은 당연하다. 1886년에 독일의 물리학자 골드스테인(Eugen Goldstain, 1850~1930)은 방전관 실험에 구멍이 뚫린 음극을 사용했는데, 음극선과는 반대로 이 구멍에서 전자와는 반대 방향으로 음극 쪽으로 나아가는 복사선을 발견하고, 그것이 해협(channel)과 같은 좁은 구멍을 통과하기 때문에 '카날선(Kanalstrahlen, channel ray)'이라고 불렀다. 페랭은 1895년에 이 복사선을 '패러데이의 원통'(일종의 축전기)에 모아서, 그것이 양전하를 가졌다는 것을 밝혔다.

그리고 베인(W. Wein)은 1898년에 이 복사선이 전자장(電磁場)에 의하여 굽어지는 것을 연구하여, 이것이 양전하를 가졌다는 것을 명백히 밝혔다. 그리고 이 복사선 입자의 질량에 대한 전하의 비(e/m)를 결정해 보니, 전자의 경우보다 훨씬 적었고, 때로는 용액 중의 수소이온보다도 적은 것을 발견했다. 양전기를 가진 이 입자가 전자보다 훨씬 무겁고, 가장 가벼운 원자인 수소보다도 몇 배나 무겁다면, 이것은 일종의 원자 또는 분자가 아닌가 하는 결론을 얻게 되는 것은 당연하다. 베인은 공기가 들어 있는 방전관을 사용하여 산소 분자나 질소 분자를 구성하고 있다고 생각되는 입자들의 질량을 발견했고, 양전하를 가진 입자의 질량은 방전관 속에 있는 기체에 의하여 결정된다는 것을 일반적으로 증명했다. 그래서 톰슨은 1907년에 이 복사선에 보다 적합한 '양극선(positive ray)'이라는 이름을 붙였고, 이 양극선에 대한 음극선과의 비교 연구가 시작되었다.

그 결과, 첫째로 양극선 입자는 실제의 원자나 분자인 데 반하여 음극선은 가장 가벼운 수소 원자보다도 훨씬 가벼운 전자라는 것이다. 둘째는 음극선 입자는 방전관 속의 기체나 음극 재료에 관계가 없는 입자인 데 반하여 양극선의 입자는 보통 방전관 속의 기체나 음극 재료에 관계된 양전하를 가진 원자 또는 분자이다. 그래서 양극선에서 양전하를 가진 전자와 같은 입자를 아무리 찾아보아도 방전광에서는 발견되지 않았고, 가장 가벼운 것이 수소 원자와 같은 질량을 가지고 전자와 같은 양의 전하를 가진 것이었다. 러더퍼드는 1914년에 이것을 "오랫동안 찾았던 양전하를 가진 입자"라고 하여 '양자(陽子, proton)'라고 했고, 이것은 방전관 속에서 충돌에 의하여 한 개의 전자가 제거됐기 때문에 양전하를 띠게 된 수소의 원자라고 생각했다. 수소 원자의 질량은 전자의 1837배 이므로, 여기서 전자가 하나 떨어져나간 양자의 질량은 전자의 1836배이고, 전자와 같은 양이며 극성이 반대인 양전하를 가지고 있다. 이 양자는 장차 수소 이외의 원자구조에 있어서 중요한 단위 입자가 되었다.

3) 양전자와 반입자

양전하를 가지며 질량이 전자와 같은 양전자(陽電子, positron)를 실험으로 찾지는 못 했으나, 영국의 수학자이며 물리학자인 디랙은 이러한 입자가 존재할 것이라는, 양자역 학에 근거한 이론을 제창했다. 디랙의 이론을 쉬운 말로 간략하게 소개하면, 다음과 같 은 것이다.

"보통 전자는 (+)와 (−) 두 가지 에너지 상태를 취하지 않으면 안 된다. 한 개의 전자가 만약 에 가능한 어떤 (−) 에너지 상태를 취하지 않으면 그곳에는 빈 곳이 생기는데, 이것을 '디랙의 구멍'이라고 한다. 이 구멍은 보통의 3차원 공간적 구멍이 아니고, 마치 그곳에 (+)전하를 가 진 양전자와 같은 행동을 할 것이다."

처음에 디랙은 양전자가 발견되지 않자, 양자가 그것이 아닌가 하고 생각했으나, 이 양자의 질량은 너무나 크며 또한 '디랙의 구멍'은 아주 공허한 구멍이므로 곧 보통의 전 자로 채워져서 에너지만 남기고 서로 중화해서 없어지므로 대단히 수명이 짧을 것인데, 실제의 양자는 안정한 것이므로 양전자로 볼 수는 없었다.

그런데 1932년에 캘리포니아 공대의 앤더슨에 의하여 오랫동안 찾던 양전자의 존재가 증명되었다. 그는 밀리컨과 공동으로 강한 자장을 건 '안개상자(cloud chamber)'로 우주선 에 의하여 생기는 전하를 가진 입자의 지나간 흔적(비적)을 조사하여 그 입자의 질량을 조사하고 있던 중에, 강한 에너지를 가진 우주선이 안개상자 안에 설치한 두께 6mm의 연판(鉛版)에 충돌하여 생기는 전하를 가진 입자 중에 전자와 짝이 돼서 대칭으로 굽어진 입자를 발견했다.

이 짝 가운데 하나는 전자이고, 또 하나는 질량이 같고 같은 양의 (+)전하를 가진 입자이므로 '양전자(positron)'라고 이름 지었다. 그리고 이 한 쌍의 전자를 '음양 전자쌍(陰陽電子雙, positron-electron pair)'이라고 이름 지었다. 그리고 영국의 블래킷과 오키알리니도 1933년에 같은 것을 발견하여 사진에 담고 그것이 양전자임을 확증했다. 디랙의 이론에 근거하여 방사성물질에서 방출하는 높은 에너지의 γ선에서도 생길 수 있다고 했다. 그 후에 각국의 많은 과학자가 퀴리 부인이 발견하여 그녀의 조국 이름을 따서 '폴로늄'이라고 명명한 방사성원소에서 방출되는 α 입자를 '베릴륨'에 충돌시키면 그 결과 생기는 방사선이 금속 납에 부닥쳐서 음양 전자쌍이 생긴다는 것을 보고했고, 이 중에 퀴리 부인의 딸과 사위인 졸리오퀴리 부부는 이 효과가 α 입자에 의하여 베릴륨에서 방출되는 높은 에너지를 가진 γ선에 의한 것이라고 시사했다. 이 견해는 1933년에 앤더슨이 발표한, '토륨C(Th-C)'에서 방출되는 에너지가 높은 γ선이 우주선과 같이 음양 전자쌍을 생기게 한다는 연구에 의하여 지지되었다. 그리고 이 현상에 수반된 에너지가 아인슈타인의 상대성 이론에서 도출된 질량과 에너지가 동등하다는 E=mc²이라는 등식에서 계산되어 음양 전자쌍의 생성에 관한 이론을 뒷받침함과 동시에 이 상대성 이론에서 도출된 '에너지 질량 등식'을 확신케 했다.

이렇게 생긴 양전자는 주위에 많이 있는 전자와 재결합하여 소멸하고 마는데, 그 평균 수명은 10억분의 1초(1nsec=10⁻⁹sec)에 지나지 않으므로 오랫동안 발견되지 못했던 것은 당연하다. 이러한 양전자가 전자와 결합하여 입자는 소멸하고 γ선과 같은 에너지복사선인 '소멸 복사(annulation radiation)'만 남기는데, 이것을 1933년에 졸리오퀴리와 보어가 정확하게 관측했다는 것은 높이 평가될 공적이다. 그런데 양전자가 발견되기 전에도 1930년에 미국에서 연구하던 중국인 차오(趙忠義, C. Y. Chao)와 1932년에 영국의 그레이 및 테런트는 높은 에너지의 γ선이 흡수됨과 동시에 2차 복사선이 생긴다는 것을 발견했고, 이들의 결과를 블래킷과 오키알리니가 해석하여 γ선이 계산한 것보다 더 많이 흡수된 부분에 해당하는 에너지가 음양 전자쌍으로 변환하기 때문이라고 했다. 한편, 2차 복사는 양전자가 전자와 결합해서 소멸한 질량에 해당하는 에너지를 가지고 있다는 것을 알았다. 이와 같이, 우주선 형태로 나타나는 에너지는 적당한 조건하에 입자 쌍으

542

로 변환하며, 반대로 입자 쌍은 결합하여 소멸 복사 형태로 에너지로 변환되는 것이 명백해졌다. 이것은 물질과 에너지 간에 성립하는 일반적 관계를 나타낸 것이며, 원자에너지 개발의 근원이 되었다.

디랙의 이론이 양전자의 존재를 예언하여 그것이 실존한다는 것이 밝혀졌는데, 이 이론은 원래 다만 전자에 대응한 반전자인 양전자가 존재한다는 한정된 의미를 가진 것은 아니고, 모든 소립자에 대응하는 반입자(反粒子, anti-particle)가 존재해야 한다는 넓은 뜻을 가지고 있다. 그래서 보통의 양전하를 가진 양자(陽子)에 대응하는 음전하를 가진 반양자(antiproton)도 존재해야 하며, 이 음양 양자쌍도 음양 전자쌍이 생성되는 것과 같은 방법으로 아주 높은 에너지를 가진 빛과 물질의 상호작용에서 생겨야 한다는 것을 시사한다. 음양 전자쌍을 생성하는 데는 그 질량에 해당하는 에너지는 1.02MeV였으나, 양자의 질량은 전자의 약 2000배나 되므로, 최소한 2GeV 이상의 에너지가 필요하다.

1955년까지 이러한 막대한 에너지는 우주선(宇宙線)에서만 찾아볼 수가 있었으므로, 우주선이 안개상자나 사진건판(寫眞乾板)에 남긴 흔적을 예의 조사하여 반양자의 존재를 확인하려고 했다. 그 결과 반양자에 기인한 것을 확인했다는 몇 개의 주장이 나왔으나 확실한 것은 못 되었다. 1955년에 버클리 연구소의 베바트론(Bevatron)이 가동되자, 체임벌린(O. Chamberlain)과 세그레(E. Segrè), 그리고 바이칸트(C. E. Weigand) 및 입실란티스(T. Ypsilantis) 등에 의하여 반양자의 존재도 확증된 것을 부기해 둔다.

4) 중성자

1920년까지 미국의 하킨스(W. Harkins), 오스트레일리아의 메이슨(Orme Masson), 그리고 영국의 러더퍼드는 각기 멀리 떨어진 다른 나라에서, 아직 발견되지 않은 양자와 질량이 같고 중성인 새로운 입자가 원자구조의 중요한 단위일 것이라는 같은 견해를 발표했다. 그들이 존재한다고 가정한 이 입자는 양자의 (+)전하가 전자의 (−)전하로 중화돼서, 원자량이 1이고 전기를 띠지 않은 중성의 입자라고 생각했다. 러더퍼드는 1900년에 영국 왕립협회에서 행한 강연에서, "어떤 조건하에서 전자는 수소의 원자핵(양자)과 아주 밀접하게 결합해서 일종의 중성 복합체를 만들 수 있다. 이러한 원자는 중성이므로 외부의 역장(力場)은 실제로 0이다. 따라서 물질 속을 자유롭게 돌아다닐 수 있을 것이다. 그래서 이 존재를 발견한다는 것은 매우 곤란할 것이다."라고 말했다. 그리고 하킨스는 이것을 '중성자(neutron)'라고 불렀다. 이 중성자야말로 원자 과학에서뿐만 아니라 국가의 운명을 좌우했고, 20세기의 원자핵에너지 시대를 열게 한 것이다.

중성자는 양자와 전자가 밀접하게 결합된 것으로 생각했기 때문에, 수소 속에서 방전을 시켜서 중성자의 생성을 발견하려고 많은 시도를 했으나 허사로 돌아갔다. 그런데 후에 중성자를 식별하는 데 성공한 러더퍼드의 조수였던 채드윅은 방사능물질에서 방출되는 높은 에너지의 α 입자를 알루미늄에 충돌시켜 중성자를 얻으려고 시도했다. 이것은 바른 방향의 시도였으나 실패했고, 중성자는 예기치 않았던 일련의 실험에서 실제로 발견되었다. 1930년에 보테와 베커는 어떤 가벼운 원소들에, 특히 베릴륨에 자연 방사성원소인 폴로늄에서 방출하는 α선을 쪼여 보니 대단히 투과력이 강한 방사선이 나왔다고 독일 학회에 보고하고, 아마도 γ선의 일종일 것이라고 생각했다.

그래서 이러한 실험을 계속하고 있었는데, 1932년에 졸리오퀴리 부부는 베릴륨에서 나오는 이 방사선을 수소를 많이 포함한 파라핀에 쪼여 보니 상당히 빠른 양자가 방출되는 것을 발견했다. 졸리오퀴리 부부는 이 현상을 '방사선과 물질의 새로운 상호작용 양식'일 것이라고 생각했다. 그들은 전자파가 이러한 상호작용으로 큰 운동에너지를 가벼운 원자에게 줄 수 있다고 생각했다. 그러나 이 현상은 역학 법칙에 모순되므로, 이 방사선은 'γ선과 같은 성질을 가지고 있지 않거나, 역학 법칙이 적용되지 않거나'의 어느 쪽에 속한 것이라야 했다.

이러한 사태를 1932년에 채드윅이 해결했다. 이 시기에 행해진 보테, 베크, 졸리오퀴리 부부, 그리고 웹스터(H. C. Webster)의 관측 결과에 대해서 채드윅은 "이 실험 결과에서 베릴륨에서 나온 방사선이 양자선(量子線, 전자파)으로 보고 설명하기는 곤란하다. 그러나 그 방사선이 양자(陽子)와 거의 같은 질량을 가지고 전혀 전하를 가지고 있지 않는 입자라고 생각한다면 즉시 해결된다."라고 말하여 이러한 실험 결과를 완전히 해석함과 아울러 중성자의 실존을 밝혔다. 중성자는 전하를 가지고 있지 않기 때문에 통과한 진로에 아무런 전리작용을 일으키지 않아서 그렇게 찾아내기가 어려웠고, 동시에 아주 큰 투과력을 가지고 있는 것을 설명해 준다. 그리고 이 중성자는 쉽게 원자핵에 접근하여 핵반응을 일으킬 수가 있다는 결론이 나온다.

전자와 양자에 대응하는 반전자와 양자가 각각 존재한다는 점에서, 중성자에 대응한 반중성자도 존재할 것이란 예상을 할 수 있다. 1956년 9월에 코크(B. Cork), 램버튼(Y. Lamberton), 피치오니(O. Piccioni), 그리고 벤첼(W. Wenzel) 등이 반중성자를 발견했다고 발표했다. 그들은 양자와 반양자가 만나면 서로 소멸하는 것이 보통인데, 소멸되지 않을 정도로 너무 접근하면 양자와 반양자의 전하가 서로 옮겨서 중성자와 반중성자가 되는, 즉 '양자＋반양자→중성자＋반중성자' 반응도 일어날 수가 있다는 것이다. 이것은 버클리의 '베바트론'에서 얻은 반양자를 액체수소에 조사(照射)했을 때, 반양자 천 개당 약 3개의 비율로 양자와 결합하여 반중성자와 중성자가 생겨서 다시 소멸하는 과정에서 발생하는 섬광으로 확인되었다. 전자와 양자의 반입자는 전하의 극성이 반대로 되는데, 전하가 없는 중성자와 반중성자는 어떻게 반대로 될까? 중성자는 전기적으로 중성이나 자기(磁氣)와 관련된 '스핀 음전하(spinning negative charge)'를 가지는 반면에, 반중성자 는 '회전 양전하(rotating positive charge)'를 가진다는 것이 정설로 돼 있다. 즉, 같은 방 향으로 스핀 운동을 하면 반대 방향의 자장을 생기게 한다는 것이다.

5) 중간자

1935년에 일본 물리학자 유카와 히데키(湯川秀樹)는 원자핵을 결속하고 있는 힘을 설 명하기 위하여, 질량이 전자와 양자의 중간 정도이고 전하를 가진 입자가 있을 것이라는 이론적 가정을 내놓았다. 그리고 1936~1937년간에 미국에서 앤더슨, 네더마이어, 스트 릴, 스티븐슨 등은 우주선 안에 (＋)전하와 (－)전하를 가진 두 가지 입자가 있다는 것 을 발견했고, 그 질량이 유카와가 예상한 것과 같이 전자와 양자의 중간 정도인 것을 확 인했다. 그 후에 이런 입자의 실존이 확증돼서 오늘날 '중간자(中間子, Meson)'라고 한다.

중간자가 발견되고 그 성질이 규명된 결과, 중간자의 원자와의 상호작용 빈도가 유카 와 이론에서 예상한 것보다 아주 적다는 난점에 부닥쳤다. 그래서 1947년에 일본의 사가 다(坂田)와 이노우에(井上), 미국의 보테와 마르샥(R. E. Marshak)은 각각 독립으로, 사 실은 질량이 서로 다른 두 가지 중간자가 존재한다는 이론을 제시했다. 그리고 2~3주 지나서 영국에서 파월(C. F. Powell), 오키알리니와 그의 동료들이 이 두 가지 중간자가 존재한다는 증거를 얻었다. 무거운 쪽은 전자의 273배의 무게를 가진 것으로 '파이중간 자(π-meson, pion)'라고 부르며, 가벼운 쪽은 전자의 207배의 무게를 가진 것으로 '뮤중 간자(μ-meson, muon)'라고 부르고 있다. 전하를 가진 π-중간자는 같은 부호의 전하를 가 진 μ-중간자로 자연 변환되며 에너지를 방출하고, μ-중간자는 백만분의 2초(2μsec) 정도 의 반감기를 가지고 같은 부호의 전하를 가진 전자 또는 양전자로 변환하며 에너지를 방 출한다. 이때에 방출되는 에너지는 그들의 질량 차에 해당하는 것은 물론이다.

즉, π-중간자 → μ-중간자＋에너지 → 전자(또는 양전자)＋에너지

중성 π-중간자도 우주선에서 생성되는 것이 확실하다. 이것은 전하를 가지지 않았기 때문에 안개상자나 사진건판에 지나간 흔적을 남기지 않으나, 자신이 붕괴할 때에 방출하는 전자선(γ선)으로 검출되며, 그 질량은 전자의 264배인데, 전하를 가진 π-중간자는 전자의 273배이다. 이러한 π-중간자의 질량 차는 전하에 기인한 것으로 보고 있다. 그리고 1947년 이래로 우주선이나 연구실에서 일어나는 현상 속에 π-중간자나 μ-중간자들보다 상당히 무겁고 불안정한 약 10종의 입자를 검증했다. 이런 입자들을 통칭하여 'K-중간자'라고 부르는데, 그 질량은 모두 전자의 966배이다. 이들 K-중간자에는 양(+) 또는 음(−) 전하를 가진 입자들 외에도 중성인 두 가지 입자도 있는 것 같다. 전하를 가진 K-중간자들의 평균수명은 1억분의 1초(10^{-8}sec=10nsec) 정도이나, 이들의 붕괴 과정이 각기 다르므로 구별될 수가 있고, K-중간자가 붕괴할 때 대개의 경우 2~3개의 π-중간자가 생겨나며, 때로는 한 개의 μ-중간자 또는 전자가 직접 생기는 수도 있다.

2. 원자의 구조

원자의 구조를 해명해 가는 과정을 살펴볼 때 알아두어야 할 복사(輻射)와 에너지에 관한 사항 중에, X선과 그 회절에 대한 것, 방사선과 방사성물질에 관한 것, 그리고 그 이론적 기초가 된 플랑크의 양자론 및 아인슈타인의 상대성 이론 등에 대해서는 이미 앞에서 상세히 기술했으므로 다시 언급하지 않기로 한다. 다만 플랑크의 양자론에서 복사의 양자에너지 E에 관한 다음 사항을 상기해 주기 바란다.

$E=h\nu=hc/\lambda$, $c=3\times10^{10}$cm/sec, 1eV=1.603×10^{-12}erg

$h=6.62\times10^{-27}$erg.sec=4.13×10^{-15}eV.sec

$E(\text{erg})=6.62\times10^{-27}\times3\times10^{10}/\lambda(\text{cm})=1.99\times10^{-16}/\lambda(\text{cm})$

$E(\text{eV})=4.13\times10^{-15}\times3\times10^{10}/\lambda(\text{cm})=1.24\times10^{-4}/\lambda(\text{cm})$

그리고 전자파는 '광자(光子, photon)'라는 입자로도 볼 수 있으며, 모든 입자도 동시에 파동으로 볼 수 있는 이중성을 가진다.

1) 하이젠베르크의 불확정성 원리

하이젠베르크는 물질이 입자와 파동의 이중성을 가진 자연의 보편적 법칙의 일면으로, 1927년에 '불확정성 원리'라는 매우 중요한 법칙을 내놓았다. 이 원리는 위치와 운동량 또는 운동량과 관계된 속도와 에너지와 같은 성질을 동시에 정확하게 측정하기가 불가능하다는 것이다. 예를 들어, 전자의 위치와 그 운동량 또는 속도를 동시에 파악할 수는 없다는 것이다. 그래서 위치를 알려는 전자는 입자로 취급되고, 운동량을 알려는 전자는 파동으로 취급됨을 의미하지만, 동시에 입자성과 파동성을 가진다고는 생각되지 않는다. 따라서 물질과 복사의 입자성과 파동성은 상보적인 것이며, 모순된 것은 아니다.

뉴턴역학, 즉 고전역학을 사용하여 운동 중의 입자 행동을 결정하려면 어떤 순간에서의 그 입자의 위치와 운동을 다 알아야 하는데, 불확정성 원리에 따르면 이 두 가지 양을 동시에 정확하게 알 수가 없으므로 이 입자의 행동을 예상할 수 없다는 것이다. 그런데도 지상의 물체나 천체운동에 대한 정확한 계산이 증명된 까닭은 그 물체나 천체의 위치와 운동을 정할 때에 생기는 불확정성이 보통 실험 오차보다도 적기 때문이다. 그러나 원자나 그 성분소자들과 같은 빠른 운동을 하는 미립자를 취급할 때는 사정이 달라진다. 이런 경우의 불확정성은 상대적으로 매우 크기 때문에 고전역학은 적용될 수 없다. 그래서 오스트리아 태생의 물리학자 슈뢰딩거는 1926년에 양자역학 또는 파동역학이라 불리는 새로운 방법을 도입했고, 그 후에 많은 사람에 의하여 발전되어 왔다. 어떤 일정한 운동량을 가진 전자와 같은 작은 입자의 위치는 불확정성 원리에 따라 정확하게는 알 수가 없으나 이 새로운 방법에 의하면 통계적 확률로 나타낼 수가 있다. 그래서 어떤 특정 위치에서 그 입자를 찾아낼 수 있는 통계적 확률은 그 물질의 파동이 퍼져나가는 것을 기술한 파동식으로 나타낼 수가 있다. 이러한 물질의 파동식에 대하여 드브로이는 "최근의 이론적인 고찰에서 시사되는 바에 의하면, 역학적 자연관은 어떤 한계를 넘을 수 없으며, 기초적인 법칙은 이해하기가 쉬운 서술을 하려는 모든 시도에 반하여 추상적인 말로 표현할 수 있을 뿐이다."라고 말했다.

입자에 파동성이 있는 것은 인정되고 있으나, 드브로이의 소위 물질파의 성질은 아직 문제가 남아 있다. 물질파가 같은 성격의 파장을 가지고 있으면서, X선이나 γ선과 같은 전자파가 아니라는 것은 알고 있지만, 이 물질파가 과연 무엇인가에 대해서는 명백하지 않다. 원자구조에 대한 것을 살펴보기 위한 예비지식에 대해서는 이 정도로 그치고, 이제 본론에 들어가서 원자구조가 밝혀진 과정과 그것의 의의를 살펴보자.

2) 러더퍼드의 원자모형과 원자핵

19세기까지의 과학자들 대부분은 원자는 전연 분할될 수 없는 구형의 강체이고, 내부 구조가 없는 것으로 생각했다. 그러나 1876년에 발간된 그레이엄의 논문집 서문에 "원자라는 말을 사용할 때 화학자는 원자를 분할성이 없다고 생각하는 것 같다. 그러나 이것은 그릇된 생각이다. 원자라는 말뜻은 분할할 수 없다는 뜻도 있지만, 분할되어 있지 않다는 뜻도 내포하고 있다. 실제는 뒤의 뜻이 옳은 해석이다."라고 스미스가 기술했다. 그리고 전자론을 제창한 톰슨이 1897년에 전자가 물질의 보편적 성분인 것을 시사하고, 1898년에 원자의 내부 구조에 관한 최초의 명확한 의견을 제창했다.

"나는 원자가 많은 미립자, 즉 전자를 내포하고 있다고 생각한다. 보통의 원자에서는 이 미립자의 집합은 전기적으로 중성인 계를 형성하고 있다. 각개의 미립자는 음이온과 같이 행동하지만, 이것이 중성인 원자 내에서의 그 효과는 그 미립자들이 갖는 음전하의 초화에 해당한 양전하를 가진 무엇에 의하여 중화되어 있는 것이다."

톰슨은 또 1904년에 이렇게 말했다.

"원자는 균일하게 양전기를 띤 구 속을 회전하는 음미립자들로 구성돼 있으며, 이 미립자들은 일련의 동심 구각(同心球殼) 속에 배열되어 있을 것이다. 원소를 주기표의 가로 줄에 따라 살펴보면, 그 원소 성질의 단계적 변화는 이 미립자 무리가 가지고 있는 성질에 의한다는 것을 생각할 수가 있다."

1906년에 빛의 분산과 기체에 의한 X선의 산란 및 흡수에 관한 연구 결과 미립자의 수와 원자량의 값이 대등하다는 것을 발견하고, "이것은 음미립자, 즉 전자의 질량은 그 원자의 질량에 비하여 무시할 수 있을 정도로 적다는 것을 의미하며, 단위 양전하를 갖는 것의 질량은 단위 음전하를 갖는 것의 질량에 비하여 매우 크다."라는 결론을 내렸다.

1906년 당시에 캐나다에 있었던 러더퍼드는 방사선원에서 나오는 α 입자를 얇은 금속막을 투과하여 사진건판에 부닥쳤을 때에 사진건판에 생기는 흔적에서 α 입자의 산란 현상을 발견했고, 2년 후에 맨체스터에서 '가이거 계수관'을 발명하여 유명한 당시의 그의 조수 가이거와 공동으로 α 입자에 대한 실험을 했다. 이때 이 α 입자의 산란 현상에 주목하게 되었다. 가이거는 당시의 상황을 다음과 같이 기술했다.

"러더퍼드 교수와 나는 라듐 1g에서 나오는 α 입자 수를 정확하게 측정하려는 실험 중에 물질을 투과한 α 입자는 크게 산란된다는 것을 알게 되었다. 얇은 금속 막을 투과한 α 입자는 대부분 처음의 운동 방향을 그대로 지속하거나 혹은 산란되어서 그 방향이 약간 굽혀지는데, 그 가운데 약간의 α 입자는 상당히 큰 각도로 산란돼서 심지어 되돌아오는 것도 있음을 관측했다. 이 현상은 과학자들의 관심을 모으는 데 충분했으며, 나와 마스든(E. Marsden)은 고속의 α 입자 산란을 상세히 연구하여, 방사성원소 Ra-c 1g에서 방출되는 α 입자가 얇은 백금 막에 부닥칠 때 약 8000개 정도가 90도 이상 각도로 산란된다는 것을 1909년에 보고했다. α 입자의 속도가 약 1.8×10^9cm/sec에 달하는 고속도인 것과 그 질량을 고려하면, 약간이나마 α 입자가 두께 6×10^{-5}cm의 금박 속에서 90도 이상으로 구부러진다는 것은 실로 놀라운 현상이라고 생각된다. 이 α 입자를 자장으로 이 정도로 굽히려면 매우 강한 자장이 필요한 것이다."

러더퍼드는 후년(1936년)에 '근대 과학의 배경'이라는 강연에서 이 α 입자의 산란 현상의 의외의 결과에 대해서, "이것이 얼마나 놀라운 현상인가는, 만약에 제군이 15inch 포탄을 한 장의 종이를 향해서 발사했을 때, 그중의 몇 개의 포탄이 반발되어 되돌아와서 제군에게 맞았다고 생각하면 상상할 수가 있을 것이다."라고 극적으로 말했다.

그리고 이 α 입자의 산란 현상에서 현대의 원자구조론의 기초가 된 생각을 1911년에 발표했다. 원자는 균일하게 양(+)전하를 가진 구와 그 속에서 회전하는 전자로 되어 있다는 톰슨의 원자모형에 의하면, α 입자가 산란하는 것은 전자와의 충돌에 의한 것인데, 이러한 현상은 일어날 수가 없다. 그래서 러더퍼드는 "α 입자의 질량과 운동량은 이에 대응하는 전자가 가진 값에 비하여 매우 크므로 α 입자가 전자에 대단히 접근했을지라도 이러한 큰 각도로 굽혀진다고는 생각할 수 없다. 따라서 이 사실을 대체로 생각하면, 원자는 그 중심에 대단히 적은 용적 내에 분포한 전하와 질량을 가진다고 생각하는 것이 가장 간단하다고 생각된다."라고 말했다. 다시 말하면, 원자는 톰슨이 말한 것과 같이 균일하게 양(+)으로 대전된 구로 돼 있는 것이 아니고, 원자의 작은 중심부에 양(+)전하가 집중된 것이라고 가정했으며, 1912년에 그것을 '원자핵(nucleus)'이라고 불렀다.

이와 같은 원자핵모형(model)은 이미 일본의 나가오카(長岡) 등이 토성을 본떠서 제시한 모형과 근본적으로 같은 것이나, 러더퍼드를 특히 원자핵모형의 창시자로 꼽는 이유는 그가 이 원자핵 개념을 과학의 흐름에서 유효하게 한 까닭이다. 그는 여러 각도로 일어나는 α입자의 산란각과 핵의 전하, α입자의 속도와 투과 두께 등의 관계식을 쿨롬의 법칙에 따라 유도했다. 이 관계식을 맨체스터 대학의 그의 연구실에서 근무했던 가이거와 마스든이 철저히 검토하여, 1913년에 7종의 각 표적물질에 대해서 여러 가지 속도의 α입자를 조사한 산란 실험 결과를 보고했는데, 다음과 같이 결론지었다.

"우리가 연구한 결과는 러더퍼드 교수의 이론적 추론과 매우 잘 일치하고 있다. 그리고 이 연구 결과에서 원자의 중심에는 원자의 직경에 비하여 아주 작은 용적에 강한 전하가 모여 있다는 기초적인 가정이 옳았다는 것이 명백해졌다."

이들의 관측에서 정확한 값은 아니나 대체로 원자핵이 가진 단위 (전자의) 전하 수 Z는 원자량의 반 정도이며, 같은 수의 전자가 주위에 있어서 중화되어 있는데, 그 수는 100을 넘지 못하며, 전자의 질량은 수소 원자의 약 1/2000이므로 모든 전자의 질량은 원자량으로 0.05=1/20을 넘지 않는다. 그러므로 실질적으로는 원자의 질량은 모두 그 원자핵에 집결돼 있고, 원자핵의 반경은 $10^{-12} \sim 10^{-13}$cm 정도라는 것이 밝혀졌다.

원자핵의 전하량에 대해서 1913년 초에 네덜란드의 물리학자 브룩(A. van den Broek)은 「방사성원소, 주기율 및 원자의 구조(Radioelements, the Periodic System and the Constitution of the Atom)」라는 논문에서 어떤 원자핵의 양(+)전하는 주기율에 나타나는 각 원소의 순서 수(원자번호)와 동일하다는 것을 시사했다. 독일의 파얀스(K. Fajans)나 영국의 소디(F. Soddy)도 같은 생각을 했다. 1913년에 맨체스터 러더퍼드 연구실에 있던 영국의 젊은 물리학자 모슬레이(H. G. J. Moseley)는 핵전하를 측정하는 데 중요한 제일보를 내디뎠다. 그는 결정체를 X선 회절격자로 사용하여, 수많은 원소의 특성 X선에 관한 연구를 했는데, 사진건판 상에 주기율표의 칼슘에서 아연에 이르는(단 '스칸듐'과 '티타늄'은 제외) 일련의 원소에 대한 특성 X선의 선을 나타내서, 특성 X선의 파장이 원자번호가 증가함에 따라 규칙적으로 변하는 것을 발견했다. 그는 사진건판상의 선의 위치에 대응하는 복사의 진동수를 결정하고, 각 원소의 특성 X선 진동수의 제곱근과 관계된 양을 계산하여 Q로 표시했고, 다음과 같이 결론짓고 있다.

"이 Q란 양은 주기율에 있는 어떤 원소의 화학적 순서에 따라 어떤 원소에서 다음 원소로 옮길 때마다 어떤 일정량만큼 변한다는 것을 알 수 있다. 여기에서 원자 속에 어떤 일정한 기본적인 양이 있다는 것이 증명될 것이다. 이 양은 어떤 원소에서 다음 원소로 옮기면 규칙적으로 증가한다. 그리고 이 양은 원자핵의 전하수일 것이다. …… 원자량은 평균적으로 두 단위씩 증가한다. 이것은 다음 사실을 강력하게 시사해 주고 있다. 즉, 전하의 수는 한 원자에서 다음 원자로 옮길 때마다 한 전자단위가 증가한다는 것이다. 우리는 '전하의 수'가 주기율에서 원소가 차지하는 번호와 같다는 것을 실험적으로 알 수 있다. 이 원자번호는 수소는 1, 헬륨은 2, 리튬은 3…… 아연은 30 등이다."

이러한 획기적 연구를 한 모슬레이는 1915년에 아깝게도 제1차 세계대전의 갈리폴리 (Gallipoli) 전투에서 전사하여, 그의 연구도 중단되고 말았다. 제1차 세계대전 종전 후 채드윅은 케임브리지 대학 러더퍼드 실험실에서 원자핵의 단위 전하수를 계산하려고 α 입자의 산란에 관한 정확한 연구를 시작하여 동, 금, 백금의 핵전하 양을 각각 29.3, 46.3, 77.4로 추정하고 그 정확도는 1~2% 이내라고 1920년에 보고했다. 그런데 이것은 그 원소들의 원자번호인 29, 47, 78에 일치하는 것이었다. 그래서 원자핵의 양(+)전하 단위 수량은 원자번호와 같다는 것이 확실해졌고, 따라서 핵 주위를 둘러싼 전자의 수도 같고, 이 전자를 '핵외전자(extranuclear electron)' 또는 '궤도전자(orbital electron)'라고 부르게 됐으며, 원자번호 Z는 그 궤도전자의 수를 나타내는 것이다.

3) 원자핵의 구조

원자의 구조 문제는 실질적으로 두 부문으로 나누어 생각할 수 있다. 그 하나는 양전하를 가지고, 원자 전부의 질량을 차지하며, 중심에 위치한 핵에 대한 문제이다. 다른 하나는 상당히 넓은 공간을 차지하는 핵 외의 궤도전자의 배열에 관한 문제이다. 우선 원자핵에 관한 문제를 간략하게 살펴보면, 1932년에 중성자가 발견되기 이전까지는 양전하를 가진 가장 가벼운 기본 입자는 양자였으므로, 원자핵은 양자가 가득 차 있는 것으로 가정했다. 그래서 핵은 질량이 1이고 전하가 +1인 양자를 원자량 A와 같은 수로 내포하고 있어서, 그 전하의 수 Z도 A와 같아야 한다. 그런데 실제로 Z는 A의 반밖에 안 된다. 따라서 핵은 A-Z개의 전자를 내포하고 있다고 가정했다. 이 가정은 핵에서 β선, 즉 전자가 방출된다는 사실로 지지를 받았으나, 양자와 전자가 꽉 차 있는 계의 안정성을 설명하기는 곤란했다.

이 난점을 해결하기 위하여 1920년에 양자와 전자의 중성 결합체인 '중성자(neutron)'의 존재를 가정하게 됐다. 1932년에 중성자가 발견되자 하이젠베르크는 원자가 중성자와 양자만을 함유하고 있다고 보고, 파동역학으로 안정한 핵의 결합을 설명했다. 이 이론은 이탈리아의 물리학자 마요라나(Ettore Majorana)가 수정 개량하여 핵 구조에 관한 현대적 이론의 기초를 세웠으며, 원자핵의 기본적 구성 요소인 중성자와 양자를 통상적으로 '핵자(核子, nucleon)'라고 부르게 되었다. 그래서 원자량이 A이고 원자번호가 Z인 원자는 Z개의 양자와 A-Z개의 중성자로 구성된 A개의 핵자를 가지고 있다. 중성자와 양자의 수는 완전수이므로 A는 원자량이 아니고 정수인 핵자의 수이며, 이를 '질량수'라고 한다.

간단한 원소의 핵 구성을 살펴보면, 수소는 질량수 A=1, 원자번호 Z=1이며, 헬륨은 A=4, Z=2로 2개의 양자와 2개의 중성자를 가지고 있다. 탄소는 A=12, Z=6으로 6개의 양자와 6개의 중성자를 가지고 있으며, 우라늄은 A=238, Z=92로 92개의 양자와 146개의 중성자를 가진다. 원자량이 적은 원소는 Z가 대략 A의 반 정도가 되어서 거의 같은 수의 양자와 중성자를 가지고 있으나, 원자량이 증가함에 따라 Z는 A의 반보다 줄어져서 그만큼 중성자의 수가 양자의 수보다 많아져서 우라늄은 양자 92개에 대하여 중성자는 146개나 된다. 그리고 또 원자핵이 질량이 거의 1인 양자와 중성자로 구성되었다면, 그 원자량은 정수에 매우 가까워야 하는데, 실제로 원자량은 정수에서 0.1 이내의 차이밖에 없다. 그리고 이보다 많이 틀리는 예외는 중성자 수를 달리하는 동위원소의 혼합 비율에 기인한다는 것도 밝혀졌다.

또 'α 입자의 안정성'에 대하여 특히 주목하게 되었다. 질량이 4인 헬륨의 핵인 이 α 입자는 여러 종류의 방사성원소에서 방출될 뿐만 아니라 그 원자량이 4의 배수인 원자핵도 대단히 안정한 것으로 보아, 이 α 입자는 마치 원자핵 구성에서 제2의 단위인 것같이 생각됐다. 그래서 α 입자의 질량과 그 구성 입자인 양자와 중성자의 질량을 정밀하게 측정하여 비교해 보았는데, 양자의 질량은 1.00759, 중성자의 질량은 1.00898이므로 두 개의 양자와 두 개의 중성자의 질량을 합한 것은 2×1.00759+2×1.00898=4.0331인데, 헬륨 원자에서 두 개의 전자 질량을 뺀 α 입자의 질량은 4.0028이므로, 4.0331-4.0028=0.0303 이라는 질량 감소를 나타낸다. 이 질량 감소는 구성 입자들이 α 입자를 형성할 때에 방출되어야 하는 에너지인 28.2MeV에 해당하는 것으로 볼 수 있으며, 이것을 '결합에너지(binding energy)'라고 한다. 그리고 반대로 α 입자를 그 성분 핵자로 나누려면 같은 에너지를 필요로 하므로 그 안정성이 설명된다. 그리고 α 입자를 제2의 핵자로 보려는 견해는 1934년 앨새서(W. Elsasser)가 전개한 이론에 의하여 부정되었다.

4) 보어의 정상상태 이론

이제 궤도전자의 배열에 관한 문제를 살펴보자. 원자핵을 둘러싸고 있는 궤도전자에 관한 많은 지식은 원자스펙트럼의 연구에서 얻었다. 일본의 나가오카(長岡)가 토성 모양의 원자모형을 제창했을 때, 원자스펙트럼은 원궤도를 회전하는 전자의 진동에 기인한다는 시사를 했고, 러더퍼드도 이 궤도전자가 매우 고속으로 회전해서 태양 주위를 회전하는 행성과 같이 그 원심력이 원자핵의 이력과 균형을 이룬다고 가정해 보았는데, 이러한 생각은 성립될 수 없다.

전자의 회전운동은 천체와는 달리, 전자기 이론에 의하면, 회전 중에 전자파를 끊임없이 내고 있어야 한다. 그래서 전자궤도의 곡률반경은 감소돼서 나선형 운동을 하며 핵에서 떨어지고 만다. 그리고 원자스펙트럼이 이런 궤도전자의 운동과 관계가 있다면, 그 스펙트럼은 곡률반경과 함께 연속적으로 변해갈 것이므로 명확한 선으로 나타나지 않고 계속적으로 변하는 파장 범위에 걸친 폭으로 나타날 것이다.

이상과 같은 곤란은 1913년에 덴마크의 물리학자 보어가 정상상태 이론을 내놓아서 극복되었다. 그는 파동역학으로 종전의 고전 전자 이론과는 다르게, 전자는 폐쇄된 궤도 속에서 운동하고 있을 동안은 에너지를 방출하지 않는다는 이론을 전개하여, 이러한 궤도는 안정하다는 것을 제시하고, 이런 상태를 '안정상태(stationary state)'라고 불렀다. 이러한 정상상태는 몇 가지가 가능하며, 각 안정상태에서의 에너지는 일정하고, 상태가 다르면 에너지도 다르다고 했다. 그리고 어떤 정해진 진동수의 스펙트럼선이 생기는 것은, 전자가 높은 에너지 상태에서 낮은 에너지 상태로 뛰어 옮길 때에 나오는 에너지 복사에 의한 것이며, 양자론 식에 따라 그 진동수 또는 파장은 다음과 같이 계산된다.

$\triangle E = E_2 - E_1 = h\nu = hc/\lambda$

(단, h: 플랑크 정수, c: 빛의 속도, $\nu = (E_2 - E_1)/h$, $\lambda = hc/(E_2 - E_1)$, ν: 진동수, λ: 파장)

$h = 6.62 \times 10^{-27}$erg.sec $= 4.13 \times 10^{-15}$eV.sec, $c = 3 \times 10^{10}$cm/sec

$\nu(/\text{sec}) = (E_2 - E_1)\text{eV}/4.13 \times 10^{-12}$, $\lambda(\text{cm}) = 1.24 \times 10^{-4}/(E-E)\text{eV}$

광학 스펙트럼과 관련된 배열 전자 상태 간의 에너지 차는 대개 2~10eV 정도인데,

이에 해당하는 복사선 파장은 6200~1240A(10^{-8}cm)로서 가시 범위에 있다.

보어는 전자가 원궤도를 회전하며, 그 운동량은 일정한 양의 정수 배, 즉 1, 2, 3, ……, n배와 같이 양자화된 값을 취한다고 가정하여, 수소 원자 궤도전자의 정상상태 에너지를 산출하고, 그에 해당하는 복사선의 파장과 진동수가 수소 스펙트럼과 일치하는 것을 확인했다. 그리고 그 궤도 반경을 다음과 같이 구했다.

$$r_n = 0.53 \times 10^{-8} \times n^2 (\text{cm}) = 0.53n^2 (\text{A}) \quad (n=1, 2, 3, \cdots\cdots, n)$$

그런데 1916년에 조머펠트는 일반적인 궤도 양자수 'l(0, 1, 2, ……, n-1)(orbital quantum number)'를 추가하여 원궤도뿐만 아니라 타원궤도도 취한다고 했다. 그리고 다음에 자기 양자수 'm(+l … 0 … -l)(magnetic quantum number)'와 +1/2 또는 −1/2의 스핀 양자수 's(spin quantum number)'가 추가돼서, 궤도전자에 의한 스펙트럼을 완전하게 해석할 수 있게 됐다.

오스트리아 태생의 수리물리학자 파울리는 실험 관측에서, 이러한 l, m, n 및 s라는 양자수들로 규정되는 궤도전자의 준위 상태를 종합하여, 궤도전자의 분포에 있어서 동일 원자 내에 이상의 네 가지 양자수가 같은 두 개의 전자는 있을 수 없다는 '배타 원리(exclusion principle)'를 1925년에 발표했다.

주양자수(主量子數) n이 1, 2일 때 전자들의 배열을 보면 다음과 같다.

n	1	1	2	2	2	2	2	2	2	2
1	0	0	0	0	1	1	1	1	1	1
m	0	0	0	0	-1	-1	0	0	+1	+1
s	+	-	+	-	+	-	+	-	+	-

즉, n에 따라 존재할 수 있는 전자의 최대 수는 $N=2n^2$이다. 그래서 주기율은 완전하게 궤도전자의 배열로 설명된다. 이와 같은 궤도전자에 대한 에너지준위는 우주선(宇宙線)이나 실험실에서 만들어져서 순간적으로 존재하는 음전하를 가진 π 또는 μ 중간자가 감속돼서, 원자핵 궤도상에 허용된 준위에 들어간 '중간자원자(mesonic atom)'에도 적용된다.

3. 원자핵반응과 핵 전환

1932년 전후에 인공적으로 가속한 입자로서 처음으로 원자핵반응을 일으키는 데 성공하기까지는 10여 종의 원자핵반응이 알려져 있었다. 이들은 모두 (α, p)형 반응이었으며, 충돌시키는 입자는 자연 방사성물질에서 방출되는 입자였다. 그런데 입자가속기가 발명돼서 사용하게 되자, 여러 가지 전하를 가진 입자들을 이용할 수 있게 됨으로써 대단히 많은 원자핵반응을 관측할 수 있게 되었다. 실제로 여러 가지 원소를 포함한 수백 종의 원자핵반응이 이미 알려져 있다. 이러한 원자핵반응을 연구한 당초의 목적은 원자핵의 구성과 그 구성에 따른 성질을 해명하고, 원자핵을 변환시키려는 것이었다. 그런데 이 연구의 부산물로 중성자가 발견되자, 그 중성자를 이용한 동위원소의 생산뿐만 아니라 원자핵의 분열이나 융합에 수반되는 에너지 방출의 이용에 관련된 문제들을 해결하는 데 목적을 두게 되었다.

1) 원자핵반응

1914년에 마스든은 맨체스터 러더퍼드 연구소에서 α 입자의 산란 현상을 연구하는 중에 Ra-c에서 나온 방사선을 수소 기체 속에 통과시키면 속도가 빠르고 비행 길이(飛程)가 긴 입자(양자)가 많이 발생하는 것을 관측했다. 3년 후에 러더퍼드는 간단한 실험 장치로 α 입자가 질소 원자와 충돌하여 빠른 양자(수소 원자핵)를 방출하는 것을 발견하고, 1919년에 보고했다. 그는 1914년 4월에 워싱턴에서 행한 강연에서, "방사성물질에서 방출되는 α 입자가 원자핵과 충돌하면 그 원자핵을 변환시킬 수 있을 것이다."라고 예언했는데, 그 예언을 실증한 것이다. 그리고 채드윅은 개량된 장치로 α 입자의 여러 원소에 대한 작용을 더욱 상세히 연구하여, 붕소에서 칼륨까지의 대부분의 원소는 α 입자의 작용으로 양자를 발생한다는 것을 확인했다. 그러나 이러한 (α, p) 핵반응의 성격은 분명치 않았는데, 1925년에 영국의 블래킷과 미국의 하킨스가 각자 독립적으로 이 핵반응 기구에 대해 다음과 같이 해명했다.

α 입자는 충돌했을 때 질소 원자핵 속에 들어가서 '복합핵(compound nucleus)'이라는 불안정한 상태를 이루었다가 곧 양자를 방출한다. 즉, $_7N^{14} + _2\alpha^4 \rightarrow (_9F^{18}) \rightarrow _1H^1 + _8O^{17}$같이 되며, (α, p)

반응이라고 하여, $_7N^{14}+_2He^4 \rightarrow _1H^1+_8O^{17}$ 또는 $_7N^{14}(a,p)_8O^{17}$과 같이 표기된다.

2) 양자(p)에 의한 핵변환

1932년에 케임브리지 대학의 러더퍼드 연구소에서 콕크로프트와 월턴은 순전히 인공적으로 처음으로 핵변환을 일으키는 데 성공했다. 이들은 수소를 전리시켜서 높은 전압으로 가속하여 산화리튬 막에 있는 리튬(Li) 핵에 충돌시켜서 헬륨 핵, 즉 α 입자를 방출시켰다. 즉, $Li^7(p,2a)$ 반응을 처음으로 순수하게 인공적으로 일으켰으며, 이들은 이 과정에 아인슈타인의 질량과 에너지 관계식이 적용될 것으로 보고, 방출된 α 입자의 공기 중의 비행 거리에서 그 에너지를 산출해 보니 약 8.5MeV이며, 두 α 입자의 운동에너지는 약 17MeV였다. 이것으로 아래처럼 적용해 보니 매우 잘 일치하여, 아인슈타인의 관계식을 실증할 수 있었다.

반응 입자 질량; Li(7.0182)+H(1.0081)=8.0263

생성 입자 질량; He(4.0039)×2=8.0078

질량 차에 해당한 에너지; 0.0184×931MeV=17.2MeV

양자를 입사 입자로 한 핵반응에는 상술한 (p,2a) 반응 외에도 (p,γ) 반응에 속한 것도 있다. 예를 들면, $Al^{27}(p,γ)S^{28}$, $Li^7(p,γ)Be^8$, $N^{14}(p,γ)O^{15}$, $F^{19}(p,γ)Ne^{20}$, $Cr^{50}(p,γ)Mn^{51}$ 등이다. 그리고 $_{11}N^{23}(p,n)_{12}Mg^{23}$과 같은 (p,n) 반응도 있으며, (p,2n), (p,pn), (p,d), (p,a) 등의 반응도 있다. 그리고 입사 입자가 단순한 '탄성산란(elastic scattering)'을 하는 것이 아니라, 표적 원자핵에 포획(capture)돼서 복합핵을 구성한 다음에 다시 입사 입자와는 다른 에너지를 가지고 방출되는 '비탄성산란(inelastic scattering)'을 하는 (p,p′) 또는 (p,pγ)와 같은 반응도 있다.

3) 중양자(d)에 의한 전환

수소 원자핵에 중성자가 하나 더 붙어서 질량이 2가 된 수소의 동위원소인 '중수소핵(중양자; deuterium; d)'의 입사에 의한 원자핵의 변환도 중요한 의의를 가지므로 특기해 둔다. 1935년에 미국의 로렌스, 맥밀런, 손턴 등은 '사이클로트론(cyclotron)'으로 가속한 중양자를 여러 가지 원소에 충돌시켜서 핵반응을 연구했는데, 예상한 것보다 비교적 작은 에너지로도 핵변환이 잘 일어나는 것을 발견했다. 이 실험에서 관측된 사실은 수리물리학자인 오펜하이머와 필립스(M. Phillips)에 의하여 이론적으로 해명되었다.

즉, 중양자의 결합에너지는 2MeV 정도이므로 입사한 에너지가 2MeV 이상이 되면, 표적핵에 접근했을 때 양자는 쿨롬 역장에 의하여 반발되는 반면에 중성자는 이 힘을 받지 않아서 분해된다. 그리고 양자는 반발되어 나오고 중성자는 표적핵 속에 들어가서 방사성 동위원소를 형성한다는 것이다. 이와 같은 (d,p) 핵반응은 아주 흔한 것으로, 거의 모든 원소에 대해서 관측되었다. 몇 가지 예를 들어 보면, $Li^7(d,p)Li^8$, $Cd^{114}(d,p)Cd^{115}$, ……, $Bi^{209}(d,p)Bi^{210}$ 등이 있는데, 특히 끝에 든 핵반응 생성물인 $_{83}Bi^{210}$은 '라듐-E (Ra-E)'로 알려져 있던 β입자를 방출하며 반감기가 5일인 자연의 방사성 동위원소와 같은 것이다.

1934년에 러더퍼드는 그의 조수 올리펀트 및 하르텍(P. Harteck)과 협조하여 중수소의 고체 화합물에 중양자를 충돌시켜 본 결과 매우 재미있는 색다른 (d,p) 핵반응을 발견했다. 즉, 가속된 중양자가 정지해 있는 중양자에 충돌하여 양자를 방출하는 (d,p) 핵반응인 $H^2(d,p)H^3$ 핵반응이 생겼는데, 그 결과 수소의 제3의 동위원소인 3중수소(3重水素; tritium; t)가 생겼다. 이 반응에서 방출된 양자의 에너지에서 입사한 중양자의 에너지를 뺀 반응 에너지 Q=+4.03MeV=+0.00433amu였다. 따라서 이 3중수소의 질량은 다음과 같이 산출된다.

$$(2×2.01474) - (1.00814+0.00433)=3.01701amu$$

이 3중수소는 매우 불안정하여 자연에는 존재하지 않으며, 반드시 핵변환 반응으로만 생길 수 있다.

중양자에 의하여 양자를 방출하는 (d,p) 핵반응에 버금갈 만한 것으로, 중성자를 방출하는 (d,n) 핵반응을 들 수 있다. 이 (d,n) 반응에서는 입사한 중양자가 표적핵 속에 들어가서 복합핵이 생기고, 그 복합핵에서 중성자가 방출되는 것이다. (d,n) 핵반응의 대표적인 예를 들어 보면, $_3Li^6(d,n)_4Be^7$, $_{52}Te^{130}(d,n)_{53}I^{131}$, $_{83}Bi^{209}(d,n)$ $_{84}Po^{210}$ 등이다.

복합핵의 원자량이 적은 경우에, 그중에서도 특히 첫 번째인 베릴륨의 경우에는 높은 에너지를 가진 중성자가 방출되므로 실험실에서 중성자 원으로 사용된다. 그리고 셋째 번의 예에서 생기는 생성물은 자연에 존재하는 폴로늄(Po), 즉 라듐-F(Ra-F)와 동일한 질량수와 원자번호를 가지고 있다. 그리고 앞에서 기술한 것과 같이 중양자와 중양자가 반응하여 3중수소가 생기는 $H^2(d,p)H^2$ 핵반응 외에도 헬륨 동위원소인 $_2He^3$를 생성하고 높은 에너지의 중성자를 방출하는 $H^2(d,n)He^3$도 있다. 이 반응에서의 반응 에너지와 기지의 중수소와 중성자의 질량에서 이 반응의 생성물인 $_2He^3$의 원자량은 3.01699임이 확인된다.

그리고 3중수소에 중수소를 입사하면 $H^3(d,n)He^4$ 반응이 일어나는데, 이 두 반응에서는 적어도 14MeV 이상의 높은 에너지를 가진 중성자가 방출되므로, 높은 에너지의 중성자를 얻는 중요한 수단으로 활용되고 있다. 또한 입사 중양자의 에너지가 매우 높아서 10MeV 이상이 되면 다음 예와 같은 (d,2n), (d,α) 반응도 일어나며, 바륨($_4Ba^9$)에 입사했을 때 3중수소를 방출하는 (d,t) 반응도 일어나는 것이 발견되었다.

(d,2n) ; $_{26}Fe^{56}(d,2n)_{27}Co^{56}$, $_{52}Fe^{130}(d,2n)_{53}I^{130}$

(d,α) ; $_{20}Ca^{40}(d,α)_{19}K^{38}$, $Li^6(d,α)He^4$, $Ne^{20}(d,α)F^{18}$,

$Mg^{26}(d,α)Na^{24}$, $Ni^{60}(d,α)Co^{58}$

(d,t) ; $_4Be^9(d,t)_4Be^8$

이상에서 든 핵반응은 대표적 예에 지나지 않는다. 1932년부터 콕크로프트와 월턴이 '계단 정류기(cascade rectifier)'로 얻은 250kV까지의 고전압으로 양자를 가속하여 핵반응을 연구하기 시작하면서 기기의 개발과 개량이 이루어졌다. 예를 들면, 밴더그래프의 '정전 기전 장치', 1931년에 슬론과 로런스, 에들레프슨, 리빙스턴 등이 개발한 '선형 가속기(linear accelerator)', '사이클로트론(cyclotron)', '싱크로사이클로트론(synchro-cyclotron)', 전자 가속용 '베타트론(Betatron)', 양자 가속용 '양자 싱크로트론(proton synchrotron)', '교대 자기 경도 싱크로트론(alternating gradient synchrotron)' 등의 입자가속기(accelerator)가 개발되고 개량되었다. 그래서 1960년에 미국 '브룩헤이븐 국립 연구소' 것과 같은 양자 가속용 25BeV(10^9eV) 가속기가 '유럽 원자력 연구협회(CERN)'가 제네바에 건립되어 사용하게 되자, 천 종에 가까운 핵반응이 밝혀졌다. 원자핵의 구성과 성질, 그리고 핵반응 작용에 대하여, 왜 그렇게 되었는가는 명백히 모른다고 해도, 적어도 어떻게 구성되고 어떤 성질로 어떻게 작용하는가는 양자와 중성자 같은 원자 핵자들에 대한 것뿐만 아니라, 중간자와 같은 여러 소립자들에 대한 것과 핵자기 능률 등의 깊이까지 해명할 수 있게 되었다는 것만 알고 넘어가자. 그리고 아직 기술하지 않은 중성자에 의한 핵반응은 다음 절에서 좀 더 상세히 살펴보자.

4. 중성자물리학

1920년에 러더퍼드는 현재 '중성자(neutron)'라고 부르고, 질량이 양자와 같이 1이며, 전하를 가지지 않은 입자가 존재할 수 있다고 가정했다. 그리고 이것은 전하를 가지고 있지 않아서 원자핵에 접근해도 반발되지 않기 때문에 원자핵 속에 쉽게 들어가서 결합할 수 있다고 생각했다. 이 예측은 적중하여 실제로 중성자는 모든 원자핵과 상호작용을 한다는 것이 밝혀져서 확증됐을 뿐만 아니라, 예기치 못했던 원자력 개발의 중요한 열쇠가 되었다. 이런 점에서, 중성자와 원자핵의 여러 가지 상호작용은 매우 중요한 의의를 가졌으며, 이 외에도 여러 가지 이유로 중성자의 생성과 성질에 관한 연구에 관심이 쏠리게 되었다. 그래서 이 중성자에 대해서는 좀 더 상세히 살펴보기로 하자.

1) 중성자의 성질

1932년에 채드윅이 중성자를 발견하고, 그것이 양자와 비슷한 질량을 가지며 전하를 가지고 있지 않다는 것을 증명했다. 중성자가 전하를 가지고 있지 않다는 것은 전자장으로 굽힐 수 없다는 것으로 쉽게 증명될 수 있었고, 그 질량은 역학 법칙으로 산출했다. 질량이 m인 중성자가 입사 속도 v로 기지의 질량이 각각 m_1과 m_2인 정지해 있는 표적 입자에 정면충돌했을 때, 정지해 있던 입자는 각각 최대 속도 v_1과 v_2로 입사 방향으로 밀려 나갈 것이다. 이 실험에서 v_1, v_2를 측정하면, 에너지와 운동량의 보존법칙에서 유도한 다음 관계식에서 중성자의 질량을 산출할 수 있다.

$v_1 = 2mv/(m+m_1)$, $v_2 = 2mv/(m+m_2)$, $v_1(m+m_1) = v_2(m+m_2)$

채드윅은 수소와 질소에 대한 실험에서 $m_1=1$, $m_2=14$로 치고, $v_1=3.3 \times 10^9$cm/sec, $v_2=4.7 \times 10^8$cm/sec와 같이 측정하여, 중성자의 질량 m=1.16이라고 산출했다. 그리고 이

중성자는 Po에서 방출된 α 입자(5.25MeV=0.00565amu)에 의한 $B^{11}(\alpha,n)N^{14}$ 핵반응에서 나온 것이므로 기지의 원자량과 반응 에너지의 측정에서 다시 산출하여, 1932년에 중성자 질량은 1.005~1.008이라고 발표했다. 같은 방법을 써서 현재의 원자량으로 계산해 보면, 질소가 핵반응에서 나타낸 에너지는 0.00061amu이고, 이것이 양자를 밀어낸 최대 에너지를 측정하여 거기에서 얻은 중성자의 에너지는 0.0035amu이다. 그러므로 반응 에너지 Q=0.00061+0.0035−0.00565=−0.00154amu이고, B^{11}=11.01297, He^4=4.00387, N^{14}=14.00752amu이므로, 중성자 질량=11.01297+4.00387−14.00752−0.00154=1.0076 이라고 산출된다.

1934년에 채드윅은 골드하버의 협조를 얻어서 처음으로 $H^2(\gamma,n)H^1$ 핵반응에서 산출한 중성자의 질량을 m(n)=2.01474+0.00239−1.008145=1.008985amu라고 발표했는데, 현재의 정확한 값인 1.008969에 매우 가깝다.

원자핵의 붕괴 과정에서 중성자가 전자(β)를 방출하고 양자로 변하는 현상에서, 중성자가 양자와 전자와 중성 미립자로 구성됐으며, 중성 미립자의 질량은 무시할 정도이고, 양자와 전자를 합한 질량은 1.008145amu라고 예측했는데, 실제로 측정된 값은 0.00084 amu=0.782MeV만큼 더 많은 1.008986amu였다. 따라서 원자핵에서 나온 자유 중성자는 다음과 같이 구성되어 있고, 또한 그렇게 붕괴할 것이며, 반감기는 약 20분일 것으로 예상되었다.

$$_0n^1 \rightarrow {}_1H^1 + {}_{-1}e^0 + 0.782MeV$$

이러한 중성자의 방사성 붕괴는 자유 중성자가 곧 다른 핵에 쉽게 흡수되기 때문에 실험으로 관측하기가 매우 곤란했다. 그러나 캘리포니아 '버클레이 연구소'의 알바레스가 그 실험을 추진해 왔는데, 제2차 세계대전으로 중단되었다가 1948년 이래로 '오크리지 국립 연구소'의 스넬(A. H. Snell) 및 그의 협조자들과 '초크리버 연구소'의 로브슨(J. M. Robson) 및 그의 제자들이 고진공의 원통 속에 강한 '중성자 선속(中性子線束)'을 통과시키고, 중성자가 붕괴해서 생긴 전자와 양자가 반대 방향으로 굴절하여 모여 오도록 강한 전장을 걸어주고, 그곳에 각각 계수 검출기를 두고 동시 계수를 한 결과, 자유 중성자의 반감기는 약 13분인 것으로 산출됐다.

중성자의 회절 현상(回折現象)은 양자역학 또는 파동역학에서 주장하는 것과 같이, 물질이 파동성과 입자성의 이중성을 가졌다는 것을 가장 명확하게 나타내 준다. 전자와 양자 등도 파동성을 뜻하는 회절 현상을 나타내나, 그것이 전하에 기인한 것인지 물질에 기인한 것인지 단정할 수가 없었다. 그런데 중성자는 전하가 없으므로 그 회절 현상은 물질의 파동성을 의심할 여지가 없게 증명한 것이다. 1936년에 프랑스의 물리학자 앨새서가 중성자가 회절 현상을 나타낼 것이라고 예언했고, 같은 해에 프랑스의 물리학자인 알방(H. von Halban)과 프레베(P. Preiswerk) 및 미국의 미첼(D. P. Mitchell)과 파워스(P. N. Powers)가 이것을 실험으로 증명했다. 그 후에 '오크리지 국립 연구소'에서 발달된 기술과 원자로에서 나오는 중성자를 이용하여 촬영한 염화나트륨 결정의 중성자 회절 사진은 라우에의 X선 회절상과 매우 흡사한 것이었다. 이러한 물질의 파동이 이상과 같은 결정체로 회절을 일으키려면, 중성자의 에너지가 어느 정도라야 하는가는 흥미로운 문제이다.

드브로이의 방정식에 의하면, v(cm/sec)의 속도를 가진 질량 m(g)인 입자(질점)의 파장은 $\lambda(cm)=h/mv$이다. 중성자의 운동에너지는 $E=mv^2/2$이므로, 속도는 $v=(2mE)^{1/2}$이고, 파장은 $\lambda(cm)=h/mv=h/(2mE)^{1/2}$이다. 여기에 $1eV=1.6\times10^{-12}$, 중성자 질량 $m(g)=1.67\times10^{-24}$, 플랑크 정수 $h=6.62\times10^{-17}erg.sec$를 대입해 보면 다음과 같다.

$\lambda(cm)= 2.87\times10^{-9}E^{-1/2}(eV)$이다.

그리고 회절을 일으키는 파장은 $2\times10^{-8}cm(A)$ 정도라야 하기 때문에, 중성자의 에너지는 0.02eV 정도라야 한다. 이러한 중성자 회절은 화학자들이 분자의 구조를 연구하는 데 아주 좋은 수단이 되었다. 종전에는 결정에 대한 X선 회절이나, 기체에 대한 전자의 회절로 분자 내의 원자 간 거리를 결정하는 데 광범위하게 사용해 왔다. 그런데 이 방법의 큰 결점의 하나는 X선 회절은 완전히, 그리고 전자 회절도 대체로 궤도전자의 수에 좌우되므로 궤도전자가 하나인 수소 원자의 위치는 정할 수 없었다. 그런데 중성자 회절은 원자핵에 따른 것이므로 수소나 바륨 원자를 포함한 원자 간의 거리를 결정할 수가 있다. 그리고 X선으로는 구별할 수 없는 거의 같은 무게를 가진 망간, 철, 코발트, 니켈 등과 마그네슘과 알루미늄을 구별할 수가 있다. 그러나 원자로에서 나오는 중성자는 일정한 에너지가 아니고 분포된 범위를 가지므로 그대로는 정확도가 떨어지고, 일정 에너지, 즉 속도의 중성자를 골라내는 데는 '중성자속 절단 장치(Neutron flux chopper)'와 같은 매우 복잡하고 고가인 장치가 필요한 것이 흠이다.

2) 중성자의 핵반응

중성자가 어떤 원자핵에 충돌했을 때에 일어나는 핵반응 중에 가장 간단한 것은, 원자핵의 내부 에너지준위를 높이거나 그 안에 들어가서 복합핵을 구성하지 않고, 마치 탄성구(彈性球)에 충돌한 것과 같이 자신의 운동에너지 일부를 상대방 원자핵의 운동에너지로서 주고 나머지 운동에너지로 튕겨 나오는 '탄성산란'이다. 중성자가 원자핵과 이런 탄성산란을 계속하면, 충돌할 때마다 속도가 줄어서 결국은 상대 물질의 온도로 결정되는 원자 또는 분자들의 평균 운동에너지와 같을 정도로 감속된다. 이렇게 감속된 중성자들은 그 에너지가 온도에 의해서 결정되므로 '열중성자(thermal neutron)'라고 부르며, 이런 감속 목적에 사용되는 물질을 '감속체(moderator)'라고 한다. 좋은 감속체는 적은 탄성충돌 횟수로 중성자의 에너지를 많이 감속하며, 중성자를 잘 흡수하지 않는 것이다.

1935년 이탈리아의 페르미(E. Fermi), 아말디(E. Amaldi), 다고스티노(O. Dagostino), 폰테코르보(B. Pontecorvo), 라세티(F. Rasetti), 세그레(E. Segrè) 등은 원자핵에 중성자를 흡수시켜서 γ선을 방출시키는 실험을 하는 중에, 고속중성자의 통로에 물 또는 파라핀과 같이 수소를 많이 포함한 물질을 두면 감속되는 현상을 발견하고, 이 감속 현상을 해명하게 됐다. 이어서 영국의 문(P. B. Moon)과 틸만(J. R. Tillman)이 −180도로 냉각한 파라핀을 통과한 중성자는 상온 때보다 은, 로듐, 옥소 등과 더 잘 반응을 한다는 것을 관찰하여, 이런 물질들은 중성자 속도가 낮을수록 핵반응을 잘 일으킨다는 것을 확인했다. 그리고 이 시기에 에너지가 낮은 중성자의 속도를 직접 측정하여 그 값이 열에너지와 일치한다는 것도 밝혀졌다. 모든 입자의 평균 열(운동)에너지는 $(3/2)kT$인데, k는 '볼츠만의 정수'이다. 그 값은 $k=1.38 \times 10^{-16} erg=8.61 \times 10^{-5} eV/T$. T는 절대온도이며 $0^{\circ}T=273^{\circ}C$인데, 열중성자의 에너지는 보통 kT로 친다. 따라서 $20^{\circ}C$ 상온에서의 평균 열에너지는 $0.038eV$이나, 통상 열중성자 에너지는 $0.025eV$로 본다. 그리고 온도가 일정해도 모든 열중성자가 다 같은 에너지를 가지는 것이 아니라, 기체 분자에서와 마찬가지로 '맥스웰의 분포'에 따른 에너지 분포를 가진다. 그런데 1MeV 에너지를 가진 고속중성자가 각종 원자핵과 충돌하여 상온에서 $0.025eV$의 에너지를 가진 열중성자가 되기 위해 충돌해야 하는 횟수와 한 번 충돌에서 잃는 에너지의 비율, 그리고 중성자가 포획되는 포획 단면적($barn=10^{-24}cm$)을 조사해 보면 다음 표와 같다.

감속제 원소	H	D	He	Be	C	O
질량(amu)	1	2	4	9	12	16
잃는 에너지 비율	0.63	0.52	0.35	0.18	0.14	0.11
필요한 충돌수	18	25	42	90	114	150
포획 단면적(b)	0.33	0.00046	0	0.009	0.0045	0.0002

원자로의 중성자 감속제는 1회 충돌당 잃는 에너지 비율을 포획 단면적으로 나눈 값이다. 감속 능률이 크고, 값이 싸며, 사용할 온도와 압력에서 밀도가 높은 고체나 액체로 안정하게 있는 물질이 좋다. 그래서 중수, 탄소(그라파이트), 물(경수) 등이 가장 많이 사용되고 있으며, 이 감속제 선택에 따라, '중수로, 경수로, 그라파이트로' 등으로 원자로형을 부르고 있다.

중성자의 원자핵에 대한 각종 핵반응은 이러한 탄성산란과 비탄성산란도 포함한 산란 반응과 중성자를 흡수하는 흡수 반응으로 대별되며, 흡수 반응에는 중성자를 흡수하고 다른 입자를 방출하는 포획 반응이 있다. 그리고 이러한 핵반응의 확률을 나타내는 '핵단면적(nuclear cross-section)'이라는 양을 사용하고 있는데, 그 단위는 '반(barn=$10^{-24}cm^2$)'이다. 이 양은 핵의 단면적 개념에서 도출된 것이나, 그 원자핵의 단면적 자체를 지칭한 것은 아니다. 그 원자핵과 어떤 입사 압자의 핵반응 확률을 가리킨 양이다. 만약에 N개의 표적핵을 포함한 넓이 $1cm^2$의 표적에 매초당 I개의 입자가 입사하여, 그 입자와 특정 핵반응을 일으킨 표적핵의 수가 매초당 A라고 한다면, 표적핵 1개당의 그 입사 입자에 대해 특정 핵반응을 일으키는 확률은 다음 식과 같으며, 그것을 그 핵의 '단면적'이라고 한다.

단면적 $\sigma=(A/NI)cm^2=10^{24}(A/NI)b(=10^{-24}cm^2)$

중성자의 포획 반응 중에는 중성자를 포획하고 γ선을 방출하는 (n,γ) 반응이 가장 흔하며, 그중에 특기할 반응을 몇 개 들어보면 다음과 같다. 수소가 중성자를 포획하여 중수소가 되는 $H(n,\gamma)D$ 반응. 이것은 중수소가 γ선으로 수소와 중성자가 되는 반응의 역반응으로서 주목할 만하다. $Rh^{103}(n,\gamma)Rh^{104}$와 $In^{115}(n,\gamma)In^{116}$은 각각 반감기가 42초와

54분으로 특정한 에너지를 가진 γ선을 방출하므로 원자로 내의 중성자 분포를 측정하는 데 이용된다. 특히 $_{92}U^{238}(n, γ)U^{239}$ 반응에서 생긴 $_{92}U^{239}$는 반감기 23.5분으로 β를 방출하고 $_{93}Np^{239}$가 되며, $_{93}Np^{239}$는 다시 반감기 2.3일로 β를 방출하고 핵분열 물질인 $_{94}Pu^{239}$가 된다. 그리고 중성자를 포획하고 전하를 가진 양자, 중양자, 헬륨 핵 등을 방출하는 (n,p), (n,d), (n,α) 등의 반응이 있을 뿐만 아니라, U^{235}, Pu^{239}, Th^{233}과 같은 무거운 특종 핵들은 중성자에 의하여 핵분열도 일으킨다.

이와 같은 중성자의 핵반응에 대한 연구는 매우 철저하게 수행돼 있다. 1932년 채드윅에 의해서 중성자가 발견된 이래로 중성자에 대한 과학적 흥미에서뿐만 아니라, 중성자에 의한 각종 핵반응은 원자력을 이용하는 관건이 되었다. 그래서 제2차 세계대전 중에 원자폭탄을 개발하기 위하여 각종 원자핵의 중성자에 대한 핵반응 단면적이 철저히 측정되었으며, 오늘날에는 원자력의 평화적 이용을 위한 원자로의 설계라는 기초적 자료로서 철저히 조사 연구되어서 그 자료가 공개되어 있다.

원자핵에너지의 개발에 있어서 중성자의 핵반응 단면적이 얼마나 중요한 자료인가를, 미국 '오크리지 국립 연구소' 소속의 스넬이 1948년 『사이언스(Science)』지에 발표한 「현대의 중성자물리학」이라는 글에서 알 수 있다. 그는 이 글에서 "어떤 재료의 가치를 결정하는 데 새로운 척도가 나타났다. 새로운 재료를 원자로 부분품으로 사용해 볼까 할 때에 맨 처음으로 나오는 질문은 '장력이 어떠한가?'라든가 '가격이 얼마인가?' 하는 따위가 아니고, '단면적이 얼마인가?' 하는 것이다."라고 했다. 이러한 중성자에 대한 단면적은 0.001eV에서 100MeV에 걸쳐 있는 중성자의 에너지에 따라 다르며, 또한 일어나는 핵반응에 따라서도 다르다. 예를 들면, 탄성산란과 비탄성산란의 단면적은 서로 다르며, 방사성 포획인 (n,γ), (n,p), (n,α) 등도 각각 다르다. 우선 중성자에 대한 단면적을 탄성과 비탄성을 합한 '산란 단면적($σ_s$)'과, 중성자가 포획되어 하나 또는 그 이상의 다른 입자들을 방출하는 모든 반응에 대한 단면적의 총화로서 나타낸 '흡수 단면적($σ_a$)'으로 나누고, 산란 단면적과 흡수 단면적의 합계를 중성자에 대한 '총 단면적($σ_T$)'이라고 하자. 이 총 단면적($σ_T=σ_a+σ_s$)은 투과법을 기초로 하여 결정된다. 중성자 원과 검출기 사이에 원자 밀도가 N/cc이며 두께가 xcm인 표적 물체 판을 두고 그것을 투과하여 검출기에 도달한 중성자 세기를 I라고 하고, 표적 물체를 두지 않았을 때의 세기를 I_0라고 하면, 총 단면적은, $σ_T=(1/Nx)\ln(I_0/I)=(2.303/Nx)\log(I_0/I)$이다.

중성자 원에서 일정한 방향으로 vcm/sec의 속도로 움직이는 중성자의 수가 n/cc이라고 한다면, 1초간 1cm²를 통과하는 중성자는 $\phi=\text{nv/cm}^2\text{sec}$인데, 이것을 '중성자속 (neutron flux)'이라고 한다. 만약에 표적 물체의 두께가 극히 얇은 막이며, 그것을 통과하는 동안에 중성자의 수가 감소하는 것을 무시할 수 있다면, 표적 막 내의 중성자 밀도는 균일하다고 볼 수 있다. 만약에 이러한 막이 1cc당 N개 표적핵을 포함하고, 그 핵의 단면적이 σcm^2라고 한다면, 1cm당 $\Sigma=\text{N}\sigma\text{/cm}$의 핵반응을 일으키게 되며, 이것을 '거시 단면적(Σ, macroscopic cross section)'이라고 한다. 이것에 중성자속을 곱한 값은, 그 중성자에 의하여 그 표적 1cc당 1초간에 일어나는 핵반응 수가 되며, 그 표적의 체적을 Vcc 라고 하면, 표적에서 일어나는 총 핵반응 수는 다음과 같다.

$$A=(\text{nv/cm}^2\text{sec})(\text{N}\sigma\text{/cm})\text{Vcm}^3=\phi\Sigma\text{V/sec}$$

$$\sigma=\text{A/nvNV}=\text{A/}\phi\text{NV}$$

3) 중성자 공명포획

입사 중성자의 에너지와 핵반응 단면적의 변화에 관련해서 재미있는 결과를 얻게 되었다. 수소의 산란 단면적은 특별히 커서 이것을 제외한 대부분의 핵은 그 탄성산란 단면적이 5~10barn 정도인데, 이것은 실제의 원자핵 단면적과 비슷하다. 그리고 10MeV 이상의 에너지를 가진 중성자에 대한 비탄성산란의 단면적도 원자핵의 실단면적과 비슷하다. 그런데 중성자가 표적핵에 포획돼서 다른 입자를 방출하는 흡수 단면적은 중성자 에너지에 따라 매우 복잡한 관계를 나타낼 때가 있다. He³, Li⁶, B¹⁰과 같은 특별한 것을 제외하면, 원자량이 100정도까지의 가벼운 원소의 대다수는 흡수 단면적이 수분의 1 내지 수 barn 정도로 적고, 중성자의 에너지가 증가함에 따라 그 단면적도 서서히 감소되나, 이보다 원자량이 큰 원소 중의 상당수는 형태가 아주 딴판인 양상을 나타낸다. 이러한 원자핵의 중성자 속도에 따르는 (n,χ) 포획 반응 단면적의 변화를 조사해 보면, 대체로 세 영역으로 구분된다.

첫째는 에너지가 낮은 열중성자 영역에서는 중성자 에너지가 증가함에 따라 그 속도 v 에 반비례하여 단면적이 감소하는 '1/v 영역'이다. 둘째는 이 1/v 영역에 이어서 에너지 증가에 따라 대체로 0.1eV에서 100eV 사이에 있는 '공명정점(resonance peak)'까지 급격히 증가했다가 다시 급격히 감소하는 '공명포획(resonance capture)' 영역이다. 셋째는 높은 에너지에서 매우 적은 단면적을 나타내는 영역이다. 이와 같이 중성자 에너지에 따른 총 흡수 단면적의 변화 양상을 나타내는 대표적인 것으로 카드뮴(Cd)을 들 수가 있다. 중성자 에너지가 0.001eV에서 10000eV까지의 총 단면적 변화를 살펴보면, 0.03eV까지는 1/v 영역으로 약 2500barn이며, 그다음에 0.17eV에서 공명정점이 나타나 단면적은 최대인 7800barn이고, 공명정점을 지나서 급격히 감소하여 5eV에서는 5barn까지 내려간다. 거기부터 10KeV까지는 아주 작은 공명정점이 몇 개 있고 약간씩 감소하기는 하지만 거의 일정한 값을 나타낸다. 그리고 원자력 개발에 중요한 의의를 가진 U238의 흡수 단면적은 0.2eV 근처에 큰 공명정점을 가진 것 외에도 6.5~200eV 사이에 8개의 공명정점과 수 개의 작은 정점을 나타내고 있다.

이와 같이 공명정점이 나타나는 중성자 흡수 원리를 1936년에 미국의 브라이트(G. Breit)와 위그너(E. P. Wigner)가 규명하여 '브라이트-위그너의 식'이라고 불리는 중성자 흡수 단면적을 설명하는 기초 이론을 제시했다. 이 이론의 기초적 원리는, 어떤 핵이 중성자를 흡수하여 복합핵을 만들었을 때의 에너지준위 중의 어느 하나와 입사한 중성자의 에너지가 비슷할 때, 이 중성자를 포획하는 확률이 대단히 높아진다는 것이다. 이 현상을 다루는 수법이 빛의 분산에 사용해 온 것과 매우 닮았으므로 '분산 이론(dispersion theory)'이라고도 부른다. 이 브라이트-위그너 이론에 의하면, 단면적에 영향을 주는 것은 그 공명정점의 높이뿐만 아니라 폭도 중요한 요인이다. 이 공명정점의 폭은 복합핵의 여기상태(들뜬상태) 수명에 반비례한다. 이와 관련하여 붕소(B^{10})의 중성자 에너지에 대한 (n,α) 반응 단면적을 보면, 0.01~1,000eV까지의 넓은 범위에 공명정점이 없이 '1/v 법칙'이 성립하는 것을 알 수 있다. 그리고 Li^6(n,α) 반응이나 He^3(n,p) 반응도 같은 양상을 나타낸다.

5. 원자핵의 에너지와 구조

원자핵 연구의 주요 목적 가운데 하나는 핵 구조에 관한 근본적인 사항을 이해하기 위한 정보를 얻는 것이다. 이러한 정보는 인간 생활을 보다 윤택하게 하는 데 기여할 지식을 마련하는 수단으로나 원자핵에 잠재하는 에너지를 인간 생활에 필요한 에너지원으로 이용하는 데 꼭 필요한 것이다. 이 절에서는 원자핵물리학 분야에서, 앞에서 기술한 사실들을 종합하여 원자핵의 안정성을 결정하는 에너지와 구조에 관해서 어떠한 결론을 얻게 되었는가를 살펴보기로 하자.

1) 원자핵에너지와 결합력

질량분석기 등으로 정밀하게 측정된 동위원소들의 질량은 정수에 가깝기는 하나 얼마간 정수에서 약간은 벗어난다. 이 사실을 들어, 1927년에 애스턴(F. W. Aston)은 각 동위원소에 대하여 다음과 같이 정의된 '비질량 편차(比質量偏差)'로서 실제의 질량이 정수에서 벗어나는 정도를 나타냈다.

비질량 편차 = [(동위원소 질량 − 질량수)/질량수]×10000

이 식으로 주어진 비질량 편차를 세로로 하고 질량수를 가로로 한 좌표에 모든 안정된 동위원소들을 나타내 보면, 비질량 편차는 질량수가 1인 수소의 91.2, 질량수가 2인 중수소의 73.6 등 질량수의 증가에 따라 급격히 감소하여 질량수 25 정도에서 0이 되고, 질량수 50 정도에서 최하인 −8 정도가 되었다가 다시 증가하여, 질량수 175 정도에서 0이 되고, 그 이상의 질량수에 대해서는 +값을 가지고 증가하는 곡선을 나타낸다. 이 비질량 편차는 어떤 정확한 이론적 의의를 가진 것은 아니나 대체로 원자핵의 근본적 성격을 암시해 준다. 비질량 편차가 마이너스 값을 가진다는 것은 동위원소의 무게가 가장 가까운 정수보다 작다는 것을 의미하며, 그 핵을 형성하는 데 질량이 에너지로 변환되었다는 것을 암시한다. 따라서 이러한 핵이 파괴되려면 그만큼의 에너지를 공급해 주어야 하므로 매우 안정하다는 것을 뜻한다.

중성자가 발견되고 원자핵이 중성자와 양자로 구성되었다는 이론이 발전됨에 따라, 질량 편차는 다른 각도로 검토되었다. 즉, 원자번호를 Z라 하고 질량수(핵자 수)를 A라 하면, 그 핵을 구성한 중성자의 수는 A-Z이며, 다음과 같은 식이 성립한다.

원자핵의 총 질량 ; $M=Zm_H+(A-Z)m_n$

단, 수소의 질량 ; $m_H=1.008145$ amu, 중성자의 질량 ; $m_n=1.008986$ amu.

그런데 실제로 측정된 원자핵의 질량이 M′라고 하면,

질량 편차(amu)$=Zm+(A-Z)m-M′$, 1amu=931MeV

결합에너지$(MeV)=931[Zm+(A-Z)m-M']$

핵자당 결합에너지$=931[Zm+(A-Z)m-M']/A$

질량수를 가로로 한 좌표에 안정핵들의 핵자당 에너지(MeV)를 세로에 나타내 보면, 앞에서 살펴본 비 질량 편차를 나타낸 곡선을 뒤집어 놓은 것과 같은 모양의 곡선이 되며, 질량수가 1인 수소의 0에서 시작하여 질량수가 증가함에 따라 급격히 증가해서 질량수가 50 정도에서 최고치인 8.7MeV 정도에 도달하여 질량수의 증가에 따라 서서히 감소하여 질량수 239에서 7.5MeV 정도가 된다. 그리고 질량수가 40에서 80까지 사이의 넓은 범위에 걸쳐서 최고치에 가까운 8.5MeV 정도이다. 그리고 화학반응 때의 전자의 결합에너지는 수 eV에 지나지 않으나, 핵결합에너지는 수 MeV에 달하므로, 핵반응에서는 연소와 같은 화학반응에서 방출되는 에너지의 백만 배의 에너지가 방출된다.

다음에 당연히 고찰돼야 할 문제는 원자핵 내에서 양자와 중성자를 결합하고 있는 결합력의 성질이 무엇이냐는 문제다. 이 결합력이 전기 인력이나 중력과는 본질적으로 다르다는 것은 명백하다. 원자핵의 크기가 매우 작고 안정성이 매우 크다는 사실에서, 핵력은 매우 짧은 거리에만 작용하는 이른바 '단거리 힘(short range force)'이란 것은 틀림없다. 앞에서 살펴본 결합에너지에서도 나타나는 것과 같이, 핵 내에서조차도 아주 가까이 있는 핵자들끼리는 아주 강한 결합력을 나타낸다. 그러나 몇 개 떨어진 핵자 간에는 약한 결합력만 작용하여 핵자 수에 따라 증가하는 결합에너지는 어떤 포화 상태에 도달하는 것을 알 수가 있다.

그리고 α 입자의 핵자당 결합에너지는 다른 가벼운 핵에 비해서 큰 것으로 보아, 양자 2개와 중성자 2개가 포화된 체계를 이룬 것으로 생각하게 되었다. 그래서 간단한 원자핵을 살펴보면, 양자와 중성자(p-n), 양자와 양자(p-p), 중성자와 중성자(n-n) 사이에 각각 다른 인력이 작용한다는 것은 명백하다. 양자 1개와 중성자 1개로 구성된 중수소가 상당히 안정하기 때문에 (p-n) 결합력은 상당히 크다는 것을 알 수 있고, 3중수소나 헬륨 핵이 되면 그 결합에너지는 현저하게 증가하는데, 그 일부는 (n-n)및 (p-p) 결합력 때문이다. 3중수소 $_1H^3$의 결합에너지 8.48MeV는 2(p-n)과 (n-n) 결합력에 의한 것이며, $_2He^3$의 결합에너지인 7.72MeV는 2(p-n)와 (p-p) 결합에너지에 의한 것으로 볼 수가 있으므로, (n-n)과 (p-p) 결합력 차에 의한 결합에너지 차는 0.76MeV인데, 이것은 (p-p) 간의 전기 반발력에 의한 것으로 보았다.

이와 같은 핵 결합력을 설명하기 위한 시도로서 1935년에 유카와(湯川秀樹)는 '중간자(中間子, meson)'라는 질량이 전자의 약 200배 되는 입자의 존재를 가정했다. 이는 1936년에 우주선에서 발견되었으며, 1947년에는 전자 질량의 270배인 π중간자가 검출됨으로써, 오늘날에는 원자핵 내부의 핵자들은 '중간자 장(meson field)'으로 포위되어 있고, 이 장을 매개로 하여 핵자 상호간에 작용을 한다는 것이 개념적 정설로 돼 있다. 그리고 π중간자는 마치 광자(光子)가 전자장에서 하는 역할과 같은 역할을 중간자 장에서 한다. 그러나 핵력에 관한 이러한 중간자 이론은 정량적 해석에 성공을 거두지 못하고 있다. 1947년에 미국의 베테(H. A. Bethe)는 "중간자 이론은 양적인 면에서 핵력에 관한 경험적 사실과 일치하는 어떤 결과도 아직껏 주지 못했다."라고 지적했고, 1955년에 소련의 물리학자인 란다우(L. D. Landau)는 보어 탄생 70주년 기념 논문집에 기고한 논문에서 "중간자 이론은 현대 물리학의 기본 원칙에 큰 변혁이 없이는 이루어질 수 없다."라고 논술하고 있다. 그러나 이러한 '중간자 장이론(中間子場理論)'은 질량적 면에서는 실패했음에도 불구하고, 그 근본적 개념은 많은 원자핵 현상을 설명하는 데 유용하게 상용되고 있다.

2) 핵의 안정성과 성질

핵의 안전성

안정한 원자핵의 양자의 수(Z)를 가로, 중성자의 수(A-Z)를 세로로 한 좌표에 나타내 보면 재미있는 사실을 알 수 있다. 질량수가 적은 안정한 핵의 중성자와 양자의 비는 1에 가깝다. 그리고 양자의 수가 20 이상이 되면 양자에 대한 중성자의 비는 1보다 커지며, 양자의 수가 커짐에 따라 이 비율도 더욱 커져서, $_{82}Pb^{208}$나 $_{83}Bi^{209}$에서는 그 비가 1.5나 된다. 이것은 (p-p) 간에는 포화성이 있는 핵자 간의 인력 외에 포화성이 없는 전기 반발력도 작용하기 때문이다. 질량수(A)가 적을 때는 (n-n), (p-n) 등의 상호 결합력과 같은 성질을 나타내나, 이 포화성이 없는 전기 반발력은 $Z^2/R=Z^2/A^{1/3}$에 비례하므로 원자번호, 즉 양자 수(Z)가 증가함에 따라 급격하게 증가하게 된다. 따라서 양자의 수는 일정 범위 안에 제한되며, 양자의 수가 증가함에 따라 중성자에 대한 비율은 줄어들어야 한다는 것으로 설명된다.

그리고 자연에 존재하는 안정한 원자핵의 양자와 중성자의 수에는 또 다른 흥미 있는 규칙성이 있다. 지구상에 존재하는 273개의 안정한 원자핵 중에서 양자와 중성자의 수가 모두 짝수인 경우가 가장 많아서 164개나 되며, 양자는 짝수고 중성자는 홀수인 경우는 55개, 양자는 홀수이고 중성자는 짝수인 경우는 50개이며, 둘 다 홀수인 경우는 매우 드물어서 4개밖에 없다. 즉, 둘 다 짝수인 경우가 가장 안정하고, 둘 다 홀수인 경우는 매우 불안정하다는 원자핵의 안정성에 대한 '홀수 짝수 법칙(기우법칙)'이 성립한다. 이 현상은 파울리의 '배타 원리(排他原理)'로도 어느 정도 설명될 수 있다.

핵의 성질

원자핵의 반경 R은 중성자에 대한 원자핵의 산란 단면적과 흡수 단면적을 통해, $R=1.5\times10^{-13}A^{1/3}$cm 정도라고 산출됐다. 그 후에 μ중간자의 전기적 힘(쿨롱의 힘)에 근거하여 원자핵의 반경 $R=1.2\times10^{-13}A^{1/3}$cm라고 산출했다. 그리고 핵의 구조와 직접 관련된 성질인 '핵자기 능률(核磁氣能率)'에 대해서도 살펴보아야 하겠다. 전하를 가진 입자가 회전운동을 하면, 작은 자석과 같이 작용하는 '자기능률(磁氣能率; magnetic moment)'을 가지고 있다. 그 값은 전하를 가진 입자의 전하량을 e, 정지질량을 m이라고 하고, 빛의 속도를 c, 플랑크의 정수를 h라고 할 때에 eh/4πmc 자자(磁子, magneton) 단위이며, 그 입자가 전자일 때는 '보어자자(Bohr magneton)'라고 부르고, 그 질량이 양자와 같을 때는 '핵자자(核磁子, nuclear magneton)'라고 불린다. 그리고 전자나 양자와 같은 기본 입자의 자기능률은 2s 자자(磁子)라야 하는데, s는 스핀(spin) 양자수이며, 전자나 양자는 각기 s=1/2이므로 정확히 1보어자자나 1핵자자의 자기능률을 가져야 한다. 그런데 1947년에 미국의 램(W. E. Lamb)과 쿠시(P. Kusch)가 각기 다른 방법으로 전자의 자기능률을 정확하게 측정한 값은 1.0016 보어자자였다. 이 편차에 대하여 1947년에 베테와 1948년에 슈윙거(J. S. Schwinger)가, 이것은 자성의 전자장(電磁場)을 가진 전자의 상호작용에 기인한다고 해명했다. 그리고 양자와 중양자의 자기능률은 1933년과 1934에 독일 태생의 물리학자인 스턴(O. Stern)과 에스터만(I. Estermann)이 대체로 측정했는데, 1933년에 라비와 그의 협력자들이 개발해서 발표한 '고주파 스펙트럼법(radio frequency spectrum method)'이 특히 중요하다는 것을 입증했다. 원자의 선속이 강하고 균일한 자장 속을 통과할 때, 그 자장에 주파수를 아는 약한 진동 자장을 가하면, 일정 주파수에서 원자핵은 그 진동 자기에너지를 공명 흡수하여 자기적 부준위가 낮은 곳으로부터 높은 곳으로 전위하게 돼서 핵자자의 방향이 바뀌게 된다. 그리고 자기능률 μ와 공명 주파수 v와의 관계는, 균일 자장의 세기를 H, 원자핵의 스핀 양자수를 s, 플랑크 정수를 h라고 했을 때, $\mu = vsh/H$가 된다는 것이다. 이러한 핵자기 공명 주파수를 결정하기 위한 과정은 기체의 원자 또는 분자 선속을 이용해야 되므로 '분자 공명법'이라고 불린다. 그런데 1936년에 네덜란드의 호르터르(C. J. Gorter)가 제안한 방법을 발전시켜서, 1946년에 블로흐(F. Bloch) 등은 '공명 유도법'을, 퍼셀(E. Purcell) 등은 자기적인 '공명 흡수법'을 개발하여, 액체나 고체에서도 핵자기 능률을 측정할 수 있게 했으며, 여러 원자핵에 대한 핵자기 능률이 정밀하게 측정되었다.

3) 원자핵 모형

원자핵을 구성한 입자들 간의 힘을 정량적으로 설명하는 것이 매우 곤란하기 때문에, 다른 방향의 시도로서 원자핵 전반의 성질을 설명하기 위한 원자핵의 모형들이 제시되었다. 이들 중에서 특히 주목할 것은 원자핵을 물방울에 비유한 '액적(液滴) 모형'과 이와 정반대의 견해를 가지고 있는 '핵각(核殼) 모형', 그리고 이 두 모형의 특징을 종합한 '집단(集團) 모형'이 있다.

액적 모형(Liquid drop model)

원자핵의 결합에너지와 체적은 구성 핵자의 수에 비례하고, 결합력에 포화성이 있기 때문에 핵의 거동을 물방울에 비유했다. 이 유사성은 1930년에 가모(George Gamow, 1904~1968)가 처음으로 암시했는데, 1936년에 보어에 의하여 이 개념은 '복합핵 이론'의 기초가 된 '액적 모형'으로 발전했다. 이 모형에 따르면, 원자핵 안의 입자들은 마치 물방울 안의 분자들 운동과 같이 강하게 상호작용을 하므로, 입자 개별의 과잉 에너지는 곧 다른 입자에 분배되어서 핵의 에너지준위는 개별 입자들의 양자 상태라기보다는 핵 전체 물방울의 양자 상태로 고찰돼야 한다는 것이다. 원자핵의 결합에너지는 여러 가지 요인으로 되어 있다고 생각되는데, 이중의 몇 가지는 원자핵이 물방울에 닮았다는 데 기인하며, 또 다른 요인은 구성 입자와 관련된 힘에 기인한다고 볼 수가 있다. 첫째로 핵 결합력은 포화성을 가진 단거리 힘이므로, 각 핵자는 바로 인접한 것과 강하게 맺어져 있고, 그밖에 다른 것의 영향은 받지 않는다. 그 결과 첫째 근사로서, 핵자 수에 비례하는 '인력에너지(attractive energy)$=a_1A$'를 상정할 수 있다. 이 인력에너지는 중성자와 양자의 수가 일대일로 같은 원자핵의 결합에너지와는 잘 일치하나, 중성자 수가 더 많은 핵에 대해서는 과다하다. 그래서 이 과다한 값을 수정하기 위한 둘째 항으로서 '조성 효과 (composition effect)=$-a_2(A-2Z)^2/A$' 항이 추가된다. 그리고 양자 간의 반발력은 장거리에도 미치는 $Z^2/A^{1/3}$에 비례하는 전기력이므로, 이에 대한 셋째 수정 항 $-a_3Z^2/A^{1/3}$가 추가된다. 그리고 $A^{2/3}$에 비례하는 표면적에 따라서 결정되는 '표면적 효과(surface effect)=$-a_4A^{2/3}$'와 홀수-홀수 핵에서와 같이 양자와 중성자가 스핀의 짝을 만들지 않는데 대응한 반발력 영향인 '스핀 효과(spin effect)=$\pm a_5/A$'가 추가돼서, 원자핵의 결합에너지(binding energy, BE)는 다음과 같이 산출된다.

$$BE(MeV)=a_1A-a_2(A-2Z)^2/A-a_3Z^2/A^{1/3}-a_4A^{2/3}\pm a_5/A$$
$$=14.0A-19.3(A-2Z)^2/A-0.585Z^2/A^{1/3}-13.05A^{2/3}\pm 130/A$$

핵각 모형과 마의 수

핵각 모형은 원자핵의 핵입자(핵자) 간에 약한 상호작용을 가정한 점이 액적 모형과 근본적으로 다르다. 그래서 이 모형을 '독립 입자 모형(independent particle model)'이라고도 부른다. 이 모형은 원자가 일정한 수의 전자 폐각(閉殼)을 가지는 것과 같이, 마의 수(magic number) 또는 각수(shell number)라고 불리는 특정한 수의 양자와 중성자를 가지고 있어서, 특정한 핵종이 특별히 안정하다는 데 근거한 가정이다. 1932년에 중성자가 발견돼서 원자핵은 양자와 중성자로 구성되었다는 설이 나온 직후에 미국의 물리학자인 바아틀레트(T. H. Bartlett)는 원자 내의 궤도전자가 각을 차지하고 있는 것과 같이, 원자핵 내의 핵자들도 양자 군(量子群)의 각(殼)을 차지하고 있을 가능성을 지적했다. 이 생각은 1933~1934년에 프랑스의 물리학자인 앨새서와 독일의 구겐하이머에 의하여 발전되었고, 이어서 1937년에 독일의 슈미트와 슐러가 이 핵각 모형과 핵자기 능률 간의 밀접한 관련을 명확히 제시했다. 하킨스가 꾸준히 주장해 왔으나, 보어의 복합핵 개념과 액적 모형의 성공에 가려서 빛을 보지 못했다. 그러다가 1948년에 미국의 메이어가 소위 '마의 수'라고 불리는 핵 내의 폐각을 명백히 나타내는 수인 2, 8, 20, 50, 82 및 126이 존재한다는 믿을 만한 많은 증거를 제시하여 관심을 모으게 되었다. 그리고 1949년에 메이어를 비롯한 독일의 학셀(O. Haxel), 엔센(J. H. D. Jensen), 수에스(H. E. Suess) 등이 각각 난제로 남아 있던 폐각 수 50, 82, 126에 대한 설명을 명확하게 할 수 있는 방법을 개발했다. 이러한 핵각 모형에서는 약간의 '4중극 능률(四重極能率)'을 암시하는 양자의 수가 홀수인 경우를 제외하고는 일반적으로 핵을 구성한 입자들은 구형 각(球型殼)에 분포해 있다고 가정한다.

집합 모형

1950년에 미국의 물리학자인 레인워터(J. Rainwater)는 아마도 짝을 이루지 못한 홀수 번째의 핵자가 중심을 찌그려 굽히게 해서 4중극 능률에 영향을 끼칠 것이라고 지적했다. 이런 굽힘은 양자의 수가 홀수일 때뿐 아니라 중성자가 홀수일 때도 일어날 것이며, 실제로 이러한 핵종에도 4중극 능률이 있을 것으로 예상했다. 그리고 이전에 전혀 다른 방면에서 핵 중심도 구형이 아니라 찌그러진 '편구'라는 생각이 있었다. 이러한 개념을 기초로, 액적 모형으로 복합핵을 해명한 보어의 아들(A. Bohr)은 모텔슨(B. Mottelson) 등과 협력하여 1951년 이후에 '집합 모형(集合模型, collective or unified model)'을 발전시켜 나갔다. 이 모형은 독립 핵자(핵각) 모형의 근본적인 특징을 간직했을 뿐만 아니라, 동시에 원자핵과 물방울의 유사성도 제시하고 있다. 그래서 이 모형이 근본적으로 주장한 것은, 핵자들의 집합 행동에 의하면 핵의 표면은 물방울의 표면과 같은 성질을 가지고 있다는 것이다. 이리하여 핵 중심에 파상(波狀)으로 변형이 일어나고, 이는 표면의 진동과 회전운동과 같은 것이며, 핵자의 수가 홀수이거나 짝수이거나를 막론하고 모든 종류의 핵에서 일반적으로 일어난다고 생각하여, 결국 두 반대되는 모형의 타협점을 찾아낸 셈이다. 이 집합 모형의 중요한 점은, 핵이 1MeV의 수십 분의 1 정도로 낮은 여기상태로 있을 때는 단순한 핵각 이론에서 말하는 각개 핵자들의 여기상태에 기인한다기보다는 핵 주위의 표면파 회전으로 본 핵 전체의 여기상태에 기인한다고 보는 것이 더욱 합당하다는 점에 있다.

6. 핵분열

1939년에 핵분열이 발견되기까지는 미국이나 유럽의 원자 과학자들은 가까운 장래에 원자력을 실제로 이용할 수 있으리라고는 생각하지 않았다. 그런데 다량의 에너지를 방출하는 핵분열이 발견되고는 이 생각이 하룻밤 사이에 급변했다. 그래서 핵분열에 대한 과학적 흥미는 말할 수 없을 정도로 높아졌으나, 원자력 방출에 관한 해결책을 찾는 데는 적지 않은 노력이 필요했다. 그리고 중성자에 의하여 촉발된 핵분열은 동시에 중성자를 방출하므로 이 중성자를 이용하여 지속적으로 핵분열을 하는 핵분열 연쇄반응을 일으키게 하는 것과, 이 핵분열 연쇄반응을 임의로 조절할 수 있는 원자로를 개발하기까지에는 해결해야만 했던 매우 어려운 문제들이 산더미같이 쌓여 있었다.

1) 핵분열 현상

'원자력 시대'라는 새로운 문명 시대를 창출한 이 핵분열 현상의 발견 과정을 우선 살펴보기로 하자. 페르미와 그의 협력자들은 중성자에 의한 핵반응에 대한 체계적인 연구 과정에서, 1934년에 우라늄이 열중성자의 충격을 받으면 반감기로 구별되는, 적어도 네 개의 다른 β 방사능을 검출할 수 있었다고 보고했다. 그리고 이 중의 하나는 천연의 우라늄 $_{92}U^{238}$이 (n, γ) 반응으로 생긴 $_{92}U^{239}$이고, 이것이 β 붕괴를 두 번 하여 질량수가 239이고 원자번호가 93인 원소가 되었다가 원자번호가 94인 우라늄보다 원자가가 높은 초우라늄 원소가 된다고 하여 핵분열 현상을 발견하는 단서를 마련했다. 우라늄을 초과하는 원소가 있다는 것은 과학자들의 흥미를 끌기에 충분했다. 베를린의 한(O. Hahn)과 마이트너(L. Meitner) 양, 그리고 파리의 졸리오퀴리(I. Joliot-Curie) 부인 같은 경험이 풍부한 방사화학자들은 이 새롭게 생성되는 원소를 분리하기 시작하여, 한과 슈트라스만(F. Strassmann)은 이 방사성원소들이 바륨과 함께 모여 있는 것을 확인했다. 그리고 같은 시기에 졸리오퀴리 부인과 세비치(P. Sevitch)는 중성자를 우라늄에 작용시켜서 얻은 반감기가 3.5시간인 특수한 방사성원소라고 하여 'R-3.5'라고 했다. 결국 한과 슈트라스만은 이것이 '라듐'에 기인한 것인지 '바륨'에 기인한 것인지를 알기 위한 실험에 착수하여, 놀랍게도 바륨에 기인한 것임을 확인했다. 그리고 결국은 이 생성 핵이 질량수가 138인 바륨(Ba)과 당시에 '마수륨(Ma)'이라고 불린 질량수 101인 방사성 동위원소인 것으로 추정하여, U^{238}과 n^1이 합한 질량수 239가 Ba^{138}과 Ma^{101}로 분열했을 가능성을 지적했다. 그런데 사실은 5년 전에 페르미가 초우라늄 원소를 발견했을 때에 남편을 도와 '레늄'을 발견한 독일의 화학자인 이다 노다크(Ida Noddack) 부인이 이미 이 핵분열 가능성을 시사했다. 그리고 한과 함께 연구한 적이 있는 마이트너 여사와 그의 동료 프리슈(O. R. Frisch)도 역시 1939년 1월에 영국의 과학 잡지 『네이처(Nature)』에 한과 슈트라스만이 얻은 실험 결과는 핵분열을 뜻한다고 논술했다.

한편, 당시에 코펜하겐에 있던 프리슈가 마침 미국을 방문 중이던 보어에게 우라늄 핵분열에 대한 소견을 말하여, 1939년 1월 26일 워싱턴에서 개최된 '이론물리 학회'에서 행한 보어의 보고 강연을 통하여 널리 알려지게 되었다. 그러자 즉시 물리학자들은 핵분열 생성물에서 생길 강한 전리 작용을 검출하는 실험에 착수하여, 2월 중순에는 콜롬비아, 존스홉킨스, 캘리포니아 각 대학과 워싱턴 카네기 연구소에서 확인 보고가 있었다. 이상과 같이 확인된 핵분열은 열중성자에 의한 U^{235}의 핵분열이다. 현재 알려진 바로는 U^{235}가 모든 에너지의 중성자에 의해서 핵분열을 일으키며, 천연으로 존재하지는 않으나 Th^{232}이나 U^{238}이 중성자를 흡수하고 β붕괴를 하여 생성된 U^{233}이나 Pu^{239}도 모든 중성자에 의하여 핵분열을 일으킨다. 그리고 Th^{232}나 U^{238}도 1MeV를 넘는 고속중성자에 의하여 핵분열을 일으키는 것이 알려졌다. 그리고 1939년에 영국의 그랜트(D. H. T. Grant), 1940년에 미국의 야콥슨(I. C. Jacobsen)과 라센(N. O. Lassen)은 9MeV의 중수소로도 U과 Th을 핵분열시킬 수 있다고 보고했고, 1941년에는 미국의 과학자들이 32MeV의 α입자나 6.3MeV의 γ선으로도 핵분열이 일어난다는 것을 보고했다.

이러한 핵분열에서 생성된 원자핵의 질량수에 대한 생성률을 보면 질량수가 70 이하와 165 이상에서는 0%에 가까우며, 95와 139에서 약 7%의 최대치를 나타내며, 질량수가 117 근처에서 최소치인 0.1%를 나타내고 있다. 이것은 핵분열이 질량수가 95와 139로 분열되는 확률이 가장 많고, 꼭 반으로 분열하는 확률은 매우 적어서 0.1%에 불과하며, 70 이하와 165 이상으로 분열하는 경우는 0에 가깝다는 것을 의미한다. 그리고 핵분열에 수반하여 방출되는 에너지를 가장 확률이 높은 것을 예로 들어 계산해 보면, U^{235}(235.118)가 중성자 n^1(1.009)과 합해 핵분열에서 가장 생성률이 높은 Mo^{95}(94.936)와 La^{139}(138.950)로 분열하고 2개의 중성자를 방출했다면, 에너지로 방출된 질량은 다음과 같다.

$$U(235.118)+n(1.009)=Mo(94.936)+La(138.950)+2n(1.009)+m$$

$$m=236.127-235.904=0.223 amu=0.223 \times 931 MeV=208 MeV$$

이것을 핵자들의 결합에너지에서 계산해 보면, 복합핵 U^{236}의 핵자당 결합에너지는 7.6MeV이고, 생성핵의 핵자당 결합에너지는 8.5MeV이므로, 그 차도 역시 200MeV 정도이다.

복합핵 총 결합에너지=92p+144n=236×7.6MeV=1693.6MeV

생성핵 총 결합에너지=92p+144n=236×8.5MeV=2006.0MeV

총 결합에너지 차=2006.0-1693.6=212.4MeV

그리고 이러한 핵분열 에너지의 분포를 살펴보면 다음과 같다.

핵분열 에너지 분포의 대략

핵분열 파편의 운동에너지	168MeV
분열 중성자의 운동에너지	5
적발 γ선의 에너지	5
분열 생성물에서 방출되는 β입자	7
분열 생성물에서 방출되는 γ선	6
분열 생성물에서 방출되는 중성 미립자	10
총 분열 에너지	201MeV

또 열중성자에 의한 핵분열에서 방출되는 중성자의 평균수는 U^{235} : 2.47, U^{233} : 2.55, Pu^{239} : 2.91이다. 이들은 대부분 핵분열과 동시에 방출되는 '적발 중성자(prompt neutron)'이며, 약 0.75% 정도는 핵분열 생성물의 반감기가 0.1초에서 1분 정도의 붕괴 과정에서 방출되는 '지발 중성자(delayed neutron)'이다.

2) 핵분열 이론

원자핵의 질량수가 70을 넘으면 핵입자 하나당 결합에너지는 질량수가 증가함에 따라 감소해 간다. 즉, 질량수가 70보다 훨씬 많은 원자핵은 질량수가 70인 원자핵보다 불안 정하다는 것을 의미한다. 그런데도 왜 질량수가 140을 넘는 불안정한 핵이 자연적으로 분열하여 안정한 핵이 되지 않는가?

이러한 핵분열 기구를 이해하는 데, 앞에서 말한 '물방울 모형'이 큰 도움이 된다. 물 방울의 표면장력이 물방울을 변형시키려는 외부의 힘에 대항하여 안정한 꼴로 유지하도 록 작용하는 것과 같이, 핵의 결합력이 핵을 안정상태로 유지시킨다고 가정하자. 물방울이 더 안정한 작은 두 개의 물방울로 나누어지려면 상당한 변형을 일으킬 외부의 힘이 작용해야 하는 것과 같이, 핵도 분열하려면 외부에서 상당한 에너지가 들어와야만 한다는 것이다.

이것이 바로 마이트너와 푸리시가 지적한 핵분열에 대한 해석의 근거이다. 이 방법은 1939년에 미국을 방문 중이던 보어가 휠러(J. A. Wheeler)와 협력하여 우선 정성적으로, 다음에 정량적으로 발전시켰다. 구형인 물방울에. 외부 에너지가 가해지면 타원형으로 변형되며, 이때에 변형 에너지가 충분치 못하면 물방울은 표면장력으로 구형으로 되돌아가고, 변형 에너지가 충분히 크면 물방울은 아령과 닮은꼴이 된다. 일단 이 단계에 이르기만 하면, 물방울의 표면장력도 가세하여 두 개의 작은 물방울로 분열하게 되고, 작은 물방울들은 구형이 되어간다. 핵분열 기구도 이와 닮았다.

핵분열을 일으키는 데 필요한 임계 에너지는 원래의 핵을 아령 꼴의 상태까지 변형시키는 데 필요한 에너지이다. 그런데 일단 아령 꼴이 되면 전기 반발력이 아직도 결합시키고 있는 결합에너지를 이겨서 분열하게 되며, 이 반발력은 Z^2에 비례하고, 결합력은 A에 비례한다고 볼 수가 있으므로, 일반적으로 핵분열의 용이도는 Z^2/A에 관계된다는 것을 알 수가 있다. 보어와 휠러는 이런 물방울 모형을 기초로 하여 계산한 결과, Pu^{239}, U^{233}, U^{235} 및 U^{238}에 대한 Z^2/A 값은 각각 37.0, 36.4, 36.0 및 31.4이며, U^{235}와 U238에 대한 임계 에너지는 6.1MeV와 7.0MeV이고, Z^2/A 값이 45를 넘으면 핵분열에 어떤 부가 에너지도 필요하지 않다는 결론을 얻었다. 즉, 존재할 수 있는 핵의 Z^2/A 값은 45(원자번호 105)까지가 한계라는 것이다. 그리고 보어와 휠러는 U^{235}와 U^{238}의 핵분열 임계 에너지 차가 0.9MeV에 불과한데도, U^{235}는 열중성자에 의하여 쉽게 핵분열을 하고 U^{238}은 핵분열을 하지 않는 이유를 규명하기 위하여, 중성자 한 개가 U^{235}와 U^{238}에 들어가서 생기는 핵 결합에너지의 증가량을 각각 세밀히 계산해 본 결과, 결합에너지 증가량은 U^{236}-U^{235}=6.5MeV, U^{239}-U^{238}=5.5MeV였다.

따라서 U^{235}는 중성자 한 개에 의한 결합에너지의 증가만으로도 임계 에너지를 초과하여 핵분열이 일어나고, U^{238}은 약 1.5MeV(실제는 1.0MeV)의 중성자 운동에너지가 추가되어야만 핵분열이 일어난다는 결론을 얻었다.

제 19 장

원자핵에너지의 개발

원자핵에너지가 에너지원으로 이용될 수 있다는 생각은 20세기 초부터 이미 있었다. 퀴리 부부는 1902년에 발표한 논문에, "방사성물질의 원자(핵)는 부단한 에너지원의 역할을 하고 있다."라고 기술했으며, 1903년에 러더퍼드와 소디는 "방사성 원자뿐만 아니라 모든 원자핵은 막대한 양의 에너지를 가지고 있다."라는 것을 시사했고, 1905년에 아인슈타인은 에너지와 질량의 관계식 $E=mc^2$을 내놓으며, "이 방정식은 방사능을 연구하는 가운데서 시험할 수 있을 것이다."라고 했다. 그러나 질량을 동력 에너지로 전환시키는 기술은 매우 어려워서 실현 가능성이 없는 것으로 생각했는데, 1939년 초에 핵분열이 발견됨으로써 정세는 돌변했다.

U^{235} 원자핵 하나가 핵분열 하면 $200\text{MeV}=3.2\times10^{-4}\text{erg}=3.2\times10^{-11}\text{W/sec}$가 방출되므로, 1원자량g, 즉 235g이 핵분열 하면, 아보가드로 정수 6.02×10^{23}을 곱한 $1.93\times10^{13}\text{W/sec}$이고, 1g이 핵분열 하면 $8.2\times10^{10}\text{W/sec}=2.3\times10^{4}\text{kW/h}$인 약 1MW/day라는 엄청난 에너지가 방출된다. 이것은 석탄 3톤이나 석유 700갤런을 연소했을 때에 방출되는 에너지에 해당한다. 그리고 중성자 하나가 들어가서 핵분열을 시키면 한 핵분열에서 2~3개(평균 2.47개)의 중성자가 방출되므로 핵분열을 연쇄적으로 일으킬 가능성이 있다는 것도 알았다. 그래서 중성자에 의한 우라늄 원자핵을 연쇄적으로 분열시키는 '핵분열 연쇄반응(nuclear chain reaction)'의 가능성에 대한 검토가 여러 과학자에 의하여 1939년 3월부터 시작되었다.

1. 핵분열 연쇄반응

중성자에 의한 우라늄의 핵분열이 발견된 지 불과 두 달 후인 1939년 3월에, 유럽이나 미국의 물리학자들, 특히 프랑스에서는 알방, 졸리오퀴리, 코바르스키, 미국에서는 페르미가 핵분열 연쇄반응에 대한 연구를 착수했다. U-235와 같은 핵분열 물질은 중성자에 의한 핵분열마다 2~3개의 중성자를 방출하는데, 그중 1개 이상의 중성자가 다음 핵분열을 일으켜서 다음 세대의 중성자를 방출한다면, 핵분열을 일으키는 중성자의 수는 세대마다 기하급수적으로 증가하게 된다. 만약에 순수한 U-235가 적당량 모여 있어서, 핵분열을 일으키는 중성자의 수가 세대마다 두 배로 증가한다고 하면, 하나의 중성자로 시작된 핵분열은 1, 2, 4, 8, …… 이렇게 증가하여 80세대에 가서는 1024개로 늘어나서

240g의 U-235를 핵분열하게 되며, 이때에 방출되는 에너지는 약 200억 kW/sec이고, 고속중성자의 한 세대는 10^{-8}sec이므로, 이 막대한 에너지가 1억분의 80초 동안에 방출되는 무서운 폭발을 일으킨다. 이러한 원리에 입각한 원자폭탄이 미국에서 개발돼서, 일본의 나가사키와 히로시마에 투하되어 전쟁을 종식시킴과 아울러 그 무서운 파괴력을 과시했다. 그래서 일반적으로 원자핵에너지 하면 핵폭탄을 연상하게 되는데, 핵분열이 발견된 1939년 이래, 원자핵에너지에 대한 모든 과학자들의 관심과 연구는 이러한 파괴적 에너지가 아니라 인간 생활에 활용하는 에너지원에 대한 관심이었다. 그리고 제어가 불가능한 핵분열 연쇄반응에 의한 폭발이 아니라 임의로 제어할 수 있는 핵분열 연쇄반응에 대한 연구에 전념해 온 것을 볼 수가 있다.

1) 원자로의 구성과 배율

핵분열이 발견된 당초부터 저속 중성자에 의해 임의로 제어할 수 있는 천연우라늄의 핵분열 연쇄반응을 일으킬 가능성이 검토되었다. 천연우라늄은 핵분열을 잘하는 U-235 동위원소는 0.7%밖에 없고 대부분은 핵분열을 잘하지 않는 U-238이다. 따라서 천연우라늄만을 아무리 크게 모아두어도 그 안에서 핵분열 연쇄반응은 일어날 수가 없다. 다만 저속중성자(低速中性子, 열중성자)에 대한 U-235의 핵분열 단면적은 매우 커서 핵분열에서 생긴 중성자를 효과적으로 감속하면 천연우라늄에서도 핵분열 연쇄반응을 일으킬 가능성이 있다. 저속중성자에 의한 천연우라늄의 핵분열 연쇄반응 실현 여부를 확인하기 위해서는 우선 중성자의 속도를 감속시키는 데 적합한 감속제(減速劑)를 선택해야 한다.

프랑스에서 알방과 그의 협력자들은 우선 물을 감속제로 하여 우라늄염 수용액에서 연쇄반응이 지속되는지를 시험해 보았는데, 저속중성자에 대한 수소의 흡수 단면적이 커서 핵분열 물질인 U-235 동위원소를 0.7% 함유하고 있는 천연우라늄에서는 물을 감속제로 사용할 수 없다는 것을 확인하고, 중수(重水)를 감속제로 사용하는 실험을 하기로 결정했다. 한편, 미국에서는 페르미와 질라드의 제안에 따라 손쉽게 구할 수 있는 흑연을 감속제로 사용한 연구를 추진하는 한편, 캐나다의 과학자들과 협력하여 중수의 대규모 생산도 촉진했다. 그러나 흑연의 사용 결과가 좋아서, 제2차 세계대전 중에는 중수를 사용하지 않았고, 전후에 캐나다에서 중수를 감속제로 한 천연우라늄 원자로를 개발하게 되었다. 독일도 제2차 세계대전 중 하이젠베르크의 영도 하에, 흑연의 중성자 반사체 용기 안에 1.5톤의 중수를 채우고, 그 중수 안에 우라늄 덩어리들을 매달아 배열해 가서 우라늄의 총 중량이 1.5톤까지 갔으나, 아직 지속적 핵분열 연쇄반응에 도달하기도 전인 1945년 4월에 미군이 점령하여 이 흥미로운 실험은 아깝게도 중단되고 말았다.

핵분열 연쇄반응이 지속되려면, 한 세대에 핵분열을 일으킨 중성자 수에 대한 다음 세대에 핵분열을 일으키는 중성자 수의 비, 즉 배율(倍率, multification factor)이 1이면 된다. 1보다 크면 세대마다 그 배율을 곱한 만큼 기하급수로 증가해 가고, 1보다 적으면 배율에 따라 기하급수로 감소해 간다. 주어진 어떤 연쇄반응 계에 대한 이 배율 k를 산정하는 것은 페르미가 제안하여, 그와 위그너를 비롯한 여러 협력자들이 제2차 세계대전 중에 발전시킨 방법이다. 우선 무한대 계를 상정하여 그 계로부터 빠져나가는 중성자는 없다는 가정 하에 무한대 계 배율 k_∞를 산정한다. 중성자 하나가 핵분열을 일으키면, η개의 고속중성자가 방출되며, 이 고속중성자에 의한 U-238 핵분열이 중성자 수를 증가시키는 효과를 고려한 '고속 분열 인자(fast fission factor)' ε 배만큼 증가한다. 이 $\eta\varepsilon$ 고속 성자들은 감속제와의 산란으로 감속되는 과정의 200~6eV 간에 U-238에 일부가 공명흡수를 당한다. 이 공명흡수를 벗어날 수 있는 확률, 즉 '공명 도피 확률(resonance escape probability)'을 p라고 하면 열중성자가 되는 수는 $\eta\varepsilon p$개가 된다. 이 열중성자들 중에 U-235에 흡수돼서 핵분열을 일으킬 비율을 '열중성자 이용률(thermal utilization factor)' f라고 하는데, 결국 다음 세대에 핵분열을 일으키는 중성자 수는 $\eta\varepsilon p f$가 되므로, 무한대 계 배율 $k_\infty = \eta\varepsilon p f$가 된다. 그런데 실제의 유한한 크기를 가진 계에서는 이러한 과정 중에 중성자들의 일부가 그 계로부터 빠져나가게 되는데, 원자로 노심의 크기와 모양의 기하학적 함수와 그 노심을 둘러싼 물질의 반사 효과 등으로서 산정되는 '빠져나가지 않을 확률(non-leakage probability)' P를 곱하면 실제의 배율 k가 되며, 그것은 다음 식과 같다.

$$k_\infty = \eta\varepsilon p f, \quad k = k_\infty P = (\eta\varepsilon p f)P$$

2) 원자로의 개발

핵분열 연쇄반응 계통에 있어서, 앞에서 말한 '실효 배율(effective multification factor)' k의 값이 1인 상태를 '임계(臨界, critical)상태'라고 하며, 이 상태에서 핵분열이 일어나는 도수는 초기 값을 일정하게 유지한다. 그리고 k의 값이 1 이상인 상태를 '초임계(超臨界, super-critical)상태'라고 하며, 핵분열 도수는 증배되어 가고, 1 이하인 상태를 '미임계(未臨界, sub-critical)상태'라고 하며, 핵분열 도수는 지수함수적으로 감소하게 된다. 이런 계통 중에서 k의 값을 임의로 조정하여 원하는 출력 상태를 안전하게 유지할 수 있는 것을 '원자로(原子爐)'라고 한다. 따라서 원자로는 우선 k의 값이 1보다 어느 정도 큰 계통을 구성할 수 있어야 한다.

앞에서 든 '무한대 계 배율' $k_\infty = \eta \varepsilon p f$ 를 엄밀히 검토해 보면, 고속중성자에 의한 U-238의 핵분열 효과도 고려한 핵분열 당의 중성자 생성률인 $\eta \varepsilon$는 일정한 값이나, 감속 과정에서 U-238의 공명흡수에서 벗어날 확률인 p와 감속된 열중성자가 핵분열을 일으킬 확률인 f를 곱한 pf는 감속제의 성질에 따라 우라늄과의 적합한 조성 비율로 최대치가 되는 최적 조성 비율이 있을 뿐만 아니라, 감속제를 우라늄과 균질하게 섞은 것보다는 각각을 어떤 크기로 격자 모양으로 배열함으로써 더 큰 값을 가지게 되며, 격자의 배열 모양에 따라 최대치를 나타내는 최적 격자가 존재한다. 이러한 최적 조성과 최적 격자를 탐구한 끝에, 1942년 7월에 시카고 대학의 페르미 그룹은 '산화우라늄-흑연 격자 계'의 무한대 배율을 계산한 결과 1.07이란 값을 얻었다. 그리고 산화우라늄 대신에 순수한 우라늄 금속을 사용하면, 산화우라늄의 산소에 의한 중성자 흡수가 없어서 실현적 크기의 핵분열 연쇄반응 계통이 구성될 수 있다는 확신을 얻었다.

우선 그들은 보통 흑연에 50만분의 1 정도 함유된 붕소를 제거한 순수한 탄소로 된 흑연을 얻었고, 다음에 에테르 추출법으로 순수한 질산우라늄 염을 얻어서 가열하여 UO_3을 만들어서 수소로 환원하여 순수한 UO_2를 얻었다. 그리고 아이오와 주립대학 교수 스페딩(F. H. Spedding)의 협조로 그가 1942년 말에 개발한 방법을 사용하여, UO_2에 불화수소를 작용시켜서 UF_6을 만들고, 이것을 칼슘과 마그네슘을 이용하여 환원시켜서 순수한 금속우라늄을 얻었다. 그러나 그 양이 충분하지 못해서 금속우라늄이 있는 만큼은 입방형 흑연 격자 벽돌 속에 우라늄금속 구를 넣고, 나머지 격자는 금속우라늄 대신에 산화우라늄 구로 채웠다. 그리고 격자 벽돌과 흑연 벽돌을 교대로 쌓아 올려서 구형에 가까운 원자로 노심을 구성하고 그 노심에 수직으로 뚫린 통로에 상하로 움직일 수 있는 충분한 중성자 흡수 봉을 꽂아 두어서 배율을 임의로 조절할 수 있게 했고, 원통형으로 원자로 노심 주위를 흑연 벽돌로 둘러싼 원자로를 구성했다. 이것은 흑연 벽돌을 쌓아 올렸다고 하여 '퇴적(堆積, pile)'이라고 부른 페르미와 그의 협조자들이 창출한 인류 최초의 원자로였다. 1942년 12월 2일 오후에 노심에 꽂혀 있던 중성자 흡수 봉을 서서히 뽑아내자 중성자 밀도가 지수함수적으로 증가하여, 핵분열 연쇄반응이 일어나고 있는 것을 알려주었다.

이 원자로의 출력 P는 매초당 총 핵분열 수 A로 산출되는데, 원자로 내의 중성자 평균 밀도를 n(cc), 평균 속도를 v(cm/sec)라고 하면 nv(cm²/sec)는 평균 중성자속이며, N을 '분열성 핵의 1cc당 수'라고 하고, V(cc)를 '총 체적'이라고 하면, NV는 원자로 내의 분열성 핵의 총수이다. 그리고 이 분열성 핵의 핵분열 단면적을 σ_f 라고 하면, 원자로 출력은, $P=A=nvNV\sigma_f(fissions/sec)=nvNV\sigma_f \times 3.2 \times 10^{-11} W$이다. U-235의 NV를 kg으로 환산하고, $\sigma_f=590 \times 10^{-24} cm^2$를 대입하면, $P=5.6 \times 10^{-11} kgNV(kW)$이다.

U-235를 1kg 가진 원자로의 중성자속이 $10^{12} cm/sec$라고 하면, 이 원자로의 출력은 56kW가 된다. 그리고 이 출력을 변화시키는 요인은 주로 중성자의 밀도 n이며, 이 n의 시간에 대한 변화율, 즉 시간으로 미분한 값은, k를 배율이라고 하고 l을 한 세대의 중성자 '평균 수명(mean life time)'이라고 하면 다음 식이 성립한다.

$$dn/dt=(1/n)(k-1)/kl=(1/n)[(k-1)/k]/l$$

위의 식에서 $(k-1)/k=\rho$를 핵분열 연쇄반응에 대한 '반응도(reactivity)'라고 한다. 초기 중성자 밀도를 n_0라고 하면, t 시각의 중성자 밀도 n(t)는 위의 식을 적분하여 초깃값 n_0를 주면, $n(t)=n_0exp(\rho t/l)$가 된다.

이 반응도 ρ는 원자로 노심에 중성자 흡수 물질을 뺐다 넣었다 함으로써 조절할 수 있는데, $\rho=0$인 상태를 '임계 상태'라고 하며, 원자로 출력은 초깃값을 일정하게 유지한다. ρ가 플러스 값이면 '초임계 상태'라고 하며 출력은 지수함수로 증가하고, ρ가 마이너스 값이면 '미임계 상태'로서 출력은 지수함수로 감소해 간다. 그런데 보통 원자로의 중성자 평균 수명은 $l=10^{-5} sec$ 정도이므로, 만약에 반응도가 0.01%만 0보다 많아져도 원자로 출력은 1초 후에 e^{10}배나 돼서 폭발하게 된다. 그러므로 안전하게 원자로 출력을 제어할 수가 없을 것같이 생각된다. 그러나 이것은 핵분열 때에 모든 중성자들이 즉각 방출되는 '즉발(卽發, prompt)중성자'로 본 결과이고, 실제로는 그중의 일정 비율(β=0.75%)은 0.2초에서 1분 사이에 나오는 '지발(遲發, delayed)중성자'이므로 반응도를 0.75% 이상으로 올려서 즉발중성자에 의한 임계, 즉 '즉발 임계상태'를 만들지 않는 한 안전하게 여유를 가지고 원자로 출력을 제어할 수 있다.

원자로에서 가장 중요한 문제는 원자로 노심에 핵분열로 발생한 열에너지를 어떻게 뽑아내서 활용하는가 하는 것이다. 다시 말하면, 원자로 노심을 어떻게 냉각하고 냉각에서 얻은 에너지를 어떻게 활용하는가 하는 것이다. 이 문제는 특히 핵에너지를 동력으로 이용하는 것을 목적으로 한 '동력 원자로'에서 가장 중요한 문제다. 그래서 열중성자에 의한 동력 원자로는 감속제와 더불어 냉각제와 냉각 형태에 따라서 일반적으로 원자로 형을 분류하고 있다.

3) 원자로의 분류

핵분열 연쇄반응을 일으키는 원자로는 그 핵분열을 주로 일으키는 중성자의 에너지 영역에 따라서 우선 분류된다. 감속제에 의한 감속을 하지 않고 핵분열에서 방출되는 고속의 중성자로 주로 핵분열을 일으키게 하는 '고속중성자로' 또는 약간 감속하여 고속중성자와 열중성자의 중간 영역의 중속중성자에 의하여 주로 핵분열을 일으키게 한 '중속중성자로', 그리고 중성자의 속도를 감속제에 의하여 충분히 감속시켜서 온도에 평형을 이룬 '열중성자로' 등으로 분류할 수 있다.

이들 중에서 열중성자로 이외는 핵분열성 동위 원소나 원소(U-235, U-233, Pu-239)가 상당히 농축된 것이나 혼합된 핵연료를 필요로 한다. 그래서 초기의 원자로 개발은 오직 열중성자로 개발에 집중되었다. 그리고 열중성자로도 그것을 구성한 핵연료 물질과 감속제 및 냉각제를 균질하게 섞은 '균질 원자로(Homogeneous Reactor)'와 핵연료체, 감속체 또는 감속제 및 냉각제를 불균질하게 격자로 구성한 '비균질로(heterogeneous Reactor)'로 분류할 수 있다. 균질 원자로는 프랑스에서 알방과 그의 협조자들이 처음으로 시도한 우라늄염 수용액 원자로에서 유래한 것인데, 핵연료와 감속 및 냉각제를 균질하게 한 용액이나 혼탁액을 구형 용기로 된 원자로와 열교환기, 그리고 핵연료 처리 시설을 순환하게 하여 핵분열에서 생긴 열에너지를 활용함과 아울러 핵분열 연쇄반응에 유해한 생성 물질을 제거하고 필요한 핵연료 물질을 계속적으로 공급하는 핵연료 재처리 공정을 단일 공정 계통에서 연속적으로 수행한다는 착상에서 비롯된 것이다. 이것은 제2차 세계대전 후에 미국의 여러 원자력 연구 기관에서도 연구 개발되었으나 실용은 하지 못했다. 현재에 상업용으로 실용되고 있는 원자력발전은 모두 '비균질 열중성자로(heterogeneous Thermal Reactor)'이다. 이것은 다시 핵연료에 천연우라늄을 사용하는가 또는 U-235를 약간 농축한 것을 사용하는가에 따라 대분되며, 각각은 감속과 냉각을 무선 재질로 하는가에 따라 또 나누어진다.

이와 같이 원자로는 그 구성 물질과 기구에 따라 분류될 뿐만 아니라 그것의 사용 목적에 따라서도 분류된다. 과학 교육과 훈련을 목적으로 한 교육 훈련용 원자로, 원자로에서 얻어지는 중성자를 이용한 각종 연구나 동위원소 생산을 목적으로 한 연구용 또는 동위원소 생산용 원자로, 핵연료체를 비롯한 원자로 재료를 시험하기 위한 시험로, 핵무기에 사용할 Pu-239를 생산하기 위한 생산로, 그리고 새로운 원자로를 개발하기 위한 실증로와 원자력발전을 목적으로 한 발전용 원자로 등으로 분류할 수 있으며, 이러한 목적들 가운데 여러 개를 충족하는 다목적 원자로도 구성할 수 있다.

2. 원자력발전

20세기를 '에너지 시대'라고 말한다. 18세기 말에 와트가 발명한 증기기관에 의하여 산업 혁명이 일어났고, 19세기 말부터 패러데이가 발견한 전자유도에 의하여 어떤 기계적 에너지도 전력으로 전환할 수 있게 되어서 막대한 전력 에너지원을 얻을 수 있게 되었다. 그리고 이 전력을 또한 기계적 동력으로 손쉽게 전환할 수 있게 되어서 전력 혁명이 일어나기 시작하여 20세기는 본격적인 전력의 시대가 열리게 되었다. 그 결과 구미의 모든 나라는 20세기 중엽까지의 약 반세기 동안에, 도시에서 시작하여 촌락에 이르기까지 전기 조명을 위시하여 취사, 청소, 냉난방 등 모든 가정과 사회생활이 전력으로 이루어지게 되었고, 교통도 도시의 대중교통 수단인 전차에서 시작하여 지하철, 그리고 광역의 전철이나 고속전철에 의존하는 비율이 증대해 갔다. 그리고 무엇보다도 산업 부문의 생산 공정은 완전히 전력으로 이루어지게 되었다. 그래서 공업 선진국들의 전력 수요와 공급이 급격하게 증가했다. 1950년까지의 50년 동안 무려 1000배나 증가했고, 1950년대부터 어느 정도 포화되는 추세를 보여서 연간 5~10%로 증가해 왔다. 그러나 선진국들보다 훨씬 많은 인구를 가진 산업 개발도상국들은 약 반세기 뒤떨어져서 1950년대부터 전력 혁명의 시대를 맞이하여 연간 15% 이상의 전력 수요 증가를 보이고 있다. 따라서 세계 전체의 전력 수요는 21세기 전반까지 연간 10% 가까운 증가율로 증가할 것으로 전망된다.

이와 같은 전력 수요에 대한 에너지 소비에다 자동차의 보급에 따른 에너지 소비도 가세하여, 10억 년 가까이 태양에너지가 지구상에 축적되어 생성된 석탄, 석유, 천연가스

등의 화석연료는 대부분 불과 100년간에 소진하여 그 자원이 고갈돼 가고 있다. 이러한 화석연료의 소비는 에너지 자원을 고갈시키는 문제뿐만 아니라, 그 연소가스는 대기권의 자연적 균형을 파괴하여 인류의 생활환경을 위태롭게 할 것으로 예상해 왔다. 20세기 말에는 이미 지구 온난화 현상과 같은 조짐이 보이고 있다.

그래서 제2차 세계대전 후에 과학기술자들은 인류를 멸망시킬 원자핵 무기가 아니라 그 막대한 에너지를 평화적으로 이용하는 원자력발전을 개발하는 데 주력하게 되었고, 이러한 노력은 원자력발전의 경제적 실현을 입증했다. 이에 대한 사회적 인식도 고조되어 1955년 미국은 원자력의 평화적 이용 정책을 공표했고, 영국은 1956년에 세계 최초의 상용 원자력발전소인 '콜다홀 원자력발전소'를 가동하게 되었다. 20세기를 에너지 시대라고 하는 것은 전력 혁명에 의한 에너지의 활용이 급증하여 인간 생활이 에너지의 활용을 기반으로 하게 되었기 때문만이 아니라, 전력 에너지가 인류 역사상 최초로 원자핵 분열에서 생기는 막대한 에너지로 발전을 하는 원자력발전이 실현되었기 때문이다.

원자력발전을 실현하는 데 필요한 기초적 과학 지식은 이미 앞에서 살펴보았으며, 페르미와 그의 협력자들이 시카고 대학에 세계 최초의 원자로를 개발하여 건립하는 과정에서 대부분이 밝혀져 있었다. 이러한 과학적 기초 위에 원자력발전을 실현시키는 핵심 문제는 원자력발전에 적합한 발전용 원자로를 설계, 제작, 건설, 운영하는 공학적 문제이다. 그래서 '원자력공학'이라는 새로운 공학 분야가 생기게 되었다.

1) 원자력공학

'공학'이란 과학적 지식을 인간 생활에 활용하는 방도를 뜻한다. 즉, 활용할 수 있는 과학적 지식과 공학적 재료를 이용하여 인간 생활에 있어서, 최소한의 경비로서 최대한의 가치를 창출하는 방도를 찾아내는 학문이다. 그래서 20세기 중반까지는 공학도 과학과 마찬가지로 전기공학, 기계공학, 화학공학, 금속을 비롯한 각종 재료공학, 건축공학, 토목공학 등 약 10개 부문으로 전문화되어, 각 전문 분야는 상관된 과학의 전문 분야를 기초로 하여 어느 정도까지는 독립된 분야로서의 특색을 가지고 발전해 왔다. 그런데 원자력 개발에 있어서는 종전의 모든 과학기술과 공학의 전문 분야를 종합한 통일된 하나의 새로운 공학 개념이 필요하게 되었다. 이러한 추세는 원자력 개발에 국한된 것이 아니라, 우주 개발 등을 비롯한 모든 새로운 과학기술 분야에도 적용되는 것이다. 그래서 20세기에 '거대 과학' 또는 '종합 과학'이라는 말이 생기게 되었다. 20세기의 과학기술은 첨단적 전문 분야로 세분화됨과 아울러 그것들이 하나의 통일된 과학기술로 종합되는 특색을 가지게 되었다. 이 특색이 가장 뚜렷하게 요구되는 것이 원자핵 분열 연쇄반응에서 방출되는 에너지로서 전력을 생산하는 원자력발전 문제이다.

원자력발전의 핵심 문제는 발전에 가장 적합한 원자로를 개발하는 것인데, 이것은 20세기에 새롭게 발전한 원자물리학과 원자핵물리학이나, 그것들을 원자로를 구성하여 운영하는 목적 하에 종합한 원자로물리학에 기초한 것일 뿐만 아니라, 기존의 모든 과학기술을 이러한 새로운 문제에 대한 시각으로 재검토하여 공학적으로 종합하는 것이다. 이러한 공학적 종합의 지표로서 다음과 같은 사항이 검토되어 그 윤곽이 결정되었다.

① 원자로는 핵연료로서 핵분열 물질인 U-235를 0.7% 함유한 천연우라늄이나 2~3%까지 농축한 것을 사용하며, 우선은 열중성자에 의하여 핵분열 연쇄반응을 일으키는 열중성자로를 개발하는 것을 당면 목표로 했다. 물론 핵분열 연쇄반응 과정에서 소비하는 U-235보다 더 많은 Pu-239를 생산하는, 즉 핵분열 물질을 증식할 수 있는 '고속 증식원자로'는 핵연료의 효과적 활용에 있어서 매우 바람직한 것이나, 그것은 초기에 고농축의 핵연료를 필요로 할 뿐만 아니라 아직 충분한 경험을 가지고 있지 않는 새로운 과학기술을 필요로 하기 때문에 다음 세대의 유망한 원자로로 지목되었으나, 우선은 열중성자로 개발을 당면 목표로 했다.[1]

② 핵분열에서 생긴 고속중성자를 감속시키는 감속제로서는 실용성이 입증된 흑연, 중수, 보통의 물(경수) 중에서 택할 수 있는데, 흑연과 중수를 감속제로 사용하면 천연우라늄을 핵연료로 사용할 수 있는 이점이 있고, 특히 중수는 감속제와 냉각제를 겸하여 매우 좋은 특성을 가지나 이의 실용적 공급이 문제가 되며, 흑연은 비교적 손쉽게 얻을 수 있는 좋은 고체 감속제이기는 하나 또 다른 유동 냉각제를 필요로 한다. 그리고 물은 가장 흔하게 얻을 수 있는 감속제인 동시에 가장 많은 경험을 가진 열 유동 매체이기도 하나, 열중성자에 대한 수소의 흡수 단면적이 커서 천연우라늄을 핵연료로 사용할 수는 없고 U-235를 2~3% 농축한 핵연료를 사용해야만 된다는 제약이 있다.

③ 원자로는 운용 기간 중에 출력을 조절하기 위하여 적당한 '잉여 반응도(exes reactivity)'를 가지고 있어야 하는데, 핵분열에 의하여 핵분열 물질이 감소되어 감과 아울러 핵분열 생성물에

---

1 '핵연료'라 함은 화학적 산화 연소를 하는 물질을 의미하는 것이 아니라, 핵분열이나 융합 반응에 의하여 에너지를 방출하는 우라늄과 같은 물질을 일반적 연료 개념의 뜻으로 말한 것이다.

의한 중성자 흡수량도 증가해 가서 결국은 핵연료체를 교체하여야 한다. 원자력발전소는 일반 화력발전소에 비하여 시설 투자액이 크므로 그 발전소의 가동률은 경제성 평가의 중요한 요인이며, 그것은 핵연료의 교체 방식에 따라 크게 좌우되므로 이에 대한 공학적 최적 판단이 요구된다.

④ 원자력발전소의 발전 원가는 일반적으로 건설 자본금이 큰 비중을 차지하는 반면에 연료비는 화력발전에 비하여 매우 적다. 따라서 원자력발전의 경제성은 시설 투자액을 경감하는 데 따르며, 그 시설 투자액은 대체로 원자로의 체적에 비례한다. 따라서 원자로의 체적당 출력, 즉 출력 밀도를 높이는 것이 요점이 된다. 그런데 출력 밀도를 높이려면 가급적 고온에서 운용되어야 하며 효과적인 열 전송을 하여야 한다. 그러려면 원자로 구성 물질들이 열중성자에 대한 흡수 단면적이 적고 방사선에 대한 안정성이 높아야 할 뿐 아니라 고온에서도 안정하여야 한다. 즉, 종래에 고려되지 않았던 여러 복합적 환경 조건에서 그 강도나 내구성을 유지하는 구조 물질과 그러한 물질로 구성된 최적 구조를 결정하여야 한다.

⑤ 끝으로 원자력발전을 위한 원자로에 요구되는 가장 중요한 사항은 그것이 매우 안전하여야 한다는 것이다. 즉, 그것이 어떠한 상황에서도 결코 핵폭탄과 같이 핵폭발을 일으키지 않아야 하고, 핵분열에서 생성되는 방사성물질이 외부로 유출되어 인간의 생활환경을 위태롭게 해서는 안 된다는 것이다. 그래서 발전용 원자로는 그 출력이 어느 정도 이상 증가하면 그에 따라 핵분열 반응도가 필연적으로 감소하는 본질적 특성을 가져야 하며, 어떤 불의의 사태에 대해서도 원자로를 안전하게 정지시킬 수 있어야 한다. 그리고 핵연료체에서 핵분열이나 방사성 붕괴에 의하여 발생하는 열을 충분히 냉각하여 핵연료체가 파괴되거나 용융되어 방사성물질이 일차로 핵연료체 외부로 누출되는 일이 없게 하여야 하고, 다음에 제2의 방어로써 노심 냉각 계통이 완전히 밀폐되어서 그 외부로 누출될 수 없게 하여야 하고, 만약에 노심 냉각 계통에서 누출했다고 하더라도 격납 용기 내에 수용하여 일반의 외부 환경에 누출될 수 없게 하여야 한다.

이상에서 제시한 발전용 원자로를 개발하는 지표는 어떤 국한된 전문 분야의 지식과 자료들에서 지향할 것이 아니라, 과학기술 전반을 종합하여 지향할 문제이다. 이와 같이 발전용 원자로를 설계 건설하여 운영하는 문제는 기존의 여러 과학기술 지식을 토대로 하여 기존의 여러 가지 공학 재료를 조합하여 지향하는 목표에 가장 적합한 계통을 구성하는 공학적 판단과 선택을 필요로 한다. 이러한 선택과 판단의 결과 다음과 같은 몇 가지 원자로가 발전에 가장 적합한 것으로 판단되어 오늘날 널리 실용하게 되었다.

2) 경수로

냉각제로서 또한 동력화하는 매체로서 강장 많은 경험을 가졌고 손쉽게 구할 수 있는 물질은 보통 물이다. 물을 감속제를 겸하여 냉각제로 사용한 원자로를 중수로와 구별하여 '경수로'라고 한다. 경수로에는 노심 냉각을 높은 압력으로 가압하여 노심 내부에서는 비등이 일어나지 않게 하고 증기 발생기에서의 열교환으로 증기를 발생하여 동력을 얻는 '가압 경수로(PWR, pressurized water reactor)'와 노심에서 비등을 하여 직접 증기를 공급하는 '비등 경수로(BWR, boiling water reactor)'가 있다. BWR은 구조가 가장 간명하고, 그 출력은 노심부의 냉각제 온도와 비등 상태가 일정하게끔 자동적으로 조절되며, 출력 제어는 노심부 냉각제의 순환 양에 따라 자동적으로 된다. 그러나 냉각 계통의 고장 시에 안전한 출력 상태로 되는 장점이 있는 반면에 노심 체적이 PWR에 비하여 커져야 하며, 방사성물질을 내포한 일차 냉각수가 직접 증기가 되어서 열에너지를 기계적 회전력으로 전환시키는 증기터빈 계통까지 미쳐서 방사능이 PWR보다 광범하게 퍼져, 외계에 대한 방사능물질의 방출 위험성이 크다는 결점이 있다. 이에 비하여 1차 냉각 계통을 가압하여 일정한 고압으로 유지함으로써 비등을 허용하지 않는 가압 경수로는 노심 체적이 작으며 2차 계통과의 사이에 증기 발생기가 있어서 방사능물질의 확산을 방지하는 장점이 있는 반면에, 1차 계통을 일정한 고압으로 유지하는 난점과 증기 발생기가 개입함에 따른 복잡성이 결점으로 지적되고 있다.

이러한 경수로가 가진 최대의 약점은 U-235를 0.7% 함유한 천연우라늄을 핵연료로 사용할 수가 없고 2~3%로 농축한 우라늄을 사용해야 하는데, 이 농축 문제는 간단하지 않아서 안정된 핵연료 공급에 대한 전망이 불투명한 것이었다. 그래서 원자력발전의 초기에는 안정된 농축우라늄의 공급이 가능한 미국을 제외한 모든 나라는 경수로 개발을 포기하고 천연우라늄을 핵연료로 사용할 수 있는 발전용 원자로 개발에 주력하게 되었다. 그런데 '핵확산 금지조약'과 더불어 미국이 농축우라늄(발전용의 2~3% 농축)을 안정된 가격으로 공여할 것을 약속하고 실천하자, 안정된 농축 핵연료의 공급 전망이 밝아짐으로써 세계의 동력 원자로는 대부분 경제적이고 간편한 경수로를 택하게 되었다.

3) 흑연 감속로

영국이 1956년 10월 17일에 콜더홀(Calder Hall)에서 세계 최초로 가동한 상용 원자력 발전소는 '흑연 감속 가스냉각 원자로'였다. 이것은 영국이 Pu-239 핵분열 물질을 생산하기 위하여 운용해 온 윈드스케일(Windscale) 흑연 감속 가스냉각 원자로에서 얻은 경험을 바탕으로 한 것이다. 흑연 감속체 격자 가운데에 수직으로 뚫린 수백 개의 원통 채널에 마그네슘 합금으로 피복한 천연우라늄 핵연료체를 장진하고 탄산가스로 냉각하여 열교환기에서 313°C의 증기를 얻어서 50000kW의 전기 출력을 얻는 것이다.

　제2차 세계대전 직후에 영국, 프랑스, 소련은 우선 독자적 핵폭탄 개발에 주력하게 되었고, 그것은 전시의 미국과 같이 막대한 시설 투자와 전력이 필요한 U-235 농축에 의한 방법을 택할 수는 없었고, 천연우라늄을 핵연료로 한 원자로에서 Pu-239를 생산하는 방식을 택할 수밖에 없었다. 이러한 목적의 Pu-239 생산로는 흑연을 감속체로 하고 적당한 가스로 냉각하는 천연우라늄 원자로였다. 그리고 원자력발전에 있어서도 사용된 핵연료의 재처리에서 생기는 Pu-239의 핵무기 사용 가치도 인정하면 흑연 감속 천연우라늄 원자로의 경제성은 경수로보다 유리한 점도 있고, 핵연료 자원의 활용 면에서는 월등하게 좋은 것이었다. 그래서 영국을 비롯한 프랑스와 소련은 주로 흑연을 감속체로 한 천연우라늄 원자로를 개발하는 데 주력하게 되었다. 그리고 영국은 당시의 장기적 세계 에너지 수급 전망에 입각하여, 약 1세기 간의 세계 에너지 수요는 핵분열에너지로 충당해야 할 것으로 보았다. 그래서 핵분열 물질의 자원을 효과적으로 활용하기 위하여 첫째 단계로서 이 천연우라늄을 연료로 한 흑연 감속 가스냉각 원자로를 개발해서 사용하고, 다음 단계는 거기에서 생긴 Pu-239를 연료로 한 고속 증식로를 사용하여 우라늄 자원 전체를 가장 효과적으로 활용하는 것을 목표로 했다. 그리고 1세기 후부터는 핵융합 반응에 의하여 에너지 공급을 담당한다는 과학자들의 이상주의적 장기 계획 아래 원자력발전을 추진했다. 그래서 이 최초의 원자력발전소의 가동에 이어서 가스냉각 원자로의 개량형을 개발하여 건설하기 시작했다. 한편, 드레스덴에 고속 증식로의 원형 노를 건설했고, 또 한편에서는 핵융합 반응에 대한 대규모의 연구를 병행해 나갔다. 그러나 현실의 상업 경제와 세계정세는 반드시 과학기술적 합리성과 일치하는 것은 아니었다. 핵무기의 확산을 억제하기 위해서는 핵연료의 재처리를 못 하게 막아야 했고, 그러기 위해서 미국은 Pu-239의 상용 가치를 극도로 저하시키는 정책을 취하게 되었으며, 따라서 핵에너지 자원의 활용 면에서는 가장 낭비가 많은 미국의 경수로에 밀려서 프랑스는 경수로를 주축으로 한 원자력 개발을 하게 되었다. 그리고 영국도 경수로 방향으로 전환하지 않을 수 없었다. 다만 소련은 독자적 경제권을 형성해 온 만큼, 미국의 정책에 구애됨이 없이 독자적으로 흑연 감속로를 주축으로 한 원자력발전을 해왔다. 그런데 1986년 4월에 체르노빌 원자력발전소에 대형 사고가 발생하여 소련의 공산주의 체제조차도 붕괴되었다. 따라서 소련도 자유 진영과 공존할 수 있는 원자력발전 방식으로 점차로 전환되어 갈 것으로 전망된다. 그리고 동서 냉전이 종식됨에 따라 핵무기에 대한 위험성이 완전히 제거되는 날에는 핵연료 자원의 효과적인 활용을 고려한 고속 증식로와 같은 더욱 합리적 원자력발전 방식이 대두될 것으로 보인다.

4) 중수로

중수는 감속제로나 냉각제로나 아주 이상적인 물질이다. 중수소는 수소와 같이 중성자 감속을 잘 시킬 수 있을 뿐만 아니라 중성자 흡수 단면적이 아주 적어서 이상적인 감속제이고, 중수소로 된 중수는 냉각제로서 오랜 경험을 가진 물이므로 냉각제로 사용하는 데 어려움이 없는 좋은 냉각제이기도 하다. 그래서 중수를 감속제와 냉각제를 겸하게 사용하면 천연우라늄을 핵연료로 한 원자로가 된다. 다만 문제는 천연수 중에 0.015%밖에 존재하지 않는 중수소 동위원소를 실용할 양만큼 대규모로 분리 생산하는 데 막대한 시설 투자와 여건이 필요할 뿐만 아니라, 이에는 막대한 전력이 소요되어서 중수가 매우 고가라는 점이다.

캐나다는 제2차 세계대전 중에 연합군의 핵무기 개발 계획의 일환으로 이미 대규모의 중수 생산 시설을 가지고 있었고, 중수 생산 기술도 개발되어 있어서 전후에 곧 천연우라늄을 핵연료로 한 중수로를 개발하게 되었다. 그래서 'CANDU'라는 상용 발전 원자로를 개발하여, 캐나다에서는 물론이고 수 개국에 수출하여 발전에 실용하고 있다. 이 '가압 중수로(PHWR, Pressurized Heavy Water Reactor)'의 특색은 중수 감소 계통 안에 수백 개(380개)의 원통관 채널 속에 천연우라늄 핵연료 다발을 넣고 중수로 냉각함으로써 독립된 고압의 냉각 계통을 구성하고, 운전 중에 핵연료를 교체할 수 있게 한 것이다. 천연우라늄을 핵연료로 사용하는 한 중수를 감속제로 사용하여도 원자로의 크기는 커질 수밖에 없는데, 큰 직경의 고압 용기를 만들기란 매우 어려운 문제다. 그래서 직경이 작은 수백 개의 채널 고압관으로 고압 냉각 계통을 구성했는데, 이것은 동작이 용이하고 가동 중에도 각 채널별로 핵연료를 교체할 수가 있어서 핵연료 교체 기간의 연소에 따르는 반응도 감소를 보완하기 위한 과잉 반응도를 가질 필요가 없어서 노심 체적을 감소할 수 있으며 안전성도 향상시킬 수 있다. 그 대신에 고압관의 재질은 핵연료 피복 재료와 같이 중성자 흡수 단면적이 적고 노심 환경에서도 강도와 내구성이 우수한 특수 금속이라야 하며, 이런 특수 금속의 압력관과 외부의 강철 압력관의 연결이 문제가 된다. 또한 냉각 계통의 표면적, 즉 압력 경계면이 커져서 고압 계통의 누설을 방지하는 것이 큰 문제이다. 그러나 천연우라늄을 핵연료로 한 원자로로서는 가장 성공적으로 실용되고 있고, 핵연료 재처리 사용을 고려할 수 없는 현재의 상황에서도 경제적으로 경수 원자로와 경쟁하고 있는 유일한 발전용 원자로이다. 전기 출력 600MW 급의 CANDU 원자로는 380채널을 가진 컬랜드리아(노심) 감속체 각 채널 안에 압력관이 있고, 이 압력관 안에 핵연료 다발을 장진하고 중수로 냉각하게 되어 있다. 그래서 실질적 노심은 길이 6.7m, 직경 6m의 원통형이며, 반사체를 포함한 크기는 길이 7.8m, 직경 7.6m의 원통형을 가로로 뉘어놓은 것이다. 이 원자로에 장진된 핵연료는 천연우라늄 87t이고, 그 평균 연소도는 6500MWD/tU이다. 그리고 컬랜드리아 감속체와 냉각 계통에 장진된 중수의 총량은 약 500t이다. 이에 대응한 전기 출력 600MW 급 가압 경수로(PWR)는 가압 용기 내에 157개의 핵연료 집합체를 원통형으로 세로로 배열한 노심이 있고, 그 노심의 크기는 길이 4m, 직경 4m이다. 핵연료는 U-235를 천연우라늄보다 약 4배 농축한(2~3%) 우라늄을 70t 정도 장진하고 있고, 그 평균 연소도는 39000MWD/tU이다. 이 두 원자력발전소의 경제성을 비교해 보면, 설비 자본금은 PHWR이 PWR보다 약 15% 많이 소요되나 설비의 가동률이 가동 중 핵연료 교체로 약 10% 높으므로 발전 원가 상의 설비 자본금에 대한 비용은 PHWR이 PWR보다 약 5% 높다. 그런데 핵연료비는 U-235를 2~3% 농축한 PWR의 핵연료 가격이 천연우라늄을 사용하는 PHWR의 핵연료보다 약 10배나 되는 데 비하여, 그 연소도는 6배이므로 PWR의 핵연료비가 훨씬 높다. 그리고 발전소 운영비용은 핵연료의 가동 중 교체나 중수의 보충과 순도 유지 등으로 인하여 PHWR이 다소 높다. 그래서 자본금에 대한 연간 금리를 6%로 보았을 때, '기본 부하(base load)'를 담당하고 사용 후 핵연료의 재처리 활용을 하지 않는다는 현재의 여건 하에서 두 발전소의 발전 원가는 대체로 같아진다. 그런데 원자력발전 비율이 높아져서 부하 추종 운전을 하여야 할 때에는 PWR이 유리하게 되는 반면에, 우라늄 자원의 효과적 이용 면에서 핵연료를 재처리하여 사용할 단계가 되면 PHWR의 이용 가치는 더욱 높아질 것으로 전망된다.

5) 고속 증식원자로

원소의 고속중성자에 대한 흡수 단면적, 즉 흡수 확률은 Th-232, U-233, U-235,

U-238, Pu-239 등에 흡수될 확률에 비하여 매우 적어진다. 따라서 고속중성자로 핵분열 연쇄반응을 일으키면, 핵분열마다 방출되는 2~3개의 중성자 중에 1개는 핵분열 연쇄반응에 사용되고, 나머지는 노심 외각 부위에 고속중성자의 반사체 역할도 겸하여 둘러싼 Th-232 또는 U-238에 흡수돼서 이것들을 핵분열 물질인 U-233 또는 Pu-239로 만들게 된다. 그래서 하나의 핵분열에서 나온 2~3개의 중성자 중에 하나는 다음 핵분열을 일으키고 나머지 중성자 중의 하나 이상이 Th-232 또는 U-238에 흡수돼서 U-233 또는 Pu-239 등의 핵분열 물질을 만든다면, 핵분열로 핵분열 물질이 소비되는 것이 아니라 도리어 증산하게 된다. 이러한 원자로를 '고속 증식로(高速增殖爐)'라고 하는데, 이미 실증 시험과 원형로 개발이 끝난 상태이다. 이것은 원자로 노심 중심 부위는 Pu-239를 충분히 많이 함유한(20~30%) U-238 핵연료체를 배열하여 고속중성자에 의한 연쇄반응이 일어날 수 있게 하고, 그 주위에 천연우라늄 또는 사용한 핵연료의 재처리에서 Pu-239를 뽑아낸 U-238로 만든 흡수 겸 반사체로 둘러싸고, 액체나트륨을 열교환기를 통하여 순환하게 하여 냉각하고 증기를 발생하여 발전하게 한 것이다. 고속 증식로는 액체나트륨을 냉각제로 사용함으로써 일차 계통에서 고온으로 인한 압력 문제가 없고, 따라서 열교환기에서 고온의 수증기를 얻을 수가 있어서 발전 효율도 높일 수가 있다. 그러나 이 고온의 나트륨 냉각제가 1차 계통에서 누설하여 공기나 물과 접촉하면 폭발하는 위험성이 있어서 아직 해결해야 할 안전상의 문제가 남아 있다. 그리고 무엇보다도 큰 문제는 핵폭탄도 만들 수 있는 Pu-239를 추출하는 핵연료의 재처리가 먼저 수행돼야 하고, 그것이 상품으로 널리 유통되어야 한다는 것이다. 따라서 고속 증식로는 핵무기가 확산되지 않는다는 신뢰가 조성될 만큼 인류의 도덕성과 윤리성이 제고된 후에야 실용될 것이다. 그래서 1960년대 각국의 고속 증식로에 대한 개발 의욕은 1970년대 후반부터 사라지고 말았다. 그런데 석탄과 석유 연료의 사용에 의한 환경오염 문제가 심각하게 대두되고, 석유 자원과 핵분열 물질의 고갈에 따르는 심각한 에너지 위기가 필연적으로 도래할 것이 예상되므로, 가까운 장래에 이 고속 증식로를 사용하거나 핵융합 에너지 개발이 조기에 달성되어야만 할 실정이다. 현재는 천연우라늄을 핵연료로 했을 때 천연우라늄 1t 당 6500MWD의 에너지를 얻을 수 있고, U-235를 4배로 농축한 우라늄 1t에서는 39000MWD의 에너지, 즉 천연우라늄 1t 당 9750MWD의 에너지를 얻을 수가 있으나, 농축에 소요되는 에너지를 감안하면 천연우라늄 1t 당 8000MWD 정도의 에너지를 얻을 수 있다. 그런데 고속 증식원자로에서는 우라늄 1t 당 100만 MWD를 얻을 수 있으므로,

약 130배의 에너지 자원을 가지게 된다. 또 지표상에 널리 분포해 있는 토륨(Th-232)도 U-233으로 전환하여 핵분열에 사용할 수가 있으므로, 핵분열 에너지 자원은 수백 배로 늘어나게 된다.

 1990년대와 같은 추세로 화석연료가 소비되어 간다면 반세기도 못 가서 석유, 석탄, 천연가스와 같은 화석연료는 고갈할 것이 확실하다. 그 연소가스는 지구 대기권의 오존 층 파괴와 온난화 현상을 야기하여 인류의 생존을 위태롭게 할 것이 명확하다. 그래서 열대 지방을 점유한 대다수의 개발도상국들이 산업 개발을 위하여 지구 대기권을 보존하고 있는 막대한 원시림을 소각해 가는 것을 방지하기 위한 '국제 환경보존회의'가 열리고 있고, 이에 따른 에너지 수급상의 분쟁이 야기될 조짐이 보이고 있다. 그러나 1인당 에너지 소비량이 선진국의 1/10에도 미치지 못하고, 따라서 산업도 그만큼 뒤떨어진 그들에게만 지구 환경을 보존하기 위하여 산업 개발을 하지 못하게 요구할 수는 없으며, 이 문제를 강대국들이 무력으로 해결하려고 한다면 인류가 자멸할 핵전쟁도 일어날 가능성이 있다.

 이와 같은 인류 공존의 에너지 문제를 해결할 수 있는 유일한 방안은 우선 핵분열 연쇄반응에 의한 원자력발전을 극대화하여, 화력발전에 의존해 온 산업용 전력과 주거에서의 냉난방용 전력을 원자력발전으로 대체하는 것이다. 1990년대에 선진 12개국의 원자력발전은 총 에너지 수요의 약 50%인 전력 수요의 약 25%를 담당하고 있는데, 이들 선진국의 화력발전만을 대체하는 데도 현재의 약 4배의 원자력발전이 당장 필요하고, 장차 화석연료에 의존하던 에너지 수요를 원자력발전에 의한 전력으로 대체해 나가기 위해서는 현재의 약 10배의 원자력발전이 필요하게 된다. 그리고 선진국의 에너지 수요를 현 수준으로 동결한다고 해도, 개발도상국의 수요 증가를 감안하면 세계 전체의 전력 수요를 충당하는 데 반세기 내에 현재의 약 20배 이상의 원자력발전이 필요하게 된다. 그래서 현재와 같이 사용 후의 핵연료를 재처리하여 사용하지 않는다면 핵연료 자원도 21세기 중엽까지는 고갈되고 말 것이다. 그래서 필연적으로 가까운 장래에 핵연료를 재처리하여 사용하지 않을 수 없게 될 것이며, 앞으로 반세기 이내에 고속 증식로를 실용하여 핵분열 에너지 자원의 완전한 활용을 기해야만 한다. 그리고 먼 장래의 환경 보존을 위해서 석유 대신에 전기나 수소 가스를 사용하는 자동차를 개발하여 실용해야 할 것이며, 이러한 에너지 수요를 충당하기 위해서 21세기 말까지는 핵융합에 의한 발전이나 생물체에 의한 태양에너지를 이용한 수소 가스의 생산 등 새로운 에너지 자원의 개발과 전환을 실현해야만 할 실정이다. 이와 같은 세계의 에너지 수급 사정을 고려할 때에 현재로서 가장 풍부한 자원 활용이 가능한 고속 증식원자로를 실용하는 것은 필연적이고 시급한 문제이다. 그런데 이것은 과학기술적 문제를 해결하기에 앞서, 우선 핵분열 물질을 핵무기에는 결코 사용하지 않는다는 보장이 전제되어야 한다. 원자력을 인간 생활에 활용하는 문제는, 그 원자력을 어떻게 활용하는가 하는 과학기술에 달려 있다기보다는, 16세기 이래 과학기술이 추구하기를 포기한 인간의 궁극적 본질과 목적에 근원한 윤리와 도덕에 달려 있다.

3. 원자력 이용과 안전 문제

20세기에 들어서자 원자핵 구조가 밝혀지고 이어서 여러 가지 핵반응을 연구하는 과정에서 중성자에 의한 핵분열 현상이 발견되었으며, 핵분열마다 방출되는 2~3개의 중성자에 의하여 핵분열 연쇄반응을 일으킬 수 있게 되었고, 여기에서 방출되는 막대한 에너지를 활용할 전망이 열렸다. 그리고 제2차 세계대전이 시작되자 이 막대한 에너지를 이용한 핵폭탄 개발에 열중하게 되었다. 그래서 불행하게도 원자핵에너지는 평화적 이용보다는 먼저 원자핵 폭탄으로 개발되어, 일본의 나가사키와 히로시마에 투하되어서 제2차 세계대전을 종식시켰고, 인류는 그 무서운 위력에 놀랐으며, 각국은 핵무기 개발에 열중하게 되었다. 특히 미국을 주축으로 한 자유 진영과 소련을 주축으로 한 공산 진영은 동서로 양분된 냉전 체제에서 핵무기 개발 경쟁을 벌이게 되었다.

1) 핵무기의 위험

핵무기는 급속하게 개발되어서 자유 진영에서는 미국뿐만 아니라 영국, 프랑스도 핵무기를 가지게 되었고, 공산 진영의 소련과 중국도 상당한 핵무기를 보유하게 되었다. 그리고 그 성능은 핵융합에너지도 겸용한 수소폭탄이 개발되어 핵폭탄 하나가 TNT 수 Mt의 폭발력에 해당하는 위력을 가지게 되었으며, 동서양 진영이 보유한 핵무기는 전 인류를 파멸시키고도 남을 만큼 되었다. 이런 핵무기를 사용하는 전쟁은 인류의 자멸을 자초하게 될 것을 명확히 인식한 과학기술자들은 핵에너지를 핵무기가 아닌 평화적 이용으로 돌릴 것을 강력하게 주창하게 되었으며, 핵무기의 무서운 파괴력에 놀라고 공포감에 사로잡힌 일반 여론은 반핵 운동을 벌이게 되었다. 그래서 핵무기 보유국들은 원자력의 평화적 이용 기술도 개발하게 되었고, 1955년에 미국은 원자력의 평화적 이용 정책을 발표하여, 원자로에서 생산되는 방사성 동위원소를 농업, 화학 반응, 생산 공정의 계측, 의학 분야에 활용하고, 원자핵에너지를 발전에 활용하는 원자력의 평화적 이용 기술에 대해서는 각국을 지원하겠다는 약속을 하게 되었으며, 영국은 1956년에 최초의 상용 원자력발전소인 콜다홀 원자력발전소를 가동하여 전 세계에 공개하게 되었다. 그러나 각국의 핵무기 개발 의욕은 사라지지 않았고, 미국, 영국, 프랑스와 소련, 중국의 양대 진영 외에도 제3국인 인도도 핵무기를 보유하게 되었고, 기타의 여러 나라도 핵무기 개발 노력을 계속하여 핵무기는 전 세계에 확산되어 가서 핵전쟁이 일어날 가능성은 높아져 갔다. 그래서 '국제원자력기구(IAEA)'는 '핵무기확산 금지조약'을 체결케 하여, 조약국은 IAEA의 감시를 수락하여 핵무기 개발 의혹이 없다는 것을 확증 받는 대신에 원자력의 평화적 이용을 위한 물자와 기술의 교역을 보장받을 수 있게 하고, 비조약국에 대해서는 원자력에 관련된 일체의 물자와 과학기술의 교역을 단절했다. 그런데 원자력과 관련되지 않는 물자와 과학기술은 없는 만큼 이것은 실질적으로 일체의 교역을 단절하는 경제 봉쇄를 의미한다. 따라서 핵무기를 보유하지 않은 나라들은 핵무기 보유국과 매우 불평등한 이 조약을 맺지 않을 수 없게 되었다. 그러나 강압적으로 맺어진 이 조약에도 불구하고 여러 나라의 핵무기 개발 의혹은 아직도 해소되지 않고 있으며, 핵무기 보유국들은 지표상의 전 인류를 전멸시키기에 충분한 양의 수십 배에 달하는 핵무기를 보유하게 되었다. 그리고 소련의 공산권이 무너져서 동서 냉전은 막을 내리게 되었는데도, 핵무기 보유국들이 자진해서 기존의 핵무기를 폐기할 움직임은 보이지 않고 있을 뿐만 아니라 북한의 핵무기 개발 의혹은 국제적 물의를 일으키고 있다. 또 최근에 프랑스는 핵폭탄 실험을 하겠다는 발표를 하여 세계의 반핵 여론을 들끓게 했다. 인류는 아직도 핵무기에 대한 공포에서 벗어나지 못하고 있다. 세계에는 아직도 경제 개발 경쟁과 에너지의 수급 문제, 정보화 사회에 있어서의 대중 정보 매체에 대한 쟁탈전과 지역 문화 간의 갈등 등 전쟁 요인이 상존하며, 이러한 전쟁 요인이 있는 한 가장 경제적이고 강력한 무력인 핵무기는 사라지지 않을 것이며, 따라서 인류는 핵무기로 멸망당할 공포에서 해방될 수는 없을 것 같다.

2) 원자력발전의 안전 문제

인류는 핵무기에 의하여 멸망당할 공포감에 시달리고 있으며, 그 목적을 불문하고 원자핵에너지 사용을 반대하는 반핵 감정에 휩싸이게 되었다. 이러한 일반의 반핵 감정을 바탕으로 1978년에 미국에서, 원자력 사업자들의 부도덕성에 기인한 심각한 원자력발전소의 사고를 다룬 「중국의 소요(China syndrome)」라는 영화를 상영한 적이 있다. 그런데 이로 인해 피해를 받게 된 원자력 분야 사업자들은, 있을 수 없는 가상적 이야기로 원자력 사업에 심각한 피해를 입혔다고 소송을 제기했고, 영화사는 영화 자체는 상상적 창조물인 만큼 책임이 없다고 맞서 물의를 일으키고 있었다. 그런데 공교롭게도 이 이야기 줄거리와 비슷한 사고가 1979년 3월에 'TMI(three mile island) 원자력발전소'에서 일어나서 세계를 들끓게 했다. 이 사고의 원인을 분석해 본 결과, 운전원의 어이없는 착각, 즉 '인간 착오(Human error)'에 기인한 것이 밝혀졌다. 이러한 인간의 착오 문제를 고려한 인간공학(Human Engineering)은 전투기의 조종실 설계와 같은 특수 분야 이외에는 기존의 공학에서 별로 중요시하지 않던 분야인 만큼, 이 사고를 계기로 하여 기존의 미국 원자력발전소는 이 인간공학적 문제도 포함하여 재검토하고, 안전상의 약 70개 사항을 보완하라는 매우 엄격한 조치가 내려졌다. 그리고 새로이 건설되는 원자력발전소에 대한 안전도는 매우 강화되어서 아직도 미국에서는 새로운 원자력발전소가 건립되지 못하고 있다.

그리고 1986년 4월에 소련의 '체르노빌 원자력발전소'에서 상상을 초월한 큰 사고가 발생했다. 이 사고가 발생한 날에 나는 IAEA에서 개최되는 '원자력발전에 있어서의 인가 착오의 검증'을 주제로 한 전문가 회의에 참석하기 위하여 비엔나로 가는 비행기에 타고 있었다. 비엔나에 도착해 보니 스웨덴에서 방사능 낙진을 검출하여 체르노빌 원자력발전소의 대형 사고가 확인되었다는 보도로 들끓고 있었다. 다음 날 아침에 IAEA 청사로 가는 도중에 보니, 비엔나 시가는 소련이 원자력발전소 사고를 즉각 공표하지 않았다고 항의하는 반핵 시위 군중으로 가득 차 있었다. 회의에 참석하기 위하여 각국에서 모인 약 40명의 전문가들은 회의 주제는 제쳐놓고 체르노빌 원전 사고에 대한 토의에 열중했으며, IAEA는 사고 현장 조사단을 파견하는 데 동서를 막론하고 의견의 일치를 보았고, 소련 정부도 수락했다. 또한 7개국 정상회담을 위하여 동경에 모여 있던 각국 정상들은 그 다음 날 소련 정부가 사고 내용을 즉각 공표하지 않은 데 대한 항의와 비난을 담은 공동성명을 발표했다. 만 하루 동안의 현장 조사를 마치고 돌아온 IAEA 조사단은

598

정치인을 배제한 과학기술 전문가에게만 공표하라는 조건이 붙은 고르바초프 서기장의 특별 성명 녹음을 가지고 와서 전문가 회의에서 발표하게 되었다. 그래서 각국의 대사와 정부 관리들은 전문가들의 수행원 자격으로 동석하여 그 특별 성명을 경청했는데, 그 요점은 다음과 같은 것이었다.

① 체르노빌 원자력발전소 사고는 여러분들이 상상하는 것보다 훨씬 심대한 재난이며, 소련은 이 재난을 극복하는 데 총 국력을 경주하고 있다. 우선 사고 지역의 주민을 안전한 곳으로 대피시키고 재해 범위의 확산을 방지하는 데 총력을 기울이고 있다.

② 현재로서는 사고가 진행되고 있어서, 그 원인과 경위 및 그 내용 등을 규명하지 못했고 그런 여력도 없으나, 앞으로 밝혀지면 공표하여 원자력의 안전한 이용을 위한 노력에 부응하겠다.

③ 이런 재난에도 불구하고 소련은 원자력발전이 필요하며, 안전하게 발전을 계속해야만 할 실정이다. 이런 사정은 소련뿐만 아니라 인류 전체가 직면한 문제이다. 원자력을 안전하게 인류 생활에 활용하기 위해서는 기존의 사상과 관념에서 벗어난 새로운 철학이 정립되어야 한다고 생각한다. 이 새로운 철학을 정립하기 위한 노력에 대해서 소련은 앞으로 적극 지원할 것이다.

④ 동경에 모여 인류가 경험하지 못했던 큰 재난을 당하고 있는 나라를 비방하는 정치적 쇼를 벌이고 있는 광대패들은 이 원자력 안전 문제에 대하여 진지한 생각조차 하지 않고 있고, 그들과 상의할 성격의 것도 아니다. 그래서 양식 있는 과학기술자 여러분에게 호소하는 것이다.

⑤ 이와 같이 심대한 재난도, 핵폭탄 하나가 폭발했을 때에 인류가 당할 재난에 비하면 비교도 안 될 만큼 적은 것이다. 그런데 이러한 핵폭탄을 미국과 소련은 수천 개씩 가지고 있으며, 지구상에 현존하는 핵폭탄은 전 인류를 몇 번이나 멸망시키고도 남을 것이다. 이런 핵무기들을 폐기하는 것은 고사하고 감축하는 것조차도 저 광대패들과는 협상이 이루어질 전망이 보이지 않는다.

⑥ 소련은 더 이상 협상에 시간을 낭비하기보다는 단독으로 우선 소련이 가진 핵무기를 어떠한 상황에서도 사용하지 않을 것은 물론이고 폐기할 것을 선언한다. 이에 상응하여 미국도 그들의 핵무기를 폐기할 것을 결의하고 인류 공존에 협조한다면 다행한 일이나, 그렇지 않으면 소련의 핵무기가 아니라 세계의 전 인민과 진리의 심판이 결코 용납하지 않을 것이다.

이상과 같은 고르바초프의 연설을 엄숙하게 경청하던 회의 참석자들은 연설이 끝나자 모두 일어서서 박수를 보냈다. 회의를 끝마치고 IAEA 청사를 나와 보니, 소련을 비난하던 비엔나 시민의 반핵 시위도 소련에 동조하여 핵무기를 폐기하라는 시위로 돌변해 있었다. 이와 같이 원자력발전에 대한 혐오 감정은 핵무기에 대한 공포감과 연계된 것이며, 원자력발전에서의 어떤 안전사고도 그 사용 목적을 불문한 핵에너지 전반에 대한 반대와 공포감을 유발하는 것이다. 따라서 원자력발전은 우선 핵무기가 사용되지 않는다는 안전 보장이 되어야 함과 아울러 원자력발전 자체의 안전이 확보되어야만 실용할 수가 있게 되었는데, 이러한 안전 보장과 확보에 대한 노하우만을 추구해 온 현대의 과학기술만으로는 해결될 수 없다는 인식에서 최근에 IAEA는 원자력 안전 문화의 정립을 최우선 과제로 제창하게 되었다.

3) 원자력 안전 문화의 정립

원자력의 안전은 종래의 과학기술적 방법만으로는 확보될 수가 없다는 것을 다 같이 인식하게 되었다. 우선 핵무기에 대한 문제를 보아도, 현재의 개인이나 지역 또는 국가 이기주의적 문화 기반에 입각한 경제적 경쟁 사회에서는 분쟁이 없을 수가 없고, 그 분쟁의 해결과 조정 수단으로서 무력이 사용된다면, 과학적 판단으로는 가장 위력이 크고 경제적인 핵무기가 사용되지 않으리라는 보장이 없다. 그래서 핵무기 보유국들은 인류의 여망에도 불구하고 그들이 가진 핵무기를 포기하지 않고 있으며, 핵무기를 아직 가지고 있지 않는 나라들도 '핵무기확산 금지조약'에도 불구하고 핵무기 개발 의욕을 버리지 못하고 있다. 그리고 과학기술의 발전과 보급에 따라 더욱 쉽게 개발할 수 있게 되어서 핵무기의 확산을 실질적으로 저지할 방안이 보이지 않는다. 특히 북한과 중동의 분쟁국들의 핵무기 개발 의혹은 국제적 물의를 일으키고 있고, 북한 핵무기의 표적이 될 남한은 북한이 핵무기 개발을 포기하도록 하기 위하여 그들에게 원자력발전소를 건설해 주는 협상을 하고 있다. 그러나 더욱 심각한 문제는, 현재로서는 핵무기를 가지고 있지 않고 '핵무기확산 금지조약'을 가장 충실히 준수하고 있는 일본과 독일 등 여러 나라도, 그들이 필요하면 언제라도 다량의 핵무기를 생산하여 사용할 수 있는 핵분열 물질과 생산 능력을 이미 보유하고 있다는 사실이다. 그래서 실질적으로 핵무기는 이미 세계 각처에 확산되어 있으며, 이러한 핵무기에 의한 전쟁이 일어나면 인류는 자멸할 것이 명확한 긴박한 상황에 놓여 있다. 그렇다고 핵무기 확산을 금지하기 위하여 원자력발전마저 저지한다면, 에너지 수급 상황의 악화로 전쟁이 일어날 가능성이 증대하고 그 전쟁에 핵무기를 사용하게 될 가능성도 높아지는 난관에 처해 있다.

현대의 에너지 수급에 관한 난관을 해결할 수 있는 유일한 방도인 원자력발전에 있어서도 그 안전은 확보되지 못하고 있다. 이것은 과학기술적 방법의 부족에 연유된 것이 아니라, 과학기술이 추구하기를 포기해 온 인간의 본성과 사명에 대한 인식의 부족에 연유된 것이다. 현대의 물질적 경제성에 입각한 가치관에서는 인간 착오를 최소화한 안전한 원자력발전소를 설계 건설하여 안전하게 운영하기는 것이 쉽지 않다. 미국의 TMI나 소련의 체르노빌 원자력발전소의 안전사고는 인간의 본성에 연유된 인간 착오로 일어났고, 현재의 물질 경제 중심의 가치관에서 보면 원자력발전소의 설계, 제작, 건설, 운영에 있어서 이 인간 착오를 최소로 하기 위한 충분한 노력을 경주한다는 것은 합리적이 아니기 때문이다.

현대의 과학기술은 문제에 대한 본질(What)과 목적(Why)에 대한 물음을 추구하는 것을 포기하고, 수단(How)만을 추구해 왔다. 그래서 17세기 이래의 현대 과학기술은 역사상에 전례가 없을 정도로 급속한 발전을 하여 인간 생활에 필요한 물질을 생산하는 데 큰 능력을 발휘했으나, 목적의식이 결핍된 이 힘에는 불안도 내포하게 되었다. 특히 원자력이 개발되자 인류 생활에 필요한 에너지 공급원을 얻었다는 기쁨과 함께 핵무기에 의한 인류의 멸망도 초래될지 모른다는 절박한 불안에 휩싸이게 되었다. 원자핵을 연쇄적으로 분열시키는 수단에 의하여, 아주 적은 물질에서 막대한 에너지를 얻을 수 있다. 그러나 그 수단의 목적에 따라서는 인류를 멸망시키는 핵무기가 될 수도 있고, 인류 생활에 필요 불가결한 에너지원이 될 수도 있다. 목적을 추구하는 것을 단념해 버린 현대인은 덮어놓고 원자력이라는 수단을 반대하거나 지지하고 있다. 최근 우리나라에서는 우리의 생존과 직결된 북한의 핵무기 개발 의혹이 세계의 관심사가 돼 있는데도, 원자력의 안전을 희구한다는 사람들이 이것에 대해서는 아무런 반응이 없이 우리 생활에 필요한 원자력발전에는 무조건 반대하고, 환경보호 운동을 한다는 사람들이 환경보호와 원자력의 안전을 위한 핵폐기물 관리 시설의 건립을 반대하는 웃지 못할 시위를 벌이고 있다. 그런가 하면, 원자력의 평화적 이용을 주장하고 원자력발전을 추진하는 사람들도 현대의 가치관에서 경제성에 치중하여 그들이 고려하는 안전 문제는 정부의 규제, 법규를 가장 경제적으로 충족하는 것으로 그칠 수가 있다. 이와 같은 상황에서는 원자력에 대한 안전 규제를 아무리 강화해도 그 안정성이 확보되기란 어렵다.

원자력 안전 문제의 본질은 과학적 합리성에 입각한 문제를 초월하고 있다는 사실이다. 우리는 '어떻게 하는가' 같은 방법을 생각하기에 앞서, 무엇을 왜 하여야 하나를 먼저 생각해 보아야 한다. 인간이 추구하는 근본적 목표가 행복에 있다면, 인간이 생명에 대한 위협이나 근심에서 벗어난 안식을 얻는 것은 물질적 충족을 얻는 것 이상으로 중요한 것이다. 그런데 이 안식의 근원은 수량적으로 계량하여 수리적으로 인식하는 과학기술적 방법에 있기보다는, 인간 상호간의 신뢰와 사랑을 기초로 한 사회적 도덕과 종교적 신앙에 근거한 것이다. 따라서 믿을 수 있는 도덕적 기반이 없는 사회에서는 안전을 보장하여야 하는 안전 규제 기관이나 그 안전 규제를 준수하여야 하는 사업자가 과학적 합리성에 입각하여 아무리 노력하여도 안전은 보장되지 않고, 사회의 불안은 사라지지 않는다.

문제는 과학기술이 포기해 온 인간의 궁극적 본질과 사명을 추구하여, 인간은 착오를 범하는 불완전한 존재라는 겸손한 인식을 하고, 인류가 공존 공영하기 위하여 서로 사랑하고 봉사하여야 한다는 종교적 신앙과 도덕적 기반을 세우고, 그 기반 위에서 과학기술적 수단을 추구하는 것이다. 이런 기반 위에서 안전한 원자력의 활용에 대한 과학기술의 연구 개발 노력과, 그에 따라 원자력 시설을 안전하게 설계하고 건설하여 안전하게 운영하는 사업자의 성실하고도 정직한 노력이 요구된다. 아울러, 이러한 노력을 올바르게 분석 평가하여 안전 보장을 위한 규제를 착오 없이 수행하는 규제 기관의 성실한 노력들은 물론이고, 이러한 노력에 더하여 그것을 바르게 인식하고 신뢰할 수 있는 사회적 도덕 기반을 조성하는 일도 필요하다. 이것을 한마디로 말하면, 근래에 국제원자력기구에서도 심도 있게 논의되고 있는, 원자력에 대한 '안전 문화'를 정립하는 일이다. 이것이야 말로 원자력 안전의 본질이며, 이 일에 앞장서서 '안전 문화'를 정립하는 데 최선의 노력을 하라는 것이 우리에게 맡겨진 사명인 동시에 우리가 지향하는 목표이기도 하다. 이 목표를 달성하기 위해서는 극복하여야 할 여러 문제가 가로놓여 있다.

첫째는, 우리의 인식을 전환하여야 하는 문제이다. 우리가 경험과 실험을 통하여 합리적으로 체득한 사실은 절대적이 아니라 상대적이다. 이것을 이렇게 하면 안전하고 저것을 저렇게 하면 불안전하다는 인식은 절대적인 것이 아니라 상대적인 안전도를 인식한 데 지나지 않는다. 그런데 생존과 같은 중대 문제에 대한 인간의 희구는 절대적 안전이다. 이러한 절대적 안전이나 안식은 오직 창조자인 하나님의 절대적 은혜에 의존하는 종교적 신앙으로 획득되는 것이지 피조물인 인간의 상대적 노력만으로 달성되는 것은 아니다. 인간은 다만 최선을 다하여 상대적 안전도가 보다 향상되도록 성실하며 겸손한 노력을 하여야만 한다.

둘째로, 인간은 항상 착오를 범할 수 있는 불완전한 존재임을 인식하고, 이 인간 착오를 최소로 할 수 있는 조직과 제도를 바탕으로 원자력 사업을 추진하여야 한다는 문제다. 물론 현행 법규도 원자력의 안전에 관한 계통은 다중적이고 다양한 중복된 계통으로 보호되게 설계하고 있고, 각 계통은 항상 3중 이상으로 작동하는 신호 체계가 구성되도록 4중으로 구성하고 있으며, 이에 대한 검증은 독립된 기구들에 의하여 다중적으로 분석 검토되고 검사하게 되어 있다. 거기에다 정부의 안전 규제 기관이 그 설계 내용에 대하여 안전 분석과 심사를 하여 안전성이 확보된 것을 확인하고 건설 허가를 하며, 건설 중에도 설계 내용대로 충실히 건설되고 있는가를 감시 감독하고, 건설이 끝나면 안전 관련 사항에 대한 각종 점검과 기능 시험에 입회하여 안전성을 평가하여 확인한 다음에 운영 허가를 한다. 그리고 운전 중에도 기술 지침에 따라 안전하게 운전하고 있는가를 감시 감독하고 있다. 그러나 사람들은 이것도 믿기에는 부족하다고 야단인 반면, 사업자는 비효율적인 중복된 업무로 경제성을 저해한다고 야단이다. 즉, 원자력 안전에 관한 가치관과 인식이 어떠한 합의점을 향하여 수렴되어 가기보다는 양극단으로 분극화되어 감을 볼 수가 있다. 현재에 이용 가능한 과학기술과 제도만으로도 원자력발전을 어떠한 다른 산업 시설보다 더욱 안전하게 설계하고 건설하여 운영할 충분한 능력이 있다. 그런데도 TMI나 체르노빌과 같은 사고가 일어나서 사회를 불안하게 하는 원인은 인간 착오에 의한 것이며, 그것은 인간의 본성이 항상 착오를 범할 수 있는 불완전한 존재라는 것을 망각하고 안전성보다는 효율성이나 경제성을 중요시하는 잘못된 가치관에서 연유한다. 안전 규제를 담당한 정부 부처나 안전 기술원, 그리고 원자력을 개발하는 사업자나 전문 과학기술자들은 상술한 바와 같은 인간 능력에 대한 겸손한 자세로 인간 착오를 최소화할 수 있는 기구와 방식을 개발하여 안전성 확보에 최선의 노력을 경주하여야 한다. 중복된 안전 계통이나 안전 보장상의 검증과 감시 감독은, 상호 불신에 연유된 것이 아니라 인간 착오에 대한 겸손한 인식에 연유된 것이다.

셋째로, 이상과 같은 안전 확보를 위한 노력이 실제로 수행되어 결실을 맺을 수 있고, 그것을 신뢰할 수 있는 사회의 도덕적 기반을 조성하는 문제이다. 아무리 좋은 방법과 수단도 그것을 수행하는 사람들이 자발적인 사명감과 양심에 따라 책임진 업무를 수행하는 도덕적 기반이 없으면 소기의 목적을 달성할 수 없고, 신뢰를 받을 수도 없다.

원자력 사업자가 말로는 사회의 안전을 최우선으로 다룬다고 하면서, 실제로는 자기 자신이나 집단의 이익에 기초한 경제적 합리성에 집착한 업무 수행 방식과 태도를 취한다면 '안전'이라는 결실은 얻을 수가 없다. 그리고 특히 원자력에 대한 안전 규제를 위임받은 정부 부처나 안전 문제를 다루는 과학기술 요원이 맡은 업무에 대한 자발적인 사명감에 입각한 양심적인 업무 수행을 하지 않고 업무 수행 상 주어진 권한의 행사에만 정신을 판다면, 안전성 향상에는 아무런 도움도 되지 않을 뿐만 아니라 도리어 안전을 저해하게 되고 경제적 손실만 초래할 뿐이다. 그러나 이와 같은 국한된 집단의 업무 수행 상의 질적 향상은 조직과 제도로도 비교적 쉽게 어느 정도까지는 달성될 수가 있다.

그런데 원자력발전과 같은 거대하고도 종합적인 사업은 어떠한 소수 집단이나 전문 인력으로 수행되는 것이 아니라, 사실은 사회 전반이 참여하여야 되는 것이다. 원자력발전소 건설에는 한 나라의 건설업 전반을 대표하는 각종 전문 인력과 기능 인력이 동원된다. 그리고 건설에 소요되는 기자재들은 그 품종이 수만 가지에 달하므로, 몇 개의 산업체에서 생산되는 것이 아니라 어떤 한 나라의 생산품을 넘어서 국제적 교역으로 공급되는 경우가 많다. 즉, 국제적 인류 사회 전반이 참여하게 된다. 그리고 원자력 분야라는 것은 어떤 단일 전문 분야가 아니고, 원자력 분야라고 총칭되는 당시의 과학기술 전반이 종합된 것이다. 이렇게 보면 원자력발전에는 당시의 인류 사회 전반이 참여하고 있으며, 그 안전성은 그 사회의 도덕적 기반 위에 이룩된다. 원자력발전에 대한 불안과 불신도 따지고 보면, 그 사회의 도덕적 기반에 대한 불신에서 비롯된다.

한국에서는 1972년에 원자력발전 사업을 시작한 이래로 다행히 한 번도 공중의 안전을 위태롭게 하는 사고는 없었다. 그리고 세계가 에너지 위기를 맞이했던 시기에 안정된 전력 공급을 하여 한국의 기적적 산업 발전에 지대한 공헌을 한 것도 사실이다. 그렇다고 우리나라의 도덕적 기반이 원자력의 안전을 확보하기에 충분할 정도라고 자만할 수는 없다. 일부 사람들은 원자력의 안전을 신뢰할 수가 없어서 원자력발전 반대 시위를 벌이고 있고, 일부 집단은 집단 이기주의에 입각한 소요도 일으키고 있는 실정이다. 이와 같이, 사회의 도덕적 기반은 원자력의 안전을 확보하고 개발하는 데 가장 중요한 요건으로 등장해 있으나, 이것은 일부 전문가들이나 사업자의 노력만으로는 해결할 수 없으며 해결될 성격의 것도 아니고, 그들만의 영역에 속한 것도 아니다. 이것은 교육과 종교 등 사회 전반적인 문화에 속한 문제이기 때문이다.

이상과 같은 원자력의 '안전 문화'는 과학기술의 영역을 초월한 도덕적 기반 위에 정립될 수 있는 것이며, 사람이 살아갈 '삶의 길'인 도덕은 인간의 의지를 초월한 신앙적 차원에서만 구할 수 있는 것이다. 따라서 원자력 '안전 문화'를 정립하는 가장 효과적인 길은 우선 원자력 분야의 과학기술자들이 신앙에 기초한 자신의 도덕성을 확립하는 것이며, 안전 문화 정립을 위한 자신의 도덕성 제고와 성실한 노력으로 사회 전반적 도덕성 제고에 앞장서는 것이다. 이것이 원자력의 안전 문화를 조성하는 첫걸음이다. 그리고 안전이 보장된다고 국민이 신뢰할 수 있는 행정 구조 하에서 정부가 안전에 대한 최선의 노력을 다함으로써 국민이 신뢰할 수 있게 하는 길밖에는 없다. 원자력의 안전을 위한 규제 권한을 위임받고 있는 정부 부처나 과학기술 기관은 본질적으로는 국민이 안전하고 또한 안전하다고 믿을 수 있게 하라는 사명을 받고 있는 것을 인식하여야 한다. 이 사명에 대한 의식만 확립되면, 현 시점에서 그 사명의 목표에 이르는 가장 효과적인 방도는 기존의 과학기술적 사고로도 쉽게 찾아진다.

2권의 끝맺음

1. 근대 과학

근대 과학의 발전상을 한마디로 말하면, 자연은 하나의 통일된 법칙으로 규율되고 있다는 것을 인식하게 되었고, 그 법칙의 탐구 방법은 관측과 실험에서 얻은 사실들을 수학적 논리로 귀납하는 것이라는 인식을 실천하여, 천문학, 수학, 물리학, 그리고 화학도 상호 관련 하에 발전하여 어느 정도 통일된 세계상을 그려 냈고, 이에 상응한 기술의 발달을 가져왔다는 것이다. 그러나 생물계만은 예외로 남아 우주 현상의 연쇄 안에 끼워 넣을 수가 없었다. 그리고 자연 현상을 하나의 통일된 것으로 파악하는 데 장애가 돼 온 것은 첫째로 일반으로 널리 퍼져 있던 '불가량 물질(不可量物質)'이란 개념이었다. 즉 광, 열, 전기와 자기 유체, 그리고 생명의 영기 등이다. 이것들이 오늘날의 에너지 개념을 불완전하게 대신하고 있었다.

이러한 장애를 극복하려는 자연과학적 사고에 일대 혁신이 19세기 중엽에 일어났다. 그 하나는 에너지 원리를 수립한 것이며, 또 하나는 다윈의 진화론이었다. 전자는 조용한 가운데 여러 분야의 과학자들에 의하여 일관성 있게 발전된 종합적 과학 성과로서, 근대의 에너지 시대를 개막하게 했다. 그리고 후자는 과학적 발전이기보다는 산업혁명으로 야기된 시대적 사회 사조였던 진보 사상을 뒷받침해 주고 부추긴 것으로, 사회에 미친 영향이 막대했다. 그래서 대부분의 사가들은 19세기를 '진화론의 시대'라고 하며, 과학 사가들도 다윈의 진화론을 과대평가하고 있다. 그러나 오늘의 시점에서 냉정히 살펴보면, 진보 사상은 시대적 사조의 소용돌이에 지나지 않았고, 다윈의 진화론은 과학 분야에 큰 자극을 준 것은 사실이나 과학의 발전에 기여한 직접적 성과는 찾아볼 수 없다.

19세기의 근대 과학에서는 모든 분야에서 새로운 사실과 상호 관계들이 발견됨으로써, '불가량 물질'이라는 낡은 개념이 불식돼 갔다. 그리고 에너지 원리에 근거한 자연관이 싹트게 되었다. 그래서 우선 18세기에 이어서 19세기 초까지 열역학의 이론과 전자기학의 괄목할 발전이 있었고, 이와 상호 관련된 수학, 물리학, 화학 등 기초과학의 발전이 이루어졌다. 그리고 기타 과학들도 상호 관련하여 발전하게 됐고, 그 토대 위에 근대 과학의 일원적 법칙으로 통괄된 세계관이 형성되어 갔다.

첫째로 에너지에 대한 개념이 정립되어 종래에 열, 운동에너지, 전기와 자기의 힘, 중력,

화학 반응에 수반되는 에너지 등 여러 가지 개념과 형태로 표현되어 온 것이 상호 전환될 수 있는 하나의 통일된 에너지 개념으로 정립되었다. 그리고 에너지는 보존된다는 '열역학의 제1법칙'과 에너지의 전환이나 작용 과정에 있어서 엔트로피, 즉 에너지의 자유도는 증가한다는 '열역학의 제2법칙'이 확립되었다. 물질이나 에너지는 스스로 생기거나 없어질 수 없고 보존된다는 개념은 고래로부터 가져온 불변의 개념이었으나, 이것이 19세기에 과학적 법칙으로 명확하게 정립되었다. 그리고 어떤 계 내의 엔트로피는 증가한다는 열역학의 제2법칙이 뜻하는 것은, 에너지의 작용이나 전환 과정에서 그 계 내의 에너지 총계는 보존법칙에 따라 불변이나 그 에너지의 자유도(안정도)는 항상 증가하는 방향으로 간다는 것이다. 예를 들어, 1톤의 물을 1m 높이에서 낙하시킨 에너지로 1톤의 물을 다시 퍼 올렸을 때 어떠한 변환과 작용 과정을 겪었든 간에 1m보다 낮을 수는 있어도 결코 1m 이상의 높이로 퍼 올릴 수는 없다는 것이다. 이 법칙에 따르면 우주 전체를 하나의 한정된 세계로 생각한다면, 우주 전체의 에너지는 점차로 식어가서 우리가 예측할 수 없는 먼 장래에 종말이 오게 된다는 것이며, 이 우주는 영원한 존재가 아니라는 것이다.

19세기의 과학에서 특기할 또 하나의 사항으로 전자기학의 발전을 들어야 한다. 전기화학을 세운 데이비가 그의 최대의 발견이라고 자랑한 패러데이는 근대 전자기학의 기초를 세웠을 뿐만 아니라, 전자유도 현상을 발견함으로써 현대의 '전기 문명 시대'를 개막하게 했다. 패러데이가 1831년에 전자유도 현상을 발견하여 기계적 동력과 전력이 상호 전환된다는 것을 제시하고, 철심에 감은 유도코일 밑에서 영구자석을 회전하여 상당히 큰 유도전류를 발생하는 발전기를 만들어 보였으며, 1835년에 자기유도 현상도 발견했다. 그래서 이 유도 현상을 응용하여 발전을 하고 전력을 활용하는 전력공학과 전기를 통신에 활용하는 통신공학 분야가 발전하게 되었다.

우선 전력공학 분야를 보면, 1834년에 야코비는 전기모터를 개발하여 보트를 달리게 했고, 1857년에 고정된 전자석 양극 내부에서 회전하는 발전자를 가진 강력한 발전기를 발명하여 자신이 1847년에 창립한 '지멘스-할스케' 공장에서 제작하여 판매했다. 1866년에 이 발전기를 전동기로도 겸용할 수 있게 개량하여 '다이나모'라는 이름으로 판매했다. 그리고 1869년에 벨기에의 전기공학자 그램은 '윤형 발전자(輪型發電子)'를 개발하여 대규모 발전기를 조립하여 발전소를 생기게 했고, 대전력의 공급이 가능하게 했다. 그래서 1808년에 데이비가 과학적 전시품으로 공개한 '아크등'은 1877년 야블로치코프에 의하여 개발되어 실용하게 되었고, 1878년에 에디슨은 일본에서 수입한 대나무로 만든 탄소선 백열전등을 발명하여 널리 보급했다. 지멘스-할스케 회사는 자동 조절 아크등을 개발하여 보급했을 뿐만 아니라, 전차를 개발하여 1879년 '베를린 세계박람회'에 최초의 전차를 선보였다. 그리고 1887년부터 다상 발전기를 사용하게 됐으며, 1889년부터는 3상 교류 발전기와 변압기에 의하여 원거리 송전과 배전을 하게 됨으로써 대규모 수력발전소나 화력발전소에서 발전된 염가의 전력을 임의의 지점에서 전기 조명, 전열, 전기 동력, 전차, 그리고 화학 공정 등에 활용할 수 있게 되었다.

한편, 전기통신 분야는 1836년에 모스가 전신기를 발명하여 1843년에 워싱턴과 볼티모어 간에 실용적 전신을 개통했고, 1846년에 지멘스가 전신기를 개량하여 1847년에 지멘스-할스케 회사를 창립하여 생산 판매했다. 그리고 1860년에 라이스는 전화기를 발명했으며, 1876년에 벨이 실용적 전화기를 개발하여 보급했다. 맥스웰은 패러데이의 실험과 착상을 기초로 하여 이론적으로 도출한 그의 전자 이론을 1873년에 발표했는데, 이 이론에서 전자파는 빛과 동질이라고 했다. 헤르츠는 이 '패러데이-맥스웰 설'을 검증하는 실험에서 1887년에 전자파 발생에 성공하여, 이 전자파는 맥스웰의 예측과 같이 빛과 동질임을 입증했다. 헤르츠가 발견한 이 전자파는 무선통신에 활용되었고, 마르코니는 1895년에 무선전신을 개발하여 실용하게 했다. 이와 같은 무선통신은 20세기에 전자공학을 발전시키는 시발점이 되었으며, 전신 전화의 유선통신과 함께 현대의 정보화 사회를 이루게 한 기초가 되었다.

전기 문명 혁신은, 구미에서는 증기기관에 의한 산업혁명을 마무리한 19세기 중반부터 시작되었고, 19세기 말까지는 현대 문명의 기초로서 확립되었다. 그러나 동북아시아에서의 전기 문명 혁신은 산업혁명과 함께 19세기 말부터 밀어닥쳤고, 실질적으로 혁신이 시작된 것은 20세기 초부터이다. 동북아시아 권에서 가장 먼저 서양 문명을 받아들이기 시작한 일본은 메이지유신 이래 구미로부터 증기력과 전력의 두 동력을 함께 도입하여 일본의 근대화를 서둘렀다. 그들은 우선 증기력에 의한 철도를 부설하고 방직공업을 일으켜서 1900년까지는 구미에서 19세기 중엽에 완료한 산업혁명을 모방한 근대화의 초석을 일단 마련할 수가 있었다. 그러나 전력 혁명은 증기력에 비하면 기술적 난관이 많았다. 1869년에 일본의 도쿄와 요코하마 간에 최초로 전신이 개시되었고, 1890년에 도쿄에서 최초의 전화가 통화되었다. 그리고 일본에 처음으로 전등이 켜진 것은 1886년이며, 비화(비파) 호수에서 교토까지 터널을 뚫어서 교토에 최초의 수력발전소를 1895년에 건설했고, 이 전력으로 교토에 처음으로 전차가 달리게 되었다. 한국에서 궁중에 전신 전화가 나타나고 전등이 켜진 것은 1886년경이고, 서대문과 청량리 간에 처음으로 전차가 달리게 된 것은 1898년이다. 시기상으로는 일본과 비슷하나 과학기술의 발전에서 보면 상당한 차이가 있다. 일본은 이때부터 이미 유럽의 과학기술을

608

도입하여 산업 개발을 하려는 정부의 확고한 계획이 서 있었던 반면에, 한국은 소수의 선각자들이 구미의 과학기술을 도입한 개화를 시도했으나 식민지 쟁탈을 벌이고 있던 국제 정세와 그것에 대응하기에도 급급했던 국내의 정치 여건이 그것을 허용하지 않았으며, 다만 그 신기한 상품에 놀라고 있었다.

2. 현대 과학

20세기에 들어서자 과학은 플랑크의 양자 이론과 아인슈타인의 상대성 원리에 기초하여 혁신적 발전을 이루게 되었고, 인류는 이 혁신적 세계관에 입각한 새로운 문명을 개척하게 되었다. 1900년에 플랑크가 발표하여 1912년까지 정립된 양자론의 요점은, 모든 현상의 궁극적 기본 작용량, 즉 만유의 기본적 소량은 빛(전자파)의 한 주기의 에너지인 '플랑크의 정수'라고 불리는 h라는 자연적 정수이며, 이것을 '양자'라고 했다. 빛의 양자에너지를 ε, 주파수(단위 시간 내의 진동수)를 v, 파장을 λ, 속도를 c 라고 하면, 진동수 $v=1/T=c/\lambda$인데, 빛의 양자에너지는 $\varepsilon=hv=h/T=hc/\lambda$, $h=\varepsilon/v=\varepsilon T=\varepsilon\lambda/c=6.62\times10^{-27}$erg.sec이다.

그리고 아인슈타인이 1905년에 발표한 등속도계에 대한 '특수 상대성 이론'과 그것을 1916년까지 가속도와 질량에 대해서 확장한 '일반 상대성 이론'의 요점은, '세계에는 절대적 공간, 시간, 질량은 존재하지 않으며, 다만 불변의 빛의 속도를 기준으로 한 상대적 세계가 존재한다'는 것이다. 즉, 빛의 속도를 c라고 했을 때, 속도 v로 운동하는 계의 공간의 길이 L, 시간 t, 질량 m은 상대적으로 정지해 있는 계의 길이 L_o, 시간 t_o, 질량 m_o에 대하여 다음과 같은 식이 성립한다.

$L=L_o/(1-v^2/c^2)^{1/2}$, $t=t_o(1-v^2/c^2)^{1/2}$, $m=m_o/(1-v^2/c^2)$

그리고 에너지는 질량과 동등하다($E=mc^2$)는 것이다. 이러한 세계관은 양자론과 합하여, 종래의 절대적 공간과 시간과 질량을 가정한 고전 역학적 세계관과는 전혀 다른, 빛의(광양자로 본) 입자성, 물질 입자의 파동성, 불확정성 원리, 배타 원리, 양자역학 등의 새로운 관점에서 광대한 우주와 미소한 원자의 세계까지를 통합한 새로운 세계관을 창출했다. 그렇다고 고전역학이 밝힌 모든 지식이 부정되었다기보다는 양자론과 상대성이 무시될 수 있는 특수 경우에 적용되었던 것이 이 새로운 세계관으로 물질의 구조나 입자의 운동에 대해서도 해석할 수 있게 된 것이다. 즉, 현대의 세계관은 더욱 보편성이 확대된 것이며, '통일장 이론'과 같이 그 보편성을 더욱 확대한 하나의 통일된 세계관을 지향하고 있다.

3. 21세기의 과학기술

이러한 통일된 세계관은 각종 물질의 합성과 생산기술, 전자공학, 원자력공학을 발전시켜서 현대의 놀라운 물질문명을 창출하게 되었다. 과학기술의 발달로 인간 생활은 편리하게 되었고, 필요한 물질을 풍부하게 얻을 수 있게 되었다. 교통수단의 발달로 지구 전역이 일일생활권으로 축소되었으며, 전자공학의 발달로 시청각 정보들의 처리, 유통, 활용에 있어서는 하나의 동시적 세계를 이룬 놀라운 정보사회를 실현했다. 그리고 이런 문명에 필요한 에너지는 막대한 원자핵에너지로 공급하는 원자력 시대를 열게 되었다. 그런데 이와 같은 물질문명의 발달이 인간 생활을 행복하게 했다기보다는 안식이 없는 위기에 몰아넣고 있는 것이 현대 문명이 가진 문제점이며, 21세기를 맞이할 우리가 해결해야 할 긴박한 문제인 것이다. 이 문제에 대한 해결의 실마리를 역사에서 찾아보자.

이상에서 고대로부터 현재에 이르기까지 과학기술이 발전해 온 역사를 살펴본 결과, 과학기술은 시간 선상에서 연속적으로 발전해 온 것을 알 수가 있다. 따라서 미래의 과학기술도 이러한 역사적 연속선상에서 예측할 수가 있다. 그런데 우리가 유의할 점은, 인간의 역사가 연속적 시간 선상에서 발전해 왔다고 하여 인간의 자유의지와 무관하게 기정의 어떤 역사적 법칙이나 자연 법칙에 따라 필연적으로 또는 우연적으로 발전해 온 것은 아니라는 점이다. 즉, 인간의 역사는 운명이나 숙명적인 것은 아니라는 말이다.

물론 인간은 하나님의 영원한 절대적 의지와 진리 안에 제한되어 있으나, 그 하나님으로부터 자유의지를 허용 받은 것도 사실이다. 그래서 인간의 역사는 시간과 공간상에 연속적이기는 하나 그들의 자유의지에 따라 임의의 방향으로 변천해 온 것을 볼 수가 있다. 어떤 시대와 지역의 과학기술도 그 시대와 지역의 인간의 자유의지에 따라서 발전, 쇠퇴, 변위 등의 연속적 변화를 해온 것을 볼 수가 있다. 이것이 바로 우리가 과학기술의 역사를 살펴보는 이유인 것이다. 우리가 역사를 공부하는 이유는 우리의 운명을 점쳐 보자는 것은 결코 아니고, 역사 선상에서 현재를 파악하고 미래를 예측하여 우리의 소망과 대조해 봄으로써, 우리가 당면한 문제점을 파악하고 그것을 해결할 방안을 찾아서 우리가 소망하는 방향으로 지향해 가자는 것이다.

1) 21세기 과학기술의 예측

21세기의 과학기술을 예측해 보면, 기초 이론에서는 특이한 변화 없이 20세기의 이론을 보완하여 나갈 것으로 예측된다. 21세기는 주로 20세기에 시작된 전자공학, 원자력공학, 우주공학, 생명공학 등의 공학 분야에서 혁신적 발전을 하여 이론적 상정이 현실화함으로써 과학기술적인 새로운 문명사회를 창출할 것으로 예상된다.

고래로 인간의 물질적 욕구는 의식주를 해결하는 것이었다. 과학기술의 발달로 18세기 말부터 증기기관에 의한 산업혁명이 시작되었다. 촌락에 산재한 가내수공업에서 인간의 노동력으로 생산되었던 의류와 생활용품들은 공장 지대에 집결한 대규모 공장에서 증기기관의 힘으로 대량으로 생산하게 되었고, 그 원료와 제품들도 증기기관을 사용한 선박이나 기관차로 운반하게 되었다. 식량 생산도 품종 개량 등의 농업 기술의 발전과 화학 비료의 사용 등으로 농촌 노동 인력의 1인당 생산량이 현저히 증대되었다. 19세기 중엽부터 구미에서 시작된 전력에 의한 제2의 산업혁명은 20세기 초까지 전 세계에 파급되어서 혁신적 전기 문명을 열어놓았다. 그래서 의식주에 필요한 것들은 대량으로 생산되어 값싸게 공급할 수 있게 되었고, 인간의 물질적 생활은 매우 풍요하고도 편리하게 되었다. 모든 인류가 헐벗지 않고 굶주리지 않으며 안주할 수 있는 복지사회를 이룰 수 있는 여건이 마련된 것이다. 그러나 이러한 산업혁명은 인간을 육체노동에서 해방하여 인간의 복지를 향상시켰기보다는 인간의 노동 가치를 하락시키고 자본 가치를 향상시켜 인간을 자본의 노예로 삼는 부도덕한 자본주의 사회를 탄생시켰다. 그 결과로 산업 선진국들은, 내부에서는 사회 개혁과 혁명에 따른 혼란과 분쟁을 겪었고, 외부에 대해서는 생산 원료와 제품의 판로를 확보하기 위한 부도덕한 식민지 침략 전쟁을 일으켰다.

20세기에 들어서자 과학은 플랑크의 양자론과 아인슈타인의 상대성 원리에 입각한 새로운 세계관에 서게 되었다. 이 세계관은 미소한 원자의 세계에서 광대한 우주까지를 통합된 일원적 원리로 바라보게 했다. 이 세계관에 입각한 과학기술은 오늘날 전자공학의 발달로 놀라운 정보사회를 출현시켰고, 원자력공학의 발달로 원자력 시대를 열어놓았으며, 우주과학과 생명과학의 발달로 우리의 현실적 시야를 광대한 우주와 생명의 신비 속까지 넓고 깊숙하게 확대 심화시켰다. 그러나 이에 상응한 정신문화는 19세기와 별로 다름없는 상태에 머물고 있으며, 약간의 사회의식의 개선과 인류의 공동체적 의식이 생겼다고는 하나 아직도 명확한 진로를 찾지 못하고 있는 실정이다. 그런데 일반적 정신문화는 그 변화의 속도가 느리므로, 과학기술은 현재의 방향으로 상당 기간 발전해 가서 다음과 같은 양상을 나타낼 것으로 예측된다.

전자공학

전자공학이 낳은 정보사회는 더욱 급속히 발전할 것이 확실하며, 이 정보사회의 발전은 전자공학 분야의 공업을 육성하고 과학기술의 발달을 촉진하여 그 활용의 범위와 깊이를 더욱 확대 심화할 것으로 예상된다. '컴퓨터'는 더욱 널리 보급되어서 모든 사람이 가지고 다닐 수 있게 될 것이고, 그 성능도 발전하여 정보들의 단순한 기억과 처리에 그치지 않고, 현재 연구실에서 개발된 정도보다 높은 인공지능과 음성이나 영상의 인식 능력을 갖추게 되어 인간의 지능 활동의 상당 부분까지도 대행할 것이다. 또한 사람과 컴퓨터나 외국인 간의 정보 유통에 있어서의 언어 장벽을 해소할 것이다. 이러한 컴퓨터와 결부된 제어 기술의 발달은 인간의 생산 활동을 더욱 다양하게 자동화하여 소비자의 욕구와 취향에 부합한 다양한 제품을 생산하게 될 것이며, 각종 업무와 가정 생활상의 활동들도 자동으로 수행하게 될 것이다. 그리고 여기에 통신기술의 발달이 합해져서 다중매체를 통하여, 인공지능에 의하여 처리되는 각종 정보가 공간과 시간의 제약을 벗어나서 상호 교신할 수 있게 될 것이다. 그래서 대부분의 생산 활동과 사무 처리는 특정한 곳에 정해진 시간에 출근하여 근무하지 않고, 산재해 있는 각 개인의 위치에서 수시로 수행하게 될 것이며, 이에 따른 개인 생활과 사회 활동의 양상과 구조에 새로운 변혁이 일어날 것이다.

에너지공학

21세기의 인간 생활도 역시 에너지의 활용에 기초를 둘 것이며, 그 수급 문제는 가장 중요한 과제로 남아 있을 수밖에 없다. 에너지 수요는 당분간 감소하기보다는 증가할 것으로 예상되며, 그 공급은 현재와 같이 80% 이상을 화석연료(석유, 석탄, 천연가스)에 의존하면 머지않아서 자원이 고갈할 뿐만 아니라 연소가스에 의한 대기권 오염으로 인간의 생존을 위태롭게 하는 심각한 사태가 도래할 것이 명확하다. 현재도 인구가 밀집한 도시에서는 자동차가 배출하는 휘발유의 연소가스와 난방을 위한 유류의 연소가스가 인간의 수명을 단축시키고 있고, 세계 각처의 산업과 발전에서 배출되는 화석연료의 연소가스는 이미 자연정화 한계를 넘어서 대기권의 오염도를 높여가고 있다. 이와 같은 긴박한 사태에 대한 단기적 해결 방안은 핵분열에 의한 원자력발전을 극대화하여 이 전력으로 산업, 교통, 난방 등에 필요한 모든 에너지를 공급함으로써 화석연료의 연소를 극소화하는 것이며, 장기적으로는 핵융합에 의한 발전을 개발하여 에너지 공급을 담당하는 것이다. 그리고 주택, 사무실, 정부나 기업체의 사무용 건물, 상업과 시장 건물, 문화적 공공건물 등이 건축 재료의 개발로 조명과 난방에 있어서 에너지 소비를 극소화하고 태양에너지 활용을 극대화하는 방향으로 개선되어 갈 것이며, 이것들이 정보사회에 적합하고 물품의 유통 면에서 에너지 활용 효율을 극대화한 배열을 가진 주거 지역과 식료품 생산 지역, 그리고 공업 지역으로 변화해 갈 것이며, 그에 따른 업무와 생활 방식도 전환되어 갈 것으로 전망된다.

우주공학

현재 우주공학의 실질적 실용은 인공위성을 이용한 통신에 국한되어 있고, 유인 우주선은 인간이 달을 밟아보게 했고, 무인 우주선에 의한 우주 탐사는 우주의 기원과 기구, 그리고 그의 발전 과정을 밝혀줄 기초적 자료들을 수집하고 있다. 이러한 우주공학의 발달은 장차 우주 공간에서만 할 수 있는 특수한 관찰과 연구뿐만 아니라 특수한 산업을 개발할 가능성과 실현될 전망도 보인다. 과학기술은 여러 전문 분야가 긴밀히 상호 관련하여 발전하는 것이므로, 현재와 같이 장래의 과학기술도 첨단적으로 세분화된 여러 전문 분야가 하나의 구체적 목표에 종합된 거대한 조직적 연구에 의하여 발전할 것이다. 이런 점에서 우주공학은 원자력공학과 더불어 첨단적인 여러 전문 분야들을 종합할 수 있는 하나의 구체적 목표를 제시해 주는 것으로, 과학기술 전반의 발전에 대한 의의가 매우 큰 것이다. 그래서 이 우주공학에 의한 과학기술적 발전은 우주 개발뿐만 아니라 지상의 산업 여러 분야에 활용되고 있으며, 그 활용의 범위와 심도가 더욱 확대 심화할 것으로 전망된다.

생명공학

전자현미경의 발달로 생명의 신비적 본거지인 유전인자의 구조와 기능을 관측할 수 있게 되자, 유전공학이라는 새로운 분야가 생겨서 현재는 생식 유전인자를 조작하여 어느 정도까지 임의의 특성을 가진 유전인자를 인공적으로 조작해 낼 수 있게 되었다. 그 결과, 식량이나 약품 생산 목적으로 경작하는 식물이나 사육하는 동물을 목적에 부합하게 육종함으로써 식량 생산에 획기적 전기를 마련했다. 21세기에는 이러한 유전공학적 수법으로 식량을 생산하여 손쉽게 그 수요량을 충분히 공급하게 될 것이다. 그리고 이 유전공학적 수법은 인간이나 동물의 치료에도 활용될 것이며, 나아가서는 임의의 특성을 가진 인간을 만들려고 할지도 모른다.

그리고 동물이나 인간의 뇌세포의 세밀한 구조와 기능을 관찰할 수 있게 되자, '생체 전자 공학'이라는 새로운 분야가 생겨서 뇌세포나 신경세포의 전기화학적 기능을 전자공학적으로 해석할 수 있게 되었을 뿐만 아니라, 뇌세포나 신경세포와 닮은 전자회로를 만들고 그것들로 구성된 인간의 두뇌와 닮은 컴퓨터를 개발하는 데 열중하고 있다. 21세기에는 이러한 컴퓨터의 보편적 실용화가 실현될 것으로 전망되며, 그 결과 지능과 인식 능력을 갖춘 컴퓨터가 널리 보급되어서 실용하게 될 것으로 예측된다.

2) 당면 문제

과학기술의 발달로 21세기에는 인간이 더욱 편리하고 효과적인 생활 방법과 수단을 가지게 될 것이다. 그렇다고 우리의 장래를 낙관할 수는 없다. 18세기 말에 증기기관의 발명으로 시작된 산업혁명과 19세기 중엽에 시작된 혁신적 전기 문명은, 인간을 육체노동에서 해방하고 기계의 힘으로 필요한 물질들을 풍족하게 얻을 수 있는 편리한 생활 수단과 방법을 주었으나, 인간의 생활은 행복하게 되지만은 않았다. 인간의 노동력을 기계의 힘으로 대체함으로써 인간을 노동에서 해방하기보다는 인간의 가치를 하락시켜 물질의 노예가 되게 한 역사적 경험도 이미 했고, 현재도 원자력에 의한 혜택보다는 핵무기에 대한 불안과 공포를 체험하고 있으며, 정보사회의 편리함보다는 그것이 미칠 해독을 더욱 염려하고 있다. 그리고 21세기에는 이러한 불안 요소들이 더욱 심대해질 것이다.

첫째로, 21세기의 인간 생활은 더욱 에너지에 의존하게 될 것이며, 이에 따른 에너지의 수급 문제가 큰 난제로 대두할 것이다. 화학연료의 사용은 그 자원이 곧 고갈하고 말 뿐만 아니라 그 연소가스가 대기권을 오염시켜서 인간의 생존을 위태롭게 할 것이 명확하므로, 그 연소는 극도로 억제하여야만 한다. 이에 대처할 단기적 방안으로는 에너지의 사용을 억제하고 태양에너지나 풍력과 조력과 같은 천연에너지의 활용과 핵분열에 의한 원자력발전을 극대화하는 것이다. 그런데 천연에너지의 활용은 그 비용이 클 뿐만 아니라 에너지 수요의 일부만을 담당할 수 있는 한정된 것이다. 그리고 선진 산업국들은 그들의 기존 산업 수준을 위축시킬 정도로 에너지 사용을 억제하지는 않고 개발도상국의 산업 개발을 억제하려고 할 것이며, 개발도상국은 그들의 산업 개발을 결코 포기하지 않을 것이다. 그래서 이런 에너지 수급 문제로 인하여 인류의 멸망을 단보로 한 무서운 전쟁이 일어날 가능성도 있다. 이 문제를 해결할 수 있는 단기적 방안은 원자력에 의한 에너지의 공급 범위를 확대하는 것이다. 그러자면 우선 원자력발전소의 안정성을 더욱 제고하는 것은 물론이고, 핵연료 자원의 효과적 활용을 위한 핵연료의 재처리와 고속 증식원자로의 사용이 불가피하게 될 것이며, 이에 따른 핵무기의 확산 가능성이 높아질 것이다. 따라서 21세기 초에 해결해야 할 가장 긴박하고도 중대한 문제는 원자력발전소의 안전성을 높이고 핵무기의 확산을 방지하는 안전 보장일 것이다. 이 원자력의 안전 보장 문제는 과학기술이나 공학만으로는 해결될 수 없는 문화 전반의 과제라는 인식에서 최근에 국제원자력기구(IAEA)는 원자력의 안전 문화 정착을 제창하게 되었는데, 21세기 초까지는 이 안전 문화가 정착되어야 한다.

둘째로 전자공학의 계속적 발달로 21세기에는 인류가 아직 실감해 보지 못했던 가상적 세계가 현실화될 것이다. 적어도 정보의 유통과 처리에 있어서는 실질적으로 시간과 공간의 구애를 받지 않게 될 것이며, 그 정보 처리 내용도 인간 고유의 영역으로 고수해 왔던 지능과 인식 분야까지도 포함하게 될 것이다. 그래서 소수의 기업가와 과학기술자가 창출한 컴퓨터와 자동 장치에 의하여, 원료에서 완제품까지의 각종 생산 단계와 유통 과정이 완전히 자동화됨으로써, 대다수 인간의 사역과 참여 없이도 그들에게 필요한 생활용품을 공급하게 될 것이다. 그리고 유전자를 임의로 조작할 수 있는 유전공학의 발달로 농업도 기업화하여 소수인과 좁은 지역에서 대다수 인간의 식량을 공급하게 될 것이다. 이것은 마치 인간이 아무런 사역도 하지 않고 풍족한 식량과 생활용품들을 얻어서 편리한 생활을 즐길 수 있는 '유토피아'를 연상하게 하나, 실은 그 반대가 될 가능성이 더욱 많다. 현재와 같은 물질 생산에 기초한 가치관을 가진 사회에서 막대한 자본과 과학기술을 가진 기업체들이 모든 인간들에게 필요한 식량과 생활용품들의 생산 공급을 전담하고, 대다수 인간은 생활상의 일거리를 상실하게 되었을 때의 사회를 상상해 보면 실로 암담하기가 짝이 없다. 현재까지는 그래도 대다수 인간의 사역들이 물질의 생산과 유통에 필요했기 때문에 그 사역에 대한 어느 정도까지는 합리적인 물질의 분배가 이루어져 왔다. 그런데 그들의 지능적 활동마저도 필요 없게 되면, 그들에게 필요한 물질은 어떻게 분배될 수 있을까! 대다수 인간의 가치는 그들이 가지고 다닐 컴퓨터만도 못할 것이고, 로마 제국의 말기와 같이 인간은 30세겔에 거래되는 노예로 전락할 것이다. 21세기가 당면할 문제는 생산기술의 발달로 더 많은 생활용품들을 생산하는 것이 아니라 그 생산품들을 나누어 가질 가치관의 확립과 인류가 공존 공영할 도덕과 문화의 기반을 구축하는 데 있다.

4. 현대인의 사명

21세기를 목전에 둔 우리가 해결하여야 할 가장 긴박한 문제는 과학기술이 창출해 가는 새로운 생활 수단과 방법에 부합된 문화와 가치관을 확립하고, 목적의식을 상실한 과학기술의 수단과 방법이 인류를 파멸로 몰고 가지 않도록 인류의 공존공영을 위한 목적을 가지게 할 신앙에 기초한 도덕을 확립하는 일이다. 이 일은 아무리 많은 사람이 큰 힘을 기울여 서둘러도 지나치거나 빠를 수 없다. 과학기술의 변혁에 비하면 문화와 도덕의 발전은 매우 느리며 장구한 시일을 요하기 때문이다. 과학기술은 이미 혁신적 발전을 이룩한 반면에 그에 부응한 도덕과 문화의 기반은 전혀 없으며, 현대사회는 이미 위기에 몰려 있고 당면한 21세기에는 현실화될 것이다. 이 긴박한 상황에 대처할 유일한 방도는, 발전하는 현대의 과학기술에 합당한 가치관과 도덕을 확립하는 가장 효과적이고 빠른 첩경을 찾아서 그 길로 매진하는 것이다. 이 첩경은 우리 인류가 이미 경험한 역사에서 찾아내야만 하며, 이것이 바로 우리가 역사를 공부하는 목적이며 의의인 것이다.

1) 도덕의 회복

인간이 도덕을 잃은 것은 오늘날에 처음으로 일어난 것은 아니다. 고대의 여러 문화권의 역사에서도 여러 차례 반복된 일이다. 도덕을 잃은 문화는 쇠망했고, 길을 잃은 인간은 비참한 곤경에 빠지게 되었다. 그리고 그때마다 새로운 선지자가 나타나서 잃었던 길을 다시 찾아주었거나, 그렇지 않으면 멸망하고 말았다. 고대 이집트나 바빌론의 역사가 그랬고, 인도와 중국의 역사가 그랬으며, 이스라엘과 그리스와 로마의 역사도 그랬다. 이와 같은 인간의 역사는 기독교의 성서에 가장 명확하게 기록되어 있으며 사람이 살아갈 불변의 길을 비추어 주고 있다.

그리고 중국의 춘추전국시대(BC 722~221)의 역사서도 여실히 말해주고 있다. 이 시대의 중국은 폭력이 정당화되고 약육강식이 공공연히 통용되었다. 도덕과 윤리는 깡그리 땅에 떨어지고 사람들은 인간답게 살기 위한 지주를 잃었다. 그래서인지 이 시대에는 중국 역사에서 탁월한 사상가들이 많이 배출되었던 시대이기도 하다. 사상가들은 인간의 행위의 기준, 생활의 규범에 관하여 제각기 자기의 설을 주창하고 눈부신 논설을 전개했다. 그중에서도 특히 공자는 '인(仁), 의(義), 예(禮), 지(智), 신(信)'을 5상으로 삼고, 이것을 기초로 한 도덕을 세워서 인간이 걸어갈 길을 제시함으로써 오늘날까지 중국 문화권의 길잡이가 되게 했다. 묵

616

자는 차별이 없고 평등한 사랑인 '겸애(兼愛)'를 도로 삼았다. 또 다른 많은 사상가도 각기 자기의 설에 따라 도를 설파했다.

공자의 선배인 노자도 그중의 한 사람이었는데, 그는 다른 사상가들이 인간의 지혜에 의해 생각해 낸 도와는 다른 매우 특이한 도를 설파했다. 후세에 노자의 『도덕경(道德經)』이라고 불린 그의 도덕설 제1장에 다음과 같이 내용이 있다.

"세간의 사람들이 진리라고 말할 수 있는 진리는 항상 변함없는 진리가 아니요(道可道非常道), 정의할 수 있는 정의는 항상 변함없는 정의가 아니다(名可名非常名). '없다고 정의되는 존재'가 이 하늘과 땅의 시원이며(無名天地之始), '있다고 정의되는 존재'가 만물을 낳은 어머니이다(有名萬物之母). 고로 '항상 변함이 없는 무'(常無)로써 그 오묘함을 보고자 하며(故常無欲以觀其妙), '항상 변함이 없는 유'(常有)로써 도를 구하고자 한다(常有欲以觀其徼). 이 양자는 같이 나와서 이름을 달리한다(此兩者 同出而異名). 똑같이 말로는 표현할 수 없는 신비한 도리라고 한다(同謂之玄). 실로 신비하고도 신비한 것이다(玄之又玄). 이것이 모든 오묘한 진리의 관문이다(衆妙之門)."

노자의 『도덕경』은 매우 해석하기 어려워서 그의 철학은 후세에 신비주의적 미신이나 무신론적 사상으로 곡해되기도 했다. 그러나 그는 현대 물리학과 같은 맥락에서 이 세상은 '상대적 세계'라고 인식했다. 그래서 이 세상에서 우리가 지각하여 말로 표현할 수 있는 것은 시간과 상황과 관점에 따라서 변하는 상대적인 것이며, 영원불변한 진실은 아니라고 했다. 우리가 말할 수 있는 진리의 길도 언제나 어디에서나 누구에게나 보편적으로 적용되는 항상 변함없는 진리의 길(常道)은 아니며, 인(仁)이니 애(愛)라고 정의할 수 있는 것도 항상 불변한 정의일 수는 없다는 것이다. 어짊(仁)이라고 하면 반면에 어질지 않음(不仁)이 있고, 사랑에는 미움이 따른다. 인간이 진정으로 의지할 진실한 길은 언제나 어디서나 누구에게도 항상 진실인 영원불변한 길이라야 하는데, 이 상대적 세계에서는 우리의 상대적 지각으로 그러한 길을 찾을 수 없다.

노자는 "사람이 가던 길을 잃었을 때, 올바른 길을 찾는 최선의 방법은 우선 일단 출발점에 되돌아가는 것이다. 이와 마찬가지로 아직 못 본 인생의 길을 찾아내기 위해서는 기성의 가치관과 상식을 버리고 근원적 출발점에 되돌아가야 한다."라고 생각했다. 그래서 이 세상의 시원점에 돌아가서 고찰했다. 그는 과학에서 변함없는 진리로 인정받고 있는 '보존법칙'과 같은 맥락에서, 대저 만물은 그의 존재에 앞서 그 원인이 있어야 한다는 것이다. 원인 없이 홀연히 무언가가 나타날 수는 없다는 것이다. 우리가 사는 세계는 하늘과 땅으로 대표되는 상대적 세계이다. 그러면 이 '천지'라는 상대 세계를 있게 한 원인은 무엇일까? 그것은 본질의 외부적 표현인 현상은 아니다. 왜냐하면 현상은 모두 상대세계에 속하기 때문이다. 현상이 아니기 때문에 이름 지을 수도 없다. 즉, 현상으로서는 없다(無)는 실존이다. 그러나 이 상대 세계에 앞서 실재한다는 것은 틀림없다. 요컨대, '없다는 존재'가 천지(天地)라는 상대 세계의 시원인 것이다(無名天地之始).

이 '없다는 존재'는 상대 세계보다 먼저 존재하는 것으로 당연히 상대적 존재가 아닌 절대적 존재다. 그리고 자기가 자기 존재의 원인이어서 홀로 스스로 존재하며, 단 하나밖에 없기 때문에 영원불변하고, 그에 앞서 존재하는 것은 아무것도 없는 절대적 존재이다. 이것은 우리 지각을 초월한 실재이므로, 볼 수 없고 들을 수도 없으며 이름을 지어 부를 수도 없다. 다만 '항상 변함없는 무(常無)'라고 말할 수밖에 없다. 그러나 이것은 어디에나 항상 변함없이 존재하는(常有) 것이며, 이 세계의 모든 현상을 낳고 존재하게 하는 만물의 어머니이다(有名萬物之母). 고로 '항상 변함이 없는 무'로써 그 이치를 초월한 오묘함을 보고자 하며, '항상 변함없이 있는 것(常有)'으로써 구하는 도를 관찰하고자 한다고 했다. 이런 상무(常無)와 상유(常有)는 이름을 달리했을 뿐 똑같은 것인데, 이것을 말로는 표현할 수 없는 심오한 도리(道理)라고 한다. 그래서 이 도리는 실로 신비(玄)하고도 신비하여 인간의 상대적 이치로는 지각할 수 없고, 다만 신앙적 차원에서 구할 수가 있는 것이며, 많은 사람이 찾고 있는 자연의 도리의 첫 관문이라고 설하고 있다. 이 '없다는 존재(無)'는 무신론적 뜻이 아니고, 상대적으로는 지각할 수 없는, 홀로 스스로 존재하는 절대적 존재이며 창조주이신 '여호와'를 뜻하고 있다. 이와 같이 신앙에 기초한 근원적 '삶의 길'은 노자의 후배인 공자의 유교와 석가의 불교, 그리고 소크라테스의 철학에서 찾았던 것이며, 예수가 이 세상에 오기 전의 많은 선지자들이 찾고 구했던 것이다. 그리고 예수가 이 땅에 직접 와서 십자가의 보혈로 모든 인간의 죄를 속죄하심으로 그를 믿는 자에게 영생의 길을 열어주었고, 부활하심으로써 구원을 확증한 것이다.

2) 종교와 과학

16세기에 서양에서 시작된 현대 과학은 중세 동안에 기독교 교화로 이룩된 정신 기반 위에 아랍인을 통하여 받아들인 고대 과학을 부흥하고 성장시킨 것이다. 그래서 현대 과학기술의 시초는 고대의 미신적 요소와 그릇된 기존 관념을 극복한 기독교 정신에 기초한 것이나,

그 발전 과정에서는 기독교와 완전히 분립하여 오로지 과학기술적 방법과 수단만을 추구해 왔다. 그래서 물질적 생활 방법과 생산 수단은 놀라운 발전을 하여 인간 생활을 주도하는 큰 능력을 가지게 되었으나, 중세의 약 1000년 동안 쌓아올린 기독교 신앙에 기초한 '삶의 길과 덕(道德)'은 적어도 과학기술 분야에서는 깡그리 잃고 말았다. 그 결과 오늘날에는 기독교 신앙에 기초한 목적의식과 도덕을 상실한 과학의 무서운 힘이 인류를 안식이 없는 불안과 멸망의 공포에 몰아넣게 되었다. 이 위기를 극복하는 최선의 방법은 노자의 설과 같이, 인간의 근원적인 진리이며 오직 하나의 진리인 하나님의 진리에 돌아가서 기독교와 과학으로 분립된 이원적 진리를 일원화하는 것이며, 일원적 진리에 기초한 인간의 '삶의 길과 덕'을 찾고 그 진리의 길에 따라 사는 것이다. 이것이 현대인이 당면한 위기를 극복하는 첩경이며, 현대에 부과된 가장 중요하고도 긴박한 과제이다. 이 길만이 과학기술의 막대한 능력을 인류가 자멸하는 데 사용하지 않고, 공존 공영하는 방향으로 사용하게 할 수가 있기 때문이다.

우리가 나아갈 첩경을 가장 효과적으로 찾기 위해서는, 우선 기독교와 과학이 분립하게 된 원인부터 찾아야 한다. 이것은 기성의 편견과 역사관에서 벗어나서 서구 과학의 정신 기반을 조성했고 또한 과학과 기독교를 분립시킨 원인도 조성한 중세 역사를 살펴보아야 한다. 우리는 기독교와 과학에 대하여 극단적으로 대립된 두 가지 사조를 볼 수가 있다. 그 하나는 이원론적 영지주의 이단설에 빠져서 세속적인 과학은 기독교 신앙에 위배된 것이라는 사조이고, 다른 하나는 19세기 이래 다윈의 진화론과 헤겔의 제자인 마르크스의 변증법적 유물사관에 연유된 편견에 빠져서 중세 동안에 유럽을 교화한 기독교는 과학의 발전을 저해했을 뿐만 아니라 그것이 과학의 적인 미신이라는 생각을 하게 된 것이다. 그런데 서구 중세의 역사를 살펴보면, 실상은 이러한 인식들과는 달리 서구 현대 과학의 시초는 중세에 기독교로 교화된 정신기반에 기초한 것이다.

로마에 침입하여 게르만 통치를 수립한 중세 초의 서구는 문화적으로 완전한 야만이었으며 정신적으로 백지상태였다. 그리고 서구 사람들이 12세기에 아랍인과의 접촉으로 고대 문화를 받아들이기 시작할 때까지만 해도 "만약에 당시의 아랍인 중에 '우생학 종도'가 있었다면, 서구의 인종들은 구원할 수 없는 열등 때문에 모두 멸종해 버려야 한다고 주장했을 것이다."라고 현대의 과학사가 사턴이 말할 정도였다. 이랬던 서구 사람들이 불과 수 세기 동안 세계를 영도하는 찬란한 과학기술을 발전시킬 수 있었던 정신적 기반은, 그들이 과학에 적대하여 과학의 발전을 저해했다고 주장하는 바로 그 중세 동안 교화된 기독교 정신이었다.

초대 교회가 로마제국 세계에 기독교 복음을 전파하는 데 있어서 첫째로 극복하여야 했던 일은 기존의 잘못된 사상과 관행을 극복하고 새로운 복음을 전파하는 것이었다. 새 술을 새 부대에 담는 과정에서 '사도행전'에 기록된 것과 같이 수많은 숭고한 순교가 있었다. 이 새로운 복음의 전파에는 세속적 힘을 사용하지 않았으나 역사상 가장 강력했던 로마제국을 기독교 국가로 만들었다. 이 시점을 두고 기독교 교회 사가들 중에는 기독교의 영광된 승리의 날로 보는 사람도 있고, 반대로 기독교가 부패하기 시작한 시발점으로 보는 사람도 있다. 여하간 세속적 힘이 없었던 기독교는 가장 강력한 세속적 권력에 승리한 것이며, 반면에 세속적인 권력을 가지게 되자 부패하기 시작한 것도 사실이다. 결국 역사상 가장 강력하고 조직적인 세속적 권력에 의한 세계 통치의 표상이었던 로마제국은 야만족들의 침입을 받아 비참하게 멸망하고 말았으며, 게르만적 통치가 수립된 서구의 중세가 시작되었다.

중세의 약 1000년 동안 서구에서 이룩된 가장 놀랍고도 위대한 업적은, 문화적으로 야만이며 정신적으로 백지상태였던 서구 사람들이 기독교를 받아들여 교화된 것이다. 아우구스티누스가 세운 기독교 교의를 열심히 배워서, 13세기의 토마스 아퀴나스에 이르기까지 장대한 기독교 교의 체계를 세운 것이다. 그래서 고대 문화와 과학을 받아들여서 취사선택할 정신적 기반을 가지게 된 것이다. 특히 토마스 아퀴나스가 그의 『이교 대전(異敎大全)』에서 주장하고 시도한 신앙과 이지(理智)의 통합은 고대 과학과 문화를 받아들여서 기독교 신앙의 기초 위에서 발전시키는 데 큰 역할을 했다. 그러나 이것은 중세의 개괄적인 정신 기반을 말하는 것이며, 중세의 모든 정신 요소가 과학의 발전에 긍정적인 면만 있었다는 주장은 아니다. 근대의 과학 사가들이 주장하는 것과 같이 중세의 스콜라철학이 권위주의적 관념론에 빠져서 과학의 발전을 저해한 면도 많았고, 장기간 세속적 권력을 잡아온 기독교 교회가 타락하여 올바른 신앙을 지키지 못함으로써 사회에 해독을 끼친 점도 있었다. 그래서 종교개혁 운동이 일어나서 역사상 유례가 없는 참담한 종교전쟁을 30년간이나 치르기도 했다. 그렇다고 기독교적 정신 기반이 과학과 사회의 발전을 저해했다고 볼 수는 없다.

르네상스나 인문주의는 외견상 기독교에 반대하여 그 굴레에서 벗어난 문예운동으로 보이나, 실은 중세 동안에 함양된 기독교 정신에 기초하여 일어난 것이다. 코페르니쿠스의 세계관이나 과학의 아버지로 불리는 갈릴레이가 시작한 과학도 따지고 보면 기독교 정신에 기초한 것이다. 그러나 교회가 갈릴레이를 이단으로 몰아 단죄함으로써 기독교 신앙과 과학 사이에는 깊고도 넓은 골이 생기고 말았다. 교회의 이단 재판에서 그가 발견한 과학적 진리를 스스로 부인하고 나온 갈릴레이가 친구에게 보낸 편지에는 다음과 같은 구절이 있다.

"과학을 금지하는 것은 실은 성서에 반한 것입니다. 성서는 여러 곳에서 하나님의 영광과 위대하심이 그가 하신 일을 통하여 신기하게 빛나고 있음을 지적했고, 특히 하늘에 펼쳐진 두루마리에서 읽으라고 가르치고 있습니다. 그리고 이 두루마리에 쓰인 숭고한 사상을 읽는 것은, 단순히 별들의 빛남에 황홀해서 감탄하는 것으로 끝나는 것으로 생각되지 않습니다. 거기에는 가장 예리한 정신을 가진 부수히 많은 사람이 수천 년의 탐구와 작업과 연구로도 모두 구명해 낼 수가 없고, 연구와 발견의 기쁨을 영원히 간직할 만큼 심원한 비밀과 숭고한 개념이 있습니다."

갈릴레이는 하늘에 펼쳐진 두루마리를 읽어서 하나님의 영광을 나타내기를 열렬히 원했고, 교회를 반대하기보다는 열렬히 사랑하기 때문에 교회의 잘못된 성서 해석을 반박하고 있다. 그는 비겁해서 자기주장을 굽힌 것이 아니라 사랑하는 교회가 자기를 처형함으로써 범죄를 저지르지 않게 하기 위하여 자기의 주장을 스스로 굽혔다. 마치 아리스토텔레스가 자기가 과학을 가르쳐 준 아테네 시민이 그의 은사를 처형하는 우를 범하지 않게 도망한 것같이, 소크라테스가 자기가 철학을 깨우쳐 준 시민이 자기를 추방함으로써 철학을 모독하지 않게 스스로 독배를 든 것과 같이 갈릴레이도 자기가 밝힌 진실을 스스로 부인한 것이다. 갈릴레이의 이단 심문이 불씨가 되어서, 자연과학이라는 새로운 세력이 불붙게 되었다. 그리고 그가 확립한 새로운 우주관에 기초하여 과학은 눈부신 발전을 하게 되었으나, 기독교와는 분립되어 발전하게 되었다. 이 이후부터 과학은 인간의 본질과 목적(what and why)에 대한 추구를 포기하게 되었다.

갈릴레이의 후계자인 토리첼리를 중심으로 한 실험과학자의 모임인 1657년에 창립된 '실험 아카데미(Academia del ciment)'는 물론이고, 영국에서 1645년경부터 숨어 모였던 '보이지 않는 학회(Invisible Collage)'가 1662년에 '왕립협회(Royal Society)'로 발족하여 20세기 전반까지 세계의 과학을 영도했다. 그런데 그 창립 당시에 제정한 규약 중에는 "일체의 종교적·사회적·정치적 논의를 금한다."라는 조항이 있고, 이 조항은 지금도 지켜지고 있다. 1663년에 창립된 파리의 '과학 아카데미(Academi de science)'도 같은 활동을 해왔다. 이와 같이 갈릴레이 이후의 과학기술은 오늘날까지 종교적 신앙이나 도덕과는 절연되어 발전해 왔다.

과학기술은 인간의 본질과 목적에 대한 추구를 포기하고, 오직 자연에서 생활의 수단과 방법(know-how)만을 기존의 권위나 관념에서 벗어나서 실험과 관측을 기초로 하여 추구해 옴으로써 관념적인 오류에 빠질 염려도 없이 급속히 발전했다. 그리고 뉴턴이 만유인력을 발견하여 암흑에 쌓여 있던 세계상을 밝혀냄으로써 18세기에는 정신 분야까지도 영도하게 되었다. 그리고 18세기 말에 와트가 발명한 증기기관은 산업혁명을 일으켜서 전반적 인간 생활에 심대한 영향을 미치게 되었다. 그래서 인간은 물질생활의 수단과 방법에 있어서 막대한 능력을 가지게 되었으나, 그들이 살아갈 길과 목표인 신앙에 기초한 도덕과 목적은 상실하고 말았다.

3) 대학 교육의 문제점

이와 같은 사태를 유발하게 된 책임은 갈릴레이를 부당하게 이단 재판에 회부한 당시의 교회에게 있다는 것이 명백하다. 그러나 그런 짓을 한 당시의 교회를 비난하는 데 그칠 것이 아니라, 그런 짓을 한 원인을 찾아서 바로잡아야 하는 책임은 오늘의 교회가 져야 할 것이다. 그 원인의 첫째로 꼽아야 할 것은 오랫동안 정치적 권력을 맛보아 온 교회 지도층이 그들의 권위를 유지하기 위하여 성경의 권위를 악용한 점이다. 갈릴레이가 말한 것과 같이 "그들은 자기의 권위를 손상할 우려가 있는 것은 모두 적으로 보았고, 자기가 반박할 수 없으면 위선적인 종교적 열심을 방패삼아 성서를 자기의 의도대로 해석하여 그것을 허위라고 하고 이단으로 몰려고 했다." 이것은 오늘의 교회 지도자나 과학자도 빠지기 쉬운 올무이다. 자기가 이해할 수 없는 과학적 지식이나 종교적 진리는 덮어놓고 말씀에 없는 세속적 지식이라든가 비과학적 미신이라고 하여 배척하는 수가 많다. 정치적 권력이 없어서 서로 외형적 단죄를 못할 뿐이지 내면에서는 서로 단죄하여 하나인 하나님의 진리에 대한 신앙과 과학을 둘로 갈라서 그 틈새를 깊게 하고 있다.

둘째는 스콜라 학자들의 이기심과 교만, 그리고 갈릴레이의 명성에 대한 질투심이다. 당시 교회의 비호 아래 학문을 독점해 온 이들은 진리의 탐구는 자기들만이 할 수 있다는 이기심과 교만에 빠져 있었고, 학계에 갈릴레이의 명성이 높아지자 질투심에서 그를 이단이라고 고발했던 것이다. 인간이 저지른 죄는 대개 이 이기심과 질투심, 그리고 교만에 연유되며, 이것은 올바른 신앙만이 극복할 수 있다.

그리고 셋째로 무엇보다도 근본적 원인은 당시의 시대적 상황에 적합한 신앙 교육이 없었다는 것이다. 기독교적 신앙 교육만 해온 중세에 신앙 교육이 없었다니 무슨 소리냐고 하겠으나, 신앙 교육만 한 것으로 보였지 실제로는 그 시대적 상황에 적합한 신앙 교육은 없었던 것이다. 중세 초 5세기에서 12세기까지는 수도원에서 성직자가 될 소수의 특수 계층이 기독교 교의를 배우는 세속과 격리된 특수 교육과 훈련을 받았고, 일반 민중의 교육은 전무했다. 그러나 이 수도원의 소수 계층은 성서를 사서하고 교의를 암송하는 가운데 문화에 대하여 갈구하게 되었다. 이러한 그들에게 아랍인을 통하여 고대의 헬라 문화가 유입된 것이다. 그 고대 문화는 그들의 현실이나 생각보다 너무나 아름답고 차원 높은 것이었다. 그들을 고대 문화에 눈뜨게 해준 것은 수도원에서의 기독교 신앙교육이었으나, 그들은 이 기독교적 굴레에서 탈피하여 고대 문예에 심취하게 되었다.

고대의 아테네에는 플라톤과 아리스토텔레스가 개설한 자랑스러운 두 개의 학교가 있었다. 헬레니즘 시대에는 알렉산드리아가 '무세이온'을 갖추어서 정신 활동과 과학 활동의 새로운 중심지로 되어 있었다. 아랍 세계에서는 바그다드와 카이로에 '현자(賢者)의 집'이라는 것이 있어서 학문의 중심지가 되었다. 이러한 시설들은 모두 규모나 의의에 있어서 오늘날의 우리 대학과 동등한 것이었으며, 연구와 교육 양쪽을 다 같이 담당하는 기관이 대부분이었다.

서구에서는 12세기 말까지 이것들에 비견할 만한 것은 아무것도 없었다. 수준이 높은 교양은 오직 성직 계급의 전담이었으며, 고등교육을 받을 수 있는 곳도 후진 승려들이 훈련받는 곳에 국한되어 있었다. 그 같은 신학적인 고등교육 기관은 대개 수도원이나 대 사원 또는 종교적 중심지에 교회 밑에 만들어져 있었다. 그리고 교과는 신학에 국한되어 있었다. 샤르트르, 요크, 캔터베리 등 특히 우수한 수도원에서는 어느 정도까지 고전의 연구도 장려했으나, 특례에 지나지 않는다.

초등학교를 관리한 것도 대부분 성직자였다. '수도(修道, schola exterior)'를 연 수도원도 많았다. 그런데 도시가 발달하여 점차 경제적으로 부유하게 되자, 일반인을 생도로 한 학교도 생겼다. 처음에는 교회의 반대를 무릅쓰고 학교가 개설되었다. 이런 학교는 이탈리아에서 가장 빨리 생겨났고, 곧 플랑드르(Flandre)나 한자동맹의 여러 도시에도 생겨났다. 교과 과목들은 초보적 기초에만 머물지 않을 때도 있었다. 그때에 가르친 자유 학예는, 소위 '삼과(三科, Trivium ; 문법, 수사학, 논리학)'와 '사과(四科, Quadrivium ; 산술, 기하, 음악, 천문학)'였다.

서구에 대학이 생긴 것은 아랍인을 거쳐 그리스의 지식이 흘러 들어온 후인 12세기 말이다. 가장 오래된 대학들의 정확한 개설 시기는 알 수 없다. 그것들은 개설된 것이 아니라 전부터 있었던 학교가 대학으로 성장한 것이다. 볼로냐 대학은 1088년에 창립되었다고 하나, 이 년도는 유명한 법학자인 이르네리우스(Irnerius, 1056~1130)가 볼로냐에서 법률 강의를 시작한 해다. 12세기에는 볼로냐의 법학 학교와 나란히 의학 학교와 자유 학예의 학교도 열렸다. 1215년에는 이 세 학교의 학생 전부가 모여서 알프스 양쪽의 학생들이 두 단체를 결성했다. 이 두 단체는 'universitas'라고 불리었다. 원래 수백 년간 단체라고 부를 만한 것은 무엇이든 이 이름을 사용하여 왔던 것인데, 이때부터 그 어의가 점점 좁아져서 결국은 오늘날의 대학이라는 의미가 된 것이다. 파비아 대학도 1965년에 창립 1000주년을 맞았으나, 이것도 처음에는 종합대학이었던 것은 아니고 법학 학교만 있었다. 수세기가 지난 후에 'studium generale'로 되었다. 당시의 대학은 이 '일반적 연구'라는 이름으로 불렸다. 이 두 대학 외에도 프랑스에는 파리와 몽펠리에, 잉글랜드에는 옥스퍼드가 유럽에서 가장 오래된 대학으로 꼽힌다. 특히 중세에 수 세기 동안 파리 대학은 다른 어느 대학보다도 한층 더 빛났다.

13세기가 되면서 대학이 속출했다. 13세기에 창립된 대학을 들어보면, 전반기에는 파도바, 나폴리, 옥스퍼드에서 분가한 케임브리지, 그리고 스페인의 살라망카 등이 있고, 북이탈리아에는 파도바 외에 조금 후에 몇 개의 대학이 생겼는데, 이것들은 모두 볼로냐의 자매교였다. 후반기에는 리스본 대학(후에 코임브라로 옮겨서 현존)과 세빌리아 대학이 있다. 그리고 이 시대에 프랑스의 성직자 소르본(Robert de Sorbon, 1201~1274)이 그의 이름을 붙인 학교를 파리에 열었다. 이 소르본 대학은 1254년에 창립되어 1792년까지 신학 단과대학으로 있다가, 점차로 과가 늘어나서 1808년 이래 파리 대학의 문학부와 이학부가 된 대학이다.

다음에 14세기에 개설된 특히 중요한 대학으로서 로마 대학과 이탈리아의 아비뇽-페루지 대학이 있다. 그리고 1348년에 독일에 처음으로 프라하 대학이 개설되었다. 이때까지는 독일 청년들은 파리나 북이탈리아의 대학에 갈 수밖에 없었으며, 대거 유학을 했다. 또 14세기에 독일어권 내에 개설된 대학들로는 1365년 비엔나, 1379년 에르푸르트, 1385년 하이델베르크 대학 등이 있다. 15세기에도 대학의 개설은 줄지 않고 늘어났다. 이와 같이 15세기까지 서구에 설립된 대학들은 대개 기독교 신학교나 교회 정치를 위한 법률 학교가 모체가 되어 일반 대학으로 개설되었거나 교회의 지원과 관리하에 설립된 것이다. 그래서 외형으로는 철저하게 기독교 신앙을 기초로 한 교회를 위한 대학이었으나, 내면으로는 고대 문화에 대한 동경을 바탕으로 하여 교회의 속박에서 벗어나서 그것들을 받아들이는 창구 역할을 했다. 그들이 동경한 고대 문화에 기독교적 신앙이 있을 리가 없으며, 이미 타락한 교회가 기독교적 신앙을 교육할 수 없었던 것은 물론이다. 고대 문화에 접하여 새로운 정신활동을 시작한 대학에게 교회의 비리만 부각시켜서 대학에 기존의 기독교적 굴레에서 탈피하려는 의욕만 부추기게 되었다. 그래서 대학이 세속된 것이 아니라 세속화를 주도하게 되었다. 이들 대학이 주도하게 된 인문주의나 종교개혁, 그리고 르네상스 등의 운동은 각기 지향하는 목표가 달랐고 정도의 차는 있었으나, 하나의 공통점을 가지고 있다. 그것은 기존의 체제와 교회의 굴레를 타파하자는 것이었다. 이러한 조류에 맞서 교회는 교회대로 기득의 권위를 보호하기 위하여 더욱더 완고해 져서 종교개혁에 맞선 인류 역사상 유례가 없는 비인간적인 종교전쟁을 30년간이나 하게 되었다. 이 종교전쟁에서 신구 기독교도들이 전투에서 전사한 것 외에도 서로 마귀라고 불태워 죽인 수는 서구 인구가 감소했을 정도로 무수히 많았다. 로마제국 시대에 초대 교인이 순교한 것과는 비교할 수도 없는 값없는 죽음을 당한 것이다.

이런 사태를 유발한 교회와 대학에 어찌 올바른 신앙 교육이 있었다고 말할 수 있겠는가. 이런 분쟁에서 도피하기 위하여 자연과학은 "일체의 신학적·사회적·정치적 논의를 금한다."라는 규약 아래 인간의 본질과 목적을 추구하는 것을 포기하고 오직 생활의 수단과 방법만을 추구해 온 것이다. 그래서 기독교적 신앙과 과학은 분립되어 그 단절의 골은 날로 깊어져 왔다. 그 결과 과학이 개발한 놀라운 힘은 인간이 걸어갈 길을 잃은 폭력이 되어 오늘의 우리에게 자멸의 위기감을 주고 있으며, 이대로 간다면 21세기에는 이 위기가 실제로 닥쳐올 것이 예상된다. 오늘의 우리는 이 책임이 누구에게 있었냐를 따질 것이 아니라 그 원인을 찾고 바로잡아서 닥쳐올 위기를 극복해야 한다. 그 원인은 두말할 것도 없이 인간이 참다운 신앙의 기초 위에 선 삶의 길을 잃은 데 있으며, 그것은 인류 사회를 영도할 역군을 양성하는 대학 교육이 신앙의 기초를 잃은 데 연유한 것이다. 따라서 오늘날 우리가 삶의 길을 찾는 첩경은 하루빨리 대학 교육을 올바른 신앙의 기초 위에 세우는 것이다.

4) 대학 교육

한때는 모든 서구인의 생활과 사상에 의의와 가치를 주었던 히브리-기독교 세계관은 분해되고 말았다. 중세의 대학은 통일된 종교적 비전으로 통제되었으나, 오늘날의 교육은 뿌리가 없거나 기껏해야 실용주의로 통제되고 있으며, 그 관점의 복합성은 다원론(다 종파)적이다. 그 결과 종합대학(university)이 아닌 복합대학(multiversity)이 되었고, 통합된 세계관이 없으며, 통합된 교육 목표도 없는 대학이 되고 말았다.

기독교 대학은 종교의 구획화를 거부하고, 통합된 기독교 세계관으로 여러 가지 예술과 과학 분야, 그리고 대학 생활까지 이해하고 참여하게 하자는 것이다. 이런 가장 오래된 선례는 중세 대학이며, 이 공동체의 모든 생활과 사고는 신학 연구에 기초하여 수행되고 통치되었다. 그리고 근래의 선례로서는 미국의 대학들을 들 수가 있다. 한마디로 말하여, 미국의 고등교육은 기독교가 낳은 자식이다. 유명한 하버드, 예일, 프린스턴, 콜롬비아 등이 이렇게 시작되었으며, 남북전쟁 이전에 각 교파가 설립한 대학 수는 장로교 49, 감리교 34, 침례교 25, 종합 교파(Congregationalist)가 21이다. 이중의 상당수는 '복합대학'으로 전락하여 복음주의 특색을 잃고 말았으나, 오늘날까지 복음주의를 지켜온 특색 있는 기독교 대학도 있다. 특히 제네바, 테일러, 위튼 종합대학이 그렇다. 시초에는 모두가 종교적·도덕적 전도에 대한 것과 똑같은 안목으로 교육과 문화에 공헌하게 되었고, 그들은 적어도 사회정의를 위한 복음적 열정과 탐구를 학구에 적용했으며, 어떤 면에서나 이들은 효과적으로 '통합(integrate & unify)'되었다. 세월에 따라 때로는 신앙 보호나 사도적, 때로는 경건이나 선교적, 때로는 직업적이나 사명적인 여러 가지 존재 이유가 주어졌다. 이런 모든 것의 바탕에 있는 기독교적 세계관은 모든 교육(자유 교육)에 대한 의의를 주기에 충분하다는 기본적 확신이 있었다.

프랑스의 실존주의자 사르트르는 인간의 처지에 대하여 "실존은 본질에 앞선다."라고 말했다. 즉, 인간은 어떤 부여된 가치나 정해진 목적이나 본질적 의의가 없이 존재하게 되었다는 것이다. 이것은 삶의 길을 잃은 현대인의 처지를 가장 간명하게 나타낸 말인데, 만약에 인생이 원래 아무런 의의도 없는 것이라면 우리는 스스로 그 의의를 창조하여야 하며, 우리의 삶은 우리가 원하는 대로 만들어 나갈 자유가 있다는 말이 된다. 그러나 이런 허무한 자유에 따르는 책임은 우리를 위축하며 공허한 미신에 빠지게 한다. 그런데 근본을 생각하면, 사르트르의 생각과는 달리, 이 세상과 인간에 앞서 존재하는 창조주의 뜻에 따라 창조된 것이다. 이것은 기독교뿐만 아니라 모든 종교가 수천 년 동안 믿어온 것이며 현대 과학에서도 '보존 법칙'을 들어 인정하지 않을 수 없는 진리다. 적어도 기독교의 창조주는 깊은 뜻과 목적에서 우리 인간에게 삶을 주었으며, 사람의 존재는 창조주에게는 매우 값진 것이다. 사람은 아무렇게나 제멋대로 살 수는 없으며, 창조 섭리에서 벗어나서는 어떤 가치도 세울 수가 없다.

이와 같은 혼란은 오늘날의 대학 교육에도 나타나 있다. 대학 교육은 바람직한 직업이나 사회적 지위를 얻기 위한 방도라는 애매하고 불확실한 기대 이상의 어떤 확고한 의식 없이 많은 젊은이가 대학에 다니고 있으며, 그 부모들도 뒷바라지에 열중하고 있다. 이러한 잘못된 기대들은 사회문제를 야기하고 있을 뿐만 아니라, 오늘날의 대학 교육 문제에 쓸데없는 부담이 되고 있다. 오늘날 우리는 삶의 뜻을 잃었고, 의지할 도덕을 잃었으며, 교육에 매력을 잃은 학생 세대를 맞이하게 되었다. 거기에다 경제 여건은 대학 교육의 질을 떨어뜨리게 했다. 대학은 인간을 교육하는 이념을 상실하고 막연한 기대에 대하여 단순히 학기간의 확률적 교육 효과에 의존하게 되었고, 학생은 얼굴이 없는 허무한 사람이 되고 있다. 이와 같은 사태를 바로잡기 위하여 뜻있는 여러 교육가들은 기독교 신앙에 기초한 자유 학예를 교육하는 기독교 대학을 만들려는 노력을 하고 있다.

기독교 대학이라고 하면 일반적으로 '기독교 신앙을 지키는 대학'을 생각하게 된다. 신앙을 지키는 것은 확실히 사도의 책무이기는 했으나, 그것을 과학과 예술, 그리고 캠퍼스 생활 전반에 걸친 모든 분야의 교육 실무에 확대하기란 매우 곤란하다. 아직도 많은 목사님과 학부모는 '젊은이들을 죄와 이단으로부터 보호해야 한다'는 공통된 방어적 정신 자세를 가지고 있다. 이것은 현실을 떠난 관념에 지나지 않는다. 현실에는 그러한 방어를 위한 기성의 해답이 존재하지 않는다. 기독교적 교의에서 단순히 어떤 상황에는 어떻게 대처하라고 길들여진 학생은 새로운 처지에 당면했을 때 길을 잃고 말 것이며, 더욱이 폭발적으로 새로운 과학적 지식들이 생겨나고 있는 현 사회를 인도해 나갈 수는 없을 것이다. 이 젊은이들에게는 이미 짜여 있는 문답들보다 훨씬 더 많은 것이 필요하다. 그들은 그가 받은 유산에 대한 제자적 이해에 더하여 창조성과 논리적 엄격성, 그리고 자기 비판적 정직성이 필요한 것이다. 이러한 것은 환경에서가 아니라 궁극적으로 그들의 마음에서 나오는 것이다. 그래서 젊은이들을 어떤 틀에 묶어서 과잉보호하는 것은 도리어 믿음과 소망과 사랑을 숨 막히게 하여, 반항을 유발할 수도 있다.

오늘날 우리는 기독인의 부름에 응답하는 교육을 해야 한다. 즉, 믿음과 학습, 믿음과 문화의 창조적이며 능동적인 통합을 개발하는 교육을 찾아야 한다. 이것이 오늘날에 부과된 대학 교육의 책무인 것이다. 현실은 믿음과 학습의 완전한 이상적 통합보다는 상호간의 작용이나 대화를 추구하는 면이 많으나, 우리가 추구하여야 할 점은 어떤 조건에서도 경건과 학구, 믿음과 이성, 종교와 과학, 기독교 정신과 예술, 신학과 철학, 그리고 다른 관점에서 보는 어떠한 것들 간도 분단시켜서는 안 된다는 점이다. 기독교 대학은 세속적 학습과 과학과 문화에 대항한 투쟁적 논쟁에 근거하여 세속과 신성 간에 큰 골자기를 만들어서도 안 된다. 모든 진리는 하나님의 진리이며, 그것이 어디에서 발견되었든 간에 문제 삼을 것이 아니라, 그것에 대하여 오직 하나님께 감사하여야만 한다.

우리에게는 학자인 기독교인이 아니라 기독교적 학자가 필요하며, 교육에 기독교 정신을 반영하는 것이 아니라 기독교적 교육을 필요로 한다. 우리가 세속적인 것과 신성한 것으로 2분하여 서로 상충되는 것으로 인식하게 된 것은, 신약 시대 이래로 교회가 빈번하게 반복하여 당면했던 이단설인 '영지주의(靈知主義, Gnosticism)적 2원론'에 연유된 것이다. 그들은 '사람은 영과 육의 2원적 피조물'이며, 육은 인생의 악의 근원이고, 영은 이에 반하여 이성적이고 선의 근원이라는 한다. 이 둘은 서로 얽혀서 풀 수도 없고 끊을 수도 없는 싸움을 계속한다는 것이다. 이러한 왜곡된 생각은 초대 교회 때부터 자주 진리의 초점을 흐리게 했다. 사도 바울은 육신적인 것에 대한 영지주의적인 타락에 당면한 교회에게 "존재하는 모든 것은 하나님이 창조했으며, 따라서 가치 있는 것이라고 가르치고 있다(디모데전서 4장 1~5)". 창세기 1장에서도 하나님이 창조하시는 모든 국면마다 "선하다(좋다)"고만 말씀하셨다.

오늘날은 또 다른 영지주의가 교회와 대학에 나타나 과학과 신학, 자연과 정신, 세속과 신성, 세상과 교회를 분리하고 있다. 이것도 따지고 보면 역시, 이 세상은 대립된 2원적 피조물이라는 것이며, 이 대립된 짝들의 전자는 악의 근원이므로 가급적 회피해야 하며, 선의 근원인 후자와 병존할 수 없다는 사상이다. 현대의 이러한 영지주의는 기독교인의 적극적인 문화적 참여와 예술적·학술적 창조 활동과 정치적·사회적 활동을 제한했고, 과학과 철학과 인간의 학습에 대하여 세속적이라는 오도된 두려움을 낳게 했다. 그래서 신앙과 문화 간에 불필요한 긴장을 조성하여, 신앙이 세상에 대하여 방어적 태도를 취하게 되었으며, 때로는 반이성적 경향으로 흐르게 되었다. 흔히 사용되는 '자연적(natural)'과 '세속적(secular)'과 '세상적인(worldly)' 것이라는 용어에는 확실히 애매한 점도 있다. 그러나 신약성서에서 지적한 '자연적 인간(the natural man)'과 '세상적인(worldly) 것'은 하나님을 배신한 원죄로 타락된 인간의 처지와 왜곡된 세상을 뜻하는 것이지, 결코 하나님을 닮아서 이지적 호기심과 예술적·과학적 창의력을 가졌으며, 자연을 다스리는 정치적 관심을 가진 '본래의 인간'을 뜻한 것은 아니다. 또한 이 세상의 모든 것은 도덕적으로 종교적으로 나쁜 것만 내포하고 있다는 의미도 아니다. 그리고 모든 인간의 죄가 왜곡시킨 이 세상도 역시 하나님이 창조한 것이며, 하나님과 인간에게 매우 가치 있는 것임을 잊어서는 안 된다. 사실은 '세속적'이라는 것도 그 자체가 악하다는 것은 아니며, 하나님의 세계에서는 역시 신성한 것이다. 성서의 창조적 말씀은 자연과 인간의 문화와 역사 등 모든 영역에 대하여 신성한 의미를 부여하고 있다. 이 세상은 우리 하나님 아버지의 세상이며, 그 뜻에 따라 존재하며 섭리되는 것이다. 이제 우리 앞에 가로놓인 자연과 사회, 그리고 과학에 대하여 하나님에 대한 전통적인 수직 시야와 함께 새로운 수평 시야를 가져야 한다.

마르틴 루터는 "구두장이(shoemaker)가 교황의 구두창(sole)을 만드는 것은, 교황이 그의 영혼(soul)을 위해 기도하는 것 같은 신앙심으로 해야 한다."라고 말했다. 그리고 천문학자 케플러는 그가 발견한 천문학의 법칙을 발표하면서 "나는 하나님께서 나에게 허락하신 모든 지성을 다하여 그분이 나에게 소명하신 일을 정성을 다하여 완성했다. 나는 나의 유한한 정신이 그 무한한 것을 이해할 수 있는 한도까지 하나님의 업적에 대한 찬미를 그 증거를 읽으려는 사람들에게 선포했다."라고 말했다. 적어도 이와 같은 관점에서는 구두를 만드는 것이나 천문학이나 과학을 연구하는 것이나 예술적 활동이나 다 같은 종교적 신앙 활동인 것이다. 이런 신앙 활동으로 과학과 예술을 하나님의 진리와 통합하여 차세대를 담당할 모든 분야의 젊은 역군들에게 성서에 기초한 교육을 하는 기독교 대학을 설립해야 한다는 것이다. 기독교 대학은 교회에 사역할 사람뿐만 아니라 이 세상의 여러 분야에서 각자가 부름을 받은 이런 신앙 활동을 충실히 수행할 수 있는 예수님의 제자를 교육하자는 것이다.

이와 같은 교육은 당연히 성서에 기초한 각 전문 분야의 교육이라야 하며, 그렇기 위해서는 영지주의적으로 폐쇄된 신앙이 아니라 현대의 모든 정신적 활동을 포용하되 흔들리지 않는 확고한 신앙에 기초하여야 한다.

참고 문헌

Abraham de Moivre | Doctrine of changes or a method of calculating probabilities, 1718.

Abraham Gottlob & Alfred Werner | Lehrbuch der Stereochemie, 1904; Neuere Anschaungen auf dem Gebiete der anorganischen Chemie, 1905.

Adam Riese | Rechnung auf der Linihen, 1518; Rechnung nach der Lemge auff der Linihen und Feder, 1550.

Adam Sedgwick | British palaeozoic rocks and fossiles, 1855.

Adam Smith | An Inquiry into the Nature and Causes of the Wealth of Nations, 1766; The Theory of Moral Sentiments, 1759.

Ahmad al-Biruni | Ta'rikh al-Hind, 1030.

Ahmes | Rhind papyrus, BC 1650.

Albert Einstein | Die Grundlage der allgemeinen Relativitatschtheorie, 1916; Uber die spezifisch und allgemeine Relativitatstheorie, 1922; My philosophy, 1934.

Albertus Magnus | De vegetabilikus; De animalikus.

Albrecht von Haller | Die Alpen; Elementa physiologiae corporis humani, 1757~1766.

Alexander Graham Bell | The Development of Mathematics, 1945.

Alexander von Humboldt | Kosmos; Reisebeschreibung, 1799~1804.

al-Ghazali Abu Hamid Muhammad | Kimiyaul-Sa'adat.

al-Khwarizmi, Abu Abdullah Muhammad b.Musa | Sind-hind; Mukhtasar min hisab al-jabr wa'l muqabala.

Allvar Gullstrand | Die optische Abbildung in heterogenen Medien und Dioptik der Kristallinse des Menschen, 1908; Einfuhrung in die Methoden der Dioptik des Auges des Menschen, 1911; Das allgemeine optische Abbildungssystem, 1915. NPM, 1911.

Al-Razi | Liber continens, 20 vols.

Andre Marie Ampere | Theorie des phenomenes electrodynamiques, 1826; Essai sur la philosophie des sciences, 2 vol, 1834~1843.

Andreas Vesalius | De humani corporis fabrica libri septem, 1543.

Antoine Francois, Comte de Fourcroy | Systéme des commaissance chimique, 1800.

Antoine Laurent Lavoisier | Traité élementaire Chimie, 1789; Réfiexions sur la phlogistique, 177.

Apianus Petrus | Cosmographicus liber, 1524; Astronomicon Caesareum, 1540.

Apollonios, Perge | Konikon biblia, BC 240~200.

630

Archimedes | Psammites.

Aristoteles | Historia animalium, 1866.

Arthur Holly Compton | X-ray and electrons, 1926.

August Boeckh | Die Staatshaushaltung der Athener, 1817; Corpus Inscriptionum Graecarum, 1828~1843; Enzyklopadie und Methodologie der philologischen Wissenschaft, 1877.

August Toepler | Optische Studdien nach der Methode der Schlierenbeobachtung, 1865.

Augustin Louis Cauchy | Cours d'analyce de l'Ecole Polytechnique, 1821; Lesumes des lecons donnees a l'Ecole Royale Polytechnique sur le calcul infinitesimal, 1823.

Augustin Pyrame, Alphonse Louis Pierre Pyrame de Candolle | Theorie elementaire de la botanique, 1813; Prodromus systematis naturalis regni vegetabilis, 2 vol., 1824-1839.

Aulus Cornelius Celsus | De re medicina.

Aurelius Augustinus | Confessiones, 400?; De Civitate Dei, 413~426.

Baruch de Spinoza | Ethica ordine geometrico demonstrata, 1675.

Beda Venerabilis | Historia ecclesiastica gentis Anglorum, 5 vol.

Benoit Paul Emile Clapeyron | Memoire sur la puissance motrice de la chaleur, 1834.

Bernhard Wallen | Geographia Seneralis, 1650.

Boethius | De consolatione philosophiae, 5 vol, 1473.

Brahmagupta | Brahma-sphuta-sidd'-hanta, 628?.

Carl Peter Henrik Dam | NPM, 1943.

Carl von Linné | Systema naturae, 1735; Genera plantarum, 1737; Species plantarum, 1753.

Cecil Frank Powell & G. P. S. Occhialini | Nuclear physics in photographs, 1947.

Charles Darwin | Origin of Species by means of Natural Selection, 1859; Descent of Man, and Selection in Relation ot Sex, 1871.

Charles Louis Al-Laveran | Trypanosomes et trypanosomiase, 1912.

Charles Louis de Secondat, Baron de la Brede et de Montesquieu | Lettres persanes, 1721; L'esprit des lois, 1748; Consideration sur les causes de la grandeur de Ramians et de leur décadance, 1734.

Charles Lyell | Principle of Geology, 1830~1833.

Charles Nicolle | NPM, 1928.

Charles Thomson Rees Wilson | One method of making visible the path of ionising particles through a gas, 1911; On the cloud method of making visible ions and the tracks of ionising particles, 1927.

Christian Huygens | Systema Saturnium; Traité de la lumiére, 1673.

Conrad von Megenberg | Buch der Natur, 1475.

Cornelius Tacitus | De vita Julii Agricolae, 98; De origine et situ Germanorum, 98; Annales, 16 vol; Historiae, 4 vol.

Crotus Rubianus, Nikolaus Gerbel, Ulrich von Hutten | Epistolae obscurorum virorum, 1520.

Dante Alighieri | Il Convivio, 1308; Divi na Comedia, 1300~1321; De vulgari eloquentia.

David Hume | The Hitory of Great Britain, 1754~1757.

Denis Diderot | Grande Encyclopédie.

Desiderius Erasmus | De libero arhitrio; Encomium Moriae, 1509.

Dmitrii Ivanovich Mendeleev | Osnovii Khimii, 1869~1871; Naturliches System der Elemente und seine Anewendung zur Angalo der Eigenschaften von unentdeckten Elementen, 1869.

Draper | History of the Intellectual Development of Europe, 1861.

Edger Douglas Adrian | The basis of sensation, 1918; The mechanism of nervous action, 1932; The physical basis of preception, 1947.

Edmond Halley | A Synopsis of the Astronomy of Comets.

Eduard Suess | Das Antlitz der Erde, 3 vol, 1885, 1888, 1901.

Eduard Zeller | Grundriss der Geschichte der griechischen Philosophie, 1883.

Edward Gibbon | The decline and fall of the Roman empire, 1776~1788.

Edward Jenner | An inquiry into the causes and effects of the variolate vaccinae.

Emil Heinrich Du Bois-Reymond | Uber die Grenzen der Naturerkennens, 1872.

Emil von Behring | Gesammelte Abhandlungen zur atiologische Therapie von ansteckenden Krankheiten, 1893; Die Geschichte der Diphtherie, 1893; Atiologie und atiologische Therapie des Tetanus, 1904; Einfuhrung in die Lehre von der Bekampfung der Infektionskrankheiten, 1912.

Enrico Fermi | Sul peso dei elastici, 1923; Introduzione alla fisca atomica, 1928; Elementary particles, 1951.

Ephraim Chambers | Cyclopaedia, 1728.

Erasmus Darwin | Temple of Natures, 1803; The Botanic Garden, 1789; Zoonomia, 1794.

Eratosthenes | Cribrum Eratosthenis; Geographica.

Ernest, 1st Baron of Nelson Rutherford | Radioactive substnces and their radioacyions, 1913; J. Chadwick, CD Ellis; Radioactions from radioactive substances, 1930.

Ernst Cassirer | Die philosophie der Aufklarung, 1932; The Problem of Knowledge, 1950.

Ernst Mach | Die Mechanik in ihrer Entwicklung, 1838~1916; Die Prinzipien der Warmelehre, 1883~1911; Die Prinzipien der physikalischen Optik, 1921.

Erwin Schrodinger | Abhandlungen zur Wellenmechanik, 1927; Vier Vorlesungen uber Wellen-
mechanik, 1928; Zur Kritik der naturwissenschaftlichen Erkenntnis, 1932; What is life?, 1946.

Euclid, Eukleides | Elemente der Geometrie; Optik.

Eusebios Caesarea | Ekklesiastike historia, 10 vol; Chronicon.

Ferdinand Zirkel | Lehrbuch der Petrographie, 2 vol, 1866; Die mikroskopisch Beschaffenheit der
Mineralien und Gesteine, 1873.

Francesco Accorso | Glossa ordinaria, 1228.

Francesco Grimaldi | Physiche Matesis, 1665.

Francis Bacon | Uber den Wert und die Vermehrung der Wissenschaften, 1605; Novum Organon,
1620.

Francois August Victor Grignard | La catalyse en chimie organique, 1913. NPC, 1912.

Francois Marie Arouet Voltaire | Candide ou l'optimisme, 1750; Histoire de Charles XII, 1731;
Essai sur les moeurs; Esprit sur les moeurs et l'esprit des nations, 1756; Essays, 1752; Lettres
philosophi ques ou lettres sur les Anglais, 1734; Eléments de la philosophie de Newton, 1738;
Le siécle de Louis XIV, 1751~1756; Geschichte RuBlands.

Francois Viete | In arten ana lyticam iasgoge, 1591.

Francois Zavier Bichat | Physiologische Untersuchungen uber Leben und Tod, 1850.

Fravio Biond | Italia illustrata; Roma instaurata.

Friedrich Dannemann | Die Naturwissenschaften in ihrer Entwicklung und in ihrem Zusammen-
hang, 4 vol, 1910~1913.

Friedrich der GroBe | Histoire de Guerre de sept ans, 1763; Anti machiavell, 1739; Histoire de
mon temps, 1746.

Friedrich von Schiller | Geschichte des 30 jahrigen Krieges, 1791~1793; Was heisst und zu
welchen Ende studiert man Universalgeschichte?, 1789.

Friedrich Wilhelm August Argelander | Bonner Durchmusterung, 3 vol, 1859~1862.

Fritz Pregl | Die quantitative organische Mikroanalyse, 1916.

Gaius Julius, Caesar | Die Geschichte des Gallisshen Krieges.

Gaius Plinius Secundus | Naturalis historia, 37 vol.

Gaius | Institutionum commentarii, 4 vol, 161.

Galileo Galilei | Il saggiatore, 1623; Sidereus Nuncius, 1610; Opere; Uber Sonnenficken, 1613;
Dialogo dei due massimi sistemi del mondo, 1632; Dialogen uber zwei neue Wissenschaften;
Mathematische Demonstration zweier neuer Wissenschaften, 1368; Von der Mechanik, 1649.

Gaspard, Comte de Peluse Monge | Lecons de geometrie descriptive, 1794; Applications de l'analyse a la geometrie, 1795.

Geber, Abu Musa Jabir b. Haiyan at-Tusi | Kitabu'-Tajmi, al-Zibaqu'l-Sharqi, 1473~1710.

Georg Bauer Agricola | De re metallica, 1556.

Georg Simon Ohm | Die galvanisch Kette mathematisch bearbeitet, 1827.

Georg Wilhelm Friedrich Hegel | Anrede an seine Zuhorer bei Eroffnung seiner Vorlesungen in Berlin, 1818; Gesellschaft-Staat-Geschichte; Philosophie der Weltgeschichte, 1944; Vorlesungen uber die Philosophie der Geschichte; Die Vernunft in der Geschichte.

George Alfred Leon Sarton | Introduction to the history of science, 2 vol. 1927~1931; The study of the history of science, 1936; The life of science, 1948; Science and tradition, 1951.

George Berkeley | Principles of human knowledge, 1710; Three dialogues between Hylas and Philonous, 1713.

George Green | Essay on the application of mathematical analysis to the electricity and magnetism, 1828.

George Paget Thomson | Applied aerodynamics, 1919; The wave mechanics of free electron, 1930.

Georges Baron de Cuvier | Recherches pur les ossements fossiles, 1812; Lecons d'anatomie comparee, 1801~1805.

Georges Louis Leclerc Comte de Buffon | Histoire naturelle générale particuliére.

Georgios Gemistos Plethon | Nomon syngraphe.

Gerhardus Mercators(Gerhard Kremer) | Atlas, 1595; Tabulae geographicae, 1578~1584.

Giam Battista Vico | Principi di una scienza nuova, 1725.

Giovanni Alfonso Borelli | De motu animalium, 2 vol, 1680~1681; iatrophysics.

Giovanni Battista Morgani | De sedibus et causis morborun per anatomen indagatis, 1761.

Girard Desargues | Erster Entwurf eines Berichts uberdie Ereignisse Zusammentreffen eines Kegels mit einer Ebene.

Gottfried Reinhold Treviranus | Biologie oder Philosophie der lebenden Naturfur Natur forscher und Arzte, 1802.

Gottofried Wilhelm Leibnitz | Nova methodus pro maximiset minimis, 1684; Descriptio machinal arithmetical, 1710; Naturgeschichte der Erde; Protogaea, 1749; Acta Eruditorum, 1682; De arte combinatoria, 1666; Geschichte Braunschweiqs, 1843.

Gottohold Ephraim Lessing | Nathan der Weise, 1799; Die Erziehung des Men schengeschlechts, 1780.

Gratianus | Decretum Gratiani; Concordantia discordantium canonum.

Gustav Robert Kirchhoff & Robert Wilhelm Bunsen | Chemische Analyse durch Spektral-analyse, 1860.

Gustav Theodor Fechner | Elementen der Psychophysik, 1860.

Hans Fischer | Die Chemie des Pyrrol, 1934~1940.

Harold Clayton Urey & A. E. Ruark | Atoms, molecules and quanta, 1930.

Heinrich Georg Bronn | Lethaea geognostica, 2 vol. 1836~1838; Die Klassen und Ordnungen des Tierreichs, 1859.

Heinrich Rudolf Hertz | Untersuchungen uber die Ausbreitung der elekrischen Kraft, 1894; Die Prinzipien der Mechanik, 1894.

Henri Poincare | Science et l'hypothése, 1902; La veleur de science, 1905.

Herbert Spencer | First principles, 1862; Principles of biology, 2 vols, 1864~1867; Principles of psychology, 2 vols, 1870~1872; Principles of sociology, 3 vols, 1876~1896; Principles of ethics, 2 vols, 1879~1892.

Hermann Conring | De origine juris germanici, 1643.

Hermann Diels | Fragmente der Vorsokratiker.

Hermann Joseph Muller | The mechanism of Menderian heredity, 1915; Out of the night, 1935; Genetics, medicine and man, 1947.

Hermann Ludwig Fredinand von Helmholtz | Uber die Erhaltung der Kraft, 1847.

Heron | Metrika; Peri dioptras; Pneumatika; Peri automatopoietika.

Hrabanus Maurus | De univer solibri XXII.

Hugo   Grotius | De jure praedae, 1868; Annolen der Niederlade, 1657; De jure belli ac pacio, 1625; Mare liberum, 1609; De veritate neligionis Christianae, 1627.

Imanuel Kant | Allgemeine Naturgeschichte und Theorie des Himmels, 1755; Zum evigen Frieden; Beantwortung der Frage; Was ist Aufklarung? 1784; Kritik der reinen Vernouft, 1781; Idee zu einer allgemeien Absicht, 1784; Die Religion innerhalb der Grenzen der blossen Vernunft, 1793.

Irene & Frederic Joliot-Curie | Projection de noyaux par les neutrons, 1931~1932; Annihilation des electrons positifs, 1933; Preuve experimentale de la rupture explosive des noyaux d'uranium et de thorium, l'action des neutrons, 1939.

Isaac Newton | De analysis per aequationes numero terminorum infinitas, 1669; Naturalis philosophiae principia mathematica, 1687; Opticks or a treatise of the reflections, refractions, inflections and colours of light, 1704.

Isidor da Sevilla | Etymologiae, Origines 20 vols.

Jacob Burckhardt | Die Kultur der Renaissance in Italien, 1860; Cice rone, 1855; Die Zeit Konstantins des GroBen 1853; Weltgeschichtliche Betrochrungen, 1905; Kultur der Renaissance, 1860.

Jacques Alexandre Cesar Charles | Gay-Lussac or Charles or Boyles law.

Jacques Bénique Bossuet | Discours sur l'histoire universelle, 1681.

Jakob Bernoulli | Ars coniecturandi, 1713.

James Clerk Maxwell | Theory of heat, 1871; Treatise on Electricity and Magnetism, 2 vol, 1873.

James Dwight Dana | System of mineralogy, 38; Zoophytes, 46; The geology of the Pacific, 49.

James Franck & P. Jordan | Anregung von Quantensprungen durch Stosse, 1926.

James Gregory | Optica Promota, 1663; Geometriae pars universaalis, 1668; Exercitationes geometricae, 1668.

James Hutton | The Theory of the Earth, with Proofs and Illustrations, 1795.

Jan Swammerdam | Biblia Naturae, 1738.

Jean Baptiste Joseph Fourier | La théorie analytique de la chaleur, 1822; Analyse des equation determinees, 1831.

Jean Baptiste Pierre Antoine de Monet, Chevalier de Lamarck | Philosophie zoologique, 1809; Flore francaise, 1778.

Jean Bodin | Methodus ad tacilem historiarum cognitionem, 1566.

Jean Calvin, Jean Chauvin | Institutio christianae religionis, 1536.

Jean Jacques Rousseau | Emile, ou traitéde l'éducation, 1762; Du contart social ou principes du droit politique, 1762; Discours sur l'origine de l'inégalité parmi les hommes, 1754.

Jean Lerond D'Alembert | Traité de Dynamique.

Jeremy Bentham | Introduction to the Principles of Morals and Legislation, 1789.

Johann Franz Encke | Die Entfernung der Sonne, 2 vol, 1822~1824.

Johann Georg Hamann | Maqus des Nordens.

Johann Gottfried von Herder | Auch eine Philosophie der Geschichte zur Bildung der Menschheit, 1774; Ideen zur Philosophie der Geschichte der Menschheit, 1784; Journal meiner Reise im Johre 1769~1877.

Johann Joachim Winckelmann | Gedanken uber die Nachahmung der griechischer Werke in der Malerei und Bildhauerkunst, 1775; Geschichte der Kunst des Altertuns, 1764.

Johann Oldendorp | Elementaria introductio iuris naturae, gentium et civilis, 1539; Wat byllich unn recht is, 1529.

Johann Wilhelm Ritter | Beitrage zur Kenntnis des Galvanismus, 2 vol, 1800~1805.

Johannes Althaus, Althusius | Politica methodice digesta atgue exemplis pocris et profanis illustrata, 1603.

Johannes Kepler | Mysterium Cosmogrophicum, 1595; Dioptik; Nova Stereometria Doliorum Vinariorum, 1615; Astronomia noua, 1609; Harmonicus mundi, 1619.

Johannes Peter Muller | Handbuch der Physiologie des Menschen, 1833~1840.

John Dalton | Meteorological observations and essays, 1793; Absorption of gases by water and other liquids, 1805; A New System of Chemical Philosophy, 1808.

John Flamsteed | Histoira coelestis Britannica, 1712.

John Herman Randall | The Making of the Modern Spirit, 1940.

John Howard Northrop | Crystalline enzymes, 1939. NPC, 1946.

John Locke | Reasonableness of Christianity, 1695; An Essay Concerning Human Underatanding, 1689~1690.

John Playfair | Illustrations of the Huttonian Theory of the Earth, 1082.

John Ray | Methodus plantarum nova, 1682.

John Stuart Mill | Principles of Political Economy, 1848; A System of Logic, 1843.

John Wallis | Arithmetica infinitorum, 1655; De algebra tractatus, historicus et practicus, 1673.

John Woodword | Versuch einer Naturgeschichte der Erde, 1695.

Jordanus Nemorarius | Spherae atque astrorum.

Joseph Gartner | De fruetibus et seminibus plantarum, 1780~1791.

Joseph Henry & William Henry | Elements of experimental chemistry, 1799.

Joseph Louis Lagrange | Mécanique analytique, 1788.

Joseph Priestley | History and Present State of Electricity, 1767.

Joseph Scaliger | Thesaurus temporum, 1606; Ethica ordioe geometrico demonstrata.

Julius Lothar Meyer | Die modernen Theorien der Chemie, 1864; Die Natur der chemischen Elements als Funktion ihrer Atomgewichte, 1869.

Julius Robert von Mayer | Bemerkungen uber die Krafte der unbeleliten Natur, 1842.

Julius Viktor Carus | Geschichte der Zoologie, 1872.

Julius von Sachs | Geschichte der Botanik, 1875.

Justus Moser | Osnabruckische Geschichte, 1768~1824.

Justus, Freiherr von Liebig | Die organische Chemie ibn inhrer Anwendungauf Agrikulturchemie und Physiologie, 1840.

Karl Ernst von Baer | Uber die Entwicklungsgeschichte der Tiere, 1828~1837.

Karl Eugen Duhring | Kritische Geschichte der allgemeinen Prinzipien der Mechanik, 1872.

Karl Friedrich Gartner | Versuche und Beobachtungen uber die Bastarderzeugung im Pflanzenreich, 1849.

Karl Friedrich Gauss | Disquisitiones arithmeticae, 1801.

Karl Harry Feerdinand Rosenbusch | Mikroscopische Physiographie der Mineralien und Gesteine, 4 vol, 1873~1877.

Karl Manne Georg Siegbhan | Spektroskopie der Rontgenstrahren, 1931.

Karl Marx | Zur Kirtik der Politischen Okonomie, 1859; Das Kapita, 1867; Misére de la philosophie, réponce á la philosophie de la misére de M.Proudhon, 1847.

Karl Ritter | Vergleichende Geographie, 1852.

Konrad Celtis | Germania illustrata.

Konrad Gesner | Historia animalium, 1551~1558.

Leon Battista Alberti | De re aedificatori ilbri X, 1485.

Leonard da Vinci | Codice sul volo degli uccellie varie altre matarie 1893; Codex atlanticus.

Leonard Fibonacci, L. Pisano | Proctica geometrica; Liber aboci, 1202.

Leonhard Euler | Las lettres a d'Allemagne sur quelques sujets de physique et de philosophie, 1770.

Leopold von Ranke | Englische Geschichte im 16 und 17. Jahrnunderte, 1859~1868; Die grossen Machte; Zur Kritik neuerer Geschichtsschriber, 1824; Die nomischen Papste in den letzten vier Jahrhunderten, 1834~1839; Deutsche Geschichte im Zeitalter der Reformation; Fursterund Volker von Sudeuropa im 16 und 17. Jahrhundert; Das Politische Gesprach, Weltgeschichte, 1881~1888; Geschichte der romanischen und germanischen Volker von 1494~1514, 1824; Geschichte der romanischen und germanischen Volker von 1494~1535, 1824; Franzosische Geschichte im 16 und 17. Jahrhunderte, 1852~1861.

Marcus Porcius Cato | Origines; De agricultura.

Marcus Terentius Varro | De lingua latina; Rerum rusticarum libri, 3 vol, BC 37.

Marcus Vitruvius | De architectura.

Marie Jean Antoine Condorcet | Esquisse d'un tableau historique des progrés de l'esprit humain.

Marin Mersenne | Cogitata physicomathe matica, 1644; Harmonie universelle, 2 vol, 1636~1637.

Marsilio Ficino | Platonica theologia de animorum immortalitate.

Martianus Capella | De nuptiis philologiae et mercurii et de septem artibus liberalibus libri novem.

Martin Luther | De servo arlistrio; An die Ratsherren aller Stadte deutschen Landes, daB sie christliche Schulen aufrichten und erhalten sollen, 1524.

Mathias Schleiden │ Beitrage zur Phytogenesis, 1838.

Max von Laue │ Geschichte der physik, 1947.

Michael Stifel │ Arithmetica integra, 1544; Ein Rechen Buchlein, 1532; Deutsche Arithmetica, 1545.

Michel Adanson │ Familles naturelles des plantes, 1763.

Moritz Cantor │ Vorlesungen uber Geschichte der Mathematik, 3 vol, 1880~1908; Abhandlungen zur Geschichte der Mathematik, 1877~1912.

Niccoló Machiavelli │ Il Principe, 1532; Arte della guerra; Drei Bucher uber die erste Dekade des Titus Livius, 1531; Istorie firentine.

Niccolo Tartaglia, Nicola Fontana │ Quesite ed inventioni diverse, 1554; General trattato dénumeri e misure, 3 vol, 1556~1560.

Nicolas Leonard Sadi Carnot │ Refiexion pur la puissnce motrice du feu, 1824.

Nicolaus Cusanus, Krebs │ De concordantia catholica, 1433; De docta ignorantia, 1440.

Nicolaus Oresmius │ De origine, natura, jure et mutationibus monetarum; Abhandlung uber die Breite der Formen; Trohtot gegen die Astrologen; Algorismus Proprtionum.

Niels Henrik David Bohr │ Theory of spectre and atomic constitution, 1922; Atomic theory and description of nature, 1935.

Nikolaus Kopernikus │ De revolutionibus orbium coelestium.

Nikomachos Gerasa │ Introductio Arithmetica.

Oswald Spengler │ The Dawn of the West.

Otto Paul Hermann Diels │ NPC, 1950.

Otto von Freising │ Chronicon sive historia de duabus civitatibus; Gesta Friderici I imperatoris.

Otto von Guerike │ Das deutsche Genossenschaftsrecht, 1868~1913.

Otto Wallach │ Terpene und Kampfer, 1909.

Paracelsus, Philippus Aureolus, Theophrastus Bombastus von Hohenheim │ Astrologia magna; Programm der Basler Vorlesung, 1527; Opus paramirum.

Paul Adrien Maurice Dirac │ Principles of quantum mechanics, 1930; NPP, 1933.

Paul Ehrlich & A. Lazarus │ Die Wertbemessung des Diphtherieheilserum und deren theoretischen Grundlagen, 1897; Gesammelte Arbeiten zur Immunitatsforschung, 1904; Uber die Beziehungen zwischen Toxin und Antitoxin und die Wege zu ihrer Erforschung, 1905; Die experimentelle Chemotherapie der Spirillosen, 1910; Abhandlung uber Salvarsan, 4 vols, 1911~1914.

Paul Henri Dietrich von Holbach │ Systeme de la nature ou des lois du mond physique et du monde morale, 1770.

Paul Tannery | Pour l'histoire de la science hellene.

Paulus Diaconus | Hisroria Romanna; Historia gentis Sangobqrdorum, 6 vol.

Percy Williams Bridgman | The logic of physics, 1927; The intelligent individual and society, 1938; The nature of thermodynamics, 1941.

Peter Joseph William Debye | Polare Molekeln, 1929; NPC, 1936.

Petrus Pergrinus | Epistola de magnete, 1269.

Philipp Cluver | Introductio in Universam geographiam.

Philipp Melanchthon, Schwarzerd | Wittenberger Antrittsrede vom 29. August, 1518.

Pico della Mirandola | De dignitate hominis.

Pierre Bayle | Dictionnaire historique et critique, 1697.

Pierre Simon, Marquis de Laplace | Essai philosophique surles probablités, 1814; Exposition du systéme du mond, 1796; Welt system; Mechanique céleste.

Pietro Angelo Secchi | Le stelle, 1877.

Platon | Ion, Protagoras, Lisis, Apologia, Gorgias, Menon, Kratylos, Simposion, BC 399~385; Politeia, Respublica, Phaidros, Parmenides, Theaitetos, BC 377~369; Sophistes, Politikos, Philebos, Timaios, Nomoie, BC 367~347.

Plutarchos | Alexandros; Bioi paralleloi.

Polybios | Historiae, 40 vol.

Pomponius Mela | De sibyetu orbis 43 vol.

Procopius, Caesarea | Historica, 8 vol.

Ptolemaios Klaudios | Megale syntaxis, Almagest; Geographike hyphegesis; Analemma, Math theory; Tetrabiblos, Optics; Cosmographia, 1475.

René Descartes | Die Meteore; Die Geometrie; Dioptrik; Discours de la méthode.

Robert & Henri Estienne | Thesaurus Graecae linguae, 1572; Thesaurus linguae Latinae, 1532.

Robert Anrews Millikan | The electron, 1917; Science and life, 1923; Evolution in science and religion, 1927; Time, matter and value, 1932; Electron(+ and −), protons, photons, neutrons, mesotrons and cosmic rays, 1935; New elements of physics, 1936; Three lectures on cosmic rays, 1939.

Robert Boyle | The Sceptical Chymist, 1661.

Robert Hooke | Micrographia or philosophical description of minute bodies, 1667.

Robert Koch | Untersuchungen uber die Atiologie der Wundinfektionskrankheiten, 1878; Zur Untersuchunger von pathogenen Mikroorganismus, 1878; Milzbrandimpfung, 1882; Heilmittel gegen Tuberkulose, 1891; Bubonenpest, 1898; Ergebnisse der vom Deutschen Reich ausgesandten Malarix-Expedition, 1900; Bekampfung des Typhus, 1902.

Rodolphus Agricola | De formando studio, 1448.

Roger Bacon | Scriptum principale, Opus tertus, Opus minus, 1267; Compendium studii philosophiae.

Samuel von Pufendorf | De iure natural et gentium, 1672; De officio hominis et civis; Einleitung zur Histoire der vornehmsten Reichen und Staten in Europa.

Sebastian Munster | Cosmographia universalis, 1544.

Selman Abraham Waksman | Microbial antagonisms and antibiotic substances, 1945; The literature on streptomycin, 1948; Streptomycin, its nature and practical application, 1949; Neomycin, a new antibiotic active against streptomycin-resistant bacteria, including tuberculosis organisms, 1949; The actinomycetes, 1950.

Simon Stevin, Stevinus | De Beghinselen des Waterwichts, 1586.

Sir Chandrasekhara Venkata Raman | Vibrations of bowed stringed instruments, 1918; Molecular diffraction of light, 1922.

Sir Charles Scott Scherrington | The integrative action of the nervous system, 1906; Mammalian physiology, 1916; Man on his nature, 1941.

Sir Charles Weatstone | Experiments to measure the velocity of electricity, 1834; Physiology of vision, 1838; The binocular microscope, 1853; Automatic telegraphy, 1859.

Sir Frederick William Herschel | On the Proper Motion of the Sun and Solar System; Motion of the solar system in space; On the Construction of the Heaven.

Sir Henry Hallet Dale | NPM, 1936.

Sir Humphry Davy | On some chemical agencies of electricity, 1807; Elements of chemical philosophy, 1812.

Sir James Clark Ross | A voyage of discovery and research to Southern and Antarctic Regions, 1847.

Sir John Ambrose Fleming | The principles of electric wave telegraph and telephony, 1906; Fifty years of electricity, 1921.

Sir Joseph John Thomson | Application of dynamics to physics and chemistry, 1888; Conduction of electricity through gases, 1903; Ray of positive electricity and their application to chemistry, 1923; The electron in chemistry, 1923.

Sir Owen Willans Richardson | Electron theory of matter, 1914; The emission of electricity from hot bodies, 1916; Molecular hydrogen and its spectrum, 1933.

Sir Ronald Ross | The prevention of Malaria, 1910.

Sir William Robert Grove | Grove cell; On the correlation of physical forces, 1848.

Stephan Hales | Vegetable statistics, 1727.

Strabon | Geographia.

Theoder Schwann | Mikroskopiche Untersuchungen uber die Ubereinstimmung in der Struktur und dem Wachstum ber Tiere und Pfianzen, 1838.

Theodor Mommsen | Romicsche Staatsrecht, 1871~1875; Romische Geschichte, 1854~1856.

Theophrastos | Botanik; The Cause of the Botany; Character.

Thomas Aquinas | Summa theologica, 1266~1267; Summa de veritate catholicae fidei contra gentiles, 1259~1264; De ente et essentia, 1256~1259.

Thomas de Cantelupe, Thomas of Hereford | De natura rerum.

Thomas Harriot | Artis analyticae praxis ad aequationes algebraicas resolvendas, 1631.

Thomas Henry Huxley | Zoological evidence as to men's place in nature, 1863.

Thomas Hobbes | Elementa philosophiae, 1642.

Thomas Robert Malthus | An Essay on the Principles of Populational it affects the Future Inprovement of Society, 1798.

Titus Carus Lucretius | De rerum natura.

Titus Livius | Ab urbe condita libri, 142 vol.

Torbern Olof Bergmann | Physische Beschreibung der Erde 1766.

Tycho Brache | De cometa anni, 1577.

Vincent Beauvais | Speculum majus, 80 vol, 1473.

Walter Herrmann Nernst | NPC, 1920.

Wilhellm Dilthey | Das 18 Jahrhundert und die geschichtliche Welt; Einleitung in die Geisteswissenschaften, 1883; Der Aufbau der geschichtlichen Welt in den Geisteswissenschaft, 1910.

Wilhelm Conrad Rontgen | Abhandlungen wber die X-Strahlen, 1915; Uber eine neue Art von Strahlen, 1895.

Wilhelm Maxd Wundt | Grundzuge der physiologischen Psychologic, 1873; Volkerpsychologie, 1900; Elemente der Volkerpsychologie; Probleme der Volkerpsychologie.

Wilhelm Ostwald | Klassiker der Naturwissenschaften, 1889~.

Wilhelm von Humboldt | Uber die Verschiedenheit des Sprachbaues und ihren Einfiutz auf die geistige Entwicklung des Menschengeschlechts; Ideen zu einem Versuch die Grenzen der Wirksamkeit des Staates zu bestimmen, 1790; Uber die Kawisprache auf der Insel Jawa, 1836.

Will Durant | The Life of Greece, 1939; The Age of Faith, 1950; Story of Civilization.

William Gilbert | De magnete magneticisque corporikus et de magno magnete tellure, 1600.

William Hallowes Miller | Treatise on crystallography, 1838.

William Harvey | Ecercitatio de notu cordis et sanguinis imanimalibus, 1628; Exercitatio anatomica de motu cordis et sanguinis in animalibus.

William of Wykeham(Ware?) | Correctorium Fratris Thomas, 1278.

William Whewell | History of the inductive sciences, 1837; Philosophy of the IS, 1840.

Willibrord Snell | Cyclometria, 1621; Doctrinae triangulorum, 1627.

Wolfgang Pauli | Relativitatstheorie, 1921; Quantentheorie, 1926; Wellenmechanik, 1933; Exclusion principle and quantum mechanics, 1947.

Zakariya Ibn Muhammad ibn-Mamud al-Qazwni | Aja' ibu'l makhluqat wa atharu'l bilad.

Zosimos | Historia nea, 6 vol, 425?.

인명 찾아보기

자연과학사 2 —근대·현대 편

초판 1쇄 펴낸날 | 2016년 1월 20일

지은이 | 박인용

펴낸이 | 박세경
펴낸곳 | 도서출판 경당
출판등록 | 1995년 3월 22일(등록번호 제1-1862호)
주소 | (04002) 서울시 마포구 서교동 460-14번지 1층
전화 | 02-3142-4414~5
팩스 | 02-3142-4405
이메일 | kdpub@naver.com

북디자인 | design NAPAL

ISBN 978-89-86377-51-4 94400
ISBN 978-89-86377-49-1 (전2권)
값 38,000원

■ 잘못 만들어진 책은 바꾸어드립니다.